토목기사·산업기사 필기 완벽 대비

토질 및 기초

박영태 지음

핵심 시리즈 5

Civil Engineering Series 5

BM (주)도서출판 성안당

독자 여러분께 알려드립니다

토목기사/산업기사 필기시험을 본 후 그 문제 가운데 **"토질 및 기초"** 10여 문제를 재구성해서 성안당 출판사로 보내주시면, 채택된 문제에 대해서 성안당 도서 중 "7개년 과년도 토목기사 [필기]" 1부를 증정해 드립니다. 독자 여러분이 보내주시는 기출문제는 더 나은 책을 만드는 데 큰 도움이 됩니다. 감사합니다.

e-mail coh@cyber.co.kr (최옥현)

★ 메일을 보내주실 때 성명, 연락처, 주소를 기재해 주시기 바랍니다.
★ 보내주신 기출문제는 집필자가 검토한 후에 도서를 증정해 드립니다.

도서 A/S 안내

성안당에서 발행하는 모든 도서는 저자와 출판사, 그리고 독자가 함께 만들어 나갑니다.

좋은 책을 펴내기 위해 많은 노력을 기울이고 있습니다. 혹시라도 내용상의 오류나 오탈자 등이 발견되면 "좋은 책은 나라의 보배"로서 우리 모두가 함께 만들어 간다는 마음으로 연락주시기 바랍니다. 수정 보완하여 더 나은 책이 되도록 최선을 다하겠습니다.

성안당은 늘 독자 여러분들의 소중한 의견을 기다리고 있습니다. 좋은 의견을 보내주시는 분께는 성안당 쇼핑몰의 포인트(3,000포인트)를 적립해 드립니다.

잘못 만들어진 책이나 부록 등이 파손된 경우에는 교환해 드립니다.

저자 문의 홈페이지 : http://www.pass100.co.kr(게시판 이용)
본서 기획자 e-mail : coh@cyber.co.kr(최옥현)
홈페이지 : http://www.cyber.co.kr 전화 : 031) 950-6300

3회독 플래너

SMART

핵심 토목시리즈 5. 토질 및 기초

스스로 마스터하는 트렌디한 수험서

<table>
<tr><th>CHAPTER</th><th>Section</th><th>1회독</th><th>2회독</th><th>3회독</th></tr>
<tr><td>제1장 흙의 구조</td><td>1. 흙의 구조 ~ 2. 3대 점토광물, 예상 및 기출문제</td><td rowspan="2">1일</td><td rowspan="3">1일</td><td rowspan="4">1일</td></tr>
<tr><td rowspan="2">제2장
흙의 기본적 성질</td><td>1. 흙의 주상도 ~ 3. 흙의 연경도</td></tr>
<tr><td>예상 및 기출문제</td><td>2일</td></tr>
<tr><td>제3장 흙의 분류</td><td>1. 일반적인 분류 ~ 5. 흙의 공학적 분류, 예상 및 기출문제</td><td rowspan="2">3일</td><td rowspan="3">2일</td></tr>
<tr><td rowspan="2">제4장
흙의 투수성과 침투</td><td>1. Darcy의 법칙 ~ 4. 이방성 투수계수</td><td rowspan="2">2일</td></tr>
<tr><td>5. 유선망 ~ 7. 모관현상, 예상 및 기출문제</td><td>4일</td></tr>
<tr><td rowspan="2">제5장
유효응력</td><td>1. 흙의 자중으로 인한 응력 ~ 6. 분사현상</td><td>5일</td><td rowspan="2">3일</td><td rowspan="3">3일</td></tr>
<tr><td>예상 및 기출문제</td><td>6일</td></tr>
<tr><td>제6장 지중응력</td><td>1. 탄성론에 의한 지중응력 ~
3. 기초지반에대한 접지압분포, 예상 및 기출문제</td><td rowspan="2">7일</td><td rowspan="4">4일</td></tr>
<tr><td>제7장 흙의 동해</td><td>1. 동상현상 ~ 2. 연화현상, 예상 및 기출문제</td><td rowspan="3">4일</td></tr>
<tr><td rowspan="2">제8장
흙의 압축성</td><td>1. 압밀 ~ 4. 압밀도</td><td>8일</td></tr>
<tr><td>예상 및 기출문제</td><td>9일</td></tr>
<tr><td rowspan="2">제9장
흙의 전단강도</td><td>1. Mohr – Coulomb의 파괴이론~
5. 사질토의 전단특성</td><td>10일</td><td rowspan="2">5일</td><td rowspan="2">5일</td></tr>
<tr><td>6. 간극수압계수 ~ 7. 응력경로, 예상 및 기출문제</td><td>11~12일</td></tr>
<tr><td rowspan="2">제10장
토압</td><td>1. 변위에 따른 토압의 종류 ~ 4. Rankine토압론</td><td>13일</td><td rowspan="2">6일</td><td rowspan="3">6일</td></tr>
<tr><td>5. Coulomb토압론(흙쐐기이론)~
7. 널말뚝에 작용하는 토압, 예상 및 기출문제</td><td>14일</td></tr>
<tr><td>제11장 흙의 다짐</td><td>1. 다짐 ~ 5. 포장설계에 적용되는 토질시험, 예상 및 기출문제</td><td>15일</td><td>7일</td></tr>
<tr><td rowspan="2">제12장
사면의 안정</td><td>1. 사면의 분류(사면규모에 따른 분류)~
4. 유한사면의 안정해석법</td><td>16일</td><td rowspan="2">8일</td><td rowspan="3">7일</td></tr>
<tr><td>5. 무한사면의 안정해석법 ~ 6. 흙댐의 안정, 예상 및 기출문제</td><td>17일</td></tr>
<tr><td>제13장 지반조사</td><td>1. 목적 ~ 3. 지반조사의 종류, 예상 및 기출문제</td><td rowspan="2">18일</td><td rowspan="3">9일</td></tr>
<tr><td rowspan="2">제14장
얕은 기초</td><td>1. 기초의 구비조건~
5. 재하시험에 의한 지지력 결정</td><td rowspan="5">8일</td></tr>
<tr><td>6. 허용지내력 ~ 8. 기초의 굴착공법, 예상 및 기출문제</td><td>19일</td></tr>
<tr><td rowspan="2">제15장
깊은 기초</td><td>1. 말뚝기초 ~ 2. 피어기초</td><td>20일</td><td rowspan="3">10일</td></tr>
<tr><td>3. 케이슨기초 ~ 예상 및 기출문제</td><td>21일</td></tr>
<tr><td>제16 장
연약지반개량공법</td><td>1. 점토지반개량공법~
3. 일시적 지반개량공법, 예상 및 기출문제</td><td>22일</td></tr>
<tr><td rowspan="2">부록 I
과년도 출제문제</td><td>2017~2020년 토목기사·토목산업기사</td><td>23~24일</td><td>11~12일</td><td rowspan="2">9일</td></tr>
<tr><td>2021~2022년 토목기사</td><td>25~26일</td><td>13일</td></tr>
<tr><td rowspan="2">부록 II
CBT 대비
실전 모의고사</td><td>토목기사 실전 모의고사 1~9회</td><td>27~28일</td><td>14일</td><td rowspan="2">10일</td></tr>
<tr><td>토목산업기사 실전 모의고사 1~9회</td><td>29~30일</td><td>15일</td></tr>
<tr><td></td><td></td><td>30일 완성!</td><td>15일 완성!</td><td>10일 완성!</td></tr>
</table>

“수험생 여러분을 성안당이 응원합니다!”

자르는 선

스스로 체크하는 3회독 플래너

SMART

스스로 마스터하는 트렌디한 수험서

CHAPTER	Section	1회독	2회독	3회독
제1장 흙의 구조	1. 흙의 구조 ~ 2. 3대 점토광물, 예상 및 기출문제			
제2장 흙의 기본적 성질	1. 흙의 주상도 ~ 3. 흙의 연경도			
	예상 및 기출문제			
제3장 흙의 분류	1. 일반적인 분류 ~ 5. 흙의 공학적 분류, 예상 및 기출문제			
제4장 흙의 투수성과 침투	1. Darcy의 법칙 ~ 4. 이방성 투수계수			
	5. 유선망 ~ 7. 모관현상, 예상 및 기출문제			
제5장 유효응력	1. 흙의 자중으로 인한 응력 ~ 6. 분사현상			
	예상 및 기출문제			
제6장 지중응력	1. 탄성론에 의한 지중응력 ~ 3. 기초지반에대한 접지압분포, 예상 및 기출문제			
제7장 흙의 동해	1. 동상현상 ~ 2. 연화현상, 예상 및 기출문제			
제8장 흙의 압축성	1. 압밀 ~ 4. 압밀도			
	예상 및 기출문제			
제9장 흙의 전단강도	1. Mohr – Coulomb의 파괴이론~ 5. 사질토의 전단특성			
	6. 간극수압계수 ~ 7. 응력경로, 예상 및 기출문제			
제10장 토압	1. 변위에 따른 토압의 종류 ~ 4. Rankine토압론			
	5. Coulomb토압론(흙쐐기이론)~ 7. 널말뚝에 작용하는 토압, 예상 및 기출문제			
제11장 흙의 다짐	1. 다짐 ~ 5. 포장설계에 적용되는 토질시험, 예상 및 기출문제			
제12장 사면의 안정	1. 사면의 분류(사면규모에 따른 분류)~ 4. 유한사면의 안정해석법			
	5. 무한사면의 안정해석법 ~ 6. 흙댐의 안정, 예상 및 기출문제			
제13장 지반조사	1. 목적 ~ 3. 지반조사의 종류, 예상 및 기출문제			
제14장 얕은 기초	1. 기초의 구비조건~ 5. 재하시험에 의한 지지력 결정			
	6. 허용지내력 ~ 8. 기초의 굴착공법, 예상 및 기출문제			
제15장 깊은 기초	1. 말뚝기초 ~ 2. 피어기초			
	3. 케이슨기초 ~ 예상 및 기출문제			
제16장 연약지반개량공법	1. 점토지반개량공법~ 3. 일시적 지반개량공법, 예상 및 기출문제			
부록 I 과년도 출제문제	2017~2020년 토목기사 · 토목산업기사			
	2021~2022년 토목기사			
부록 II CBT 대비 실전 모의고사	토목기사 실전 모의고사 1~9회			
	토목산업기사 실전 모의고사 1~9회			
		일 완성	일 완성	일 완성

“ 수험생 여러분을 성안당이 응원합니다! ”

머리말

토목기사·산업기사 시험은 20여 년 전 처음 시행되기 시작하였는데 1995년부터는 상하수도 공학이 새롭게 시험과목으로 추가되는 등의 과정을 거치면서 오늘날 토목분야의 중추적인 자격 시험으로 자리잡게 되었다.

본서는 단순 공식에 의존하거나 지나친 고정관념적인 학습방법을 탈피하고, 보다 근본적인 이해 및 적응능력의 함양을 중요시하여 단답형 암기보다는 논리의 이해를 높이기 위한 방식으로 구성되었다.

즉 독자들은 문제의 답안 작성에 지나치게 집착하지 말고, 문제에서 출제자가 요구하는 의도와 그 답안 창출과정을 보다 심도 있게 추구함으로써 동일 개념 및 이와 유사한 응용문제에 대비해야 할 것이다.

또한 본서는 출제경향을 알고 싶어하는 독자, 단기간에 시험과목 전반을 복습하고 싶어하는 독자, 시험을 대비해 최종으로 마무리하고 싶어하는 독자들을 염두에 두고 독자들 각자의 목적에 따라 수월하게 읽으면서 문제의 중복을 피하고 상세한 해설을 통해 논리의 반복적 사고를 할 수 있도록 집필한 것이 특징이라 할 수 있다.

덧붙여 본서를 보면서 이론서나 기타 관련 서적을 참고한다면 더 좋은 결실을 맺을 수 있을 것이다.

그러나 저자의 노력에도 불구하고 많은 부족함이 독자들의 눈에 띄일 것이라 생각된다. 독자들의 욕구를 만족시키지 못한 미흡한 사항은 계속적인 수정과 개선을 통해 보완하려 한다.

본서를 기술하면서 참고한 많은 저서와 논문 저자들에게 지면으로나마 감사드리며, 항상 좋은 책 편찬에 애쓰시는 성안당출판사 직원 여러분께 진심으로 감사드린다.

저자 씀

출제기준

• **토목기사** (적용기간 : 2022. 1. 1. ~ 2025. 12. 31.) : 20문제

시험과목	주요 항목	세부항목	세세항목	
토질 및 기초	1. 토질역학	(1) 흙의 물리적 성질과 분류	① 흙의 기본성질 ③ 흙의 입도분포 ⑤ 흙의 분류	② 흙의 구성 ④ 흙의 소성특성
		(2) 흙 속에서의 물의 흐름	① 투수계수 ③ 침투와 파이핑	② 물의 2차원 흐름
		(3) 지반 내의 응력분포	① 지중응력 ③ 모관현상 ⑤ 흙의 동상 및 융해	② 유효응력과 간극수압 ④ 외력에 의한 지중응력
		(4) 압밀	① 압밀이론 ③ 압밀도 ⑤ 압밀침하량 산정	② 압밀시험 ④ 압밀시간
		(5) 흙의 전단강도	① 흙의 파괴이론과 전단강도 ③ 전단시험 ⑤ 응력경도	② 흙의 전단특성 ④ 간극수압계수
		(6) 토압	① 토압의 종류 ③ 구조물에 작용하는 토압	② 토압이론 ④ 옹벽 및 보강토옹벽의 안정
		(7) 흙의 다짐	① 흙의 다짐특성 ③ 현장다짐 및 품질관리	② 흙의 다짐시험
		(8) 사면의 안정	① 사면의 파괴거동 ③ 사면안정대책공법	② 사면의 안정해석
		(9) 지반조사 및 시험	① 시추 및 시료 채취 ③ 토질시험	② 원위치시험 및 물리탐사
	2. 기초공학	(1) 기초일반	① 기초일반	② 기초의 형식
		(2) 얕은 기초	① 지지력	② 침하
		(3) 깊은 기초	① 말뚝기초 지지력 ③ 케이슨기초	② 말뚝기초 침하
		(4) 연약지반개량	① 사질토지반개량공법 ③ 기타 지반개량공법	② 점성토지반개량공법

• **토목산업기사** (적용기간 : 2023. 1. 1. ~ 2025. 12. 31.) : 10문제

시험과목	주요 항목	세부항목	세세항목	
측량 및 토질	4. 토질역학	(1) 흙의 물리적 성질과 분류	① 흙의 기본성질 ③ 흙의 입도분포 ⑤ 흙의 분류	② 흙의 구성 ④ 흙의 소성특성
		(2) 흙 속에서의 물의 흐름	① 투수계수 ③ 침투와 파이핑	② 물의 2차원 흐름
		(3) 지반 내의 응력분포	① 지중응력 ③ 모관현상	② 유효응력과 간극수압
		(4) 흙의 압밀	① 압밀이론 ③ 압밀도	② 압밀시험
		(5) 흙의 전단강도	① 흙의 파괴이론과 전단강도 ③ 전단시험	② 흙의 전단특성 ④ 간극수압계수
		(6) 토압	① 토압의 종류	② 토압이론
		(7) 흙의 다짐	① 흙의 다짐특성	② 흙의 다짐시험
		(8) 사면의 안정	① 사면의 파괴거동	
	5. 기초공학	(1) 기초일반	① 기초일반	② 기초의 종류 및 특성
		(2) 지반조사	① 시추 및 시료 채취	② 원위치시험 및 물리탐사
		(3) 얕은 기초와 깊은 기초	① 지지력	② 침하
		(4) 연약지반개량	① 사질토지반개량공법 ③ 기타 지반개량공법	② 점성토지반개량공법

출제빈도표

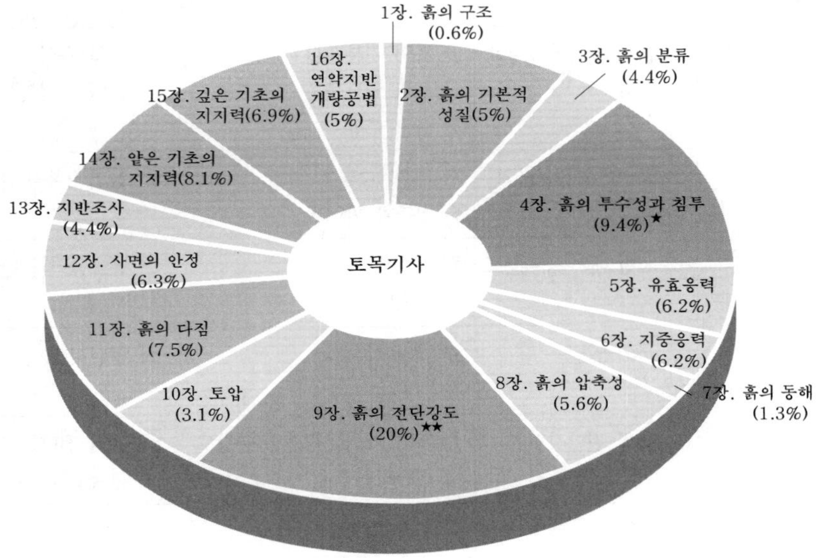
1장. 흙의 구조
(0.6%)
3장. 흙의 분류
(4.4%)
2장. 흙의 기본적
성질(5%)
16장.
연약지반
개량공법
(5%)
15장. 깊은 기초의
지지력(6.9%)
14장. 얕은 기초의
지지력(8.1%)
13장. 지반조사
(4.4%)
4장. 흙의 투수성과 침투
(9.4%)★
토목기사
12장. 사면의 안정
(6.3%)
5장. 유효응력
(6.2%)
11장. 흙의 다짐
(7.5%)
6장. 지중응력
(6.2%)
7장. 흙의 동해
(1.3%)
8장. 흙의 압축성
(5.6%)
10장. 토압
(3.1%)
9장. 흙의 전단강도
(20%)★★

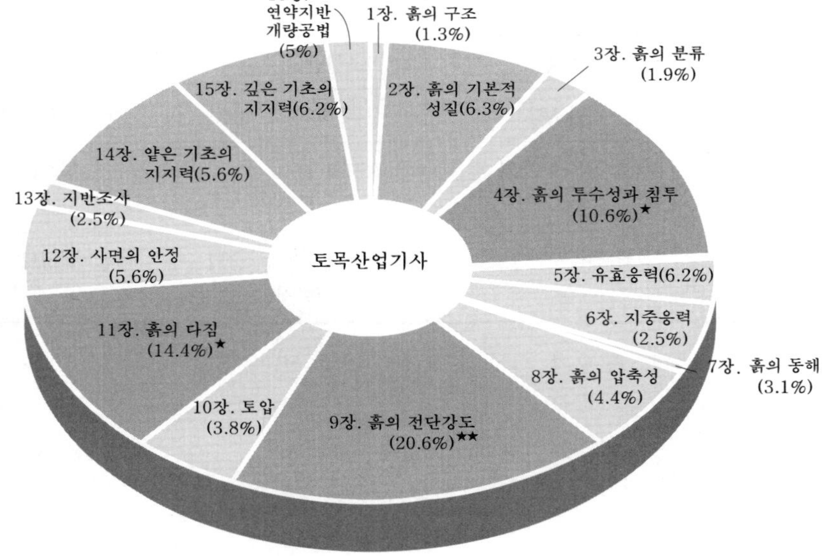
16장.
연약지반
개량공법
(5%)
1장. 흙의 구조
(1.3%)
3장. 흙의 분류
(1.9%)
15장. 깊은 기초의
지지력(6.2%)
2장. 흙의 기본적
성질(6.3%)
14장. 얕은 기초의
지지력(5.6%)
13장. 지반조사
(2.5%)
4장. 흙의 투수성과 침투
(10.6%)★
토목산업기사
12장. 사면의 안정
(5.6%)
5장. 유효응력(6.2%)
6장. 지중응력
(2.5%)
11장. 흙의 다짐
(14.4%)★
7장. 흙의 동해
(3.1%)
8장. 흙의 압축성
(4.4%)
10장. 토압
(3.8%)
9장. 흙의 전단강도
(20.6%)★★

차 례

제 9 장 흙의 전단강도

제 10 장 토압

시험 전 꼭 암기해야 할 필수 암기노트

SOIL MECHANICS FOUNDATION

CHAPTER 01 흙의 기본적 성질

01 | 흙의 상태정수

① 공극비 : $e=\dfrac{V_v}{V_s}$

② 공극률 : $n=\dfrac{V_v}{V}\times 100$

③ 공극비와 공극률의 상호관계 : $n=\dfrac{e}{1+e}\times 100$

④ 함수비 : $w=\dfrac{W_w}{W_s}\times 100$

⑤ 체적과 중량의 상관관계 : $Se=wG_s$

⑥ 습윤밀도 : $\gamma_t=\dfrac{G_s+Se}{1+e}\gamma_w$

⑦ 건조밀도 : $\gamma_d=\dfrac{W_s}{V}=\dfrac{G_s}{1+e}\gamma_w$

$\therefore \gamma_d=\dfrac{\gamma_t}{1+\dfrac{w}{100}}$

⑧ 포화밀도 : $\gamma_{\text{sat}}=\dfrac{G_s+e}{1+e}\gamma_w$

⑨ 수중밀도 : $\gamma_{\text{sub}}=\dfrac{G_s-1}{1+e}\gamma_w$

⑩ 상대밀도 : $D_\gamma=\dfrac{e_{\max}-e}{e_{\max}-e_{\min}}\times 100$

$=\dfrac{\gamma_{d\max}}{\gamma_d}\dfrac{\gamma_d-\gamma_{d\min}}{\gamma_{d\max}-\gamma_{d\min}}\times 100$

02 | 흙의 연경도

① 소성지수 : $I_p=W_L-W_p$

② 수축지수 : $I_s=W_p-W_s$

③ 액성지수 : $I_L=\dfrac{W_n-W_p}{I_p}$

CHAPTER 02 흙의 분류

01 | 입도분포곡선

① 균등계수 : $C_u=\dfrac{D_{60}}{D_{10}}$

② 곡률계수 : $C_g=\dfrac{{D_{30}}^2}{D_{10}D_{60}}$

02 | 통일분류법

구분	제1문자		제2문자	
	기호	설명	기호	설명
조립토	G S	자갈 모래	W P M C	양립도 빈립도 실트질 점토질
세립토	M C O	실트 점토 유기질토	L H	저압축성 고압축성
고유기질토	Pt	이탄		

03 | 군지수

$GI=0.2a+0.005ac+0.01bd$

여기서, a =No.200체 통과율 − 35(a : 0~40의 정수)

b =No.200체 통과율 − 15(b : 0~40의 정수)

$c=W_L-40$(c : 0~20의 정수)

$d=I_p-10$(d : 0~20의 정수)

CHAPTER 03 흙의 투수성과 침투

01 | Darcy의 법칙

① 유출속도 : $V=Ki$

② 실제 침투속도 : $V_s = \dfrac{V}{n}$

③ t시간 동안 면적 A를 통과하는 전투수량 : $Q = KiAt$

02 | 투수계수

$$K = D_s^{\ 2} \frac{\gamma_w}{\mu} \frac{e^3}{1+e} C$$

03 | 비균질 흙에서의 평균투수계수

① 수평방향 평균투수계수

$$K_h = \frac{1}{H}\left(K_{h1} H_1 + K_{h2} H_2 + \cdots + K_{hn} H_n\right)$$

② 수직방향 평균투수계수

$$K_v = \frac{H}{\dfrac{H_1}{K_{v1}} + \dfrac{H_2}{K_{v2}} + \cdots + \dfrac{H_n}{K_{vn}}}$$

04 | 이방성 투수계수

$$K = \sqrt{K_h K_v}$$

05 | 유선망

① 특징

- 각 유로의 침투유량은 같다.
- 인접한 등수두선 간의 수두차는 모두 같다.
- 유선과 등수두선은 서로 직교한다.
- 유선망으로 되는 사각형은 이론상 정사각형이므로 유선망의 폭과 길이는 같다.
- 침투속도 및 동수구배는 유선망의 폭에 반비례한다.

② 침투수량

- 등방성 흙인 경우($K_h = K_v$)

$$q = KH\frac{N_f}{N_d}$$

여기서, q : 단위폭당 제체의 침투유량(cm^3/s)
K : 투수계수(cm/s)
N_f : 유로의 수
N_d : 등수두면의 수
H : 상하류의 수두차(cm)

- 이방성 흙인 경우($K_h \neq K_v$)

$$q = \sqrt{K_h K_v}\, H\frac{N_f}{N_d}$$

③ 간극수압

- 간극수압$(U_p) = \gamma_w \times$ 압력수두
- 압력수두 = 전수두 − 위치수두
- 전수두 = $\dfrac{n_d}{N_d} H$

여기서, n_d : 구하는 점에서의 등수두면의 수
N_d : 등수두면의 수
H : 수두차

06 | 모관현상

① 모관상승고 : $h_c = \dfrac{4T\cos\alpha}{\gamma_w D}$ [cm]

② 흙 속 물의 모관상승고 : $h_c = \dfrac{C}{eD_{10}}$ [cm]

CHAPTER 04 유효응력

01 | 흙의 자중으로 인한 응력

① 연직방향 응력 : $\sigma_v = \gamma Z$

② 수평방향 응력 : $\sigma_h = K\sigma_v$

여기서, K : 토압계수

02 | 전응력

$$\sigma = \bar{\sigma} + u$$

03 | 단위면적당 침투수압

$$F = i\gamma_w Z$$

04 | 한계동수경사

$$i_{cr} = \frac{\gamma_{\text{sub}}}{\gamma_w} = \frac{G_s - 1}{1+e}$$

05 | 안전율

$$F_s = \frac{i_c}{i} = \frac{\dfrac{G_s - 1}{1+e}}{\dfrac{h}{L}}$$

05 CHAPTER 지중응력

01 | Boussinesq이론

① A점에서의 법선응력 : $\Delta\sigma_Z = \dfrac{P}{Z^2} I$

② 영향계수 : $I = \dfrac{3Z^5}{2\pi R^5}$

02 | 구형(직사각형) 등분포하중에 의한 지중응력

① 연직응력 증가량 : $\Delta\sigma_Z = q_s I$

② 영향계수 : $I = f(m,\ n)$

03 | 지중응력의 약산법(2 : 1분포법, $\tan\theta = \dfrac{1}{2}$법, Kogler간편법)

$$\Delta\sigma_Z = \frac{P}{(B+Z)(L+Z)} = \frac{q_s BL}{(B+Z)(L+Z)}$$

04 | 기초지반에 대한 접지압분포

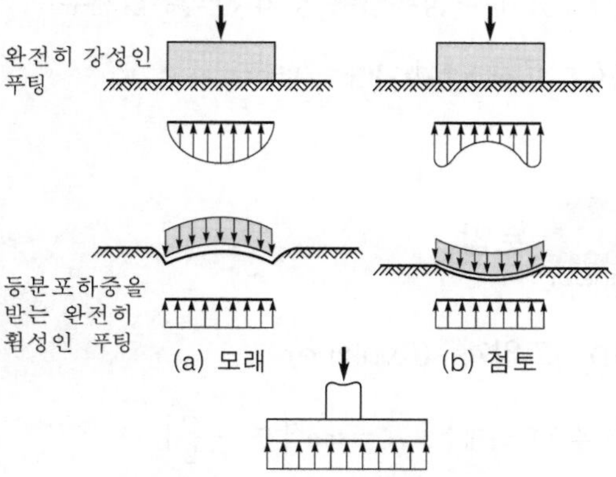

(c) 실지 설계 시의 접지압분포

06 CHAPTER 흙의 동해

01 | 동결심도

$Z = C\sqrt{F}$ [cm]

02 | 동상 방지대책

① 배수구를 설치하여 지하수위를 낮춘다.

② 모관수의 상승을 방지하기 위해 지하수위보다 높은 곳에 조립의 차단층(모래, 콘크리트, 아스팔트)을 설치한다.

③ 동결심도보다 위에 있는 흙을 동결하기 어려운 재료(자갈, 쇄석, 석탄재)로 치환한다.

④ 지표면 근처에 단열재료(석탄재, 코크스)를 넣는다.

⑤ 지표의 흙을 화학약품처리($CaCl_2$, NaCl, $MgCl_2$)하여 동결온도를 낮춘다.

07 CHAPTER 흙의 압축성

01 | Terzaghi의 1차원 압밀가정

① 흙은 균질하고 완전히 포화되어 있다.

② 토립자와 물은 비압축성이다.

③ 압축과 투수는 1차원적(수직적)이다.

④ Darcy의 법칙이 성립한다.

⑤ 투수계수는 일정하다.

02 | 압축지수

① 교란된 시료 : $C_c = 0.007(W_L - 10)$

② 불교란시료 : $C_c = 0.009(W_L - 10)$

03 | 압축계수

$a_v = \dfrac{e_1 - e_2}{P_2 - P_1}$ [cm^2/kg]

04 | 체적변화계수

$m_v = \dfrac{a_v}{1+e}$ [cm²/kg]

05 | 압밀계수

① $\sqrt{t}$ 법(Taylor) : $C_v = \dfrac{0.848H^2}{t_{90}}$

② $\log t$ 법(Casagrande & Fadum) : $C_v = \dfrac{0.197H^2}{t_{50}}$

06 | 압밀침하량

정규압밀점토일 때

$\Delta H = m_v \Delta P H = \dfrac{e_1 - e_2}{1+e_1} H = \dfrac{C_c}{1+e_1} \log \dfrac{P_2}{P_1} H$

07 | 압밀도

$U_Z = \dfrac{u_i - u}{u_i} \times 100$

CHAPTER 08 흙의 전단강도

01 | Mohr－Coulomb의 파괴규준

$\tau_f = c + \bar{\sigma} \tan\phi$

02 | Mohr응력원 파괴면에 작용

① 수직응력 : $\sigma_f = \dfrac{\sigma_1 + \sigma_3}{2} + \dfrac{\sigma_1 - \sigma_3}{2} \cos 2\theta$

② 전단응력 : $\tau_f = \dfrac{\sigma_1 - \sigma_3}{2} \sin 2\theta$

03 | 일축압축시험

① 일축압축강도 : $q_u = 2c\tan\left(45° + \dfrac{\phi}{2}\right)$

② 예민비 : $S_t = \dfrac{q_u}{q_{ur}}$

04 | 삼축압축시험

- 최대주응력 : $\sigma_1 = (\sigma_1 - \sigma_3) + \sigma_3$

05 | 표준관입시험(SPT)

① N, ϕ의 관계(Dunham공식)
- 토립자가 모나고 입도가 양호 : $\phi = \sqrt{12N} + 25$
- 토립자가 모나고 입도가 불량, 토립자가 둥글고 입도가 양호 : $\phi = \sqrt{12N} + 20$
- 토립자가 둥글고 입도가 불량 : $\phi = \sqrt{12N} + 15$

② 면적비 : $A_r = \dfrac{{D_w}^2 - {D_e}^2}{{D_e}^2} \times 100$

06 | 베인시험

- 전단강도 : $C_u = \dfrac{M_{\max}}{\pi D^2 \left(\dfrac{H}{2} + \dfrac{D}{6}\right)}$

07 | A 계수(삼축압축 시의 간극수압계수)

$\Delta U = B[\Delta\sigma_3 + A(\Delta\sigma_1 - \Delta\sigma_3)]$

CHAPTER 09 토압

01 | 토압계수(Rankine)

① 주동토압계수 : $K_a = \tan^2\left(45° - \dfrac{\phi}{2}\right)$

② 수동토압계수 : $K_p = \tan^2\left(45° + \dfrac{\phi}{2}\right)$

02 | 지표면이 수평인 경우 연직벽에 작용하는 토압(Rankine)

① 점성이 없는 흙의 주동 및 수동토압($c=0,\ i=0$)

$$P_a=\frac{1}{2}\gamma H^2 K_a$$

$$P_p=\frac{1}{2}\gamma H^2 K_p$$

② 점성토의 주동 및 수동토압($c\neq 0,\ i=0$)

$$P_a=\frac{1}{2}\gamma H^2 K_a-2c\sqrt{K_a}\,H$$

$$P_p=\frac{1}{2}\gamma H^2 K_p+2c\sqrt{K_p}\,H$$

③ 등분포재하 시의 토압($c=0,\ i=0$)

$$P_a=\frac{1}{2}\gamma H^2 K_a+q_s K_a H$$

$$P_p=\frac{1}{2}\gamma H^2 K_p+q_s K_p H$$

CHAPTER 10 흙의 다짐

01 | 다짐도

$$C_d=\frac{\text{현장의 }\gamma_d}{\text{실내다짐시험에 의한 }\gamma_{d\max}}\times 100$$

02 | 표준다짐시험으로 다진 여러 종류의 흙에 대한 다짐곡선

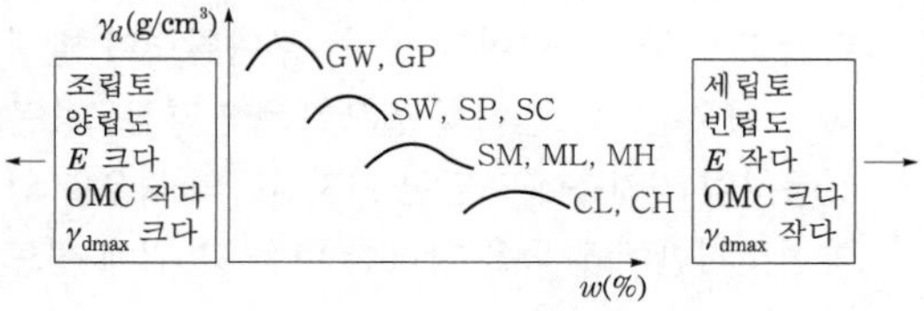

03 | 다짐한 점성토의 공학적 특성

① 흙의 구조 : 건조측에서 다지면 면모구조가 되고, 습윤측에서 다지면 이산구조가 된다. 이러한 경향은 다짐에너지가 클수록 더 명백하게 나타난다.

② 투수계수 : 최적함수비보다 약간 습윤측에서 투수계수가 최소가 된다.

04 | 평판재하시험(PBT) [KS F 2310]

① 지반반력계수 : $K=\dfrac{q}{y}$

② 재하판의 크기에 따른 지지력계수

$K_{30}=2.2K_{75},\ \ K_{40}=1.7K_{75}$

③ 지지력

- 점토지반일 때 재하판의 폭에 무관하다.

$q_{u(\text{기초})}=q_{u(\text{재하판})}$

- 모래지반일 때 재하판의 폭에 비례한다.

$$q_{u(\text{기초})}=q_{u(\text{재하판})}\frac{B_{(\text{기초})}}{B_{(\text{재하판})}}$$

④ 침하량

- 점토지반일 때 재하판의 폭에 비례한다.

$$S_{(\text{기초})}=S_{(\text{재하판})}\frac{B_{(\text{기초})}}{B_{(\text{재하판})}}$$

- 모래지반일 때 재하판의 크기가 커지면 약간 커지긴 하지만 폭 B에 비례하는 정도는 못된다.

$$S_{(\text{기초})}=S_{(\text{재하판})}\left[\frac{2B_{(\text{기초})}}{B_{(\text{기초})}+B_{(\text{재하판})}}\right]^2$$

CHAPTER 11 사면의 안전

01 | 유한사면의 안정해석법

① 평면파괴면을 갖는 사면의 안정해석(Culmann의 도해법)

- 한계고 : $H_c=\dfrac{4c}{\gamma_t}\left[\dfrac{\sin\beta\cos\phi}{1-\cos(\beta-\phi)}\right]$

- 직립면의 한계고

$$H_c=\frac{4c}{\gamma_t}\tan\left(45^\circ+\frac{\phi}{2}\right)=\frac{2q_u}{\gamma_t}=2Z_c$$

② 안정도표에 의한 사면의 안정해석

- 한계고 : $H_c = \dfrac{N_s c}{\gamma_t}$
- 안전율 : $F_s = \dfrac{H_c}{H}$

③ 원호파괴면을 갖는 사면의 안정해석

- 질량법의 $\phi = 0$ 해석법의 안전율

$$F_s = \frac{M_r}{M_d} = \frac{c_u \gamma L_a}{Wd}$$

02 | 무한사면의 안정해석법

① 지하수위가 파괴면 아래에 있을 경우 안전율($c \neq 0$)

$$F_s = \frac{c}{\gamma_t Z \cos i \sin i} + \frac{\tan\phi}{\tan i}$$

② 지하수위가 지표면과 일치할 경우 안전율($c \neq 0$)

$$F_s = \frac{c}{\gamma_{\text{sat}} Z \cos i \sin i} + \frac{\gamma_{\text{sub}}}{\gamma_{\text{sat}}} \frac{\tan\phi}{\tan i}$$

12 CHAPTER 얕은 기초

01 | Terzaghi의 수정지지력공식

$$q_{ult} = \alpha c N_c + \beta \gamma_1 B N_\gamma + \gamma_2 D_f N_q$$

여기서, N_c, N_γ, N_q : 지지력계수로서 ϕ의 함수

c : 기초저면흙의 점착력(t/m^2)

B : 기초의 최소폭(m)

γ_1 : 기초저면보다 하부에 있는 흙의 단위중량(t/m^3)

γ_2 : 기초저면보다 상부에 있는 흙의 단위중량(t/m^3)

단, γ_1, γ_2는 지하수위 아래에서는 수중단위중량(γ_{sub})을 사용한다.

D_f : 근입깊이(m)

α, β : 기초모양에 따른 형상계수

02 | 허용지지력

$$q_a = \frac{q_u}{F_s}$$

여기서, $F_s = 3$

13 CHAPTER 깊은 기초

01 | 정역학적 지지력공식

- 극한지지력 : $R_u = R_p + R_f = q_p A_p + f_s A_s$

02 | 동역학적 지지력공식

① Engineering-News공식

- 극한지지력
  - Drop hammer : $R_u = \dfrac{W_r h}{S + 2.54}$
  - 단동식 steam hammer : $R_u = \dfrac{W_r h}{S + 0.254}$
- 허용지지력 : $R_a = \dfrac{R_u}{F_s}$ $(F_s = 6)$

② Sander공식

- 극한지지력 : $R_u = \dfrac{W_h h}{S}$
- 허용지지력 : $R_a = \dfrac{R_u}{F_s}$ $(F_s = 8)$

03 | 부마찰력

① 정의 : 주면마찰력은 보통 상향으로 작용하여 지지력에 가산되었으나 말뚝 주위의 지반이 말뚝보다 더 많이 침하하게 되면 주면마찰력이 하향으로 발생하여 하중역할을 하게 된다. 이러한 주면마찰력을 부마찰력이라 한다. 부마찰력이 발생하는 경우는 압밀침하를 일으키는 연약점토층을 관통하여 지지층에 도달한 지지말뚝의 경우나 연약점토지반에 말뚝을 항타한 다음 그 위에 성토를 한 경우 등이다.

② 부마찰력의 크기 : $R_{nf} = f_n A_s$

04 | 군항(무리말뚝)

① 판정기준 : $D = 1.5\sqrt{rL}$

② 허용지지력 : $R_{ag} = ENR_a$

③ 효율 : $E=1-\frac{\phi}{90}\left[\frac{(m-1)n+m(n-1)}{mn}\right]$

④ 각도 : $\phi=\tan^{-1}\frac{D}{S}$

14 CHAPTER 연약지반개량공법

01 | Sand drain의 설계

① sand drain의 배열

- 정삼각형 배열 : $d_e=1.05d$
- 정사각형 배열 : $d_e=1.13d$

여기서, d_e : drain의 영향원지름
d : drain의 간격

② 수평, 연직방향 투수를 고려한 전체적인 평균압밀도

$U=1-(1-U_h)(1-U_v)$

여기서, U_h : 수평방향의 평균압밀도
U_v : 연직방향의 평균압밀도

02 | Paper drain의 설계

$$D=\alpha\frac{2A+2B}{\pi}$$

여기서, D : drain paper의 등치환산원의 지름
α : 형상계수(=0.75)
A, B : drain의 폭과 두께(cm)

chapter 1

흙의 구조

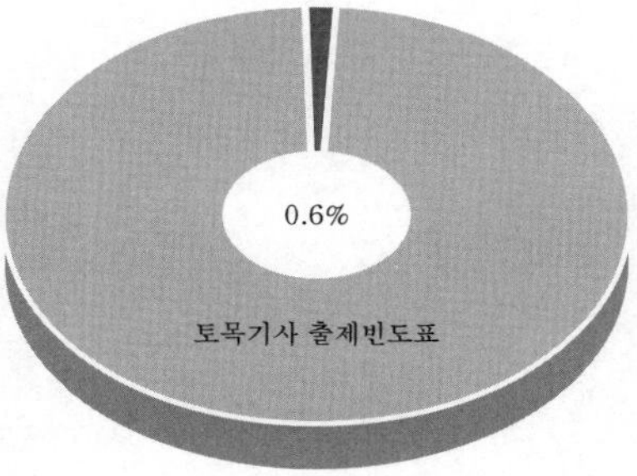

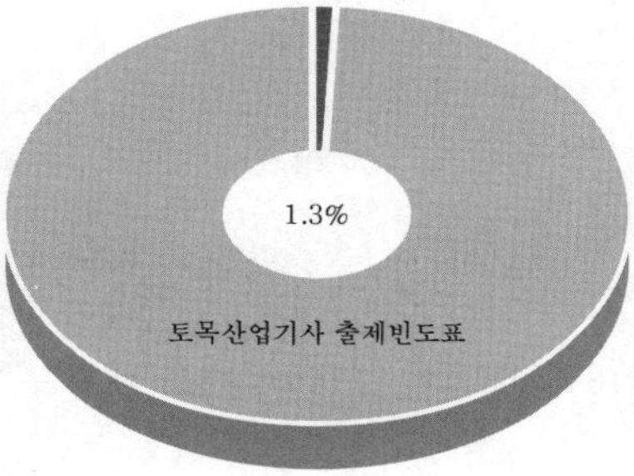

1 흙의 구조

01 흙의 구조(structure of soil)

① 비점성토의 구조

자갈, 모래 또는 실트는 구나 입방체와 같이 둥그스름한 모양을 하고 있으며, 각각의 입자는 인력이나 점착력 없이 중력작용을 받아 서로 접촉되어 있다.

(1) 단립구조(single grained structure)

입자 사이에 점착력이 없이 마찰력에 의해 맞물려 있어 상당히 안정성을 가진다.

(2) 봉소구조(honeycombed structure)

아주 가는 모래와 실트가 물속에 침강하여 이루어진 구조로서 아치 형태로 결합되어 있다.

① 단립구조보다 공극이 크다.

② 충격, 진동에 약하다.

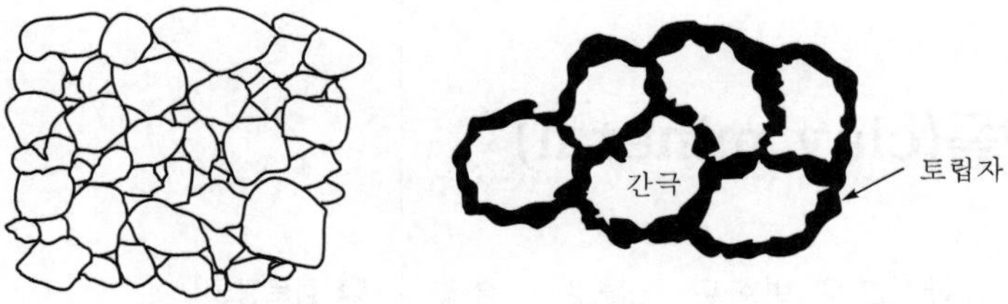

(a) 단립구조 (b) 봉소구조

【그림 1-1】 비점성토의 구조

② 점성토의 구조

직접적인 결합이 아닌 전기화학적인 힘에 의해 형성되며 평면이나 바늘형태를 이루고 있다.

알·아·두·기

- 흙의 구조란 흙입자의 배열상태와 입자 사이에 작용하는 여러 가지 힘을 통틀어 일컫는 말이다.
- 봉소구조는 가벼운 하중에 대해서는 비교적 안정되어 있지만, 진동이나 충격에는 약하다.

(1) 분산구조(이산구조 ; dispersed structure)

점토가 현탁액 속에 용해되어 가라앉을 때 입자 간의 거리가 먼 상태로 침강하면 반발력이 인력보다 크므로 각각의 입자상태로 천천히 침강하여 평형한 구조를 이루는데, 이것을 **분산구조**라 한다.

① 혼합 또는 되비빔된 흙, 습윤상태로 다진 흙 등에서 생성된다.

② 면모구조보다 투수성, 강도가 작다.

(2) 면모구조(flocculated structure)

콜로이드와 같은 미세립자(0.001mm 이하)가 현탁액 속에서 브라운 운동을 하던 중 서로 접근하여 음전하를 띤 면(face)과 양전하를 띤 단(edge)이 결합하여 침강할 때 생기는 구조이다.

① 점토입자의 두께에 비해 폭이나 길이가 너무 커서 대단히 느슨하게 엉키는 배열을 하고 있다.

② 공극비, 압축성이 커서 기초지반흙으로 부적당하다.

③ 분산구조보다 투수성, 강도가 크다.

(a) 분산구조

(b) 면모구조

【그림 1-2】 물속의 점토구조

02 3대 점토광물(clay mineral)

점토광물은 지표면의 1차 광물이 화학적으로 변화된 광물로서 결정질 또는 비결정질 물질이다.

(1) 카올리나이트(kaolinite)

① 1개의 실리카판(silica sheet)과 1개의 알루미나판(gibbsite sheet)으로 이루어진 층들이 무수히 많이 결합한 것이다.

② 다른 광물에 비해 상당히 안정된 구조를 이루고 있으며 물의 침투를 억제하고 물로 포화되더라도 팽창이 잘 일어나지 않는다.

알•아•두•기•

① 일반적으로 점토입자의 이중층 두께가 얇을 때에는 면모구조가, 두꺼울 때에는 이산구조가 된다.
② 최적함수비보다 건조측에서 다지면 면모구조가, 습윤측에서 다지면 이산구조가 된다.
③ 점토입자가 해수에 퇴적되면 면모구조가, 담수에 퇴적되면 이산구조가 된다.
④ 면모구조는 인력이 크고, 이산구조는 반발력이 크다.

점토광물

① 분자구조 : 기본단위로 실리카 정사면체와 알루미나 정팔면체가 있다.
② 격자구조 : 실리카판과 알루미나판이 결합된 결정체가 다시 여러 겹으로 중첩된 격자구조이다.

(2) 일라이트(illite)

① 2개의 실리카판과 1개의 알루미나판으로 이루어진 층들이 무수히 많이 결합한 것이다.
② 중간 정도의 결합력을 가진다.

(3) 몬모릴로나이트(montmorillonite)

① 2개의 실리카판과 1개의 알루미나판으로 이루어진 층들이 무수히 많이 결합한 것이다.
② 결합력이 매우 약해 물이 침투하면 쉽게 팽창한다.
③ 팽창, 수축이 크다.
④ 공학적 안정성이 제일 작다.

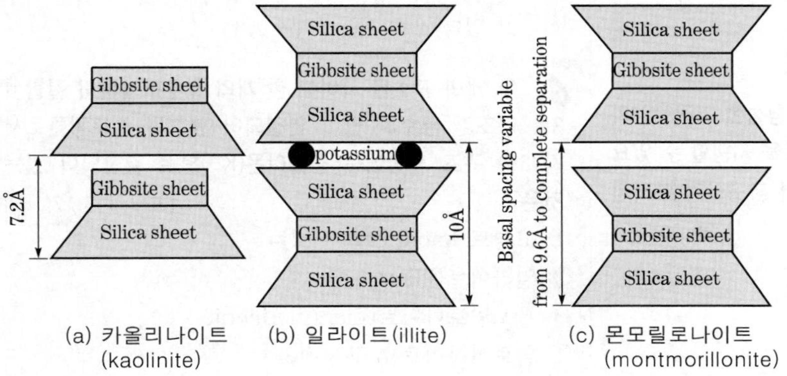

【그림 1-3】 3대 점토광물의 결합구조

알·아·두·기·

illite

① 각 3층 구조 사이에는 K^+이온이 있어서 서로 결속되며 kaolinite의 수소결합보다는 약하지만, montmorillonite의 결합력보다는 강하다.
② 물을 가하면 약간 팽창한다.

예상 및 기출문제

1. 실트, 점토가 물속에서 침강하여 이루어진 구조로 단립구조보다 간극비가 크고 충격과 진동에 약한 흙의 구조는? [기사 04]

① 분산구조 ② 면모구조
③ 낱알구조 ④ 봉소구조

해설 봉소구조
아주 가는 모래, 실트가 물속에 침강하여 이루어진 구조로서 아치형태로 결합되어 있다. 단립구조보다 공극이 크고 충격, 진동에 약하다.

2. 미세한 모래와 실트가 작은 아치를 형성한 고리모양의 구조로써 간극비가 크고 보통의 정적하중을 지탱할 수 있으나, 무거운 하중 또는 충격하중을 받으면 흙구조가 부서지고 큰 침하가 발생되는 흙의 구조는? [산업 06, 17]

① 면모구조 ② 벌집구조
③ 분산구조 ④ 중구조

해설 봉소구조
㉮ 단립구조보다 공극이 크다.
㉯ 충격, 진동에 약하다.

3. 봉소(蜂巢)구조나 면모구조를 가장 형성하기 쉬운 흙은? [산업 13]

① 모래질 흙 ② 실트질 모래흙
③ 점토질 흙 ④ 점토질 모래흙

4. 3층 구조로 구조결합 사이에 불치환성 양이온이 있어서 수축팽창은 거의 없지만 안정성은 중간 정도의 점토광물은? [산업 04]

① Silt ② Illite
③ Kaolinite ④ Montmorillonite

해설 일라이트(illite)
2개의 실리카판 사이에 1개의 알루미나판으로 결합된 3층 구조가 무수히 많이 연결되어 형성된 점토광물이다.

5. 수소결합의 2층 구조로 공학적으로 대단히 안정하고 활성이 적은 점토광물은? [산업 08]

① Kaolinite ② Illite
③ Montmorillonite ④ Silt

해설 카올리나이트(Kaolinite)
1개의 실리카판과 1개의 알루미나판으로 이루어진 층들이 결합한 것으로 각 층간에는 수소결합을 하고 있어서 다른 광물에 비해 상당히 안정된 구조를 이루고 있다.

6. 두 개의 규소판 사이에 한 개의 알루미늄판이 결합된 3층 구조가 무수히 많이 연결되어 형성된 점토광물로서 각 3층 구조 사이에는 칼륨이온(K^+)으로 결합되어 있는 것은? [기사 11, 17, 20]

① 고령토(kaolinite)
② 일라이트(illite)
③ 몬모릴로나이트(montmorillonite)
④ 할로이사이트(halloysite)

해설 일라이트(illite)
㉮ 2개의 실리카판과 1개의 알루미나판으로 이루어진 3층 구조가 무수히 많이 연결되어 형성된 점토광물이다.
㉯ 3층 구조 사이에 칼륨(K^+)이온이 있어서 서로 결속되며 카올리나이트의 수소결합보다는 약하지만 몬모릴로나이트의 결합력보다는 강하다.

7. 3층 구조로 구조결합 사이에 치환성 양이온이 있어서 활성이 크고, 시트 사이에 물이 들어가 팽창, 수축이 크고 공학적 안정성이 약한 점토광물은? [기사 05, 16, 산업 05, 14]

① Kaolinite ② Illite
③ Montmorillonite ④ Sand

해설 몬모릴로나이트
㉮ 2개의 실리카판과 1개의 알루미나판으로 이루어진 3층 구조로 이루어진 층들이 결합한 것이다.
㉯ 결합력이 매우 약해 물이 침투하면 쉽게 팽창한다.
㉰ 공학적 안정성이 제일 작다.

정답 1. ④ 2. ② 3. ③ 4. ② 5. ① 6. ② 7. ③

8. 어느 점토의 체가름시험과 액·소성시험결과 0.002mm (2μm) 이하의 입경이 전시료중량의 90%, 액성한계 60%, 소성한계 20%이었다. 이 점토광물의 주성분은 어느 것으로 추정되는가? [기사 07, 12, 15]

① Kaolinite ② Illite
③ Halloysite ④ Montmorillonite

9. 점토광물 중 입자모양이 판상이 아닌 것은? [기사 05]

① Montmorillonite ② Illite
③ Halloysite ④ Kaolinite

해설 할로이사이트는 2층 구조의 점토광물로서 관상(파이프모양)이며 직경이 0.05~1μ이다.

10. 흙의 물리적 성질 중 잘못된 것은? [기사 09]

① 점성토는 흙구조배열에 따라 면모구조와 이산구조로 대별하는데, 면모구조가 전단강도가 크고 투수성이 크다.
② 점토는 확산이중층까지 흡착되는 흡착수에 의해 점성을 띤다.
③ 소성지수가 클수록 비배수성이 된다.
④ 활성도가 클수록 안정해지며 소성지수가 작아진다.

해설 활성도가 클수록 소성지수가 커서 공학적으로 불안정한 상태가 되며 팽창, 수축이 커진다.

11. 점토광물에서 점토입자의 동형치환(同形置換)의 결과로 나타나는 현상은? [기사 08, 14]

① 점토입자의 모양이 변화되면서 특성도 변하게 된다.
② 점토입자가 음(−)으로 대전된다.
③ 점토입자의 풍화가 빨리 진행된다.
④ 점토입자의 화학성분이 변화되었으므로 다른 물질로 변한다.

해설 동형치환이란 어떤 한 원자가 비슷한 이온반경을 가진 다른 원자와 치환하는 것을 의미한다. 점토광물이 음으로 대전되는 것은 주로 동형치환에 기인한다.

12. 점성토를 다지면 함수비의 증가에 따라 입자의 배열이 달라진다. 최적함수비의 습윤측에서 다짐을 실시하면 흙은 어떤 구조로 되는가? [기사 18]

① 단립구조 ② 봉소구조
③ 이산구조 ④ 면모구조

해설 건조측에서 다지면 면모구조가 되고, 습윤측에서 다지면 이산구조가 된다.

13. 다음의 흙 중 암석이 풍화되어 원래의 위치에서 토층이 형성된 흙은? [산업 05, 18, 20]

① 충적토 ② 이탄
③ 퇴적토 ④ 잔적토

해설 풍화작용을 받아 이루어진 흙
㉮ 잔적토 : 풍화작용에 의해 생성된 흙이 운반되지 않고 남아있는 흙
㉯ 퇴적토
㉠ 충적토 : 하천에 의해 운반, 퇴적된 흙
㉡ 붕적토 : 중력에 의해 경사면 아래로 운반, 퇴적된 흙

정답 8. ① 9. ③ 10. ④ 11. ② 12. ③ 13. ④

MEMO

chapter 2

흙의 기본적 성질

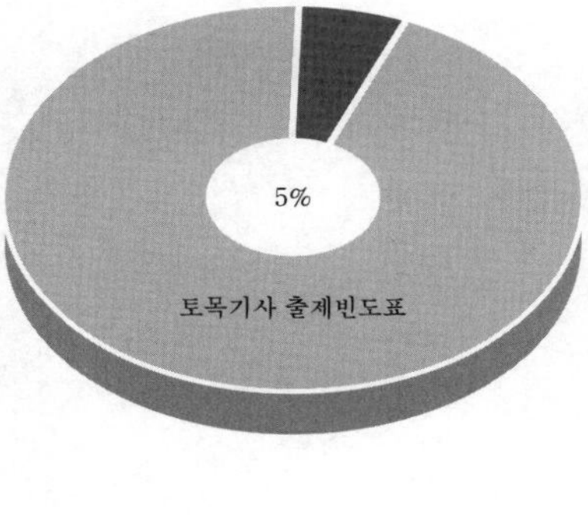

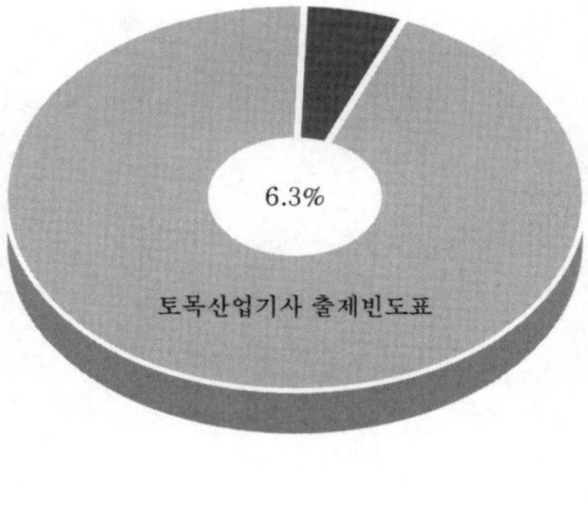

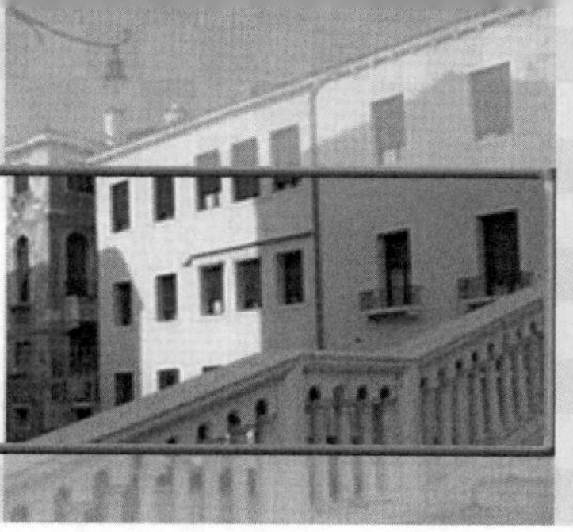

2 흙의 기본적 성질

알•아•두•기•

01 흙의 주상도

흙은 고체(solid), 액체(liquid), 기체(gas)의 3상으로 되어 있다.

(1) 시료의 전체적

$$V = V_s + V_v \quad \cdots\cdots (2\cdot1)$$

여기서, V_s : 흙입자의 체적

V_v : 공극의 체적

(2) 공기의 무게를 무시할 때 시료의 전중량

$$W = W_s + W_w \quad \cdots\cdots (2\cdot2)$$

여기서, W_s : 흙입자의 중량

W_w : 물의 중량

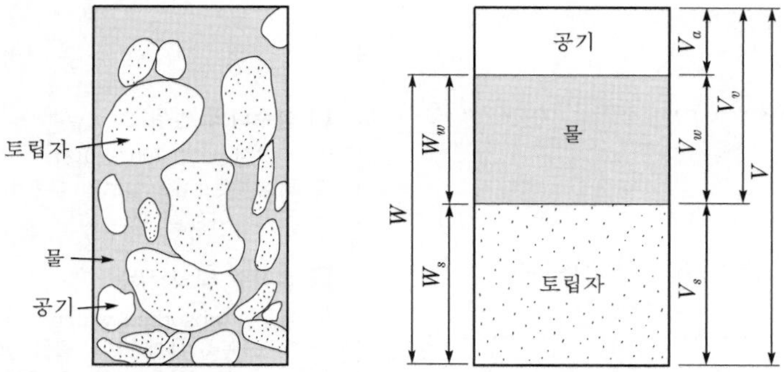

(a) 자연상태의 흙의 요소 (b) 3상으로 나타낸 흙의 성분

【그림 2-1】 흙의 3상

02 흙의 상태정수

① 공극비, 공극률, 함수비, 함수율, 포화도

(1) 공극비(void ratio ; e)

흙 속에서 공기와 물에 의해 차지되고 있는 입자 간의 간격을 말하며 흙입자의 체적에 대한 간극의 체적의 비로 정의된다.

$$e=\frac{V_v}{V_s} \quad \cdots\cdots (2\cdot3)$$

여기서, V_v : 공극의 체적

V_s : 흙입자의 체적

(2) 공극률(porosity ; n)

흙 전체의 체적에 대한 공극의 체적을 백분율로 표시한 것이다.

$$n=\frac{V_v}{V}\times 100 \quad \cdots\cdots (2\cdot4)$$

(3) 공극비와 공극률의 상호관계식

$$n=\frac{V_v}{V}=\frac{V_v}{V_s+V_v}=\frac{V_v/V_s}{V_s/V_s+V_v/V_s}$$

$$\therefore\ n=\frac{e}{1+e}\times 100 \quad \cdots\cdots (2\cdot5)$$

(4) 함수비(water content ; w)

흙만의 무게에 대한 물의 무게를 백분율로 표시한 것이다.

$$w=\frac{W_w}{W_s}\times 100 \quad \cdots\cdots (2\cdot6)$$

여기서, W_w : 물의 무게

W_s : 흙만의 무게

(5) 함수율(ratio of moisture ; w')

흙 전체의 무게에 대한 물의 무게를 백분율로 표시한 것이다.

$$w'=\frac{W_w}{W}\times 100 \quad \cdots\cdots (2\cdot7)$$

알•아•두•기•

- ① 공극비의 범위 : $e=0\sim\infty$
  ② 일반적인 자연상태의 흙의 공극비

흙의 종류	e
모래	0.54~0.82
실트	0.67~1.00
점토	1.00~3.00

- **공극률의 범위** : $n=0\sim100\%$

- **함수비의 범위**
  ① 자연함수비 : 100% 이하
  ② 해성점토, 유기질토의 함수비 : 500% 이상일 때도 있다.

- **흡착수 및 자유수**
  ① 흡착수(absorbed water)
  ㉠ 이중층 내에 있는 물을 말하며 물이라기보다는 고체에 가까운 성질을 갖는다.
  ㉡ 점토의 consistency, 투수성, 팽창성, 압축성, 전단강도 등 공학적 성질을 좌우한다.
  ② 자유수(free water)
  ㉠ 이중층 외부에 있는 물을 말한다.
  ㉡ 시료건조 시 110±5℃로 노건조하는 것은 자유수만을 제거하기 위함이다.

(6) 흙 전체의 무게(W)와 흙만의 무게(W_s)의 관계

$$w = \frac{W_w}{W_s} \times 100 = \frac{W - W_s}{W_s} \times 100$$

$$w\,W_s = 100\,W - 100\,W_s$$

$$100\,W = 100\,W_s + w\,W_s$$

$$\therefore\ W_s = \frac{100\,W}{100 + w} = \frac{W}{1 + \dfrac{w}{100}} \quad \cdots\cdots (2\cdot 8)$$

(7) 포화도(degree of saturation ; S_r)

공극 속에 물이 차 있는 정도를 나타낸다.

$$S = \frac{V_w}{V_v} \times 100 \quad \cdots\cdots (2\cdot 9)$$

(8) 체적과 중량의 상관관계

$$S = \frac{V_w}{V_v} = \frac{\dfrac{V_w}{V_s}}{\dfrac{V_v}{V_s}} = \frac{\dfrac{1}{V_s}\dfrac{W_w}{\gamma_w}}{e} = \frac{\dfrac{W_w}{W_s}\dfrac{W_s}{V_s}}{e\gamma_w} = \frac{w\gamma_s}{e\gamma_w} = \frac{w\,G_s}{e}$$

$$\therefore\ Se = w\,G_s \quad \cdots\cdots (2\cdot 10)$$

② 밀도(density ; γ, 단위중량 ; unit weight)

(1) 습윤밀도(total unit weight : moist unit weight ; γ_t)

$$\gamma_t = \frac{W}{V} = \frac{W_s + W_w}{V_s + V_v} = \frac{G_s\gamma_w + Se\gamma_w}{1 + e}$$

$$\therefore\ \gamma_t = \frac{G_s + Se}{1 + e}\gamma_w \quad \cdots\cdots (2\cdot 11)$$

(2) 건조밀도(dry unit weight ; γ_d)

$$\gamma_d = \frac{W_s}{V} = \frac{G_s}{1 + e}\gamma_w \quad \cdots\cdots (2\cdot 12)$$

포화도의 범위 : $S_r = 0 \sim 100\%$

① 포화상태일 때 : $S_r = 100\%$

② 완전히 노건조되었을 때 : $S_r = 0$

물의 밀도

$\gamma_w = 1\text{g/cm}^3$(단, 4℃일 때)

$$\gamma_d = \frac{W_s}{V} = \frac{W_s}{W/\gamma_t} = \frac{W_s\gamma_t}{W} = \frac{W_s\gamma_t}{W_s+W_w} = \frac{\gamma_t}{1+\dfrac{W_w}{W_s}}$$

$$\therefore\ \gamma_d = \frac{\gamma_t}{1+\dfrac{w}{100}} \quad \cdots\cdots (2\cdot13)$$

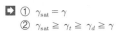

(3) 포화밀도(saturated unit weight ; γ_{sat})

$$\gamma_{\text{sat}} = \frac{W_{\text{sat}}}{V} = \frac{W_s+W_w}{V} = \frac{G_s\gamma_w+Se\gamma_w}{1+e}$$

$$\therefore\ \gamma_{\text{sat}} = \frac{G_s+e}{1+e}\gamma_w \quad \cdots\cdots (2\cdot14)$$

① $\gamma_{\text{sat}} = \gamma$
② $\gamma_{\text{sat}} \geqq \gamma_t \geqq \gamma_d \geqq \gamma$

(4) 수중밀도(submerged unit weight ; γ)

흙이 수중상태에 있으면 흙의 체적만큼 부력을 받게 되므로 부력만큼 단위중량이 감소하게 된다.

$$\gamma_{\text{sub}} = \gamma_{sat} - \gamma_w = \frac{G_s+e}{1+e}\gamma_w - \gamma_w$$

$$\therefore\ \gamma_{\text{sub}} = \frac{G_s-1}{1+e}\gamma_w \quad \cdots\cdots (2\cdot15)$$

③ 비중(specific gravity ; G_s)

흙의 비중은 건조된 토립자만의 무게를 그 입자의 용적과 같은 용적의 15℃의 물의 무게로 나눈 것을 말하고 KS F 2308에서는 15℃를 기준으로 한다.

일반적으로 흙의 비중이 불분명할 때에는 석영입자가 흙 속에 가장 많기 때문에 석영의 비중 2.65를 쓰고 있다.

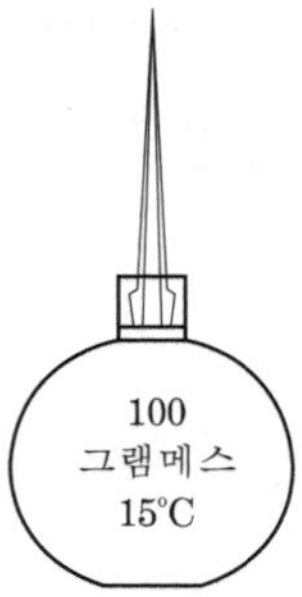

【비중병】

(1) 비중

$$G_s = \frac{\gamma_s}{\gamma_w} = \frac{W_s}{V_s\gamma_w} \quad \cdots\cdots (2\cdot16)$$

(2) 비중시험에 의한 흙의 비중 [KS F 2308]

$$G_s = \frac{W_s}{W_s+(W_a-W_b)}K \quad \cdots\cdots (2\cdot17)$$

알•아•두•기•

여기서, W_s : 비중병에 넣는 흙의 노건조무게(g)

W_a : T[℃]에서 (비중병+증류수)의 무게(g)

W_b : T[℃]에서 (비중병+노건조 흙+증류수)의 무게(g)

K : 보정계수(온도 T[℃]에서의 비중을 15℃의 물의 비중으로 나눈 수)

$$W_a = \frac{T[℃]\text{에서의 물의 비중}}{T'[℃]\text{에서의 물의 비중}} \times (W_a' - W_f) + W_f \quad \cdots\cdots (2\cdot18)$$

여기서, W_a' : T'[℃]에서의 (비중병+증류수)의 무게(g)

W_f : 비중병의 무게(g)

④ 상대밀도(relative density ; D_γ)

자연상태의 조립토의 조밀한 정도를 나타내는 것으로 사질토의 다짐 정도를 나타낸다.

$$D_\gamma = \frac{e_{\max} - e}{e_{\max} - e_{\min}} \times 100 \quad \cdots\cdots (2\cdot19)$$

여기서, $e_{\max}$: 가장 느슨한 상태의 공극비

$e_{\min}$: 가장 조밀한 상태의 공극비

e : 자연상태의 공극비

$$D_\gamma = \frac{\gamma_{d\max}}{\gamma_d} \frac{\gamma_d - \gamma_{d\min}}{\gamma_{d\max} - \gamma_{d\min}} \times 100 \quad \cdots\cdots (2\cdot20)$$

여기서, $\gamma_{d\max}$: 가장 조밀한 상태에서의 건조밀도

$\gamma_{d\min}$: 가장 느슨한 상태에서의 건조밀도

γ_d : 자연상태의 건조밀도

【표 2-1】 입상토에 대한 표준관입시험치(N치)와 상대밀도와의 관계

N치	흙의 상태	상대밀도 D_γ[%]
0~4	대단히 느슨	0~15
4~10	느슨	15~50
10~30	중간	50~70
30~50	조밀	70~85
50 이상	대단히 조밀	85~100

상대밀도(D_γ)

조립토가 자연상태에서 조밀한가 또는 느슨한가를 표시하기 위해 사용된다.

상대밀도의 범위

$D_\gamma = 0 \sim 100\%$

03 흙의 연경도(consistency of soil)

점착성이 있는 흙은 함수량이 차차 감소하면 액성 → 소성 → 반고체 → 고체의 상태로 변화하는데, 함수량에 의하여 나타나는 이러한 성질을 흙의 연경도라 하고 각각의 변화한계를 atterberg한계라 한다.

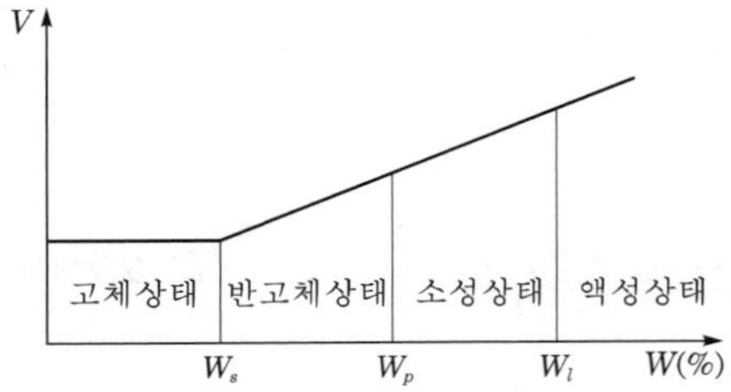

【그림 2-2】 atterberg한계

① Atterberg한계

> **Atterberg한계**
> No.40체 통과시료(교란시료)를 사용한다.

(1) 액성한계(liquid limit ; W_L) [KS F 2303]

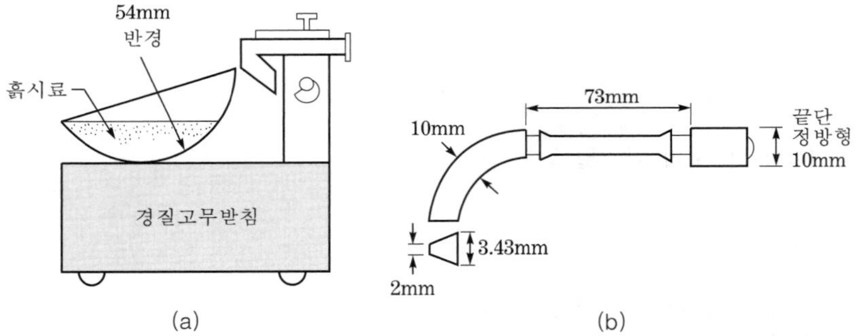

【그림 2-3】 액성한계시험기

① 흙이 액성에서 소성으로 변화하는 한계함수비이다.

② No.40체 **통과시료** 200g으로 시료를 조제한 후 황동접시에 흙을 넣고 주걱으로 홈을 판 다음 1cm 높이에서 1초에 2회의 속도로 25회 낙하시켰을 때 유동된 흙이 약 1.3cm의 길이로 양쪽 부분이 달라 붙을 때의 함수비를 **액성한계**라 한다.

(2) 소성한계(plastic limit ; W_p) [KS F 2304]

① 흙이 소성에서 반고체의 상태로 변화하는 한계함수비이다.

② 유리판 위에서 흙을 지름 3mm의 줄모양으로 늘였을 때 막 갈라지려는 상태로 되었을 때의 함수비를 소성한계라 한다.

③ 액성・소성한계의 시험이 불가능한 흙을 비소성(Non Plastic ; NP)라 한다.

(3) 수축한계(shrinkage limit ; W_s) [KS F 2305]

① 흙의 함수량을 어떤 양 이하로 줄여도 그 흙의 용적이 줄지 않고 함수량이 그 양 이상으로 늘면 용적이 증대하는 한계의 함수비이다.

② 수축한계(W_s)

$$W_s = w - \left(\frac{V - V_0}{W_0}\right)\gamma_w \times 100[\%] \quad \cdots\cdots (2\cdot21)$$

$$W_s = \left(\frac{1}{R} - \frac{1}{G_s}\right) \times 100 \quad \cdots\cdots (2\cdot22)$$

여기서, R : 수축비(shrinkage ratio)

$$R = \frac{W_0}{V_0}\frac{1}{\gamma_w} \quad \cdots\cdots (2\cdot23)$$

여기서, w : 습윤토의 함수비

W_0 : 노건조시료의 중량(g)

V : 습윤시료의 체적(cm^3)

V_0 : 노건조시료의 체적(cm^3)

② 연경도에서 구하는 지수

(1) 소성지수(plasticity index ; I_p)

① 흙이 소성상태로 존재할 수 있는 함수비의 범위이다.

② $I_p = W_L - W_p$ $\cdots\cdots$ (2·24)

(2) 수축지수(shrinkage index ; I_s)

① 흙이 반고체상태로 존재할 수 있는 함수비의 범위이다.

② $I_s = W_p - W_s$ $\cdots\cdots$ (2·25)

▶ ① I_p가 클수록 소성이 풍부한 흙이다.

② 점토함유율이 클수록 I_p는 커진다.

(3) 액성지수(liquidity index ; I_L)

① 흙의 유동 가능성의 정도를 나타낸 것으로 0에 가까울수록 흙은 안정하다.

② $I_L = \dfrac{W_n - W_p}{I_p}$ ······························ (2·26)

여기서, W_n : 자연함수비

③

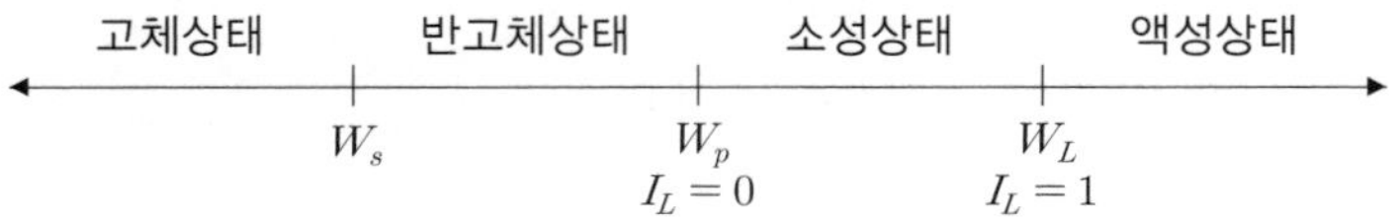

㉮ $I_L \leqq 0$: 고체 또는 반고체상태로서 안정하다.

㉯ $0 < I_L < 1$: 소성상태이다.

㉰ $I_L \geqq 1$: 액성상태로서 불안정하다.

(4) 연경지수(consistency index ; I_c)

① 점토에서 상대적인 굳기를 나타낸 것으로 $I_c \geqq 1$인 경우 흙은 안정상태이다.

② $I_c = \dfrac{W_L - W_n}{I_p}$ ······························ (2·27)

➡ $I_L + I_c = 1$

(5) 유동지수(flow index ; I_f)

① 유동곡선의 기울기이다.

② $I_f = \dfrac{w_1 - w_2}{\log N_2 - \log N_1}$ ······························ (2·28)

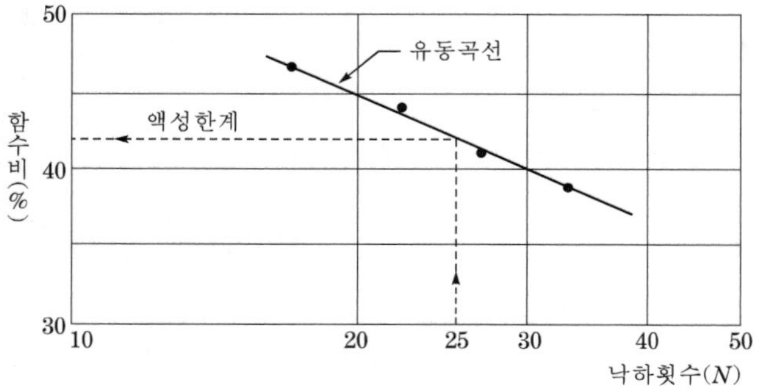

【그림 2-4】 유동곡선

③ 활성도(Activity ; A)

(1) 정의

$$A = \frac{I_p}{2\mu \text{ 이하의 점토함유율}(\%)} \quad \cdots\cdots (2\cdot29)$$

(2) 특성

① 흙의 팽창성을 판단하는 기준으로 활주로, 도로 등의 건설재료를 판단하거나 점토광물을 분류하는데 사용된다.

② 점토입자의 크기가 작을수록, 유기질이 많이 함유될수록 활성도는 크다.

③ 활성도가 클수록 소성지수가 커서 공학적으로 불안정한 상태가 되며 팽창, 수축이 커진다.

【표 2-2】 활성도에 따른 점토의 분류

점토	활성도	점토광물
비활성 점토	$A < 0.75$	Kaolinite
보통 점토	$A = 0.75 \sim 1.25$	Illite
활성 점토	$A > 1.25$	Montmorillonite

④ 흙의 물리적 성질

(1) 팽창작용

① Bulking

㉮ 모래 속의 물의 표면장력에 의해 팽창하는 현상이다.

㉯ 입경이 커지면 비표면적이 감소하므로 bulking의 크기가 감소한다.

② Swelling

㉮ 점토가 물을 흡수하여 팽창하는 현상이다.

㉯ Montmorillonite가 특히 크다.

(2) 비화작용(slaking)

① 점착력이 있는 흙을 물속에 담글 때 고체 → 반고체 → 소성 → 액성의 단계를 거치지 않고 물을 흡착함과 동시에 입자 간의 결합력이 약해져 바로 액성상태로 되어 붕괴되는 현상이다.

② 비화작용이 생기면 전단강도가 감소한다.

예상 및 기출문제

1. 다음 그림과 같은 흙의 구성도에서 체적 V를 1로 했을 때의 간극의 체적은? (단, 간극률 n, 함수비 w, 흙입자의 비중 G_s, 물의 단위무게 γ_w) [기사 14]

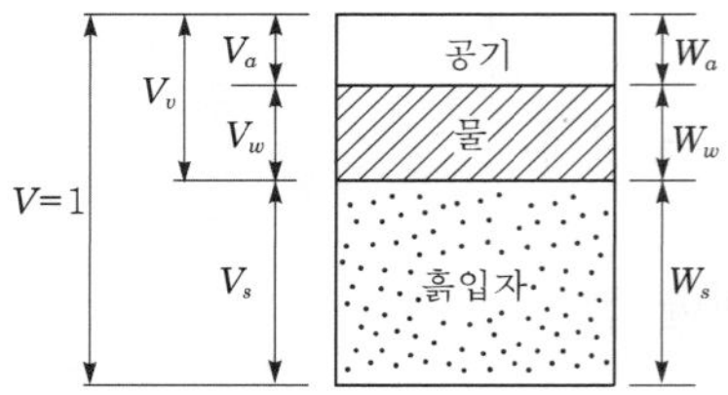

① n ② wG_s
③ $\gamma_w(1-n)$ ④ $[G_s-n(G-1)]\gamma_w$

해설 $n=\dfrac{V_v}{V}=\dfrac{V_v}{1}=V_v$

2. 간극비(void ratio)가 0.25인 모래의 간극률(porosity)은 얼마인가? [산업 17]

① 20% ② 25%
③ 30% ④ 35%

해설 $n=\dfrac{e}{1+e}\times 100=\dfrac{0.25}{1+0.25}\times 100=20\%$

3. 어느 흙의 간극비 $e=0.52$, 함수비 $w=12.5\%$ 및 포화도 $S=64.5\%$일 때 토립자의 비중 G_s는? [기사 05, 06, 산업 07]

① 2.42 ② 2.68
③ 2.87 ④ 2.92

해설 $Se=wG_s$

$64.5\times 0.52=12.5\times G_s$

$\therefore\ G_s=2.68$

4. 간극비(e)와 간극률(n, %)의 관계를 옳게 나타낸 것은? [기사 17]

① $e=\dfrac{1-n/100}{n/100}$ ② $e=\dfrac{n/100}{1-n/100}$

③ $e=\dfrac{1+n/100}{n/100}$ ④ $e=\dfrac{1+n/100}{1-n/100}$

해설 $n=\dfrac{e}{1+e}\times 100$

$\therefore\ e=\dfrac{n}{100-n}=\dfrac{\dfrac{n}{100}}{1-\dfrac{n}{100}}$

5. 현장 흙의 단위무게시험(들밀도시험)을 한 결과 파낸 구멍의 부피는 2,000cm^{3}이고, 파낸 흙의 중량이 3,240g이며 함수비는 8%였다. 이 흙의 간극비는? (단, 이 흙의 비중은 2.70이다.) [기사 05]

① 0.80 ② 0.76
③ 0.70 ④ 0.66

해설 ㉮ $\gamma_t=\dfrac{W}{V}=\dfrac{3,240}{2,000}=1.62\text{g/cm}^3$

㉯ $\gamma_t=\dfrac{G_s+Se}{1+e}\gamma_w=\dfrac{G_s+wG_s}{1+e}\gamma_w$

$1.62=\dfrac{2.7+0.08\times 2.7}{1+e}\times 1$

$\therefore\ e=0.8$

6. 흙의 비중 2.70, 함수비 30%, 간극비 0.90일 때 포화도는? [기사 08, 09, 11, 16, 산업 11, 16, 19]

① 100% ② 90%
③ 80% ④ 70%

해설 $Se=wG_s$

$S\times 0.9=30\times 2.7$

$\therefore\ S=90\%$

7. 포화된 흙의 건조단위중량이 1.70t/m^{3}이고 함수비가 20%일 때 비중은 얼마인가? [기사 14, 18]

① 2.58 ② 2.68
③ 2.78 ④ 2.88

해설 $\gamma_d=\dfrac{\gamma_w}{\dfrac{1}{G_s}+\dfrac{w}{S}}$

$1.7=\dfrac{1}{\dfrac{1}{G_s}+\dfrac{20}{100}}$

$\therefore\ G_s=2.58$

정답 1. ① 2. ① 3. ② 4. ② 5. ① 6. ② 7. ①

8. 흙의 건조단위중량이 1.60g/cm^{3}이고 비중이 2.64인 흙의 간극비는? [산업 15, 16]

① 0.42　② 0.60
③ 0.65　④ 0.64

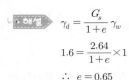

해설 $\gamma_d = \frac{G_s}{1+e}\gamma_w$

$1.6 = \frac{2.64}{1+e}\times 1$

$\therefore\ e = 0.65$

9. 노건조한 흙시료의 부피가 1,000cm^3, 무게가 1,700g, 비중이 2.65라면 간극비는? [기사 18]

① 0.71　② 0.43
③ 0.65　④ 0.56

해설 ㉮ $\gamma_d = \frac{W_s}{V} = \frac{1{,}700}{1{,}000} = 1.7\text{g/cm}^3$

㉯ $\gamma_d = \frac{G_s}{1+e}\gamma_w$

$1.7 = \frac{2.65}{1+e}\times 1$

$\therefore\ e = 0.56$

10. 어떤 흙의 습윤단위중량(γ_t)은 2.0t/m^{3}이고, 함수비는 18%이다. 이 흙의 건조단위중량(γ_d)은? [산업 10, 17]

① 1.61t/m^3　② 1.69t/m^3
③ 1.75t/m^3　④ 1.84t/m^3

해설 $\gamma_d = \frac{\gamma_t}{1+\frac{w}{100}} = \frac{2}{1+\frac{18}{100}} = 1.69\text{t/m}^3$

11. 어떤 흙의 건조단위중량이 1.64t/m^{3}이였다. 이 흙입자의 비중이 2.69일 때 간극률은? [산업 08, 15, 16]

① 36%　② 39%
③ 42%　④ 45%

해설 ㉮ $\gamma_d = \frac{G_s}{1+e}\gamma_w$

$1.64 = \frac{2.69}{1+e}\times 1$

$\therefore\ e = 0.64$

㉯ $n = \frac{e}{1+e}\times 100 = \frac{0.64}{1+0.64}\times 100 = 39.02\%$

12. 포화도가 75%이고 비중이 2.60인 흙에 대한 함수비는 15%였다 이 흙의 간극률은? [산업 09]

① 74.3%　② 68.2%
③ 50.5%　④ 34.2%

해설 ㉮ $Se = wG_s$

$75\times e = 15\times 2.6$

$\therefore\ e = 0.52$

㉯ $n = \frac{e}{1+e}\times 100$

$= \frac{0.52}{1+0.52}\times 100 = 34.21\%$

13. 흙입자의 비중은 2.56, 함수비는 35%, 습윤단위중량은 1.75g/cm^{3}일 때 간극률은? [기사 11, 19]

① 32.63%　② 37.36%
③ 43.56%　④ 49.37%

해설 ㉮ $\gamma_t = \frac{G_s+Se}{1+e}\gamma_w = \frac{G_s+wG_s}{1+e}\gamma_w$

$1.75 = \frac{2.56+0.35\times 2.56}{1+e}\times 1$

$\therefore\ e = 0.975$

㉯ $n = \frac{e}{1+e}\times 100 = \frac{0.975}{1+0.975}\times 100 = 49.37\%$

14. 점토지반으로부터 불교란시료를 채취하였다. 이 시료는 직경 5cm, 길이 10cm이고, 습윤무게는 350g이고, 함수비가 40%일 때 이 시료의 건조단위무게는? [기사 17]

① 1.78g/cm^3　② 1.43g/cm^3
③ 1.27g/cm^3　④ 1.14g/cm^3

해설 ㉮ $\gamma_t = \frac{W}{V} = \frac{350}{\frac{\pi\times 5^2}{4}\times 10} = 1.78\text{g/cm}^3$

㉯ $\gamma_d = \frac{\gamma_t}{1+\frac{w}{100}} = \frac{1.78}{1+\frac{40}{100}} = 1.27\text{g/cm}^3$

15. 1m^{3}의 포화점토를 채취하여 습윤단위무게와 함수비를 측정한 결과 각각 1.68t/m^{3}와 60%였다. 이 포화점토의 비중은 얼마인가? [산업 09, 17]

① 2.14　② 2.84
③ 1.58　④ 1.31

정답 8. ③ 9. ④ 10. ② 11. ② 12. ④ 13. ④ 14. ③ 15. ②

해설 ㉮ $Se = wG_s$

$1 \times e = 0.6 \times G_s$

$\therefore \ e = 0.6G_s$

㉯ $\gamma_{sat} = \dfrac{G_s + e}{1+e}\gamma_w$

$1.68 = \dfrac{G_s + e}{1+e} \times 1$

$1.68 = \dfrac{G_s + 0.6G_s}{1+0.6G_s}$

$\therefore \ G_s = 2.84$

16. 부피 100cm³의 시료가 있다. 젖은 흙의 무게가 180g인데 노건조 후 무게를 측정하니 140g이었다. 이 흙의 간극비는? (단, 이 흙의 비중은 2.65이다.) [산업 14]

① 1.472 ② 0.893
③ 0.627 ④ 0.470

해설 ㉮ $\gamma_d = \dfrac{W_s}{V} = \dfrac{140}{100} = 1.4\text{g/cm}^3$

㉯ $\gamma_d = \dfrac{G_s}{1+e}\gamma_w$

$1.4 = \dfrac{2.65}{1+e} \times 1$

$\therefore \ e = 0.893$

17. 어떤 흙의 건조단위중량이 1.724g/cm³이고, 비중이 2.65일 때 다음 설명 중 틀린 것은? [산업 10]

① 간극비는 0.537이다.
② 간극률은 34.94%이다.
③ 포화상태의 함수비는 20.26%이다.
④ 포화단위중량은 2.223g/cm³이다.

해설 ㉮ $\gamma_d = \dfrac{G_s}{1+e}\gamma_w$

$1.724 = \dfrac{2.65}{1+e} \times 1$

$\therefore \ e = 0.537$

㉯ $n = \dfrac{e}{1+e} \times 100 = \dfrac{0.537}{1+0.537} \times 100 = 34.94\%$

㉰ $Se = wG_s$

$100 \times 0.537 = w \times 2.65$

$\therefore \ w = 20.26\%$

㉱ $\gamma_{sat} = \dfrac{G_s + e}{1+e}\gamma_w = \dfrac{2.65 + 0.537}{1+0.537} \times 1 = 2.074\text{t/m}^3$

18. 어떤 흙의 중량이 450g이고 함수비가 20%인 경우 이 흙을 완전히 건조시켰을 때 중량은 얼마인가? [산업 15]

① 360g ② 425g
③ 400g ④ 375g

해설 $w_s = \dfrac{W}{1+\dfrac{w}{100}} = \dfrac{450}{1+\dfrac{20}{100}} = 375\text{g}$

19. 흙의 함수비측정시험을 하기 위하여 먼저 용기의 무게를 잰 결과 10g이었다. 시료를 용기에 넣은 후 무게를 측정하니 40g, 그대로 건조시킨 후 무게는 30g이었다. 이 흙의 함수비는? [기사 07, 산업 06, 09]

① 25% ② 30%
③ 50% ④ 75%

해설 $w = \dfrac{W_w}{W_s} \times 100 = \dfrac{40-30}{30-10} \times 100 = 50\%$

20. 어떤 흙시료의 비중이 2.50이고 흙 중의 물의 무게가 100g이며 순 흙입자의 부피가 200cm³일 때 이 시료의 함수비는? [기사 03]

① 10% ② 20%
③ 30% ④ 40%

해설 ㉮ $G_s = \dfrac{W_s}{V_s\gamma_w}$

$2.5 = \dfrac{W_s}{200 \times 1}$

$\therefore \ W_s = 500\text{g}$

㉯ $w = \dfrac{W_w}{W_s} \times 100 = \dfrac{100}{500} \times 100 = 20\%$

21. 습윤단위중량이 19kN/m³, 함수비 25%, 비중이 2.7인 경우 건조단위중량과 포화도는? (단, 물의 단위중량은 9.81kN/m³이다.) [기사 20]

① 17.3kN/m³, 97.8%
② 17.3kN/m³, 90.9%
③ 15.2kN/m³, 97.8%
④ 15.2kN/m³, 90.9%

정답 16. ② 17. ④ 18. ④ 19. ③ 20. ② 21. ④

해설 ㉮ $\gamma_t = \dfrac{G_s + Se}{1+e}\gamma_w = \dfrac{G_s + wG_s}{1+e}\gamma_w$

$19 = \dfrac{2.7 + 0.25 \times 2.7}{1+e} \times 9.81$

$\therefore\ e = 0.742$

㉯ $\gamma_d = \dfrac{G_s}{1+e}\gamma_w$

$= \dfrac{2.7}{1+0.742} \times 9.81 = 15.2\text{kN/m}^3$

㉰ $Se = wG_s$

$S \times 0.742 = 25 \times 2.7$

$\therefore\ S = 90.97\%$

22. 습윤단위중량이 2.0t/m^3, 함수비 20%, G_s=2.7인 경우 포화도는? [기사 17]

① 86.1% ② 87.1%
③ 95.6% ④ 100%

해설 ㉮ $\gamma_t = \dfrac{G_s + Se}{1+e}\gamma_w = \dfrac{G_s + wG_s}{1+e}\gamma_w$

$2 = \dfrac{2.7 + 0.2 \times 2.7}{1+e} \times 1$

$\therefore\ e = 0.62$

㉯ $Se = wG_s$

$S \times 0.62 = 20 \times 2.7$

$\therefore\ S = 87.1\%$

23. 습윤토 1,000cm^{3}의 교란되지 않은 시료가 있다. 이 시료의 시험결과 무게는 1,550g, 함수비는 12.5%, 비중은 2.60의 값을 얻었다. 교란되지 않은 상태의 포화도는? [산업 02]

① 32% ② 37%
③ 44% ④ 56%

해설 ㉮ $\gamma_t = \dfrac{W}{V} = \dfrac{1{,}550}{1{,}000} = 1.55\text{g/cm}^3$

㉯ $\gamma_t = \dfrac{G_s + Se}{1+e}\gamma_w = \dfrac{G_s + wG_s}{1+e}\gamma_w$

$1.55 = \dfrac{2.6 + 0.125 \times 2.6}{1+e} \times 1$

$\therefore\ e = 0.89$

㉰ $Se = wG_s$

$S \times 0.89 = 12.5 \times 2.6$

$\therefore\ S = 36.52\%$

24. 토립자의 비중이 2.60인 흙의 전체 단위중량이 2.0t/m^{3}이고 함수비가 20%라고 할 때 이 흙의 포화도는? [기사 11, 12]

① 67.7% ② 81.2%
③ 92.9% ④ 73.4%

해설 ㉮ $\gamma_t = \dfrac{G_s + Se}{1+e}\gamma_w = \dfrac{G_s + wG_s}{1+e}\gamma_w$

$2 = \dfrac{2.6 + 0.2 \times 2.6}{1+e} \times 1$

$\therefore\ e = 0.56$

㉯ $Se = wG_s$

$S \times 0.56 = 20 \times 2.6$

$\therefore\ S = 92.86\%$

25. 흙의 전체 단위체적당 중량은 1.92t/m^{3}이고 이 흙의 함수비는 20%이며 흙의 비중은 2.65라고 하면 건조단위중량은? [기사 06]

① 1.56t/m^3 ② 1.60t/m^3
③ 1.75t/m^3 ④ 1.80t/m^3

해설 ㉮ $\gamma_t = \dfrac{G_s + Se}{1+e}\gamma_w$

$1.92 = \dfrac{2.65 + 0.2 \times 2.65}{1+e} \times 1$

$\therefore\ e = 0.66$

㉯ $\gamma_d = \dfrac{G_s}{1+e}\gamma_w = \dfrac{2.65}{1+0.66} \times 1 = 1.60\text{t/m}^3$

26. 부피가 2,208cm^{3}이고 무게가 4,000g인 몰드 속에 흙을 다져 넣어 무게를 측정하였더니 8,294g이었다. 이 몰드 속에 있는 흙을 시료추출기를 사용하여 추출한 후 함수비를 측정하였더니 12.3%였다. 이 흙의 건조단위중량은? [산업 05, 07]

① 1.945g/cm^3 ② 1.732g/cm^3
③ 1.812g/cm^3 ④ 1.614g/cm^3

해설 ㉮ $\gamma_t = \dfrac{W}{V} = \dfrac{8{,}294 - 4{,}000}{2{,}208} = 1.94\text{g/cm}^3$

㉯ $\gamma_d = \dfrac{\gamma_t}{1 + \dfrac{w}{100}} = \dfrac{1.94}{1 + \dfrac{12.3}{100}} = 1.73\text{g/cm}^3$

정답 22. ② 23. ② 24. ③ 25. ② 26. ②

27. 공극비 $e=0.65$, 함수비 $w=20.5\%$, 비중 $G_s=2.69$ 인 사질점토가 있다. 이 흙의 습윤밀도 γ_t 는? [산업 09, 19]

① 1.63g/cm^3 ② 1.96g/cm^3
③ 1.02g/cm^3 ④ 1.35g/cm^3

해설 $\gamma_t = \dfrac{G_s + Se}{1+e}\gamma_w = \dfrac{G_s + wG_s}{1+e}\gamma_w$

$= \dfrac{2.69 + 0.205 \times 2.69}{1+0.65} \times 1 \fallingdotseq 1.96\text{g/cm}^3$

28. 흙의 습윤단위무게(γ_t)가 1.30g/cm^3이며 함수비가 60.5%인 흙의 비중이 2.70일 때 포화단위무게를 구하면? [산업 05]

① 0.81g/cm^3 ② 1.51g/cm^3
③ 1.80g/cm^3 ④ 2.33g/cm^3

해설 ㉮ $\gamma_t = \dfrac{G_s + Se}{1+e}\gamma_w$

$1.3 = \dfrac{2.7 + 0.605 \times 2.7}{1+e} \times 1$

$\therefore\ e = 2.33$

㉯ $\gamma_{sat} = \dfrac{G_s + e}{1+e}\gamma_w = \dfrac{2.7+2.33}{1+2.33} = 1.51\text{g/cm}^3$

29. 다음 그림에서 흙고체만의 체적(V_s)은 얼마나 되겠는가? (단, 이 흙의 비중은 2.65이고, 함수비는 25%이다.) [기사 08]

① 2.40cm^3
② 2.72cm^3
③ 3.12cm^3
④ 3.40cm^3

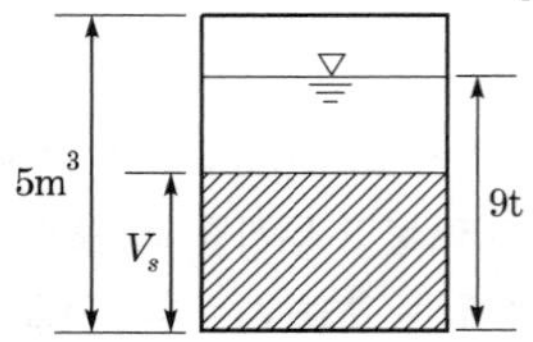

해설 ㉮ $\gamma_t = \dfrac{W}{V} = \dfrac{9}{5} = 1.8\text{g/cm}^3$

㉯ $\gamma_t = \dfrac{G_s + Se}{1+e}\gamma_w = \dfrac{G_s + wG_s}{1+e}\gamma_w$

$1.8 = \dfrac{2.65 + 0.25 \times 2.65}{1+e} \times 1$

$\therefore\ e = 0.84$

㉰ $e = \dfrac{V_v}{V_s} = \dfrac{V - V_s}{V_s}$

$0.84 = \dfrac{5 - V_s}{V_s}$

$\therefore\ V_s = 2.72\text{cm}^3$

30. 토취장에서 간극비가 0.8인 흙을 $5,800\text{m}^3$만큼 가져와 $4,950\text{m}^3$의 성토구역에 다져 넣었다. 이 다져 놓은 현장의 간극비는? [산업 93]

① 0.477 ② 0.536
③ 0.683 ④ 0.937

해설 ㉮ $e_{토} = \dfrac{V_v}{V_s} = \dfrac{V - V_s}{V_s}$

$0.8 = \dfrac{5,800 - V_s}{V_s}$

$\therefore\ V_s = 3,222.2\text{m}^3$

㉯ $e_{성} = \dfrac{V_v}{V_s} = \dfrac{V - V_s}{V_s} = \dfrac{4,950 - 3,222.2}{3,222.2} = 0.536$

<참고> 이 문제의 핵심은 토취장과 성토구역의 흙 V_s가 서로 같다는 것이다.

㉠ 토취장 — $V = 5,800\text{m}^3$
— $V_s = 3,222.2\text{m}^3$
— $V_v = V - V_s = 2,577.8\text{m}^3$

㉡ 성토구역 — $V = 4,950\text{m}^3$
— $V_s = 3,222.2\text{m}^3$
— $V_v = V - V_s = 1,727.8\text{m}^3$

즉 토취장과 성토구역에서 $V_s = 3,222.2\text{m}^3$로서 서로 같다.

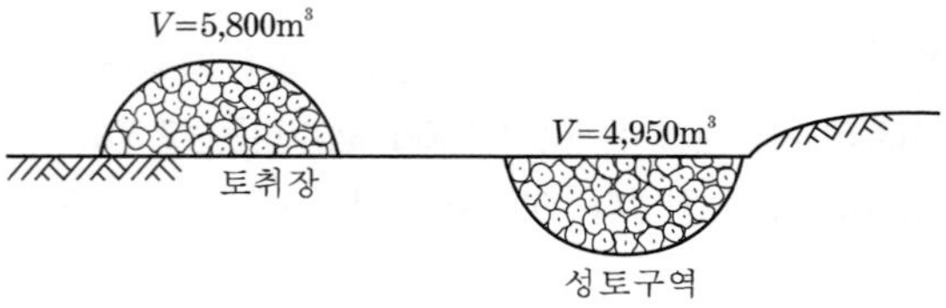

31. 포화도가 100%인 시료의 체적이 $1,000\text{cm}^3$이었다. 노건조 후에 무게를 측정한 결과 물의 무게(W_w)가 400g이었다면 이 시료의 간극률(n)은 얼마인가? [산업 14, 19]

① 15% ② 20%
③ 40% ④ 60%

해설 ㉮ $S_r = 100\%$일 때

$V_v = V_w = W_w = 400\text{g}$

㉯ $n = \dfrac{V_v}{V} = \dfrac{400}{1,000} = 0.4 = 40\%$

정답 27. ② 28. ② 29. ② 30. ② 31. ③

32. 100% 포화된 흐트러지지 않은 시료의 부피가 20.5cm³이고, 무게는 34.2g이었다. 이 시료를 oven에 건조시킨 후의 무게는 22.6g이었다. 공극비(void ratio)는? [기사 13, 19, 20, 산업 03]

① 1.3 ② 1.5
③ 2.1 ④ 2.6

해설 ㉮ $S_r = 100\%$일 때

$V_v = V_w = W_w = W - W_s = 34.2 - 22.6 = 11.6\text{cm}^3$

㉯ $e = \frac{V_v}{V_s} = \frac{V_v}{V - V_v} = \frac{11.6}{20.5 - 11.6} = 1.3$

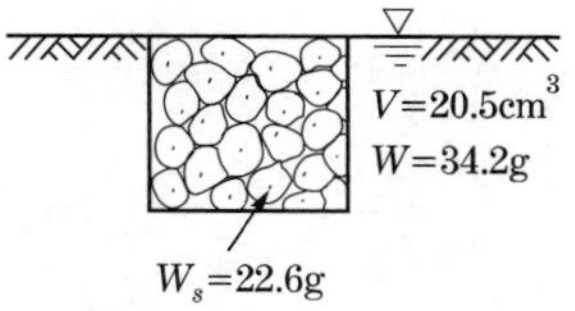

33. 함수비 15%인 흙 2,300g이 있다. 이 흙의 함수비를 25%로 증가시키려면 얼마의 물을 가해야 하는가? [기사 13, 19, 산업 11]

① 200g ② 230g
③ 345g ④ 575g

해설 ㉮ 함수비 15%인 흙

$W_s = \frac{W}{1 + \frac{w}{100}} = \frac{2,300}{1 + \frac{15}{100}} = 2,000\text{g}$

$\therefore W_w = W - W_s = 2,300 - 2,000 = 300\text{g}$

㉯ 함수비 25%인 흙

$w = \frac{W_w}{W_s} \times 100$

$25 = \frac{W_w}{2,000} \times 100$

$\therefore W_w = 500\text{g}$

㉰ 추가해야 할 물의 양 $= 500 - 300 = 200\text{g}$

<참고> 이 문제의 핵심은 $w = 15\%$, 25%일 때의 W_s가 서로 같다는 것이다.

34. 함수비 18%의 흙 500kg을 함수비 24%로 만들려고 한다. 추가해야 하는 물의 양은? [기사 10, 12, 13, 15, 산업 08, 11, 12, 15]

① 80kg ② 54kg
③ 38kg ④ 26kg

해설 ㉮ 함수비 18%일 때

$W_w = \frac{wW}{100 + w}$

$= \frac{18 \times 500}{100 + 18} = 76.27\text{kg}$

㉯ 함수비 24%일 때

$18 : 76.27 = 24 : W_w$

$\therefore W_w = \frac{76.27 \times 24}{18} = 101.69\text{kg}$

㉰ 추가할 물의 양

$W_w = 101.69 - 76.27 = 25.42\text{kg}$

35. 도로를 축조하기 위하여 토취장에서 시료를 채취하여 함수비를 측정하였더니 10%였다. 이 흙의 다짐이 잘 되지 않아 최적함수비인 22% 정도로 올리려고 한다. 1m³당 몇 kg의 물을 가해야 되는가? (단, 이 흙의 습윤밀도는 2.50t/m³이고, 간극비는 일정하다고 본다.) [산업 05]

① 168.2kg ② 204.6kg
③ 272.8kg ④ 290.7kg

해설 ㉮ 1m³당 흙의 무게

$\gamma_t = \frac{W}{V}$에서 $2.5 = \frac{W}{1}$

$\therefore W = 2.5\text{t} = 2,500\text{kg}$

㉯ $w = 10\%$일 때 물의 무게

$W_w = \frac{wW}{100 + w}$

$= \frac{10 \times 2,500}{100 + 10} = 227.27\text{kg}$

㉰ $w = 22\%$일 때 물의 무게

$10 : 227.27 = 22 : W_w$

$\therefore W_w = \frac{227.27 \times 22}{10} = 499.99\text{kg}$

㉱ 추가할 물의 무게

$W_w = 499.99 - 227.27 = 272.72\text{kg}$

36. 함수비 6%, 습윤단위중량(γ_t)이 1.6t/m³의 흙이 있다. 함수비를 18%로 증가시키는 데 흙 1m³당 몇 kg의 물이 필요한가? (단, 간극비는 일정) [산업 08]

① 181.1kg ② 175.4kg
③ 170.1kg ④ 165.3kg

정답 32. ① 33. ① 34. ④ 35. ③ 36. ①

해설 ㉮ 함수비 6%일 때

$$W_s = \frac{W}{1+\frac{w}{100}} = \frac{1,600}{1+\frac{6}{100}} = 1,509.43\text{kg}$$

$$\therefore W_w = W - W_s = 1,600 - 1,509.43 = 90.57\text{kg}$$

㉯ 함수비 18%일 때

$$w = \frac{W_w}{W_s} \times 100$$

$$18 = \frac{W_w}{1,509.43} \times 100$$

$$\therefore W_w = 271.7\text{kg}$$

㉰ 추가할 물의 양 $= 271.7 - 90.57 = 181.13\text{kg}$

37. 어떤 흙 1,200g(함수비 20%)과 흙 2,600g(함수비 30%)을 섞으면 그 흙의 함수비는 약 얼마인가? [기사 09, 13]

① 21.1%　② 25.0%
③ 26.7%　④ 29.5%

해설 ㉮ $w = 20\%$일 때

㉠ $W_s = \frac{W}{1+\frac{w}{100}} = \frac{1,200}{1+\frac{20}{100}} = 1,000\text{g}$

㉡ $W_w = W - W_s = 1,200 - 1,000 = 200\text{g}$

㉯ $w = 30\%$일 때

㉠ $W_s = \frac{W}{1+\frac{w}{100}} = \frac{2,600}{1+\frac{30}{100}} = 2,000\text{g}$

㉡ $W_w = W - W_s = 2,600 - 2,000 = 600\text{g}$

㉰ 전체 흙의 함수비

㉠ $W_s = 1,000 + 2,000 = 3,000\text{g}$

㉡ $W_w = 200 + 600 = 800\text{g}$

㉢ $w = \frac{W_w}{W_s} \times 100 = \frac{800}{3,000} \times 100 = 26.67\%$

38. 석고나 유기물 등을 다분히 함유한 흙의 함수비 측정 시 적당한 건조온도는? [기사 96]

① 60℃　② 100℃
③ 110℃　④ 130℃

해설 석고나 유기질을 함유한 흙에서 110±5℃로 노건조시키면 결정수를 잃거나 유기질이 연소되므로 80℃ 이하로 장기간 건조시켜야 한다.

39. 흙의 삼상(三相)에서 흙입자인 고체 부분만의 체적을 1로 가정한다면 공기 부분만이 차지하는 체적은? (단, 포화도 S 및 간극률 n은 %이다.) [산업 10]

① $e\left(1-\frac{S}{100}\right)$　② $\frac{Se}{100}$
③ $\frac{n}{100}\left(1-\frac{S}{100}\right)$　④ $\frac{Sn}{10,000}$

해설 ㉮ $S_r = \frac{V_w}{V_v} \times 100$

$$\therefore V_w = \frac{S_r V_v}{100} = \frac{S_r e}{100} \ (\because e = V_v)$$

㉯ $e = \frac{V_v}{V_s} = V_v \ (\because V_s = 1)$

㉰ $e = \frac{V_v}{V_s} = \frac{V_w + V_a}{V_s} = V_w + V_a \ (\because V_s = 1)$

$$\therefore V_a = e - V_w = e - \frac{S_r e}{100} = e\left(1-\frac{S_r}{100}\right)$$

40. 다음 그림과 같이 흙입자가 크기가 균일한 구(직경 : d)로 배열되어 있을 때 간극비는? [기사 16]

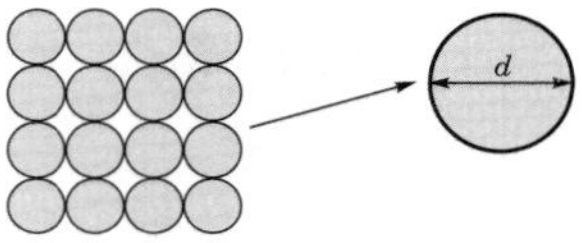

① 0.91　② 0.71
③ 0.51　④ 0.35

해설 $$e = \frac{V_v}{V_s} = \frac{V - V_s}{V_s} = \frac{(4d)^3 - \frac{\pi d^3}{6} \times 64}{\frac{\pi d^3}{6} \times 64} = 0.91$$

41. 어떤 젖은 시료의 무게가 207g, 건조 전 시료의 부피가 110cm³이고, 노건조한 시료의 무게가 163g이었다. 이때 비중이 2.68이라면 노건조상태의 시료부피(V_s)와 간극비(e)는? [산업 12]

① $V_s = 80.8\text{cm}^3$, $e = 1.01$
② $V_s = 70.8\text{cm}^3$, $e = 0.91$
③ $V_s = 60.8\text{cm}^3$, $e = 0.81$
④ $V_s = 50.8\text{cm}^3$, $e = 0.71$

정답 37. ③　38. ①　39. ①　40. ①　41. ③

해설 ㉮ $G_s = \dfrac{W_s}{\gamma_w V_s}$

$2.68 = \dfrac{163}{1 \times V_s}$

$\therefore V_s = 60.82\text{cm}^3$

㉯ $e = \dfrac{V_v}{V_s} = \dfrac{V - V_s}{V_s} = \dfrac{110 - 60.82}{60.82} = 0.81$

42. 상대밀도에 대한 설명으로 옳은 것은? [산업 07]

① 주로 점토와 같은 세립토에 사용된다.

② 상대밀도가 60% 정도이면 느슨한 상태이다.

③ 보통 진동다짐에 의하여 $e_{\max}$, 건조모래를 가만히 유입함으로써 $e_{\min}$을 측정한다.

④ 흙의 조밀 또는 느슨한 상태를 알고자 할 때 간극비만으로는 명확하지 못하므로 상대밀도를 사용한다.

해설 조립토가 자연상태에서 조밀한가 또는 느슨한가를 표시하기 위해 상대밀도를 사용한다.

43. 비중이 2.70이며 함수비가 25%인 어느 현장 사질토 5m^3의 무게가 8.0t이었다. 이 사질토를 최대로 조밀하게 다졌을 때와 최대로 느슨한 상태의 간극비가 각각 0.8과 1.20이었다. 이 현장 모래의 상대밀도는? [기사 07]

① 22.5% ② 32.5%

③ 42.5% ④ 52.5%

해설 ㉮ $\gamma_t = \dfrac{G_s + Se}{1+e}\gamma_w = \dfrac{G_s + wG_s}{1+e}\gamma_w$

$\dfrac{8}{5} = \dfrac{2.7 + 0.25 \times 2.7}{1+e} \times 1$

$\therefore e = 1.11$

㉯ $D_r = \dfrac{e_{\max} - e}{e_{\max} - e_{\min}} \times 100$

$= \dfrac{1.2 - 1.11}{1.2 - 0.8} \times 100 = 22.5\%$

44. 모래지반의 현장 상태 습윤단위중량을 측정한 결과 1.8t/m^3로 얻어졌으며, 동일한 모래를 채취하여 실내에서 가장 조밀한 상태의 간극비를 구한 결과 $e_{\min} = 0.45$를, 가장 느슨한 상태의 간극비를 구한 결과 $e_{\max} = 0.92$를 얻었다. 현장 상태의 상대밀도는 약 몇 %인가? (단, 모래의 비중 $G_s = 2.70$이고, 현장 상태의 함수비 $w = 10\%$이다.) [기사 10, 16]

① 44% ② 57%

③ 64% ④ 80%

해설 ㉮ $\gamma_t = \dfrac{G_s + Se}{1+e}\gamma_w = \dfrac{G_s + wG_s}{1+e}\gamma_w$

$1.8 = \dfrac{2.7 + 0.1 \times 2.7}{1+e} \times 1$

$\therefore e = 0.65$

㉯ $D_r = \dfrac{e_{\max} - e}{e_{\max} - e_{\min}} \times 100$

$= \dfrac{0.92 - 0.65}{0.92 - 0.45} \times 100 = 57.45\%$

45. 현장에서 모래의 건조단위중량을 측정하였더니 1.56g/cm^3, 이 모래를 채취하여 시험실에서 가장 조밀한 상태 및 가장 느슨한 상태에서 건조단위중량을 측정한 결과 각각 1.68g/cm^3, 1.46g/cm^3를 얻었다. 현장에서 이 모래의 상대밀도는? [기사 09, 산업 08]

① 49% ② 45%

③ 39% ④ 35%

해설 $D_\gamma = \dfrac{\gamma_{d\max}}{\gamma_d} \times \dfrac{\gamma_d - \gamma_{d\min}}{\gamma_{d\max} - \gamma_{d\min}} \times 100$

$= \dfrac{1.68}{1.56} \times \dfrac{1.56 - 1.46}{1.68 - 1.46} \times 100 = 48.95\%$

46. 현장 흙의 단위중량을 구하기 위해 부피 500cm^3의 구멍에서 파낸 젖은 흙의 무게가 900g이고, 건조시킨 후의 무게가 800g이다. 건조한 흙 400g을 몰드에 가장 느슨한 상태로 채운 부피가 280cm^3이고, 진동을 가하여 조밀하게 다진 후의 부피는 210cm^3이다. 흙의 비중이 2.7일 때 이 흙의 상대밀도는? [기사 15]

① 33% ② 38%

③ 43% ④ 48%

해설 ㉮ $\gamma_d = \dfrac{W_s}{V} = \dfrac{800}{500} = 1.6\text{g/cm}^3$

㉯ $\gamma_{d\min} = \dfrac{W_s}{V} = \dfrac{400}{280} = 1.43\text{g/cm}^3$

$\gamma_{d\max} = \dfrac{W_s}{V} = \dfrac{400}{210} = 1.9\text{g/cm}^3$

㉰ $D_\gamma = \dfrac{\gamma_{d\max}}{\gamma_d} \times \dfrac{\gamma_d - \gamma_{d\min}}{\gamma_{d\max} - \gamma_{d\min}} \times 100$

$= \dfrac{1.9}{1.6} \times \dfrac{1.6 - 1.43}{1.9 - 1.43} \times 100 = 42.95\%$

정답 42. ④ 43. ① 44. ② 45. ① 46. ③

47. 어떤 모래의 건조단위중량이 1.7t/m^{3}이고, 이 모래의 $\gamma_{d\max}$=1.8t/m^3, $\gamma_{d\min}$=1.6t/m^{3}이라면 상대밀도는? [기사 14]

① 47% ② 49%
③ 51% ④ 53%

해설 $D_r = \frac{\gamma_{d\max}}{\gamma_d} \times \frac{\gamma_d - \gamma_{d\min}}{\gamma_{d\max} - \gamma_{d\min}} \times 100$

$= \frac{1.8}{1.7} \times \frac{1.7-1.6}{1.8-1.6} \times 100 = 53\%$

48. 자연상태의 모래지반을 다져 $e_{\min}$에 이르도록 했다면 이 지반의 상대밀도는? [기사 08, 17]

① 0% ② 50%
③ 75% ④ 100%

해설 $D_r = \frac{e_{\max} - e}{e_{\max} - e_{\min}} \times 100$

$= \frac{e_{\max} - e_{\min}}{e_{\max} - e_{\min}} \times 100 = 100\%$

49. 모래의 현장 간극비가 0.641, 이 모래를 채취하여 실험실에 가장 조밀한 상태 및 가장 느슨한 상태에서 측정한 간극비가 각각 0.595, 0.685를 얻었다. 이 모래의 상대밀도는? [산업 12]

① 58.9% ② 48.9%
③ 41.1% ④ 51.1%

해설 $D_r = \frac{e_{\max} - e}{e_{\max} - e_{\min}} \times 100$

$= \frac{0.685 - 0.641}{0.685 - 0.595} \times 100 = 48.89\%$

50. 사질토에서 상대밀도가 1이란 어떤 상태인가? [산업 06]

① 가장 촘촘한 상태 ② 중간 정도의 다짐상태
③ 가장 느슨한 상태 ④ 물속에 잠긴 상태

해설

상대밀도 (%)	0~15	15~50	50~70	70~85	85~100
흙의 상태	대단히 느슨	느슨	중간	조밀	대단히 조밀

흙의 연경도(consistency of soil)

51. 흙의 애터버그(Atterberg)한계는 어느 것으로 나타내는가? [산업 08, 12]

① 공극비 ② 상대밀도
③ 포화도 ④ 함수비

해설 흙의 애터버그한계는 함수비로 나타낸다.

52. 흙의 액성한계 · 소성한계시험에 사용하는 흙시료는 몇 mm체를 통과한 흙을 사용하는가? [산업 18]

① 4.75mm체 ② 2.0mm체
③ 0.425mm체 ④ 0.075mm체

해설 액 · 소성한계시험은 No.40(0.425mm)체를 통과한 흙을 사용한다.

53. 다음 시험 중 흐트러진 시료를 이용한 시험은? [산업 17]

① 전단강도시험 ② 압밀시험
③ 투수시험 ④ 애터버그한계시험

해설 애터버그한계시험은 No.40체 통과시료(흐트러진 시료)를 사용한다.

54. 액성한계시험을 할 때 황동접시의 낙하고는 얼마가 되도록 조정되어야 하는가? [산업 06]

① 0.5cm ② 1cm
③ 1.3cm ④ 2cm

해설 액성한계시험
No.40체 통과시료 200g으로 시료를 조제한 후 황동접시에 흙을 넣고 주걱으로 홈을 판 다음 1cm 높이에서 1초에 2회의 속도로 25회 낙하시켰을 때의 유동된 흙이 약 1.3cm 길이로 양쪽 부분이 달라붙을 때의 함수비를 액성한계라 한다.

55. 시료의 소성한계측정은 몇 번체를 통과한 것을 사용하는가? [산업 13]

① 40번체 ② 80번체
③ 100번체 ④ 200번체

해설 액성한계, 소성한계, 수축한계시험은 No.40체 통과시료를 사용한다.

정답 47. ④ 48. ④ 49. ② 50. ① 51. ④ 52. ③ 53. ④ 54. ② 55. ①

56. 연경도지수에 대한 설명으로 잘못된 것은? [산업 07, 12, 13]

① 소성지수는 흙이 소성상태로 존재할 수 있는 함수비의 범위를 나타낸다.
② 액성지수는 자연상태인 흙의 함수비에서 소성한계를 뺀 값을 소성지수로 나눈 값이다.
③ 액성지수값이 1보다 크면 단단하고 압축성이 작다.
④ 컨시스턴시지수는 흙의 안정성 판단에 이용하며 지수값이 클수록 고체상태에 가깝다.

해설 연경지수는 점토에서 상대적인 굳기를 나타낸 것으로 $I_c \geq 1$인 경우 흙은 안정상태이다.

57. 다음 설명 중 틀린 것은? [기사 07]

① 점토의 경우 입도분포는 상대적으로 공학적 거동에 큰 영향을 미치지 않고 물의 유무가 거동에 매우 큰 영향을 준다.
② 액성지수는 자연상태에 있는 점토지반의 상대적인 연경도를 나타내는데 사용되며 1에 가까운 지반일수록 과압밀된 상태에 있다.
③ 활성도가 크다는 것은 점토광물이 조금만 증가하더라도 소성이 매우 크게 증가한다는 것을 의미하므로 지반의 팽창잠재능력이 크다.
④ 흐트러지지 않은 자연상태의 지반인 경우 수축한계가 종종 소성한계보다 큰 지반이 존재하며, 이는 특히 민감한 흙의 경우 나타나는 현상으로 주로 흙의 구조 때문이다.

해설 액성지수는 흙의 유동 가능성의 정도를 나타낸 것으로 0에 가까울수록 안정하다.

58. 흙의 함수량을 어떤 양 이하로 줄여도 그 흙의 용적이 줄지 않고, 함수량이 그 양 이상으로 늘면 용적이 증대하는 한계의 함수비로 표시된 것은? [산업 05]

① 액성한계 ② 소성한계
③ 수축한계 ④ 유동한계

59. 다음 그림에서 액성지수(LI)가 0< LI<1인 구간은? (단, V : 흙의 부피, W : 함수비(%)) [기사 07, 13]

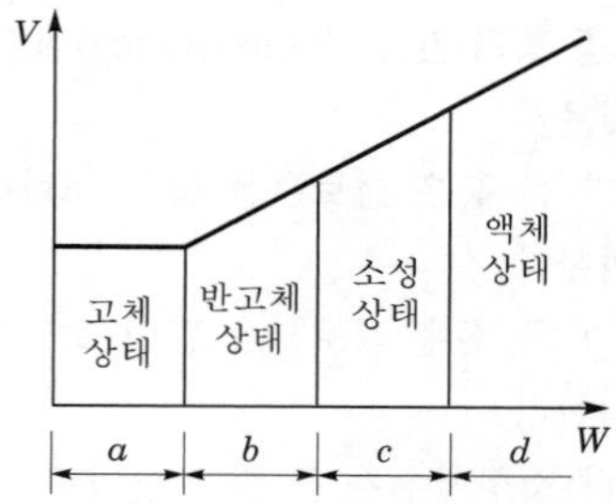

① a ② b
③ c ④ d

해설

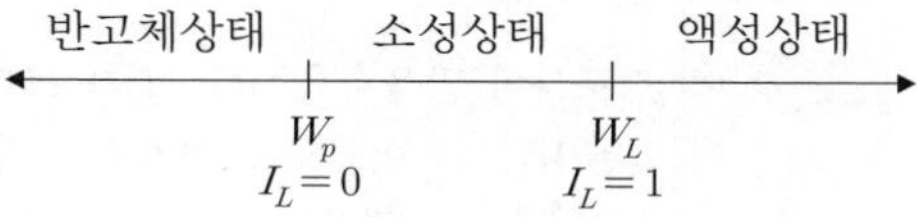

60. 흙의 연경도(consistency)에 관한 사항 중 옳지 않은 것은? [기사 07, 16]

① 소성지수는 점성이 클수록 크다.
② 터프니스지수는 colloid가 많은 흙일수록 값이 작다.
③ 액성한계시험에서 얻어지는 유동곡선의 기울기를 유동지수라 한다.
④ 액성지수와 컨시스턴시지수는 흙지반의 무르고 단단한 상태를 판정하는데 이용된다.

해설 터프니스지수는 콜로이드가 많은 흙일수록 값이 크다.

61. 어느 흙의 액성한계는 35%, 소성한계가 22%일 때 소성지수는 얼마인가? [산업 18]

① 12 ② 13
③ 15 ④ 17

해설 $I_p = W_L - W_p = 35 - 22 = 13\%$

62. 어느 흙시료의 액성한계시험결과 낙하횟수가 40일 때 함수비가 48%, 낙하횟수가 4일 때 함수비가 73%였다. 이때 유동지수는? [산업 19]

① 24.21% ② 25.00%
③ 26.23% ④ 27.00%

해설 $I_f = \dfrac{w_1 - w_2}{\log N_2 - \log N_1} = \dfrac{73-48}{\log 40 - \log 4} = 25\%$

정답 56. ③ 57. ② 58. ③ 59. ③ 60. ② 61. ② 62. ②

63. **다음 중 흙의 연경도(consistency)에 대한 설명 중 옳지 않은 것은?** [기사 14]

① 액성한계가 큰 흙은 점토분을 많이 포함하고 있다는 것을 의미한다.
② 소성한계가 큰 흙은 점토분을 많이 포함하고 있다는 것을 의미한다.
③ 액성한계나 소성지수가 큰 흙은 연약점토지반이라고 볼 수 있다.
④ 액성한계와 소성한계가 가깝다는 것은 소성이 크다는 것을 의미한다.

해설 ㉮ 점토분이 많을수록 W_L, I_p가 크다.
㉯ $I_p = W_L - W_p$이므로 소성지수가 작을수록 소성이 작다는 것을 의미한다.

64. **어떤 흙에 있어서 자연함수비 40%, 액성한계 60%, 소성한계 20%일 때 이 흙의 액성지수는?** [기사 01]

① 200% ② 150%
③ 100% ④ 50%

해설 $I_L = \dfrac{W_n - W_p}{I_p} = \dfrac{40-20}{60-20} = 0.5 = 50\%$

65. $I_L = \dfrac{W - W_p}{I_p}$ **로 나타내는 액성지수(liquidity index)에 관한 사항 중 옳지 않은 것은?** [기사 04]

① 액성지수의 값은 일반적인 경우 0에서 1 사이이다.
② 액성지수의 값이 1에 가깝다는 것은 유동(流動)의 가능성을 뜻한다.
③ 액성지수의 값이 0에 가깝다는 것은 안정된 점토를 뜻한다.
④ 액성지수의 값은 흙의 투수계수를 추정하는데 이용된다.

해설
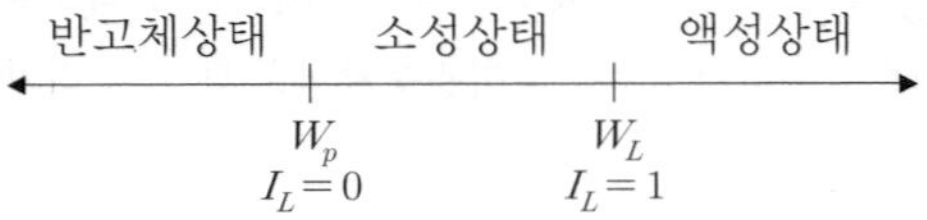

66. **어느 흙의 자연함수비가 그 흙의 액성한계보다 높다면 그 흙은 어떤 상태인가?** [산업 11, 14, 18]

① 소성상태에 있다. ② 액체상태에 있다.
③ 반고체상태에 있다. ④ 고체상태에 있다.

해설 $W_n > W_L$이면 액성상태(액체상태)이다.

67. **액성지수가 1보다 큰 흙의 함수비는 다음 중 어느 성상에 있는 흙인가?** [기사 06]

① 고체상 ② 반고체상
③ 소성상 ④ 액체상

해설
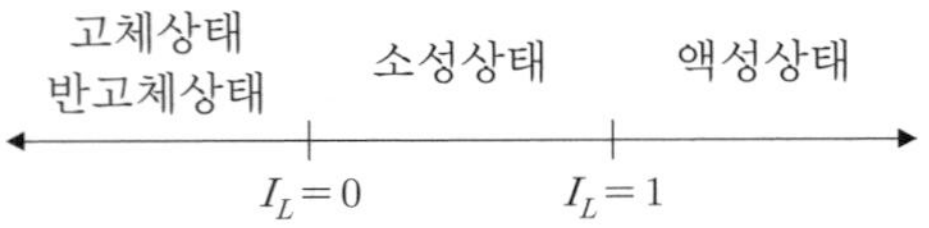

68. **흙의 연경도에 대한 설명 중 틀린 것은?** [산업 20]

① 액성한계는 유동곡선에서 낙하횟수 25회에 대한 함수비를 말한다.
② 수축한계시험에서 수은을 이용하여 건조토의 무게를 정한다.
③ 흙의 액성한계 · 소성한계시험은 425μm체를 통과한 시료를 사용한다.
④ 소성한계는 시료를 실모양으로 늘렸을 때 시료가 3mm의 굵기에서 끊어질 때의 함수비를 말한다.

해설 수축한계시험 시에 수은을 이용하여 노건조토의 체적을 구한다.

69. **흙의 연경도(consistency)에 관한 설명 중 옳지 않은 것은?** [산업 04]

① 소성지수는 액성한계와 소성한계의 차로서 표시된다.
② 수축한계를 지나서도 수축이 계속되는 것이 보통이다.
③ 유동지수는 유동곡선의 기울기이다.
④ 어떤 흙의 함수비가 소성한계보다 높으면 그 흙은 소성상태 또는 액성상태에 있다고 할 수 있다.

해설 ㉮ 소성지수 : $I_p = W_L - W_p$
㉯ 수축한계보다 함수량이 적을 때에는 함수량을 줄여도 흙의 체적이 줄지 않는다.
㉰ 유동지수는 유동곡선의 기울기이다.

70. **체적 V=5.83cm^{3}인 점토를 건조로에서 건조시킨 결과 무게는 W=11.26g이었다. 이 점토의 비중을 G_s=2.67이라고 하면 이 점토의 수축한계값은 얼마인가?** [기사 03, 05, 13]

① 28% ② 14%
③ 8% ④ 3%

정답 63. ④ 64. ④ 65. ④ 66. ② 67. ④ 68. ① 69. ② 70. ②

해설 ㉮ 수축비

$$R=\frac{W_o}{V_o\gamma_w}=\frac{11.26}{5.83\times 1}=1.93$$

㉯ 수축한계

$$W_s=\left(\frac{1}{R}-\frac{1}{G_s}\right)\times 100$$
$$=\left(\frac{1}{1.93}-\frac{1}{2.67}\right)\times 100=14.36\%$$

71. 체적인 19.65cm³인 포화토의 무게가 36g이다. 이 흙이 건조되었을 때 체적과 무게는 각각 13.50cm³과 25g이었다. 이 흙의 수축한계는 얼마인가? [산업 15]

① 7.4% ② 13.4%
③ 19.4% ④ 25.4%

해설 ㉮ $w=\frac{w_w}{w_s}\times 100=\frac{36-25}{25}\times 100=44\%$

㉯ $W_s=w-\frac{(V-V_o)\gamma_w}{W_o}\times 100$

$$=44-\frac{(19.65-13.5)\times 1}{25}\times 100=19.4\%$$

72. 자연상태 실트질 점토의 액성한계 65%, 소성한계 30%, 0.002mm보다 가는 입자의 함유율이 29%이다. 이 흙의 활성도는? [기사 04]

① 0.8 ② 1.0
③ 1.2 ④ 1.4

해설 $A=\frac{I_p}{2\mu\ \text{이하의 점토함유율}(\%)}=\frac{65-30}{29}=1.21$

73. 흙의 활성도에 대한 설명으로 틀린 것은? [기사 20]

① 점토의 활성도가 클수록 물을 많이 흡수하여 팽창이 많이 일어난다.
② 활성도는 2μm 이하의 점토함유율에 대한 액성지수의 비로 정의된다.
③ 활성도는 점토광물의 종류에 따라 다르므로 활성도로부터 점토를 구성하는 점토광물을 추정할 수 있다.
④ 흙입자의 크기가 작을수록 비표면적이 커져 물을 많이 흡수하므로 흙의 활성은 점토에서 뚜렷이 나타난다.

해설 활성도(activity)

㉮ $A=\frac{\text{소성지수}(I_p)}{2\mu\ \text{이하의 점토함유율}(\%)}$

㉯ 점토가 많으면 활성도가 커지고 공학적으로 불안정한 상태가 되며 팽창, 수축이 커진다.

74. 점토덩어리는 재차 물을 흡수하면 고체-반고체-소성-액성의 단계를 거치지 않고 물을 흡착함과 동시에 흙입자 간의 결합력이 감소되어 액성상태로 붕괴한다. 이러한 현상을 무엇이라 하는가? [산업 20]

① 비화작용(Slaking) ② 팽창작용(Bulking)
③ 수화작용(Hydration) ④ 윤활작용(Lubrication)

정답 71. ③ 72. ③ 73. ② 74. ①

MEMO

chapter 3

흙의 분류

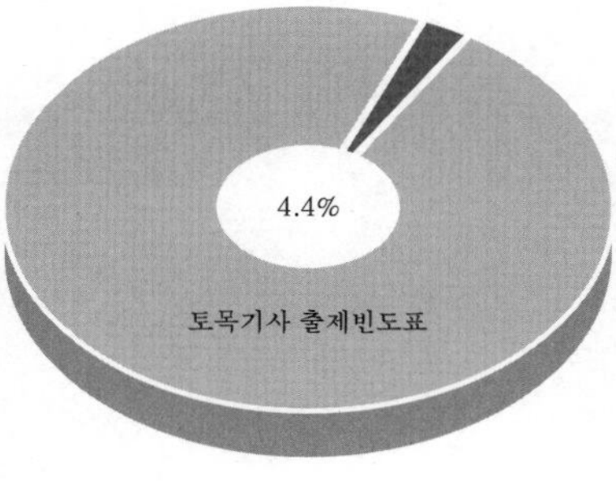

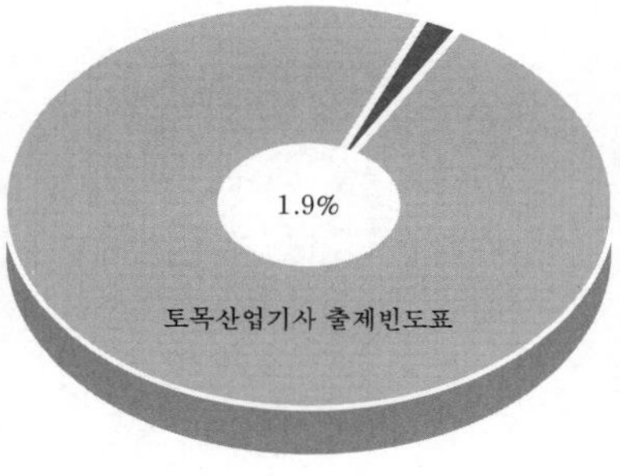

3 흙의 분류

알•아•두•기•

01 일반적인 분류

(1) 조립토

큰 돌(호박돌), 자갈, 모래가 있으며 입자형이 모가 나 있고 일반적으로 점착성이 없다.

(2) 세립토

실트, 점토가 있다.

(3) 유기질토

동·식물의 부패물이 함유되어 있는 흙으로 한랭하고 습윤한 지역에서 잘 발달된다.

【표 3-1】 입경에 의한 흙의 성질

성질	간극률	압축성	투수성	압밀속도	마찰력	소성	점착성
조립토	작다	작다	크다	순간적	크다	NP	0
세립토	크다	크다	작다	장기적	작다	소성	크다

02 입경에 의한 분류

① 입도분석 [KS F 2302]

입도분포를 결정하는 방법에는 체분석법(sieve analysis)과 비중계 시험법(hydrometer analysis)이 있다.

【표 3-2】 입도분석의 구분

체분석 (sieve analysis)	비중계시험법(hydrometer analysis)	
	체분석	
2.0mm(No.10)	0.075mm(No.200)	

(1) 체분석법(sieve analysis)

No.200체 위에 노건조시료를 맑은 물이 나올 때까지 세척하여 노건조시킨 후 체에 넣고 체진동기로 흔들어 주고 각 체에 남은 흙의 중량을 측정한다.

① 잔유율

$$P_\gamma = \frac{W_{s\gamma}}{W_s} \times 100 \quad \cdots\cdots (3\cdot 1)$$

② 가적잔유율

$$P_\gamma{}' = \Sigma P_\gamma \quad \cdots\cdots (3\cdot 2)$$

③ 가적통과율

$$P = 100 - P_\gamma{}' \quad \cdots\cdots (3\cdot 3)$$

여기서, W_s : 시료의 노건조중량

$W_{s\gamma}$: 각 체에 남은 시료의 노건조중량

(2) 비중계시험법(hydrometer analysis)

비중계시험은 No.200(0.075mm)보다 작은 세립토의 입경을 결정하는 방법으로 수중에서 흙입자가 침강하는 원리에 근거를 둔 것이다.

① Stokes법칙

㉮ 모든 입자를 구라고 가정했을 때 침강속도

$$V = \frac{(\gamma_s - \gamma_w)\, d^2}{18\eta} \text{〔cm/s〕} \quad \cdots\cdots (3\cdot 4)$$

여기서, γ_s : 흙의 밀도(g/cm^3), γ_w : 물의 밀도(g/cm^3)

η : 물의 점성계수(g/cm · s), d : 흙의 지름(cm)

㉯ 입경의 적용 범위 : d=0.0002~0.2 mm

② 흙의 지름

$$d = \sqrt{\frac{30\eta}{980(G - G_t)\gamma_w}} \times \sqrt{\frac{L}{t}} = C\sqrt{\frac{L}{t}} \text{〔mm〕} \quad \cdots\cdots (3\cdot 5)$$

여기서, G : 흙의 비중, G_t : T〔℃〕의 물의 비중

L : 비중계 유효깊이(cm), t : 침강시간(분)

알 • 아 • 두 • 기 •

▶ 체분석에 사용되는 표준체는 4.8mm, 2mm, 0.85mm, 0.4mm 0.25mm, 0.11mm, 0.075mm의 7종류이다.

▶ **Stokes공식의 적용 범위**

흙의 지름 d >0.2mm이면 침강 시 교란이 되고, d <0.0002mm이면 brown 현상이 생긴다.

③ 비중계 유효깊이

$$L = L_1 + \frac{1}{2}\left(L_2 - \frac{V_B}{A}\right) \text{[cm]} \quad \cdots\cdots (3.6)$$

여기서, L_1 : 비중계 구부 상단에서 읽은 점까지의 거리(cm)

L_2 : 비중계 구부의 길이(cm)

V_B : 비중계 구부의 체적(cm^3)

A : masscylinder 단면적(cm^2)

④ **현탁액** : 시료의 면모화 방지를 목적으로 규산나트륨, 과산화수소를 사용한다.

② 입도분포곡선(grain size distribution curve ; 입경가적곡선)

체분석이나 비중계분석에 의한 흙의 입경과 그 분포를 반대수지를 사용하여 횡축(대수자 눈)에 입경을, 종축(산술자 눈)에 통과백분율을 잡아 그 관계를 곡선으로 나타낸 것을 **입경가적곡선**이라 한다.

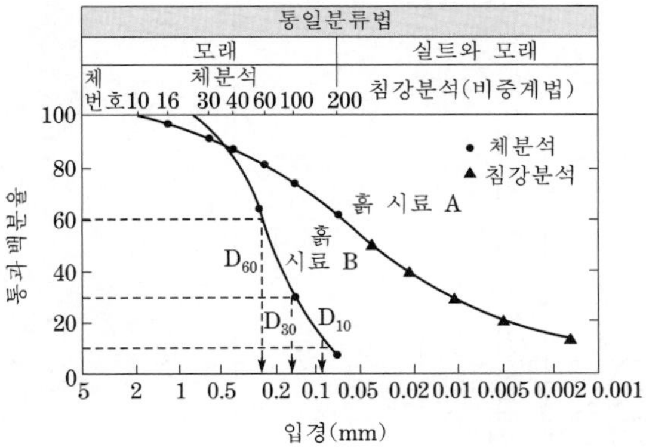

【그림 3-1】 입도분포곡선

(1) 균등계수와 곡률계수

① **균등계수**(coefficient of uniformity) : 입도분포가 좋고 나쁜 정도를 나타내는 계수

$$C_u = \frac{D_{60}}{D_{10}} \quad \cdots\cdots (3 \cdot 7)$$

알•아•두•기•

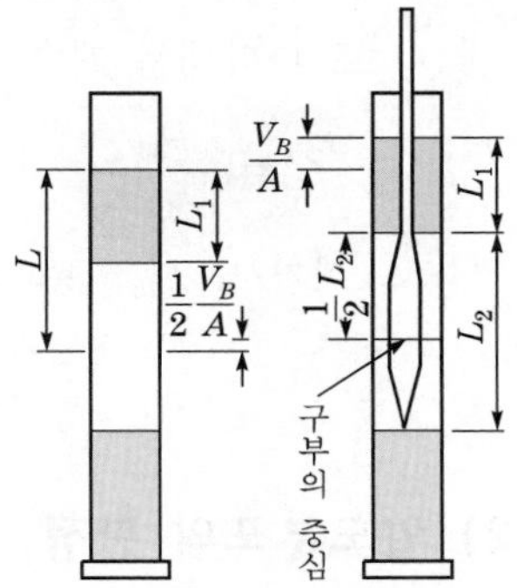

【비중계의 유효깊이】

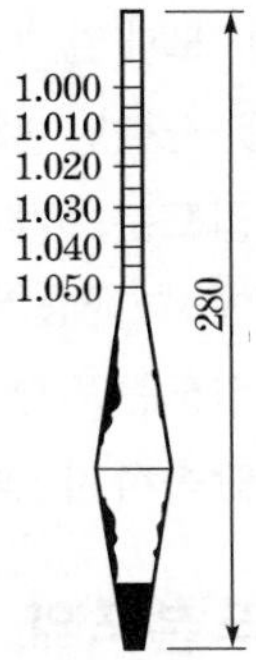

【비중계】

비중계의 비중값은 비중계 구부 중앙의 볼록한 부분의 현탁액의 값을 나타낸다.

균등계수(C_u)

① C_u가 클수록 입도분포가 넓은 범위의 입경으로 구성되어 있다.

② 하천이나 백사장 모래와 같이 입경이 고른 흙은 $C_u \fallingdotseq 1$이다. 이러한 경우는 입경이 동일한 토립자로 구성되어 있다고 볼 수 있다.

② **곡률계수**(coefficient of curvature) : 입도분포상태를 정량적으로 나타내는 계수

$$C_g = \frac{{D_{30}}^2}{D_{10} D_{60}} \quad \cdots\cdots (3\cdot8)$$

여기서, D_{10} : 통과백분율 10%에 해당하는 입경(유효입경 : D_e)
D_{30} : 통과백분율 30%에 해당하는 입경
D_{60} : 통과백분율 60%에 해당하는 입경

알•아•두•기•

곡률계수(C_g)
입경이 비슷한 토립자로 구성되어 있으면 1에 가깝다.

(2) 입도분포의 판정

① **입도분포가 양호**(양립도, well graded)**한 경우**
㉮ 흙일 때 : $C_u > 10$, $C_g = 1 \sim 3$
㉯ 모래일 때 : $C_u > 6$, $C_g = 1 \sim 3$
㉰ 자갈일 때 : $C_u > 4$, $C_g = 1 \sim 3$

② **입도분포가 불량**(빈립도, poorly graded)**한 경우** : 통일분류법에서 균등계수(C_u)와 곡률계수(C_g)의 값이 모두 만족해야만 입도분포가 양호(양립도)하다. C_u, C_g 조건 중 어느 한 가지라도 만족하지 못하면 입도분포가 불량(빈립도)하다.

(3) 입도분포의 형태

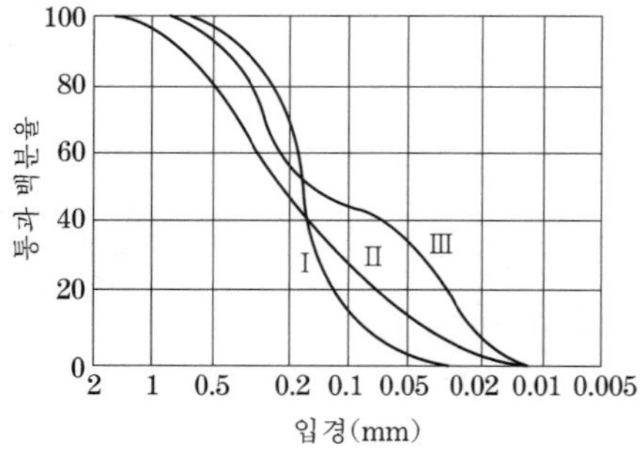

【그림 3-2】

① **곡선 Ⅰ** : 입경이 거의 균등하므로 입도조성이 나쁘다(빈립도, poor grading).

② **곡선 Ⅱ** : 크고 작은 입자가 고루 섞여 있으므로 입도조성이 양호하다(양립도, well grading).

③ **곡선 Ⅲ** : 2종류 이상의 흙들이 섞여 있다(균등계수는 크지만 곡률계수가 만족되지 않으므로 빈립도이다).

① 곡선 Ⅰ : C_g는 1에 가깝다.
② 곡선 Ⅱ : C_u >6(모래)이고 C_g = 1~3이다.

알•아•두•기•

▣ 삼각좌표분류법은 자갈이 섞인 흙에는 부적합하다.

03 삼각좌표분류법

① 농학적 흙의 분류법 중에 가장 대표적인 방법으로 모래, 실트, 점토의 3성분으로 구분하여 각 성분의 함유량에 의하여 삼각좌표 중에 점을 정하여 흙을 분류하는 방법이다.

② 점의 위치에 의해 모래, 롬(loam), 점토 등 10종류의 이름이 붙여져 있다.

③ 주로 농학적인 분류에 이용되고 공학적인 분류법으로는 이용되지 않는다.

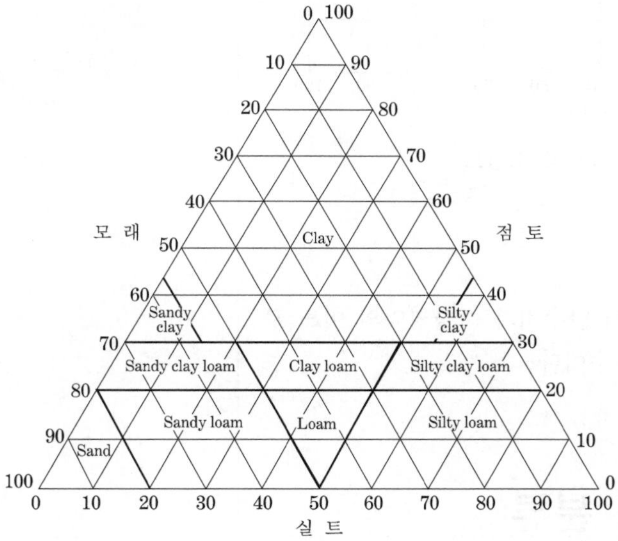

【그림 3-3】 미도로국의 삼각좌표분류법(Taylor, 1948)

04 애터버그한계를 사용한 흙의 분류

애터버그(Atterberg)의 한계, 특히 액성한계, 소성한계, 소성지수를 써서 흙의 물리적 성질을 지수적으로 구분하는 방법으로 몇 가지가 있다.

(1) 소성도표(plasticity chart)

Casagrande는 액성한계와 소성지수를 사용하여 도표를 만들었다. 이것을 소성도라 한다.

① A선은 점토와 실트 또는 유기질 흙을 구분한다.
② U선은 액성한계와 소성지수의 상한선을 나타낸다.
③ 액성한계 50%를 기준으로 H(고압축성), L(저압축성)을 구분한다.

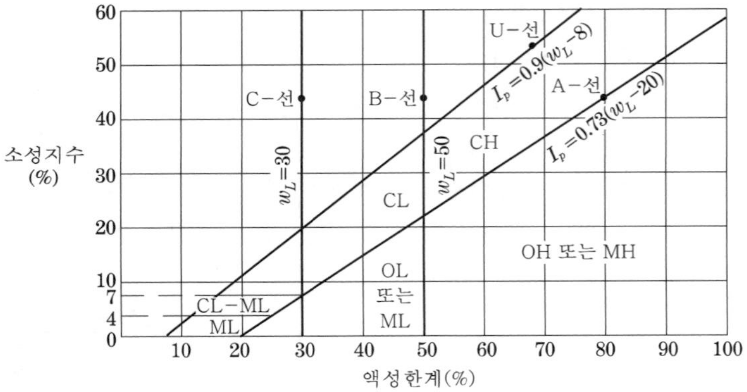

【그림 3-4】 Casagrande의 소성도

알·아·두·기·

① A선의 방정식
$I_p = 0.73(W_L - 20)$
② B선의 방정식
$w_L = 50\%$
③ U선의 방정식
$I_p = 0.9(W_L - 8)$

(2) 컨시스턴시지수와 액성지수

흙의 컨시스턴시지수는 생각하는 흙의 함수비가 소성영역의 어느 부분에 해당하는가를 보여주는 하나의 지수이다.

05 흙의 공학적 분류

입자의 크기와 Atterberg한계를 고려한 두 분류체계는 AASHTO분류법과 통일분류법이 있다. AASHTO분류법은 미국 관내 도로건설에 사용하고 있고, 토질공학자들은 일반적으로 통일분류법을 더 많이 사용하고 있다.

① 통일분류법(unified soil classification system)

통일분류법은 제2차 세계대전 당시 미 공병단의 비행장 활주로를 건설하기 위해 Casagrande가 고안한 분류법으로 1952년에 수정된 후 세계적으로 가장 많이 사용된다.

통일분류법은 제1문자와 제2문자를 사용하여 흙을 분류한다.

(1) 제1문자

① 조립토 : No.200체 통과량이 50% 이하 ························ G, S
  세립토 : No.200체 통과량이 50% 이상 ················· M, C, O

② 조립토의 분류
  ㉮ 자갈 : No.4체 통과량이 50% 이하
  ㉯ 모래 : No.4체 통과량이 50% 이상

③ 세립토의 분류 : 세립토는 입경에 의해 분류할 수 없으므로 소성도를 이용하여 M, C, O, P_t로 분류한다.

(2) 제2문자

① 조립토의 표시
  ㉮ No.200체 통과량이 5% 이하일 때 C_u와 C_g에 의해 W, P로 표시한다.
  ㉯ No.200체 통과량이 12% 이상일 때 I_p에 의해 M, C로 표시한다.

② 세립토의 표시
  ㉮ $W_L > 50\ \%$이면 H로 표시한다.
  ㉯ $W_L \leq 50\ \%$이면 L로 표시한다.

【표 3-3】 분류기호의 설명

구분	제1문자		제2문자	
	기호	설명	기호	설명
조립토	G S	자갈(gravel) 모래(sand)	W P M C	양립도(well graded) 빈립도(poor graded) 실트질(silty) 점토질(clayey)
세립토	M C O	실트(silt) 점토(clay) 유기질토(organic clay)	L H	저압축성 (low compressibility) 고압축성 (high compressibility)
고유기질토	P_t	이탄(peat)		

➡ 제1문자는 입경을, 제2문자는 입도 및 성질을 표시한다.

【표 3-4】 통일분류법

주요 구분			문자	대표적인 흙	분류 규준		
조립토(coarse-grained soils) 200번체(0.075 mm)에 50% 이상 남음	자갈(gravel) 4번체(4.76mm)에 50% 이상 남음	세립분이 약간 또는 거의 없는 자갈	GW	입도분포가 좋은 자갈 또는 자갈과 모래의 혼합토, 세립분이 약간 또는 없음	세립분의 함유율에 의한 분류 • 200번체 통과율이 5% 이하인 경우 : GW, GP, SW, SP • 200번체 통과율이 12% 이상인 경우 : GM, GC, SM, SC • 200번체 통과율이 5~12% 인 경우 : 2중문자로 표시	$C_u > 4$ $1 < C_g < 3$	$C_u = \frac{D_{60}}{D_{10}}$ $C_g = \frac{D_{30}^2}{D_{10} D_{60}}$
			GP	입도분포가 나쁜 자갈 또는 자갈과 모래의 혼합토, 세립분이 약간 또는 없음		GW의 조건이 만족되지 않을 때	
		세립분을 함유한 자갈	GM	실트질의 자갈, 자갈·모래·점토의 혼합토		Atterberg한계가 A선 밑에 있거나 소성지수가 4 이하	소성지수가 4~7이면서 Atterberg한계가 A선 위에 존재할 때는 2중문자로 표시
			GC	점토질의 자갈, 자갈·모래·실트의 혼합토		Atterberg한계가 A선 위에 있거나 소성지수가 7 이상	
	모래(sand) 4번체(4.76mm)에 50% 이상 통과	세립분이 약간 또는 거의 없는 모래	SW	입도분포가 좋은 모래 또는 자갈질의 모래, 세립분은 약간 또는 없음		$C_u > 6$ $1 < C_g < 3$	
			SP	입도분포가 나쁜 모래 또는 자갈질의 모래, 세립분은 약간 또는 없음		SW의 조건이 만족되지 않을 때	
		세립분을 함유한 모래	SM	실트질의 모래, 모래와 실트의 혼합토		Atterberg한계가 A선 밑에 있거나 소성지수가 4 이하	소성지수가 4~7이면서 Atterberg한계가 A선 위에 존재할 때는 2중문자로 표시
			SC	점토질의 모래, 모래와 점토의 혼합토		Atterberg한계가 A선 위에 있거나 소성지수가 7 이상	
세립토(fine-grained soils) 200번체(0.075 mm)에 50% 이상 통과	액성한계 50% 이하인 실트나 점토		ML	무기질의 실트, 매우 가는 모래, 암분, 소성이 작은 실트질의 세사나 점토질의 세사	• 소성도(plasticity chart)는 조립토에 함유된 세립분과 세립토를 분류하기 위해 사용된다. • 소성도의 빗금 친 곳은 2중 표기해야 하는 부분이다.		
			CL	소성이 중간치 이하인 무기질 점토, 자갈질 점토, 모래질 점토, 실트질 점토, 소성이 작은 점토			
			OL	소성이 작은 유기질 실트 및 실트질 점토			
	액성한계 50% 이상인 실트나 점토		MH	무기질의 실트, 운모질 또는 규소의 세사 또는 실트질 흙, 탄성이 큰 실트			
			CH	소성이 큰 무기질의 점토, 소성이 큰 점토			
			OH	소성이 중간치 이상인 유기질 점토			
고유기질토			Pt	이탄 및 그 밖의 유기질을 많이 함유한 흙			

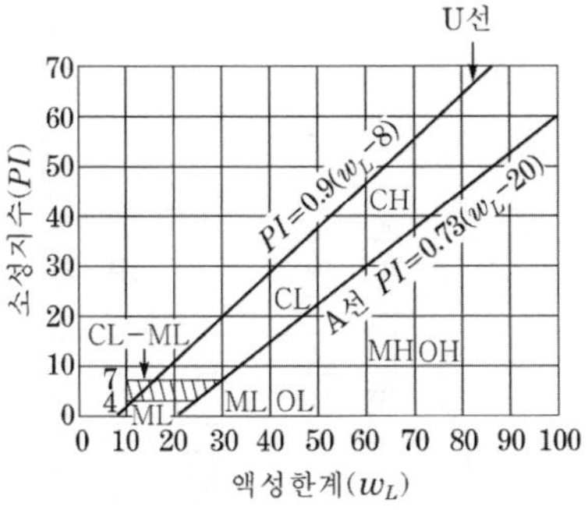

【세립토의 분류를 위한 소성도】

알•아•두•기•

② AASHTO분류법(개정PR법)

도로, 활주로의 노상토 재료의 적부를 판단하기 위해 사용하며 이 이외의 분야에서는 사용되지 않는다.

(1) AASHTO분류

흙의 입도, 액성한계, 소성지수, 군지수를 사용하여 A-1에서 A-7까지 7개의 군으로 분류하고 각각을 세분하여 총 12개의 군으로 분류한다.

(2) 군지수(GI : Group Index)

흙의 성질을 수로써 나타낸 것으로 0~20범위의 정수로 나타낸다.

① $GI = 0.2a + 0.005ac + 0.01bd$ ……………………………… (3·9)

여기서, a = No.200체 통과율−35 (a : 0~40의 정수)

b = No.200체 통과율−15 (b : 0~40의 정수)

$c = W_L - 40$ (c : 0~20의 정수)

$d = I_p - 10$ (d : 0~20의 정수)

② 군지수를 결정하는 몇 가지 규칙

㉮ 만일 GI값이 음(−)의 값을 가지면 0으로 한다.

㉯ GI값은 가장 가까운 정수로 반올림한다.

※ 예로 GI=4.4이면 4로, GI=4.5이면 5로 반올림한다.

AASHTO분류법

1929년 도로, 노상재료의 적부를 판단하기 위해 제정된 PR 분류법을 여러 차례 개정하여 사용하고 있다.

GI값이 클수록 재료의 품질이 나쁘다.

【표 3-5】 AASHTO분류법

일반적 분류	조립토(No.200체 통과율 35% 이하)							세립토(No.200체 통과율 35% 이상)			
분류기호	A-1		A-3	A-2				A-4	A-5	A-6	A-7-1 A-7-5 A-7-6
	A-1-a	A-1-b		A-2-4	A-2-5	A-2-6	A-2-7				
체분석, 통과량의 % No.10체 No.40체 No.200체	 50 이하 30 이하 15 이하	 50 이하 25 이하	 51 이상 10 이하	35 이하	35 이하	35 이하	35 이하	36 이상	36 이상	36 이상	36 이상
No.40체 통과분의 성질 액성한계 소성지수	6 이하		*N.P	40 이하 10 이하	41 이상 10 이하	40 이하 11 이상	41 이상 11 이상	40 이하 10 이하	41 이하 10 이하	40 이하 11 이하	41 이상 11 이상
군지수	0		0	0		4 이하		8 이하	12 이하	16 이하	20 이하
주요 구성재료	석편, 자갈, 모래		세사	실트질 또는 점토질(자갈, 모래)				실트질 흙		점토질 흙	
노상토로서의 일반적 등급	우 또는 양							가 또는 불가			

예상 및 기출문제

일반적인 분류

1. 스토크스(Stokes)의 법칙에 관한 설명 중 틀린 것은? [산업 07]

① 침강속도는 토립자지름의 제곱에 비례한다.
② 침강속도는 중력의 가속도에 비례한다.
③ 흙입자의 비중이 클수록 침강속도가 빠르다.
④ 침강속도는 물의 점성계수에 비례한다.

해설 $V=\dfrac{(\gamma_s-\gamma_w)d^2}{18\eta}$

2. 조립토와 세립토의 비교 설명 중 옳지 않은 것은? [산업 10]

① 공극률은 조립토가 적고, 세립토는 크다.
② 마찰력은 조립토가 적고, 세립토는 크다.
③ 압축성은 조립토가 적고, 세립토는 크다.
④ 투수성은 조립토가 크고, 세립토는 적다.

해설

성질	조립토	세립토
공극률	작다	크다
압축성	작다	크다
투수성	크다	작다
마찰력	크다	작다
점착력	0	크다
전단강도	크다	작다
지지력	크다	작다

3. 어떤 흙의 입도분석결과 입경가적곡선의 기울기가 급경사를 이룬 빈입도일 때 예측할 수 있는 사항으로 틀린 것은? [기사 06, 15]

① 균등계수는 작다.
② 간극비는 크다.
③ 흙을 다지기가 힘들 것이다.
④ 투수계수는 작다.

해설 빈입도(poor grading)
㉮ 같은 크기의 흙들이 섞여 있는 경우로서 입도분포가 나쁘다.
㉯ 특징
㉠ 균등계수가 작다.
㉡ 공극비가 크다.
㉢ 다짐에 부적합하다.
㉣ 투수계수가 크다.
㉤ 침하가 크다.

4. 흙의 입도분석결과 입경가적곡선이 입경의 좁은 범위 내에 대부분이 몰려 있는 입경분포가 나쁜 빈입도(poor grading)일 때 옳지 않은 것은? [산업 04, 07]

① 균등계수는 작을 것이다.
② 공극비가 클 것이다.
③ 다짐에 적합한 흙이 아닐 것이다.
④ 투수계수가 낮을 것이다.

해설 빈입도
㉮ 균등계수가 작다.
㉯ 공극비가 크다.
㉰ 다짐에 부적합하다.
㉱ 투수계수가 크다.
㉲ 침하가 크다.

5. 어떤 흙의 입경가적곡선에서 $D_{10}=0.05$mm, $D_{30}=0.09$mm, $D_{60}=0.15$mm이었다. 균등계수 C_u와 곡률계수 C_g의 값은? [기사 20, 산업 11, 15, 18, 19]

① $C_u=3.0$, $C_g=1.08$
② $C_u=3.5$, $C_g=2.08$
③ $C_u=1.7$, $C_g=2.45$
④ $C_u=2.4$, $C_g=1.82$

해설 ㉮ $C_u=\dfrac{D_{60}}{D_{10}}=\dfrac{0.15}{0.05}=3$

㉯ $C_g=\dfrac{{D_{30}}^2}{D_{10}D_{60}}=\dfrac{0.09^2}{0.05\times0.15}=1.08$

정답 1. ④ 2. ② 3. ④ 4. ④ 5. ①

6. **입경가적곡선에서 가적통과율 30%에 해당하는 입경이 D_{30} =1.2mm일 때 다음 설명 중 옳은 것은?** [기사 15]

① 균등계수를 계산하는 데 사용된다.
② 이 흙의 유효입경은 1.2mm이다.
③ 시료의 전체 무게 중에서 30%가 1.2mm보다 작은 입자이다.
④ 시료의 전체 무게 중에서 30%가 1.2mm보다 큰 입자이다.

7. **세립토를 비중계법으로 입도분석을 할 때 반드시 분산제를 쓴다. 다음 설명 중 옳지 않은 것은?** [기사 19]

① 입자의 면모화를 방지하기 위하여 사용한다.
② 분산제의 종류는 소성지수에 따라 달라진다.
③ 현탁액이 산성이면 알칼리성의 분산제를 쓴다.
④ 시험 도중 물의 변질을 방지하기 위하여 분산제를 사용한다.

해설 시료의 면모화를 방지하기 위하여 분산제(규산나트륨, 과산화수소)를 사용한다.

8. **흙의 입도시험에서 얻어지는 유효입경(D_{10})이란?** [산업 16]

① 10mm체 통과분을 말한다.
② 입도분포곡선에서 10% 통과백분율을 말한다.
③ 입도분포곡선에서 10% 통과백분율에 대응하는 입경을 말한다.
④ 10번체 통과백분율을 말한다.

해설 유효입경 : $D_e = D_{10}$

9. **흙의 입경가적곡선에 대한 설명으로 틀린 것은?** [산업 13]

① 입경가적곡선에서 균등한 입경의 흙은 완만한 구배를 나타낸다.
② 균등계수가 증가되면 입도분포도 넓어진다.
③ 입경가적곡선에서 통과백분율 10%에 대응하는 입경을 유효입경이라고 한다.
④ 입도가 양호한 흙의 곡률계수는 1~3 사이에 있다.

해설 입경가적곡선에서 균등한 입경의 흙(빈립도)은 구배가 급하다.

10. **흙의 입경가적곡선에 관한 설명 중 옳은 것은?** [기사 08, 12, 15]

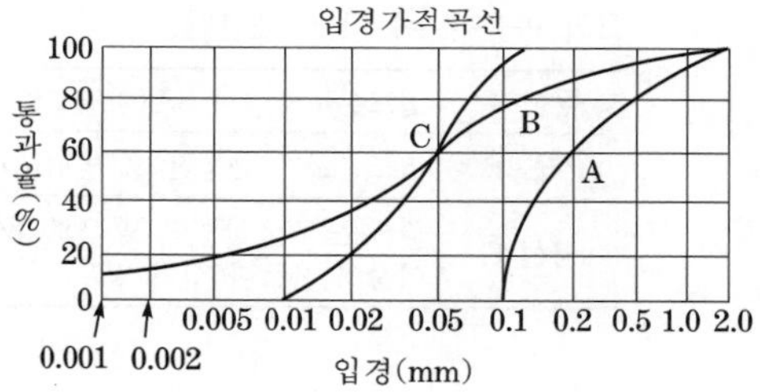

① A는 B보다 유효입경이 작다.
② A는 B보다 균등계수가 작다.
③ A는 B보다 균등계수가 크다.
④ B는 C보다 유효입경이 크다.

해설 ㉮ 균등계수(C_u) : B > C > A
㉯ 유효입경(D_{10}) : A > C > B

11. **흙의 입도분포에서 균등계수가 가장 큰 흙은?** [기사 04, 산업 01]

① 특히 모래자갈이 많은 흙
② 실트나 점토가 많은 흙
③ 모래자갈 및 실트, 점토가 골고루 섞인 흙
④ 모래나 실트가 특히 많은 흙

해설 균등계수가 클수록 크고 작은 입자가 골고루 섞인 흙이다.

12. **다음 그림과 같은 3가지 흙에 대한 입도곡선의 설명 중 틀린 것은?** [기사 01]

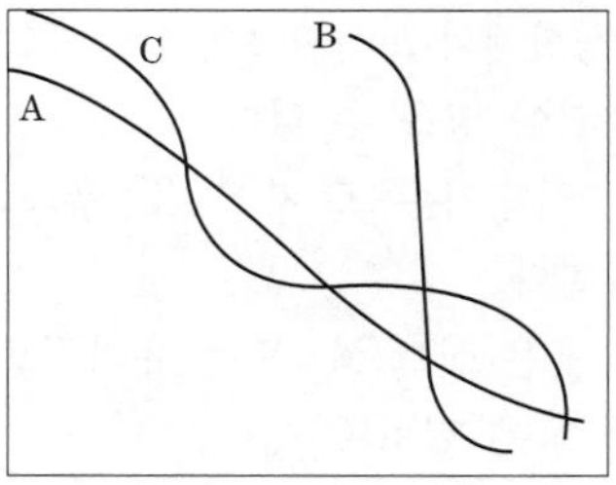

① A흙이 B흙에 비해 균등계수가 크다.
② A흙이 B흙에 비해 곡률계수가 크다.
③ A, B, C흙 중 A흙의 입도가 가장 양호하다.
④ C흙은 2종류의 흙을 합친 경우에 나타날 수 있다.

정답 6. ③ 7. ④ 8. ③ 9. ① 10. ② 11. ③ 12. ④

해설 ㉮ C_u : A > B
㉯ A의 곡률계수는 1보다 크고 3보다 작으며, B의 곡률계수는 1에 가깝다.
㉰

곡선 A	입도분포가 좋은 흙(양립도)
곡선 B	입도분포가 균등한 흙(빈립도)
곡선 C	입도분포가 불량한 흙으로 2종류 이상의 흙들이 섞인 경우

Atterberg한계를 사용한 흙의 분류

13. 소성도표에 대한 설명 중 옳지 않은 것은? [기사 05]

① A선의 방정식은 $I_p = 0.73(W_L - 10)$이다.
② 액성한계를 횡좌표, 소성지수를 종좌표로 한다.
③ 흙의 분류에 사용된다.
④ 흙의 성질을 파악하는 데 사용할 수 있다.

해설 소성도표(plastic chart)
㉮ 액성한계와 소성지수를 사용하여 세립토와 유기질토를 분류한다.
㉯ A선의 방정식은 $I_p = 0.73(W_L - 20)$이고, A선은 점토와 실트 또는 유기질토를 구분한다.
㉰ B선의 방정식 $W_L = 50\%$이고, B선은 H(압축성)와 L(저압축성)을 구분한다.

14. 흙의 분류에 사용되는 Casagrande소성도에 대한 설명으로 틀린 것은? [기사 11, 16]

① 세립토를 분류하는 데 이용된다.
② U선은 액성한계와 소성지수의 상한선으로 U선 위쪽으로는 측점이 있을 수 없다.
③ 액성한계 50%를 기준으로 저소성(L) 흙과 고소성(H) 흙으로 분류한다.
④ A선 위의 흙은 실트(M) 또는 유기질토(O)이며, A선 아래의 흙은 점토(C)이다.

해설 소성도표
㉮ A선 위의 흙은 점토이고, 아래의 흙은 실트 또는 유기질토이다.
㉯ B선 좌측의 흙은 저소성이고, 우측의 흙은 고소성이다.

15. 흙을 공학적 분류방법으로 분류할 때 필요한 요소가 아닌 것은? [산업 13]

① 입도분포 ② 액성한계
③ 소성지수 ④ 수축한계

해설 흙의 공학적 분류
㉮ 통일분류법 : 흙의 입경을 나타내는 제1문자와 입도 및 성질을 나타내는 제2문자를 사용하여 흙을 분류한다.
㉯ AASHTO분류법(개정PR법) : 흙의 입도, 액성한계, 소성지수, 군지수를 사용하여 흙을 분류한다.

16. 시료가 점토인지 아닌지 알아보고자 할 때 가장 거리가 먼 사항은? [기사 16, 19]

① 소성지수 ② 소성도표 A선
③ 포화도 ④ 200번체 통과량

해설 ㉮ 점토분이 많을수록 I_p가 크다.
㉯ A선 위의 흙은 점토이고, 아래의 흙은 실트 또는 유기질토이다.

17. 흙의 공학적 분류방법 중 통일분류법과 관계없는 것은? [기사 15, 18]

① 소성도 ② 액성한계
③ No.200체 통과율 ④ 군지수

해설 통일분류법
㉮ 세립토는 소성도표를 사용하여 구분한다.
㉯ $W_L = 50\%$로 저압축성과 고압축성을 구분한다.
㉰ No.200체 통과율로 조립토와 세립토를 구분한다.

18. 통일분류법에 의한 흙의 분류에서 조립토와 세립토를 구분할 때 기준이 되는 체의 호칭번호와 통과율로 옳은 것은? [산업 15]

① No.4(4.75mm)체, 35%
② No.10(2mm)체, 50%
③ No.200(0.075mm)체, 35%
④ No.200(0.075mm)체, 50%

해설 ㉮ 통일분류법은 0.075mm체 통과율을 50%를 기준으로 조립토와 세립토로 분류한다.
㉯ AASHTO분류법은 0.075mm체 통과율을 35%를 기준으로 조립토와 세립토로 분류한다.

정답 13. ① 14. ④ 15. ④ 16. ③ 17. ④ 18. ④

19. **통일분류법에 의해 그 흙이 MH로 분류되었다면 이 흙의 대략적인 공학적 성질은?** [기사 02, 19]

① 액성한계가 50% 이상인 실트이다.
② 액성한계가 50% 이하인 점토이다.
③ 소성한계가 50% 이상인 점토이다.
④ 소성한계가 50% 이하인 실트이다.

해설

주요 구분	세립토(fine-grained soils) 200번체에 50% 이상 통과					
	$W_L > 50\%$인 실트나 점토			$W_L \leq 50\%$인 실트나 점토		
문자	MH	CH	OH	ML	CL	OL

20. **통일분류법에 의한 분류기호와 흙의 성질을 표현한 것으로 틀린 것은?** [기사 14]

① GP : 입도분포가 불량한 자갈
② GC : 점토 섞인 자갈
③ CL : 소성이 큰 무기질 점토
④ SM : 실트 섞인 모래

해설 CL : 소성이 작은(저압축성) 무기질 점토

21. **흙의 분류에 대한 설명 중 옳지 않은 것은?** [기사 02]

① AASHTO 분류법과 통일분류법은 입자의 크기와 Atterberg한계를 고려하였다.
② AASHTO 분류법은 도로의 노상재료로서 흙의 품질을 평가하기 위해 군지수(GI)를 사용한다.
③ 양입도일수록 입경가적곡선의 기울기는 완만하고 균등계수가 작다.
④ 입경가적곡선에서 통과백분율의 10%에 해당하는 입경을 유효입경이라 한다.

해설 양립도일수록 입경가적곡선의 기울기는 완만하고 균등계수는 크며 $C_g = 1 \sim 3$이다.

22. **흙의 분류방법 중 통일분류법에 대한 설명으로 틀린 것은?** [산업 11, 17]

① #200(0.075mm)체 통과율이 50%보다 작으면 조립토이다.
② 조립토 중 #4(4.75mm)체 통과율이 50%보다 작으면 자갈이다.
③ 세립토에서 압축성의 높고 낮음을 분류할 때 사용하는 기준은 액성한계 35%이다.
④ 세립토를 여러 가지로 세분하는 데에는 액성한계와 소성지수의 관계 및 범위를 나타내는 소성도표가 사용된다.

해설 액성한계 $W_L = 50\%$를 기준으로 액성한계가 50%보다 작으면 저압축성(L), 크면 고압축성(H)이다.

23. **흙의 분류법인 AASHTO분류법과 통일분류법을 비교·분석한 내용으로 틀린 것은?** [기사 10, 12]

① 통일분류법은 0.075mm체 통과율을 35%를 기준으로 조립토와 세립토로 분류하는데, 이것은 AASHTO분류법보다 적절하다.
② 통일분류법은 입도분포, 액성한계, 소성지수 등을 주요 분류인자로 한 분류법이다.
③ AASHTO분류법은 입도분포, 군지수 등을 주요 분류인자로 한 분류법이다.
④ 통일분류법은 유기질토분류방법이 있으나 AASHTO분류법은 없다.

해설 ㉮ 통일분류법은 0.075mm체 통과율을 50%를 기준으로 조립토와 세립토로 분류한다.
㉯ AASHTO분류법은 0.075mm체 통과율을 35%를 기준으로 조립토와 세립토로 분류한다.

24. **다음 중 ( ) 안에 맞는 수치는?** [산업 09]

> AASHTO분류 및 통일분류법은 No.200(0.075mm)체 통과율을 기준으로 하여 흙을 조립토와 세립토로 구분한다. AASHTO방법에서는 No.200체 통과량이 (㉠) 이상인 흙을 세립토로, 통일분류법에서는 (㉡) 이상을 세립토로 한다.

① ㉠ 50%, ㉡ 35%
② ㉠ 40%, ㉡ 40%
③ ㉠ 35%, ㉡ 50%
④ ㉠ 45%, ㉡ 45%

해설 ㉮ 통일분류법
㉠ 조립토 : No.200체 통과율이 50% 이하
㉡ 세립토 : No.200체 통과율이 50% 이상
㉯ AASHTO분류법
㉠ 조립토 : No.200체 통과율이 35% 이하
㉡ 세립토 : No.200체 통과율이 36% 이상

정답 19. ① 20. ③ 21. ③ 22. ③ 23. ① 24. ③

25. 흙의 분류 중에서 유기질이 가장 많은 흙은? [산업 04, 16]

① CH ② CL
③ P_t ④ OL

해설 P_t(이탄)는 고유기질토이다.

26. 다음 통일분류법에 의한 흙의 분류 중 압축성이 가장 큰 것은? [산업 13]

① SP ② SW
③ CL ④ CH

27. 통일분류법에서 실트질 자갈을 표시하는 약호는? [산업 07, 17, 20]

① GW ② GP
③ GM ④ GC

해설 ㉮ GW : 입도분포가 좋은 자갈 또는 자갈과 모래의 혼합토로서 세립분이 약간 있거나 없음
㉯ GP : 입도분포가 나쁜 자갈 또는 자갈과 모래의 혼합토로서 세립분이 약간 있거나 없음
㉰ GM : 실트질의 자갈로서 자갈 · 모래 · 점토의 혼합토
㉱ GC : 점토질의 자갈로서 자갈 · 모래 · 점토의 혼합토

28. 통일분류법(統一分類法)에 의해 SP로 분류된 흙의 설명으로 옳은 것은? [기사 08, 14]

① 모래질 실트를 말한다.
② 모래질 점토를 말한다.
③ 압축성이 큰 모래를 말한다.
④ 입도분포가 나쁜 모래를 말한다.

29. 통일분류법에 의해 분류한 흙의 분류 기호 중 도로 노반재료로서 가장 좋은 흙은? [기사 07]

① CL ② ML
③ SP ④ GW

30. 통일분류법에 의한 흙의 분류에서 입도분포가 나쁘고 No.4체(0.074mm) 통과율이 50% 이상인 조립토를 옳게 분류한 것은? [산업 08]

① SP ② SM
③ SW ④ SC

해설 No.4체 통과율이 50% 이상인 조립토는 모래이다. 그리고 입도분포가 나쁘므로 SP이다.

31. 4.75mm체(4번체) 통과율이 90%이고, 0.075mm체(200번체) 통과율이 4%, D_{10}=0.25mm, D_{30}=0.6mm, D_{60}=2mm인 흙을 통일분류법으로 분류하면? [기사 05, 10, 18]

① GW ② GP
③ SW ④ SP

해설 ㉮ $P_{\text{No.200}}=4\%<50\%$이고, $P_{\text{No.4}}=90\%>50\%$이므로 모래(S)이다.
㉯ $C_u=\dfrac{D_{60}}{D_{10}}=\dfrac{2}{0.25}=8>6$

$C_g=\dfrac{{D_{30}}^2}{D_{10}D_{60}}=\dfrac{0.6^2}{0.25\times2}$
$=0.72\neq1\sim3$이므로 빈립도(P)이다.

∴ SP

32. 다음과 같은 흙을 통일분류법에 따라 분류한 것으로 옳은 것은? [기사 10, 18]

- No.4번체(4.75mm체) 통과율 : 37.5%
- No.200번체(0.075mm체) 통과율 : 2.3%
- 균등계수 : 7.9
- 곡률계수 : 1.4

① GW ② GP
③ SW ④ SP

해설 ㉮ $P_{\#200}=2.3<50\%$이고 $P_{\#4}=37.5<50\%$이므로 자갈(G)이다.
㉯ $C_u=7.9>4$이고 $C_g=1.4=1\sim3$이므로 양립도(W)이다.
∴ GW

33. 흙의 분류에 있어 AASHTO분류법을 사용한다면 다음 사항 중 불필요한 것은? [기사 05]

① 입도분석 ② 애터버그한계
③ 균등계수 ④ 군지수

해설 AASHTO분류
흙의 입도, 액성한계, 소성지수, 군지수를 사용하여 A−1에서 A−7까지 7개의 군으로 분류하고 각각을 세분하여 총 12개의 군으로 분류한다.

정답 25. ③ 26. ④ 27. ③ 28. ④ 29. ④ 30. ① 31. ④ 32. ① 33. ③

34. 어떤 시료를 입도분석한 결과 0.075mm(No.200) 체 통과량이 65%이었고, 애터버그한계시험결과 액성한계가 40%이었으며 소성도표(plasticity chart)에서 A선 위의 구역에 위치한다면 이 시료의 통일분류법(USCS)상 기호로서 옳은 것은? [기사 10, 13, 20]

① CL ② SC
③ MH ④ SM

해설 ㉮ $P_{No.200}=65\%>50\%$이므로 세립토이다.
㉯ $W_L=40\%<50\%$이므로 저압축성(L)이고, A선 위의 구역에 위치하므로 CL이다.

35. 군지수(Group index)를 구하는 다음과 같은 공식에서 a, b, c, d에 대한 설명으로 틀린 것은? [산업 12]

$$GI=0.2a+0.005ac+0.01bd$$

① a : No.200체 통과율에서 35%를 뺀 값으로 0~40의 정수만 취한다.
② b : No.200체 통과율에서 15%를 뺀 값으로 0~40의 정수만 취한다.
③ c : 액성한계에서 40%를 뺀 값으로 0~20의 정수만 취한다.
④ d : 소성한계에서 10%를 뺀 값으로 0~20의 정수만 취한다.

해설
$a=P_{NO.200}-35$, $b=P_{NO.200}-15$] $0\leq a,\ b\leq 40$
$c=W_L-40$, $d=I_P-10$] $0\leq c,\ d\leq 20$

36. 어떤 흙의 No.200체(0.075mm) 통과율 60%, 액성한계가 40%, 소성지수가 10%일 때 군지수는? [산업 09]

① 3 ② 4
③ 5 ④ 6

해설 ㉮ $a=P_{NO.200}-35=60-35=25$
㉯ $b=P_{NO.200}-15=60-15=45\rightarrow 40$
㉰ $c=W_L-40=40-40=0$
㉱ $d=I_p-10=10-10=0$
㉲ $GI=0.2a+0.005ac+0.01bd=0.2\times 25=5$

37. 다음과 같은 조건에서 군지수는? [기사 03, 17]

- 흙의 액성한계 : 49%
- 흙의 소성지수 : 25%
- 10번체 통과율 : 96%
- 40번체 통과율 : 89%
- 200번체 통과율 : 70%

① 9 ② 12
③ 15 ④ 18

해설 ㉮ $a=P_{No.200}-35=70-35=35$
㉯ $b=P_{No.200}-15=70-15=55\rightarrow 40$
㉰ $c=W_L-40=49-40=9$
㉱ $d=I_p-10=25-10=15$
㉲ $GI=0.2a+0.005ac+0.01bd$
$=0.2\times 35+0.005\times 35\times 9+0.01\times 40\times 15$
$=14.575=15$

정답 34. ① 35. ④ 36. ③ 37. ③

MEMO

chapter 4

흙의 투수성과 침투

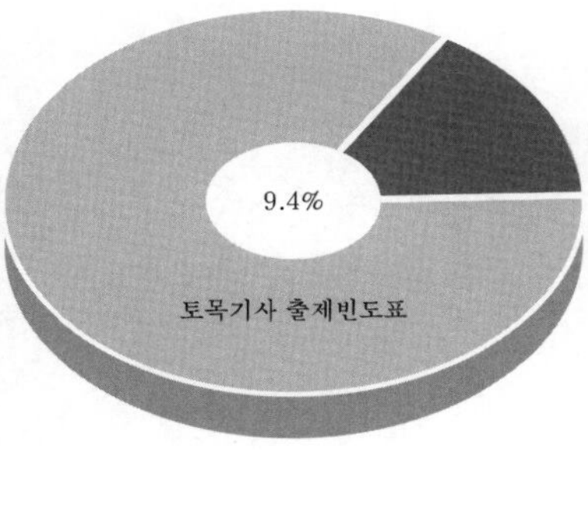

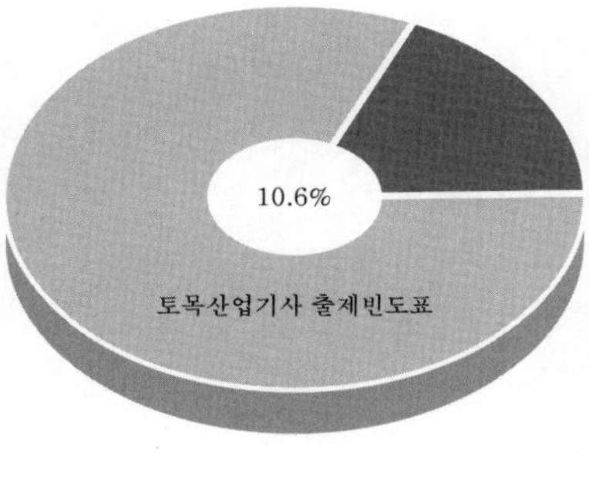

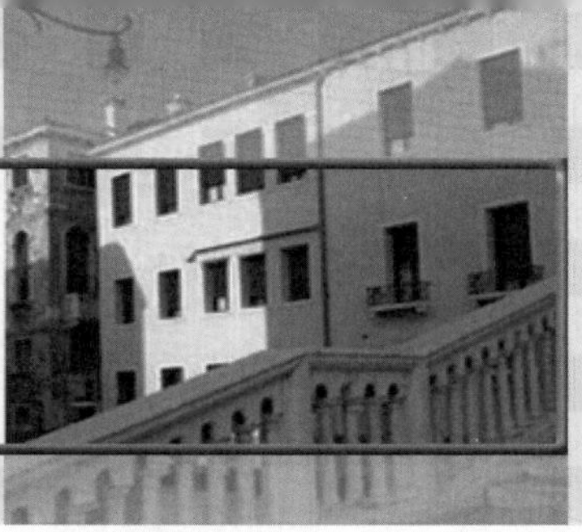

4 흙의 투수성과 침투

01 Darcy의 법칙

(1) 적용 범위

① $R_e < 4$ 인 층류에서 적용된다.

② 지하수의 흐름은 $R_e \fallingdotseq 1$ 이므로 Darcy의 법칙이 적용된다.

(2) 유출속도

$$V = Ki \qquad \cdots\cdots (4 \cdot 1)$$

여기서, K : 투수계수

i : 동수경사$\left(= \dfrac{\Delta h}{l}\right)$

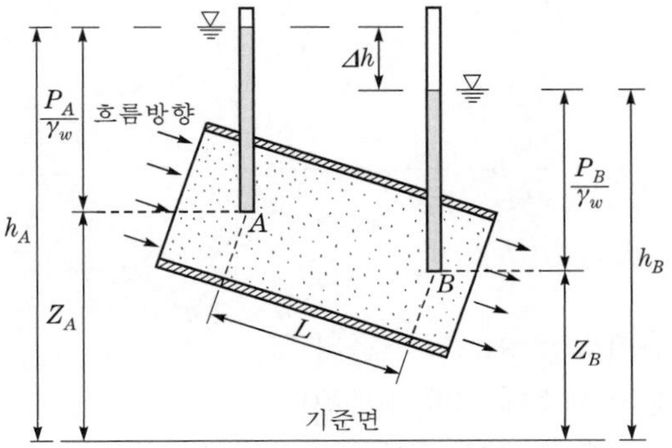

【그림 4-1】 흙 속의 유수에서 압력수두, 위치수두 및 전수두

(3) 실제 침투속도

$$Q = AV = A_v V_s$$

$$V_s = \frac{A}{A_v}V = \frac{AL}{A_v L}V = \frac{\overline{V}}{\overline{V_v}}V = \frac{V}{\dfrac{V_v}{V}}$$

$$\therefore \; V_s = \frac{V}{n} \qquad \cdots\cdots (4 \cdot 2)$$

알•아•두•기•

➡ 속도는 동수경사에 비례한다.

➡ $V_s > V$

여기서, V : 평균속도

A_v : 공극의 단면적

A : 시료의 전단면적

n : 공극률$\left(=\dfrac{V_v}{V}\right)$

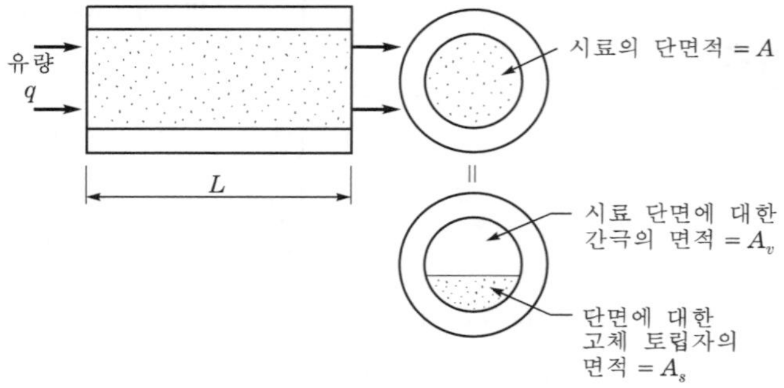

【그림 4-2】

(4) t 시간 동안 면적 A를 통과하는 전투수량

$$Q=KiAt \quad \cdots\cdots (4\cdot3)$$

02 투수계수

(1) 투수계수에 영향을 미치는 요소

투수계수(coefficient of permeability)는 유체의 점성, 온도, 흙의 입경, 공극비, 형상, 포화도, 흙입자의 거칠기 등의 요소에 의해 지배된다.

Taylor는 물과 흙의 모든 영향을 반영하는 식을 다음과 같이 제안하였다.

$$K=D_s^{\,2}\,\frac{\gamma_w}{\mu}\,\frac{e^3}{1+e}\,C \quad \cdots\cdots (4\cdot4)$$

여기서, D_s : 토립자의 지름(보통 D_{10})

γ_w : 물의 단위중량(g/cm^3)

μ : 물의 점성계수(g/cm·s)

e : 공극비

C : 합성형상계수

➡ 투수계수는 유속과 같은 차원이다.

➡ **전형적인 투수계수의 크기**

토질	투수계수(cm/s)
깨끗한 자갈	100~1.0
굵은 모래	1.0~0.01
가는 모래	0.01~0.001
실트질토	0.001~0.00001
점토	0.00001 이하

알•아•두•기•

① 공극비

$$K_1 : K_2 = \frac{{e_1}^3}{1+e_1} : \frac{{e_2}^3}{1+e_2} \fallingdotseq {e_1}^2 : {e_2}^2 \quad \cdots\cdots (4\cdot5)$$

② 입경 : A. Hazen(1930)은 균질한 모래에 대한 투수계수의 경험식을 다음과 같이 제시하였다.

$$K = C{D_{10}}^2 \text{[cm/s]} \quad \cdots\cdots (4\cdot6)$$

여기서, $C=100 \sim 150/\text{cm}\cdot\text{s}$

D_{10} : 유효입경(cm)

③ 점성계수

$$K_1 : K_2 = \mu_2 : \mu_1 \quad \cdots\cdots (4\cdot7)$$

(2) 투수계수의 측정

1) 실내 투수시험

① 정수위 투수시험(constant head test) : 수두차를 일정하게 유지하면서 토질시료를 침투하는 유량을 측정한 후 Darcy의 법칙을 사용하여 투수계수를 구한다.

㉮ 투수계수가 큰 조립토에 적당하다($K=10^{-2} \sim 10^{-3}$ cm/s).

㉯ 투수계수

$$Q = KiAt = K\frac{h}{L}At$$

$$\therefore K = \frac{QL}{Aht} \quad \cdots\cdots (4\cdot8)$$

② 변수위 투수시험(falling head test) : stand pipe 내의 물이 시료를 통과해 수위차를 이루는데 걸리는 시간을 측정하여 투수계수를 구한다.

㉮ 투수계수가 작은 세립토에 적당하다($K=10^{-3} \sim 10^{-6}$ cm/s).

㉯ 투수계수

$$q = KiA = K\frac{h}{L}A = -a\frac{dh}{dt}$$

$$\int_0^t dt = \int_{h_1}^{h_2} \frac{aL}{AK}\left(-\frac{dh}{h}\right)$$

K에 대해 정리하면

$$K = \frac{aL}{AT}\log_e\frac{h_1}{h_2} = 2.3\frac{aL}{AT}\log_{10}\frac{h_1}{h_2} \quad \cdots\cdots (4\cdot9)$$

➡ 둥근 입자의 경우 $C=150/\text{cm}\cdot\text{s}$이다.

➡ 실내시험에서 투수계수를 정할 때 한국산업규격에서는 표준상태인 15℃로 μ를 보정하여 투수계수로 나타낸다.

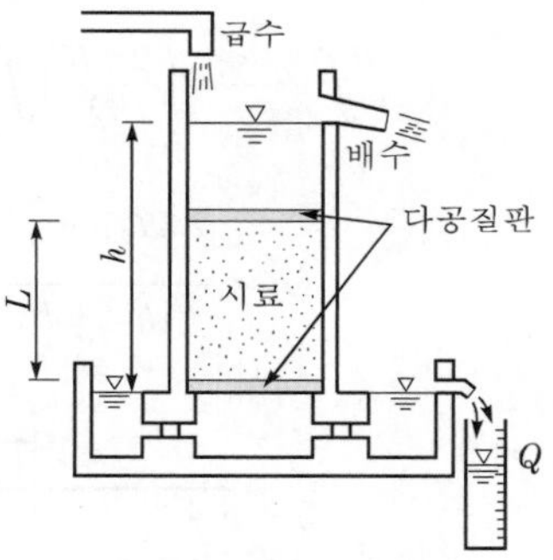

【정수위 투수시험기】

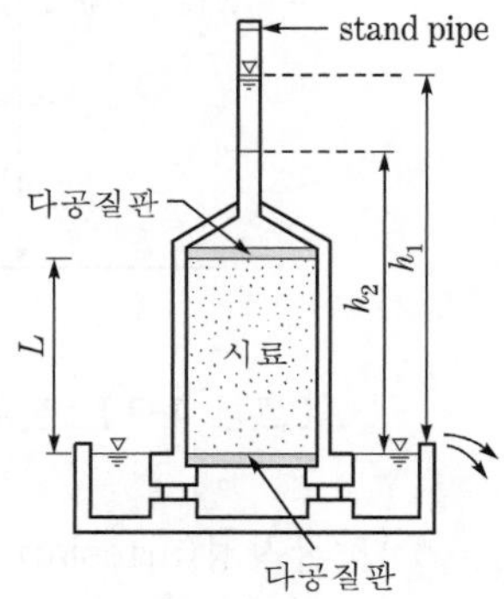

【변수위 투수시험기】

③ 압밀시험

㉮ $K=1\times10^{-7}$ cm/s 이하의 불투수성 흙에 대하여 실시하는 간접적인 시험법이다.

㉯ 투수계수

$$K=C_v m_v \gamma_w \quad \cdots\cdots (4\cdot10)$$

여기서, C_v : 압밀계수(cm²/s)

m_v : 체적변화계수(cm²/kg)

γ_w : 물의 단위중량(kg/cm³)

2) 현장 투수시험

① **양정시험** : 균일한 조립토의 투수계수를 측정하는 데 적합하다.

㉮ 깊은 우물(deep well)에 의한 방법

$$V=K\left(\frac{dh}{d\gamma}\right)$$

$$Q=2\pi\gamma h V=2\pi\gamma h K\left(\frac{dh}{d\gamma}\right)$$

$$\int_{\gamma_2}^{\gamma_1}\frac{d\gamma}{\gamma}=\left(\frac{2\pi K}{Q}\right)\int_{h_2}^{h_1} h\,dh$$

$$\therefore\ K=\frac{2.3\,Q\log_{10}\frac{\gamma_1}{\gamma_2}}{\pi({h_1}^2-{h_2}^2)} \quad \cdots\cdots (4\cdot11)$$

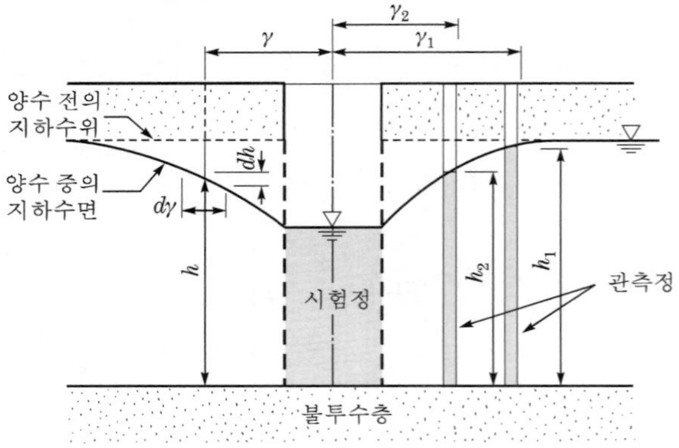

【그림 4-3】 불투수층 위의 투수층에 대한 양수시험

㉯ 굴착정(artesian well)에 의한 방법

$$Q=2\pi\gamma H V=2\pi\gamma H K\left(\frac{dh}{d\gamma}\right)$$

$$\int_{\gamma_2}^{\gamma_1}\frac{d\gamma}{\gamma}=\left(\frac{2\pi K}{Q}\right)\int_{h_2}^{h_1} H\,dh$$

현장 투수시험

사질토 지반에서 교란되지 않은 시료를 채취할 수 없으므로 자연상태의 투수계수를 실내시험으로 측정하는 것이 불가능하다. 그러므로 사질지반의 투수계수는 현장 시험에 의존하는 경우가 많다.

$$\therefore \ K = \frac{2.3\, Q \log_{10} \dfrac{\gamma_1}{\gamma_2}}{2\pi H (h_1 - h_2)} \quad \cdots\cdots (4\cdot 12)$$

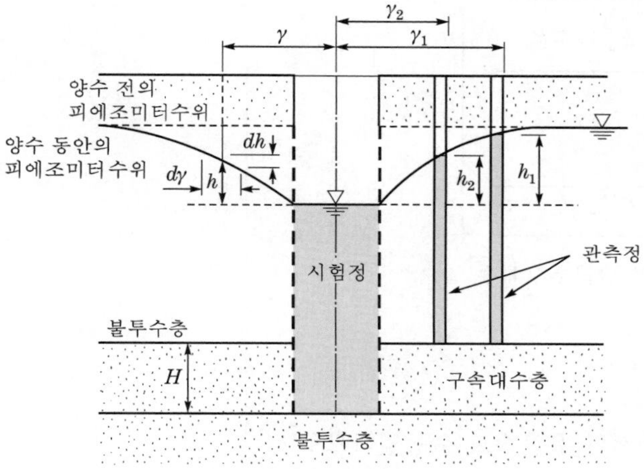

【그림 4-4】 피압대수층까지 뚫은 시험정의 양수시험

② **주수법** : 지반 내의 지하수위가 매우 낮거나 암반과 같이 투수계수가 작을 때 실시하는 방법이다.

03 비균질 흙에서의 평균투수계수

성층 퇴적된 흙에서의 투수계수는 흐름의 방향에 따라 변하기 때문에 주어진 방향에 대해 각 토층의 투수계수를 결정하여 평균투수계수를 계산에 의해 결정할 수 있다.

(1) 수평방향 평균투수계수

전체 층의 유량=각 층의 유량의 합이므로

$$q = (H_1 + H_2 + \cdots + H_n)\, K_h\, i$$

$$= (H_1 K_{h1} + H_2 K_{h2} + \cdots + H_n K_{hn})\, i$$

$$\therefore \ K_h = \frac{1}{H}(K_{h1} H_1 + K_{h2} H_2 + \cdots + K_{hn} H_n) \quad \cdots\cdots (4\cdot 13)$$

여기서, $H = H_1 + H_2 + \cdots + H_n$

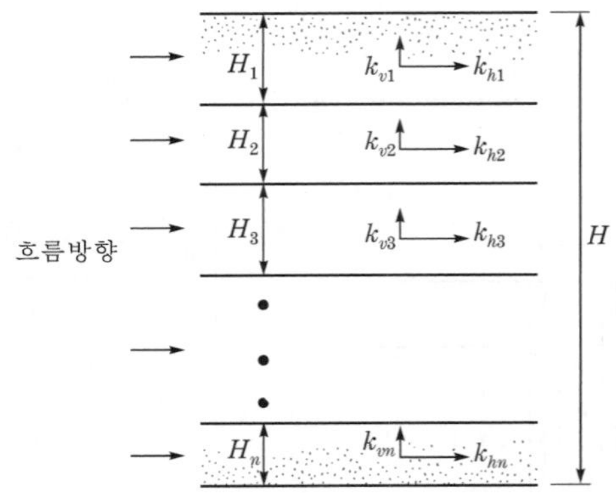

【그림 4-5】 수평방향 평균투수계수

(2) 수직방향 평균투수계수

투수가 수직으로만 일어나면 각 층에서의 유출속도는 동일하므로

$$V = V_1 = V_2 = \cdots = V_n$$

$$V = K_v \frac{h}{H} = K_{v1}\frac{h_1}{H_1} = K_{v2}\frac{h_2}{H_2} = \cdots = K_{vn}\frac{h_n}{H_n} \quad \cdots\cdots ㉠$$

$$h_1 = \frac{VH_1}{K_{v1}}$$

$$h_2 = \frac{VH_2}{K_{v2}}$$

$$\vdots$$

$$h_n = \frac{VH_n}{K_{vn}}$$

총손실수두= 각 층의 손실수두의 합이므로

$$h = h_1 + h_2 + h_3 + \cdots + h_n$$

$$= \frac{VH_1}{K_{v1}} + \frac{VH_2}{K_{v2}} + \cdots + \frac{VH_n}{K_{vn}} \quad \cdots\cdots ㉡$$

식 ㉠, ㉡을 풀면

$$K_v = \frac{H}{\dfrac{H_1}{K_{v1}} + \dfrac{H_2}{K_{v2}} + \cdots + \dfrac{H_n}{K_{vn}}} \quad \cdots\cdots (4\cdot14)$$

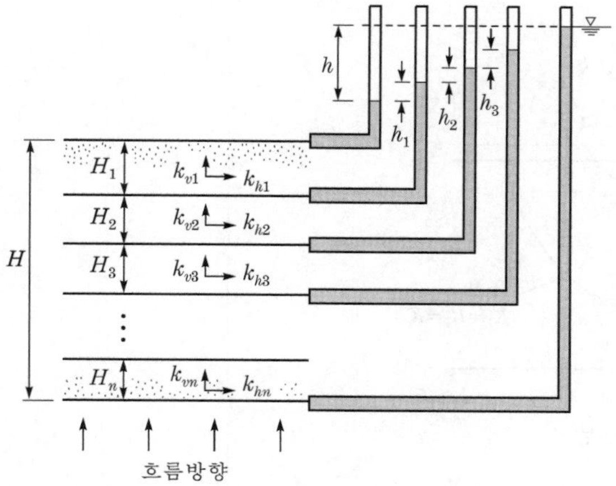

【그림 4-6】 수직방향 평균투수계수

04 이방성 투수계수

균질한 흙이라도 지층을 형성하는 과정에 따라 수평방향과 수직방향의 투수계수가 다를 수 있는데, 이것을 투수에 있어서의 이방성(anisotropic)이라 한다.

$$K = \sqrt{K_h K_v} \quad \cdots\cdots (4\cdot15)$$

여기서, K : 등가등방성 투수계수
K_h : 수평방향 투수계수
K_v : 수직방향 투수계수

➡ $K_h > K_v$이고 일반적으로 K_h가 K_v보다 10배 정도 크며 점성토일수록 이러한 경향이 크다.

05 유선망(flow net)

➡ 유선과 등수두선으로 이루어지는 곡선군을 유선망이라 한다.

① 용어설명

① 유선(flow line) : 물이 흐르는 경로이다.

② 등수두선(equipotential line) : 각 유선상에 있어서 손실수두가 같은 점을 연결한 선으로서 동일선상의 모든 점에서 전수두가 같다.

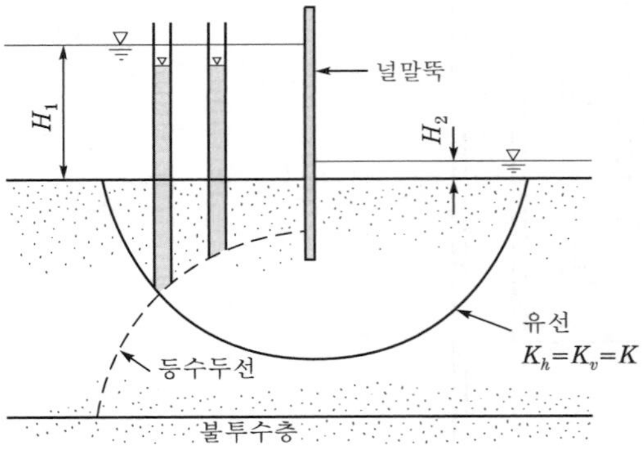

【그림 4-7】 유선망

② 유선망의 특징

① 각 유로의 침투유량은 같다.

② 인접한 등수두선 간의 수두차는 모두 같다.

③ 유선과 등수두선은 서로 직교한다.

④ 유선망으로 되는 사각형은 이론상 정사각형이므로 유선망의 폭과 길이는 같다.

⑤ 침투속도 및 동수구배는 유선망의 폭에 반비례한다.

③ 2차원 흐름의 기본원리

(1) 2차원 흐름의 기본가정

① Darcy법칙은 타당하다.

② 흙은 등방성이고 균질하다.

③ 흙은 포화되어 있고 모관현상은 무시한다.

④ 흙이나 물은 비압축성이고 물이 흐르는 동안 압축이나 팽창은 생기지 않는다.

(2) Darcy법칙에 의한 Laplace의 연속방정식

① 이방성인 경우

$$K_x \frac{\partial^2 h}{\partial X^2} + K_z \frac{\partial^2 h}{\partial Z^2} = 0 \text{ 또는 } \frac{\partial^2 h}{\frac{K_z}{K_x} \partial X^2} + \frac{\partial^2 h}{\partial Z^2} = 0$$

$X_t = X\sqrt{\dfrac{K_z}{K_x}}$ 로 치환하면

$$\frac{\partial^2 h}{\partial {X_t}^2} + \frac{\partial^2 h}{\partial Z^2} = 0 \quad \cdots\cdots (4 \cdot 16)$$

② 등방성인 경우 : 각 방향의 투수계수는 같다. 즉 $K_x = K_z$이므로

$$\frac{\partial^2 h}{\partial X^2} + \frac{\partial^2 h}{\partial Z^2} = 0 \quad \cdots\cdots (4 \cdot 17)$$

④ 유선망 결정법

(1) 도해법

경계조건을 고려하여 유선망을 작도한 후 침투수량, 간극수압, 동수경사 등을 구한다.

① 작도법

㉮ 유선과 등수두선은 직각으로 만난다.

㉯ 유선망 미소요소는 정방형이 되도록 한다.

② 경계조건

㉮ 선분 AB는 전수두가 동일하므로 등수두선이다.

㉯ 선분 DE는 전수두가 동일하므로 등수두선이다.

㉰ ACD는 하나의 유선이다.

㉱ FG는 하나의 유선이다.

(2) 모형실험에 의한 방법

모형을 만들어 흐름을 분석하는 방법이다.

(3) 해석적 방법

Laplace의 방정식에 의하는 수학적 해법이다.

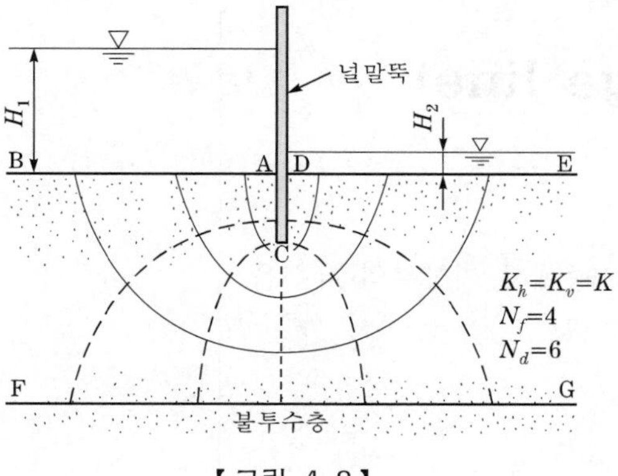

【그림 4-8】

⑤ 침투수량 및 간극수압의 계산

(1) 침투수량

① 등방성 흙인 경우($K_h = K_v$)

$$q = KH\frac{N_f}{N_d} \quad \cdots\cdots (4\cdot18)$$

여기서, q : 단위폭당 제체의 침투유량(cm^3/s)

K : 투수계수(cm/s)

N_f : 유로의 수

N_d : 등수두면의 수

H : 상하류의 수두차(cm)

② 이방성 흙인 경우($K_h \neq K_v$)

$$q = \sqrt{K_h K_v}\, H\frac{N_f}{N_d} \quad \cdots\cdots (4\cdot19)$$

(2) 간극수압

① 간극수압(U_p) $= \gamma_w \times$ 압력수두 ⋯⋯ (4·20)

② 압력수두= 전수두−위치수두 ⋯⋯ (4·21)

③ 전수두$= \dfrac{n_d}{N_d}H$ ⋯⋯ (4·22)

여기서, n_d : 구하는 점에서의 등수두면의 수

N_d : 등수두면의 수

H : 수두차

06 침윤선(seepage line)

(1) 정의

흙댐을 통해 물이 통과할 때 여러 유선들 중에서 최상부의 유선을 침윤선이라 한다.

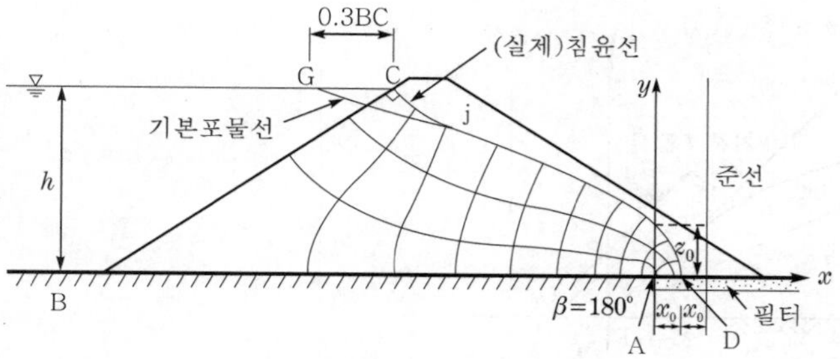

【그림 4-9】 침윤선

(2) 경계조건

① 불투수층 경계면 AB는 최하부 유선, CD는 최상부 유선으로 침윤선이라 한다.

② BC 위의 모든 점에서는 전수두가 h 인 등수두선이다.

③ 필터가 있을 경우에는 AD도 전수두가 0인 등수두선이다.

유선	AB, CD
등수두선	BC, AD

➡ 침윤선 CD에서는 압력수두가 0이므로 전수두는 위치수두와 같다.

(3) 침윤선의 작도

A. Casagrande에 의한 방법으로 filter가 없는 경우 다음과 같이 작도한다.

① **G점 결정** : AE의 수평거리(l)의 30% 지점

② **준선 결정** : 초점 F와 G의 수평거리를 d 라 하고 FG거리 $\sqrt{h^2+d^2}$ 과 d 와의 거리차를 x_0 라 표시한다.

➡ $x_0 = \sqrt{h^2+d^2} - d$

③ **기본포물선의 작도** : F점에서 하류측에 $\dfrac{x_0}{2}$ 만큼 떨어진 점을 G_0 라 하면 F를 초점으로 하여 기본포물선방정식 $x = \dfrac{y^2 - {x_0}^2}{2x_0}$ 에 의해 G, M, G_0 를 통과하는 기본포물선을 그린다.

④ **상류측 보정** : 상류측 경사면 AE는 하나의 등수두선이므로 침윤선은 이 면에 직교해야 하므로 E점에서 직각으로 유입하게 하고 기본포물선과 접하도록 한다.

⑤ **하류측 보정** : 기본포물선과 하류측 경사면과의 교점을 M, 침윤선과 하류측 경사면과의 교점을 N이라 하면 N점을 통과하도록 하여 E, N을 통과하는 실제 침윤선을 얻는다.

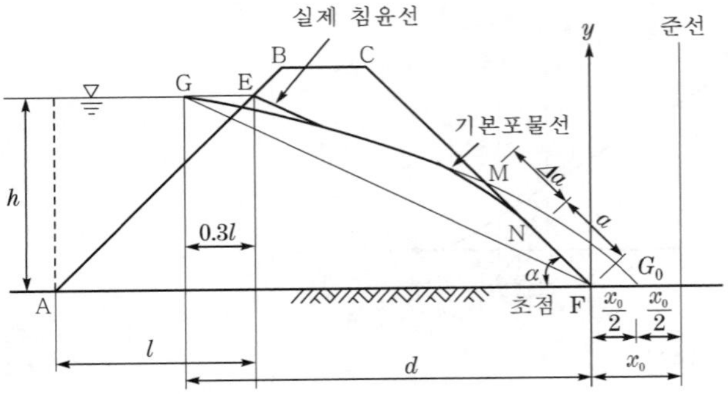

【그림 4-10】 침윤선의 작도

07 모관현상

① 모관현상

(1) 정의

표면장력 때문에 물이 표면을 따라 상승하는 현상을 **모관현상**이라 한다.

(2) 모관상승고

① 물의 무게=표면장력

$$\gamma_w \frac{\pi D^2}{4} h_c = \pi D T \cos\alpha$$

$$\therefore\ h_c = \frac{4T\cos\alpha}{\gamma_w D} \text{ [cm]} \quad \cdots\cdots (4\cdot 23)$$

여기서, T : 표면장력

α : 접촉각

D : 모관의 지름

γ_w : 물의 단위중량

② 깨끗한 증류수인 경우 표준온도에서 $\alpha=0°$, $T=0.075\text{g/cm}$이므로

$$h_c = \frac{0.3}{D} \text{ [cm]} \quad \cdots\cdots (4\cdot 24)$$

➡ h_c, D의 단위는 cm이다.

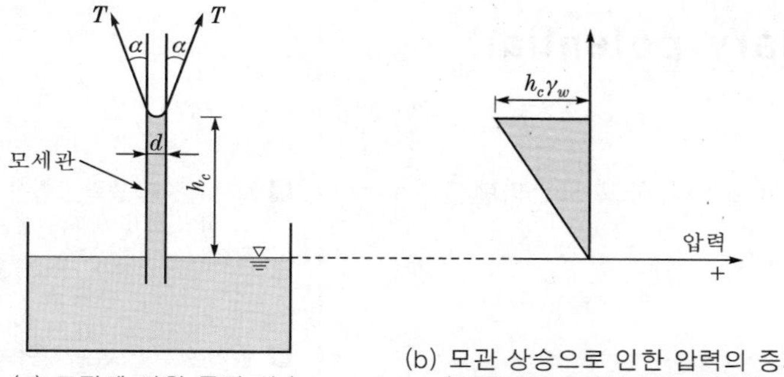

(a) 모관에 의한 물의 상승

(b) 모관 상승으로 인한 압력의 증가 (기준면상으로부터의 대기압)

【그림 4-11】

2 흙 속 물의 모관현상

(1) 정의

표면장력으로 인해 물은 자유수면 위로 상승하게 된다. 모관 상승의 개념을 흙에 적용하려면 실제의 흙은 서로 다른 입경의 토립자로 구성되어 있고 그 구조도 매우 복잡하므로 불규칙적인 형태의 무수한 모관의 집합체이므로 근사적으로 다음과 같이 표시된다.

(2) 흙 속 물의 모관상승고

$$h_c = \frac{C}{eD_{10}} \text{〔cm〕} \quad \cdots\cdots (4\cdot 25)$$

여기서, C : 입자의 모양, 상태에 의한 상수$(0.1 \sim 0.5\text{cm}^2)$
e : 공극비
D_{10} : 유효입경(cm)

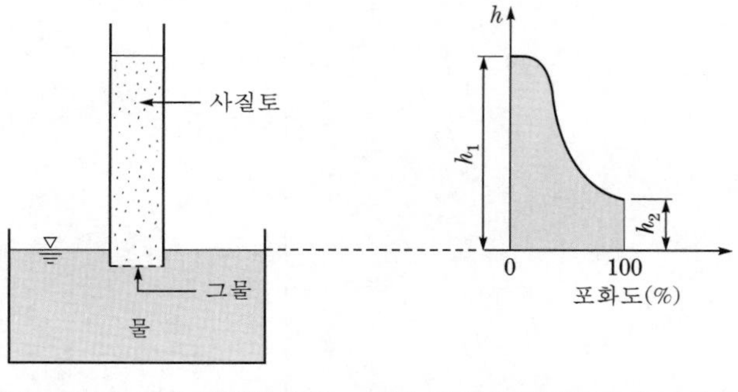

(a) 흙기둥 시료가 물에 접했을 경우

(b) 흙기둥 시료에 대한 포화도의 변화

【그림 4-12】 사질토에서의 모관효과

③ 모관퍼텐셜(capillary potential)

(1) 정의

흙이 모관수를 지지하는 힘을 모관퍼텐셜이라 하고 모관퍼텐셜은 (−) 공극수압과 같다.

(2) 모관퍼텐셜

$$\phi = -\gamma_w h_c \quad \cdots\cdots (4\cdot 26)$$

(3) 모관압력(capillary pressure)

① 관내에 상승한 모관수가 표면장력에 의해 인장되는 힘으로서 P에 상당하는 압축력이 관에 작용하는 것으로 해석되기 때문에 모관압력이라 한다.

② $\gamma_w h_c = \dfrac{4T}{D} = P \quad \cdots\cdots (4\cdot 27)$

(4) 모관퍼텐셜의 크기

① 함수비, 직경, 공극비가 작을수록 저퍼텐셜이다.

② 온도가 작을수록 표면장력이 증가하므로 저퍼텐셜이다.

③ 염류가 클수록 저퍼텐셜이다.

④ 일반적으로 불포화수분의 흐름은 고퍼텐셜에서 저퍼텐셜로 흐른다.

- 모관수 중의 압력은 항상 1기압보다 작기 때문에 퍼텐셜은 0보다 작다.
- 흙의 함수량, 토립자의 직경, 공극비, 액체의 온도, 액체 중에 용해되어 있는 염류 등은 모관퍼텐셜에 영향을 미친다.

예상 및 기출문제

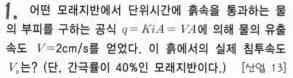

1. 어떤 모래지반에서 단위시간에 흙속을 통과하는 물의 부피를 구하는 공식 $q=KiA=VA$에 의해 물의 유출속도 V=2cm/s를 얻었다. 이 흙에서의 실제 침투속도 V_s는? (단, 간극률이 40%인 모래지반이다.) [산업 13]

① 0.8m/s ② 3.2m/s
③ 5.0m/s ④ 7.6m/s

해설 $V_s=\dfrac{V}{n}=\dfrac{2}{0.4}=5\text{cm/s}$

2. 어떤 흙의 간극비(e)가 0.52이고, 흙 속에 흐르는 물의 이론 침투속도(V)가 0.214cm/s일 때 실제의 침투유속(V_s)은? [산업 10, 18]

① 0.424cm/s ② 0.525cm/s
③ 0.626cm/s ④ 0.727cm/s

해설 ㉮ $n=\dfrac{e}{1+e}=\dfrac{0.52}{1+0.52}=0.342$

㉯ $V_s=\dfrac{V}{n}=\dfrac{0.214}{0.342}=0.626\text{cm/s}$

3. 다음 투수층에서 피에조미터를 꽂은 두 지점 사이의 동수경사(i)는 얼마인가? (단, 두 지점 간의 수평거리는 50m이다.) [산업 15, 20]

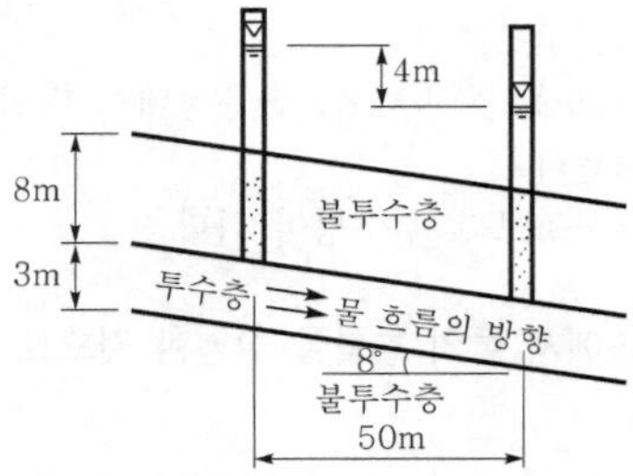

① 0.060 ② 0.079
③ 0.080 ④ 0.160

해설 ㉮ $L\times\cos 8°=50$

$\therefore L=\dfrac{50}{\cos 8°}=50.49\text{m}$

㉯ $i=\dfrac{h}{L}=\dfrac{4}{50.49}=0.079$

4. 다음 그림에서 투수계수 K=4.8×10^{-3}cm/s일 때 Darcy유출속도 V와 실제 물의 속도(침투속도) V_s는? [기사 05, 12, 14, 17]

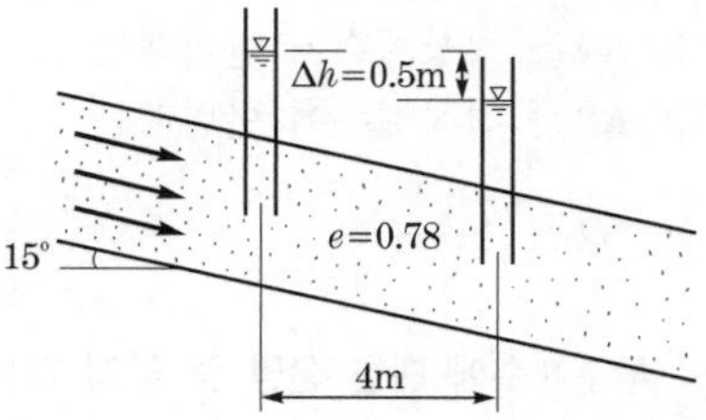

① $V=3.4\times10^{-4}$cm/s, $V_s=5.6\times10^{-4}$cm/s
② $V=4.6\times10^{-4}$cm/s, $V_s=9.4\times10^{-4}$cm/s
③ $V=5.2\times10^{-4}$cm/s, $V_s=10.8\times10^{-4}$cm/s
④ $V=5.8\times10^{-4}$cm/s, $V_s=13.2\times10^{-4}$cm/s

해설 ㉮ $V=Ki=K\dfrac{h}{L}=(4.8\times10^{-3})\times\dfrac{50}{\dfrac{400}{\cos 15°}}$

$=5.8\times10^{-4}\text{cm/s}$

㉯ $n=\dfrac{e}{1+e}=\dfrac{0.78}{1+0.78}=0.438$

㉰ $V_s=\dfrac{V}{n}=\dfrac{5.8\times10^{-4}}{0.438}=13.2\times10^{-4}\text{cm/s}$

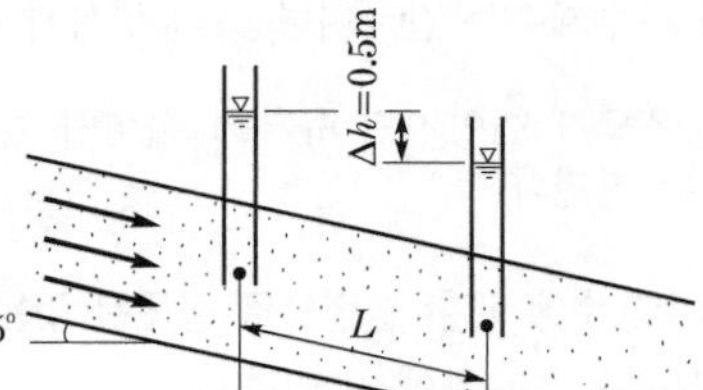

5. 투수계수를 좌우하는 요인이 아닌 것은? [기사 06, 15, 18, 산업 19]

① 토립자의 크기 ② 공극의 형상과 배열
③ 토립자의 비중 ④ 포화도

해설 $K=D_s^{\,2}\dfrac{\gamma_w}{\mu}\dfrac{e^3}{1+e}C$

정답 1. ③ 2. ③ 3. ② 4. ④ 5. ③

6. 투수계수에 영향을 미치는 인자로 거리가 먼 것은? [산업 06, 11, 12, 18, 19]

① 흙의 점성 ② 흙의 비중
③ 흙의 간극비 ④ 흙의 입경

7. 흙의 투수계수(K)에 관한 설명으로 옳은 것은? [기사 19]

① 투수계수(K)는 물의 단위중량에 반비례한다.
② 투수계수(K)는 입경의 제곱에 반비례한다.
③ 투수계수(K)는 형상계수에 반비례한다.
④ 투수계수(K)는 점성계수에 반비례한다.

해설 $K = D_s^{\ 2} \dfrac{\gamma_w}{\mu} \dfrac{e^3}{1+e} C$

8. 다음의 투수계수에 대한 설명 중 옳지 않은 것은? [기사 19]

① 투수계수는 간극비가 클수록 크다.
② 투수계수는 흙의 입자가 클수록 크다.
③ 투수계수는 물의 온도가 높을수록 크다.
④ 투수계수는 물의 단위중량에 반비례한다.

해설 $K = D_s^{\ 2} \dfrac{\gamma_w}{\mu} \dfrac{e^3}{1+e} C$

9. 흙의 투수계수에 대한 설명으로 틀린 것은? [산업 20]

① 투수계수는 온도와는 관계가 없다.
② 투수계수는 물의 점성과 관계가 있다.
③ 흙의 투수계수는 보통 Darcy법칙에 의하여 정해진다.
④ 모래의 투수계수는 간극비나 흙의 형상과 관계가 있다.

해설 온도가 높아지면 유체의 점성이 작아져서 투수계수는 커진다.

10. 투수계수에 관한 설명으로 잘못된 것은? [산업 17]

① 투수계수는 수두차에 반비례한다.
② 수온이 상승하면 투수계수는 증가한다.
③ 투수계수는 일반적으로 흙의 입자가 작을수록 작은 값을 나타낸다.
④ 같은 종류의 흙에서 간극비가 증가하면 투수계수는 작아진다.

해설 ㉮ $K = D_s^{\ 2} \dfrac{\gamma_w}{\mu} \dfrac{e^3}{1+e} c$
㉯ 간극비가 증가하면 투수계수는 커진다.

11. 동수경사(i)의 차원은? [산업 17]

① 무차원이다.
② 길이의 차원을 갖는다.
③ 속도의 차원을 갖는다.
④ 면적과 같은 차원이다.

해설 동수경사 $i = \dfrac{h}{L}$이고 무차원이다.

12. 흙 속으로 물이 흐를 때 Darcy법칙에 의한 유속(v)과 실제 유속(v_s) 사이의 관계로 옳은 것은? [산업 18]

① $v_s < v$ ② $v_s > v$
③ $v_s = v$ ④ $v_s = 2v$

해설 $v_s > v$

13. 흙 속에서의 물의 흐름에 대한 설명으로 틀린 것은? [기사 10, 11, 13]

① 흙의 간극은 서로 연결되어 있어 간극을 통해 물이 흐를 수 있다.
② 특히 사질토의 경우에는 실험실에서 현장 흙의 상태를 재현하기 곤란하기 때문에 현장에서 투수시험을 실시하여 투수계수를 결정하는 것이 좋다.
③ 점토가 이산구조로 퇴적되었다면 면모구조인 경우보다 더 큰 투수계수를 갖는 것이 보통이다.
④ 흙이 포화되지 않았다면 포화된 경우보다 투수계수는 낮게 측정된다.

해설 이산구조
㉮ 혼합 또는 되비빔흙, 습윤상태로 다진 흙 등에서 생성된다.
㉯ 면모구조보다 투수성이 작다.

14. 흙 속에서 물의 흐름을 설명한 것으로 틀린 것은? [기사 12, 16]

① 투수계수는 온도에 비례하고 점성에 반비례한다.
② 불포화토는 포화토에 비해 유효응력이 작고, 투수계수가 크다.
③ 흙 속의 침투수량은 Darcy법칙, 유선망, 침투해석프로그램 등에 의해 구할 수 있다.
④ 흙 속에서 물이 흐를 때 수두차가 커져 한계동수구배에 이르면 분사현상이 발생한다.

정답 6. ② 7. ④ 8. ④ 9. ① 10. ④ 11. ① 12. ② 13. ③ 14. ②

해설 불포화토는 포화토에 비해 공극수압이 작기 때문에 유효응력이 크고 투수계수는 작다.

15. **투수계수에 관한 설명으로 잘못된 것은?** [산업 08]

① 투수계수는 일반적으로 흙의 입자가 작을수록 작은 값을 나타낸다.

② 수온이 상승하면 투수계수는 증가한다.

③ 같은 종류의 흙에서 간극비가 증가하면 투수계수는 작아진다.

④ 투수계수는 수두차에 반비례한다.

해설 ㉮ $K = D_s^{\ 2}\dfrac{\gamma_w}{\mu}\dfrac{e^3}{1+e}c$

㉯ 간극비가 증가하면 투수계수는 커진다.

16. **투수계수에 대한 설명으로 틀린 것은?** [산업 13]

① 투수계수는 속도와 같은 단위를 갖는다.

② 불포화된 흙의 투수계수는 높으며, 포화도가 증가함에 따라 급속히 낮아진다.

③ 점성토에서 확산이중층의 두께는 투수계수에 영향을 미친다.

④ 점토질 흙에서는 흙의 구조가 투수계수에 중대한 역할을 한다.

해설 포화될수록 투수계수는 커진다.

17. **투수계수에 영향을 미치는 요소들로만 구성된 것은?** [기사 18, 산업 08]

㉠ 흙입자의 크기	㉡ 간극비
㉢ 간극의 모양과 배열	㉣ 활성도
㉤ 물의 점성계수	㉥ 포화도
㉦ 흙의 비중	

① ㉠, ㉡, ㉣, ㉥ ② ㉠, ㉡, ㉢, ㉤, ㉥

③ ㉠, ㉡, ㉣, ㉤, ㉦ ④ ㉡, ㉢, ㉤, ㉦

해설 $K = D_s^{\ 2}\dfrac{\gamma_w}{\mu}\dfrac{e^3}{1+e}c$

18. **실내에서 투수성이 매우 낮은 점성토의 투수계수를 알 수 있는 실험방법은?** [기사 11, 산업 12, 17]

① 정수위 투수실험법 ② 변수위 투수실험법

③ 일축압축실험 ④ 압밀실험

해설 실내투수시험의 종류

시험방법	적용 범위	적용 지반
정수위 투수시험	$K=10^{-2}\sim10^{-3}$cm/s	투수계수가 큰 모래지반
변수위 투수시험	$K=10^{-3}\sim10^{-6}$cm/s	투수성이 작은 흙
압밀시험	$K=10^{-7}$cm/s 이하	불투수성 흙

19. **다음 중 교란시료를 이용하여 수행하는 토질시험이 아닌 것은?** [산업 10]

① 투수시험 ② 입도분석시험

③ 유기물함량시험 ④ 액 · 소성한계시험

해설 투수시험은 불교란시험을 사용한다.

20. **흙의 투수성에서 사용되는 Darcy의 법칙 $\left(Q = K\dfrac{\Delta h}{L}A\right)$에 대한 설명으로 틀린 것은?** [기사 20]

① Δh는 수두차이다.

② 투수계수(K)의 차원은 속도의 차원(cm/s)과 같다.

③ A는 실제로 물이 통하는 공극 부분의 단면적이다.

④ 물의 흐름이 난류인 경우에는 Darcy의 법칙이 성립하지 않는다.

해설 A는 전단면적이다.

21. **사질토층에 물이 침투할 때 침투유량이 같은 조건에서 만약 사질토의 입경이 2배로 커진다면 침투동수구배는 몇 배로 변하는가?** [산업 05]

① 4배 ② 1/4배

③ 2배 ④ 1/2배

해설 ㉮ $K \propto D_s^{\ 2}$이므로 $V = Ki \propto D_s^{\ 2} i$

㉯ $A_1 V_1 = A_2 V_2$

$A D_s^{\ 2} i_1 = A(2D_s)^2 i_2$

$\therefore\ i_2 = \dfrac{1}{4} i_1$

22. **지하수흐름의 기본방정식인 라플라스(Laplace)방정식을 유도하기 위한 기본가정이다. 틀린 것은?** [산업 07, 15]

① 물의 흐름은 다르시(Darcy)의 법칙을 따른다.

② 흙은 등방성이고 균질하다.

③ 흙은 포화되어 있고 모세관현상은 무시한다.

④ 흙과 물은 압축성이다.

정답 15. ③ 16. ② 17. ② 18. ④ 19. ① 20. ③ 21. ② 22. ④

해설 ㉮ 2차원 흐름의 기본가정
㉠ 다르시(Darcy)법칙은 타당하다.
㉡ 흙은 등방성이고 균질하다.
㉢ 흙은 포화되어 있고 모세관현상은 무시한다.
㉣ 흙이나 물은 비압축성이고 물이 흐르는 동안 압축이나 팽창은 생기지 않는다.

㉯ 라플라스방정식 : $\frac{\partial^2 h}{\partial x^2}+\frac{\partial^2 h}{\partial y^2}+\frac{\partial^2 h}{\partial z^2}=0$

23. 공극비가 $e_1=0.80$인 어떤 모래의 투수계수가 $K_1=8.5\times10^{-2}$cm/s일 때 이 모래를 다져서 공극비를 $e_2=0.57$로 하면 투수계수 K_2는? [기사 06, 11, 17]

① 8.5×10^{-3}cm/s ② 3.5×10^{-2}cm/s
③ 8.1×10^{-2}cm/s ④ 4.1×10^{-1}cm/s

해설 $K_1 : K_2=\frac{{e_1}^3}{1+e_1}:\frac{{e_2}^3}{1+e_2}$

$8.5\times10^{-2} : K_2=\frac{0.8^3}{1+0.8}:\frac{0.57^3}{1+0.57}$

$\therefore K_2=3.52\times10^{-2}$cm/s

24. Hazen이 제안한 균등계수가 5 이하인 균등한 모래의 투수계수(K)를 구할 수 있는 경험식으로 옳은 것은? (단, c는 상수이고, D_{10}은 유효입경이다.) [산업 19]

① $K=cD_{10}$[cm/s] ② $K=c{D_{10}}^2$[cm/s]
③ $K=c{D_{10}}^3$[cm/s] ④ $K=c{D_{10}}^4$[cm/s]

해설 A. Hazen은 $C_u<5$ 이하인 균등한 모래에 대한 투수계수의 경험식을 제시하였다.
$K=c{D_{10}}^2$[cm/s]

25. 어떤 모래의 입경가적곡선에서 유효입경 $D_{10}=0.01$mm이었다. Hazen공식에 의한 투수계수는? (단, 상수(c)는 100을 적용한다.) [산업 07, 11, 18]

① 1×10^{-4}cm/s ② 1×10^{-6}cm/s
③ 5×10^{-4}cm/s ④ 5×10^{-6}cm/s

해설 $K=c{D_{10}}^2=100\times0.001^2=1\times10^{-4}$cm/s

26. 두께 2m인 투수성 모래층에서 동수경사가 1/10이고 모래의 투수계수가 5×10^{-2}cm/s라고 하면 이 모래층의 폭 1m에 대하여 흐르는 수량은 매 분당 얼마나 되는가? [기사 17]

① 6,000cm³/min ② 600cm³/min
③ 60cm³/min ④ 100cm³/min

해설 $Q=KiA=(5\times10^{-2})\times\frac{1}{10}\times(200\times100)$
$=100\text{cm}^3/\text{s}=6{,}000\text{cm}^3/$분

27. 높이 15cm, 지름 10cm의 모래시료에 정수위 시험한 결과 정수두 30cm로 하여 10초간의 유출량이 62.8cm³였다. 이 시료의 투수계수는? [기사 07, 12]

① 8×10^{-2}cm/s ② 8×10^{-3}cm/s
③ 4×10^{-2}cm/s ④ 4×10^{-3}cm/s

해설 $Q=KiA=K\frac{h}{L}A$

$\frac{62.8}{10}=K\times\frac{30}{15}\times\frac{\pi\times10^2}{4}$

$\therefore K=0.04$cm/s

28. 사질토의 정수위 투수시험을 하여 다음의 결과를 얻었다. 이 흙의 투수계수는? (단, 시료의 단면적은 78.54cm², 수두차는 15cm, 투수량은 400cm³, 투수시간은 3분, 시료의 길이는 12cm이다.) [산업 05, 13]

① 3.15×10^{-3}cm/s ② 2.26×10^{-2}cm/s
③ 1.78×10^{-2}cm/s ④ 1.36×10^{-1}cm/s

해설 $Q=KiA=K\frac{h}{L}A$

$\frac{400}{3\times60}=K\times\frac{15}{12}\times78.54$

$\therefore K=0.0226$cm/s

29. 단면적 100cm², 길이 30cm인 모래시료에 대한 정수위 투수시험결과가 다음과 같을 때 이 흙의 투수계수는? [산업 12, 13]

- 수위차(Δh)=50cm
- 물 받는 시간=5분
- 모은 물의 부피=500cm³

① 0.001cm/s ② 0.005cm/s
③ 0.01cm/s ④ 0.05cm/s

정답 23. ② 24. ② 25. ① 26. ① 27. ③ 28. ② 29. ③

해설 $Q = KiA = K\dfrac{h}{L}A$

$\dfrac{500}{5\times60} = K\times\dfrac{50}{30}\times100$

$\therefore\ K = 0.01\text{cm/s}$

30. 단면적 20cm², 길이 10cm의 시료를 15cm의 수두차로 정수위 투수시험을 한 결과 2분 동안 150cm³의 물이 유출되었다. 이 흙의 $G_s=2.67$이고, 건조중량은 420g이었다. 공극을 통하여 침투하는 실제 침투유속 V_s는 약 얼마인가? [기사 10, 17]

① 0.180cm/s ② 0.296cm/s
③ 0.376cm/s ④ 0.434cm/s

해설 ㉮ $Q = KiA$

$\dfrac{150}{2\times60} = Ki\times20$

$\therefore\ V = 0.0625\text{cm/s}$

㉯ $\gamma_d = \dfrac{W_s}{V} = \dfrac{G_s}{1+e}\gamma_w$

$\dfrac{420}{20\times10} = \dfrac{2.67}{1+e}\times1$

$\therefore\ e = 0.27$

㉰ $n = \dfrac{e}{1+e} = \dfrac{0.27}{1+0.27} = 0.21$

㉱ $V_s = \dfrac{V}{n} = \dfrac{0.0625}{0.21} = 0.298\text{cm/s}$

31. 다음 그림과 같이 정수두 투수시험을 실시하였다. 30분 동안 침투한 유량이 500cm³일 때 투수계수는? [산업 14]

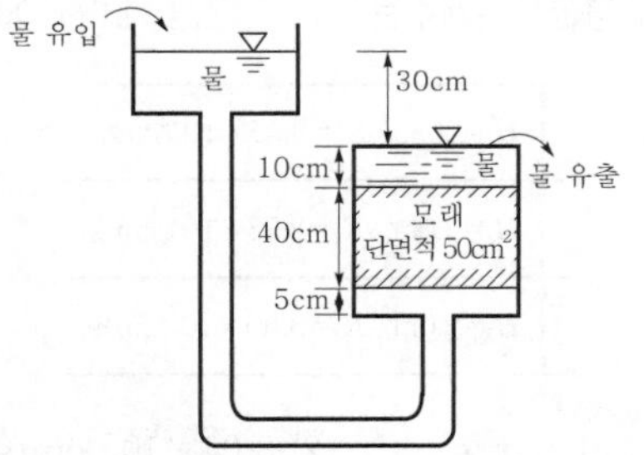

① 6.13×10^{-3}cm/s ② 7.41×10^{-3}cm/s
③ 9.26×10^{-3}cm/s ④ 10.02×10^{-3}cm/s

해설 $Q = KiA = K\dfrac{h}{L}A$

$\dfrac{500}{30\times60} = K\times\dfrac{30}{40}\times50$

$\therefore\ K = 7.41\times10^{-3}\text{cm/s}$

32. 그림에서 흙의 단면적이 40cm²이고 투수계수가 0.1cm/s일 때 흙 속을 통과하는 유량은? [기사 13, 20]

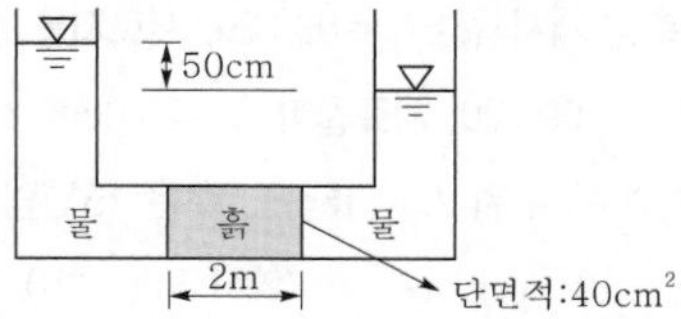

① 1m³/h ② 1cm³/s
③ 100m³/h ④ 100cm³/s

해설 $Q = KiA = K\dfrac{h}{L}A = 0.1\times\dfrac{50}{200}\times40 = 1\text{cm}^3/\text{s}$

33. 쓰레기 매립장에서 누출되어 나온 침출수가 지하수를 통하여 100미터 떨어진 하천으로 이동한다. 매립장 내부와 하천의 수위차가 1미터이고, 포화된 중간 지반은 평균투수계수 1×10^{-3}cm/s의 자유면 대수층으로 구성되어 있다고 할 때 매립장으로부터 침출수가 하천에 처음 도착하는데 걸리는 시간은 약 몇 년인가? (단, 이때 대수층의 간극비(e)는 0.25였다.) [기사 07, 11]

① 3.45년 ② 6.34년
③ 10.56년 ④ 17.23년

해설 ㉮ $n = \dfrac{e}{1+e} = \dfrac{0.25}{1+0.25} = 0.2$

㉯ $V = Ki = (1\times10^{-3})\times\dfrac{1}{100} = 1\times10^{-5}\text{cm/s}$

㉰ $V_s = \dfrac{V}{n} = \dfrac{1\times10^{-5}}{0.2} = 5\times10^{-5}\text{cm/s}$

㉱ $t = \dfrac{L}{V_s} = \dfrac{100\times100}{5\times10^{-5}} = 2\times10^{8}\text{초} = 6.34\text{년}$

34. 어떤 흙의 변수위 투수시험을 한 결과 시료의 직경과 길이가 각각 5.0cm, 2.0cm이었으며, 유리관의 내경이 4.5mm, 1분 10초 동안에 수두가 40cm에서 20cm로 내렸다. 이 시료의 투수계수는? [기사 15]

① 4.95×10^{-4}cm/s ② 5.45×10^{-4}cm/s
③ 1.60×10^{-4}cm/s ④ 7.39×10^{-4}cm/s

해설 ㉮ $A = \dfrac{\pi\times5^2}{4} = 19.63\text{cm}^2$

㉯ $a = \dfrac{\pi\times0.45^2}{4} = 0.16\text{cm}^2$

㉰ $K = 2.3\dfrac{al}{At}\log\dfrac{h_1}{h_2} = 2.3\times\dfrac{0.16\times2}{19.63\times70}\times\log\dfrac{40}{20}$

$= 1.61\times10^{-4}\text{cm/s}$

정답 30. ② 31. ② 32. ② 33. ② 34. ③

35. 어떤 흙시료의 변수위 투수시험을 한 결과 다음 값을 얻었다. 15℃에서의 투수계수는? (단, 스탠드파이프 안지름 d=4.3mm, 측정 개시시간 t_1=09 : 20, 시료지름 D=5.0cm, 측정 완료시간 t_2=09 : 30, 시료길이 L=20.0cm, t_1에서 수위 h_1=30cm, t_2에서 수위 h_2=15cm, 수온 15℃임) [기사 00]

① 1.746×10^{-3}cm/s ② 1.706×10^{-4}cm/s
③ 1.706×10^{-2}cm/s ④ 1.746×10^{-2}cm/s

해설 ㉮ stand pipe 단면적

$$a=\frac{\pi\times0.43^2}{4}=0.145\text{cm}^2$$

㉯ 시료의 단면적

$$A=\frac{\pi\times5^2}{4}=19.63\text{cm}^2$$

㉰ $K=2.3\dfrac{al}{At}\log\dfrac{h_1}{h_2}$

$$=2.3\times\frac{0.145\times20}{19.63\times(10\times60)}\times\log\frac{30}{15}$$
$$=1.705\times10^{-4}\text{cm/s}$$

36. 변수위 투수시험에서 1.25m의 초기 수두가 2시간 동안 0.5m로 떨어졌다. 이때 stand pipe의 직경은 5mm이고 시료의 길이는 200mm, 시료의 직경은 100mm이다. 이 흙의 투수계수는? [산업 03]

① 4.36×10^{-6}mm/s ② 5.63×10^{-6}mm/s
③ 6.36×10^{-6}mm/s ④ 7.63×10^{-6}mm/s

해설 ㉮ $a=\dfrac{\pi\times0.5^2}{4}=0.2\text{cm}^2$

㉯ $A=\dfrac{\pi\times10^2}{4}=78.54\text{cm}^2$

㉰ $K=2.3\dfrac{al}{At}\log\dfrac{h_1}{h_2}$

$$=2.3\times\frac{0.2\times20}{78.54\times(2\times3{,}600)}\times\log\frac{125}{50}$$
$$=6.47\times10^{-6}\text{cm/s}$$

37. 수평방향의 투수계수(K_h)가 0.47cm/s이고 연직방향의 투수계수가(K_v)가 0.1cm/s일 때 등가투수계수를 구하면? [기사 09, 산업 08]

① 0.20cm/s ② 0.25cm/s
③ 0.30cm/s ④ 0.35cm/s

해설 $K=\sqrt{K_h\,K_v}=\sqrt{0.47\times0.1}=0.2\text{cm/s}$

38. 어떤 퇴적지반의 수평방향 투수계수가 4.0×10^{-3}cm/s, 수직방향 투수계수가 3.0×10^{-3}cm/s일 때 등가투수계수는 얼마인가? [기사 16, 산업 13, 15, 20]

① 3.46×10^{-3}cm/s ② 5.0×10^{-3}cm/s
③ 6.0×10^{-3}cm/s ④ 6.93×10^{-3}cm/s

해설 $K=\sqrt{K_h\,K_v}$

$$=\sqrt{(4\times10^{-3})\times(3\times10^{-3})}=3.46\times10^{-3}\text{cm/s}$$

39. 다음 그림과 같은 지반에 대해 수직방향 등가투수계수를 구하면? [기사 11, 14, 18, 산업 12, 15]

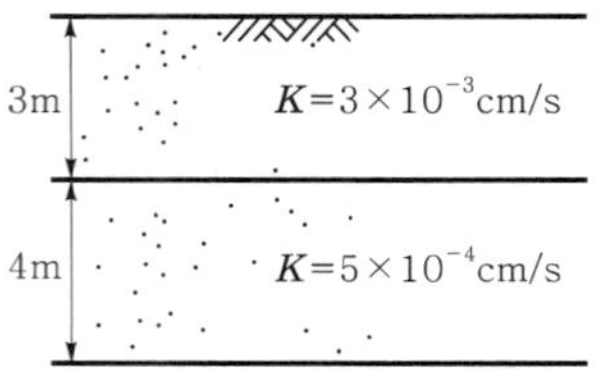

① 3.89×10^{-4}cm/s ② 7.78×10^{-4}cm/s
③ 1.57×10^{-3}cm/s ④ 3.14×10^{-3}cm/s

해설 $K_v=\dfrac{H}{\dfrac{h_1}{K_{v1}}+\dfrac{h_2}{K_{v2}}}$

$$=\frac{300+400}{\dfrac{300}{3\times10^{-3}}+\dfrac{400}{5\times10^{-4}}}=7.78\times10^{-4}\text{cm/s}$$

40. 다음 그림과 같이 3층으로 되어 있는 성층토의 수평방향의 평균투수계수는? [기사 06, 09, 15]

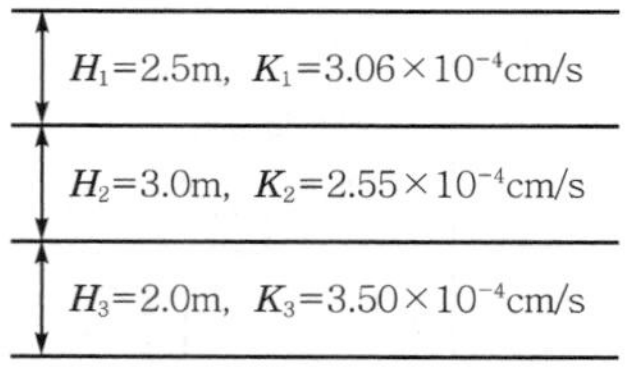

① 2.97×10^{-4}cm/s ② 3.04×10^{-4}cm/s
③ 6.04×10^{-4}cm/s ④ 4.04×10^{-4}cm/s

해설 $K_h=\dfrac{K_1h_1+K_2h_2+K_3h_3}{H}$

$$=\frac{\left\{\begin{array}{l}3.06\times10^{-4}\times250+2.55\times10^{-4}\\ \times300+3.5\times10^{-4}\times200\end{array}\right\}}{250+300+200}$$
$$=2.97\times10^{-4}\text{cm/s}$$

정답 35. ② 36. ③ 37. ① 38. ① 39. ② 40. ①

41. 다음 그림과 같이 3개의 지층으로 이루어진 지반에서 수직방향 등가투수계수는? [기사 06, 10, 14, 18]

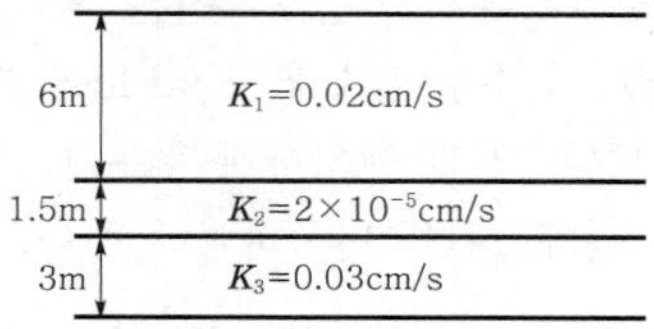

① 2.516×10^{-6}cm/s ② 1.274×10^{-5}cm/s
③ 1.393×10^{-4}cm/s ④ 2.0×10^{-2}cm/s

해설 $K_v=\dfrac{H}{\dfrac{h_1}{K_{v1}}+\dfrac{h_2}{K_{v2}}+\dfrac{h_3}{K_{v3}}}$

$=\dfrac{1,050}{\dfrac{600}{0.02}+\dfrac{150}{2\times10^{-5}}+\dfrac{300}{0.03}}=1.393\times10^{-4}\text{cm/s}$

42. 다음 그림과 같은 다층지반에서 연직방향의 등가투수계수를 계산하면 몇 cm/s인가? [산업 05, 09, 18]

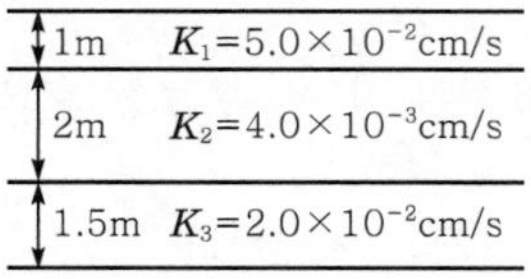

① 5.8×10^{-3} ② 6.4×10^{-3}
③ 7.6×10^{-3} ④ 1.4×10^{-2}

해설 $K_v=\dfrac{H}{\dfrac{h_1}{K_1}+\dfrac{h_2}{K_2}+\dfrac{h_3}{K_3}}$

$=\dfrac{450}{\dfrac{100}{5\times10^{-2}}+\dfrac{200}{4\times10^{-3}}+\dfrac{150}{2\times10^{-2}}}$

$=7.56\times10^{-3}\text{cm/s}$

43. 각 층의 손실수두 Δh_1, Δh_2 및 Δh_3를 각각 구한 값으로 옳은 것은? [기사 14, 20]

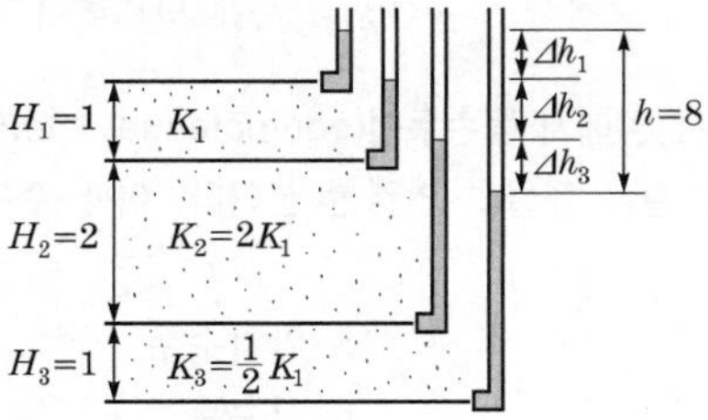

① $\Delta h_1=2$, $\Delta h_2=2$, $\Delta h_3=4$
② $\Delta h_1=2$, $\Delta h_2=3$, $\Delta h_3=3$
③ $\Delta h_1=2$, $\Delta h_2=4$, $\Delta h_3=2$
④ $\Delta h_1=2$, $\Delta h_2=5$, $\Delta h_3=1$

해설 비균질 흙에서의 투수

㉮ 토층이 수평방향일 때 투수가 수직으로 일어날 경우 전체 토층을 균일 이방성층으로 생각하므로 각 층에서의 유출속도가 같다.

$V=K_1 i_1=K_2 i_2=K_3 i_3$

$K_1\left(\dfrac{\Delta h_1}{1}\right)=2K_1\left(\dfrac{\Delta h_2}{2}\right)=\dfrac{1}{2}K_1\left(\dfrac{\Delta h_3}{1}\right)$

$\therefore\ \Delta h_1=\Delta h_2=\dfrac{\Delta h_3}{2}$

㉯ $H=\Delta h_1+\Delta h_2+\Delta h_3=8$

$\therefore\ \Delta h_1=2,\ \Delta h_2=2,\ \Delta h_3=4$

44. $\Delta h_1=5$이고 $K_{v2}=10K_{v1}$일 때 K_{v3}의 크기는? [기사 15, 19]

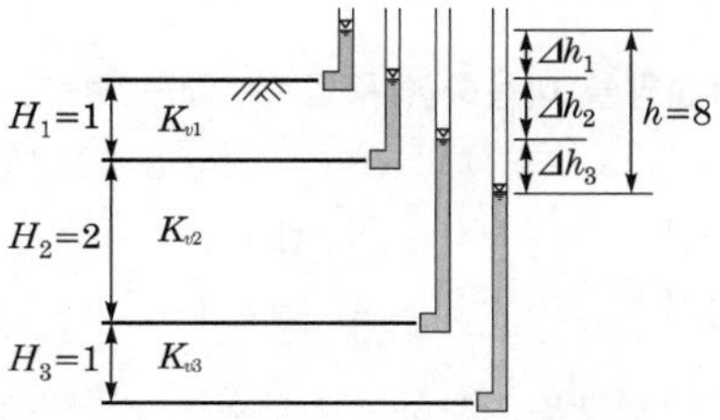

① $1.0K_{v1}$ ② $1.5K_{v1}$
③ $2.0K_{v1}$ ④ $2.5K_{v1}$

해설 ㉮ $V=K_1 i_1=K_2 i_2=K_3 i_3$

$K_1\left(\dfrac{\Delta h_1}{1}\right)=10K_1\left(\dfrac{\Delta h_2}{2}\right)=K_3\left(\dfrac{\Delta h_3}{1}\right)$

$\therefore\ \Delta h_1=5\Delta h_2$

㉯ $H=\Delta h_1+\Delta h_2+\Delta h_3=8$

$\therefore\ \Delta h_1=5,\ \Delta h_2=1,\ \Delta h_3=2$

㉰ $K_1\Delta h_1=K_3\Delta h_3$

$5K_1=2K_3$

$\therefore\ K_3=2.5K_1$

정답 41. ③ 42. ③ 43. ① 44. ④

유선망(flow net)

45. 유선망(流線網)에서 사용되는 용어를 설명한 것으로 틀린 것은? [산업 14, 18]

① 유선 : 흙 속에서 물입자가 움직이는 경로
② 등수두선 : 유선에서 전수두가 같은 점을 연결한 선
③ 유선망 : 유선과 등수두선의 조합으로 이루어지는 그림
④ 유로 : 유선과 등수두선이 이루는 통로

해설 인접한 유선 사이의 띠모양의 부분을 유로라 한다.

46. 유선망을 작도하는 주된 목적은? [산업 17]

① 침하량의 결정
② 전단강도의 결정
③ 침투수량의 결정
④ 지지력의 결정

해설 유선망을 작도하여 침투수량, 간극수압, 동수경사 등을 구할 수 있다.

47. 유선망을 이용하여 구할 수 없는 것은? [산업 10, 11, 13, 19]

① 간극수압 ② 침투수량
③ 동수경사 ④ 투수계수

해설 유선망을 작도하여 침투수량, 간극수압, 동수경사 등을 구할 수 있다.

48. 유선망의 특징에 대한 설명으로 틀린 것은? [기사 09, 11, 15, 19, 20, 산업 16]

① 각 유로의 침투유량은 같다.
② 유선과 등수두선은 서로 직교한다.
③ 인접한 유선 사이의 수두 감소량(head loss)은 동일하다.
④ 침투속도 및 동수경사는 유선망의 폭에 반비례한다.

해설 유선망
㉮ 각 유로의 침투유량은 같다.
㉯ 인접한 등수두선 간의 수두차는 모두 같다.
㉰ 유선과 등수두선은 서로 직교한다.
㉱ 유선망으로 되는 사각형은 정사각형이다.
㉲ 침투속도 및 동수구배는 유선망의 폭에 반비례한다.

49. 유선망의 특징에 대한 설명으로 틀린 것은? [기사 15]

① 균질한 흙에서 유선과 등수두선은 상호직교한다.
② 유선 사이에서 수두 감소량(head loss)은 동일하다.
③ 유선은 다른 유선과 교차하지 않는다.
④ 유선망은 경계조건을 만족하여야 한다.

해설 인접한 등수두선 간의 수두차는 모두 같다.

50. 유선망에 대한 설명으로 틀린 것은? [산업 17]

① 유선망은 유선과 등수두선(等水頭線)으로 구성되어 있다.
② 유로를 흐르는 침투수량은 같다.
③ 유선과 등수두선은 서로 직교한다.
④ 침투속도 및 동수구배는 유선망의 폭에 비례한다.

해설 침투속도 및 동수구배는 유선망의 폭에 반비례한다.

51. 유선망(flow net)의 성질에 속하지 않는 것은? [기사 06, 18]

① 인접한 두 유선 사이, 즉 유로를 흐르는 침투수량은 동일하다.
② 유선과 등수두선은 직교한다.
③ 동수경사(i)는 등수두선의 폭에 비례한다.
④ 유선망은 정사각형이다.

해설 침투속도 및 동수구배는 유선망의 폭에 반비례한다.

52. 유선망은 이론상 정사각형으로 이루어진다. 동수경사가 가장 큰 곳은? [기사 17]

① 어느 곳이나 동일함
② 땅속 제일 깊은 곳
③ 정사각형이 가장 큰 곳
④ 정사각형이 가장 작은 곳

해설 동수경사는 유선망의 폭에 반비례한다.

53. 유선망에서 등수두선(equipotential line)이란 수두(head)가 같은 점들을 연결한 선이다. 이때 수두란? [산업 00]

① 압력수두 ② 위치수두
③ 속도수두 ④ 전수두

정답 45. ④ 46. ③ 47. ④ 48. ③ 49. ② 50. ④ 51. ③ 52. ④ 53. ④

해설 등수두선은 전수두가 같은 선을 말한다.

54. 유선망을 작성하여 침투수량을 결정할 때 유선망의 정밀도가 침투수량에 큰 영향을 끼치지 않는 이유는? [기사 05, 13]

① 유선망은 유로의 수와 등수두면의 수의 비에 좌우되기 때문이다.
② 유선망은 등수두선의 수에 좌우되기 때문이다.
③ 유선망은 유선의 수에 좌우되기 때문이다.
④ 유선망은 투수계수 K에 좌우되기 때문이다.

55. 널말뚝을 박은 지반의 유선망을 작도하는데 있어서 경계조건에 대한 설명으로 틀린 것은? [기사 05, 19]

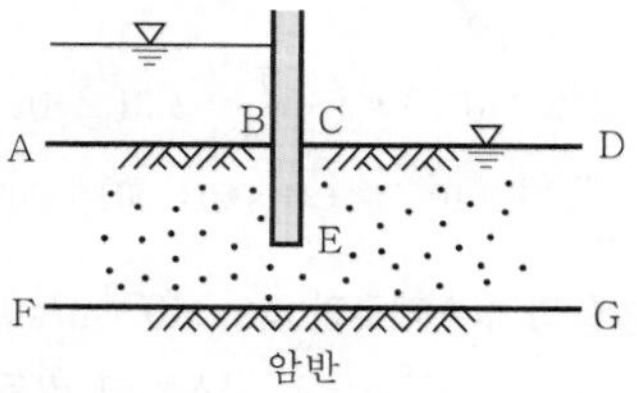

① $\overline{AB}$는 등수두선(등퍼텐셜)이다.
② $\overline{CD}$는 등수두선이다.
③ $\overline{FG}$는 유선이다.
④ $\overline{BEC}$는 등수두선이다.

해설 경계조건
㉮ 유선 : BEC, FG
㉯ 등수두선 : AB, CD

56. 어떤 콘크리트댐 하부의 투수층에서 다음 그림과 같은 유선망도가 그려졌다고 할 때 침투유량 Q는? (단, 투수층의 투수계수는 $K=2.0\times10^{-2}$cm/s이다.) [기사 06]

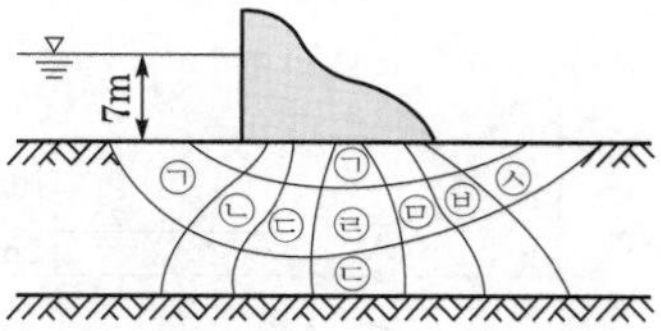

① 6cm³/s/cm　　② 10cm³/s/cm
③ 15cm³/s/cm　　④ 18cm³/s/cm

해설 $Q=KH\dfrac{N_f}{N_d}=(2\times10^{-2})\times700\times\dfrac{3}{7}=6\text{cm}^3/\text{s/cm}$

57. 다음 그림의 유선망에 대한 설명 중 틀린 것은? (단, 흙의 투수계수는 2.5×10^{-3}cm/s) [기사 10, 15]

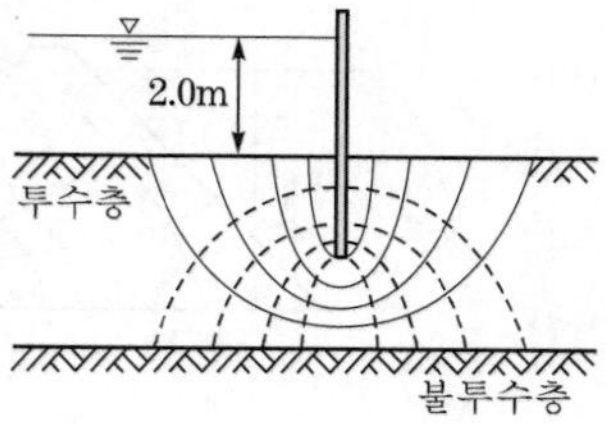

① 유선의 수 = 6
② 등수두선의 수 = 6
③ 유로의 수 = 5
④ 전침투수량 $Q=0.278\text{cm}^3/\text{s}$

해설 ㉮

구분	유선	유면	등수두선	등수두면
개수	6	5	10	9

㉯ $Q=KH\dfrac{N_f}{N_d}$

$=(2.5\times10^{-3})\times200\times\dfrac{5}{9}$

$=0.278\text{cm}^3/\text{s}$

58. 다음 그림과 같은 경우의 투수량은? (단, 투수지반의 투수계수는 2.4×10^{-3}cm/s이다.) [기사 09]

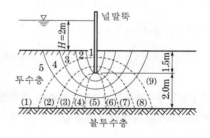

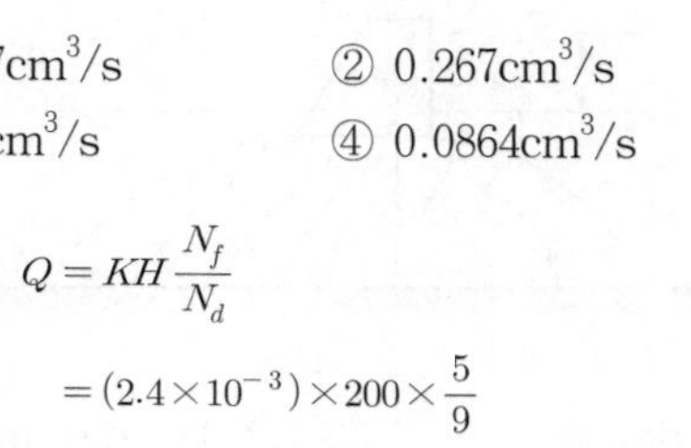

① 0.0267cm³/s　　② 0.267cm³/s
③ 0.864cm³/s　　④ 0.0864cm³/s

해설 $Q=KH\dfrac{N_f}{N_d}$

$=(2.4\times10^{-3})\times200\times\dfrac{5}{9}$

$=0.267\text{cm}^3/\text{s}$

정답 54. ① 55. ④ 56. ① 57. ② 58. ②

59. 다음 그림과 같이 필터를 설치하여 만든 제방 100m 길이당 침투수량을 구하면? (단, 흙댐의 투수계수는 0.085cm/s 이다.) [산업 04]

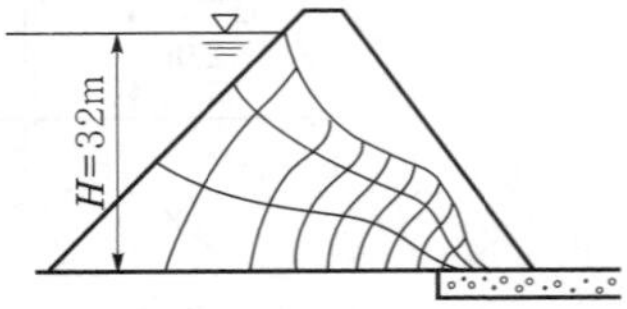

① $783.36\text{m}^3/\text{day}$
② $78,336\text{m}^3/\text{day}$
③ $940.03\text{m}^3/\text{day}$
④ $94,003\text{m}^3/\text{day}$

해설 $Q = KH\dfrac{N_f}{N_d}l$

$= (0.085\times10^{-2})\times32\times\dfrac{3}{9}\times100$

$= 0.907\text{m}^3/\text{s} = 78,336\text{m}^3/\text{day}$

60. 다음 그림과 같은 지반 내의 유선망이 주어졌을 때 댐의 폭 1m에 대한 침투유출량은? (단, h=20m, 지반의 투수계수 0.001cm/min이다.) [산업 08]

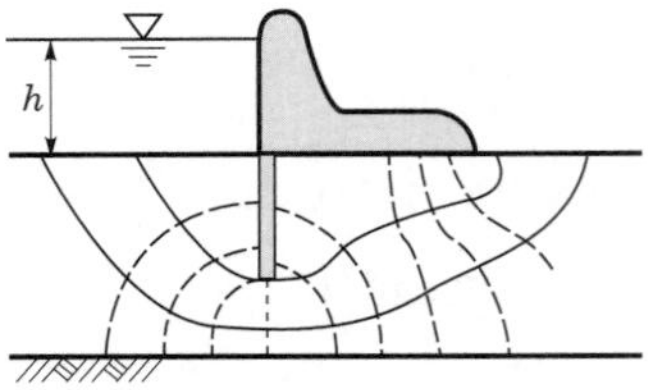

① $0.864\text{m}^3/\text{day}$ ② $0.0864\text{m}^3/\text{day}$
③ $9.6\text{m}^3/\text{day}$ ④ $0.96\text{m}^3/\text{day}$

해설 ㉮ $K = 0.001\text{cm/min} = 0.0144\text{m/day}$

㉯ $Q = KH\dfrac{N_f}{N_d} = 0.0144\times20\times\dfrac{3}{10} = 0.0864\text{m}^3/\text{day}$

61. 수평방향투수계수가 0.12cm/s이고, 연직방향투수계수가 0.03cm/s일 때 1일 침투유량은? [기사 12, 16]

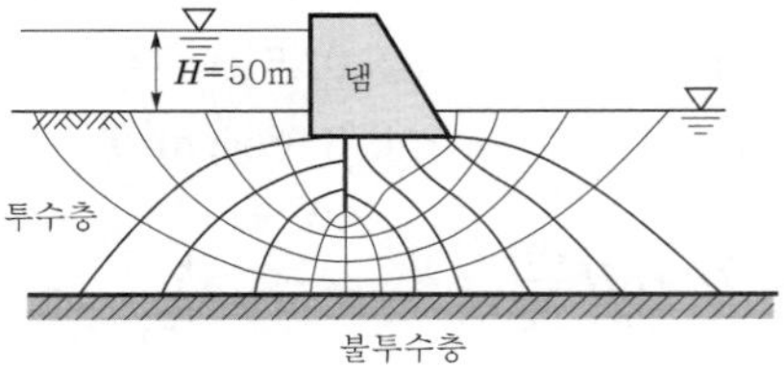

① $570\text{m}^3/\text{day/m}$ ② $1,080\text{m}^3/\text{day/m}$
③ $1,220\text{m}^3/\text{day/m}$ ④ $1,410\text{m}^3/\text{day/m}$

해설 ㉮ $K = \sqrt{K_h K_v} = \sqrt{0.12\times0.03} = 0.06\text{cm/s}$

㉯ $Q = KH\dfrac{N_f}{N_d}$

$= (0.06\times10^{-2})\times50\times\dfrac{5}{12} = 0.0125\text{m}^3/\text{s}$

$= 0.0125\times(24\times60\times60) = 1,080\text{m}^3/\text{day}$

62. 어떤 유선망도에서 상하류면의 수두차가 4m, 등수두면의 수가 13개, 유로의 수가 7개일 때 단위폭 1m당 1일 침투수량은 얼마인가? (단, 투수층의 투수계수 $K=2.0\times10^{-4}$cm/s) [기사 10, 산업 08, 09, 14, 19]

① $8.0\times10^{-1}\text{m}^3/\text{day}$ ② $9.62\times10^{-1}\text{m}^3/\text{day}$
③ $3.72\times10^{-1}\text{m}^3/\text{day}$ ④ $1.83\times10^{-1}\text{m}^3/\text{day}$

해설 $Q = KH\dfrac{N_f}{N_d}$

$= (2\times10^{-6})\times4\times\dfrac{7}{13} = 4.31\times10^{-6}\text{m}^3/\text{s}$

$= 4.31\times10^{-6}\times(24\times60\times60) = 0.372\text{m}^3/\text{day}$

63. 수직방향의 투수계수가 4.5×10^{-8}m/s이고, 수평방향의 투수계수가 1.6×10^{-8}m/s인 균질하고 비등방(非等方)인 흙댐의 유선망을 그린 결과 유로(流路)수가 4개이고 등수두선의 간격수가 18개이었다. 단위길이(m)당 침투수량은? (단, 댐의 상하류의 수면의 차는 18m이다.) [기사 08, 11, 17]

① $1.1\times10^{-7}\text{m}^3/\text{s}$ ② $2.3\times10^{-7}\text{m}^3/\text{s}$
③ $2.3\times10^{-8}\text{m}^3/\text{s}$ ④ $1.5\times10^{-8}\text{m}^3/\text{s}$

해설 ㉮ $K = \sqrt{K_h K_v} = \sqrt{(1.6\times10^{-8})\times(4.5\times10^{-8})}$

$= 2.68\times10^{-8}\text{m/s}$

㉯ $Q = KH\dfrac{N_f}{N_d} = 2.68\times10^{-8}\times18\times\dfrac{4}{18}$

$= 1.07\times10^{-7}\text{m}^3/\text{s}$

64. 다음 그림에 보인 댐에서 A점에 대한 간극수압은? [기사 07]

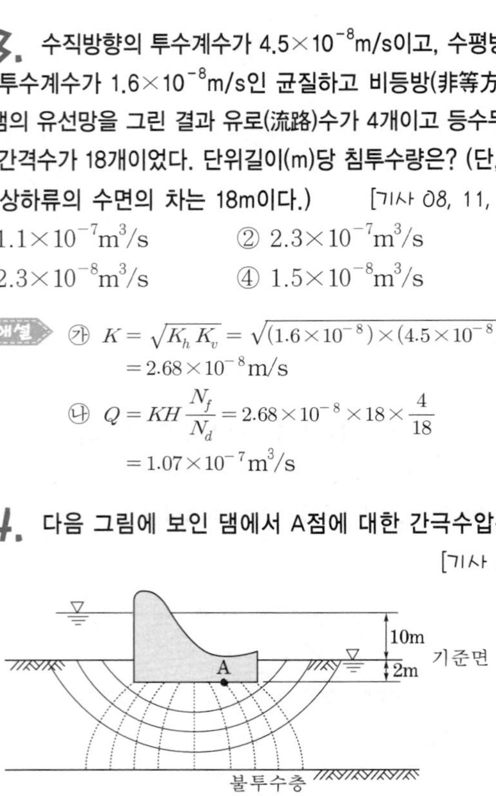

① 3t/m^2 ② 4t/m^2
③ 5t/m^2 ④ 6t/m^2

정답 59. ② 60. ② 61. ② 62. ③ 63. ① 64. ③

해설 ㉮ 전수두 $= \frac{n_d}{N_d}H = \frac{3}{10} \times 10 = 3\text{m}$

㉯ 위치수두 $= -2\text{m}$

㉰ 압력수두 = 전수두 − 위치수두 $= 3-(-2) = 5\text{m}$

㉱ 간극수압 $= \gamma_w \times$ 압력수두 $= 1 \times 5 = 5\text{t/m}^2$

65. 다음 그림에서 A점의 간극수압은? [기사 08, 17]

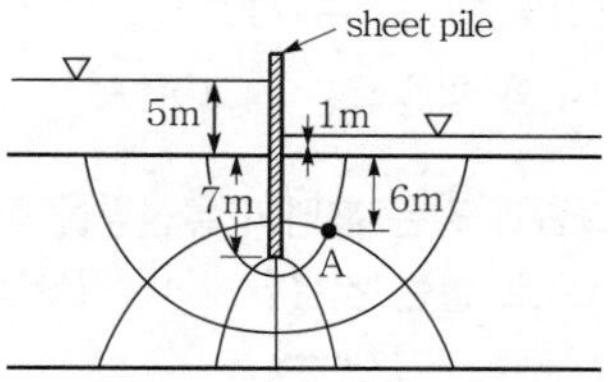

① 4.87t/m^2　② 7.67t/m^2
③ 12.31t/m^2　④ 4.65t/m^2

해설 ㉮ 전수두 $= \frac{\eta_d}{N_d}H = \frac{1}{6} \times 4 = 0.67\text{m}$

㉯ 위치수두 $= -(1+6) = -7\text{m}$

㉰ 압력수두 = 전수두 − 위치수두 $= 0.67-(-7) = 7.67\text{m}$

㉱ 간극수압 $= \gamma_w \times$ 압력수두 $= 1 \times 7.67 = 7.67\text{t/m}^2$

66. 침투유량(q) 및 B점에서의 간극수압(u_B)을 구한 값으로 옳은 것은? (단, 투수층의 투수계수는 3×10^{-1}cm/s이다.) [기사 13, 17]

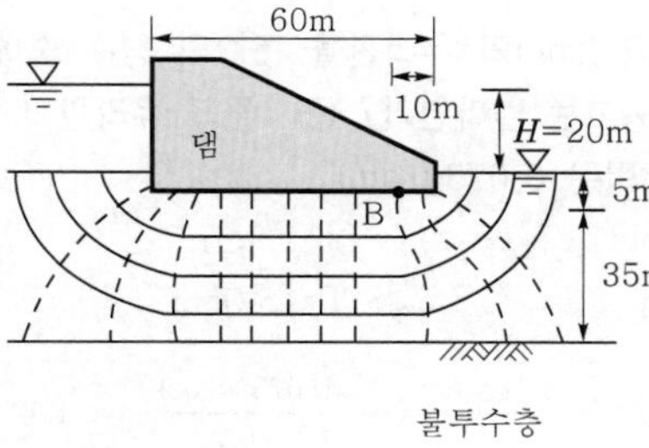

① $q=100\text{cm}^3/\text{s/cm}$, $u_B=0.5\text{kg/cm}^2$
② $q=100\text{cm}^3/\text{s/cm}$, $u_B=1.0\text{kg/cm}^2$
③ $q=200\text{cm}^3/\text{s/cm}$, $u_B=0.5\text{kg/cm}^2$
④ $q=200\text{cm}^3/\text{s/cm}$, $u_B=1.0\text{kg/cm}^2$

해설 ㉮ $Q = KH\frac{N_f}{N_d} = (3\times10^{-1})\times2{,}000\times\frac{4}{12}$
$= 200\text{cm}^3/\text{s/cm}$

㉯ B점의 간극수압

㉠ 전수두 $= \frac{n_d}{N_d}H = \frac{3}{12}\times20 = 5\text{m}$

㉡ 위치수두 $= -5\text{m}$

㉢ 압력수두 = 전수두 − 위치수두 $= 5-(-5) = 10\text{m}$

㉣ 간극수압 $= \gamma_w \times$ 압력수두 $= 1\times10 = 10\text{t/m}^2 = 1\text{kg/cm}^2$

67. 다음 그림에서 유로 Ⅱ를 흐르는 단위폭당 유량은? (단, 투수층의 투수계수 $K = K_x = K_z = 0.02$cm/s) [기사 99]

① $1\text{cm}^3/\text{s}$
② $3\text{cm}^3/\text{s}$
③ $4\text{cm}^3/\text{s}$
④ $6\text{cm}^3/\text{s}$

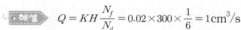

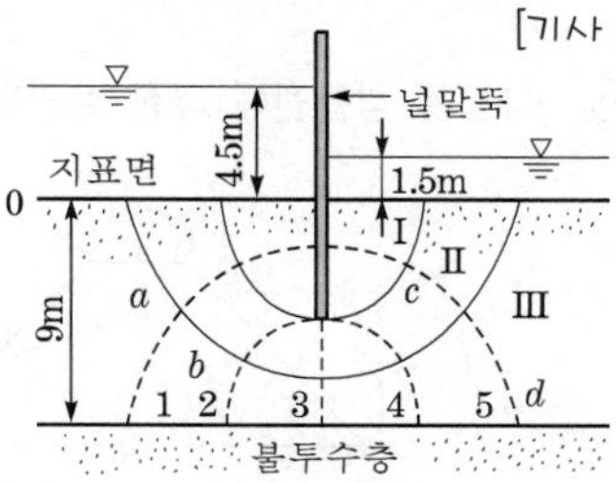

해설 $Q = KH\frac{N_f}{N_d} = 0.02\times300\times\frac{1}{6} = 1\text{cm}^3/\text{s}$

68. 다음 그림에서 C점의 압력수두 및 전수두값은 얼마인가? [기사 13]

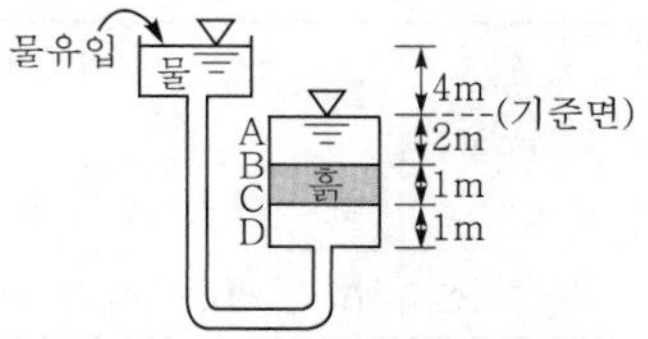

① 압력수두 3m, 전수두 2m
② 압력수두 7m, 전수두 0m
③ 압력수두 3m, 전수두 3m
④ 압력수두 7m, 전수두 4m

해설

위치	압력수두	위치수두	전수두
C	4+2+1 = 7m	−3m	7−3 = 4m

정답 65. ② 66. ④ 67. ① 68. ④

69. **다음 그림에서 A점의 전수두는?** [산업 13]

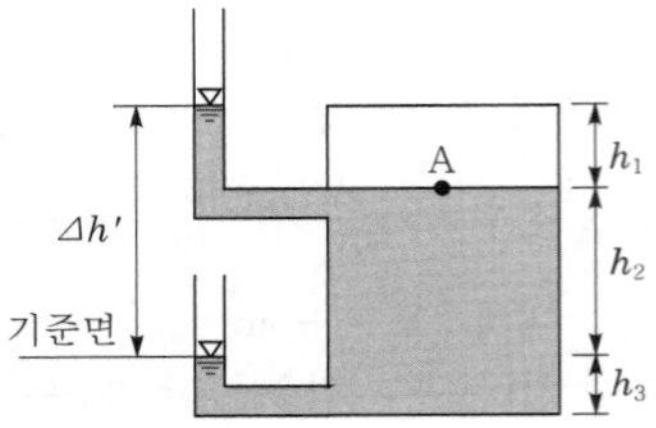

① h_1 ② $\Delta h + h_3$
③ $h_2 + h_3$ ④ $h_1 + h_2$

해설 ㉮ 압력수두 $= h_1$
㉯ 위치수두 $= h_2$
㉰ 전수두=압력수두+위치수두 $= h_1 + h_2$

70. **다음은 침윤선에 대한 설명이다. 틀린 것은?** [기사 99]

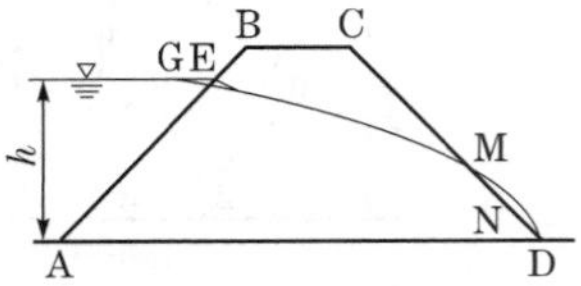

① AE는 등수두선이다.
② AD는 유선이다.
③ 침윤선은 E에서 AB에 직교한다.
④ CD는 등수두선이다.

해설 ㉮

유선	ED	• 최상부의 유선으로 침윤선이다.
	AD	• 최하부의 유선이다.
등수두선	AE	전수두가 h로서 일정하다.

㉯ 침윤선 ED는 E점에서 AB면에 직교한다.
㉰ CD는 유선도 등수두선도 아니다.

71. **다음 그림은 흙댐의 침윤선을 구하는 방법을 그린 것이다. 설명 중 옳지 않은 것은?** [산업 02]

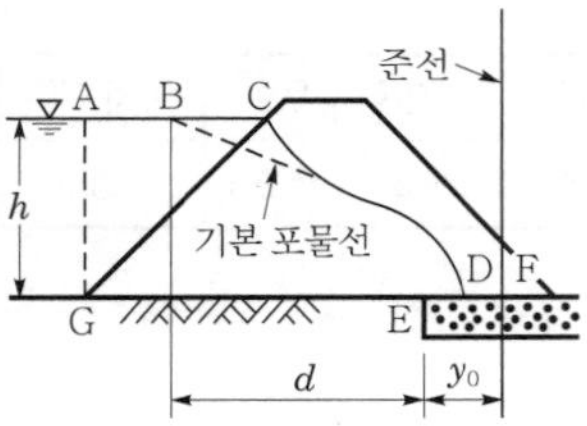

① 기본포물선의 초점은 E이다.
② $y_o = \sqrt{d^2 + h^2} - d$ 로 되는 위치에 준선이 있게 된다.
③ D점은 EF의 중점이 된다.
④ GC와 기본포물선은 직교한다.

해설 ㉮ 기본포물선의 작도 : E를 초점으로 하는 기본포물선방정식 $x = \dfrac{y^2 - x_o^{\ 2}}{2x_o}$ 에 의해 B, D를 통과하는 기본포물선을 그린다.
㉯ $\overline{ED} = \overline{DF} = \dfrac{y_o}{2}$, $\overline{EF} = y_o$ 이다.
㉰ GC와 침윤선은 직교한다.

72. **다음 그림과 같은 흙댐의 유선망을 작도하는 데 있어서 경계조건으로 틀린 것은?** [산업 03, 08, 14]

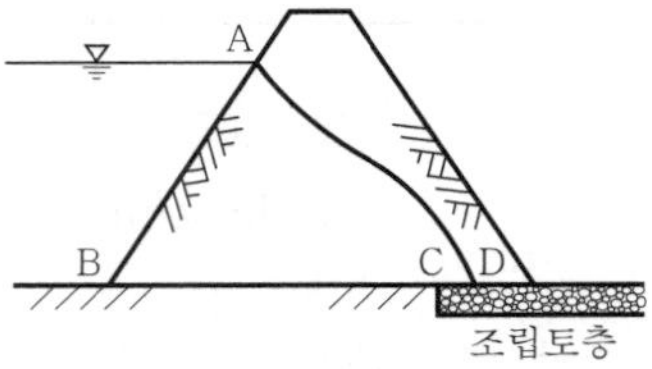

① $\overline{AB}$는 등수두선이다. ② $\overline{BC}$는 유선이다.
③ $\overline{CD}$는 침윤선이다. ④ $\overline{AD}$는 유선이다.

해설 경계조건
㉮ 유선 : $\overline{AD}$, $\overline{BC}$
㉯ 등수두선 : $\overline{AB}$, $\overline{CD}$

모관현상

73. **직경 2mm의 유리관을 15℃의 정수 중에 세웠을 때 모관상승고는 얼마인가? (단, 물과 유리관의 접촉각은 9°, 표면장력은 0.075g/cm)** [산업 09, 12]

① 0.15cm ② 1.1cm
③ 1.48cm ④ 15.0cm

해설 $h_c = \dfrac{4T\cos\theta}{\gamma_w D} = \dfrac{4 \times 0.075 \times \cos 9°}{1 \times 0.2} ≒ 1.48\text{cm}$

74. **안지름이 0.6mm인 유리관을 15℃의 정수 중에 세웠을 때 모관상승고(h_c)는? (단, 접촉각 θ는 0℃, 표면장력은 0.075g/cm)** [산업 18]

① 6cm ② 5cm
③ 4cm ④ 3cm

정답 69. ④ 70. ④ 71. ④ 72. ③ 73. ③ 74. ②

해설 $h_c = \dfrac{4T\cos\theta}{\gamma_w D} = \dfrac{4\times0.075\times\cos0°}{1\times0.06} = 5\text{cm}$

75. 간극률 50%이고 투수계수가 9×10^{-2}cm/s인 지반의 모관상승고는 대략 어느 값에 가장 가까운가? (단, 흙입자의 형상에 관련된 상수 C=0.3cm², Hazen공식 : $K=c_1 {D_{10}}^2$에서 $c_1=100$으로 가정) [기사 16]

① 1.0cm ② 5.0cm
③ 10.0cm ④ 15.0cm

해설 ㉮ $e=\dfrac{n}{100-n}=\dfrac{50}{100-50}=1$

㉯ $K=c_1 {D_{10}}^2$

$9\times10^{-2}=100\times{D_{10}}^2$

$\therefore\ D_{10}=0.03\text{cm}$

㉰ $h_c=\dfrac{C}{eD_{10}}=\dfrac{0.3}{1\times0.03}=10\text{cm}$

76. 물의 표면장력 T=0.075g/cm, 물과 유리관벽과의 접촉각이 0°, 유리관의 지름 D=0.01cm일 때 모관수의 높이 h_c는? [기사 03]

① 30cm ② 28cm
③ 25cm ④ 20cm

해설 $h_c = \dfrac{4T\cos\theta}{\gamma_w D} = \dfrac{4\times0.075\times\cos0°}{1\times0.01} = 30\text{cm}$

77. 흙의 모관현상에 관한 설명 중 옳지 않은 것은? [산업 04]

① 모래와 같은 조립토에서는 모관상승속도가 빠르다.
② 점토와 같은 세립토에서는 모관상승고는 매우 낮다.
③ 모관 상승 부분의 압력은 부압(負壓)이 된다.
④ 모관고는 공극비에 반비례한다.

해설 세립토일수록 모관상승고는 매우 높다.

$h_c=\dfrac{c}{eD_{10}}$

78. 흙의 모관 상승에 대한 설명 중 잘못된 것은? [기사 05, 08, 10]

① 흙의 모관상승고는 간극비에 반비례하고, 유효입경에 반비례한다.
② 모관상승고는 점토, 실트, 모래, 자갈의 순으로 점점 작아진다.
③ 모관 상승이 있는 부분은 (−)의 간극수압이 발생하여 유효응력이 증가한다.
④ Stokes법칙은 모관 상승에 중요한 영향을 미친다.

해설 Stokes 법칙은 “하나의 구가 무한한 넓이를 갖는 액체 속으로 가라앉을 때 구는 중력가속도와 액체의 점성에 기인하는 저항 때문에 일정한 종국속도를 갖게 되어 그 속도 v는 다음과 같이 나타낼 수 있다”는 것이다.

$v=\dfrac{(\gamma_s-\gamma_w)d^2}{18\eta}$

79. 흙의 모세관현상에 대한 설명으로 옳은 것은? [기사 11]

① 모관상승고가 가장 높게 발생되는 흙은 실트이다.
② 모관상승고는 흙입자의 직경과 관계없다.
③ 모관상승영역에서는 음의 간극수압이 발생되어 유효응력이 증가한다.
④ 모관현상으로 지표면까지 포화되면 지표면 바로 아래에서의 간극수압은 “0”이다.

해설 ㉮ $h_c=\dfrac{c}{eD_{10}}$

㉯ 모관상승영역에서는 $-u$가 발생되어 유효응력이 증가한다.

㉰ 모관현상으로 지표면까지 포화되면 지표면 바로 아래에서의 간극수압은 $u=-\gamma_w h$이다.

80. 모관상승속도가 가장 느리고, 상승고는 가장 높은 흙은 다음 중 어느 것인가? [산업 14]

① 점토 ② 실트
③ 모래 ④ 자갈

81. 흙의 모세관현상에 대한 설명으로 옳지 않은 것은? [기사 12]

① 모세관현상은 물의 표면장력 때문에 발생한다.
② 흙의 유효입경이 크면 모관상승고는 커진다.
③ 모관상승영역에서 간극수압은 부압, 즉 (−)압력이 발생된다.
④ 간극비가 크면 모관상승고는 작아진다.

해설 $h_c=\dfrac{c}{eD_{10}}$

정답 75. ③ 76. ① 77. ② 78. ④ 79. ③ 80. ① 81. ②

MEMO

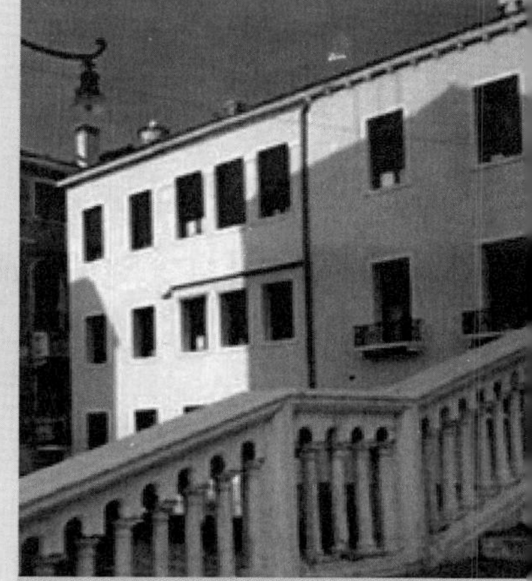

chapter 5

유효응력

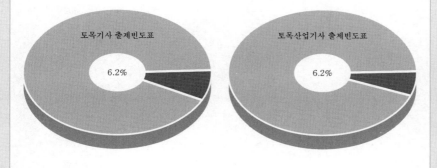

5 유효응력

01 흙의 자중으로 인한 응력

(1) 연직방향 응력

$\sigma_v = \gamma Z$ ······························ (5·1)

(2) 수평방향 응력

$\sigma_h = K\sigma_v$ ······························ (5·2)

여기서, K : 토압계수

알•아•두•기•

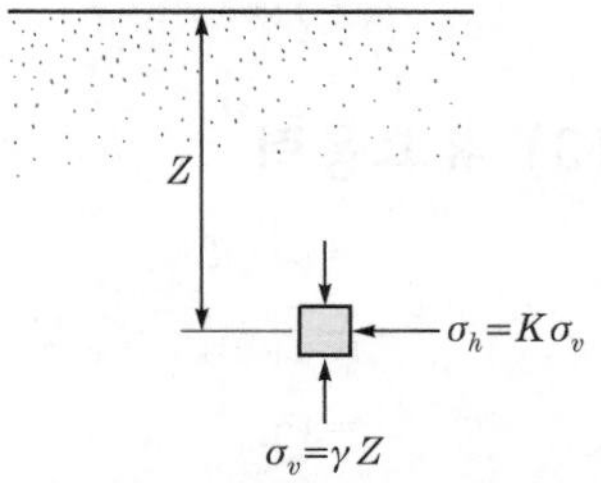

【지반 내 한 점에 작용하는 응력】

02 유효응력과 간극수압

(1) 유효응력(effective pressure ; $\bar{\sigma}$)

단위면적 중의 입자 상호 간의 접촉점에 작용하는 압력으로 토립자만을 통해서 전달되는 연직응력이다.

(2) 간극수압(pore water pressure ; u)

단위면적 중의 간극수가 받는 압력으로 중립응력이라고도 한다.

① S_r=100%일 때

$u = \gamma_w h$ ······························ (5·3)

② $0 < S_r <$ 100%일 때

$u = \gamma_w h S_r$ ······························ (5·4)

➡ 지하수위의 변동이 없는 경우 간극수압은 정수압과 같다.

(3) 전응력(total pressure ; σ)

① 단위면적 중의 물과 흙에 작용하는 압력이다.

② $\sigma = \bar{\sigma} + u$ ······························ (5·5)

➡ $\sigma = \bar{\sigma} + u$로 전응력을 나누어 표시하는 이유는 유효응력만이 지반의 변형과 전단에 관계되기 때문이다. 즉 흙입자는 가해지는 수압에 대하여 충분히 강하므로 수압을 무시한다.

알•아•두•기•

03 침투가 없는 포화토의 유효응력

(1) 전응력

$\sigma = \gamma_w h_w + \gamma_{sat} h$

(2) 간극수압

$u = \gamma_w (h_w + h)$

(3) 유효응력

$\bar{\sigma} = \sigma - u$
$= \gamma_w h_w + \gamma_{sat} h - \gamma_w (h_w + h)$
$= (\gamma_{sat} - \gamma_w) h$
$= \gamma_{sub} h$

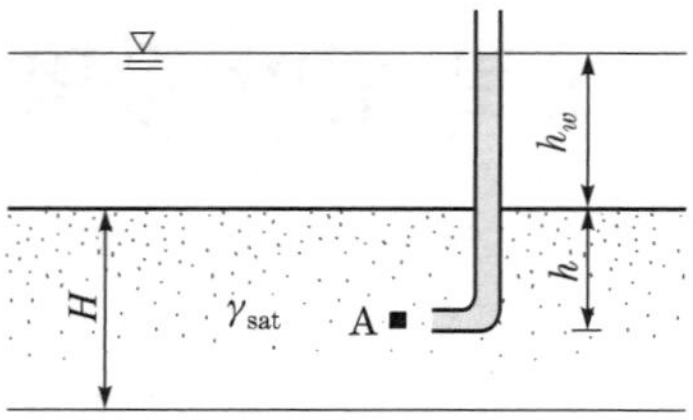

【그림 5-1】

▶ A점에서의 유효응력
① 전응력
$\sigma = \gamma_{sat} h$
② 간극수압
$u = \gamma_w (h_w + h)$
③ 유효응력
$\bar{\sigma} = \sigma - u$
$= \gamma_{sat} h - \gamma_w (h_w + h)$
$= (\gamma_{sat} - \gamma_w) h - \gamma_w h_w$
$= \gamma_{sub} h - \gamma_w h_w$

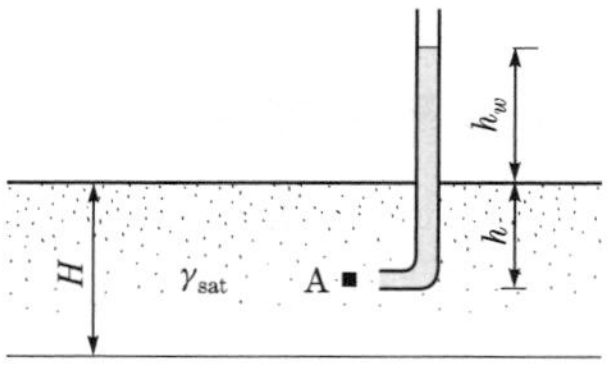

04 모관상승영역에서의 유효응력

① 모관 상승으로 지표면까지 완전포화된 경우

(1) 지표면

① $\sigma = 0$
② $u = -\gamma_w h_1$
③ $\bar{\sigma} = \sigma - u = \gamma_w h_1$

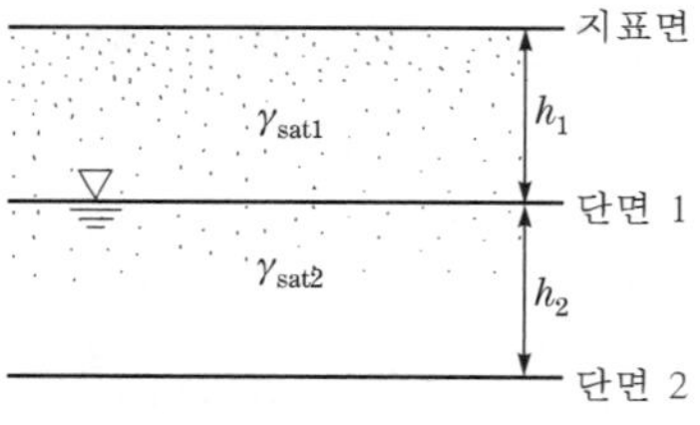

【그림 5-2】

(2) 단면 1

① $\sigma = \gamma_{sat1} h_1$
② $u = 0$
③ $\bar{\sigma} = \sigma = \gamma_{sat1} h_1$

▶ ① 모관작용이 일어나면 유효응력이 증가한다.
② 모관작용이 일어나는 영역에서는 전응력보다 유효응력이 크다.

(3) 단면 2

① $\sigma = \gamma_{sat1} h_1 + \gamma_{sat2} h_2$

② $u = \gamma_w h_2$

③ $\overline{\sigma} = \sigma - u = \gamma_{sat1} h_1 + (\gamma_{sat2} - \gamma_w) h_2 = \gamma_{sat1} h_1 + \gamma_{sub2} h_2$

② 모관 상승으로 부분적으로 포화된 경우

(1) 지표면

① $\sigma = 0$

② $u = -\gamma_w h_1 S_r$

③ $\overline{\sigma} = \sigma - u = \gamma_w h_1 S_r$

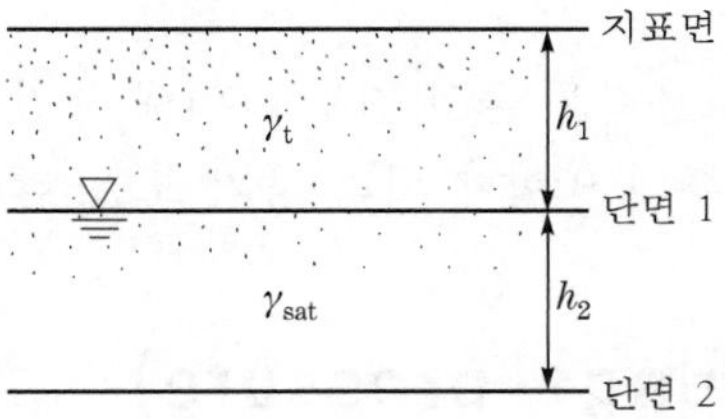

【그림 5-3】

(2) 단면 1

① $\sigma = \gamma_t h_1$

② $u = 0$

③ $\overline{\sigma} = \sigma - u = \gamma_t h_1$

(3) 단면 2

① $\sigma = \gamma_t h_1 + \gamma_{sat} h_2$

② $u = \gamma_w h_2$

③ $\overline{\sigma} = \sigma - u = \gamma_t h_1 + \gamma_{sub} h_2$

③ 모관현상이 없는 경우

(1) 지표면

① $\sigma = 0$

② $u = 0$

③ $\overline{\sigma} = \sigma - u = 0$

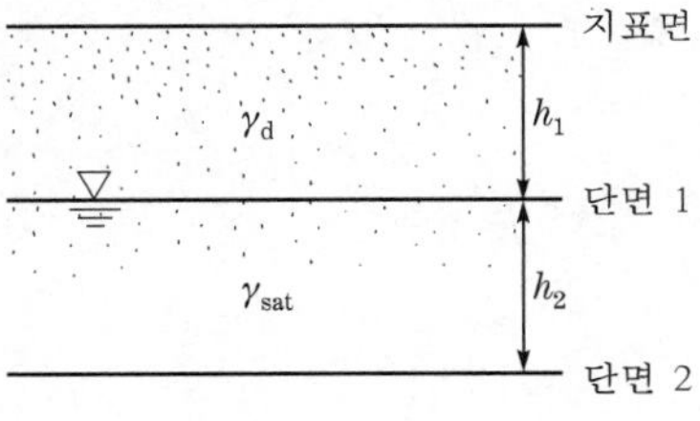

【그림 5-4】

(2) 단면 1

① $\sigma = \gamma_d h_1$

② $u = 0$

③ $\overline{\sigma} = \sigma - u = \gamma_d h_1$

(3) 단면 2

① $\sigma = \gamma_d h_1 + \gamma_{sat} h_2$

② $u = \gamma_w h_2$

③ $\bar{\sigma} = \sigma - u = \gamma_d h_1 + \gamma_{sub} h_2$

05 침투가 있는 포화토의 유효응력

토층 내부의 어떤 점에서 유효응력은 물의 침투로 인해 생긴 침투압에 의해 변화하는데, 그것은 침투의 방향에 따라 증가 또는 감소한다.

① 침투수압(seepage pressure)

(1) 정의

토층 내부의 두 점 사이에 수두차에 의한 침투수로 인하여 생긴 유효응력을 **침투수압**이라, 하고 이것은 흙입자의 표면과 유수의 마찰저항으로 인한 것이다.

(2) 침투수압

침투수압은 물이 흐르는 방향으로 작용하며, 그 크기는 $\gamma_w \Delta h$ 이다.

① 단위체적당 침투수압

$$F = \frac{\gamma_w \Delta h A}{l A} = i \gamma_w \quad \cdots\cdots (5 \cdot 6)$$

② 단위면적당 침투수압

$$F = i \gamma_w Z \quad \cdots\cdots (5 \cdot 7)$$

② 흐름의 방향에 따른 유효응력의 변화

(1) 상향 침투일 때

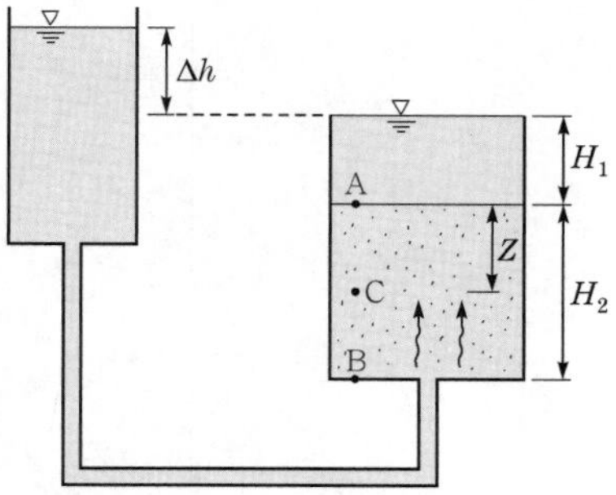

【그림 5-5】

① A점

㉮ $\sigma = \gamma_w H_1$

㉯ $u = \gamma_w H_1 + F = \gamma_w H_1$

$$\left(\because F = i\gamma_w h = \frac{\Delta h}{H_2}\gamma_w \times 0 = 0 \right)$$

㉰ $\overline{\sigma} = \sigma - u = 0$

② C점

㉮ $\sigma = \gamma_w H_1 + \gamma_{\text{sat}} Z$

㉯ $u = \gamma_w (H_1 + Z) + F$

$$= \gamma_w (H_1 + Z) + \frac{\Delta h}{H_2}\gamma_w z$$

$$= \gamma_w \left(H_1 + Z + \frac{\Delta h}{H_2} Z \right)$$

$$\left(\because F = i\gamma_w h = \frac{\Delta h}{H_2}\gamma_w Z \right)$$

㉰ $\overline{\sigma} = \sigma - u$

$$= r_w H_1 + r_{sat} Z - r_w \left(H_1 + Z + \frac{\Delta h}{H_2} Z \right)$$

$$= (r_{sat} - r_w) Z - \frac{\Delta h}{H_2}\gamma_w z$$

$$= \gamma_{\text{sub}} Z - \gamma_w \frac{\Delta h}{H_2} Z$$

알•아•두•기•

상향 침투 시 응력의 변화

① $\overline{\sigma} = \overline{\sigma}' - F$

② $u = u' + F$

하향 침투 시 응력의 변화

① $\overline{\sigma} = \overline{\sigma}' + F$

② $u = u' - F$

③ B점

㉮ $\sigma = \gamma_w H_1 + \gamma_{sat} H_2$

㉯ $u = \gamma_w (H_1 + H_2) + F$

$= \gamma_w (H_1 + H_2) + \Delta h\, \gamma_w$

$= \gamma_w (H_1 + H_2 + \Delta h)$

$\left(\because\ F = i \gamma_w h = \dfrac{\Delta h}{H_2} \gamma_w H_2 = \Delta h \gamma_w \right)$

㉰ $\bar{\sigma} = \sigma - u$

$= \gamma_w H_1 + \gamma_{sat} H_2 - \gamma_w (H_1 + H_2 + \Delta h)$

$= \gamma_{sub} H_2 - \gamma_w\, \Delta h$

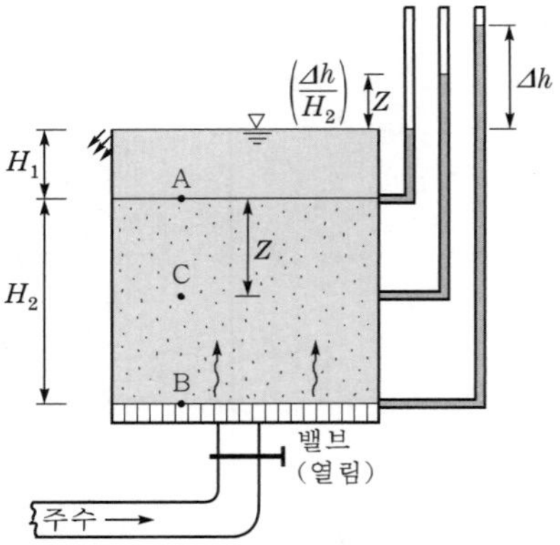

(a) 탱크 속 토층의 상향 침투

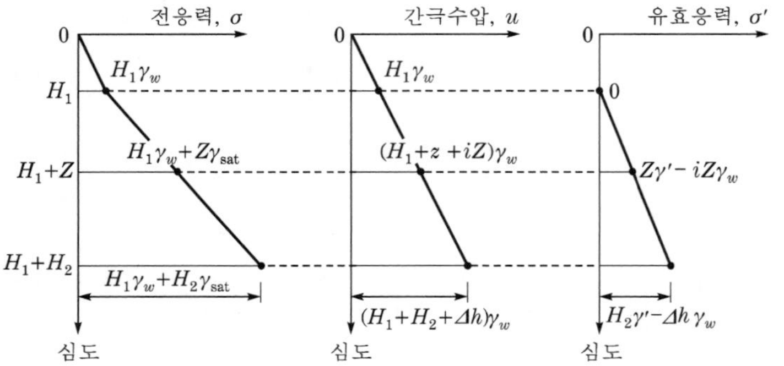

(b) 전응력의 변화 (c) 간극수압의 변화 (d) 유효응력의 변화

【그림 5-6】

(2) 하향 침투일 때

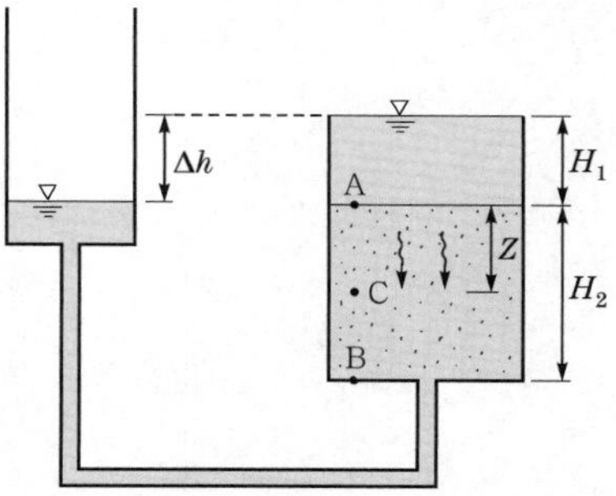

【그림 5-7】

① A점

㉮ $\sigma = \gamma_w H_1$

㉯ $u = \gamma_w H_1 - F$

$= \gamma_w H_1$

$\left(\because\ F = i\gamma_w h = \dfrac{\Delta h}{H_2}\gamma_w \times 0 = 0\right)$

㉰ $\bar{\sigma} = \sigma - u = 0$

② C점

㉮ $\sigma = \gamma_w H_1 + \gamma_{sat} Z$

㉯ $u = \gamma_w (H_1 + Z) - F$

$= \gamma_w (H_1 + Z) - \dfrac{\Delta h}{H_2}\gamma_w Z$

$= \gamma_w \left(H_1 + Z - \dfrac{\Delta h}{H_2} Z\right)$

$\left(\because F = i\gamma_w h = \dfrac{\Delta h}{H_2}\gamma_w Z\right)$

㉰ $\bar{\sigma} = \sigma - u$

$= \gamma_w H_1 + \gamma_{sat} Z - \gamma_w \left(H_1 + Z - \dfrac{\Delta h}{H_2} Z\right)$

$= \gamma_{sub} Z + \gamma_w \dfrac{\Delta h}{H_2} Z$

③ B점

㉮ $\sigma = \gamma_w H_1 + \gamma_{sat} H_2$

㉯ $u = \gamma_w (H_1 + H_2) - F$

$= \gamma_w (H_1 + H_2) - \Delta h \gamma_w$

$= \gamma_w (H_1 + H_2 - \Delta h)$

$\left(\because \ F = i\gamma_w h = \dfrac{\Delta h}{H_2} \gamma_w H_2 = \Delta h \gamma_w \right)$

㉰ $\bar{\sigma} = \sigma - u$

$= \gamma_w H_1 + \gamma_{\text{sat}} H_2 - \gamma_w (H_1 + H_2 - \Delta h)$

$= \gamma_{\text{sub}} H_2 + \gamma_w \Delta h$

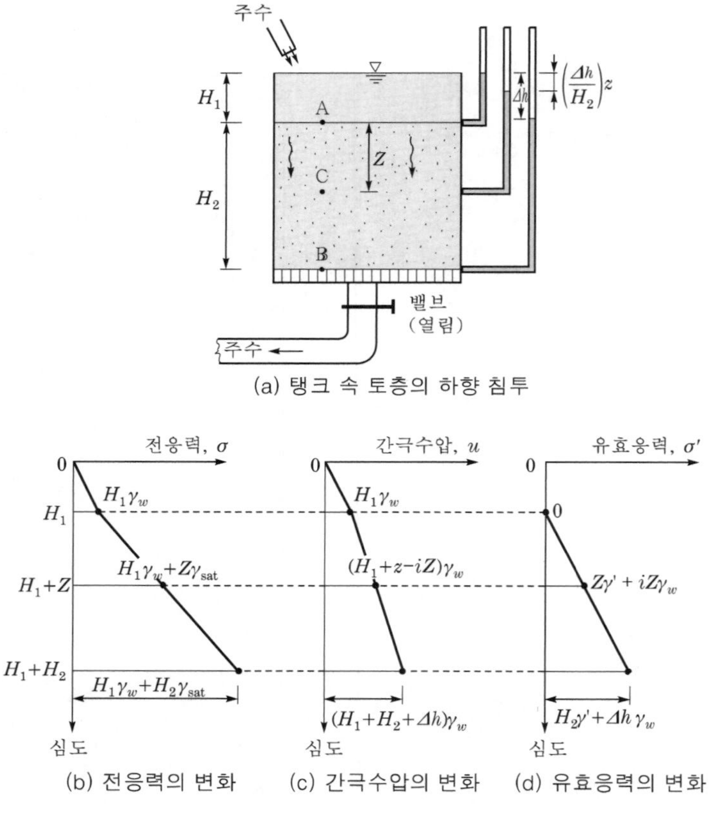

(a) 탱크 속 토층의 하향 침투

(b) 전응력의 변화 (c) 간극수압의 변화 (d) 유효응력의 변화

【그림 5-8】

06 분사현상(quick sand)

(1) 정의

상향 침투 시 침투수압에 의해 동수경사가 점점 커져서 한계동수경사 보다 커지게 되면 토립자가 물과 함께 위로 솟구쳐 오르게 되는데, 이러한 현상을 **분사현상**이라 하며 주로 **사질토 지반(특히 모래)**에서 일어난다.

▸ 분사현상이 가장 잘 일어나는 흙은 모래이다. 그 이유는 점성토 지반에서 유효응력이 0이 되었다 하더라도 점착력 때문에 전단강도가 0이 되지 않기 때문이다.

(2) 한계동수경사

토층표면에서 임의의 깊이 Z에서의 유효응력은 물의 상향 침투 때문에 감소한다.

▸ 한계동수경사의 값은 일반적으로 1이다.

$$\bar{\sigma} = \gamma_{\text{sub}}\,Z - i\gamma_w Z$$

침투압이 커져서 $\bar{\sigma} = 0$일 때의 경사를 한계동수경사라 하므로

$$\gamma_{\text{sub}}\,Z - i\gamma_w Z = 0$$

$$\therefore\ i_{cr} = \frac{\gamma_{\text{sub}}}{\gamma_w} = \frac{G_s - 1}{1+e} \quad \cdots\cdots (5\cdot 8)$$

(3) 분사현상의 조건

① 분사현상이 일어날 조건

$$i > \frac{G_s - 1}{1+e} \quad \cdots\cdots (5\cdot 9)$$

② 분사현상이 일어나지 않을 조건

$$i < \frac{G_s - 1}{1+e} \quad \cdots\cdots (5\cdot 10)$$

③ 안전율

$$F_s = \frac{i_c}{i} = \frac{\dfrac{G_s - 1}{1+e}}{\dfrac{h}{L}} \quad \cdots\cdots (5\cdot 11)$$

▸ $F_s > 1$ 이면 분사현상이 발생하지 않는다.

예상 및 기출문제

흙의 자중으로 인한 응력

1. 유효응력에 대한 설명으로 옳은 것은? [기사 12]

① 지하수면에서 모관상승고까지의 영역에서는 유효응력은 감소한다.
② 유효응력만이 흙덩이의 변형과 전단에 관계된다.
③ 유효응력은 대부분 물이 받는 응력을 말한다.
④ 유효응력은 전응력에 간극수압을 더한 값이다.

해설 유효응력(effective pressure)
단위면적 중의 입자 상호 간의 접촉점에 작용하는 압력으로 토립자만을 통해서 전달하는 연직응력이다.

2. 유효응력에 관한 설명 중 옳지 않은 것은? [기사 19]

① 포화된 흙의 경우 전응력에서 공극수압을 뺀 값이다.
② 항상 전응력보다는 작은 값이다.
③ 점토지반의 압밀에 관계되는 응력이다.
④ 건조한 지반에서는 전응력과 같은 값으로 본다.

해설 모관상승영역에서는 $-u$가 발생하므로 유효응력이 전응력보다 크다.

3. 지반 내 응력에 대한 다음 설명 중 틀린 것은? [기사 17]

① 전응력이 커지는 크기만큼 간극수압이 커지면 유효응력은 변화 없다.
② 정지토압계수 K_0는 1보다 클 수 없다.
③ 지표면에 가해진 하중에 의해 지중에 발생하는 연직응력의 증가량은 깊이가 깊어지면서 감소한다.
④ 유효응력이 전응력보다 클 수도 있다.

해설 정지토압계수(K_0)
㉮ 실용적인 개략치 : $K_0 \fallingdotseq 0.5$
㉯ 과압밀점토 : $K_0 \geq 1$

4. 다음 그림에서 점토 중앙 단면에 작용하는 유효응력은? [산업 07, 11, 14, 16, 17]

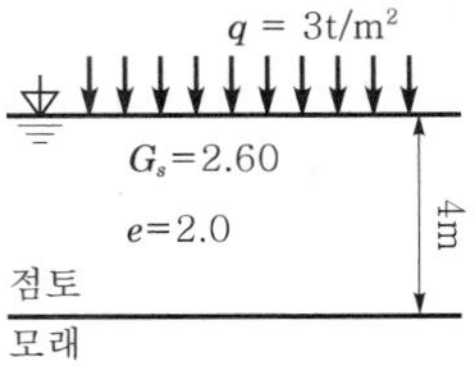

① 1.25t/m² ② 2.37t/m²
③ 3.25t/m² ④ 4.07t/m²

해설
㉮ $\gamma_{sat} = \dfrac{G_s + e}{1+e}\gamma_w = \dfrac{2.6+2}{1+2} \times 1 = 1.53\text{t/m}^3$
㉯ $\sigma = \gamma_{sat} h + q = 1.53 \times 2 + 3 = 6.06\text{t/m}^2$
㉰ $u = \gamma_w h = 1 \times 2 = 2\text{t/m}^2$
㉱ $\bar{\sigma} = \sigma - u = 6.06 - 2 = 4.06\text{t/m}^2$

5. 다음 그림에서 A-A 단면의 유효압력(有效壓力)은 어느 값인가? (단, 모래의 포화밀도(γ_{sat})는 2.0g/cm³이다.) [산업 08]

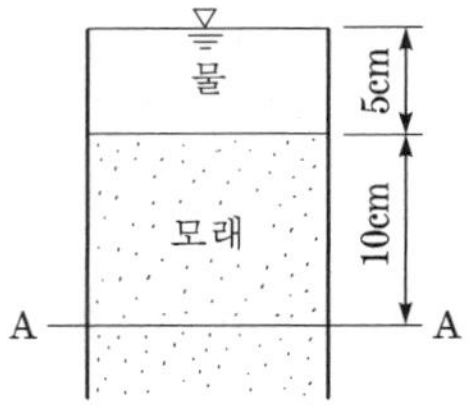

① 20g/cm³ ② 15g/cm³
③ 10g/cm³ ④ 7.5g/cm³

해설
㉮ $\sigma = \gamma_w h_1 + \gamma_{sat} h_2 = 1 \times 5 + 2 \times 10 = 25\text{g/cm}^3$
㉯ $u = \gamma_w h = 1 \times (5+10) = 15\text{g/cm}^3$
㉰ $\bar{\sigma} = \sigma - u = 25 - 15 = 10\text{g/cm}^3$

6. 다음 그림과 같은 지반에서 포화토 A-A면에서의 유효응력은? [산업 18]

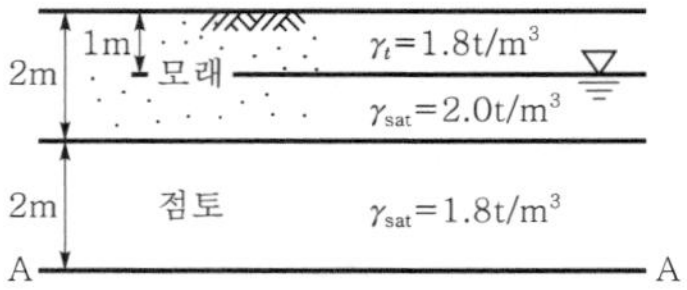

① 2.4t/m² ② 4.4t/m²
③ 5.6t/m² ④ 7.2t/m²

정답 1. ② 2. ② 3. ② 4. ④ 5. ③ 6. ②

해설 ㉮ $\sigma=1.8\times1+2\times1+1.8\times2=7.4\text{t/m}^2$
㉯ $u=1\times3=3\text{t/m}^2$
㉰ $\bar{\sigma}=\sigma-u=7.4-3=4.4\text{t/m}^2$

7. 다음 그림과 같은 수중지반에서 Z지점의 유효연직응력은? [산업 10, 16]

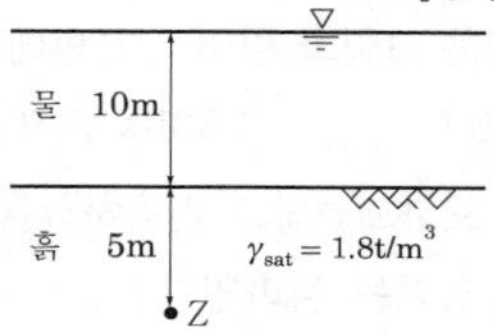

① 2t/m^2
② 4t/m^2
③ 9t/m^2
④ 14t/m^2

해설 ㉮ $\sigma=1\times10+1.8\times5=19\text{t/m}^2$
㉯ $u=1\times(10+5)=15\text{t/m}^2$
㉰ $\bar{\sigma}=\sigma-u=19-15=4\text{t/m}^2$

8. 다음 그림과 같은 지반의 A점에서 전응력(σ), 간극수압(u), 유효응력(σ')을 구하면? (단, 물의 단위중량은 9.81kN/m^3이다.) [기사 14, 20]

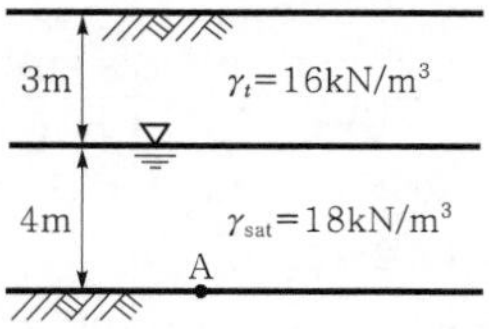

① $\sigma=100\text{kN/m}^2$, $u=9.8\text{kN/m}^2$, $\sigma'=90.2\text{kN/m}^2$
② $\sigma=100\text{kN/m}^2$, $u=29.4\text{kN/m}^2$, $\sigma'=70.6\text{kN/m}^2$
③ $\sigma=120\text{kN/m}^2$, $u=19.6\text{kN/m}^2$, $\sigma'=100.4\text{kN/m}^2$
④ $\sigma=120\text{kN/m}^2$, $u=39.2\text{kN/m}^2$, $\sigma'=80.8\text{kN/m}^2$

해설 ㉮ $\sigma=16\times3+18\times4=120\text{kN/m}^2$
㉯ $u=9.81\times4=39.24\text{kN/m}^2$
㉰ $\sigma'=\sigma-u=120-39.24=80.76\text{kN/m}^2$

9. 다음 그림에 보인 바와 같이 지하수위면은 지표면 아래 2.0m의 깊이에 있고 흙의 단위중량은 지하수위면 위에서 1.9t/m^3, 지하수위면 아래에서 2.0t/m^3이다. 요소 A가 받는 연직유효응력은? [산업 14]

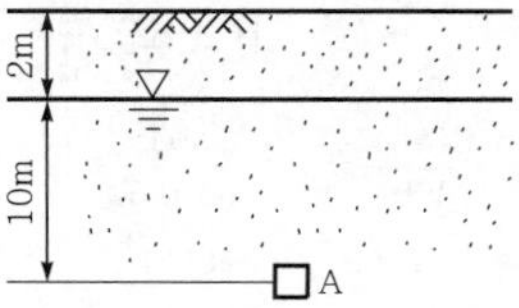

① 19.8t/m^2
② 19.0t/m^2
③ 13.8t/m^2
④ 13.0t/m^2

해설 ㉮ $\sigma=1.9\times2+2\times10=23.8\text{t/m}^2$
㉯ $u=1\times10=10\text{t/m}^2$
㉰ $\bar{\sigma}=\sigma-u=23.8-10=13.8\text{t/m}^2$

10. 그림에서 5m 깊이에 지하수가 있고 지하수면에서 2m 높이까지 모관수가 포화되어 있다. 10m 깊이에 있는 x-x면상의 유효연직응력은? (단, $\gamma_d=1.6\text{t/m}^3$, $\gamma_{sat}=1.8\text{t/m}^3$) [산업 08]

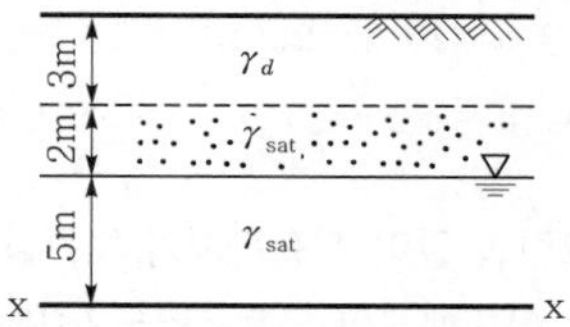

① 10.6 t/m^2
② 12.4 t/m^2
③ 17.4 t/m^2
④ 18.6 t/m^2

해설 ㉮ $\sigma=1.6\times3+1.8\times2+1.8\times5=17.4\text{t/m}^2$
㉯ $u=1\times5=5\text{t/m}^2$
㉰ $\bar{\sigma}=\sigma-u=17.4-5=12.4\text{t/m}^2$

11. 다음 그림에서 X-X 단면에 작용하는 유효응력은? [산업 08, 10, 11, 17]

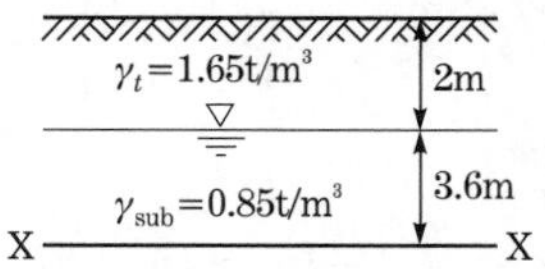

① 4.26t/m^2
② 5.24t/m^2
③ 6.36t/m^2
④ 7.21t/m^2

해설 ㉮ $\sigma=\gamma_t h_1+\gamma_{sat} h_2$
$=1.65\times2+1.85\times3.6=9.96\text{t/m}^2$
㉯ $u=\gamma_w h=1\times3.6=3.6\text{t/m}^2$
㉰ $\bar{\sigma}=\sigma-u=9.96-3.6=6.36\text{t/m}^2$

12. 3m 두께의 모래층이 포화된 점토층 위에 놓여 있다. 다음 그림과 같이 지하수위는 1m 깊이에 있고 모관수는 없다고 할 때 3m 깊이의 A점의 유효응력은? (단, G : 흙의 비중, e : 간극비의 값은 각 층 옆에 표시되어 있다.) [기사 08]

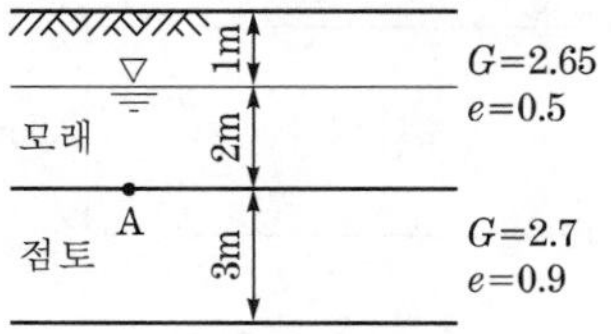

① 5.31t/m^2
② 4.46t/m^2
③ 3.3t/m^2
④ 3.97t/m^2

정답 7. ② 8. ④ 9. ③ 10. ② 11. ③ 12. ④

해설 ㉮ 밀도

㉠ $\gamma_d = \dfrac{G_s}{1+e}\gamma_w = \dfrac{2.65}{1+0.5} \times 1 = 1.77\text{t/m}^3$

㉡ $\gamma_{\text{sat}} = \dfrac{G_s + e}{1+e}\gamma_w = \dfrac{2.65+0.5}{1+0.5} \times 1 = 2.1\text{t/m}^3$

㉯ A점에서의 유효응력

㉠ $\sigma = 1.77 \times 1 + 2.1 \times 2 = 5.97\text{t/m}^2$

㉡ $u = 1 \times 2 = 2\text{t/m}^2$

㉢ $\bar{\sigma} = \sigma - u = 5.97 - 2 = 3.97\text{t/m}^2$

13. 다음 그림과 같이 지표까지가 모관상승지역이라 할 때 지표면 바로 아래에서의 유효응력은? (단, 모관상승지역의 포화도는 90%이다.) [기사 10]

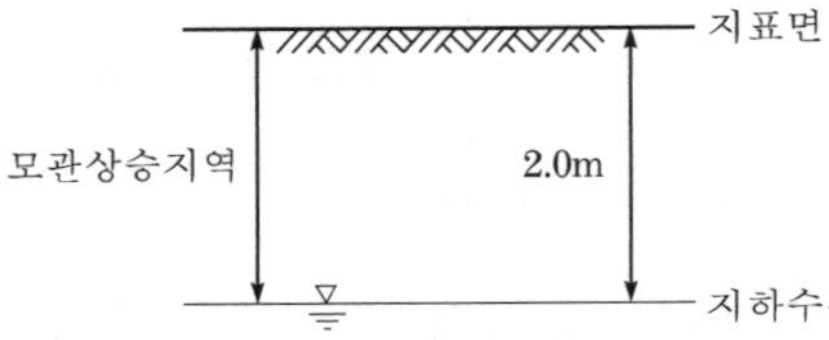

① 0.9t/m^2 ② 1.8t/m^2
③ 1.0t/m^2 ④ 2.0t/m^2

해설 ㉮ $\sigma = 0$

㉯ $u = \gamma_w h S_r = 1 \times (-2.0 \times 0.9) = -1.8\text{t/m}^2$

㉰ $\bar{\sigma} = \sigma - u = 1.8\text{t/m}^2$

14. 다음 그림과 같은 실트질 모래층에 지하수면 위 2.0m까지 모세관영역이 존재한다. 이때 모세관영역 바로 아랫부분(B점 아래)의 유효응력은? (단, 실트질 모래층의 간극비는 0.50, 비중은 2.67, 모세관영역의 포화도는 60%이다.) [기사 08]

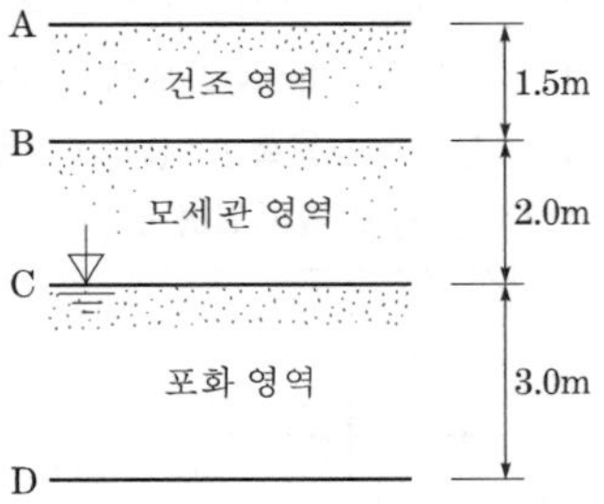

① 2.67t/m^2 ② 3.67t/m^2
③ 3.87t/m^2 ④ 4.67t/m^2

해설 ㉮ $\gamma_d = \dfrac{G_s}{1+e}\gamma_w = \dfrac{2.67}{1+0.5} \times 1 = 1.78\text{t/m}^3$

㉯ $\sigma = \gamma_d\, h = 1.78 \times 1.5 = 2.67\text{t/m}^2$

㉰ $u = \gamma_w (hS_r) = 1 \times (-2 \times 0.6) = -1.2\text{t/m}^2$

㉱ $\bar{\sigma} = \sigma - u = 2.67 - (-1.2) = 3.87\text{t/m}^2$

15. 다음 그림과 같이 지표면에서 2m 부분이 지하수위이고 e=0.6, G_s=2.68이며 지표면까지 모관현상에 의하여 100% 포화되었다고 가정하였을 때 A점에 작용하는 유효응력의 크기는 얼마인가? [기사 12]

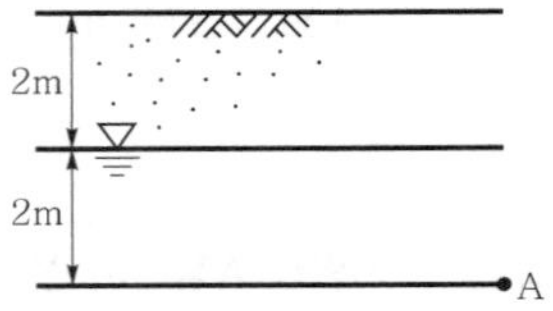

① 7.2t/m^2 ② 6.7t/m^2
③ 6.2t/m^2 ④ 5.7t/m^2

해설 ㉮ $\gamma_{\text{sat}} = \dfrac{G_s + e}{1+e}\gamma_w = \dfrac{2.68+0.6}{1+0.6} \times 1 = 2.05\text{t/m}^3$

㉯ $\sigma = 2.05 \times 2 + 2.05 \times 2 = 8.2\text{t/m}^2$

㉰ $u = 1 \times 2 = 2\text{t/m}^2$

㉱ $\bar{\sigma} = \sigma - u = 8.2 - 2 = 6.2\text{t/m}^2$

16. 다음 그림과 같은 실트질 모래층에서 A점의 유효응력은? (단, 간극비 e=0.5, 흙의 비중 G_s=2.65, 모세관상승영역의 포화도 S=50%) [기사 11]

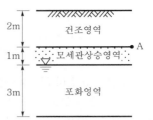

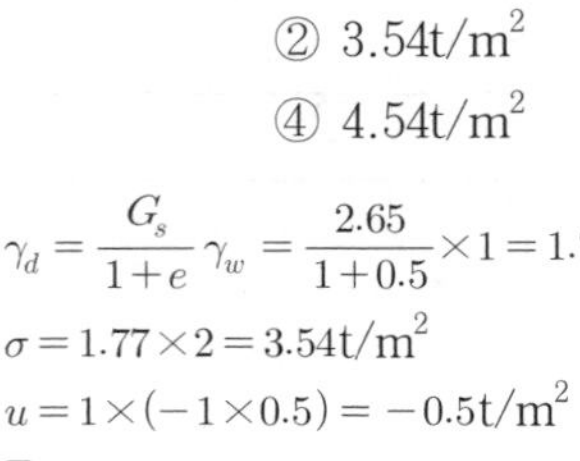

① 3.04t/m^2 ② 3.54t/m^2
③ 4.04t/m^2 ④ 4.54t/m^2

해설 ㉮ $\gamma_d = \dfrac{G_s}{1+e}\gamma_w = \dfrac{2.65}{1+0.5} \times 1 = 1.77\text{t/m}^3$

㉯ $\sigma = 1.77 \times 2 = 3.54\text{t/m}^2$

㉰ $u = 1 \times (-1 \times 0.5) = -0.5\text{t/m}^2$

㉱ $\bar{\sigma} = \sigma - u = 3.54 - (-0.5) = 4.04\text{t/m}^2$

정답 13. ② 14. ③ 15. ③ 16. ③

17. 다음 조건에서 점토층 중간면에 작용하는 유효응력과 간극수압은? [기사 09]

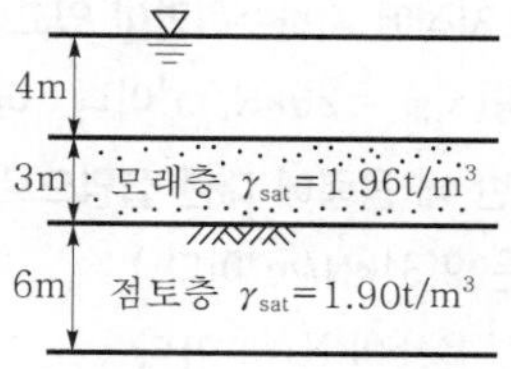

① 유효응력 : $5.58t/m^2$, 간극수압 : $10t/m^2$
② 유효응력 : $9.58t/m^2$, 간극수압 : $8t/m^2$
③ 유효응력 : $5.58t/m^2$, 간극수압 : $8t/m^2$
④ 유효응력 : $9.58t/m^2$, 간극수압 : $10t/m^2$

해설 ㉮ $\sigma=1\times4+1.96\times3+1.9\times3=15.58t/m^2$
㉯ $u=1\times(4+3+3)=10t/m^2$
㉰ $\bar{\sigma}=\sigma-u=15.58-10=5.58t/m^2$

18. 다음 그림에서 A점의 유효응력 σ'를 구하면? [기사 08]

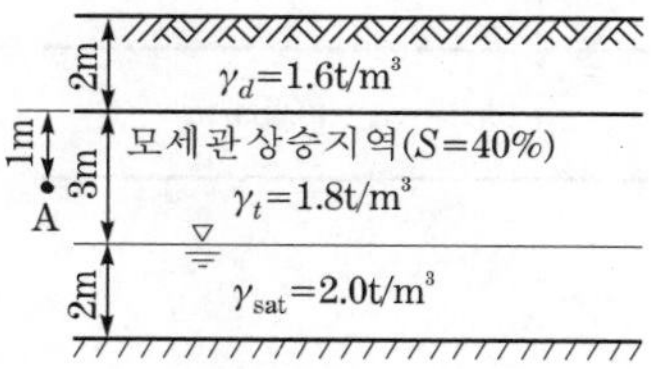

① $\sigma'=4t/m^2$ ② $\sigma'=4.6t/m^2$
③ $\sigma'=4.2t/m^2$ ④ $\sigma'=5.8t/m^2$

해설 ㉮ $\sigma=\gamma_d h_1+\gamma_t h_2=1.6\times2+1.8\times1=5t/m^2$
㉯ $u=\gamma_w(hS)=1\times(-2\times0.4)=-0.8t/m^2$
㉰ $\bar{\sigma}=\sigma-u=5-(-0.8)=5.8t/m^2$

19. 단위중량(γ_t)$=1.9t/m^3$, 내부마찰각(ϕ)$=30°$, 정지토압계수(K_o)$=0.5$인 균질한 사질토 지반이 있다. 지하수위면이 지표면 아래 2m 지점에 있고 지하수위면 아래의 단위중량(γ_{sat})$=2.0t/m^3$이다. 지표면 아래 4m 지점에서 지반 내 응력에 대한 다음 설명 중 틀린 것은? [기사 14]

① 간극수압(u)은 $2.0t/m^2$이다.
② 연직응력(σ_u)은 $8.0t/m^2$이다.
③ 유효연직응력($\sigma_u{}'$)은 $5.8t/m^2$이다.
④ 유효수평응력($\sigma_h{}'$)은 $2.9t/m^2$이다.

해설 ㉮ $\sigma=1.9\times2+2\times2=7.8t/m^2$
㉯ $u=1\times2=2t/m^2$
㉰ $\bar{\sigma}=\sigma-u=7.8-2=5.8t/m^2$
㉱ $\overline{\sigma_h}=\bar{\sigma}K_o=5.8\times0.5=2.9t/m^2$

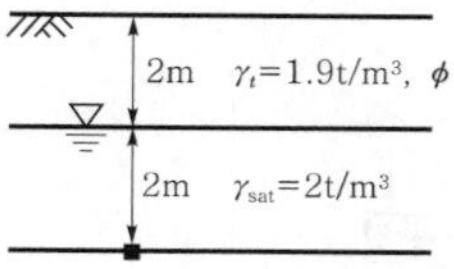

20. 다음 그림과 같은 지반에 널말뚝을 박고 기초굴착을 할 때 A점의 압력수두가 3m이라면 A점의 유효응력은? [기사 16]

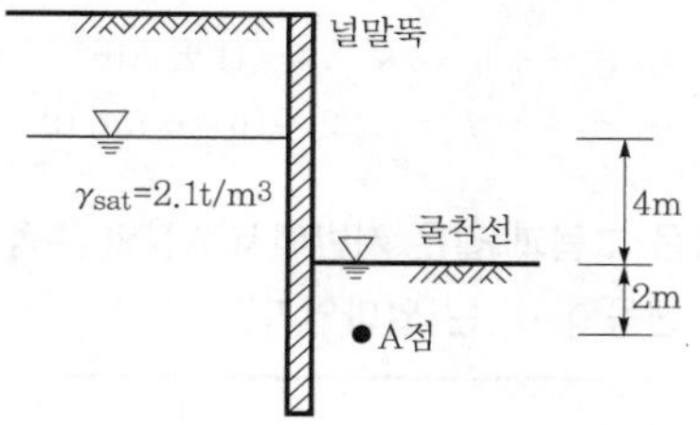

① $0.1t/m^2$ ② $1.2t/m^2$
③ $4.2t/m^2$ ④ $7.2t/m^2$

해설 ㉮ $\sigma=2.1\times2=4.2t/m^2$
㉯ $u=1\times3=3t/m^2$
㉰ $\bar{\sigma}=4.2-3=1.2t/m^2$

21. 다음 그림에서 A점 위치에 공극수압계를 설치한 결과 높이가 8.0m가 되었다. 이 흙의 전체 단위중량이 $1.6t/m^3$라 할 때 A점의 유효연직응력은? [산업 92]

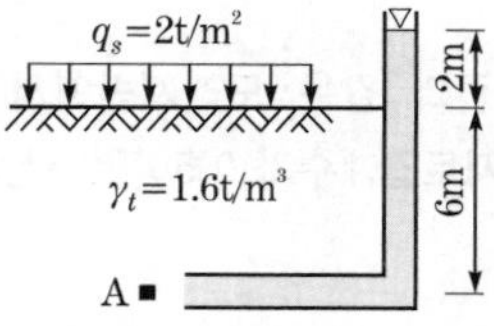

① $1.6t/m^2$ ② $2.6t/m^2$
③ $3.6t/m^2$ ④ $9.6t/m^2$

해설 ㉮ $\sigma=\gamma_t h+q_s=1.6\times6+2=11.6t/m^2$
㉯ $u=\gamma_w h=1\times8=8t/m^2$
㉰ $\bar{\sigma}=\sigma-u=11.6-8=3.6t/m^2$

정답 17. ① 18. ④ 19. ② 20. ② 21. ③

22. 다음 그림에서 지표면에서 깊이 6m에서의 연직응력(σ_v)과 수평응력(σ_h)의 크기를 구하면? (단, 토압계수는 0.6이다.) [기사 07, 13, 산업 08]

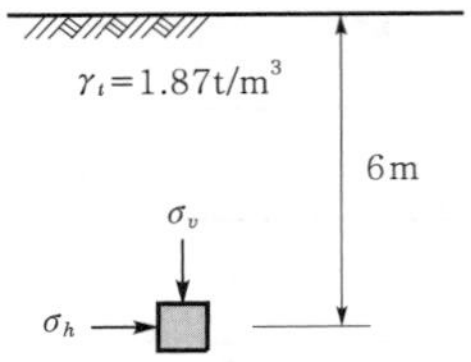

① $\sigma_v=12.34\text{t/m}^2$, $\sigma_h=7.4\text{t/m}^2$
② $\sigma_v=8.73\text{t/m}^2$, $\sigma_h=5.24\text{t/m}^2$
③ $\sigma_v=11.22\text{t/m}^2$, $\sigma_h=6.73\text{t/m}^2$
④ $\sigma_v=9.52\text{t/m}^2$, 5.71t/m^2

해설 ㉮ $\sigma_v=\gamma_t h=1.87\times6=11.22\text{t/m}^2$
㉯ $\sigma_h=\sigma_v K=11.22\times0.6=6.73\text{t/m}^2$

23. 다음 그림과 같은 지반에서 A점의 주동에 의한 수평방향의 전응력 σ_h는 얼마인가? [산업 16]

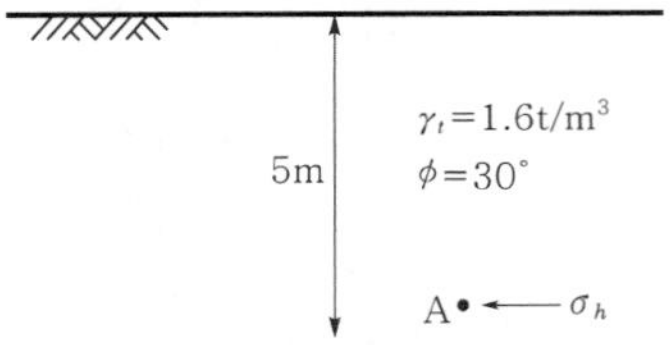

① 8.0t/m^2
② 1.65t/m^2
③ 2.67t/m^2
④ 4.84t/m^2

해설 ㉮ $\sigma_v=\gamma_t h=1.6\times5=8\text{t/m}^2$
㉯ $K_a=\tan^2\left(45°-\dfrac{\phi}{2}\right)=\tan^2\left(45°-\dfrac{30°}{2}\right)=\dfrac{1}{3}$
㉰ $\sigma_h=\sigma_v K_a=8\times\dfrac{1}{3}=2.67\text{t/m}^2$

24. 다음 그림과 같은 모래지반에서 포화단위중량이 1.8t/m^3이고, 정지토압계수가 0.5이면 A점의 수평방향 전응력 σ_h는? [기사 93]

① 4.5t/m^2
② 7.0t/m^2
③ 2.0t/m^2
④ 13.5t/m^2

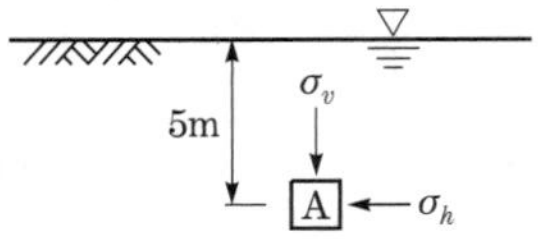

해설 ㉮ $\sigma_v=\gamma_{sat}h=(\gamma_{sub}+\gamma_w)h$
㉯ $\sigma_h=\gamma_{sub}hK_0+\gamma_w h$
$=0.8\times5\times0.5+1\times5=7\text{t/m}^2$

25. 단위중량(γ_t)$=19\text{kN/m}^3$, 내부마찰각(ϕ)$=30°$, 정지토압계수(K_o)$=0.5$인 균질한 사질토 지반이 있다. 이 지반의 지표면 아래 2m 지점에 지하수위면이 있고 지하수위면 아래의 포화단위중량(γ_{sat})$=20\text{kN/m}^3$이다. 이때 지표면 아래 4m 지점에서 지반 내 응력에 대한 설명으로 틀린 것은? (단, 물의 단위중량은 9.81kN/m^3이다.) [기사 20]

① 연직응력(σ_v)은 80kN/m^2이다.
② 간극수압(u)은 19.62kN/m^2이다.
③ 유효연직응력($\sigma_v{}'$)은 58.38kN/m^2이다.
④ 유효수평응력($\sigma_h{}'$)은 29.19kN/m^2이다.

해설 ㉮ $\sigma_v=19\times2+20\times2=75\text{kN/m}^2$
$u=9.81\times2=19.62\text{kN/m}^2$
$\bar{\sigma}_v=78-19.62=58.38\text{kN/m}^2$
㉯ $\bar{\sigma}_h=[19\times2+(20-9.81)\times2]\times0.5$
$=29.19\text{kN/m}^2$

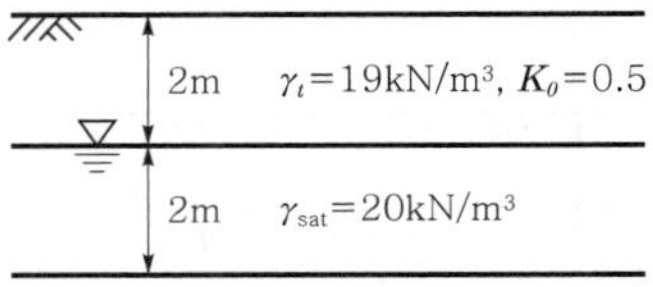

침투가 있는 포화토의 유효응력

26. 다음 그림에서 흙의 저면에 작용하는 단위면적당 침투수압은? [기사 16]

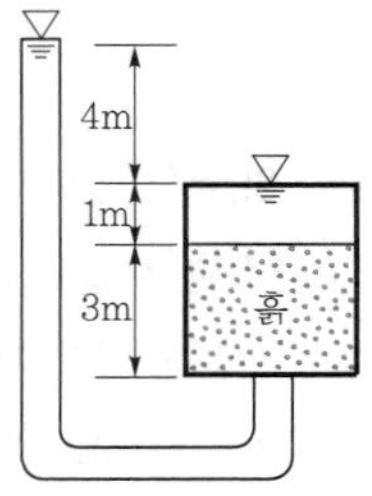

① 8t/m^2
② 5t/m^2
③ 4t/m^2
④ 3t/m^2

해설 $F=\gamma_w h=1\times4=4\text{t/m}^2$

정답 22. ③ 23. ③ 24. ② 25. ① 26. ③

27. 수조에 상방향의 침투에 의한 수두를 측정한 결과 다음 그림과 같이 나타났다. 이때 수조 속에 있는 흙에 발생하는 침투력을 나타낸 식은? (단, 시료의 단면적은 A, 시료의 길이는 L, 시료의 포화단위중량은 γ_{sat}, 물의 단위중량은 γ_w이다.) [기사 18]

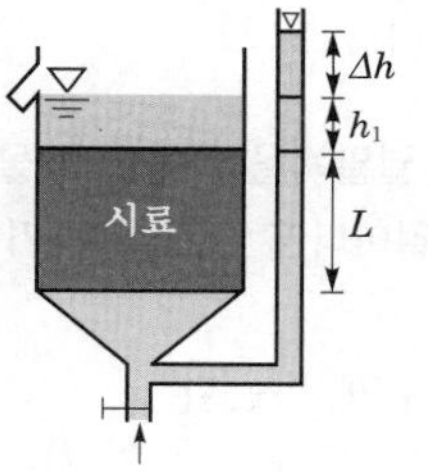

① $\Delta h \gamma_w \dfrac{A}{L}$ ② $\Delta h \gamma_w A$
③ $\Delta h \gamma_{sat} A$ ④ $\dfrac{\gamma_{sat}}{\gamma_w} A$

해설 $F = \gamma_w \Delta h A$

28. 그림에서 A-A면에 작용하는 유효수직응력은? (단, 흙의 포화단위중량은 $1.8g/cm^3$이다.) [기사 09]

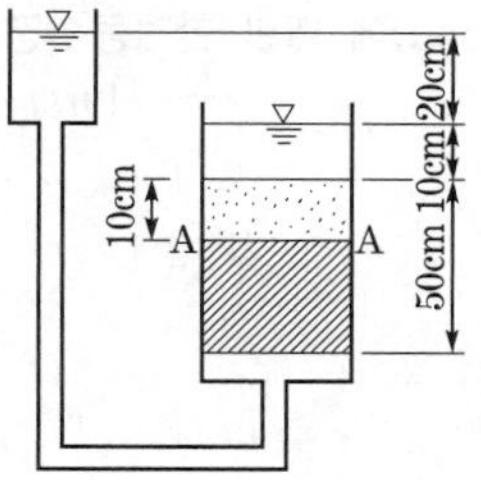

① $2.0g/cm^2$ ② $4.0g/cm^2$
③ $8.0g/cm^2$ ④ $28.0g/cm^2$

해설 ㉮ $\overline{\sigma'} = \gamma_{sub} h = 0.8 \times 10 = 8g/cm^2$
㉯ $F = i\gamma_w h = \dfrac{20}{50} \times 1 \times 10 = 4g/cm^2$
㉰ $\overline{\sigma} = \overline{\sigma'} - F = 8 - 4 = 4g/cm^2$

29. 다음 그림과 같이 물이 위로 흐르는 경우 Y-Y 단면에서의 유효응력은? [산업 05]

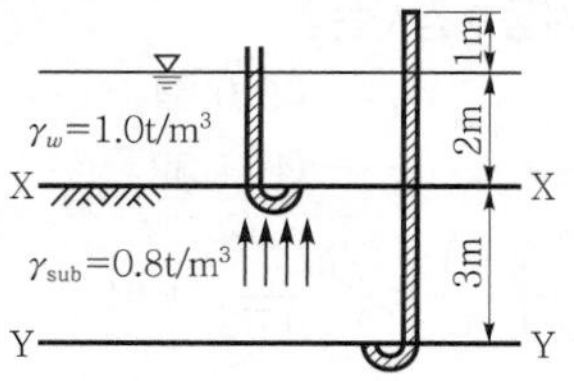

① $3.4t/m^2$ ② $1.4t/m^2$
③ $4.4t/m$ ④ $2.4t/m^2$

해설 ㉮ $\overline{\sigma'} = \gamma_{sub} h_3 = 0.8 \times 3 = 2.4t/m^2$
㉯ $F = \gamma_w h_1 = 1 \times 1 = 1t/m^2$
㉰ $\overline{\sigma} = \overline{\sigma'} - F = 2.4 - 1 = 1.4t/m^2$

30. 다음 그림에서와 같이 물이 상방향으로 일정하게 흐를 때 A, B 양단에서의 전수두차를 구하면? [기사 04]

① 1.8m
② 3.6m
③ 1.2m
④ 2.4m

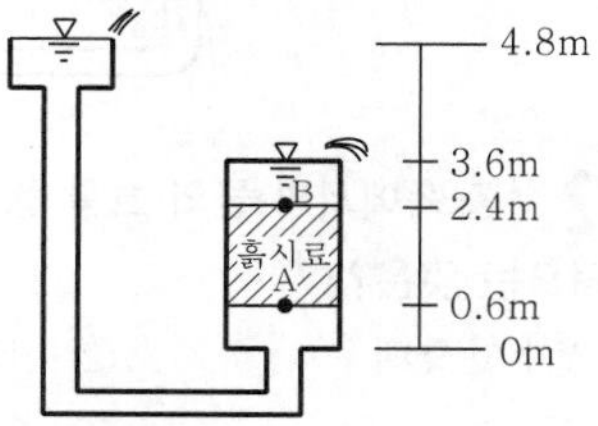

해설

구분	압력수두	위치수두	전수두
A점	4.2m	−3m	1.2m
B점	1.2m	−1.2m	0

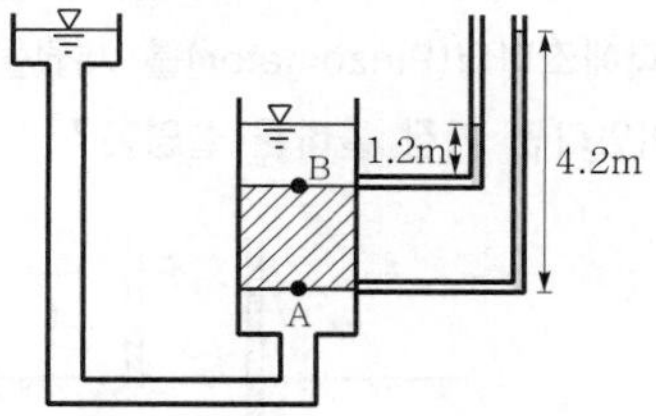

31. 다음 그림에서 C점의 압력수두 및 전수두값은 얼마인가? [기사 16]

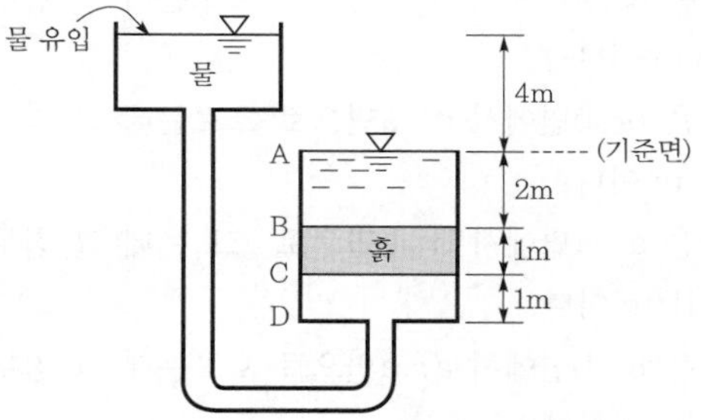

① 압력수두 3m, 전수두 2m
② 압력수두 7m, 전수두 0m
③ 압력수두 3m, 전수두 3m
④ 압력수두 7m, 전수두 4m

해설

구분	압력수두	위치수두	전수두
C	7m	−3m	7−3=4m

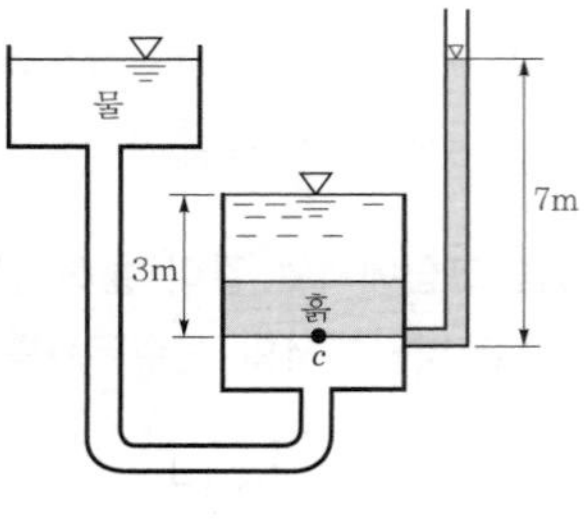

32. 흙 속에서의 물의 흐름 중 연직유효응력의 증가를 가져오는 것은? [산업 20]

① 정수압상태 ② 상향흐름
③ 하향흐름 ④ 수평흐름

해설 하향 침투일 때 $\bar{\sigma}=\bar{\sigma}'+F$이므로 유효응력은 F만큼 증가한다.

33. 두께 1m인 흙의 간극에 물이 흐른다. a-a면과 b-b면에 피에조미터(Piezometer)를 세웠을 때 그 수두차가 0.1m이었다면 가장 올바른 설명은? [기사 07]

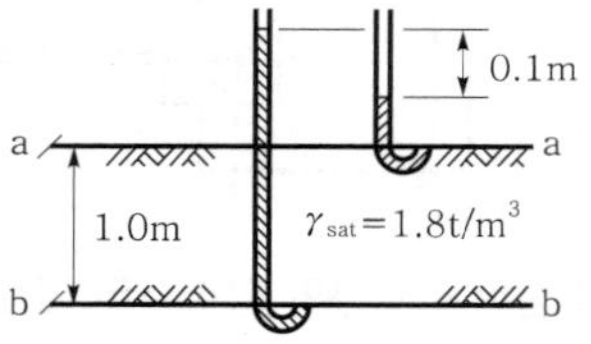

① 물은 a−a면에서 b−b면으로 흐르는데 그 침투압은 $1t/m^2$이다.
② 물은 b−b면에서 a−a면으로 흐르는데 그 침투압은 $1t/m^2$이다.
③ 물은 a−a면에서 b−b면으로 흐르는데 그 침투압은 $0.1t/m^2$이다.
④ 물은 b−b면에서 a−a면으로 흐르는데 그 침투압은 $0.1t/m^2$이다.

해설 피에조미터의 수위가 a−a면보다 b−b면이 더 높으므로 물의 상향 침투가 발생하며 침투압 $F=\gamma_w h=1\times0.1=0.1t/m^2$이다.

34. Boiling현상은 주로 어떤 지반에 많이 생기는가? [산업 09]

① 모래지반 ② 사질점토지반
③ 보통토 ④ 점토질 지반

해설 분사현상이 가장 잘 일어나는 흙은 사질토 지반(특히 모래)이다.

35. 모래층에 널말뚝을 사용하여 물막이를 한 곳이 있다. 분사현상이 일어나지 않도록 하기 위하여 취한 조치 중 틀린 것은? [산업 03]

① 널말뚝을 더 깊게 박는다.
② 모래의 포화단위중량이 작은 것으로 바꾼다.
③ 모래를 조밀하게 다진다.
④ 상류측과 하류측의 수위차를 줄인다.

해설 분사현상의 방지대책공법
㉮ 흙막이의 근입깊이를 깊게 한다.
㉯ 지하수위를 저하시킨다.
㉰ 굴착저면을 고결시킨다(약액주입).

36. 포화단위중량이 $2.1g/cm^3$인 사질토 지반에서 분사현상(quick sand)에 대한 한계동수경사는? [기사 08, 18, 산업 05]

① 0.9 ② 1.1
③ 1.6 ④ 2.1

해설 $i_c=\dfrac{\gamma_{sub}}{\gamma_w}=1.1$

37. 포화단위중량이 $1.8t/m^3$인 모래지반이 있다. 이 포화모래지반에 침투수압의 작용으로 모래가 분출하고 있다면 한계동수경사는 얼마인가? [산업 11, 19]

① 0.8 ② 1.0
③ 1.8 ④ 2.0

해설 $i_c=\dfrac{G_s-1}{1+e}=\dfrac{\gamma_{sub}}{\gamma_w}=\dfrac{0.8}{1}=0.8$

38. 어떤 모래의 비중이 2.64이고 간극비가 0.75일 때 이 모래의 한계동수경사는? [기사 13]

① 0.45 ② 0.64
③ 0.94 ④ 1.52

해설 $i_c=\dfrac{G_s-1}{1+e}=\dfrac{2.64-1}{1+0.75}=0.94$

정답 32. ③ 33. ④ 34. ① 35. ② 36. ② 37. ① 38. ③

39. 파이핑(Piping)현상을 일으키지 않는 동수경사(i)와 한계동수경사(i_c)의 관계로 옳은 것은? [산업 19]

① $\frac{h}{L} > \frac{G_s - 1}{1+e}$ ② $\frac{h}{L} < \frac{G_s - 1}{1+e}$

③ $\frac{h}{L} > \left(\frac{G_s - 1}{1+e}\right)\gamma_w$ ④ $\frac{h}{L} < \left(\frac{G_s - 1}{1+e}\right)\gamma_w$

해설 $i = \frac{h}{L} < i_c = \frac{G_s - 1}{1+e}$이면 분사현상이 일어나지 않는다.

40. 간극률 50%, 비중 2.50인 흙에 있어서 한계동수경사는? [산업 16, 17, 18]

① 1.25 ② 1.50

③ 0.50 ④ 0.75

해설 ㉮ $e = \frac{n}{100-n} = \frac{50}{100-50} = 1$

㉯ $i_c = \frac{G_s - 1}{1+e} = \frac{2.5-1}{1+1} = 0.75$

41. 비중이 2.50, 함수비 40%인 어떤 포화토의 한계동수경사를 구하면? [산업 08, 12, 16, 18]

① 0.75 ② 0.55

③ 0.50 ④ 0.10

해설 ㉮ $Se = wG_s$

$100 \times e = 40 \times 2.5$

$\therefore\ e = 1$

㉯ $i_c = \frac{G_s - 1}{1+e} = \frac{2.5-1}{1+1} = 0.75$

42. 간극비가 0.80이고 토립자의 비중이 2.70인 지반의 분사현상에 대한 안전율이 3이라고 할 때 이 지반에 허용되는 최대 동수구배는? [기사 07]

① 0.11 ② 0.31

③ 0.61 ④ 0.91

해설 $F_s = \frac{i_c}{i} = \frac{\frac{G_s - 1}{1+e}}{i}$

$3 = \frac{\frac{2.7-1}{1+0.8}}{i}$

$\therefore\ i = 0.31$

43. 어느 모래층의 간극률이 35%, 비중이 2.66이다. 이 모래의 분사현상(Quick Sand)에 대한 한계동수경사는 얼마인가? [기사 20, 산업 20]

① 0.99 ② 1.08

③ 1.16 ④ 1.32

해설 ㉮ $e = \frac{n}{100-n} = \frac{35}{100-35} = 0.54$

㉯ $i_c = \frac{G_s - 1}{1+e} = \frac{2.66-1}{1+0.54} = 1.08$

44. 어느 흙댐에서 동수구배 1.0, 흙의 비중 2.65, 함수비 45%인 포화토에 있어서 분사현상에 대한 안전율은? [기사 09, 15, 산업 01, 04, 15]

① 1.33 ② 1.04

③ 0.90 ④ 0.75

해설 ㉮ $Se = wG_s$

$1 \times e = 0.45 \times 2.65$

$\therefore\ e = 1.19$

㉯ $i_c = \frac{G_s - 1}{1+e} = \frac{2.65-1}{1+1.19} = 0.75$

㉰ $F_s = \frac{i_c}{i} = \frac{0.75}{1} = 0.75$

45. 어떤 흙의 비중이 2.65, 간극률이 36%일 때 다음 중 분사현상이 일어나지 않을 동수경사는? [산업 15]

① 1.9 ② 1.2

③ 1.1 ④ 0.9

해설 ㉮ $e = \frac{n}{100-n} = \frac{36}{100-36} = 0.56$

㉯ $i_c = \frac{G_S - 1}{1+e} = \frac{2.65-1}{1+0.56} = 1.06$

㉰ $F_s = \frac{i_c}{i} = \frac{1.06}{i} \geq 1$

$\therefore\ i \leq 1.06$

46. 어떤 모래층에서 수두가 3m일 때 한계동수경사가 1.0이었다. 모래층의 두께가 최소 얼마를 초과하면 분사현상이 일어나지 않겠는가? [산업 11, 13, 16]

① 1.5m ② 3.0m

③ 4.5m ④ 6.0m

정답 39. ② 40. ④ 41. ① 42. ② 43. ② 44. ④ 45. ④ 46. ②

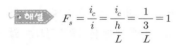

해설 $F_s = \frac{i_c}{i} = \frac{i_c}{\frac{h}{L}} = \frac{1}{\frac{3}{L}} = 1$

$\therefore\ L = 3\text{m}$

47. 포화된 지반의 간극비를 e, 함수비를 w, 간극률을 n, 비중을 G_s라 할 때 다음 중 한계동수경사를 나타내는 식으로 적절한 것은? [기사 13, 18]

① $\frac{G_s+1}{1+e}$ ② $(1+n)(G_s-1)$

③ $\frac{e-w}{w(1+e)}$ ④ $\frac{G_s(1-w+e)}{(1+G_s)(1+e)}$

해설 ㉮ $Se = wG_s$

$1 \times e = wG_s$

$\therefore\ G_s = \frac{e}{w}$

㉯ $i_c = \frac{G_s-1}{1+e} = \frac{\frac{e}{w}-1}{1+e} = \frac{\frac{e-w}{w}}{1+e} = \frac{e-w}{w(1+e)}$

48. 다음 그림에서 분사현상에 대한 안전율은 얼마인가? (단, 모래의 비중은 2.65, 간극비는 0.6이다.) [산업 20]

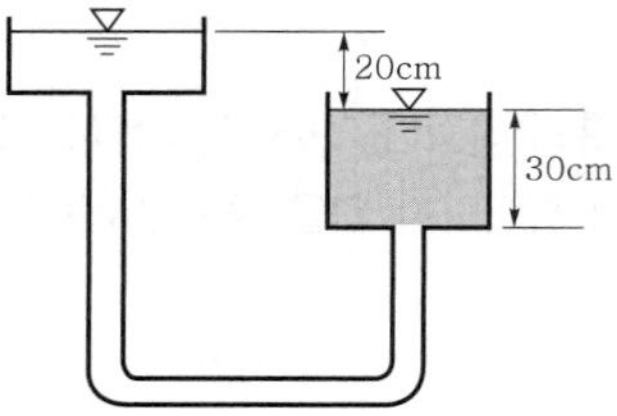

① 1.01 ② 1.55

③ 1.86 ④ 2.44

해설 $F_s = \frac{i_c}{i} = \frac{\frac{G_s-1}{1+e}}{\frac{h}{L}} = \frac{\frac{2.65-1}{1+0.6}}{\frac{20}{30}} = 1.55$

49. 간극률이 50%, 함수비가 40%인 포화토에 있어서 지반의 분사현상에 대한 안전율이 3.5라고 할 때 이 지반에 허용되는 최대 동수구배는? [기사 07, 18]

① 0.21 ② 0.51

③ 0.61 ④ 1.00

해설 ㉮ $e = \frac{n}{100-n} = \frac{50}{100-50} = 1$

㉯ $Se = wG_s$

$100 \times 1 = 40 \times G_s$

$\therefore\ G_s = 2.5$

㉰ $F_s = \frac{i_c}{i} = \frac{\frac{G_s-1}{1+e}}{i} = \frac{\frac{2.5-1}{1+1}}{i} = 3.5$

$\therefore\ i = 0.21$

50. 다음 그림과 같은 모래시료의 분사현상에 대한 안전율은 3.0 이상이 되도록 하려면 수두차 h를 최대 얼마 이하로 하여야 하는가? [기사 16, 17, 20, 산업 09]

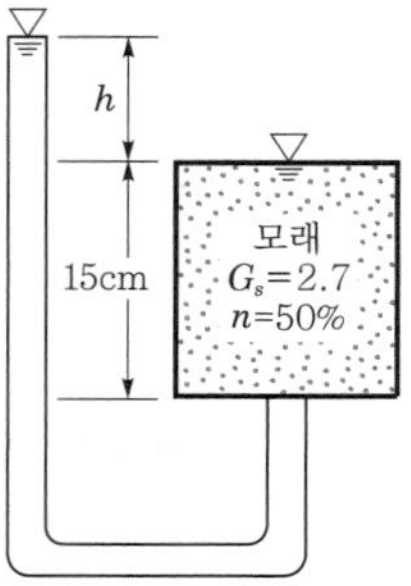

① 12.75cm ② 9.75cm

③ 4.25cm ④ 3.25cm

해설 ㉮ $e = \frac{n}{100-n} = \frac{50}{100-50} = 1$

㉯ $F_s = \frac{i_c}{i} = \frac{\frac{G_s-1}{1+e}}{\frac{h}{L}} = \frac{\frac{2.7-1}{1+1}}{\frac{h}{15}} = \frac{12.75}{h} \geq 3$

$\therefore\ h \leq 4.25\text{cm}$

51. 다음 그림에서 분사현상에 대하여 안전율 3을 확보하려면 h를 최대 얼마로 하여야 하는가?

[기사 09, 산업 04, 07, 10]

① 6.6cm

② 10.4cm

③ 31.8cm

④ 43.3cm

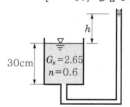

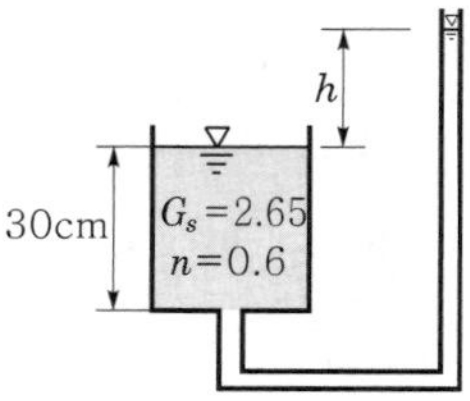

정답 47. ③ 48. ② 49. ① 50. ③ 51. ①

해설 ㉮ $e=\dfrac{n}{100-n}=\dfrac{60}{100-60}=1.5$

㉯ $F_s=\dfrac{i_c}{i}=\dfrac{\dfrac{G_s-1}{1+e}}{\dfrac{h}{L}}$

$3=\dfrac{\dfrac{2.65-1}{1+1.5}}{\dfrac{h}{30}}$

$\therefore\ h=6.6\text{cm}$

52. 분사현상(quick sand action)에 관한 그림이 다음과 같을 때 수두차 h를 최소 얼마 이상으로 하면 모래시료에 분사현상이 발생하겠는가? (단, 모래의 비중 : 2.60, 공극률 : 50%) [산업 09, 16]

① 6cm
② 12cm
③ 24cm
④ 30cm

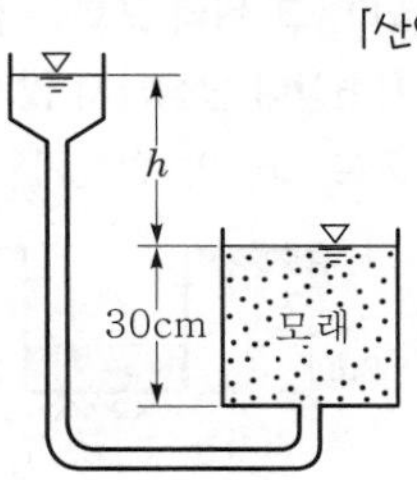

해설 ㉮ $e=\dfrac{n}{100-n}=\dfrac{50}{100-50}=1$

㉯ $i_c=\dfrac{G_s-1}{1+e}=\dfrac{2.6-1}{1+1}=0.8$

㉰ $F_s=\dfrac{i_c}{i}=\dfrac{i_c}{\dfrac{h}{L}}=\dfrac{0.8}{\dfrac{h}{30}}=1$

$\therefore\ h=24\text{cm}$

53. 다음 그림과 같은 조건에서 분사현상에 대한 안전율을 구하면? (단, 모래의 γ_{sat}=2.0t/m^{3}이다.) [기사 10, 18]

① 1.0
② 2.0
③ 2.5
④ 3.0

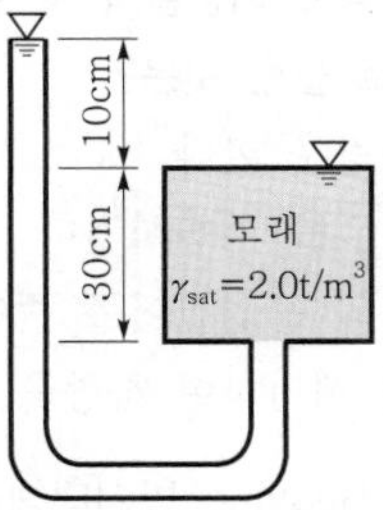

해설 $F_s=\dfrac{i_c}{i}=\dfrac{i_c}{\dfrac{h}{L}}=\dfrac{1}{\dfrac{10}{30}}=3$

54. 다음 그림과 같이 물이 흙 속으로 아래에서 침투할 때 분사현상이 생기는 수두차(Δh)는 얼마인가? [기사 09]

① 1.16m
② 2.27m
③ 3.58m
④ 4.13m

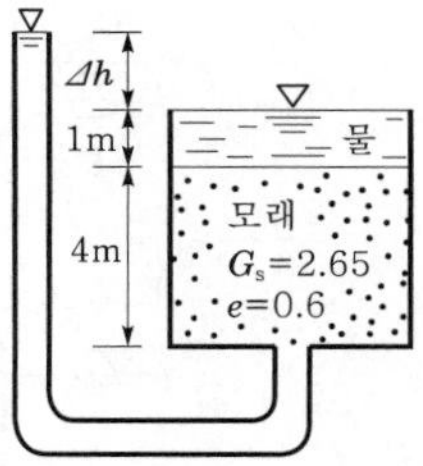

해설 ㉮ $i_c=\dfrac{G_s-1}{1+e}=\dfrac{2.65-1}{1+0.6}=1.03$

㉯ $i=\dfrac{h}{L}=\dfrac{\Delta h}{4}$

㉰ $F_s=\dfrac{i_c}{i}=\dfrac{1.03}{\dfrac{\Delta h}{4}}=1$

$\therefore\ \Delta h=4.12\text{m}$

55. 다음 그림에서 모래층에 분사현상이 발생되는 경우는 수두 h가 몇 cm 이상일 때 일어나는가? (단, G_s = 2.68, n=60%) [산업 14, 19]

① 20.16cm
② 10.52cm
③ 13.73cm
④ 18.05cm

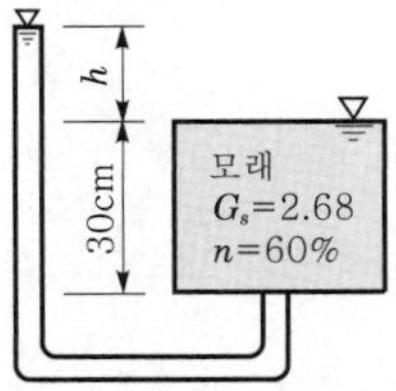

해설 ㉮ $e=\dfrac{n}{100-n}=\dfrac{60}{100-60}=1.5$

㉯ $F_s=\dfrac{i_e}{i}=\dfrac{\dfrac{G_s-1}{1+e}}{\dfrac{h}{L}}=\dfrac{\dfrac{2.68-1}{1+1.5}}{\dfrac{h}{30}}=\dfrac{50.4}{2.5h}=1$

$\therefore\ h=20.16\text{cm}$

56. 널말뚝을 모래지반에 5m 깊이로 박았을 때 상류와 하류의 수두차가 4m이었다. 이때 모래지반의 포화단위중량이 2.0t/m^{3}이다. 현재 이 지반의 분사현상에 대한 안전율은? [기사 11, 14, 19]

① 0.85　② 1.25
③ 2.0　④ 2.5

정답 52. ③ 53. ④ 54. ④ 55. ① 56. ④

해설 $F_s = \dfrac{i_c}{i_{av}} = \dfrac{\gamma_{\text{sub}}}{\dfrac{h_{av}}{D}\gamma_w}$

$= \dfrac{D\gamma_{\text{sub}}}{h_{av}\gamma_w} = \dfrac{D\gamma_{\text{sub}}}{\dfrac{H}{2}\gamma_w} = \dfrac{2D\gamma_{\text{sub}}}{H\gamma_w}$

$= \dfrac{2\times5\times1}{4\times1} = 2.5$

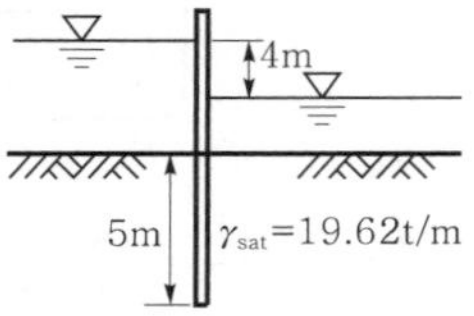

57. 다음 그림과 같은 모래층에 널말뚝을 설치하여 물막이공 내의 물을 배수하였을 때 분사현상이 일어나지 않게 하려면 얼마의 압력을 가하여야 하는가? (단, 모래의 비중은 2.65, 간극비는 0.65, 안전율은 3으로 한다.) [기사 08, 14, 19]

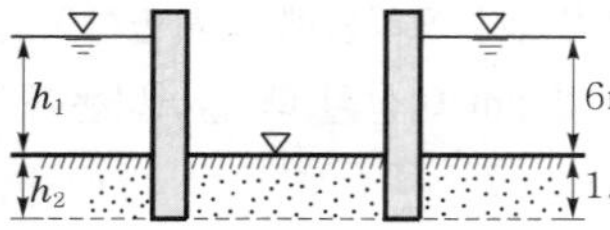

① 6.5t/m^2　② 13t/m^2
③ 33t/m^2　④ 16.5t/m^2

해설 ㉮ $\gamma_{\text{sub}} = \dfrac{G_s - 1}{1+e}\gamma_w = \dfrac{2.65-1}{1+0.65} = 1\text{t/m}^3$

㉯ $\bar{\sigma} = \gamma_{\text{sub}} h_2 = 1\times1.5 = 1.5\text{t/m}^2$

㉰ $F = \gamma_w\, h_1 = 1\times6 = 6\text{t/m}^2$

㉱ $F_s = \dfrac{\bar{\sigma} + \Delta\bar{\sigma}}{F}$

$3 = \dfrac{1.5 + \Delta\bar{\sigma}}{6}$

$\therefore\ \Delta\bar{\sigma} = 16.5\text{t/m}^2$

58. 연약점토지반을 굴착할 때 sheet pile을 박고 내부의 흙을 파내면 sheet pile배면의 토괴중량이 굴착저면의 지지력과 소성평형상태에 이르러 굴착 저면이 부푸는 현상은? [산업 05, 10]

① heaving　② boiling
③ quick sand　④ slip

59. 점성토 지반의 성토 및 굴착 시 발생하는 heaving 방지대책으로 틀린 것은? [산업 06, 12, 16]

① 지반개량을 한다.
② 표토를 제거하여 하중을 적게 한다.
③ 널말뚝의 근입장을 짧게 한다.
④ trench cut 및 부분굴착을 한다.

해설 Heaving 방지대책공법
㉮ 흙막이의 근입깊이를 깊게 한다.
㉯ 표토를 제거하여 하중을 적게 한다.
㉰ 지반개량을 한다.
㉱ 전면굴착보다 부분굴착을 한다.

60. 다음 그림과 같이 피압수압을 받고 있는 2m 두께의 모래층이 있다. 그 위의 포화된 점토층을 5m 깊이로 굴착하는 경우 분사현상이 발생하지 않기 위한 수심(h)은 최소 얼마를 초과하도록 하여야 하는가? [기사 12, 13, 18]

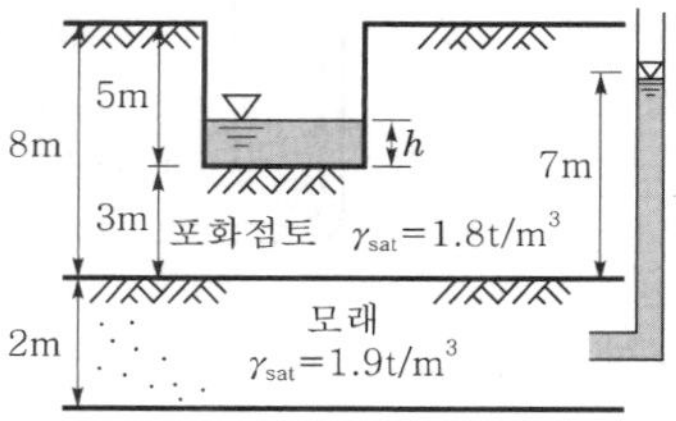

① 0.9m　② 1.6m
③ 1.9m　④ 2.4m

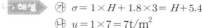

해설 ㉮ $\sigma = 1\times H + 1.8\times3 = H + 5.4$

㉯ $u = 1\times7 = 7\text{t/m}^2$

㉰ $\bar{\sigma} = \sigma - u = H + 5.4 - 7 = 0$

$\therefore\ H = 1.6\text{m}$

61. 점성토 지반굴착 시 발생할 수 있는 Heaving 방지대책으로 틀린 것은? [기사 19]

① 지반개량을 한다.
② 지하수위를 저하시킨다.
③ 널말뚝의 근입깊이를 줄인다.
④ 표토를 제거하여 하중을 작게 한다.

해설 Heaving 방지대책공법
㉮ 흙막이의 근입깊이를 깊게 한다.
㉯ 표토를 제거하여 하중을 적게 한다.
㉰ 지반개량을 한다.
㉱ 전면굴착보다 부분굴착을 한다.

정답　57. ④　58. ①　59. ③　60. ②　61. ③

62. 다음 그림과 같은 점성토 지반의 굴착 저면에서 바닥 융기에 대한 안전율을 Terzaghi의 식에 의해 구하면? (단, γ_t=1.731t/m^3, c=2.4t/m^{2}이다.) [기사 05, 12, 18]

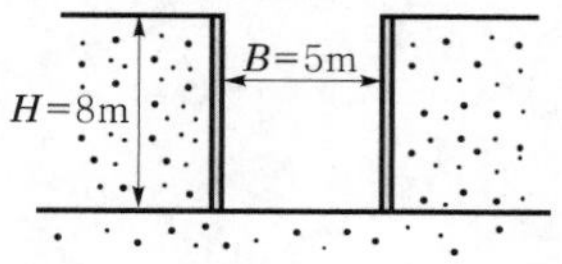

① 3.21 ② 2.32

③ 1.64 ④ 1.17

해설 $F_s = \dfrac{5.7c}{\gamma_t H - \dfrac{cH}{0.7B}} = \dfrac{5.7 \times 2.4}{1.731 \times 8 - \dfrac{2.4 \times 8}{0.7 \times 5}} = 1.636$

MEMO

chapter 6

지중응력

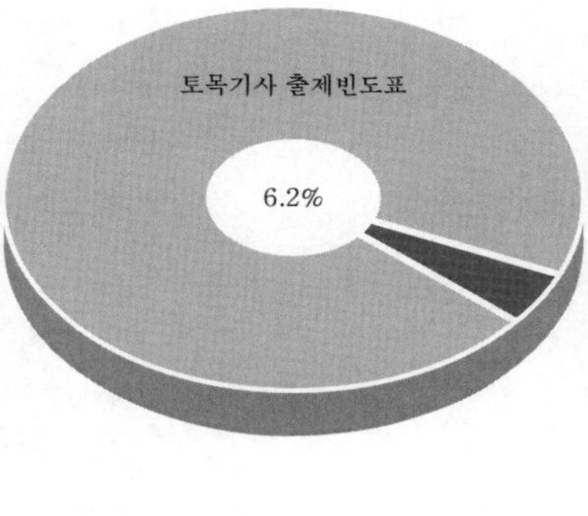

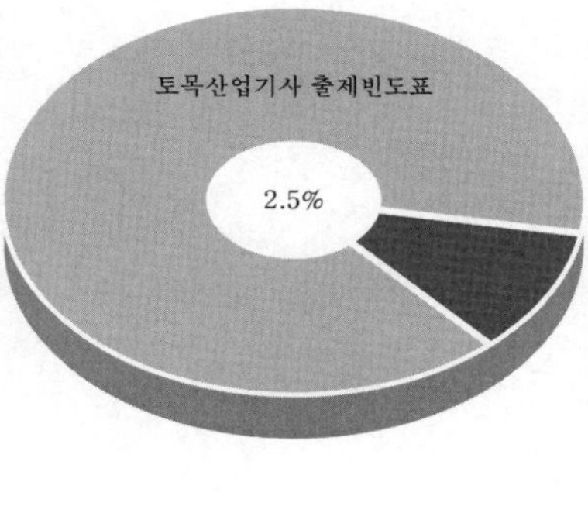

6 지중응력

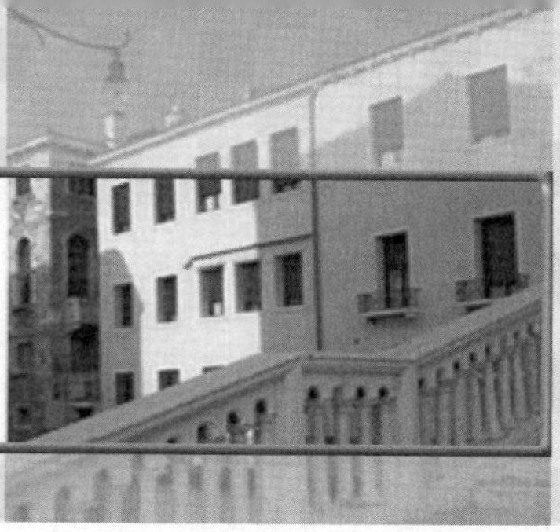

01 탄성론에 의한 지중응력

지표면에 작용하는 하중으로 인하여 지반 내에 생기는 응력의 계산은 탄성론으로 유도된 결과를 이용할 수 있다.

탄성론은 흙을 균질하고 등방성이며 탄성이라고 가정하였으나 실제의 흙은 완전한 소성체도 아니고 탄성체도 아니므로 이 가정과는 많이 틀리나 탄성론으로 얻어진 결과는 실제와 크게 어긋나지 않는다.

알•아•두•기•

➡ 자연상태의 지표면 또는 지반 내에 하중이 작용할 경우 이러한 하중에 의한 지중응력은 흙의 자중에 의한 응력에 추가적으로 작용한다.

① 집중하중에 의한 지중응력

Boussinesq는 무한히 넓은 지표면상에 작용하는 집중하중으로 유발되는 지중응력의 문제를 해석하였다.

(1) Boussinesq이론

① A점에서의 법선응력

$$\Delta\sigma_Z = \frac{P}{Z^2} I \quad \cdots\cdots (6\cdot1)$$

② 영향계수(influence value)

$$I = \frac{3}{2\pi} \cdot \frac{1}{[(r/Z)^2+1]^{\frac{5}{2}}} = \frac{3Z^5}{2\pi R^5} \quad \cdots\cdots (6\cdot2)$$

여기서, $R = \sqrt{r^2+Z^2}$

하중작용점 직하에서는 $R = Z$이므로

$$I = \frac{3}{2\pi} = 0.4775$$

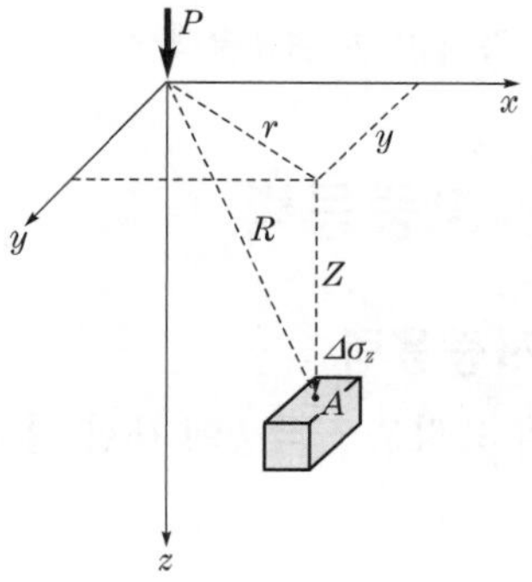

【그림 6-1】 집중하중에 의한 지중응력

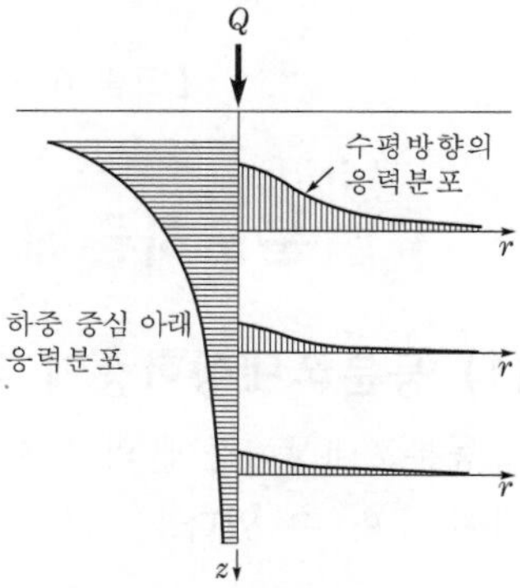

【지표면에 집중하중이 놓일 때 지중응력의 분포】

(2) 특징

① 지반을 균질, 등방성의 자중이 없는 반무한탄성체라고 가정하였다.
② 변형계수(E)가 고려되지 않았다.
③ $\Delta\sigma_Z$는 Poisson비 ν에 무관하다. 따라서 측정치와 탄성이론치가 비교적 잘 맞는다.

② 선하중에 의한 지중응력

반무한지반 위의 지표면상에 단위길이당 선하중 L이 무한히 길게 작용하고 있을 때 탄성론에 의해 연직응력의 증가량을 다음과 같이 결정할 수 있다.

(1) 하중작용점 직하에서의 연직응력 증가량

$$\Delta\sigma_Z = \frac{2L}{\pi Z} \quad \cdots\cdots (6\cdot3)$$

(2) 편심거리 x만큼 떨어진 곳에서의 연직응력 증가량

$$\Delta\sigma_Z = \frac{2LZ^3}{\pi(x^2+Z^2)^2} \quad \cdots\cdots (6\cdot4)$$

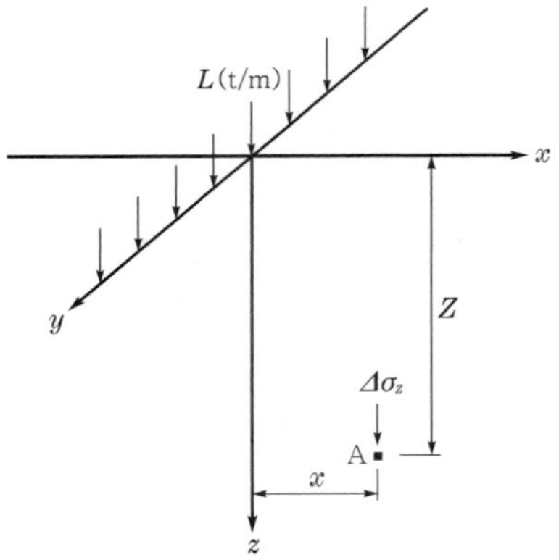

【그림 6-2】 선하중에 의한 연직응력

③ 분포하중에 의한 지중응력

(1) 등분포대상하중에 의한 지중응력

등분포대상하중에 의한 지반 내의 응력은 선하중에 대한 결과를 이용하여 구할 수 있다.

$$\Delta\sigma_Z = \frac{q}{\pi}[\beta + \sin\beta\cos(\beta+2\delta)] \quad \cdots\cdots (6\cdot5)$$

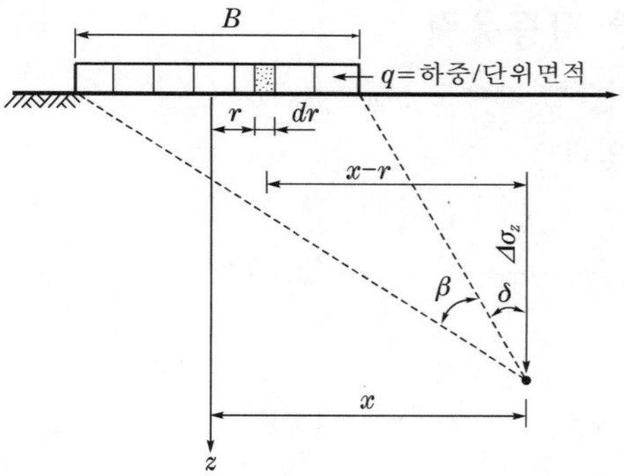

【그림 6-3】 등분포대상하중에 의한 연직응력

(2) 제상(사다리꼴)하중에 의한 지중응력

제방, 도로, 축제, earth dam과 같은 제상하중에 의한 지중응력의 계산에는 Osterberg도표를 사용한다.

① 연직응력 증가량

$$\Delta \sigma_Z = Iq \cdots\cdots (6\cdot6)$$

② 영향계수

$$I = \frac{1}{\pi} f\left(\frac{a}{Z},\ \frac{b}{Z}\right) \cdots\cdots (6\cdot7)$$

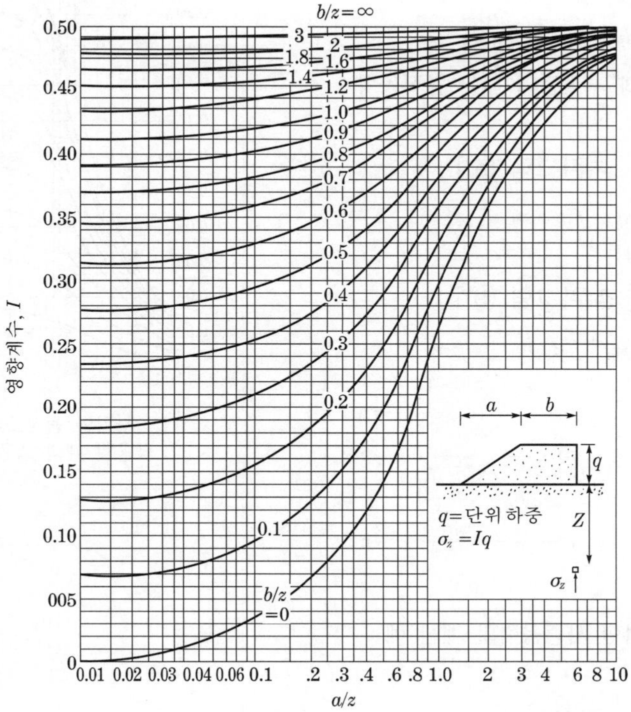

【그림 6-4】 제상하중에 의한 영향계수(Osterberg도표)

알•아•두•기•

(3) 구형(직사각형) 등분포하중에 의한 지중응력

길이 L, 폭 B인 구형 등분포하중이 지표면에 작용할 때에도 Boussinesq의 해로 지반 내의 연직응력 증가를 구할 수 있다.

① 연직응력 증가량

$$\Delta\sigma_Z = q_s I \quad \cdots\cdots (6\cdot 8)$$

② 영향계수

$$I = f(m,\ n) \quad \cdots\cdots (6\cdot 9)$$

여기서, $m = \dfrac{B}{Z},\ n = \dfrac{L}{Z}$

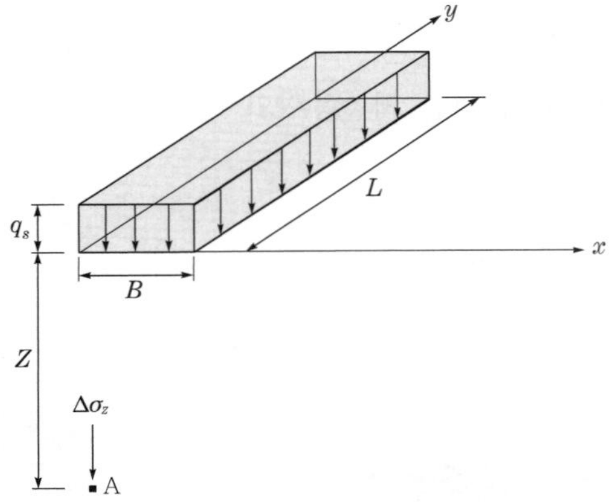

【그림 6-5】 구형 등분포하중의 우각점에 대한 연직응력

③ 임의점 A가 구형 안에 있는 경우[그림 (a)]

$$\Delta\sigma_Z = \sigma_{Z(\text{aeAh})} + \sigma_{Z(\text{bfAe})} + \sigma_{Z(\text{cgAf})} + \sigma_{Z(\text{dhAg})}$$
$$= q[I(1) + I(2) + I(3) + I(4)]$$

④ 임의점 A가 구형 밖에 있는 경우[그림 (b)]

$$\Delta\sigma_Z = \sigma_{Z(\text{Aebh})} + \sigma_{Z(\text{Afdg})} - \sigma_{Z(\text{Aeag})} - \sigma_{Z(\text{Afch})}$$

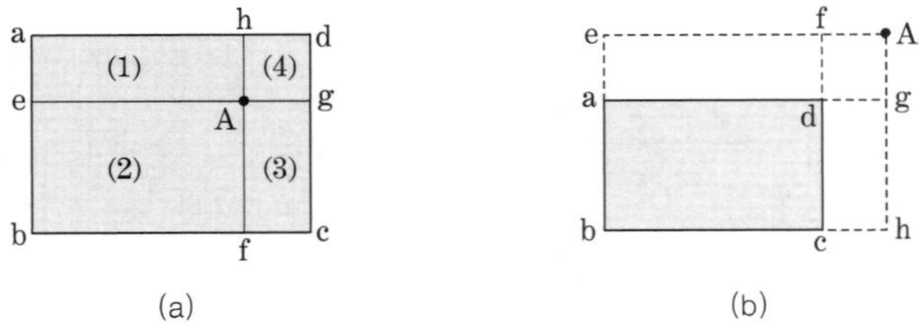

【그림 6-6】 구형 하중에 의한 지중응력의 계산 예

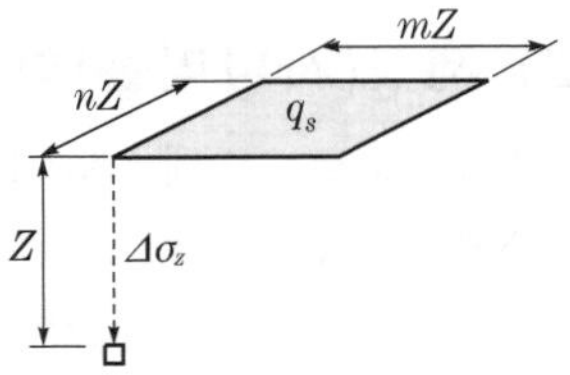

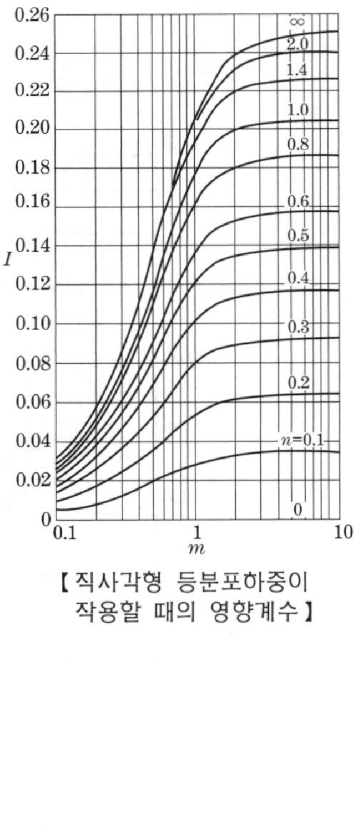

【직사각형 등분포하중이 작용할 때의 영향계수】

(4) New-Mark영향원법

Newmark는 Boussinesq의 해를 기초로 하여 지표면에 불규칙적인 형상의 등분포하중 q가 작용할 때 지반 내의 어떤 점에서의 연직응력을 구할 수 있는 영향원을 제시하였다.

방사선의 간격 20개, 동심원 10개를 그렸을 때 200개의 망이 생긴다. 이때 영향치는 0.005이다.

$$\Delta\sigma_Z = 0.005nq \quad \cdots\cdots (6\cdot10)$$

여기서, n : 작도된 재하면적 내의 영향원 블록수

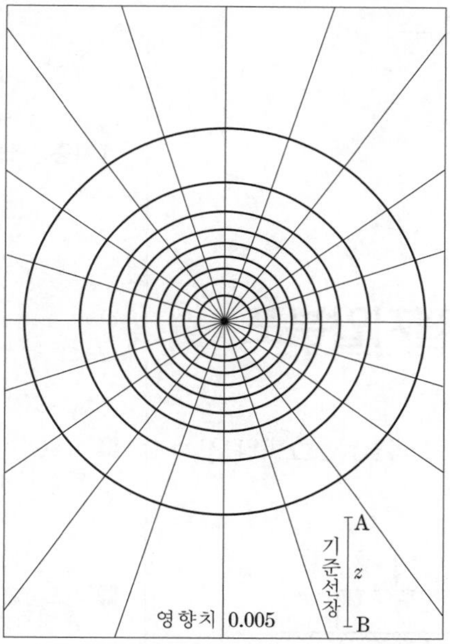

【그림 6-7】 연직지중응력에 대한 New-mark의 영향도

02 지중응력의 약산법

(2 : 1분포법, $\tan\theta = \frac{1}{2}$ 법, Kogler 간편법)

하중에 의한 지중응력이 수평 1, 연직 2의 비율로 분포된다는 것이며, 또한 임의의 깊이에서 이것이 분포되는 범위까지 동일하다고 가정하여 그 분포면적으로 하중을 나누어 평균지중응력을 구하는 방법이다.

알•아•두•기•

New-Mark영향원법은 임의의 불규칙적인 형상의 등분포하중에 의한 임의점에 대한 깊이 Z의 연직지중응력을 구하는 방법이다.

$$P = q_s BL = \Delta\sigma_Z (B+Z)(L+Z)$$

$$\therefore \Delta\sigma_Z = \frac{P}{(B+Z)(L+Z)} = \frac{q_s BL}{(B+Z)(L+Z)} \quad \cdots\cdots\cdots\cdots\cdots (6\cdot 11)$$

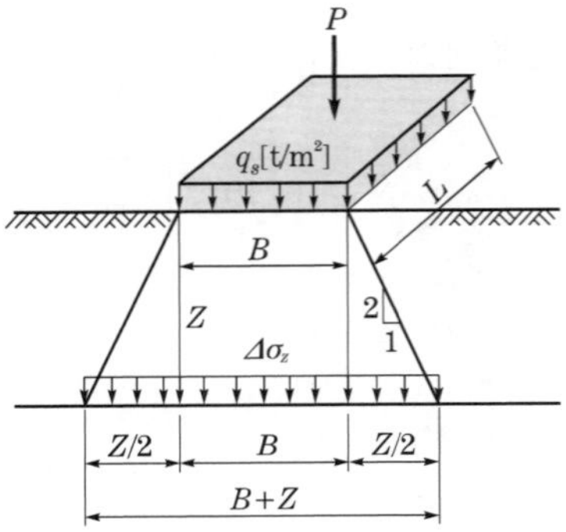

【그림 6-8】

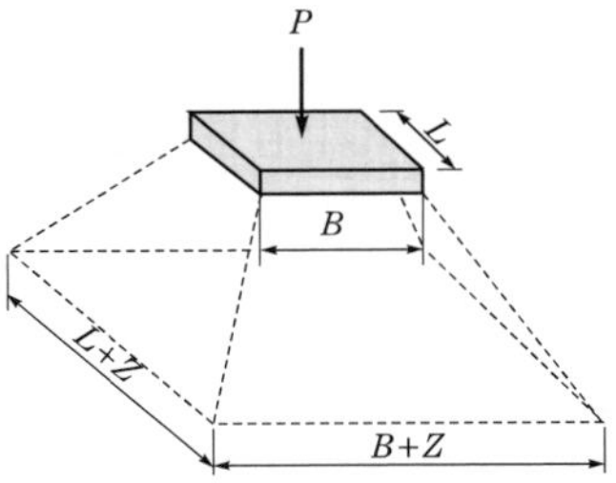

【지중응력을 계산하는 간편법】

03 기초지반에 대한 접지압분포

접지압분포는 기초판의 강성과 토질에 따라 크게 다르다. 그러나 실제 설계 시의 접지압분포는 등분포로 가정한다.

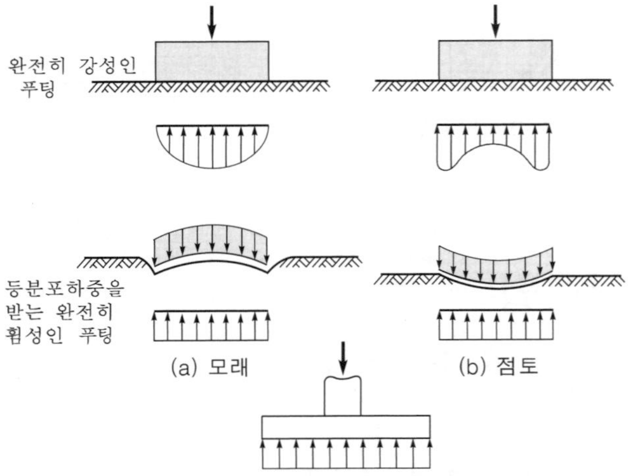

【그림 6-9】 접지압분포

➡ 기초판 저면의 지반에 대한 접촉응력을 **접지압**(contact pressure)이라 한다.

➡ 기초판의 강성에 따라 강성기초와 휨성기초로 구분한다. 일반적으로 철근콘크리트의 푸팅기초 등은 강성기초에 속하고, 저수조, 수로 등의 저판 슬래브는 휨성기초로 취급한다.

예상 및 기출문제

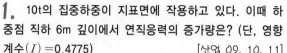

1. 10t의 집중하중이 지표면에 작용하고 있다. 이때 하중점 직하 6m 깊이에서 연직응력의 증가량은? (단, 영향계수(I)=0.4775) [산업 09, 10, 11]

① 0.133t/m^2 ② 0.224t/m^2
③ 0.324t/m^2 ④ 0.424t/m^2

해설 $\Delta\sigma_z = \dfrac{P}{Z^2} I = \dfrac{10}{6^2} \times 0.4775 = 0.133\text{t/m}^2$

2. 50t의 집중하중이 지표면에 작용할 때 3m 떨어진 점의 지하 5m 위치에서의 연직응력은? (단, 영향계수는 0.2214라고 한다.) [산업 05, 07, 12]

① 0.392t/m^2 ② 0.443t/m^2
③ 0.526t/m^2 ④ 0.610t/m^2

해설 $\Delta\sigma_z = \dfrac{P}{Z^2} I = \dfrac{50}{5^2} \times 0.2214 = 0.443\text{t/m}^2$

3. 다음 그림과 같은 지표면에 10t의 집중하중이 작용했을 때 작용점의 직하 3m 지점에서 이 하중에 의한 연직응력은? [산업 15]

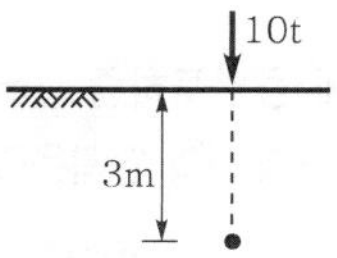

① 0.422t/m^2 ② 0.531t/m^2
③ 0.641t/m^2 ④ 0.708t/m^2

해설 ㉮ $I = \dfrac{3}{2\pi} = 0.4775$

㉯ $\Delta\sigma_z = \dfrac{P}{Z^2} I = \dfrac{10}{3^2} \times 0.4775 = 0.531\text{t/m}^2$

4. 다음 그림과 같이 지표면에 P_1=100ton의 집중하중이 작용할 때 지중 0점의 집중하중에 의한 수직응력은? (단, 영향값 I=0.2214) [기사 07, 산업 12]

① $\sigma_Z = 0.10\text{t/m}^2$
② $\sigma_Z = 0.20\text{t/m}^2$
③ $\sigma_Z = 0.89\text{t/m}^2$
④ $\sigma_Z = 2.00\text{t/m}^2$

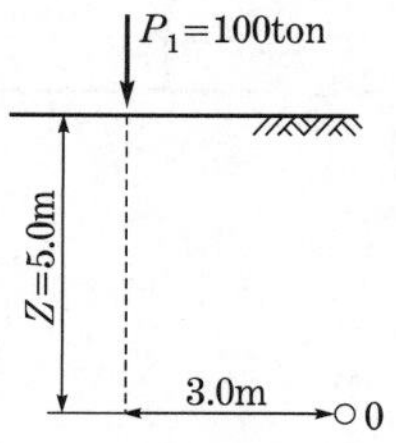

해설 $\Delta\sigma_z = \dfrac{P}{Z^2} I = \dfrac{100}{5^2} \times 0.2214 = 0.89\text{t/m}^2$

5. 다음 그림과 같은 지반에 100t의 집중하중이 지표면에 작용하고 있다. 하중작용점 바로 아래 5m 깊이에서의 유효연직응력은? (단, γ_{sat} = 1.8t/m^{3}이고 영향계수 I=0.4775임) [산업 10]

① 1.91t/m^2
② 7.91t/m^2
③ 10.91t/m^2
④ 5.91t/m^2

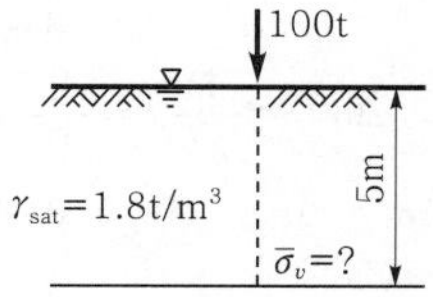

해설 ㉮ $\bar{\sigma}_v = \gamma_{\text{sub}}\ h = 0.8 \times 5 = 4\text{t/m}^2$

㉯ $\Delta\bar{\sigma}_v = \dfrac{P}{Z^2} I = \dfrac{100}{5^2} \times 0.4775 = 1.91\text{t/m}^2$

㉰ $\bar{\sigma} = 4 + 1.91 = 5.91\text{t/m}^2$

6. 다음 그림과 같이 지표면에 집중하중이 작용할 때 A점에서 발생하는 연직응력의 증가량은? [기사 11, 19]

① 20.6kg/m^2
② 24.4kg/m^2
③ 27.2kg/m^2
④ 30.3kg/m^2

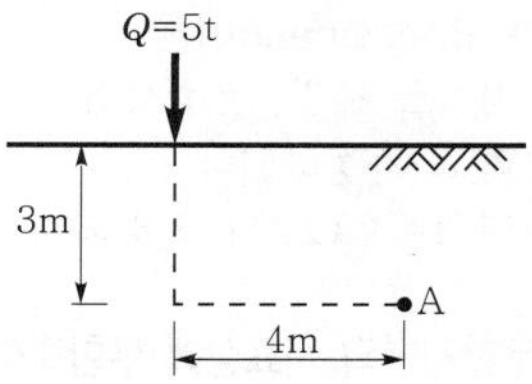

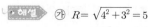

해설 ㉮ $R = \sqrt{4^2 + 3^2} = 5$

㉯ $I = \dfrac{3Z^5}{2\pi R^5} = \dfrac{3 \times 3^5}{2\pi \times 5^5} = 0.037$

㉰ $\Delta\sigma_z = \dfrac{P}{Z^2} I = \dfrac{5}{3^2} \times 0.037$
$= 0.0206\text{t/m}^2 = 20.6\text{kg/m}^2$

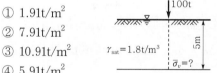

정답 1. ① 2. ② 3. ② 4. ③ 5. ④ 6. ①

7. 다음 그림과 같은 지표면에 2개의 집중하중이 작용하고 있다. 3t의 집중하중작용점 하부 2m 지점 A에서의 연직하중의 증가량은 약 얼마인가? (단, 영향계수는 소수점 이하 넷째 자리까지 구하여 계산하시오.) [기사 15, 17]

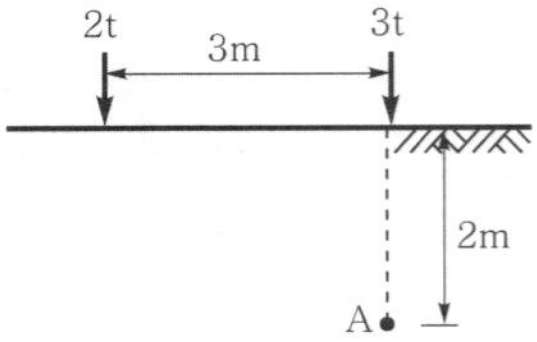

① 0.37t/m^2 ② 0.89t/m^2
③ 1.42t/m^2 ④ 1.94t/m^2

해설 ㉮ 3t의 연직하중 증가량

$$\Delta\sigma_{z1} = \frac{P}{Z^2} I = \frac{P}{Z^2}\frac{3}{2\pi} = \frac{3}{2^2} \times \frac{3}{2\pi} = 0.36\text{t/m}^2$$

㉯ 2t의 연직하중 증가량

㉠ $R = \sqrt{3^2 + 2^2} = 3.6056$

㉡ $I = \dfrac{3Z^5}{2\pi R^5} = \dfrac{3 \times 2^5}{2\pi \times 3.6056^5} = 0.0251$

㉢ $\Delta\sigma_{z2} = \dfrac{P}{Z^2} I = \dfrac{2}{2^2} \times 0.0251 = 0.01\text{t/m}^2$

㉰ $\Delta\sigma_z = \Delta\sigma_{z_1} + \Delta\sigma_{z_2} = 0.36 + 0.01 = 0.37\text{t/m}^2$

8. 지표면에 집중하중이 작용할 때 지중연직응력(地中鉛直應力)에 관한 사항 중 옳은 것은? (단, Boussinesq이론을 사용) [기사 19, 산업 15]

① 흙의 영(Young)률 E에 무관하다.
② E에 정비례한다.
③ E의 제곱에 정비례한다.
④ E의 제곱에 반비례한다.

해설 Boussinesq이론

㉮ 지반을 균질, 등방성의 자중이 없는 반무한탄성체라고 가정하였다.
㉯ 변형계수(E)가 고려되지 않았다.

9. 반무한지반의 지표상에 무한길이의 선하중 q_1, q_2가 다음 그림과 같이 작용할 때 A점에서의 응력 증가는? [기사 18]

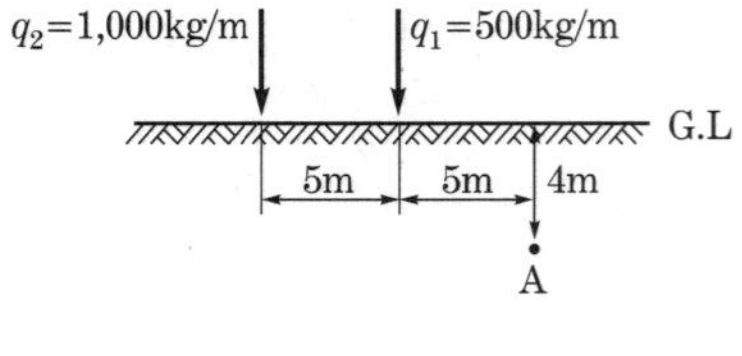

① 3.03kg/m^2 ② 12.12kg/m^2
③ 15.15kg/m^2 ④ 18.18kg/m^2

해설 $\Delta\sigma_Z = \dfrac{2qZ^3}{\pi(x^2+z^2)^2}$에서

㉮ $q_1 = 500\text{kg/m} = 0.5\text{t/m}$일 때

$$\Delta\sigma_{Z1} = \frac{2 \times 0.5 \times 4^3}{\pi \times (5^2 + 4^2)^2} = 0.012\text{t/m}^2$$

㉯ $q_2 = 1{,}000\text{kg/m} = 1\text{t/m}$일 때

$$\Delta\sigma_{Z2} = \frac{2 \times 1 \times 4^3}{\pi \times (10^2 + 4^2)^2} = 0.003\text{t/m}^2$$

㉰ $\Delta\sigma_Z = \Delta\sigma_{Z1} + \Delta\sigma_{Z2} = 0.012 + 0.003$
$= 0.015\text{t/m}^2 = 15\text{kg/m}^2$

10. 동일한 등분포하중이 작용하는 다음 그림과 같은 (A)와 (B) 두 개의 구형 기초판에서 A와 B점의 수직 Z 되는 깊이에서 증가되는 지중응력을 각각 σ_A, σ_B라 할 때 옳은 것은? (단, 지반 흙의 성질은 동일하다.) [기사 07, 16]

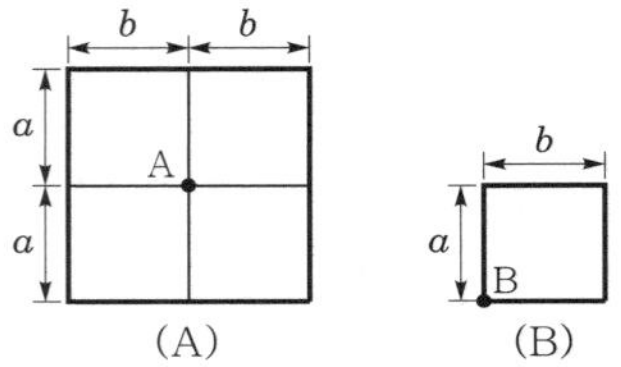

① $\sigma_A = \dfrac{1}{2}\sigma_B$ ② $\sigma_A = \dfrac{1}{4}\sigma_B$
③ $\sigma_A = 2\sigma_B$ ④ $\sigma_A = 4\sigma_B$

해설 그림 (A)는 그림 (B)의 4배이므로 $\sigma_A = 4\sigma_B$이다.

11. 구형 단면상에 등분포하중 $q_s = 15\text{t/m}^2$가 작용할 때 중심점 아래 깊이 6.25m에서의 연직응력 증가를 구하면? (단, 연직응력 증가 $\Delta\sigma_Z = q_s I_{\sigma(m,n)}$이고, $m = \dfrac{B}{Z}$, $n = \dfrac{L}{Z}$이다. 여기서, B, L, Z는 폭, 길이, 깊이이다.) [기사 89]

【 영향계수표 】

m	0.2	0.4	2.5	5.0
n	0.4	0.8	2.5	2.5
I_σ	0.033	0.090	0.22	0.24

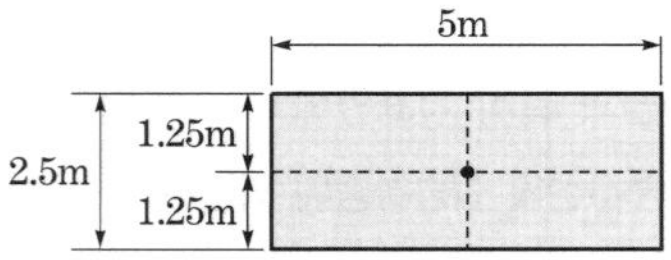

① 1.98t/m^2 ② 0.5t/m^2
③ 5.28t/m^2 ④ 1.32t/m^2

정답 7. ① 8. ① 9. ③ 10. ④ 11. ①

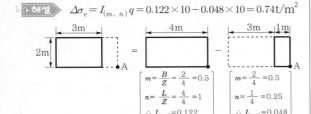

해설 ㉮ $m=\dfrac{B}{Z}=\dfrac{1.25}{6.25}=0.2$

$n=\dfrac{L}{Z}=\dfrac{2.5}{6.25}=0.4$

$I_{\sigma(m,n)}=0.033$

㉯ $\Delta\sigma_Z=qI_{\sigma(m,n)}=15\times(0.033\times4)=1.98\text{t/m}^2$

12. 다음 그림과 같이 2m×3m 크기의 기초에 10t/m² 의 등분포하중이 작용할 때 A점 아래 4m 깊이에서의 연직응력 증가량은? (단, 아래 표의 영향계수값을 활용하여 구하며 $m=\dfrac{B}{Z}$, $n=\dfrac{L}{Z}$이고, B는 직사각형 단면의 폭, L은 직사각형 단면의 길이, Z는 토층의 깊이이다.)

[기사 11, 18]

【영향계수(I)값】

m	0.25	0.5	0.5	0.5
n	0.5	0.25	0.75	1.0
I	0.048	0.048	0.115	0.122

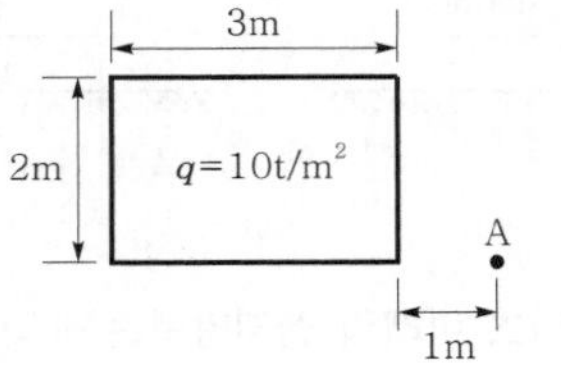

① 0.67t/m² ② 0.74t/m²
③ 1.22t/m² ④ 1.70t/m²

해설 $\Delta\sigma_v=I_{(m,\ n)}q=0.122\times10-0.048\times10=0.74\text{t/m}^2$

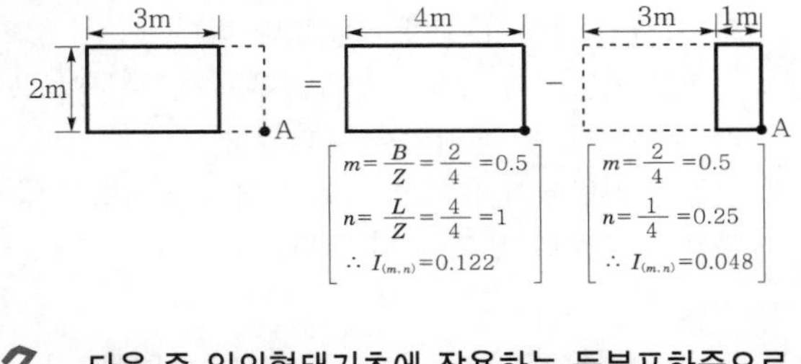

13. 다음 중 임의형태기초에 작용하는 등분포하중으로 인하여 발생하는 지중응력계산에 사용하는 가장 적합한 계산법은? [기사 18]

① Boussinesq법 ② Osterberg법
③ Newmark영향원법 ④ 2 : 1 간편법

해설 New-Mark영향원법
임의의 불규칙적인 형상의 등분포하중에 의한 임의점에 대한 연직지중응력을 구하는 방법이다.

14. 5m×10m의 장방형 기초 위에 $q=60\text{kN/m}^2$의 등분포하중이 작용할 때 지표면 아래 10m에서의 연직응력 증가량($\Delta\sigma_v$)은? (단, 2 : 1응력분포법을 사용한다.)

[기사 20, 산업 15]

① 10kN/m² ② 20kN/m²
③ 30kN/m² ④ 40kN/m²

해설 $\Delta\sigma_v=\dfrac{BLq_s}{(B+Z)(L+Z)}$

$=\dfrac{5\times10\times60}{(5+10)\times(10+10)}=10\text{kN/m}^2$

15. 지표에서 1m×1m의 기초에 5ton의 하중이 작용하고 있다. 깊이 4m 되는 곳에서의 연직응력을 2 : 1분포법으로 구한 값은? [기사 06]

① 0.45t/m² ② 0.31t/m²
③ 1.0t/m² ④ 0.2t/m²

해설 $\Delta\sigma_v=\dfrac{P}{(B+Z)(L+Z)}$

$=\dfrac{5}{(1+4)^2}=0.2\text{t/m}^2$

16. 지표면에 설치된 2m×2m의 정사각형 기초에 100kN/m² 의 등분포하중이 작용하고 있을 때 5m 깊이에 있어서의 연직응력 증가량을 2 : 1분포법으로 계산한 값은? [기사 20]

① 0.83kN/m² ② 8.16kN/m²
③ 19.75kN/m² ④ 28.57kN/m²

해설 $\Delta\sigma_v=\dfrac{BLq_s}{(B+Z)(L+Z)}$

$=\dfrac{2\times2\times100}{(2+5)\times(2+5)}=8.16\text{kN/m}^2$

17. 4m×6m 크기의 직사각형 기초에 10t/m²의 등분포하중이 작용할 때 기초 아래 5m 깊이에서의 지중응력 증가량을 2 : 1분포법으로 구한 값은? [산업 05, 06, 09, 17, 18]

① 1.42t/m² ② 1.82t/m²
③ 2.42t/m² ④ 2.82t/m²

해설 $\Delta\sigma_v=\dfrac{BLq_s}{(B+Z)(L+Z)}$

$=\dfrac{4\times6\times10}{(4+5)\times(6+5)}=2.42\text{t/m}^2$

정답 12. ② 13. ③ 14. ① 15. ④ 16. ② 17. ③

18. 접지압(또는 지반반력)이 다음 그림과 같이 되는 경우는? [기사 08, 09, 12, 15, 19, 산업 12, 19]

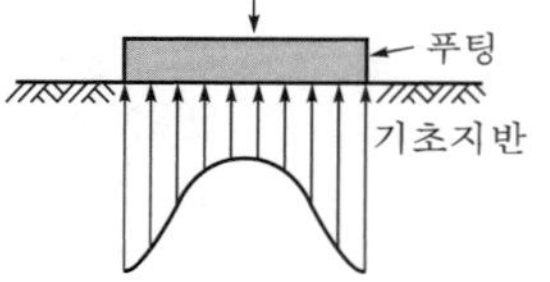

① 푸팅 : 강성, 기초지반 : 점토
② 푸팅 : 강성, 기초지반 : 모래
③ 푸팅 : 휨성, 기초지반 : 점토
④ 푸팅 : 휨성, 기초지반 : 모래

해설 ㉮ 강성기초

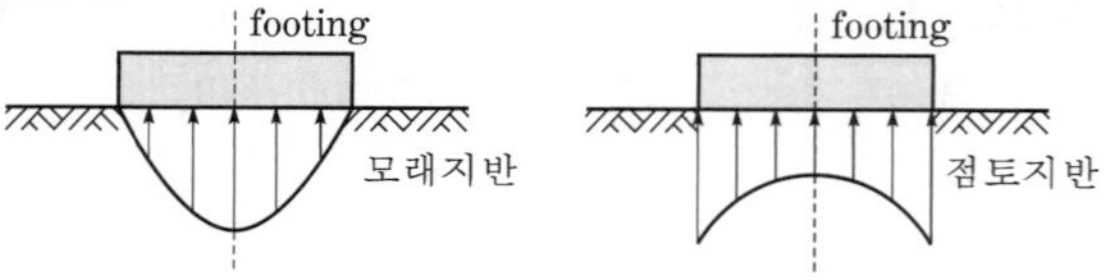

㉯ 휨성기초

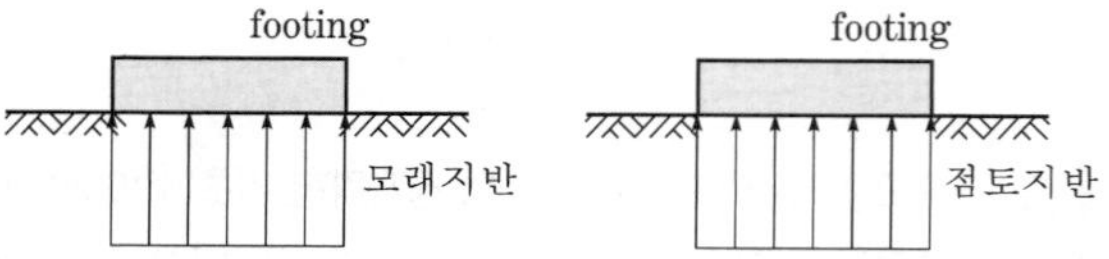

19. 사질지반에 있어서 강성기초의 접지압분포에 관한 설명 중 옳은 것은? [기사 17, 산업 05]

① 기초의 모서리 부분에서 최대 응력이 발생한다.
② 기초의 중앙부에서 최대 응력이 발생한다.
③ 기초의 밑면에서는 어느 부분이나 동일하다.
④ 기초 밑면에서의 응력은 토질에 상관없이 일정하다.

20. 점착력이 큰 지반에 강성의 기초가 놓여 있을 때 기초 바닥의 응력상태를 설명한 것 중 옳은 것은? [산업 08, 17, 20]

① 기초 밑 전체가 일정하다.
② 기초 중앙에서 최대 응력이 발생한다.
③ 기초 모서리 부분에서 최대 응력이 발생한다.
④ 점착력으로 인해 기초 바닥에 응력이 발생하지 않는다.

해설 점토지반에서 강성기초의 접지압은 기초 모서리 부분에서 최대이다.

21. 접지압의 분포가 기초의 중앙 부분에 최대 응력이 발생하는 기초형식과 지반은 어느 것인가? [산업 09, 10, 17]

① 연성기초, 점성지반 ② 연성기초, 사질지반
③ 강성기초, 점성지반 ④ 강성기초, 사질지반

22. 점토지반의 강성기초의 접지압분포에 대한 설명으로 옳은 것은? [기사 10, 산업 07, 09, 11, 13, 14, 18]

① 기초 모서리 부분에서 최대 응력이 발생한다.
② 기초 중앙 부분에서 최대 응력이 발생한다.
③ 기초 밑면의 응력은 어느 부분이나 동일하다.
④ 기초 밑면에서의 응력은 토질에 관계없이 일정하다.

해설 ㉮ 강성기초

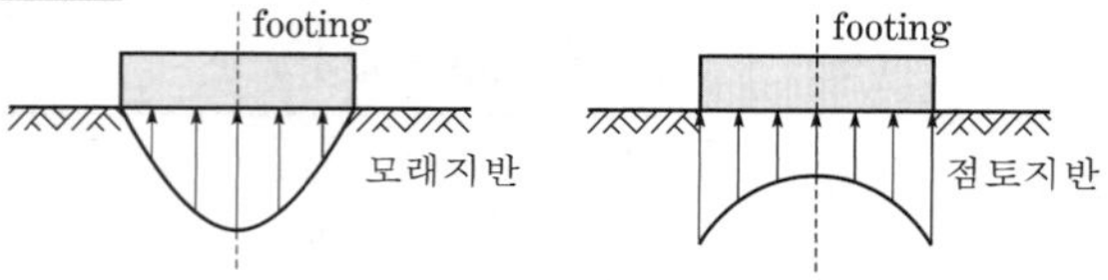

㉯ 휨성기초

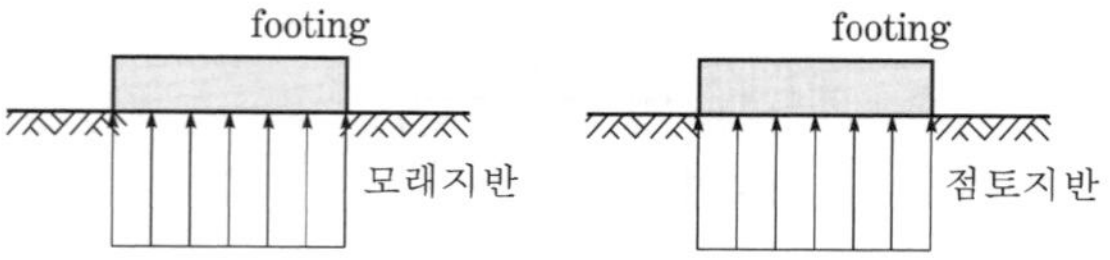

23. 얕은 기초 아래의 접지압력분포 및 침하량에 대한 설명으로 틀린 것은? [기사 18]

① 접지압력의 분포는 기초의 강성, 흙의 종류, 형태 및 깊이 등에 따라 다르다.
② 점성토 지반에 강성기초 아래의 접지압분포는 기초의 모서리 부분이 중앙 부분보다 작다.
③ 사질토 지반에서 강성기초인 경우 중앙 부분이 모서리 부분보다 큰 접지압을 나타낸다.
④ 사질토 지반에서 유연성 기초인 경우 침하량은 중심부보다 모서리 부분이 더 크다.

해설 ㉮ 강성기초

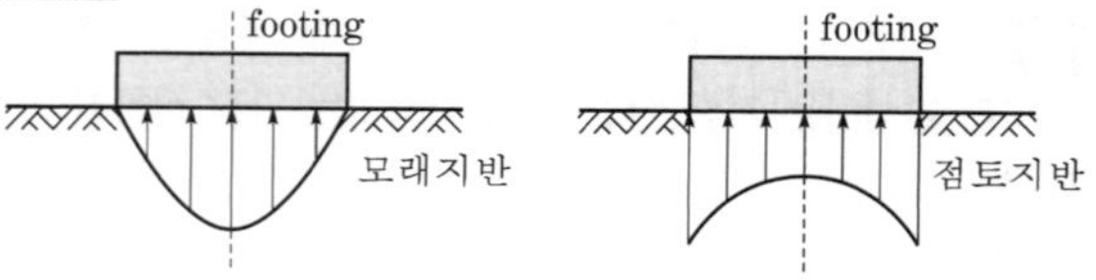

㉯ 휨성기초

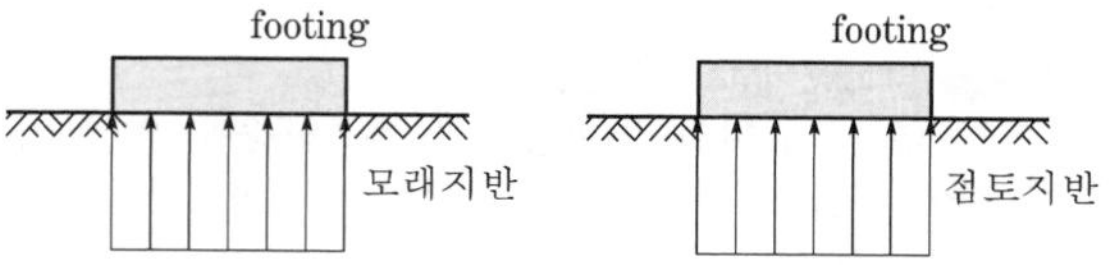

정답 18. ① 19. ② 20. ③ 21. ④ 22. ① 23. ②

24. 사질토 지반에 축조되는 강성기초의 접지압분포에 대한 설명으로 옳은 것은? [기사 20]

① 기초모서리 부분에서 최대 응력이 발생한다.
② 기초에 작용하는 접지압분포는 토질에 관계없이 일정하다.
③ 기초의 중앙 부분에서 최대 응력이 발생한다.
④ 기초 밑면의 응력은 어느 부분이나 동일하다.

정답 24. ③

MEMO

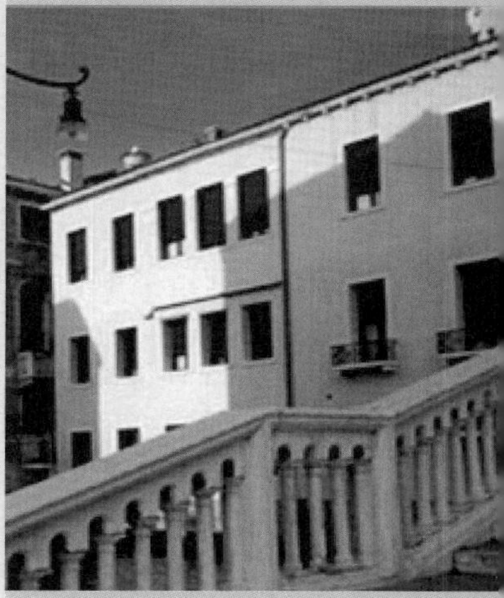

chapter 7

흙의 동해

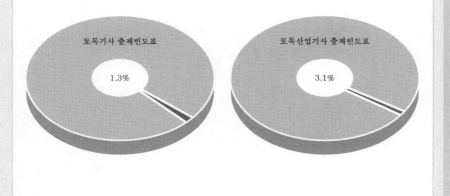

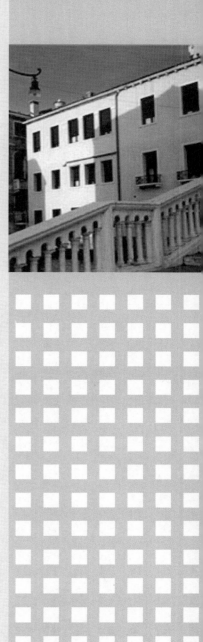

7 흙의 동해

01 동상현상(frost heave)

① 정의

대기의 온도가 0℃ 이하로 내려가면 흙 속의 공극수가 동결하여 흙 속에 얼음층(ice lens)이 형성되기 때문에 체적이 팽창하여 지표면이 부풀어 오르는 현상을 말한다.

② 동상이 일어나는 조건

① 동상을 받기 쉬운 흙(실트질토)이 존재한다.
② 0℃ 이하의 온도지속시간이 길다.
③ ice lens를 형성할 수 있도록 물의 공급이 충분해야 한다.

③ 동상량을 지배하는 인자

① 모관상승고의 크기
② 흙의 투수성
③ 동결온도의 지속기간
④ 동결심도 하단에서 지하수면까지의 거리가 모관상승고보다 작다.

④ 동결심도(frost depth)

0℃ 이하의 온도가 계속되면 지표면 아래에는 0℃인 등온선이 존재하는데, 이것을 동결선(frost line)이라 하고 지표면에서 동결선까지의 깊이를 동결심도라 한다.

$$Z = C\sqrt{F}\ \text{〔cm〕} \quad \cdots\cdots (7\cdot1)$$

여기서, $F = \theta t$ = 영하의 온도×지속시간(day)
C : 정수(3~5)

알・아・두・기

▣ 지표면의 동상은 ice lens 때문이며, 이 두께만큼 부풀어 오른다.

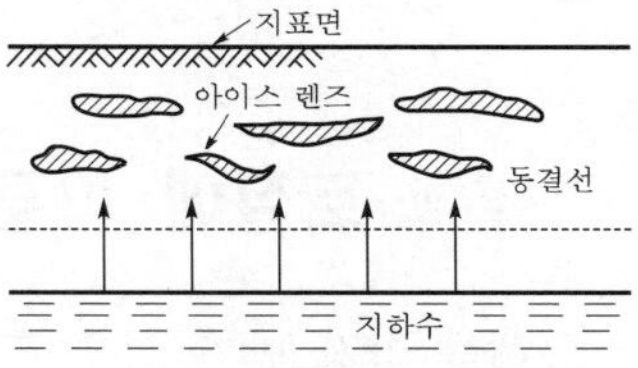

【ice lens의 형성】

▣ **흙이 팽창하는 이유**
물이 얼어서 얼음이 되면 체적이 약 9% 팽창하고 ice lens의 공극은 더욱 작은 모세관의 역할을 하므로 모관압이 증가하여 동결경계면 아래의 지하수가 추가로 상승함에 따라 흙의 함수비가 증가하기 때문이다.

▣ ① 0℃ 이하의 기온이 계속되면 지표면의 위쪽부터 흙이 동결하기 시작한다.
② 동결선은 −1℃ 부근의 곳에 있고 0℃의 등온선을 동결선보다도 2~3cm 아래에 있지만 편의상 동결선은 0℃의 등온선상에 있다고 본다.

알•아•두•기•

⑤ 동상 방지대책

① 배수구를 설치하여 지하수위를 낮춘다.
② 모관수의 상승을 방지하기 위해 지하수위보다 높은 곳에 조립의 차단층(모래, 콘크리트, 아스팔트)을 설치한다.
③ 동결심도보다 위에 있는 흙을 동결하기 어려운 재료(자갈, 쇄석, 석탄재)로 치환한다.
④ 지표면 근처에 단열재료(석탄재, 코크스)를 넣는다.
⑤ 지표의 흙을 화학약품처리($CaCl_2$, $NaCl$, $MgCl_2$)하여 동결온도를 낮춘다.

적설은 천연적인 단열재로서 적설하에서는 동결심도가 얕아진다.

⑥ 토질에 따른 동해

동해를 가장 받기 쉬운 흙은 비교적 모관상승고가 크고 투수성도 큰 실트질토이다. 실트질토에서는 흡착수막 내의 물분자의 이동이 비교적 쉽고 모관상승고도 비교적 커서 투수도가 높기 때문에 주위로부터 수분공급도 쉬워 두꺼운 빙층이 발달하는 한편, 점토질토에서는 공극이 작고 투수도도 작기 때문에 주위로부터의 수분공급이 쉽지 않으므로 실트질토와 같이 렌즈모양으로 발달한 빙층의 발생이 없다. 그러나 얇은 빙층은 무수히 발생되어 많은 빙층이 생기지만 하나하나의 빙층이 얇기 때문에 점토지반의 동상량은 실트지반보다 작다.

02 연화현상(frost boil)

① 정의

동결된 지반이 융해할 때 흙 속에 과잉의 수분이 존재하여 지반이 연약화되어 강도가 떨어지는 현상을 말한다.

연화현상을 일으키는 흙은 실트질 흙에서 가장 뚜렷하게 나타나며, 연화한 상태의 함수비는 일반적으로 액성한계보다 높다.

② 연화현상의 원인

① 융해수가 배수되지 않고 머물러 있는 것

알•아•두•기•

② 침표수의 유입
③ 지하수의 상승

③ 연화현상 방지대책

① 동결 부분의 함수량 증가를 방지한다.
② 융해수의 배제를 위한 배수층을 동결깊이 아랫부분에 설치한다.

➡ 연화현상이 발생하면 지반이 침하되어 도로, 철도, 활주로, 건물 등의 안정에 피해를 주게 된다.

예상 및 기출문제

1. 흙 속의 물이 얼어서 빙층(ice lens)이 형성되기 때문에 지표면이 떠오르는 현상은? [산업 16, 20]

① 연화현상 ② 다일러턴시(dilatancy)
③ 동상현상 ④ 분사현상

해설 흙 속의 공극수가 동결하여 흙 속에 얼음층(ice lens)이 형성되기 때문에 체적이 팽창하여 지표면이 부풀어 오르는 현상을 동상현상(frost heaving)이라 한다.

2. 흙이 동상(凍上)을 일으키기 위한 조건으로 가장 거리가 먼 것은? [기사 06, 19]

① 아이스렌스를 형성하기 위한 충분한 물의 공급
② 양(+)이온을 다량 함유할 것
③ 0℃ 이하의 온도가 오랫동안 지속될 것
④ 동상이 일어나기 쉬운 토질일 것

해설 동상이 일어나는 조건
㉮ ice lens를 형성할 수 있도록 물의 공급이 충분해야 한다.
㉯ 0℃ 이하의 동결온도가 오랫동안 지속되어야 한다.
㉰ 동상을 받기 쉬운 흙(실트질토)이 존재해야 한다.

3. 흙의 동상에 영향을 미치는 요소가 아닌 것은? [기사 07, 12, 20]

① 모관상승고 ② 흙의 투수계수
③ 흙의 전단강도 ④ 동결온도의 계속시간

해설 동상량을 지배하는 인자
㉮ 모관상승고의 크기
㉯ 흙의 투수성
㉰ 동결온도의 지속기간

4. 평균기온에 따른 동결지수가 520℃ · days였다. 이 지방의 정수 C=4일 때 동결깊이는? (단, 데레다공식을 이용) [산업 07, 10, 11, 16, 20]

① 130cm ② 91.2cm
③ 45.6cm ④ 22.8cm

해설 $Z = C\sqrt{F} = 4\sqrt{520} = 91.21\text{cm}$

5. 월평균기온이 다음 표와 같을 때 동결깊이는? (단, 햇빛, 토질 및 배수조건을 고려한 값 C는 4, 동결깊이는 데라다(寺田)공식을 사용한다.) [산업 06]

월	12	1	2	3
일수	31	31	28	31
평균기온(℃)	−2	−8	−6	−1

① 100.2 cm ② 90.2 cm
③ 80.2 cm ④ 70.2 cm

해설 $Z = C\sqrt{F}$
$= 4\sqrt{2\times31+8\times31+6\times28+1\times31} = 90.24\text{cm}$

6. 흙의 동해(凍害)에 관한 다음 설명 중 옳지 않은 것은? [산업 10, 14]

① 동상현상은 빙층(ice lens)의 생장이 주된 원인이다.
② 사질토는 모관상승높이가 낮아서 동상이 잘 일어나지 않는다.
③ 실트는 모관상승높이가 낮아서 동상이 잘 일어나지 않는다.
④ 점토는 모관상승높이는 높지만 동상이 잘 일어나는 편은 아니다.

해설 동해를 가장 받기 쉬운 흙은 실트질토이다.

7. 다음 중 동해가 가장 심하게 발생하는 토질은? [산업 09, 14, 16, 17, 19]

① 점토 ② 실트
③ 콜로이드 ④ 모래

해설 동해가 가장 심하게 발생하는 흙은 실트질토이다.

8. 흙의 동상에 대한 방지대책이 아닌 것은? [산업 07, 12, 19]

① 배수구를 설치하여 지하수위를 낮추는 방법
② 지표의 흙을 화학약액으로 처리하는 방법
③ 동결심도 아래에 있는 흙을 사질토로 치환하는 방법
④ 흙 속에 단열재를 매설하는 방법

정답 1. ③ 2. ② 3. ③ 4. ② 5. ② 6. ③ 7. ② 8. ③

해설 ㉮ 배수구를 설치하여 지하수위를 낮춘다.
㉯ 모관수의 상승을 방지하기 위해 지하수위보다 높은 곳에 조립의 차단층(모래, 콘크리트, 아스팔트)을 설치한다.
㉰ 동결심도보다 위에 있는 흙을 동결하기 어려운 재료(자갈, 쇄석, 석탄재)로 치환한다.
㉱ 지표면 근처에 단열재료(석탄재, 코크스)를 넣는다.
㉲ 지표의 흙을 화학약품처리($CaCl_2$, NaCl, $MgCl_2$)하여 동결온도를 낮춘다.

9. 동상 방지대책에 대한 설명 중 옳지 않은 것은? [기사 06, 10, 20]

① 배수구 등을 설치해서 지하수위를 저하시킨다.
② 모관수의 상승을 차단하기 위해 조립의 차단층을 지하수위보다 높은 위치에 설치한다.
③ 동결깊이보다 깊은 흙을 동결하지 않는 흙으로 치환한다.
④ 지표의 흙을 화학약품으로 처리하여 동결온도를 내린다.

해설 동결심도 상부의 흙을 동결하기 어려운 재료(자갈, 쇄석, 석탄재)로 치환한다.

10. 동상을 방지하기 위한 대책으로 잘못 설명된 것은? [산업 05]

① 배수구를 설치하여 지하수위를 저하시킨다.
② 지표의 흙을 화학약액으로 처리한다.
③ 흙 속에 단열재를 설치한다.
④ 모관수를 차단하기 위해 세립토층을 지하수면 위에 설치한다.

해설 모관수를 차단하기 위해 지하수위보다 높은 곳에 조립의 차단층(모래, 콘크리트, 아스팔트)을 설치한다.

11. 흙의 동상현상에 대하여 옳지 않은 것은? [기사 07, 08]

① 점토는 동결이 장기간 계속될 때에만 동상을 일으키는 경향이 있다.
② 동상현상은 흙이 조립일수록 잘 일어나지 않는다.
③ 하층으로부터 물의 공급이 충분할 때 잘 일어나지 않는다.
④ 깨끗한 모래는 모관상승높이가 작으므로 동상을 일으키지 않는다.

해설 동상현상은 하층으로부터 물의 공급이 충분할 때 잘 일어난다.

12. 다음 중 동상의 방지대책으로 옳지 않은 것은? [산업 09, 11]

① 모관수의 상승을 차단한다.
② 도로포장의 경우 보조기층 아래 동결작용에 민감하지 않은 모래 또는 자갈층을 둔다.
③ 동결심도대상깊이의 재료를 모관상승고가 큰 재료로 치환한다.
④ 구조물 기초는 동결피해가 없도록 동결깊이 아래에 설치한다.

해설 동결심도대상깊이의 재료를 모관상승고가 작은 재료로 치환한다.

13. 다음 설명 중에서 동상(凍上)에 대한 대책방법이 될 수 없는 것은? [산업 08, 16]

① 지하수위와 동결심도 사이에 모래, 자갈층을 형성하여 모세관현상으로 인한 물의 상승을 막는다.
② 동결심도 내의 silt질 흙을 모래나 자갈로 치환한다.
③ 동결심도 내의 흙에 염화칼슘이나 염화나트륨 등을 섞어 빙점을 낮춘다.
④ 아이스렌즈(ice lense) 형성이 될 수 있도록 충분한 물을 공급한다.

해설 아이스렌즈 형성이 될 수 있도록 충분한 물이 공급되면 동상현상이 잘 일어난다.

14. 흙이 동상작용을 받았다면 이 흙은 동상작용을 받기 전에 비해 함수비는? [산업 15]

① 증가한다.
② 감소한다.
③ 동일하다.
④ 증가할 때도 있고 감소할 때도 있다.

해설 동상작용을 받게 되면 흙의 함수비는 증가한다.

15. 동결된 지반이 해빙기에 융해되면서 얼음렌즈가 녹은 물이 빨리 배수되지 않으면 흙의 함수비는 원래보다 훨씬 큰 값이 되어 지반의 강도가 감소하게 되는데, 이러한 현상을 무엇이라 하는가? [기사 13]

① 동상현상 ② 연화현상
③ 분사현상 ④ 모세관현상

정답 9. ③ 10. ④ 11. ③ 12. ③ 13. ④ 14. ① 15. ②

MEMO

chapter 8

흙의 압축성

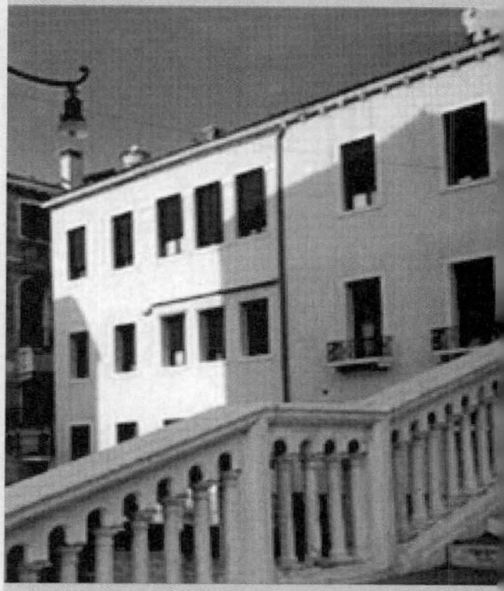

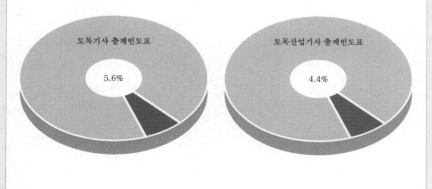

8 흙의 압축성

01 압밀(consolidation)

① 정의

흙이 상재하중으로 인하여 오랜 시간 동안 간극수가 배출되면서 서서히 압축되는 현상으로 투수성이 낮은 점토지반에서 일어난다.

② 압밀의 원리

(1) 부분 또는 완전히 포화된 흙에 하중을 가하면 그 하중에 의해 공극수압이 발생하는 것을 **과잉공극수압**이라 한다. 이 수압으로 인하여 임의의 두 점 사이에 수두차가 생겨서 공극수의 흐름이 발생하게 된다. 공극수의 흐름속도는 투수계수에 의존하므로 투수계수가 작은 점토인 경우 물이 흐르는 속도는 대단히 느리다. 이와같이 오랜 시간에 걸쳐 흙 속의 공극을 통하여 물이 흘러나가면서 흙이 천천히 압축되는 현상을 압밀이라 한다.

$u_e = \gamma_w h$ ·· (8·1)

여기서, u_e : 과잉공극수압(t/m^2)

h : 피조미터에 나타난 수주의 높이

(2) **압밀의 과정**(S_r=100%)

① **압밀 순간**($t=0$) : 상단의 구멍을 막으면 스프링은 압축되지 않으므로 모든 하중은 물이 받는다. 이때 초기 과잉공극수압은 $u_e = P = \gamma_w h$ 이다.

② **압밀진행 중**($0 < t < \infty$) : 상단의 구멍을 개방하면 상단에서는 물이 일부분 빠져나갔기 때문에 스프링은 압축을 받는다.

알·아·두·기·

- 흙의 압축은 과잉공극수압이 완전히 소실될 때까지 계속된다.
- 흙의 압축성이 클수록 완전히 압밀할 때까지의 시간이 많이 소요되며, 흙의 투수계수가 클 수록 압밀속도는 빠르다.

압밀속도의 지배요인

① 토층두께방향에 대한 유효응력의 분포
② 배수길이
③ 배수의 경계조건
④ 흙의 압축계수
⑤ 흙의 투수계수

③ **압밀 후**($t=\infty$) : 오랜 시간 경과 후에는 모든 곳에서 과잉공극수압이 0이 된다. 이때 외부에서 가해진 하중은 모두 스프링이 부담하며, 스프링은 최대로 압축된다.

【표 8-1】 하중분담

경과시간	과잉공극수압	유효응력	피스톤에 가해진 힘
$t=0$	u_e(최대)	0	$\sigma=u_e$
$0<t<\infty$	u_e	$\overline{\sigma}$	$\sigma=\overline{\sigma}+u_e$
$t=\infty$	0	$\overline{\sigma}$(최대)	$\sigma=\overline{\sigma}$

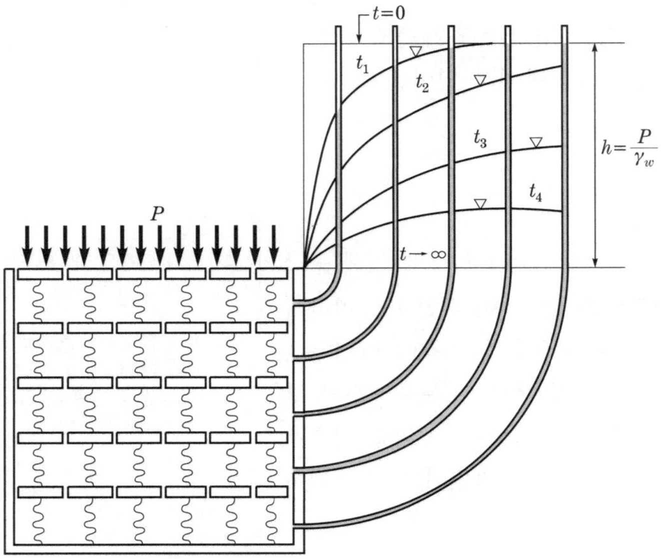

【그림 8-1】 Terzaghi의 모델

③ Terzaghi의 1차원 압밀가정

① 흙은 균질하고 완전히 포화되어 있다.
② 토립자와 물은 비압축성이다.
③ 압축과 투수는 1차원적(수직적)이다.
④ Darcy의 법칙이 성립한다.
⑤ 투수계수는 일정하다.

Terzaghi의 1차원 압밀론

① Terzaghi의 1차원 압밀론은 점토층의 두께에 비해 재하면적이 매우 넓고 큰 경우와 같이 흙의 압축과 물의 흐름이 1차원적(연직방향)으로만 발생하는 경우에 적용된다.
② Terzaghi의 압밀이론을 구조물의 침하해석에 적용할 때 구조물의 폭이 점토층의 두께에 비해 상당히 크지 않으면 침하가 2차원, 3차원으로 발생하여 Terzaghi의 이론은 실제의 결과와 잘 일치하지 않는다.

02 침하의 종류

① 즉시침하(탄성침하 : immediate settlement)

하중재하 후 즉시 발생하는 침하로서 탄성변형에 의해 일어난다.

사질토 지반에서는 투수계수가 크기 때문에 하중재하와 동시에 물이 배수되기 때문에 즉시침하가 전체 침하량과 같다고 본다. 그러나 점토 지반에서는 투수계수가 작기 때문에 배수가 일어나지 않는 상태에서의 침하를 말한다. 다시 말하면 하중이 가해지는 방향으로 압축된 양만큼 반대방향으로 흙이 팽창되어 결과적으로 전체 부피에 변화가 발생하지 않는 침하를 말한다.

> 하중에 의한 지반의 변형을 침하라 한다.

> ① 사질토는 투수성이 대단히 크기 때문에 간극수압의 증가에 따른 배수가 즉시 발생하여 흙의 체적 감소를 가져 오며, 그 결과 즉시침하 및 압밀침하가 동시에 일어나기 때문에 즉시침하가 전체 침하량과 같다고 본다.
> ② 점토는 투수계수가 작기 때문에 하중에 의하여 발생한 과잉공극수압이 오랜 시간에 걸쳐 점차적으로 줄기 때문에 즉시침하 후 압밀침하가 장기간 지속된다.

② 압밀침하(consolidation settlement)

(1) 1차 압밀침하

과잉공극수압이 소산되면서 빠져나간 물만큼 흙이 압축되어 발생하는 침하이다.

(2) 2차 압밀침하

과잉공극수압이 모두 소산된 후에 발생하는 침하이다.

① 원인 : creep변형

② 점토층의 두께가 클수록, 연약한 점토일수록, 소성이 클수록, 유기질이 많이 함유된 흙일수록 2차 압밀침하는 크다.

03 압밀시험

① 시험법 [KS F 2316]

현장에서 채취한 흐트러지지 않은 시료를 압밀링크기인 지름 60mm, 높이 20mm와 같게 제작하여 넣고 하중을 0.05, 0.1, 0.2, …, 12.8kg/cm^{2}로 하고 각 단계마다 6″, 9″, 15″, 30″, …, 24시간씩 침하량을 측정한다.

그 후 최종단계의 압밀이 끝나면 재하를 푼 후 시료의 무게와 함수비를 측정하고, 시험결과를 간극비－하중곡선, 압축량－시간곡선을 그리고 정리한다.

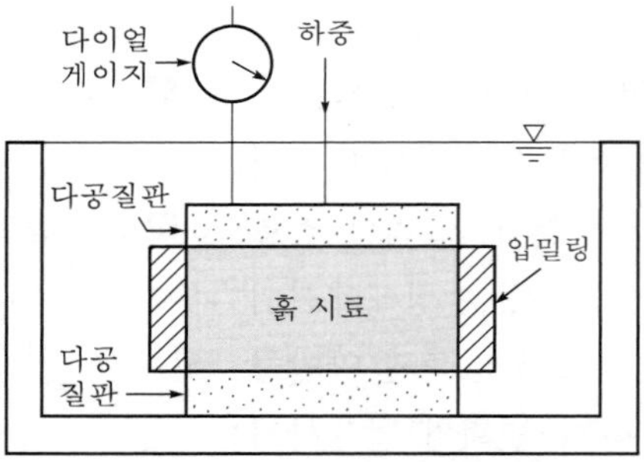

【그림 8-2】 압밀시험장치

② 압밀시험결과의 정리

(1) $e-\log P$곡선

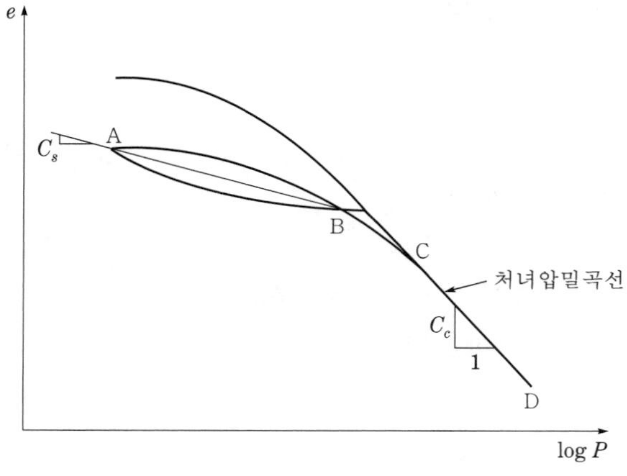

【그림 8-3】 $e-\log P$곡선

알•아•두•기•

압밀시험으로 C_c, P_c, m_v, C_v 등의 압밀정수를 구하여 침하량과 침하속도를 해석하는 데 사용한다.

① C, D를 연결하는 직선을 처녀압밀곡선이라 하며, 이 직선의 기울기가 C_c이다.
② A, B를 연결하는 직선의 기울기가 C_s이다.

알•아•두•기•

1) 압축지수(compression index ; C_c)

$e-\log P$ 곡선에서 직선 부분의 기울기로서 무차원이다.

① $$C_c=\frac{e_1-e_2}{\log P_2-\log P_1} \quad \cdots\cdots (8\cdot2)$$

② C_c 값의 추정(Terzaghi와 Peck의 제안식, 1967)

㉮ 교란된 시료

$$C_c=0.007(W_L-10) \quad \cdots\cdots (8\cdot3)$$

㉯ 불교란시료

$$C_c=0.009(W_L-10) \quad \cdots\cdots (8\cdot4)$$

③ 특징

㉮ C_c의 범위는 일반적으로 0.2~0.9이며 점토의 함유량이 많을수록 크다. 예민비가 큰 점토나 유기질 점토는 1.0보다 훨씬 큰 값을 갖는다.

㉯ 시료의 채취, 실험실까지 운반 및 성형과정에서 시료가 교란되는데, 교란의 정도가 클수록 처녀압밀곡선의 기울기가 감소한다.

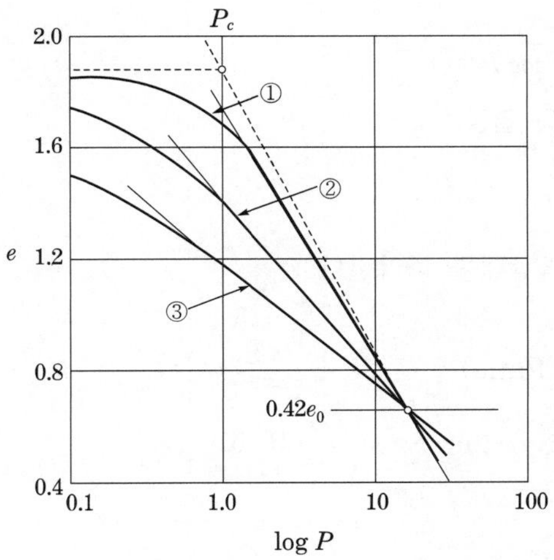

【그림 8-4】 교란의 정도에 따른 압축곡선의 변화

2) 팽창지수(swelling index ; C_s)

점 A, B를 연결하는 직선의 기울기를 말한다.

$$C_s=\left(\frac{1}{5}\sim\frac{1}{10}\right)C_c \quad \cdots\cdots (8\cdot5)$$

▣ C_c는 압밀침하량을 산정하는 데 중요한 값이다.

▣ **시료교란의 영향**

교란의 정도에 따라 P_c 및 C_c가 크게 변화한다.
①은 교란되지 않은 시료
②는 중간 정도로 교란된 시료
③은 완전히 반죽된 시료

▣ **$e-\log P$ 곡선에 영향을 미치는 요인**

① 시료의 교란
② 하중 증가율
③ 재하시간의 변화
④ 링의 측면마찰

알•아•두•기•

3) 선행압밀하중(pre-consolidation pressure ; P_c)

어떤 점토가 과거에 받았던 최대 하중을 **선행압밀하중**이라 한다.

① P_c 결정법

㉮ $e-\log P$곡선에서 곡률이 가장 큰 점을 선택한 후 그 점을 통하여 수평선과 접선을 그린다.

㉯ 수평선과 접선의 2등분선을 그린다.

㉰ 2등분한 선과 $e-\log P$곡선의 직선 부분과 만나는 점의 하중이 선행압밀하중이다.

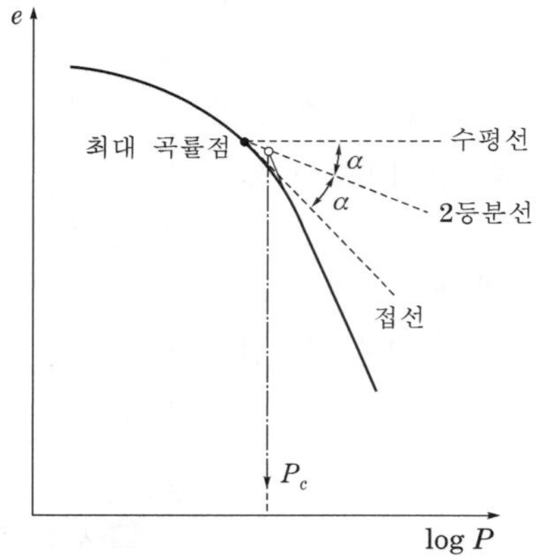

【그림 8-5】 선행압밀하중의 결정

② 결과의 이용

㉮ 과압밀비(OCR)를 구하여 흙의 이력상태를 파악한다.

㉯ 과압밀토의 침하량을 구한다.

③ 과압밀비(OCR : Over Consolidation Ratio)

$$\mathrm{OCR} = \frac{P_c}{P_o} \quad \cdots\cdots (8\cdot6)$$

여기서, P_c : 선행압밀하중
P_o : 유효상재하중(유효연직응력)

㉮ OCR <1 : 압밀이 진행 중인 점토(그림에서 A점)

㉯ OCR = 1 : 정규압밀점토(그림에서 B점)

㉰ OCR >1 : 과압밀점토(그림에서 C점)

① OCR<1 일 때에는 하중을 가하지 않아도 압밀이 진행된다.
② OCR>1 일 때에는 과거에 지금보다 더 큰 하중을 받았던 상태로서 공학적으로 제일 안정된 지반이다.

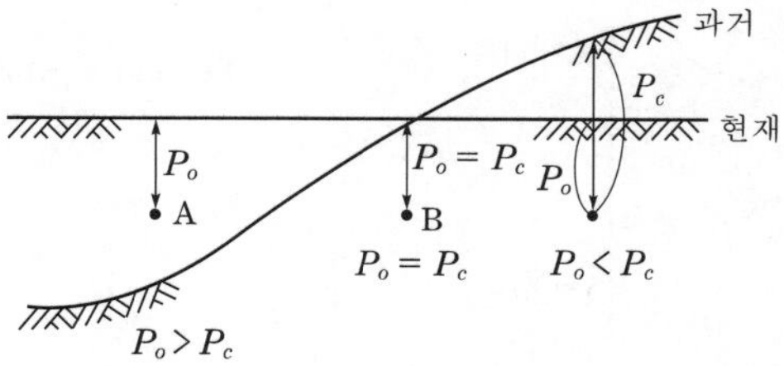

【그림 8-6】

(2) 압축계수(coefficient of compressibility ; a_v)

① 하중 증가에 대한 간극비의 감소비율을 나타내는 계수로서 $e-P$곡선의 기울기이다.

② $a_v = \dfrac{e_1 - e_2}{P_2 - P_1}$ [cm²/kg] ······························ (8·7)

(3) 체적변화계수(coefficient of volume change ; m_v)

① 하중 증가에 대한 시료체적의 감소비율을 나타내는 계수이다.

② $m_v = \dfrac{a_v}{1+e}$ [cm²/kg] ······························ (8·8)

(4) 압밀계수(coefficient of consolidation ; C_v)

C_v 는 압밀진행의 속도를 나타내는 계수로서 시간－침하곡선에서 구한다.

1) $\sqrt{t}$ 법(Taylor, 1942)

① 압밀계수(C_v)

$C_v = \dfrac{T_v H^2}{t_{90}}$ 에서 $T_v = 0.848$ 이므로

$$C_v = \frac{0.848 H^2}{t_{90}} \quad \cdots\cdots (8\cdot 9)$$

여기서, T_v : 시간계수(time factor)

H : 배수거리(양면배수 시 : $\dfrac{\text{점토층두께}}{2}$, 일면배수 시 : 점토층두께)

t_{90} : 압밀 90%될 때까지 걸리는 시간(압밀침하속도)

알•아•두•기•

과압밀 발생원인

① 전응력의 변화
- ㉠ 토피하중의 제거
- ㉡ 구조물의 제거
- ㉢ 빙하의 후퇴

② 간극수압의 변화
- ㉠ 지하수위의 변화(하강 → 상승)
- ㉡ 심정에 의한 양수 후 수위회복
- ㉢ 피압(없다가 발생함)
- ㉣ 증발산

압밀계수는 지반의 압밀침하속도를 구하는 데 이용된다.

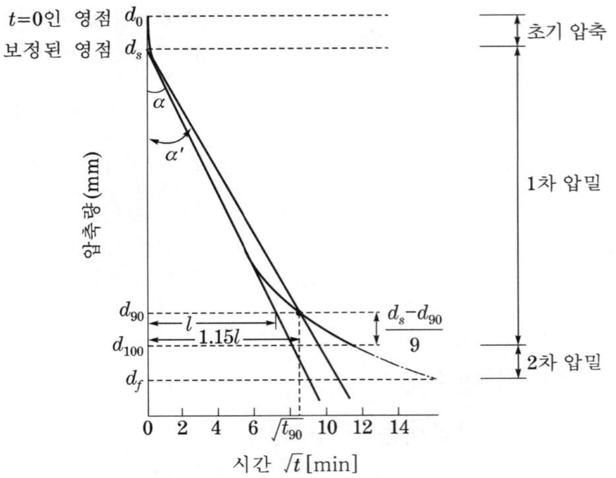

【그림 8-7】 $\sqrt{t}$ 법에서 t_{90}을 구하는 법

② **1차 압밀비**(primary consolidation ratio ; γ_p) : 1차 압밀량과 전 압밀량과의 비를 1차 압밀비라 한다.

$$\gamma_p = \frac{\frac{10}{9}(d_s - d_{90})}{d_o - d_f} \quad \cdots\cdots (8\cdot10)$$

여기서, d_o : 시점의 다이얼게이지 읽음
d_s : 보정한 시점의 다이얼게이지 읽음
d_f : 최종의 다이얼게이지 읽음
d_{90} : 90% 압밀일 때의 다이얼게이지 읽음

2) log$t$법(Casagrande & Fadum, 1940)

① **압밀계수**(C_v)

$C_v = \frac{T_v H^2}{t_{50}}$ 에서 $T_v = 0.197$이므로

$$C_v = \frac{0.197H^2}{t_{50}} \quad \cdots\cdots (8\cdot11)$$

여기서, H : 배수거리(양면배수 시 : $\frac{\text{점토층두께}}{2}$, 일면배수 시 : 점토층두께)
t_{50} : 압밀 50%될 때까지 걸리는 시간

알•아•두•기•

$\tan\alpha' = 1.15\tan\alpha$

다층토의 압밀해석

① 보정압밀계수

$$\overline{C_v} = \frac{\sum_{i=1}^{n} C_{vi}}{n}$$

② 보정배수거리

$$H = H_1\sqrt{\frac{\overline{C_v}}{C_{v1}}} + H_2\sqrt{\frac{\overline{C_v}}{C_{v2}}} + \cdots + H_n\sqrt{\frac{\overline{C_v}}{C_{vn}}}$$

③ 압밀소요시간

$$t = \frac{T_v H^2}{\overline{C_v}}$$

압밀계수의 평가

$\sqrt{t}$ 법이 실제와 부합하다는 사례도 있고 $\log t$ 법이 실제와 더 부합하다는 주장이 있어 우열의 판단이 곤란하다.

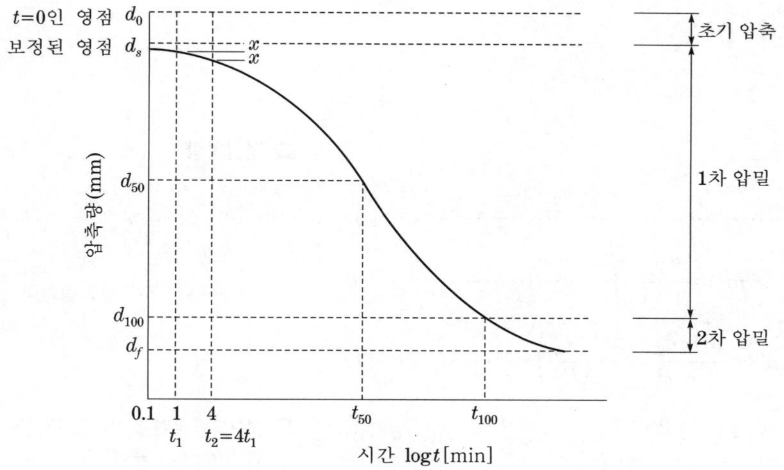

【그림 8-8】 $\log t$ 법에서의 t_{100}을 구하는 법

② 1차 압밀비(primary consolidation ratio ; γ_p)

$$\gamma_p = \frac{d_s - d_{100}}{d_o - d_f} \quad \cdots\cdots (8\cdot 12)$$

여기서, d_{100} : 100% 압밀일 때의 다이얼게이지 읽음

▶ 1차 압밀량과 전압밀량과의 비가 1차 압밀비이다.

(5) 흙입자의 높이

$$2H_s = \frac{W_s}{G_s A \gamma_w} \quad \cdots\cdots (8\cdot 13)$$

여기서, W_s : 시료의 건조중량

G_s : 흙입자의 비중

A : 시료의 단면적

γ_w : 물의 단위중량

(6) 초기 간극비

$$e_o = \frac{V_v}{V_s} = \frac{H_v A}{H_s A} = \frac{H_v}{H_s} \quad \cdots\cdots (8\cdot 14)$$

여기서, $2H_v$: 초기의 공극높이

$2H$: 초기 시료의 높이($=2H_s + 2H_v$)

알•아•두•기•

③ 압밀시험결과의 이용

(1) 압밀침하량

1) 정규압밀점토

$$\Delta H = m_v \Delta P H \quad \cdots\cdots (8\cdot 15)$$

$$= \frac{a_v}{1+e_1}\Delta P H \quad \left(\because\ m_v = \frac{a_v}{1+e_1}\right) \quad \cdots\cdots (8\cdot 16)$$

$$= \frac{e_1 - e_2}{1+e_1} H \quad \left(\because\ a_v = \frac{e_1 - e_2}{P_2 - P_1} = \frac{e_1 - e_2}{\Delta P}\right) \quad \cdots\cdots (8\cdot 17)$$

$$= \frac{C_c}{1+e_1}\log\frac{P_2}{P_1} H \quad \left(\because\ C_c = \frac{e_1 - e_2}{\log\dfrac{P_2}{P_1}}\right) \quad \cdots\cdots (8\cdot 18)$$

여기서, P_1 : 초기 유효연직응력

$P_2 = P_1 + \Delta P$

e_1 : 초기 공극비

H : 점토층의 두께

C_c : 압축지수

2) 과압밀점토

① $P_1 < P_c < P_1 + \Delta P$

$$\Delta H = \frac{C_s}{1+e_1}\log\frac{P_c}{P_1}H + \frac{C_c}{1+e_1}\log\frac{P_1+\Delta P}{P_c}H \quad \cdots\cdots (8\cdot 19)$$

② $P_1 + \Delta P < P_c$

$$\Delta H = \frac{C_s}{1+e_1}\log\frac{P_1+\Delta P}{P_1}H \quad \cdots\cdots (8\cdot 20)$$

(2) 소정의 압밀도에 소요되는 압밀소요시간

$$t = \frac{T_v H^2}{C_v} \quad \cdots\cdots (8\cdot 21)$$

(3) 임의시간 t 에서의 압밀침하량

$$\Delta H_t = U \Delta H \quad \cdots\cdots (8\cdot 22)$$

여기서, ΔH_t : 압밀 개시 후 t시간이 경과한 후의 압밀침하량

U : 압밀도

ΔH : 최종 압밀침하량

전침하량

$S = S_i + S_c + S_s$

여기서, S : 전 침하량

S_i : 즉시침하량

S_c : 압밀침하량

S_s : 2차 압밀침하량

평균유효응력 증가량을 구하는 방법(Simpson공식)

$\Delta P = \frac{1}{6}(\Delta\sigma_t + 4\Delta\sigma_m + \Delta\sigma_b)$

여기서, $\Delta\sigma_t$: 점토층 상층부의 응력 증가량

$\Delta\sigma_m$: 점토층 중앙부의 응력 증가량

$\Delta\sigma_b$: 점토층 하단부의 응력 증가량

(4) 투수계수의 산출

$$K = C_v\, m_v\, \gamma_w \quad \cdots\cdots (8\cdot23)$$

(5) OCR을 구하여 흙의 이력상태를 파악한다.

04 압밀도

① 압밀도(degree of consolidation ; U)

임의시간 t가 경과한 후의 어떤 지층 내에서의 압밀의 정도를 압밀도라 한다.

$$U_Z = \frac{u_i - u}{u_i} \times 100 \quad \cdots\cdots (8\cdot24)$$

$$= \frac{P - u}{P} \times 100 \quad \cdots\cdots (8\cdot25)$$

여기서, U_Z : 점토층의 깊이 Z에서의 압밀도
u_i : 초기 과잉간극수압(kg/cm^2)
u : 임의점의 과잉간극수압(kg/cm^2)
P : 점토층에 가해진 압력(kg/cm^2)

② 평균압밀도(average degree of consolidation ; $\overline{U}$)

점토층 전체의 압밀도를 평균압밀도라 한다.

(1) 평균압밀도($\overline{U}$)와 시간계수(T_v)와의 관계(Terzaghi의 근사식)

① $0 < \overline{U} < 53\% : T_v = \frac{\pi}{4}\left(\frac{\overline{U}[\%]}{100}\right)^2 \quad \cdots\cdots (8\cdot26)$

② $54\% < \overline{U} < 100\% : T_v = 1.781 - 0.933\log(100 - \overline{U}[\%])$

$\cdots\cdots (8\cdot27)$

➡ 압밀도 U_Z는 지층의 깊이에 따라 다르다. 그러나 우리가 실제로 취하는 압밀도는 U_Z를 합하여 평균을 취한 점토층 전체의 압밀도 $\overline{U}$이다.

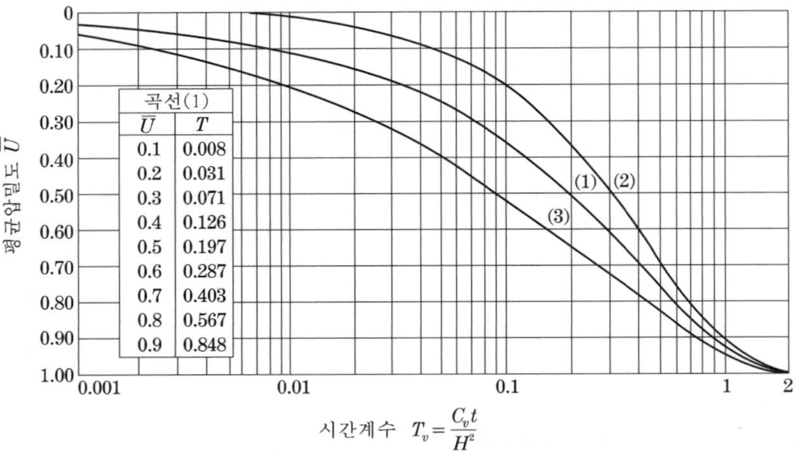

곡선(1)	
$\overline{U}$	T
0.1	0.008
0.2	0.031
0.3	0.071
0.4	0.126
0.5	0.197
0.6	0.287
0.7	0.403
0.8	0.567
0.9	0.848

【그림 8-9】 평균압밀도 - 시간계수곡선

(2) $\overline{U}=\frac{S_{ct}}{S_c}$ ··· (8·28)

여기서, S_c : 전압밀침하량

S_{ct} : t시간에서의 침하량

(3) $\overline{U}=\frac{\text{면적}(B)}{\text{면적}(A+B)}$ ··· (8·29)

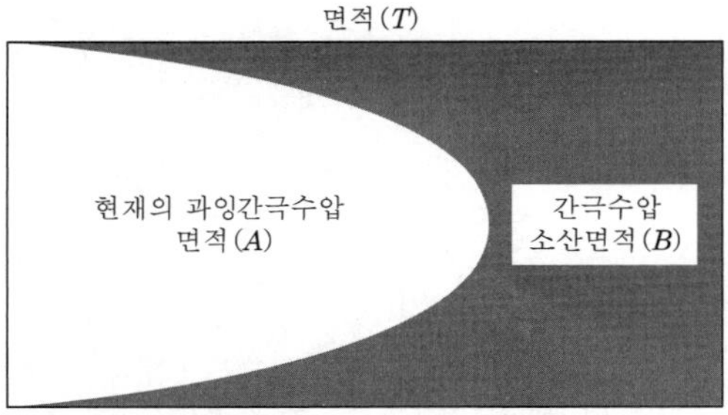

【그림 8-10】 면적에 의한 평균압밀도

알•아•두•기•

각 곡선별 적용 예

① 곡선(1)
 ㉠ 일면 또는 양면배수조건일 경우(일면배수 시에는 점토층의 두께가 작을 경우)
 ㉡ 준설성토 시 압밀 하부면에 배수층이 있는 경우
② 곡선(2) : 준설성토 시 압밀 하부면이 불투수층인 경우
③ 곡선(3) : 점토층이 대단히 두껍고 압밀 하부면이 불투수층인 경우

예상 및 기출문제

압밀(consolidation)

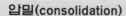

1. **Terzaghi는 포화점토에 대한 1차 압밀이론에서 수학적 해를 구하기 위하여 다음과 같은 가정을 하였다. 이 중 옳지 않은 것은?** [기사 06, 10, 19, 20]

① 흙은 균질하다.
② 흙은 완전히 포화되어 있다.
③ 흙입자와 물의 압축성을 고려하다.
④ 흙 속에서의 물의 이동은 Darcy법칙을 따른다.

해설 Terzaghi의 1차원 압밀가정
㉮ 흙은 균질하고 완전히 포화되어 있다.
㉯ 토립자와 물은 비압축성이다.
㉰ 압축과 투수는 1차원적(수직적)이다.
㉱ Darcy의 법칙이 성립한다.

2. **테르자기(Terzaghi)압밀이론에서 설정한 가정으로 틀린 것은?** [산업 16]

① 흙은 균질하고 완전히 포화되어 있다.
② 흙입자와 물의 압축성은 무시한다.
③ 흙 속의 물의 이동은 Darcy의 법칙을 따르며 투수계수는 일정하다.
④ 흙의 간극비는 유효응력에 비례한다.

해설 흙의 간극비는 유효응력에 반비례한다.

3. **Terzaghi의 압밀이론에 대한 기본가정으로 옳은 것은?** [산업 09]

① 흙은 모두 불균질이다.
② 흙 속의 간극은 공기로만 가득 차 있다.
③ 토립자와 물의 압축량은 같은 양으로 고려한다.
④ 압력－간극비의 관계는 이상적으로 직선화된다.

4. **Terzaghi의 1차원 압밀론이 적용되는 것은?** [기사 00]

① 연약점토지반에 sand drain을 시공한 예
② 도로, 철도, 제방의 경우
③ 연약점토층에 고층건물을 구축한 경우
④ 대단위 해안매립지

해설 ㉮ Terzaghi의 1차원 압밀론은 점토층의 두께에 비해 재하면적이 매우 넓고 큰 경우와 같이 흙의 압축과 물의 흐름이 1차원적(연직방향)으로만 발생하는 경우에 적용된다.
㉯ Terzaghi의 압밀이론을 구조물의 침하해석에 적용할 때 구조물의 폭이 점토층의 두께에 비해 상당히 크지 않으면 침하가 2차원, 3차원으로 발생하여 Terzaghi의 이론은 실제의 결과와 잘 일치하지 않는다.

5. **Terzaghi의 1차 압밀에 대한 설명으로 틀린 것은?** [기사 14]

① 압밀방정식은 점토 내에 발생하는 과잉간극수압의 변화를 시간과 배수거리에 따라 나타낸 것이다.
② 압밀방정식을 풀면 압밀도를 시간계수의 함수로 나타낼 수 있다.
③ 평균압밀도는 시간에 따른 압밀침하량을 최종 압밀침하량으로 나누면 구할 수 있다.
④ 하중이 증가하면 압밀침하량이 증가하고 압밀도도 증가한다.

해설 ㉮ Terzaghi의 1차원 압밀방정식의 해

$$U=\sum_{m=0}^{\infty}\frac{2U_i}{M}\sin\frac{MZ}{H}e^{-M^2T_v}$$

여기서, $M=\dfrac{(2m+1)\pi}{2}$

m : 정수
T_v : 시간계수
H : 배수거리
Z : 점토층 상면으로부터의 연직거리

㉯ 하중이 증가하면 압밀침하량은 증가하고 압밀도는 관계가 없다.

6. **Terzaghi의 압밀이론에서 2차 압밀이란?** [기사 07, 11]

① 과대하중에 의해 생기는 압밀
② 과잉간극수압이 "0"이 되기 전의 압밀
③ 횡방향의 변형으로 인한 압밀
④ 과잉간극수압이 "0"이 된 후에도 계속되는 압밀

정답 1. ③ 2. ④ 3. ④ 4. ④ 5. ④ 6. ④

해설 과잉공극수압이 모두 소산된 후에도 계속되는 압밀을 2차 압밀이라 한다.

7. 2차 압밀에 관한 설명이다. 틀린 것은? [산업 07]

① 과잉간극수압이 완전히 소멸된 후에 일어난다.
② 유기질이고 소성이 풍부한 흙일수록 많이 일어난다.
③ 2차 압밀의 크기는 지층이 얇을수록 크다.
④ 일반토인 경우 그 양은 적다.

해설 점토층이 두꺼울수록, 유기질이 많이 함유된 흙일수록 2차 압밀은 많이 일어난다.

8. 다음의 흙 중에서 2차 압밀량이 가장 큰 흙은? [산업 15]

① 모래 ② 점토
③ silt ④ 유기질토

9. 지표에 하중을 가하면 침하현상이 일어나고, 하중이 제거되면 원상태로 되돌아가는 침하를 무엇이라고 말하는가? [산업 03]

① 소성침하 ② 압밀침하
③ 압축침하 ④ 탄성침하

10. 곡선($e-\log P$)에서 처녀압축곡선의 기울기는 무엇을 의미하는가? [산업 13]

① 압축계수 ② 용적변화율
③ 압밀계수 ④ 압축지수

해설 $e-\log P$곡선에서 직선 부분(처녀압축곡선)의 기울기를 압축지수(C_c)라 한다.

11. 압밀시험에서 압축지수를 구하는 가장 중요한 목적은? [산업 08]

① 압밀침하량을 결정하기 위함이다.
② 압밀속도를 결정하기 위함이다.
③ 투수량을 결정하기 위함이다.
④ 시간계수를 결정하기 위함이다.

해설 압축지수(C_c)는 압밀침하량을 결정하기 위해 구한다.

$$\Delta H = \frac{C_c}{1+e_1}\log\frac{P_2}{P_1}H$$

12. 선행압밀하중을 결정하기 위해서는 압밀시험을 행한 다음 어느 곡선으로부터 구할 수 있는가? [기사 03, 산업 15]

① 간극비－압력(log눈금)곡선
② 압밀계수－압력(log눈금)곡선
③ 1차 압밀비－압력(log눈금)곡선
④ 2차 압밀계수－압력(log눈금)곡선

해설 $e-\log P$곡선으로부터 C_c, P_c를 구할 수 있다.

13. 압밀시험에서 얻은 $e-\log P$ 곡선으로 구할 수 있는 것이 아닌 것은? [기사 07]

① 선행압밀하중 ② 팽창지수
③ 압축지수 ④ 압밀계수

해설 시간－침하곡선에서 압밀계수(C_v)를 구할 수 있다.

14. 압밀시험에 사용된 시료의 교란으로 인한 영향을 나타낸 것으로 옳은 것은? [기사 04]

① $e-\log P$곡선의 기울기가 급해진다.
② $e-\log P$곡선의 기울기가 완만해진다.
③ 선행압밀하중의 크기가 증가하게 된다.
④ 선행압밀하중의 크기가 감소하게 된다.

해설 시료가 교란될수록 처녀압밀곡선의 기울기가 감소한다.

15. 점토시료를 가지고 압밀시험을 하였다. 설명 중 틀린 것은? [산업 05]

① 압밀하중을 가하면 간극률은 작아진다.
② 과잉간극수압이 소산되면 1차 압밀이 완료된 것이다.
③ 압밀하중을 제거하면 간극률은 커진다.
④ 단단한 점토일수록 압축지수가 크다.

해설 단단한 점토일수록 압축지수가 작다.

16. 압밀에 관련된 설명으로 잘못된 것은? [기사 12]

① $e-\log P$곡선은 압밀침하량을 구하는데 사용된다.
② 압밀이 진행됨에 따라 전단강도가 증가한다.
③ 교란된 지반이 교란되지 않은 지반보다 더 빠른 속도로 압밀이 진행된다.
④ 압밀도가 증가해감에 따라 과잉간극수가 소산된다.

정답 7. ③ 8. ④ 9. ④ 10. ④ 11. ① 12. ① 13. ④ 14. ② 15. ④ 16. ③

해설 교란될수록 C_c가 감소하므로 압밀침하량이 감소한다.

17. 압밀에 대한 설명으로 잘못된 것은? [기사 08]

① 압밀계수를 구하는 방법에는 $\sqrt{t}$방법과 $\log t$방법이 있다.
② 2차 압밀량은 보통 흙보다 유기질토에서 더 크다.
③ 교란된 시료로 압밀시험을 하면 실제보다 큰 침하량이 계산된다.
④ $\log P-e$곡선에서 선행하중(先行荷重)을 구할 수 있다.

해설 시료가 교란될수록 압축지수가 감소하므로 실제보다 작은 침하량이 계산된다.

18. 다음 점성토의 교란에 관련된 사항 중 잘못된 것은? [기사 12]

① 교란 정도가 클수록 $e-\log P$곡선의 기울기가 급해진다.
② 교란될수록 압밀계수는 작게 나타낸다.
③ 교란을 최소화하려면 면적비가 작은 샘플러를 사용한다.
④ 교란의 영향을 제거한 SHANSEP방법을 적용하면 효과적이다.

해설 교란될수록 $e-\log P$곡선의 기울기가 완만하다.

19. 압밀시험결과의 정리에서 $\sqrt{t}$방법, $\log t$방법의 곡선으로부터 직접 구할 수 있는 것은? [산업 12]

① 압밀계수　② 압축지수
③ 압축계수　④ 체적변화계수

해설 시간침하곡선에서 $\sqrt{t}$ 방법, $\log t$방법으로 C_v(압밀계수)를 구할 수 있다.

㉮ $t_{90}=\dfrac{0.848H^2}{C_v}$

㉯ $t_{50}=\dfrac{0.197H^2}{C_v}$

20. 압밀시험결과 시간－침하량곡선에서 구할 수 없는 값은? [기사 20]

① 초기 압축비　② 압밀계수
③ 1차 압밀비　④ 선행압밀압력

해설 $e-\log P$곡선에서 C_c, P_c를 구할 수 있고, 시간－침하곡선에서 C_v, γ_p(1차 압밀비), γ_o(초기 침하비)를 구할 수 있다.

21. 압밀시험에서 시간－침하곡선으로부터 직접 구할 수 있는 사항은? [산업 18]

① 선행압밀압력　② 점성보정계수
③ 압밀계수　④ 압축지수

해설 시간－침하곡선에서 압밀계수(C_v)를 구할 수 있다.

22. 압밀시험에서 시간-압축량곡선으로부터 구할 수 없는 것은? [기사 14]

① 압밀계수(C_v)　② 압축지수(C_c)
③ 체적변화계수(m_v)　④ 투수계수(K)

해설 ㉮ 시간-침하곡선에서 압밀계수(C_v)를 구할 수 있다.
㉯ $K=C_v\, m_v\, \gamma_w$

23. 압밀이론에서 선행압밀하중에 대한 설명 중 옳지 않은 것은? [기사 09]

① 현재 지반 중에서 과거에 받았던 최대의 압밀하중이다.
② 압밀소요시간의 추정이 가능하여 압밀도 산정에 사용된다.
③ 주로 압밀시험으로부터 작도한 $e-\log P$곡선을 이용하여 구할 수 있다.
④ 현재의 지반응력상태를 평가할 수 있는 과압밀비 산정 시 이용된다.

해설 선행압밀하중(P_c)결과의 이용
㉮ 과압밀비(OCR)를 구하여 흙의 이력상태를 파악한다.
㉯ 과압밀토의 침하량을 구한다.

24. 압밀계수를 구하는 목적은? [산업 14]

① 압밀침하량을 구하기 위하여
② 압축지수를 구하기 위하여
③ 선행압밀하중을 구하기 위하여
④ 압밀침하속도를 구하기 위하여

해설 ㉮ 압밀계수 C_v는 압밀진행의 속도를 나타내는 계수로서 시간－침하곡선에서 구한다.
㉯ 압밀계수는 지반의 압밀침하속도를 구하는 데 이용된다.

정답 17. ③ 18. ① 19. ① 20. ④ 21. ③ 22. ② 23. ② 24. ④

25. 다음의 토질시험 중 불교란시료를 사용해야 하는 시험은? [산업 13]

① 입도분석시험 ② 압밀시험
③ 액·소성한계시험 ④ 흙입자의 비중시험

해설 압밀시험은 현장에서 채취한 흐트러지지 않은 시료를 사용한다.

26. 지표면 아래 1m 되는 곳에 점 A가 있다. 본래 이 지층은 건조해 있었으나 댐 건설로 현재는 지표면까지 지하수위가 도달하였다. 다른 요인을 무시할 때 A점의 과압밀비(OCR)는? (단, 흙의 건조단위중량은 $1.6t/m^3$, 포화단위중량은 $2.0t/m^3$) [기사 00]

① 1.00 ② 1.25
③ 1.60 ④ 0.80

해설 $\text{OCR}=\dfrac{P_c}{P}=\dfrac{\overline{\sigma_c}}{\overline{\sigma}}=\dfrac{\gamma_d h}{\gamma}=\dfrac{1.6\times1}{1\times1}=1.6$

27. 단위중량이 $1.8t/m^3$인 점토지반의 지표면에서 5m 되는 곳의 시료를 채취하여 압밀시험을 실시한 결과 과압밀비(over consolidation ratio)가 2임을 알았다. 선행압밀압력은? [기사 17]

① $9t/m^2$ ② $12t/m^2$
③ $15t/m^2$ ④ $18t/m^2$

해설 $\text{OCR}=\dfrac{P_c}{P}$

$2=\dfrac{P_c}{1.8\times5}$

$\therefore\ P_c=18t/m^2$

28. 다음 그림 중 A점에서 자연시료를 채취하여 압밀시험한 결과 선행압축력이 $0.18kg/cm^2$이었다. 이 흙은 무슨 점토인가? [산업 06]

① 압밀진행 중인 점토
② 정규압밀점토
③ 과압밀점토
④ 이것으로는 알 수 없다.

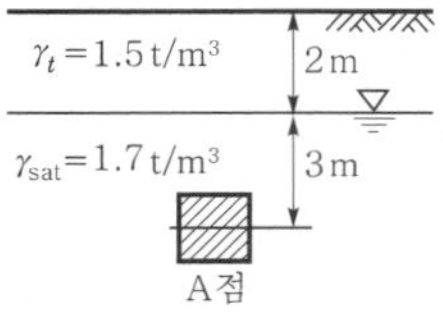

해설 ㉮ $\sigma=1.5\times2+1.7\times3=8.1t/m^2$
㉯ $u=1\times3=3t/m^2$
㉰ $\overline{\sigma}=P=\sigma-u=8.1-3=5.1t/m^2$
㉱ $\text{OCR}=\dfrac{P_c}{P}=\dfrac{1.8}{5.1}=0.35<1$이므로 압밀진행 중인 점토이다.

29. 정규압밀점토의 압밀시험에서 $0.4kg/cm^2$에서 $0.8kg/cm^2$로 하중강도를 증가시킴에 따라 간극비가 0.83에서 0.65로 감소하였다. 압축지수는 얼마인가? [기사 10]

① 0.3 ② 0.45
③ 0.6 ④ 0.75

해설 $C_c=\dfrac{e_1-e_2}{\log P_2-\log P_1}=\dfrac{0.83-0.65}{\log0.8-\log0.4}=0.6$

30. 두께 6m의 점토층에서 시료를 채취하여 압밀시험한 결과 하중강도가 $200kN/m^2$에서 $400kN/m^2$로 증가되고, 간극비는 2.0에서 1.8로 감소하였다. 이 시료의 압축계수(a_v)는? [산업 20]

① $0.001m^2/kN$ ② $0.003m^2/kN$
③ $0.006m^2/kN$ ④ $0.008m^2/kN$

해설 $a_v=\dfrac{e_1-e_2}{P_2-P_1}=\dfrac{2-1.8}{400-200}=0.001m^2/kN$

31. 점토에서 과압밀이 발생하는 원인으로 가장 거리가 먼 것은? [기사 09]

① 지질학적 침식으로 인한 전응력의 변화
② 2차 압밀에 의한 흙구조의 변화
③ 선행하중재하 시 투수계수의 변화
④ pH, 염분농도와 같은 환경적인 요소의 변화

해설 과압밀의 원인
㉮ 전응력의 변화 : 상재압력의 제거, 빙하작용, 과거의 구조물
㉯ 간극수압의 변화(지하수위변화에 따른) : 피압수압, 우물의 양수, 건조작용, 식생에 의한 건조화
㉰ 흙의 구조변화 : 2차 압밀
㉱ 환경의 변화 : pH, 온도, 소금농도
㉲ 풍화작용으로 인한 화학변화
㉳ 하중작용속도의 변화

32. 두께 H인 점토층에 압밀하중을 가하여 요구되는 압밀도에 달할 때까지 소요되는 기간이 단면배수일 경우 400일이었다면 양면배수일 때는 며칠이 걸리겠는가? [기사 14, 20]

① 800일 ② 400일
③ 200일 ④ 100일

해설 $t_1:t_2=H^2:\left(\dfrac{H}{2}\right)^2$

$400:t_2=H^2:\dfrac{H^2}{4}$

$\therefore\ t_2=100$일

정답 25. ② 26. ③ 27. ④ 28. ① 29. ③ 30. ④ 31. ③ 32. ④

33. 점토층이 소정의 압밀도에 도달되는 소요시간이 단면배수일 경우 4년이 걸렸다면 양면배수일 때는 몇 년이 걸리겠는가? [산업 10, 16, 17]

① 1년　② 2년
③ 4년　④ 16년

해설 $t_1 : t_2 = H^2 : \left(\dfrac{H}{2}\right)^2$

$4 : t_2 = H^2 : \dfrac{H^2}{4}$

$\therefore\ t_2 = 1$년

34. 압밀에 걸리는 시간을 구하는데 관계가 없는 것은? [산업 17]

① 배수층의 길이　② 압밀계수
③ 유효응력　④ 시간계수

해설 $t = \dfrac{T_v H^2}{C_v}$

35. 다음 중 압밀침하량 산정 시 관련이 없는 것은? [산업 09]

① 체적변화계수　② 압축지수
③ 압축계수　④ 압밀계수

해설 $\Delta H = m_v \Delta p H = \dfrac{C_c}{1+e} \log \dfrac{P_2}{P_1} H$

36. 두께 2cm의 점토시료에 대한 압밀시험에서 전압밀에 소요되는 시간이 2시간이었다. 같은 시료조건에서 5m 두께의 지층이 전압밀에 소요되는 기간은 약 몇 년인가? (단, 기간은 소수 2째 자리에서 반올림함) [기사 09]

① 9.3년　② 14.3년
③ 12.3년　④ 16.3년

해설 ㉮ $t = \dfrac{T_v H^2}{C_v}$

$2 = \dfrac{T_v \times \left(\dfrac{2}{2}\right)^2}{C_v}$

$\therefore\ \dfrac{T_v}{C_v} = 2\text{hr/cm}^2$

㉯ $t = \dfrac{T_v H^2}{C_v} = 2 \times \left(\dfrac{500}{2}\right)^2$

$= 125{,}000$시간 ≒ 14.3년

37. 두께 8m의 포화점토층의 상하가 모래층으로 되어 있다. 이 점토층이 최종 침하량의 1/2의 침하를 일으킬 때까지 걸리는 시간은? (단, 압밀계수 $C_v = 6.4 \times 10^{-4}\text{cm}^2/\text{s}$이다.) [산업 10]

① 570일　② 730일
③ 365일　④ 964일

해설 $t_{50} = \dfrac{0.197H^2}{C_v} = \dfrac{0.197 \times \left(\dfrac{800}{2}\right)^2}{6.4 \times 10^{-4}}$

$= 49{,}250{,}000$초 $= 570$일

38. 다음 그림과 같은 포화점토층이 상재하중에 의하여 압밀도 $U = 60\%$에 도달하는데 걸리는 시간은 약 얼마인가? (단, $C_v = 3.6 \times 10^{-4}\text{cm/s}$, $T_{60} = 0.287$) [산업 06]

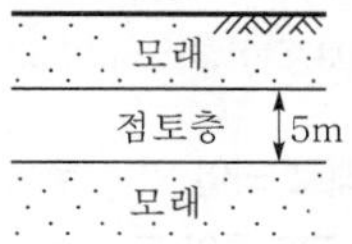

① 약 2.5년　② 약 1.3년
③ 약 1.6년　④ 약 2.2년

해설 $t_{60} = \dfrac{T_{60} H^2}{C_v} = \dfrac{0.287 \times \left(\dfrac{500}{2}\right)^2}{3.6 \times 10^{-4}}$

$= 49{,}826{,}388.89$초 $= 1.58$년

39. 포화점토층의 두께가 6.0m이고 점토층 위와 아래는 모래층이다. 이 점토층의 최종 압밀침하량의 70%를 일으키는데 걸리는 기간은 몇 일인가? (단, 압밀계수 $C_v = 3.6 \times 10^{-3}\text{cm}^2/\text{s}$이고 압밀도 70%에 대한 시간계수 $T_v = 0.403$이다.) [산업 07, 18]

① 116.6일　② 342일
③ 233.2일　④ 466.4일

해설 $t_{70} = \dfrac{T_v H^2}{C_v} = \dfrac{0.403 \times \left(\dfrac{600}{2}\right)^2}{3.6 \times 10^{-3}}$

$= 10{,}075{,}000$초 $= 116.61$일

정답 33. ① 34. ③ 35. ④ 36. ② 37. ① 38. ③ 39. ①

40. 다음 그림에 표시된 하중 q에 의한 최종 압밀침하량은 7.5cm로 예상되어진다. 예상되는 최종 압밀침하량의 80%가 일어나는데 걸리는 시간은? (단, C_v=2.54×10^{-4}cm^2/s, T_{80}=0.567) [기사 05]

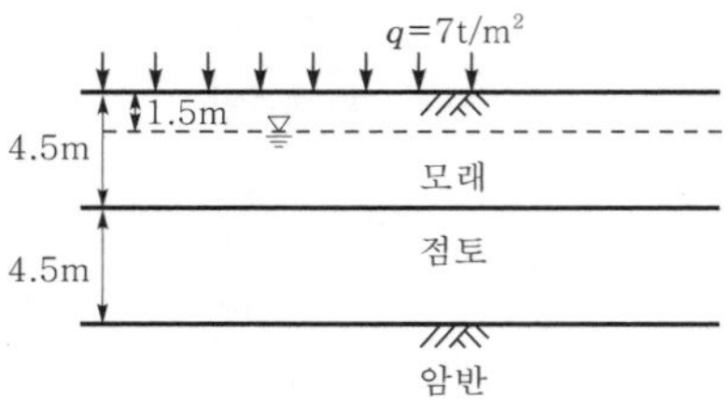

① 13.33년 ② 14.33년
③ 15.33년 ④ 16.33년

해설 $t_{80} = \dfrac{T_{80}H^2}{C_v} = \dfrac{0.567\times450^2}{2.54\times10^{-4}}$
$= 452,037,401.6\text{초} = 14.33\text{년}$

41. 상하층이 모래로 되어 있는 두께 2m의 점토층이 어떤 하중을 받고 있다. 이 점토층의 투수계수(K)가 5× 10^{-7}cm/s, 체적변화계수(m_v)가 0.05cm^2/kg일 때 90% 압밀에 요구되는 시간을 구하면? (단, T_{90}=0.848) [기사 05]

① 5.6일 ② 9.8일
③ 15.2일 ④ 47.2일

해설 ㉮ $K = C_v m_v \gamma_w$
$5\times10^{-7} = C_v\times(0.05\times10^{-3})\times1$
$\therefore\ C_v = 0.01\text{cm}^2/\text{s}$

㉯ $t_{90} = \dfrac{T_{90}H^2}{C_v} = \dfrac{0.848\times\left(\dfrac{200}{2}\right)^2}{0.01}$
$= 848,000\text{초} = 9.81\text{일}$

42. 두께가 5m인 점토층의 아래, 위에 모래층이 있을 때 최종 1차 압밀침하량이 0.6m로 산정되었다. 다음의 압밀도(U)와 시간계수(T_v)의 관계표를 이용하여 0.36m가 침하될 때 걸리는 총소요시간을 구하면? (단, 압밀계수 C_v = 3.6×10^{-4}cm^2/s이고, 1년은 365일이다.) [기사 10]

U[%]	40	50	60	70
T_v	0.126	0.197	0.287	0.403

① 약 1.2년 ② 약 1.6년
③ 약 2.2년 ④ 약 3.6년

해설 $T_{60} = \dfrac{0.287H^2}{C_v} = \dfrac{0.287\times\left(\dfrac{500}{2}\right)^2}{3.6\times10^{-4}}$
$= 49,826,388.89\text{초} \fallingdotseq 1.58\text{년}$

43. 두께가 4미터인 점토층이 모래층 사이에 끼어있다. 점토층에 3t/m^{2}의 유효응력이 작용하여 최종 침하량이 10cm가 발생하였다. 실내압밀시험결과 측정된 압밀계수(C_v) = 2×10^{-4}cm^2/s라고 할 때 평균압밀도 50%가 될 때까지 소요일수는? [기사 16]

① 288일 ② 312일
③ 388일 ④ 456일

해설 $t_{50} = \dfrac{0.197H^2}{C_v} = \dfrac{0.197\times\left(\dfrac{400}{2}\right)^2}{2\times10^{-4}}$
$= 39,400,000\text{초} = 456.02\text{일}$

44. 다음 그림과 같은 5m 두께의 포화점토층이 10t/m^{2}의 상재하중에 의하여 30cm의 침하가 발생하는 경우에 압밀도는 약 U=60%에 해당하는 것으로 추정되었다. 향후 몇 년이면 이 압밀도에 도달하겠는가? (단, 압밀계수(C_v)=3.6×10^{-4}cm^2/s) [기사 15]

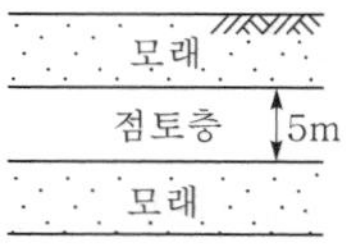

U[%]	T_v
40	0.126
50	0.197
60	0.287
70	0.403

① 약 1.3년 ② 약 1.6년
③ 약 2.2년 ④ 약 2.4년

해설 $t_{60} = \dfrac{0.287H^2}{C_v} = \dfrac{0.287\times\left(\dfrac{500}{2}\right)^2}{3.6\times10^{-4}}$
$= 49,826,388.89\text{초} = 1.58\text{년}$

45. 두께 2cm인 점토시료의 압밀시험결과 전압밀량의 90%에 도달하는 데 1시간이 걸렸다. 만일 같은 조건에서 같은 점토로 이루어진 2m의 토층 위에 구조물을 축조한 경우 최종 침하량의 90%에 도달하는 데 걸리는 시간은? [기사 15, 16]

① 약 250일 ② 약 368일
③ 약 417일 ④ 약 525일

정답 40. ② 41. ② 42. ② 43. ④ 44. ② 45. ③

해설 ㉮ $t_{90}=\dfrac{0.848H^2}{C_v}$

$$1=\dfrac{0.848\times\left(\dfrac{0.02}{2}\right)^2}{C_v}$$

$$\therefore\ C_v=8.48\times10^{-5}\mathrm{m^2/hr}$$

㉯ $t_{90}=\dfrac{0.848H^2}{C_v}=\dfrac{0.848\times\left(\dfrac{2}{2}\right)^2}{8.48\times10^{-5}}$

$=10,000$시간$=416.67$일

46. 어떤 점토의 압밀시험에서 압밀계수(C_v)가 $2.0\times10^{-3}\mathrm{cm^2/s}$라면 두께 2cm인 공시체가 압밀도 90%에 소요되는 시간은? (단, 양면배수조건이다.) [산업 19]

① 5.02분　　② 7.07분
③ 9.02분　　④ 14.07분

해설 $t_{90}=\dfrac{0.848H^2}{C_v}=\dfrac{0.848\times\left(\dfrac{2}{2}\right)^2}{2\times10^{-3}}=424$초$=7.07$분

47. 압밀계수가 $0.5\times10^{-2}\mathrm{cm^2/s}$이고 일면배수상태의 5m 두께 점토층에서 90% 압밀이 일어나는데 소요되는 시간은? (단, 90% 압밀도에서 시간계수(T)는 0.848) [산업 19]

① 2.12×10^7초　　② 4.24×10^7초
③ 6.36×10^7초　　④ 8.48×10^7초

해설 $t_{90}=\dfrac{0.848H^2}{C_v}=\dfrac{0.848\times500^2}{0.5\times10^{-2}}=4.24\times10^7$초

48. 두께 10m 되는 포화점토의 아래, 위에 모래층이 있을 때 압밀도 50%에 달할 때까지 소요되는 일수는 얼마인가? (단, 점토의 압밀계수는 $4.0\times10^{-4}\mathrm{cm^2/s}$이다.) [산업 13, 16]

① 1,425일　　② 6,134일
③ 2,850일　　④ 3,333일

해설 $t_{50}=\dfrac{0.197H^2}{C_v}=\dfrac{0.197\times\left(\dfrac{1,000}{2}\right)^2}{4\times10^{-4}}$

$=123,125,000$초$=1,425.06$일

49. 10m 두께의 점토층이 10년 만에 90% 압밀이 된다면 40m 두께의 동일한 점토층이 90% 압밀에 도달하는 데에 소요되는 기간은? [기사 17]

① 16년　　② 80년
③ 160년　　④ 240년

해설 ㉮ $t_{90}=\dfrac{0.848H^2}{C_v}$

$$10=\dfrac{0.848\times10^2}{C_v}$$

$$\therefore\ C_v=8.48\mathrm{m^2/yr}$$

㉯ $t_{90}=\dfrac{0.848\times40^2}{8.48}=160$년

50. 단면배수를 실시한 압밀성토시료의 두께가 2cm이었다. 임의하중 증가에 의하여 50% 압밀에 소요된 시간이 20분 20초이었다고 할 때 두께가 2m인 양면배수 현장 점토층의 50% 압밀에 소요되는 시간은 약 며칠인가? [기사 03]

① 35일　　② 141일
③ 250일　　④ 560일

해설 ㉮ $t_{50}=\dfrac{0.197H^2}{C_v}$

$$1,220=\dfrac{0.197\times2^2}{C_v}$$

$$\therefore\ C_v=6.46\times10^{-4}\mathrm{cm^2/s}$$

㉯ $t_{50}=\dfrac{0.197\times\left(\dfrac{200}{2}\right)^2}{6.46\times10^{-4}}$

$=3,049,535.6$초$\fallingdotseq35.3$일

51. 현장에서 채취한 흙시료에 대해 압밀시험을 실시하였다. 압밀링에 담겨진 시료의 단면적은 $30\mathrm{cm^2}$, 시료의 초기 높이는 2.6cm, 시료의 비중은 2.5이며 시료의 건조중량은 120g이었다. 이 시료에 $3.2\mathrm{kg/cm^2}$의 압밀압력을 가했을 때, 0.2cm의 최종 압밀침하가 발생되었다면 압밀이 완료된 후 시료의 간극비는? [기사 12]

① 0.125　　② 0.385
③ 0.500　　④ 0.625

해설 ㉮ $2H_s=\dfrac{W_s}{G_sA\gamma_w}=\dfrac{120}{2.5\times30\times1}=1.6\mathrm{cm}$

㉯ $e=\dfrac{2H-2H_s}{2H_s}-\dfrac{R}{2H_s}=\dfrac{2.6-1.6}{1.6}-\dfrac{0.2}{1.6}=0.5$

정답　46. ②　47. ②　48. ①　49. ③　50. ①　51. ③

52. 두께 5m의 점토층이 있다. 압축 전의 간극비가 1.32, 압축 후의 간극비가 1.10으로 되었다면 이 토층의 압밀침하량은 약 얼마인가? [산업 08, 11, 17]

① 68cm ② 58cm
③ 52cm ④ 47cm

해설 $\Delta H = \frac{e_1 - e_2}{1+e_1} H = \frac{1.32-1.1}{1+1.32} \times 500 = 47.41\text{cm}$

53. 표준압밀실험을 하였더니 하중강도가 2.4kg/cm^{2}에서 3.6kg/cm^{2}로 증가할 때 간극비는 1.8에서 1.2로 감소하였다. 이 흙의 최종 침하량은 약 얼마인가? (단, 압밀층의 두께는 20m이다.) [기사 19, 산업 11]

① 428.64cm ② 214.29cm
③ 642.86cm ④ 285.71cm

해설 $\Delta H = \frac{e_1 - e_2}{1+e_1} H = \frac{1.8-1.2}{1+1.8} \times 20$
$= 4.2857\text{m} = 428.57\text{cm}$

54. 다짐되지 않은 두께 2m, 상대밀도 40%의 느슨한 사질토 지반이 있다. 실내시험결과 최대 및 최소 간극비가 0.80, 0.40으로 각각 산출되었다. 이 사질토를 상대밀도 70%까지 다짐할 때 두께는 얼마나 감소되겠는가? [기사 08, 10, 11, 17, 20]

① 12.41cm ② 14.63cm
③ 22.71cm ④ 25.83cm

해설 ㉮ $D_r = \frac{e_{max} - e}{e_{max} - e_{min}} \times 100$에서

$40 = \frac{0.8 - e_1}{0.8 - 0.4} \times 100$

$\therefore e_1 = 0.64$

$70 = \frac{0.8 - e_2}{0.8 - 0.4} \times 100$

$\therefore e_2 = 0.52$

㉯ $\Delta H = \frac{e_1 - e_2}{1+e_1} H$
$= \frac{0.64 - 0.52}{1+0.64} \times 200 = 14.63\text{cm}$

55. 어떤 점토시료의 압밀시험결과 1차 압밀침하량은 20cm가 발생되었다. 이 점토시료가 70% 압밀일 때의 침하량은? [산업 12]

① 6cm ② 14cm
③ 0.6cm ④ 1.4cm

해설 $\Delta H_t = \Delta HU = 20 \times 0.7 = 14\text{cm}$

56. 두께가 5m인 점토층에서 시료를 채취하여 압밀시험을 한 결과 하중강도가 2kg/cm^{2}에서 4kg/cm^{2}로 증가될 때 간극비는 2.0에서 1.8로 감소하였다. 이 5m 점토층에서 최종 압밀침하량의 50% 압밀에 해당하는 침하량은? [기사 96]

① 16.5cm ② 33cm
③ 36.5cm ④ 41cm

해설 ㉮ $\Delta H = \frac{e_1 - e_2}{1+e_1} H = \frac{2-1.8}{1+2} \times 5 = 0.33\text{m}$

㉯ 50% 압밀에 해당하는 침하량
$\Delta H' = 0.33 \times 0.5 = 0.165\text{m} = 16.5\text{cm}$

57. 어떤 점토의 압밀계수는 1.92×10^{-7}m^2/s, 압축계수는 2.86×10^{-1}m^2/kN이었다. 이 점토의 투수계수는? (단, 이 점토의 초기간극비는 0.8이고, 물의 단위중량은 9.81kN/m^{3}이다.) [기사 09, 20]

① 0.99×10^{-5}cm/s ② 1.99×10^{-5}cm/s
③ 2.99×10^{-5}cm/s ④ 3.99×10^{-5}cm/s

해설 ㉮ $m_v = \frac{a_v}{1+e_1} = \frac{2.86 \times 10^{-1}}{1+0.8} = 0.159\text{m}^2/\text{kN}$

㉯ $K = C_v m_v \gamma_w$
$= 1.92 \times 10^{-7} \times 0.159 \times 9.81$
$= 2.99 \times 10^{-7}\text{m/s} = 2.99 \times 10^{-5}\text{cm/s}$

58. 어느 점토의 압밀계수(C_v)=1.640×10^{-4}cm^2/s, 압축계수(a_v)=2.820×10^{-2}cm^2/kg일 때 이 점토의 투수계수는? (단, 간극비 e=1.0) [산업 08, 13]

① 8.014×10^{-9}cm/s ② 6.646×10^{-9}cm/s
③ 4.624×10^{-9}cm/s ④ 2.312×10^{-9}cm/s

해설 ㉮ $m_v = \frac{a_v}{1+e} = \frac{2.82 \times 10^{-2}}{1+1}$
$= 1.41 \times 10^{-2}\text{cm}^2/\text{kg} = 1.41 \times 10^{-5}\text{cm}^2/\text{g}$

㉯ $K = C_v m_v \gamma_w$
$= (1.64 \times 10^{-4}) \times (1.41 \times 10^{-5}) \times 1$
$= 2.312 \times 10^{-9}\text{cm/s}$

정답 52. ④ 53. ① 54. ② 55. ② 56. ① 57. ③ 58. ④

59. 모래지층 사이에 두께 6m의 점토층이 있다. 이 점토의 토질시험결과가 다음과 같을 때 이 점토의 90% 압밀을 요하는 시간은 약 얼마인가? (단, 1년은 365일로 하고, 물의 단위중량(γ_w)은 9.81kN/m^{3}이다.) [기사 14, 20]

- 간극비(e) = 1.5
- 압축계수(a_v) = 4×10^{-3}m^2/kN
- 투수계수(K) = 3×10^{-7}cm/s

① 50.7년　② 12.7년
③ 5.07년　④ 1.27년

해설 ㉮ $K=C_v m_v \gamma_w = C_v\left(\dfrac{a_v}{1+e_1}\right)\gamma_w$

$$3\times10^{-9}=C_v\times\frac{4\times10^{-3}}{1+1.5}\times9.81$$

$\therefore\ C_v=1.91\times10^{-7}\text{m}^2/\text{s}$

㉯ $t_{90}=\dfrac{0.848H^2}{C_v}=\dfrac{0.848\times\left(\dfrac{6}{2}\right)^2}{1.91\times10^{-7}}$

$=\dfrac{39,958,115.18\text{초}}{365\times24\times60\times60}=1.27\text{년}$

60. 일면배수상태인 10m 두께의 점토층이 있다. 지표면에 무한히 넓게 등분포압력이 작용하여 1년 동안 40cm의 침하가 발생되었다. 점토층이 90% 압밀에 도달할 때 발생되는 1차 압밀침하량은? (단, 점토층의 압밀계수는 C_v =19.7m^2/yr이다.) [기사 11]

① 40cm　② 48cm
③ 72cm　④ 80cm

해설 ㉮ $t=\dfrac{T_v H^2}{C_v}$

$$1=\frac{T_v\times10^2}{19.7}$$

$\therefore\ T_v=0.197$이므로 압밀도 $\bar{u}=50\%$이다.

㉯ $\bar{u}=90\%$일 때 압밀침하량

$$\Delta H=\frac{90}{50}\times40=72\text{cm}$$

61. 어떤 점토의 압밀계수는 1.92×10^{-3}cm^2/s, 압축계수는 2.86×10^{-2}cm^2/g이었다. 이 점토의 투수계수는? (단, 이 점토의 초기 간극비는 0.80이다.) [기사 18]

① 1.05×10^{-5}cm^2/s　② 2.05×10^{-5}cm^2/s
③ 3.05×10^{-5}cm^2/s　④ 4.05×10^{-5}cm^2/s

해설 $K=C_v m_v \gamma_w = C_v\left(\dfrac{a_v}{1+e_1}\right)\gamma_w$

$=1.92\times10^{-3}\times\dfrac{2.86\times10^{-2}}{1+0.8}\times1$

$=3.05\times10^{-5}\text{cm/s}$

62. 토층두께 20m의 견고한 점토지반 위에 설치된 건축물의 침하량을 관측한 결과 완성 후 어떤 기간이 경과하여 그 침하량은 5.5cm에 달한 후 침하는 정지되었다. 이 점토지반 내에서 건축물에 의해 증가되는 평균압력이 0.6kg/cm^{2}라면 이 점토층의 체적압축계수(m_v)는? [산업 15]

① 4.58×10^{-3}cm^2/kg　② 3.25×10^{-3}cm^2/kg
③ 2.15×10^{-2}cm^2/kg　④ 1.15×10^{-2}cm^2/kg

해설 $\Delta H=m_v\,\Delta P H$

$5.5=m_v\times0.6\times2,000$

$\therefore\ m_v=4.58\times10^{-3}\text{cm}^2/\text{kg}$

63. 점토층에서 채취한 시료의 압축지수(C_c)는 0.39, 간극비(e)는 1.26이다. 이 점토층 위에 구조물이 축조되었다. 축조되기 이전의 유효압력은 80kN/m^2, 축조된 후에 증가된 유효압력은 60kN/m^{2}이다. 점토층의 두께가 3m일 때 압밀침하량은 얼마인가? [산업 07, 19]

① 12.6cm　② 9.1cm
③ 4.6cm　④ 1.3cm

해설 $\Delta H=\dfrac{C_c}{1+e_1}\log\dfrac{P_2}{P_1}H$

$=\dfrac{0.39}{1+1.26}\times\log\dfrac{80+60}{80}\times300=12.58\text{cm}$

64. 흐트러지지 않은 시료를 이용하여 액성한계 40%, 소성한계 22.3%를 얻었다. 정규압밀점토의 압축지수(C_c)값을 Terzaghi와 Peck이 발표한 경험식에 의해 구하면? [기사 17, 20]

① 0.25　② 0.27
③ 0.30　④ 0.35

해설 $C_c=0.009(W_L-10)=0.009\times(40-10)=0.27$

65. 어떤 점토의 액성한계값이 40%이다. 이 점토의 불교란상태의 압축지수 C_c를 Skempton공식으로 구하면? [산업 11, 15]

① 0.27　② 0.29
③ 0.36　④ 0.40

정답　59. ④　60. ③　61. ③　62. ①　63. ①　64. ②　65. ①

해설 $C_c = 0.009(W_L - 10) = 0.009 \times (40 - 10) = 0.27$

66. 흐트러지지 않은 시료의 정규압밀점토의 압축지수 (C_c)값은? (단, 액성한계는 45%이다.) [산업 14]

① 0.25 ② 0.27
③ 0.30 ④ 0.315

해설 $C_c = 0.009(W_L - 10) = 0.009 \times (45 - 10) = 0.315$

67. 두께 6m의 점토층이 있다. 이 점토의 간극비는 $e_o =$ 2.0이고, 액성한계는 W_L =70%이다. 지금 압밀하중을 2kg/cm^{2}에서 4kg/cm^{2}로 증가시키려고 한다. 예상되는 압밀침하량은? (단, 압축지수 C_c는 Skempton의 식 $C_c =$ 0.009(W_L −10)을 이용할 것) [산업 09, 18]

① 0.27m ② 0.33m
③ 0.49m ④ 0.65m

해설 ㉮ $C_c = 0.009(W_L - 10)$
$= 0.009 \times (70 - 10) = 0.54$
㉯ $\Delta H = \dfrac{C_c}{1+e_o} \log \dfrac{P_2}{P_1} H$
$= \dfrac{0.54}{1+2} \times \log \dfrac{4}{2} \times 6 \fallingdotseq 0.325\text{m}$

68. 두께 5m의 흐트러진 점토층이 있다. 이 점토층의 액성한계가 65%이고 압밀하중을 2kg에서 5kg으로 증가시키려고 한다. 예상압밀침하량은? (단, e=2.0) [기사 12]

① 0.20m ② 0.26m
③ 0.29m ④ 0.32m

해설 ㉮ $C_c = 0.007(W_L - 10)$
$= 0.007 \times (65 - 10) = 0.385$
㉯ $\Delta H = \dfrac{C_c}{1+e} \log \dfrac{P_2}{P_1} H$
$= \dfrac{0.385}{1+2} \times \log \dfrac{5}{2} \times 5 = 0.26\text{m}$

69. 점토층의 두께 5m, 간극비 1.4, 액성한계 50%이고 점토층 위의 유효상재압력이 10t/m^{2}에서 14t/m^{2}으로 증가할 때의 침하량은? (단, 압축지수는 흐트러지지 않은 시료에 대한 테르자기(Terzaghi)와 펙(Peck)의 경험식을 사용하여 구한다.) [기사 07, 12]

① 8cm ② 11cm
③ 24cm ④ 36cm

해설 ㉮ $C_c = 0.009(W_L - 10) = 0.009 \times (50 - 10) = 0.36$
㉯ $\Delta H = \dfrac{C_c}{1+e} \log \dfrac{P_2}{P_1} H$
$= \dfrac{0.36}{1+1.4} \times \log \dfrac{14}{10} \times 5 = 0.11\text{m}$

70. 비중 2.67, 함수비 35%이며 두께 10m인 포화 점토층이 압밀 후에 함수비가 25%로 되었다면 이 토층 높이의 변화량은? [기사 19]

① 113cm ② 128cm
③ 135cm ④ 155cm

해설 ㉮ $Se = wG_s$에서
$100 \times e_1 = 35 \times 2.67$
$\therefore\ e_1 = 0.93$
$100 \times e_2 = 25 \times 2.67$
$\therefore\ e_2 = 0.67$
㉯ $\Delta H = \dfrac{e_1 - e_2}{1+e_1} H$
$= \dfrac{0.93 - 0.67}{1+0.93} \times 1{,}000 = 134.7\text{cm}$

71. 다음 그림과 같은 지반에 등분포하중 ΔP=6.0t/m^{2}을 가하였다. 점토층의 1차 압밀에 의한 침하량은? (단, 지하수면은 지표면과 일치한다.) [기사 00, 19]

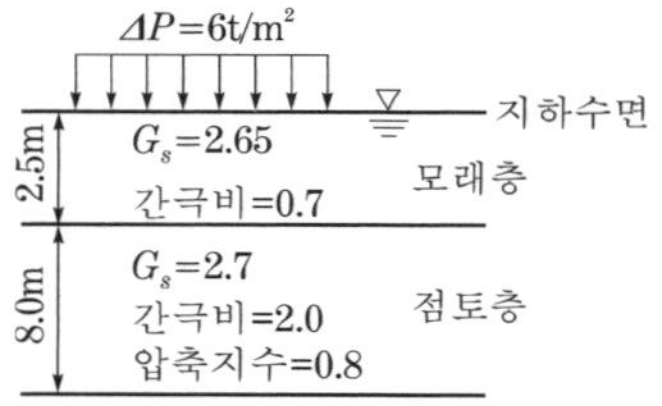

① 102.1cm ② 51.1cm
③ 38.9cm ④ 76.3cm

해설 ㉮ 모래층
$\gamma_{sat} = \dfrac{G_s + e}{1+e} \gamma_w = \dfrac{2.65 + 0.7}{1+0.7} = 1.97\text{t/m}^3$
㉯ 점토층
$\gamma_{sat} = \dfrac{G_s + e}{1+e} \gamma_w = \dfrac{2.7 + 2}{1+2} = 1.57\text{t/m}^3$
㉰ $P_1 = 0.97 \times 2.5 + 0.57 \times \dfrac{8}{2} = 4.705\text{t/m}^2$
㉱ $P_2 = P_1 + \Delta P = 4.705 + 6 = 10.705\text{t/m}^2$
㉲ $\Delta H = \dfrac{C_c}{1+e_1} \log \dfrac{P_2}{P_1} H$
$= \dfrac{0.8}{1+2} \times \log \dfrac{10.705}{4.705} \times 8 = 0.762\text{m}$

 정답 66. ④ 67. ② 68. ② 69. ② 70. ③ 71. ④

72. 다음 그림과 같은 하중을 받는 과압밀점토의 1차 압밀침하량은 얼마인가? (단, 점토층 중앙에서의 초기 응력 0.6kg/cm², 선행압밀하중 1.0kg/cm², 압축지수(C_c) 0.1, 팽창지수(C_s) 0.01, 초기 간극비 1.15이다.) [기사 09]

① 11.3cm
② 15.2cm
③ 20.3cm
④ 29.6cm

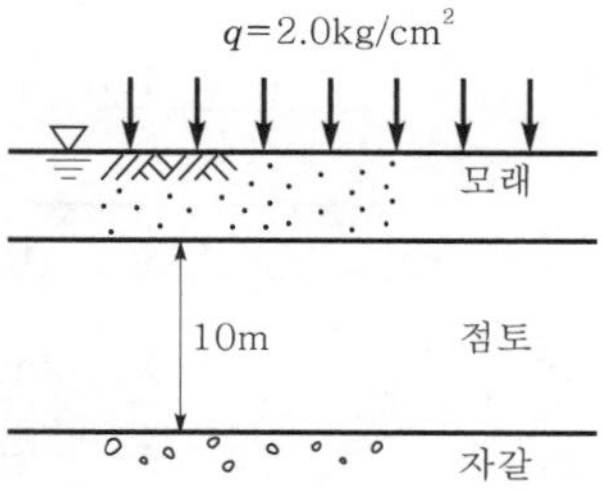

해설 ㉮ $P_1 = 0.6\text{kg/cm}^2 = 6\text{t/m}^2$

㉯ $P_2 = P_1 + \Delta P = 6 + 20 = 26\,\text{t/m}^2$

㉰ $P_1 < P_c < P_2$ 이므로

$$\Delta H = \frac{C_s}{1+e_1}\log\frac{P_c}{P_1}H + \frac{C_c}{1+e_1}\log\frac{P_2}{P_c}H$$

$$= \frac{0.01}{1+1.15}\times\log\frac{10}{6}\times 10 + \frac{0.1}{1+1.15}\times$$

$$\log\frac{26}{10}\times 10$$

$$= 0.2033\text{m} = 20.33\text{cm}$$

압밀도(degree of consolidation)

73. 다음 그림과 같은 지반에 피에조미터를 설치하고 성토한 순간에 수주가 지표면에서부터 4m이었다. 4개월 후에 수주가 3m 되었다면 지하 6m 되는 곳의 압밀도와 과잉공극수압은? [산업 09]

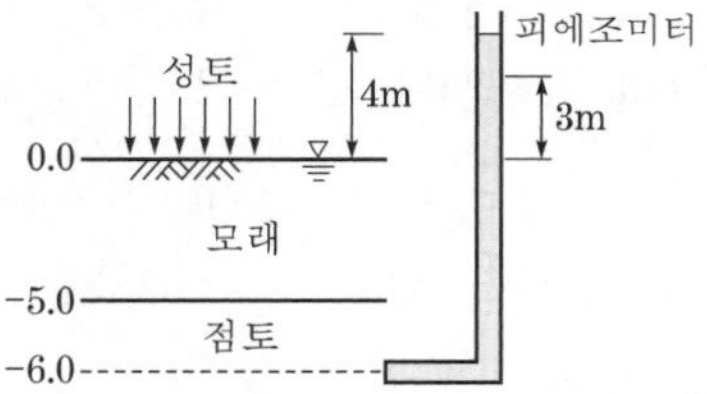

압밀도	과잉공극수압	압밀도	과잉공극수압
① 0.10	9t/m²	② 0.25	3t/m²
③ 0.75	6t/m²	④ 0.9	5t/m²

해설 ㉮ $u_i = \gamma_w h_i = 1\times 4 = 4\text{t/m}^2$

㉯ $u = \gamma_w h = 1\times 3 = 3\text{t/m}^2$

㉰ $U_z = \dfrac{u_i - u}{u_i} = \dfrac{4-3}{4} = 0.25$

74. 다음 그림과 같이 6m 두께의 모래층 밑에 2m 두께의 점토층이 존재한다. 지하수면은 지표 아래 2m 지점에 존재한다. 이때 지표면에 ΔP=5.0t/m²의 등분포하중이 작용하여 상당한 시간이 경과한 후 점토층의 중간 높이 A점에 피에조미터를 세워 수두를 측정한 결과 h=4.0m로 나타났다면 A점의 압밀도는? [기사 14, 16]

① 20%
② 30%
③ 50%
④ 80%

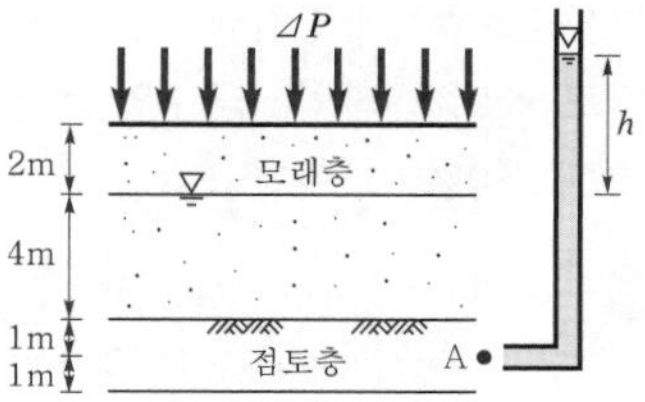

해설 ㉮ $P = 5\text{t/m}^2$

㉯ $u = \gamma_w h = 1\times 4 = 4\text{t/m}^2$

㉰ $U_z = \dfrac{P-u}{P}\times 100 = \dfrac{5-4}{5}\times 100 = 20\%$

75. 연약지반에 구조물을 축조할 때 피조미터를 설치하여 과잉간극수압의 변화를 측정했더니 어떤 점에서 구조물 축조 직후 10t/m²이었지만 4년 후는 2t/m²이었다. 이때의 압밀도는? [기사 12, 13, 17]

① 20% ② 40%
③ 60% ④ 80%

해설 $U_z = \dfrac{u_i - u}{u_i}\times 100 = \dfrac{10-2}{10}\times 100 = 80\%$

76. 지표면에 4t/m²의 성토를 시행하였다. 압밀이 70% 진행되었다고 할 때 현재의 과잉간극수압은? [기사 15]

① 0.8t/m² ② 1.2t/m²
③ 2.2t/m² ④ 2.8t/m²

해설 $U_z = \dfrac{P-u}{P}\times 100$

$70 = \dfrac{4-u}{4}\times 100$

$\therefore\ u = 1.2\text{t/m}^2$

정답 72. ③ 73. ② 74. ① 75. ④ 76. ②

77. 다음 그림과 같이 피에조미터를 설치하고 성토 직후에 수주가 지표면에서 3m이었다. 6개월 후의 수주가 2.4m이면 지하 5m 되는 곳의 압밀도와 과잉간극수압의 소산량은 얼마인가? [기사 11]

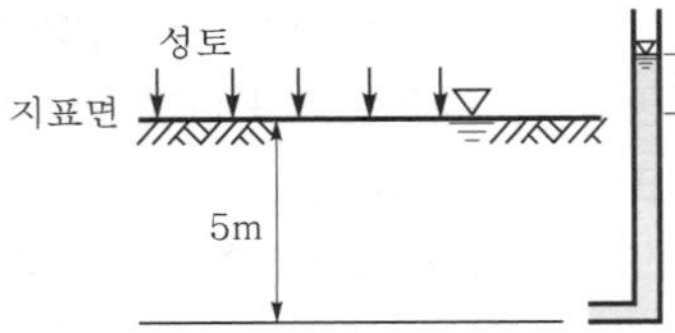

① 압밀도 : 20%, 과잉간극수압 소산량 : 0.6t/m²
② 압밀도 : 20%, 과잉간극수압 소산량 : 2.4t/m²
③ 압밀도 : 80%, 과잉간극수압 소산량 : 2.4t/m²
④ 압밀도 : 80%, 과잉간극수압 소산량 : 0.6t/m²

해설
㉮ $u_i = \gamma_w h = 1 \times 3 = 3\text{t/m}^2$
$u = \gamma_w h = 1 \times 2.4 = 2.4\text{t/m}^2$
㉯ $U_z = \dfrac{u_i - u}{u_i} \times 100 = \dfrac{3 - 2.4}{3} \times 100 = 20\%$
㉰ 과잉간극수압 소산량
$\Delta u = u_i - u = 3 - 2.4 = 0.6\text{t/m}^2$

78. 다음 그림과 같은 지반에 재하 순간 수주(水柱)가 지표면으로부터 5m이었다. 20% 압밀이 일어난 후 지표면으로부터 수주의 높이는? [기사 13]

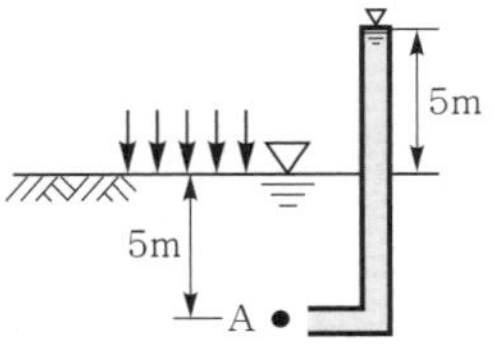

① 1m ② 2m
③ 3m ④ 4m

해설
㉮ $u_i = 1 \times 5 = 5\text{t/m}^2$
㉯ $U_z = \dfrac{u_i - u}{u_i} \times 100$
$20 = \dfrac{5 - u}{5} \times 100$
$\therefore\ u = 4\text{t/m}^2$
㉰ $u = \gamma_w h$
$4 = 1 \times h$
$\therefore\ h = 4\text{m}$

79. 다음 그림과 같은 지반에서 재하 순간 수주(水柱)가 지표면(지하수위)으로부터 5m이었다. 40% 압밀이 일어난 후 A점에서의 전체 간극수압은 얼마인가? [기사 11]

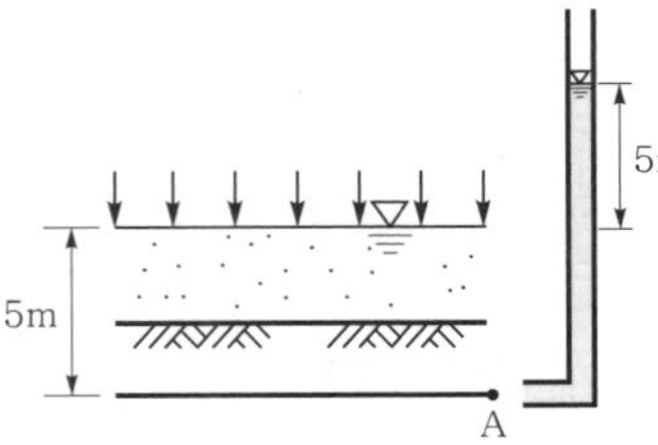

① 6t/m² ② 7t/m²
③ 8t/m² ④ 9t/m²

해설
㉮ $u_i = \gamma_w h = 1 \times 5 = 5\text{t/m}^2$
㉯ $U_z = \dfrac{u_i - u}{u_i} \times 100$
$40 = \dfrac{5 - u}{5} \times 100$
$\therefore\ u = 3\text{t/m}^2$
㉰ 재하하기 이전의 간극수압
$u = \gamma_w h = 1 \times 5 = 5\text{t/m}^2$
㉱ 전체 간극수압 $= 5 + 3 = 8\text{t/m}^2$

80. 다음 그림과 같은 지층 단면에서 지표면에 가해진 5t/m²의 상재하중으로 인한 점토층(정규압밀점토)의 1차 압밀 최종 침하량(S)을 구하고, 침하량이 5cm일 때 평균압밀도(U)를 구하면? [기사 09, 16]

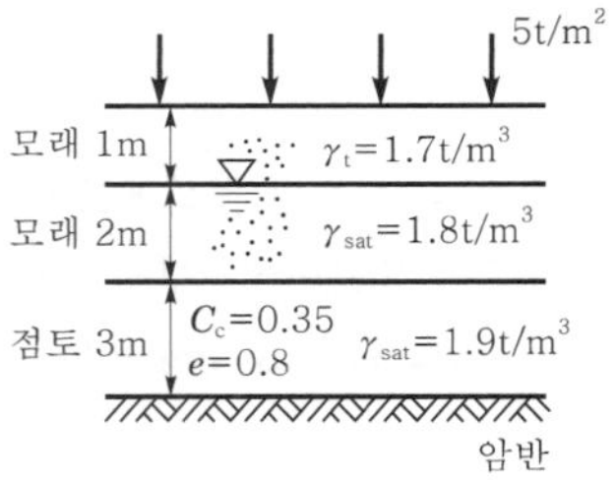

① $S = 18.5\text{cm}$, $U = 27\%$ ② $S = 14.7\text{cm}$, $U = 22\%$
③ $S = 18.5\text{cm}$, $U = 22\%$ ④ $S = 14.7\text{cm}$, $U = 27\%$

해설
㉮ $P_1 = 1.7 \times 1 + 0.8 \times 2 + 0.9 \times \dfrac{3}{2} = 4.65\text{t/m}^2$
㉯ $P_2 = P_1 + \Delta P = 4.65 + 5 = 9.65\text{t/m}^2$
㉰ $\Delta H = \dfrac{C_c}{1 + e_1} \log \dfrac{P_2}{P_1} H$
$= \dfrac{0.35}{1 + 0.8} \times \log \dfrac{9.65}{4.65} \times 3 = 0.185\text{m} = 18.5\text{cm}$
㉱ $\overline{U} = \dfrac{S_{ct}}{S_c} = \dfrac{5}{18.5} = 0.2703 = 27.03\%$

정답 77. ① 78. ④ 79. ③ 80. ①

81. 다음 그림과 같은 점토지반에 재하 순간 A점에서의 물의 높이가 그림에서와 같이 점토층의 윗면으로부터 5m이었다. 이러한 물의 높이가 4m까지 내려오는 데 50일이 걸렸다면 50% 압밀이 일어나는 데는 며칠이 더 걸리겠는가? (단, 10% 압밀 시 압밀계수 $T_v=0.008$, 20% 압밀 시 $T_v=0.031$, 50% 압밀 시 $T_v=0.197$이다.) [기사 16]

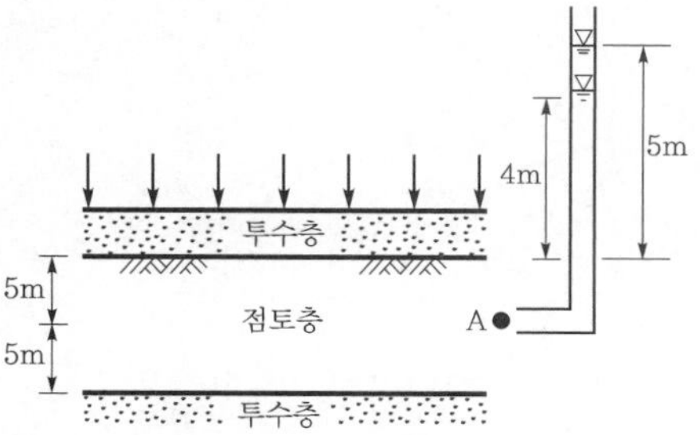

① 268일　② 618일
③ 1,181일　④ 1,231일

해설 ㉮ $u_i=1\times5=5\mathrm{t/m^2}$, $u=1\times4=4\mathrm{t/m^2}$

㉯ $U_z=\dfrac{u_i-u}{u_i}\times100=\dfrac{5-4}{5}\times100=20\%$

㉰ $t_{20}=\dfrac{0.031\left(\dfrac{H}{2}\right)^2}{C_v}=50$일

$\therefore\ \dfrac{H^2}{C_v}=6451.6$

㉱ $t_{50}=\dfrac{0.197\left(\dfrac{H}{2}\right)^2}{C_v}=\dfrac{0.197}{4}\times6451.6=317.74$일

㉲ 추가일수 $=317.74-50=267.74=268$일

82. 10m 두께의 포화된 정규압밀점토층의 지표면에 매우 넓은 범위에 걸쳐 $5.0\mathrm{t/m^2}$의 등분포하중이 작용한다. $\gamma_{sat}=2.0\mathrm{t/m^3}$, 압축지수$(C_c)=0.8$, $e_o=0.6$, 압밀계수$(C_v)=4\times10^{-5}\mathrm{cm^2/s}$일 때 다음 설명 중 틀린 것은? (단, 지하수위는 점토층 상단에 위치한다.) [기사 10]

① 초기 과잉간극수압의 크기는 $5.0\mathrm{t/m^2}$이다.
② 점토층에 설치한 피에조미터의 재하 직후 물의 상승고는 점토층 상면으로부터 5m이다.
③ 압밀침하량이 75.25cm 발생하면 점토층의 평균압밀도는 50%이다.
④ 일면배수조건이라면 점토층이 50% 압밀하는 데 소요되는 일수는 24,500일이다.

해설 ㉮ $u_i=\gamma_w h$

$5=1\times h$

$\therefore\ h=5\mathrm{m}$

㉯ ㉠ $P_1=1\times\dfrac{10}{2}=5\mathrm{t/m^2}$

㉡ $P_2=P_1+\Delta P=5+5=10\mathrm{t/m^2}$

㉢ $\Delta H=\dfrac{C_c}{1+e_1}\log\dfrac{P_2}{P_1}H$

$=\dfrac{0.8}{1+0.6}\times\log\dfrac{10}{5}\times10=1.51\mathrm{m}$

㉣ $\overline{U}=\dfrac{S_{ct}}{S_c}=\dfrac{75.25}{151}=0.498=49.8\%$

㉰ $t_{50}=\dfrac{0.197H^2}{C_v}=\dfrac{0.197\times1{,}000^2}{4\times10^{-5}}$

$=4.925\times10^9$초$=57{,}002.3$일

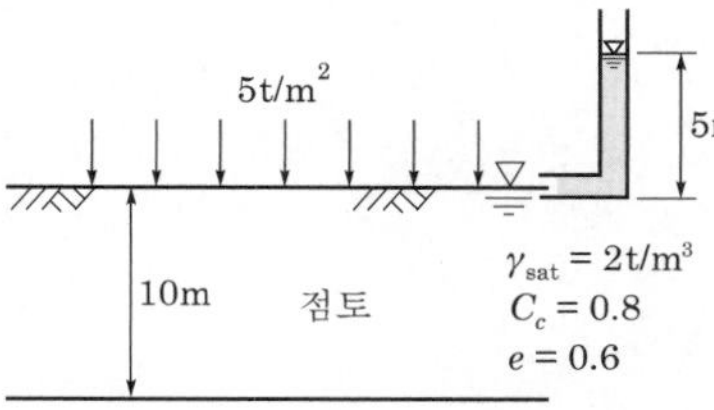

MEMO

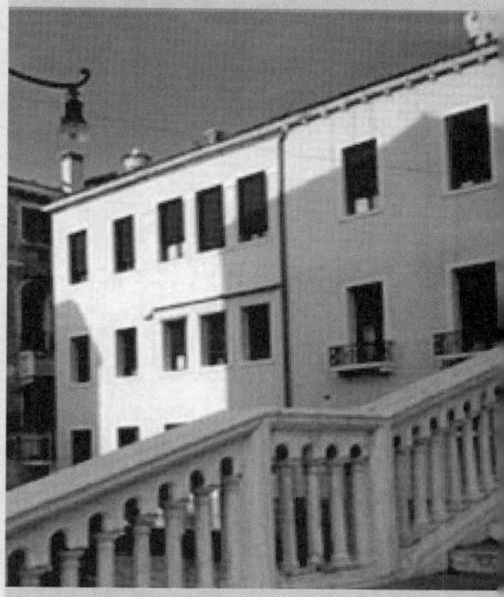

chapter 9

흙의 전단강도

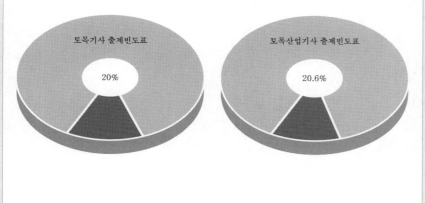

9 흙의 전단강도

01 Mohr-Coulomb의 파괴이론

알•아•두•기•

① 전단강도(shearing strength)

(1) 정의

전단저항의 최대치로서 활동면에서 전단에 의해 발생하는 최대 저항력을 전단강도라 한다.

➡ 외력에 의하여 흙 내부에 전단응력(shearing stress)이 발생하고 전단응력의 크기에 따라 활동에 저항하려는 전단저항(shearing resistence)이 발생한다.

(2) Mohr-Coulomb의 파괴규준

① $\tau_f = c + \overline{\sigma} \tan\phi$ ············ (9·1)

여기서, τ_f : 전단강도

c : 흙의 점착력(cohesion of soil)

$\overline{\sigma}$: 유효수직응력

ϕ : 흙의 내부마찰각(angle of internal friction)

② 흙의 전단강도는 점착력과 내부마찰각으로 나타내진다.

㉮ 점착력은 σ 의 크기에 관계가 없고, 주어진 흙에 대해서는 일정한 값을 갖는다.

㉯ 내부마찰각은 흙의 특성과 상태가 정해지면 일정한 값을 갖는다.

➡ c, ϕ의 값은 흙에 따라 고유한 값이 아니고 전단하는 방법과 배수조건에 따라 크게 달라진다.

② Mohr-Coulomb의 파괴포락선

① A점 : 전단파괴가 일어나지 않는다.

② B점 : 전단파괴가 일어난다.

③ C점 : 전단파괴가 일어난 이후로서, 이러한 경우는 존재할 수 없다.

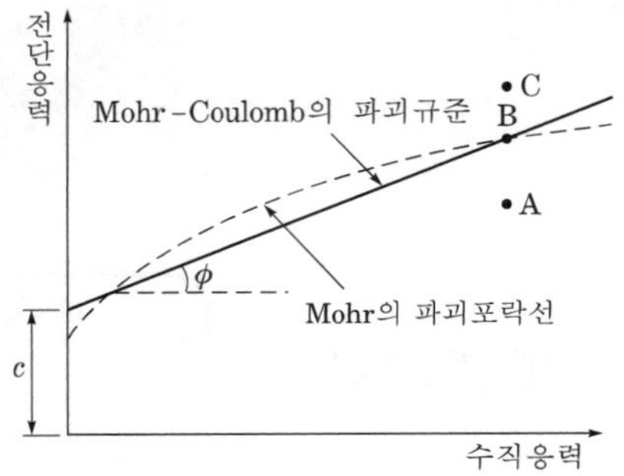

【그림 9-1】 Mohr의 파괴포락선과 Mohr-Coulomb의 파괴규준

③ 흙의 종류에 따른 Mohr-Coulomb의 파괴포락선

(1) 일반흙(그림에서 Ⓐ)

$c \neq 0$, $\phi \neq 0$이므로

$$\tau = c + \bar{\sigma} \tan \phi \quad \cdots\cdots (9 \cdot 2)$$

(2) 모래(그림에서 Ⓑ)

$c = 0$, $\phi \neq 0$이므로

$$\tau = \bar{\sigma} \tan \phi \quad \cdots\cdots (9 \cdot 3)$$

(3) 점토(그림에서 Ⓒ)

$c \neq 0$, $\phi = 0$이므로

$$\tau = c \quad \cdots\cdots (9 \cdot 4)$$

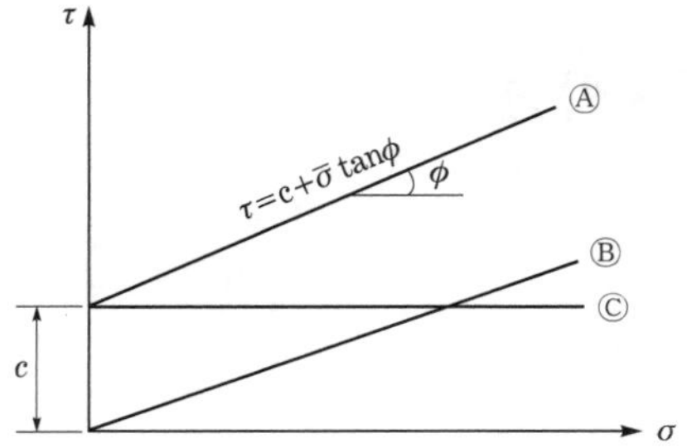

【그림 9-2】 흙의 종류에 따른 파괴포락선

알•아•두•기•

02 Mohr응력원

① 주응력면과 주응력

(1) 주응력면(principal planes)

지반 내 임의의 한 점에 대하여 수직응력만 작용하고 전단응력이 0이 되는 2개의 직교하는 면이 있는데, 이러한 면들을 **주응력면**이라 한다.

(2) 주응력(principal stress)

주응력면에 작용하는 법선방향의 응력을 주응력이라 하고, 이때 그 값이 최대인 것을 **최대 주응력**(σ_1), 최소인 것을 **최소 주응력**(σ_3)이라 한다.

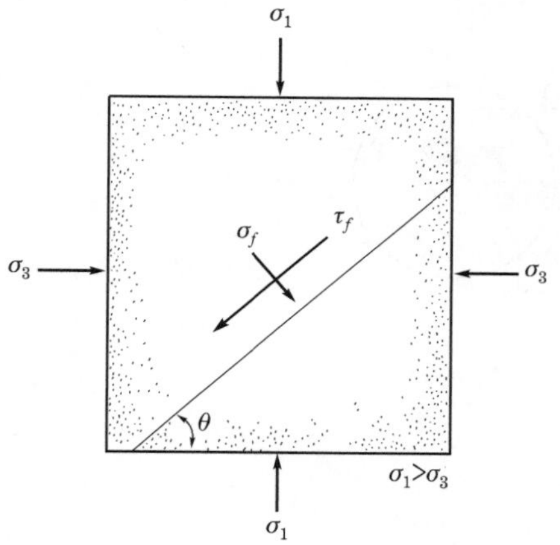

【그림 9-3】 주응력면과 파괴면

② 파괴면에 작용하는 수직응력과 전단응력

(1) 수직응력

$$\sigma_f = \frac{\sigma_1 + \sigma_3}{2} + \frac{\sigma_1 - \sigma_3}{2}\cos 2\theta \quad \cdots\cdots (9 \cdot 5)$$

(2) 전단응력

$$\tau_f = \frac{\sigma_1 - \sigma_3}{2}\sin 2\theta \quad \cdots\cdots (9\cdot6)$$

③ 도해법

① σ_1, σ_3로서 Mohr원을 그린다.

② $\sigma_1(\sigma_3)$점에서 최대(최소) 주응력면과 평행선을 그어 모어원과 만난 점을 **평면기점**(origin of plane ; O_p)이라 한다.

③ 평면기점에서 파괴면과 평행선을 그어 모어원과 만난 점이 **구점**(σ_f, τ_f)이다.

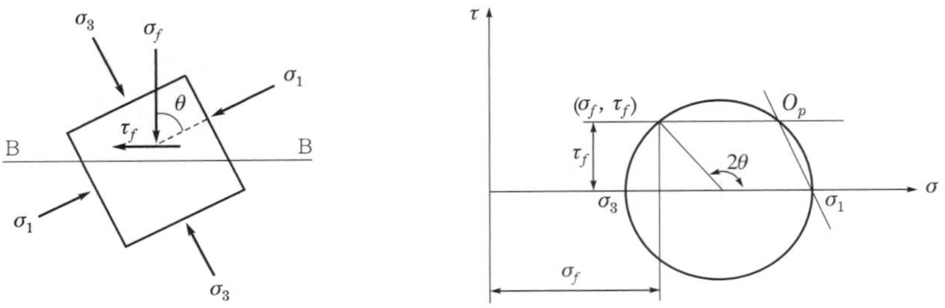

【그림 9-4】

④ Mohr원과 파괴포락선

① 파괴포락선과 Mohr원이 X점에서 접한다.

② A와 X를 잇는 선이 파괴면이다.

③ 파괴면과 최대 주응력면이 이루는 각은 θ 이다.

$$\theta = 45° + \frac{\phi}{2} \quad \cdots\cdots (9\cdot7)$$

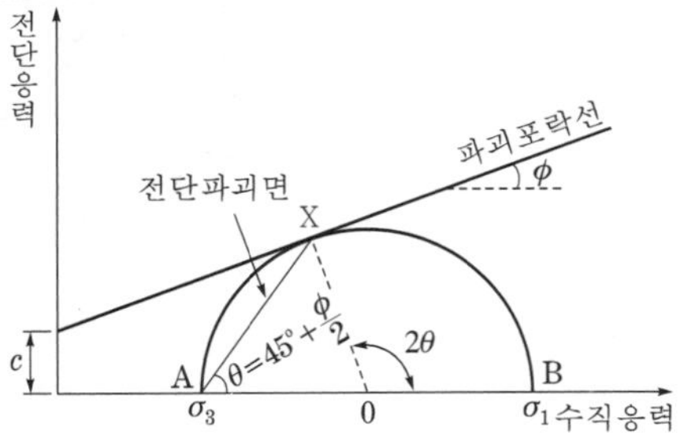

【그림 9-5】 Mohr원과 파괴포락선

Mohr원 작도 시 부호의 규약

수직응력은 압축을 "+", 전단응력은 반시계방향을 "+"로 한다.

알•아•두•기•

03 전단강도 정수를 구하기 위한 시험

① 실내시험에 의한 전단강도 정수의 측정

(1) 직접전단시험(direct shear test)

전단시험 중 가장 오래되고 간단한 방법 중의 하나이다.

1) 개요

수평으로 분할된 전단상자에 시료를 넣고 수직응력을 증가시켜 가면서 파괴 시의 최대 전단응력을 구한 후 파괴포락선을 그려 전단강도 정수(c, ϕ)를 구한다.

2) 전단응력의 계산

① 1면 전단

$$\tau = \frac{S}{A} \quad \cdots\cdots (9\cdot8)$$

② 2면 전단

$$\tau = \frac{S}{2A} \quad \cdots\cdots (9\cdot9)$$

3) 시험결과의 정리

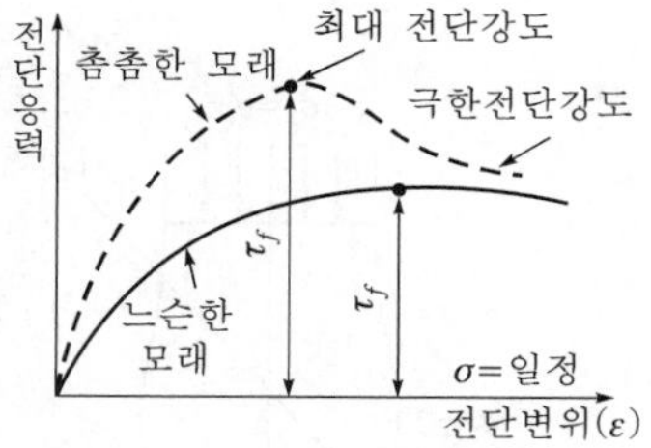

(a) 전단응력－변형률곡선

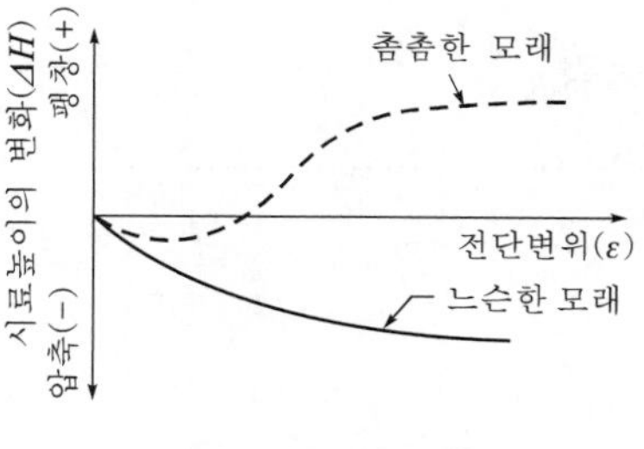

(b) 수직변위－변형률곡선

【그림 9-6】 직접전단시험법에 의한 시험성과의 예
(촘촘한 모래와 느슨한 모래의 경우)

4) 결과의 이용

① 토압계산

② 사면의 안정계산

③ 구조물 기초의 지지력계산

전단력을 가하는 방법에 의한 분류

① 응력제어식 : 시료에 주는 응력을 단계적으로 일정한 속도로 증가시키면서 변형과 응력의 관계를 구하는 방식

② 변형률제어식 : 시료에 주는 변형속도를 일정하게 하여 변형과 응력의 관계를 구하는 방식으로 주로 이 방식을 사용하고 있다.

전단강도 정수를 구하기 위한 시험은 주로 직접전단시험과 삼축압축시험을 이용한다.

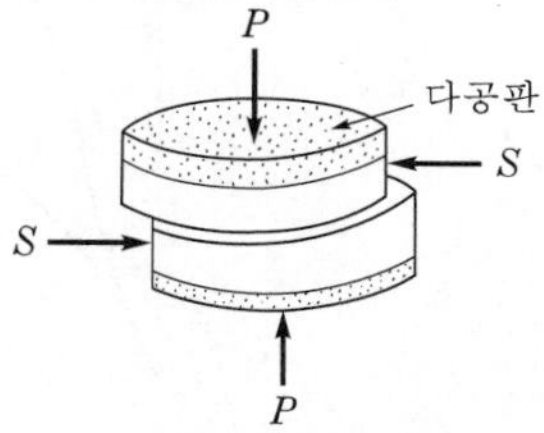

【1면 전단시험】

알•아•두•기•

(2) 일축압축시험(unconfined compression test)

1) 특징

① $\sigma_3=0$인 상태의 삼축압축시험이다.

② ϕ가 작은 점성토에서만 시험이 가능하다.

③ UU-test이다.

④ Mohr원이 하나밖에 그려지지 않는다.

> 일축압축시험은 점성토의 일축압축강도와 예민비를 구하기 위해 행한다.

2) 일축압축강도

① 정의 : $\sigma_3=0$인 상태의 공시체가 파괴될 때의 축방향 압축응력, 또는 응력-변형곡선에서 압축변형이 15%일 때의 압축응력을 일축압축강도라 한다.

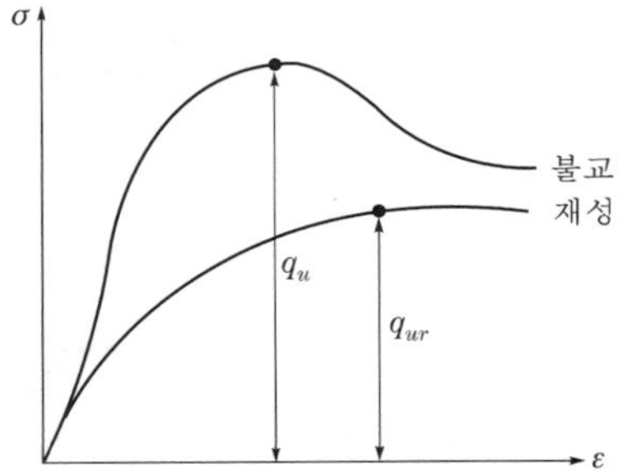

【그림 9-7】 불교란점토와 교란점토의 일축압축강도

② 일축압축시험 시의 압축응력

$$\sigma=\frac{P}{A_0}=\frac{P}{\dfrac{A}{1-\varepsilon}}=\frac{P(1-\varepsilon)}{A} \quad \cdots\cdots (9\cdot10)$$

③ 일축압축강도

△abc에서

$$\sin\phi=\frac{\dfrac{\sigma_1}{2}}{c\cot\phi+\dfrac{\sigma_1}{2}}=\frac{\sigma_1}{2c\cot\phi+\sigma_1}$$

$$c=\frac{\sigma_1(1-\sin\phi)}{2\cos\phi}=\frac{\sigma_1}{2\tan\left(45^\circ+\dfrac{\phi}{2}\right)}=\frac{q_u}{2\tan\left(45^\circ+\dfrac{\phi}{2}\right)}$$

$$\therefore\ q_u=2c\tan\left(45^\circ+\frac{\phi}{2}\right) \quad \cdots\cdots (9\cdot11)$$

$\phi=0$인 점토의 일축압축강도는

$$q_u=2c \quad \cdots\cdots (9\cdot12)$$

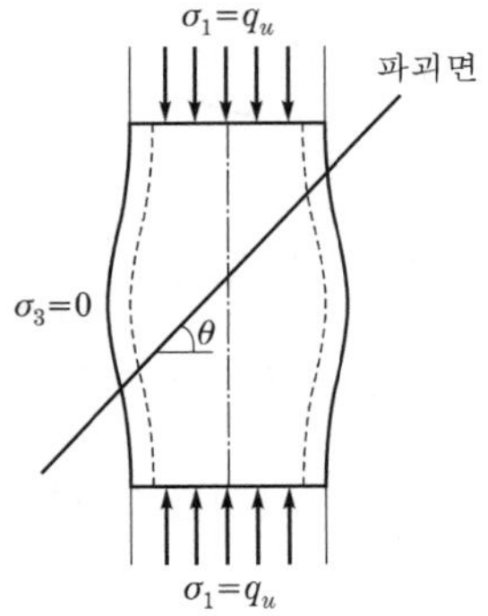

【일축압축시험 파괴모형】

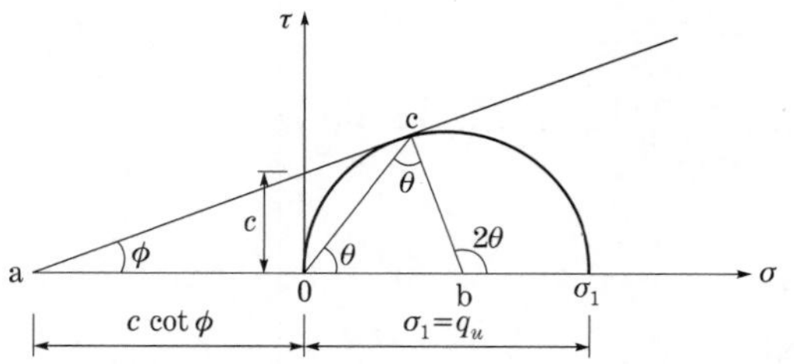

【그림 9-8】 일축압축시험결과

3) 결과의 이용

① 예민비를 계산하여 점토를 분류한다.

㉮ 예민비(sensitivity)

$$S_t = \frac{q_u}{q_{ur}} \quad \cdots\cdots (9\cdot13)$$

여기서, q_u : 자연상태의 일축압축강도

q_{ur} : 흐트러진 상태의 일축압축강도

㉯ 예민비에 따른 점토의 분류

S_t	분류
≒1	비예민성 점토
1~8	예민성 점토
8~64	초예민성 점토(quick clay)
> 64	엑스트라퀵점토(extra quick clay)

② 점토의 consistency를 추정한다.

【표 9-1】 consistency, N치, q_u와의 관계

consistency	N치	일축압축강도(q_u[kg/cm²])
대단히 연약	$N < 2$	$q_u < 0.25$
연약	2~4	0.25~0.5
중간	4~8	0.5~1.0
견고	8~15	1.0~2.0
대단히 견고	15~30	2.0~4.0
고결	$N > 30$	$q_u > 4.0$

③ N치를 추정한다.

$$q_u = \frac{N}{8} \text{[kg/cm}^2\text{]} \quad \cdots\cdots (9\cdot14)$$

➡ 예민비가 클수록 점토의 강도변화가 크므로 공학적 성질이 나쁘다.

➡ 대부분의 점토는 $S_t = 1 \sim 8$이다.

④ 변형계수(E_{50})를 계산한다.

$$E_{50} = \frac{q_u/2}{\varepsilon_{50}} = \frac{q_u}{2\varepsilon_{50}} \quad \cdots\cdots (9\cdot15)$$

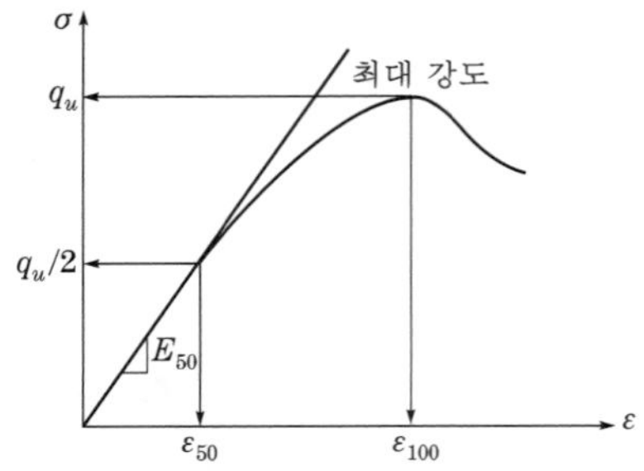

【그림 9-9】 변형계수의 계산

(3) 삼축압축시험(triaxial compression test)

삼축압축시험은 강도 정수를 구하는데 가장 유용하게 쓰이는 신뢰성이 높은 시험이다.

1) 개요

측압(σ_3)에 대한 파괴 시의 최대 주응력(σ_1)을 측정하고 측압을 증가시켜 가면서 그때마다 σ_1을 Mohr응력원에 작성하고, 파괴포락선을 그려 강도 정수를 구한다.

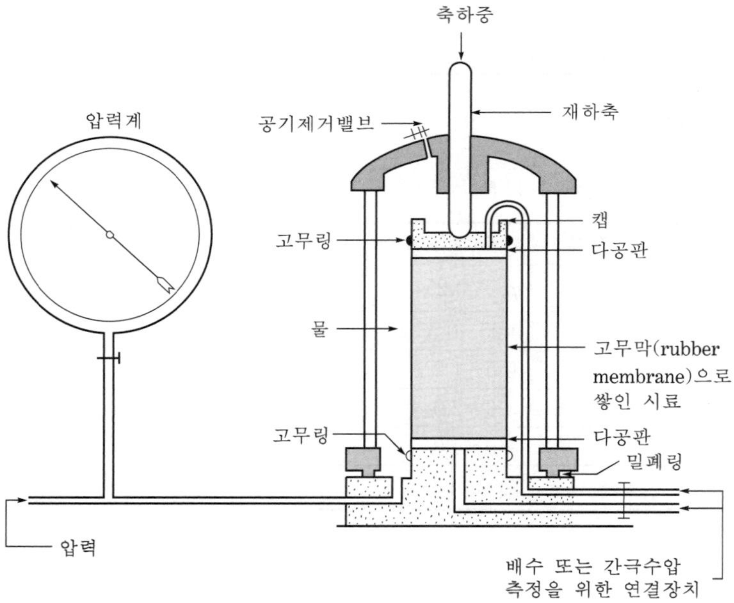

【그림 9-10】 삼축압축시험장치

2) 축차응력 및 최대 주응력의 계산

① 축차응력(deviator stress)

$$\sigma_1-\sigma_3=\frac{P}{A_0}=\frac{P}{\frac{A}{1-\varepsilon}}=\frac{P(1-\varepsilon)}{A} \quad \cdots\cdots (9\cdot16)$$

➡ 축차응력을 주응력차라고도 한다.

여기서, $\sigma_1-\sigma_3$: 축차응력

P : 환산하중(=proving ring계수(교정계수) ×다이얼게이지 읽음)(kg)

A_0 : 환산 단면적$\left(=\frac{A}{1-\varepsilon}\right)$(cm^2)

A : 시료의 단면적(cm^2)

ϵ : 변형률$\left(=\frac{\Delta l}{l}\right)$

l : 시료의 최초높이

② 최대 주응력

$$\sigma_1=\text{축차응력}+\text{최소 주응력}=(\sigma_1-\sigma_3)+\sigma_3 \quad \cdots\cdots (9\cdot17)$$

3) 배수조건에 따른 분류

① **비압밀비배수시험**(UU : Unconsolidated Undrain test) : 시료 내의 공극수가 빠져 나가지 못하도록 한 상태에서 구속압력을 가한 다음 비배수상태로 축차응력을 가해 시료를 전단파괴시키는 시험이다.

② **압밀비배수시험**(CU 또는 $\overline{\text{CU}}$: Consolidated Undrain test) : 포화시료에 구속응력을 가해 공극수압이 0이 될 때까지 압밀시킨 다음 비배수상태로 축차응력을 가해 시료를 전단파괴시키는 시험이다.

전단 시 공극수압계를 이용하여 공극수압의 변화를 측정할 수 있는데, 이때 전응력으로 강도 정수를 결정하면 CU시험이라 하고, 유효응력으로 강도 정수를 결정하면 $\overline{\text{CU}}$시험이라 한다.

③ **압밀배수시험**(CD : Consolidated Drain test) : 포화시료에 구속응력을 가해 압밀시킨 다음 배수가 허용되도록 밸브를 열어 놓고 공극수압이 발생하지 않도록 천천히 축차응력을 가해 시료를 전단파괴시키는 시험이다.

➡

시험종류의 기호	강도 정수
UU	c_u, ϕ_u
CU	c_{cu}, ϕ_{cu}
$\overline{\text{CU}}$	c', ϕ'
CD	c_d, ϕ_d

4) 점성토의 배수조건에 따른 강도 정수(전단특성)

① UU－test

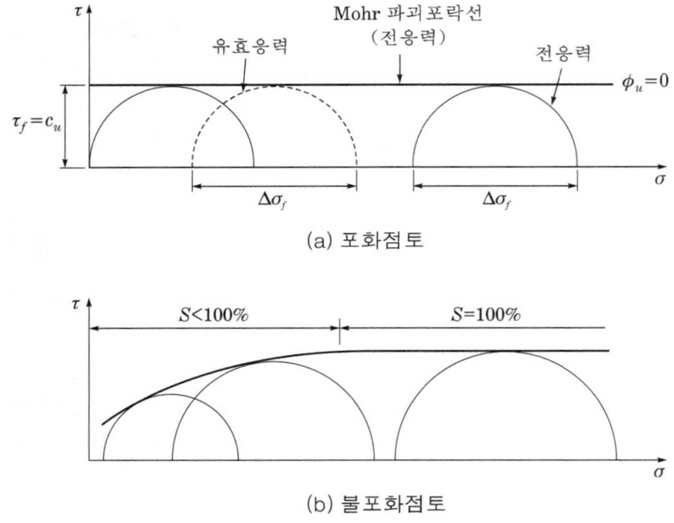

【그림 9-11】 UU시험으로 얻은 Mohr포락선

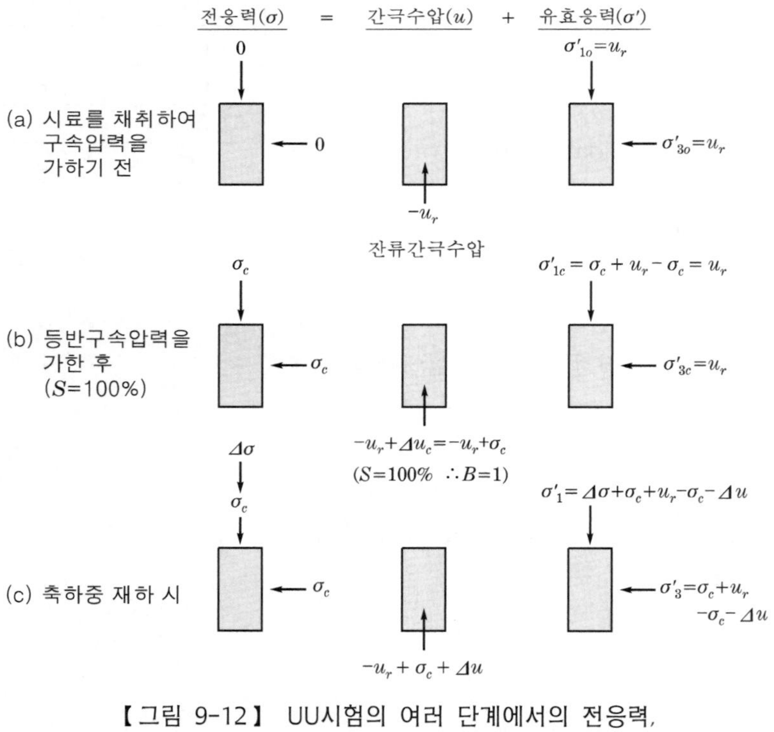

【그림 9-12】 UU시험의 여러 단계에서의 전응력, 간극수압 및 유효응력

UU-test

① 완전히 포화된 시료의 경우 구속응력을 증가시켜도 증가량만큼 간극수압이 증가하기 때문에 축차응력은 일정한 값이 되어 같은 직경의 Mohr원이 그려진다.

② 또한 간극수압을 측정하여 유효응력으로 Mohr원을 그리면 1개만 그려진다.

② CU－test

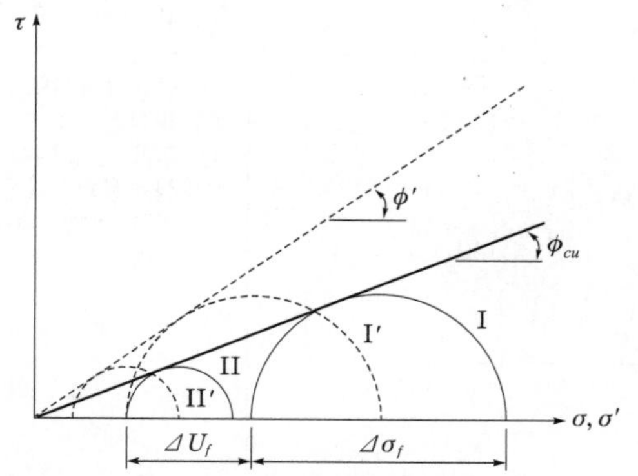

(a) 정규압밀점토

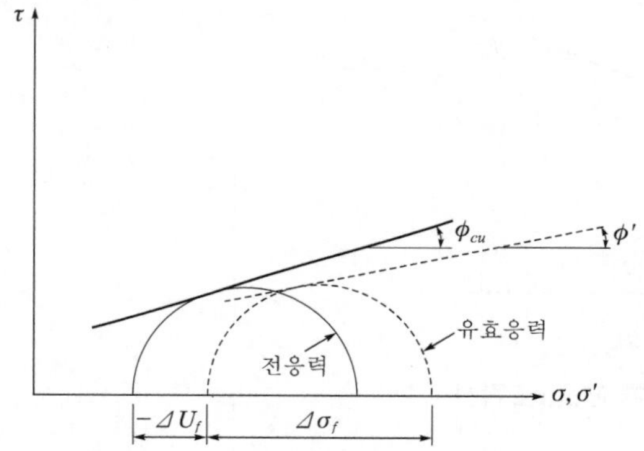

(b) 과압밀점토

【그림 9-13】 CU시험으로 구한 Mohr포락선

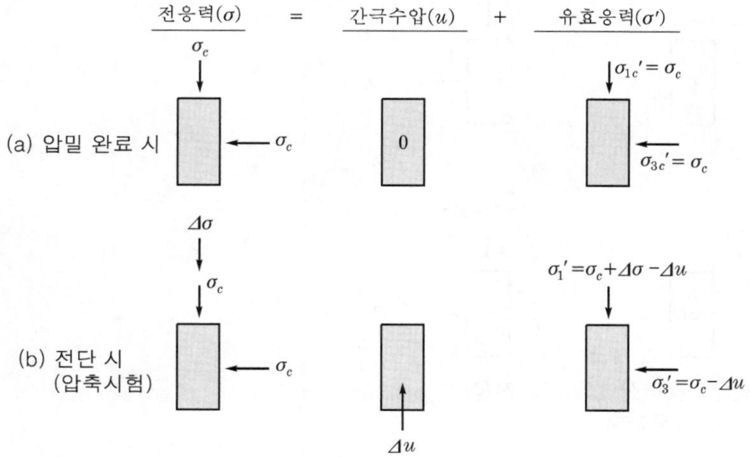

【그림 9-14】 CU시험의 압밀단계와 전단단계에서의 전응력, 간극수압 및 유효응력

알•아•두•기•

CU-test

① 정규압밀점토에서는 파괴포락선이 근사적으로 원점을 통과하는 직선이므로 $c_{cu} = c' = 0$이고 유효응력으로 표시한 Mohr원이 간극수압만큼 왼쪽에 그려지므로 ϕ의 값이 ϕ_{cu}값보다 크게 나타난다.
② 과압밀점토에서는 파괴포락선이 원점을 통과하지 않는 다소 굽은 곡선으로서 점착력과 전단저항각이 모두 얻어지며 전단될 때에는 부의 간극수압이 나타나므로 전응력으로 표시한 Mohr원이 왼쪽에 그려진다.

③ CD－test

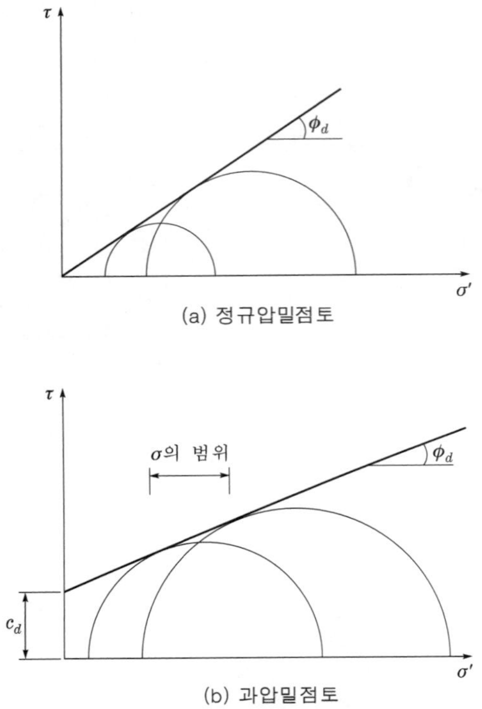

【그림 9-15】 CD시험으로 구한 Mohr포락선

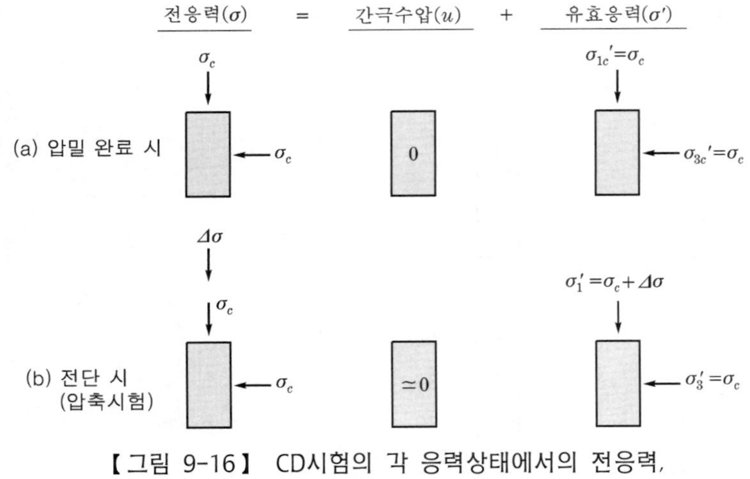

【그림 9-16】 CD시험의 각 응력상태에서의 전응력, 간극수압 및 유효응력

알•아•두•기•

CD-test

① Mohr원은 유효응력으로만 나타난다.
② 정규압밀점토에서 파괴포락선이 원점을 통과한다.
③ 과압밀점토에서 파괴포락선이 원점을 통과하지 않고 곡선이 되므로 압력범위를 정하여 직선으로 가정하여 c_d, ϕ_d 를 결정한다.

5) 현장 조건에 따른 시험결과의 적용(강도 정수의 적용)

① UU－test : 재하속도가 과잉간극수압이 소산되는 속도보다 빠를 때 적용한다.

㉮ 정규압밀점토지반에 급속성토 시 시공 직후의 안정해석에 사용

㉯ 성토 직후에 급속한 파괴가 예상되는 경우

㉰ 점토지반에 제방을 쌓거나 기초를 설치할 때 등 급격한 재하가 된 경우에 초기 안정해석에 사용

㉱ 시공 중 압밀이나 함수비의 변화가 없는 경우에 사용

② CU－test 또는 $\overline{CU}$－test

㉮ pre－loading공법으로 압밀된 후 급격한 재하 시의 안정해석에 사용

㉯ 성토하중에 의해 어느 정도 압밀된 후에 갑자기 파괴가 예상되는 경우

㉰ 제방, 흙댐에서 수위급강하 시의 안정해석에 사용($\overline{CU}$－test 적용)

③ CD－test : CD시험은 전단 중에 간극수압의 발생이 전혀 없어야 하므로 점토를 배수조건으로 전단시험을 하는데 며칠 또는 몇 주일이 걸릴 수 있다. 따라서 결과가 거의 비슷한 $\overline{CU}$－test로 대체하는 것이 보통이다.

㉮ 연약한 점토지반 위에 완속성토를 하는 경우

㉯ 흙댐에서 정상침투 시 안정해석에 사용

㉰ 과압밀점토의 굴착이나 자연사면의 장기안정해석에 사용

㉱ 투수계수가 큰 사질토 지반의 사면안정해석에 사용

㉲ 간극수압의 측정이 곤란할 때 사용

❷ 현장에서의 전단강도 정수측정

(1) 표준관입시험(SPT : Standard Penetration Test)

1) N치

지름 5.1cm, 길이 81cm의 중공식 샘플러를 드릴로드(drill rod)에 연결시켜 시추공 속에 넣고 처음 15cm는 교란되지 않은 원지반에 도달하도록 관입시킨 후 63.5±0.5kg의 해머를 76±1cm의 높이에서 자유낙하시켜 지반에 sampler를 30cm 관입시키는데 필요한 타격횟수 N치를 구한다.

■ UU해석의 예

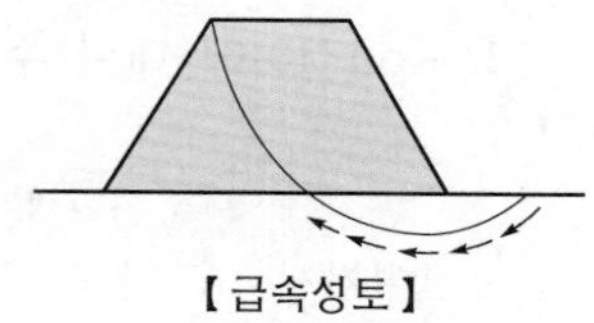

【급속성토】

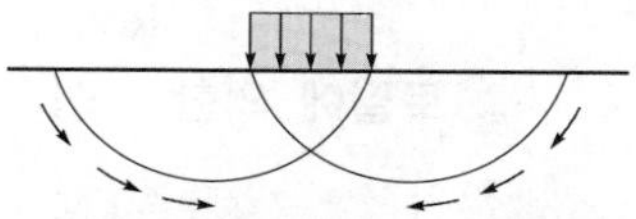

【footing기초의 시공】

■ CU해석의 예

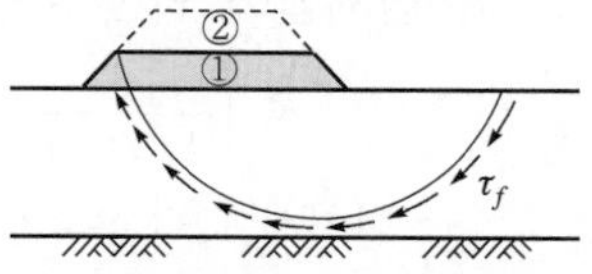

τ_f = ①층 아래의 압밀 후 비배수 전단강도

【압밀 후 성토】

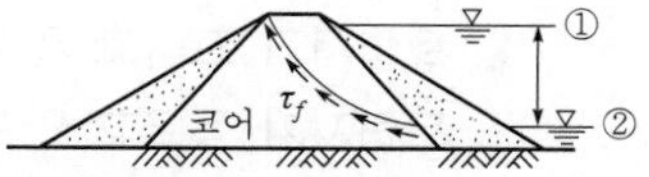

①코어의 전단강도는 정상 투수하에서 압밀과 일치

【흙댐 배면의 수위급강하(①→②)】

■ CD해석의 예

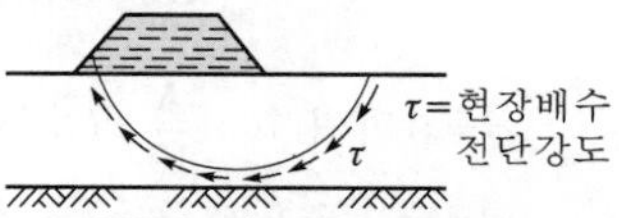

【연약점토층 위에 단계적으로 축조된 제방】

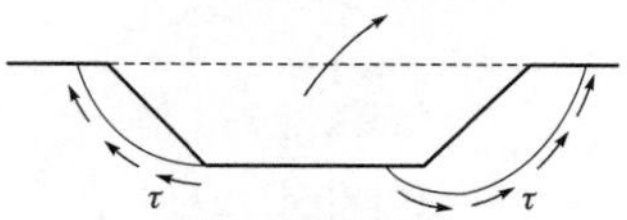

【점토의 굴착】

■ SPT의 장단점

① 장점

㉠ 시료를 육안으로 볼 수 있다.

㉡ 시험 시 관입저항치를 측정함과 동시에 시료를 채취할 수 있다.

② 단점

㉠ 채취된 시료는 교란시료이다.

㉡ 점토에는 신뢰도가 낮다.

2) N치의 수정

① Rod길이에 대한 수정

$$N_1 = N'\left(1 - \frac{x}{200}\right) \cdots\cdots (9 \cdot 18)$$

여기서, N' : 실측 N값

x : Rod길이(m)

② 토질에 의한 수정

$$N_2 = 15 + \frac{1}{2}(N_1 - 15) \cdots\cdots (9 \cdot 19)$$

단, $N_1 > 15$일 때 토질에 의한 수정을 한다.

③ 상재압에 의한 수정

$$N = N'\left(\frac{5}{1.4P+1}\right)[\mathrm{kg/cm^2}] \cdots\cdots (9 \cdot 20)$$

여기서, P : 유효상재하중$(\mathrm{kg/cm^2}) \le 2.8\mathrm{kg/cm^2}$

3) N, ϕ의 관계(Dunham공식)

① 토립자가 모나고 입도가 양호 : $\phi = \sqrt{12N} + 25$ ········ (9·21)

② 토립자가 모나고 입도가 불량, 토립자가 둥글고 입도가 양호 : $\phi = \sqrt{12N} + 20$ ········ (9·22)

③ 토립자가 둥글고 입도가 불량 : $\phi = \sqrt{12N} + 15$ ········ (9·23)

4) N, q_u의 관계

$$q_u = \frac{N}{8}[\mathrm{kg/cm^2}] \cdots\cdots (9 \cdot 24)$$

$\phi = 0$이면 $c = \frac{N}{16}$ ($\because q_u = 2c$)

5) 면적비(area ratio)

$$A_r = \frac{{D_w}^2 - {D_e}^2}{{D_e}^2} \times 100 \cdots\cdots (9 \cdot 25)$$

여기서, D_w : 샘플러의 외경

D_e : 샘플러의 내경

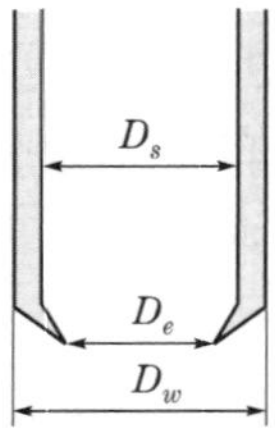

【그림 9-17】 sampler

6) 표준관입시험결과의 이용

구분		판정, 추정사항
조사결과로 파악		• 지반 내 토층의 분포 및 토층의 종류 • 지지층분포의 심도
N치로 추정	사질토	D_r, ϕ
	점성토	q_u, c_u

알•아•두•기•

적용 범위

① $N < 50$인 큰 자갈을 제외한 모든 흙에 적용된다.

② 지름 1cm 이상의 자갈층에는 곤란하다.

③ 특히 연약한 점토나 peat에서는 곤란하다.

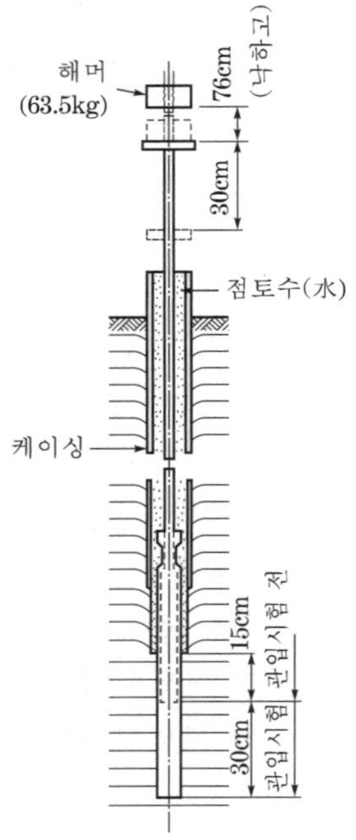

【표준관입시험】

일반적으로 면적비가 10% 이하이면 샘플러 속의 시료를 불교란시료로 취급할 수 있다.

N치로 모래의 상대밀도나 점토의 컨시스턴시를 추정한다.

【표 9-2】 N치와 모래의 상대밀도와의 관계

N	상대밀도(%)
0~4	대단히 느슨(0~15)
4~10	느슨(15~50)
10~30	중간(50~70)
30~50	조밀(70~85)
50 이상	대단히 조밀(85~100)

【표 9-3】 N치와 일축압축강도와의 관계

컨시스턴시	N	일축압축강도(q_u[kg/cm^2])
대단히 연약	< 2	<0.25
연약	2~4	0.25~0.5
중간	4~8	0.5~1.0
견고	8~15	1.0~2.0
대단히 견고	15~30	2.0~4.0
고결	>30	>4.0

(2) 베인시험(vane test)

1) 개요

극히 연약한 점토층에서 점토의 전단강도를 측정하는 시험으로 지반에서 시료를 채취하지 않고 원위치에서 전단강도를 측정하기 때문에 성과는 비교적 정확하다.

2) 전단강도

$$C_u = \frac{M_{\max}}{\pi D^2 \left(\frac{H}{2} + \frac{D}{6} \right)} \quad \cdots\cdots (9 \cdot 24)$$

여기서, C_u : 점토의 점착력(kg/cm^2)
$M_{\max}$: 최대 회전모멘트(kg · cm)
H : 베인의 높이(cm)
D : 베인의 폭(cm)

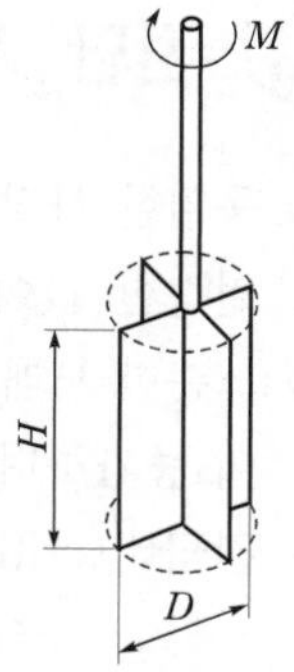

【베인시험기】

알•아•두•기•

04 점성토의 성질

① 딕소트로피(Thixotrophy)

Remolding한 시료를 함수비의 변화 없이 그대로 방치하여 두면 시간이 경과되면서 강도가 회복되는 현상이다.

② 리칭(Leaching)현상

해수에 퇴적된 점토가 담수에 의해 오랜 시간에 걸쳐 염분이 빠져나가 강도가 저하되는 현상이다.

05 사질토의 전단특성

① 전단 시 모래의 거동

① 동일한 사질토의 극한전단응력은 다져진 상태와 관계없이 거의 일정한 값이 된다.

② 느슨한 모래는 전단될 때 체적이 감소하고, 조밀한 모래는 체적이 증가하며 마지막에는 일정하게 된다. 이때의 간극비를 **한계 간극비**(critical void ratio)라고 한다.

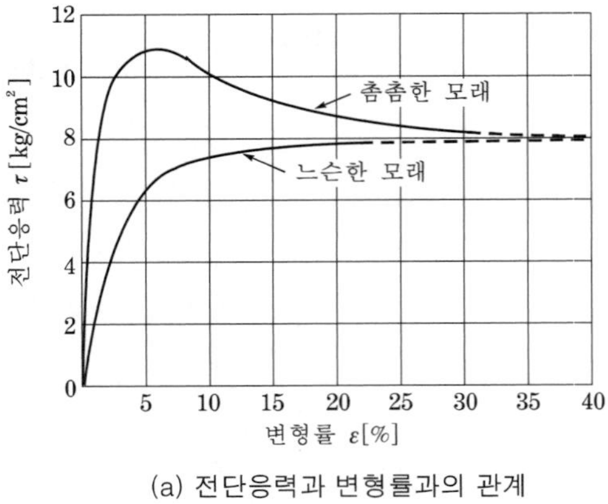

(a) 전단응력과 변형률과의 관계

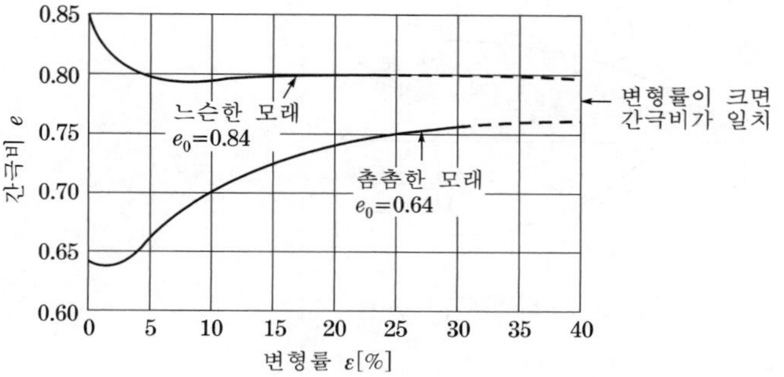

(b) 간극비와 변형률과의 관계

【그림 9-18】 모래에 대한 전단시험

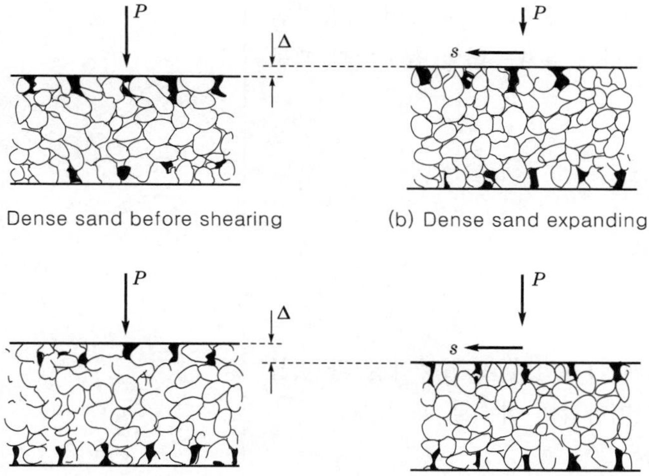

(a) Dense sand before shearing (b) Dense sand expanding

(c) Loose sand before shearing (d) Loose sand compressing during shear

【그림 9-19】 사질토의 전단 시 체적변화

② Dilatancy현상

전단상자 속의 시료가 조밀한 경우에는 체적이 증가하나, 느슨한 경우에는 체적이 감소한다. 이와 같은 전단변형에 따른 용적변화를 Dilatancy라 한다.

① 체적 증가 → (+)Dilatancy, (−)간극수압

② 체적 감소 → (−)Dilatancy, (+)간극수압

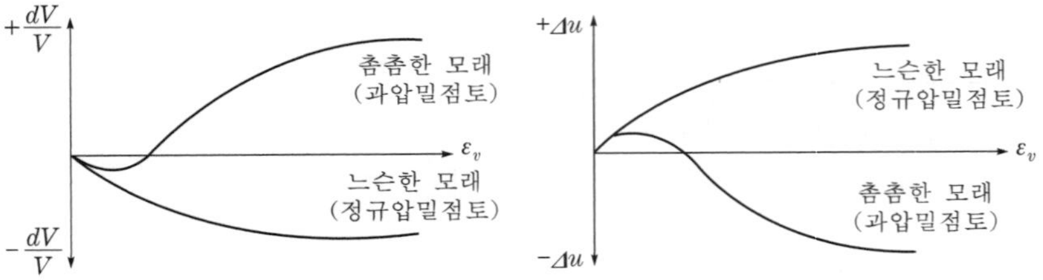

(a) 체적변화 (b) 간극수압변화

【그림 9-20】

③ 액화현상(liquifaction)

느슨하고 포화된 모래지반에 지진, 발파 등의 충격하중이 작용하면 체적이 수축함에 따라 공극수압이 증가하여 유효응력이 감소되기 때문에 전단강도가 작아지는 현상이다.

$$\tau = c + \bar{\sigma}\tan\phi$$

④ 사질토의 전단강도

(1) 사질토의 전단저항원리

모래의 전단강도는 입자 간의 마찰저항(회전마찰, 활동마찰)과 엇물림으로 이루어지며, 이의 크기는 전단저항각의 함수로 표시된다.

① 느슨한 모래 : 활동저항

② 조밀한 모래 : 활동저항, 회전저항, 엇물림

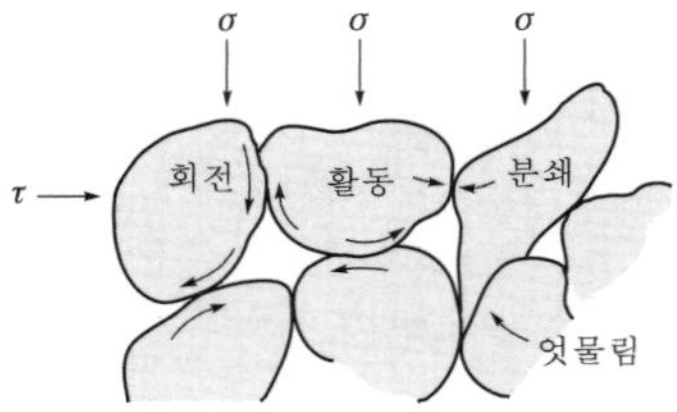

• 마찰저항 : 회전마찰, 활동마찰
• 엇물림(interlocking)

【그림 9-21】 전단에 대한 마찰저항 및 구조적 저항

(2) 모래의 전단저항각에 영향을 미치는 요소

① **상대밀도** : 상대밀도가 크거나 간극비가 작으면 전단저항각은 커진다.

② **입자의 형상과 입도분포**

㉮ 입자가 모가 날수록 전단저항각은 커진다.

㉯ 입도분포가 좋은 흙은 입경이 균등한 흙보다 전단저항각이 크다.

③ **입자의 크기** : 공극비가 일정하다면 입자의 크기는 별로 영향을 끼치지 않는다.

④ **물의 영향** : 물은 윤활효과는 있지만 유효응력으로 표시되는 전단저항각에는 거의 영향을 끼치지 않는다.

⑤ **구속압력의 영향** : 구속압력이 커지면 전단저항각은 일정하게 되지 않고 점점 작아진다.

알•아•두•기•

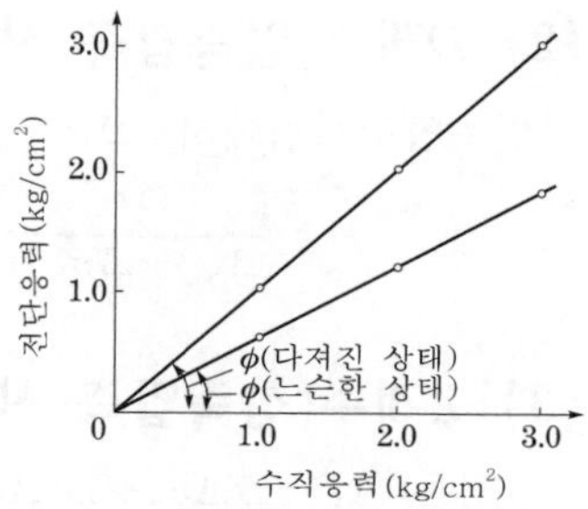

【느슨한 모래와 촘촘한 모래의 전단저항각】

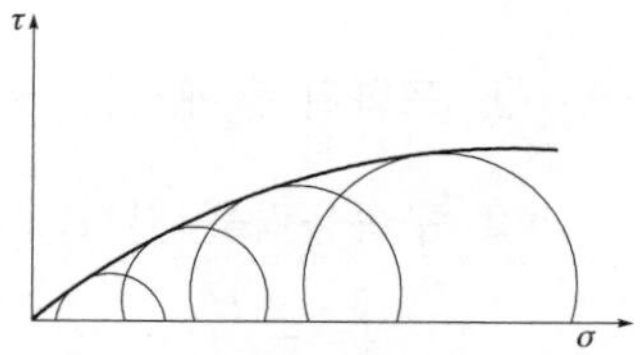

【구속압력의 영향】

06 간극수압계수

① 정의

점토에 압력이 가해지면 과잉간극수압이 발생하는데, 이때 전응력의 증가량에 대한 간극수압의 변화량의 비를 **간극수압계수**(pore pressure parameter)라 한다.

$$\text{간극수압계수} = \frac{\Delta U}{\Delta \sigma} \quad \cdots\cdots (9\cdot 25)$$

② 간극수압계수

(1) *B*계수(등방압축 시의 간극수압계수)

CU시험 시 등방압축 때의 σ_3 증가량에 대한 U의 변화량의 비

$$B = \frac{\Delta U}{\Delta \sigma_3} \quad \cdots\cdots (9\cdot 26)$$

① $S_r = 100\%$이면 $B = 1$이다.

② $S_r = 0$이면 $B = 0$이다.

◘ 간극수압계수결과의 이용

① 압밀침하량의 산정

$$\Delta H = \frac{C_c}{1+e} = \log \frac{P_2}{P_1} H$$
$$= \frac{C_c}{1+e} \log \frac{P_1 + \Delta u}{P_1} H$$

② 압밀상태의 판단

【A계수의 대표값】

흙의 종류 (S=100%)	A의 대표치 (파괴 시)
정규압밀점토	0.5~1
과압밀점토	-0.5~0

알•아•두•기•

(2) D계수(일축압축 시의 간극수압계수)

일축압축시험에서 $(\Delta\sigma_1 - \Delta\sigma_3)$의 증가량에 대한 U의 변화량의 비

$$D = \frac{\Delta U}{\Delta\sigma_1 - \Delta\sigma_3} \qquad (9\cdot 27)$$

(3) A계수(삼축압축 시의 간극수압계수)

$$\Delta U = B\Delta\sigma_3 + D(\Delta\sigma_1 - \Delta\sigma_3)$$

$$= B[\Delta\sigma_3 + A(\Delta\sigma_1 - \Delta\sigma_3)] \qquad (9\cdot 28)$$

$$A = \frac{D}{B}$$

① 포화된 흙에서는 $B=1$이므로 $A = \dfrac{\Delta U - \Delta\sigma_3}{\Delta\sigma_1 - \Delta\sigma_3}$ ············ (9·29)

② 구속응력을 일정($\Delta\sigma_3=0$)하게 하고 간극수압을 측정하면

$$A = \frac{\Delta U}{\Delta\sigma_1} \qquad (9\cdot 30)$$

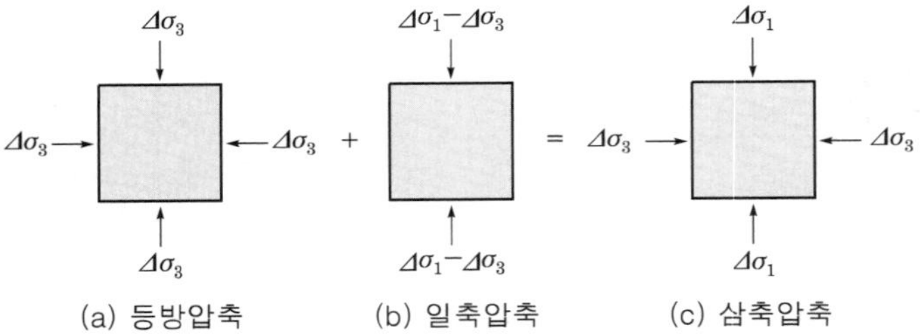

【그림 9-22】 삼축압축 시의 응력상태

07 응력경로(stress path)

① 정의

지반 내의 임의의 한 점에 작용해 온 하중의 변화과정을 응력평면 위에 나타낸 것이다. 흙의 한 요소가 받는 응력상태는 Mohr원으로 나타낼 수 있는데 최대 전단응력을 나타내는 Mohr원 정점의 좌표인 (p, q) 점의 궤적을 응력경로라 한다.

$$p = \frac{\sigma_1 + \sigma_3}{2}, \quad q = \frac{\sigma_1 - \sigma_3}{2} \qquad (9\cdot 31)$$

▶ 응력경로는 전응력경로(TSP)와 유효응력경로(ESP)로 표시할 수 있다.

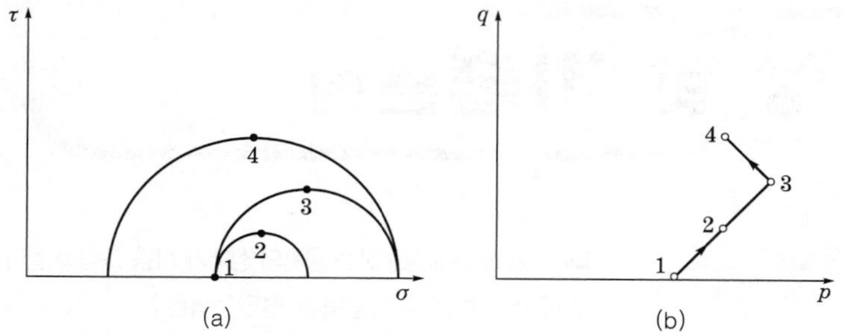

【그림 9-23】 응력상태를 표시하는데 있어서의 Mohr원과 응력경로의 비교

② K_f 선(수정파괴포락선)과 ϕ 선(파괴포락선)과의 관계

① $\tan\alpha = \sin\phi$ ······ (9·32)

② $a = c\cos\phi$ ······ (9·33)

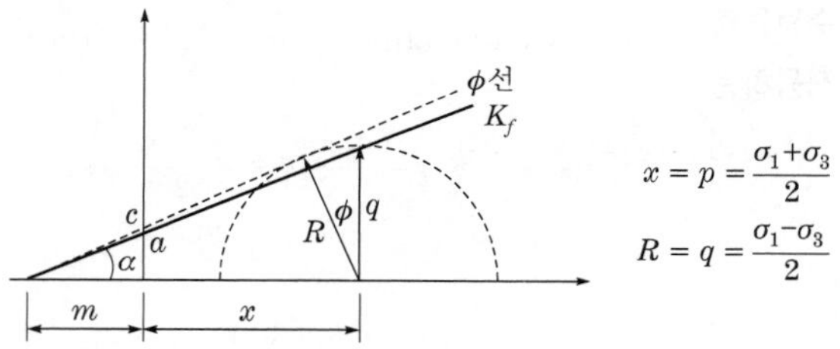

【그림 9-24】 K_f 선과 강도 정수와의 관계

③ 응력비(stress ratio)

$$K_f = \frac{\sigma_{hf}'}{\sigma_{vf}'}$$ ······ (9·34)

여기서, σ_{hf}' : 파괴상태에서의 수평방향 유효응력

σ_{vf}' : 파괴상태에서의 수직방향 유효응력

① 응력비가 일정하면 응력경로가 직선이다.

② $\frac{q}{p} = \tan\alpha = \frac{1-K}{1+K}$

$$\therefore\ K = \frac{1-\tan\alpha}{1+\tan\alpha}$$ ······ (9·35)

예상 및 기출문제

Mohr-Coulomb의 파괴이론

1. 흙 속에 있는 한 점의 최대 및 최소 주응력이 각각 2.0kg/cm^2 및 1.0kg/cm^{2}일 때 최대 주응력면과 30°를 이루는 평면상의 전단응력을 구한 값은? [기사 06, 08, 10]

① 0.105kg/cm^2　② 0.215kg/cm^2
③ 0.323kg/cm^2　④ 0.433kg/cm^2

해설 $\tau = \dfrac{\sigma_1 - \sigma_3}{2}\sin 2\theta$

$= \dfrac{2-1}{2} \times \sin(2\times 30°) = 0.433\text{kg/cm}^2$

2. 원주상의 공시체에 수직응력이 1.0kg/cm^2, 수평응력이 0.5kg/cm^{2}일 때 공시체의 각도 30° 경사면에 작용하는 전단응력은? [산업 11, 15]

① 0.17kg/cm^2　② 0.22kg/cm^2
③ 0.35kg/cm^2　④ 0.43kg/cm^2

해설 $\tau = \dfrac{\sigma_1 - \sigma_3}{2}\sin 2\theta$

$= \dfrac{1-0.5}{2} \times \sin(2\times 30°) = 0.22\text{kg/cm}^2$

3. 어떤 지반의 미소한 흙요소에 최대 및 최소 주응력이 각각 1kg/cm^2 및 0.6kg/cm^{2}일 때 최소 주응력면과 60°를 이루는 면상의 전단응력은? [기사 16, 17]

① 0.10kg/cm^2　② 0.17kg/cm^2
③ 0.20kg/cm^2　④ 0.27kg/cm^2

해설 ㉮ $\theta + \theta' = 90°$

$\theta + 60° = 90°$

$\therefore \theta = 30°$

㉯ $\tau = \dfrac{\sigma_1 - \sigma_3}{2}\sin 2\theta$

$= \dfrac{1-0.6}{2} \times \sin(2\times 30°) = 0.17\text{kg/cm}^2$

4. 한 요소에 작용하는 응력의 상태가 다음 그림과 같다면 n-n 면에 작용하는 수직응력과 전단응력은? [기사 05, 07]

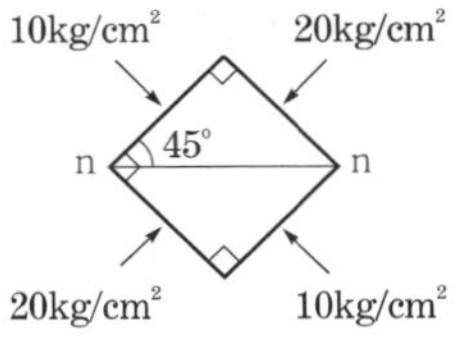

	수직응력	전단응력
①	15kgf/cm^2	5kgf/cm^2
②	10kgf/cm^2	5kgf/cm^2
③	20kgf/cm^2	10kgf/cm^2
④	$\dfrac{5}{2}\sqrt{3}$ kgf/cm^2	$\dfrac{\sqrt{3}}{2}$ kgf/cm^2

해설 ㉮ $\sigma = \dfrac{\sigma_1 + \sigma_3}{2} + \dfrac{\sigma_1 - \sigma_3}{2}\cos 2\theta$

$= \dfrac{20+10}{2} + \dfrac{20-10}{2} \times \cos(2\times 45°)$

$= 15\text{kgf/cm}^2$

㉯ $\tau = \dfrac{\sigma_1 - \sigma_3}{2}\sin 2\theta = \dfrac{20-10}{2} \times \sin(2\times 45°)$

$= 5\text{kgf/cm}^2$

5. 정규압밀점토의 삼축압축시험 결과를 나타낸 것이다. 파괴 시의 전단응력 τ와 수직응력 σ를 구하면? [기사 06, 12, 16]

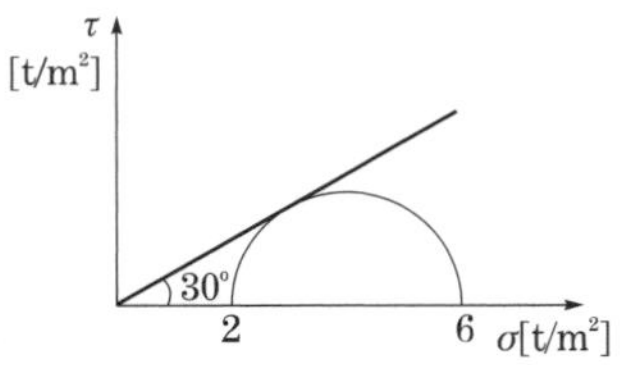

① τ=1.73t/m^2, σ=2.50t/m^2
② τ=1.41t/m^2, σ=3.00t/m^2
③ τ=1.52t/m^2, σ=2.50t/m^2
④ τ=1.73t/m^2, σ=3.00t/m^2

정답 1. ④ 2. ② 3. ② 4. ① 5. ④

해설 Mohr원에서 $\sigma_3 = 2\text{t/m}^2$, $c=0$, $\phi = 30°$이다.

㉮ $\theta = 45° + \frac{\phi}{2} = 45° + \frac{30°}{2} = 60°$

㉯ $\sigma = \frac{\sigma_1 + \sigma_3}{2} + \frac{\sigma_1 - \sigma_3}{2}\cos 2\theta$

$= \frac{6+2}{2} + \frac{6-2}{2} \times \cos(2\times 60°) = 3\text{t/m}^2$

㉰ $\tau = \frac{\sigma_1 - \sigma_3}{2}\sin 2\theta$

$= \frac{6-2}{2} \times \sin(2\times 60°) = 1.73\text{t/m}^2$

6. 모래시료에 대해서 압밀배수 삼축압축시험을 실시하였다. 초기단계에서 구속응력(σ_3')은 100kg/cm²이고, 전단파괴 시에 작용된 축차응력(σ_{df})은 200kg/cm²이었다. 이와 같은 모래시료의 내부마찰각(ϕ) 및 파괴면에 작용하는 전단응력(τ_f)의 크기는? [기사 08, 14]

① $\phi = 30°$, $\tau_f = 115.47\text{kg/cm}^2$
② $\phi = 40°$, $\tau_f = 115.47\text{kg/cm}^2$
③ $\phi = 30°$, $\tau_f = 86.60\text{kg/cm}^2$
④ $\phi = 40°$, $\tau_f = 86.60\text{kg/cm}^2$

해설 ㉮ $\sigma_3' = 100\text{kg/cm}^2$

$\sigma_1' = \sigma_3' + \sigma_{df} = 100 + 200 = 300\text{kg/cm}^2$

㉯ $\sin\phi = \frac{\sigma_1 - \sigma_3}{\sigma_1 + \sigma_3} = \frac{300-100}{300+100} = 0.5$

$\therefore \phi = 30°$

㉰ $\tau = \frac{\sigma_1' - \sigma_3'}{2}\sin 2\theta$

$= \frac{\sigma_1' - \sigma_3'}{2}\sin 2\left(45° + \frac{\phi}{2}\right)$

$= \frac{300-100}{2} \times \sin 2 \times \left(45° + \frac{30°}{2}\right)$

$= 86.6\text{kg/cm}^2$

7. 다음 중 순수한 모래의 전단강도(τ)를 구하는 식으로 옳은 것은? (단, c는 점착력, ϕ는 내부마찰각, σ는 수직응력이다.) [산업 18]

① $\tau = \sigma\tan\phi$
② $\tau = c$
③ $\tau = c\tan\phi$
④ $\tau = \tan\phi$

해설 전단강도

㉮ 점토($c \neq 0$, $\phi = 0$) : $\tau = c$

㉯ 모래($c = 0$, $\phi \neq 0$) : $\tau = \bar{\sigma}\tan\phi$

㉰ 일반 흙($c \neq 0$, $\phi \neq 0$) : $\tau = c + \bar{\sigma}\tan\phi$

8. 흙의 전단강도에 대한 설명으로 틀린 것은? [산업 20]

① 흙의 전단강도와 압축강도는 밀접한 관계에 있다.
② 흙의 전단강도는 입자 간의 내부마찰각과 점착력으로부터 주어진다.
③ 외력이 증가하면 전단응력에 의해서 내부의 어느 면을 따라 활동이 일어나 파괴된다.
④ 일반적으로 사질토는 내부마찰각이 작고, 점성토는 점착력이 작다.

해설 ㉮ 점성토 : $c \neq 0$, $\phi = 0$

㉯ 사질토 : $c = 0$, $\phi \neq 0$

9. 흙의 강도에 대한 설명으로 틀린 것은? [기사 19]

① 점성토에서는 내부마찰각이 작고, 사질토에서는 점착력이 작다.
② 일축압축시험은 주로 점성토에 많이 사용한다.
③ 이론상 모래의 내부마찰각은 0이다.
④ 흙의 전단응력은 내부마찰각과 점착력의 두 성분으로 이루어진다.

해설 이론상 모래는 $c=0$, $\phi \neq 0$이다.

10. 수직응력이 60kN/m²이고 흙의 내부마찰각이 45°일 때 모래의 전단강도는? (단, 점착력(c)은 0이다.) [산업 20]

① 24kN/m^2
② 36kN/m^2
③ 48kN/m^2
④ 60kN/m^2

해설 $\tau = c + \bar{\sigma}\tan\phi = 0 + 60 \times \tan 45° = 60\text{kN/m}^2$

11. 어떤 흙의 전단실험결과 c=1.8kg/cm², ϕ=35°, 토립자에 작용하는 수직응력 σ=3.6kg/cm²일 때 전단강도는? [기사 07, 09, 15, 산업 07, 10, 19]

① 4.89kg/cm^2
② 4.32kg/cm^2
③ 6.33kg/cm^2
④ 3.86kg/cm^2

해설 $\tau = c + \bar{\sigma}\tan\phi = 1.8 + 3.6 \times \tan 35° = 4.32\text{kg/cm}^2$

12. 건조한 흙의 직접 전단시험결과 수직응력이 4kg/cm²일 때 전단저항은 3kg/cm²이고, 점착력은 0.5kg/cm²이었다. 이 흙의 내부마찰각은? [산업 12, 14, 16]

① 30.2°
② 32°
③ 36.8°
④ 41.2°

해설 $\tau = c + \bar{\sigma}\tan\phi$

$3 = 0.5 + 4 \times \tan\phi$

$\therefore \ \phi = 32°$

13. 어느 흙에 대하여 직접전단시험을 하여 수직응력이 3.0kg/cm²일 때 2.0kg/cm²의 전단강도를 얻었다. 이 흙의 점착력이 1.0kg/cm²이면 내부마찰각은 약 얼마인가? [산업 12, 13, 18]

① 15.2°　② 18.4°
③ 21.3°　④ 24.6°

해설 $\tau = c + \bar{\sigma}\tan\phi$

$2 = 1 + 3 \times \tan\phi$

$\therefore \ \phi = 18.43°$

14. 토질실험결과 내부마찰각 $\phi = 30°$, 점착력 $c = 0.5$kg/cm², 간극수압이 8kg/cm²이고 파괴면에 작용하는 수직응력이 30kg/cm²일 때 이 흙의 전단응력은? [기사 13, 18]

① 12.7kg/cm²　② 13.2kg/cm²
③ 15.8kg/cm²　④ 19.5kg/cm²

해설 $\tau = c + \bar{\sigma}\tan\phi = c + (\sigma - u)\tan\phi$

$= 0.5 + (30 - 8) \times \tan 30° = 13.2\text{kg/cm}^2$

15. 어떤 점성토에 수직응력 40kg/cm²를 가하여 전단시켰다. 전단면상의 공극수압이 10kg/cm²이고 유효응력에 대한 점착력, 내부마찰각이 각각 0.2kg/cm², 20°이면 전단강도는? [산업 09, 11, 15]

① 6.4kg/cm²　② 10.4kg/cm²
③ 11.1kg/cm²　④ 18.4kg/cm²

해설 $\tau = c + \bar{\sigma}\tan\phi = c + (\sigma - u)\tan\phi$

$= 0.2 + (40 - 10) \times \tan 20° \fallingdotseq 11.12\text{kg/cm}^2$

16. 어떤 흙에 대해서 직접전단시험을 한 결과 수직응력이 1.0MPa일 때 전단저항이 0.5MPa이었고, 또 수직응력이 2.0MPa일 때에는 전단저항이 0.8MPa이었다. 이 흙의 점착력은? [기사 19, 산업 14]

① 0.2MPa　② 0.3MPa
③ 0.8MPa　④ 1.0MPa

해설 $\tau = c + \bar{\sigma}\tan\phi$에서

$0.5 = c + 1 \times \tan\phi$ ……… ㉠

$0.8 = c + 2 \times \tan\phi$ ……… ㉡

식 ㉠과 ㉡을 연립하여 풀면

$\therefore \ c = 0.2\text{MPa}$

17. 직접전단시험을 한 결과 수직응력이 12kg/cm²일 때 전단저항이 5kg/cm², 수직응력이 24kg/cm²일 때 전단저항이 7kg/cm²이었다. 수직응력이 30kg/cm²일 때의 전단저항은? [기사 08, 16]

① 6kg/cm²　② 8kg/cm²
③ 10kg/cm²　④ 12kg/cm²

해설 ㉮ $\tau = c + \bar{\sigma}\tan\phi$에서

$5 = c + 12\tan\phi$ ……… ㉠

$7 = c + 24\tan\phi$ ……… ㉡

식 ㉠, ㉡을 풀면

$\therefore \ c = 3\text{kg/cm}^2, \ \phi = 9.46°$

㉯ $\tau = c + \bar{\sigma}\tan\phi$

$= 3 + 30 \times \tan 9.46 = 8\text{kg/cm}^2$

18. 사질토에 대한 직접전단시험을 실시하여 다음과 같은 결과를 얻었다. 내부마찰각은 약 얼마인가? [기사 09, 16, 20]

수직응력(kN/m²)	30	60	90
최대 전단응력(kN/m²)	17.3	34.6	51.9

① 25°　② 30°
③ 35°　④ 40°

해설 $\tau = c + \bar{\sigma}\tan\phi$

$17.3 = 0 + 30 \times \tan\phi$

$\therefore \ \phi = 30°$

19. 어떤 종류의 흙에 대해 직접전단(일면전단)시험을 한 결과 다음과 같은 결과를 얻었다. 이 값으로부터 점착력(c)을 구하면? (단, 시료의 단면적은 10cm²이다.) [기사 19]

수직하중(kg)	10.0	20.0	30.0
전단력(kg)	24.785	25.570	26.355

① 3.0kg/cm²　② 2.7kg/cm²
③ 2.4kg/cm²　④ 1.9kg/cm²

정답 13. ② 14. ② 15. ③ 16. ① 17. ② 18. ② 19. ③

해설 $\tau = c + \bar{\sigma}\tan\phi$에서

㉮ $\frac{24.785}{10} = c + 10 \times \tan\phi$

$2.4785 = c + 10 \times \tan\phi$ ……………………… ㉠

㉯ $\frac{26.355}{10} = c + 30 \times \tan\phi$

$2.6355 = c + 30 \times \tan\phi$ ……………………… ㉡

식 ㉠과 ㉡을 연립방정식으로 풀면

$\therefore\ c = 2.4\text{kg/cm}^2$

20. 다음 그림에서 A점 흙의 강도 정수가 $c' = 30\text{kN/m}^2$, $\phi' = 30°$일 때 A점에서의 전단강도는? (단, 물의 단위중량은 9.81kN/m^3이다.)

[기사 16, 17, 19, 20, 산업 15, 16, 17, 19]

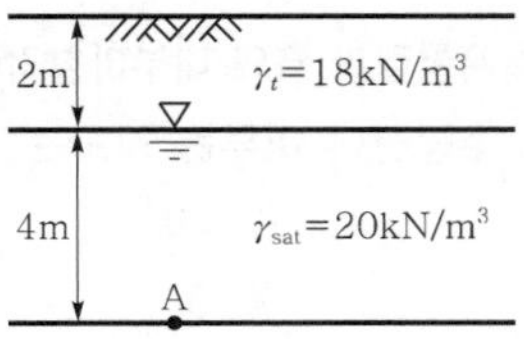

① 69.31kN/m^2　② 74.32kN/m^2
③ 96.97kN/m^2　④ 103.92kN/m^2

해설 ㉮ $\sigma = 18 \times 2 + 20 \times 4 = 116\text{kN/m}^2$

$u = 9.81 \times 4 = 39.24\text{kN/m}^2$

$\sigma' = \sigma - u = 116 - 39.24 = 76.76\text{kN/m}^2$

㉯ $\tau = c + \sigma'\tan\phi$

$= 30 + 76.76 \times \tan 30° = 74.32\text{kN/m}^2$

21. 어떤 흙에 대한 일축압축강도가 1.2kg/cm^2이었고 파괴면과 최대 주응력면이 이루는 각을 측정하였더니 45°였다. 이 흙의 전단강도는? [산업 03]

① 0.25kg/cm^2　② 0.6kg/cm^2
③ 3.5kg/cm^2　④ 0.35kg/cm^2

해설 ㉮ $\theta = 45° + \frac{\phi}{2} = 45°$이므로 $\phi = 0$이다.

㉯ $q_u = 2c\tan\left(45° + \frac{\phi}{2}\right) = 2c$

$1.2 = 2c$

$\therefore\ c = 0.6\text{kg/cm}^2$

㉰ $\tau = c + \bar{\sigma}\tan\phi = c = 0.6\text{kg/cm}^2$

22. Mohr응력원에 대한 설명 중 옳지 않은 것은?

[기사 09, 16, 19]

① 임의평면의 응력상태를 나타내는데 매우 편리하다.
② 평면기점(origin of plane, O_p)은 최소 주응력을 나타내는 원호상에서 최소 주응력면과 평행선이 만나는 점을 말한다.
③ σ_1과 σ_3의 차의 벡터를 반지름으로 해서 그린 원이다.
④ 한 면에 응력이 작용하는 경우 전단력이 0이면 그 연직응력을 주응력으로 가정한다.

해설 Mohr응력원은 σ_1과 σ_3의 차의 벡터를 지름으로 해서 그린 원이다.

23. Mohr의 응력원에 대한 설명 중 틀린 것은?

[기사 13]

① Mohr의 응력원에 접선을 그었을 때 종축과 만나는 점이 점착력 C이고, 그 접선의 기울기가 내부마찰각 ϕ이다.
② Mohr의 응력원이 파괴포락선과 접하지 않을 경우 전단파괴가 발생됨을 뜻한다.
③ 비압밀비배수시험조건에서 Mohr의 응력원은 수평축과 평행한 형상이 된다.
④ Mohr의 응력원에서 응력상태는 파괴포락선 위쪽에 존재할 수 없다.

해설 Mohr응력원이 파괴포락선에 접하는 경우에 전단파괴가 발생된다.

전단강도 정수를 구하기 위한 시험

24. 흙시료의 전단파괴면을 미리 정해놓고 흙의 강도를 구하는 시험은? [기사 11, 18]

① 일축압축시험　② 삼축압축시험
③ 직접전단시험　④ 평판재하시험

25. 다음 중 직접전단시험의 특징이 아닌 것은?

[산업 11, 16]

① 배수조건에 대한 완벽한 조절이 가능하다.
② 시료의 경계에 응력이 집중된다.
③ 전단면이 미리 정해진다.
④ 시험이 간단하고 결과분석이 빠르다.

정답 20. ② 21. ② 22. ③ 23. ② 24. ③ 25. ①

해설 직접전단시험은 배수조건에 대한 조절을 할 수 없다.

26. 다음 중 흙의 강도를 구하는 시험이 아닌 것은? [기사 12]

① 압밀시험 ② 직접전단시험
③ 일축압축시험 ④ 삼축압축시험

해설 압밀시험은 침하량과 침하속도를 구하기 위해 실시한다.

27. 다음은 시험의 종류와 시험으로부터 얻을 수 있는 값을 연결한 것이다. 틀린 것은? [기사 11, 16]

① 비중계분석시험－흙의 비중(G_s)
② 삼축압축시험－강도 정수(c, ϕ)
③ 일축압축시험－흙의 예민비(S_t)
④ 평판재하시험－지반반력계수(k_s)

해설 비중계분석시험－흙의 지름(D)

28. 점성토의 비배수 전단강도를 구하는 시험으로 가장 적합하지 않은 것은? [기사 12]

① 일축압축시험
② 비압밀비배수 삼축압축시험(UU)
③ 베인시험
④ 직접전단강도시험

해설 직접전단시험은 간단하고 빨리 시험결과를 얻을 수 있기 때문에 사질토에 대한 전단시험으로 많이 사용된다.

29. 흙의 강도에 대한 설명으로 틀린 것은? [기사 07]

① 점성토에서는 내부마찰각이 작고, 사질토에서는 점착력이 작다.
② 일축압축시험은 주로 점성토에 많이 사용한다.
③ 이론상 모래의 내부마찰각은 0이다.
④ 흙의 전단응력은 내부마찰각과 점착력의 두 성분으로 이루어진다.

해설 이론상 모래는 $c=0$, $\phi \neq 0$이다.

30. 2면 직접전단시험에서 전단력이 300N, 시료의 단면적이 10cm²일 때의 전단응력은? [산업 14, 20]

① 75kN/m^2 ② 150kN/m^2
③ 300kN/m^2 ④ 600kN/m^2

해설 $\tau = \dfrac{S}{2A} = \dfrac{300}{2\times 10} = 15\text{N/cm}^2 = 150\text{kN/m}^2$

31. 어떤 흙의 직접전단시험에서 수직하중 50kg일 때 전단력이 23kg이었다. 수직응력(σ)과 전단응력(τ)은 얼마인가? (단, 공시체의 단면적은 20cm²) [산업 14]

① $\sigma = 1.5\text{kg/cm}^2$, $\tau = 0.90\text{kg/cm}^2$
② $\sigma = 2.0\text{kg/cm}^2$, $\tau = 1.05\text{kg/cm}^2$
③ $\sigma = 2.5\text{kg/cm}^2$, $\tau = 1.15\text{kg/cm}^2$
④ $\sigma = 1.0\text{kg/cm}^2$, $\tau = 0.65\text{kg/cm}^2$

해설 ㉮ $\sigma = \dfrac{P}{A} = \dfrac{50}{20} = 2.5\text{kg/cm}^2$

㉯ $\tau = \dfrac{S}{A} = \dfrac{23}{20} = 1.15\text{kg/cm}^2$

32. 일축압축시험결과 흙의 내부마찰각이 30°로 계산되었다. 파괴면과 수평선이 이루는 각도는? [기사 03]

① 10° ② 20°
③ 40° ④ 60°

해설 $\theta = 45° + \dfrac{\phi}{2} = 45° + \dfrac{30°}{2} = 60°$

33. 내부마찰각이 26°인 어떤 흙을 삼축압축시험했을 때 최소 주응력면과 파괴면이 이루는 각은? [산업 03]

① 32° ② 19°
③ 16° ④ 8°

해설 $\theta = 45° - \dfrac{\phi}{2} = 45° - \dfrac{26°}{2} = 32°$

34. 어떤 점토시료를 일축압축시험한 결과 수평면과 파괴면이 이루는 각이 48°였다. 점토시료의 내부마찰각은? [산업 04, 15]

① 3° ② 18°
③ 30° ④ 6°

해설 $\theta = 45° + \dfrac{\phi}{2}$

$48° = 45° + \dfrac{\phi}{2}$

$\therefore \phi = 6°$

정답 26. ① 27. ① 28. ④ 29. ③ 30. ② 31. ③ 32. ④ 33. ① 34. ④

35. 어떤 시료에 대하여 일축압축시험을 실시한 결과 일축압축강도가 3t/m²이었다. 이 흙의 점착력은? (단, 이 시료는 $\phi=0°$인 점성토이다.) [산업 08, 11, 15, 16, 17, 19]

① 1.0t/m² ② 1.5t/m²
③ 2.0t/m² ④ 2.5t/m²

해설 $q_u = 2c\tan\left(45° + \dfrac{\phi}{2}\right)$

$3 = 2c \times \tan(45° + 0)$

$\therefore\ c = 1.5\text{t/m}^2$

36. 흙시료의 일축압축시험결과 일축압축강도가 0.3MPa이었다. 이 흙의 점착력은? (단, $\phi=0$인 점토) [기사 19]

① 0.1MPa ② 0.15MPa
③ 0.3MPa ④ 0.6MPa

해설 $q_u = 2c\tan\left(45° + \dfrac{\phi}{2}\right)$

$0.3 = 2c \times \tan(45° + 0)$

$\therefore\ c = 0.15\text{MPa}$

37. 점착력 c가 0.7kg/cm²인 점토시료를 일축압축강도 시험을 한 결과 일축압축강도(q_u) 1.67kg/cm²를 얻었다. 이 흙의 강도 정수 ϕ는? [산업 08]

① 4 ② 6
③ 8 ④ 10

해설 ㉮ $q_u = 2c\tan\left(45° + \dfrac{\phi}{2}\right) = 2c\tan\theta$

$1.67 = 2 \times 0.7 \times \tan\theta$

$\therefore\ \theta = 50.03°$

㉯ $\theta = 45° + \dfrac{\phi}{2}$

$50.03° = 45° + \dfrac{\phi}{2}$

$\therefore\ \phi = 10.06°$

38. 어떤 흙에 대해서 일축압축시험을 한 결과 일축압축강도가 1.0kg/cm²이고, 이 시료의 파괴면과 수평면이 이루는 각이 50°일 때 이 흙의 점착력(c)과 내부마찰각(ϕ)은? [기사 18, 산업 09, 18]

① c=0.60kg/cm², ϕ=10°
② c=0.42kg/cm², ϕ=50°
③ c=0.60kg/cm², ϕ=50°
④ c=0.42kg/cm², ϕ=10°

해설 ㉮ $\theta = 45° + \dfrac{\phi}{2}$

$50° = 45° + \dfrac{\phi}{2}$

$\therefore\ \phi = 10°$

㉯ $q_u = 2c\tan\left(45° + \dfrac{\phi}{2}\right)$

$1 = 2c \times \tan\left(45° + \dfrac{10°}{2}\right)$

$\therefore\ c = 0.42\text{kg/cm}^2$

39. 일축압축시험에서 파괴면과 수평면이 이루는 각은 52°이었다. 이 흙의 내부마찰각(ϕ)은 얼마이고, 일축압축강도가 0.76kg/cm²일 때 점착력(c)은 얼마인가? [산업 13]

① ϕ=7°, c=0.38kg/cm²
② ϕ=14°, c=0.30kg/cm²
③ ϕ=14°, c=0.38kg/cm²
④ ϕ=7°, c=0.30kg/cm²

해설 ㉮ $\theta = 45° + \dfrac{\phi}{2}$

$52° = 45° + \dfrac{\phi}{2}$

$\therefore\ \phi = 14°$

㉯ $q_u = 2c\tan\left(45° + \dfrac{\phi}{2}\right)$

$0.76 = 2c \times \tan\left(45° + \dfrac{14°}{2}\right)$

$\therefore\ c = 0.3\text{kg/cm}^2$

40. 흙의 일축압축강도시험에 관한 설명 중 옳지 않은 것은? [기사 06, 09]

① Mohr원이 하나밖에 그려지지 않는다.
② 점성이 없는 사질토의 경우는 시료자립이 어렵고 배수상태를 파악할 수 없어 일반적으로 점성토에 주로 사용된다.
③ 배수조건에서의 시험결과밖에 얻지 못한다.
④ 일축압축강도시험으로 결정할 수 있는 시험값으로는 일축압축강도, 예민비, 변형계수 등이 있다.

해설 일축압축시험

㉮ $\sigma_3 = 0$인 상태의 삼축압축시험이다.
㉯ ϕ가 작은 점성토에서만 시험이 가능하다.
㉰ UU−test이다.
㉱ Mohr원이 하나밖에 그려지지 않는다.

정답 35. ② 36. ② 37. ④ 38. ④ 39. ② 40. ③

41. 흙의 일축압축시험에 관한 설명 중 틀린 것은 어느 것인가? [산업 11, 17]

① 내부마찰각이 적은 점토질의 흙에 주로 적용된다.
② 축방향으로만 압축하여 흙을 파괴시키는 것이므로 $\sigma_3=0$일 때의 삼축압축시험이라고 할 수 있다.
③ 압밀비배수(CU)시험조건이므로 시험이 비교적 간단하다.
④ 흙의 내부마찰각 ϕ는 공시체 파괴면과 최대 주응력면 사이에 이루는 각 θ를 측정하여 구한다.

해설 일축압축시험
㉮ $\sigma_3=0$인 상태의 삼축압축시험이다.
㉯ ϕ가 작은 점성토에서만 시험이 가능하다.
㉰ UU-test이다.
㉱ Mohr원이 하나밖에 그려지지 않는다.

42. 점토의 예민비(sensitivity ratio)는 시험 중 어떤 방법으로 구하는가? [산업 09, 10, 12, 13, 14, 17, 19]

① 삼축압축시험 ② 일축압축시험
③ 직접전단시험 ④ 베인시험

해설 일축압축시험을 하여 예민비를 구한다.

$$S_t=\frac{q_u}{q_{ur}}$$

43. 예민비가 큰 점토란? [기사 05, 19, 산업 10, 13, 16, 17, 19]

① 입자의 모양이 날카로운 점토
② 입자가 가늘고 긴 형태의 점토
③ 흙을 다시 이겼을 때 강도가 감소하는 점토
④ 흙을 다시 이겼을 때 강도가 증가하는 점토

해설 예민비가 클수록 강도의 변화가 큰 점토이다.

44. 흙의 강도에 관한 설명이다. 설명 중 옳지 않은 것은? [기사 07]

① 모래는 점토보다 내부마찰각이 크다.
② 일축압축시험방법은 모래에 적합한 방법이다.
③ 연약점토지반의 현장 시험에는 베인(vane)전단시험이 많이 이용된다.
④ 예민비란 교란되지 않은 공시체의 일축압축강도에 대한 다시 반죽한 공시체의 일축압축강도의 비를 말한다.

해설 ㉮ 일축압축시험은 ϕ가 작은 점성토에서만 시험이 가능하다.
㉯ $S_t=\dfrac{q_u}{q_{ur}}$

45. 포화점토의 일축압축시험결과 자연상태 점토의 일축압축강도와 흐트러진 상태의 일축압축강도가 각각 1.8kg/cm², 0.4kg/cm²였다. 이 점토의 예민비는? [산업 13, 15, 18]

① 0.72 ② 0.22
③ 4.5 ④ 6.4

해설 $S_t=\dfrac{q_u}{q_{ur}}=\dfrac{1.8}{0.4}=4.5$

46. 점토의 자연시료에 대한 일축압축강도가 0.38MPa이고, 이 흙을 되비볐을 때의 일축압축강도가 0.22MPa이었다. 이 흙의 점착력과 예민비는 얼마인가? (단, 내부마찰각 $\phi=0$이다.) [산업 13, 15, 18, 20]

① 점착력 : 0.19MPa, 예민비 : 1.73
② 점착력 : 1.9MPa, 예민비 : 1.73
③ 점착력 : 0.19MPa, 예민비 : 0.58
④ 점착력 : 1.9MPa, 예민비 : 0.58

해설 ㉮ $q_u=2c\tan\left(45°+\dfrac{\phi}{2}\right)$

$0.38=2c\times\tan\left(45°+\dfrac{0}{2}\right)$

$\therefore\ c=0.19\text{MPa}$

㉯ $S_t=\dfrac{q_u}{q_{ur}}=\dfrac{0.38}{0.22}=1.73$

47. 직경 5cm, 높이 10cm인 연약점토공시체를 일축압축시험한 결과 파괴 시 압축력이 2.2kg, 축방향 변위가 9mm이었다면 일축압축강도(q_u)는? [산업 05]

① $q_u=0.3\text{kg/cm}^2$ ② $q_u=0.2\text{kg/cm}^2$
③ $q_u=0.25\text{kg/cm}^2$ ④ $q_u=0.1\text{kg/cm}^2$

해설 ㉮ $\varepsilon=\dfrac{\Delta l}{l}=\dfrac{0.9}{10}=0.09$

㉯ $A_o=\dfrac{A}{1-\varepsilon}=\dfrac{\dfrac{\pi\times5^2}{4}}{1-0.09}=21.58\text{cm}^2$

㉰ $q_u=\sigma=\dfrac{P}{A_o}=\dfrac{2.2}{21.58}=0.1\text{kg/cm}^2$

정답 41. ③ 42. ② 43. ③ 44. ② 45. ③ 46. ① 47. ④

48. 흐트러지지 않은 연약한 점토시료를 채취하여 일축압축시험을 실시하였다. 공시체의 직경이 35mm, 높이가 80mm이고 파괴 시의 하중계의 읽음값이 2kg, 축방향의 변형량이 12mm일 때 이 시료의 전단강도는? [기사 14, 17]

① 0.04kg/cm^2　② 0.06kg/cm^2
③ 0.08kg/cm^2　④ 0.1kg/cm^2

해설 ㉮ $A_0 = \dfrac{A}{1-\varepsilon} = \dfrac{\dfrac{\pi D^2}{4}}{1-\dfrac{\Delta l}{l}} = \dfrac{\dfrac{\pi \times 3.5^2}{4}}{1-\dfrac{1.2}{8}} = 11.319\text{cm}^2$

㉯ $q_u = \dfrac{P}{A_o} = \dfrac{2}{11.319} = 0.177\text{kg/cm}^2$

㉰ $\tau = c = \dfrac{q_u}{2} = \dfrac{0.177}{2} = 0.089\text{kg/cm}^2$

49. 지름이 5cm이고 높이가 12cm인 점토시료를 일축압축시험한 결과 수직변위가 0.9cm 일어났을 때 최대 하중 10.61kg을 받았다. 이 점토의 표준관입시험 N값은 대략 얼마나 되겠는가? [기사 11]

① 2　② 4
③ 6　④ 8

해설 ㉮ $A_o = \dfrac{A}{1-\varepsilon} = \dfrac{\dfrac{\pi \times 5^2}{4}}{1-\dfrac{0.9}{12}} = 21.23\text{cm}^2$

㉯ $\sigma = \dfrac{P}{A_o} = \dfrac{10.61}{21.23} = 0.5\text{kg/cm}^2$

㉰ $q_u = \dfrac{N}{8}$

$0.5 = \dfrac{N}{8}$

$\therefore N = 4$

50. 시험법 중 측압을 받는 지반의 전단강도를 구하는데 가장 좋은 시험법은? [기사 04]

① 일축압축시험　② 표준관입시험
③ 콘관입시험　④ 삼축압축시험

51. $\phi=0$인 포화된 점토시료를 채취하여 일축압축시험을 행하였다. 공시체의 직경이 4cm, 높이가 8cm이고 파괴 시의 하중계의 읽음값이 4.0kg, 축방향의 변형량의 변형량이 1.6cm일 때 이 시료의 전단강도는 약 얼마인가? [기사 10, 12]

① 0.07kg/cm^2　② 0.13kg/cm^2
③ 0.25kg/cm^2　④ 0.32kg/cm^2

해설 ㉮ $A_o = \dfrac{A}{1-\varepsilon} = \dfrac{\dfrac{\pi \times 4^2}{4}}{1-\dfrac{1.6}{8}} = 15.71\text{cm}^2$

㉯ $\sigma = \dfrac{P}{A_o} = \dfrac{4}{15.71} = 0.25\text{kg/cm}^2$

㉰ $\tau = c = \dfrac{q_u}{2} = \dfrac{0.25}{2} = 0.13\text{kg/cm}^2$

52. 어떤 시료에 대해 액압 1.0kg/cm^2를 가해 각 수직변위에 대응하는 수직하중을 측정한 결과가 다음과 같다. 파괴 시의 축차응력은? (단, 피스톤의 지름과 시료의 지름은 같다고 보며 시료의 단면적 $A_o=18\text{cm}^2$, 길이 $L=14\text{cm}$이다.) [기사 04, 11, 18]

ΔL(1/100mm)	0	…	1,000	1,100	1,200	1,300	1,400
P(kg)	0	…	54.0	58.0	60.0	59.0	58.0

① 3.05kg/cm^2　② 2.55kg/cm^2
③ 2.05kg/cm^2　④ 1.55kg/cm^2

해설 ㉮ $A = \dfrac{A_o}{1-\varepsilon} = \dfrac{18}{1-\dfrac{1.2}{14}} = 19.69\text{cm}^2$

㉯ $\sigma_1 - \sigma_3 = \dfrac{P}{A} = \dfrac{60}{19.69} = 3.05\text{kg/cm}^2$

53. $\phi=0$인 포화점토를 비압밀비배수시험을 하였다. 이때 파괴 시 최대 주응력이 2.0kg/cm^2, 최소 주응력이 1.0kg/cm^2이었다. 이 포화점토의 비배수점착력은? [산업 09, 11]

① 0.5kg/cm^2　② 1.0kg/cm^2
③ 1.5kg/cm^2　④ 2.0kg/cm^2

해설 UU-test($\phi=0$일 때)에서

$c = \dfrac{\sigma_1 - \sigma_3}{2} = \dfrac{2-1}{2} = 0.5\text{kg/cm}^2$

54. 포화점토에 대해 비압밀비배수(UU) 삼축압축시험을 한 결과 액압 1.0kg/cm^2에서 피스톤에 의한 축차 압력 1.5kg/cm^2일 때 파괴되었고 이때의 간극수압이 0.5kg/m^2만큼 발생되었다. 액압을 2.0kg/cm^2로 올린다면 피스톤에 의한 축차압력은 얼마에서 파괴가 되리라 예상되는가? [기사 13]

① 1.5kg/cm^2　② 2.0kg/cm^2
③ 2.5kg/cm^2　④ 3.0kg/cm^2

정답 48. ③ 49. ② 50. ④ 51. ② 52. ① 53. ① 54. ①

해설 UU－test($S_r=100\%$일 때)에서 σ_3와 관계없이 $\sigma_1-\sigma_3$는 일정하다. 따라서 $\sigma_3=1\text{kg/cm}^2$일 때 $\sigma_1-\sigma_3=1.5\text{kg/cm}^2$이므로 $\sigma_3=2\text{kg/cm}^2$일 때 $\sigma_1-\sigma_3=1.5\text{kg/cm}^2$이다.

55. **포화된 점토시료에 대해 비압밀비배수 삼축압축시험을 실시하여 얻어진 비배수 전단강도는 180kg/cm²이었다(이 시험에서 가한 구속응력은 240kg/cm²이었다). 만약 동일한 점토시료에 대해 또 한 번의 비압밀비배수 삼축압축시험을 실시할 경우(단, 이번 시험에서 가해질 구속응력의 크기는 400kg/cm²) 전단파괴 시에 예상되는 축차응력의 크기는?** [기사 04, 13]

① 90kg/cm² ② 180kg/cm²
③ 360kg/cm² ④ 540kg/cm²

해설 ㉮ $\tau=c=\frac{\sigma_1-\sigma_3}{2}=180\text{kg/cm}^2$

$\therefore\ \sigma_1-\sigma_3=360\text{kg/cm}^2$

㉯ UU－test($S_r=100\%$일 때)에서 σ_3에 관계없이 $(\sigma_1-\sigma_3)$이 일정하다.

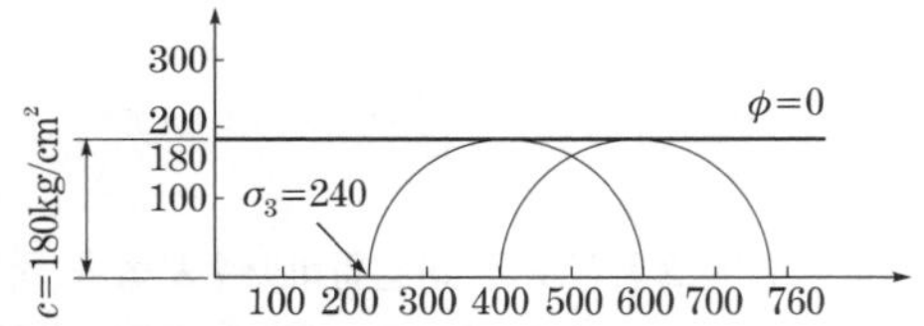

56. **포화점토의 비압밀비배수시험에 대한 설명으로 틀린 것은?** [산업 20]

① 시공 직후의 안정해석에 적용된다.
② 구속압력을 증대시키면 유효응력은 커진다.
③ 구속압력을 증대한 만큼 간극수압은 증대한다.
④ 구속압력의 크기에 관계없이 전단강도는 일정하다.

해설 UU시험($S_r=100\%$)일 때 σ_3와 관계없이 유효응력은 일정하다.

57. **정규압밀점토에 대하여 구속응력 2kg/cm²로 압밀배수 삼축압축시험을 실시한 결과 파괴 시 축차응력이 4kg/cm²이었다. 이 흙의 내부마찰각은?** [기사 12, 14, 17, 산업 12, 14]

① 20° ② 25°
③ 30° ④ 45°

해설 ㉮ $\sigma_1-\sigma_3=4\text{kg/cm}^2$

$\therefore\ \sigma_1=\sigma+\sigma_3=(\sigma_1-\sigma_3)+\sigma_3$
$=4+2=6\text{kg/cm}^2$

㉯ $\sin\phi=\frac{\sigma_1-\sigma_3}{\sigma_1+\sigma_3}=\frac{6-2}{6+2}=\frac{1}{2}$

$\therefore\ \phi=30°$

58. **흙의 전단시험에서 배수조건이 아닌 것은?** [기사 06]

① 비압밀비배수 ② 압밀비배수
③ 비압밀배수 ④ 압밀배수

해설 배수조건에 따른 분류 : UU－test, CU－test, $\overline{\text{CU}}$－test, CD－test

59. **포화된 점토지반 위에 급속하게 성토하는 제방의 안정성을 검토할 때 이용해야 할 강도 정수를 구하는 시험은?** [기사 00, 16]

① UU－test ② CU－test
③ CD－test ④ $\overline{\text{CU}}$－test

해설 UU－test를 사용하는 경우
㉮ 포화된 점토지반 위에 급속성토 시 시공 직후의 안정검토
㉯ 시공 중 압밀이나 함수비의 변화가 없다고 예상되는 경우
㉰ 점토지반에 footing기초 및 소규모 제방을 축조하는 경우

60. **다음의 설명과 같은 경우 강도 정수결정에 적합한 삼축압축시험의 종류는?** [기사 10, 13, 17]

최근에 매립된 포화점성토지반 위에 구조물을 시공한 직후의 초기 안정검토에 필요한 지반강도 정수결정

① 비압밀비배수시험(UU) ② 압밀비배수시험(CU)
③ 압밀배수시험(CD) ④ 비압밀배수시험(UD)

61. **연약점토지반에 성토제방을 시공하고자 한다. 성토로 인한 재하속도가 과잉간극수압이 소산되는 속도보다 빠를 경우 지반의 강도 정수를 구하는 가장 적합한 시험방법은?** [기사 11, 15, 19]

① 압밀배수시험 ② 압밀비배수시험
③ 비압밀비배수시험 ④ 직접전단시험

정답 55. ③ 56. ② 57. ③ 58. ③ 59. ① 60. ① 61. ③

62. 다음 그림의 불안전영역(unstable zone)의 붕괴를 막기 위해 강도가 더 큰 흙으로 치환을 하였다. 이때 안정성을 검토하기 위해 요구되는 삼축압축시험의 종류는 어떤 것인가? [기사 06]

① UU－test
② CU－test
③ CD－test
④ UC－test

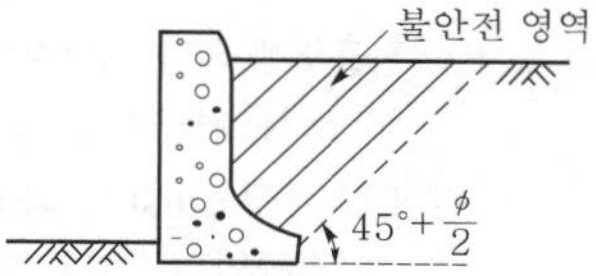

해설 UU－test를 사용하는 경우
㉮ 성토 직후에 급속한 파괴가 예상되는 경우
㉯ 점토지반에 제방을 쌓거나 기초를 설치할 때 등 급격한 재하가 된 경우에 초기 안정해석에 사용

63. 점토지반에 제방을 쌓을 경우 초기 안정해석을 위한 흙의 전단강도를 측정하는 방법은? [기사 08, 산업 04, 05]

① UU－test
② CU－test
③ $\overline{\text{CU}}$－test
④ CD－test

64. 성토나 기초 지반에 있어 특히 점성토의 압밀완료 후 추가성토 시 단기안정문제를 검토하고자 하는 경우 적용되는 시험법은? [기사 17, 20]

① 비압밀비배수시험
② 압밀비배수시험
③ 압밀배수시험
④ 일축압축시험

해설 압밀비배수시험(CU－test)
㉮ 프리로딩(pre－loading)공법으로 압밀된 후 급격한 재하 시의 안정해석에 사용
㉯ 성토하중에 의해 어느 정도 압밀된 후에 갑자기 파괴가 예상되는 경우

65. 점토지반에 과거에 시공된 성토제방이 이미 안정된 상태에서 홍수에 대비하기 위해 급속히 성토시공을 하고자 한다. 안정검토를 위해 지반의 강도 정수를 구할 때 가장 적합한 시험방법은? [산업 17]

① 직접전단시험
② 압밀배수시험
③ 압밀비배수시험
④ 비압밀비배수시험

해설 압밀비배수시험(CU－test)
㉮ 프리로딩(pre－loading)공법으로 압밀된 후 급격한 재하 시의 안정해석에 사용
㉯ 성토하중에 의해 어느 정도 압밀된 후에 갑자기 파괴가 예상되는 경우

66. 흙댐에서 수위가 급강하한 경우 사면안정해석을 위한 강도 정수값을 구하기 위하여 어떠한 조건의 삼축압축시험을 하여야 하는가? [산업 15]

① Quick시험
② CD시험
③ CU시험
④ UU시험

해설 수위급강하 시에는 비배수이므로 CU시험을 실시한다.

67. 성토된 하중에 의해 서서히 압밀이 되고 파괴도 완만하게 일어나 간극수압이 발생되지 않거나 측정이 곤란한 경우 실시하는 시험은? [기사 13]

① 압밀배수전단시험(CD시험)
② 비압밀비배수전단시험(UU시험)
③ 압밀비배수전단시험(CU시험)
④ 급속전단시험

해설 CD－test를 사용하는 경우
㉮ 심한 과압밀지반에 재하하는 경우 등과 같이 성토하중에 의해 압밀이 서서히 진행이 되고 파괴도 극히 완만히 진행되는 경우
㉯ 간극수압의 측정이 곤란한 경우
㉰ 흙댐에서 정상침투 시 안정해석에 사용

68. 전단시험법 가운데 간극수압을 측정하여 유효응력으로 정리하면 압밀배수시험(CD－test)과 거의 같은 전단상수를 얻을 수 있는 시험법은? [산업 06, 17]

① 비압밀비배수시험(UU－test)
② 직접전단시험
③ 압밀비배수시험(CU－test)
④ 일축압축시험(q_u－test)

해설 CD－test는 시간이 너무 많이 소요되므로 결과가 거의 비슷한 $\overline{\text{CU}}$－test로 대치하는 것이 보통이다.

69. 포화된 모래에 대하여 비압밀비배수시험을 하였을 때의 결과에 대한 설명 중 옳은 것은? (단, ϕ : 마찰각, c : 점착력) [기사 09, 14, 20]

① ϕ와 c가 나타나지 않는다.
② ϕ는 0이 아니지만, c는 0이다.
③ ϕ와 c가 모두 0이 아니다.
④ ϕ는 0이고, c는 0이 아니다.

정답 62. ① 63. ① 64. ② 65. ③ 66. ③ 67. ① 68. ③ 69. ④

해설 UU시험($S_r=100\%$)의 결과는 $\phi=0$이고 $c=\frac{\sigma_1-\sigma_3}{2}$이다.

70. **압밀비배수전단시험에 대한 설명으로 옳은 것은?** [산업 15]

① 시험 중 간극수를 자유로 출입시킨다.
② 시험 중 전응력을 구할 수 없다.
③ 시험 전 압밀할 때 비배수로 한다.
④ 간극수압을 측정하면 압밀배수와 같은 전단강도값을 얻을 수 있다.

해설 CD−test는 시간이 너무 많이 소요되므로 결과가 거의 비슷한 CU−test로 대치하는 것이 보통이다.

71. **다음 그림의 파괴포락선 중에서 완전포화된 점토를 UU(비압밀비배수)시험했을 때 생기는 파괴포락선은?** [기사 08, 12, 18, 산업 08, 12, 20]

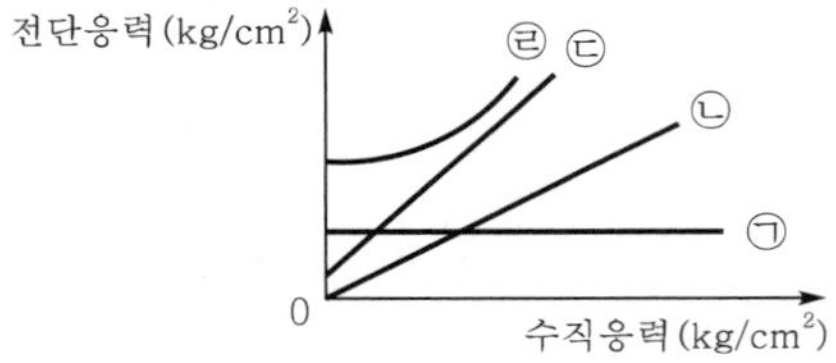

① ㉠ ② ㉡
③ ㉢ ④ ㉣

해설 CD−test의 파괴포락선
㉮ 정규압밀점토의 파괴포락선은 좌표축원점을 지난다.
㉯ 과압밀점토는 파괴포락선이 원점을 통과하지 않으므로 c, ϕ 모두 얻어지며, 이때 파괴포락선은 곡선이 되므로 압력범위를 정하여 직선으로 가정하고 c_d, ϕ_d를 결정하여야 한다.
㉰ UU−test($S_r=100\%$)인 경우 같은 직경의 Mohr원이 그려지므로 파괴포락선은 ㉠이다.

72. **점토의 삼축압축시험에서 전단특성을 설명한 것 중 옳지 않은 것은?** [기사 99]

① 전응력에 의한 내부마찰각이 유효응력에 의한 내부마찰각보다 작다.
② 정규압밀점토의 압밀배수시험에서 파괴포락선은 좌표축원점을 지나지 않는다.
③ 과압밀점토의 압밀비배수시험에서 파괴포락선은 좌표축원점을 지나지 않는다.
④ 정규압밀포화점토의 비압밀비배수시험에서 점토의 내부마찰각은 0이다.

해설 ㉮ 전응력에 의한 전단강도 정수(c, ϕ)가 유효응력에 의한 전단강도 정수($\overline{c}$, $\overline{\phi}$)보다 작다.
㉯ CU, CD−test의 파괴포락선
　㉠ 정규압밀점토의 파괴포락선은 좌표축원점을 지난다.
　㉡ 과압밀점토의 파괴포락선은 좌표축원점을 지나지 않는다.

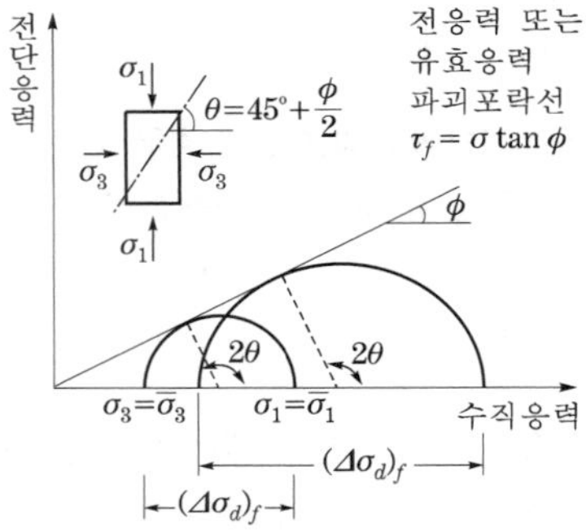

(a) 정규압밀점토

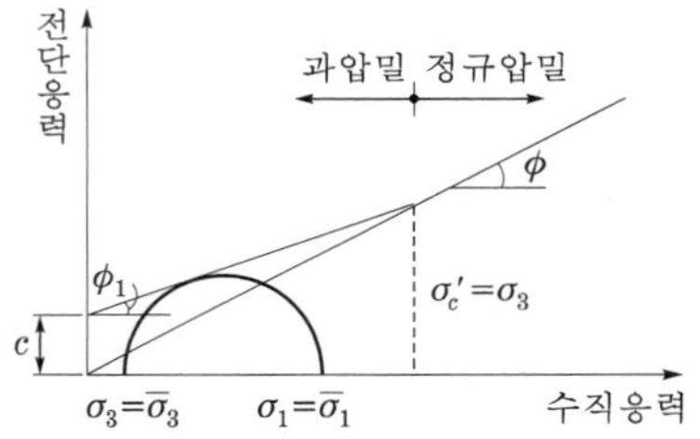

(b) 과압밀점토

▲ CD−test의 전응력, 유효응력 파괴포락선

73. **다음 그림의 파괴포락선에서 과압밀점토를 나타낸 것은?** [기사 00, 02]

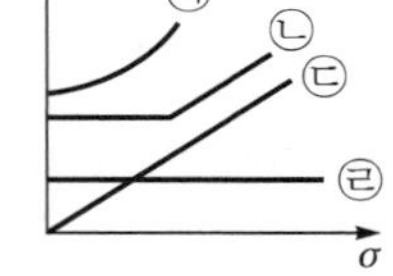

① ㉡ ② ㉢
③ ㉣ ④ ㉠

정답 70. ④ 71. ① 72. ② 73. ④

74. **현장에서 완전히 포화되었던 시료라 할지라도 시료 채취 시 기포가 형성되어 포화도가 저하될 수 있다. 이 경우 생성된 기포를 원상태로 용해시키기 위해 작용시키는 압력을 무엇이라고 하는가?** [기사 15]

① 구속압력(confined pressure)
② 축차응력(diviator stress)
③ 배압(back pressure)
④ 선행압밀압력(preconsolidation pressure)

해설 배압은 여러 단계로 나누어 천천히 충분한 시간을 두고 가해줘야 한다.

75. **표준관입시험에 대한 설명으로 틀린 것은?** [기사 18]

① 질량 63.5±0.5kg인 해머를 사용한다.
② 해머의 낙하높이는 760±10mm이다.
③ 고정piston샘플러를 사용한다.
④ 샘플러를 지반에 300mm 박아넣는데 필요한 타격횟수를 N값이라고 한다.

해설 표준관입시험은 split spoon sampler를 boring rod 끝에 붙여서 63.5kg의 해머로 76cm 높이에서 때려 sampler를 30cm 관입시킬 때의 타격횟수 N치를 측정하는 시험이다.

76. **표준관입시험에 관한 설명으로 틀린 것은?** [산업 05, 07, 16]

① 해머의 질량은 63.5kg이다.
② 낙하고는 85cm이다.
③ 표준관입시험용 샘플러를 지반에 30cm 박아 넣는 데 필요한 타격횟수를 N값이라고 한다.
④ 표준관입시험값 N은 개략적인 기초지지력측정에 이용되고 있다.

77. **표준관입시험에 대한 다음의 설명에서 (   )에 적합한 것은?** [산업 15]

> 질량 63.5±0.5kg의 드라이브해머를 76±1cm 자유낙하시키고 보링로드 머리부에 부착한 노킹블록을 타격하여 보링로드 앞 끝에 부착한 표준관입시험용 샘플러를 지반에 (   )mm 박아 넣는 데 필요한 타격횟수를 N값이라고 한다.

① 200 ② 250
③ 300 ④ 350

해설 표준관입시험은 split spoon sampler를 boring rod 끝에 붙여서 63.5kg의 해머로 76cm 높이에서 때려 sampler를 30cm 관입시킬 때의 타격횟수 N치를 측정하는 시험이다.

78. **표준관입시험에 관한 설명으로 옳지 않은 것은?** [산업 06, 08, 19]

① 시험결과 N값을 얻는다.
② (63.5±0.5)kg 해머를 (76±1)cm 낙하시켜 split spoon sampler를 30cm 관입시킨다.
③ 시험결과로부터 흙의 내부마찰각 등의 공학적 성질을 추정할 수 있다.
④ 이 시험은 사질토에서보다 점성토에서 더 유리하게 이용된다.

해설 표준관입시험은 사질토에 가장 적합하고, 점성토에서도 시험이 가능하다.

79. **표준관입시험(SPT)을 할 때 처음 150mm 관입에 요하는 N값은 제외하고, 그 후 300mm 관입에 요하는 타격수로 N값을 구한다. 그 이유로 옳은 것은?** [기사 20]

① 흙은 보통 150mm 밑부터 그 흙의 성질을 가장 잘 나타낸다.
② 관입봉의 길이가 정확히 450mm이므로 이에 맞도록 관입시키기 위함이다.
③ 정확히 300mm를 관입시키기가 어려워서 150mm 관입에 요하는 N값을 제외한다.
④ 보링구멍 밑면 흙이 보링에 의하여 흐트러져 150mm 관입 후부터 N값을 측정한다.

해설 샘플러가 교란되지 않은 원지반에 도달시키기 위해 낙하높이를 작게 하여 15cm를 관입시킨다(예비타격 15cm).

80. **다음 중 표준관입시험으로 구할 수 없는 것은?** [산업 12, 15]

① 사질토의 투수계수
② 점성토의 비배수점착력
③ 점성토의 일축압축강도
④ 사질토의 내부마찰각

정답 74. ③ 75. ③ 76. ② 77. ③ 78. ④ 79. ④ 80. ①

해설 표준관입시험의 N치로 직접 추정되는 사항

구분	판별, 추정사항
모래지반	• 상대밀도 • 내부마찰각 • 지지력계수 • 탄성계수 • 침하량에 대한 허용지지력
점토지반	• 컨시스턴시 • 일축압축강도 • 점착력 • 극한 또는 허용지지력

81. 다음 중 표준관입시험으로부터 추정하기 어려운 항목은? [산업 15, 18]

① 극한지지력 ② 상대밀도
③ 점성토의 연경도 ④ 투수성

82. 점토지반에서 N치로 추정할 수 있는 사항이 아닌 것은? [산업 10, 13, 17]

① 컨시스턴시 ② 일축압축강도
③ 상대밀도 ④ 기초지반의 허용지지력

해설 N치로 추정할 수 있는 사항
㉮ 사질토 : D_r, ϕ, 탄성계수
㉯ 점성토 : q_u, c, 컨시스턴시

83. 모래지반의 상대밀도를 추정하는 데 많이 이용하는 실험방법은? [기사 07]

① 원추관입시험 ② 평판재하시험
③ 표준관입시험 ④ 베인전단시험

해설 표준관입시험의 N치를 이용하여 상대밀도를 추정할 수 있다.

84. 표준관입시험에 관한 설명 중 옳지 않은 것은? [기사 08, 13, 17]

① 표준관입시험의 N값으로 모래지반의 상대밀도를 추정할 수 있다.
② N값으로 점토지반의 연경도에 관한 추정이 가능하다.
③ 지층의 변화를 판단할 수 있는 시료를 얻을 수 있다.
④ 모래지반에 대해서도 흐트러지지 않은 시료를 얻을 수 있다.

해설 표준관입시험은 동적인 사운딩으로서 교란된 시료가 얻어진다.

85. 어떤 점토지반의 표준관입시험결과 N=2~4이었다. 이 점토의 consistency는? [기사 10, 15]

① 대단히 견고 ② 연약
③ 견고 ④ 대단히 연약

해설

N값	점토의 컨시스턴시
<2	대단히 연약(very soft)
2~4	연약(soft)
4~8	중간(medium)
8~15	견고(stiff)
15~30	대단히 견고(very stiff)
>30	고결(hard)

86. 어떤 모래지반의 표준관입시험에서 N값이 40이었다. 이 지반의 상태는? [산업 08, 11]

① 대단히 조밀한 상태 ② 조밀한 상태
③ 중간 상태 ④ 느슨한 상태

해설

N값	0~4	4~10	10~30	30~50	50 이상
흙의 상태	대단히 느슨	느슨	중간	조밀	대단히 조밀

87. 표준관입시험에서 N치가 20으로 측정되는 모래지반에 대한 설명으로 옳은 것은? [기사 12]

① 매우 느슨한 상태이다.
② 간극비가 1.2인 모래이다.
③ 내부마찰각이 30~40°인 모래이다.
④ 유효상재하중이 20t/m^{2}인 모래이다.

해설 ㉮ N치와 모래의 상대밀도 관계

N	흙의 상태	상대밀도
0~4	대단히 느슨	0~15
4~10	느슨	15~50
10~30	중간	50~70
30~50	조밀	70~85
50 이상	대단히 조밀	85~100

㉯ $\phi=\sqrt{12N}+(10\sim25)$
$=\sqrt{12\times20}+(10\sim25)=25\sim40°$

88. 물로 포화된 실트질 세사의 N값을 측정한 결과 N=33이 되었다고 할 때 수정N값은? (단, 측정지점까지의 로드(Rod)길이는 35m라 한다.) [기사 05]

① 43 ② 35
③ 21 ④ 18

정답 81. ④ 82. ③ 83. ③ 84. ④ 85. ② 86. ② 87. ③ 88. ③

해설 ㉮ Rod길이에 대한 수정

$$N_1 = N\left(1-\frac{x}{200}\right) = 33\times\left(1-\frac{35}{200}\right) = 27.225$$

㉯ 토질에 대한 수정

$$N_2 = 15+\frac{1}{2}(N_1-15) = 15+\frac{1}{2}\times(27.225-15)$$

$$= 21.11 = 21$$

89. 포화된 실트질 모래지반에 표준관입시험결과 표준관입저항값 $N=20$이었다. 수정표준관입저항값은? [기사 07]

① 20.5　② 19.5
③ 18.5　④ 17.5

해설 $N_2 = 15+\frac{1}{2}(N_1-15) = 15+\frac{1}{2}\times(20-15) = 17.5$

90. 모래의 내부마찰각 ϕ와 N치와의 관계를 나타낸 Dunham의 식 $\phi=\sqrt{12N}+C$에서 상수 C의 값이 제일 큰 경우는? [산업 05, 13, 16, 19]

① 토립자가 모나고 입도분포가 좋을 때
② 토립자가 모나고 균일한 입경일 때
③ 토립자가 둥글고 입도분포가 좋을 때
④ 토립자가 둥글고 균일한 입경일 때

해설 N, ϕ의 관계(Dunham공식)

㉮ 토립자가 모나고 입도가 양호 : $\phi=\sqrt{12N}+25$
㉯ 토립자가 모나고 입도가 불량, 토립자가 둥글고 입도가 양호 : $\phi=\sqrt{12N}+20$
㉰ 토립자가 둥글고 입도가 불량 : $\phi=\sqrt{12N}+15$

91. 표준관입시험(SPT) 결과 N치가 25이었고, 그때 채취한 교란시료로 입도시험을 한 결과 입자가 모나고, 입도분포가 불량할 때 Dunham공식에 의해서 구하는 내부마찰각은? [산업 10, 11, 16]

① 약 42°　② 약 40°
③ 약 37°　④ 약 32°

해설 입자가 모나고 입도분포가 불량하므로

$$\phi=\sqrt{12N}+20=\sqrt{12\times25}+20=37.32°$$

92. 토립자가 둥글고 입도분포가 양호한 모래지반에서 N치를 측정한 결과 $N=19$가 되었을 경우 Dunham의 공식에 의한 이 모래의 내부마찰각 ϕ는? [기사 13, 16, 18]

① 20°　② 25°
③ 30°　④ 35°

해설 $\phi=\sqrt{12N}+20=\sqrt{12\times19}+20=35.1°$

93. 토립자가 둥글고 입도분포가 나쁜 모래지반에서 N치를 측정한 결과 $N=20$이 되었을 때 던함(Dunham)의 공식에 의한 이 모래의 내부마찰각 ϕ는? [기사 06, 09, 10, 14, 19, 산업 08, 10]

① 10°　② 20°
③ 30°　④ 40°

해설 $\phi=\sqrt{12N}+15=\sqrt{12\times20}+15=30.49°$

94. 입도시험결과 균등계수가 6이고 입자가 둥근 모래흙의 강도시험결과 내부마찰각이 32°이었다. 이 모래지반의 N치는 대략 얼마나 되겠는가? (단, Dunham의 식 사용) [산업 14]

① 12　② 18
③ 24　④ 30

해설 토립자가 둥글고 입도가 불량한 경우이므로

$\phi=\sqrt{12N}+15$

$32=\sqrt{12N}+15$

$\therefore\ N=24.08=24$

95. 표준관입시험에서 N치가 20으로 측정되는 모래지반에 대한 설명으로 옳은 것은? [기사 18]

① 내부마찰각이 약 30~40° 정도인 모래이다.
② 유효상재하중이 $20t/m^2$인 모래이다.
③ 간극비가 1.2인 모래이다.
④ 매우 느슨한 상태이다.

해설 $\phi=\sqrt{12N}+(15\sim25)$

$=\sqrt{12\times20}+(15\sim25)=30\sim40°$

96. 외경이 50.8mm, 내경이 34.9mm인 스플릿스푼샘플러의 면적비는? [기사 17, 20]

① 112%　② 106%
③ 53%　④ 46%

해설

$$A_r=\frac{D_w^{\ 2}-D_e^{\ 2}}{D_e^{\ 2}}\times100$$

$$=\frac{50.8^2-34.9^2}{34.9^2}\times100=111.87\%$$

정답 89. ④　90. ①　91. ③　92. ④　93. ③　94. ③　95. ①　96. ①

97. 다음 그림과 같은 Sampler에서 면적비는 얼마인가
[기사 08, 11, 14, 15, 산업 08, 10, 15]

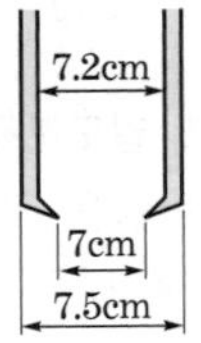

① 5.97% ② 14.62%
③ 5.81% ④ 14.79%

해설 $A_r = \frac{{D_w}^2 - {D_e}^2}{{D_e}^2} \times 100 = \frac{7.5^2 - 7^2}{7^2} \times 100 = 14.79\%$

98. 샘플러튜브(Sampler tube)의 면적비(C_a)를 9%라 하고 외경(D_w)을 6cm라 하면 끝의 내경(D_e)은 약 얼마인가? [산업 13]

① 3.61cm ② 4.82cm
③ 5.75cm ④ 6.27cm

해설 $A_r = \frac{{D_w}^2 - {D_e}^2}{{D_e}^2} \times 100$

$9 = \frac{6^2 - {D_e}^2}{{D_e}^2} \times 100$

$\therefore D_e = 5.75\text{cm}$

99. 채취된 시료의 교란 정도는 면적비를 계산하여 통상 면적비가 몇 % 이하이면 잉여토의 혼입 불가능한 것으로 보고 불교란시료로 간주하는가? [산업 16, 20]

① 5% ② 7%
③ 10% ④ 15%

해설 면적비 $A_r < 10\%$이면 불교란시료로 취급한다.

100. 어떤 점토지반의 표준관입시험치 N이 8이다. 이 점토의 일축압축강도 q_u는 얼마로 추정되는가? [산업 01]

① 0.5kg/cm² ② 1kg/cm²
③ 1.5kg/cm² ④ 2kg/cm²

해설 $q_u = \frac{N}{8} = \frac{8}{8} = 1\text{kg/cm}^2$

101. 연약한 점토지반의 전단강도를 구하는 현장 시험방법은? [기사 19, 산업 06, 09, 14, 19]

① 평판재하시험 ② 현장 함수당량시험
③ 베인시험 ④ 현장 CBR시험

해설 Vane test
연약한 점토지반의 점착력을 지반 내에서 직접 측정하는 현장 시험이다.

102. 현장 토질조사를 위하여 베인테스트(Vane test)를 행하는 경우가 종종 있다. 이 시험은 어느 경우에 많이 쓰이는가? [산업 06, 15]

① 연약한 점토의 점착력을 알기 위해서
② 모래질 흙의 다짐도를 측정하기 위하여
③ 모래질 흙의 내부마찰각을 알기 위해서
④ 모래질 흙의 투수계수를 측정하기 위하여

103. 베인전단시험(vane shear test)에 대한 설명으로 옳지 않은 것은? [기사 14, 17]

① 현장 원위치시험의 일종으로 점토의 비배수전단강도를 구할 수 있다.
② 십자형의 베인(vane)을 땅속에 압입한 후 회전모멘트를 가해서 흙이 원통형으로 전단파괴될 때 저항모멘트를 구함으로써 비배수전단강도를 측정하게 된다.
③ 연약점토지반에 적용된다.
④ 베인전단시험으로부터 흙의 내부마찰각을 측정할 수 있다.

해설 Vane test
연약한 점토지반의 점착력을 지반 내에서 직접 측정하는 현장 시험이다.

104. 베인시험(Vane test)에 관하여 잘못 설명된 것은? [산업 07]

① 연약점토의 강도측정에 이용된다.
② 비배수조건하의 사면안정해석에 이용된다.
③ 내부마찰각을 정확히 측정할 수 있다.
④ 회전모멘트에 의하여 강도를 구할 수 있다.

해설 베인시험은 연약한 점토지반의 점착력을 측정하는 시험이다.

정답 97. ④ 98. ③ 99. ③ 100. ② 101. ③ 102. ① 103. ④ 104. ③

105. 포화점토에 대해 베인전단시험을 실시하였다. 베인의 지름과 높이는 각각 75mm와 150mm이고, 시험 중 사용한 최대 회전모멘트는 30N · m이다. 점성토의 비배수전단강도(c_u)는? [산업 17, 20]

① $1.62N/m^2$　② $1.94N/m^2$
③ $16.2kN/m^2$　④ $19.4kN/m^2$

해설

$$C_u = \frac{M_{max}}{\pi D^2\left(\frac{H}{2}+\frac{D}{6}\right)} = \frac{30}{\pi \times 0.075^2 \times \left(\frac{0.15}{2}+\frac{0.075}{6}\right)} = 19,401.75N/m^2 = 19.4kN/m^2$$

106. 포화점토에 대해 베인전단시험을 실시하였다. 베인의 직경과 높이는 각각 7.5cm와 15cm이고, 시험 중 사용한 최대 회전모멘트는 250kg · cm이다. 점성토의 액성한계는 65%이고, 소성한계는 30%이다. 설계에 이용할 수 있도록 수정비배수강도를 구하면? (단, 수정계수(μ)=1.7－0.54logPI를 사용하고, 여기서 PI는 소성지수이다.) [기사 12, 14]

① $0.8t/m^2$　② $1.40t/m^2$
③ $1.82t/m^2$　④ $2.0t/m^2$

해설

㉮ $$C_u = \frac{M_{max}}{\pi D^2\left(\frac{H}{2}+\frac{D}{6}\right)} = \frac{250}{\pi \times 7.5^2 \times \left(\frac{15}{2}+\frac{7.5}{6}\right)} = 0.162kg/cm^2 = 1.62t/m^2$$

㉯ $$C_u = \mu C_{u(베인)} = (1.7-0.54\log PI)C_{u(베인)} = (1.7-0.54\times\log 35)\times 1.62 = 1.40t/m^2$$

여기서, $PI = W_L - W_p = 65-30 = 35\%$

107. Vane test에서 Vane의 지름 50mm, 높이 10cm 파괴 시 토크가 590kg · cm일 때 점착력은? [기사 05, 09, 17]

① $1.29kg/cm^2$　② $1.57kg/cm^2$
③ $2.13kg/cm^2$　④ $2.76kg/cm^2$

해설

$$C_u = \frac{M_{max}}{\pi D^2\left(\frac{H}{2}+\frac{D}{6}\right)} = \frac{590}{\pi \times 5^2 \times \left(\frac{10}{2}+\frac{5}{6}\right)} = 1.29kg/cm^2$$

108. 입상토(粒狀土)의 전단저항각(내부마찰각)에 영향을 미치지 않는 것은? [기사 93]

① 흙의 다져진 상태　② 흙입자의 형상
③ 입도분포　④ 비중

해설 모래의 전단저항각에 영향을 미치는 요소
㉮ 상대밀도
㉯ 입자의 형상과 입도분포
㉰ 구속압력의 영향

109. 흙의 전단강도에 대한 설명으로 틀린 것은? [기사 06]

① 조밀한 모래는 전단변형이 작을 때 전단파괴에 이른다.
② 조밀한 모래는 (＋)dilatancy, 느슨한 모래는 (－) dilatancy가 발생한다.
③ 점착력과 내부마찰각은 파괴면에 작용하는 수직응력의 크기에 비례한다.
④ 전단응력이 전단강도를 넘으면 흙의 내부에 파괴가 일어난다.

해설 점착력은 수직응력의 크기에는 관계가 없고 주어진 흙에 대해서 일정한 값을 가지며, 내부마찰각은 흙의 특성과 상태가 정해지면 일정한 값을 갖는다.

110. 지반이 선형응력－변형률관계를 갖는다고 할 때 지반안정해석에 있어 3가지 기본정수 E(탄성계수), G(전단탄성계수), μ(푸아송비)가 사용된다. 이들 정수에 대한 기술 중 옳지 않은 것은? [기사 01]

① 전단탄성계수는 전단응력을 전단변형률로 나누어 얻어지는 값이다.
② 푸아송비는 수평방향의 팽창률을 수직방향의 압축률로 나누어 얻어지는 값이다.
③ 3가지 기본정수 사이에는 $G=E/(1+\mu)$의 관계가 성립한다.
④ 탄성계수에는 할선탄성계수와 접선탄성계수가 있고 선형탄성재료의 경우 이들 값은 같다.

해설 ㉮ 전단탄성계수

$$G = \frac{\tau(전단응력)}{\gamma(전단변형률)}$$

㉯ 푸아송비

$$\nu = \frac{1}{m} = \frac{횡방향\ 변형률}{종방향\ 변형률}$$

㉰ $E = 2G(1+\nu)$

정답　105. ②　106. ②　107. ①　108. ④　109. ③　110. ③

111. **다음은 흙시료채취에 대한 설명이다. 틀린 것은?** [기사 15]

① 교란의 효과는 소성이 낮은 흙이 소성이 높은 흙보다 크다.
② 교란된 흙은 자연상태의 흙보다 압축강도가 작다.
③ 교란된 흙은 자연상태의 흙보다 전단당도가 작다.
④ 흙시료채취 직후에 비교적 교란되지 않은 코어(core)의 과잉간극수압은 부(負)이다.

해설 교란의 효과

1축압축시험	3축압축시험
• 교란된 만큼 압축강도가 작아진다. • 교란된 만큼 파괴변형률이 커진다. • 교란된 만큼 변형계수가 작아진다.	교란될수록 흙입자배열과 흙구조가 흐트러져서 교란된 만큼 내부마찰각이 작아진다.

112. **전단응력을 증가시키는 외적인 요인이 아닌 것은?** [산업 15]

① 간극수압의 증가
② 지진, 발파에 의한 충격
③ 인장응력에 의한 균열의 발생
④ 함수량 증가에 의한 단위중량 증가

해설 간극수압이 증가되면 유효응력이 작아져서 전단강도가 감소한다.

113. **다음 중 흙의 전단강도를 증가시키는 요인이 아닌 것은?** [산업 13, 16]

① 공극수압의 증가
② 수분 증가에 의한 점토의 팽창
③ 수축, 팽창 등으로 인하여 생긴 미세한 균열
④ 함수비 감소에 따른 흙의 단위중량 감소

해설 단위중량이 감소하면 유효응력($\bar{\sigma}$)이 작아져 전단강도(τ)가 감소한다.

114. **다음 중 흙 속의 전단강도를 감소시키는 요인이 아닌 것은?** [산업 14, 19]

① 공극수압의 증가
② 흙다짐의 불충분
③ 수분 증가에 따른 점토의 팽창
④ 지반에 약액 등의 고결제를 주입

해설 지반에 약액 등의 고결제를 주입하게 되면 흙의 전단강도가 커진다.

115. **흐트러진 흙을 자연상태의 흙과 비교하였을 때 잘못된 설명은?** [기사 05, 산업 07, 14, 17]

① 투수성이 크다.
② 간극이 크다.
③ 전단강도가 크다.
④ 압축성이 크다.

해설 흐트러진 흙은 전단강도가 작다.

116. **흙의 전단강도에 대한 설명 중 옳지 않은 것은?** [기사 05]

① 흙의 전단강도는 압축강도의 크기와 관계가 깊다.
② 외력이 가해지면 전단응력이 발생하고, 어느 면에 전단응력이 전단강도를 초과하면 그 면에 따라 활동이 일어나서 파괴된다.
③ 조밀한 모래는 전단 중에 팽창하고, 느슨한 모래는 수축한다.
④ 점착력과 내부마찰각은 파괴면에 작용하는 수직응력의 크기에 비례한다.

해설 흙의 전단강도는 점착력과 내부마찰각의 크기로서 나타낸다.

117. **다음 그림은 흙의 종류에 따른 전단강도를 $\tau-\sigma$평면에 도시한 것이다. 설명이 잘못된 것은?** [기사 03]

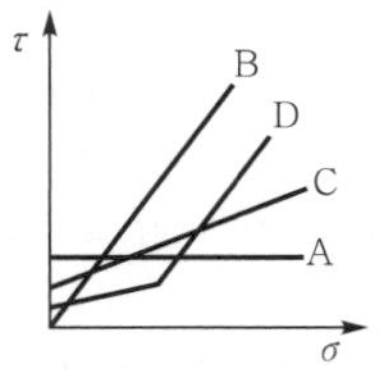

① A는 포화된 점성토 지반의 전단강도를 나타낸 것이다.
② B는 모래 등 사질토에 대한 전단강도를 나타낸 것이다.
③ C는 일반적인 흙의 전단강도를 도시한 것이다.
④ D는 정규압밀된 흙의 전단강도를 나타낸 것이다.

해설 D는 과압밀된 흙의 전단강도를 나타낸 것이다.

정답 111. ① 112. ① 113. ④ 114. ④ 115. ③ 116. ④ 117. ④

118. 모래의 밀도에 따라 일어나는 전단특성에 대한 설명 중 옳지 않은 것은? [기사 06, 09, 19]

① 다시 성형한 시료의 강도는 작아지지만 조밀한 모래에서는 시간이 경과됨에 따라 강도가 회복된다.
② 전단저항각(내부마찰각(ϕ))은 조밀한 모래일수록 크다.
③ 직접전단시험에 있어서 전단응력과 수평변위곡선은 조밀한 모래에서는 peak가 생긴다.
④ 직접전단시험에 있어 수평변위-수직변위곡선은 조밀한 모래에서는 전단이 진행됨에 따라 체적이 증가한다.

해설 ㉮ 재성형한 점토시료를 함수비의 변화 없이 그대로 방치하여 두면 시간이 지남에 따라 전기화학적 또는 colloid 화학적 성질에 의해 입자 접촉면에 흡착력이 작용하여 새로운 부착력이 생겨서 강도의 일부가 회복되는 현상을 thixotropy라 한다.

㉯ 직접전단시험에 의한 시험성과(촘촘한 모래와 느슨한 모래의 경우)

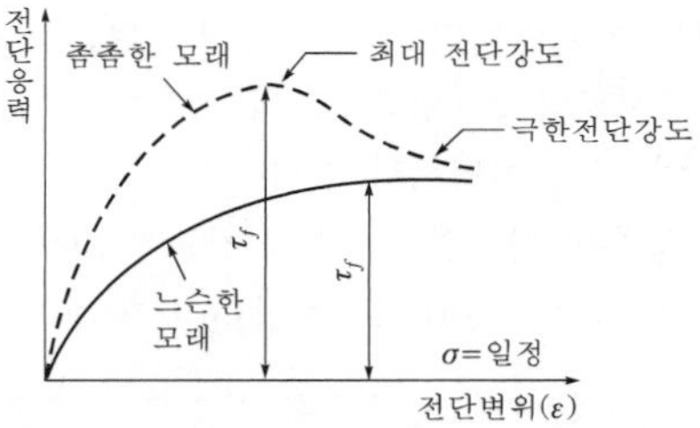

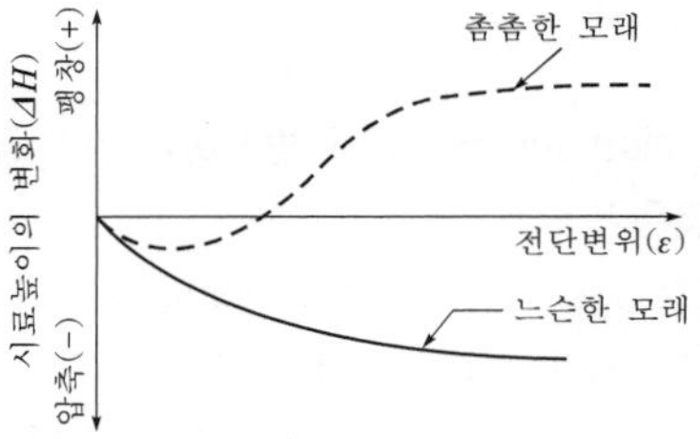

119. 조밀한 모래의 전단변위와 시료높이변화와의 관계로 옳은 것은? [산업 10, 12]

① ㉠
② ㉡
③ ㉢
④ ㉣

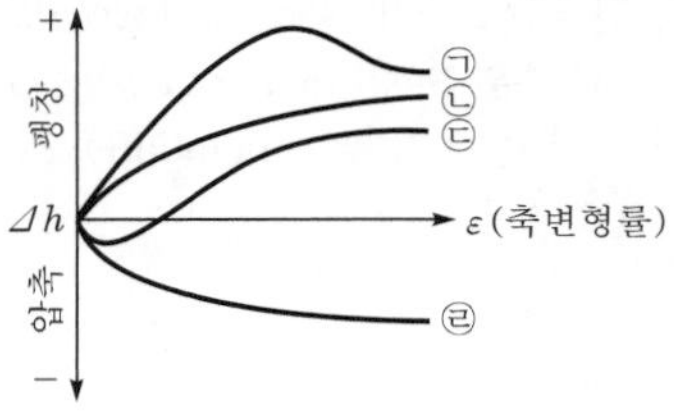

해설 직접전단시험에 의한 시험성과(촘촘한 모래와 느슨한 모래의 경우)

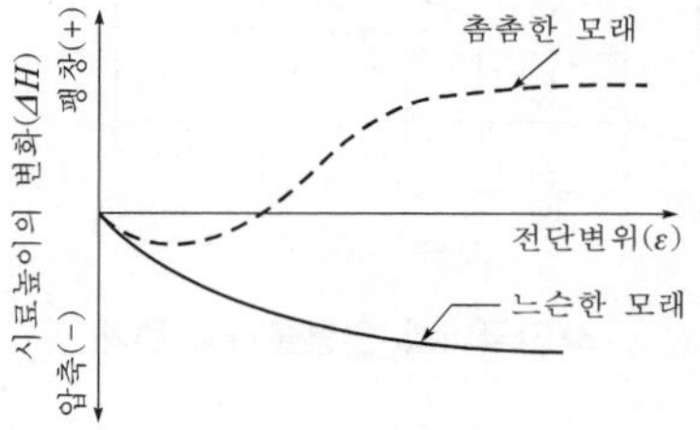

120. 다음 중 느슨한 모래의 전단변위와 시료의 부피변화관계곡선으로 옳은 것은? [산업 13, 18]

① ㉮
② ㉯
③ ㉰
④ ㉱

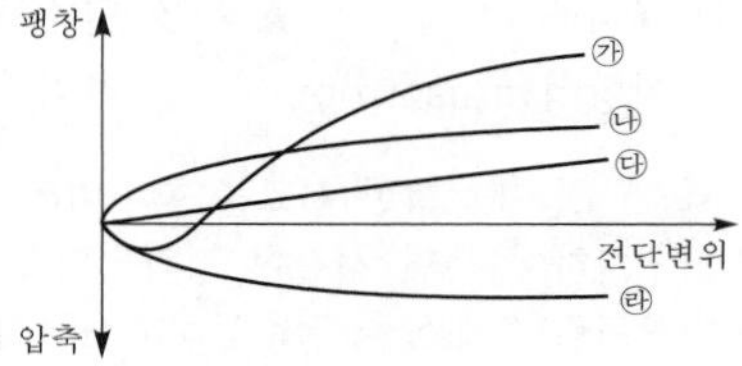

121. 모래 등과 같은 점성이 없는 흙의 전단강도특성에 대한 설명 중 잘못된 것은? [산업 10, 14]

① 조밀한 모래의 전단과정에서는 전단응력의 피크(peak)점이 나타난다.
② 느슨한 모래의 전단과정에서는 응력의 피크점이 없이 계속 응력이 증가하여 최대 전단응력에 도달한다.
③ 조밀한 모래는 변형의 증가에 따라 간극비가 계속 감소하는 경향을 나타낸다.
④ 느슨한 모래의 전단과정에서는 전단파괴가 될 때까지 체적이 계속 감소한다.

해설 조밀한 모래는 변형이 증가함에 따라 간극비가 계속 커진다.

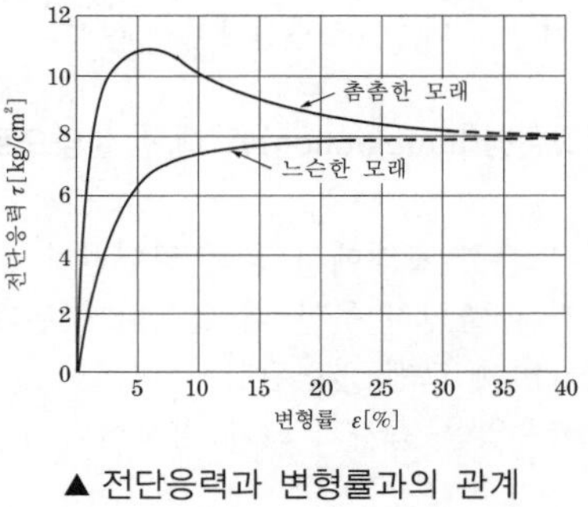

▲ 전단응력과 변형률과의 관계

정답 118. ① 119. ③ 120. ④ 121. ③

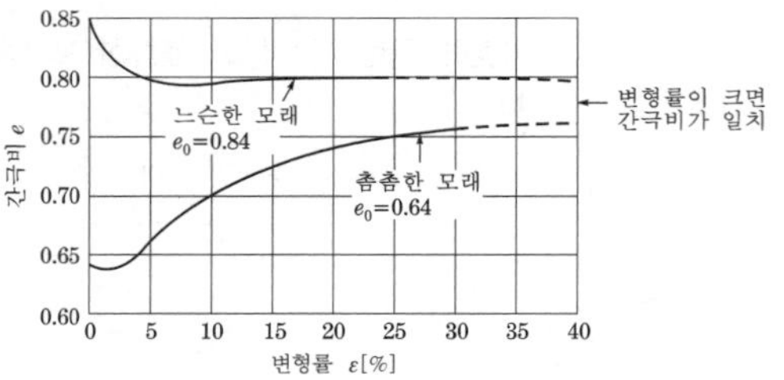

▲ 간극비와 변형률과의 관계

122. **점성토 시료를 교란시켜 재성형을 한 경우 시간이 지남에 따라 강도가 증가하는 현상을 나타내는 용어는?** [기사 05, 15, 산업 06, 18]

① 크리프(creep) ② 딕소트로피(thixotropy)
③ 이방성(anisotropy) ④ 아이소크론(isocron)

해설 재성형한 시료를 함수비의 변화 없이 그대로 방치하여 두면 시간이 경과되면서 강도가 회복되는데, 이러한 현상을 딕소트로피현상이라 한다.

123. **점성토의 전단특성에 관한 설명 중 옳지 않은 것은?** [산업 18]

① 일축압축시험 시 peak점이 생기지 않을 경우는 변형률 15%일 때를 기준으로 한다.
② 재성형한 시료를 함수비의 변화 없이 그대로 방치하면 시간이 경과되면서 강도가 일부 회복하는 현상을 액상화현상이라 한다.
③ 전단조건(압밀상태, 배수조건 등)에 따라 강도 정수가 달라진다.
④ 포화점토에 있어서 비압밀비배수시험의 결과 전단강도는 구속압력의 크기에 관계없이 일정하다.

해설 재성형한 시료를 함수비의 변화 없이 그대로 방치해두면 시간이 경과되면서 강도가 회복되는데, 이러한 현상을 딕소트로피현상이라 한다.

124. **액화현상(liquefaction)에 대한 설명으로 틀린 것은?** [기사 05]

① 포화된 느슨한 모래에서 흔히 일어난다.
② 간극수가 배출되지 못할 때 일어나게 된다.
③ 한계간극비에 크게 관련된다.
④ 과잉간극수압은 갑자기 크게 감소한다.

해설 액화현상이란 느슨하고 포화된 모래지반에 지진, 발파 등의 충격하중이 작용하면 체적이 수축함에 따라 공극수압이 증가하여 유효응력이 감소되기 때문에 전단강도가 작아지는 현상이다.

125. **진동이나 충격과 같은 동적 외력의 작용으로 모래의 간극비가 감소하며, 이로 인하여 간극수압이 상승하여 흙의 전단강도가 급격히 소실되어 현탁액과 같은 상태로 되는 현상은?** [기사 04, 18, 산업 19]

① 액상화현상 ② 동상현상
③ 다일러턴시현상 ④ 딕소트로피현상

해설 액화현상이란 느슨하고 포화된 모래지반에 지진, 발파 등의 충격하중이 작용하면 체적이 수축함에 따라 공극수압이 증가하여 유효응력이 감소되기 때문에 전단강도가 작아지는 현상이다.

126. **흙에 대한 일반적인 설명으로 틀린 것은?** [산업 16]

① 점성토가 교란되면 전단강도가 작아진다.
② 점성토가 교란되면 투수성이 커진다.
③ 불교란시료의 일축압축강도와 교란시료의 일축압축강도와의 비를 예민비라 한다.
④ 교란된 흙이 시간경과에 따라 강도가 회복되는 현상을 딕소트로피(thixotropy)현상이라 한다.

해설 점성토가 교란될수록 투수계수, 압밀계수는 작아진다.

127. **액상화(liquefaction)를 방지하기 위한 공법으로 거리가 먼 것은?** [기사 05]

① 바이브로컴포저(vibrocompozer)공법
② 웰포인트(well point)공법
③ 샌드콤팩션파일(sand compaction pile)공법
④ 샌드드레인(sand drain)공법

해설 액화현상 방지대책공법
㉮ 간극수압 제거 : vertical drain공법, gravel drain공법
㉯ 지하수위 저하 : well point공법, deep well공법
㉰ 밀도 증가 : vibro−flotation공법, sand compaction pile공법

정답 122. ② 123. ② 124. ④ 125. ① 126. ② 127. ④

128. 모래나 점토 같은 입상재료를 전단할 때 발생하는 다일레이턴시(dilatancy)현상과 간극수압의 변화에 대한 설명으로 틀린 것은? [기사 20]

① 정규압밀점토에서는 (−)다일레이턴시에 (+)의 간극수압이 발생한다.
② 과압밀점토에서는 (+)다일레이턴시에 (−)의 간극수압이 발생한다.
③ 조밀한 모래에서는 (+)다일레이턴시가 일어난다.
④ 느슨한 모래에서는 (+)다일레이턴시가 일어난다.

해설 ㉮ 조밀한 모래나 과압밀점토에서는 (+) Dilatancy에 (−)공극수압이 발생한다.
㉯ 느슨한 모래나 정규압밀점토에서는 (−) Dilatancy에 (+)공극수압이 발생한다.

129. 실내시험에 의한 점토의 강도 증가율(C_u/P) 산정 방법이 아닌 것은? [기사 09, 10, 11, 15, 18]

① 소성지수에 의한 방법
② 비배수전단강도에 의한 방법
③ 압밀비배수 삼축압축시험에 의한 방법
④ 직접전단시험에 의한 방법

해설 강도 증가율 추정법
㉮ 비배수전단강도에 의한 방법(UU시험)
㉯ CU시험에 의한 방법
㉰ $\overline{CU}$시험에 의한 방법
㉱ 소성지수에 의한 방법

130. 비배수점착력, 유효상재압력, 그리고 소성지수 사이의 관계는 $\frac{C_u}{P}=0.11+0.0037PI$이다. 다음 그림에서 정규압밀점토의 두께는 15m, 소성지수(PI)가 40%일 때 점토층의 중간 깊이에서 비배수점착력은? [기사 13]

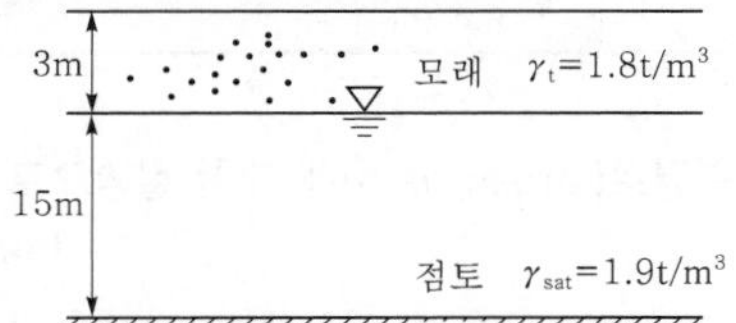

① 3.48t/m²
② 3.13t/m²
③ 2.65t/m²
④ 2.27t/m²

해설 ㉮ 점토층 중앙점에서의 유효응력

$\sigma=1.8\times3+1.9\times\frac{15}{2}=19.65\text{t/m}^2$

$u=1\times7.5=7.5\text{t/m}^2$

$\overline{\sigma}=19.65-7.5=12.15\text{t/m}^2$

㉯ $\frac{C_u}{P}=0.11+0.0037PI$

$\frac{C_u}{12.15}=0.11+0.0037\times40$

$\therefore\ C_u=3.13\text{t/m}^2$

131. 다음 그림과 같은 정규압밀점토지반에서 점토층 중간의 비배수점착력은? (단, 소성지수는 50%임) [기사 10]

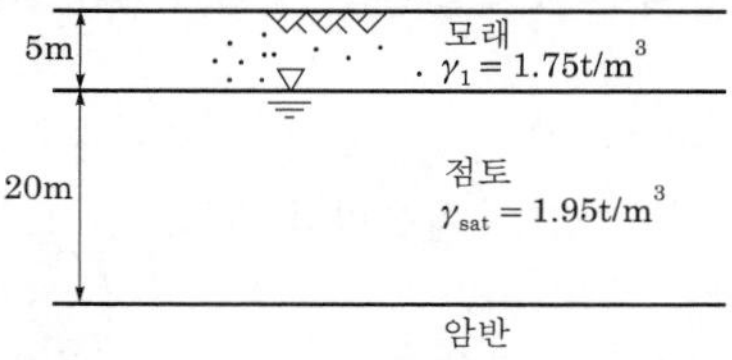

① 5.38t/m²
② 6.39t/m²
③ 7.38t/m²
④ 8.38t/m²

해설 ㉮ $\sigma=1.75\times5+1.95\times10=28.25\text{t/m}^2$

㉯ $u=1\times10=10\text{t/m}^2$

㉰ $\overline{\sigma}=\sigma-u=18.25\text{t/m}^2$

㉱ $\alpha=\frac{C_u}{P}=0.11+0.0037PI$ (단, $PI>10$)

$\frac{C_u}{18.25}=0.11+0.0037\times50$

$\therefore\ C_u=5.38\text{t/m}^2$

간극수압계수(pore pressure parameter)

132. 그림과 같은 지반에서 하중으로 인하여 수직응력($\Delta\sigma_1$)이 1.0kg/cm² 증가되고 수평응력($\Delta\sigma_3$)이 0.5kg/cm² 증가되었다면 간극수압은 얼마가 증가되었는가? (단, 간극수압계수 $A=0.5$이고, $B=1$이다.) [기사 08, 18]

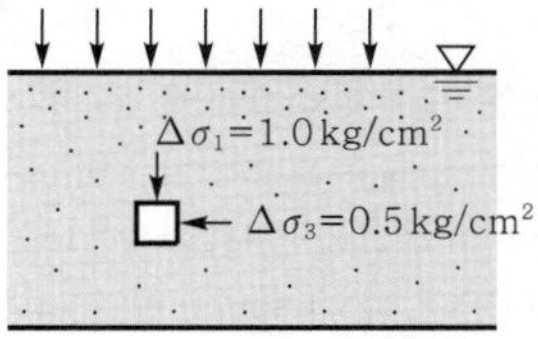

① 0.50kg/cm²
② 0.75kg/cm²
③ 1.00kg/cm²
④ 1.25kg/cm²

해설 $\Delta U=B\Delta\sigma_3+D(\Delta\sigma_1-\Delta\sigma_3)$

$=B[\Delta\sigma_3+A(\Delta\sigma_1-\Delta\sigma_3)]$

$=1\times[0.5+0.5\times(1.0-0.5)]=0.75\text{kg/cm}^2$

정답 128. ④ 129. ④ 130. ② 131. ① 132. ②

133. 다음 공식은 흙시료에 삼축압력이 작용할 때 흙시료 내부에 발생하는 간극수압을 구하는 공식이다. 이 식에 대한 설명으로 틀린 것은? [기사 14, 16, 20]

$$\Delta U = B[\Delta\sigma_3 + A(\Delta\sigma_1 - \Delta\sigma_3)]$$

① 포화된 흙의 경우 $B=1$이다.
② 간극수압계수 A의 값은 삼축압축시험에서 구할 수 있다.
③ 포화된 점토에서 구속응력을 일정하게 두고 간극수압을 측정했다면 축차응력과 간극수압으로부터 A값을 계산할 수 있다.
④ 간극수압계수 A값은 언제나 (+)의 값을 갖는다.

해설 ㉮ 과압밀점토일 때 A계수는 (−)값을 갖는다.
㉯ A계수의 일반적인 범위

점토의 종류	A계수
정규압밀점토 과압밀점토	0.5~1 −0.5~0

134. 다음 그림과 같이 지하수위가 지표와 일치한 연약점토 지반 위에 양질의 흙으로 매립성토할 때 매립이 끝난 후 매립지표로부터 5m 깊이에서의 과잉공극수압은 약 얼마인가? [기사 07, 09]

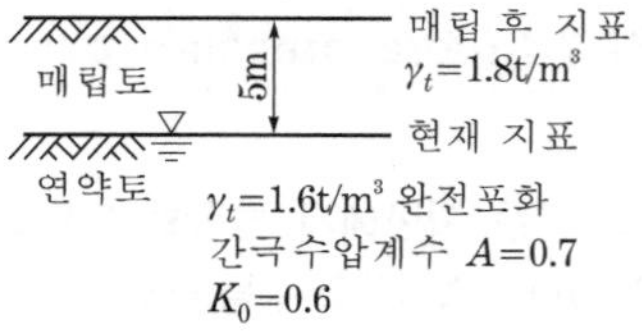

① 9.0t/m²
② 7.9t/m²
③ 5.4t/m²
④ 3.4t/m²

해설 ㉮ $\sigma_v = \gamma_t h = 1.8\times5 = 9\text{t/m}^2$
㉯ $\sigma_h = \sigma_v K_0 = 9\times0.6 = 5.4\text{t/m}^2$
㉰ $\Delta U = B[\Delta\sigma_3 + A(\Delta\sigma_1 - \Delta\sigma_3)]$
$= 1\times[5.4 + 0.7\times(9-5.4)] = 7.92\text{t/m}^2$

135. 2.0kg/cm²의 구속응력을 가하여 시료를 완전히 압밀시킨 다음 축차응력을 가하여 비배수상태로 전단시켜 파괴 시 축변형률 ε_f=10%, 축차응력 $\Delta\sigma_f$=2.8kg/cm², 간극수압 Δu_f=2.1kg/cm²를 얻었다. 파괴 시 간극수압계수 A를 구하면? (단, 간극수압계수 B는 1.0으로 가정한다.) [기사 12, 18]

① 0.44
② 0.75
③ 1.33
④ 2.27

해설 $\Delta U = B[\Delta\sigma_3 + A(\Delta\sigma_1 - \Delta\sigma_3)]$
$2.1 = 1\times(0 + A\times2.8)$
$\therefore A = \frac{2.1}{2.8} = 0.75$

136. 포화점토시료에 대한 CU-test결과가 다음과 같을 때 평균간극수압계수는? (단, 단위는 kN/m²) [기사 97]

시험번호	구속압력	축차응력 (파괴 시)	간극수압 (파괴 시)
1	150	192	80
2	300	341	150
3	450	504	222

① 0.417
② 0.424
③ 0.432
④ 0.440

해설 $\Delta U = B[\Delta\sigma_3 + A(\Delta\sigma_1 - \Delta\sigma_3)]$
$S_r = 100\%$일 때 $B=1$이고 구속압력이 일정하므로 $\Delta\sigma_3 = 0$이다.
$\therefore A = \frac{\Delta U - \Delta\sigma_3}{\Delta\sigma_1 - \Delta\sigma_3} = \frac{\Delta U}{\Delta\sigma_1}$

시험 번호	A	평균간극수압계수
1	$A = \frac{80}{192} = 0.4167$	$A = \frac{(0.4167+0.4399+0.4405)}{3} = 0.4324$
2	$A = \frac{150}{341} = 0.4399$	
3	$A = \frac{222}{504} = 0.4405$	

137. 응력경로(stress path)에 대한 설명으로 옳지 않은 것은? [기사 11, 15]

① 응력경로는 Mohr의 응력원에서 전단응력이 최대인 점을 연결하여 구해진다.
② 응력경로란 시료가 받는 응력의 변화과정을 응력공간에 궤적으로 나타낸 것이다.
③ 응력경로는 특성상 전응력으로만 나타낼 수 있다.
④ 시료가 받는 응력상태에 대해 응력경로를 나타내면 직선 또는 곡선으로 나타난다.

정답 133. ④ 134. ② 135. ② 136. ③ 137. ③

해설 응력경로

㉮ 지반 내 임의의 요소에 작용되어 온 하중의 변화 과정을 응력평면 위에 나타낸 것으로 최대 전단응력을 나타내는 Mohr원 정점의 좌표인 (p, q)점의 궤적이 응력경로이다.

㉯ 응력경로는 전응력으로 표시하는 전응력경로와 유효응력으로 표시하는 유효응력경로로 구분된다.

㉰ 응력경로는 직선 또는 곡선으로 나타난다.

138. **응력경로(stress path)에 대한 설명으로 틀린 것은?** [산업 18]

① 응력경로를 이용하면 시료가 받는 응력의 변화과정을 연속적으로 파악할 수 있다.

② 응력경로에는 전응력으로 나타내는 전응력경로와 유효응력으로 나타내는 유효응력경로가 있다.

③ 응력경로는 Mohr의 응력원에서 전단응력이 최대인 점을 연결하여 구해진다.

④ 시료가 받는 응력상태를 응력경로로 나타내면 항상 직선으로 나타내어진다.

해설 응력경로는 직선 또는 곡선으로 나타내어진다.

139. **다음은 전단시험을 한 응력경로이다. 어느 경우인가?** [기사 10, 11, 14, 19]

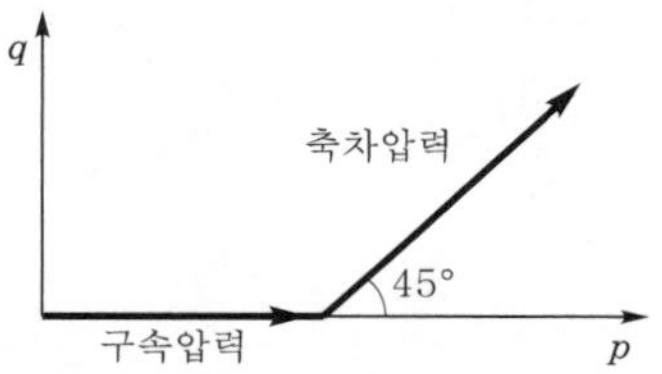

① 초기단계의 최대 주응력과 최소 주응력이 같은 상태에서 시행한 삼축압축시험의 전응력경로이다.

② 초기단계의 최대 주응력과 최소 주응력이 같은 상태에서 시행한 일축압축시험의 전응력경로이다.

③ 초기단계의 최대 주응력과 최소 주응력이 같은 상태에서 K_o=0.5인 조건에서 시행한 삼축압축시험의 전응력경로이다.

④ 초기단계의 최대 주응력과 최소 주응력이 같은 상태에서 K_o=0.7인 조건에서 시행한 일축압축시험의 전응력경로이다.

해설 초기단계는 등방압축상태에서 시행한 삼축압축시험의 전응력경로이다.

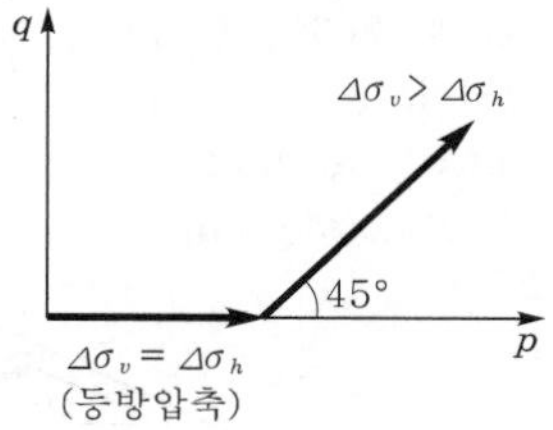

140. **토압계수 K=0.5일 때 응력경로는 다음 그림에서 어느 것인가?** [기사 11, 18]

① ㉠
② ㉡
③ ㉢
④ ㉣

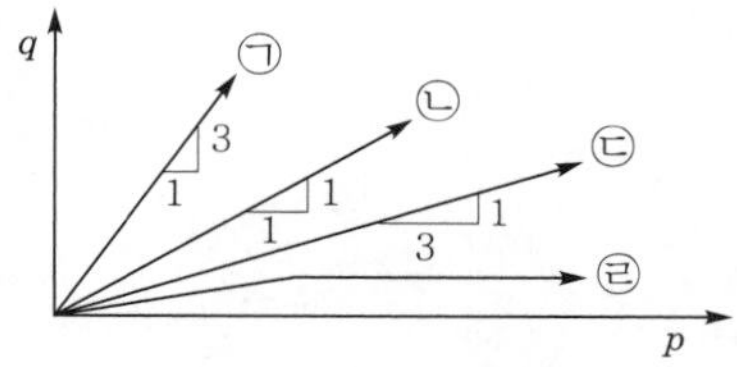

해설 $\dfrac{q}{p}=\dfrac{1-K}{1+K}=\dfrac{1-0.5}{1+0.5}=\dfrac{1}{3}$

141. **다음 그림과 같은 $p-q$ 다이어그램에서 K_f선이 파괴선을 나타낼 때 이 흙의 내부마찰각은?** [기사 15, 17]

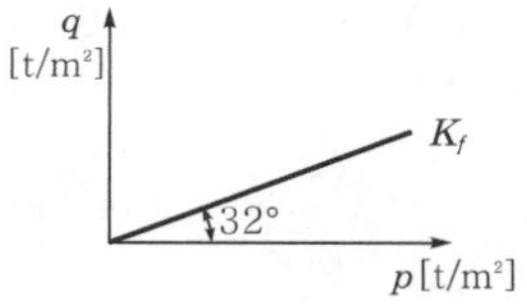

① 32°
② 36.5°
③ 38.7°
④ 40.8°

해설 $\sin\phi=\tan\alpha$
$\sin\phi=\tan 32°$
$\therefore \ \phi=38.67°$

142. **점성토에 대한 압밀배수 삼축압축시험결과를 $p-q$ diagram에 그린 결과 $K-$line의 경사각 α는 20°이고 절편 m은 3.4kg/cm²이었다. 이 점성토의 내부마찰각(ϕ) 및 점착력(c)의 크기는?** [기사 05]

① ϕ=21.34°, c=3.65kg/cm²
② ϕ=23.54°, c=3.43kg/cm²
③ ϕ=24.21°, c=3.47kg/cm²
④ ϕ=24.52°, c=3.52kg/cm²

정답 138. ④ 139. ① 140. ③ 141. ③ 142. ①

해설 ㉮ $\tan\alpha = \sin\phi$

$\tan 20° = \sin\phi$

$\therefore\ \phi = 21.34°$

㉯ $a = c\cos\phi$

$3.4 = c \times \cos 21.34°$

$\therefore\ c = 3.65\text{kg/cm}^2$

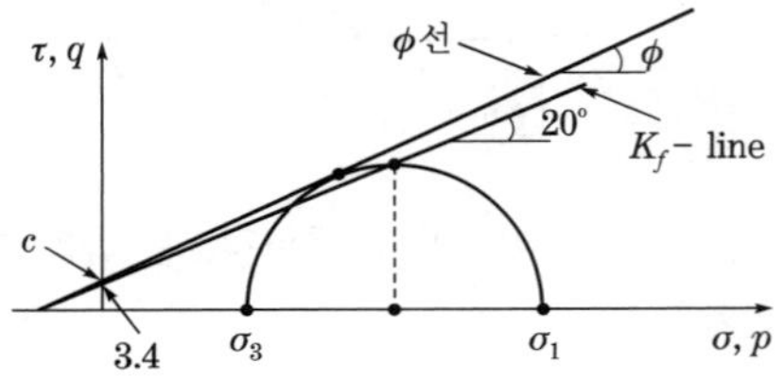

chapter 10

토 압

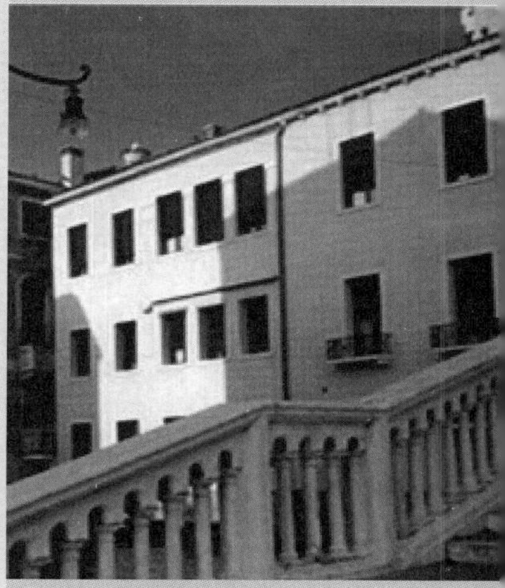

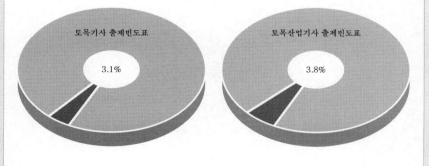

10 토압

01 변위에 따른 토압의 종류

① 정지토압(lateral earth pressure at rest ; P_o)

수평방향으로 변위가 없을 때의 토압을 정지토압이라 한다.

② 주동토압(active earth pressure ; P_a)

뒤채움 흙의 압력에 의해 벽체가 흙으로부터 멀어지는 변위를 일으킬 때 뒤채움 흙은 수평방향으로 팽창하면서 파괴가 일어나는데, 이때의 토압을 주동토압이라 한다.

③ 수동토압(passive earth pressure ; P_p)

어떤 외력으로 벽체가 뒤채움 흙 쪽으로 변위를 일으킬 때 뒤채움 흙은 수평방향으로 압축하면서 파괴가 일어나는데, 이때의 토압을 수동토압이라 한다.

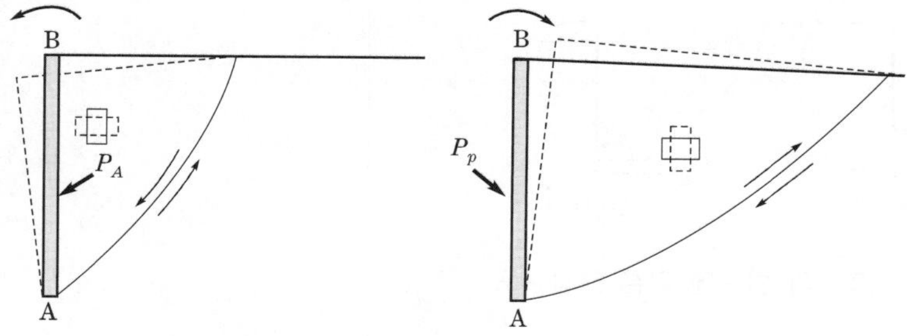

(a) 주동토압 (b) 수동토압

【그림 10-1】

알·아·두·기·

① 주동토압으로 파괴가 일어나면 옹벽 배면에 있는 흙은 아래로 가라앉는다.
② 주동상태일 때 활동면의 방향은 최대 주응력면(수평면)과 $45° + \frac{\phi}{2}$의 각을 이루고 있다.

① 수동토압으로 파괴가 일어나면 옹벽 배면에 있는 흙은 지표면으로 부풀어 오른다.
② 수동상태일 때 활동면의 방향은 최소 주응력면(수평면)과 $45° - \frac{\phi}{2}$의 각을 이루고 있다.

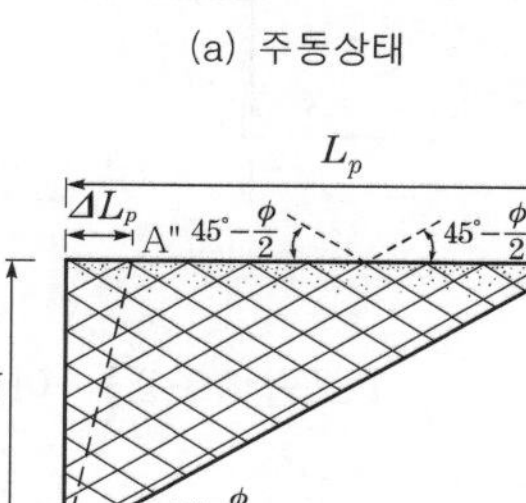

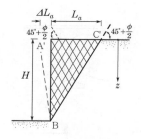

(a) 주동상태

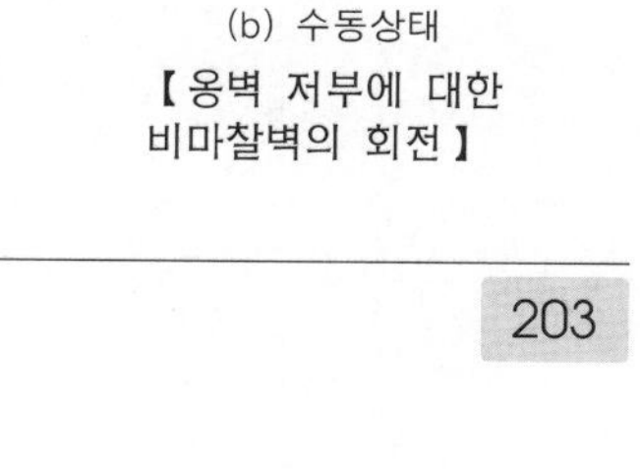

(b) 수동상태

【옹벽 저부에 대한 비마찰벽의 회전】

02 벽체의 변위와 토압과의 관계

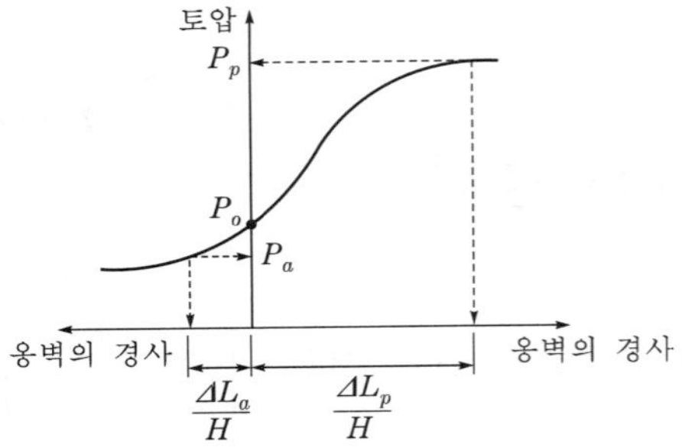

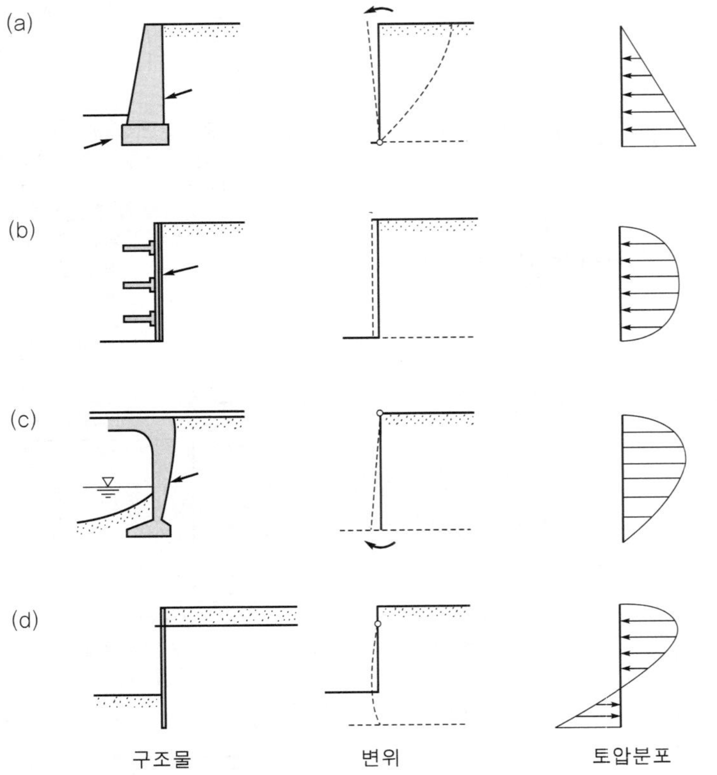

【그림 10-2】 여러 가지 구조물의 변위에 따른 토압분포

알•아•두•기•

03 토압계수

① 정지토압계수(coefficient of earth pressure at rest ; K_o)

(1) $K_0 = \dfrac{\sigma_h}{\sigma_v}$ ······ (10·1)

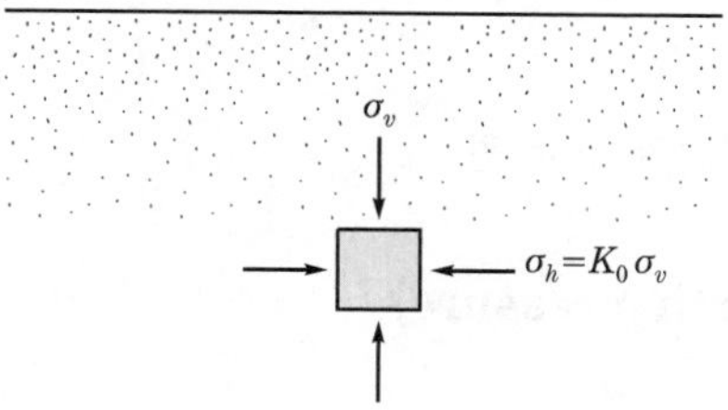

【그림 10-3】 지반 내 한 요소에 작용하는 응력

(2) $K_0 = \dfrac{\mu}{1-\mu}$ ······ (10·2)

여기서, μ : 푸아송비

(3) 경험식

① 사질토인 경우(Jaky, 1944)

$K_0 = 1 - \sin\overline{\phi}$ ······ (10·3)

여기서, $\overline{\phi}$: 유효응력으로 구한 전단저항각

② 정규압밀점토인 경우(Brooker & Ireland, 1965)

$K_0 = 0.95 - \sin\overline{\phi}$ ······ (10·4)

③ 과압밀점토인 경우

$K_{0(과압밀)} = K_{0(정규압밀)}\sqrt{\mathrm{OCR}}$ ······ (10·5)

➡ 지하실의 벽체, 지하배수구 또는 도로제방 아래를 관통하는 box culvert와 같이 벽체의 변위가 거의 허용하지 않으면 이 경우의 토압은 정지토압이다.

➡ ① 모래, 자갈 : $K_0 = 0.35 \sim 0.6$
② 점토, 실트 : $K_0 = 0.45 \sim 0.75$
③ 과압밀점토 : $K_0 \geq 1$
(과압밀비가 클수록 K_0 값이 커지며 약 3에 가까운 값도 존재한다.)
④ 실용적인 개략치 : $K_0 \fallingdotseq 0.5$

② Rankine의 주동토압계수, 수동토압계수

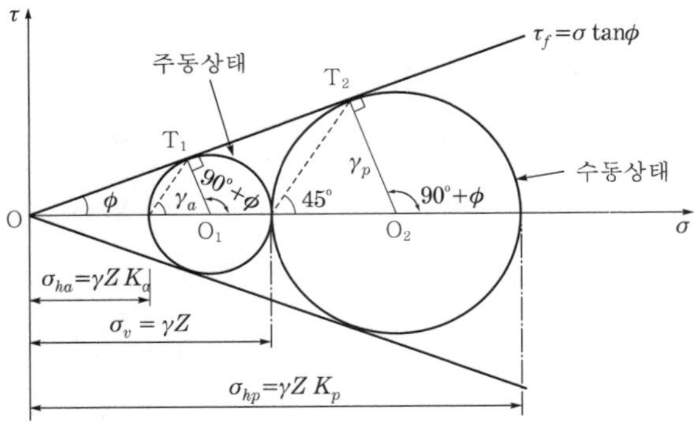

【그림 10-4】 Rankine의 주동 및 수동상태의 Mohr원

(1) 주동토압계수(coefficient of active earth pressure)

$$K_a = \frac{\sigma_{ha}}{\sigma_v} = \frac{\overline{OO_1} - \gamma_a}{\overline{OO_1} + \gamma_a}$$

$$= \frac{\overline{OO_1} - \overline{OO_1}\sin\phi}{\overline{OO_1} + \overline{OO_1}\sin\phi}$$

$$= \frac{1-\sin\phi}{1+\sin\phi} = \tan^2\left(45° - \frac{\phi}{2}\right) \quad \cdots\cdots (10\cdot6)$$

(2) 수동토압계수(coefficient of passive earth pressure)

$$K_p = \frac{\sigma_{hp}}{\sigma_v} = \frac{\overline{OO_2} + \gamma_p}{\overline{OO_2} - \gamma_p}$$

$$= \frac{\overline{OO_2} + \overline{OO_2}\sin\phi}{\overline{OO_2} - \overline{OO_2}\sin\phi}$$

$$= \frac{1+\sin\phi}{1-\sin\phi} = \tan^2\left(45° + \frac{\phi}{2}\right) \quad \cdots\cdots (10\cdot7)$$

04 Rankine토압론

① 기본가정

① 흙은 중력만 작용하는 균질하고 등방성이며 비압축성이다.

② 파괴면은 2차원적인 평면이다.
③ 흙은 입자 간의 마찰력에 의해서만 평형을 유지한다(벽마찰각 무시).
④ 토압은 지표면에 평행하게 작용한다.
⑤ 지표면은 무한히 넓게 존재한다.
⑥ 지표면에 작용하는 하중은 등분포하중이다(선하중, 대상하중, 집중하중 등은 Boussinesq의 지중응력계산법 등으로 편법으로 고려한다).

② 지표면이 수평인 경우 연직벽에 작용하는 토압

(1) 점성이 없는 흙의 주동 및 수동토압($c=0$, $i=0$)

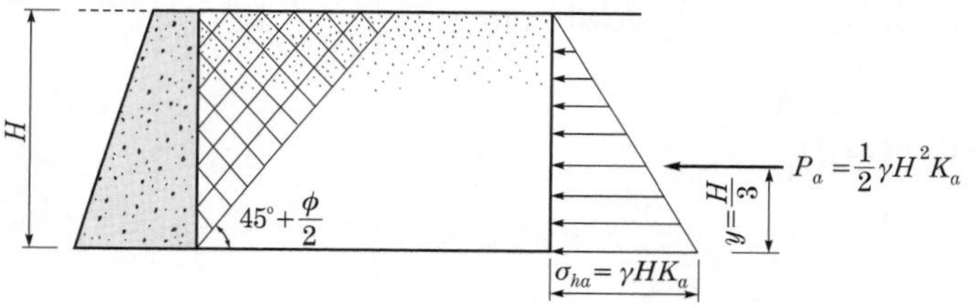

【그림 10-5】 주동토압분포와 작용위치

① 주동토압(active earth pressure)

$$P_a = \frac{1}{2}\gamma H^2 K_a \quad \cdots\cdots (10 \cdot 8)$$

② 수동토압(passive earth pressure)

$$P_p = \frac{1}{2}\gamma H^2 K_p \quad \cdots\cdots (10 \cdot 9)$$

(2) 점성토의 주동 및 수동토압($c \neq 0$, $i=0$)

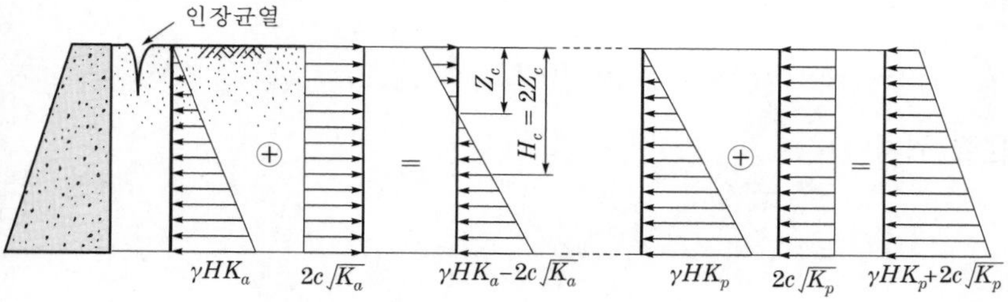

(a) 주동상태 (b) 수동상태

【그림 10-6】 점성이 있는 흙의 토압분포

알•아•두•기•

Rankine토압론은 소성론에 입각하였다.

인장균열 속에 물이 채워진다면 그 깊이까지 수압이 작용하므로, 이것이 옹벽에 전도와 활동을 일으키는 추가원인이 된다.

① 주동 및 수동토압

$$P_a = \frac{1}{2}\gamma H^2 K_a - 2c\sqrt{K_a}\,H \quad \cdots\cdots (10\cdot 10)$$

$$P_p = \frac{1}{2}\gamma H^2 K_p + 2c\sqrt{K_p}\,H \quad \cdots\cdots (10\cdot 11)$$

② 점착고 : 인장균열(tension crack)깊이

$\sigma_{ha} = 0$에서

$$\gamma Z_c \tan^2\left(45° - \frac{\phi}{2}\right) - 2c\tan\left(45° - \frac{\phi}{2}\right) = 0$$

$$\therefore\ Z_c = \frac{2c}{\gamma}\frac{1}{\tan\left(45° - \frac{\phi}{2}\right)} = \frac{2c}{\gamma}\tan\left(45° + \frac{\phi}{2}\right) \quad \cdots\cdots (10\cdot 12)$$

③ 한계고(critical height) : 구조물의 설치 없이 사면이 유지되는 높이, 즉 토압의 합력이 0이 되는 깊이를 한계고라 한다.

$$H_c = 2Z_c = \frac{4c}{\gamma}\tan\left(45° + \frac{\phi}{2}\right) \quad \cdots\cdots (10\cdot 13)$$

(3) 등분포재하 시의 토압($c=0$, $i=0$)

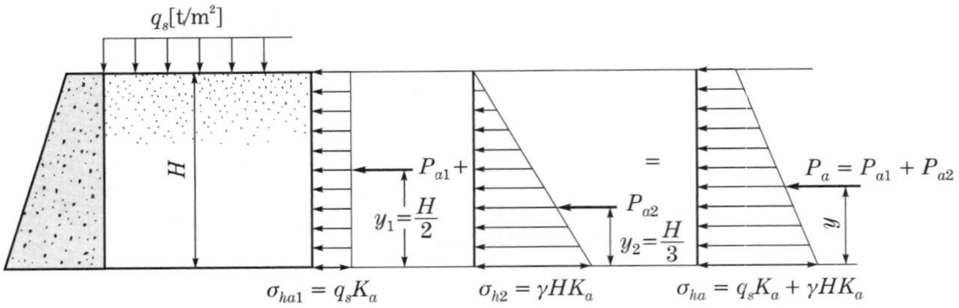

【그림 10-7】 등분포하중작용 시의 주동토압분포

① 주동 및 수동토압

$$P_a = \frac{1}{2}\gamma H^2 K_a + q_s K_a H \quad \cdots\cdots (10\cdot 14)$$

$$P_p = \frac{1}{2}\gamma H^2 K_p + q_s K_p H \quad \cdots\cdots (10\cdot 15)$$

② 주동토압이 작용하는 작용점 위치(y)

$$P_{a1}\frac{H}{2} + P_{a2}\frac{H}{3} = P_a y$$

$$\therefore\ y = \frac{P_{a1}\frac{H}{2} + P_{a2}\frac{H}{3}}{P_a} \quad \cdots\cdots (10\cdot 16)$$

여기서, $P_a = P_{a1} + P_{a2}$

(4) 뒤채움 흙이 이질층인 경우($c=0$, $i=0$)

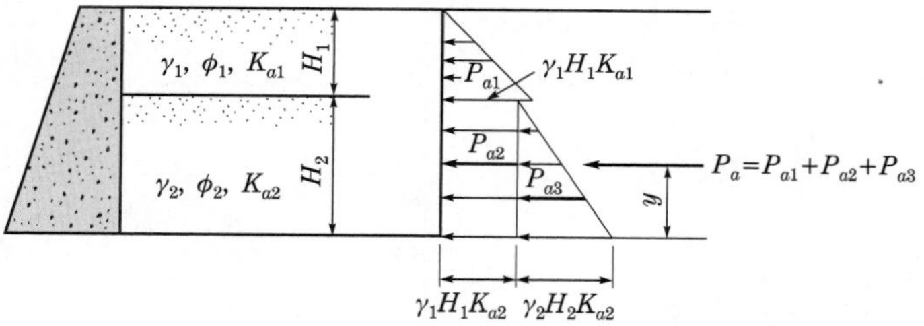

【그림 10-8】 뒤채움 흙이 이질층인 경우의 주동토압분포

① 주동 및 수동토압

$$P_a = \frac{1}{2}\gamma_1 H_1^{\,2} K_{a1} + \gamma_1 H_1 H_2 K_{a2} + \frac{1}{2}\gamma_2 H_2^{\,2} K_{a2} \qquad \cdots\cdots (10\cdot 17)$$

$$P_p = \frac{1}{2}\gamma_1 H_1^{\,2} K_{p1} + \gamma_1 H_1 H_2 K_{p2} + \frac{1}{2}\gamma_2 H_2^{\,2} K_{p2} \qquad \cdots\cdots (10\cdot 18)$$

② 주동토압이 작용하는 작용점 위치(y)

$$P_{a1}\left(\frac{H_1}{3} + H_2\right) + P_{a2}\frac{H_2}{2} + P_{a3}\frac{H_2}{3} = P_a y$$

$$\therefore\ y = \frac{P_{a1}\left(\dfrac{H_1}{3} + H_2\right) + P_{a2}\dfrac{H_2}{2} + P_{a3}\dfrac{H_2}{3}}{P_a} \qquad \cdots\cdots\cdots\cdots (10\cdot 19)$$

여기서, $P_a = P_{a1} + P_{a2} + P_{a3}$

(5) 지하수위가 있는 경우

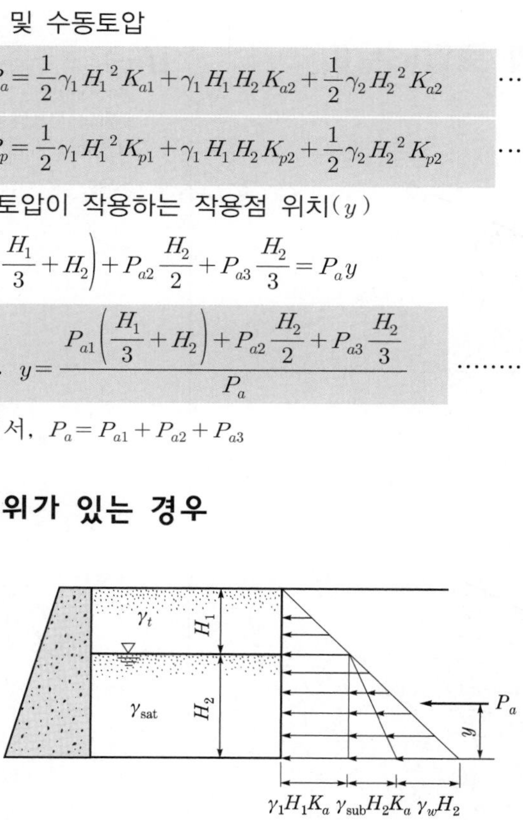

【그림 10-9】 지하수위가 있는 경우의 주동토압분포

① 주동 및 수동토압

$$P_a = \frac{1}{2}\gamma H_1^{\,2} K_a + \gamma H_1 H_2 K_a + \frac{1}{2}\gamma_{sub} H_2^{\,2} K_a + \frac{1}{2}\gamma_w H_2^{\,2} \qquad \cdots\cdots (10\cdot 20)$$

뒤채움 흙이 이질층인 경우

가장 위층은 일반적인 방법으로 토압을 구하고, 두 번째 층이나 그 아래에 있는 층에 대해서는 층 위에 있는 흙의 무게를 상재하중으로 생각하여 토압을 구한 후 합성한다.

$$P_p = \frac{1}{2}\gamma H_1{}^2 K_p + \gamma H_1 H_2 K_p + \frac{1}{2}\gamma_{\text{sub}} H_2{}^2 K_p + \frac{1}{2}\gamma_w H_2{}^2 \quad \cdots\cdots (10\cdot 21)$$

② 주동토압이 작용하는 작용점 위치(y)

$$P_{a1}\left(\frac{H_1}{3} + H_2\right) + P_{a2}\frac{H_2}{2} + P_{a3}\frac{H_2}{3} + P_{a4}\frac{H_2}{3} = P_a y$$

$$\therefore\ y = \frac{P_{a1}\left(\frac{H_1}{3} + H_2\right) + P_{a2}\frac{H_2}{2} + P_{a3}\frac{H_2}{3} + P_{a4}\frac{H_2}{3}}{P_a} \quad \cdots\cdots (10\cdot 22)$$

③ 지표면이 경사진 경우의 토압($c=0$, $i \neq 0$)

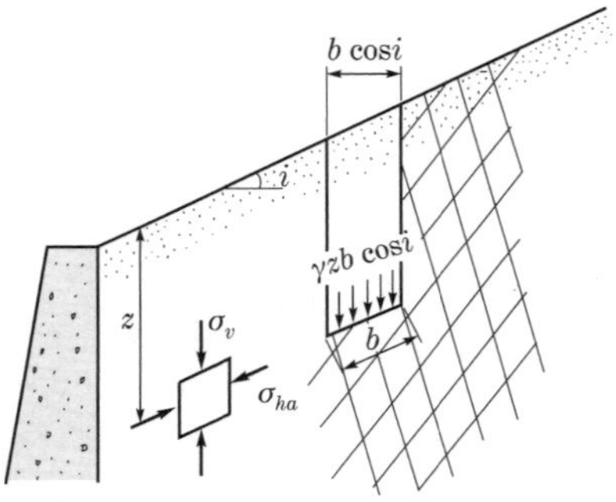

(a) 주동상태

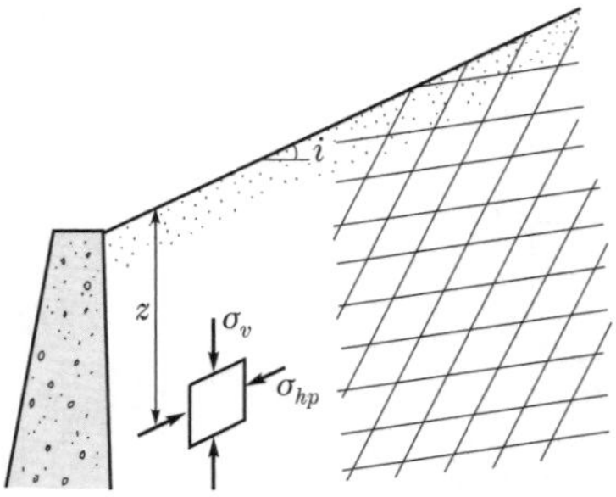

(b) 수동상태

【그림 10-10】 지표면이 경사졌을 때의 주동 및 수동상태

알•아•두•기•

지표면이 수평면과 i의 각도로 기울어져 있을 때 주동토압과 수동토압의 작용방향은 지표면과 평행하다고 가정한다.

① 주동 및 수동토압계수

$$K_a = \frac{\cos i - \sqrt{\cos^2 i - \cos^2 \phi}}{\cos i + \sqrt{\cos^2 i - \cos^2 \phi}} \cdots\cdots (10\cdot 23)$$

$$K_p = \frac{\cos i + \sqrt{\cos^2 i - \cos^2 \phi}}{\cos i - \sqrt{\cos^2 i - \cos^2 \phi}} \cdots\cdots (10\cdot 24)$$

② 주동 및 수동토압

$$P_a = \frac{1}{2}\gamma H^2 K_a \cos i \cdots\cdots (10\cdot 25)$$

$$P_p = \frac{1}{2}\gamma H^2 K_p \cos i \cdots\cdots (10\cdot 26)$$

05 Coulomb토압론(흙쐐기이론)

Coulomb토압론은 옹벽과 뒤채움 흙과의 마찰을 고려하였으며, 파괴면은 평면으로 가정하였다. Coulomb토압론을 일명 흙쐐기이론이라고도 한다.

➡ Coulomb토압은 극한평형상태에서 흙이 흙쐐기상태로 활동하면서 마찰벽면에 작용하는 토압인 반면, Rankine토압은 흙의 요소가 전단분쇄상태로 상호활동하면서 연직지반면에 작용하는 토압이다.

① 뒤채움 흙이 사질토인 경우의 주동토압

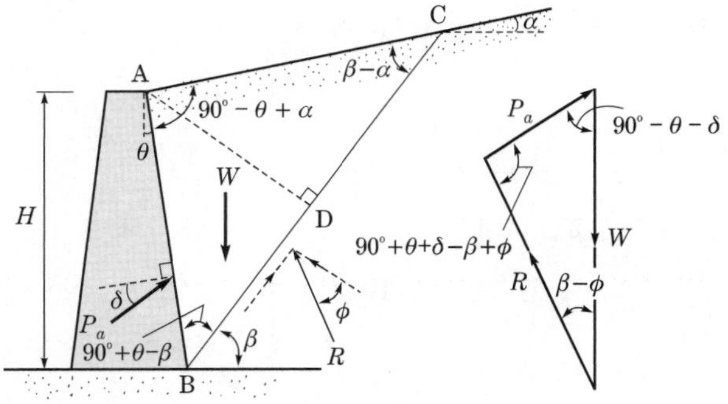

【그림 10-11】 주동상태에서 흙쐐기에 작용하는 힘

① 주동토압

$$P_a = \frac{1}{2}\gamma H^2 C_a \cdots\cdots (10\cdot 27)$$

② 주동토압계수

$$C_a = \frac{\cos^2(\phi-\theta)}{\cos^2\theta\cos(\delta+\theta)\left[1+\sqrt{\dfrac{\sin(\delta+\phi)\sin(\phi-\alpha)}{\cos(\delta+\theta)\cos(\theta-\alpha)}}\right]^2} \quad \cdots\cdots (10\cdot28)$$

연직벽($\theta=0°$)이며 지표면이 수평($\alpha=0°$)인 경우

$$C_a = \frac{\cos^2\phi}{[\sqrt{\cos\delta}+\sqrt{\sin(\phi+\delta)\sin\phi}\,]^2} \quad \cdots\cdots (10\cdot29)$$

② 뒤채움 흙이 사질토인 경우의 수동토압

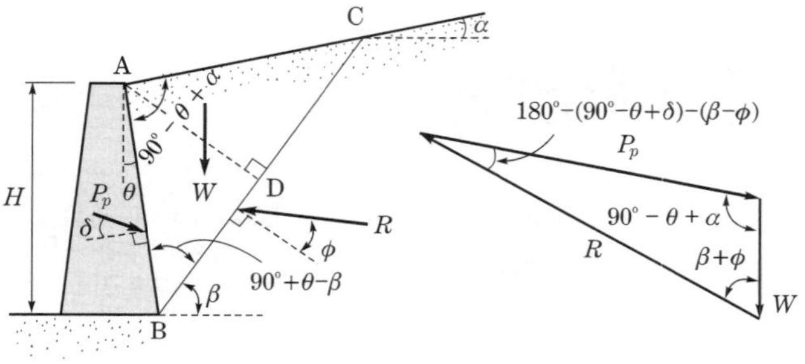

【그림 10-12】 수동상태에서 흙쐐기에 작용하는 힘

① 수동토압

$$P_p = \frac{1}{2}\gamma H^2 C_p \quad \cdots\cdots (10\cdot30)$$

② 수동토압계수

$$C_p = \frac{\cos^2(\phi+\theta)}{\cos^2\theta\cos(\delta-\theta)\left[1-\sqrt{\dfrac{\sin(\delta+\phi)\sin(\phi-\alpha)}{\cos(\delta+\theta)\cos(\theta-\alpha)}}\right]^2} \quad \cdots\cdots (10\cdot31)$$

06 옹벽의 안정조건

① 전도에 대한 안정

$$F_S = \frac{Wx + P_v B}{P_h y} \geqq 2.0 \quad \cdots\cdots (10\cdot32)$$

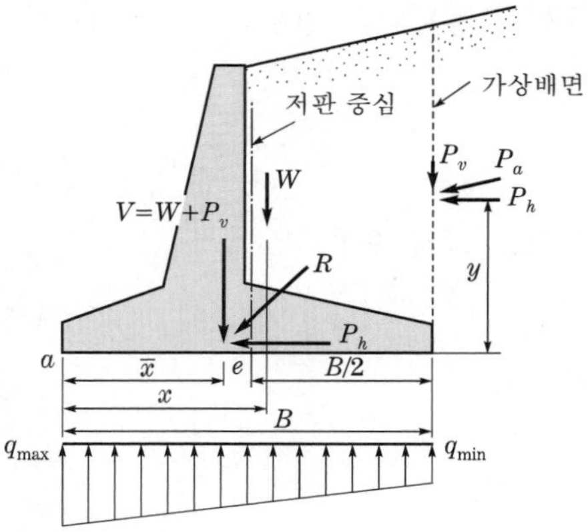

【그림 10-13】

알•아•두•기•

합력 $R(W+P_v$와 P_h의 합력)의 작용위치가 저판의 중앙 $\frac{1}{3}$ 이내 이면 전도에 대해 안전하다(R의 작용위치와 저판 중심과의 거리 e가 $e<\frac{B}{6}$ 이면 안전하다).

② 활동에 대한 안정

$$F_S = \frac{(W+P_v)\tan\delta + cB + P_p}{P_h} \geq 1.5 \quad \cdots\cdots (10\cdot33)$$

여기서, W : 옹벽의 자중+저판 위의 흙의 중량

P_v : 토압의 연직분력

P_h : 토압의 수평분력

δ : 옹벽 저변과 지반 사이의 마찰각

활동에 대한 안정
옹벽 앞부리(toe)에 작용하는 수동토압을 무시하는 것이 안전측이다.

③ 지지력에 대한 안정

$$F_S = \frac{q_a}{q_{max}} \geq 1 \quad \cdots\cdots (10\cdot34)$$

① $q_{max} = \dfrac{W+P_v}{B}\left(1+\dfrac{6e}{B}\right)$

② $q_{min} = \dfrac{W+P_v}{B}\left(1-\dfrac{6e}{B}\right)$

지지력에 대한 안정
옹벽 앞부리에서의 압력은 허용지지력 이내이어야 한다.

07 널말뚝에 작용하는 토압

(1) 널말뚝은 배면에서 작용하는 주동토압에 대하여 전면에서 저항하는 수동토압으로 안정이 유지된다. 수동토압에 의해 안정을 유지할 수

없을 때에는 널말뚝 상단 부근에 앵커를 두어 주동토압의 일부를 이것으로 분담시킨다.

(2) 앵커의 설치

앵커판과 데드맨에 의한 저항은 이들의 앞에 있는 흙의 수동토압에 의한 것이다.

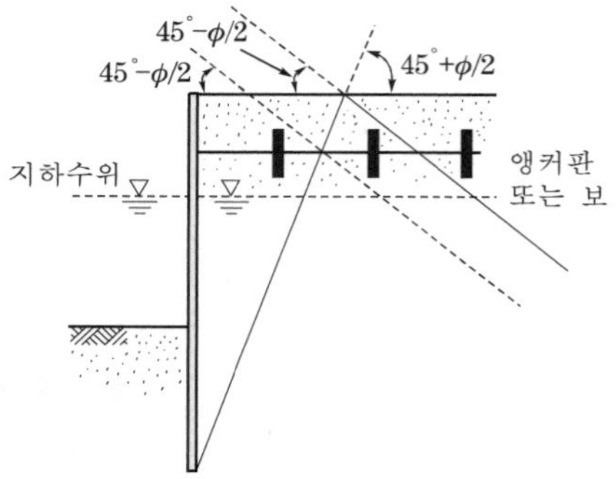

(a) 앵커판과 데드맨

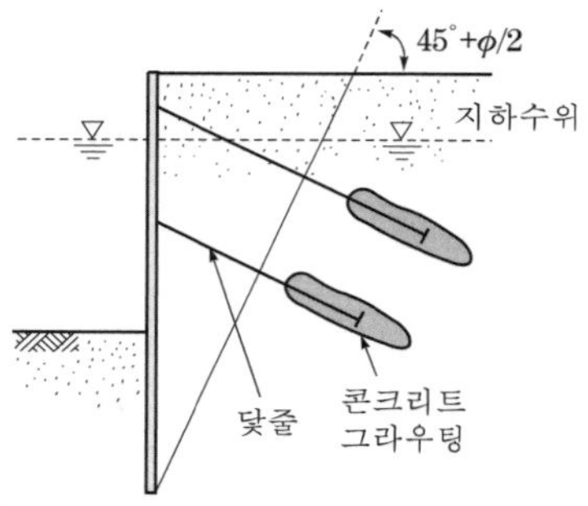

(b) tie back anchor

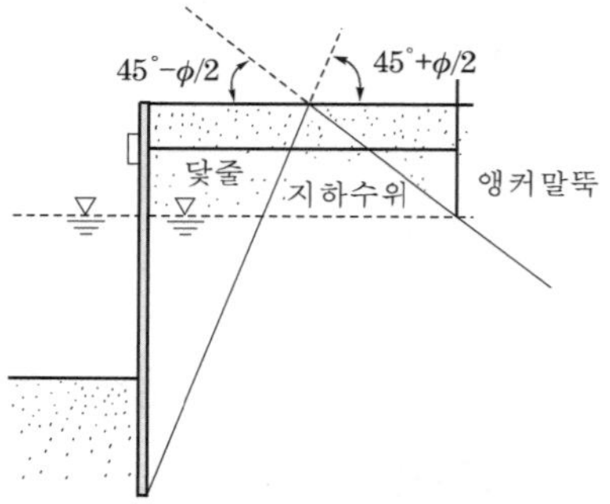

(c) 수직앵커말뚝

【그림 10-14】 널말뚝에 사용되는 앵커의 형식

예상 및 기출문제

1. Rankine토압이론의 가정사항 중 옳지 않은 것은? [기사 07]

① 흙은 균질의 분체이다.
② 지표면은 무한히 넓게 존재한다.
③ 분체는 입자 간의 점착력에 의해 평형을 유지한다.
④ 토압은 지표면에 평행하게 작용한다.

해설 Rankine토압론의 가정사항
㉮ 흙은 균질이고 비압축성이다.
㉯ 지표면은 무한히 넓게 존재한다.
㉰ 흙은 입자 간의 마찰에 의해 평형을 유지한다(벽마찰 무시).
㉱ 토압은 지표면에 평행하게 작용한다.
㉲ 중력만 작용하고 지반은 소성평형상태에 있다.

2. Rankine토압론의 기본가정에 속하지 않는 것은? [기사 19]

① 흙은 비압축성이고 균질의 입자이다.
② 지표면은 무한히 넓게 존재한다.
③ 옹벽과 흙과의 마찰을 고려한다.
④ 토압은 지표면에 평행하게 작용한다.

해설 흙은 입자 간의 마찰력에 의해서만 평형을 유지한다(벽마찰각 무시).

3. 랭킨토압론의 가정 중 맞지 않는 것은? [산업 09, 12, 17]

① 흙은 비압축성이고 균질이다.
② 지표면은 무한히 넓다.
③ 흙은 입자 간의 마찰에 의하여 평형조건을 유지한다.
④ 토압은 지표면에 수직으로 작용한다.

해설 Rankine토압론의 가정사항
㉮ 흙은 균질이고 비압축성이다.
㉯ 지표면은 무한히 넓게 존재한다.
㉰ 흙은 입자 간의 마찰에 의해 평형을 유지한다(벽마찰 무시).
㉱ 토압은 지표면에 평행하게 작용한다.

4. 토압론에 관한 설명 중 틀린 것은? [기사 05, 09]

① Coulomb의 토압론은 강체역학에 기초를 둔 흙쐐기 이론이다.
② Rankine의 토압론은 소성이론에 의한 것이다.
③ 벽체가 배면에 있는 흙으로부터 떨어지도록 작용하는 토압을 수동토압이라 하고, 벽체가 흙 쪽으로 밀리도록 작용하는 힘을 주동토압이라 한다.
④ 정지토압계수의 크기는 수동토압계수와 주동토압계수 사이에 속한다.

해설 뒤채움 흙의 압력에 의해 벽체가 배면에 있는 흙으로부터 멀어지도록 작용하는 토압을 주동토압이라 하고, 벽체가 흙 쪽으로 밀리도록 작용하는 힘을 수동토압이라 한다.

5. 지표면이 수평이고 옹벽의 뒷면과 흙과의 마찰각이 0°인 연직옹벽에서 Coulomb토압과 Rankine토압은 어떤 관계가 있는가? (단, 점착력은 무시한다.) [기사 14, 17, 산업 01, 15]

① Coulomb토압은 항상 Rankine토압보다 크다.
② Coulomb토압과 Rankine토압은 같다.
③ Coulomb토압이 Rankine토압보다 작다.
④ 옹벽의 형상과 흙의 상태에 따라 클 때도 있고, 작을 때도 있다.

해설 Rankine토압에서는 옹벽의 벽면과 흙의 마찰을 무시하였고, Coulomb토압에서는 고려하였다.
문제에서 옹벽의 벽면과 흙의 마찰각을 0°라 하였으므로 Rankine토압과 Coulomb토압은 같다.

6. 콘크리트벽체에 작용하는 Coulomb의 주동토압을 감소시키려고 할 경우 고려하여야 할 사항으로 틀린 것은? [산업 05]

① 뒤채움 흙의 단위중량이 작을 것
② 뒤채움 흙표면의 경사가 작을 것
③ 흙의 내부마찰각이 클 것
④ 벽체와 흙의 마찰각이 작을 것

정답 1. ③ 2. ③ 3. ④ 4. ③ 5. ② 6. ④

해설 Coulomb의 주동토압은 벽체와 흙의 마찰각 δ가 클수록 작아진다.

7. 토압에 대한 다음 설명 중 옳은 것은? [기사 10, 19]

① 일반적으로 정지토압계수는 주동토압계수보다 작다.
② Rankine이론에 의한 주동토압의 크기는 Coulomb 이론에 의한 값보다 작다.
③ 옹벽, 흙막이벽체, 널말뚝 중 토압분포가 삼각형분포에 가장 가까운 것은 옹벽이다.
④ 극한주동상태는 수동상태보다 훨씬 더 큰 변위에서 발생한다.

해설 ㉮ $K_p > K_o > K_a$
㉯ Rankine토압론에 의한 주동토압은 과대평가되고, 수동토압은 과소평가된다.
㉰ Coulomb토압론에 의한 주동토압은 실제와 잘 접근하고 있으나, 수동토압은 상당히 크게 나타난다.
㉱ 주동변위량은 수동변위량보다 작다.

8. 강도 정수가 $c=0$, $\phi=40°$인 사질토 지반에서 Rankine 이론에 의한 수동토압계수는 주동토압계수의 몇 배인가? [기사 12, 16]

① 4.6 ② 9.0
③ 12.3 ④ 21.1

해설 $$\frac{K_p}{K_a}=\frac{\tan^2\left(45°+\frac{\phi}{2}\right)}{\tan^2\left(45°-\frac{\phi}{2}\right)}=\frac{\tan^2\left(45°+\frac{40°}{2}\right)}{\tan^2\left(45°-\frac{40°}{2}\right)}=21.15$$

9. Rankine의 주동토압계수에 관한 설명 중 틀린 것은? [산업 13]

① 주동토압계수는 내부마찰각이 크면 작아진다.
② 주동토압계수는 내부마찰각크기와 관계가 없다.
③ 주동토압계수는 수동토압계수보다 작다.
④ 정지토압계수는 주동토압계수보다 크고, 수동토압계수보다 작다.

해설 ㉮ 주동토압계수 : $K_a=\tan^2\left(45°-\frac{\phi}{2}\right)$
㉯ 수동토압계수 : $K_p=\tan^2\left(45°+\frac{\phi}{2}\right)$

10. 주동토압계수를 K_a, 수동토압계수를 K_p, 정지토압계수를 K_o라 할 때 그 크기의 순서가 맞는 것은? [산업 10, 15, 20]

① $K_a > K_o > K_p$ ② $K_p > K_o > K_a$
③ $K_o > K_a > K_p$ ④ $K_o > K_p > K_a$

해설 ㉮ $K_p > K_o > K_a$
㉯ $P_p > P_o > P_a$

11. 주동토압을 P_a, 수동토압을 P_p, 정지토압을 P_o라 할 때 토압의 크기순서는? [산업 12, 15, 16, 17, 18, 20]

① $P_a > P_p > P_o$ ② $P_p > P_o > P_a$
③ $P_p > P_a > P_o$ ④ $P_o > P_a > P_p$

12. 지표가 수평인 연직옹벽에 있어서 '주동토압계수/수동토압계수'의 값으로 옳은 것은? (단, 흙의 내부마찰각은 30이다.) [산업 07, 14]

① 1/3 ② 1/6
③ 1/9 ④ 1/12

해설 ㉮ $K_a=\tan^2\left(45°-\frac{\phi}{2}\right)=\tan^2\left(45°-\frac{30°}{2}\right)=\frac{1}{3}$
㉯ $K_p=\tan^2\left(45°+\frac{\phi}{2}\right)=\tan^2\left(45°+\frac{30°}{2}\right)=3$
㉰ $\frac{K_a}{K_p}=\frac{1/3}{3}=\frac{1}{9}$

13. Jaky의 정지토압계수를 구하는 공식 $K_o=1-\sin\phi$가 가장 잘 성립하는 토질은? [기사 06, 14]

① 과압밀점토 ② 정규압밀점토
③ 사질토 ④ 풍화토

해설 ㉮ 사질토인 경우(Jaky)
$K_o=1-\sin\phi$
㉯ 정규압밀점토인 경우(Brooker & Ireland)
$K_o=0.95-\sin\phi$

14. 전단마찰각이 25°인 점토의 현장에 작용하는 수직응력이 5t/m^{2}이다. 과거 작용했던 최대 하중이 10t/m^{2}이라고 할 때 대상지반의 정지토압계수를 추정하면? [기사 10, 12, 18]

① 0.40 ② 0.57
③ 0.82 ④ 1.14

정답 7. ③ 8. ④ 9. ② 10. ② 11. ② 12. ③ 13. ③ 14. ③

해설 ㉮ $K_o = 1 - \sin\phi = 1 - \sin 25° = 0.58$

㉯ $K_{o(과압밀)} = K_{o(정규압밀)}\sqrt{OCR} = 0.58\sqrt{\frac{10}{5}} = 0.82$

15. 지반 내 응력에 대한 다음 설명 중 틀린 것은? [기사 11]

① 전응력이 커지는 크기만큼 간극수압이 커지면 유효응력은 변화 없다.
② 정지토압계수 K_o는 1보다 클 수 없다.
③ 지표면에 가해진 하중에 의해 지중에 발생하는 연직응력의 증가량은 깊이가 깊어지면서 감소한다.
④ 유효응력이 전응력보다 클 수도 있다.

해설 과압밀점토는 $K_o \geq 1$이며, 과압밀비가 클수록 K_o는 커진다.

16. 지표가 수평인 곳에 높이 5m의 연직옹벽이 있다. 흙의 단위중량이 1.8t/m^3, 내부마찰각이 30°이고 점착력이 없을 때 주동토압은? [기사 10, 14, 산업 06]

① 4.5t/m ② 5.5t/m
③ 6.5t/m ④ 7.5t/m

해설 ㉮ $K_a = \tan^2\left(45° - \frac{\phi}{2}\right) = \tan^2\left(45° - \frac{30°}{2}\right) = \frac{1}{3}$

㉯ $P_a = \frac{1}{2}\gamma h^2 K_a = \frac{1}{2} \times 1.8 \times 5^2 \times \frac{1}{3} = 7.5\text{t/m}$

17. 다음 그림과 같은 높이가 10m인 옹벽이 점착력이 0인 건조한 모래를 지지하고 있다. 이 모래의 마찰각이 36°, 단위중량 1.6t/m^{3}이라고 할 때 전주동토압을 구하면? [산업 11, 12, 14, 17, 19]

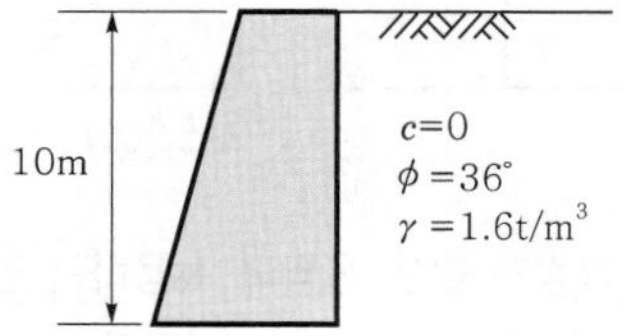

① 20.8t/m ② 24.3t/m
③ 33.2t/m ④ 39.5t/m

해설 ㉮ $K_a = \tan^2\left(45° - \frac{\phi}{2}\right) = \tan^2\left(45° - \frac{36°}{2}\right) = 0.26$

㉯ $P_a = \frac{1}{2}\gamma_t h^2 K_a = \frac{1}{2} \times 1.6 \times 10^2 \times 0.26 = 20.8\text{t/m}$

18. 그림과 같은 옹벽 배면에 작용하는 토압의 크기를 Rankine의 토압공식으로 구하면? [기사 08, 09, 12, 15]

① 4.2 t/m
② 3.7 t/m
③ 4.7 t/m
④ 5.2 t/m

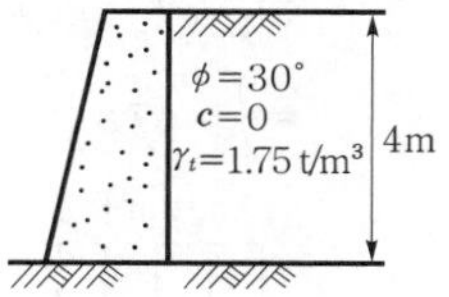

해설 ㉮ $K_a = \tan^2\left(45° - \frac{\phi}{2}\right) = \tan^2\left(45° - \frac{30°}{2}\right) = \frac{1}{3}$

㉯ $P_a = \frac{1}{2}\gamma_t h^2 K_a = \frac{1}{2} \times 1.75 \times 4^2 \times \frac{1}{3} = 4.67\text{t/m}$

19. 다음 그림과 같이 수평지표면 위에 등분포하중 q가 작용할 때 연직옹벽에 작용하는 주동토압의 공식으로 옳은 것은? (단, 뒤채움 흙은 사질토이며, 이 사질토의 단위중량을 γ, 내부마찰각을 ϕ라 한다.) [기사 20]

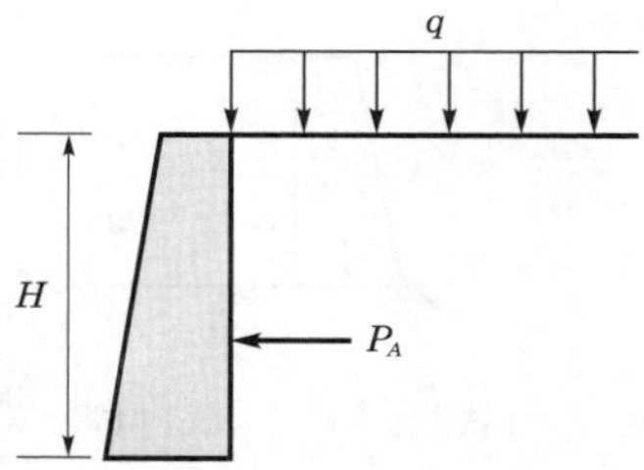

① $P_a = \left(\frac{1}{2}\gamma H^2 + qH\right)\tan^2\left(45° - \frac{\phi}{2}\right)$

② $P_a = \left(\frac{1}{2}\gamma H^2 + qH\right)\tan^2\left(45° + \frac{\phi}{2}\right)$

③ $P_a = \left(\frac{1}{2}\gamma H^2 + qH\right)\tan^2\phi$

④ $P_a = \left(\frac{1}{2}\gamma H^2 + q\right)\tan^2\phi$

해설 $P_a = \frac{1}{2}\gamma_t H^2 K_a + q_s K_a H = \left(\frac{1}{2}\gamma_t H^2 + q_s H\right)K_a$

20. 다음 그림과 같은 옹벽에 작용하는 주동토압은? (단, 흙의 단위중량 γ=1.7t/m^3, 내부마찰각 ϕ=30°, 점착력 c=0) [기사 07]

① 3.6t/m
② 4.53t/m
③ 7.2t/m
④ 12.47t/m

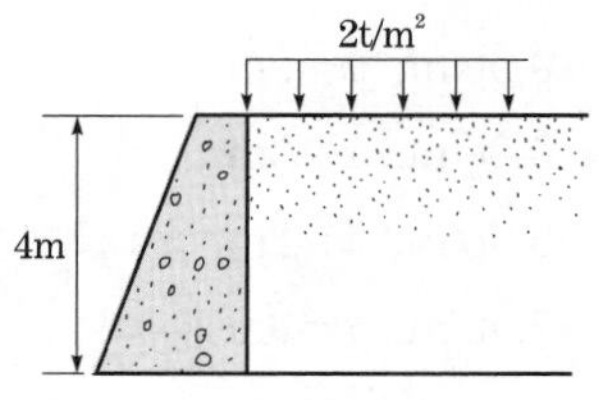

정답 15. ② 16. ④ 17. ① 18. ③ 19. ① 20. ③

해설 ㉮ $K_a = \tan^2\left(45° - \frac{\phi}{2}\right) = \tan^2\left(45° - \frac{30°}{2}\right) = \frac{1}{3}$

㉯ $P_a = \frac{1}{2}\gamma_t h^2 K_a + q_s K_a h$

$= \frac{1}{2} \times 1.7 \times 4^2 \times \frac{1}{3} + 2 \times \frac{1}{3} \times 4 = 7.2\text{t/m}$

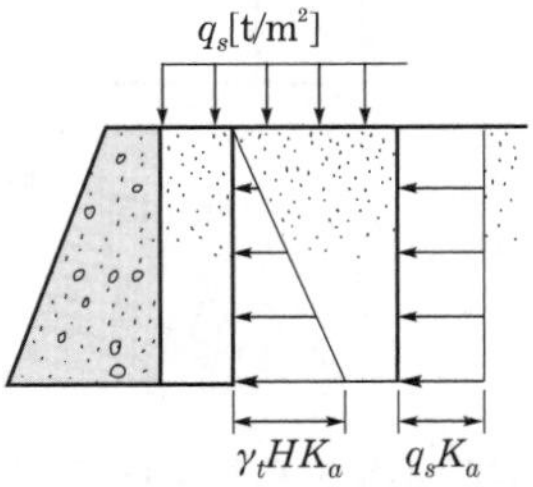

21. 다음 그림과 같은 옹벽에 작용하는 전주동토압은? (단, 흙의 단위중량은 1.7t/m³, 점착력은 0.1kg/cm², 내부마찰각은 26이다.) [산업 07, 10]

① 4.44t/m
② 7.55t/m
③ 11.94t/m
④ 19.45t/m

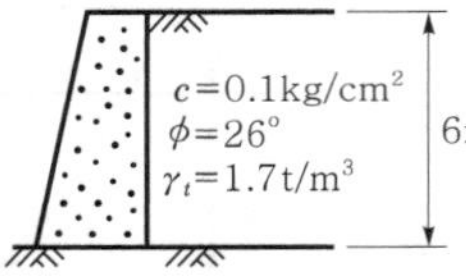

해설 ㉮ $K_a = \tan^2\left(45° - \frac{\phi}{2}\right) = \tan^2\left(45° - \frac{26°}{2}\right) = 0.39$

㉯ $P_a = \frac{1}{2}\gamma h^2 K_a - 2c\sqrt{K_a}\,h$

$= \frac{1}{2} \times 1.7 \times 6^2 \times 0.39 - 2 \times 1 \times \sqrt{0.39} \times 6$

$= 4.44\text{t/m}$

22. 다음 그림에서 상재하중만으로 인한 주동토압(P_a)과 작용위치(x)는? [기사 98]

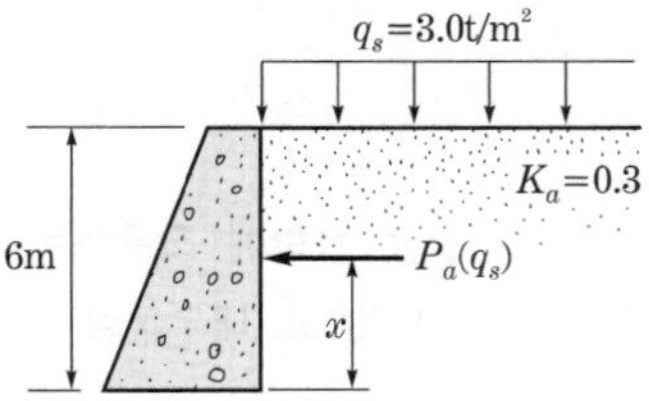

① $P_a(q_s)$ =0.9t/m, x=2m
② $P_a(q_s)$ =0.9t/m, x=3m
③ $P_a(q_s)$ =5.4t/m, x=2m
④ $P_a(q_s)$ =5.4t/m, x=3m

해설 ㉮ 상재하중에 의한 주동토압

$P_a = q_s K_a H = 3 \times 0.3 \times 6 = 5.4\text{t/m}$

㉯ 상재하중에 의한 토압의 작용점 위치

$x = \frac{H}{2} = \frac{6}{2} = 3\text{m}$

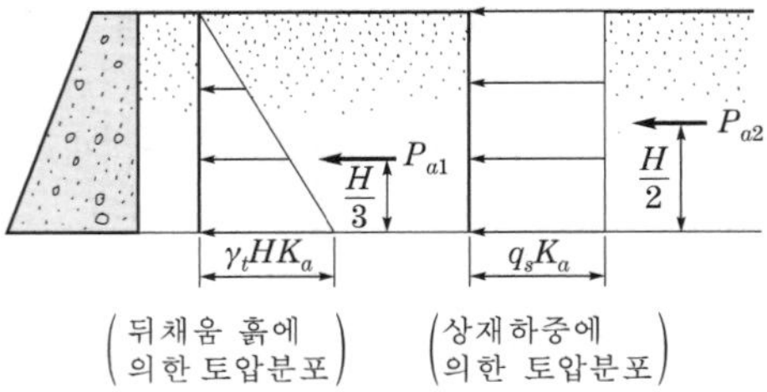

23. 다음 그림과 같은 옹벽에 작용하는 주동토압의 합력은? (단, γ_{sat} =1.8t/m³, ϕ=30°, 벽마찰각 무시) [기사 06, 08, 10, 산업 11]

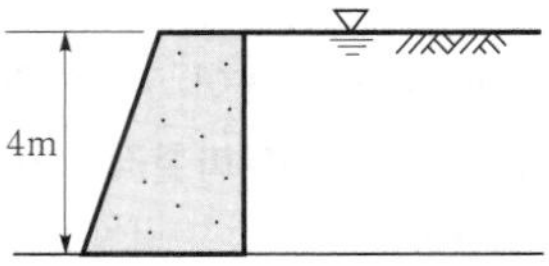

① 10.1t/m ② 11.1t/m
③ 13.7t/m ④ 18.1t/m

해설 ㉮ $K_a = \tan^2\left(45° - \frac{\phi}{2}\right)$

$= \tan^2\left(45° - \frac{30°}{2}\right) = \frac{1}{3}$

㉯ $P_a = \frac{1}{2}\gamma_{sub} h^2 K_a + \frac{1}{2}\gamma_w h^2$

$= \frac{1}{2} \times 0.8 \times 4^2 \times \frac{1}{3} + \frac{1}{2} \times 1 \times 4^2 = 10.13\text{t/m}$

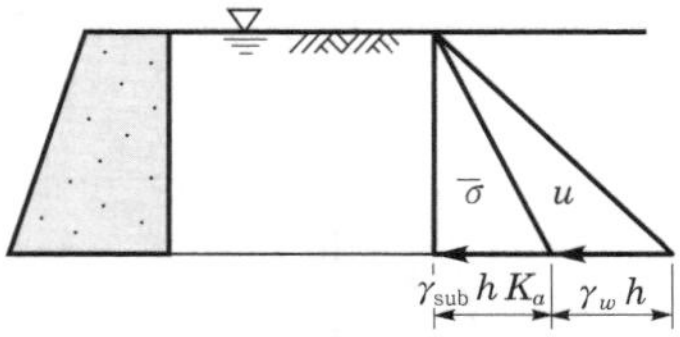

24. 다음 그림과 같은 옹벽에 작용하는 전체 주동토압을 구하면? (단, 뒤채움 흙의 단위중량 γ=1.72t/m³, 내부마찰각(ϕ)=30°) [산업 11, 17]

① 5.72t/m
② 6.55t/m
③ 7.25t/m
④ 8.15t/m

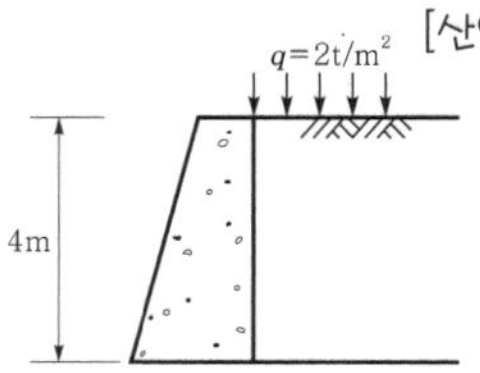

정답 21. ① 22. ④ 23. ① 24. ③

해설 ㉮ $K_a=\tan^2\left(45°-\dfrac{30°}{2}\right)=\dfrac{1}{3}$

㉯ $P_a=\dfrac{1}{2}\gamma_t h^2 K_a+q_s K_a h$

$=\dfrac{1}{2}\times1.72\times4^2\times\dfrac{1}{3}+2\times\dfrac{1}{3}\times4=7.25\text{t/m}$

25. 다음 그림과 같은 옹벽에서 전주동토압(P_a)과 작용점의 위치(y)는 얼마인가? [산업 19]

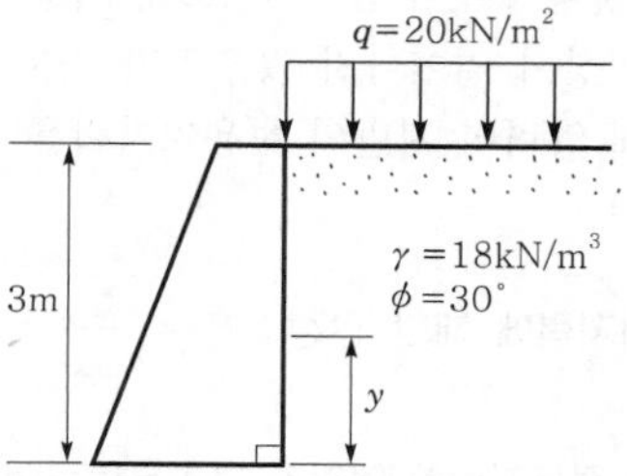

① $P_a=37\text{kN/m}$, $y=1.21\text{m}$
② $P_a=47\text{kN/m}$, $y=1.79\text{m}$
③ $P_a=47\text{kN/m}$, $y=1.21\text{m}$
④ $P_a=54\text{kN/m}$, $y=1.79\text{m}$

해설 ㉮ $K_a=\tan^2\left(45°-\dfrac{\phi}{2}\right)=\tan^2\left(45°-\dfrac{30°}{2}\right)=\dfrac{1}{3}$

㉯ $P_a=\dfrac{1}{2}\gamma_t h^2 K_a+q_s K_a h$

$=\dfrac{1}{2}\times18\times3^2\times\dfrac{1}{3}+20\times\dfrac{1}{3}\times3=47\text{kN/m}$

㉰ 작용점 위치

㉠ $P_{a1}=\dfrac{1}{2}\gamma_t h^2 K_a$

$=\dfrac{1}{2}\times18\times3^2\times\dfrac{1}{3}=27\text{kN/m}$

㉡ $P_{a2}=q_s K_a h=20\times\dfrac{1}{3}\times3=20\text{kN/m}$

㉢ $\dfrac{H}{3}P_{a1}+\dfrac{H}{2}P_{a2}=yP_a$

$\dfrac{3}{3}\times27+\dfrac{3}{2}\times20=y\times47$

$\therefore y=1.21\text{m}$

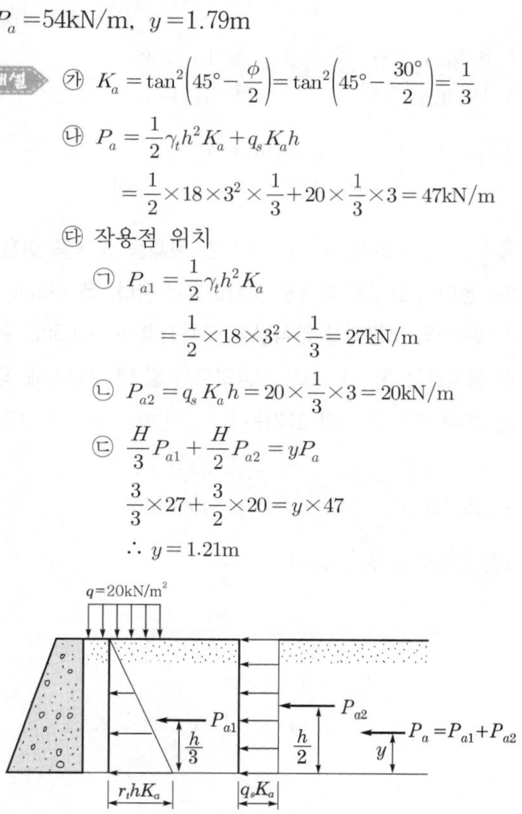

26. 높이 6m의 옹벽이 다음 그림과 같이 수중 속에 있다. 이 옹벽에 작용하는 전주동토압은 얼마인가? [산업 14]

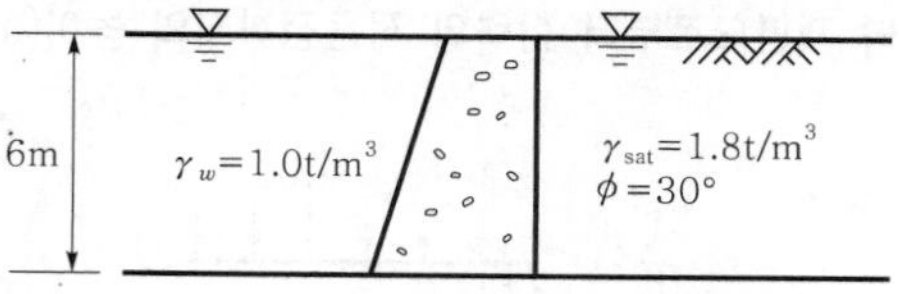

① 4.8t/m ② 22.8t/m
③ 10.8t/m ④ 28.8t/m

해설 ㉮ $K_a=\tan^2\left(45°-\dfrac{\phi}{2}\right)=\tan^2\left(45°-\dfrac{30°}{2}\right)=\dfrac{1}{3}$

㉯ $P_a=\dfrac{1}{2}\gamma_{sub}h^2K_a=\dfrac{1}{2}\times0.8\times6^2\times\dfrac{1}{3}=4.8\text{t/m}$

27. 다음 그림과 같이 성질이 다른 층으로 뒤채움 흙이 이루어진 옹벽에 작용하는 주동토압은? [기사 06]

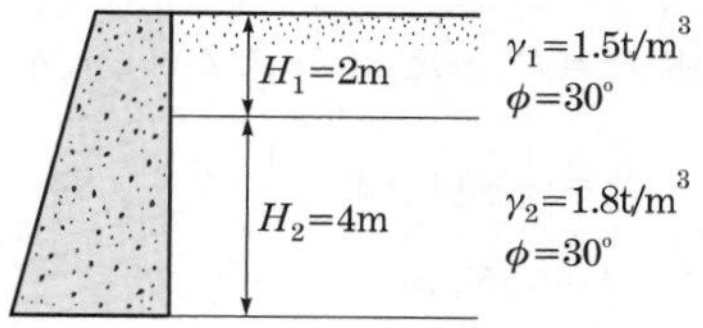

① 8.6t/m ② 9.8t/m
③ 11.4t/m ④ 15.6t/m

해설 ㉮ $K_a=\tan^2\left(45°-\dfrac{\phi}{2}\right)$

$=\tan^2\left(45°-\dfrac{30°}{2}\right)=\dfrac{1}{3}$

㉯ $P_a=\dfrac{1}{2}\gamma_1 {H_1}^2 K_a+\gamma_1 H_1 H_2 K_a$

$+\dfrac{1}{2}\gamma_2 {H_2}^2 K_a$

$=\dfrac{1}{2}\times1.5\times2^2\times\dfrac{1}{3}+1.5\times2\times4\times\dfrac{1}{3}$

$+\dfrac{1}{2}\times1.8\times4^2\times\dfrac{1}{3}$

$=9.8\text{t/m}$

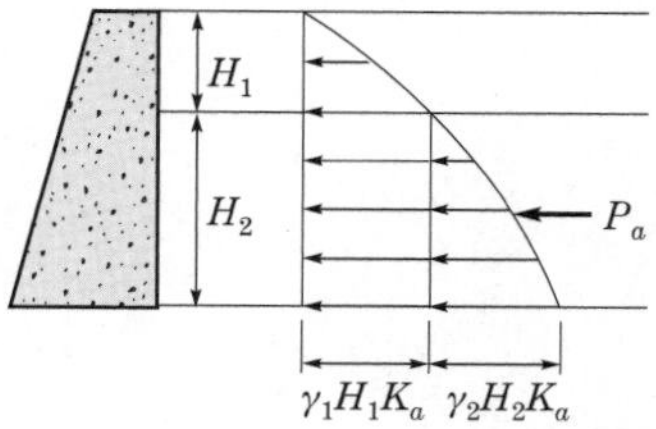

정답 25. ③ 26. ① 27. ②

28. 다음 그림과 같이 옹벽 배면의 지표면에 등분포하중이 작용할 때 옹벽에 작용하는 전체 주동토압의 합력(P_a)와 옹벽 저면으로부터 합력의 작용점까지의 높이(h)는? [기사 13, 18]

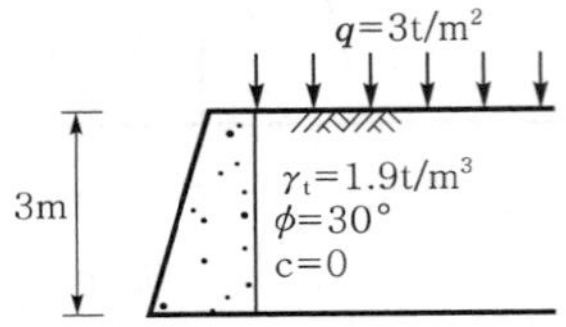

① $P_a=2.85\text{t/m}$, $h=1.26\text{m}$
② $P_a=2.85\text{t/m}$, $h=1.38\text{m}$
③ $P_a=5.85\text{t/m}$, $h=1.26\text{m}$
④ $P_a=5.85\text{t/m}$, $h=1.38\text{m}$

해설 ㉮ $K_a=\tan^2\left(45°-\frac{\phi}{2}\right)=\tan^2\left(45°-\frac{30°}{2}\right)=\frac{1}{3}$

㉯ $P_a=P_{a1}+P_{a2}=\frac{1}{2}\gamma_t h^2 K_a+q_s K_a h$

$=\frac{1}{2}\times1.9\times3^2\times\frac{1}{3}+3\times\frac{1}{3}\times3$

$=5.85\text{t/m}$

㉰ $P_a y=P_{a1}\frac{h}{3}+P_{a2}\frac{h}{2}$

$5.85\times y=2.85\times\frac{3}{3}+3\times\frac{3}{2}$

$\therefore\ y=1.26\text{m}$

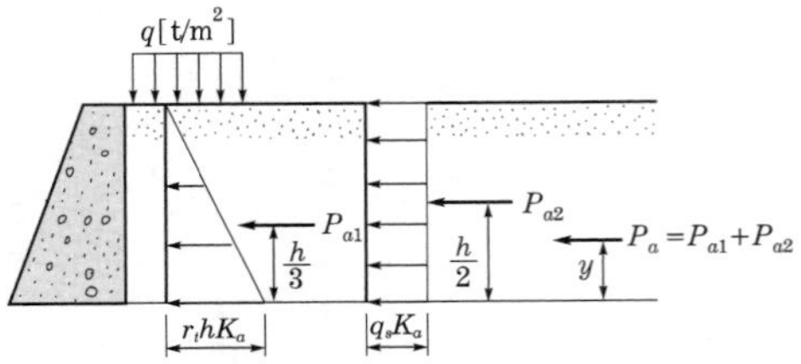

29. 옹벽의 안정조건에 관한 사항이다. 잘못 설명된 것은? [산업 08]

① 전도에 대한 저항휨모멘트는 횡토압에 의한 전도휨모멘트의 2.0배 이상이어야 한다.
② 지반의 지지력에 대한 안정성 검토 시 허용지지력은 극한지지력의 1/2배를 취한다.
③ 옹벽이 활동에 대한 안정을 유지하기 위해서는 활동에 대한 저항력이 수평력의 1.5배 이상이어야 한다.
④ 침하의 현상이 일어나지 않으려면 기초지반에 작용하는 최대 압력이 지반의 허용지지력을 초과하지 않아야 한다.

해설 지지력에 대한 안정 : $F_s=\frac{q_a}{q_{\max}}\geq 1$

30. 굳은 점토지반에 앵커를 그라우팅하여 고정시켰다. 고정부의 길이가 5m, 직경 20cm, 시추공의 직경은 10cm이었다. 점토의 비배수전단강도(C_u)=1.0kg/cm², ϕ=0°라고 할 때 앵커의 극한지지력은? (단, 표면마찰계수=0.6) [기사 08, 10, 15]

① 9.4ton ② 15.7ton
③ 18.8ton ④ 31.3ton

해설 $P_u=C_a\pi Dl=0.6C\pi Dl$
$=0.6\times10\times\pi\times0.2\times5=18.85\text{t}$

31. γ_t=19kN/m³, ϕ=30°인 뒤채움 모래를 이용하여 8m 높이의 보강토 옹벽을 설치하고자 한다. 폭 75mm, 두께 3.69mm의 보강띠를 연직방향 설치간격 S_v=0.5m, 수평방향 설치간격 S_h=1.0m로 시공하고자 할 때 보강띠에 작용하는 최대 힘($T_{\max}$)의 크기는? [기사 07, 13, 17, 20]

① 15.33kN ② 25.33kN
③ 35.33kN ④ 45.33kN

해설 ㉮ $K_a=\tan^2\left(45°-\frac{\phi}{2}\right)$
$=\tan^2\left(45°-\frac{30°}{2}\right)=\frac{1}{3}$

㉯ $T_{\max}=\gamma HK_a S_v S_h$
$=19\times8\times\frac{1}{3}\times0.5\times1=25.33\text{kN}$

정답 28. ③ 29. ② 30. ③ 31. ②

chapter 11

흙의 다짐

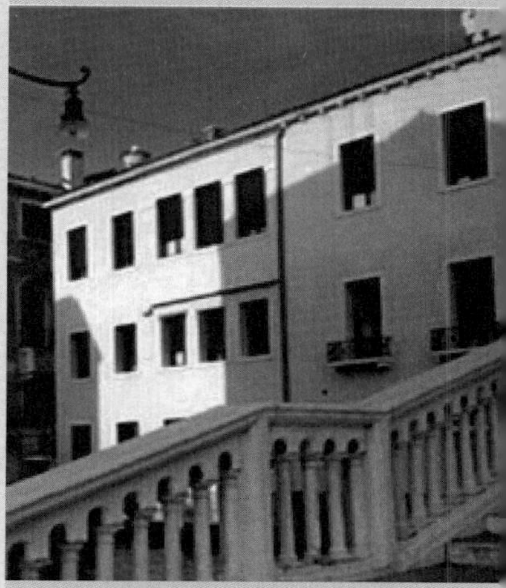

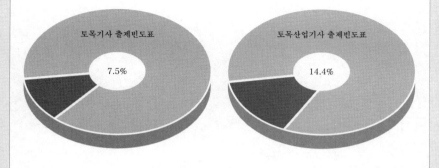

11 흙의 다짐

01 다짐(compaction)

① 정의

함수비를 크게 변화시키지 않고 타격, 누름, 진동, 반죽 등의 인위적인 방법으로 흙에 에너지를 가하여 공극 내의 공기를 배출시킴으로써 흙의 단위중량을 증대시키는 것을 다짐이라 한다.

② 주된 효과

① 흙의 단위중량 증가
② 전단강도 증가
③ 투수계수 감소
④ 압축성(향후 침하량) 감소
⑤ 지반의 지지력 증가
⑥ 동상, 팽창, 건조수축 등의 감소

02 다짐시험 [KS F 2312]

① 다짐방법의 종류

호칭명	래머 무게 (kg)	몰드 안지름 (cm)	다짐 층수	1층당 다짐횟수	허용 최대 입경 (mm)	몰드의 체적 (cm^3)
A	2.5	10	3	25	19	1,000
B	2.5	15	3	55	37.5	2,209
C	4.5	10	5	25	19	1,000
D	4.5	15	5	55	19	2,209
E	4.5	15	3	92	37.5	2,209

알•아•두•기•

다짐과 압밀의 차이점

다짐	압밀
공극 내 공기를 배출시킨다.	공극 내 공극수를 배출시킨다.
단기적	장기적
충격 또는 진동하중	정적인 하중

다짐은 흙의 성질을 개선하기 위한 경제적이고 효과적인 방법으로 도로, 활주로, 철도, 흙댐 등과 같은 토공구조물에서 매우 유용하다.

표준다짐시험

Proctor(1933)에 의해 제안된 방법으로 내경 101.6mm(4in), 높이 116.4mm의 몰드에 흙을 3층으로 나누어 넣고 각 층마다 2.5kg의 래머로 30cm의 높이에서 25회씩 다진다.

다짐시험법의 분류

① 표준다짐시험 : A, B방법
② 수정다짐시험 : C, D, E방법

알•아•두•기•

② 다짐곡선(compaction curve)

함수비와 다져진 흙의 건조단위중량과의 관계곡선을 **다짐곡선**이라 한다.

(1) 최적함수비(Optimum Moisture Content ; OMC)

흙이 가장 잘 다져지는 함수비를 말한다.

(2) 최대 건조단위중량

OMC에서 얻어진다.

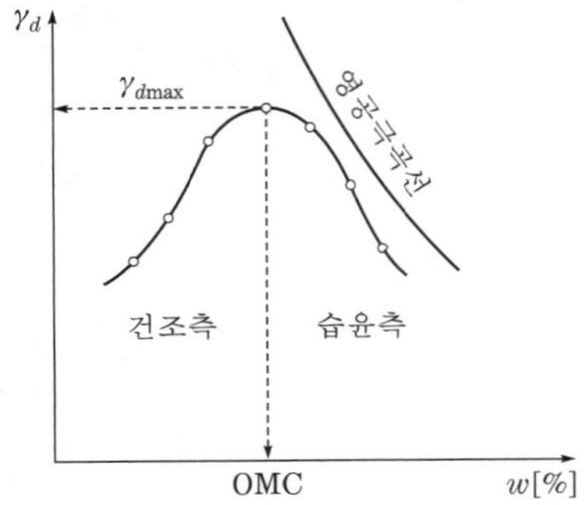

【그림 11-1】 다짐곡선

(3) 영공극곡선(zero air void curve)

흙 속에 공기간극이 전혀 없는 경우($S_r = 100\%$) 건조밀도와 함수비의 관계곡선을 **영공극곡선**이라 한다.

$$\gamma_d = \frac{G_s \gamma_w}{1+e} = \frac{G_s \gamma_w}{1+\dfrac{wG_s}{S}} = \frac{\gamma_w}{\dfrac{1}{G_s}+\dfrac{w}{S}} \qquad \cdots\cdots (11\cdot1)$$

(4) 다짐도(degree of compaction ; C_d)

다짐의 정도를 말하며 보통 90~95%의 다짐도가 요구된다.

$$C_d = \frac{\text{현장의 } \gamma_d}{\text{실내 다짐시험에 의한 } \gamma_{d\max}} \times 100 \qquad \cdots\cdots (11\cdot2)$$

(5) 다짐에너지(compaction energy)

$$E_c = \frac{W_R H N_B N_L}{V} \text{〔kg} \cdot \text{cm/cm}^3\text{〕} \qquad \cdots\cdots (11\cdot3)$$

각 다짐곡선의 꼭짓점을 연결하면 영공기공극곡선과 대략 평행한 곡선이 얻어지는데, 이것을 최적함수비선이라고 한다.

흙을 아무리 잘 다져도 공기를 완전히 배출시킬 수가 없으므로 다짐곡선은 반드시 영공극곡선의 왼쪽에 그려진다.

토질구조물의 종류에 따른 다짐도

토질구조물	요구되는 다짐도 (수정다짐 기준)
구조물의 기초	95
저수지의 라이닝	90
흙댐(15m 이상)	95
흙댐(15m 이하)	92
구조물의 뒤채움	90

알•아•두•기•

여기서, W_R : Rammer무게(kg)
N_B : 다짐횟수
N_L : 다짐층수
H : 낙하고(cm)
V : Mold의 체적(cm^3)

03 다짐한 흙의 특성

① 다짐효과에 영향을 미치는 요소(다짐곡선의 특성)

(1) 다짐에너지

다짐에너지를 크게 할수록 최적함수비는 감소하고, 최대 건조단위중량은 증가한다.

(2) 토질특성(동일한 에너지로 다지는 경우)

① 조립토일수록 최적함수비는 작고, 최대 건조단위중량은 크다.
② 입도분포가 양호할수록 최적함수비는 작고, 최대 건조단위중량은 크다.
③ 점성토에서 소성이 증가할수록 최적함수비는 크고, 최대 건조단위중량은 작다.
④ 점성토일수록 다짐곡선이 평탄하고 최적함수비가 높아서 함수비의 변화에 따른 다짐효과가 작다.

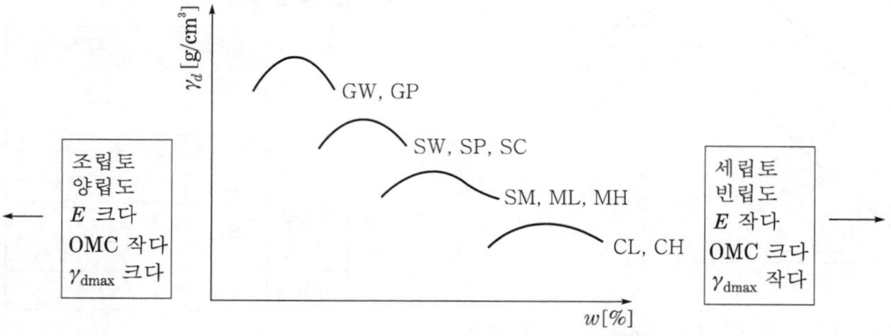

【그림 11-2】 표준다짐시험으로 다진 여러 종류의 흙에 대한 다짐곡선

② 다짐한 점성토의 공학적 특성

(1) 흙의 구조

건조측에서 다지면 면모구조가, 습윤측에서 다지면 이산구조가 된다. 이러한 경향은 다짐에너지가 클수록 더 명백하게 나타난다.

(2) 투수계수

최적함수비보다 약간 습윤측에서 투수계수가 최소가 된다.

(3) 전단강도

① 건조측에서는 다짐에너지가 증가할수록 강도가 증가하나 습윤측에서는 다짐에너지의 크기에 따른 강도의 증감을 거의 무시할 수 있다.

② 동일한 다짐에너지에서는 건조측이 습윤측보다 전단강도가 훨씬 크다.

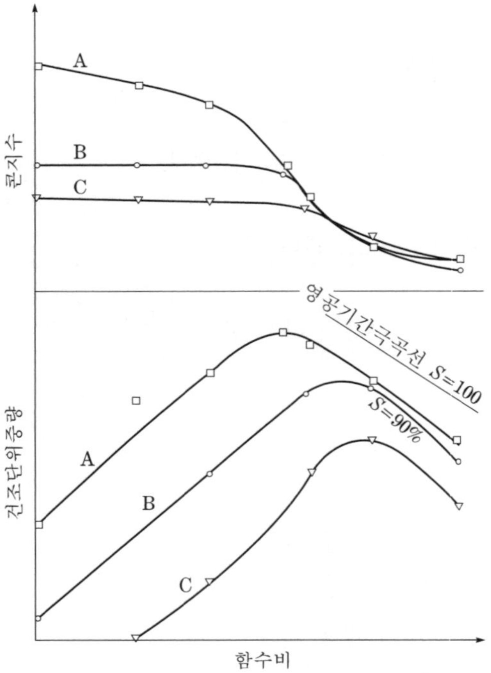

【그림 11-3】 다짐에너지와 함수비의 변화에 따른 강도의 변화 (Lambe, 1962)

알•아•두•기•

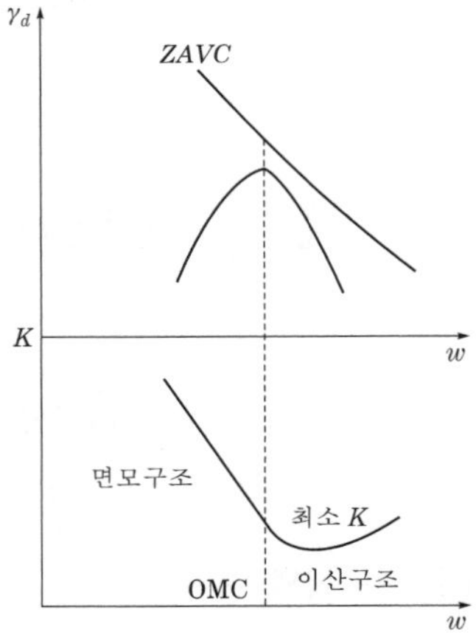

【$\gamma_d - w$, $K - w$ 관계도】

① 다짐의 목적이 댐의 심벽처럼 차수가 목적이라면 습윤측이 유리하다.
② 다짐의 목적이 전단강도 확보라면 건조측이 유리하다.

요약정리

구분	건조측	습윤측
구조	면모구조	이산구조
투수성	크다	OMC보다 약간 습윤측에서 최소
전단강도	크다	작다
팽창성	크다	작다

(4) 팽창성

건조측에서 다지면 팽창성이 크고, 최적함수비에서 다지면 팽창성이 최소이다.

(5) 압축성

낮은 압력에서는 건조측에서 다진 흙이 압축성이 작고, 높은 압력에서는 입자가 재배열되므로 오히려 건조측에서 다진 흙이 압축성이 커진다.

③ 다짐횟수에 따른 효과

일반적으로 다짐횟수가 많으면 다짐의 효과가 높아지게 된다. 그러나 너무 많이 다지면 표면의 흙입자가 깨져서 전단파괴가 발생하여 흙이 분산화되어 오히려 강도가 감소하여 다짐이 불충분해지게 된다. 이를 과도전압(over compaction)이라 한다. 과도전압현상은 특히 화강풍화토에서 많이 발생한다.

④ 다짐 시 함수비의 변화에 따른 흙성상의 변화(수막영향)

(1) 수화단계(반고체영역)

반고체상으로 수분이 부족하여 흙입자 간의 접착이 없이 큰 공극이 존재한다.

(2) 윤활단계(탄성영역)

함수비가 수화단계를 넘으면 물의 일부는 자유수로 존재하여 흙입자 사이에 윤활역할을 하게 된다. 이 단계에서 다짐에 의하여 흙입자 상호 간의 접착이 이루어지기 시작하여 최대 함수비 부근에서 OMC가 나타난다.

(3) 팽창단계(소성영역)

최적함수비를 넘으면 증가분의 물은 윤활역할뿐만 아니라 다져진 순간에 잔류공기를 압축시키고, 이로 인해 흙은 압축되었다가 충격이 제거되면 팽창한다.

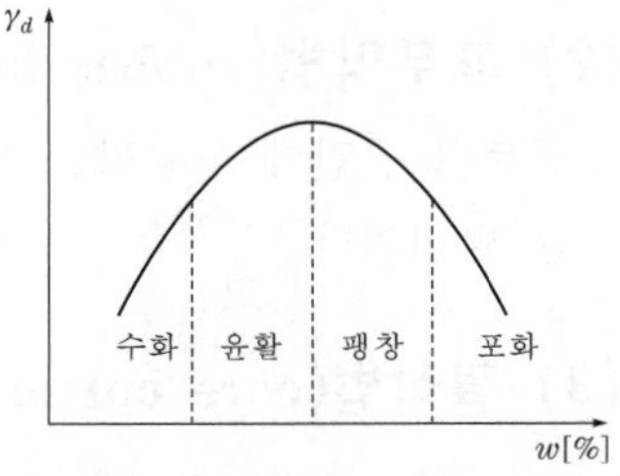

【흙의 성질 4단계】

(4) 포화단계(반점성단계)

더욱 함수비가 증가하면 증가된 물은 흙입자를 포화시킨다.

04 현장에서의 다짐

① 다짐장비

① 사질토 : 진동롤러(vibratory roller)

② 점성토 : 양족롤러(sheeps foot roller), 탬핑롤러(tamping roller)

② 현장관리시험(건조단위중량결정법)

현장에서 롤러로 다진 흙에 대해 단위중량을 측정하고 다짐도를 구하여 이것이 요구하는 다짐도와 비교한다.

(1) 모래치환법(sand cone method, 들밀도시험) [KS F 2311]

흙의 단위중량을 현장에서 직접 구할 목적으로 행한다.

① 시험공을 뚫고 흙무게와 함수비를 구한다.

② No.10체를 통과하고 No.200체에 남는 모래를 가지고 시험공의 체적을 구한다.

③ 건조밀도를 구한다.

$$\gamma_d = \frac{\text{시험공에서 채취한 흙의 건조무게}}{\text{시험공의 체적}} \quad \cdots\cdots\cdots\cdots\cdots\cdots (11 \cdot 4)$$

(2) 고무막법(rubber baloon method) [KS F 2347]

굴토한 공간에 고무막을 깔고 물 또는 기름을 주입하여 용적을 측정하는 방법이다.

(3) 절삭법(core cutter method)

(4) 방사선밀도측정기에 의한 방법(the use of nuclear density meter)

05 포장설계에 적용되는 토질시험

① 평판재하시험(PBT : Plate Bearing Test) [KS F 2310]

(1) 목적

지반의 지내력 및 노상, 노반의 지반반력계수, 콘크리트포장과 같은 강성포장의 두께를 결정하기 위해 행한다.

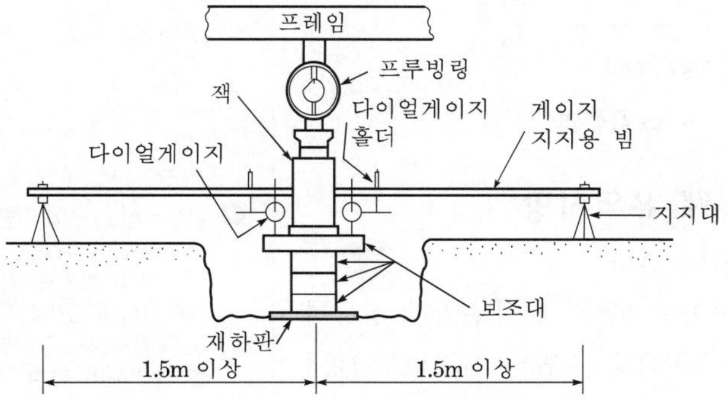

【그림 11-4】 평판재하시험장치

(2) 지반반력계수(coefficient of subgrade reaction)

① $K=\dfrac{q}{y}$ ··························· (11·5)

여기서, K : 지지력계수(kg/cm^3)

q : 침하량 y[cm]일 때의 하중강도(kg/cm^2)

y : 침하량(콘크리트포장인 경우 0.125cm가 표준)

② **재하판의 크기에 따른 지지력계수** : 재하판의 두께는 2.2cm 이상이고 지름이 30cm, 40cm, 75cm의 원형 또는 정방형의 강판을 사용한다.

$K_{30}=2.2\,K_{75}$ ··························· (11·6)

$K_{40}=1.7\,K_{75}$ ··························· (11·7)

여기서, K_{30}, K_{40}, K_{75} : 지름이 각각 30cm, 40cm, 75cm의 재하판을 사용하여 구해진 지지력계수(kg/cm^3)

▶ ① $K_{30}>K_{40}>K_{75}$
② $K_{30}=1.3K_{40}$

(3) 항복하중결정법

① 하중－침하곡선법(최대 곡률법 ; $P-S$법)

② $\log P-\log S$ 법 : 하중과 침하량을 대수눈금에 그려서 얻어진 그래프의 절점에 대응하는 하중을 항복하중으로 하며, 이 방법이 가장 신뢰도가 있다.

③ $S-\log t$법

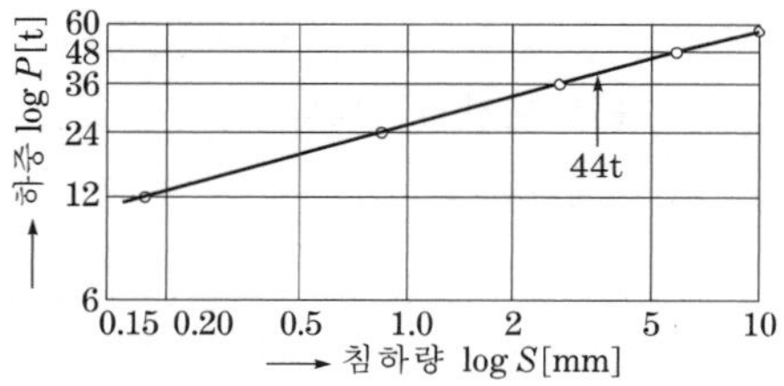

【그림 11-5】 $\log P-\log S$곡선법

(4) 평판재하시험결과를 이용할 때 유의사항

① 시험한 지점의 토질종단을 알아야 한다.

② 지하수위면과 그 변동을 고려하여야 한다. 지하수위가 상승하면 흙의 유효밀도는 약 50% 감소하므로 지반의 지지력도 대략 반감한다.

③ scale effect를 고려한다.

> 기초폭의 규모에 따른 지중응력의 분포범위는 기초폭의 2배 정도 깊이까지 미치므로 실제 기초폭의 2배 이상의 깊이까지 원위치시험 및 토질시험으로 하부지층의 성상을 확인해야 한다.

(5) 재하판크기에 대한 보정

① 지지력

㉮ 점토지반일 때 재하판의 폭에 무관하다.

$$q_{u\,(\text{기초})} = q_{u\,(\text{재하판})} \quad \cdots\cdots (11\cdot 8)$$

㉯ 모래지반일 때 재하판의 폭에 비례한다.

$$q_{u\,(\text{기초})} = q_{u\,(\text{재하판})}\frac{B_{(\text{기초})}}{B_{(\text{재하판})}} \quad \cdots\cdots (11\cdot 9)$$

② 침하량

㉮ 점토지반일 때 재하판의 폭에 비례한다.

$$S_{(\text{기초})} = S_{(\text{재하판})}\frac{B_{(\text{기초})}}{B_{(\text{재하판})}} \quad \cdots\cdots (11\cdot 10)$$

㉯ 모래지반일 때 침하량은 재하판의 크기가 커지면 약간 커지긴 하지만 폭 B에 비례하는 정도는 못된다.

$$S_{(\text{기초})} = S_{(\text{재하판})}\left[\frac{2B_{(\text{기초})}}{B_{(\text{기초})}+B_{(\text{재하판})}}\right]^2 \quad \cdots\cdots (11\cdot 11)$$

알•아•두•기•

(6) 평판재하시험에 의한 허용지지력 산정법

① 장기허용지지력 : $q_a = q_t + \frac{1}{3}\gamma D_f N_q$ ······················ (11·12)

② 단기허용지지력 : $q_a = 2q_t + \frac{1}{3}\gamma D_f N_q$ ······················ (11·13)

여기서, q_t : $\frac{q_y}{2}$, $\frac{q_u}{3}$ 중에서 작은 값

(7) 실험 시 유의사항

① 지지점은 재하판 중심에서 3.5D 이상 떨어진 곳에 설치한다.

② 1회의 재하압력은 10t/m^{2}이거나 예상되는 극한지지력의 $\frac{1}{5}$ 이하로 하여 5단계 이상으로 나누어 재하한다.

③ 각 단계의 침하량이 15분에 $\frac{1}{100}$mm 이하가 되면 다음 단계의 하중을 가한다.

④ 시험의 종료는 하중－침하곡선에서 항복점이 나타날 때까지 또는 0.1D의 침하가 일어날 때까지 계속 재하하며, 반력하중에 여유가 있으면 지반이 파괴될 때까지 계속한다.

도로의 평판재하시험

① 0.35kg/cm^{2}씩 하중을 증가시킨다.

② 침하량이 15mm에 달하거나 하중강도가 현장에서 예상되는 최대 접지압 또는 지반의 항복점을 넘으면 시험을 멈춘다.

② 노상토 지지력비시험(CBR) [KS F 2320]

아스팔트포장과 같은 가요성포장의 두께를 산정할 때 사용한다.

① $\text{CBR} = \frac{\text{실험단위하중}}{\text{표준단위하중}} \times 100$ ································ (11·14)

관입량(mm)	표준단위하중(kg/cm^2)	표준하중(kg)
2.5	70	1,370
5.0	105	2,030

② ┌ $\text{CBR}_{2.5} > \text{CBR}_{5.0}$ ········ $\text{CBR}_{2.5}$
└ $\text{CBR}_{2.5} < \text{CBR}_{5.0}$이면 재실험하고 재시험 후
┌ $\text{CBR}_{2.5} > \text{CBR}_{5.0}$ ··········· $\text{CBR}_{2.5}$
└ $\text{CBR}_{2.5} < \text{CBR}_{5.0}$ ··········· $\text{CBR}_{5.0}$

③ $\text{팽창비}(\%) = \frac{\text{다이얼게이지 최종 읽음} - \text{다이얼게이지 최초 읽음}}{\text{공시체의 최초 높이}} \times 100$

··· (11·15)

예상 및 기출문제

1. 흙의 다짐효과에 대한 설명 중 틀린 것은? [기사 08, 14, 19]

① 흙의 단위중량 증가　② 투수계수 감소
③ 전단강도 저하　④ 지반의 지지력 증가

해설 다짐의 효과
㉮ 투수성 감소
㉯ 전단강도 증가
㉰ 지반의 압축성 감소
㉱ 지반의 지지력 증대
㉲ 동상, 팽창, 건조수축 감소

2. 흙의 다짐효과에 대한 설명으로 옳은 것은? [산업 07, 10, 16]

① 부착성이 양호해지고 흡수성이 증가한다.
② 투수성이 증가한다.
③ 압축성이 커진다.
④ 밀도가 커진다.

해설 흙의 단위중량(밀도)이 증가한다.

3. 흙을 다지면 기대되는 효과로 거리가 먼 것은? [산업 12, 17]

① 강도 증가　② 투수성 감소
③ 과도한 침하 방지　④ 함수비 감소

해설 다짐의 효과
㉮ 투수성 감소
㉯ 전단강도 증가
㉰ 지반의 압축성 감소
㉱ 지반의 지지력 증대

4. 영공극곡선(zero air void curve)은 어떤 토질시험결과로 얻어지는가? [산업 08, 11, 14]

① 액성한계시험　② 다짐시험
③ 직접전단시험　④ 압밀시험

해설 흙 속에 공기간극이 전혀 없는 경우의 건조밀도와 함수비관계곡선을 영공극곡선이라 한다.

5. 흙의 A다짐시험을 할 때 사용되는 각종 기구들의 제원 중 틀린 것은? [산업 06]

① 래머의 무게 : 4.5kg
② 낙하고 : 30cm
③ 매 층당 타격횟수 : 25회
④ 다짐층수 : 3층

해설 다짐방법의 종류

호칭명	래머 무게 (kg)	다짐 층수	1층당 다짐 횟수	몰드 안지름 (cm)	몰드의 체적 (cm^3)	허용 최대 입경 (mm)
A	2.5	3	25	10	1,000	19
B	2.5	3	55	15	2,209	37.5
C	4.5	5	25	10	1,000	19
D	4.5	5	55	15	2,209	19
E	4.5	3	92	15	2,209	37.5

6. 흙의 다짐에서 다짐에너지(E_c)에 관한 사항 중 옳지 않은 것은? [산업 06, 07, 12, 17, 18, 20]

① E_c는 낙하고에 비례한다.
② E_c는 래머의 중량에 비례한다.
③ E_c는 다짐시료용적에 비례한다.
④ E_c는 다짐층수에 비례한다.

해설 $E = \dfrac{W_R H N_L N_B}{V}$

7. 흙의 다짐에 있어 래머의 중량이 2.5kg, 낙하고 30cm, 3층으로 각 층 다짐횟수가 25회일 때 다짐에너지는? (단, 몰드의 체적은 $1,000cm^3$이다.) [기사 07, 11, 16]

① $5.63kg \cdot cm/cm^3$　② $5.96kg \cdot cm/cm^3$
③ $10.45kg \cdot cm/cm^3$　④ $0.66kg \cdot cm/cm^3$

해설
$$E = \frac{W_R H N_L N_B}{V} = \frac{2.5 \times 30 \times 3 \times 25}{1,000} = 5.625kg \cdot cm/cm^3$$

정답 1. ③ 2. ④ 3. ④ 4. ② 5. ① 6. ③ 7. ①

8. A방법에 의해 흙의 다짐시험을 수행하였을 때 다짐에너지(E_c)는? [산업 13, 18]

〔A방법의 조건〕
- 몰드의 부피(V) : 1,000cm^3
- 래머의 부게(W_R) : 2.5kg
- 래머의 낙하높이(h) : 30cm
- 다짐층수(N_L) : 3층
- 각 층당 다짐횟수(N_B) : 25회

① 4.625kg · cm/cm^3　② 5.625kg · cm/cm^3
③ 6.625kg · cm/cm^3　④ 7.625kg · cm/cm^3

해설 $E=\dfrac{W_R H N_L N_B}{V}$

$=\dfrac{2.5\times30\times3\times25}{1,000}=5.625\text{kg}\cdot\text{cm/cm}^3$

9. 흙의 다짐에 관한 설명 중 옳지 않은 것은? [산업 19]
① 최적함수비로 다질 때 건조단위중량은 최대가 된다.
② 세립토의 함유율이 증가할수록 최적함수비는 증대된다.
③ 다짐에너지가 클수록 최적함수비는 커진다.
④ 점성토는 조립토에 비하여 다짐곡선의 모양이 완만하다.

해설 다짐에너지가 클수록 최대 건조단위중량은 커지고, 최적함수비는 작아진다.

10. 다짐에 대한 설명으로 틀린 것은? [산업 18]
① 점토를 최적함수비보다 작은 함수비로 다지면 분산구조를 갖는다.
② 투수계수는 최적함수비 근처에서 거의 최소값을 나타낸다.
③ 다짐에너지가 클수록 최대 건조단위중량은 커진다.
④ 다짐에너지가 클수록 최적함수비는 작아진다.

해설 점토를 최적함수비보다 건조측에서 다지면 면모구조가, 습윤측에서 다지면 이산구조가 된다.

11. 다음 중 흙의 다짐에 대한 설명으로 틀린 것은? [산업 17]
① 흙이 조립토에 가까울수록 최적함수비는 크다.
② 다짐에너지를 증가시키면 최적함수비는 감소한다.
③ 동일한 흙에서 다짐에너지가 클수록 다짐효과는 증대한다.
④ 최대 건조단위중량은 사질토에서 크고, 점성토일수록 작다.

해설 조립토일수록 최대 건조단위중량은 커지고, 최적함수비는 작아진다.

12. 흙의 다짐에 대한 설명으로 틀린 것은? [산업 17]
① 사질토의 최대 건조단위중량은 점성토의 최대 건조단위중량보다 크다.
② 점성토의 최적함수비는 사질토의 최적함수비보다 크다.
③ 영공기간극곡선은 다짐곡선과 교차할 수 없고 항상 다짐곡선의 우측에만 위치한다.
④ 유기질 성분을 많이 포함할수록 흙의 최대 건조단위중량과 최적함수비는 감소한다.

해설 유기질 성분을 많이 포함할수록 최대 건조단위중량은 감소하고, 최적함수비는 증가한다.

13. 흙의 다짐에 대한 설명으로 틀린 것은? [기사 16]
① 다짐에너지가 증가할수록 최대 건조단위중량은 증가한다.
② 최적함수비는 최대 건조단위중량을 나타낼 때의 함수비이며, 이때 포화도는 100%이다.
③ 흙의 투수성 감소가 요구될 때에는 최적함수비의 습윤측에서 다짐을 실시한다.
④ 다짐에너지가 증가할수록 최적함수비는 감소한다.

해설 최적함수비는 최대 건조단위중량을 나타낼 때의 함수비이다.

14. 흙의 다짐에 대한 설명으로 틀린 것은? [기사 19]
① 최적함수비는 흙의 종류와 다짐에너지에 따라 다르다.
② 일반적으로 조립토일수록 다짐곡선의 기울기가 급하다.
③ 흙이 조립토에 가까울수록 최적함수비가 커지며 최대 건조단위중량은 작아진다.
④ 함수비의 변화에 따라 건조단위중량이 변하는데 건조단위중량이 가장 클 때의 함수비를 최적함수비라 한다.

해설 흙이 조립토일수록 최적함수비는 작아지고, 최대 건조단위중량은 커진다.

15. 흙의 다짐에 대한 설명으로 틀린 것은? [기사 20]
① 최적함수비로 다질 때 흙의 건조밀도는 최대가 된다.
② 최대 건조밀도는 점성토에 비해 사질토일수록 크다.
③ 최적함수비는 점성토일수록 작다.
④ 점성토일수록 다짐곡선은 완만하다.

정답　8. ②　9. ③　10. ①　11. ①　12. ④　13. ②　14. ③　15. ③

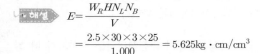

해설 점성토일수록 $\gamma_{d\max}$는 커지고, OMC는 작아진다.

16. **흙의 다짐에 대한 일반적인 설명으로 틀린 것은?** [기사 18]

① 다진 흙의 최대 건조밀도와 최적함수비는 어떻게 다짐하더라도 일정한 값이다.
② 사질토의 최대 건조밀도는 점성토의 최대 건조밀도보다 크다.
③ 점성토의 최적함수비는 사질토보다 크다.
④ 다짐에너지가 크면 일반적으로 밀도는 높아진다.

해설 다짐에너지를 크게 하면 건조단위중량은 커지고, 최적함수비는 작아진다.

17. **흙의 다짐에 대한 설명 중 틀린 것은?** [기사 20]

① 일반적으로 흙의 건조밀도는 가하는 다짐에너지가 클수록 크다.
② 모래질 흙은 진동 또는 진동을 동반하는 다짐방법이 유효하다.
③ 건조밀도-함수비곡선에서 최적함수비와 최대 건조밀도를 구할 수 있다.
④ 모래질을 많이 포함한 흙의 건조밀도-함수비곡선의 경사는 완만하다.

해설 모래질을 많이 포함할수록 흙의 건조밀도-함수비곡선(다짐곡선)의 경사는 급하다.

18. **흙의 다짐특성에 대한 설명으로 옳은 것은?** [기사 20]

① 다짐에 의하여 흙의 밀도와 압축성은 증가된다.
② 세립토가 조립토에 비하여 최대 건조밀도가 큰 편이다.
③ 점성토를 최적함수비보다 습윤측으로 다지면 이산구조를 가진다.
④ 세립토는 조립토에 비하여 다짐곡선의 기울기가 급하다.

해설 ① 다짐에 의하여 흙의 밀도는 증가하고, 압축성은 감소한다.
② 세립토일수록 최대 건조단위중량은 감소한다.
④ 세립토일수록 다짐곡선의 기울기가 완만하다.

19. **흙의 다짐에 대한 설명으로 틀린 것은?** [기사 20]

① 건조밀도-함수비곡선에서 최적함수비와 최대 건조밀도를 구할 수 있다.
② 사질토는 점성토에 비해 흙의 건조밀도-함수비곡선의 경사가 완만하다.
③ 최대 건조밀도는 사질토일수록 크고, 점성토일수록 작다.
④ 모래질 흙은 진동 또는 진동을 동반하는 다짐방법이 유효하다.

해설 사질토의 다짐곡선기울기는 급경사이고, 점성토의 다짐곡선기울기는 완만하다.

20. **흙의 다짐시험에서 다짐에너지를 증가시킬 때 일어나는 변화로 옳은 것은?** [기사 18, 산업 15, 19]

① 최적함수비와 최대 건조밀도가 모두 증가한다.
② 최적함수비와 최대 건조밀도가 모두 감소한다.
③ 최적함수비는 증가하고, 최대 건조밀도는 감소한다.
④ 최적함수비는 감소하고, 최대 건조밀도는 증가한다.

해설 다짐에너지를 증가시키면 최대 건조밀도는 증가하고, 최적함수비는 감소한다.

21. **다짐에 대한 다음 설명 중 옳지 않은 것은?** [기사 13, 16]

① 세립토의 비율이 클수록 최적함수비는 증가한다.
② 세립토의 비율이 클수록 최대 건조단위중량은 증가한다.
③ 다짐에너지가 클수록 최적함수비는 감소한다.
④ 최대 건조단위중량은 사질토에서 크고 점성토에서 작다.

해설 세립토의 비율이 클수록 최대건조단위중량은 감소하고 최적함수비는 증가한다.

22. **흙의 종류에 따른 다음 그림과 같은 다짐곡선들 중 옳은 것은?** [기사 12]

① Ⓐ : ML, Ⓒ : SM
② Ⓐ : SW, Ⓓ : CL
③ Ⓑ : MH, Ⓓ : GM
④ Ⓑ : GC, Ⓒ : CH

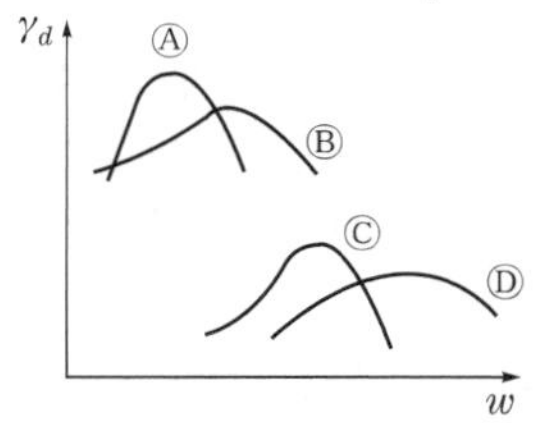

정답 16. ① 17. ④ 18. ④ 19. ② 20. ④ 21. ② 22. ②

23. 다음 그림과 같은 다짐곡선을 보고 다음 설명 중 틀린 것은? [산업 15]

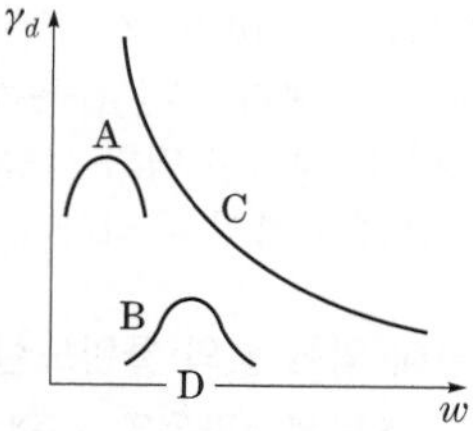

① A는 일반적으로 사질토이다.
② B는 일반적으로 점토에서 나타난다.
③ C는 과잉공극수압곡선이다.
④ D는 최적함수비를 나타낸다.

해설 C는 영공극곡선이다.

24. 흙의 다짐시험을 실시한 결과 다음과 같았다. 이 흙의 건조밀도를 구하면? [기사 19]

- 몰드+젖은 시료무게 : 3,612g
- 몰드무게 : 2,143g
- 젖은 흙의 함수비 : 15.4%
- 몰드의 체적 : $944cm^3$

① $1.35g/cm^3$　② $1.56g/cm^3$
③ $1.31g/cm^3$　④ $1.42g/cm^3$

해설 ㉮ $\gamma_t = \dfrac{W}{V} = \dfrac{3,612-2,143}{944} = 1.56g/cm^3$

㉯ $\gamma_d = \dfrac{\gamma_t}{1+\dfrac{w}{100}} = \dfrac{1.56}{1+\dfrac{15.4}{100}} = 1.35g/cm^3$

25. 흙의 다짐에 관한 설명 중 옳지 않은 것은? [기사 17]

① 조립토는 세립토보다 최적함수비가 작다.
② 최대 건조단위중량이 큰 흙일수록 최적함수비는 작은 것이 보통이다.
③ 점성토 지반을 다질 때는 진동롤러로 다지는 것이 유리하다.
④ 일반적으로 다짐에너지를 크게 할수록 최대 건조단위중량은 커지고, 최적함수비는 줄어든다.

해설 현장 다짐기계
㉮ 점성토 지반 : sheeps foot roller
㉯ 사질토 지반 : 진동roller

26. 압축작용(pressure action)과 반죽작용(kneading action)을 함께 가지고 있는 롤러는? [산업 19]

① 평활롤러(Smooth wheel roller)
② 양족롤러(Sheep's foot roller)
③ 진동롤러(Vibratory roller)
④ 타이어롤러(Tire roller)

27. 다음은 흙의 다짐에 대해 설명한 것이다. 옳게 설명한 것은? [기사 09, 15]

㉠ 사질토에서 다짐에너지가 클수록 최대 건조단위중량은 커지고, 최적함수비는 줄어든다.
㉡ 입도분포가 좋은 사질토가 입도분포가 균등한 사질토보다 더 잘 다져진다.
㉢ 다짐곡선은 반드시 영공기간극곡선의 왼쪽에 그려진다.
㉣ 양족롤러(sheepsfoot roller)는 점성토를 다지는데 적합하다.
㉤ 점성토에서 흙은 최적함수비보다 큰 함수비로 다지면 면모구조를 보이고, 작은 함수비로 다지면 이산구조를 보인다.

① ㉠, ㉡, ㉢, ㉣　② ㉠, ㉡, ㉢, ㉤
③ ㉠, ㉣, ㉤　④ ㉡, ㉣, ㉤

해설 ㉮ 다짐장비
㉠ 점성토 : 양족롤러(sheeps foot roller), 탬핑롤러(tamping roller)
㉡ 사질토 : 진동롤러(vibratory roller)
㉯ 건조측에서 다지면 면모구조가, 습윤측에서 다지면 이산구조가 된다.

28. 다져진 흙의 역학적 특성에 대한 설명으로 틀린 것은? [기사 16]

① 다짐에 의하여 간극이 작아지고 부착력이 커져서 역학적 강도 및 지지력은 증대하고, 압축성, 흡수성 및 투수성은 감소한다.
② 점토를 최적함수비보다 약간 건조측의 함수비로 다지면 면모구조를 가지게 된다.
③ 점토를 최적함수비보다 약간 습윤측에서 다지면 투수계수가 감소하게 된다.
④ 면모구조를 파괴시키지 못할 정도의 작은 압력으로 점토시료를 압밀할 경우 건조측 다짐을 한 시료가 습윤측 다짐을 한 시료보다 압축성이 크게 된다.

정답 23. ③ 24. ① 25. ③ 26. ④ 27. ① 28. ④

해설 낮은 압력에서는 건조측에서 다진 흙이 압축성이 작아진다.

29. **여러 종류의 흙을 같은 조건으로 다짐시험을 하였을 경우 일반적으로 최적함수비가 가장 작은 흙은?** [산업 16]

① GW ② ML
③ SP ④ CH

해설 조립토일수록, 양립도일수록 최적함수비는 작아진다.

30. **흙의 다짐에 관한 설명으로 틀린 것은?** [기사 17]

① 다짐에너지가 클수록 최대 건조단위중량(γ_{dmax})은 커진다.
② 다짐에너지가 클수록 최적함수비(w_{opt})는 커진다.
③ 점토를 최적함수비(w_{opt})보다 작은 함수비로 다지면 면모구조를 갖는다.
④ 투수계수는 최적함수비(w_{opt}) 근처에서 거의 최소값을 나타낸다.

해설 다짐에너지가 클수록 $\gamma_{d\max}$는 커지고, OMC(w_{opt})는 작아진다.

31. **흙의 다짐에 대한 설명으로 틀린 것은?** [기사 17]

① 조립토는 세립토보다 최대 건조단위중량이 커진다.
② 습윤측 다짐을 하면 흙구조가 면모구조가 된다.
③ 최적함수비로 다질 때 최대 건조단위중량이 된다.
④ 동일한 다짐에너지에 대해서는 건조측이 습윤측보다 더 큰 강도를 보인다.

해설 습윤측 다짐을 하면 흙의 구조가 분산(이산)구조가 된다.

32. **점토의 다짐에서 최적함수비보다 함수비가 적은 건조측 및 함수비가 많은 습윤측에 대한 설명으로 옳지 않은 것은?** [기사 11, 18]

① 다짐의 목적에 따라 습윤 및 건조측으로 구분하여 다짐계획을 세우는 것이 효과적이다.
② 흙의 강도 증가가 목적인 경우 건조측에서는 다지는 것이 유리하다.
③ 습윤측에서 다지는 경우 투수계수 증가효과가 크다.
④ 다짐의 목적이 차수를 목적으로 하는 경우 습윤측에서 다지는 것이 유리하다.

해설 ㉮ 동일한 다짐에너지에서는 건조측이 습윤측보다 전단강도가 훨씬 크다. 따라서 전단강도 확보가 목적이라면 건조측이 유리하다.
㉯ 최적함수비보다 약간 습윤측에서 투수계수가 최소이다. 따라서 댐의 심벽처럼 차수가 목적이라면 습윤측이 유리하다.

33. **모래치환법에 의한 흙의 들밀도실험결과가 다음과 같다. 현장 흙의 건조단위중량은?** [산업 09, 11, 14, 18]

- 실험구멍에서 파낸 흙의 중량=1,600g
- 실험구멍에서 파낸 흙의 함수비=20%
- 실험구멍에 채워진 표준모래의 중량=1,350g
- 실험구멍에 채워진 표준모래의 단위중량=1.35g/cm³

① 0.93g/cm³ ② 1.13g/cm³
③ 1.33g/cm³ ④ 1.53g/cm³

해설 ㉮ $W_s=\dfrac{W}{1+\dfrac{w}{100}}=\dfrac{1,600}{1+\dfrac{20}{100}}=1,333\text{g}$

㉯ $\gamma_{모래}=\dfrac{W_{모래}}{V}$에서 $1.35=\dfrac{1,350}{V}$

$\therefore\ V=1,000\text{cm}^3$

㉰ $\gamma_d=\dfrac{W_s}{V}=\dfrac{1,333}{1,000}\fallingdotseq 1.33\text{g/cm}^3$

34. **다음 기호를 이용하여 현장 밀도시험의 결과로부터 건조밀도(ρ_d)를 구하는 식으로 옳은 것은?** [산업 20]

- ρ_d : 흙의 건조밀도(g/cm³)
- V : 시험구멍의 부피(cm³)
- m : 시험구멍에서 파낸 흙의 습윤질량(g)
- w : 시험구멍에서 파낸 흙의 함수비(%)

① $\rho_d=\dfrac{1}{V}\left(\dfrac{m}{1+\dfrac{w}{100}}\right)$ ② $\rho_d=m\left(\dfrac{V}{1+\dfrac{w}{100}}\right)$

③ $\rho_d=\dfrac{1}{m}\left(\dfrac{V}{1+\dfrac{w}{100}}\right)$ ④ $\rho_d=V\left(\dfrac{w}{1+\dfrac{m}{100}}\right)$

해설 ㉮ $\rho_t=\dfrac{m}{V}$

㉯ $\rho_d=\dfrac{m}{V\left(1+\dfrac{w}{100}\right)}$

정답 29. ① 30. ② 31. ② 32. ③ 33. ③ 34. ①

35. 다음은 샌드콘을 사용하여 현장 흙의 밀도를 측정하기 위한 시험결과이다. 다음 결과로부터 현장 흙의 건조단위중량을 구하면? [기사 07]

- 표준사의 건조단위중량=$1.666g/cm^3$
- 〔병+깔때기+모래(시험 전)〕의 무게=5,992g
- 〔병+깔때기+모래(시험 후)〕의 무게=2,818g
- 깔때기에 채워지는 표준사의 무게=117g
- 구덩이에서 파낸 흙의 무게=3,311g
- 구덩이에서 파낸 흙의 함수비=11.6%

① $1.617t/m^3$ ② $1.716t/m^3$
③ $1.817t/m^3$ ④ $1.917t/m^3$

해설 ㉮ $\gamma_{모래} = \frac{W}{V}$

$1.666 = \frac{5,992-2,818-117}{V}$

$\therefore V = 1,834.93cm^3$

㉯ $\gamma_t = \frac{W}{V} = \frac{3,311}{1,834.93} = 1.8g/cm^3$

㉰ $\gamma_d = \frac{\gamma_t}{1+\frac{w}{100}} = \frac{1.8}{1+\frac{11.6}{100}} = 1.61g/cm^3$

36. 모래치환법에 의한 현장 흙의 밀도시험결과 흙을 파낸 부분의 체적이 $1,800cm^3$이고 질량이 3.87kg이었다. 함수비가 10.8%일 때 건조단위밀도는? [산업 09, 13]

① $1.94g/cm^3$ ② $2.94g/cm^3$
③ $1.84g/cm^3$ ④ $2.84g/cm^3$

해설 ㉮ $\gamma_t = \frac{W}{V} = \frac{3,870}{1,800} = 2.15g/cm^3$

㉯ $\gamma_d = \frac{\gamma_t}{1+\frac{w}{100}} = \frac{2.15}{1+\frac{10.8}{100}} = 1.94g/cm^3$

37. 부피가 $2,208cm^3$이고 무게가 4,000g인 몰드에 흙을 다져 넣어 무게를 측정하였더니 8,294g이었다. 이 몰드에 있는 흙을 시료추출기를 사용하여 추출한 후 함수비를 측정하였더니 12.3%였다. 이 흙의 건조단위중량은 얼마인가? [산업 10, 12]

① $1.945g/cm^3$ ② $1.732g/cm^3$
③ $1.812g/cm^3$ ④ $1.614g/cm^3$

해설 ㉮ $\gamma_t = \frac{W}{V} = \frac{8,294-4,000}{2,208} = 1.94g/cm^3$

㉯ $\gamma_d = \frac{\gamma_t}{1+\frac{w}{100}} = \frac{1.94}{1+\frac{12.3}{100}} = 1.73g/cm^3$

38. 모래치환법에 의한 흙의 들밀도시험결과 시험구멍에서 파낸 흙의 중량 및 함수비는 각각 1,800g, 30%이고, 이 시험구멍에 단위중량이 $1.35g/cm^3$인 표준모래를 채우는데 1,350g이 소요되었다. 현장 흙의 건조단위중량은? [기사 12]

① $0.93g/cm^3$ ② $1.03g/cm^3$
③ $1.38g/cm^3$ ④ $1.53g/cm^3$

해설 ㉮ $\gamma_{모래} = \frac{W}{V}$

$1.35 = \frac{1,350}{V}$

$\therefore V = 1,000cm^3$

㉯ $\gamma_t = \frac{W}{V} = \frac{1,800}{1,000} = 1.8g/cm^3$

㉰ $\gamma_d = \frac{\gamma_t}{1+\frac{w}{100}} = \frac{1.8}{1+\frac{30}{100}} = 1.38g/cm^3$

39. 현장에서 습윤단위중량을 측정하기 위해 표면을 평활하게 한 후 시료를 굴착하여 무게를 측정하니 1,230g이었다. 이 구멍의 부피를 측정하기 위해 표준사로 채우는데 1,037g이 필요하였다. 표준사의 단위중량이 $1.45g/cm^3$이면 이 현장 흙의 습윤단위중량은? [산업 14]

① $1.72g/cm^3$ ② $1.61g/cm^3$
③ $1.48g/cm^3$ ④ $1.29g/cm^3$

해설 ㉮ $\gamma_{모래} = \frac{W}{V}$

$1.45 = \frac{1,037}{V}$

$\therefore V = 715.17cm^3$

㉯ $\gamma_t = \frac{W}{V} = \frac{1,230}{715.17} = 1.72g/cm^3$

40. 현장 다짐 시 흙의 단위중량과 함수비측정방법으로 적당하지 않은 것은? [기사 06]

① 코어절삭법 ② 모래치환법
③ 표준관입시험법 ④ 고무막법

해설 단위중량결정법 : 모래치환법(들밀도시험), 고무막법, 절삭법, 방사선밀도측정기에 의한 방법

정답 35. ① 36. ① 37. ② 38. ③ 39. ① 40. ③

41. 현장 흙의 밀도시험 중 모래치환법에서 모래는 무엇을 구하기 위하여 사용하는가?

[기사 07, 20, 산업 08, 10, 18, 19]

① 시험구멍에서 파낸 흙의 중량
② 시험구멍의 체적
③ 지반의 지지력
④ 흙의 함수비

해설 측정지반의 흙을 파내어 구멍을 뚫은 후 모래를 이용하여 시험구멍의 체적을 구한다.

42. 도로공사현장에서 다짐도 95%에 대한 다음 설명으로 옳은 것은? [산업 19]

① 포화도 95%에 대한 건조밀도를 말한다.
② 최적함수비의 95%로 다진 건조밀도를 말한다.
③ 롤러로 다진 최대 건조밀도 100%에 대한 95%를 말한다.
④ 실내표준다짐시험의 최대 건조밀도의 95%의 현장 시공밀도를 말한다.

해설 $C_d = \dfrac{\gamma_d}{\gamma_{d\max}} \times 100 = 95\%$

$\therefore \gamma_d = 0.95\gamma_{d\max}$

43. 실내다짐시험결과 최대 건조단위중량이 15.6kN/m³이고 다짐도가 95%일 때 현장의 건조단위중량은 얼마인가? [산업 17, 20]

① 13.62kN/m³　② 14.82kN/m³
③ 16.01kN/m³　④ 17.43kN/m³

해설 $C_d = \dfrac{\gamma_d}{\gamma_{d\max}} \times 100$

$95 = \dfrac{\gamma_d}{15.6} \times 100$

$\therefore \gamma_d = 14.82\text{kN/m}^3$

44. 충분히 다진 현장에서 모래치환법에 의해 현장 밀도 실험을 한 결과 구멍에서 파낸 흙의 무게가 1,536g, 함수비가 15%이었고 구멍에 채워진 단위중량이 1.70g/cm³인 표준모래의 무게가 1,411g이었다. 이 현장이 95% 다짐도가 된 상태가 되려면 이 흙의 실내실험실에서 구하는 최대 건조단위중량($\gamma_{d\max}$)은? [산업 08, 11, 16]

① 1.69g/cm³　② 1.79g/cm³
③ 1.85g/cm³　④ 1.93g/cm³

해설 ㉮ $\gamma_{모래} = \dfrac{W}{V}$

$1.7 = \dfrac{1,411}{V}$

$\therefore V = 830\text{cm}^3$

㉯ $\gamma_t = \dfrac{W}{V} = \dfrac{1,536}{830} = 1.85\text{g/cm}^3$

㉰ $\gamma_d = \dfrac{\gamma_t}{1+\dfrac{w}{100}} = \dfrac{1.85}{1+\dfrac{15}{100}} = 1.61\text{g/cm}^3$

㉱ $C_d = \dfrac{\gamma_d}{\gamma_{d\max}} \times 100$

$95 = \dfrac{1.61}{\gamma_{d\max}} \times 100$

$\therefore \gamma_{d\max} = 1.69\text{g/cm}^3$

45. 현장에서 다짐된 사질토의 상대다짐도가 95%이고 최대 및 최소 건조단위중량이 각각 1.76t/m³, 1.5t/m³이라고 할 때 현장 시료의 건조단위중량과 상대밀도를 구하면? [기사 09, 15]

	건조단위중량	상대밀도
①	1.67t/m³	71%
②	1.67t/m³	69%
③	1.63t/m³	69%
④	1.63t/m³	71%

해설 ㉮ $C_d = \dfrac{\gamma_d}{\gamma_{d\max}} \times 100$

$95 = \dfrac{\gamma_d}{1.76} \times 100$

$\therefore \gamma_d = 1.672\text{t/m}^3$

㉯ $D_r = \dfrac{\gamma_{d\max}}{\gamma_d} \dfrac{\gamma_d - \gamma_{d\min}}{\gamma_{d\max} - \gamma_{d\min}} \times 100$

$= \dfrac{1.76}{1.672} \times \dfrac{1.672 - 1.5}{1.76 - 1.5} \times 100 = 69.64\%$

46. 현장 도로토공에서 들밀도시험을 하였다. 파낸 구멍의 체적이 V=1,960cm³, 흙무게가 3,390g이고, 이 흙의 함수비는 10%이었다. 실험실에서 구한 최대 건조밀도는 $\gamma_{d\max}$=1.65g/cm³일 때 다짐도는?

[기사 06, 09, 10, 12, 16, 산업 08, 14, 19]

① 85.6%　② 91.0%
③ 95.3%　④ 98.1%

정답 41. ②　42. ④　43. ②　44. ①　45. ②　46. ③

해설 ㉮ $\gamma_t = \frac{W}{V} = \frac{3,390}{1,960} = 1.73\text{g/cm}^3$

㉯ $\gamma_d = \frac{\gamma_t}{1+\frac{w}{100}} = \frac{1.73}{1+\frac{10}{100}} = 1.57\text{g/cm}^3$

㉰ $C_d = \frac{\gamma_d}{\gamma_{d\max}} \times 100 = \frac{1.57}{1.65} \times 100 = 95.15\%$

47. 모래치환법에 의한 밀도시험을 수행한 결과 파낸 흙의 체적과 질량이 각각 365.0cm^3, 745g이었으며 함수비는 12.5%였다. 흙의 비중이 2.65이며 실내표준다짐 시 최대 건조밀도가 1.90t/m^{3}일 때 상대다짐도는? [기사 13, 14, 19]

① 88.7% ② 93.1%
③ 95.3% ④ 97.8%

해설 ㉮ $\gamma_t = \frac{W}{V} = \frac{745}{365} = 2.04\text{g/cm}^3$

㉯ $\gamma_d = \frac{\gamma_t}{1+\frac{w}{100}} = \frac{2.04}{1+\frac{12.5}{100}} = 1.81\text{g/cm}^3$

㉰ $C_d = \frac{\gamma_d}{\gamma_{d\max}} \times 100 = \frac{1.81}{1.9} \times 100 = 95.26\%$

48. 어떤 흙의 최대 및 최소 건조단위중량이 1.8t/m^{3}과 1.6t/m^{3}이다. 현장에서 이 흙의 상대밀도(relative density)가 60%라면 이 시료의 현장 상대다짐도(relative compaction)는? [산업 13, 15]

① 82% ② 87%
③ 91% ④ 95%

해설 ㉮ $D_r = \frac{\gamma_{d\max}}{\gamma_d} \frac{\gamma_d - \gamma_{d\min}}{\gamma_{d\max} - \gamma_{d\min}} \times 100$

$60 = \frac{1.8}{\gamma_d} \times \frac{\gamma_d - 1.6}{1.8 - 1.6} \times 100$

$\therefore\ \gamma_d = 1.71\text{t/m}^3$

㉯ $C_d = \frac{\gamma_d}{\gamma_{d\max}} \times 100$

$= \frac{1.71}{1.8} \times 100 = 95\%$

포장설계에 적용되는 토질시험

49. 토질시험 중 도로의 포장두께를 정하는데 많이 사용되는 것은? [산업 09, 11, 12, 16]

① 표준관입시험 ② CBR시험
③ 삼축압축시험 ④ 다짐시험

해설 포장두께결정을 위한 지지력시험 : 평판재하시험, CBR시험(지지력비시험), 동탄성계수시험

50. 도로지반의 평판재하시험에서 1.25mm 침하될 때 하중강도가 2.5kg/cm^{2}일 때 지지력계수 K는? [기사 04, 산업 09, 10, 12, 15, 17]

① 2kg/cm^3 ② 20kg/cm^3
③ 1kg/cm^3 ④ 10kg/cm^3

해설 $K = \frac{q}{y} = \frac{2.5}{0.125} = 20\text{kg/cm}^3$

51. 지름 30cm인 재하판으로 측정한 지지력계수 K_{30} = 6.6kg/cm^{3}일 때 지름 75cm인 재하판의 지지력계수 K_{75}는? [산업 08, 12, 13, 16]

① 3.0kg/cm^3 ② 3.5kg/cm^3
③ 4.0kg/cm^3 ④ 4.5kg/cm^3

해설 $K_{30} = 2.2K_{75}$

$6.6 = 2.2K_{75}$

$\therefore\ K_{75} = 3\text{kg/cm}^3$

52. 모래지반에 30cm×30cm의 재하판으로 재하실험을 한 결과 10t/m^{2}의 극한지지력을 얻었다. 4m×4m의 기초를 설치할 때 기대되는 극한지지력은? [기사 10, 14, 19, 산업 07, 09, 17]

① 10t/m^2 ② 100t/m^2
③ 133t/m^2 ④ 154t/m^2

해설 $0.3 : 10 = 4 : x$

$\therefore\ x = \frac{40}{0.3} = 133.33\text{t/m}^2$

53. 모래질 지반에 30cm×30cm 크기의 평판으로 재하시험을 한 결과 15t/m^{2}의 극한지지력을 얻었다. 2m×2m의 기초를 설치할 때 기대되는 극한지지력은? [산업 11, 13, 19]

① 100t/m^2 ② 50t/m^2
③ 30t/m^2 ④ 22.5t/m^2

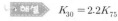

정답 47. ③ 48. ④ 49. ② 50. ② 51. ① 52. ③ 53. ①

해설 $0.3 : 15 = 2 : x$

$$\therefore\ x = \frac{15 \times 2}{0.3} = 100\text{t/m}^2$$

54. **점토지반에서 직경 30cm의 평판재하시험결과 30t/m^2의 압력이 작용할 때 침하량이 5mm라면 직경 1.5m의 실제 기초에 30t/m^2의 하중이 작용할 때 침하량의 크기는?** [산업 11, 17]

① 2mm ② 50mm
③ 14mm ④ 25mm

해설 침하량은 점토지반일 때 재하판의 폭에 비례한다.

$$S_{(기초)} = \frac{5 \times 1.5}{0.3} = 25\text{mm}$$

55. **사질토 지반에서 직경 30cm의 평판재하시험결과 30t/m^2의 압력이 작용할 때 침하량이 10mm라면 직경 1.5m의 실제 기초에 30t/m^2의 하중이 작용할 때 침하량의 크기는?** [기사 12, 15, 17, 산업 10, 14, 18]

① 28mm ② 50mm
③ 14mm ④ 25mm

해설 $$S_{(기초)} = S_{(재하판)}\left[\frac{2B_{(기초)}}{B_{(기초)} + B_{(재하판)}}\right]^2$$

$$= 10 \times \left[\frac{2 \times 1.5}{1.5 + 0.3}\right]^2 = 27.78\text{mm}$$

56. **평판재하실험에서 재하판의 크기에 의한 영향(scale effect)에 관한 설명으로 틀린 것은?** [기사 20]

① 사질토지반의 지지력은 재하판의 폭에 비례한다.
② 점토지반의 지지력은 재하판의 폭에 무관하다.
③ 사질토 지반의 침하량은 재하판의 폭이 커지면 약간 커지기는 하지만 비례하는 정도는 아니다.
④ 점토지반의 침하량은 재하판의 폭에 무관하다.

해설 재하판의 크기에 대한 보정
㉮ 지지력
㉠ 점토지반 : 재하판의 폭에 무관하다.
㉡ 모래지반 : 재하판의 폭에 비례한다.
㉯ 침하량
㉠ 점토지반 : 재하판의 폭에 비례한다.
㉡ 모래지반 : 재하판의 크기가 커지면 약간 커지긴 하지만 폭에 비례할 정도는 아니다.

57. **평판재하시험에서 재하판과 설계기초의 크기에 따른 영향, 즉 Scale effect에 대한 설명 중 옳지 않은 것은?** [기사 19]

① 모래지반의 지지력은 재하판의 크기에 비례한다.
② 점토지반의 지지력은 재하판의 크기와는 무관하다.
③ 모래지반의 침하량은 재하판의 크기가 커지면 어느 정도 증가하지만 비례적으로 증가하지는 않는다.
④ 점토지반의 침하량은 재하판의 크기와는 무관하다.

해설 점토지반의 침하량은 재하판의 폭에 비례한다.

58. **도로의 평판재하시험방법(KS F 2310)에서 시험을 끝낼 수 있는 조건이 아닌 것은?** [기사 20]

① 재하응력이 현장에서 예상할 수 있는 가장 큰 접지압력의 크기를 넘으면 시험을 멈춘다.
② 재하응력이 그 지반의 항복점을 넘을 때 시험을 멈춘다.
③ 침하가 더 이상 일어나지 않을 때 시험을 멈춘다.
④ 침하량이 15mm에 달할 때 시험을 멈춘다.

해설 평판재하시험(PBT－test)이 끝나는 조건
㉮ 침하량이 15mm에 달할 때
㉯ 하중강도가 최대 접지압을 넘어 항복점을 초과할 때

59. **평판재하시험이 끝나는 조건 중 옳지 않은 것은?** [산업 07, 12, 14, 18]

① 침하량이 15mm에 달할 때
② 하중강도가 현장에서 예상되는 최대 접지압력을 초과할 때
③ 하중강도가 그 지반의 항복점을 넘을 때
④ 흙의 함수비가 소성한계에 달할 때

60. **평판재하시험결과 이용 시 고려하여야 할 사항으로 거리가 먼 것은?** [산업 11]

① 시험한 현장 지반의 토질종단을 알아야 한다.
② 지하수위의 변동상황을 고려하여야 한다.
③ Scale Effect를 고려하여야 한다.
④ 시험기계의 종류를 알아야 한다.

61. **도로의 평판재하시험(KS F 2310)에서 변위계 지지대의 지지다리위치는 재하판 및 지지력장치의 지지점에서 몇 m 이상 떨어져 설치하여야 하는가?** [산업 20]

① 0.25m ② 0.50m
③ 0.75m ④ 1.00m

정답 54. ④ 55. ① 56. ④ 57. ④ 58. ③ 59. ④ 60. ④ 61. ④

해설 평판재하시험에서 변위계 지지대의 위치는 재하판 및 지지력장치의 지지점에서 1m 이상 떨어져 설치해야 한다.

62. 평판재하시험결과 다음과 같은 데이터를 얻었다. 20mm가 허용침하량이라고 할 때 2m 직경의 기초에 재하 가능 최대 하중을 구하면? [기사 00]

평판직경(mm)	침하량(mm)	하중(ton)
300	20	5
750	20	20

① 109ton ② 85ton
③ 95ton ④ 69ton

해설 Housel의 침하에 의하여 얕은 기초의 지지력을 구하는 방법
㉮ $Q=Am+Pn$ 에서
$$5=\left(\frac{\pi\times 0.3^2}{4}\right)m+(\pi\times 0.3)n \cdots\cdots ㉠$$
$$20=\left(\frac{\pi\times 0.75^2}{4}\right)m+(\pi\times 0.75)n \cdots\cdots ㉡$$
식 ㉠과 ㉡을 연립방정식으로 풀면
$\therefore\ m=28.35,\ n=3.18$
㉯ $Q=Am+Pn$
$$=\frac{\pi\times 2^2}{4}\times 28.35+\pi\times 2\times 3.18=109.04\text{ton}$$

63. 도로연장 3km 건설구간에서 7개 지점의 시료를 채취하여 다음과 같은 CBR을 구하였다. 이때의 설계CBR은 얼마인가? [기사 11, 17]

7개 지점의 CBR : 5.3, 5.7, 7.6, 8.7, 7.4, 8.6, 7

【설계CBR계산용 계수】

개수(n)	2	3	4	5	6	7	8	9	10 이상
d_2	1.41	1.91	2.24	2.48	2.67	2.83	2.96	3.08	3.18

① 4 ② 5
③ 6 ④ 7

해설 설계CBR
㉮ 각 지점의 CBR평균
$$=(5.3+5.7+7.6+8.7+7.4+8.6+7)\times\frac{1}{7}=7.19$$
㉯ 설계CBR
$$=\text{각 지점의 CBR평균}-\frac{\text{CBR 최대치}-\text{CBR 최소치}}{d_2}$$
$$=7.19-\frac{8.7-5.3}{2.83}=6$$

64. CBR시험을 한 결과 관입량이 5.0mm일 때의 $CBR_{5.0}$ 값이 관입량 2.5mm일 때의 $CBR_{2.5}$값보다 클 때에는 재시험을 해야 하고 재시험을 해도 $CBR_{5.0}$이 클 때에는 어떤 값을 CBR로 하는가? [산업 05, 06]

① $CBR_{2.5}$ ② $CBR_{5.0}$
③ $\dfrac{CBR_{2.5}+CBR_{5.0}}{2}$ ④ $CBR_{2.5}+CBR_{5.0}$

해설 ㉮ $CBR_{2.5}>CBR_{5.0}$ 이면 $CBR=CBR_{2.5}$ 이다.
㉯ $CBR_{2.5}<CBR_{5.0}$ 이면 재시험하고 재시험 후
㉠ $CBR_{2.5}>CBR_{5.0}$ 이면 $CBR=CBR_{2.5}$ 이다.
㉡ $CBR_{2.5}<CBR_{5.0}$ 이면 $CBR=CBR_{5.0}$ 이다.

65. 노상토 지지력의 크기를 나타내는 CBR값의 단위는? [산업 08, 18]

① kg/cm^2 ② kg · cm
③ % ④ kg/cm^3

해설 $CBR=\dfrac{\text{시험단위하중}}{\text{표준단위하중}}\times 100[\%]$

66. CBR시험을 실시하여 다음 그림과 같은 관입량과 하중과의 관계를 얻었다. 이 흙이 2.5mm일 때의 CBR은? (단, 관입량 2.5mm 때의 표준하중은 1,370kg이고, 표준하중강도는 $70kg/cm^2$이다.) [기사 01]

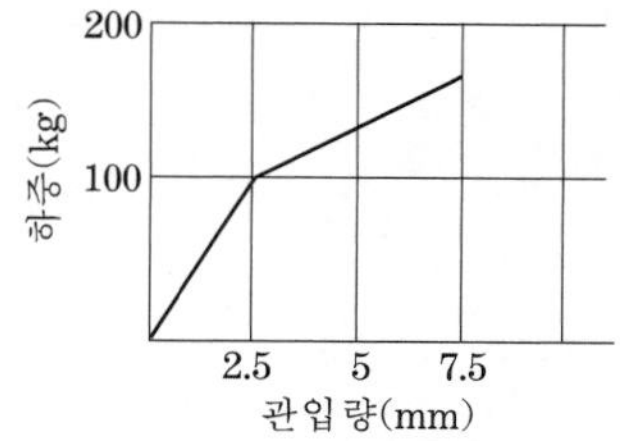

① 7.30% ② 13.70%
③ 14.29% ④ 70.0%

해설 $CBR_{2.5}=\dfrac{\text{시험하중}}{\text{표준하중}}\times 100=\dfrac{100}{1,370}\times 100=7.3\%$

67. CBR에 대한 설명 중 옳지 않은 것은? [산업 05]

① CBR값은 강성포장의 두께를 결정하는데 주로 쓰이는 값이다.

② CBR시험은 실내에서 수행할 수도 있고, 현장에서도 수행할 수 있다.

③ 다짐한 흙시료에 직경 5cm의 강봉을 관입시켰을 때의 관입량과 하중강도와의 비를 백분율로 표시한 값이다.

④ $CBR_{5.0} > CBR_{2.5}$의 경우 재시험하고, 그래도 $CBR_{5.0}$가 $CBR_{2.5}$보다 클 때는 $CBR_{5.0}$값을 CBR값으로 한다.

해설 **포장설계에 적용되는 토질시험**

㉮ PBT−test : 콘크리트포장과 같은 강성포장의 두께를 결정하기 위해 행한다.

㉯ CBR−test : 아스팔트포장과 같은 가요성포장의 두께를 결정하기 위해 행한다.

정답 67. ①

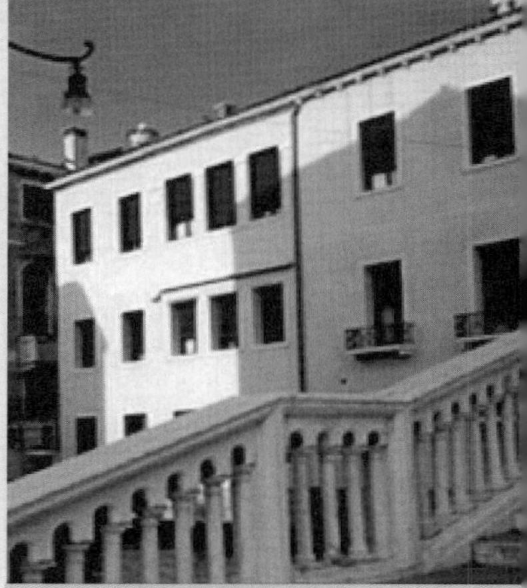

chapter **12**

사면의 안정

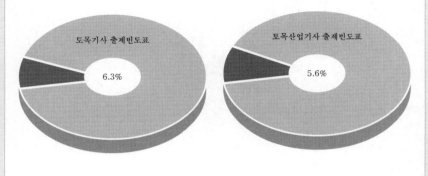

12 사면의 안정

01 사면의 분류(사면규모에 따른 분류)

① 유한사면(finite slope)

활동면의 깊이가 사면의 높이에 비해 비교적 큰 것

(1) 단순사면(uniform slope)

사면의 경사가 균일하고 사면의 상하단에 접한 지표면이 수평인 사면

(2) 복합사면(variable slope)

사면의 경사가 중간에서 변화하고 사면의 상하단에 접한 지표면이 수평이 아닌 사면

② 무한사면(infinite slope)

활동면의 깊이가 사면의 높이에 비해 작은 것

알•아•두•기•

➡ 지표면이 기울어져 사면을 이루고 있을 때 흙이 중력작용을 받아 높은 부분에서 얕은 부분으로 이동하게 된다. 이때 어느 면에서 전단응력이 발생하는데, 이 전단응력이 전단강도를 넘으면 이 면에 활동(land slide)이 일어나 사면에 붕괴가 일어난다.

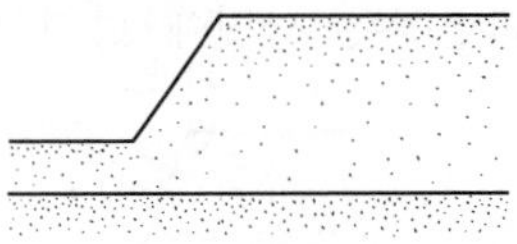

【 단순사면 】

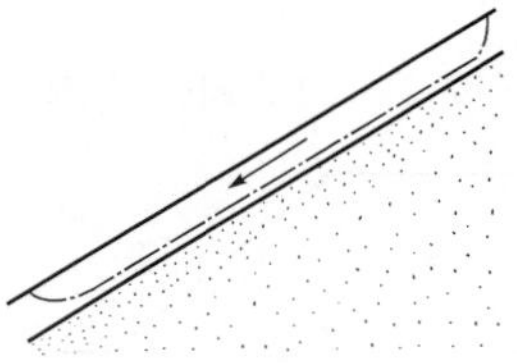

【 무한사면 】

02 사면의 파괴형태

① 단순사면

파괴형상은 원호에 가까운 곡면을 이룬다.

(1) 사면 내 파괴(slope failure)

견고한 지층이 얕은 곳에 있으면 활동면은 매우 얕게 형성되어 사면의 중간에 나타난다.

(2) **사면 선단파괴(toe failure)**

사면의 경사가 급하고 비점착성의 토질에서 원호활동면이 비교적 얕게 형성되어 사면의 선단에 나타난다.

(3) **저부파괴(base failure)**

사면의 경사가 완만하고 점착성의 토질에서 암반 또는 견고한 지층이 깊은 곳에 있으면 원호활동면이 깊게 형성되어 사면 선단의 전방에 나타난다.

② 복합사면

파괴형상은 복합활동면을 이룬다.

③ 무한사면

파괴형상은 사면에 평행한 평면을 이룬다.

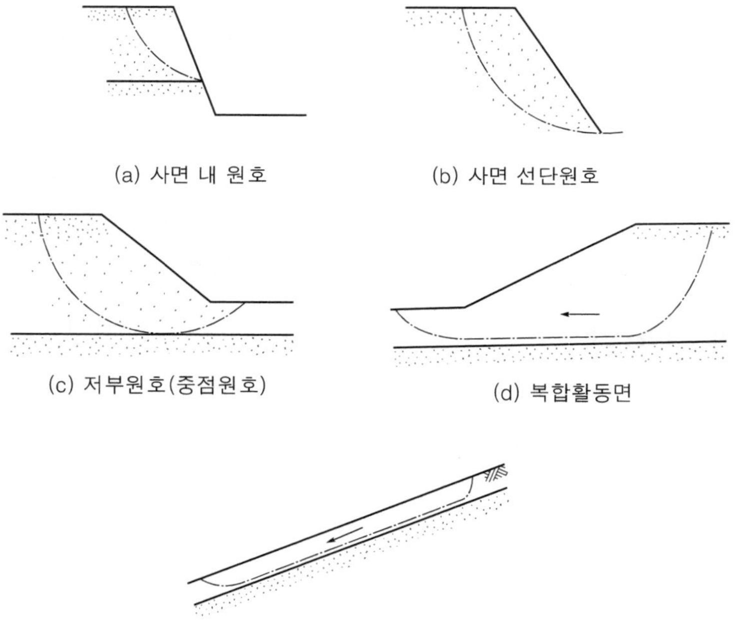

(a) 사면 내 원호 (b) 사면 선단원호

(c) 저부원호(중점원호) (d) 복합활동면

(e) 평면활동면

【그림 12-1】 토질사면의 파괴형태

알•아•두•기•

저부파괴

파괴면이 사면 선단 약간 아래쪽을 통과하여 파괴가 발생하면 저부파괴가 된다. 이때 파괴원은 중심이 사면의 중앙점 연직선 위에 위치하므로 중앙점원(midpoint circle)이라 한다.

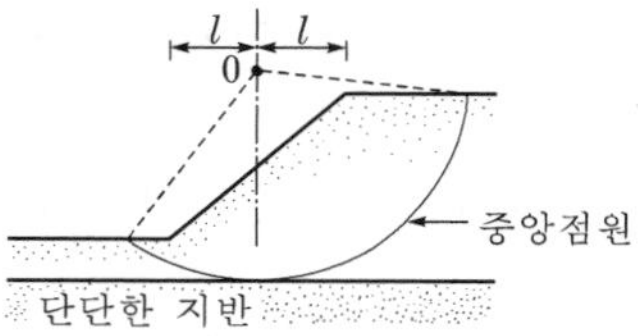

【저부파괴】

암반사면의 파괴형태

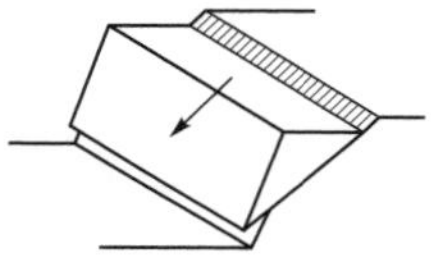

【평면파괴】

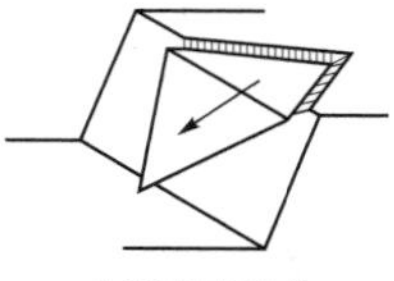

【쐐기파괴】

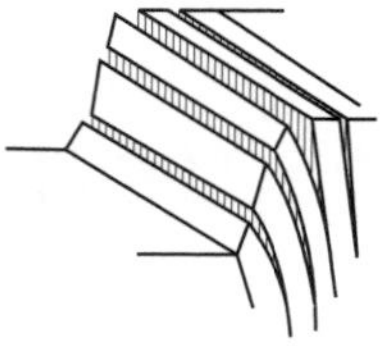

【토플링파괴】

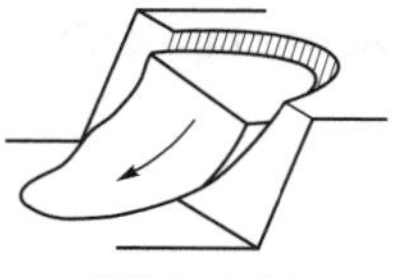

【원호파괴】

알•아•두•기•

03 사면의 안정계산

① 용어설명

(1) 임계활동면(critical surface)

사면 내에 몇 개의 가상활동면 중에서 안전율의 값이 최소인 활동면을 임계활동면이라 한다.

(2) 임계원(critical circle)

안전율이 최소로 되는 활동면을 만드는 원을 임계원이라 한다.

② 안전율

① 원형 활동면에 대해서 모멘트에 착안하면

$$F_s = \frac{\text{활동에 저항하는 힘의 모멘트}}{\text{활동을 일으키는 힘의 모멘트}} = \frac{M_r}{M_d} \quad \cdots\cdots (12\cdot 1)$$

② 원형 활동면에 대해서 전단력에 착안하면

$$F_s = \frac{\text{활동면상의 전단강도의 합}}{\text{활동면상의 실제 전단응력의 합}} = \frac{\tau_f}{\tau_d} = \frac{c+\overline{\sigma}\tan\phi}{c_d+\overline{\sigma}\tan\phi_d} \quad \cdots\cdots (12\cdot 2)$$

③ 복합활동면의 경우 이동방향에 대해서 착안하면

$$F_s = \frac{\text{운동에 저항하려는 힘}}{\text{운동을 일으키려는 힘}} \quad \cdots\cdots (12\cdot 3)$$

소요안전율의 예

안전율	안정성
$F_s < 1.0$	불안정
$F_s = 1 \sim 1.2$	안정성에 불안
$F_s = 1.3 \sim 1.4$	사면, 성토에는 흡족, 흙댐에는 불안
$F_s > 1.5$	흙댐에 안정, 더욱 지진을 고려할 때 필요

알 • 아 • 두 • 기 •

04 유한사면의 안정해석법

① 단순사면의 안정해석

(1) 평면파괴면을 갖는 사면의 안정해석(Culmann의 도해법)

Culmann의 도해법은 거의 연직사면에 대해서만 만족할만한 결과를 얻을 수 있다.

1) 한계고

$$H_c = \frac{4c}{\gamma_t}\left[\frac{\sin\beta\cos\phi}{1-\cos(\beta-\phi)}\right] \qquad (12\cdot4)$$

2) 직립면의 한계고

$\beta = 90°$이므로

$$H_c = \frac{4c}{\gamma_t}\left(\frac{\cos\phi}{1-\sin\phi}\right) = \frac{4c}{\gamma_t}\tan\left(45° + \frac{\phi}{2}\right) \qquad (12\cdot5)$$

$$= \frac{2q_u}{\gamma_t} \qquad (12\cdot6)$$

$$= 2Z_c \qquad (12\cdot7)$$

3) 인장균열을 고려할 때

$$H_c' = \frac{2}{3}H_c \text{(Terzaghi식)} \qquad (12\cdot8)$$

4) 안전율

$$F_s = \frac{T_r}{T_a} \qquad (12\cdot9)$$

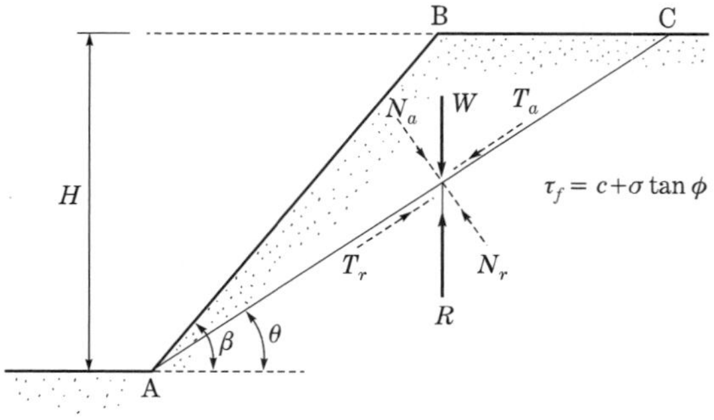

【그림 12-2】 Culmann의 방법에 의한 유한사면의 해석

알•아•두•기•

(2) 안정도표(stability chart)에 의한 사면의 안정해석

안정도표는 단순사면에 대한 안정해석의 결과를 도표화한 것으로서 Taylor가 발표한데 이어 Janbu, Bishop−Morgenstern 등의 안정도표가 있다.

Taylor의 안정도표는 공극수압이 없는 단순사면에 대하여 N_s와 β와의 관계를 도표화한 것이다.

1) 한계고

$$H_c = \frac{N_s c}{\gamma_t} \qquad \cdots\cdots (12\cdot10)$$

여기서, N_s : 안정계수(stability factor)$\left(= \frac{1}{안정수}\right)$

2) 안전율

$$F_s = \frac{H_c}{H} \qquad \cdots\cdots (12\cdot11)$$

3) 심도계수(depth function ; N_d)

$$N_d = \frac{H'}{H} \qquad \cdots\cdots (12\cdot12)$$

여기서, H : 사면의 높이

H' : 사면의 어깨에서 지반까지의 깊이

4) 단순사면의 파괴형태

① $\beta \geq 53°$: 항상 사면 선단파괴가 발생한다(N_d와 관계없다).

② $\beta < 53°$: N_d 에 따라 파괴형태가 달라진다(N_d가 클수록 사면 내 파괴에서 사면 선단파괴, 저부파괴로 된다).

③ $N_d \geq 4$: 항상 저부파괴가 발생한다(β 에 관계없다).

(3) 원호파괴면을 갖는 사면의 안정해석

1) 질량법(mass procedure)

파괴면 위의 흙을 하나로 취급하는 방법으로 사면을 형성하는 흙이 균질한 경우에 유용한 방법이나 실제 대부분의 자연사면의 경우 거의 적용할 수 없다.

① $\phi = 0$해석법

㉮ 포화점토의 비배수상태(급속재하)에서의 시공 직후 안정해석법으로 전응력해석법이다.

▶ 최근에는 안정계수와 안정수를 구분하지 않고 모두 안정수라는 용어를 사용하고 있으므로 주의를 요한다.

▶ $F_\phi = 1$이면 안정에 필요한 점착력은 단순사면의 높이에 비례하므로 $F_c = F_H = \frac{H_c}{H} = \frac{c}{c_d}$

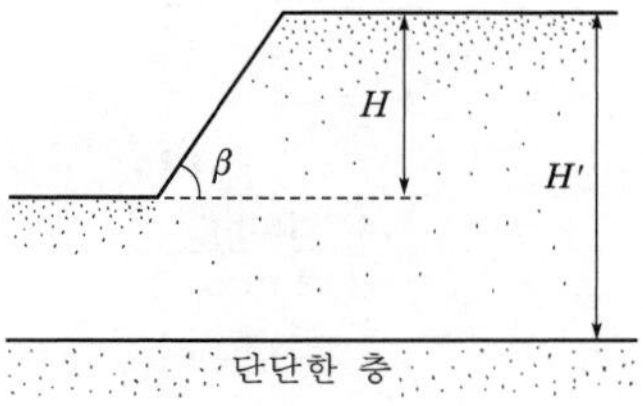

【 단순사면 】

▶ 대부분의 사면안정해석은 가상파괴곡선을 원호로 가정하여 구하고 있다.

㉯ 안전율

$$F_s = \frac{M_r}{M_d} = \frac{c_u \gamma L_a}{Wd} \quad \cdots\cdots (12 \cdot 13)$$

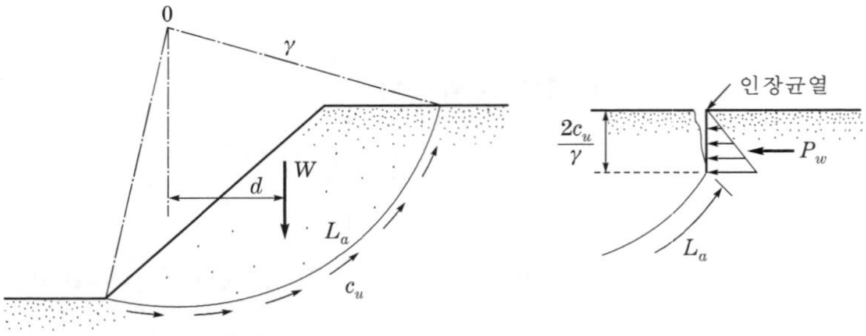

【그림 12-3】 $\phi = 0$해석

② $\phi > 0$해석법(마찰원법)

㉮ Taylor가 발전시킨 전응력해석법이다.

㉯ 안전율

$$F_s = \frac{\tau_f}{\tau_d} = \frac{c + \bar{\sigma} \tan\phi}{c_d + \bar{\sigma} \tan\phi_d}$$

$$F_c = \frac{c}{c_d}$$

$$F_\phi = \frac{\tan\phi}{\tan\phi_d}$$

$F_c - F_\phi$의 그래프를 그려서 $F_s = F_c = F_\phi$인 상태가 안전율이다.

2) 분할법(절편법 : slice method)

파괴면 위의 흙을 수개의 절편으로 나눈 후 각각의 절편에 대해 안정성을 계산하는 방법으로 이질토층, 지하수위가 있을 때 적용한다.

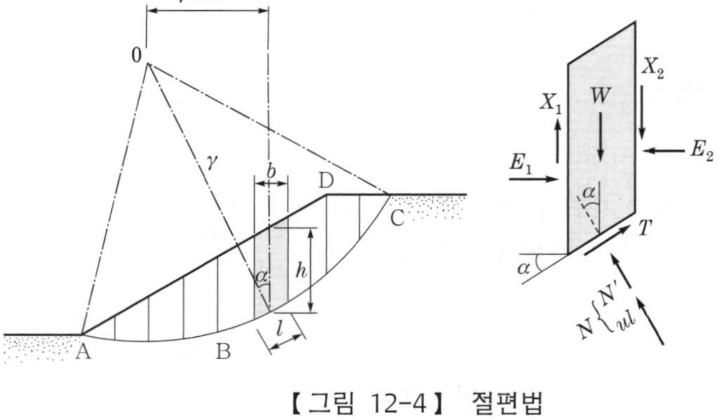

【그림 12-4】 절편법

알·아·두·기·

안전율결정법

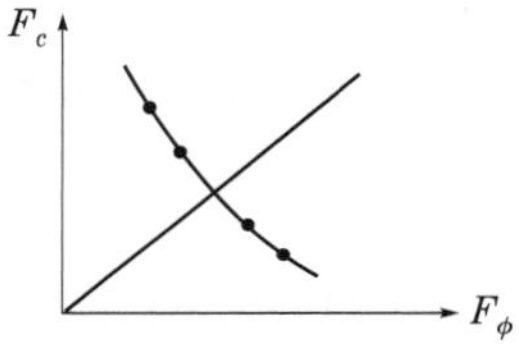

【 $F_c - F_\phi$ 관계곡선 】

① Fellenius방법(스웨덴방법)

㉮ 가정 : 절편의 양 연직면에 작용하는 힘들의 합이 0이다.

- $X_1 - X_2 = 0$
- $E_1 - E_2 = 0$

㉯ 특징

- 전응력해석법이 정확하다(유효응력해석법은 신뢰도가 떨어진다).
- $\phi = 0$일 때 정해가 구해진다.
- 사면의 단기안정해석에 유효하다.

② Bishop 간편법

㉮ 가정 : 절편의 양 연직면에 작용하는 힘들의 합은 수평방향으로 작용한다. 즉 연직방향의 합력은 0이다.

- $X_1 - X_2 = 0$

㉯ 특징

- 전응력, 유효응력해석이 가능하고 안전율값이 거의 실제와 같이 나타난다.
- 사면의 장기안정해석에 유효하다.
- 가장 널리 사용한다.

② 복합활동면의 사면안정해석

$$F_s = \frac{cL + [W\cos\theta + P_A\sin(\beta_A - \theta) - P_P\sin(\beta_P - \theta)]\tan\phi}{P_A\cos(\beta_A - \theta) - P_P\cos(\beta_P - \theta) + W\sin\theta} \quad \cdots\cdots (12\cdot14)$$

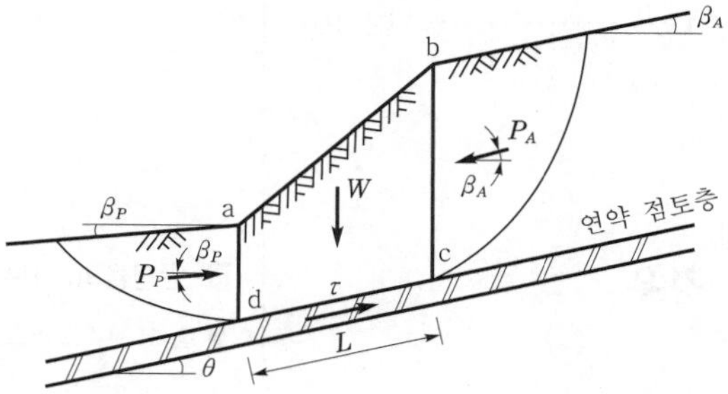

【그림 12-5】

알•아•두•기•

① Fellenius법은 정밀도가 낮고 계산결과는 과소한 안전율이 산출되지만, 계산이 매우 간편한 이점이 있다.

② Bishop법은 시행착오법(시산법)으로 안전율을 계산하므로 Fellenius 방법보다 훨씬 복잡하나, 안전율은 거의 실제와 같기 때문에 최근에는 이 방법을 많이 사용하고 있다.

알 • 아 • 두 • 기 •

05 무한사면의 안정해석법

깊이에 비해 사면의 길이가 길 때 파괴면은 사면에 평행하게 형성된다. 사면의 길이는 거의 무한대이므로 양 끝의 영향은 무시한다.

① 파괴면에 작용하는 수직응력과 전단응력

$ab = \gamma_t Z \cos i$

$cb = ab \cos i = \gamma_t Z \cos^2 i$

$ac = ab \sin i = \gamma_t Z \cos^2 i \sin i$

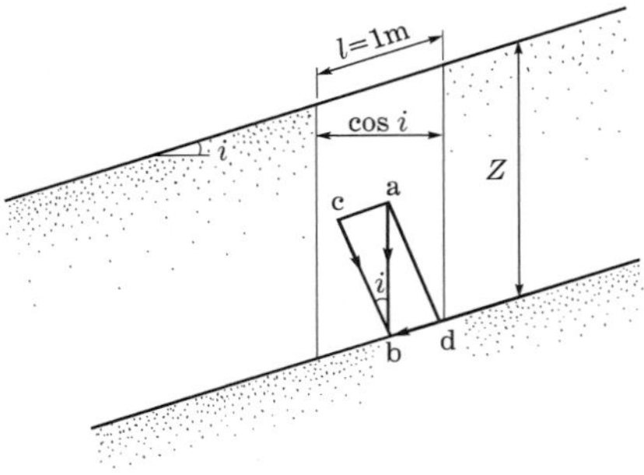

【그림 12-6】

(1) 수직응력

$$\sigma = \gamma_t Z \cos^2 i \quad \cdots\cdots (12\cdot15)$$

(2) 전단응력

$$\tau = \gamma_t Z \cos i \sin i \quad \cdots\cdots (12\cdot16)$$

② 안전율

(1) 지하수위가 파괴면 아래에 있을 경우

① $c \neq 0$일 때

$$F_s = \frac{\tau_f}{\tau} = \frac{c + \gamma_t Z \cos^2 i \tan\phi}{\gamma_t Z \cos i \sin i} = \frac{c}{\gamma_t Z \cos i \sin i} + \frac{\tan\phi}{\tan i} \quad \cdots\cdots (12\cdot17)$$

▣ 안전율의 기본식

$F_s = \frac{\tau_f}{\tau} = \frac{c + (\sigma - u)\tan\phi}{\tau}$

② $c=0$일 때(사질토)

$$F_s = \frac{\tan\phi}{\tan i} \qquad \cdots\cdots (12\cdot18)$$

(2) 지하수위가 지표면과 일치할 경우

① $c \neq 0$일 때

$$F_s = \frac{\tau_f}{\tau} = \frac{c + \gamma_{\text{sub}} Z \cos^2 i \tan\phi}{\gamma_{\text{sat}} Z \cos i \sin i}$$

$$= \frac{c}{\gamma_{sat} Z \cos i \sin i} + \frac{\gamma_{\text{sub}}}{\gamma_{\text{sat}}} \frac{\tan\phi}{\tan i} \qquad \cdots\cdots (12\cdot19)$$

② $c=0$일 때(사질토)

$$F_s = \frac{\gamma_{\text{sub}}}{\gamma_{\text{sat}}} \frac{\tan\phi}{\tan i} \fallingdotseq \frac{1}{2} \frac{\tan\phi}{\tan i} \qquad \cdots\cdots (12\cdot20)$$

(3) 수중인 경우

① $c \neq 0$일 때

$$F_s = \frac{\tau_f}{\tau} = \frac{c + \gamma_{\text{sub}} Z \cos^2 i \tan\phi}{\gamma_{\text{sub}} Z \cos i \sin i}$$

$$= \frac{c}{\gamma_{\text{sub}} Z \cos i \sin i} + \frac{\tan\phi}{\tan i} \qquad \cdots\cdots (12\cdot21)$$

② $c=0$일 때

$$F_s = \frac{\tan\phi}{\tan i} \qquad \cdots\cdots (12\cdot22)$$

(4) 침투수압이 사면에 평행하게 작용할 경우

① 수직응력

$$\sigma = [(1-m)\gamma_t + m\,\gamma_{\text{sat}}] Z \cos^2 i \qquad \cdots\cdots (12\cdot23)$$

② 전단응력

$$\tau = [(1-m)\gamma_t + m\,\gamma_{\text{sat}}] Z \cos i \sin i \qquad \cdots\cdots (12\cdot24)$$

③ 간극수압

$$u = m\, Z \gamma_w \cos^2 i \qquad \cdots\cdots (12\cdot25)$$

④ 안전율

$$F_s = \frac{\tau_f}{\tau} = \frac{c + (\sigma - u)\tan\phi}{\tau} \qquad \cdots\cdots (12\cdot26)$$

알•아•두•기•

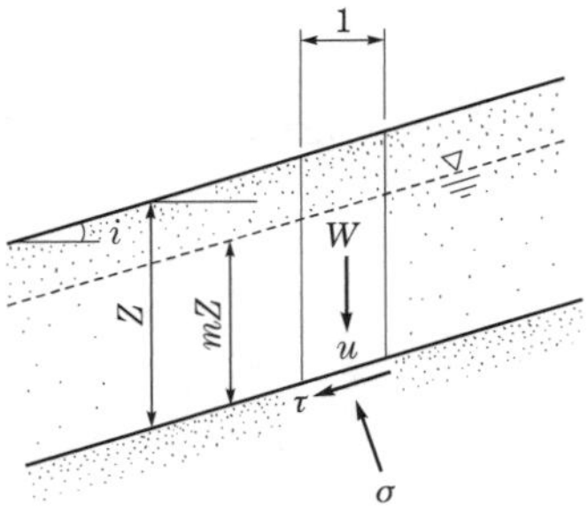

【그림 12-7】 무한사면의 활동

06 흙댐의 안정

흙댐의 설계 시 양 사면의 가장 위험한 상태에 대한 안전율을 결정해야 한다.

① 상류측 사면이 가장 위험할 때

① 시공 직후
② 수위급강하 시

② 하류측 사면이 가장 위험할 때

① 시공 직후
② 정상침투 시

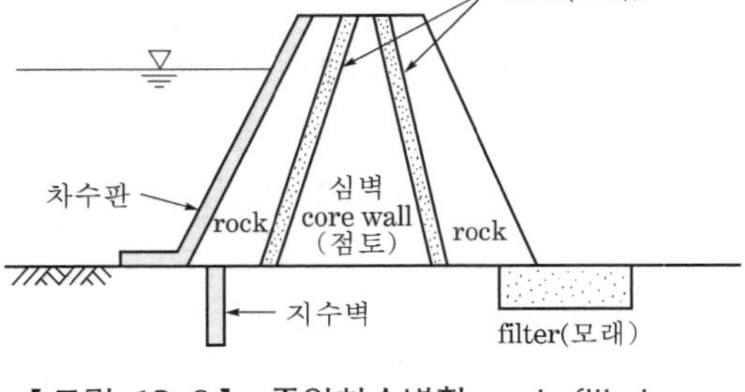

【그림 12-8】 중앙차수벽형 rock fill dam

예상 및 기출문제

1. 사면파괴가 일어날 수 있는 원인에 대한 설명 중 적절하지 못한 것은? [기사 05]

① 흙 중의 수분의 증가
② 굴착에 따른 구속력의 감소
③ 과잉간극수압의 감소
④ 지진에 의한 수평방향력의 증가

해설 사면파괴의 원인
㉮ 자연적 침식에 의한 사면형상의 변화
㉯ 인위적인 굴착 및 성토
㉰ 지진력의 작용
㉱ 댐 또는 제방의 수위 급변
㉲ 강수 등에 의한 간극수압의 상승, 자중의 증가, 강도의 저하

2. 사면의 안정에 관한 다음 설명 중 옳지 않은 것은? [기사 19]

① 임계활동면이란 안전율이 가장 크게 나타나는 활동면을 말한다.
② 안전율이 최소로 되는 활동면을 이루는 원을 임계원이라 한다.
③ 활동면에 발생하는 전단응력이 흙의 전단강도를 초과할 경우 활동이 일어난다.
④ 활동면은 일반적으로 원형활동면으로 가정한다.

해설 사면 내에 몇 개의 가상활동면 중에서 안전율이 가장 최소인 활동면을 임계활동면이라 한다.

3. 점착력이 $8kN/m^3$, 내부마찰각이 30°, 단위중량 $16kN/m^3$인 흙이 있다. 이 흙에 인장균열은 약 몇 m 깊이까지 발생할 것인가? [기사 10, 13, 16, 20, 산업 18]

① 6.92m ② 3.73m
③ 1.73m ④ 1.00m

해설
$$Z_c = \frac{2c\tan\left(45° + \frac{\phi}{2}\right)}{\gamma_t} = \frac{2\times 8\times \tan\left(45° + \frac{30°}{2}\right)}{16} = 1.73\text{m}$$

4. 점착력이 $0.8t/m^2$, 단위중량이 $1.6t/m^3$, 내부마찰각이 30°인 흙에 있어서 점착고(粘着高)는? [산업 07]

① 0.58m ② 1.73m
③ 2.02m ④ 3.46m

해설
$$Z_c = \frac{2c\tan\left(45° + \frac{\phi}{2}\right)}{\gamma_t} = \frac{2\times 0.8\times \tan\left(45° + \frac{30}{2}\right)}{1.6} = 1.73\text{m}$$

5. 흙막이벽체의 지지 없이 굴착 가능한 한계굴착깊이에 대한 설명으로 옳지 않은 것은? [기사 17]

① 흙의 내부마찰각이 증가할수록 한계굴착깊이는 증가한다.
② 흙의 단위중량이 증가할수록 한계굴착깊이는 증가한다.
③ 흙의 점착력이 증가할수록 한계굴착깊이는 증가한다.
④ 인장응력이 발생되는 깊이를 인장균열깊이라고 하며, 보통 한계굴착깊이는 인장균열깊이의 2배 정도이다.

해설
$$H_c = 2Z_c = \frac{4c\tan\left(45° + \frac{\phi}{2}\right)}{\gamma_t}$$

6. 현장 습윤단위중량(γ_t)이 $1.7t/m^3$, 내부마찰각(ϕ)이 10°, 점착력(c)이 $0.15kg/cm^2$인 지반에서 연직으로 굴착 가능한 깊이는? [산업 07, 13, 16]

① 0.4m ② 2.7m
③ 3.5m ④ 4.2m

해설 ㉮ $c = 0.15\text{kg/cm}^2 = 1.5\text{t/m}^2$

㉯
$$H_c = \frac{4c\tan\left(45° + \frac{\phi}{2}\right)}{\gamma_t} = \frac{4\times 1.5\times \tan\left(45° + \frac{10°}{2}\right)}{1.7} = 4.21\text{m}$$

정답 1. ③ 2. ① 3. ③ 4. ② 5. ② 6. ④

7. 어떤 지반에 대한 토질시험결과 점착력 c=0.50kg/cm², 흙의 단위중량 γ=2.0t/m³이었다. 그 지반에 연직으로 7m를 굴착했다면 안전율은 얼마인가? (단, ϕ=0이다.) [기사 17, 18, 산업 12]

① 1.43 ② 1.51
③ 2.11 ④ 2.61

해설 ㉮ $c=0.5\text{kg/cm}^2=5\text{t/m}^2$

㉯ $$H_c=\frac{4c\tan\left(45°+\frac{\phi}{2}\right)}{\gamma}=\frac{4\times5\times\tan\left(45°+\frac{0}{2}\right)}{2}=10\text{m}$$

㉰ $$F_s=\frac{H_c}{H}=\frac{10}{7}=1.43$$

8. 연약점토지반($\phi=0$)의 단위중량이 1.6t/m³, 점착력 2t/m²이다. 이 지반을 연직으로 2m 굴착하였을 때 연직사면의 안전율은? [기사 12, 산업 07, 14, 19]

① 1.5 ② 2.0
③ 2.5 ④ 3.0

해설 ㉮ $$H_c=\frac{4c\tan\left(45°+\frac{\phi}{2}\right)}{\gamma_t}=\frac{4\times2\times\tan\left(45°+\frac{0°}{2}\right)}{1.6}=5\text{m}$$

㉯ $$F_s=\frac{H_c}{H}=\frac{5}{2}=2.5$$

9. 일축압축강도가 32kN/m², 흙의 단위중량이 16kN/m³이고 ϕ=0인 점토지반을 연직굴착할 때 한계고는 얼마인가? [기사 12, 산업 13, 16, 19]

① 2.3m ② 3.2m
③ 4.0m ④ 5.2m

해설 $$H_c=\frac{2q_u}{\gamma_t}=\frac{2\times32}{16}=4\text{m}$$

10. 어떤 점토사면에 있어서 안정계수가 4이고, 단위중량이 1.5t/m³, 점착력이 0.15kg/cm²일 때 한계고는? [산업 09, 15]

① 4m ② 2.3m
③ 2.5m ④ 5m

해설 ㉮ $c=0.15\text{kg/cm}^2=1.5\text{t/m}^2$

㉯ $$H_c=\frac{N_s\,c}{\gamma_t}=\frac{4\times1.5}{1.5}=4\text{m}$$

11. 사면의 경사각을 70°로 굴착하고 있다. 흙의 점착력 1.5t/m², 단위체적중량을 1.8t/m³으로 한다면 이 사면의 한계고는? (단, 사면의 경사각이 70°일 때 안정계수는 4.8이다.) [산업 17]

① 2.0m ② 4.0m
③ 6.0m ④ 8.0m

해설 $$H_c=\frac{N_s\,c}{\gamma_t}=\frac{4.8\times1.5}{1.8}=4\text{m}$$

12. γ_t=1.8t/m³, c_u=3.0t/m², ϕ=0의 수평면과 50°의 기울기로 굴토하려고 한다. 안전율을 2.0으로 가정하여 평면활동이론에 의한 굴토깊이를 결정하면? [기사 12, 15]

① 2.80m ② 5.60m
③ 7.12m ④ 9.84m

해설 ㉮ $$H_c=\frac{4c}{\gamma_t}\left[\frac{\sin\beta\cos\phi}{1-\cos(\beta-\phi)}\right]=\frac{4\times3}{1.8}\times\frac{\sin50°\times\cos0°}{1-\cos(50°-0)}=14.3\text{m}$$

㉯ $$F_s=\frac{H_c}{H}$$

$$2=\frac{14.3}{H}$$

$\therefore\ H=7.15\text{m}$

13. 다음 그림과 같은 점토지반에서 안전수(m)가 0.1인 경우 높이 5m의 사면에 있어서 안전율은? [기사 20]

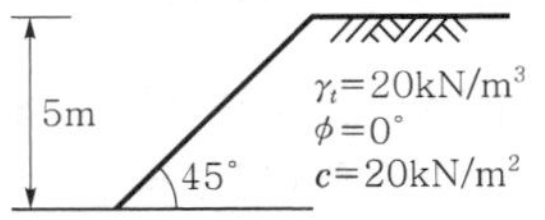

① 1.0 ② 1.25
③ 1.50 ④ 2.0

해설 ㉮ $$H_c=\frac{N_s\,c}{\gamma_t}=\frac{\frac{1}{m}\cdot c}{\gamma_t}=\frac{\frac{1}{0.1}\times20}{20}=10\text{m}$$

㉯ $$F_s=\frac{H_c}{H}=\frac{10}{5}=2$$

정답 7. ① 8. ③ 9. ③ 10. ① 11. ② 12. ③ 13. ④

14. 흙의 내부마찰각(ϕ)은 20°, 점착력(c)이 2.4t/m²이고, 단위중량(γ_t)은 1.93t/m³인 사면의 경사각이 45°일 때 임계높이는 약 얼마인가? (단, 안정수 $m=0.06$)

[기사 14, 16]

① 15m ② 18m
③ 21m ④ 24m

해설 $H_c = \dfrac{N_s c}{\gamma_t} = \dfrac{\frac{1}{m}\cdot c}{\gamma_t} = \dfrac{\frac{1}{0.06}\times 2.4}{1.93} = 20.73\text{m}$

15. 연약점토사면이 수평과 75°를 이루고 있고, 이 사면 흙의 강도 정수가 $c_u=3.2\text{t/m}^2$, $\gamma_t=1.763\text{t/m}^3$이고, $\beta>53°$일 때는 선단파괴일 때 $\beta=75°$이므로 안정수 $m=0.219$였다. 굴착할 수 있는 최대 깊이와 다음 그림에서의 절토깊이를 3m까지 했을 때의 안전율은? [기사 08]

	H_{cr}	F_s
①	2.10	1.158
②	4.15	2.316
③	8.3	2.763
④	12.4	3.200

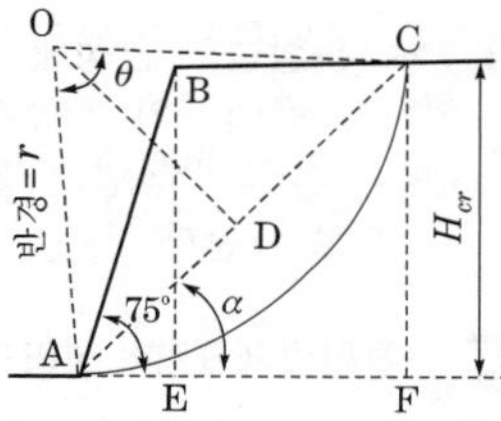

해설 ㉮ $H_{cr} = \dfrac{N_s c}{\gamma_t} = \dfrac{\frac{1}{m}\cdot c}{\gamma_t} = \dfrac{\frac{1}{0.219}\times 3.2}{1.763} = 8.29\text{m}$

㉯ $F_s = \dfrac{H_{cr}}{H} = \dfrac{8.29}{3} = 2.763$

16. 습윤단위무게(γ_t)는 1.8t/m³, 점착력(c)는 0.2kg/cm², 내부마찰각(ϕ)은 25°인 지반을 연직으로 3m 굴착하였다. 이 지반의 붕괴에 대한 안전율은 얼마인가? (단, 안정계수 $N_s=6.3$이다.) [산업 14]

① 2.33 ② 2.0
③ 1.0 ④ 0.45

해설 ㉮ $H_c = \dfrac{N_s c}{\gamma_t} = \dfrac{6.3\times 2}{1.8} = 7\text{m}$

㉯ $F_s = \dfrac{H_c}{H} = \dfrac{7}{3} = 2.33$

17. 다음 그림에서 활동에 대한 안전율은?

[기사 06, 13, 18, 19]

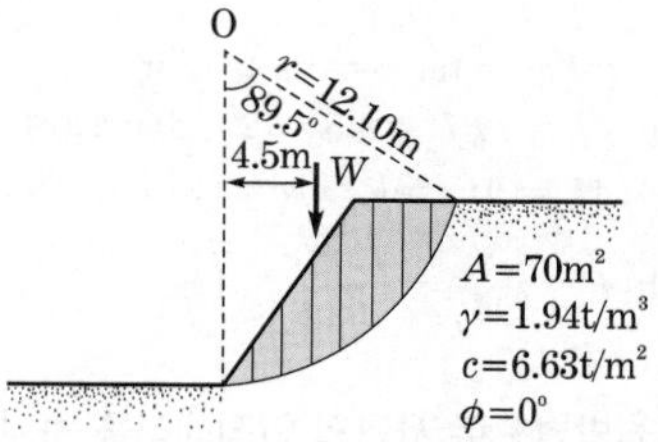

① 1.30 ② 2.05
③ 2.15 ④ 2.48

해설 ㉮ $\tau=c=6.63\text{t/m}^2$

㉯ $L_a = r\theta = 12.1\times\left(89.5°\times\dfrac{\pi}{180°}\right) = 18.9\text{m}$

㉰ $M_r = \tau\gamma L_a = 6.63\times 12.1\times 18.9 = 1{,}516.2\text{t}\cdot\text{m}$

㉱ $M_D = We = (A\gamma)e = 70\times 1.94\times 4.5 = 611.1\text{t}\cdot\text{m}$

㉲ $F_s = \dfrac{M_r}{M_D} = \dfrac{1{,}516.2}{611.1} = 2.48$

18. 균질한 연약점토지반 위에 놓인 연직사면에 잘 일어나는 파괴형태는? [기사 97]

① 사면 저부파괴 ② 사면 선단파괴
③ 사면 내 파괴 ④ 사면 저면파괴

해설 ㉮ $\beta\geq 53°$이면 N_d와 관계없이 사면 선단파괴가 발생한다.

㉯ $\beta<53°$이면 N_d에 따라 파괴형태가 달라진다.

19. 내부마찰각 $\phi_u=0$, 점착력 $c_u=4.5\text{t/m}^2$, 단위중량이 1.9t/m³되는 포화된 점토층에 경사각 45°로 높이 8m인 사면을 만들었다. 다음 그림과 같은 하나의 파괴면을 가정했을 때 안전율은? (단, ABCD의 면적은 70m²이고, ABCD의 무게중심은 O점에서 4.5m 거리에 위치하며, 호 AC의 길이는 20.0m이다.)

[기사 09, 13, 18]

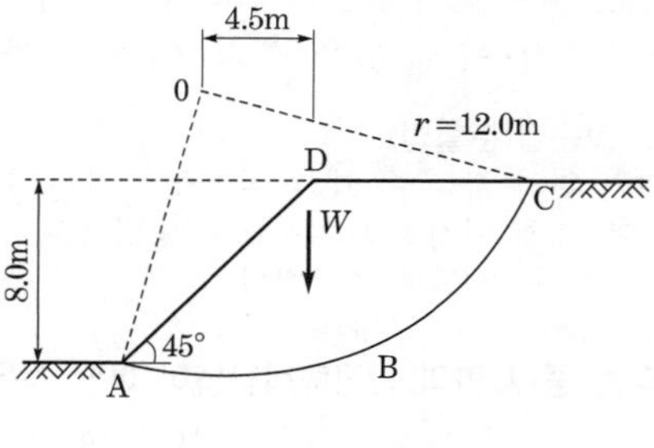

① 1.2 ② 1.8
③ 2.5 ④ 3.2

정답 14. ③ 15. ③ 16. ① 17. ④ 18. ② 19. ②

해설 ㉮ $\tau = c + \bar{\sigma}\tan\phi = c = 4.5\text{t/m}^2$

㉯ $M_r = \tau r L_a = 4.5 \times 12 \times 20 = 1{,}080\text{t}$

㉰ $M_D = We = (A\gamma)e = (70 \times 1.9) \times 4.5 = 598.5\text{t}$

㉱ $F_s = \dfrac{M_r}{M_D} = \dfrac{1{,}080}{598.5} \fallingdotseq 1.8$

20. 마찰원방법으로 사면의 안정해석을 하기 위하여 내부 마찰각에 대한 안전율 F_ϕ 를 가정하여 점착력에 대한 안전율 F_c를 결정한 것이다. 이 사면의 안전율은? [기사 00]

F_ϕ	1.2	1.4	1.6	1.8	2.0
F_c	1.8	1.6	1.4	1.2	1.0

① 1.2 ② 2.0
③ 1.8 ④ 1.5

해설 F_ϕ와 F_c로 safety factor를 연결한 후 $F_\phi = F_c = F_s$ 값을 구한다.

$\therefore F_s = F_\phi = F_c = 1.5$

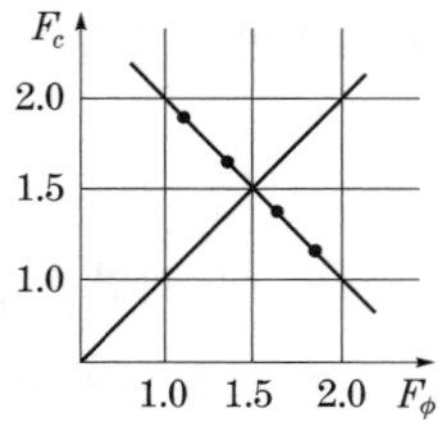

21. 사면안정해석방법에 대한 설명으로 틀린 것은? [기사 15, 17]

① 일체법은 활동면 위에 있는 흙덩어리를 하나의 물체로 보고 해석하는 방법이다.
② 절편법은 활동면 위에 있는 흙을 몇 개의 절편으로 분할하여 해석하는 방법이다.
③ 마찰원방법은 점착력과 마찰각을 동시에 갖고 있는 균질한 지반에 적용된다.
④ 절편법은 흙이 균질하지 않아도 적용이 가능하지만, 흙 속에 간극수압이 있을 경우 적용이 불가능하다.

해설 절편법(분할법)
파괴면 위의 흙을 수 개의 절편으로 나눈 후 각각의 절편에 대해 안정성을 계산하는 방법으로 이질토층, 지하수위가 있을 때 적용한다.

22. 다음 중 사면의 안정해석방법이 아닌 것은? [기사 16, 산업 10, 15, 18]

① 마찰원법 ② Bishop의 간편법
③ 응력경로법 ④ Fellenius방법

해설 유한사면의 안정해석(원호파괴)
㉮ 질량법 : $\phi = 0$해석법, 마찰원법
㉯ 분할법 : Fellenius방법, Bishop방법, Spencer방법

23. 활동면 위의 흙을 몇 개의 연직평행한 절편으로 나누어 사면의 안정을 해석하는 방법이 아닌 것은? [기사 12, 15]

① Fellenius방법 ② 마찰원법
③ Spencer방법 ④ Bishop의 간편법

해설 분할법 : Fellenius방법, Bishop방법, Spencer방법

24. 분할법으로 사면안정해석 시에 제일 먼저 결정되어야 할 사항은? [산업 07, 08, 11, 17, 20]

① 분할세편의 중량 ② 활동면상의 마찰력
③ 가상활동면 ④ 각 세편의 공극수압

해설 분할법의 안정해석
㉮ 반지름이 r인 가상파괴활동면을 그린다.
㉯ 가상파괴활동면의 흙을 몇 개의 수직절편(slice)으로 나눈다.

25. 절편법에 대한 설명으로 틀린 것은? [기사 11]

① 흙이 균질하지 않고 간극수압을 고려할 경우 절편법이 적합하다.
② 안전율은 전체 활동면상에서 일정하다.
③ 사면의 안정을 고려할 경우 활동파괴면을 원형이나 평면으로 가정한다.
④ 절편경계면은 활동파괴면으로 가정한다.

해설 절편법(분할법)
㉮ 파괴면 위의 흙을 수 개의 절편으로 나눈 후 각각의 절편에 대해 안정성을 계산하는 방법으로 이질토층, 지하수위가 있을 때 적용한다.
㉯ 절편경계면(절편의 양 연직면)은 활동파괴면이 아니다.

26. 사면안정해석법에 관한 설명 중 틀린 것은? [산업 08, 14]

① 해석법은 크게 마찰원법과 분할법으로 나눌 수 있다.
② Fellenius방법은 주로 단기안정해석에 이용된다.
③ Bishop방법은 주로 장기안정해석에 이용된다.
④ Bishop방법은 절편의 양측에 작용하는 수평방향의 합력이 0이라고 가정하여 해석한다.

정답 20. ④ 21. ④ 22. ③ 23. ② 24. ③ 25. ④ 26. ④

해설 유한사면의 안정해석

㉮ 질량법

㉯ 절편법

㉠ Fellenius방법(swedish method)

- $X_1 - X_2 = 0(\Sigma X = 0)$
- $E_1 - E_2 = 0(\Sigma E = 0)$

㉡ Bishop방법 : $X_1 - X_2 = 0(\Sigma X = 0)$

27. **사면안정해석방법 중 절편법에 대한 설명으로 옳지 않은 것은?** [산업 16]

① 절편의 바닥면은 직선이라고 가정한다.

② 일반적으로 예상활동파괴면을 원호라고 가정한다.

③ 흙 속에 간극수압이 존재하는 경우에도 적용이 가능하다.

④ 지층이 여러 개의 층으로 구성되어 있는 경우 적용이 불가능하다.

해설 ㉮ 파괴면 위의 흙을 수 개의 절편으로 나눈 후 각각의 절편에 대해 안정성을 계산하는 방법으로 이질토층, 지하수위가 있을 때 적용한다.

㉯ 절편의 바닥면은 직선으로 가정한다.

28. **사면의 안정해석방법에 관한 설명 중 옳지 않은 것은?** [산업 19]

① 마찰원법은 균일한 토질지반에 적용된다.

② Fellenius방법은 절편의 양측에 작용하는 힘의 합력은 0이라고 가정한다.

③ Bishop방법은 흙의 장기안정해석에 유효하게 쓰인다.

④ Fellenius방법은 간극수압을 고려한 $\phi=0$해석법이다.

해설 Fellenius방법

간극수압을 고려하지 않은 전응력해석법으로 $\phi=0$일 때 정해가 구해진다.

29. **사면안정계산에 있어서 Fellenius법과 간편 Bishop법의 비교 설명 중 틀린 것은?** [기사 08, 13, 16]

① Fellenius법은 간편Bishop법보다 계산은 복잡하지만, 계산결과는 더 안전측이다.

② 간편Bishop법은 절편의 양쪽에 작용하는 연직방향의 합력은 0(zero)이라고 가정한다.

③ Fellenius법은 절편의 양쪽에 작용하는 합력은 0(zero)이라고 가정한다.

④ 간편Bishop법은 안전율을 시행착오법으로 구한다.

해설 분할법

㉮ Fellenius법 : 정밀도가 낮고 과소한 안전율이 산출되지만, 계산이 매우 간편한 장점이 있다.

㉯ Bishop법 : 시행착오법으로 안전율을 계산하므로 Fellenius법보다 훨씬 복잡하나, 안전율은 거의 실제와 같이 나타난다.

30. **사면의 안정문제는 보통 사면의 단위길이를 취하여 2차원 해석을 한다. 이렇게 하는 가장 중요한 이유는?** [기사 12]

① 길이방향의 변형도(strain)를 무시할 수 있다고 보기 때문이다.

② 흙의 특성이 등방성(isotropic)이라고 보기 때문이다.

③ 길이방향의 응력도(stress)를 무시할 수 있다고 보기 때문이다.

④ 실제 파괴형태가 이와 같기 때문이다.

해설 길이가 대단히 길고 모든 조건이 길이에 대해 변화가 없다고 생각할 때 2차원 해석을 한다. 2차원 해석에서 길이방향의 $\sigma \neq 0$, $\varepsilon = 0$으로 한다.

31. **절편법을 이용한 사면안정해석 중 가상파괴면의 한 절편에 작용하는 힘의 상태를 다음 그림으로 나타내었다. 설명 중 잘못된 것은?** [기사 05]

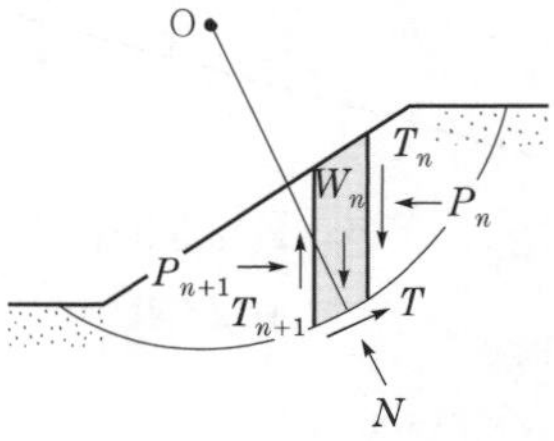

① Swedish(Fellenius)법에서는 T_n과 P_n의 합력이 P_{n+1}과 T_{n+1}의 합력과 같고 작용선도 일치한다고 가정하였다.

② Bishop의 간편법에서는 $P_{n+1} - P_n = 0$이고 $T_n - T_{n+1} = 0$로 가정하였다.

③ 절편의 전중량 W_n=흙의 단위중량×절편의 높이×절편의 폭이다.

④ 안전율은 파괴원의 중심 0에서 저항전단모멘트를 활동모멘트로 나눈 값이다.

정답 27. ④ 28. ④ 29. ① 30. ① 31. ②

해설 유한사면의 안정해석

㉮ 질량법

㉯ 절편법

㉠ Fellenius방법(swedish method)

- $X_1 - X_2 = 0(\Sigma X = 0)$
- $E_1 - E_2 = 0(\Sigma E = 0)$

㉡ Bishop방법 : $X_1 - X_2 = 0(\Sigma X = 0)$

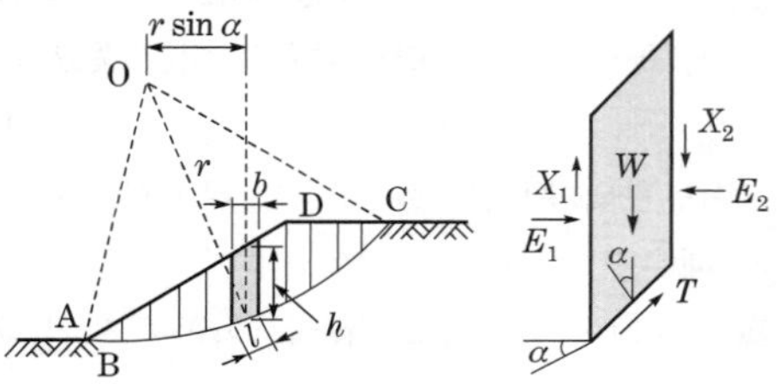

무한사면의 안정해석법

32. 다음 그림과 같은 사면에서 깊이 6m 위치에서 발생하는 단위폭당 전단응력은? [기사 07, 09]

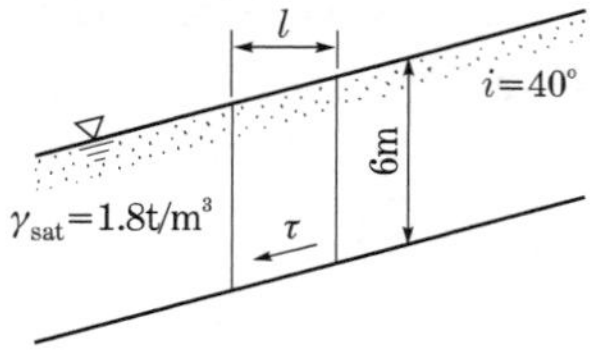

① 5.32t/m² ② 2.34t/m²
③ 4.05t/m² ④ 2.04t/m²

해설 $\tau = \gamma Z \cos i \sin i$

$= 1.8 \times 6 \times \cos 40° \times \sin 40° = 5.32\text{t/m}^2$

33. ϕ=33°인 사질토에 25° 경사의 사면을 조성하려고 한다. 이 비탈면의 지표까지 포화되었을 때 안전율을 계산하면? (단, 사면흙의 γ_{sat} =1.8t/m³)

[기사 10, 11, 14, 17, 산업 08]

① 0.62 ② 0.70
③ 1.12 ④ 1.41

해설 $F_s = \dfrac{\gamma_{sub}}{\gamma_{sat}} \dfrac{\tan\phi}{\tan i} = \dfrac{0.8}{1.8} \times \dfrac{\tan 33°}{\tan 25°} = 0.62$

34. γ_{sat}=2.0t/m³인 사질토가 20°로 경사진 무한사면이 있다. 지하수위가 지표면과 일치하는 경우 이 사면의 안전율이 1 이상이 되기 위해서는 흙의 내부마찰각이 최소 몇 도 이상이어야 하는가? [기사 07, 15, 18]

① 18.21° ② 20.52°
③ 36.06° ④ 45.47°

해설 $F_s = \dfrac{\gamma_{sub}}{\gamma_{sat}} \dfrac{\tan\phi}{\tan i} = \dfrac{1}{2} \times \dfrac{\tan\phi}{\tan 20°} \geq 1$

$\therefore \phi = 36°$

35. 암반층 위에 5m 두께의 토층이 경사 15°의 자연사면으로 되어 있다. 이 토층은 c' =1.5t/m², ϕ' =30°, γ_t=1.8t/m³이고, 지하수면은 토층의 지표면과 일치하고 침투는 경사면과 대략 평형이다. 이때의 안전율은? [기사 11, 14, 16]

① 0.8 ② 1.1
③ 1.6 ④ 2.0

해설 $F_s = \dfrac{c}{\gamma_{sat} Z \cos i \sin i} + \dfrac{\gamma_{sub}}{\gamma_{sat}} \dfrac{\tan\phi}{\tan i}$

$= \dfrac{1.5}{1.8 \times 5 \times \cos 15° \times \sin 15°} + \dfrac{0.8}{1.8} \times \dfrac{\tan 30°}{\tan 15°}$

$= 1.624$

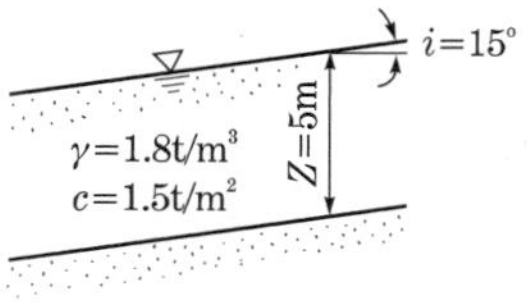

36. 다음 그림과 같은 무한사면이 있다. 흙과 암반의 경계면에서 흙의 강도 정수 c=1.8t/m², ϕ=25°이고, 흙의 단위중량 γ=1.9t/m³인 경우 경계면에서 활동에 대한 안전율을 구하면? [기사 17]

① 1.55
② 1.60
③ 1.65
④ 1.70

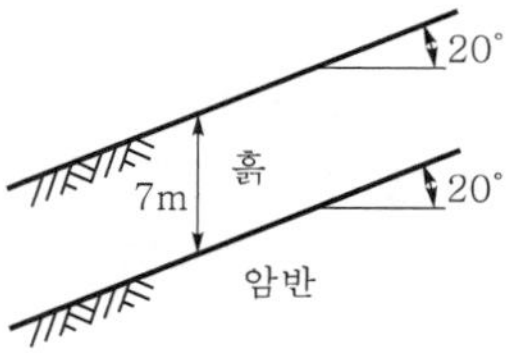

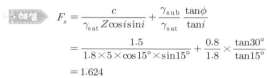

해설 $F_s = \dfrac{c}{\gamma_t Z \cos i \sin i} + \dfrac{\tan\phi}{\tan i}$

$= \dfrac{1.8}{1.9 \times 7 \times \cos 20° \times \sin 20°} + \dfrac{\tan 25°}{\tan 20°} = 1.7$

정답 32. ① 33. ① 34. ③ 35. ③ 36. ④

37. 지하수위가 지표면과 일치되며 내부마찰각이 30°, 포화단위중량(γ_{sat})이 2.0t/m³이며 점착력이 0인 사질토로 된 반무한사면이 15°로 경사져 있다. 이때 이 사면의 안전율은? [산업 13, 18]

① 1.00 ② 1.08
③ 2.00 ④ 2.15

해설 $F_s = \dfrac{\gamma_{sub}}{\gamma_{sat}} \dfrac{\tan\phi}{\tan i} = \dfrac{1}{2} \times \dfrac{\tan 30°}{\tan 15°} = 1.08$

38. 다음 그림과 같이 $c=0$인 모래로 이루어진 무한사면이 안정을 유지(안전율 ≥ 1)하기 위한 경사각(β)의 크기로 옳은 것은? (단, 물의 단위중량은 9.81kN/m³이다.) [기사 10, 14, 20]

① $\beta \le 7.94°$
② $\beta \le 15.87°$
③ $\beta \le 23.79°$
④ $\beta \le 31.76°$

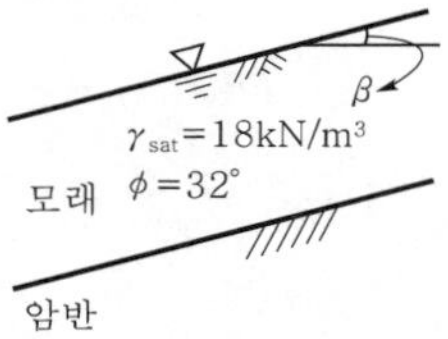

해설 $F_s = \dfrac{\gamma_{sub}}{\gamma_{sat}} \dfrac{\tan\phi}{\tan i} = \dfrac{8.19}{18} \times \dfrac{\tan 32°}{\tan\beta} \ge 1$

$\therefore\ \beta \le 15.87°$

39. 다음 그림과 같은 무한사면에서 A점의 간극수압은? [기사 07]

① 2.65t/m²
② 2.82t/m²
③ 0.96t/m²
④ 1.60t/m²

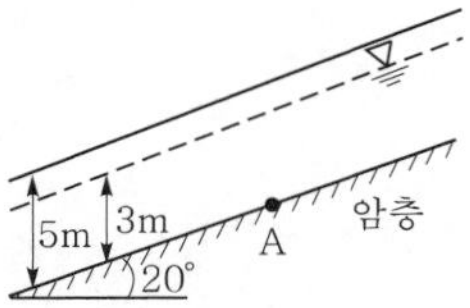

해설 $u = mZ\gamma_w \cos^2 i = \dfrac{3}{5} \times 5 \times 1 \times \cos^2 20° = 2.65\text{t/m}^2$

40. 흙댐에서 상류면 사면의 활동에 대한 안전율이 가장 저하되는 경우는? [기사 19]

① 만수된 물의 수위가 갑자기 저하할 때이다.
② 흙댐에 물을 담는 도중이다.
③ 흙댐이 만수되었을 때이다.
④ 만수된 물이 천천히 빠져나갈 때이다.

해설

상류측 사면이 가장 위험할 때	하류측 사면이 가장 위험할 때
• 시공 직후 • 수위급강하 시	• 시공 직후 • 정상침투 시

41. 다음 중 흙댐(Dam)의 사면안정검토 시 가장 위험한 상태는? [기사 20]

① 상류사면의 경우 시공 중과 만수위일 때
② 상류사면의 경우 시공 직후와 수위급강하일 때
③ 하류사면의 경우 시공 직후와 수위급강하일 때
④ 하류사면의 경우 시공 중과 만수위일 때

42. 흙댐에서 상류측이 가장 위험하게 되는 경우는? [산업 17]

① 수위가 점차 상승할 때이다.
② 댐의 수위가 중간 정도 되었을 때이다.
③ 수위가 갑자기 내려갔을 때이다.
④ 댐 내의 흐름이 정상침투일 때이다.

해설

상류측 사면이 가장 위험할 때	하류측 사면이 가장 위험할 때
• 시공 직후 • 수위급강하 시	• 시공 직후 • 정상침투 시

43. 경사가 12°인 과압밀점토의 무한사면이 있다. 활동파괴면은 지표면에서 5m 아래에 지표면과 평행이다. 활동파괴에 대한 안전율은? (단, 지하수위는 지표면에서 2m 아래에 있다. 이때 점토의 습윤 및 포화단위중량은 각각 1.9t/m³, 2.0t/m³이고, 흙의 전단강도계수 c' =1t/m², ϕ' =28°이다.) [기사 99]

① 1.438 ② 2.468
③ 1.174 ④ 2.238

해설 ㉮ $\sigma = [(1-m)\gamma_t + m\gamma_{sat}]\, Z\cos^2 i$
$= \left[\left(1-\dfrac{3}{5}\right)\times 1.9 + \dfrac{3}{5}\times 2.0\right]\times 5\times\cos^2 12°$
$= 9.376\text{t/m}^2$

㉯ $u = mZ\gamma_w\cos^2 i = \dfrac{3}{5}\times 5\times 1\times\cos^2 12°$
$= 2.870\text{t/m}^2$

㉰ $\tau = [(1-m)\gamma_t + m\gamma_{sat}]\, Z\cos i\sin i$
$= \left[\left(1-\dfrac{3}{5}\right)\times 1.9 + \dfrac{3}{5}\times 2.0\right]\times 5$
$\times\cos 12°\times\sin 12° = 1.993\text{t/m}^2$

㉱ $F_s = \dfrac{c' + (\sigma - u)\tan\phi'}{\tau}$
$= \dfrac{1 + (9.376 - 2.870)\tan 28°}{1.993} = 2.237$

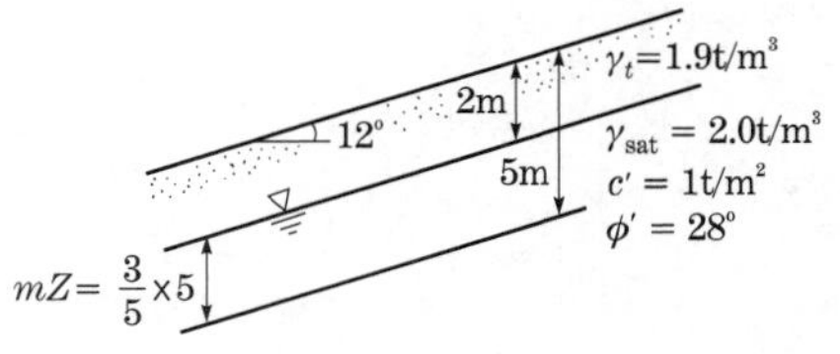

MEMO

chapter 13

지반조사

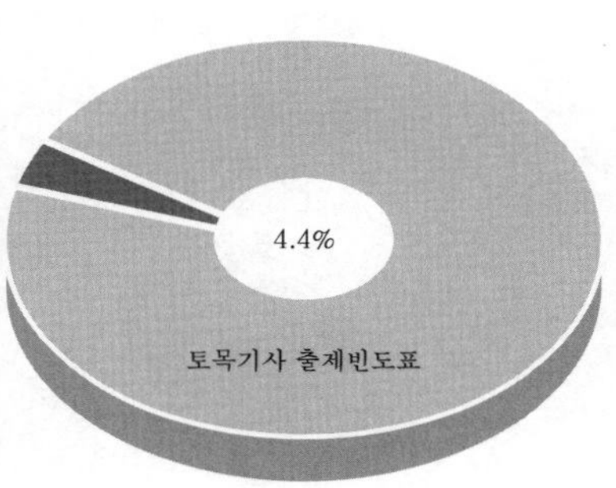

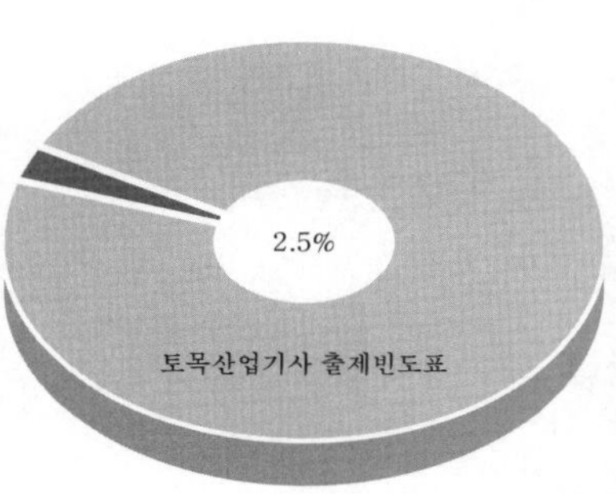

13 지반조사

01 목적

① 구조물에 적합한 기초의 형태와 깊이 결정
② 기초의 지지력계산
③ 구조물의 예상침하량 산정
④ 지하수위 파악
⑤ 지반조건에 따른 시공법의 확정

02 지반조사의 단계

① 예비조사

(1) 자료조사

(2) 현지답사

지표조사, 지하조사

(3) 개략조사

boring, sounding, 물리학적 조사를 하여 현지 지반을 개략적으로 조사하며 예정부지를 결정한다.

② 본조사

(1) 정밀조사

boring, 원위치시험, 실내토질시험 등을 실시하여 기초의 설계, 시공에 필요한 모든 자료를 얻는다.

알•아•두•기•

지반조사
① 토층의 구성, 두께, 상태 및 흙의 성질을 알기 위한 조사로서 기초의 설계, 시공에 필요한 자료를 얻기 위해 실시하는 조사이다.
② 지반조사는 조기에 실시해야 한다.

예비조사
부지를 선정하고 기초의 형식을 결정하며 본조사의 계획을 세우기 위해 수행하고 구조물 설치 시나 그 이후에 일어날 문제점을 예견한다.

본조사
예비조사결과에 의하여 충분한 조사기간을 가지고 예정부지의 지반을 정밀조사한다.

알•아•두•기•

(2) 보충조사

지반조사에서 누락되었거나 추가로 필요한 사항이 발견되어 보충적으로 시행하는 조사이다.

03 지반조사의 종류

① Boring

지표면에서 지반에 구멍을 뚫어 심층지반을 조사하는 방법이다.

> ① boring은 본조사 중에서 가장 많이 사용되고 있다.
> ② boring은 sampling과 원위치시험을 하기 위한 예비적 보조수단이 된다.

(1) 목적

① 지반의 구성상태 파악
② 지하수위 파악
③ 토질시험을 위한 불교란시료의 채취(sampling)
④ boring공 내에서의 원위치시험

(2) 종류

① **수동식 오거보링**(Hand auger boring)
　㉮ 인력으로 하며 현장에서 가장 간단히 할 수 있다.
　㉯ 심도는 6~7m 정도(사질토는 3~4m)이고, 최대 심도는 10m이다.
　㉰ 고속도로나 작은 구조물의 토질조사에 사용된다.

> Auger boring
> ① 수동식 오거보링
> 　㉠ post-hole auger boring
> 　㉡ helical auger boring
> ② 기계식 오거보링

② **충격식 보링**(Percussion boring) : 와이어로프 끝에 percussion bit를 붙여 60~70cm 올려 낙하시켜 구멍을 뚫는 공법이다.
　㉮ core 채취가 불가능하다.
　㉯ 단단한 흙이나 암반 등에 구멍을 뚫을 때 이용하는 방법이다.
　㉰ 연약한 점토, 느슨한 세립사질의 지반에 부적합하다.
　㉱ 토질조사에는 부적합하다.

③ **회전식 보링**(Rotary boring) : drill rod 선단에 장착된 drilling bit를 고속으로 회전하면서 가압함으로써 토사 및 암을 절삭 분쇄하여 굴진하는 공법이다.

> 최근에 대부분 rotary boring을 사용하고 있다.

㉮ core 채취가 가능하다.
㉯ 거의 모든 지반에 적용된다(토사에서 암까지 적용 지질의 범위가 넓다).
㉰ 굴진성능이 우수하며 공저지반의 교란이 적으므로 sampling 및 공내 원위치시험에 적합하며 암석코어를 채취할 수 있어 암반조사에는 최적의 보링법이다.

(3) 보링의 심도

예상되는 기초슬래브의 단변장 B의 2배 이상 또는 구조물 폭의 1.5~2.0배로 한다.

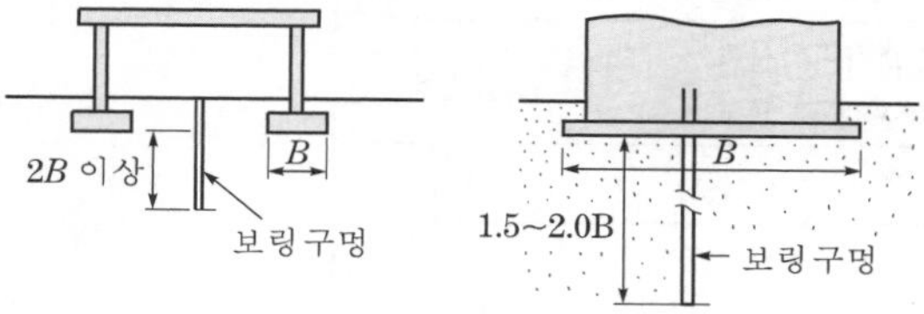

【그림 13-1】 보링의 심도

(4) 보링의 간격

① 건설부지 내에 대표적인 점을 격자식으로 균등하게 배치하여 boring한다.
② 국부적으로 연약한 지반이 있거나 큰 하중이 작용하는 곳에서는 별도로 boring한다.
③ 부지가 넓어서 보링개수가 너무 많은 경우에는 일부 격자점에서 sounding을 하여 boring개수를 줄일 수 있다.

❷ Sounding

(1) 개요

Rod 선단에 설치한 저항체를 땅속에 삽입하여 관입, 회전, 인발 등의 저항치로부터 지반의 특성을 파악하는 지반조사방법이다.

미국표준보링간격(G. Sowers)

(단위 : m)

공사종류	보통 지반	불규칙 지반
도로	150~300	30
흙댐	30	8~15
토취장	60	15~30
고층 건물	15	8
단층 건물	30	8~15

sounding은 지반의 형상을 알기 위한 보조수단이며, 그 결과로 사질토의 상대밀도, 점성토의 상태, 지반의 압축성 및 전단강도를 구할 수 있다.

알•아•두•기•

(2) 종류

계통	방식	장치형식	시험명칭	보링
동적	타입식	단관 cone	동적원추관입시험 (dynamic cone penetration test)	불필요
		단관 split spoon sampler	표준관입시험(SPT)	필요
정적	압입식	단관 cone	휴대용 원추관입시험 (portable cone penetration test)	불필요
		이중관 cone	화란식 원추관입시험 (dutch cone penetration test)	불필요
	추 재하, 회전관입	단관 screw point	스웨덴식 관입시험 (swedish penetration test)	불필요
	인발	wire rope, 저항날개	이스키미터시험 (iskymeter test)	불필요
	완속회전	단관 vane	베인시험(vane test)	필요

점성토 지반에서는 정적인 사운딩을, 사질토 지반에서는 동적인 사운딩을 적용한다.

예상 및 기출문제

1. 보링의 목적이 아닌 것은? [기사 08]

① 흐트러지지 않은 시료의 채취
② 지반의 토질구성 파악
③ 지하수위 파악
④ 평판재하시험을 위한 재하면의 형성

해설 보링의 목적
㉮ 지반의 구성상태 파악
㉯ 지하수위 파악
㉰ 실내토질시험을 위한 교란 및 불교란시료의 채취

2. 다음 기술 중 틀린 것은? [기사 19]

① 보링(boring)에는 회전식(rotary boring)과 충격식(percussion boring)이 있다.
② 충격식은 굴진속도가 빠르고 비용도 싸지만 분말상의 교란된 시료만 얻어진다.
③ 회전식은 시간과 공사비가 많이 들 뿐만 아니라 확실한 core도 얻을 수 없다.
④ 보링은 기초와 상황을 판단하기 위해 실시한다.

해설 보링(boring)
㉮ 오거보링(auger boring) : 인력으로 행한다.
㉯ 충격식 보링(percussion boring) : core 채취가 불가능하다.
㉰ 회전식 보링(rotary boring) : 거의 모든 지반에 적용되고 충격식 보링에 비해 공사비가 비싸지만 굴진성능이 우수하며 확실한 core를 채취할 수 있고 공저지반의 교란이 적으므로 최근에 대부분 이 방법을 사용하고 있다.

3. 토질조사에 대한 설명 중 옳지 않은 것은? [기사 19]

① 보링(boring)의 위치와 수는 지형조건과 설계형태에 따라 변한다.
② 보링의 깊이는 설계의 형태와 크기에 따라 변한다.
③ 보링구멍은 사용 후에 흙이나 시멘트그라우트(grout)로 메워야 한다.
④ 표준관입시험은 정적인 사운딩이다.

해설 ㉮ boring간격

공사종류	보통 지반	불규칙지반
도로	150~300m	30m
어스댐	30m	8~15m
토취장	60m	15~30m

㉯ boring의 심도 : 예상되는 최대 기초slab의 단변장 B의 2배 이상 또는 구조물 폭의 1.5~2.0배로 한다.
㉰ 표준관입시험은 동적인 사운딩이다.

4. 흙시료채취에 관한 설명 중 옳지 않은 것은? [기사 07]

① post hole형의 auger는 비교적 연약한 흙을 boring하는 데 적합하다.
② 비교적 단단한 흙에는 screw형의 auger가 적합하다.
③ auger boring은 흐트러지지 않은 시료를 채취하는 데 적합하다.
④ 깊은 토층에서 시료를 채취할 때는 보통 기계boring을 한다.

해설 오거보링
㉮ 굴착토의 배출방법에 따라 포스트홀오거(post hole auger)와 헬리컬 또는 스크루오거(helical or screw auger)로 구분되며, 오거의 동력기구에 따라 분류하면 핸드오거, 머신오거, 파워핸드오거로 구분된다.
㉯ 특징 : 공 내에 송수하지 않고 굴진하여 연속적으로 흙의 교란된 대표적인 시료를 채취할 수 있다.

5. 다음 중 시료채취에 대한 설명으로 틀린 것은? [기사 17]

① 오거보링(Auger Boring)은 흐트러지지 않은 시료를 채취하는 데 적합하다.
② 교란된 흙은 자연상태의 흙보다 전단강도가 작다.
③ 액성한계 및 소성한계시험에서는 교란시료를 사용하여도 괜찮다.
④ 입도분석시험에서는 교란시료를 사용하여도 괜찮다.

정답 1. ④ 2. ③ 3. ④ 4. ③ 5. ①

해설 오거보링

㉮ 굴착토의 배출방법에 따라 포스트홀오거(post hole auger)와 헬리컬 또는 스크루오거(helical or screw auger)로 구분되며, 오거의 동력기구에 따라 분류하면 핸드오거, 머신오거, 파워핸드오거로 구분된다.

㉯ 특징 : 공 내에 송수하지 않고 굴진하여 연속적으로 흙의 교란된 대표적인 시료를 채취할 수 있다.

6. 토질조사방법 중 Sounding에 대한 설명으로 옳은 것은? [기사 08, 11, 산업 11, 16]

① 표준관입시험(SPT)은 정적인 Sounding방법이다.
② Sounding은 Boring이나 시굴보다도 확실하게 지반구성을 알 수 있다.
③ Sounding은 원위치시험으로서 의의가 있으며 예비조사에 많이 사용된다.
④ 동적인 Sounding방법은 주로 점성토 지반에서 사용된다.

해설 ① SPT는 동적인 sounding이다.
② sounding은 지반의 형상을 알기 위한 보조수단이며 원위치시험(In-situ test)으로서 중요한 의의가 있다.
④ 동적인 sounding은 주로 조립토에 유효하다.

7. rod에 붙인 어떤 저항체를 지중에 넣어 타격관입, 인발 및 회전할 때의 흙의 전단강도를 측정하는 원위치시험은? [기사 15, 19, 산업 10, 12, 17, 18]

① 보링(boring) ② 사운딩(sounding)
③ 시료채취(sampling) ④ 비파괴시험(NDT)

해설 Sounding

rod 선단에 설치한 저항체를 땅속에 삽입하여 관입, 회전, 인발 등의 저항치로부터 지반의 특성을 파악하는 지반조사방법이다.

8. 다음 중 사운딩(sounding)이 아닌 것은? [기사 15, 산업 09, 17, 18]

① 표준관입시험 ② 일축압축시험
③ 원추관입시험 ④ 베인시험

해설 Sounding의 종류

정적 sounding	동적 sounding
• 단관원추관입시험 • 화란식 원추관입시험 • 베인시험 • 이스키미터	• 동적 원추관입시험 • SPT

9. 다음 현장시험 중 sounding의 종류가 아닌 것은? [기사 07, 09, 13, 16]

① 평판재하시험 ② Vane시험
③ 표준관입시험 ④ 정적 cone관입시험

10. 사운딩에 대한 설명 중 틀린 것은? [기사 15, 20]

① 로드 선단에 지중저항체를 설치하고 지반 내 관입, 압입 또는 회전하거나 인발하여 그 저항치로부터 지반의 특성을 파악하는 지반조사방법이다.
② 정적 사운딩과 동적 사운딩이 있다.
③ 압입식 사운딩의 대표적인 방법은 Standard penetration test(SPT)이다.
④ 특수사운딩 중 측압사운딩의 공내 횡방향 재하시험은 보링공을 기계적으로 수평으로 확장시키면서 측압과 수평변위를 측정한다.

해설 ㉮ 압입식 사운딩의 대표적인 방법은 CPT(Dutch Cone Penetration Test)이다.
㉯ SPT는 동적인 사운딩이다.

11. 다음은 중요한 sounding(사운딩)의 종류를 나타낸 것이다. 이 가운데 사질토에 가장 적합하고 점성토에서도 쓰이는 조사법은? [기사 09, 14, 20]

① 단관 콘(cone)관입시험기
② 베인시험기(vane tester)
③ 표준관입시험기
④ 이스키미터(Isky－meter)

해설 Sounding의 종류

계통	시험명칭	적용 토질
동적	• 동적 원추관입시험	• 큰 자갈, 조밀한 모래, 자갈 이외의 흙에 사용된다.
	• 표준관입시험	• 사질토에 가장 적합하고 점성토에서도 시험이 가능하다.
정적	• 단관원추관입시험	• 연약한 점토에 사용
	• 화란식 원추관입시험	• 큰 자갈 이외의 대체의 흙에 사용된다.
	• 이스키미터	• 연약한 점토에 사용된다.
	• 베인시험	• 연약한 점토에 사용된다.

12. 토질시험 중에서 현장에서 이루어지지 않는 시험은? [산업 18]

① 베인(vane)전단시험 ② 표준관입시험
③ 수축한계시험 ④ 원추관입시험

정답 6. ③ 7. ② 8. ② 9. ① 10. ③ 11. ③ 12. ③

해설 Sounding의 종류

동적 sounding	정적 sounding
• 동적 원추관입시험 • SPT	• 이스키미터시험 • 베인전단시험

13. **토질조사에 대한 설명 중 옳지 않은 것은?** [기사 10, 13, 18]

① 사운딩(sounding)이란 지중에 저항체를 삽입하여 토층의 성상을 파악하는 현장시험이다.
② 불교란시료를 얻기 위해서 foil sampler, thin wall tube sampler 등이 사용된다.
③ 표준관입시험은 로드(rod)의 길이가 길어질수록 *N*치가 작게 나온다.
④ 베인시험은 정적인 사운딩이다.

해설 rod길이가 길수록 *N*치는 크게 나온다.

14. **사운딩(sounding)방법 중에서 동적인 사운딩(sounding)은?** [산업 08, 18]

① 이스키미터(iskymeter)
② 베인전단시험(vane shear test)
③ 화란식 원추관입시험(dutch cone ponetration)
④ 표준관입시험(standard penetration test)

해설 동적 사운딩 : 동적 원추관입시험, 표준관입시험(SPT)

15. **다음 시료채취에 사용되는 시료기(sampler) 중 불교란시료채취에 사용되는 것만 고른 것으로 옳은 것은?** [기사 12, 18]

> ㉠ 분리형 원통시료기(split spoon sampler)
> ㉡ 피스톤튜브시료기(piston tube sampler)
> ㉢ 얇은 관시료기(thin wall tube sampler)
> ㉣ Laval시료기(Laval sampler)

① ㉠, ㉡, ㉢ ② ㉠, ㉡, ㉣
③ ㉠, ㉢, ㉣ ④ ㉡, ㉢, ㉣

해설 불교란시료채취기(sampler)
㉮ 얇은 관샘플러(thin wall tube sampler)
㉯ 피스톤샘플러(piston sampler)
㉰ 포일샘플러(foil sampler)

16. **연약한 점성토의 지반특성을 파악하기 위한 현장 조사 시험방법에 대한 설명 중 틀린 것은?** [기사 09, 12, 16]

① 현장 베인시험은 연약한 점토층에서 비배수전단강도를 직접 산정할 수 있다.
② 정적 콘관입시험(CPT)은 콘지수를 이용하여 비배수전단강도추정이 가능하다.
③ 표준관입시험에서의 *N*값은 연약한 점성토 지반특성을 잘 반영해준다.
④ 정적 콘관입시험(CPT)은 연속적인 지층분류 및 전단강도추정 등 연약점토특성분석에 매우 효과적이다.

해설 ㉮ 정적콘관입시험(CPT ; Dutch Cone Penetration Test)
㉠ 콘을 땅속에 밀어 넣을 때 발생하는 저항을 측정하여 지반의 강도를 추정하는 시험으로 점성토와 사질토에 모두 적용할 수 있으나 주로 연약한 점토지반의 특성을 조사하는데 적합하다.
㉡ SPT와 달리 CPT는 시추공 없이 지표면에서부터 시험이 가능하므로 신속하고 연속적으로 지반을 파악할 수 있는 장점이 있고, 단점으로는 시료채취가 불가능하고 자갈이 섞인 지반에서는 시험이 어렵고 시추하는 것보다는 저렴하나 시험을 위해 특별히 CPT장비를 조달해야 하는 것이다.
㉯ 표준관입시험
㉠ 사질토에 가장 적합하고 점성토에도 시험이 가능하다.
㉡ 특히 연약한 점성토에서는 SPT의 신뢰성이 매우 낮기 때문에 *N*값을 가지고 점성토의 역학적 특성을 추정하는 것은 좋지 않다.

17. **피조콘(piezocone)시험의 목적이 아닌 것은?** [기사 12, 18]

① 지층의 연속적인 조사를 통하여 지층분류 및 지층변화 분석
② 연속적인 원지반 전단강도의 추이분석
③ 중간 점토 내 분포한 sand seam 유무 및 발달 정도 확인
④ 불교란시료채취

정답 13. ③ 14. ④ 15. ④ 16. ③ 17. ④

해설 피조콘

㉮ 콘을 흙 속에 관입하면서 콘관입저항력, 마찰저항력과 함께 간극수압을 측정할 수 있도록 다공질 필터와 트랜스듀서(transducer)가 설치되어 있는 전자콘을 피조콘이라 한다.

㉯ 결과의 이용
- ㉠ 연속적인 토층상태 파악
- ㉡ 점토층에 있는 sand seam의 깊이, 두께 판단
- ㉢ 지반개량 전후의 지반변화 파악
- ㉣ 간극수압측정

18. 다음 지반조사법 중 지구물리탐사방법이 아닌 것은? [산업 06]

① Cross－hole ② Down－hole
③ 탄성파탐사 ④ dutch cone test

해설 물리탐사의 종류 : 탄성파탐사, 전기비저항탐사, 음파탐사, 방사능탐사

19. 암질을 나타내는 항목 중 직접 관계가 없는 것은? [기사 06, 14, 16]

① N치 ② RQD값
③ 탄성과 속도 ④ 균열의 간격

해설 암반의 분류법

㉮ RQD분류

㉯ RMR분류 : 암석의 강도, RQD, 불연속면의 간격, 불연속면의 상태, 지하수상태 등 5개의 매개변수에 의해 각각 등급을 두어 암반을 분류하는 방법이다.

20. 전체 시추코어길이가 150cm이고 이중회수된 코어길이의 합이 80cm이었으며 10cm 이상인 코어길이의 합이 70cm이었을 때 코어의 회수율(TCR)은? [기사 20, 산업 07, 11, 12]

① 56.67% ② 53.33%
③ 46.67% ④ 43.33%

해설 $\text{회수율} = \frac{80}{150} \times 100 = 53.33\%$

21. 시료채취기(sampler)의 관입깊이가 100cm이고, 채취된 시료의 길이가 90cm이다. 길이가 10cm 이상인 시료의 합이 60cm, 길이가 9cm 이상인 시료의 합이 80cm이었다. 회수율과 RQD를 구하면? [기사 06]

① 회수율=0.8, RQD=0.6
② 회수율=0.9, RQD=0.8
③ 회수율=0.8, RQD=0.75
④ 회수율=0.9, RQD=0.6

해설 ㉮ $\text{회수율} = \frac{\text{채취된 시료의 길이}}{\text{관입깊이}} = \frac{90}{100} = 0.9$

㉯ $\text{RQD} = \frac{\Sigma 10\text{cm 이상 채취된 시료의 길이}}{\text{관입깊이}} = \frac{60}{100} = 0.6$

22. 전체 시추코어길이가 150cm이고, 이 중 회수된 코어길이의 합이 80cm이었으며, 10cm 이상인 코어길이의 합이 70cm였을 때 암질의 상태는? [기사 05]

① 매우 불량(very poor) ② 불량(poor)
③ 보통(fair) ④ 양호(good)

해설 $\text{RQD} = \frac{\Sigma 10\text{cm 이상 채취된 시료의 길이}}{\text{관입 깊이}} = \frac{70}{150} = 0.47 = 47\%$이므로 불량하다.

<참고> RQD와 현장 암질과의 관계

RQD (%)	0~25	25~50	50~75	75~90	90~100
암질	매우 불량	불량	보통	양호	우수

23. RMR(Rock Mass Rating)암반분류법의 평가항목에 해당되지 않는 것은? [산업 08]

① RQD ② CBR
③ 지하수상태 ④ 암석의 일축압축강도

해설 암반의 분류법

㉮ RQD분류

㉯ RMR분류 : 암석의 강도, RQD, 불연속면의 간격, 불연속면의 상태, 지하수상태 등 5개의 매개변수에 의해 각각 등급을 두어 암반을 분류하는 방법이다.

정답 18. ④ 19. ① 20. ② 21. ④ 22. ② 23. ②

chapter 14

얕은 기초

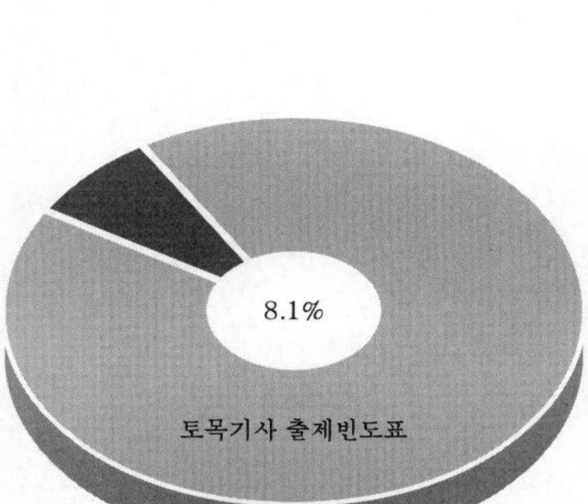

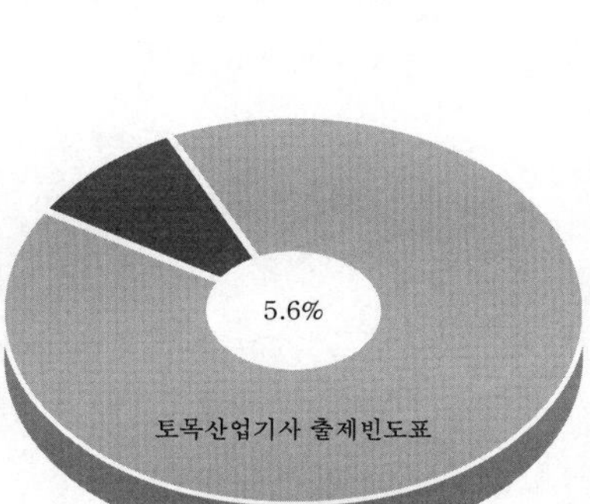

14 얕은 기초

01 기초의 구비조건

① 최소한의 근입깊이를 가질 것(동해, 지반의 건조수축, 습윤팽창, 지하수위변화 등에 영향을 받지 않아야 한다)
② 지지력에 대해 안정할 것
③ 침하에 대해 안정할 것(침하량이 허용치 이내에 들어야 한다)
④ 시공이 가능하고 경제적일 것

알•아•두•기•

➡ 일반적으로 구조물의 최하부를 기초라 하며, 기초의 기능은 구조물의 하중을 지반상에 전달하는 것이다.

02 얕은 기초(직접기초)의 분류

① Footing기초(확대기초)

(1) 독립푸팅기초(individual footing)

상부구조물의 하중을 1개의 기둥이 하나의 푸팅으로 전달하는 기초이다.

(2) 복합푸팅기초(combined footing)

상부구조물의 하중을 2개 이상의 기둥이 하나의 푸팅으로 전달하는 기초이다.

(3) 캔틸레버푸팅기초(cantilever footing)

2개의 독립푸팅기초를 보로 연결한 기초이다.

(4) 연속(줄)푸팅기초(continuous footing)

기둥의 수가 많아지거나 하중이 벽을 통하여 전달되는 경우 이들을 띠 모양의 긴 푸팅으로 지지하는 기초로서 기초지반의 지지력이 작은 곳에 사용된다.

➡ **기초의 분류**

① 얕은 기초 : $\frac{D_f}{B} \le 1$
② 깊은 기초 : $\frac{D_f}{B} > 1$

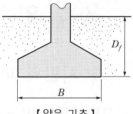

【얕은 기초】

알•아•두•기•

② 전면기초(Mat기초)

독립푸팅기초면적의 합계가 시공면적의 $\frac{2}{3}$ 이상일 때이거나 지반의 지지력이 작은 곳에 전면기초가 사용된다.

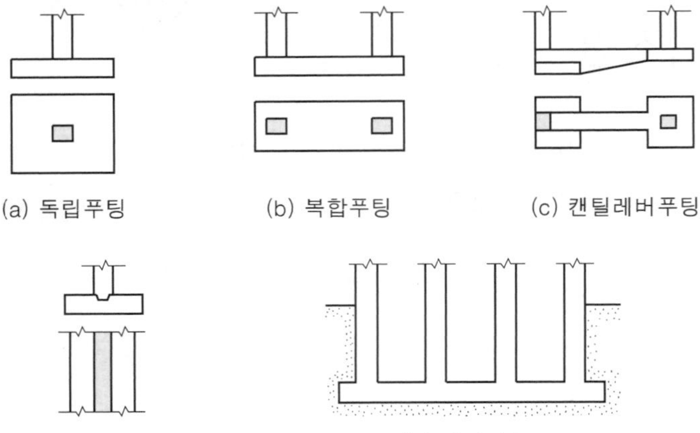

【그림 14-1】 얕은 기초의 종류

03 얕은 기초의 극한지지력

① 지반의 파괴형태

(1) 전반전단파괴(general shear failure)

q_u보다 큰 하중이 가해지면 침하가 급격히 일어나고 주위 지반이 융기하며 지표면에 균열이 생긴다.

① 조밀한 모래나 굳은 점토지반에서 일어난다.

② 하중-침하곡선에서 피크점이 뚜렷하다.

(2) 국부전단파괴(local shear failure)

활동파괴면이 명확하지 않으며 파괴의 발달이 지표면까지 도달하지 않고 지반 내에서만 발생하므로 약간의 융기가 생기며 흙 속에서 국부적으로 파괴된다.

① 느슨한 모래나 연약한 점토지반에서 일어난다.

② 하중－침하곡선의 경사가 더욱 급해져서 직선으로 변하는 하중 q_u가 극한지지력이다.

(3) 관입전단파괴(punching shear failure)

기초가 지반에 관입할 때 주위 지반이 융기하지 않고 오히려 기초를 따라 침하를 일으키며 파괴된다.

① 아주 느슨한 모래나 아주 연약한 점토지반에서 일어난다.

② 기초 아래 지반은 기초의 하중으로 다져지므로 기초가 침하할수록 하중은 증가한다.

③ 하중－침하곡선의 경사가 급하게 되어 직선에 가깝게(곡률이 최대) 변하는 하중 q_u가 극한지지력이다.

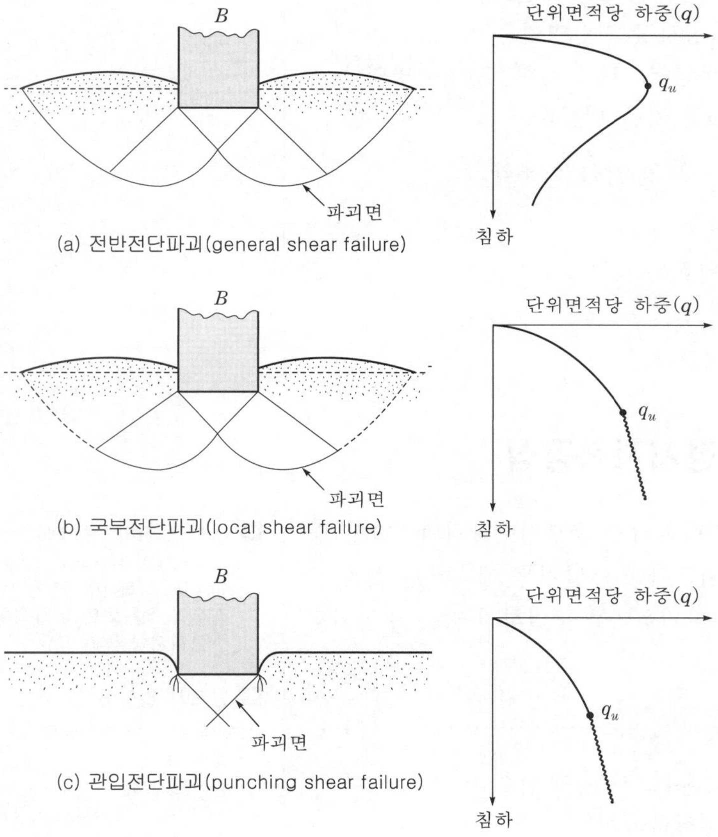

(a) 전반전단파괴(general shear failure)

(b) 국부전단파괴(local shear failure)

(c) 관입전단파괴(punching shear failure)

【그림 14-2】 기초파괴의 형태

② Terzaghi의 기초파괴형상

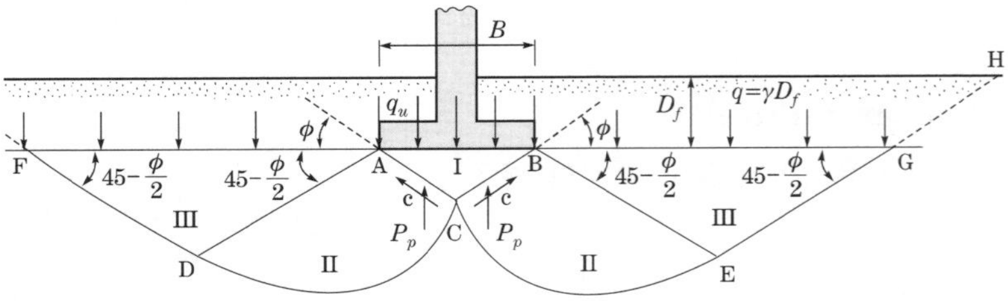

【그림 14-3】 강성연속기초의 전반전단파괴

① • **영역 Ⅰ : 탄성영역**, 기초면이 거칠어서 마찰저항이나 점착력에 의해 전단변형이 억제되므로 주동상태가 되지 않고 탄성평형상태로서 기초의 일부와 같이 거동한다.
 • **영역 Ⅱ : 과도영역** 또는 방사상 전단영역
 • **영역 Ⅲ : Rankine의 수동영역**, 흙의 선형전단파괴영역

② AC, BC 둘 다 수평선과 ϕ의 각을 이룬다.

③ 영역 Ⅲ에서 수평선과 $45° - \frac{\phi}{2}$의 각을 이룬다.

④ 파괴순서는 Ⅰ → Ⅱ → Ⅲ으로 된다.

⑤ 원호 CD, CE는 대수나선원호이다.

⑥ DF, EG는 직선이다.

⑦ GH선상의 전단강도는 무시한다.

③ Terzaghi의 수정지지력공식

Terzaghi는 지지력계수를 전반전단파괴와 국부전단파괴의 2가지 경우로 나누고 있는데, 실제로 어느 파괴가 일어날지를 예측하는 것은 곤란하다. 따라서 실용적으로 수정한 파괴형태를 구별하지 않는 **수정지지력공식**이 제안되었다.

$$q_{ult} = \alpha c N_c + \beta \gamma_1 B N_\gamma + \gamma_2 D_f N_q \quad \cdots\cdots (14\cdot1)$$

여기서, N_c, N_γ, N_q : 지지력계수로서 ϕ 의 함수
c : 기초저면흙의 점착력(t/m^2)
B : 기초의 최소폭(m)
γ_1 : 기초저면보다 하부에 있는 흙의 단위중량(t/m^3)

▶ 내부마찰각이 작을 때에는 국부전단파괴식이 적용되고, 내부마찰각이 어느 값에 이르면 전반전단파괴식이 적용되도록 합성된 식이 수정지지력공식이다.

▶ **반드시 알아야 할 사항**

① 기초의 극한지지력은 D_f 에 비례한다.
② 점성토에서는 $c \neq 0$, $\phi = 0 \rightarrow N_\gamma = 0$ 이므로 극한지지력은 B에 무관하고 D_f 에 비례한다
③ 사질토에서는 $c = 0$, $\phi \neq 0$이므로 극한지지력은 B, D_f 에 비례한다.

γ_2 : 기초저면보다 상부에 있는 흙의 단위중량(t/m^3)
단, γ_1, γ_2는 지하수위 아래에서는 수중단위중량(γ_{sub})을 사용한다.

D_f : 근입깊이(m)

α, β : 기초모양에 따른 형상계수(shape factor)

(1) 형상계수

구분	연속	정사각형	직사각형	원형
α	1.0	1.3	$1+0.3\dfrac{B}{L}$	1.3
β	0.5	0.4	$0.5-0.1\dfrac{B}{L}$	0.3

여기서, B : 구형의 단변길이
L : 구형의 장변길이

(2) 지지력계수

ϕ(내부마찰각)[°]	N_c	N_γ	N_q
0	5.7	0	1.0
5	7.3	0.5	1.6
10	9.6	1.2	2.7
15	12.9	2.5	4.4
20	17.7	5.0	7.4

(3) 지하수위의 영향

① 기초하중면 아래쪽의 경우 기초폭보다 깊으면 지지력에 영향이 없다.

② 기초하중면 위에 있는 경우 지하수위 아래쪽 흙의 밀도를 고려하여 평균밀도를 사용한다.

㉮ $0 \le D_1 < D_f$인 경우

• $\gamma_1 = \gamma_{sub}$ ………… (14·2)

• $D_f\,\gamma_2 = D_1\gamma_t + D_2\gamma_{sub}$ ………… (14·3)

㉯ $0 \le d \le B$인 경우

• $\gamma_1 = \gamma_{sub} + \dfrac{d}{B}(\gamma - \gamma_{sub})$ ………… (14·4)

• $\gamma_2 = \gamma_t$ ………… (14·5)

$$\gamma_1 B = \gamma_t d + \gamma_{sub}(B-d)$$
$$= \gamma_{sub}B + d(\gamma_t - \gamma_{sub})$$
$$\gamma_1 = \gamma_{sub} + \frac{d}{B}(\gamma_t - \gamma_{sub})$$

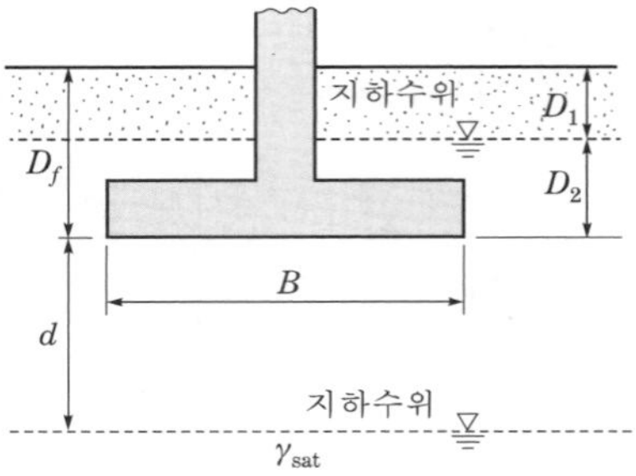

【그림 14-4】 지하수위가 있는 경우에 대한 지지력공식의 수정

④ Skempton공식

비배수상태($\phi_u = 0$)인 포화점토에 대해 다음과 같은 식을 제안하였다.

$$q_u = c N_c + \gamma D_f \quad \cdots\cdots (14 \cdot 6)$$

여기서, N_c : Skempton의 지지력계수$\left(\dfrac{D_f}{B}\text{에 의해 결정된다}\right)$

γ : 전응력해석이므로 γ_{sat}을 사용한다.

⑤ Meyerhof공식

(1) 극한지지력

$$q_u = 3NB\left(1 + \frac{D_f}{B}\right) \quad \cdots\cdots (14 \cdot 7)$$

$$q_u = \frac{3}{40} q_c B\left(1 + \frac{D_f}{B}\right) \quad \cdots\cdots (14 \cdot 8)$$

여기서, q_u : 극한지지력(t/m^2)

N : 표준관입시험의 N치

q_c : cone의 관입저항(t/m^2)

(2) 특징

① 두꺼운 모래층에 축조된 기초에 적합하다.

② 표준관입시험 및 콘관입시험을 이용한 식이다.

③ 경험식으로 사용이 간편하고 비교적 신뢰도가 높다.

알•아•두•기•

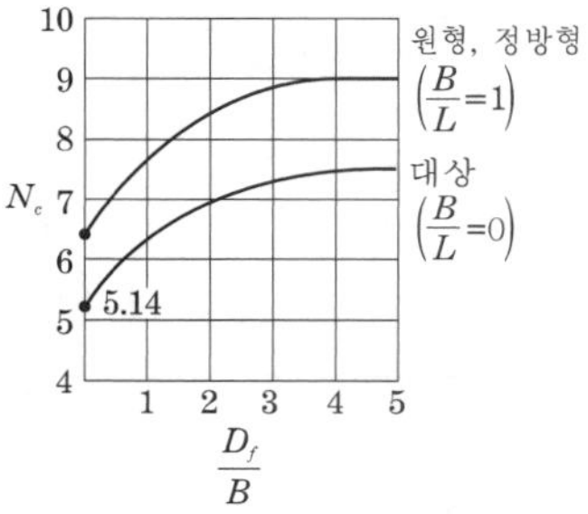

※ 사각형 기초의 경우 정사각형 기초의 N_c값에 $0.84 + 0.16\dfrac{B}{L}$를 곱한 값이다.

【$\phi = 0$일 때 Skempton의 N_c값】

04 허용지지력

$$q_a = \frac{q_u}{F_s} \quad \cdots\cdots (14 \cdot 9)$$

여기서, $F_s = 3$

05 재하시험에 의한 지지력 결정

이론치보다 비교적 확실한 값을 얻을 수 있고 실제 설계에 사용되는 허용지지력은 다음 식으로 구한다.

① 장기허용지지력

$$q_a = q_t + \frac{1}{3}\gamma D_f N_q \quad \cdots\cdots (14 \cdot 10)$$

② 단기허용지지력

$$q_a = 2q_t + \frac{1}{3}\gamma D_f N_q \quad \cdots\cdots (14 \cdot 11)$$

여기서, q_t : 재하시험에 의한 항복강도의 1/2 또는 극한강도의 1/3 중 작은 값(t/m^2)

D_f : 기초에 근접된 최저지반면에서 기초하중면까지의 깊이(m)

N_q : 지지력계수

【표 14-1】 재하시험 시의 N_q

지반		N_q
사질토 지반	느슨한 경우	3
	조밀한 경우	9
점토질 지반		3

※ 느슨한 경우라는 것은 N 치가 5~10의 범위의 것이며, 조밀한 경우라는 것은 $N > 20$의 범위의 것을 말하고 있으므로 중간적인 지반에 대해서는 적당한 보간(補間)을 한다.

06 허용지내력

① 정의

지지력에 대해서 소정의 안전율을 가지며(허용지지력 이하) 침하량이 허용치 이하가 되게 하는 하중강도 중의 최대의 것을 허용지내력이라 한다.

② 기초폭과 허용지내력과의 관계

① 지지력을 기준으로 하면 점성토에서는 기초폭에 관계없이 일정하지만, 사질토에서는 기초폭이 커짐에 따라 지지력이 커진다.
② 침하량을 기준으로 하면 흙의 종류에 관계없이 기초폭이 클수록 하중강도가 감소한다.
③ 어떤 종류의 지반에서도 크기가 작은 기초의 허용지내력은 지지력으로 정해지고, 크기가 큰 기초의 경우에는 침하량으로 허용지내력이 정해진다.

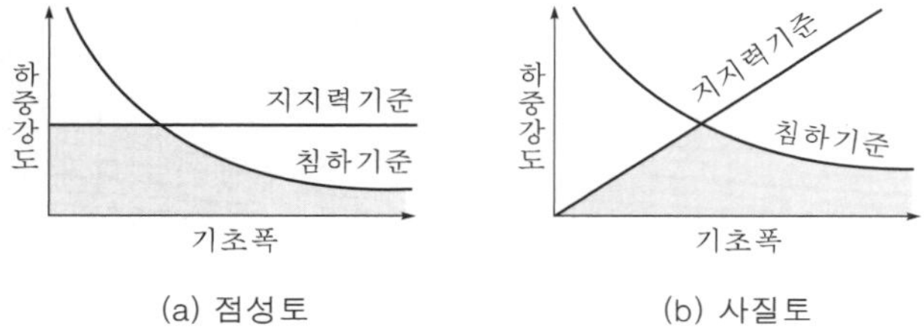

【그림 14-5】 기초의 크기와 허용지내력과의 관계

07 얕은 기초의 침하(settlement)

① 점토층의 침하

> 지반의 압축에 의해 발생되는 구조물 전체 또는 일부의 연직변위를 침하라 한다.

$S = S_i + S_c + S_s$ ·· (14·12)

여기서, S : 총침하량(total settlement)

S_i : 즉시침하량(immediate or elastic settlement)

S_c : 압밀침하량(settlement due to consolidation)

S_s : 2차 압밀침하량(secondary consolidation)

(1) 즉시침하(탄성침하 ; S_i)

① 배수가 일어나지 않는 상태에서 발생하는 침하를 말하며 하중이 가해지는 방향으로 침하되나 침하된 양만큼 다른 방향으로 팽창되기 때문에 전체 체적의 변화는 발생하지 않는다.

② 즉시침하는 재하와 동시에 일어나며 지반을 완전탄성체라고 가정한다.

③ 즉시침하량

$$S_t = qB\frac{1-\mu^2}{E}I_w \quad \cdots\cdots (14\cdot 13)$$

여기서, q : 기초의 하중강도(t/m^2)
B : 기초의 폭(m)
μ : 지반의 푸아송(poisson)비
E : 흙의 탄성계수(흙일 때는 변형계수라 한다)
I_w : 침하에 의한 영향값

(2) 압밀침하(S_c)

간극의 물이 빠져 나가면서 지반의 체적이 감소되어 일어난다.

❷ 사질토층의 침하

(1) 사질토 지반 위의 기초의 침하는 즉시침하뿐이며 점성토 지반에서의 압밀침하와 같이 장기간 계속되는 침하는 없다. 따라서 즉시침하가 전체 침하량이다.

(2) 즉시침하량

① 점성토의 즉시침하량공식과 같다.

② 평판재하시험에 의한 방법

$$S_i = S_{30}\left(\frac{2B}{B+0.3}\right)^2 \text{[cm]} \quad \cdots\cdots (14\cdot 14)$$

알•아•두•기•

기초침하의 원인

① 구조물하중에 의한 지중응력의 증가
② 지하수위 저하에 따른 지반 내 유효응력의 증가
③ 점성토 지반의 건조수축
④ 함수비 증가에 의한 지반지지력의 약화
⑤ 지반의 기초파괴
⑥ 연화에 의한 지반지지력의 약화

08 기초의 굴착공법

(1) Open cut공법(절개공법)

토질이 좋고 넓은 대지면적이 있을 때 시공한다.

(2) Trench cut공법

Island공법과 반대로 먼저 둘레 부분을 굴착하고 기초의 일부분을 만든 후 중앙부를 굴착, 시공하는 공법이다.

(3) Island공법

굴착할 부분의 중앙부를 먼저 굴착하고, 여기에 일부분의 기초를 먼저 만들어 이것에 의지하여 둘레 부분을 파고 나머지 부분을 시공하는 공법으로 기초의 깊이가 얕고 면적이 넓은 경우에 사용한다.

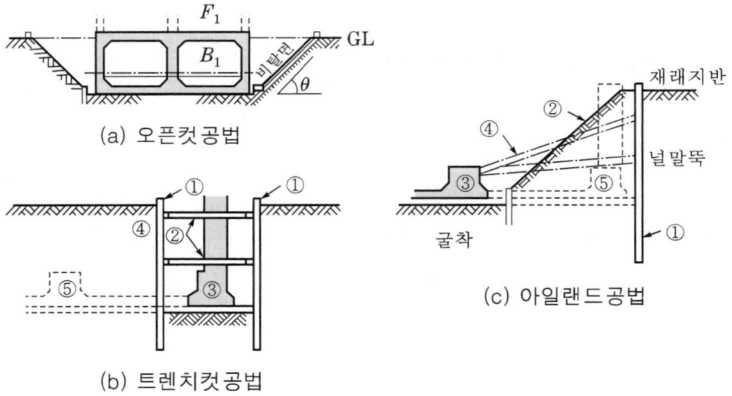

【그림 14-6】 기초의 굴착공법

예상 및 기출문제

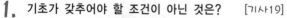

1. 기초가 갖추어야 할 조건이 아닌 것은? [기사19]

① 동결, 세굴 등에 안전하도록 최소의 근입깊이를 가져야 한다.

② 기초의 시공이 가능하고 침하량이 허용치를 넘지 않도록 한다.

③ 상부로부터 오는 하중을 안전하게 지지하고 기초지반에 전달하여야 한다.

④ 미관상 아름답고 주변에서 쉽게 구득할 수 있는 재료로 설계되어야 한다.

해설 기초의 구비조건

㉮ 최소한의 근입깊이를 가질 것(동해에 대한 안정)
㉯ 지지력에 대해 안정할 것
㉰ 침하에 대해 안정할 것(침하량이 허용값 이내에 들어야 함)
㉱ 시공이 가능할 것(경제적, 기술적)

2. 기초의 구비조건에 대한 설명 중 틀린 것은? [기사 20, 산업 14, 18]

① 상부하중을 안전하게 지지해야 한다.

② 기초깊이는 동결깊이 이하여야 한다.

③ 기초는 전체 침하나 부등침하가 전혀 없어야 한다.

④ 기초는 기술적, 경제적으로 시공 가능하여야 한다.

3. 일반적으로 기초의 필요조건으로 거리가 먼 것은? [산업 06, 07, 16, 19]

① 동해를 받지 않는 최소한의 근입깊이를 가질 것

② 지지력에 대해 안정할 것

③ 침하가 전혀 발생하지 않을 것

④ 시공성, 경제성이 좋을 것

해설 침하에 대해 안정할 것(침하량이 허용값 이내에 들어야 함)

4. 얕은 기초의 지지력에 영향을 미치지 않는 것은? [기사 00, 산업 15]

① 기초의 형상 ② 기초의 두께

③ 기초의 깊이 ④ 지반의 경사

해설 얕은 기초의 지지력에 영향을 미치는 것

㉮ 기초의 형상
㉯ 기초의 깊이 : 동결작용을 받지 않는 경우일지라도 풍화작용 때문에 보통 1.2m 정도 이상은 기초를 내려야 한다.
㉰ 지반의 경사 : 경사지에 건설하는 푸팅은 풍화작용을 고려하여 경사면에서 최소한 60~100cm 정도 떨어져야 한다.

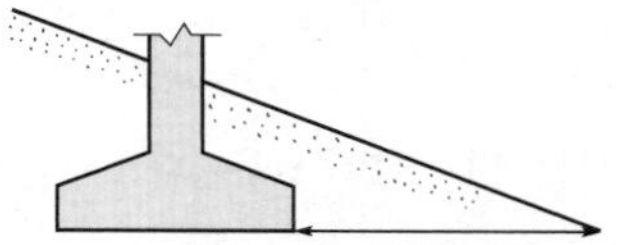

5. 다음 중 직접기초라고 할 수 없는 기초는? [산업 07, 14, 18]

① 독립기초 ② 복합기초

③ 전면기초 ④ 말뚝기초

해설 얕은 기초(직접기초)의 분류

㉮ Footing기초(확대기초) : 독립푸팅기초, 복합푸팅기초, 캔틸레버푸팅기초, 연속푸팅기초
㉯ 전면기초(Mat기초)

6. 다음 중 얕은 기초는? [산업 15, 17, 19, 20]

① Footing기초 ② 말뚝기초

③ Caisson기초 ④ Pier기초

해설 얕은 기초(직접기초)의 분류

㉮ Footing기초(확대기초) : 독립푸팅기초, 복합푸팅기초, 캔틸레버푸팅기초, 연속푸팅기초
㉯ 전면기초(Mat기초)

7. 다음 중 지지력이 약한 지반에서 가장 적합한 기초형식은? [산업 14, 17]

① 복합확대기초 ② 독립확대기초

③ 연속확대기초 ④ 전면기초

해설 전면기초는 지지력이 작은 지반에 사용된다.

8. 지반의 전단파괴종류에 속하지 않는 것은? [산업 14]

① 극한전단파괴 ② 전반전단파괴
③ 국부전단파괴 ④ 관입전단파괴

해설 지반의 파괴형태 : 전반전단파괴, 국부전단파괴, 관입전단파괴

9. 다음 그림은 얕은 기초의 파괴영역이다. 설명이 옳은 것은? [기사 09]

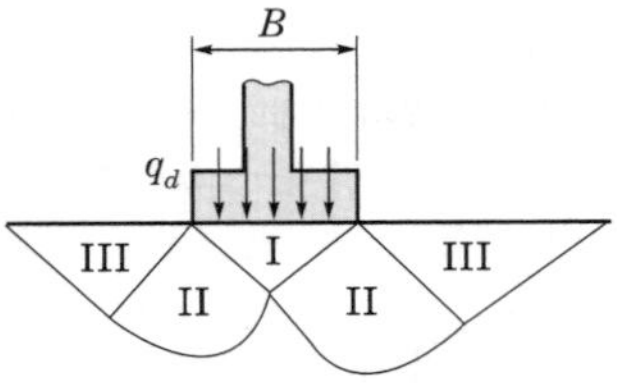

① 파괴순서는 Ⅲ → Ⅱ → Ⅰ이다.

② 영역 Ⅲ에서 수평면과 $45° + \frac{\phi}{2}$의 각을 이룬다.

③ 영역 Ⅲ은 수동영역이다.

④ 국부전단파괴의 형상이다.

해설 ㉮ 파괴순서는 Ⅰ → Ⅱ → Ⅲ이다.
㉯ 영역 Ⅲ에서 수평면과 $45° - \frac{\phi}{2}$의 각을 이룬다.
㉰ 영역 Ⅰ은 탄성영역이고, 영역 Ⅲ은 수동영역이다.

10. 다음 그림은 확대기초를 설치했을 때 지반의 전단파괴형상을 가정(Terzaghi의 가정)한 것이다. 설명 중 옳지 않은 것은? [기사 06, 08]

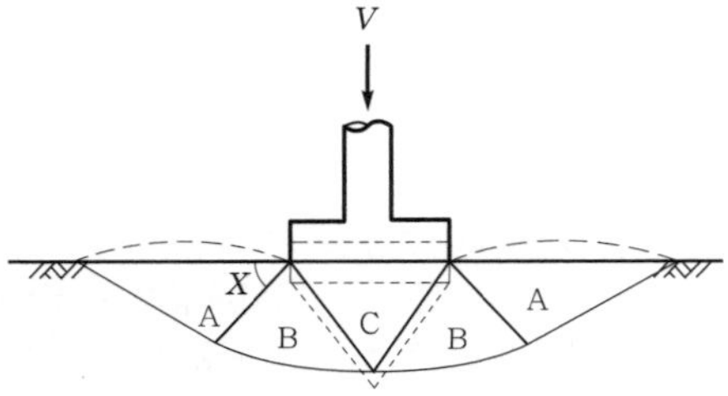

① 전반전단(general shear)일 때의 파괴형상이다.

② 파괴순서는 C → B → A이다.

③ A영역에서 각 X는 수평선과 $45° + \frac{\phi}{2}$의 각을 이룬다.

④ C영역은 탄성영역이며, A 영역은 수동영역이다.

해설 $X = 45° - \frac{\phi}{2}$

11. 얇은 기초의 극한지지력을 결정하는 테르자기의 이론에서 하중 Q가 점차 증가하여 푸팅이 아래로 침하할 때 설명 중 옳지 않은 것은? [산업 07, 13]

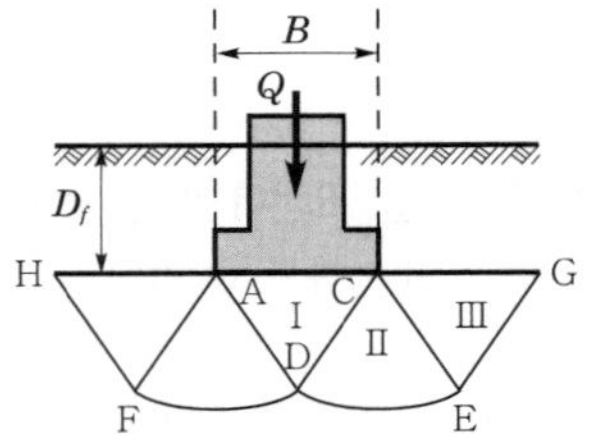

① Ⅰ의 ΔACD구역은 탄성영역이다.

② Ⅱ의 ΔCDE구역은 방사방향의 전단영역이다.

③ Ⅲ의 ΔCEG구역은 랭킨(Rankine)의 주동영역이다.

④ 원호 DE와 FD는 대수나선형의 곡선이다.

해설 ΔCEG구역은 랭킨(Rankine)의 수동영역이다.

12. Terzaghi의 지지력공식에서 고려되지 않는 것은? [산업 06, 11, 13]

① 흙의 내부마찰각 ② 기초의 근입깊이
③ 압밀량 ④ 기초의 폭

해설 $q_u = \alpha c N_c + \beta B \gamma_1 N_r + D_f \gamma_2 N_q$

13. 얕은 기초에 대한 Terzaghi의 수정지지력공식은 다음과 같다. 4m×5m의 직사각형 기초를 사용할 경우 형상계수 α와 β의 값으로 옳은 것은? [기사 17, 20]

$$q_u = \alpha c N_c + \beta \gamma_1 B N_\gamma + \gamma_2 D_f N_q$$

① $\alpha = 1.2$, $\beta = 0.4$ ② $\alpha = 1.28$, $\beta = 0.42$
③ $\alpha = 1.24$, $\beta = 0.42$ ④ $\alpha = 1.32$, $\beta = 0.38$

해설 ㉮ $\alpha = 1 + 0.3\frac{B}{L} = 1 + 0.3 \times \frac{4}{5} = 1.24$
㉯ $\beta = 0.5 - 0.1\frac{B}{L} = 0.5 - 0.1 \times \frac{4}{5} = 0.42$

14. 다음 Terzaghi의 극한지지력공식에 대한 설명으로 틀린 것은? [산업 08, 14, 17, 18]

$$q_u = \alpha c N_c + \beta \gamma_1 B N_r + \gamma_2 D_f N_q$$

① α, β는 기초형상계수이다.

② 원형 기초에서 B는 원의 직경이다.

③ 정사각형 기초에서 α의 값은 1.3이다.

④ N_c, N_r, N_q는 지지력계수로서 흙의 점착력에 의해 결정된다.

정답 8. ① 9. ③ 10. ③ 11. ③ 12. ③ 13. ③ 14. ④

해설 N_c, N_r, N_q는 지지력계수로서 흙의 내부마찰각에 의해 결정된다.

15. 기초의 지지력을 구하는 Terzaghi의 극한지지력공식 $q_{\text{ult}} = CN_c + \frac{1}{2}\gamma_1 BN_r + D\gamma_2 N_q$가 사용된다. 흙의 내부마찰각 $\phi = 0$인 경우 지지력계수 N_c, N_r, N_q 중에서 0이 되는 계수는? [기사 05, 산업 06]

① N_c, N_q, N_r ② N_c
③ N_q ④ N_r

해설 $\phi = 0$일 때 $N_r = 0$이다.

16. Terzaghi의 얕은 기초에 대한 수정지지력공식에서 형상계수에 대한 설명 중 틀린 것은? (단, B는 단변의 길이, L은 장변의 길이이다.) [기사 20]

① 연속기초에서 $\alpha = 1.0$, $\beta = 0.5$이다.
② 원형 기초에서 $\alpha = 1.3$, $\beta = 0.6$이다.
③ 정사각형 기초에서 $\alpha = 1.3$, $\beta = 0.4$이다.
④ 직사각형 기초에서 $\alpha = 1 + 0.3\frac{B}{L}$, $\beta = 0.5 - 0.1\frac{B}{L}$이다.

해설 형상계수

구분	연속	정사각형	직사각형	원형
α	1.0	1.3	$1+0.3\frac{B}{L}$	1.3
β	0.5	0.4	$0.5-0.1\frac{B}{L}$	0.3

여기서, B : 구형의 단변길이
L : 구형의 장변길이

17. 테르자기(Terzaghi)의 얕은 기초에 대한 지지력공식 $q_u = \alpha c N_c + \beta\gamma_1 BN_r + \gamma_2 D_f N_q$에 대한 사항 중 옳지 않은 것은? [기사 17]

① 계수 α, β를 형상계수라 하며 기초의 모양에 따라 결정된다.
② 기초의 깊이 D_f가 클수록 극한지지력도 이와 더불어 커진다고 볼 수 있다.
③ N_c, N_r, N_q는 지지력계수라 하는데 내부마찰각과 점착력에 의해서 정해진다.
④ γ_1, γ_2는 흙의 단위중량이며 지하수위 아래에서는 수중단위중량을 써야 한다.

해설 ㉮ N_c, N_r, N_q는 지지력계수로서 ϕ의 함수이다.(점착력과는 무관하다.)
㉯ γ_1, γ_2는 흙의 단위중량이며 지하수위 아래에서는 수중단위중량(γ_{sub})을 사용한다.

18. Terzaghi의 극한지지력공식에 대한 다음 설명 중 틀린 것은? [산업 15]

① 사질지반은 기초폭이 클수록 지지력은 증가한다.
② 기초 부분에 지하수위가 상승하면 지지력은 증가한다.
③ 기초 바닥 위쪽의 흙은 등가의 상재하중으로 대치하여 식을 유도하였다.
④ 점토지반에서 기초폭은 지지력에 큰 영향을 끼치지 않는다.

해설 지하수위가 상승하면 기초의 지지력은 감소한다.

19. 얕은 기초의 지지력계산에 적용하는 Terzaghi의 극한지지력공식에 대한 설명으로 틀린 것은? [기사 12, 18]

① 기초의 근입깊이가 증가하면 지지력도 증가한다.
② 기초의 폭이 증가하면 지지력도 증가한다.
③ 기초지반이 지하수에 의해 포화되면 지지력은 감소한다.
④ 국부전단파괴가 일어나는 지반에서 내부마찰각(ϕ)은 $\frac{2}{3}\phi$를 적용한다.

해설 국부전단파괴에 대하여 다음과 같이 강도 정수를 저감하여 사용한다.
㉮ $C' = \frac{2}{3}C$
㉯ $\tan\phi' = \frac{2}{3}\tan\phi$

20. Terzaghi의 극한지지력공식에 대한 설명으로 틀린 것은? [기사 13, 18, 20]

① 기초의 형상에 따라 형상계수를 고려하고 있다.
② 지지력계수 N_c, N_q, N_γ는 내부마찰각에 의해 결정된다.
③ 점성토에서의 극한지지력은 기초의 근입깊이가 깊어지면 증가된다.
④ 사질토에서의 극한지지력은 기초의 폭에 관계없이 기초 하부의 흙에 의해 결정된다.

해설 사질토에서의 극한지지력은 기초의 폭과 근입깊이에 비례한다.

정답 15. ④ 16. ② 17. ③ 18. ② 19. ④ 20. ④

21. 얕은 기초의 근입심도를 깊게 하면 일반적으로 기초지반의 지지력은? [산업 17]

① 증가한다.
② 감소한다.
③ 변화가 없다.
④ 증가할 수도 있고, 감소할 수도 있다.

해설 극한지지력은 기초의 폭과 근입깊이에 비례한다.

22. 단위체적중량이 1.6t/m³, 점착력 c=1.5t/m², 내부마찰각 ϕ=0인 점토지반에 폭 B=2m, 근입깊이 D_f=3m인 연속기초의 극한지지력은? (단, Terzaghi식을 이용, 지지력계수 N_c=5.7, N_r=0, N_q=1.0, 형상계수 α=1.0, β=0.5) [산업 07, 10]

① 10.15t/m²　　② 13.35t/m²
③ 15.42t/m²　　④ 18.12t/m²

해설 $q_u=\alpha c N_c+\beta B\gamma_1 N_r+D_f\gamma_2 N_q$
$=1\times1.5\times5.7+0+3\times1.6\times1=13.35\text{t/m}^2$

23. 단위체적중량 1.8t/m³, 점착력 2.0t/m², 내부마찰각 0°인 점토지반에 폭 2m, 근입깊이 3m의 연속기초를 설치하였다. 이 기초의 극한지지력을 Terzaghi식으로 구한 값은? (단, 지지력계수 $N_c=5.7$, $N_r=0$, $N_q=1.0$이다.) [산업 09, 12]

① 8.4t/m²　　② 23.2t/m²
③ 12.7t/m²　　④ 16.8t/m²

해설 연속기초이므로 $\alpha=1.0$, $\beta=0.5$이다.
$q_u=\alpha c N_c+\beta B\gamma_1 N_r+D_f\gamma_2 N_q$
$=1\times2\times5.7+0.5\times2\times1.8\times0+3\times1.8\times1$
$=16.8\text{t/m}^2$

24. 3m×3m 크기의 정사각형 기초의 극한지지력을 Terzaghi 공식으로 구하면? (단, 지하수위는 기초 바닥깊이와 같다. 흙의 마찰각 20°, 점착력 5t/m², 단위중량 1.7t/m³이고, 지하수위 아래의 흙의 포화단위중량은 1.9t/m³이다. 지지력계수 N_c=18, N_r=5, N_q=7.5이다.) [기사 08]

① 147.9 t/m²
② 123.1 t/m²
③ 153.9 t/m²
④ 133.7 t/m²

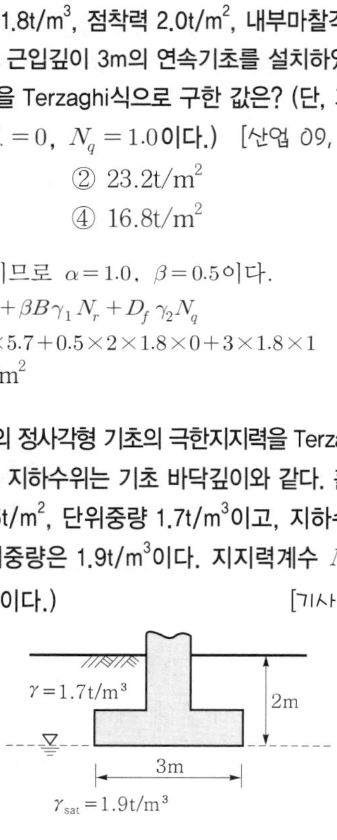

해설 정사각형 기초이므로 $\alpha=1.3$, $\beta=0.4$이다.
$q_u=\alpha cN_c+\beta B\gamma_1 N_r+D_f\gamma_2 N_q$
$=1.3\times5\times18+0.4\times3\times0.9\times5+2\times1.7\times7.5$
$=147.9\text{t/m}^2$

25. 다음 그림에서 정사각형 독립기초 2.5m×2.5m가 실트질 모래 위에 시공되었다. 이때 근입깊이가 1.5m인 경우 허용지지력은? (단, N_c=35, $N_r=N_q$=20) [기사 11, 14]

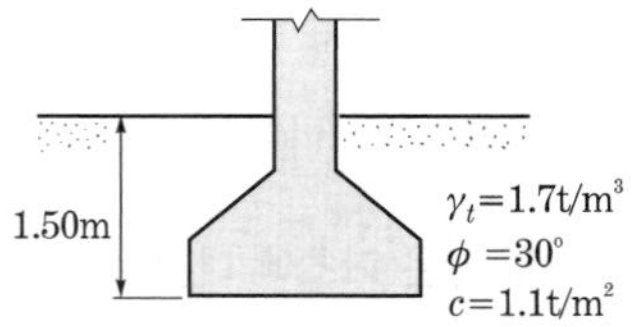

① 25.0t/m　　② 30.0t/m²
③ 35.0t/m²　　④ 45.0t/m²

해설 ㉮ 정사각형 기초이므로 $\alpha=1.3$, $\beta=0.4$이다.
$q_u=\alpha c N_c+\beta B\gamma_1 N_r+D_f\gamma_2 N_q$
$=1.3\times1.1\times35+0.4\times2.5\times1.7\times20$
$+1.5\times1.7\times20$
$=135.05\text{t/m}^2$

㉯ $q_a=\dfrac{q_u}{F_s}=\dfrac{135.05}{3}=45.0\text{t/m}^2$

26. 크기가 1.5m×1.5m인 정방향 직접기초가 있다. 근입깊이가 1.0m일 때 기초저면의 허용지지력을 Terzaghi방법에 의하여 구하면? (단, 기초지반의 점착력은 1.5t/m², 단위중량은 1.8t/m³, 마찰각은 20°이고, 이때의 지지력계수는 N_c=17.69, N_q=7.44, N_r=3.64이며, 허용지지력에 대한 안전율은 4.0으로 한다.) [산업 08, 10, 11]

① 약 13t/m²　　② 약 14t/m²
③ 약 15t/m²　　④ 약 16t/m²

해설 ㉮ $q_u=\alpha cN_c+\beta B\gamma_1 N_r+D_f\gamma_2 N_q$
$=1.3\times1.5\times17.69+0.4\times1.5\times1.8\times3.64$
$+1\times1.8\times7.44$
$=51.82\text{t/m}^2$

㉯ $q_a=\dfrac{q_u}{F_s}=\dfrac{51.82}{4}=12.96\text{t/m}^2$

정답　21. ①　22. ②　23. ④　24. ①　25. ④　26. ①

27. 다음 그림과 같이 점토질 지반에 연속기초가 설치되어 있다. Terzaghi공식에 의한 이 기초의 허용지지력 q_a는? (단, $\phi=0$이며 $N_c=5.14$, $N_q=1.0$, $N_r=0$, 안전율 $F_s=3$이다.) [기사 07, 11, 14, 18]

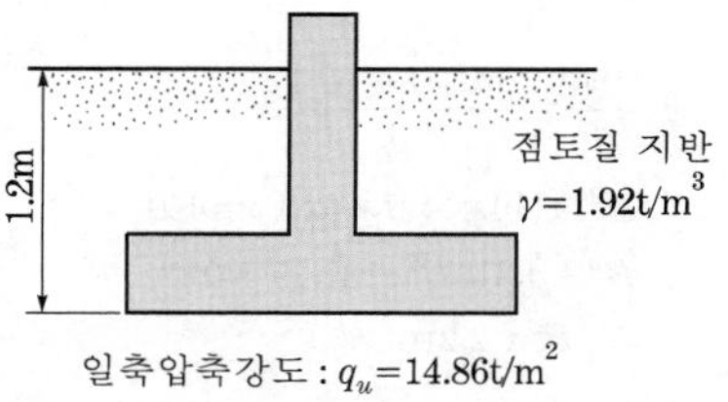

① 6.4t/m² ② 13.5t/m²
③ 18.5t/m² ④ 40.49t/m²

해설 ㉮ 연속기초이므로 $\alpha=1.0$, $\beta=0.5$이다.

$$q_u=\alpha c N_c+\beta B\gamma_1 N_r+D_f\gamma_2 N_q$$
$$=1\times\frac{14.86}{2}\times5.14+0+1.2\times1.92\times1$$
$$=40.49\text{t/m}^2$$

㉯ $q_a=\dfrac{q_u}{F_s}=\dfrac{40.49}{3}=13.5\text{t/m}^2$

28. 크기가 1.5m×1.5m인 직접기초가 있다. 근입깊이가 1.0m일 때 기초가 받을 수 있는 최대 허용하중을 Terzaghi방법에 의하여 구하면? (단, 기초지반의 점착력은 1.5t/m², 단위중량은 1.8t/m³, 마찰각은 20°이고, 이때의 지지력계수는 $N_c=17.69$, $N_q=7.44$, $N_r=3.64$이며, 허용지지력에 대한 안전율은 4.0으로 한다.) [기사 07, 10]

① 약 29t ② 약 39t
③ 약 49t ④ 약 59t

해설 ㉮ $q_u=\alpha cN_c+\beta B\gamma_1 N_r+D_f\gamma_2 N_q$
$$=1.3\times1.5\times17.69+0.4\times1.5\times1.8\times3.64+1\times1.8\times7.44$$
$$=51.82\text{t/m}^2$$

㉯ $q_a=\dfrac{q_u}{F_s}=\dfrac{51.82}{4}=12.96\text{t/m}^2$

㉰ $q_a=\dfrac{P}{A}$

$$12.96=\frac{P}{1.5\times1.5}$$

$\therefore\ P=29.16\text{t}$

29. 2m×2m 정방형 기초가 1.5m 깊이에 있다. 이 흙의 단위중량 $\gamma=1.7\text{t/m}^3$, 점착력 $c=0$이며 $N_r=19$, $N_q=22$이다. Terzaghi의 공식을 이용하여 전허용하중(Q_{all})을 구한 값은? (단, 안전율 $F_s=3$으로 한다.) [기사 06, 10, 15]

① 27.3t ② 54.6t
③ 81.9t ④ 109.3t

해설 ㉮ $q_u=\alpha cN_c+\beta B\gamma_1 N_r+D_f\gamma_2 N_q$
$$=0+0.4\times2\times1.7\times19+1.5\times1.7\times22$$
$$=81.94\text{t/m}^2$$

㉯ $q_a=\dfrac{q_u}{F_s}=\dfrac{81.94}{3}=27.31\text{t/m}^2$

$q_a=\dfrac{Q_{\text{all}}}{A}$에서 $27.31=\dfrac{Q_{\text{all}}}{2\times2}$

$\therefore\ Q_{\text{all}}=109.24\text{t}$

30. 4m×4m 크기인 정사각형 기초를 내부마찰각 $\phi=20°$, 점착력 $c=3\text{t/m}^2$인 지반에 설치하였다. 흙의 단위중량(γ)=1.9t/m³이고 안전율을 3으로 할 때 기초의 허용하중을 Terzaghi의 지지력공식으로 구하면? (단, 기초의 깊이는 1m이고 전반전단파괴가 발생한다고 가정하며 $N_c=17.69$, $N_q=7.44$, $N_\gamma=4.97$이다.) [기사 13, 15, 16]

① 478t ② 524t
③ 567t ④ 621t

해설 ㉮ 정사각형 기초이므로 $\alpha=1.3$, $\beta=0.4$이다.

$$q_u=\alpha cN_c+\beta B\gamma_1 N_\gamma+D_f\gamma_2 N_q$$
$$=1.3\times3\times17.69+0.4\times4\times1.9\times4.97+1\times1.9\times7.44$$
$$=98.24\text{t/m}^2$$

㉯ $q_a=\dfrac{q_u}{F_s}=\dfrac{98.24}{3}=32.75\text{t/m}^2$

㉰ $q_a=\dfrac{P}{A}$에서 $32.75=\dfrac{P}{4\times4}$

$\therefore\ P=524\text{t}$

31. $c=2.2\text{t/m}^2$, $\phi=25°$, $\gamma_t=1.8\text{t/m}^3$인 지반에 2.5×2.5m의 정사각형 기초가 근입깊이 1.2m에 놓여있고 지하수위의 영향은 없다. 이때 이 정사각형 기초의 허용하중을 구하면? (단, Terzaghi의 지지력공식을 이용하고 안전율은 3, 형상계수 $\alpha=1.3$, $\beta=0.4$이고 $N_c=25.1$, $N_\gamma=9.7$, $N_q=12.7$) [산업 09, 12]

① 120t ② 243t
③ 343t ④ 486t

정답 27. ② 28. ① 29. ④ 30. ② 31. ②

해설 ㉮ $q_u = \alpha c N_c + \beta B \gamma_1 N_r + D_f \gamma_2 N_q$
$= 1.3 \times 2.2 \times 25.1 + 0.4 \times 2.5 \times 1.8 \times 9.7$
$+ 1.2 \times 1.8 \times 12.7$
$= 116.68\text{t/m}^2$

㉯ $q_a = \dfrac{q_u}{F_s} = \dfrac{116.68}{3} = 38.89\text{t/m}^2$

㉰ $q_a = \dfrac{P}{A}$ 에서 $38.89 = \dfrac{P}{2.5 \times 2.5}$

$\therefore\ P = 243.06\text{t}$

32. 다음 그림과 같은 정방형 기초에서 안전율을 3으로 할 때 Terzaghi공식을 사용하여 한 변의 길이 B는? (단, 흙의 전단강도 c=6t/m², ϕ=0이고 흙의 습윤 및 포화단위중량은 각각 1.9t/m³, 2.0t/m³, N_c=5.7, N_q=1.0이다.) [기사 07, 10]

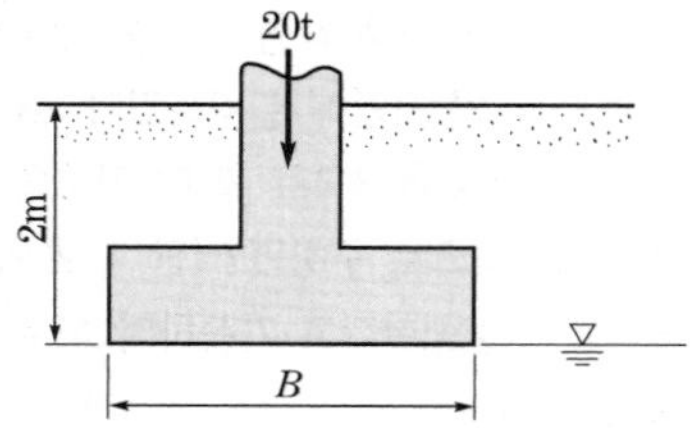

① 1.115m ② 1.432m
③ 1.512m ④ 1.624m

해설 ㉮ $q_u = \alpha c N_c + \beta B \gamma_1 N_r + D_f \gamma_2 N_q$
$= 1.3 \times 6 \times 5.7 + 0 + 2 \times 1.9 \times 1 = 48.26\text{t/m}^2$

㉯ $q_a = \dfrac{q_u}{F_s} = \dfrac{48.26}{3} = 16.09\text{t/m}^2$

㉰ $q_a = \dfrac{P}{A}$

$16.09 = \dfrac{20}{B^2}$

$\therefore\ B = 1.115\text{m}$

33. c=0, ϕ=30°, γ_t=1.8t/m³인 사질토 지반 위에 근입깊이 1.5m의 정방형 기초가 놓여 있다. 이때 이 기초의 도심에 150t의 하중이 작용하고 지하수위영향은 없다고 본다. 이 기초의 폭 B는? (단, Terzaghi의 지지력공식을 이용하고 안전율은 F_s=3, 형상계수 α=1.3, β=0.4, ϕ=30°일 때 지지력계수는 N_c=37, N_q=23, N_r=20이다.) [기사 06]

① 3.8m ② 3.4m
③ 2.9m ④ 2.2m

해설 ㉮ $q_u = \alpha c N_c + \beta B \gamma_1 N_r + D_f \gamma_2 N_q$
$= 1.3 \times 0 \times 37 + 0.4 \times B \times 1.8 \times 20 + 1.5$
$\times 1.8 \times 23$
$= 14.4B + 62.1$

㉯ $q_a = \dfrac{q_u}{3} = \dfrac{14.4B + 62.1}{3}$

㉰ $\dfrac{150}{B^2} = \dfrac{14.4B + 62.1}{3}$

$B^2 \times (14.4 \times B + 62.1) = 450$

$B^3 + 4.313B^2 - 31.25 = 0$

$\therefore\ B \fallingdotseq 2.2\text{m}$

34. 연속기초에 대한 Terzaghi의 극한지지력공식은 $q_u = cN_c + 0.5\gamma_1 B N_\gamma + \gamma_2 D_f N_q$로 나타낼 수 있다. 다음 그림과 같은 경우 극한지지력공식의 두 번째 항의 단위중량 γ_1의 값은? [기사 08, 17]

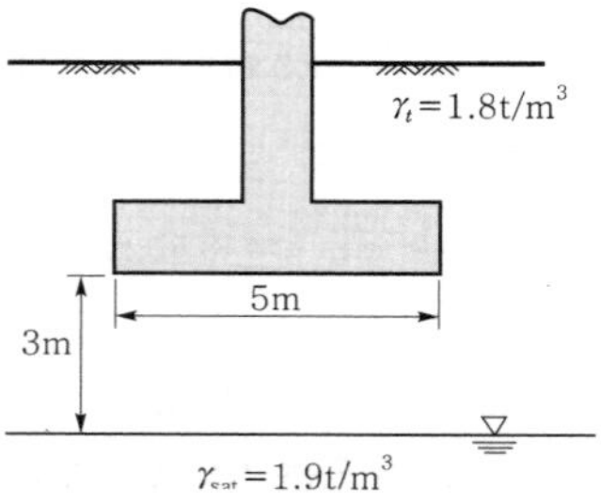

① 1.44t/m³ ② 1.60t/m³
③ 1.74t/m³ ④ 1.82t/m³

해설 $\gamma_1 = \gamma_{sub} + \dfrac{d}{B}(\gamma_t - \gamma_{sub})$
$= 0.9 + \dfrac{3}{5} \times (1.8 - 0.9) = 1.44\text{t/m}^3$

35. 다음 그림과 같은 3m×3m 크기의 정사각형 기초의 극한지지력을 Terzaghi공식으로 구하면? (단, 내부마찰각(ϕ)은 20°, 점착력(c)은 5t/m², 지지력계수 N_c=18, N_γ=5, N_q=7.5이다.) [기사 19]

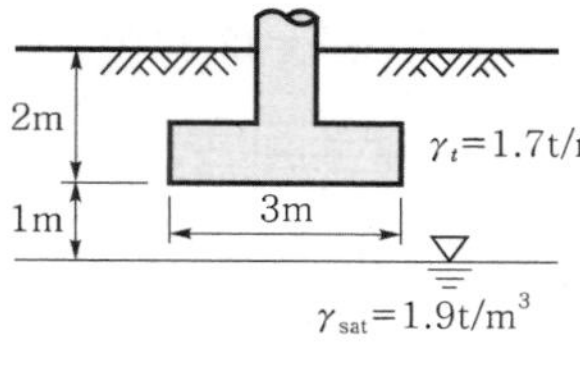

① 135.71t/m² ② 149.52t/m²
③ 157.26t/m² ④ 174.38t/m²

정답 32. ① 33. ④ 34. ① 35. ②

해설 ㉮ $\gamma_1=\gamma_{sub}+\frac{d}{B}(\gamma_t-\gamma_{sub})$

$=0.9+\frac{1}{3}\times(1.7-0.9)=1.17\text{t/m}^3$

㉯ $q_u=\alpha cN_c+\beta B\gamma_1 N_r+D_f\gamma_2 N_q$

$=1.3\times5\times18+0.4\times3\times1.17\times5+2\times1.7\times7.5$

$=149.52\text{t/m}^2$

36. 다음 그림과 같이 3m×3m 크기의 정사각형 기초가 있다. Terzaghi의 지지력공식 $q_u=1.3cN_c+\gamma_1D_fN_q+0.4\gamma_2BN_\gamma$을 이용하여 극한지지력을 산정할 때 사용되는 흙의 단위중량 γ_2의 값은? [기사 15]

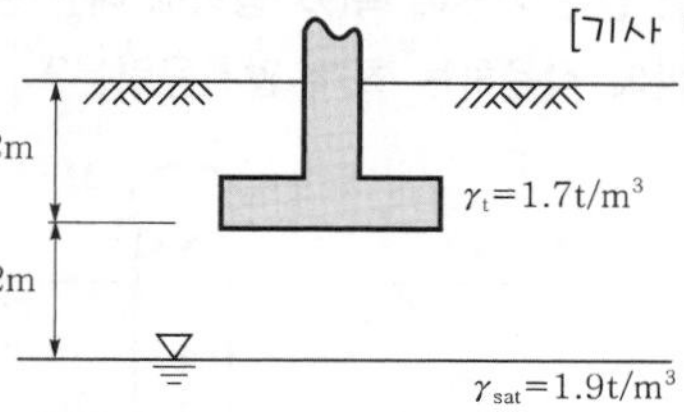

① 0.9t/m^3
② 1.17t/m^3
③ 1.43t/m^3
④ 1.7t/m^3

해설 $\gamma_2=\gamma_{sub}+\frac{d}{B}(\gamma_t-\gamma_{sub})$

$=0.9+\frac{2}{3}\times(1.7-0.9)=1.43\text{t/m}^3$

37. Meyerhof의 일반지지력공식에 포함되는 계수가 아닌 것은? [기사 10, 19]

① 국부전단계수 ② 근입깊이계수
③ 경사하중계수 ④ 형상계수

해설 Meyerhof의 극한지지력공식은 Terzaghi의 극한지지력공식과 유사하면서 형상계수, 깊이계수, 경사계수를 추가한 공식이다.

38. Meyerhof의 극한지지력공식에서 사용하지 않는 계수는? [기사 05, 18]

① 형상계수 ② 깊이계수
③ 시간계수 ④ 하중경사계수

39. 크기가 30cm×30cm의 평판을 이용하여 사질토 위에서 평판재하시험을 실시하고 극한지지력 20t/m²을 얻었다. 크기가 1.8m×1.8m인 정사각형 기초의 총허용하중은? (단, 안전율 3을 사용) [기사 06, 09, 14, 18]

① 90ton ② 110ton
③ 130ton ④ 150ton

해설 ㉮ 정사각형 기초의 극한지지력

$q_{u(기초)}=q_{u(재하판)}\frac{B_{(기초)}}{B_{(재하판)}}$

$=20\times\frac{1.8}{0.3}=120\text{t/m}^2$

㉯ $q_a=\frac{q_u}{F_s}=\frac{120}{3}=40\text{t/m}^2$

㉰ $q_a=\frac{P}{A}$

$40=\frac{P}{1.8\times1.8}$

$\therefore P=129.6\text{t}$

40. 직경 30cm의 평판을 이용하여 점토 위에서 평판재하시험을 실시하고 극한지지력 15t/m²를 얻었다고 할 때 직경이 2m인 원형 기초의 총허용하중을 구하면? (단, 안전율은 3을 적용한다.) [산업 09, 15]

① 8.3t ② 15.7t
③ 24.2t ④ 32.6t

해설 ㉮ 점토지반의 극한지지력은 재하판의 폭에 무관하므로 직경 2m인 원형 기초의 극한지지력은 15t/m²이다.

㉯ $q_a=\frac{q_u}{F_s}=\frac{15}{3}=5\text{t/m}^2$

㉰ $q_a=\frac{P}{A}$

$5=\frac{P}{\frac{\pi\times2^2}{4}}$

$\therefore P=15.71\text{t}$

41. 두 개의 기둥하중 $Q_1=30\text{t}$, $Q_2=20\text{t}$을 받기 위한 사다리꼴기초의 폭 B_1, B_2를 구하면? (단, 지반의 허용지지력 $q_a=2\text{t/m}^2$) [기사 15]

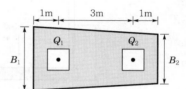

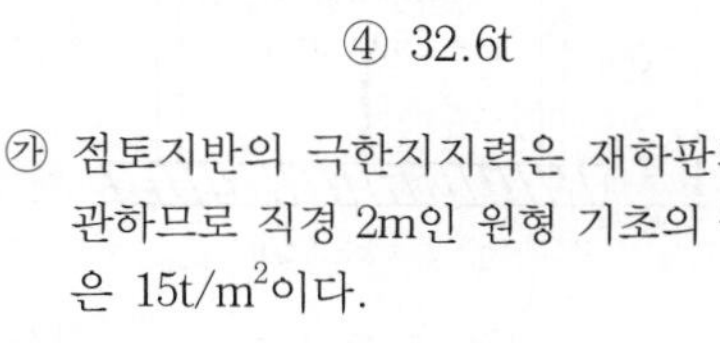

① B_1=7.2m, B_2=2.8m ② B_1=7.8m, B_2=2.2m
③ B_1=6.2m, B_2=3.8m ④ B_1=6.8m, B_2=3.2m

정답 36. ③ 37. ① 38. ③ 39. ③ 40. ② 41. ④

해설 ㉮ $\Sigma V = 0$

$$30 + 20 = 2 \times \left(\frac{B_1 + B_2}{2} \times 5 \right)$$

$\therefore\ B_1 + B_2 = 10$ ······························· ㉠

㉯ $\Sigma M_0 = 0$

$$30 \times 1 + 20 \times 4$$

$$= 2 \times \left(\frac{B_1 + B_2}{2} \times 5 \right) \times \left(\frac{B_1 + 2B_2}{B_1 + B_2} \times \frac{5}{3} \right) \cdots\cdots ㉡$$

㉰ 식 ㉠을 식 ㉡에 대입하여 정리하면

$\therefore\ B_1 = 6.8\text{m},\ B_2 = 3.2\text{m}$

42. 다음 그림과 같은 20×30m 전면기초인 부분보상기초(partially compensated foundation)의 지지력파괴에 대한 안전율은? [기사 13, 16]

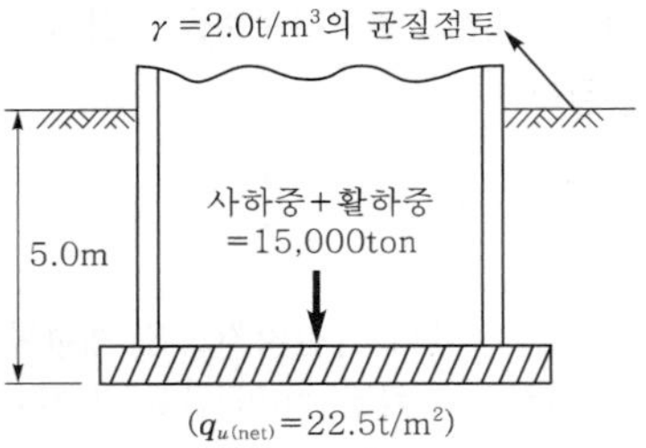

① 3.0 ② 2.5
③ 2.0 ④ 1.5

해설 ㉮ $q = \frac{P}{A} - \gamma D_f = \frac{15,000}{20 \times 30} - 2 \times 5 = 15\text{t/m}^2$

㉯ $F_s = \frac{q_{u(\text{net})}}{q} = \frac{22.5}{15} = 1.5$

43. 다음 그림과 같은 전면기초의 단면적이 100m², 구조물의 사하중 및 활하중을 합한 총하중이 2,500ton이고 근입깊이가 2m, 근입깊이 내의 흙의 단위중량이 1.8t/m³이었다. 이 기초에 작용하는 순압력은? [기사 01]

① 21.4t/m²
② 25.0t/m²
③ 26.8t/m²
④ 28.6t/m²

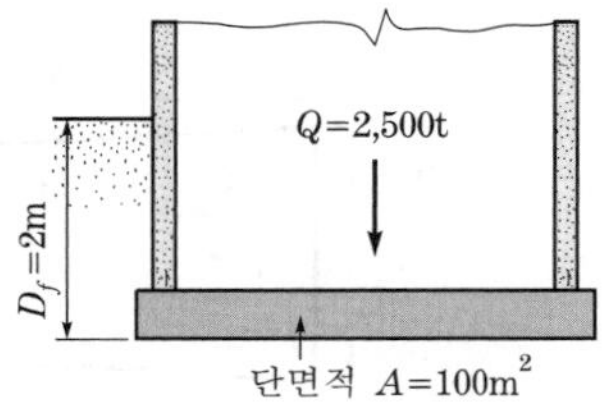

해설 $q = \frac{Q}{A} - \gamma D_f = \frac{2,500}{100} - 1.8 \times 2 = 21.4\text{t/m}^2$

44. 기초폭 4m의 연속기초를 지표면 아래 3m 위치의 모래지반에 설치하려고 한다. 이때 표준관입시험결과에 의한 사질지반의 평균 N값이 10일 때 극한지지력은? (단, Meyerhof 공식 사용) [기사 00, 04, 15]

① 420t/m² ② 210t/m²
③ 105t/m² ④ 75t/m²

해설 $q_u = 3NB\left(1 + \frac{D_f}{B}\right) = 3 \times 10 \times 4 \times \left(1 + \frac{3}{4}\right) = 210\text{t/m}^2$

45. 다음 그림과 같은 폭(B) 1.2m, 길이(L) 1.5m인 사각형 얕은 기초에 폭(B)방향에 대한 편심이 작용하는 경우 지반에 작용하는 최대 압축응력은? [기사 15, 18]

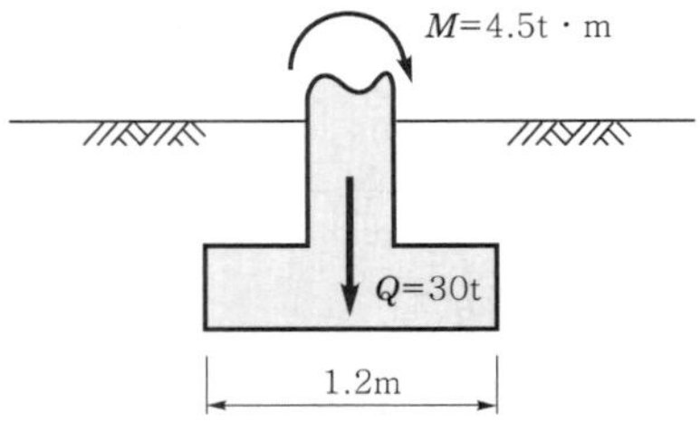

① 29.2t/m² ② 38.5t/m²
③ 39.7t/m² ④ 41.5t/m²

해설 ㉮ $M = Qe$

$4.5 = 30 \times e$

$\therefore\ e = 0.15\text{m}$

㉯ $e = 0.15\text{m} < \frac{B}{6} = \frac{1.2}{6} = 0.2\text{m}$이므로

$$q_{max} = \frac{Q}{BL}\left(1 + \frac{6e}{B}\right)$$

$$= \frac{30}{1.2 \times 1.5} \times \left(1 + \frac{6 \times 0.15}{1.2}\right) = 29.17\text{t/m}^2$$

46. 기초폭 4m인 연속기초에서 기초면에 작용하는 합력의 연직성분은 10t이고 편심거리가 0.4m일 때 기초지반에 작용하는 최대 압력은? [기사 13, 17]

① 2t/m² ② 4t/m²
③ 6t/m² ④ 8t/m²

해설 $e = 0.4\text{m} < \frac{B}{6} = \frac{4}{6} = 0.67\text{m}$이므로

$$q_{max} = \frac{Q}{BL}\left(1 + \frac{6e}{B}\right) = \frac{10}{4 \times 1} \times \left(1 + \frac{6 \times 0.4}{4}\right) = 4\text{t/m}^2$$

정답 42. ④ 43. ① 44. ② 45. ① 46. ②

허용지내력

47. 평판재하실험결과로부터 지반의 허용지지력값은 어떻게 결정하는가? [기사 13, 17]

① 항복강도의 1/2, 극한강도의 1/3 중 작은 값
② 항복강도의 1/2, 극한강도의 1/3 중 큰 값
③ 항복강도의 1/3, 극한강도의 1/2 중 작은 값
④ 항복강도의 1/3, 극한강도의 1/2 중 큰 값

해설 $\frac{q_y}{2}$, $\frac{q_u}{3}$ 중에서 작은 값을 q_a라 한다.

48. 어떤 사질기초지반의 평판재하시험결과 항복강도가 60t/m^2, 극한강도가 100t/m^{2}이었다. 그리고 그 기초는 지표에서 1.5m 깊이에 설치될 것이고, 그 기초지반의 단위중량이 1.8t/m^{3}일 때 이때의 지지력계수 N_q=5이었다. 이 기초의 장기허용지지력은? [기사 19]

① 24.7t/m^2　② 26.9t/m^2
③ 30t/m^2　④ 34.5t/m^2

해설 ㉮ q_t의 결정

$$\begin{pmatrix} \frac{q_y}{2} = \frac{60}{2} = 30\text{t/m}^2 \\ \frac{q_u}{3} = \frac{100}{3} = 33.33\text{t/m}^2 \end{pmatrix}$$ 중에서 작은 값이므로

$\therefore\ q_t = 30\text{t/m}^2$

㉯ 장기허용지지력

$$q_u = q_t + \frac{1}{3}\gamma D_f N_q = 30 + \frac{1}{3} \times 1.8 \times 1.5 \times 5 = 34.5\text{t/m}^2$$

49. 어느 지반에 30cm×30cm인 재하판을 이용하여 평판재하시험을 한 결과 항복하중이 5t, 극한하중이 9t이었다. 이 지반의 허용지지력은 어느 것인가? [기사 06, 16, 산업 03]

① 55.6t/m^2　② 27.8t/m^2
③ 100t/m^2　④ 33.3t/m^2

해설 ㉮ $q_y = \frac{P_y}{A} = \frac{5}{0.3 \times 0.3} = 55.56\text{t/m}^2$

㉯ $q_u = \frac{P_u}{A} = \frac{9}{0.3 \times 0.3} = 100\text{t/m}^2$

㉰ $$\begin{pmatrix} \frac{q_y}{2} = \frac{55.56}{2} = 27.78\text{t/m}^2 \\ \frac{q_u}{3} = \frac{100}{3} = 33.33\text{t/m}^2 \end{pmatrix}$$ 중에서 작은 값이 허용지지력이므로

$\therefore\ q_a = 27.78\text{t/m}^2$

56. 3m×3m인 정방형 기초를 허용지지력이 20t/m^{2}인 모래지반에 시공하였다. 이 경우 기초에 허용지지력만큼의 하중이 가해졌을 때 기초모서리에서 탄성침하량은? (단, I_s= 0.561, μ=0.5, E_s=1,500t/m^2) [기사 06, 12]

① 0.9cm　② 1.54cm
③ 1.68cm　④ 2.1cm

해설 $$S_i = qB\frac{1-\mu^2}{E_s}I_s = 20 \times 3 \times \frac{1-0.5^2}{1,500} \times 0.561 = 0.0168\text{m}$$

51. 직접기초의 굴착공법으로 옳지 않은 것은? [산업 05, 08]

① 오픈컷공법　② 공기케이슨공법
③ 트렌치컷공법　④ 아일랜드공법

해설 기초의 굴착법 : Open cut공법(절개공법), Trench cut공법, Island공법

52. 건물의 신축에서 큰 침하를 피하지 못하는 경우의 대책 중 옳지 않은 것은? [산업 06]

① 신축이음을 설치한다.
② 구조물의 강성을 높인다. 특히 수평재가 유효하다.
③ 지중응력의 증가를 크게 한다.
④ 구조물의 형상 및 중량배분을 고려한다.

해설 구조물하중에 의한 지중응력을 작게 해야 한다.

53. 기초의 크기가 25m×25m인 강성기초로 된 구조물이 있다. 이 구조물의 허용각변위(angular distortion)가 1/500이라고 할 때 최대 허용부등침하량은? [기사 12, 13]

① 2cm　② 2.5cm
③ 4cm　④ 5cm

해설 각변위$= \frac{\Delta\rho}{l}$

$\frac{1}{500} = \frac{\Delta\rho}{25}$

$\therefore\ \Delta\rho = 0.05\text{m} = 5\text{cm}$

정답 47. ① 48. ④ 49. ② 50. ③ 51. ② 52. ③ 53. ④

MEMO

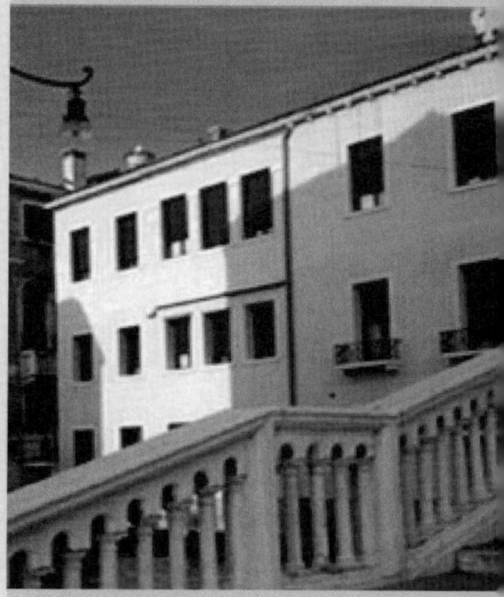

chapter 15

깊은 기초

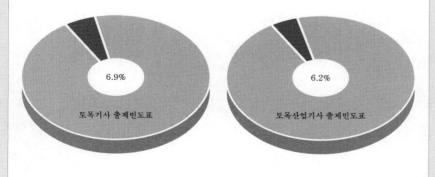

15 깊은 기초

01 말뚝기초(pile foundation)

① 말뚝기초의 분류

(1) 기능에 의한 분류

1) 선단지지말뚝(end bearing pile)

연약한 지반을 관통하여 하부의 암반에 말뚝을 도달시켜서 상부구조물의 하중을 말뚝 선단의 지지력으로 지지하는 말뚝을 말한다.

2) 마찰말뚝(friction pile)

상부구조물의 하중을 말뚝의 주면마찰력으로 지지하는 말뚝을 말한다.

3) 하부지반지지말뚝(bearing pile)

선단지지말뚝+마찰말뚝이다.

4) 다짐말뚝(compaction pile)

말뚝을 지반에 타입하여 지반의 간극을 감소시켜서 지반이 다져지는 효과를 얻기 위하여 사용하는 말뚝으로 주로 느슨한 사질지반의 개량에 사용된다.

5) 인장말뚝(tension pile)

인발력에 저항하는 말뚝이다.

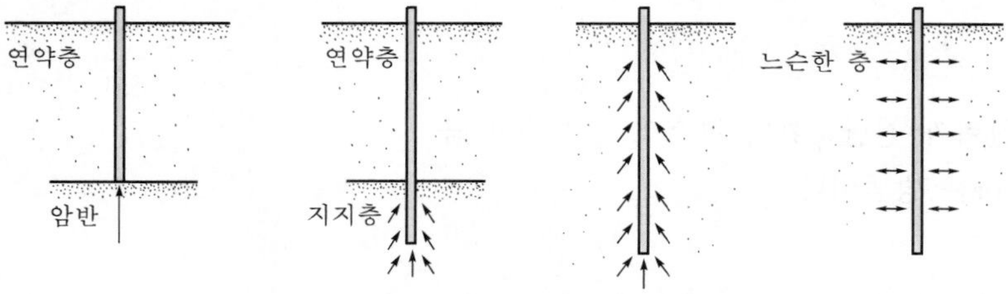

(a) 선단지지말뚝 (b) 하부지반지지말뚝 (c) 마찰말뚝 (d) 다짐말뚝

【그림 15-1】 말뚝의 분류

알•아•두•기•

구조물 바로 아래에 있는 흙이 연약하여 상부구조물에서 오는 하중을 지지할 수 없을 때에는 깊은 기초를 사용해야 한다. 깊은 기초로서 일반적으로 말뚝과 피어를 사용한다.

(2) 재료에 의한 분류

1) 나무말뚝(wooden pile)

2) 기성콘크리트말뚝(precast concrete pile)

① 원심력철근콘크리트말뚝 : 중공말뚝

㉮ 장점

- 15m 이하에서 경제적이다.
- 재질이 균일하기 때문에 신뢰도가 높다.
- 강도가 크기 때문에 지지말뚝에 적합하다.

㉯ 단점

- 말뚝이음의 신뢰성이 작다.
- 중간 경질토(N=30 정도) 통과가 어렵다.
- 무게가 무겁다.
- 충격에 약하다(항타 시 균열이 발생한다).

② PC말뚝(Prestressed Concrete pile)

㉮ Prestress가 유효하게 작용하기 때문에 항타 시 인장파괴가 발생하지 않는다(내구성이 크다).

㉯ 휨량이 적다.

㉰ 이음이 쉽고 신뢰도가 크다.

3) 강말뚝(steel pile) : 강관말뚝, H형 강말뚝

① 재질이 강해 지내력이 큰 지층에 항타할 수 있으며 개당 100t 이상의 큰 지지력을 얻을 수 있다.

② 단면의 휨강성이 커서 수평저항력이 크다.

③ 이음이 확실하고 길이조절이 용이하다.

④ 운반, 항타작업이 소형의 기계로서 빠르고 쉽게 할 수 있다.

> H형 강말뚝은 강관말뚝에 비해 가격이 싸고 흙의 배제량이 적기 때문에 좁은 곳에 조밀하게 타입할 수 있다.

② 말뚝기초의 지지력

(1) 정역학적 지지력공식

말뚝의 극한지지력을 주면마찰력과 선단저항의 합으로 생각하여 극한지지력 또는 허용지지력을 구하는 방법이다.

1) Terzaghi의 공식

얕은 기초의 지지력이론에 기인한 지지력공식이다.

① 극한지지력

$$R_u = R_p + R_f = q_p A_p + f_s A_s \quad \cdots\cdots (15\cdot1)$$

여기서, R_u : 말뚝의 극한지지력(t)
R_p : 말뚝의 선단지지력(t)
R_f : 말뚝의 주면마찰력(t)
q_p : 단위 선단지지력(t/m²)
A_p : 말뚝의 선단지지면적(m²)
f_s : 단위마찰저항력(t/m²)
A_s : 말뚝의 주면적(m²)

② 허용지지력

$$R_a = \frac{R_u}{F_s}\ (F_s = 3) \quad \cdots\cdots (15\cdot2)$$

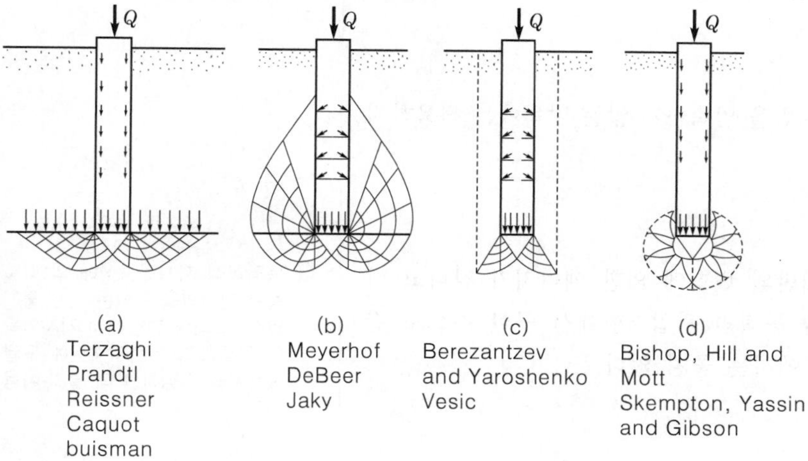

【그림 15-2】 깊은 기초의 파괴양상(Vesic, 1967)

2) Meyerhof 의 공식

표준관입시험결과(N치)에 의한 지지력공식으로 사질지반에서 우수하다.

① 극한지지력

$$R_u = R_p + R_f = 40\,N A_p + \frac{1}{5}\overline{N_s}\,A_s \quad \cdots\cdots (15\cdot3)$$

여기서, A_p : 말뚝의 선단 단면적(m²)
N : 말뚝 선단 부위의 N 치
$\overline{N_s}$: 모래층의 N 치의 평균치
A_s : 모래층말뚝의 주면적(m²)

② 허용지지력

$$R_a = \frac{R_u}{F_s}(F_s = 3) \quad \cdots\cdots (15 \cdot 4)$$

3) Dörr의 공식

토압론에 기인한 고전적 지지력공식으로 주로 마찰말뚝에 적용된다.

① 극한지지력

$$R_u = R_p + R_f$$
$$= A_p \tan^2\left(45° + \frac{\phi}{2}\right)\gamma L + \frac{1}{2} U \gamma L^2 K \tan\delta + UcL \quad \cdots\cdots (15 \cdot 5)$$

② 허용지지력

$$R_a = \frac{R_u}{F_s} \ (F_s = 3) \quad \cdots\cdots (15 \cdot 6)$$

4) Dunham의 공식

피어기초와 같이 말뚝둘레지반을 압축하지 않는 말뚝에는 적용하지 못한다.

(2) 동역학적 지지력공식

항타할 때의 타격에너지와 지반의 변형에 의한 에너지가 같다고 하여 말뚝의 정적인 극한지지력을 동적인 관입저항에서 구한 것으로 간편하다는 이점이 있으나 정밀도에서는 좋지 않다.

> 동역학적 지지력공식에 의해 축방향 지지력을 구하는 것은 좋지 않다. 그러나 현장에서 지지말뚝이 만족스러운 지지력값에 도달했는지를 결정하는 데 널리 사용된다.

1) Hiley공식

① 극한지지력

$$R_u = \frac{W_h h e}{S + \frac{1}{2}(C_1 + C_2 + C_3)}\left(\frac{W_h + n^2 W_p}{W_h + W_p}\right) \quad \cdots\cdots (15 \cdot 7)$$

> 동역학적 지지력공식 중 Hiley공식이 가장 합리적이다.

여기서, W_h : 해머의 무게(t)
h : 낙하고(cm)
S : 말뚝의 최종관입량(cm)
n : 반발계수
W_p : 말뚝의 무게(t)
C_1, C_2, C_3 : 말뚝, 지반, cap cushion의 탄성변형량(cm)
e : 해머의 효율

② 허용지지력

$$R_a = \frac{R_u}{F_s} \ (F_s = 3) \quad \cdots\cdots (15\cdot 8)$$

2) Engineering－News공식

> 동역학적 공식 중 최초의 공식이다.

① 극한지지력

㉮ Drop hammer

$$R_u = \frac{W_r h}{S + 2.54} \quad \cdots\cdots (15\cdot 9)$$

㉯ 단동식 steam hammer

$$R_u = \frac{W_r h}{S + 0.254} \quad \cdots\cdots (15\cdot 10)$$

> 단동증기해머 및 복동증기해머에서 $W_r H$ 항을 $H_e E$로 대체하면
> $R_u = \frac{H_e E}{S + C}$
> 여기서, H_e : 해머의 타격에너지
> E : 해머의 효율

㉰ 복동식 steam hammer

$$R_u = \frac{(W_r + A_p P)h}{S + 0.254} \quad \cdots\cdots (15\cdot 11)$$

여기서, A_p : 피스톤의 면적(cm^2)

P : 해머에 작용하는 증기압(t/cm^2)

S : 타격당 말뚝의 평균관입량(cm)

H : 낙하고(cm)

② 허용지지력

$$R_a = \frac{R_u}{F_s} \ (F_s = 6) \quad \cdots\cdots (15\cdot 12)$$

3) Sander공식

① 극한지지력

$$R_u = \frac{W_h h}{S} \quad \cdots\cdots (15\cdot 13)$$

② 허용지지력

$$R_a = \frac{R_u}{F_s} \ (F_s = 8) \quad \cdots\cdots (15\cdot 14)$$

4) Weisbach공식

(3) 말뚝의 재하시험

말뚝의 지지력은 재하시험에 의하여 가장 실제에 가까운 값이 구해진다.

1) 평판재하시험과 같은 원리로 하중－침하곡선으로부터 허용지지력을 결정한다.

$\frac{P_y}{2}$, $\frac{P_u}{3}$ 중 작은 값을 허용지지력으로 한다.

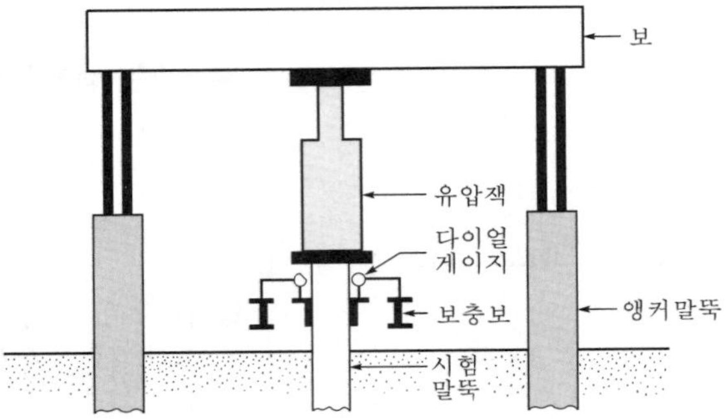

【그림 15-3】 말뚝재하시험

2) 결과의 표시

시간－하중곡선, 시간－침하곡선, 하중－침하곡선으로 구성되어 있다.

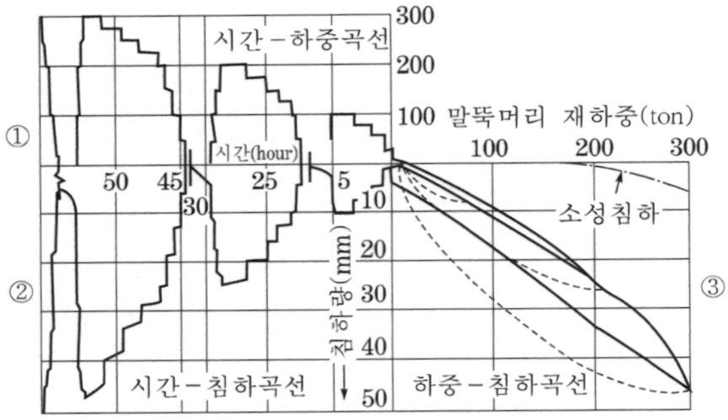

【그림 15-4】

(4) 적용성

1) 정역학적 공식

말뚝설계의 예비적인 검토와 시험말뚝의 길이를 정하는 경우 등에 사용되며, 또 재하시험을 행하지 않는 경우에 항타공식으로 구한 극한지지력을 비교 검토할 때에도 사용된다.

2) 동역학적 공식

① 마찰말뚝의 경우에는 잘 적용되지 않고 모래, 자갈과 같은 층에 지지말뚝의 경우에 한해서 적용된다.

② 정밀도에 문제가 있어서 설계치에 사용되지 않고 지지말뚝의 시공관리에 사용된다.

극한지지력결정방법	안전율	비고
정역학적 지지력공식	3	• 시공 전 설계에 사용 • N치 이용이 가능
동역학적 지지력공식	3~8	• 시공 시 사용 • 점토지반에 부적합 • 모래, 자갈 등의 지지말뚝에 한해서 적용
재하시험	3	• 가장 확실하나 비경제적임

③ 주면마찰력과 부마찰력

(1) 주면마찰력

말뚝 주위표면과 흙 사이의 마찰력을 주면마찰력이라 한다.

1) 사질토 지반에 항타 시

대부분의 사질토에서는 지반이 압축되어 밀도가 커져서 마찰저항이 커진다.

2) 점토지반에 항타 시

말뚝 주변의 흙은 큰 전단변형이 생겨 거의 교란된 상태가 되므로 마찰저항이 작아진다. 시간이 경과함에 따라 thixotrophy에 의하여 강도가 회복된다.

(2) 부마찰력(negative friction)

1) 정의

주면마찰력은 보통 상향으로 작용하여 지지력에 가산되었으나 말뚝 주위의 지반이 말뚝보다 더 많이 침하하게 되면 주면마찰력이 하향으로 발생하여 하중역할을 하게 된다. 이러한 주면마찰력을 부마찰력이라 한다.

부마찰력이 발생하는 경우는 압밀침하를 일으키는 연약점토층을 관통하여 지지층에 도달한 지지말뚝의 경우나 연약점토지반에 말뚝을 항타한 다음 그 위에 성토를 한 경우 등이다.

2) 부마찰력의 크기

$$R_{nf} = f_n A_s \quad \cdots\cdots (15\cdot15)$$

여기서, f_n : 단위면적당 부마찰력(연약점토 시 $f_n = \frac{1}{2} q_u$)

A_s : 부마찰력이 작용하는 부분의 말뚝 주면적

알•아•두•기•

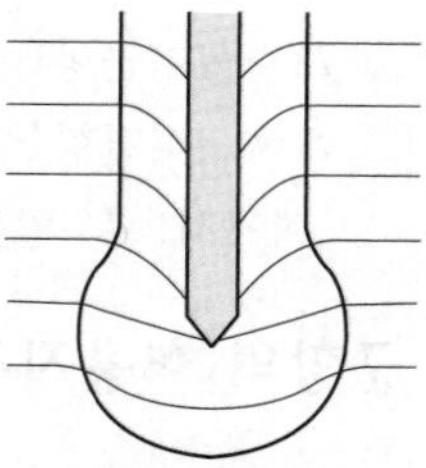

【주변의 흙의 교란】

점토층에 항타 시 말뚝 주변에 교란되는 범위

① 완전교란되는 범위 : 말뚝지름의 1/2
② 교란에 의해 현저한 압축이 생기는 범위 : 말뚝지름의 1.5배
③ 포화점토에서 간극수압이 상승하는 범위 : 말뚝지름의 6배

부마찰력을 줄이는 공법

① H형강 말뚝을 사용하는 방법
② 말뚝지름보다 크게 boring하여 부마찰력을 감소시키는 방법
③ 말뚝지름보다 약간 큰 casing을 박아서 부마찰력을 차단하는 방법
④ 말뚝 주변을 역청으로 코팅하는 방법

3) 발생원인

① 지반 중에 연약점토층의 압밀침하

② 연약한 점토층 위의 성토(사질토)하중

③ 지하수위 저하

④ 군항(무리말뚝)

(1) 판정기준

2개 이상의 말뚝에서 지중응력의 중복 여부로 판정한다.

$$D = 1.5\sqrt{rL} \quad \cdots\cdots (15\cdot16)$$

여기서, D : 말뚝에 의한 지중응력이 중복되지 않기 위한 말뚝 간격

r : 말뚝반지름

L : 말뚝길이

① $D > d$: 군항(group pile)

② $D < d$: 단항(single pile)

여기서, d : 말뚝의 중심간격

(2) 군항의 허용지지력

① $$R_{ag} = ENR_a \quad \cdots\cdots (15\cdot17)$$

여기서, E : 군항의 효율

N : 말뚝개수

R_a : 말뚝 1개의 허용지지력

② $$E = 1 - \frac{\phi}{90}\left[\frac{(m-1)n + m(n-1)}{mn}\right] \quad \cdots\cdots (15\cdot18)$$

③ $$\phi = \tan^{-1}\frac{D}{S} \quad \cdots\cdots (15\cdot19)$$

여기서, S : 말뚝간격(m)

D : 말뚝직경(m)

m : 각 열의 말뚝수

n : 말뚝 열의 수

(3) 말뚝의 간격

일반적으로 말뚝의 중심과 중심 사이의 적당한 간격으로는 $2.5d$(여기서, d : 말뚝직경) 이상이고 $4d$ 이상이 되면 비경제적이다.

■ 군항(무리말뚝)의 각 말뚝은 무리로 작용할 수 있도록 cap으로 묶고, 기둥 또는 벽체하중은 이것을 통해 말뚝으로 전달하게 한다.

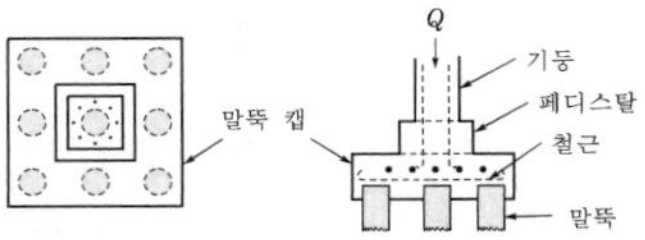

(a) 평면　　(b) 단면

【말뚝 캡에 의한 기둥과 말뚝의 연결】

■ 무리말뚝의 효과

① 모래, 자갈층에 타입된 선단지지 말뚝은 지지층 내의 응력집중이 크게 문제되지 않으므로 무리말뚝의 효과를 고려하지 않는다.

② 모래층에 타입된 마찰말뚝은 말뚝관입 시 주변 모래를 다져서 전단강도를 증가시키게 되는데, 이렇게 증가한 지지력과 무리말뚝 효과에 의해 감소되는 지지력이 상쇄되어 무리말뚝효과를 고려하지 않는다.

③ 점성토에 타입된 마찰말뚝은 말뚝관입에 의한 지반지지력의 증가를 기대할 수 없으므로 무리말뚝효과에 의한 지지력 감소를 고려해야 한다.

【표 15-1】 말뚝간격

말뚝종류	말뚝간격
암반 위의 선단지지말뚝	$2.5d$
연약한 점토를 관통하여 모래층에 박은 지지말뚝	$2.5d$
느슨한 모래 속의 마찰말뚝	$3d$
굳은 점토층 중의 마찰말뚝	$3\sim3.5d$
연약한 점토층 중의 마찰말뚝	$3\sim3.5d$

⑤ 항타법 및 타입순서

(1) 항타법

1) 타입식

① 드롭해머(drop hammer)

㉮ 소규모의 짧은 말뚝을 박을 때 사용한다.

㉯ 해머의 중량은 말뚝중량의 3~4배가 좋다.

② 증기해머(steam hammer)

㉮ 장점

- 타격횟수가 많기 때문에 드롭해머보다 시공능률이 양호하다.
- 말뚝 상단의 손실이 적다.

㉯ 단점

- 연속항타이므로 소음이 크다.
- 시공설비가 크다(소규모 현장에 부적합하다).

③ 디젤해머(diesel hammer) : 치수가 큰 말뚝을 타입할 때 많이 사용하며 최근에 가장 많이 사용하고 있다.

2) 진동식

말뚝 상단에 기진기장치를 한 바이브로해머(vibro-hammer)가 말뚝 종방향에 강재진동을 주어 항타하는 방법이다.

① 타입, 인발이 쉽다(시공능률이 크다).

② 말뚝의 두부손상이 없다.

③ 전기설비비가 많이 든다.

④ 특수cap이 필요하다.

⑤ 점토지반에 항타 시 지반이 교란되기 때문에 사질지반에 적합하다.

3) 압입식

oil jack의 반력으로 말뚝을 압입하는 공법이다.

① 무소음, 무진동이다.

② 주위 지반의 교란이 없다.

③ 사수식, pre-boring 등과 병용하여 시공하고 있다.

4) 사수식(water jet식)

말뚝 선단의 노즐에서 고압수를 분사하여 말뚝의 선단 및 주위 지반을 무르게 하여 말뚝을 자중으로 침하시키는 공법이다.

① 무소음, 무진동이다.

② 점토지반에 사용 시 말뚝의 지지력이 저하되므로 부적합하다.

(2) 타입순서

① 중앙부에서 외측으로 향하여 타입한다.

② 육지에서 해안 쪽으로 타입한다.

③ 인접 구조물이 있는 곳에서 바깥 쪽으로 타입한다.

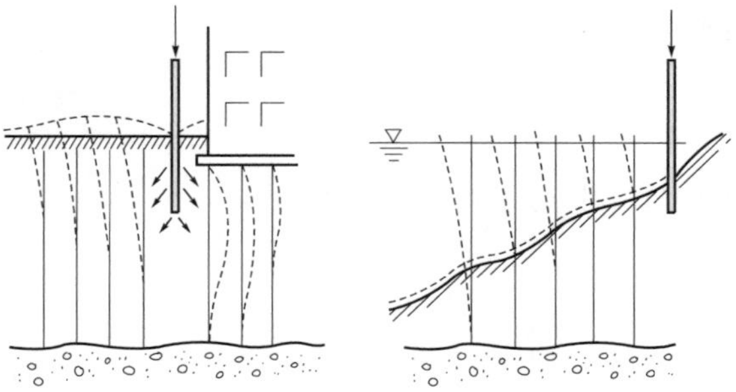

(a) (b)

【그림 15-5】 말뚝의 타입순서

02 피어기초(pier foundation)

① 정의

구조물의 하중을 연약토층을 지나 견고한 지지층에 전달시키기 위하여 지반을 천공한 후 그 구멍 속에 현장치기 콘크리트를 채워 설치하는 깊은 기초로서 최소 직경 80cm 이상의 것을 **피어기초**라 한다.

피어기초의 장점

① 한 개의 피어기초로 무리말뚝과 말뚝 캡을 대치할 수 있다.
② 비교적 큰 직경의 구조물이므로 지지력도 크고 횡하중에 대해 저항력이 크다.
③ 선단을 확장할 수 있으므로 큰 양압을 받을 수 있다.
④ 무소음, 무진동이다.
⑤ 기계굴착을 하는 경우에 말뚝으로 관통이 어려운 조밀한 자갈층이나 사질토층도 잘 관통시킬 수 있다.
⑥ 건조비가 일반적으로 싸다.

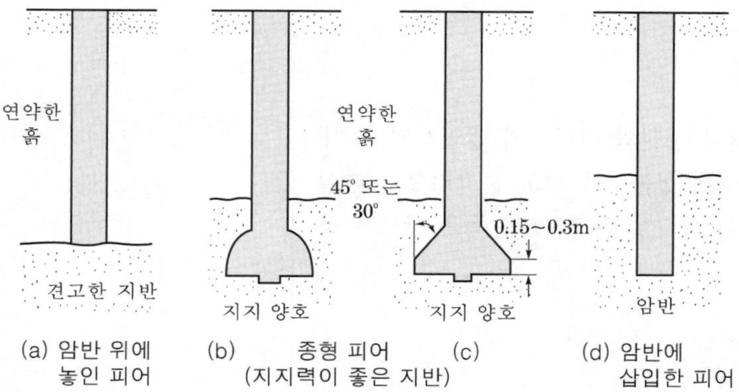

【그림 15-6】 피어기초의 종류

② 현장 타설 콘크리트말뚝공법의 분류

(1) 인력굴착공법(심초공법)

1) Chicago공법

① 수직흙막이판으로 흙막이를 하면서 인력으로 굴착하는 공법이다.

② 중간 정도의 단단한 점토에 이용된다.

2) Gow공법

① 강제원통을 땅 속에 박고 내부의 흙을 인력으로 굴착한 후 다시 다음의 원통을 박으며 굴착하는 공법이다.

② 시카고공법보다 약간 연약한 흙에 적당하다.

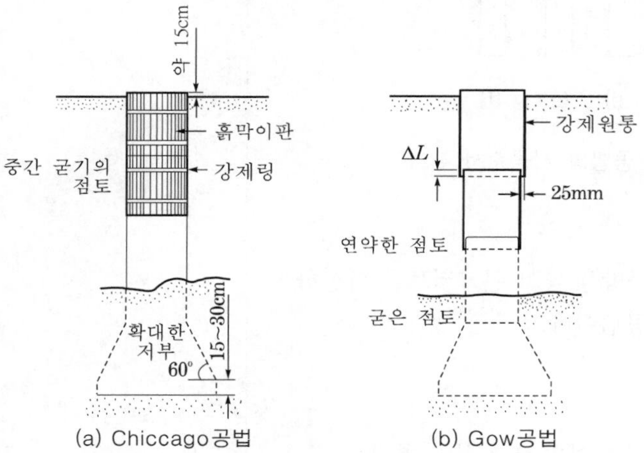

【그림 15-7】 심초공법

(2) 기계굴착공법

1) Benoto공법(All casing공법)

Casing tube를 왕복요동시키면서 경질의 지반까지 압입시킨 후 내부를 해머그래브로 굴착한 후 공내에 철근망을 넣고 콘크리트를 타설하면서 casing tube를 인발시켜 현장 타설 콘크리트말뚝을 만드는 공법이다.

① 장점

㉮ 무소음, 무진동이다.

㉯ 암반을 제외한 모든 토질에 적합하다.

㉰ All casing공법으로 붕괴성 있는 토질에도 시공이 가능하다.

② 단점

㉮ 굴착속도가 느리다.

㉯ 케이싱인발 시 철근망 부상이 우려된다.

㉰ 기계가 고가이다.

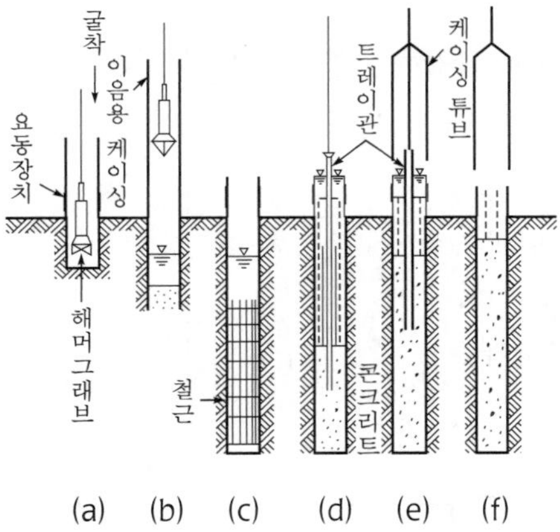

【그림 15-8】 베노토공법의 시공순서

2) Earth drill공법(Calwelde공법)

회전식 bucket으로 굴착한 후 철근망을 넣고 콘크리트를 타설하여 현장 타설 콘크리트말뚝을 만드는 공법이다.

① 소음, 진동이 가장 적다.

② 굴착속도가 빠르다.

③ 가격이 저렴하고 기계장치가 소형이며 기동성이 좋다.

④ 전석층, 호박돌층이 있을 때 굴착이 곤란하다.

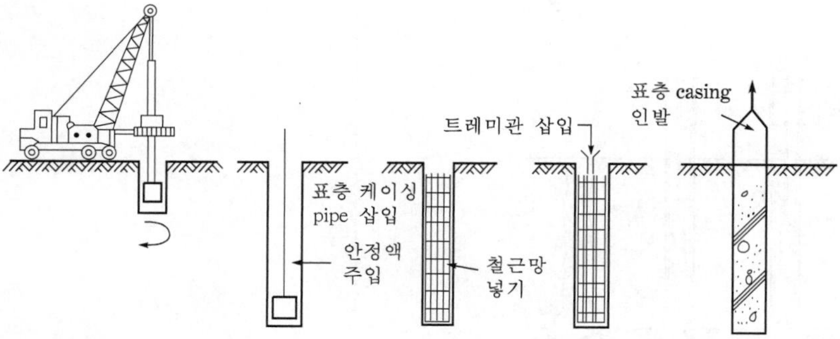

(a) 굴착 (b) casing pipe 삽입 및 안정액 주입 (c) 철근망 넣기 (d) tremie관 삽입 (e) 표층 casing 인발

【그림 15-9】 어스드릴공법의 시공순서

3) RCD(역순환)공법

특수 bit의 회전으로 토사를 굴착한 후 공벽을 정수압(0.2kg/cm^2)으로 보호하고 철근망을 삽입한 후 콘크리트를 타설하여 현장 타설 콘크리트말뚝을 만드는 공법이다.

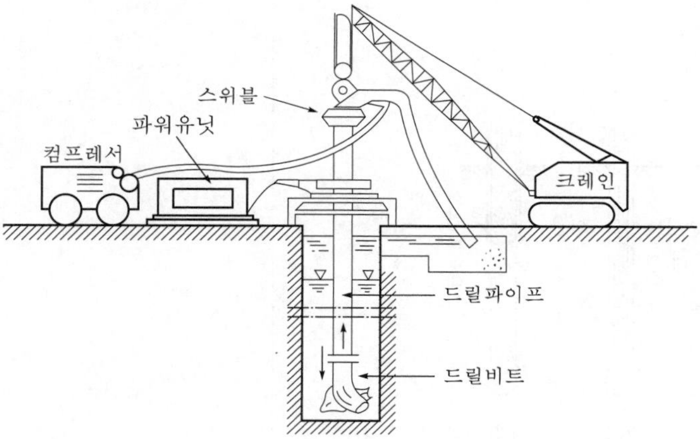

【그림 15-10】 리버스서큘레이션공법(air lift pump공법)

(3) 관입공법

1) Franky말뚝

구근이 될 콘크리트를 굳게 반죽하여 외관에 채우고 그 위를 드롭해머로 타격하여 외관을 지지층까지 도달시킨다. 그 후 외관 내의 콘크리트에 타격을 가해 구근을 만들고, 이런 일을 반복하여 만든 혹 같은 돌기를 많이 가지는 말뚝이다.

① 해머가 콘크리트를 항타하므로 소음, 진동이 작다.

② 무각(無殼)이다.

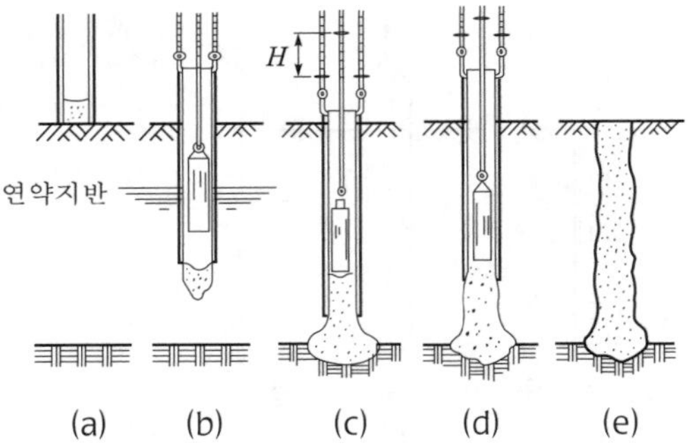

【그림 15-11】 Franky말뚝의 시공순서

2) Pedestal말뚝

내·외관을 지중에 타입한 후 선단부에 구근을 만들고 콘크리트를 투입, 케이싱을 인상, 다짐을 되풀이하여 만든 말뚝이다.

① 해머가 직접 케이싱을 항타하므로 소음이 크다.

② 무각(無殼)이다.

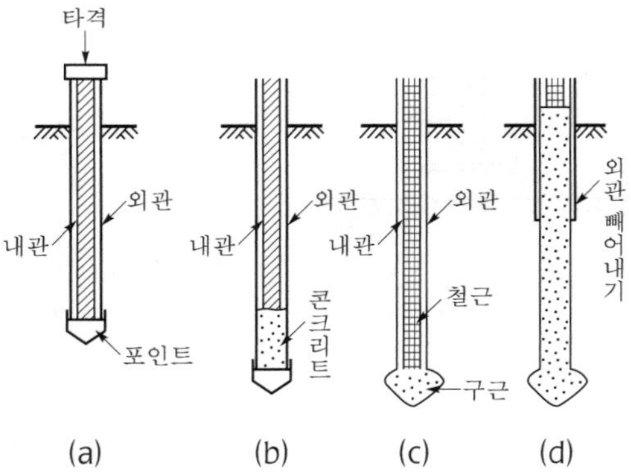

【그림 15-12】 Pedestal말뚝의 시공순서

3) Raymond말뚝

내·외관을 동시에 지중에 타입한 후 내관을 빼내고 외관 속에 콘크리트를 쳐서 만든 말뚝이다.

① 말뚝체에 약 30 : 1의 경사가 있어서 내관을 뽑아 올리기가 쉽고 말뚝 주변의 저항이 크다.

② 유각(有殼)이다.

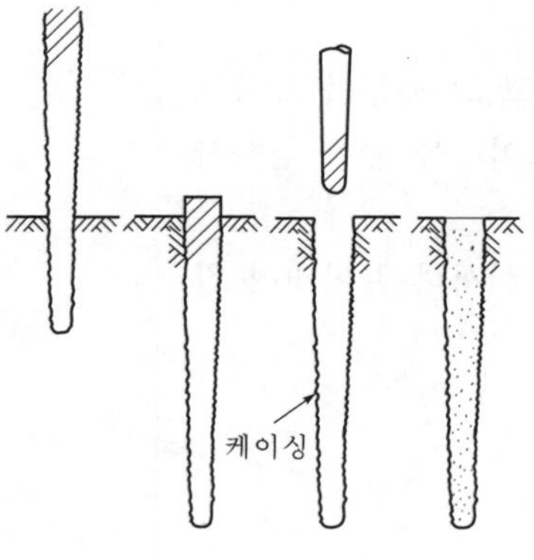

【그림 15-13】 Raymond말뚝의 시공순서

03 케이슨기초

① 정의

지상 또는 지중에 구축한 중공 대형의 철근콘크리트구조물을 저부의 흙을 굴착하면서 자중 또는 별도의 하중을 가하여 지지층까지 침하시킨 후 그 저부에 콘크리트를 쳐서 설치하는 기초를 케이슨기초(caisson foundation)라 한다.

▶ 케이슨기초는 주로 도로교, 철도교, 항만구조물, 건축구조물 등의 기초에 이용된다.

② 공법의 종류

(1) Open caisson기초(정통기초 ; well foundation)

1) 장점

① 침하깊이에 제한을 받지 않는다.
② 기계설비가 간단하다.
③ 공사비가 싸다.

2) 단점

① 지지력, 토질상태를 조사, 확인할 수 없다.
② 케이슨이 기울어질 우려가 있으며 경사수정이 곤란하다.
③ 굴착 시 boiling, heaving이 우려된다.
④ 저부의 연약토를 깨끗이 제거하지 못한다.

3) 정통의 제자리 놓기

① **축도법** : 흙가마니, 널말뚝 등으로 물을 막고 그 내부를 토사로 채운 후 그 위에서 육상의 경우와 같이 케이슨을 놓아 침하시키는 공법이다.

② **비계식** : 케이슨을 발판 위에서 만든 다음 서서히 끌어내려 침설시키는 공법이다.

③ **예항식**(부동식)

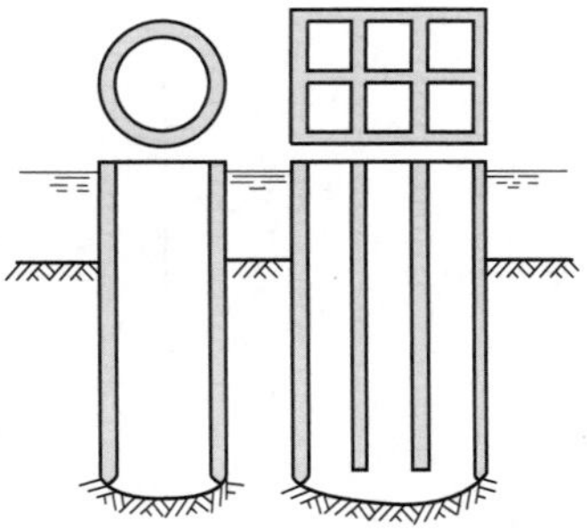

【그림 15-14】 오픈케이슨

(2) 공기케이슨기초(pneumatic caisson기초)

케이슨 저부에 작업실을 만들고, 이 작업실에 압축공기를 가하여 건조상태에서 인력굴착을 하여 케이슨을 침하시키는 공법이다.

1) 장점

① 건조상태에서 작업하므로 침하공정이 빠르고 장애물 제거가 쉽다.

② 토층의 확인이 가능하고 지지력시험이 가능하다.

③ 이동경사가 작고 경사수정이 쉽다.

④ boiling, heaving을 방지할 수 있다.

⑤ 수중작업이 아니므로 저부 콘크리트의 신뢰도가 높다.

2) 단점

① 소음, 진동이 크다.

② 케이슨병이 발생한다.

③ 수면하 35~40m 이상의 깊은 공사는 못한다.

④ 노무자의 모집이 곤란하고 비싸다.

⑤ 기계설비가 고가이다.

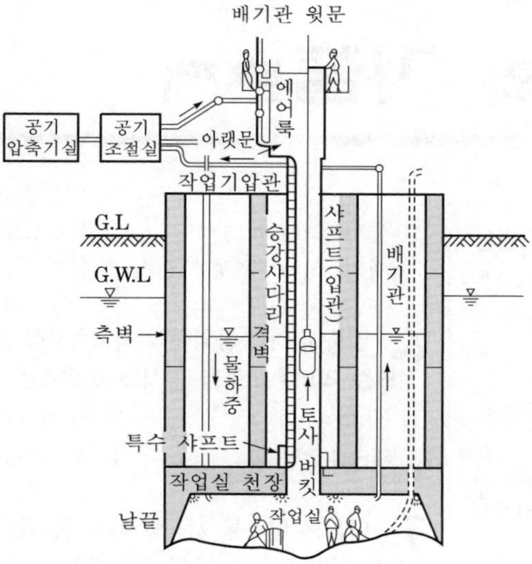

【그림 15-15】 뉴메틱케이슨의 구조

(3) Box caisson기초

밑이 막힌 box형으로 되어 있으며 설치 전에 미리 지지층까지 굴착하고 지반을 수평으로 고른 다음 육상에서 건조한 후에 해상에 진수시켜서 정위치에 온 다음 내부에 모래, 자갈, 콘크리트 또는 물을 채워서 침하시키는 공법이다.

예상 및 기출문제

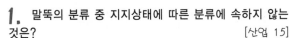

1. 말뚝의 분류 중 지지상태에 따른 분류에 속하지 않는 것은? [산업 15]

① 다짐말뚝 ② 마찰말뚝
③ pedestal 말뚝 ④ 선단지지말뚝

해설 지지방법에 의한 분류 : 선단지지말뚝, 마찰말뚝, 하부지반지지말뚝, 다짐말뚝

2. 말뚝지지력에 관한 여러 가지 공식 중 정역학적 지지력 공식이 아닌 것은? [기사 14, 17, 20, 산업 13]

① Dörr의 공식
② Terzaghi의 공식
③ Meyerhof의 공식
④ Engineering－news공식(또는 AASHO공식)

해설 말뚝의 지지력공식
㉮ 정역학적 공식 : Terzaghi공식, Dörr공식, Meyerhof공식, Dunham공식
㉯ 동역학적 공식 : Hiley공식, Engineering－new공식, Sander공식, Weisbach공식

3. 다음 중 말뚝의 정역학적 지지력공식은? [산업 18, 19]

① Sander공식 ② Terzaghi공식
③ Engineering News공식 ④ Hiley공식

해설 말뚝의 지지력공식
㉮ 정역학적 공식 : Terzaghi공식, Dörr공식, Meyerhof공식, Dunham공식
㉯ 동역학적 공식 : Hiley공식, Engineering－new공식, Sander공식, Weisbach공식

4. 말뚝의 지지력공식 중 엔지니어링뉴스(Engineering News)공식에 대한 설명으로 옳은 것은? [산업 13]

① 정역학적 지지력공식이다.
② 동역학적 지지력공식이다.
③ 균형의 지지력공식이다.
④ 전달파를 이용한 지지력공식이다.

5. 다음 중 말뚝의 지지력을 구하는 공식이 아닌 것은? [산업 12]

① 샌더(Sander)공식 ② 힐리(Hiley)공식
③ 재키(Jaky)공식 ④ 엔지니어링뉴스공식

6. 말뚝에 대한 동역학적 지지력공식 중 말뚝머리에서 측정되는 리바운드량을 공식에 이용하는 것은? [기사 07]

① Hiley 공식 ② Engineering News 공식
③ Sander 공식 ④ Weisbach 공식

7. 다음은 말뚝을 시공할 때 사용되는 해머에 대한 설명이다. 어떤 해머에 대한 것인가? [기사 09, 11]

램, 앤빌블록, 연료주입시스템으로 구성된다. 연약지반에서는 램이 들어 올려지는 양이 적어 공기－연료혼합물의 점화가 불가능하여 사용이 어렵다.

① 증기해머 ② 진동해머
③ 디젤해머 ④ 드롭해머

8. 점착력이 5t/m^2, γ_t=1.8t/m^{3}의 비배수상태(ϕ=0)인 포화된 점성토 지반에 직경 40cm, 길이 10m의 PHC말뚝이 항타시공되었다. 이 말뚝의 선단지지력은 얼마인가? (단, Meyerhof방법을 사용) [기사 09, 11, 16]

① 1.57t ② 3.23t
③ 5.65t ④ 45t

해설 비배수상태($\phi=0$)인 포화점토

$$R_p = q_p A_p = c N_c^* A_p = 9cA_p \ (\because \ \phi = 0\text{일 때 } N_c^* = 9)$$
$$= 9 \times 5 \times \frac{\pi \times 0.4^2}{4} = 5.65\text{t}$$

9. 깊은 기초에 대한 설명으로 틀린 것은? [기사 09, 12]

① 점토지반 말뚝기초의 주면마찰저항을 산정하는 방법에는 α, β, λ방법이 있다.
② 사질토에서 말뚝의 선단지지력은 깊이에 비례하여 증가하나, 어느 한계에 도달하면 더 이상 증가하지 않고 거의 일정해진다.
③ 무리말뚝의 효율은 1보다 작은 것이 보통이나, 느슨한 사질토의 경우에는 1보다 클 수 있다.
④ 무리말뚝의 침하량은 동일한 규모의 하중을 받는 외말뚝의 침하량보다 작다.

정답 1. ③ 2. ④ 3. ② 4. ② 5. ③ 6. ① 7. ③ 8. ③ 9. ④

해설 ㉮ 무리말뚝의 침하량은 동일한 규모의 하중을 받는 외말뚝의 침하량보다 크다.
㉯ 무리말뚝의 효율성은 외말뚝의 효율성보다 작다.
㉰ 무리말뚝의 효율은 말뚝의 중심간격 d가 큰 경우에는 $E > 1$이 된다.

10. **말뚝기초의 지지력에 관한 설명으로 틀린 것은?** [산업 10, 14, 20]

① 부마찰력은 아래방향으로 작용한다.
② 말뚝 선단부의 지지력과 말뚝 주변마찰력의 합이 말뚝의 지지력이 된다.
③ 점성토 지반에는 동역학적 지지력공식이 잘 맞는다.
④ 재하시험결과를 이용하는 것이 신뢰도가 큰 편이다.

해설 지지력 산정방법과 안전율

분류	안전율	비고
재하시험	3	• 가장 확실하나 비경제적이다.
정역학적 지지력공식	3	• 시공 전 설계에 사용한다. • N값 이용이 가능하다.
동역학적 지지력공식	3~8	• 시공 시 사용한다. • 점토지반에 부적합하다.

11. **깊은 기초의 지지력평가에 관한 설명 중 잘못된 것은?** [기사 09, 14, 18]

① 정역학적 지지력추정방법은 논리적으로 타당하나 강도 정수를 추정하는데 한계성을 내포하고 있다.
② 동역학적 방법은 항타장비, 말뚝과 지반조건이 고려된 방법으로 해머효율의 측정이 필요하다.
③ 현장 타설 콘크리트말뚝기초는 동역학적 방법으로 지지력을 추정한다.
④ 말뚝항타분석기(PDA)는 말뚝의 응력분포, 경시효과 및 해머효율을 파악할 수 있다.

해설 피어기초의 극한지지력은 말뚝기초의 지지력을 구하는 정역학적 공식과 같은 방법으로 구한다.

12. **말뚝재하시험 시 연약점토지반인 경우는 pile의 타입 후 20여 일이 지난 다음 말뚝재하시험을 한다. 그 이유로 가장 적당한 것은?** [기사 16, 19, 산업 08, 17, 18, 20]

① 주면마찰력이 너무 크게 작용하기 때문에
② 부마찰력이 생겼기 때문에
③ 타입 시 주변이 교란되었기 때문에
④ 주위가 압축되었기 때문에

해설 ㉮ 재성형한 시료를 함수비의 변화 없이 그대로 방치하여 두면 시간이 경과되면서 강도가 회복되는데, 이러한 현상을 딕소트로피현상이라 한다.
㉯ 말뚝타입 시 말뚝 주위의 점토지반이 교란되어 강도가 작아지게 된다. 그러나 점토는 딕소트로피현상이 생겨서 강도가 되살아나기 때문에 말뚝재하시험은 말뚝타입 후 며칠이 지난 후 행한다.

13. **점토지반에 설치한 말뚝재하시험은 말뚝타입 후 일정한 기간이 지난 후 재하시험을 하는데, 이는 점토의 어떤 성질 때문인가?** [산업 01]

① 부마찰력작용 ② 딕소트로피현상
③ 팽창현상 ④ 슬래킹(slaking)작용

해설 재성형한 시료를 함수비의 변화 없이 그대로 방치하여 두면 시간이 경과되면서 강도가 회복되는데, 이러한 현상을 딕소트로피현상이라 한다.

14. **연약점토지반에 말뚝을 시공하는 경우 말뚝을 타입한 후 어느 정도 기간이 경과한 후에 재하시험을 하게 된다. 그 이유로 가장 적합한 것은?** [기사 09]

① 말뚝타입 시 말뚝 자체가 받는 충격에 의해 두부의 손상이 발생할 수 있어 안정화에 시간이 걸리기 때문이다.
② 말뚝에 주면마찰력이 발생하기 때문이다.
③ 말뚝에 부마찰력이 발생하기 때문이다.
④ 말뚝타입 시 교란된 점토의 강도가 원래대로 회복하는데 시간이 걸리기 때문이다.

15. **말뚝의 정재하시험에서 하중재하방법이 아닌 것은?** [산업 12, 16]

① 사하중을 재하하는 방법
② 반복하중을 재하하는 방법
③ 반력말뚝의 주변마찰력을 이용하는 방법
④ Earth Anchor의 인발저항력을 이용하는 방법

해설 하중재하방법
㉮ 재하장치 위에 철강이나 콘크리트블록과 같은 사하중을 재하하는 방법
㉯ 시험말뚝 옆에 인장말뚝을 박고 강보로 연결하여 유압잭으로 재하하는 방법

정답 10. ③ 11. ③ 12. ③ 13. ② 14. ④ 15. ②

16. **말뚝기초의 지반거동에 관한 설명으로 틀린 것은?** [기사 10, 14, 17, 20]

① 연약지반상에 타입되어 지반이 먼저 변형하고 그 결과 말뚝이 저항하는 말뚝을 주동말뚝이라 한다.
② 말뚝에 작용한 하중은 말뚝 주변의 마찰력과 말뚝 선단의 지지력에 의하여 주변지반에 전달된다.
③ 기성말뚝을 타입하면 전단파괴를 일으키며 말뚝 주위의 지반은 교란된다.
④ 말뚝타입 후 지지력의 증가 또는 감소현상을 시간효과(Time effect)라 한다.

해설 ㉮ 주동말뚝 : 말뚝이 지표면에서 수평력을 받는 경우 말뚝이 변형함에 따라 지반이 저항하는 말뚝
㉯ 수동말뚝 : 지반이 먼저 변형하고 그 결과 말뚝이 저항하는 말뚝

17. **해머의 낙하고 2m, 해머의 중량 4t, 말뚝의 최종 침하량이 2cm일 때 Sander공식을 이용하여 말뚝의 허용지지력을 구하면?** [산업 06, 07, 19]

① 50t ② 100t
③ 80t ④ 160t

해설 $R_a = \frac{W_h h}{8S} = \frac{4 \times 200}{8 \times 2} = 50\text{t}$

18. **단동식 증기해머로 말뚝을 박았다. 해머의 무게 2.5t, 낙하고 3m, 타격당 말뚝의 평균관입량 1cm, 안전율 6일 때 Engineering－News공식으로 허용지지력을 구하면?** [기사 08, 11, 18, 19]

① 250t ② 200t
③ 100t ④ 50t

해설 ㉮ $R_u = \frac{Wh}{S+0.254} = \frac{2.5 \times 300}{1+0.254} = 598.09\text{t}$
㉯ $R_a = \frac{R_u}{F_s} = \frac{598.09}{6} = 99.68\text{t}$

19. **말뚝의 지지력을 결정하기 위해 엔지니어링뉴스(Engineering－News)공식을 사용할 때 안전율을 얼마 정도로 적용하는가?** [산업 09, 11, 13]

① 1 ② 2
③ 3 ④ 6

해설 안전율
㉮ Engineering News공식 : $F_s = 6$
㉯ Sander공식 : $F_s = 8$

20. **직경 30cm 콘크리트말뚝을 단동식 증기해머로 타입하였을 때 엔지니어링뉴스공식을 적용한 말뚝의 허용지지력은? (단, 타격에너지=36kN·m, 해머효율=0.8, 손실상수=0.25cm, 마지막 25mm 관입에 필요한 타격횟수=5이다.)** [기사 12, 14, 19]

① 640kN ② 1,280kN
③ 1,920kN ④ 3,840kN

해설 ㉮ $R_u = \frac{W_h h}{S+C} = \frac{H_e E}{S+C} = \frac{3,600 \times 0.8}{\frac{2.5}{5}+0.25} = 3,840\text{kN}$
㉯ $R_a = \frac{R_u}{F_s} = \frac{3,840}{6} = 640\text{kN}$

21. **말뚝의 허용지지력을 구하는 Sander의 공식은? (단, R_a : 허용지지력, S : 관입량, W_h : 해머의 중량, h : 낙하고)** [산업 09, 16]

① $R_a = \frac{W_h h}{8S}$ ② $R_a = \frac{W_h h}{4S}$
③ $R_a = \frac{W_h S}{4h}$ ④ $R_a = \frac{W_h h}{8+S}$

해설 Sander공식 : $R_u = \frac{W_h h}{S}$, $R_a = \frac{W_h h}{8S}$

22. **연약지반 위에 성토를 실시한 다음 말뚝을 시공하였다. 시공 후 발생될 수 있는 현상에 대한 설명으로 옳은 것은?** [기사 17]

① 성토를 실시하였으므로 말뚝의 지지력은 점차 증가한다.
② 말뚝을 암반층 상단에 위치하도록 시공하였다면 말뚝의 지지력에는 변함이 없다.
③ 압밀이 진행됨에 따라 지반의 전단강도가 증가되므로 말뚝의 지지력은 점차 증가된다.
④ 압밀로 인해 부의 주면마찰력이 발생되므로 말뚝의 지지력은 감소된다.

정답 16. ① 17. ① 18. ③ 19. ④ 20. ① 21. ① 22. ④

해설 ㉮ 부마찰력은 압밀침하를 일으키는 연약점토층을 관통하여 지지층에 도달한 지지말뚝의 경우나 연약점토지반에 말뚝을 항타한 다음 그 위에 성토를 한 경우 등일 때 발생한다.
㉯ 부마찰력이 발생하면 말뚝의 지지력은 감소한다.

23. 무게 320kg인 드롭해머(drop hammer)로 2m의 높이에서 말뚝을 때려 박았더니 침하량이 2cm이었다. Sander의 공식을 사용할 때 이 말뚝의 허용지지력은? [기사 08, 14, 15]

① 1,000kg ② 2,000kg
③ 3,000kg ④ 4,000kg

해설 $R_a = \frac{W_h h}{8S} = \frac{320 \times 200}{8 \times 2} = 4{,}000\text{kg}$

24. 말뚝의 부마찰력에 대한 설명 중 틀린 것은? [기사 09, 11, 13, 19]

① 부마찰력이 작용하면 지지력이 감소한다.
② 연약지반에 말뚝을 박은 후 그 위에 성토를 한 경우 일어나기 쉽다.
③ 부마찰력은 말뚝 주변침하량이 말뚝의 침하량보다 클 때에 아래로 끌어내리는 마찰력을 말한다.
④ 연약한 점토에 있어서는 상대변위의 속도가 느릴수록 부마찰력은 크다.

해설 부마찰력
㉮ 부마찰력이 발생하면 말뚝의 지지력은 크게 감소한다($R_u = R_p - R_{nf}$).
㉯ 말뚝 주변지반의 침하량이 말뚝의 침하량보다 클 때 발생한다.
㉰ 상대변위의 속도가 클수록 부마찰력은 커진다.

25. 말뚝에서 부마찰력에 관한 설명 중 옳지 않은 것은? [기사 19]

① 아래쪽으로 작용하는 마찰력이다.
② 부마찰력이 작용하면 말뚝의 지지력은 증가한다.
③ 압밀층을 관통하여 견고한 지반에 말뚝을 박으면 일어나기 쉽다.
④ 연약지반에 말뚝을 박은 후 그 위에 성토를 하면 일어나기 쉽다.

해설 부마찰력
㉮ 부마찰력이 발생하면 말뚝의 지지력은 크게 감소한다($R_u = R_p - R_{nf}$).
㉯ 부마찰력은 압밀침하를 일으키는 연약점토층을 관통하여 지지층에 도달한 지지말뚝의 경우나 연약점토지반에 말뚝을 항타한 다음 그 위에 성토를 한 경우 등일 때 발생한다.

26. 말뚝에서 발생하는 부(負)의 주면마찰력에 관한 설명으로 옳지 않은 것은? [산업 10, 11]

① 부마찰력은 말뚝을 아래쪽으로 끌어내리는 마찰력이다.
② 부마찰력이 발생하면 말뚝의 지지력이 증가한다.
③ 부마찰력을 감소시키려면 표면적이 작은 말뚝을 사용한다.
④ 연약한 점토에 있어서 상대변위의 속도가 빠를수록 부마찰력은 크다.

해설 ㉮ 부마찰력이 발생하면 지지력이 크게 감소하므로 말뚝의 허용지지력을 결정할 때 세심하게 고려한다.
㉯ 상대변위속도가 클수록 부마찰력이 크다.

27. 말뚝기초에서 부마찰력(negative skin friction)에 대한 설명이다. 옳지 않은 것은? [산업 08, 13, 20]

① 지하수위 저하로 지반이 침하할 때 발생한다.
② 지반이 압밀진행 중인 연약점토지반인 경우에 발생한다.
③ 발생이 예상되면 대책으로 말뚝 주면에 역청으로 코팅하는 것이 좋다.
④ 말뚝 주면에 상방향으로 작용하는 마찰력이다.

해설 말뚝 주면에 하중역할을 하는 아래방향으로 작용하는 주면마찰력을 부마찰력이라 한다.

28. 말뚝기초의 부의 주면마찰력에 대한 설명으로 잘못된 것은? [산업 16]

① 말뚝 선단부에 큰 압력부담을 주게 된다.
② 연약지반에 말뚝을 박고 그 위에 성토를 하였을 때 발생한다.
③ 말뚝 주위의 흙이 말뚝을 아래방향으로 끄는 힘을 말한다.
④ 부의 주면마찰력이 일어나면 지지력은 증가한다.

정답 23. ④ 24. ④ 25. ② 26. ② 27. ④ 28. ④

해설 부마찰력이 일어나면 말뚝의 지지력은 감소한다.

29. **말뚝의 부마찰력(Negative Skin Friction)에 대한 설명 중 틀린 것은?** [기사 08, 18]

① 말뚝의 허용지지력을 결정할 때 세심하게 고려해야 한다.
② 연약지반에 말뚝을 박은 후 그 위에 성토를 한 경우 일어나기 쉽다.
③ 연약한 점토에 있어서는 상대변위의 속도가 느릴수록 부마찰력은 크다.
④ 연약지반을 관통하여 견고한 지반까지 말뚝을 박은 경우 일어나기 쉽다.

해설 ㉮ 부마찰력이 발생하면 지지력이 크게 감소하므로 말뚝의 허용지지력을 결정할 때 세심하게 고려한다.
㉯ 상대변위속도가 클수록 부마찰력이 크다.

30. **말뚝에 부마찰력이 생기는 원인 또는 부마찰력과 관계가 없는 것은?** [산업 08, 09, 16, 19]

① 말뚝이 연약지반을 관통하여 견고한 지반에 박혔을 때 발생한다.
② 지반에 성토나 하중을 가할 때 발생한다.
③ 지하수위 저하로 발생한다.
④ 말뚝의 타입 시 항상 발생하며 그 방향은 상향이다.

31. **부마찰력에 대한 설명이다. 틀린 것은?** [기사 06, 09, 13]

① 부마찰력을 줄이기 위하여 말뚝표면을 아스팔트 등으로 코팅하여 타설한다.
② 지하수위 저하 또는 압밀이 진행 중인 연약지반에서 부마찰력이 발생한다.
③ 점성토 위에 사질토를 성토한 지반에 말뚝을 타설한 경우에 부마찰력이 발생한다.
④ 부마찰력은 말뚝을 아래방향으로 작용하는 힘이므로 결국에는 말뚝의 지지력을 증가시킨다.

해설 ㉮ 부마찰력이 발생하면 지지력이 크게 감소하므로 말뚝의 허용지지력을 결정할 때 세심하게 고려한다.
㉯ 상대변위속도가 클수록 부마찰력이 크다.

32. **연약지반에 말뚝을 시공한 후 부의 주면마찰력이 발생되면 말뚝의 지지력은?** [산업 15]

① 증가된다.
② 감소된다.
③ 변함이 없다.
④ 증가할 수도 있고, 감소할 수도 있다.

해설 부마찰력이 발생하면 말뚝의 지지력은 작아진다.

33. **직접기초의 지지력 감소요인으로서 적당하지 않은 것은?** [기사 05, 12]

① 편심하중 ② 경사허용
③ 부마찰력 ④ 지하수위의 상승

해설 부마찰력은 압밀침하를 일으키는 연약점토층을 관통하여 지지층에 도달한 지지말뚝의 경우나 연약점토지반에 말뚝을 항타한 다음 그 위에 성토를 한 경우 등일 때 발생한다.

34. **부마찰력이 발생할 수 있는 경우가 아닌 것은?** [기사 05, 18]

① 매립된 생활쓰레기 중에 시공된 관측정
② 붕적토에 시공된 말뚝기초
③ 성토한 연약점토지반에 시공된 말뚝기초
④ 다짐된 사질지반에 시공된 말뚝기초

해설 연약점토층을 관통하여 지지층에 도달한 지지말뚝의 경우나 연약점토지반에 말뚝을 항타한 다음 그 위에 성토를 하든지 지하수위가 저하될 때 연약층의 침하에 의하여 하향으로 작용하는 주면마찰력이 발생하여 하중역할을 하게 되는데, 이러한 주면마찰력을 부마찰력(negative friction)이라 한다.

35. **연약점성토층을 관통하여 철근콘크리트파일을 박았을 때 부마찰력(Negative friction)은? (단, 이때 지반의 일축압축강도 q_u=2t/m^2, 파일직경 D=50cm, 관입깊이 l=10m임)** [기사 12, 14, 16]

① 15.71t ② 18.53t
③ 20.82t ④ 24.24t

해설 $R_{nf} = f_n A_s = \frac{1}{2} q_u \pi D l$

$$= \frac{1}{2} \times 2 \times \pi \times 0.5 \times 10 = 15.71\text{t}$$

정답 29. ③ 30. ④ 31. ④ 32. ② 33. ③ 34. ④ 35. ①

36. 말뚝기초에 대한 설명 중 틀린 것은? [기사 06]

① 군항은 전달되는 응력이 겹쳐지므로 말뚝 1개의 지지력에 말뚝개수를 곱한 값보다 지지력이 크다.
② 동역학적 지지력공식 중 엔지니어링뉴스공식의 안전율 F_s는 6이다.
③ 부마찰력이 발생하면 말뚝의 지지력은 감소한다.
④ 말뚝기초는 기초의 분류에서 깊은기초에 속한다.

해설 군항은 단항보다도 각각의 말뚝이 발휘하는 지지력이 작다($R_{ag}=ENR_a$).

37. 말뚝의 평균지름이 140cm, 관입깊이가 15m일 때 군말뚝의 영향을 고려하지 않아도 되는 말뚝의 최소 간격은? [산업 11, 14, 16]

① 약 3m ② 약 5m
③ 약 7m ④ 약 9m

해설 $D=1.5\sqrt{rl}=1.5\sqrt{0.7\times15}=4.86\text{m}$

38. 지름 d=20cm인 나무말뚝을 25본 박아서 기초 상판을 지지하고 있다. 말뚝의 배치를 5열로 하고 각 열은 등간격으로 5본씩 박혀 있다. 말뚝의 중심간격 S=1m이고, 1본의 말뚝이 단독으로 10t의 지지력을 가졌다고 하면 이 무리말뚝은 전체로 얼마의 하중을 견딜 수 있는가? (단, Converse-Labbarre식을 사용한다.) [기사 12, 16]

① 100t ② 200t
③ 300t ④ 400t

해설
㉮ $\phi=\tan^{-1}\dfrac{D}{S}=\tan^{-1}\dfrac{0.2}{1}=11.31°$
㉯ $E=1-\phi\left[\dfrac{(m-1)n+m(n-1)}{90mn}\right]$
$=1-11.31\times\dfrac{4\times5+5\times4}{90\times5\times5}=0.8$
㉰ $R_{ag}=ENR_a=0.8\times25\times10=200\text{t}$

39. 10개의 무리말뚝기초에 있어서 효율이 0.8, 단항으로 계산한 말뚝 1개의 허용지지력이 100kN일 때 군항의 허용지지력은? [기사 08, 산업 12, 13, 15, 20]

① 500kN ② 800kN
③ 1,000kN ④ 1,250kN

해설 $R_{ag}=ENR_a=0.8\times10\times100=800\text{kN}$

40. 3.0×3.6m인 직사각형 기초의 저면에 0.8m 및 1.0m 간격으로 지름 30cm, 길이 12m인 말뚝 9개를 무리말뚝으로 배치하였다. 말뚝 1개의 허용지지력을 25ton으로 보았을 때 이 말뚝기초 전체의 허용지지력을 구하면? (단, 무리말뚝의 효율(E)은 0.543이다.) [산업 08, 12, 16]

① 122.2ton ② 151.7ton
③ 184ton ④ 225ton

해설 $R_{ag}=ENR_a=0.543\times9\times25=122.18\text{t}$

41. 중심간격이 2m, 지름 40cm인 말뚝을 가로 4개, 세로 5개씩 전체 20개의 말뚝을 박았다. 말뚝 한 개의 허용지지력이 150kN이라면 이 군항의 허용지지력은 약 얼마인가? (단, 군말뚝의 효율은 Converse-Labarre공식을 사용한다.) [기사 14, 17, 20]

① 4,500kN ② 3,000kN
③ 2,415kN ④ 1,215kN

해설
㉮ $\phi=\tan^{-1}\dfrac{D}{S}=\tan^{-1}\dfrac{0.4}{2}=11.31°$
㉯ $E=1-\phi\left[\dfrac{(m-1)n+m(n-1)}{90mn}\right]$
$=1-11.31\times\dfrac{3\times5+4\times4}{90\times4\times5}=0.805$
㉰ $R_{ag}=ENR_a=0.805\times20\times150=2,415\text{kN}$

42. 다음 그림과 같이 사질토 지반에 타설된 무리말뚝이 있다. 말뚝은 원형이고, 직경은 0.4m, 설치간격은 1m이었다. 이 무리말뚝의 효율은? (단, Converse- Labarre공식을 사용할 것) [산업 07, 09]

① 0.56
② 0.62
③ 0.68
④ 0.75

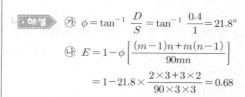

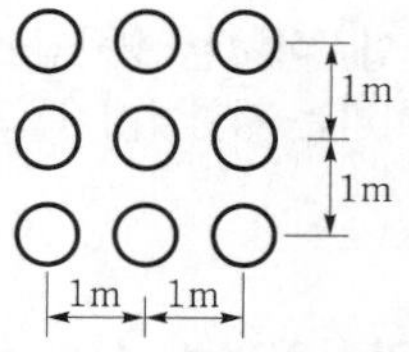

해설
㉮ $\phi=\tan^{-1}\dfrac{D}{S}=\tan^{-1}\dfrac{0.4}{1}=21.8°$
㉯ $E=1-\phi\left[\dfrac{(m-1)n+m(n-1)}{90mn}\right]$
$=1-21.8\times\dfrac{2\times3+3\times2}{90\times3\times3}=0.68$

43. 콘크리트 말뚝을 마찰말뚝으로 보고 설계할 때 총 연직하중을 200ton, 말뚝 1개의 극한지지력을 89ton, 안전율을 2.0으로 하면 소요말뚝의 수는? [기사 16]

① 6개 ② 5개
③ 3개 ④ 2개

해설 ㉮ $R_a = \frac{R_u}{F_s} = \frac{89}{2} = 44.5\text{t}$
㉯ $R_a' = NR_a$
$200 = N \times 44.5$
$\therefore \ N = 4.5 ≒ 5$개

44. 널말뚝에 대한 설명이다. 틀린 것은? [기사 96]

① 강(steel)널말뚝은 다른 말뚝에 비하여 재사용이 가능하다.
② 앵커(anchor)를 사용할 경우 널말뚝의 관입깊이, 휨모멘트를 적게 할 수 있다.
③ 앵커널말뚝설계에 자유지지법이 고정지지법에 비하여 간단하다.
④ 앵커점에 대한 모멘트의 합을 영(zero)으로 하여 앵커rod의 인장력을 구한다.

해설 ㉮ 앵커 달린 널말뚝(anchored sheet pile)
㉠ 자유단지지방법 : 최소 근입장법으로 널말뚝의 근입깊이가 얕을 때 사용하며 고정단지지방법보다 해석이 간단하다.
㉡ 고정단지지방법 : 널말뚝의 근입깊이가 깊을 때 사용한다.
㉯ tie－rod의 힘 T는 수평력의 합이 0이라는 평형식으로부터 구한다.
㉰ 근입깊이 d는 앵커점에 대한 모멘트의 합이 0이라는 평형방정식으로부터 구한다.

피어기초(pier foundation)

45. 다음 중 현장 타설 콘크리트말뚝기초공법이 아닌 것은? [산업 16]

① 프렌키(Franky)말뚝공법
② 레이몬드(Raymond)말뚝공법
③ 페데스탈(Pedestal)말뚝공법
④ PHC말뚝공법

해설 현장 타설 콘크리트말뚝 : Franky말뚝, Pedestal말뚝, Raymond말뚝

46. 피어기초의 수직공을 굴착하는 공법 중에서 기계에 의한 굴착공법이 아닌 것은? [산업 17]

① benoto공법
② chicago공법
③ calwelde공법
④ reverse circulation공법

해설 기계굴착공법 : benoto공법, earth drill(calwelde)공법, RCD(역순환)공법

47. 뉴메틱케이슨(Pneumatic caisson)의 장점을 열거한 것 중 옳지 않은 것은? [기사 00]

① 토질을 확인할 수 있고 비교적 정확한 지지력을 측정할 수 있다.
② 수중콘크리트를 하지 않으므로 신뢰성이 많은 저부콘크리트슬래브의 시공이 가능하다.
③ 기초지반의 보일링과 팽창을 방지할 수 있으므로 인접 구조물에 피해를 주지 않는다.
④ 굴착깊이에 제한을 받지 않는다.

해설 뉴메틱케이슨기초의 단점
㉮ 소음 · 진동이 크다.
㉯ 케이슨병이 발생한다.
㉰ 수면하 35～40m 이상의 깊은 공사는 곤란하다(굴착깊이에 제한을 받는다).

48. 뉴메틱케이슨공법에 관한 설명 중 틀린 것은? [기사 98]

① Well기초보다 침하공정이 빠르고, 또 케이슨의 경사수정이 용이하다.
② 대단히 깊은 곳까지 확실하게 시공할 수 있다.
③ 굴착 시 극단적인 여굴이 필요 없고 장애물 제거도 용이하다.
④ 압축공기를 사용하기 때문에 소규모 공사에는 비경제적이다.

해설 수면하 35～40m 이상의 깊은 공사는 곤란하다.

정답 43. ② 44. ④ 45. ④ 46. ② 47. ④ 48. ②

49. 가로 2m, 세로 4m의 직사각형 케이슨의 지중 16m까지 관입되었다. 단위면적당 마찰력 $f=0.2\text{kN/m}^2$일 때 케이슨에 작용하는 주면마찰력(skin friction)은 얼마인가?

[산업 16, 20]

① 38.4kN ② 27.5kN
③ 19.2kN ④ 12.8kN

해설 $R_f = f_s A_s = 0.2\times(2\times2+4\times2)\times16 = 38.4\text{kN}$

50. 현장 말뚝기초공법에 해당되지 않는 것은?

[산업 01]

① 프렌키공법
② 바이브로플로테이션공법
③ 페데스탈공법
④ 레이몬드공법

해설 현장 콘크리트말뚝 : Franky말뚝, Pedestal말뚝, Raymond말뚝

51. 기존 건물에서 인접된 장소에 새로운 깊은 기초를 시공하고자 한다. 이때 기존 건물의 기초가 얕아 보강하는 공법 중 적당한 것은?

[산업 19]

① 압성토공법 ② Underpining공법
③ Preloading공법 ④ 치환공법

해설 Underpining공법
㉮ 개요 : 기존 구조물에 대해 기초 부분을 신설, 개축 또는 증강하는 공법이다.
㉯ Up를 사용하는 경우
㉠ 기존 기초의 지지력이 불충분한 경우
㉡ 신구조물을 축조할 때 기존 기초에 접근해서 굴착하는 경우
㉢ 기존 구조물의 직하에 신구조물을 만드는 경우
㉣ 구조물을 이동하는 경우

정답 49. ① 50. ② 51. ②

MEMO

chapter 16

연약지반 개량공법

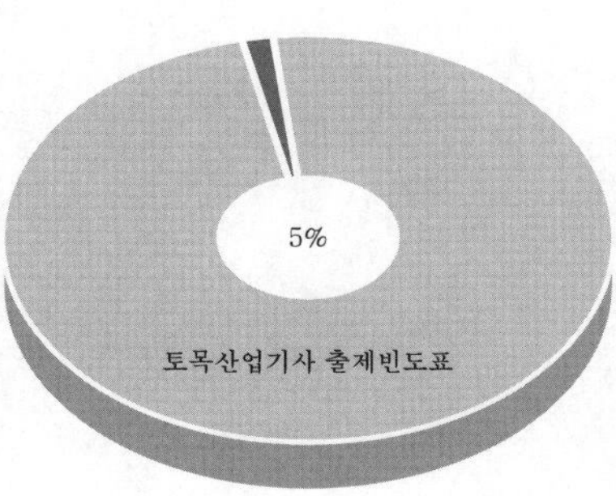

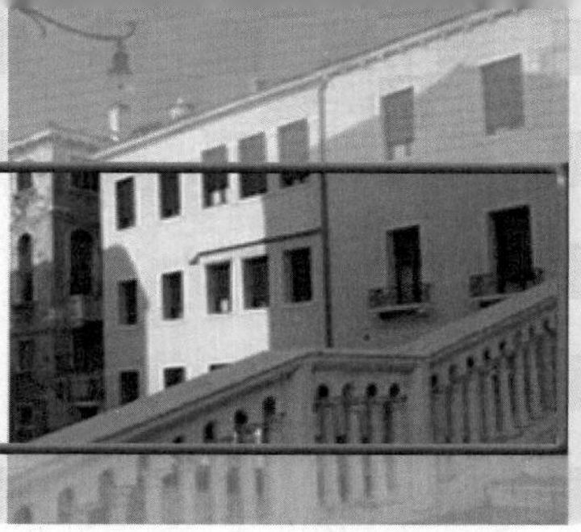

16 연약지반개량공법

01 점토지반개량공법

① 치환공법

연약점토지반의 일부 또는 전부를 제거한 후 양질의 사질토로 치환하여 지지력을 증대시키는 공법으로 공기를 단축할 수 있고 공사비가 저렴하므로 지금도 많이 이용된다.

② Pre-loading공법(사전압밀공법)

구조물 축조 전에 미리 재하하여 하중에 의한 압밀을 미리 끝나게 하는 공법으로 공기가 길다는 것이 단점이다.

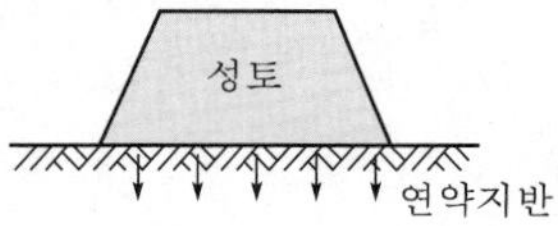

【그림 16-1】 pre-loading공법

③ Sand drain공법

연약점토층이 깊은 경우 연약점토층에 모래말뚝을 박아 배수거리를 짧게 하여 압밀을 촉진시키는 공법이다.

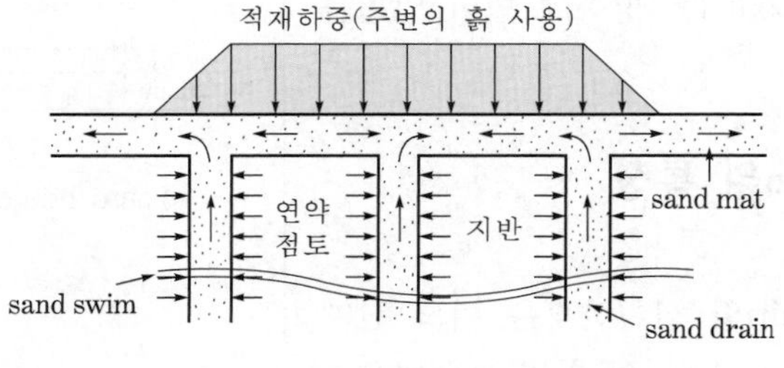

【그림 16-2】 sand drain공법

알•아•두•기•

Pre-loading공법의 목적

① 압밀침하 촉진
② 시공 후의 잔류침하 감소
③ 공극비를 감소시켜 전단강도 증진

(1) sand drain의 설치

① 압축공기식 케이싱법(Mandrel법)

② Water jet식 케이싱법

③ Auger식 케이싱법

(2) sand drain의 설계

① sand drain의 배열

㉮ 정삼각형 배열: $d_e = 1.05d$ ································ (16·1)

㉯ 정사각형 배열: $d_e = 1.13d$ ································ (16·2)

여기서, d_e : drain의 영향원지름

d : drain의 간격

② 수평, 연직방향 투수를 고려한 전체적인 평균압밀도

$$U = 1 - (1 - U_h)(1 - U_v) \quad \cdots\cdots (16 \cdot 3)$$

여기서, U_h : 수평방향의 평균압밀도

U_v : 연직방향의 평균압밀도

③ sand drain의 간격이 길이의 1/2 이하인 경우에 연직방향 투수는 무시한다.

④ sand drain의 크기

㉮ 지름 : 0.3~0.5m

㉯ 간격 : 2~4m

㉰ 길이 : 15m 이하에서 효과적이다(20m 이상이면 공사비가 대단히 비싸다).

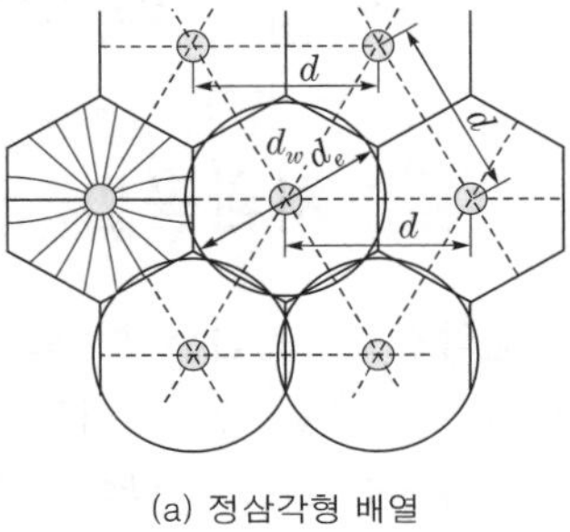

(a) 정삼각형 배열

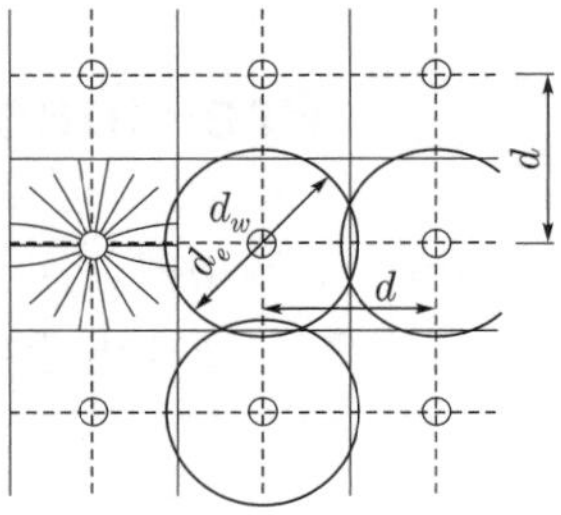

(b) 정사각형 배열

【sand drain의 배열과 지배영역】

④ Paper drain공법(card board wicks method)

모래말뚝 대신에 합성수지로 된 card board를 땅속에 박아 압밀을 촉진시키는 공법이다.

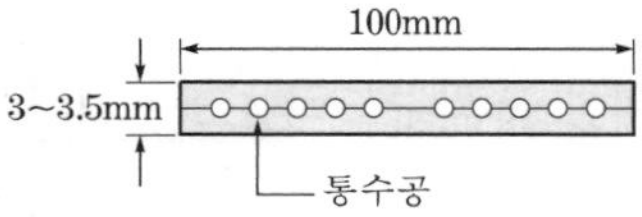

【card board의 단면】

(1) sand drain에 비해 paper drain의 특징

① 시공속도가 빠르다.

② 배수효과가 양호하다. : sand drain의 설치간격은 어느 한계 이상으로 작게 할 수 없으나 paper drain의 간격은 얼마든지 작게 시공할 수 있으므로 배수거리를 더 작게 함으로써 압밀

효과를 촉진시킬 수 있다.

③ 타입 시 교란이 거의 없어서 압밀계수 $C_h \fallingdotseq 2\sim4C_v$로 설계한다 (sand pile타입 시 지반이 교란되므로 $C_h \fallingdotseq C_v$).

④ drain 단면이 깊이에 대하여 일정하다.

⑤ 장기간 사용 시 열화현상이 생겨 배수효과가 감소한다.

⑥ 특수 타입기계가 필요하다.

⑦ 대량생산 시에 공사비가 싸다.

(2) paper drain의 설계

$$D=\alpha\frac{2A+2B}{\pi} \quad \cdots\cdots (16\cdot4)$$

여기서, D : drain paper의 등치환산원의 지름

α : 형상계수(=0.75)

A, B : drain의 폭과 두께(cm)

⑤ 전기침투공법

물로 포화된 세립토 중에 한 쌍의 전극을 설치하여 직류로 보내면 (+)극에서 (−)극으로 흐르는 전기침투현상에 의하여 (−)극에 모인 물(간극수)을 배수시켜 전단저항과 지지력을 향상시키는 공법이다.

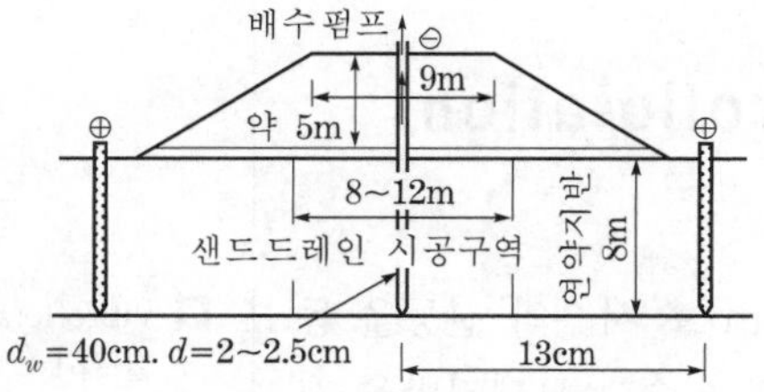

【그림 16-3】 전기침투공법에서의 전극배치의 예

⑥ 침투압공법(MAIS공법)

함수비가 큰 점토층에 반투막 중공원통(ϕ 약 25cm)을 넣고 그 안에 농도가 큰 용액을 넣어서 점토분의 수분을 빨아내는 공법이다.

알•아•두•기•

paper drain의 제품기준

① 페이퍼드레인의 투수계수는 그 주위 지반의 투수계수보다 커야 한다.
② 세립자는 필터를 통과해서는 안 된다.
③ 필터는 높은 횡압에 압착되지 않도록 충분한 강성이 있어야 한다.
④ 필터는 시공 시 손상을 받지 않도록 충분히 강해야 한다.
⑤ 필터는 배수되는 동안 물리적, 화학적, 생물학적인 손상을 받지 않아야 한다.

전기침투공법

비경제적이고 광범위한 지반개량에는 부적합하다. 그러나 산사태지역과 같이 재하에 의해서 개량할 수 없는 경우나 구조물기초를 보강할 때와 같이 특수한 경우에 유효한 공법이다.

알·아·두·기·

⑦ 생석회말뚝(chemico pile)공법

생석회가 물을 흡수하면 발열반응을 일으켜서 소석회가 되며, 이때에 체적이 2배로 팽창하는 원리를 이용하여 지반을 개량하는 공법이다.

> 생석회말뚝공법의 효과
> ① 탈수효과
> ② 건조효과
> ③ 팽창효과

02 사질토지반개량공법

① 다짐말뚝공법

RC, PC말뚝을 땅 속에 박아서 말뚝의 체적만큼 흙을 배제하여 압축함으로써 사질토 지반의 전단강도를 증진시키는공법이다.

② 다짐모래말뚝공법(sand compaction pile 공법=compozer공법)

충격, 진동타입에 의하여 지반에 모래를 압입하여 잘 다져진 모래말뚝을 만드는 공법이다.

> Compozer공법은 모래가 70% 이상인 사질토 지반에서 효과가 현저하며 경제적이다.

③ 바이브로플로테이션(Vibroflotation) 공법

수평으로 진동하는 봉상의 vibroflot(ϕ 약 20cm)로 사수와 진동을 동시에 일으켜서 생긴 빈틈에 모래나 자갈을 채워서 느슨한 모래지반을 개량하는 공법이다.

① 지반을 균일하게 다질 수 있다.
② 공기가 빠르다.
③ 깊은 곳의 다짐을 지표면에서 할 수 있다.
④ 지하수위와 관계 없이 시공이 가능하다.
⑤ 상부 구조물에 진동이 있을 때 효과적이다.
⑥ 공사비가 저렴하다.

> Vibroflotation공법은 느슨한 사질토의 20~30m 깊이까지 시공이 가능하다.

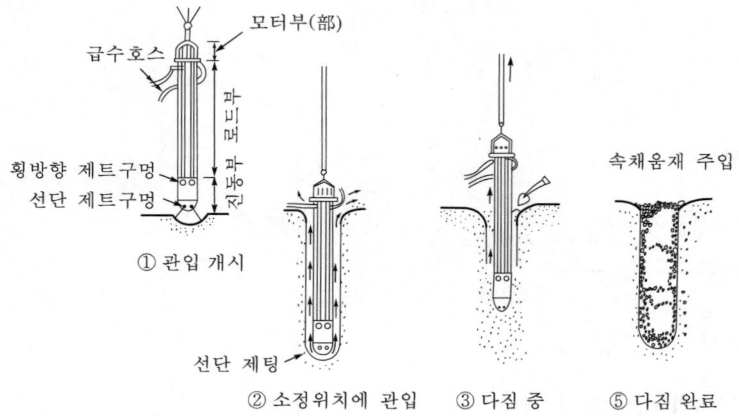

【그림 16-4】 바이브로플로테이션 시공순서

④ 폭파다짐공법

인공지진이나 다이너마이트를 발파하여 느슨한 사질지반을 다지는 공법이다.

⑤ 약액주입공법

지반 내에 주입관을 삽입한 후 cement, asphalt 등의 약액을 압송, 충진시켜 일정시간 경과 후 지반을 고결시키는 공법이다.

약액주입공법의 목적

① 차수
② 지반의 강도 증가
③ 투수계수 감소
④ 압축률 감소

⑥ 전기충격공법

지반에 미리 물을 주입하여 지반을 거의 포화상태로 한 다음에 water jet에 의해 방전전극을 지중에 삽입한 후, 이 방전전극에 고압전류를 일으켜서 생긴 충격력에 의해 지반을 다지는 공법이다.

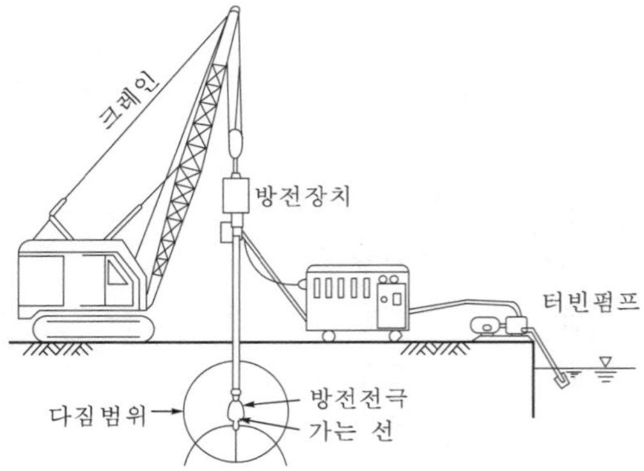

【그림 16-5】 전기충격공법장치의 배치

03 일시적 지반개량공법

① Well point공법

well point라는 흡수관을 지중에 여러 개 관입하여 지하수위를 저하시켜 dry work를 하기 위한 강제배수공법이다.

① 실트질 모래지반에 효과적이다(점토지반에는 곤란하다).

② ┌ 사질토 : 굴착 시에는 boiling 방지
  └ 점성토 : 압밀 촉진에 이용

③ well point간격은 2m 내, 배수가능심도는 6m이다.

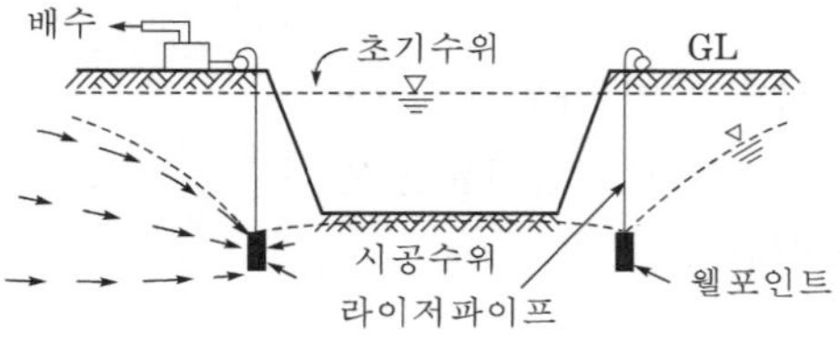

【그림 16-6】 well point공법

② Deep well공법(깊은 우물공법)

ϕ 0.3~1.5m 정도의 깊은 우물을 판 후 strainer를 부착한 casing(우물관)을 삽입하여 지하수를 펌프로 양수함으로써 지하수위를 저하시키는 중력식 배수공법이다.

(1) 적용

① 용수량이 매우 많아 well point의 적용이 곤란한 경우
② 투수계수가 큰 사질토층의 지하수위 저하 시
③ heaving이나 boiling현상이 발생할 우려가 있는 경우

(2) 특징

① 양수량이 많다.
② 고양정의 pump사용 시 깊은 대수층의 양수가 가능하다.

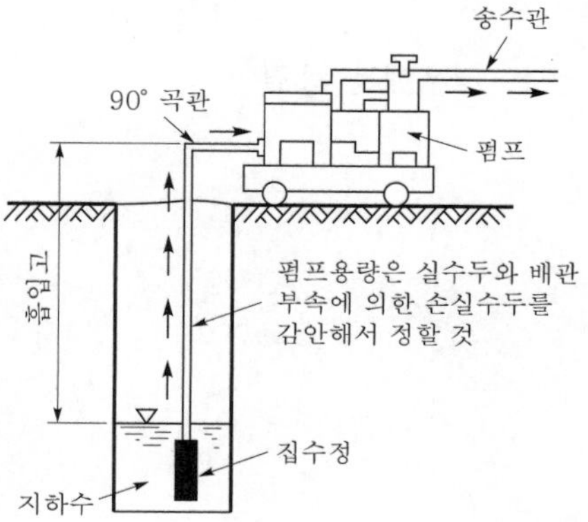

【그림 16-7】 deep well공법

③ 대기압공법(진공공법)

비닐 등으로 지표면을 덮은 다음 진공pump로서 내부의 압력을 내려 대기압하중으로 압밀을 촉진시키는 공법이다.

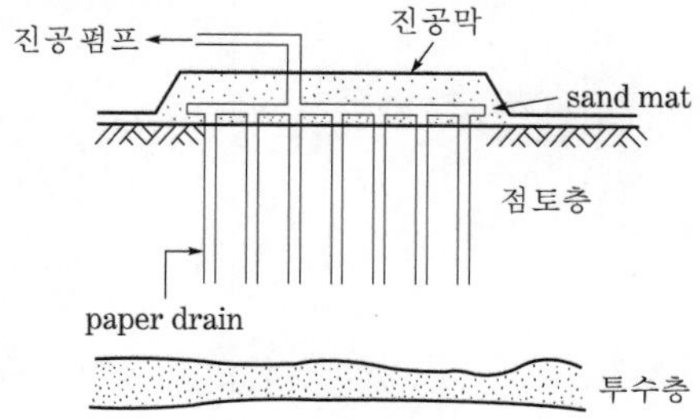

【그림 16-8】 진공공법

④ 동결공법

동결관(1.5~3인치)을 땅 속에 박고 액체질소 같은 냉각제를 흐르게 하여 주위의 흙을 동결시키는 공법이다.

(1) 장점

① 모든 토질에 적용이 가능하다.
② 완전 차수성이다.
③ 동결토의 강도가 매우 커진다(원지반토보다 수배~수십배 크다).
④ 예기치 않은 사고에 안정하다.
⑤ 콘크리트와 암반과의 부착이 양호하다.

(2) 단점

① 동해현상의 피해가 수반된다.
② 지하수의 유속이 빠르거나 화학물질이 있는 경우에는 동결이 안 된다.
③ 공사비가 비싸다.

예상 및 기출문제

1. 다음 지반개량공법 중 연약한 점토지반에 적당하지 않은 것은? [기사 13, 17, 19, 20]

① 프리로딩공법 ② 샌드드레인공법
③ 생석회말뚝공법 ④ 바이브로플로테이션공법

해설 점성토지반개량공법
㉮ 치환공법
㉯ preloading공법(사전압밀공법)
㉰ Sand drain, Paper drain공법
㉱ 전기침투공법
㉲ 침투압공법(MAIS공법)
㉳ 생석회말뚝(Chemico pile)공법

2. 점성토 지반의 개량공법으로 적합하지 않은 것은? [기사 07, 08, 19, 산업 07, 09, 17]

① 샌드드레인공법 ② 치환공법
③ 바이브로플로테이션공법 ④ 프리로딩공법

3. 점성토 지반에 사용하는 연약지반개량공법이 아닌 것은? [산업 10, 12, 15, 19]

① Sand drain공법 ② 침투압공법
③ Vibro floatation공법 ④ 생석회말뚝공법

4. 연약지반개량공법으로 압밀의 원리를 이용한 공법이 아닌 것은? [기사 08, 산업 08, 18]

① 프리로딩공법 ② 바이브로플로테이션공법
③ 대기압공법 ④ 페이퍼드레인공법

5. 연약점토지반에 성토할 때 공법 중 이용도가 가장 낮은 것은? [산업 06, 13]

① Paper－drain공법 ② Pre－loading공법
③ Sand－drain공법 ④ Soil－cement공법

6. 다음의 지반개량공법 중에서 점성토 지반에 사용하지 않는 것은? [산업 13]

① 샌드드레인공법 ② 바이브로플로테이션공법
③ 프리로딩공법 ④ 페이퍼드레인공법

7. 연약지반개량공법 중에서 구조물을 축조하기 전에 압밀에 의해 미리 침하를 끝나게 하여 지반강도를 증가시키는 방법으로, 연약층이 두꺼운 경우에나 공사기간이 시급한 경우에는 적용하기 곤란한 공법은? [산업 06, 12]

① 치환공법 ② Preloading공법
③ Sand drain공법 ④ 침투압공법

8. 연약지반개량공법 중 프리로딩(pre－loading)공법은 어떤 경우에 채용하는가? [산업 16]

① 압밀계수가 작고 점성토층의 두께가 큰 경우
② 압밀계수가 크고 점성토층의 두께가 얇은 경우
③ 구조물공사기간에 여유가 없는 경우
④ 2차 압밀비가 큰 경우

해설 압밀계수가 작고 두께가 두꺼운 점성토층에서는 프리로딩공법을 단독으로 적용할 수 없고 sand drain 공법이나 paper drain공법을 병용한다.

9. 연약지반개량공법 중 프리로딩공법에 대한 설명으로 틀린 것은? [기사 10, 14]

① 압밀침하를 미리 끝나게 하여 구조물에 잔류침하를 남기지 않게 하기 위한 공법이다.
② 도로의 성토나 항만의 방파제와 같이 구조물 자체의 일부를 상재하중으로 이용하여 개량 후 하중을 제거할 필요가 없을 때 유리하다.
③ 압밀계수가 작고 압밀토층의 두께가 두꺼운 경우에 주로 적용한다.
④ 압밀을 끝내기 위해서는 많은 시간이 소요되므로 공사기간이 충분해야 한다.

해설 프리로딩공법
㉮ 연약층이 얇은 경우에는 프리로딩공법을 단독으로 사용하지만, 연약층이 두꺼울 경우에는 연직배수공법을 병용하는 것이 좋다.
㉯ 도로의 성토나 항만의 방파제와 같이 구조물 자체의 일부를 상재하중으로 이용하여 개량 후 하중을 제거할 필요가 없을 때 유리하다.

정답 1. ④ 2. ③ 3. ③ 4. ② 5. ④ 6. ③ 7. ② 8. ② 9. ③

10. Sand drain에 대한 Paper drain공법의 설명 중 옳지 않은 것은? [기사 04]

① 횡방향력에 대한 저항력이 크다.
② 시공지표면에 sand mat가 필요 없다.
③ 시공속도가 빠르고 타설 시 주변을 교란시키지 않는다.
④ 배수 단면이 깊이에 따라 일정하다.

해설 sand drain에 대한 paper drain의 특징
㉮ 시공속도가 빠르고 배수효과가 양호하다.
㉯ 타입 시 교란이 거의 없다.
㉰ drain 단면이 깊이에 대해 일정하다.
㉱ sand drain보다 횡방향에 대한 저항력이 크다.

11. sand drain공법의 지배영역에 관한 Barron의 4각형 배치에서 사주(sand pile)의 간격을 d, 영향원의 지름을 d_e라 할 때 d_e는? [기사 08, 12, 17]

① $d_e = 1.13d$　② $d_e = 1.05d$
③ $d_e = 1.03d$　④ $d_e = 1.50d$

해설 sand pile의 배열과 영향원지름
㉮ 정삼각형 배열 : $d_e = 1.05d$
㉯ 정사각형 배열 : $d_e = 1.13d$

12. 연약지반개량공법에 관한 사항 중 옳지 않은 것은? [기사 14, 20]

① 샌드드레인공법은 2차 압밀비가 높은 점토와 이탄 같은 흙에 큰 효과가 있다.
② 장기간에 걸친 배수공법은 샌드드레인이 페이퍼드레인보다 유리하다.
③ 동압밀공법 적용 시 과잉간극수압의 소산에 의한 강도 증가가 발생한다.
④ 화학적 변화에 의한 흙의 강화공법으로는 소결공법, 전기화학적 공법 등이 있다.

해설 sand drain공법과 paper drain공법은 두꺼운 점성토 지반에 적합하다.

13. 샌드드레인(sand drain)공법의 주된 목적은? [산업 07, 10, 16]

① 압밀침하를 촉진시키는 것이다.
② 특수계수를 감소시키는 것이다.
③ 간극수압을 증가시키는 것이다.
④ 지하수위를 상승시키는 것이다.

해설 sand drain공법
연약점토층이 두꺼운 경우 연약점토층에 주상의 모래말뚝을 다수 박아서 점토층의 배수거리를 짧게 하여 압밀을 촉진함으로써 단시간 내에 연약지반을 처리하는 공법이다.

14. 연약지반개량공법에서 Sand Drain공법과 비교한 Paper Drain공법의 특징이 아닌 것은? [산업 20]

① 공사비가 비싸다.
② 시공속도가 빠르다.
③ 타입 시 주변 지반교란이 적다.
④ Drain 단면이 깊이방향에 대해 일정하다.

해설 sand drain에 대한 paper drain의 특징
㉮ 시공속도가 빠르고 배수효과가 양호하다.
㉯ 타입 시 교란이 거의 없다.
㉰ drain 단면이 깊이에 대해 일정하다.
㉱ sand drain보다 횡방향에 대한 저항력이 크다.

15. 점토지반에서 연직방향 압밀계수 C_v는 수평방향 압밀계수 C_h보다 작지만 샌드드레인공법에서는 설계 시 보통 $C_v = C_h$로 본다. 그 이유는? [기사 07]

① sand mat를 깔았기 때문에
② sand말뚝타입 시 주변의 지반이 교란되기 때문에
③ 얇은 모래층이 지반에 개재(介在)하고 있기 때문에
④ 압밀계산결과에 전혀 차가 없기 때문에

해설 sand pile타입 시 지반이 교란되므로 $C_h \fallingdotseq C_v$로 설계한다.

16. sand drain의 지배영역에 관한 Barron의 정삼각형 배치에서 샌드드레인의 간격을 d, 유효원의 직경을 d_e라 할 때 d_e를 구하는 식으로 옳은 것은? [기사 15]

① $d_e = 1.128d$　② $d_e = 1.028d$
③ $d_e = 1.050d$　④ $d_e = 1.50d$

해설 sand pile의 배열과 영향원지름
㉮ 정삼각형 배열 : $d_e = 1.05d$
㉯ 정사각형 배열 : $d_e = 1.13d$

17. sand drain공법에서 sand pile을 정삼각형으로 배치할 때 모래기둥의 간격은? (단, pile의 유효지름은 40cm이다.) [기사 06, 10, 15]

① 38cm　② 40cm
③ 42cm　④ 44cm

정답 10. ② 11. ① 12. ① 13. ① 14. ④ 15. ② 16. ③ 17. ①

해설 $d_e = 1.05d$
$40 = 1.05d$
$\therefore\ d = 38.1\text{cm}$

18. 폭 10cm, 두께 3mm인 Paper Drain설계 시 Sand drain의 직경과 동등한 값(등치환산원의 지름)으로 볼 수 있는 것은? [기사 09, 13, 16, 20]

① 2.5cm ② 5.0cm
③ 7.5cm ④ 10.0cm

해설 $D = \alpha \dfrac{2A + 2B}{\pi} = 0.75 \times \dfrac{2 \times 10 + 2 \times 0.3}{\pi} = 4.92\text{cm}$

19. 연약지반처리공법 중 sand drain공법에서 연직과 방사선방향을 고려한 평균압밀도 U는? (단, U_v=0.20, U_h=0.71이다.) [기사 07, 12, 19, 산업 12, 20]

① 0.573 ② 0.697
③ 0.712 ④ 0.768

해설 $U_{av} = 1 - (1 - U_v)(1 - U_h)$
$= 1 - (1 - 0.2) \times (1 - 0.71) = 0.768$

20. 연약점토지반에 압밀촉진공법을 적용한 후 전체 평균압밀도가 90%로 계산되었다. 압밀촉진공법을 적용하기 전 수직방향의 평균압밀도가 20%였다고 하면 수평방향의 평균압밀도는? [기사 11, 18]

① 70% ② 77.5%
③ 82.5% ④ 87.5%

해설 $U_{av} = 1 - (1 - U_v)(1 - U_h)$
$0.9 = 1 - (1 - 0.2) \times (1 - U_h)$
$\therefore\ U_h = 0.875 = 87.5\%$

21. 다음의 지반개량공법 중 모래질 지반을 개량하는데 적합한 공법은? [산업 18]

① 다짐모래말뚝공법 ② 페이퍼드레인공법
③ 프리로딩공법 ④ 생석회말뚝공법

22. 사질지반의 개량공법에 속하지 않는 것은? [산업 07, 12, 14, 19]

① 다짐말뚝공법
② 바이브로플로테이션(vibro flotation)공법
③ 전기충격공법
④ 생석회말뚝공법

해설 사질토지반개량공법
㉮ 다짐말뚝공법
㉯ 다짐모래말뚝공법
㉰ 바이브로플로테이션공법
㉱ 폭파다짐공법
㉲ 약액주입법
㉳ 전기충격법

23. 약액주입공법은 그 목적이 지반의 차수 및 지반보강에 있다. 다음 중 약액주입공법에서 고려해야 할 사항으로 거리가 먼 것은? [기사 15]

① 주입률 ② Piping
③ Grout배합비 ④ Gel Time

해설 ㉮ 주입률 : 주입대상지반 체적에 대한 주입재료량의 비
㉯ Gel Time : 그라우트를 혼합한 후 서서히 점성이 증가하면서 마침내 유동성을 상실하고 고화(겔화)할 때까지의 소요시간

24. 10m 깊이의 쓰레기층을 동다짐을 이용하여 개량하려고 한다. 사용할 해머중량이 20t, 하부면적반경 2m의 원형 블록을 이용하였다면 해머의 낙하고는? [기사 15]

① 15m ② 20m
③ 25m ④ 23m

해설 $D = \dfrac{1}{2}\sqrt{Wh}$
$10 = \dfrac{1}{2}\sqrt{20h}$
$\therefore\ h = 20\text{m}$

25. 다음의 연약지반개량공법 중 지하수위를 저하시킬 목적으로 사용되는 공법은? [기사 13]

① 샌드드레인(Sand drain)공법
② 페이퍼드레인(Paper drain)공법
③ 치환공법
④ 웰포인트(Well Point)공법

해설 지하수위저하공법 : well-point공법, deep-well공법, 대기압공법

26. 연약지반개량공법에서 일시적인 개량공법은? [기사 09, 13, 17, 산업 15, 18]

① well point공법 ② 치환공법
③ paper drain공법 ④ sand drain공법

정답 18. ② 19. ④ 20. ④ 21. ① 22. ④ 23. ② 24. ② 25. ④ 26. ①

해설 일시적 지반개량공법 : well point공법, deep well 공법, 대기압공법, 동결공법

27. 연약지반개량공법 중에서 일시적인 공법에 속하는 것은? [기사 16, 20, 산업 11, 16]

① Sand drain공법 ② 치환공법
③ 약액주입공법 ④ 동결공법

28. 고성토의 제방에서 전단파괴가 발생되기 전에 제방의 외측에 흙을 돋우어 활동에 대한 저항모멘트를 증대시켜 전단파괴를 방지하는 공법은? [기사 18]

① 프리로딩공법 ② 압성토공법
③ 치환공법 ④ 대기압공법

해설 압성토공법
성토의 활동파괴를 방지할 목적으로 사면 선단에 성토하여 성토의 중량을 이용하여 활동에 대한 저항모멘트를 크게 하여 안정을 유지시키는 공법이다.

29. 그라우팅에 의한 지반개량공법이다. 투수계수가 낮은 점토의 강도개량에 효과적인 개량공법은? [기사 06]

① 침투그라우팅 ② 점보제트(JSP)
③ 변위그라우팅 ④ 캡슐그라우팅

해설 JSP공법
$200kg/cm^2$의 air jet로 경화제인 시멘트풀을 이중관로드의 하부 노즐로 회전분사하여 원지반을 교란절삭시켜 소일시멘트고결말뚝을 형성하여 연약지반을 개량하는 지반고결제의 주입공법이다.

30. 토목섬유재 중 지오텍스타일의 수행기능이 아닌 것은? [산업 06]

① 배수(drainage) ② 보강(reinforcement)
③ 여과(filteration) ④ 차수(seepage barrier)

해설 토목섬유
㉮ geotextile(지오텍스타일)의 기능 : 배수기능, 여과기능, 분리기능, 보강기능
㉯ 차수기능은 geomembrane, geocomposite의 기능이다.

31. 토목섬유의 주요 기능 중 옳지 않은 것은? [기사 08, 11]

① 보강(reinforcement) ② 배수(drainage)
③ 댐핑(damping) ④ 분리(separation)

해설 토목섬유의 기능 : 배수기능, 여과기능, 분리기능, 보강기능

정답 27. ④ 28. ② 29. ② 30. ④ 31. ③

부록 I

과년도 출제문제

토목기사(2018년 3월 4일 시행)

1. 어떤 흙에 대해서 일축압축시험을 한 결과 일축압축강도가 1.0kg/cm^{2}이고, 이 시료의 파괴면과 수평면이 이루는 각이 50°일 때 이 흙의 점착력(c)과 내부마찰각(ϕ)은?

① $c=0.60\text{kg/cm}^2$, $\phi=10°$

② $c=0.42\text{kg/cm}^2$, $\phi=50°$

③ $c=0.60\text{kg/cm}^2$, $\phi=50°$

④ $c=0.42\text{kg/cm}^2$, $\phi=10°$

해설 ㉮ $\theta=45°+\dfrac{\phi}{2}$

$50°=45°+\dfrac{\phi}{2}$

$\therefore\ \phi=10°$

㉯ $q_u=2c\tan\left(45°+\dfrac{\phi}{2}\right)$

$1=2c\times\tan\left(45°+\dfrac{10°}{2}\right)$

$\therefore\ c=0.42\text{kg/cm}^2$

2. 피조콘(piezocone)시험의 목적이 아닌 것은?

① 지층의 연속적인 조사를 통하여 지층분류 및 지층변화분석

② 연속적인 원지반 전단강도의 추이분석

③ 중간 점토 내 분포한 sand seam 유무 및 발달 정도 확인

④ 불교란시료채취

해설 피조콘

㉮ 콘을 흙 속에 관입하면서 콘의 관입저항력, 마찰저항력과 함께 간극수압을 측정할 수 있도록 다공질 필터와 트랜스듀서(transducer)가 설치되어 있는 전자콘을 피조콘이라 한다.

㉯ 결과의 이용

㉠ 연속적인 토층상태 파악

㉡ 점토층에 있는 sand seam의 깊이, 두께 판단

㉢ 지반개량 전후의 지반변화 파악

㉣ 간극수압측정

3. 포화된 지반의 간극비를 e, 함수비를 w, 간극률을 n, 비중을 G_s라 할 때 다음 중 한계동수경사를 나타내는 식으로 적절한 것은?

① $\dfrac{G_s+1}{1+e}$　　② $\dfrac{e-w}{w(1+e)}$

③ $(1+n)(G_s-1)$　　④ $\dfrac{G_s(1-w+e)}{(1+G_s)(1+e)}$

해설 ㉮ $Se=wG_s$

$1\times e=wG_s$

$\therefore\ G_s=\dfrac{e}{w}$

㉯ $i_c=\dfrac{G_s-1}{1+e}=\dfrac{\dfrac{e}{w}-1}{1+e}$

$=\dfrac{\dfrac{e-w}{w}}{1+e}=\dfrac{e-w}{w(1+e)}$

4. 다음 중 투수계수를 좌우하는 요인이 아닌 것은?

① 토립자의 비중　　② 토립자의 크기

③ 포화도　　④ 간극의 형상과 배열

해설 $K=D_s{}^2\dfrac{\gamma_w}{\mu}\dfrac{e^3}{1+e}C$

5. 어떤 점토의 압밀계수는 1.92×10^{-3}cm^2/s, 압축계수는 2.86×10^{-2}cm^2/g이었다. 이 점토의 투수계수는? (단, 이 점토의 초기 간극비는 0.8이다.)

① $1.05\times10^{-5}\text{cm}^2/\text{s}$

② $2.05\times10^{-5}\text{cm}^2/\text{s}$

③ $3.05\times10^{-5}\text{cm}^2/\text{s}$

④ $4.05\times10^{-5}\text{cm}^2/\text{s}$

해설 $K=C_v m_v\gamma_w=C_v\left(\dfrac{a_v}{1+e_1}\right)\gamma_w$

$=1.92\times10^{-3}\times\dfrac{2.86\times10^{-2}}{1+0.8}\times1$

$=3.05\times10^{-5}\text{cm/s}$

정답 1. ④　2. ④　3. ②　4. ①　5. ③

6. 반무한지반의 지표상에 무한길이의 선하중 q_1, q_2가 다음의 그림과 같이 작용할 때 A점에서의 연직응력 증가는?

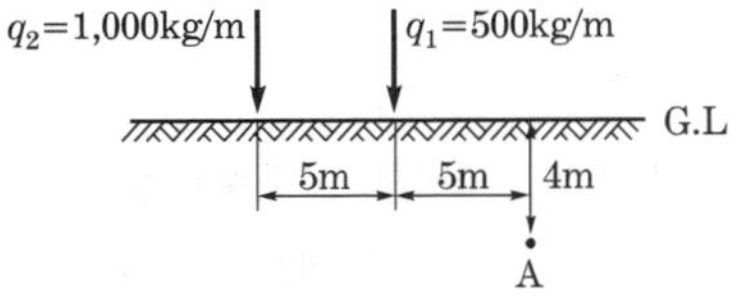

① 3.03kg/m² ② 12.12kg/m²
③ 15.15kg/m² ④ 18.18kg/m²

해설 $\Delta\sigma_Z = \dfrac{2qZ^3}{\pi(x^2+z^2)^2}$ 에서

㉮ $q_1 = 500\text{kg/m} = 0.5\text{t/m}$

$$\Delta\sigma_{Z1} = \frac{2\times0.5\times4^3}{\pi\times(5^2+4^2)^2} = 0.012\text{t/m}^2$$

㉯ $q_2 = 1{,}000\text{kg/m} = 1\text{t/m}$

$$\Delta\sigma_{Z2} = \frac{2\times1\times4^3}{\pi\times(10^2+4^2)^2} = 0.003\text{t/m}^2$$

㉰ $\Delta\sigma_Z = \Delta\sigma_{Z1}+\Delta\sigma_{Z2} = 0.012+0.003 = 0.015\text{t/m}^2 = 15\text{kg/m}^2$

7. 크기가 30cm×30cm의 평판을 이용하여 사질토 위에서 평판재하시험을 실시하고 극한지지력 20t/m²를 얻었다. 크기가 1.8m×1.8m인 정사각형 기초의 총허용하중은 약 얼마인가? (단, 안전율 3을 사용)

① 22ton ② 66ton
③ 130ton ④ 150ton

해설 ㉮ 정사각형 기초의 극한지지력

$$q_{u(기초)} = q_{u(재하판)}\frac{B_{(기초)}}{B_{(재하판)}} = 20\times\frac{1.8}{0.3} = 120\,\text{t/m}^2$$

㉯ $q_a = \dfrac{q_u}{F_s} = \dfrac{120}{3} = 40\,\text{t/m}^2$

㉰ $q_a = \dfrac{P}{A}$

$$40 = \frac{P}{1.8\times1.8}$$

$\therefore\ P = 129.6\text{t}$

8. γ_{sat}=2.0t/m³인 사질토가 20°로 경사진 무한사면이 있다. 지하수위가 지표면과 일치하는 경우 이 사면의 안전율이 1 이상이 되기 위해서는 흙의 내부마찰각이 최소 몇 도 이상이어야 하는가?

① 18.21°
② 20.52°
③ 36.06°
④ 45.47°

해설 $F_s = \dfrac{\gamma_{sub}}{\gamma_{sat}}\dfrac{\tan\phi}{\tan i}$

$= \dfrac{1}{2}\times\dfrac{\tan\phi}{\tan 20°} \geq 1$

$\therefore\ \phi = 36°$

9. 깊은 기초의 지지력평가에 관한 설명으로 틀린 것은?

① 현장 타설 콘크리트말뚝기초는 동역학적 방법으로 지지력을 추정한다.
② 말뚝항타분석기(PDA)는 말뚝의 응력분포, 경시효과 및 해머효율을 파악할 수 있다.
③ 정역학적 지지력추정방법은 논리적으로 타당하나 강도정수를 추정하는데 한계성을 내포하고 있다.
④ 동역학적 방법은 항타장비, 말뚝과 지반조건이 고려된 방법으로 해머효율의 측정이 필요하다.

해설 현장 타설 콘크리트말뚝기초의 지지력은 말뚝기초의 지지력을 구하는 정역학적 공식과 같은 방법으로 구한다.

10. Terzaghi의 극한지지력공식에 대한 설명으로 틀린 것은?

① 기초의 형상에 따라 형상계수를 고려하고 있다.
② 지지력계수 N_c, N_q, N_γ는 내부마찰각에 의해 결정된다.
③ 점성토에서의 극한지지력은 기초의 근입깊이가 깊어지면 증가된다.
④ 극한지지력은 기초의 폭에 관계없이 기초 하부의 흙에 의해 결정된다.

해설 극한지지력은 기초의 폭과 근입깊이에 비례한다.

정답 6. ③ 7. ③ 8. ③ 9. ① 10. ④

11. **흙의 다짐시험에서 다짐에너지를 증가시킬 때 일어나는 결과는?**

① 최적함수비는 증가하고, 최대 건조단위중량은 감소한다.
② 최적함수비는 감소하고, 최대 건조단위중량은 증가한다.
③ 최적함수비와 최대 건조단위중량이 모두 감소한다.
④ 최적함수비와 최대 건조단위중량이 모두 증가한다.

해설 다짐에너지를 증가시키면 최적함수비는 감소하고, 최대 건조단위중량은 증가한다.

12. **유선망(Flow Net)의 성질에 대한 설명으로 틀린 것은?**

① 유선과 등수두선은 직교한다.
② 동수경사(i)는 등수두선의 폭에 비례한다.
③ 유선망으로 되는 사각형은 이론상 정사각형이다.
④ 인접한 두 유선 사이, 즉 유로를 흐르는 침투수량은 동일하다.

해설 유선망의 특징

㉮ 각 유로의 침투유량은 같다.
㉯ 인접한 등수두선 간의 수두차는 모두 같다.
㉰ 유선과 등수두선은 서로 직교한다.
㉱ 유선망으로 되는 사각형은 정사각형이다.
㉲ 침투속도 및 동수구배는 유선망의 폭에 반비례한다.

13. **다음 그림에서 토압계수 K=0.5일 때의 응력경로는 어느 것인가?**

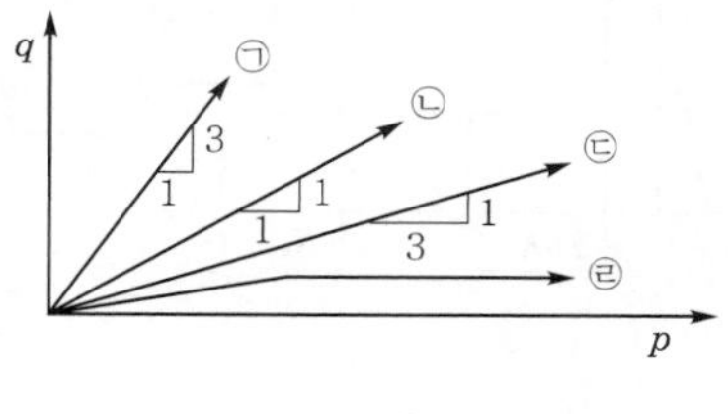

① ㉠ ② ㉡
③ ㉢ ④ ㉣

해설 $\tan\beta = \frac{q}{p} = \frac{1-K}{1+K} = \frac{1-0.5}{1+0.5} = \frac{1}{3}$

14. **다음 중 부마찰력이 발생할 수 있는 경우가 아닌 것은?**

① 매립된 생활쓰레기 중에 시공된 관측정
② 붕적토에 시공된 말뚝기초
③ 성토한 연약점토지반에 시공된 말뚝기초
④ 다짐된 사질지반에 시공된 말뚝기초

15. **흙시료의 전단파괴면을 미리 정해놓고 흙의 강도를 구하는 시험은?**

① 직접전단시험
② 평판재하시험
③ 일축압축시험
④ 삼축압축시험

16. **4.75mm체(4번체) 통과율이 90%이고, 0.075mm체(200번체) 통과율이 4%, D_{10}=0.25mm, D_{30}=0.6mm, D_{60}=2mm인 흙을 통일분류법으로 분류하면?**

① GW ② GP
③ SW ④ SP

해설 ㉮ $P_{No.200} = 4\% < 50\%$이고, $P_{No.4} = 90\% > 50\%$이므로 모래(S)이다.

㉯ $C_u = \frac{D_{60}}{D_{10}} = \frac{2}{0.25} = 8 > 6$

$C_g = \frac{{D_{30}}^2}{D_{10}D_{60}} = \frac{0.6^2}{0.25 \times 2}$
$= 0.72 \neq 1 \sim 3$이므로 빈립도(P)이다.

∴ SP

17. **표준관입시험에서 N치가 20으로 측정되는 모래지반에 대한 설명으로 옳은 것은?**

① 내부마찰각이 약 30~40° 정도인 모래이다.
② 유효상재하중이 20t/m^{2}인 모래이다.
③ 간극비가 1.2인 모래이다.
④ 매우 느슨한 상태이다.

해설 $\phi = \sqrt{12N} + (15 \sim 25)$
$= \sqrt{12 \times 20} + (15 \sim 25)$
$= 15 + (15 \sim 25)$
$= 30 \sim 40°$

정답 11. ② 12. ② 13. ③ 14. ④ 15. ① 16. ④ 17. ①

18. 다음 그림과 같은 지반에서 하중으로 인하여 수직응력($\Delta\sigma_1$)이 1.0kg/cm² 증가되고, 수평응력($\Delta\sigma_3$)이 0.5kg/cm² 증가되었다면 간극수압은 얼마나 증가되었는가? (단, 간극수압계수 $A=0.5$이고 $B=1$이다.)

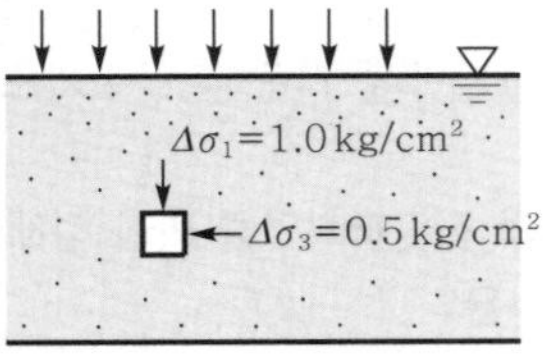

① 0.50kg/cm²　　② 0.75kg/cm²
③ 1.00kg/cm²　　④ 1.25kg/cm²

해설 $\Delta U = B\Delta\sigma_3 + D(\Delta\sigma_1 - \Delta\sigma_3)$

$= B[\Delta\sigma_3 + A(\Delta\sigma_1 - \Delta\sigma_3)]$

$= 1\times[0.5+0.5\times(1.0-0.5)]$

$= 0.75\text{kg/cm}^2$

19. 다음 그림과 같은 폭(B) 1.2m, 길이(L) 1.5m인 사각형 얕은 기초에 폭(B)방향에 대한 편심이 작용하는 경우 지반에 작용하는 최대 압축응력은?

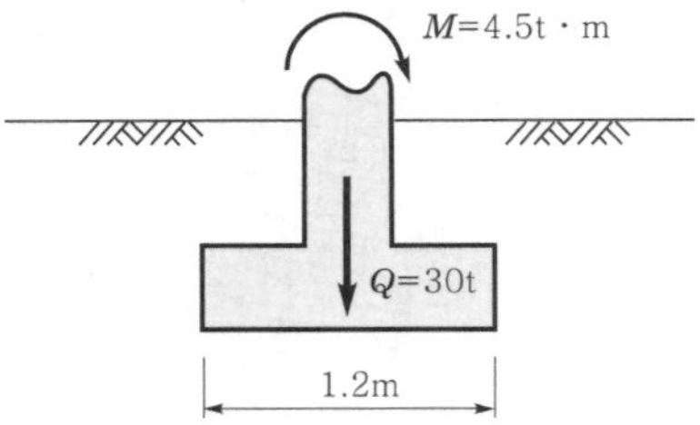

① 29.2t/m²　　② 38.5t/m²
③ 39.7t/m²　　④ 41.5t/m²

해설 ㉮ $M = Pe$

$4.5 = 30\times e$

$\therefore\ e = 0.15\text{m}$

㉯ $e = 0.15\text{m} < \dfrac{B}{6} = \dfrac{1.2}{6} = 0.2\text{m}$이므로

$q_{max} = \dfrac{Q}{BL}\left(1+\dfrac{6e}{B}\right)$

$= \dfrac{30}{1.2\times1.5}\times\left(1+\dfrac{6\times0.15}{1.2}\right)$

$= 29.17\text{t/m}^2$

20. 다음 그림과 같이 옹벽 배면의 지표면에 등분포 하중이 작용할 때 옹벽에 작용하는 전체 주동토압의 합력(P_a)과 옹벽 저면으로부터 합력의 작용점까지의 높이(y)는?

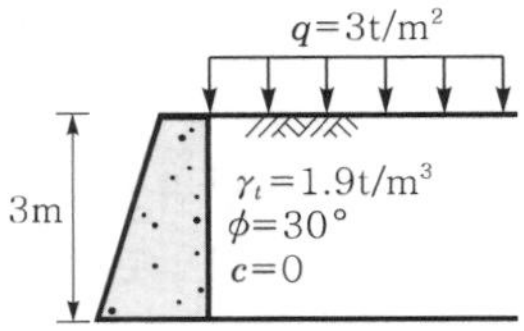

① P_a=2.85t/m, y=1.26m
② P_a=2.85t/m, y=1.38m
③ P_a=5.85t/m, y=1.26m
④ P_a=5.85t/m, y=1.38m

해설 ㉮ $K_a = \tan^2\left(45° - \dfrac{\phi}{2}\right)$

$= \tan^2\left(45° - \dfrac{30°}{2}\right)$

$= \dfrac{1}{3}$

㉯ $P_a = P_{a1} + P_{a2} = \dfrac{1}{2}\gamma_t h^2 K_a + q_s K_a h$

$= \dfrac{1}{2}\times1.9\times3^2\times\dfrac{1}{3}+3\times\dfrac{1}{3}\times3$

$= 5.85\text{t/m}$

㉰ $P_{a1}\dfrac{h}{3} + P_{a2}\dfrac{h}{2} = P_a y$

$2.85\times\dfrac{3}{3}+3\times\dfrac{3}{2} = 5.85\times y$

$\therefore\ y = 1.26\text{m}$

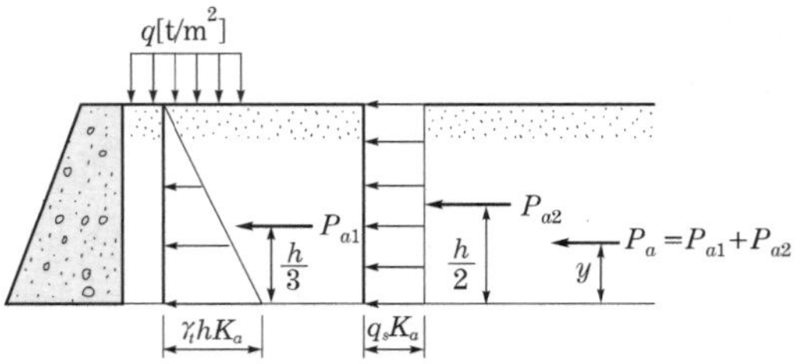

정답　18. ②　19. ①　20. ③

토목산업기사 (2018년 3월 4일 시행)

1. 흙 속에서 물의 흐름에 영향을 주는 주요 요소가 아닌 것은?

① 흙의 유효입경　　② 흙의 간극비
③ 흙의 상대밀도　　④ 유체의 점성계수

해설 $K = D_s^{\,2} \dfrac{\gamma_w}{\mu} \dfrac{e^3}{1+e} c$

2. 어떤 흙의 입경가적곡선에서 D_{10}=0.05mm, D_{30}=0.09mm, D_{60}=0.15mm이었다. 균등계수 C_u와 곡률계수 C_g의 값은?

① $C_u=3.0$, $C_g=1.08$　　② $C_u=3.5$, $C_g=2.08$
③ $C_u=3.0$, $C_g=2.45$　　④ $C_u=3.5$, $C_g=1.82$

해설 ㉮ $C_u = \dfrac{D_{60}}{D_{10}} = \dfrac{0.15}{0.05} = 3$

㉯ $C_g = \dfrac{{D_{30}}^2}{D_{10}\, D_{60}} = \dfrac{0.09^2}{0.05 \times 0.15} = 1.08$

3. 어느 흙의 지하수면 아래의 흙의 단위중량이 1.94g/cm³이었다. 이 흙의 간극비가 0.84일 때 이 흙의 비중을 구하면?

① 1.65　　② 2.65
③ 2.73　　④ 3.73

해설 $\gamma_{\rm sat} = \dfrac{G_s + e}{1+e} \gamma_w$

$1.94 = \dfrac{G_s + 0.84}{1+0.84} \times 1$

$\therefore\ G_s = 2.73$

4. 다음의 사운딩(Sounding)방법 중에서 동적인 사운딩은?

① 이스키미터(Iskymeter)
② 베인전단시험(Vane Shear Test)
③ 화란식 원추관입시험(Dutch Cone Penetration)
④ 표준관입시험(Standard Penetration Test)

해설 Sounding의 종류

동적 sounding	정적 sounding
• 동적 원추관입시험 • SPT	• 이스키미터시험 • 베인전단시험

5. 흙 속으로 물이 흐를 때 Darcy법칙에 의한 유속(v)과 실제 유속(v_s) 사이의 관계로 옳은 것은?

① $v_s < v$　　② $v_s > v$
③ $v_s = v$　　④ $v_s = 2v$

해설 $v_s > v$

6. 다음 Terzaghi의 극한지지력공식에 대한 설명으로 틀린 것은?

$$q_u = \alpha c N_c + \beta \gamma_1 B N_\gamma + \gamma_2 D_f N_q$$

① α, β는 기초형상계수이다.
② 원형 기초에서 B는 원의 직경이다.
③ 정사각형 기초에서 α의 값은 1.3이다.
④ N_c, N_γ, N_q는 지지력계수로서 흙의 점착력에 의해 결정된다.

해설 N_c, N_r, N_q는 지지력계수로서 흙의 내부마찰각에 의해 결정된다.

7. 응력경로(stress path)에 대한 설명으로 틀린 것은?

① 응력경로를 이용하면 시료가 받는 응력의 변화과정을 연속적으로 파악할 수 있다.
② 응력경로에는 전응력으로 나타내는 전응력경로와 유효응력으로 나타내는 유효응력경로가 있다.
③ 응력경로는 Mohr의 응력원에서 전단응력이 최대인 점을 연결하여 구해진다.
④ 시료가 받는 응력상태를 응력경로로 나타내면 항상 직선으로 나타내어진다.

해설 응력경로

㉮ 지반 내 임의의 요소에 작용되어 온 하중의 변화과정을 응력평면 위에 나타낸 것으로, 최대 전단응력을 나타내는 Mohr원 정점의 좌표인 (p, q)점의 궤적이 응력경로이다.

㉯ 응력경로는 전응력으로 표시하는 전응력경로와 유효응력으로 표시하는 유효응력경로로 구분된다.

㉰ 응력경로는 직선 또는 곡선으로 나타내어진다.

8. 유선망(流線網)에서 사용되는 용어를 설명한 것으로 틀린 것은?

① 유선 : 흙 속에서 물입자가 움직이는 경로
② 등수두선 : 유선에서 전수두가 같은 점을 연결한 선
③ 유선망 : 유선과 등수두선의 조합으로 이루어지는 그림
④ 유로 : 유선과 등수두선이 이루는 통로

해설 인접한 유선 사이의 띠모양의 부분을 유로라 한다.

9. 어떤 흙시료에 대하여 일축압축시험을 실시한 결과 일축압축강도(q_u)가 3kg/cm², 파괴면과 수평면이 이루는 각은 45°이었다. 이 시료의 내부마찰각(ϕ)과 점착력(c)은?

① $\phi=0$, $c=1.5\text{kg/cm}^2$ ② $\phi=0$, $c=3\text{kg/cm}^2$
③ $\phi=90°$, $c=1.5\text{kg/cm}^2$ ④ $\phi=45°$, $c=0$

해설 ㉮ $\theta=45°+\dfrac{\phi}{2}$

$45°=45°+\dfrac{\phi}{2}$

$\therefore\ \phi=0$

㉯ $q_u=2c\tan\left(45°+\dfrac{\phi}{2}\right)$

$3=2c\times\tan(45°+0)$

$\therefore\ c=1.5\text{kg/cm}^2$

10. 모래치환법에 의한 현장 흙의 단위무게시험에서 표준모래를 사용하는 이유는?

① 시료의 부피를 알기 위해서
② 시료의 무게를 알기 위해서
③ 시료의 입경을 알기 위해서
④ 시료의 함수비를 알기 위해서

해설 측정지반 흙을 파내어 구멍을 뚫은 후 모래를 이용하여 시험구멍의 체적을 구한다.

11. 두께 6m의 점토층이 있다. 이 점토의 간극비(e)는 2.0이고, 액성한계(W_L)는 70%이다. 압밀하중을 2kg/cm²에서 4kg/cm²로 증가시킬 때 예상되는 압밀침하량은? (단, 압축지수 C_c는 Skempton의 식 $C_c=0.009(W_L-10)$을 이용할 것)

① 0.33m ② 0.49m
③ 0.65m ④ 0.87m

해설 ㉮ $C_c=0.009(W_L-10)=0.009\times(70-10)=0.54$

㉯ $\Delta H=\dfrac{C_c}{1+e}\left(\log\dfrac{P_2}{P_1}\right)H$

$=\dfrac{0.54}{1+2}\times\log\dfrac{4}{2}\times6=0.33\text{m}$

12. 사질토 지반에서 직경 30cm의 평판재하시험결과 30t/m²의 압력이 작용할 때 침하량이 5mm라면 직경 1.5m의 실제 기초에 30t/m²의 하중이 작용할 때 침하량의 크기는?

① 28mm ② 50mm
③ 14mm ④ 25mm

해설 $S_{(기초)}=S_{(재하판)}\left[\dfrac{2B_{(기초)}}{B_{(기초)}+B_{(재하판)}}\right]^2$

$=5\times\left(\dfrac{2\times1.5}{1.5+0.3}\right)^2=13.89\text{mm}$

13. 다음의 기초형식 중 직접기초가 아닌 것은?

① 말뚝기초 ② 독립기초
③ 연속기초 ④ 전면기초

해설 얕은 기초(직접기초)의 분류

㉮ Footing기초(확대기초) : 독립푸팅기초, 복합푸팅기초, 캔틸레버푸팅기초, 연속푸팅기초

㉯ 전면기초(Mat기초)

14. 다음과 같은 토질시험 중에서 현장에서 이루어지지 않는 시험은?

① 베인(Vane)전단시험
② 표준관입시험
③ 수축한계시험
④ 원추관입시험

정답 8. ④ 9. ① 10. ① 11. ① 12. ③ 13. ① 14. ③

해설 Sounding의 종류

정적 sounding	동적 sounding
• 단관원추관입시험 • 화란식 원추관입시험 • 베인시험 • 이스키미터	• 동적 원추관입시험 • SPT

15. 기초의 구비조건에 대한 설명으로 틀린 것은?

① 기초는 상부하중을 안전하게 지지해야 한다.
② 기초의 침하는 절대 없어야 한다.
③ 기초는 최소 동결깊이보다 깊은 곳에 설치해야 한다.
④ 기초는 시공이 가능하고 경제적으로 만족해야 한다.

해설 기초의 구비조건
㉮ 최소한의 근입깊이를 가질 것(동해에 대한 안정)
㉯ 지지력에 대해 안정할 것
㉰ 침하에 대해 안정할 것(침하량이 허용값 이내에 들어야 함)
㉱ 시공이 가능할 것(경제적, 기술적)

16. 토압의 종류로는 주동토압, 수동토압 및 정지토압이 있다. 다음 중 그 크기의 순서로 옳은 것은?

① 주동토압 > 수동토압 > 정지토압
② 수동토압 > 정지토압 > 주동토압
③ 정지토압 > 수동토압 > 주동토압
④ 수동토압 > 주동토압 > 정지토압

해설 $P_p > P_o > P_a$

17. 흙의 다짐에너지에 관한 설명으로 틀린 것은?

① 다짐에너지는 래머(rammer)의 중량에 비례한다.
② 다짐에너지는 래머(rammer)의 낙하고에 비례한다.
③ 다짐에너지는 시료의 체적에 비례한다.
④ 다짐에너지는 타격수에 비례한다.

해설 $E = \dfrac{W_R H N_L N_B}{V}$

18. 지하수위가 지표면과 일치되며 내부마찰각이 30°, 포화단위중량(γ_{sat})이 2.0t/m^{3}이고 점착력이 0인 사질토로 된 반무한사면이 15°로 경사져 있다. 이때 이 사면의 안전율은?

① 1.00　　② 1.08
③ 2.00　　④ 2.15

해설 $F_s = \dfrac{\gamma_{sub}}{\gamma_{sat}} \dfrac{\tan\phi}{\tan i} = \dfrac{1}{2} \times \dfrac{\tan 30°}{\tan 15°} = 1.08$

19. 10m×10m의 정사각형 기초 위에 6t/m^{2}의 등분포하중이 작용하는 경우 지표면 아래 10m에서의 수직응력을 2 : 1분포법으로 구하면?

① 1.2t/m^2　　② 1.5t/m^2
③ 1.88t/m^2　　④ 2.11t/m^2

해설
$$\Delta\sigma_v = \frac{BLq_s}{(B+Z)(L+Z)} = \frac{10\times10\times6}{(10+10)\times(10+10)} = 1.5\text{t/m}^2$$

20. 점성토의 전단특성에 관한 설명 중 옳지 않은 것은?

① 일축압축시험 시 peak점이 생기지 않을 경우는 변형률 15%일 때를 기준으로 한다.
② 재성형한 시료를 함수비의 변화 없이 그대로 방치하면 시간이 경과되면서 강도가 일부 회복하는 현상을 액상화현상이라 한다.
③ 전단조건(압밀상태, 배수조건 등)에 따라 강도 정수가 달라진다.
④ 포화점토에 있어서 비압밀 비배수시험의 결과 전단강도는 구속압력의 크기에 관계없이 일정하다.

해설 재성형한 시료를 함수비의 변화 없이 그대로 방치해 두면 시간이 경과되면서 강도가 회복되는데, 이러한 현상을 딕소트로피현상이라 한다.

정답 15. ② 16. ② 17. ③ 18. ② 19. ② 20. ②

토목기사(2018년 4월 28일 시행)

1. Meyerhof의 극한지지력공식에서 사용하지 않는 계수는?

① 형상계수　　② 깊이계수
③ 시간계수　　④ 하중경사계수

해설 Meyerhof의 극한지지력공식은 Terzaghi의 극한지지력공식과 유사하면서 형상계수, 깊이계수, 경사계수를 추가한 공식이다.

2. 토질조사에 대한 설명 중 옳지 않은 것은?

① 사운딩(Sounding)이란 지중에 저항체를 삽입하여 토층의 성상을 파악하는 현장시험이다.
② 불교란시료를 얻기 위해서 Foil Sampler, Thin wall tube sampler 등이 사용된다.
③ 표준관입시험은 로드(Rod)의 길이가 길어질수록 N치가 작게 나온다.
④ 베인시험은 정적인 사운딩이다.

해설 Rod길이가 길어지면 rod변형에 의한 타격에너지의 손실 때문에 해머의 효율이 저하되어 실제의 N값보다 크게 나타난다.

3. 흙의 공학적 분류방법 중 통일분류법과 관계없는 것은?

① 소성도　　② 액성한계
③ No.200체 통과율　　④ 군지수

해설 통일분류법
㉮ 세립토는 소성도표를 사용하여 구분한다.
㉯ $W_L=50\%$로 저압축성과 고압축성을 구분한다.
㉰ No.200체 통과율로 조립토와 세립토를 구분한다.

4. 노건조한 흙시료의 부피가 1,000cm³, 무게가 1,700g, 비중이 2.65라면 간극비는?

① 0.71　　② 0.43
③ 0.65　　④ 0.56

해설 ㉮ $\gamma_d=\dfrac{W_s}{V}=\dfrac{1{,}700}{1{,}000}$
$=1.7\text{g/cm}^3$
㉯ $\gamma_d=\dfrac{G_s}{1+e}\gamma_w$
$1.7=\dfrac{2.65}{1+e}\times 1$
$\therefore\ e=0.56$

5. 2.0kg/cm²의 구속응력을 가하여 시료를 완전히 압밀시킨 다음 축차응력을 가하여 비배수상태로 전단시켜 파괴 시 축변형률 ε_f=10%, 축차응력 $\Delta\sigma_f$=2.8kg/cm², 간극수압 Δu_f=2.1kg/cm²를 얻었다. 파괴 시 간극수압계수 A는? (단, 간극수압계수 B는 1.0으로 가정한다.)

① 0.44
② 0.75
③ 1.33
④ 2.27

해설 $\Delta U=B[\Delta\sigma_3+A(\Delta\sigma_1-\Delta\sigma_3)]$
$2.1=1\times(0+A\times 2.8)$
$\therefore\ A=\dfrac{2.1}{2.8}=0.75$

6. 무게가 3ton인 단동식 증기hammer를 사용하여 낙하고 1.2m에서 pile을 타입할 때 1회 타격당 최종침하량이 2cm이었다. Engineering News공식을 사용하여 허용지지력을 구하면 얼마인가?

① 13.3t
② 26.7t
③ 80.8t
④ 160t

해설 ㉮ $R_u=\dfrac{Wh}{s+0.254}=\dfrac{3\times 120}{2+0.254}=160\text{t}$
㉯ $R_a=\dfrac{R_u}{F_s}=\dfrac{160}{6}=26.67\text{t}$

정답 1. ③ 2. ③ 3. ④ 4. ④ 5. ② 6. ②

7. 점토의 다짐에서 최적함수비보다 함수비가 적은 건조측 및 함수비가 많은 습윤측에 대한 설명으로 옳지 않은 것은?

① 다짐의 목적에 따라 습윤 및 건조측으로 구분하여 다짐계획을 세우는 것이 효과적이다.
② 흙의 강도 증가가 목적인 경우 건조측에서 다지는 것이 유리하다.
③ 습윤측에서 다지는 경우 투수계수 증가효과가 크다.
④ 다짐의 목적이 차수를 목적으로 하는 경우 습윤측에서 다지는 것이 유리하다.

해설 습윤측으로 다지면 투수계수가 감소하고 OMC보다 약한 습윤측에서 최소 투수계수가 나온다.

8. 내부마찰각 $\phi=0$, 점착력 $c=4.5\text{t/m}^2$, 단위중량이 1.9t/m^3되는 포화된 점토층에 경사각 45°로 높이 8m인 사면을 만들었다. 다음 그림과 같은 하나의 파괴면을 가정했을 때 안전율은? (단, ABCD의 면적은 70m^2이고, ABCD의 무게중심은 O점에서 4.5m거리에 위치하며, 호 AC의 길이는 20.0m이다.)

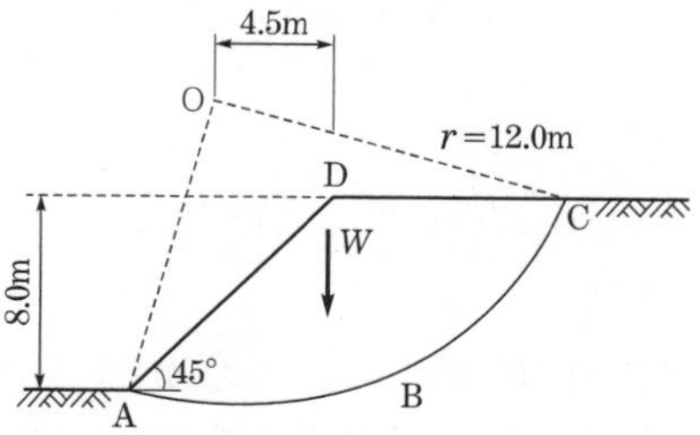

① 1.2 ② 1.8
③ 2.5 ④ 3.2

해설
㉮ $\tau=c+\bar{\sigma}\tan\phi=c=4.5\text{t/m}^2$
㉯ $M_r=\tau r L_a=4.5\times12\times20=1{,}080\text{t}$
㉰ $M_D=We=A\gamma_t e=70\times1.9\times4.5=598.5\text{t}$
㉱ $F_s=\dfrac{M_r}{M_D}=\dfrac{1{,}080}{598.5}\fallingdotseq1.8$

9. 포화단위중량이 1.8t/m^3인 흙에서의 한계동수경사는 얼마인가?

① 0.8 ② 1.0
③ 1.8 ④ 2.0

해설 $i_c=\dfrac{\gamma_{\text{sub}}}{\gamma_w}=0.8$

10. 수조에 상방향의 침투에 의한 수두를 측정한 결과 다음 그림과 같이 나타났다. 이때 수조 속에 있는 흙에 발생하는 침투력을 나타낸 식은? (단, 시료의 단면적은 A, 시료의 길이는 L, 시료의 포화단위중량은 γ_{sat}, 물의 단위중량은 γ_w이다.)

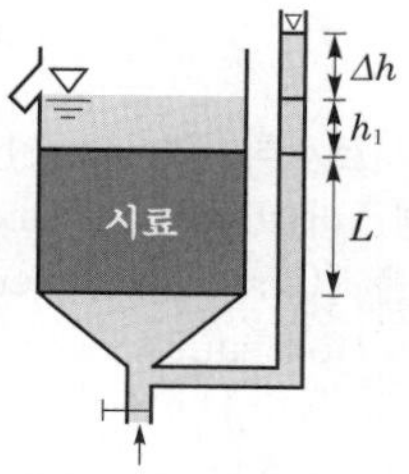

① $\Delta h\,\gamma_w\dfrac{A}{L}$ ② $\Delta h\,\gamma_\omega A$
③ $\Delta h\,\gamma_{\text{sat}}A$ ④ $\dfrac{\gamma_{\text{sat}}}{\gamma_w}A$

해설 $F=\gamma_w\,\Delta h\,A$

11. 다음 그림과 같이 점토질 지반에 연속기초가 설치되어 있다. Terzaghi공식에 의한 이 기초의 허용지지력은? (단, $\phi=0$이며 폭$(B)=2\text{m}$, $N_c=5.14$, $N_q=1.0$, $N_\gamma=0$, 안전율 $F_s=3$이다.)

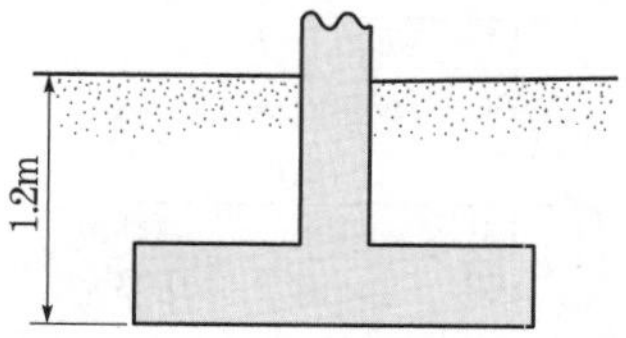

점토질 지반 $\gamma=1.92\text{t/m}^3$
일축압축강도 $q_u=14.86\text{t/m}^2$

① 6.4t/m^2 ② 13.5t/m^2
③ 18.5t/m^2 ④ 40.49t/m^2

해설 연속기초이므로 $\alpha=1.0$, $\beta=0.5$이다.
㉮ $q_u=\alpha cN_c+\beta B\gamma_1N_\gamma+D_f\gamma_2N_q$
$=1\times\dfrac{14.86}{2}\times5.14+0+1.2\times1.92\times1$
$=40.49\text{t/m}^2$
㉯ $q_a=\dfrac{q_u}{F_s}=\dfrac{40.49}{3}=13.5\text{t/m}^2$

정답 7. ③ 8. ② 9. ① 10. ② 11. ②

12. 다음 시료채취에 사용되는 시료기(sampler) 중 불교란시료채취에 사용되는 것만 고른 것으로 옳은 것은?

> ㉠ 분리형 원통시료기(split spoon sampler)
> ㉡ 피스톤 튜브시료기(piston tube sampler)
> ㉢ 얇은 관시료기(thin wall tube sampler)
> ㉣ Laval시료기(Laval sampler)

① ㉠, ㉡, ㉢　　② ㉠, ㉡, ㉣
③ ㉠, ㉢, ㉣　　④ ㉡, ㉢, ㉣

해설 불교란시료채취기(sampler)
㉮ 얇은 관샘플러(thin wall tube sampler)
㉯ 피스톤샘플러(piston sampler)
㉰ 포일샘플러(foil sampler)

13. 다음 그림과 같이 3개의 지층으로 이루어진 지반에서 수직방향 등가투수계수는?

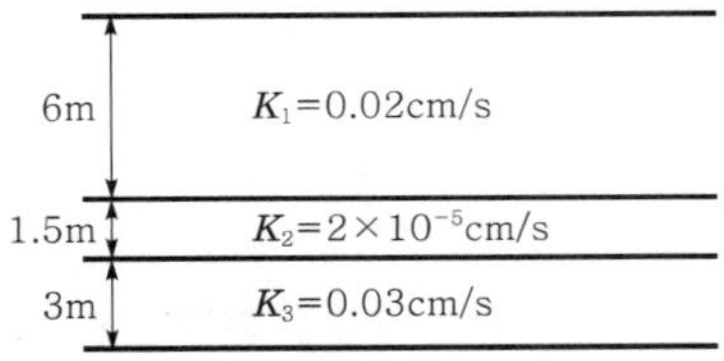

① 2.516×10^{-6}cm/s　　② 1.274×10^{-5}cm/s
③ 1.393×10^{-4}cm/s　　④ 2.0×10^{-2}cm/s

해설 $K_v=\dfrac{H}{\dfrac{h_1}{K_{v1}}+\dfrac{h_2}{K_{v2}}+\dfrac{h_3}{K_{v3}}}$

$=\dfrac{1{,}050}{\dfrac{600}{0.02}+\dfrac{150}{2\times10^{-5}}+\dfrac{300}{0.03}}$

$=1.393\times10^{-4}$cm/s

14. 점토지반의 강성기초의 접지압분포에 대한 설명으로 옳은 것은?

① 기초의 모서리 부분에서 최대 응력이 발생한다.
② 기초의 중앙 부분에서 최대 응력이 발생한다.
③ 기초 밑면의 응력은 어느 부분이나 동일하다.
④ 기초 밑면에서의 응력은 토질에 관계없이 일정하다.

해설 점토지반에서 강성기초의 접지압은 기초의 모서리 부분에서 최대이다.

15. 전단마찰각이 25°인 점토의 현장에 작용하는 수직응력이 5t/m²이다. 과거 작용했던 최대 하중이 10t/m²이라고 할 때 대상지반의 정지토압계수를 추정하면?

① 0.40　　② 0.57
③ 0.82　　④ 1.14

해설 ㉮ $\text{OCR}=\dfrac{P_c}{P}=\dfrac{10}{5}=2$
㉯ $K_o=1-\sin\phi=1-\sin25°=0.58$
㉰ $K_{o(\text{과압밀})}=K_{o(\text{정규압밀})}\sqrt{\text{OCR}}$
$=0.58\sqrt{2}=0.82$

16. 어떤 지반에 대한 토질시험결과 점착력 c=0.50kg/m², 흙의 단위중량 γ=2.0t/m³이었다. 그 지반에 연직으로 7m를 굴착했다면 안전율은 얼마인가? (단, ϕ=0이다.)

① 1.43　　② 1.51
③ 2.11　　④ 2.61

해설 ㉮ $c=0.5\text{kg/cm}^2=5\text{t/m}^2$
㉯ $H_c=\dfrac{4c\tan\left(45°+\dfrac{\phi}{2}\right)}{\gamma}$
$=\dfrac{4\times5\times\tan\left(45°+\dfrac{0}{2}\right)}{2}$
$=10\text{m}$
㉰ $F_s=\dfrac{H_c}{H}=\dfrac{10}{7}=1.43$

17. 어떤 시료에 대해 액압 1.0kg/cm²를 가해 각 수직변위에 대응하는 수직하중을 측정한 결과가 다음과 같다. 파괴 시의 축차응력은? (단, 피스톤의 지름과 시료의 지름은 같다고 보며 시료의 단면적 A_o=18cm², 길이 L=14cm이다.)

ΔL(1/100mm)	0	…	1,000	1,100	1,200	1,300	1,400
P(kg)	0	…	54.0	58.0	60.0	59.0	58.0

① 3.05kg/cm²　　② 2.55kg/cm²
③ 2.05kg/cm²　　④ 1.55kg/cm²

해설 ㉮ $A=\dfrac{A_0}{1-\varepsilon}=\dfrac{18}{1-\dfrac{1.2}{14}}=19.69\text{cm}^2$
㉯ $\sigma_1-\sigma_3=\dfrac{P}{A}=\dfrac{60}{19.69}=3.05\text{kg/cm}^2$

정답 12. ④ 13. ③ 14. ① 15. ③ 16. ① 17. ①

18. 입경이 균일한 포화된 사질지반에 지진이나 진동 등 동적하중이 작용하면 지반에서는 일시적으로 전단강도를 상실하게 되는데, 이러한 현상을 무엇이라고 하는가?

① 분사현상(quick sand)
② 딕소트로피현상(Thixotropy)
③ 히빙현상(heaving)
④ 액상화현상(liquefaction)

해설 액화현상이란 느슨하고 포화된 모래지반에 지진, 발파 등의 충격하중이 작용하면 체적이 수축함에 따라 공극수압이 증가하여 유효응력이 감소되기 때문에 전단강도가 작아지는 현상이다.

19. 다음 중 임의형태기초에 작용하는 등분포하중으로 인하여 발생하는 지중응력계산에 사용하는 가장 적합한 계산법은?

① Boussinesq법
② Osterberg법
③ Newmark영향원법
④ 2 : 1 간편법

해설 New－Mark영향원법
임의의 불규칙적인 형상의 등분포하중에 의한 임의점에 대한 연직지중응력을 구하는 방법이다.

20. 다음 그림과 같이 피압수압을 받고 있는 2m 두께의 모래층이 있다. 그 위의 포화된 점토층을 5m 깊이로 굴착하는 경우 분사현상이 발생하지 않기 위한 수심(h)은 최소 얼마를 초과하도록 하여야 하는가?

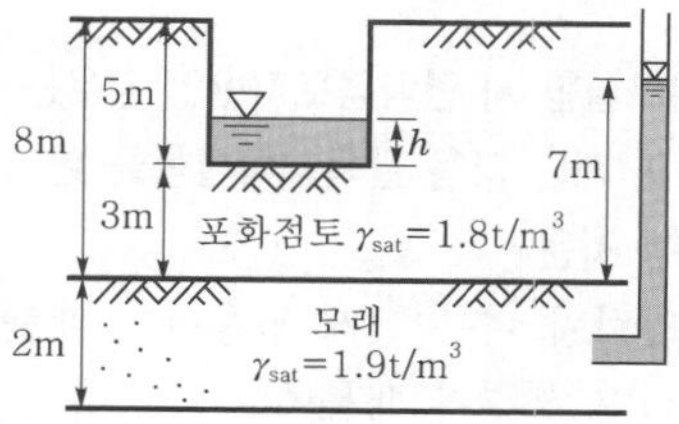

① 1.3m
② 1.6m
③ 1.9m
④ 2.4m

해설 ㉮ $\sigma = 1 \times H + 1.8 \times 3 = H + 5.4$
㉯ $u = 1 \times 7 = 7\text{t/m}^2$
㉰ $\bar{\sigma} = \sigma - u = H + 5.4 - 7 = 0$
$\therefore H = 1.6\text{m}$

토목산업기사(2018년 4월 28일 시행)

1. 말뚝재하실험 시 연약점토지반인 경우는 pile의 타입 후 20여 일이 지난 다음 말뚝재하실험을 한다. 그 이유로 가장 타당한 것은?

① 주면마찰력이 너무 크게 작용하기 때문에
② 부마찰력이 생겼기 때문에
③ 타입 시 주변이 교란되었기 때문에
④ 주위가 압축되었기 때문에

해설 말뚝타입 시 말뚝 주위의 점토지반이 교란되어 강도가 작아지게 된다. 그러나 점토는 딕소트로피현상이 생겨서 강도가 되살아나기 때문에 말뚝재하시험은 말뚝타입 후 며칠이 지난 후 행한다.

2. 다음의 흙 중 암석이 풍화되어 원래의 위치에서 토층이 형성된 흙은?

① 충적토　　② 이탄
③ 퇴적토　　④ 잔적토

해설 풍화작용을 받아 이루어진 흙
㉮ 잔적토 : 풍화작용에 의해 생성된 흙이 운반되지 않고 남아있는 흙
㉯ 퇴적토
　㉠ 충적토 : 하천에 의해 운반, 퇴적된 흙
　㉡ 붕적토 : 중력에 의해 경사면 아래로 운반, 퇴적된 흙

3. 어느 흙의 액성한계는 35%, 소성한계가 22%일 때 소성지수는 얼마인가?

① 12　　② 13
③ 15　　④ 17

해설 $I_p = W_L - W_p = 35 - 22 = 13\%$

4. 다음 중 사면안정해석법과 관계가 없는 것은?

① 비숍(Bishop)의 방법
② 마찰원법
③ 펠레니우스(Fellenius)의 방법
④ 뷰지네스크(Boussinesq)의 이론

해설 유한사면의 안정해석(원호파괴)
㉮ 질량법 : $\phi=0$해석법, 마찰원법
㉯ 분할법 : Fellenius방법, Bishop방법, Spencer방법

5. 노상토의 지지력을 나타내는 CBR값의 단위는?

① kg/cm^2　　② kg/cm
③ kg/cm^3　　④ %

해설 $CBR = \dfrac{시험단위하중}{표준단위하중} \times 100[\%]$

6. 압밀시험에서 시간－침하곡선으로부터 직접 구할 수 있는 사항은?

① 선행압밀압력　　② 점성보정계수
③ 압밀계수　　④ 압축지수

해설 시간－침하곡선에서 압밀계수(C_v)를 구할 수 있다.

7. 다음 그림과 같은 지반에서 포화토 A－A면에서의 유효응력은?

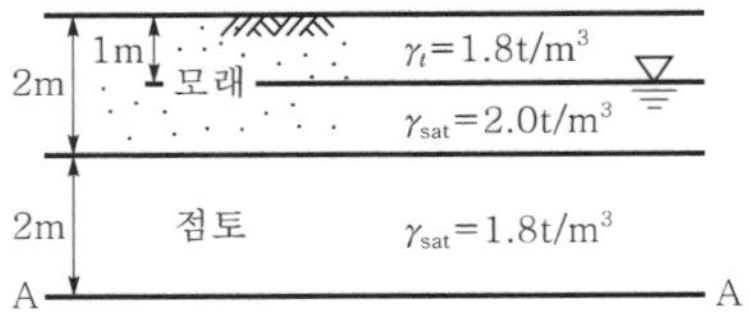

① $2.4t/m^2$　　② $4.4t/m^2$
③ $5.6t/m^2$　　④ $7.2t/m^2$

해설 ㉮ $\sigma = 1.8\times1 + 2\times1 + 1.8\times2 = 7.4t/m^2$
㉯ $u = 1\times3 = 3t/m^2$
㉰ $\bar{\sigma} = \sigma - u = 7.4 - 3 = 4.4t/m^2$

8. 다음 중 사운딩(sounding)이 아닌 것은?

① 표준관입시험
② 일축압축시험
③ 원추관입시험
④ 베인시험

정답　1. ③　2. ④　3. ②　4. ④　5. ④　6. ③　7. ②　8. ②

해설 Sounding의 종류

동적 sounding	정적 sounding
• 동적 원추관입시험 • SPT	• 이스키미터시험 • 베인전단시험

9. 다음 중 얕은 기초에 속하지 않는 것은?

① 피어기초
② 전면기초
③ 독립확대기초
④ 복합확대기초

해설 얕은 기초(직접기초)의 분류
㉮ Footing기초(확대기초) : 독립푸팅기초, 복합푸팅기초, 캔틸레버푸팅기초, 연속푸팅기초
㉯ 전면기초(Mat기초)

10. 어느 흙에 대하여 직접전단시험을 하여 수직응력이 3.0kg/cm²일 때 2.0kg/cm²의 전단강도를 얻었다. 이 흙의 점착력이 1.0kg/cm²이면 내부마찰각은 약 얼마인가?

① 15.2°　　② 18.4°
③ 21.3°　　④ 24.6°

해설 $\tau = c + \bar{\sigma}\tan\phi$
$2 = 1 + 3 \times \tan\phi$
$\therefore \ \phi = 18.43°$

11. 다음 그림과 같은 모래지반에서 흙의 단위중량이 1.8t/m³이다. 정지토압계수가 0.5라면 깊이 5m 지점에서의 수평응력은 얼마인가?

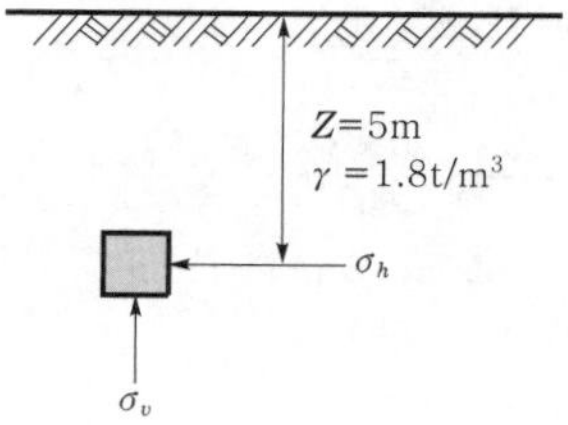

① 4.5t/m²　　② 8.0t/m²
③ 13.5t/m²　　④ 15.0t/m²

해설 ㉮ $\sigma_v = 1.8 \times 5 = 9\text{t/m}^2$
㉯ $\sigma_h = \sigma_v K = 9 \times 0.5 = 4.5\text{t/m}^2$

12. 다음 그림과 같은 다층지반에서 연직방향의 등가투수계수는?

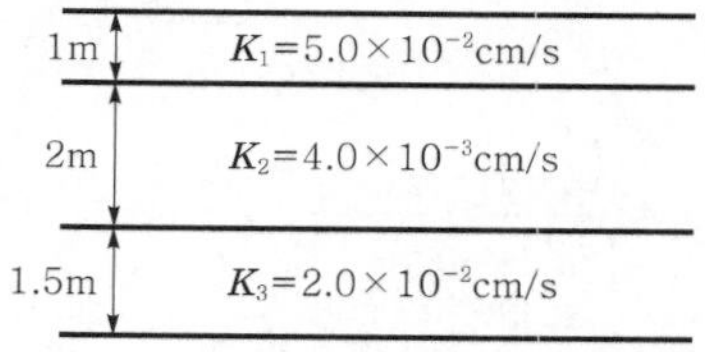

① 5.8×10^{-3}cm/s　　② 6.4×10^{-3}cm/s
③ 7.6×10^{-3}cm/s　　④ 1.4×10^{-2}cm/s

해설 $K_v = \dfrac{H}{\dfrac{h_1}{K_1} + \dfrac{h_2}{K_2} + \dfrac{h_3}{K_3}}$

$= \dfrac{450}{\dfrac{100}{5 \times 10^{-2}} + \dfrac{200}{4 \times 10^{-3}} + \dfrac{150}{2 \times 10^{-2}}}$

$= 7.56 \times 10^{-3}\text{cm/s}$

13. 다음 중 느슨한 모래의 전단변위와 시료의 부피변화관계곡선으로 옳은 것은?

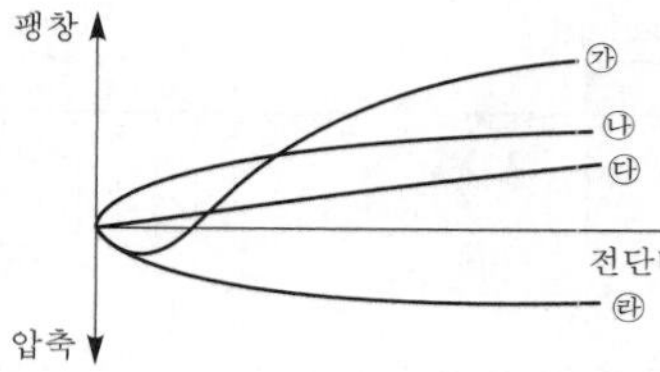

① ㉮　　② ㉯
③ ㉰　　④ ㉱

해설 직접전단시험에 의한 시험성과(촘촘한 모래와 느슨한 모래의 경우)

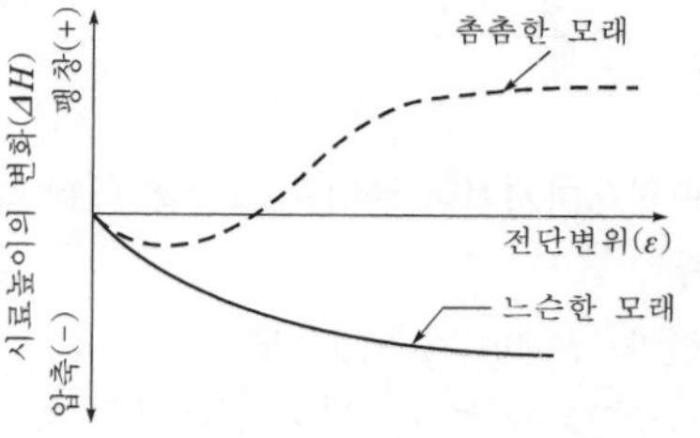

정답 9. ① 10. ② 11. ① 12. ③ 13. ④

14. **비중이 2.60이고 간극비가 0.60인 모래지반의 한계동수경사는?**

① 1.0 ② 2.25
③ 4.0 ④ 9.0

해설 $i_c = \dfrac{G_s - 1}{1+e} = \dfrac{2.6-1}{1+0.6} = 1$

15. **점토질 지반에서 강성기초의 접지압분포에 관한 다음 설명 중 옳은 것은?**

① 기초의 중앙 부분에서 최대의 응력이 발생한다.
② 기초의 모서리 부분에서 최대의 응력이 발생한다.
③ 기초 부분의 응력은 어느 부분이나 동일하다.
④ 기초 밑면에서의 응력은 토질에 관계없이 일정하다.

해설 ㉮ 강성기초

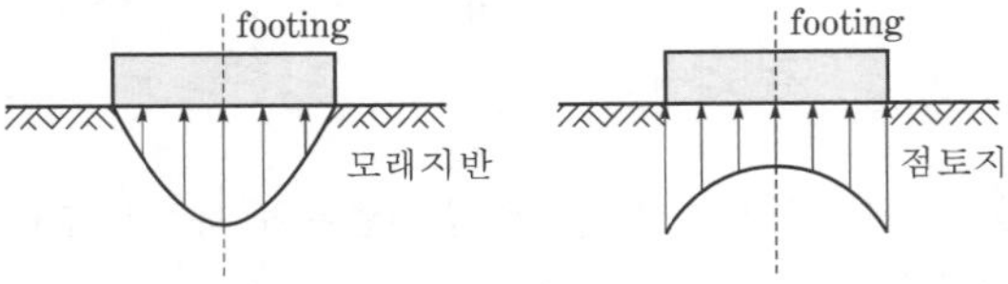

㉯ 휨성기초

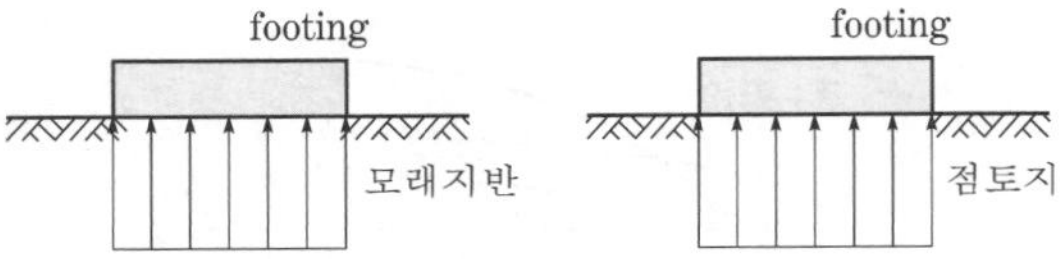

16. **포화점토의 일축압축시험결과 자연상태점토의 일축압축강도와 흐트러진 상태의 일축압축강도가 각각 1.8kg/cm², 0.4kg/cm²였다. 이 점토의 예민비는?**

① 0.72 ② 0.22
③ 4.5 ④ 6.4

해설 $S_t = \dfrac{q_u}{q_{ur}} = \dfrac{1.8}{0.4} = 4.5$

17. **평판재하시험이 끝나는 조건에 대한 설명으로 틀린 것은?**

① 침하량이 15mm에 달할 때
② 하중강도가 현장에서 예상되는 최대 접지압력을 초과할 때
③ 하중강도가 그 지반의 항복점을 넘을 때
④ 흙의 함수비가 소성한계에 달할 때

해설 평판재하시험(PBT-test)이 끝나는 조건
㉮ 침하량이 15mm에 달할 때
㉯ 하중강도가 최대 접지압을 넘어 항복점을 초과할 때

18. **어떤 모래의 입경가적곡선에서 유효입경 D_{10}= 0.01mm이었다. Hazen공식에 의한 투수계수는? (단, 상수(C)는 100을 적용한다.)**

① 1×10^{-4}cm/s ② 2×10^{-6}cm/s
③ 5×10^{-4}cm/s ④ 5×10^{-6}cm/s

해설 $K = C{D_{10}}^2 = 100\times0.001^2 = 1\times10^{-4}$cm/s

19. **다음 연약지반처리공법 중 일시적인 공법은?**

① 웰포인트공법 ② 치환공법
③ 콤포저공법 ④ 샌드드레인공법

해설 일시적 지반개량공법 : well point공법, deep well 공법, 대기압공법, 동결공법

20. **A방법에 의해 흙의 다짐시험을 수행하였을 때 다짐에너지(E_c)는?**

〔A방법의 조건〕
- 몰드의 부피(V) : 1,000cm³
- 래머의 부게(W_R) : 2.5kg
- 래머의 낙하높이(h) : 30cm
- 다짐층수(N_L) : 3층
- 각 층당 다짐횟수(N_B) : 25회

① 4.625kg · cm/cm³ ② 5.625kg · cm/cm³
③ 6.625kg · cm/cm³ ④ 7.625kg · cm/cm³

해설 $E = \dfrac{W_R H N_L N_B}{V}$
$= \dfrac{2.5\times30\times3\times25}{1,000}$
$= 5.625\text{kg}\cdot\text{cm/cm}^3$

정답 14. ① 15. ② 16. ③ 17. ④ 18. ① 19. ① 20. ②

토목기사(2018년 8월 19일 시행)

1. 점성토를 다지면 함수비의 증가에 따라 입자의 배열이 달라진다. 최적함수비의 습윤측에서 다짐을 실시하면 흙은 어떤 구조로 되는가?

① 단립구조　　② 봉소구조
③ 이산구조　　④ 면모구조

해설 건조측에서 다지면 면모구조가, 습윤측에서 다지면 이산구조가 된다.

2. 토질시험결과 내부마찰각(ϕ)=30°, 점착력 c=0.5kg/cm², 간극수압이 8kg/cm²이고 파괴면에 작용하는 수직응력이 30kg/cm²일 때 이 흙의 전단응력은?

① 12.7kg/cm²　　② 13.2kg/cm²
③ 15.8kg/cm²　　④ 19.5kg/cm²

해설 $\tau = c + \bar{\sigma}\tan\phi = c + (\sigma - u)\tan\phi$

$= 0.5 + (30 - 8) \times \tan 30° = 13.2\text{kg/cm}^2$

3. 다음 그림과 같은 점성토 지반의 굴착저면에서 바닥융기에 대한 안전율은 Terzaghi의 식에 의해 구하면? (단, γ=1.731t/m³, c=2.4t/m²이다.)

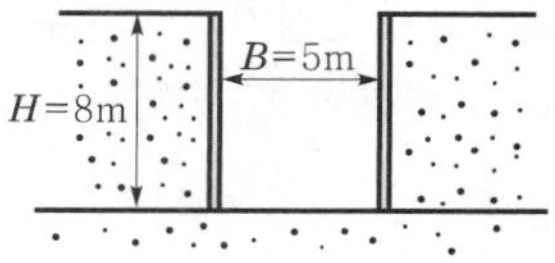

① 3.21　　② 2.32
③ 1.64　　④ 1.17

해설 $F_s = \dfrac{5.7c}{\gamma H - \dfrac{cH}{0.7B}} = \dfrac{5.7 \times 2.4}{1.731 \times 8 - \dfrac{2.4 \times 8}{0.7 \times 5}} = 1.636$

4. 고성토의 제방에서 전단파괴가 발생되기 전에 제방의 외측에 흙을 돋우어 활동에 대한 저항모멘트를 증대시켜 전단파괴를 방지하는 공법은?

① 프리로딩공법　　② 압성토공법
③ 치환공법　　④ 대기압공법

해설 압성토공법
성토의 활동파괴를 방지할 목적으로 사면 선단에 성토하여 성토의 중량을 이용하여 활동에 대한 저항모멘트를 크게 하여 안정을 유지시키는 공법이다.

5. 흙의 투수계수에 영향을 미치는 요소들로만 구성된 것은?

㉮ 흙입자의 크기	㉯ 간극비
㉰ 간극의 모양과 배열	㉱ 활성도
㉲ 물의 점성계수	㉳ 포화도
㉴ 흙의 비중	

① ㉮, ㉯, ㉱, ㉳　　② ㉮, ㉯, ㉰, ㉲, ㉳
③ ㉮, ㉯, ㉱, ㉲, ㉴　　④ ㉯, ㉰, ㉲, ㉴

해설 $K = D_s^{\,2}\dfrac{\gamma_w}{\mu}\dfrac{e^3}{1+e}C$

6. 흙의 다짐에 대한 일반적인 설명으로 틀린 것은?

① 다진 흙의 최대 건조밀도와 최적함수비는 어떻게 다짐하더라도 일정한 값이다.
② 사질토의 최대 건조밀도는 점성토의 최대 건조밀도보다 크다.
③ 점성토의 최적함수비는 사질토보다 크다.
④ 다짐에너지가 크면 일반적으로 밀도는 높아진다.

해설 다짐에너지를 크게 하면 건조단위중량은 커지고, 최적함수비는 작아진다.

7. 다음과 같은 흙을 통일분류법에 따라 분류한 것으로 옳은 것은?

- No.4번체(4.75mm체) 통과율 : 37.5%
- No.200번체(0.075mm체) 통과율 : 2.3%
- 균등계수 : 7.9
- 곡률계수 : 1.4

① GW　　② GP
③ SW　　④ SP

정답 1. ③　2. ②　3. ③　4. ②　5. ②　6. ①　7. ①

해설 ㉮ $P_{\#200}=2.3<50\%$이고 $P_{\#4}=37.5<50\%$이므로 자갈이다.

㉯ $C_u=7.9>4$이고 $C_g=1.4=1\sim3$이므로 양립도이다.

∴ GW

8. 말뚝의 부마찰력(Negative Skin Friction)에 대한 설명 중 틀린 것은?

① 말뚝의 허용지지력을 결정할 때 세심하게 고려해야 한다.

② 연약지반에 말뚝을 박은 후 그 위에 성토를 한 경우 일어나기 쉽다.

③ 연약한 점토에 있어서는 상대변위의 속도가 느릴수록 부마찰력은 크다.

④ 연약지반을 관통하여 견고한 지반까지 말뚝을 박은 경우 일어나기 쉽다.

해설 ㉮ 부마찰력이 발생하면 지지력이 크게 감소하므로 말뚝의 허용지지력을 결정할 때 세심하게 고려한다.

㉯ 상대변위속도가 클수록 부마찰력이 크다.

9. 다음 그림의 파괴포락선 중에서 완전포화된 점토를 UU(비압밀 비배수)시험했을 때 생기는 파괴포락선은?

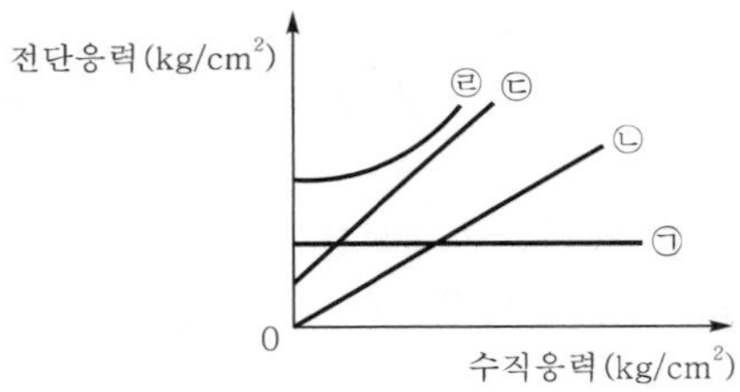

① ㉠ ② ㉡

③ ㉢ ④ ㉣

해설 CD-test의 파괴포락선

㉮ 정규압밀점토의 파괴포락선은 좌표축원점을 지난다.

㉯ 과압밀점토는 파괴포락선이 원점을 통과하지 않으므로 c, ϕ 모두 얻어지며, 이때 파괴포락선은 곡선이 되므로 압력범위를 정하여 직선으로 가정하고 c_d, ϕ_d를 결정하여야 한다.

㉰ UU-test($S_r=100\%$)인 경우 같은 직경의 Mohr원이 그려지므로 파괴포락선은 ㉠이다.

10. 다음 그림과 같은 지반에 대해 수직방향 등가투수계수를 구하면?

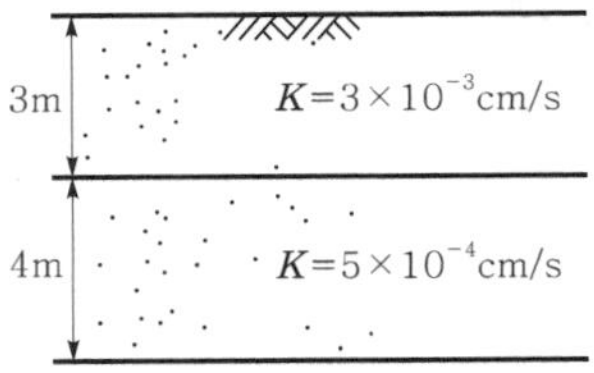

① 3.89×10^{-4}cm/s ② 7.78×10^{-4}cm/s

③ 1.57×10^{-3}cm/s ④ 3.14×10^{-3}cm/s

해설

$$K_v=\frac{H}{\dfrac{h_1}{K_{v1}}+\dfrac{h_2}{K_{v2}}}$$

$$=\frac{300+400}{\dfrac{300}{3\times10^{-3}}+\dfrac{400}{5\times10^{-4}}}=7.78\times10^{-4}\text{cm/s}$$

11. 얕은 기초 아래의 접지압력분포 및 침하량에 대한 설명으로 틀린 것은?

① 접지압력의 분포는 기초의 강성, 흙의 종류, 형태 및 깊이 등에 따라 다르다.

② 점성토 지반에 강성기초 아래의 접지압분포는 기초의 모서리 부분이 중앙 부분보다 작다.

③ 사질토 지반에서 강성기초인 경우 중앙 부분이 모서리 부분보다 큰 접지압을 나타낸다.

④ 사질토 지반에서 유연성기초인 경우 침하량은 중심부보다 모서리 부분이 더 크다.

해설 ㉮ 강성기초

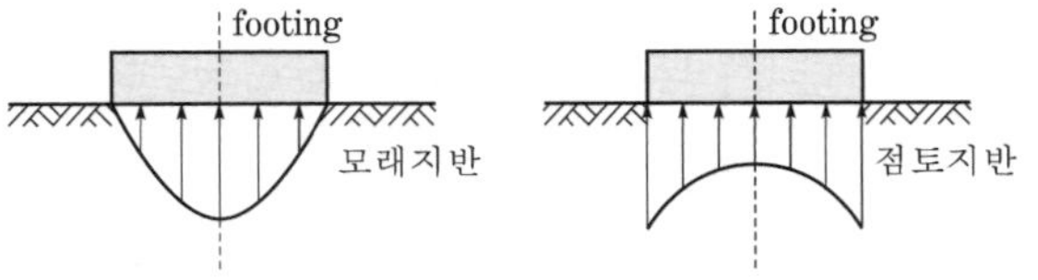

㉯ 휨성기초

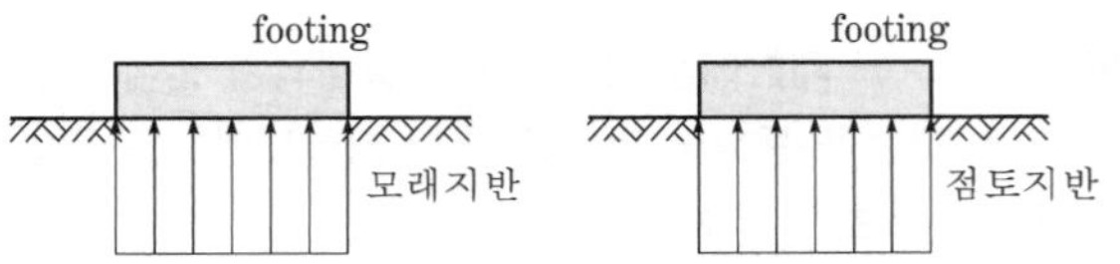

정답 8. ③ 9. ① 10. ② 11. ②

12. 다음 그림에서 활동에 대한 안전율은?

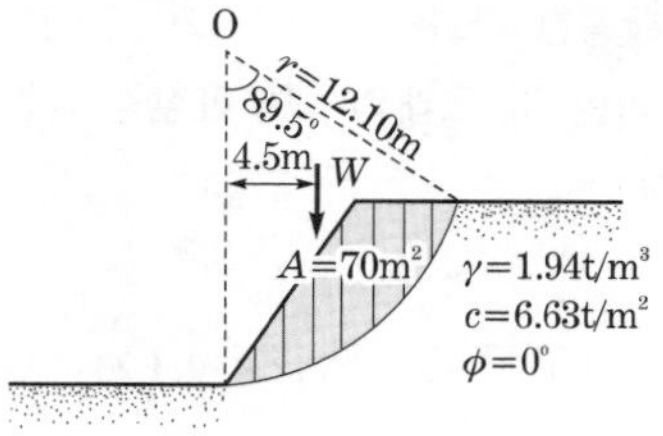

① 1.30 ② 2.05
③ 2.15 ④ 2.48

해설
㉮ $\tau = c = 6.63\text{t/m}^2$
㉯ $L_a = r\theta = 12.1 \times \left(89.5° \times \dfrac{\pi}{180°}\right) = 18.9\text{m}$
㉰ $M_r = \tau\gamma L_a = 6.63 \times 12.1 \times 18.9 = 1{,}516.2\text{t}\cdot\text{m}$
㉱ $M_D = We = (A\gamma)e$
$= 70 \times 1.94 \times 4.5 = 611.1\text{t}\cdot\text{m}$
㉲ $F_s = \dfrac{M_r}{M_D} = \dfrac{1{,}516.2}{611.1} = 2.48$

13. 연약점토지반에 압밀촉진공법을 적용한 후 전체 평균압밀도가 90%로 계산되었다. 압밀촉진공법을 적용하기 전 수직방향의 평균압밀도가 20%였다고 하면 수평방향의 평균압밀도는?

① 70% ② 77.5%
③ 82.5% ④ 87.5%

해설
$U_{av} = 1-(1-U_v)(1-U_h)$
$0.9 = 1-(1-0.2)\times(1-U_h)$
$\therefore\ U_h = 0.875 = 87.5\%$

14. 실내시험에 의한 점토의 강도 증가율(C_u/P) 산정방법이 아닌 것은?

① 소성지수에 의한 방법
② 비배수전단강도에 의한 방법
③ 압밀비배수 삼축압축시험에 의한 방법
④ 직접전단시험에 의한 방법

해설 강도 증가율추정법
㉮ 비배수전단강도에 의한 방법(UU시험)
㉯ $\overline{CU}$시험에 의한 방법
㉰ CU시험에 의한 방법
㉱ 소성지수에 의한 방법

15. 간극률이 50%, 함수비가 40%인 포화토에 있어서 지반의 분사현상에 대한 안전율이 3.5라고 할 때 이 지반에 허용되는 최대 동수경사는?

① 0.21 ② 0.51
③ 0.61 ④ 1.00

해설
㉮ $e = \dfrac{n}{100-n} = \dfrac{50}{100-50} = 1$
㉯ $Se = wG_s$
$1 \times 1 = 0.4G_s$
$\therefore\ G_s = 2.5$
㉰ $F_s = \dfrac{i_c}{i} = \dfrac{\dfrac{G_s-1}{1+e}}{i}$
$3.5 = \dfrac{\dfrac{2.5-1}{1+1}}{i}$
$\therefore\ i = 0.21$

16. 포화된 흙의 건조단위중량이 1.70t/m^3이고 함수비가 20%일 때 비중은 얼마인가?

① 2.58 ② 2.68
③ 2.78 ④ 2.88

해설
$\gamma_d = \dfrac{\gamma_w}{\dfrac{1}{G_s} + \dfrac{w}{S}}$
$1.7 = \dfrac{1}{\dfrac{1}{G_s} + \dfrac{20}{100}}$
$\therefore\ G_s = 2.58$

17. 표준관입시험에 대한 설명으로 틀린 것은?

① 질량 63.5±0.5kg인 해머를 사용한다.
② 해머의 낙하높이는 760±10mm이다.
③ 고정piston샘플러를 사용한다.
④ 샘플러를 지반에 300mm 박아넣는데 필요한 타격횟수를 N값이라고 한다.

해설 표준관입시험은 split spoon sampler를 boring rod 끝에 붙여서 63.5kg의 해머로 76cm 높이에서 때려 sampler를 30cm 관입시킬 때의 타격횟수 N치를 측정하는 시험이다.

정답 12. ④ 13. ④ 14. ④ 15. ① 16. ① 17. ③

18. 다음 그림과 같이 2m×3m 크기의 기초에 $10t/m^2$의 등분포하중이 작용할 때 A점 아래 4m 깊이에서의 연직응력 증가량은? (단, 아래 표의 영향계수값을 활용하여 구하며 $m=\frac{B}{z}$, $n=\frac{L}{z}$이고, B는 직사각형 단면의 폭, L은 직사각형 단면의 길이, z는 토층의 깊이이다.)

【 영향계수(I)값 】

m	0.25	0.5	0.5	0.5
n	0.5	0.25	0.75	1.0
I	0.048	0.048	0.115	0.122

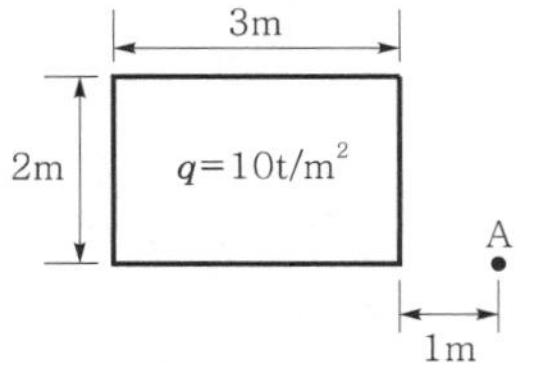

① $0.67t/m^2$　② $0.74t/m^2$
③ $1.22t/m^2$　④ $1.70t/m^2$

해설 $\Delta\sigma_v = I_{(m,\ n)}q$
$= 0.122\times10 - 0.048\times10 = 0.74t/m^2$

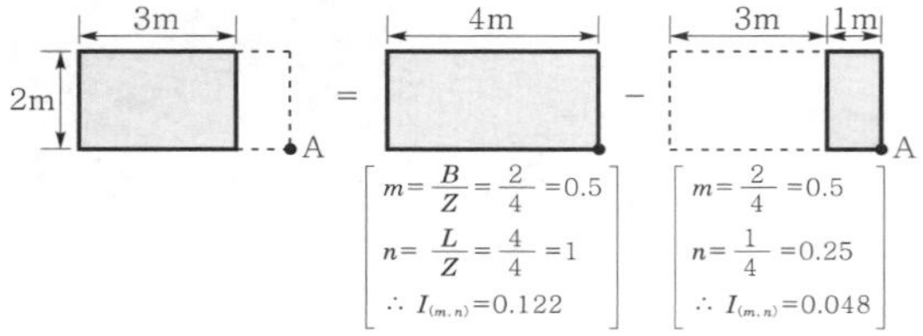

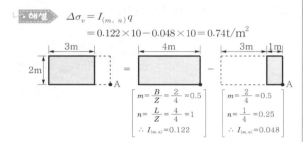

19. 토립자가 둥글고 입도분포가 양호한 모래지반에서 N치를 측정한 결과 $N=19$가 되었을 경우 Dunham의 공식에 의한 이 모래의 내부마찰각 ϕ는?

① 20°　② 25°
③ 30°　④ 35°

해설 $\phi=\sqrt{12N}+20=\sqrt{12\times19}+20=35.1°$

20. 얕은 기초의 지지력계산에 적용하는 Terzaghi의 극한지지력공식에 대한 설명으로 틀린 것은?

① 기초의 근입깊이가 증가하면 지지력도 증가한다.
② 기초의 폭이 증가하면 지지력도 증가한다.
③ 기초지반이 지하수에 의해 포화되면 지지력은 감소한다.
④ 국부전단파괴가 일어나는 지반에서 내부마찰각(ϕ')은 $\frac{2}{3}\phi$를 적용한다.

해설 국부전단파괴에 대하여 다음과 같이 강도 정수를 저감하여 사용한다.

㉮ $C'=\frac{2}{3}C$

㉯ $\tan\phi'=\frac{2}{3}\tan\phi$

정답 18. ② 19. ④ 20. ④

토목산업기사(2018년 9월 15일 시행)

1. 저항체를 땅속에 삽입해서 관입, 회전, 인발 등의 저항을 측정하여 토층의 상태를 탐사하는 원위치시험을 무엇이라 하는가?

① 오거보링 ② 테스트피트
③ 샘플러 ④ 사운딩

해설 Sounding
rod 선단에 설치한 저항체를 땅속에 삽입하여 관입, 회전, 인발 등의 저항치로부터 지반의 특성을 파악하는 지반조사방법이다.

2. 흙의 전단특성에서 교란된 흙이 시간이 지남에 따라 손실된 강도의 일부를 회복하는 현상을 무엇이라 하는가?

① Dilatancy ② Thixotropy
③ Sensitivity ④ Liquefaction

해설 재성형한 시료를 함수비의 변화 없이 그대로 방치하여 두면 시간이 경과되면서 강도가 회복되는데, 이러한 현상을 딕소트로피현상이라 한다.

3. 다짐에 대한 설명으로 틀린 것은?

① 점토를 최적함수비보다 작은 함수비로 다지면 분산구조를 갖는다.
② 투수계수는 최적함수비 근처에서 거의 최소값을 나타낸다.
③ 다짐에너지가 클수록 최대 건조단위중량은 커진다.
④ 다짐에너지가 클수록 최적함수비는 작아진다.

해설 점토를 최적함수비보다 건조측에서 다지면 면모구조가, 습윤측에서 다지면 이산구조가 된다.

4. 다음 중 표준관입시험으로부터 추정하기 어려운 항목은?

① 극한지지력 ② 상대밀도
③ 점성토의 연경도 ④ 투수성

해설 표준관입시험의 N치로 직접 추정되는 사항

구분	판별, 추정사항
모래지반	• 상대밀도 • 내부마찰각 • 지지력계수 • 탄성계수 • 침하량에 대한 허용지지력
점토지반	• 컨시스턴시 • 일축압축강도 • 점착력 • 극한 또는 허용지지력

5. 포화점토층의 두께가 6.0m이고 점토층 위와 아래는 모래층이다. 이 점토층이 최종압밀침하량의 70%를 일으키는데 걸리는 기간은? (단, 압밀계수(C_v)=3.6×10^{-3}cm^2/s이고, 압밀도 70%에 대한 시간계수(T_v)=0.403이다.)

① 116.6일
② 342일
③ 233.2일
④ 466.4일

해설 $$t_{70} = \frac{T_v H^2}{C_v} = \frac{0.403 \times \left(\frac{600}{2}\right)^2}{3.6 \times 10^{-3}}$$
$$= 10,075,000\text{초} = 116.61\text{일}$$

6. 모래치환법에 의한 현장 흙의 단위무게실험결과가 다음과 같다. 현장 흙의 건조단위무게는?

- 실험구멍에서 파낸 흙의 중량 : 1,600g
- 실험구멍에서 파낸 흙의 함수비 : 20%
- 실험구멍에 채워진 표준모래의 중량 : 1,350g
- 실험구멍에 채워진 표준모래의 단위중량 : 1.35g/cm^3

① 0.93g/cm^3 ② 1.13g/cm^3
③ 1.33g/cm^3 ④ 1.53g/cm^3

해설 ㉮ $W_s = \frac{W}{1+\frac{w}{100}} = \frac{1,600}{1+\frac{20}{100}} = 1,333\text{g}$

㉯ $\gamma_{모래} = \frac{W_{모래}}{V}$

$1.35 = \frac{1,350}{V}$

$\therefore\ V = 1,000\text{cm}^3$

㉰ $\gamma_d = \frac{W_s}{V} = \frac{1,333}{1,000} ≒ 1.33\text{g/cm}^3$

7. 안지름이 0.6mm인 유리관을 15℃의 정수 중에 세웠을 때 모관상승고(h_c)는? (단, 접촉각 θ는 0°, 표면장력은 0.075g/cm)

① 6cm ② 5cm
③ 4cm ④ 3cm

해설 $h_c = \frac{4T\cos\theta}{\gamma_w D} = \frac{4\times 0.075\times\cos 0°}{1\times 0.06} = 5\text{cm}$

8. 다음 중 흙의 투수계수와 관계가 없는 것은?

① 간극비 ② 흙의 비중
③ 포화도 ④ 흙의 입도

해설 $K = D_s^{\ 2}\frac{\gamma_w}{\mu}\frac{e^3}{1+e}C$

9. 점토의 자연시료에 대한 일축압축강도가 0.38MPa 이고, 이 흙을 되비볐을 때의 일축압축강도가 0.22MPa 이었다. 이 흙의 점착력과 예민비는 얼마인가? (단, 내부마찰각 ϕ=0이다.)

① 점착력 : 0.19MPa, 예민비 : 1.73
② 점착력 : 1.9MPa, 예민비 : 1.73
③ 점착력 : 0.19MPa, 예민비 : 0.58
④ 점착력 : 1.9MPa, 예민비 : 0.58

해설 ㉮ $q_u = 2c\tan\left(45° + \frac{\phi}{2}\right)$

$0.38 = 2c\times\tan\left(45° + \frac{0}{2}\right)$

$\therefore\ c = 0.19\text{MPa}$

㉯ $S_t = \frac{q_u}{q_{ur}} = \frac{0.38}{0.22} = 1.73$

10. 어떤 흙의 간극비(e)가 0.52이고, 흙속에 흐르는 물의 이론침투속도(v)가 0.214cm/s일 때 실제의 침투유속(v_s)은?

① 0.424cm/s ② 0.525cm/s
③ 0.626cm/s ④ 0.727cm/s

해설 ㉮ $n = \frac{e}{1+e} = \frac{0.52}{1+0.52} = 0.34$

㉯ $v_s = \frac{v}{n} = \frac{0.214}{0.34} = 0.629\text{cm/s}$

11. 다음 중 사면의 안정해석방법이 아닌 것은?

① 마찰원법 ② Bishop의 간편법
③ 응력경로법 ④ Fellenius방법

해설 유한사면의 안정해석(원호파괴)

㉮ 질량법 : ϕ=0해석법, 마찰원법
㉯ 분할법 : Fellenius방법, Bishop방법, Spencer방법

12. 흙의 액성한계 · 소성한계시험에 사용하는 흙시료는 몇 mm체를 통과한 흙을 사용하는가?

① 4.75mm체 ② 2.0mm체
③ 0.425mm체 ④ 0.075mm체

해설 액 · 소성한계시험은 No.40(0.425mm)체를 통과한 흙을 사용한다.

13. 기초가 갖추어야 할 조건으로 가장 거리가 먼 것은?

① 동결, 세굴 등에 안전하도록 최소의 근입깊이를 가져야 한다.
② 기초의 시공이 가능하고 침하량이 허용치를 넘지 않아야 한다.
③ 상부로부터 오는 하중을 안전하게 지지하고 기초지반에 전달하여야 한다.
④ 미관상 아름답고 주변에서 쉽게 구득할 수 있고 값싼 재료로 설계되어야 한다.

해설 기초의 구비조건

㉮ 최소한의 근입깊이를 가질 것(동해에 대한 안정)
㉯ 지지력에 대해 안정할 것
㉰ 침하에 대해 안정할 것(침하량이 허용값 이내에 들어야 함)
㉱ 시공이 가능할 것(경제적, 기술적)

정답 7. ② 8. ② 9. ① 10. ③ 11. ③ 12. ③ 13. ④

14. 연약지반개량공법으로 압밀의 원리를 이용한 공법이 아닌 것은?

① 프리로딩공법　② 바이브로플로테이션공법
③ 대기압공법　④ 페이퍼드레인공법

해설 점성토지반개량공법
㉮ 치환공법
㉯ preloading공법(사전압밀공법)
㉰ Sand drain, Paper drain공법
㉱ 전기침투공법
㉲ 침투압공법(MAIS공법)
㉳ 생석회말뚝(Chemico pile)공법

15. 자연함수비가 액성한계보다 큰 흙은 어떤 상태인가?

① 고체상태이다.　② 반고체상태이다.
③ 소성상태이다.　④ 액체상태이다.

해설
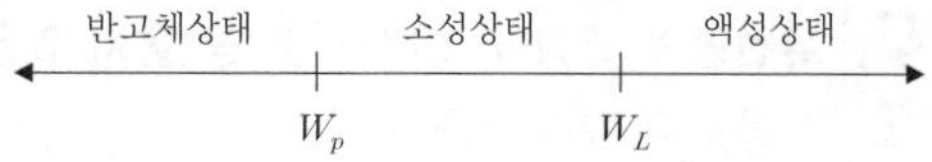

16. 다음 말뚝의 지지력공식 중 정역학적 방법에 의한 공식은?

① Hiley공식　② Engineering－News공식
③ Sander공식　④ Meyerhof의 공식

해설 말뚝의 지지력공식
㉮ 정역학적 공식 : Terzaghi공식, Dörr공식, Meyerhof공식, Dunham공식
㉯ 동역학적 공식 : Hiley공식, Engineering－new공식, Sander공식, Weisbach공식

17. 다음 중 순수한 모래의 전단강도(τ)를 구하는 식으로 옳은 것은? (단, c는 점착력, ϕ는 내부마찰각, σ는 수직응력이다.)

① $\tau=\sigma\tan\phi$　② $\tau=c$
③ $\tau=c\tan\phi$　④ $\tau=\tan\phi$

해설 전단강도
㉮ 점토($c\neq0,\ \phi=0$) : $\tau=c$
㉯ 모래($c=0,\ \phi\neq0$) : $\tau=\bar{\sigma}\tan\phi$
㉰ 일반 흙($c\neq0,\ \phi\neq0$) : $\tau=c+\bar{\sigma}\tan\phi$

18. 흙의 비중(G_s)이 2.80, 함수비(w)가 50%인 포화토에 있어서 한계동수경사(i_c)는?

① 0.65　② 0.75
③ 0.85　④ 0.95

해설 ㉮ $Se=wG_s$
$1\times e=0.5\times2.8$
$\therefore\ e=1.4$
㉯ $i_c=\dfrac{G_s-1}{1+e}=\dfrac{2.8-1}{1+1.4}=0.75$

19. 다음의 지반개량공법 중 모래질 지반을 개량하는데 적합한 공법은?

① 다짐모래말뚝공법　② 페이퍼드레인공법
③ 프리로딩공법　④ 생석회말뚝공법

해설 사질토지반개량공법
㉮ 다짐말뚝공법
㉯ 다짐모래말뚝공법
㉰ 바이브로플로테이션공법
㉱ 폭파다짐공법
㉲ 약액주입법
㉳ 전기충격법

20. 점착력(c)이 0.4t/m², 내부마찰각(ϕ)이 30°, 흙의 단위중량(γ)이 1.6t/m³인 흙에서 인장균열이 발생하는 깊이(z_o)는?

① 1.73m　② 1.28m
③ 0.87m　④ 0.29m

해설
$$z_o=\frac{2c\tan\left(45°+\dfrac{\phi}{2}\right)}{\gamma_t}$$
$$=\frac{2\times0.4\times\tan\left(45°+\dfrac{30°}{2}\right)}{1.6}=0.87\text{m}$$

토목기사(2019년 3월 3일 시행)

1. 말뚝에서 부마찰력에 관한 설명 중 옳지 않은 것은?

① 아래쪽으로 작용하는 마찰력이다.
② 부마찰력이 작용하면 말뚝의 지지력은 증가한다.
③ 압밀층을 관통하여 견고한 지반에 말뚝을 박으면 일어나기 쉽다.
④ 연약지반에 말뚝을 박은 후 그 위에 성토를 하면 일어나기 쉽다.

해설 부마찰력
㉮ 부마찰력이 발생하면 말뚝의 지지력은 크게 감소한다($R_u = R_p - R_{nf}$).
㉯ 부마찰력은 압밀침하를 일으키는 연약점토층을 관통하여 지지층에 도달한 지지말뚝의 경우나 연약점토지반에 말뚝을 항타한 다음 그 위에 성토를 한 경우 등일 때 발생한다.

2. 흙의 강도에 대한 설명으로 틀린 것은?

① 점성토에서는 내부마찰각이 작고, 사질토에서는 점착력이 작다.
② 일축압축시험은 주로 점성토에 많이 사용한다.
③ 이론상 모래의 내부마찰각은 0이다.
④ 흙의 전단응력은 내부마찰각과 점착력의 두 성분으로 이루어진다.

해설 이론상 모래는 $c=0$, $\phi \neq 0$이다.

3. 흙이 동상을 일으키기 위한 조건으로 가장 거리가 먼 것은?

① 아이스렌즈를 형성하기 위한 충분한 물의 공급이 있을 것
② 양(+)이온을 다량 함유할 것
③ 0℃ 이하의 온도가 오랫동안 지속될 것
④ 동상이 일어나기 쉬운 토질일 것

해설 동상이 일어나는 조건
㉮ ice lens를 형성할 수 있도록 물의 공급이 충분해야 한다.
㉯ 0℃ 이하의 동결온도가 오랫동안 지속되어야 한다.
㉰ 동상을 받기 쉬운 흙(실트질토)이 존재해야 한다.

4. Meyerhof의 일반지지력공식에 포함되는 계수가 아닌 것은?

① 국부전단계수　② 근입깊이계수
③ 경사하중계수　④ 형상계수

해설 Meyerhof의 극한지지력공식은 Terzaghi의 극한지지력공식과 유사하면서 형상계수, 깊이계수, 경사계수를 추가한 공식이다.

5. 유선망의 특징을 설명한 것 중 옳지 않은 것은?

① 각 유로의 투수량은 같다.
② 인접한 두 등수두선 사이의 수두손실은 같다.
③ 유선망을 이루는 사변형은 이론상 정사각형이다.
④ 동수경사는 유선망의 폭에 비례한다.

해설 유선망의 특징
㉮ 각 유로의 침투유량은 같다.
㉯ 인접한 등수두선 간의 수두차는 모두 같다.
㉰ 유선과 등수두선은 서로 직교한다.
㉱ 유선망으로 되는 사각형은 정사각형이다.
㉲ 침투속도 및 동수구배는 유선망의 폭에 반비례한다.

6. 100% 포화된 흐트러지지 않은 시료의 부피가 20.5cm³이고 무게는 34.2g이었다. 이 시료를 오븐(Oven)건조시킨 후의 무게는 22.6g이었다. 간극비는?

① 1.3　② 1.5
③ 2.1　④ 2.6

해설

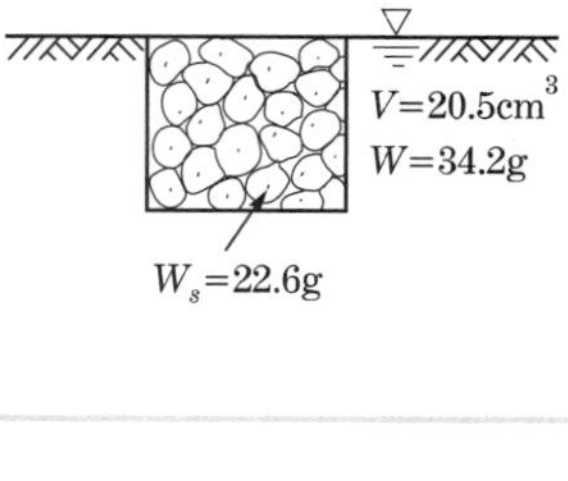

정답 1. ② 2. ③ 3. ② 4. ① 5. ④ 6. ①

㉮ $S_r = 100\%$일 때

$$V_v = V_w = W_w = W - W_s = 34.2 - 22.6 = 11.6\text{cm}^3$$

㉯ $e = \dfrac{V_v}{V_s} = \dfrac{V_v}{V - V_v} = \dfrac{11.6}{20.5 - 11.6} = 1.3$

7. 다음 중 Rankine토압이론의 기본가정에 속하지 않는 것은?

① 흙은 비압축성이고 균질의 입자이다.
② 지표면은 무한히 넓게 존재한다.
③ 옹벽과 흙과의 마찰을 고려한다.
④ 토압은 지표면에 평행하게 작용한다.

해설 흙은 입자 간의 마찰력에 의해서만 평형을 유지한다(벽마찰각 무시).

8. 다음 그림과 같은 모래지반에서 깊이 4m지점에서의 전단강도는? (단, 모래의 내부마찰각 ϕ=30°이며 점착력 c=0)

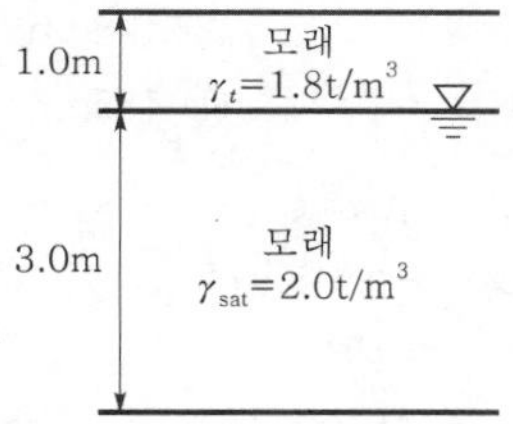

① 4.50t/m² ② 2.77t/m²
③ 2.32t/m² ④ 1.86t/m²

해설 ㉮ $\bar{\sigma} = 1.8 \times 1 + 1 \times 3 = 4.8\text{t/m}^2$
㉯ $\tau = c + \bar{\sigma}\tan\phi = 0 + 4.8 \times \tan 30° = 2.77\text{t/m}^2$

9. 세립토를 비중계법으로 입도분석을 할 때 반드시 분산제를 쓴다. 다음 설명 중 옳지 않은 것은?

① 입자의 면모화를 방지하기 위하여 사용한다.
② 분산제의 종류는 소성지수에 따라 달라진다.
③ 현탁액이 산성이면 알칼리성의 분산제를 쓴다.
④ 시험 도중 물의 변질을 방지하기 위하여 분산제를 사용한다.

해설 시료의 면모화를 방지하기 위하여 분산제(규산나트륨, 과산화수소)를 사용한다.

10. 흙의 다짐시험을 실시한 결과 다음과 같았다. 이 흙의 건조단위중량은 얼마인가?

- 몰드+젖은 시료무게 : 3,612g
- 몰드무게 : 2,143g
- 젖은 흙의 함수비 : 15.4%
- 몰드의 체적 : 944cm³

① 1.35g/cm³ ② 1.56g/cm³
③ 1.31g/cm³ ④ 1.42g/cm³

해설 ㉮ $\gamma_t = \dfrac{W}{V} = \dfrac{3,612 - 2,143}{944} = 1.56\text{g/cm}^3$

㉯ $\gamma_d = \dfrac{\gamma_t}{1 + \dfrac{w}{100}} = \dfrac{1.56}{1 + \dfrac{15.4}{100}} = 1.35\text{g/cm}^3$

11. 연약점토지반에 성토제방을 시공하고자 한다. 성토로 인한 재하속도가 과잉간극수압이 소산되는 속도보다 빠를 경우 지반의 강도 정수를 구하는 가장 적합한 시험방법은?

① 압밀배수시험
② 압밀비배수시험
③ 비압밀비배수시험
④ 직접전단시험

해설 UU-test를 사용하는 경우
㉮ 포화점토가 성토 직후에 급속한 파괴가 예상되는 경우
㉯ 시공 중 즉각적인 함수비의 변화가 없고 체적의 변화가 없는 경우
㉰ 점토의 초기 안정해석(단기간 안정해석)에 적용

12. 기초가 갖추어야 할 조건이 아닌 것은?

① 동결, 세굴 등에 안전하도록 최소의 근입깊이를 가져야 한다.
② 기초의 시공이 가능하고 침하량이 허용치를 넘지 않도록 한다.
③ 상부로부터 오는 하중을 안전하게 지지하고 기초지반에 전달하여야 한다.
④ 미관상 아름답고 주변에서 쉽게 구득할 수 있는 재료로 설계되어야 한다.

정답 7. ③ 8. ② 9. ④ 10. ① 11. ③ 12. ④

해설 기초의 구비조건

㉮ 최소한의 근입깊이를 가질 것(동해에 대한 안정)
㉯ 지지력에 대해 안정할 것
㉰ 침하에 대해 안정할 것(침하량이 허용값 이내에 들어야 함)
㉱ 시공이 가능할 것(경제적, 기술적)

13. 흙댐에서 상류면 사면의 활동에 대한 안전율이 가장 저하되는 경우는?

① 만수된 물의 수위가 갑자기 저하할 때이다.
② 흙댐에 물을 담는 도중이다.
③ 흙댐이 만수되었을 때이다.
④ 만수된 물이 천천히 빠져나갈 때이다.

해설

상류측 사면이 가장 위험할 때	하류측 사면이 가장 위험할 때
• 시공 직후 • 수위급강하 시	• 시공 직후 • 정상침투 시

14. 어떤 사질기초지반의 평판재하시험결과 항복강도가 60t/m², 극한강도가 100t/m²이었다. 그리고 그 기초는 지표에서 1.5m깊이에 설치될 것이고 그 기초지반의 단위중량이 1.8t/m³일 때 지지력계수 N_q=5이었다. 이 기초의 장기허용지지력은?

① 24.7t/m²　　② 26.9t/m²
③ 30t/m²　　④ 34.5t/m²

해설 ㉮ q_t의 결정

$$\left(\begin{aligned}\frac{q_u}{2}&=\frac{60}{2}=30\text{t/m}^2\\ \frac{q_u}{3}&=\frac{100}{3}=33.33\text{t/m}^2\end{aligned}\right)$$ 중에서 작은 값이므로

$\therefore\ q_t=30\text{t/m}^2$

㉯ 장기허용지지력

$$q_a=q_t+\frac{1}{3}\gamma D_f N_q$$
$$=30+\frac{1}{3}\times1.8\times1.5\times5=34.5\text{t/m}^2$$

15. 다음 지반개량공법 중 연약한 점토지반에 적당하지 않은 것은?

① 샌드드레인공법
② 프리로딩공법
③ 치환공법
④ 바이브로플로테이션공법

해설 점성토지반개량공법

㉮ 치환공법
㉯ preloading공법(사전압밀공법)
㉰ Sand drain, Paper drain공법
㉱ 전기침투공법
㉲ 침투압공법(MAIS공법)
㉳ 생석회말뚝(Chemico pile)공법

16. 유효응력에 관한 설명 중 옳지 않은 것은?

① 포화된 흙의 경우 전응력에서 공극수압을 뺀 값이다.
② 항상 전응력보다는 작은 값이다.
③ 점토지반의 압밀에 관계되는 응력이다.
④ 건조한 지반에서는 전응력과 같은 값으로 본다.

해설 모관상승영역에서는 $-u$가 발생하므로 유효응력이 전응력보다 크다.

17. 비중이 2.67, 함수비가 35%이며 두께 10m인 포화점토층이 압밀 후에 함수비가 25%로 되었다면 이 토층높이의 변화량은 얼마인가?

① 113cm　　② 128cm
③ 135cm　　④ 155cm

해설 ㉮ $Se=wG_s$에서

$1\times e_1=0.35\times2.67$
$\therefore\ e_1=0.93$
$1\times e_2=0.25\times2.67$
$\therefore\ e_2=0.67$

㉯ $$\Delta H=\frac{e_1-e_2}{1+e_1}H$$
$$=\frac{0.93-0.67}{1+0.93}\times1{,}000$$
$$=134.72\text{cm}$$

18. 시료가 점토인지 아닌지 알아보고자 할 때 가장 거리가 먼 사항은?

① 소성지수
② 소성도표 A선
③ 포화도
④ 200번체 통과량

해설 ㉮ 점토분이 많을수록 I_p가 크다.
㉯ A선 위의 흙은 점토이고, 아래의 흙은 실트 또는 유기질토이다.

정답 13. ① 14. ④ 15. ④ 16. ② 17. ③ 18. ③

19. 보링(boring)에 관한 설명으로 틀린 것은?

① 보링에는 회전식(rotary boring)과 충격식(percussion boring)이 있다.
② 충격식은 굴진속도가 빠르고 비용도 싸지만 분말상의 교란된 시료만 얻어진다.
③ 회전식은 시간과 공사비가 많이 들 뿐만 아니라 확실한 코어(core)도 얻을 수 없다.
④ 보링은 지반의 상황을 판단하기 위해 실시한다.

해설 보링

㉮ 오거보링(auger boring) : 인력으로 행한다.
㉯ 충격식 보링(percussion boring) : core 채취가 불가능하다.
㉰ 회전식 보링(rotary boring) : 거의 모든 지반에 적용되고 충격식 보링에 비해 공사비가 비싸지만 굴진성능이 우수하며 확실한 core를 채취할 수 있고 공저지반의 교란이 적으므로 최근에 대부분 이 방법을 사용하고 있다.

20. 다음의 투수계수에 대한 설명 중 옳지 않은 것은?

① 투수계수는 간극비가 클수록 크다.
② 투수계수는 흙의 입자가 클수록 크다.
③ 투수계수는 물의 온도가 높을수록 크다.
④ 투수계수는 물의 단위중량에 반비례한다.

해설 $K = D_s^{\,2}\dfrac{\gamma_w}{\mu}\dfrac{e^3}{1+e}C$

토목산업기사(2019년 3월 3일 시행)

1. Hazen이 제안한 균등계수가 5 이하인 균등한 모래의 투수계수(k)를 구할 수 있는 경험식으로 옳은 것은? (단, c는 상수이고, D_{10}은 유효입경이다.)

① $k=cD_{10}$〔cm/s〕 ② $k=cD_{10}^{\ 2}$〔cm/s〕
③ $k=cD_{10}^{\ 3}$〔cm/s〕 ④ $k=cD_{10}^{\ 4}$〔cm/s〕

해설 A. Hazen은 $C_u<5$ 이하인 균등한 모래에 대한 투수계수의 경험식을 제시하였다.
$k=cD_{10}^{\ 2}$〔cm/s〕

2. 다음 중 말뚝의 정역학적 지지력공식은?

① Sander공식
② Terzaghi공식
③ Engineering News공식
④ Hiley공식

해설 말뚝의 지지력공식
㉮ 정역학적 공식 : Terzaghi공식, Dörr공식, Meyerhof공식, Dunham공식
㉯ 동역학적 공식 : Hiley공식, Engineering-new공식, Sander공식, Weisbach공식

3. 다음 그림과 같은 모래지반에서 $X-X$면의 전단강도는? (단, $\phi=30°$, $c=0$)

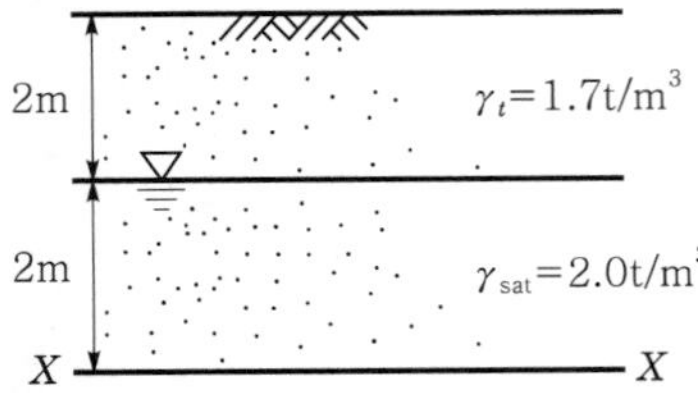

① 1.56t/m² ② 2.14t/m²
③ 3.12t/m² ④ 4.27t/m²

해설 ㉮ $\sigma=1.7\times2+2\times2=7.4\text{t/m}^2$
$u=1\times2=2\text{t/m}^2$
$\bar{\sigma}=7.4-2=5.4\text{t/m}^2$
㉯ $\tau=c+\bar{\sigma}\tan\phi=0+5.4\times\tan30°=3.12\text{t/m}^2$

4. 포화단위중량이 1.8t/m³인 모래지반이 있다. 이 포화모래지반에 침투수압의 작용으로 모래가 분출하고 있다면 한계동수경사는?

① 0.8 ② 1.0
③ 1.8 ④ 2.0

해설 $i_e=\dfrac{\gamma_{sub}}{\gamma_w}=\dfrac{0.8}{1}=0.8$

5. 다음 중 동해가 가장 심하게 발생하는 토질은?

① 실트 ② 점토
③ 모래 ④ 콜로이드

해설 동해를 가장 받기 쉬운 흙은 실트질토이다.

6. 압밀계수가 0.5×10^{-2}cm²/s이고 일면배수상태의 5m 두께 점토층에서 90% 압밀이 일어나는데 소요되는 시간은? (단, 90% 압밀도에서 시간계수(T)는 0.848)

① 2.12×10^7초 ② 4.24×10^7초
③ 6.36×10^7초 ④ 8.48×10^7초

해설 $t_{90}=\dfrac{0.848H^2}{C_v}=\dfrac{0.848\times500^2}{0.5\times10^{-2}}=4.24\times10^7$초

7. 입도분포곡선에서 통과율 10%에 해당하는 입경(D_{10})이 0.005mm이고, 통과율 60%에 해당하는 입경(D_{60})이 0.025mm일 때 균등계수(C_u)는?

① 1 ② 3
③ 5 ④ 7

해설 $C_u=\dfrac{D_{60}}{D_{10}}=\dfrac{0.025}{0.005}=5$

8. 유선망을 이용하여 구할 수 없는 것은?

① 간극수압 ② 침투수량
③ 동수경사 ④ 투수계수

정답 1. ② 2. ② 3. ③ 4. ① 5. ① 6. ② 7. ③ 8. ④

해설 유선망을 작도하여 침투수량, 간극수압, 동수경사 등을 구할 수 있다.

9. 다음 그림과 같은 높이가 10m인 옹벽이 점착력이 0인 건조한 모래를 지지하고 있다. 모래의 마찰각이 36°, 단위중량 1.6t/m³일 때 전주동토압은?

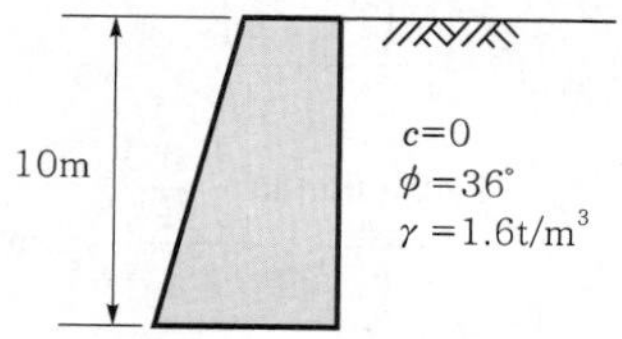

① 20.8t/m ② 24.3t/m
③ 33.2t/m ④ 39.5t/m

해설 ㉮ $K_a=\tan^2\left(45°-\dfrac{\phi}{2}\right)=\tan^2\left(45°-\dfrac{36°}{2}\right)=0.26$

㉯ $P_a=\dfrac{1}{2}\gamma_t h^2 K_a$

$=\dfrac{1}{2}\times 1.6\times 10^2\times 0.26=20.8\text{t/m}$

10. 다음 그림과 같은 접지압분포를 나타내는 조건으로 옳은 것은?

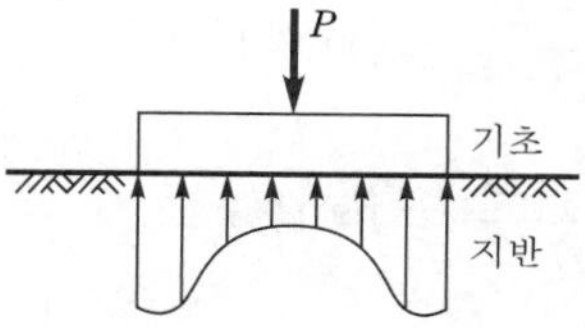

① 점토지반, 강성기초 ② 점토지반, 연성기초
③ 모래지반, 강성기초 ④ 모래지반, 연성기초

해설 ㉮ 강성기초

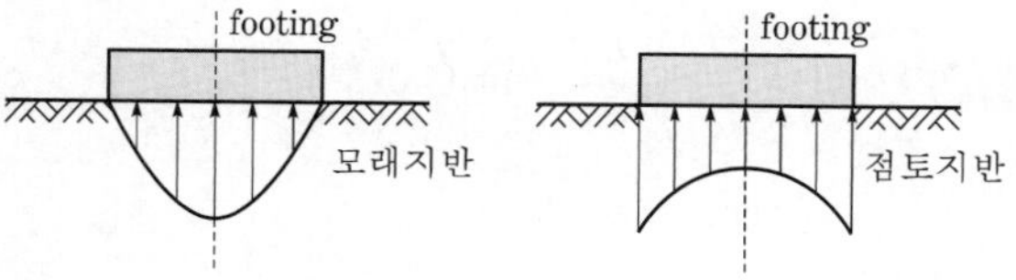

㉯ 휨성기초

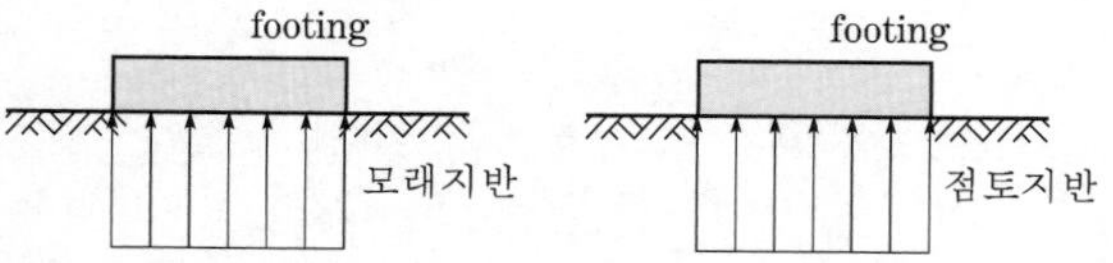

11. 진동이나 충격과 같은 동적외력의 작용으로 모래의 간극비가 감소하며, 이로 인하여 간극수압이 상승하여 흙의 전단강도가 급격히 소실되어 현탁액과 같은 상태로 되는 현상은?

① 액상화현상 ② 동상현상
③ 다일러턴시현상 ④ 딕소트로피현상

해설 액화현상이란 느슨하고 포화된 모래지반에 지진, 발파 등의 충격하중이 작용하면 체적이 수축함에 따라 공극수압이 증가하여 유효응력이 감소되기 때문에 전단강도가 작아지는 현상이다.

12. 간극비(e) 0.65, 함수비(w) 20.5%, 비중(G_s) 2.69인 사질점토의 습윤단위중량(γ_t)는?

① 1.02g/cm³ ② 1.35g/cm³
③ 1.63g/cm³ ④ 1.96g/cm³

해설 $\gamma_t=\dfrac{G_s+Se}{1+e}\gamma_w$

$=\dfrac{G_s+wG_s}{1+e}\gamma_w$

$=\dfrac{2.69+0.205\times 2.69}{1+0.65}\times 1$

$=1.96\text{g/cm}^3$

13. 사질지반에 40cm×40cm 재하판으로 재하시험한 결과 16tf/m²의 극한지지력을 얻었다. 2m×2m의 기초를 설치하면 이론상 지지력은 얼마나 되겠는가?

① 16t/m² ② 32t/m²
③ 40t/m² ④ 80t/m²

해설 $0.4:16=2:x$

$\therefore\ x=\dfrac{16\times 2}{0.4}=80\text{t/m}^2$

14. 흙의 다짐시험에서 다짐에너지를 증가시킬 때 일어나는 변화로 옳은 것은?

① 최적함수비와 최대 건조밀도가 모두 증가한다.
② 최적함수비와 최대 건조밀도가 모두 감소한다.
③ 최적함수비는 증가하고, 최대 건조밀도는 감소한다.
④ 최적함수비는 감소하고, 최대 건조밀도는 증가한다.

해설 다짐에너지를 증가시키면 최대 건조단위중량은 증가하고, 최적함수비는 감소한다.

정답 9. ① 10. ① 11. ① 12. ④ 13. ④ 14. ④

15. 점성토 지반에 사용하는 연약지반개량공법이 아닌 것은?

① Sand drain공법 ② 침투압공법
③ Vibro floatation공법 ④ 생석회말뚝공법

해설 점성토지반개량공법
㉮ 치환공법
㉯ preloading공법(사전압밀공법)
㉰ Sand drain, Paper drain공법
㉱ 전기침투공법
㉲ 침투압공법(MAIS공법)
㉳ 생석회말뚝(Chemico pile)공법

16. 모래치환법에 의한 흙의 밀도시험에서 모래(표준사)는 무엇을 구하기 위해 사용되는가?

① 흙의 중량 ② 시험구멍의 부피
③ 흙의 함수비 ④ 지반의 지지력

해설 측정지반의 흙을 파내어 구멍을 뚫은 후 모래를 이용하여 시험구멍의 체적을 구한다.

17. 어떤 포화점토의 일축압축강도(q_u)가 3.0kg/cm^{2}이었다. 이 흙의 점착력(c)은?

① 3.0kg/cm^2 ② 2.5kg/cm^2
③ 2.0kg/cm^2 ④ 1.5kg/cm^2

해설 $q_u = 2c$
$3 = 2 \times c$
$\therefore c = 1.5\text{kg/cm}^2$

18. 점토의 예민비(sensitivity ratio)는 다음 시험 중 어떤 방법으로 구하는가?

① 삼축압축시험 ② 일축압축시험
③ 직접전단시험 ④ 베인시험

해설 일축압축시험을 하여 예민비를 구한다.
$$S_t = \frac{q_u}{q_{ur}}$$

19. 연약점토지반($\phi = 0$)의 단위중량이 1.6t/m^3, 점착력이 2t/m^{2}이다. 이 지반을 연직으로 2m굴착하였을 때 연직사면의 안전율은?

① 1.5 ② 2.0
③ 2.5 ④ 3.0

해설 ㉮ $H_c = \dfrac{4c\tan\left(45° + \dfrac{\phi}{2}\right)}{\gamma_t}$
$$= \frac{4 \times 2 \times \tan\left(45° + \dfrac{0°}{2}\right)}{1.6} = 5\text{m}$$
㉯ $F_s = \dfrac{H_c}{H} = \dfrac{5}{2} = 2.5$

20. 다음은 불교란 흙시료를 채취하기 위한 샘플러 선단의 그림이다. 면적비(A_r)를 구하는 식으로 옳은 것은?

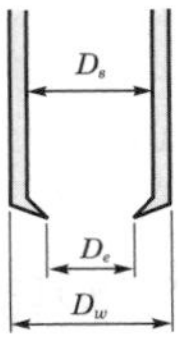

① $A_r = \dfrac{D_s^{\,2} - D_e^{\,2}}{D_e^{\,2}} \times 100\,[\%]$

② $A_r = \dfrac{D_w^{\,2} - D_e^{\,2}}{D_e^{\,2}} \times 100\,[\%]$

③ $A_r = \dfrac{D_s^{\,2} - D_e^{\,2}}{D_w^{\,2}} \times 100\,[\%]$

④ $A_r = \dfrac{D_s^{\,2} - D_e^{\,2}}{D_s^{\,2}} \times 100\,[\%]$

해설 $A_r = \dfrac{D_w^{\,2} - D_e^{\,2}}{D_e^{\,2}} \times 100\,[\%]$

 정답 15. ③ 16. ② 17. ④ 18. ② 19. ③ 20. ②

토목기사(2019년 4월 27일 시행)

1. 말뚝의 부마찰력에 대한 설명 중 틀린 것은?

① 부마찰력이 작용하면 지지력이 감소한다.

② 연약지반에 말뚝을 박은 후 그 위에 성토를 한 경우 일어나기 쉽다.

③ 부마찰력은 말뚝 주변침하량이 말뚝의 침하량보다 클 때 아래로 끌어내리는 마찰력을 말한다.

④ 연약한 점토에 있어서는 상대변위의 속도가 느릴수록 부마찰력은 크다.

해설 부마찰력

㉮ 부마찰력이 발생하면 말뚝의 지지력은 크게 감소한다($R_u = R_p - R_{nf}$).

㉯ 말뚝 주변지반의 침하량이 말뚝의 침하량보다 클 때 발생한다.

㉰ 상대변위의 속도가 클수록 부마찰력은 커진다.

2. 다음 중 점성토 지반의 개량공법으로 거리가 먼 것은?

① paper drain공법

② vibro-flotation공법

③ chemico pile공법

④ sand compaction pile공법

해설 점성토지반개량공법

㉮ 치환공법

㉯ preloading공법(사전압밀공법)

㉰ Sand drain, Paper drain공법

㉱ 전기침투공법

㉲ 침투압공법(MAIS공법)

㉳ 생석회말뚝(Chemico pile)공법

3. 표준압밀실험을 하였더니 하중강도가 2.4kg/cm² 에서 3.6kg/cm²로 증가할 때 간극비는 1.8에서 1.2로 감소하였다. 이 흙의 최종침하량은 약 얼마인가? (단, 압밀층의 두께는 20m이다.)

① 428.64cm ② 214.29cm

③ 642.86cm ④ 285.71cm

해설 $\Delta H = \dfrac{e_1 - e_2}{1+e_1} H$

$= \dfrac{1.8 - 1.2}{1+1.8} \times 20 = 4.2857\text{m} = 428.57\text{cm}$

4. 다음 그림과 같은 3m×3m 크기의 정사각형 기초의 극한지지력을 Terzaghi공식으로 구하면? (단, 내부마찰각(ϕ)은 20°, 점착력(c)은 5t/m², 지지력계수 N_c=18, N_γ=5, N_q=7.5이다.)

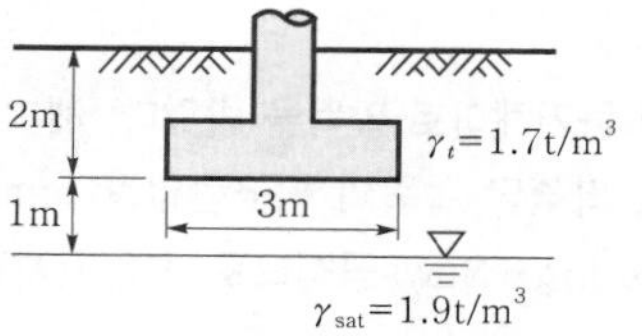

① 135.71t/m² ② 149.52t/m²

③ 157.26t/m² ④ 174.38t/m²

해설 ㉮ $\gamma_1 = \gamma_{sub} + \dfrac{d}{B}(\gamma_t - \gamma_{sub})$

$= 0.9 + \dfrac{1}{3} \times (1.7 - 0.9) = 1.17\text{t/m}^3$

㉯ $q_u = \alpha c N_c + \beta B \gamma_1 N_r + D_f \gamma_2 N_q$

$= 1.3 \times 5 \times 18 + 0.4 \times 3 \times 1.17 \times 5$

$+ 2 \times 1.7 \times 7.5$

$= 149.52\text{t/m}^2$

5. 다음 그림과 같이 지표면에 집중하중이 작용할 때 A점에서 발생하는 연직응력의 증가량은?

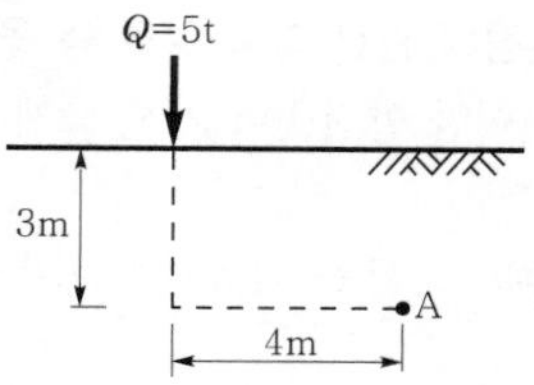

① 20.6kg/m² ② 24.4kg/m²

③ 27.2kg/m² ④ 30.3kg/m²

정답 1. ④ 2. ② 3. ① 4. ② 5. ①

해설 ㉮ $R=\sqrt{4^2+3^2}=5$

㉯ $I=\dfrac{3Z^5}{2\pi R^5}=\dfrac{3\times3^5}{2\pi\times5^5}=0.037$

㉰ $\Delta\sigma_z=\dfrac{P}{Z^2}I=\dfrac{5}{3^2}\times0.037$

$=0.0206\text{t/m}^2=20.6\text{kg/m}^2$

6. 모래지반에 30cm×30cm의 재하판으로 재하실험을 한 결과 10t/m^{2}의 극한지지력을 얻었다. 4m×4m의 기초를 설치할 때 기대되는 극한지지력은?

① 10t/m^2 ② 100t/m^2
③ 133t/m^2 ④ 154t/m^2

해설 $0.3:10=4:x$

$\therefore\ x=\dfrac{10\times4}{0.3}=133.33\text{t/m}^2$

7. 단동식 증기해머로 말뚝을 박았다. 해머의 무게 2.5t, 낙하고 3m, 타격당 말뚝의 평균관입량 1cm, 안전율 6일 때 Engineering-News공식으로 허용지지력을 구하면?

① 250t ② 200t
③ 100t ④ 50t

해설 ㉮ $R_u=\dfrac{Wh}{S+0.254}=\dfrac{2.5\times300}{1+0.254}=598.09\text{t}$

㉯ $R_a=\dfrac{R_u}{F_s}=\dfrac{598.09}{6}=99.68\text{t}$

8. 예민비가 큰 점토란 어느 것인가?

① 입자의 모양이 날카로운 점토
② 입자가 가늘고 긴 형태의 점토
③ 다시 반죽했을 때 강도가 감소하는 점토
④ 다시 반죽했을 때 강도가 증가하는 점토

해설 예민비가 클수록 강도의 변화가 큰 점토이다.

9. 사면의 안정에 관한 다음 설명 중 옳지 않은 것은?

① 임계활동면이란 안전율이 가장 크게 나타나는 활동면을 말한다.
② 안전율이 최소로 되는 활동면을 이루는 원을 임계원이라 한다.
③ 활동면에 발생하는 전단응력이 흙의 전단강도를 초과할 경우 활동이 일어난다.
④ 활동면은 일반적으로 원형활동면으로 가정한다.

해설 임계활동면

사면 내에 몇 개의 가상활동면 중에서 안전율이 가장 최소인 활동면을 임계활동면이라 한다.

10. 다음과 같이 널말뚝을 박은 지반의 유선망을 작도하는데 있어서 경계조건에 대한 설명으로 틀린 것은?

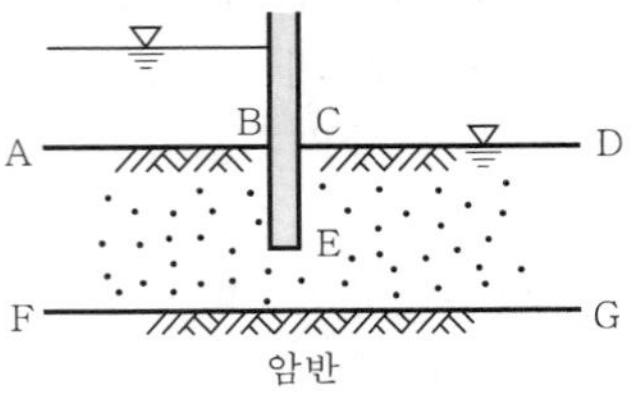

① $\overline{AB}$는 등수두선이다. ② $\overline{CD}$는 등수두선이다.
③ $\overline{FG}$는 유선이다. ④ $\overline{BEC}$는 등수두선이다.

해설 경계조건

㉮ 유선 : $\overline{BEC}$, $\overline{FG}$
㉯ 등수두선 : $\overline{AB}$, $\overline{CD}$

11. 토립자가 둥글고 입도분포가 나쁜 모래지반에서 표준관입시험을 한 결과 N치는 10이었다. 이 모래의 내부마찰각을 Dunham의 공식으로 구하면?

① 21° ② 26°
③ 31° ④ 36°

해설 $\phi=\sqrt{12N}+15=\sqrt{12\times10}+15=25.95°$

12. 토압에 대한 다음 설명 중 옳은 것은?

① 일반적으로 정지토압계수는 주동토압계수보다 작다.
② Rankin이론에 의한 주동토압의 크기는 Coulomb 이론에 의한 값보다 작다.
③ 옹벽, 흙막이벽체, 널말뚝 중 토압분포가 삼각형분포에 가장 가까운 것은 옹벽이다.
④ 극한주동상태는 수동상태보다 훨씬 더 큰 변위에서 발생한다.

해설 ㉮ $K_p>K_o>K_a$

㉯ Rankine토압론에 의한 주동토압은 과대평가되고, 수동토압은 과소평가된다.

㉰ Coulomb토압론에 의한 주동토압은 실제와 잘 접근하고 있으나, 수동토압은 상당히 크게 나타난다.

㉱ 주동변위량은 수동변위량보다 작다.

 정답 6. ③ 7. ③ 8. ③ 9. ① 10. ④ 11. ② 12. ③

13. 유선망의 특징을 설명한 것으로 옳지 않은 것은?

① 각 유로의 침투유량은 같다.
② 유선과 등수두선은 서로 직교한다.
③ 유선망으로 이루어지는 사각형은 이론상 정사각형이다.
④ 침투속도 및 동수경사는 유선망의 폭에 비례한다.

해설 유선망의 특징
㉮ 각 유로의 침투유량은 같다.
㉯ 인접한 등수두선 간의 수두차는 모두 같다.
㉰ 유선과 등수두선은 서로 직교한다.
㉱ 유선망으로 되는 사각형은 정사각형이다.
㉲ 침투속도 및 동수구배는 유선망의 폭에 반비례한다.

14. 어떤 종류의 흙에 대해 직접전단(일면전단)시험을 한 결과 다음 표와 같은 결과를 얻었다. 이 값으로부터 점착력(c)을 구하면? (단, 시료의 단면적은 $10cm^2$이다.)

수직하중(kg)	10.0	20.0	30.0
전단력(kg)	24.785	25.570	26.355

① $3.0kg/cm^2$　② $2.7kg/cm^2$
③ $2.4kg/cm^2$　④ $1.9kg/cm^2$

해설 $\tau = c + \bar{\sigma}\tan\phi$에서

$$\frac{24.785}{10} = c + 10 \times \tan\phi$$

$2.4785 = c + 10 \times \tan\phi$ ………… ㉠

$$\frac{26.355}{10} = c + 30 \times \tan\phi$$

$2.6355 = c + 30 \times \tan\phi$ ………… ㉡

식 ㉠과 ㉡을 연립방정식으로 풀면

$\therefore\ c = 2.4kg/cm^2$

15. 모래의 밀도에 따라 일어나는 전단특성에 대한 다음 설명 중 옳지 않은 것은?

① 다시 성형한 시료의 강도는 작아지지만, 조밀한 모래에서는 시간이 경과됨에 따라 강도가 회복된다.
② 내부마찰각(ϕ)은 조밀한 모래일수록 크다.
③ 직접전단시험에 있어서 전단응력과 수평변위곡선은 조밀한 모래에서는 peak가 생긴다.
④ 조밀한 모래에서는 전단변형이 계속 진행되면 부피가 팽창한다.

해설 ㉮ 재성형한 점토시료를 함수비의 변화 없이 그대로 방치하여 두면 시간이 지남에 따라 전기화학적 또는 colloid 화학적 성질에 의해 입자접촉면에 흡착력이 작용하여 새로운 부착력이 생겨서 강도의 일부가 회복되는 현상을 thixotropy라 한다.
㉯ 직접전단시험에 의한 시험성과(촘촘한 모래와 느슨한 모래의 경우)

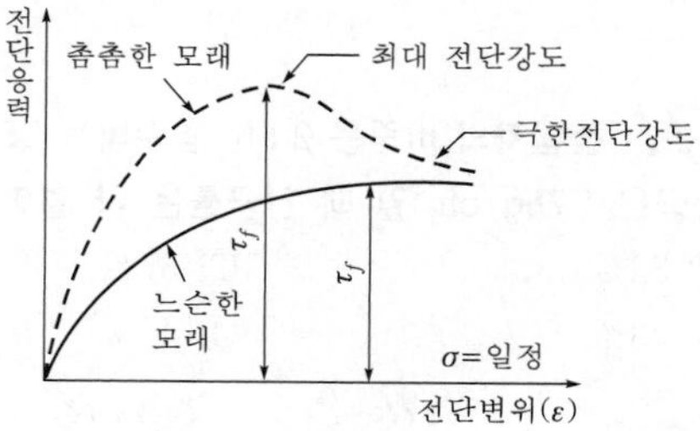

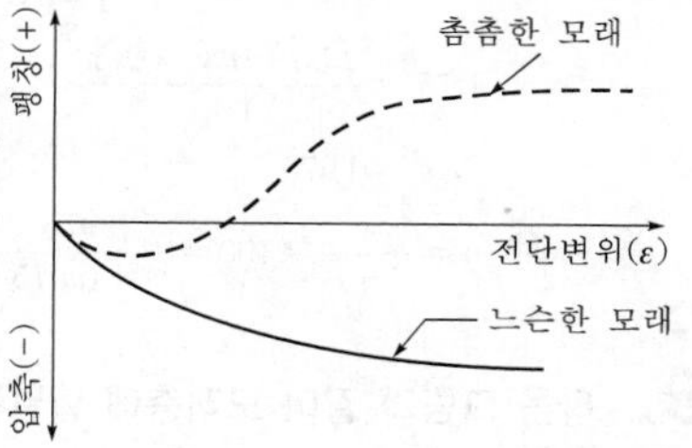

16. 다음은 전단시험을 한 응력경로이다. 어느 경우인가?

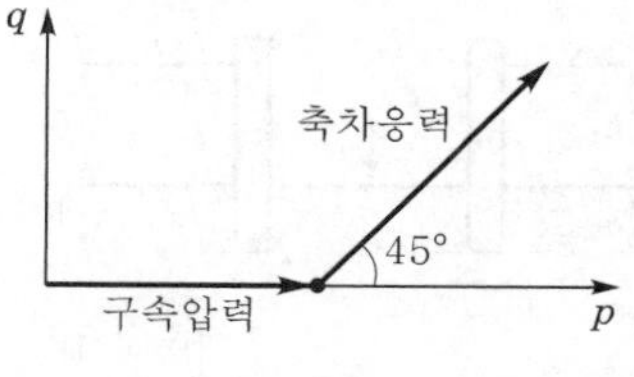

① 초기단계의 최대 주응력과 최소 주응력이 같은 상태에서 시행한 삼축압축시험의 전응력경로이다.
② 초기단계의 최대 주응력과 최소 주응력이 같은 상태에서 시행한 일축압축시험의 전응력경로이다.
③ 초기단계의 최대 주응력과 최소 주응력이 같은 상태에서 K_o=0.5인 조건에서 시행한 삼축압축시험의 전응력경로이다.
④ 초기단계의 최대 주응력과 최소 주응력이 같은 상태에서 K_o=0.7인 조건에서 시행한 일축압축시험의 전응력경로이다.

정답　13. ④　14. ③　15. ①　16. ①

해설 초기단계는 등방압축상태에서 시행한 삼축압축 시험의 전응력경로이다.

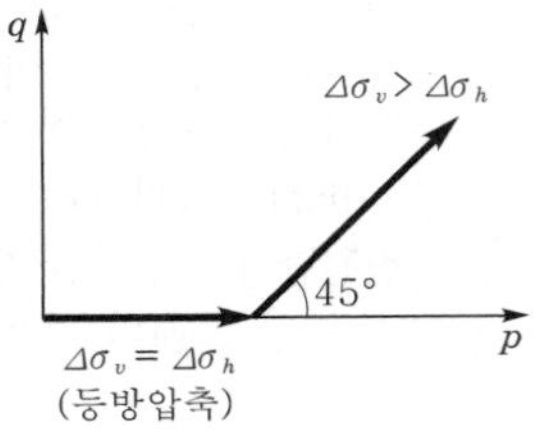

17. 흙입자의 비중은 2.56, 함수비는 35%, 습윤단위중량은 1.75g/cm³일 때 간극률은 약 얼마인가?

① 32% ② 37%
③ 43% ④ 49%

해설 ㉮ $\gamma_t = \dfrac{G_s + Se}{1+e}\gamma_w = \dfrac{G_s + wG_s}{1+e}\gamma_w$

$1.75 = \dfrac{2.56 + 0.35 \times 2.56}{1+e} \times 1$

$\therefore e = 0.975$

㉯ $n = \dfrac{e}{1+e} \times 100 = \dfrac{0.975}{1+0.975} \times 100 = 49.37\%$

18. 다음 그림과 같이 모래층에 널말뚝을 설치하여 물막이공 내의 물을 배수하였을 때 분사현상이 일어나지 않게 하려면 얼마의 압력을 가하여야 하는가? (단, 모래의 비중은 2.65, 간극비는 0.65, 안전율은 3)

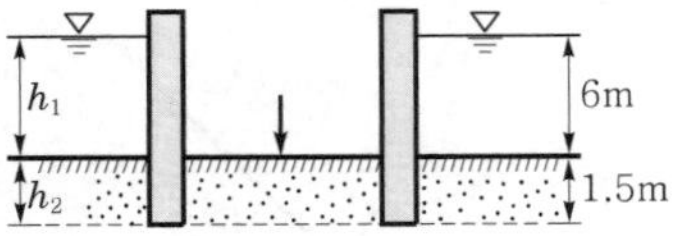

① 6.5t/m² ② 16.5t/m²
③ 23t/m² ④ 33t/m²

해설 ㉮ $\gamma_{sub} = \dfrac{G_s - 1}{1+e}\gamma_w = \dfrac{2.65-1}{1+0.65} \times 1 = 1\text{t/m}^3$

㉯ $\bar{\sigma} = \gamma_{sub} h_2 = 1 \times 1.5 = 1.5\text{t/m}^2$

㉰ $F = \gamma_{sub} h_1 = 1 \times 6 = 6\text{t/m}^2$

㉱ $F_s = \dfrac{\bar{\sigma} + \Delta\bar{\sigma}}{F}$

$3 = \dfrac{1.5 + \Delta\bar{\sigma}}{6}$

$\therefore \Delta\bar{\sigma} = 16.5\text{t/m}^2$

19. 흙의 다짐효과에 대한 설명 중 틀린 것은?

① 흙의 단위중량 증가 ② 투수계수 감소
③ 전단강도 저하 ④ 지반의 지지력 증가

해설 다짐의 효과
㉮ 투수성 감소
㉯ 전단강도 증가
㉰ 지반의 압축성 감소
㉱ 지반의 지지력 증대
㉲ 동상, 팽창, 건조수축 감소

20. Rod에 붙인 어떤 저항체를 지중에 넣어 관입, 인발 및 회전에 의해 흙의 전단강도를 측정하는 원위치시험은?

① 보링(boring) ② 사운딩(sounding)
③ 시료채취(sampling) ④ 비파괴시험(NDT)

해설 Sounding
rod 선단에 설치한 저항체를 땅속에 삽입하여 관입, 회전, 인발 등의 저항치로부터 지반의 특성을 파악하는 지반조사방법이다.

정답 17. ④ 18. ② 19. ③ 20. ②

토목산업기사(2019년 4월 27일 시행)

1. 모래치환에 의한 흙의 밀도시험결과 파낸 구멍의 부피가 1,980cm³이었고, 이 구멍에서 파낸 흙무게가 3,420g이었다. 이 흙의 토질시험결과 함수비가 10%, 비중이 2.7, 최대 건조단위중량이 1.65g/cm³이었을 때 이 현장의 다짐도는?

① 약 85%　② 약 87%
③ 약 91%　④ 약 95%

해설 ㉮ $\gamma_t = \dfrac{W}{V} = \dfrac{3,420}{1,980} = 1.73\text{g/cm}^3$

㉯ $\gamma_d = \dfrac{\gamma_t}{1+\dfrac{w}{100}} = \dfrac{1.73}{1+\dfrac{10}{100}} = 1.57\text{g/cm}^3$

㉰ $C_d = \dfrac{\gamma_d}{\gamma_{d\max}} \times 100 = \dfrac{1.57}{1.65} \times 100 = 95.15\%$

2. 다음 그림에서 모래층에 분사현상이 발생되는 경우는 수두 h가 몇 cm 이상일 때 일어나는가? (단, $G_s = 2.68$, $n = 60\%$이다.)

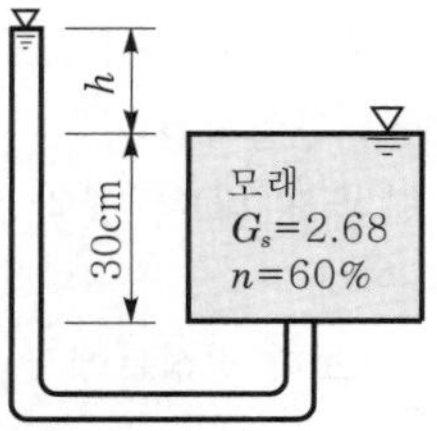

① 20.16cm　② 18.05cm
③ 13.73cm　④ 10.52cm

해설 ㉮ $e = \dfrac{n}{100-n} = \dfrac{60}{100-60} = 1.5$

㉯ $i_c = \dfrac{G_s - 1}{1+e} = \dfrac{2.68-1}{1+1.5} = 0.672$

㉰ $F_s = \dfrac{i_c}{i} = \dfrac{0.672}{\dfrac{h}{30}} = 1$

$\therefore h = 20.16\text{cm}$

3. 어떤 흙의 전단시험결과 c=1.8kg/cm², ϕ=35°, 토립자에 작용하는 수직응력이 σ=3.6kg/cm²일 때 전단강도는?

① 3.86kg/cm²　② 4.32kg/cm²
③ 4.89kg/cm²　④ 6.33kg/cm²

해설 $\tau = c + \bar{\sigma}\tan\phi = 1.8 + 3.6 \times \tan 35° = 4.32\text{kg/cm}^2$

4. 흙지반의 누수계수에 영향을 미치는 요소로 옳지 않은 것은?

① 물의 점성　② 유효입경
③ 간극비　④ 흙의 비중

해설 $K = D_s{}^2 \dfrac{\gamma_w}{\mu} \dfrac{e^3}{1+e} C$

5. 말뚝의 부마찰력에 관한 설명 중 옳지 않은 것은?

① 말뚝이 연약지반을 관통하여 견고한 지반에 박혔을 때 발생한다.
② 지반에 성토나 하중을 가할 때 발생한다.
③ 말뚝의 타입 시 항상 발생하며 그 방향은 상향이다.
④ 지하수위 저하로 발생한다.

해설 말뚝 주면에 하중역할을 하는 하방향으로 작용하는 주면마찰력을 부마찰력이라 한다.

6. 연약한 점토지반의 전단강도를 구하는 현장시험방법은?

① 평판재하시험
② 현장CBR시험
③ 직접전단시험
④ 현장베인시험

해설 Vane test
연약한 점토지반의 점착력을 지반 내에서 직접 측정하는 현장 시험이다.

정답 1. ④　2. ①　3. ②　4. ④　5. ③　6. ④

7. 흙의 다짐에 관한 설명 중 옳지 않은 것은?

① 최적함수비로 다질 때 건조단위중량은 최대가 된다.
② 세립토의 함유율이 증가할수록 최적함수비는 증대된다.
③ 다짐에너지가 클수록 최적함수비는 커진다.
④ 점성토는 조립토에 비하여 다짐곡선의 모양이 완만하다.

해설 다짐에너지가 클수록 최대 건조단위중량은 커지고, 최적함수비는 작아진다.

8. 점성토 지반의 개량공법으로 적합하지 않은 것은?

① 샌드드레인공법
② 바이브로플로테이션공법
③ 치환공법
④ 프리로딩공법

해설 점성토지반개량공법
㉮ 치환공법
㉯ preloading공법(사전압밀공법)
㉰ Sand drain, Paper drain공법
㉱ 전기침투공법
㉲ 침투압공법(MAIS공법)
㉳ 생석회말뚝(Chemico pile)공법

9. 느슨하고 포화된 사질토에 지진이나 폭파, 기타 진동으로 인한 충격을 받았을 때 전단강도가 급격히 감소하는 현상은?

① 액상화현상 ② 분사현상
③ 보일링현상 ④ 다일러턴시현상

해설 액화현상
느슨하고 포화된 모래지반에 지진, 발파 등의 충격하중이 작용하면 체적이 수축함에 따라 공극수압이 증가하여 유효응력이 감소되기 때문에 전단강도가 작아지는 현상이다.

10. 예민비가 큰 점토란 다음 중 어떠한 것을 의미하는가?

① 점토를 교란시켰을 때 수축비가 적은 시료
② 점토를 교란시켰을 때 수축비가 큰 시료
③ 점토는 교란시켰을 때 강도가 많이 감소하는 시료
④ 점토는 교란시켰을 때 강도가 증가하는 시료

해설 예민비가 클수록 강도의 변화가 큰 점토이다.

11. 다음 그림에서 주동토압의 크기를 구한 값은? (단, 흙의 단위중량은 1.8t/m^{3}이고, 내부마찰각은 30°이다.)

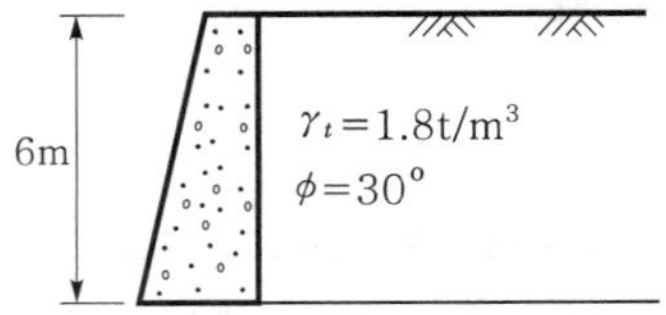

① 5.6t/m ② 10.8t/m
③ 15.8t/m ④ 23.6t/m

해설 ㉮ $K_a = \tan^2\left(45° - \frac{\phi}{2}\right) = \tan^2\left(45° - \frac{30°}{2}\right) = \frac{1}{3}$
㉯ $P_a = \frac{1}{2}\gamma_t h^2 K_a = \frac{1}{2} \times 1.8 \times 6^2 \times \frac{1}{3} = 10.8\text{t/m}$

12. 비중이 2.5인 흙에 있어서 간극비가 0.5이고 포화도가 50%이면 흙의 함수비는 얼마인가?

① 10% ② 25%
③ 40% ④ 62.5%

해설 $Se = wG_s$
$50 \times 0.5 = w \times 2.5$
$\therefore\ w = 10\%$

13. 표준관입시험에 관한 설명으로 옳지 않은 것은?

① 시험의 결과로 N치를 얻는다.
② (63.5±0.5)kg 해머를 (76±1)cm 낙하시켜 샘플러를 지반에 30cm 관입시킨다.
③ 시험결과로부터 흙의 내부마찰각 등의 공학적 성질을 추정할 수 있다.
④ 이 시험은 사질토보다 점성토에서 더 유리하게 이용된다.

해설 표준관입시험은 사질토에 가장 적합하고, 점성토에서도 시험이 가능하다.

14. 어떤 유선망에서 상하류면의 수두차가 4m, 등수두면의 수가 13개, 유로의 수가 7개일 때 단위폭 1m당 1일 침투수량은 얼마인가? (단, 투수층의 투수계수 $K = 2.0 \times 10^{-4}$cm/s)

① $9.62 \times 10^{-1}\text{m}^3/\text{day}$ ② $8.0 \times 10^{-1}\text{m}^3/\text{day}$
③ $3.72 \times 10^{-1}\text{m}^3/\text{day}$ ④ $1.83 \times 10^{-1}\text{m}^3/\text{day}$

정답 7. ③ 8. ② 9. ① 10. ③ 11. ② 12. ① 13. ④ 14. ③

해설 $Q = KH\dfrac{N_f}{N_d}$

$= (2\times10^{-6})\times4\times\dfrac{7}{13}$

$= 4.31\times10^{-6}\text{m}^3/\text{s}$

$= 0.372\text{m}^3/\text{day}$

15. 다음 중 얕은 기초는 어느 것인가?

① 말뚝기초 ② 피어기초
③ 확대기초 ④ 케이슨기초

해설 얕은 기초(직접기초)의 분류
㉮ Footing기초(확대기초) : 독립푸팅기초, 복합푸팅기초, 캔틸레버푸팅기초, 연속푸팅기초
㉯ 전면기초(Mat기초)

16. 사면의 안정해석방법에 관한 설명 중 옳지 않은 것은?

① 마찰원법은 균일한 토질지반에 적용된다.
② Fellenius방법은 절편의 양측에 작용하는 힘의 합력은 0이라고 가정한다.
③ Bishop방법은 흙의 장기안정해석에 유효하게 쓰인다.
④ Fellenius방법은 간극수압을 고려한 ϕ=0해석법이다.

해설 Fellenius방법
간극수압을 고려하지 않은 전응력해석법으로 ϕ=0일 때 정해가 구해진다.

17. 어떤 점토의 압밀시험에서 압밀계수(C_v)가 $2.0\times10^{-3}\text{cm}^2/\text{s}$라면 두께 2cm인 공시체가 압밀도 90%에 소요되는 시간은? (단, 양면배수조건이다.)

① 5.02분 ② 7.07분
③ 9.02분 ④ 14.07분

해설 $t_{90} = \dfrac{0.848H^2}{C_v} = \dfrac{0.848\times\left(\dfrac{2}{2}\right)^2}{2\times10^{-3}} = 424\text{초} = 7.07\text{분}$

18. 흙의 동상을 방지하기 위한 대책으로 옳지 않은 것은?

① 배수구를 설치하여 지하수위를 저하시킨다.
② 지표의 흙을 화학약품으로 처리한다.
③ 포장 하부에 단열층을 시공한다.
④ 모관수를 차단하기 위해 세립토층을 지하수면 위에 설치한다.

해설 모관수를 차단하기 위해 지하수위보다 높은 곳에 조립의 차단층(모래, 콘크리트, 아스팔트)을 설치한다.

19. 흙의 2면 전단시험에서 전단응력을 구하려면 다음 중 어느 식이 적용되어야 하는가? (단, τ : 전단응력, A : 단면적, S : 전단력)

① $\tau = \dfrac{S}{A}$ ② $\tau = \dfrac{S}{2A}$
③ $\tau = \dfrac{2A}{S}$ ④ $\tau = \dfrac{2S}{A}$

해설 ㉮ 1면 전단 : $\tau = \dfrac{S}{A}$
㉯ 2면 전단 : $\tau = \dfrac{S}{2A}$

20. 해머의 낙하고 2m, 해머의 중량 4t, 말뚝의 최종 침하량이 2cm일 때 Sander공식을 이용하여 말뚝의 허용지지력을 구하면?

① 50t ② 80t
③ 100t ④ 160t0

해설 $R_a = \dfrac{wH}{8S} = \dfrac{4\times200}{8\times2} = 50\text{t}$

토목기사(2019년 8월 4일 시행)

1. 지표면에 집중하중이 작용할 때 지중연직응력 증가량($\Delta\sigma_z$)에 관한 설명 중 옳은 것은? (단, Boussinesq이론을 사용)

① 탄성계수 E에 무관하다.
② 탄성계수 E에 정비례한다.
③ 탄성계수 E의 제곱에 정비례한다.
④ 탄성계수 E의 제곱에 반비례한다.

해설 Boussinesq이론
㉮ 지반을 균질, 등방성의 자중이 없는 반무한탄성체라고 가정하였다.
㉯ 변형계수(E)가 고려되지 않았다.

2. 통일분류법에 의해 흙이 MH로 분류되었다면 이 흙의 공학적 성질로 가장 옳은 것은?

① 액성한계가 50% 이하인 점토이다.
② 액성한계가 50% 이상인 실트이다.
③ 소성한계가 50% 이하인 실트이다.
④ 소성한계가 50% 이상인 점토이다.

해설

주요 구분	세립토(fine-grained soils) 200번체에 50% 이상 통과					
	$W_L > 50\%$인 실트나 점토			$W_L \leq 50\%$인 실트나 점토		
문자	MH	CH	OH	ML	CL	OL

3. 흙시료의 일축압축시험결과 일축압축강도가 0.3MPa이었다. 이 흙의 점착력은? (단, ϕ=0인 점토)

① 0.1MPa
② 0.15MPa
③ 0.3MPa
④ 0.6MPa

해설 $q_u = 2c\tan\left(45° + \frac{\phi}{2}\right)$
$0.3 = 2c \times \tan(45° + 0)$
$\therefore c = 0.15\text{MPa}$

4. 흙의 다짐에 대한 설명으로 틀린 것은?

① 최적함수비는 흙의 종류와 다짐에너지에 따라 다르다.
② 일반적으로 조립토일수록 다짐곡선의 기울기가 급하다.
③ 흙이 조립토에 가까울수록 최적함수비가 커지며 최대 건조단위중량은 작아진다.
④ 함수비의 변화에 따라 건조단위중량이 변하는데 건조단위중량이 가장 클 때의 함수비를 최적함수비라 한다.

해설 흙이 조립토일수록 최적함수비는 작아지고, 최대 건조단위중량은 커진다.

5. 어떤 흙에 대해서 직접전단시험을 한 결과 수직응력이 1.0MPa일 때 전단저항이 0.5MPa이었고, 또 수직응력이 2.0MPa일 때에는 전단저항이 0.8MPa이었다. 이 흙의 점착력은?

① 0.2MPa
② 0.3MPa
③ 0.8MPa
④ 1.0MPa

해설 $\tau = c + \bar{\sigma}\tan\phi$에서
$0.5 = c + 1 \times \tan\phi$ ······ ㉠
$0.8 = c + 2 \times \tan\phi$ ······ ㉡
식 ㉠과 ㉡을 연립하여 풀면
$\therefore c = 0.2\text{MPa}$

6. 널말뚝을 모래지반에 5m 깊이로 박았을 때 상류와 하류의 수두차가 4m이었다. 이때 모래지반의 포화단위중량이 19.62kN/m^3이다. 현재 이 지반의 분사현상에 대한 안전율은? (단, 물의 단위중량은 9.81kN/m^3이다.)

① 0.85 ② 1.25
③ 1.85 ④ 2.5

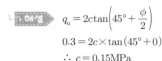

정답 1. ① 2. ② 3. ② 4. ③ 5. ① 6. ④

해설 $F_s = \dfrac{i_c}{i_{av}} = \dfrac{\gamma_{\text{sub}}}{\dfrac{h_{av}}{D}\gamma_w} = \dfrac{D\gamma_{\text{sub}}}{h_{av}\gamma_w} = \dfrac{D\gamma_{\text{sub}}}{\dfrac{H}{2}\gamma_w}$

$= \dfrac{2D\gamma_{\text{sub}}}{H\gamma_w} = \dfrac{2\times5\times9.81}{4\times9.81} = \dfrac{5}{2} = 2.5$

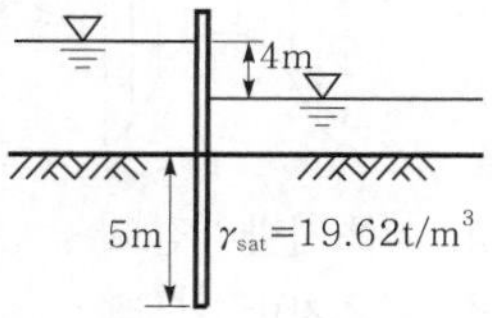

<비고> 공단의 답안은 ②로 정답오류이다.

7. Terzaghi는 포화점토에 대한 1차 압밀이론에서 수학적 해를 구하기 위하여 다음과 같은 가정을 하였다. 이 중 옳지 않은 것은?

① 흙은 균질하다.
② 흙은 완전히 포화되어 있다.
③ 흙입자와 물의 압축성을 고려하다.
④ 흙 속에서의 물의 이동은 Darcy법칙을 따른다.

해설 Terzaghi의 1차원 압밀가정
㉮ 흙은 균질하고 완전히 포화되어 있다.
㉯ 토립자와 물은 비압축성이다.
㉰ 압축과 투수는 1차원적(수직적)이다.
㉱ Darcy의 법칙이 성립한다.

8. 토질조사에 대한 설명 중 옳지 않은 것은?

① 표준관입시험은 정적인 사운딩이다.
② 보링의 깊이는 설계의 형태 및 크기에 따라 변한다.
③ 보링의 위치와 수는 지형조건 및 설계형태에 따라 변한다.
④ 보링구멍은 사용 후에 흙이나 시멘트그라우트로 메워야 한다.

해설 ㉮ boring간격

공사종류	보통지반	불규칙지반
도로	150~300m	30m
어스댐	30m	8~15m
토취장	60m	15~30m

㉯ boring의 심도 : 예상되는 최대 기초slab의 단변장 B의 2배 이상 또는 구조물 폭의 1.5~2.0배로 한다.
㉰ 표준관입시험은 동적인 사운딩이다.

9. 모래치환법에 의한 밀도시험을 수행한 결과 파낸 흙의 체적과 질량이 각각 365.0cm³, 745g이었으며 함수비는 12.5%였다. 흙의 비중이 2.65이며 실내표준다짐 시 최대 건조밀도가 1.90t/m³일 때 상대다짐도는?

① 88.7%　　② 93.1%
③ 95.3%　　④ 97.8%

해설 ㉮ $\gamma_t = \dfrac{W}{V} = \dfrac{745}{365} = 2.04\text{g/cm}^3$

㉯ $\gamma_d = \dfrac{\gamma_t}{1+\dfrac{w}{100}} = \dfrac{2.04}{1+\dfrac{12.5}{100}} = 1.81\text{g/cm}^3$

㉰ $C_d = \dfrac{\gamma_d}{\gamma_{d\max}} \times 100 = \dfrac{1.81}{1.9} \times 100 = 95.26\%$

10. $\varDelta h_1 = 5$이고 $k_{v2} = 10k_{v1}$일 때 k_{v3}의 크기는?

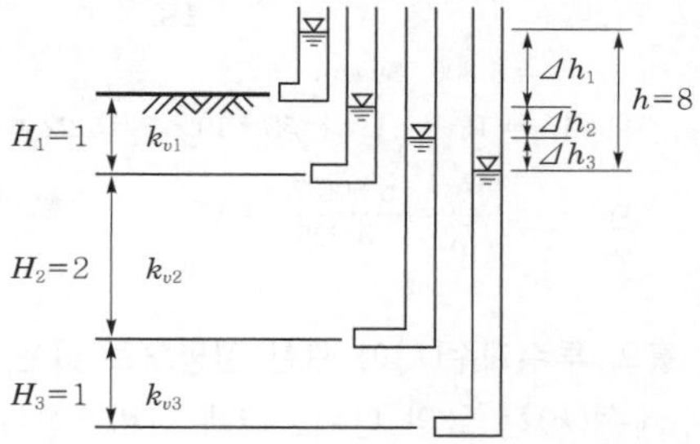

① $1.0k_{v1}$　　② $1.5k_{v1}$
③ $2.0k_{v1}$　　④ $2.5k_{v1}$

해설 ㉮ $V = k_{v_1} i_1 = k_{v_2} i_2 = k_{v_3} i_3$

$k_{v_1}\left(\dfrac{\varDelta h_1}{1}\right) = 10k_{v_1}\left(\dfrac{\varDelta h_2}{2}\right) = k_{v_3}\left(\dfrac{\varDelta h_3}{1}\right)$

$\therefore\ \varDelta h_1 = 5\varDelta h_2$

㉯ $h = \varDelta h_1 + \varDelta h_2 + \varDelta h_3 = 8$

$\therefore\ \varDelta h_1 = 5,\ \varDelta h_2 = 1,\ \varDelta h_3 = 2$

㉰ $k_{v_1}\varDelta h_1 = k_{v_3}\varDelta h_3$

$5k_{v_1} = 2k_{v_3}$

$\therefore\ k_{v_3} = 2.5k_{v_1}$

11. 연약지반처리공법 중 sand drain공법에서 연직 및 수평방향을 고려한 평균압밀도 U는? (단, U_v=0.20, U_h=0.71이다.)

① 0.573　　② 0.697
③ 0.712　　④ 0.768

해설 $U_{av} = 1-(1-U_v)(1-U_h)$
$= 1-(1-0.2)\times(1-0.71) = 0.768$

12. 다음 그림과 같은 사면에서 활동에 대한 안전율은?

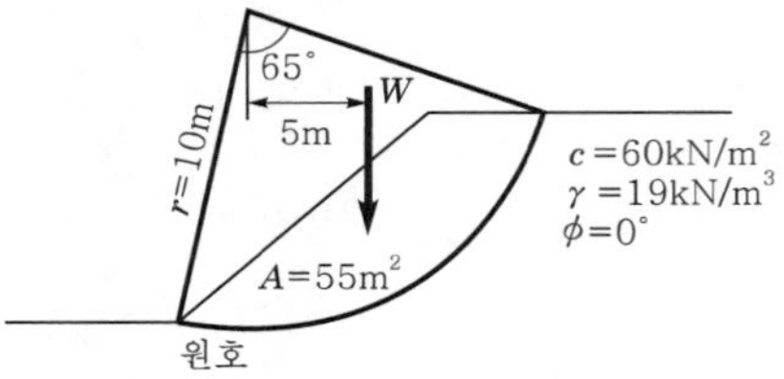

① 1.30 ② 1.50
③ 1.70 ④ 1.90

해설 ㉮ $M_r = \tau r L_a = c\,r(r\theta)$

$= 60\times10\times\left(10\times65°\times\dfrac{\pi}{180°}\right)$

$= 6,806.78\text{t}\cdot\text{m}$

㉯ $M_D = We = A\gamma e = 55\times19\times5 = 5,225\text{t}\cdot\text{m}$

㉰ $F_s = \dfrac{M_r}{M_D} = \dfrac{6,806.78}{5,225} = 1.3$

13. 흙의 투수계수(k)에 관한 설명으로 옳은 것은?

① 투수계수(k)는 물의 단위중량에 반비례한다.
② 투수계수(k)는 입경의 제곱에 반비례한다.
③ 투수계수(k)는 형상계수에 반비례한다.
④ 투수계수(k)는 점성계수에 반비례한다.

해설 $k = D_s^{\,2}\dfrac{\gamma_w}{\mu}\dfrac{e^3}{1+e}C$

14. 점성토 지반굴착 시 발생할 수 있는 Heaving 방지대책으로 틀린 것은?

① 지반개량을 한다.
② 지하수위를 저하시킨다.
③ 널말뚝의 근입깊이를 줄인다.
④ 표토를 제거하여 하중을 작게 한다.

해설 Heaving 방지대책공법
㉮ 흙막이의 근입깊이를 깊게 한다.
㉯ 표토를 제거하여 하중을 적게 한다.
㉰ 지반개량을 한다.
㉱ 전면굴착보다 부분굴착을 한다.

15. 접지압(또는 지반반력)이 다음 그림과 같이 되는 경우는?

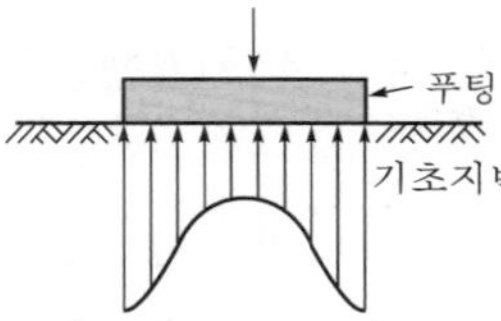

① 푸팅 : 강성, 기초지반 : 점토
② 푸팅 : 강성, 기초지반 : 모래
③ 푸팅 : 연성, 기초지반 : 점토
④ 푸팅 : 연성, 기초지반 : 모래

해설 ㉮ 강성기초

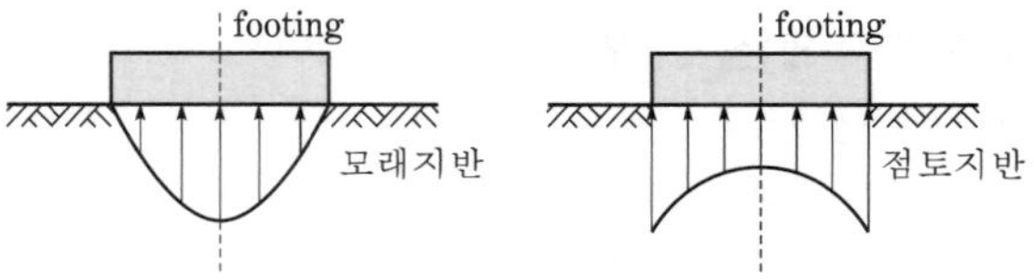

㉯ 휨성기초

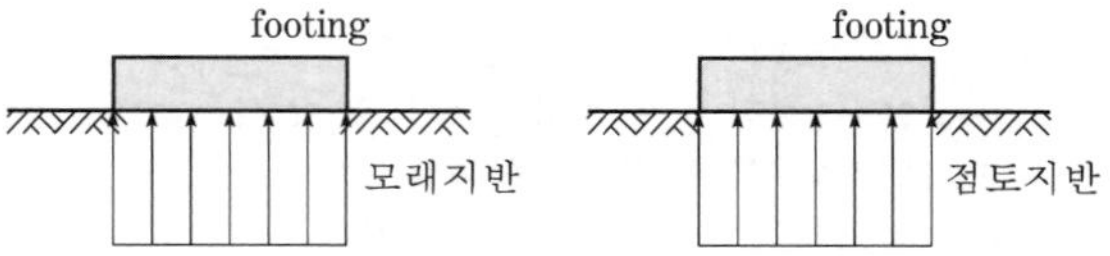

16. 예민비가 매우 큰 연약점토지반에 대해서 현장의 비배수전단강도를 측정하기 위한 시험방법으로 가장 적합한 것은?

① 압밀비배수시험 ② 표준관입시험
③ 직접전단시험 ④ 현장베인시험

해설 Vane test
연약한 점토지반의 점착력을 지반 내에서 직접 측정하는 현장 시험이다.

17. 직경 30cm 콘크리트말뚝을 단동식 증기해머로 타입하였을 때 엔지니어링뉴스공식을 적용한 말뚝의 허용지지력은? (단, 타격에너지=36kN·m, 해머효율=0.8, 손실상수=0.25cm, 마지막 25mm 관입에 필요한 타격횟수=5이다.)

① 640kN ② 1,280kN
③ 1,920kN ④ 3,840kN

정답 12. ① 13. ④ 14. ③ 15. ① 16. ④ 17. ①

해설 ㉮ $R_u = \frac{W_h h}{S+C} = \frac{H_e E}{S+C} = \frac{3,600 \times 0.8}{\frac{2.5}{5}+0.25} = 3,840\text{kN}$

㉯ $R_a = \frac{R_u}{F_s} = \frac{3,840}{6} = 640\text{kN}$

18. Mohr응력원에 대한 설명 중 옳지 않은 것은?

① 임의평면의 응력상태를 나타내는데 매우 편리하다.
② σ_1과 σ_3의 차의 벡터를 반지름으로 해서 그린 원이다.
③ 한 면에 응력이 작용하는 경우 전단력이 0이면 그 연직응력을 주응력으로 가정한다.
④ 평면기점(O_p)은 최소 주응력이 표시되는 좌표에서 최소 주응력면과 평행하게 그은 선이 Mohr원과 만나는 점이다.

해설 Mohr응력원은 $\sigma_1 - \sigma_3$를 지름으로 해서 그린 원이다.

19. 연약점토지반에 말뚝을 시공하는 경우 말뚝을 타입 후 어느 정도 기간이 경과한 후에 재하시험을 하게 된다. 그 이유로 가장 적합한 것은?

① 말뚝에 부마찰력이 발생하기 때문이다.
② 말뚝에 주면마찰력이 발생하기 때문이다.
③ 말뚝타입 시 교란된 점토의 강도가 원래대로 회복하는데 시간이 걸리기 때문이다.
④ 말뚝타입 시 말뚝 자체가 받는 충격에 의해 두부의 손상이 발생할 수 있어 안정화에 시간이 걸리기 때문이다.

해설 ㉮ 재성형한 시료를 함수비의 변화 없이 그대로 방치하여 두면 시간이 경과되면서 강도가 회복되는데, 이러한 현상을 딕소트로피 현상이라 한다.

㉯ 말뚝타입 시 말뚝 주위의 점토지반이 교란되어 강도가 작아지게 된다. 그러나 점토는 딕소트로피현상이 생겨서 강도가 되살아나기 때문에 말뚝재하시험은 말뚝타입 후 며칠이 지난 후 행한다.

20. 함수비 15%인 흙 2,300g이 있다. 이 흙의 함수비를 25%가 되도록 증가시키려면 얼마의 물을 가해야 하는가?

① 200g ② 230g
③ 345g ④ 575g

해설 ㉮ 함수비 15%인 흙

$$W_s = \frac{W}{1+\frac{w}{100}} = \frac{2,300}{1+\frac{15}{100}} = 2,000\text{g}$$

$$\therefore\ W_w = W - W_s = 2,300 - 2,000 = 300\text{g}$$

㉯ 함수비 25%인 흙

$$w = \frac{W_w}{W_s} \times 100$$

$$25 = \frac{W_w}{2,000} \times 100$$

$$\therefore\ W_w = 500\text{g}$$

㉰ 추가해야 할 물의 양 $= 500 - 300 = 200\text{g}$

<참고> 이 문제의 핵심은 w=15%, 25%일 때의 W_s가 서로 같다는 것이다.

정답 18. ② 19. ③ 20. ①

토목산업기사(2019년 9월 21일 시행)

1. Dunham의 공식으로 모래의 내부마찰각(ϕ)과 관입저항치(N)와의 관계식으로 옳은 것은? (단, 토질은 입도배합이 좋고 둥근 입자이다.)

① $\phi = \sqrt{12N} + 15$　　② $\phi = \sqrt{12N} + 20$
③ $\phi = \sqrt{12N} + 25$　　④ $\phi = \sqrt{12N} + 30$

해설 N, ϕ의 관계(Dunham공식)

㉮ 토립자가 모나고 입도가 양호 : $\phi = \sqrt{12N} + 25$
㉯ 토립자가 모나고 입도가 불량, 토립자가 둥글고 입도가 양호 : $\phi = \sqrt{12N} + 20$
㉰ 토립자가 둥글고 입도가 불량 : $\phi = \sqrt{12N} + 15$

2. 평판재하시험에서 재하판과 설계기초의 크기에 따른 영향, 즉 Scale effect에 대한 설명 중 옳지 않은 것은?

① 모래지반의 지지력은 재하판의 크기에 비례한다.
② 점토지반의 지지력은 재하판의 크기와는 무관하다.
③ 모래지반의 침하량은 재하판의 크기가 커지면 어느 정도 증가하지만 비례적으로 증가하지는 않는다.
④ 점토지반의 침하량은 재하판의 크기와는 무관하다.

해설 점토지반의 침하량은 재하판의 폭에 비례한다.

3. 다음 그림과 같은 옹벽에서 전주동토압(P_a)과 작용점의 위치(y)는 얼마인가?

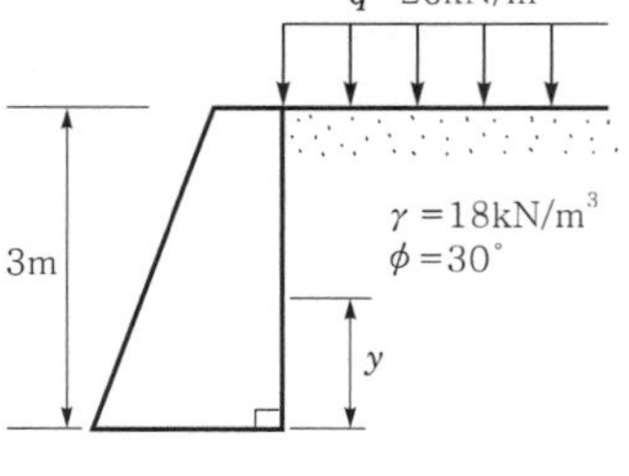

① P_a=37kN/m, y=1.21m
② P_a=47kN/m, y=1.79m
③ P_a=47kN/m, y=1.21m
④ P_a=54kN/m, y=1.79m

해설 ㉮ $K_a = \tan^2\left(45° - \frac{\phi}{2}\right) = \tan^2\left(45° - \frac{30°}{2}\right) = \frac{1}{3}$

㉯ $P_a = \frac{1}{2}\gamma_t h^2 K_a + q_s K_a h$

$= \frac{1}{2} \times 18 \times 3^2 \times \frac{1}{3} + 20 \times \frac{1}{3} \times 3 = 47\text{kN/m}$

㉰ 작용점 위치

㉠ $P_{a1} = \frac{1}{2}\gamma_t h^2 K_a$

$= \frac{1}{2} \times 18 \times 3^2 \times \frac{1}{3} = 27\text{kN/m}$

㉡ $P_a = q_s K_a h = 20 \times \frac{1}{3} \times 3 = 20\text{kN/m}$

㉢ $\frac{H}{3}P_{a1} + \frac{H}{2}P_{a2} = yP_a$

$\frac{3}{3} \times 27 + \frac{3}{2} \times 20 = y \times 47$

$\therefore y = 1.21\text{m}$

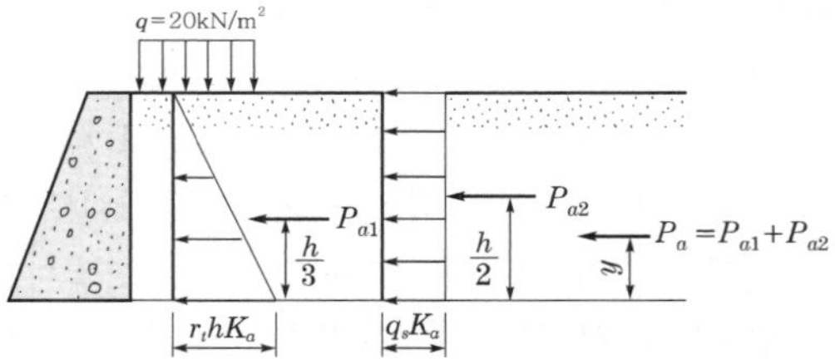

4. 모래치환법에 의한 흙의 밀도시험에서 모래를 사용하는 목적은 무엇을 알기 위해서인가?

① 시험구멍의 부피
② 시험구멍의 밑면의 지지력
③ 시험구멍에서 파낸 흙의 중량
④ 시험구멍에서 파낸 흙의 함수상태

해설 측정지반의 흙을 파내어 구멍을 뚫은 후 모래를 이용하여 시험구멍의 체적을 구한다.

5. 다음 중 투수계수를 좌우하는 요인과 관계가 먼 것은?

① 포화도　　② 토립자의 크기
③ 토립자의 비중　　④ 토립자의 형상과 배열

해설 $K = D_s^{\ 2}\,\frac{\gamma_w}{\mu}\,\frac{e^3}{1+e}\,c$

정답 1. ② 2. ④ 3. ③ 4. ① 5. ③

6. 기존 건물에 인접한 장소에 새로운 깊은 기초를 시공하고자 한다. 이때 기존 건물의 기초가 얕아 보강하는 공법 중 적당한 것은?

① 압성토공법　　② 언더피닝공법
③ 프리로딩공법　　④ 치환공법

해설 Underpining공법
㉮ 개요 : 기존 구조물에 대해 기초 부분을 신설, 개축 또는 증강하는 공법이다.
㉯ Up를 사용하는 경우
㉠ 기존 기초의 지지력이 불충분한 경우
㉡ 신구조물을 축조할 때 기존 기초에 접근해서 굴착하는 경우
㉢ 기존 구조물의 직하에 신구조물을 만드는 경우
㉣ 구조물을 이동하는 경우

7. 파이핑(Piping)현상을 일으키지 않는 동수경사(i)와 한계동수경사(i_c)의 관계로 옳은 것은?

① $\dfrac{h}{L} > \dfrac{G_s-1}{1+e}$　　② $\dfrac{h}{L} < \dfrac{G_s-1}{1+e}$
③ $\dfrac{h}{L} > \left(\dfrac{G_s-1}{1+e}\right)\gamma_w$　　④ $\dfrac{h}{L} < \left(\dfrac{G_s-1}{1+e}\right)\gamma_w$

해설 $i=\dfrac{h}{L}<i_c=\dfrac{G_s-1}{1+e}$이면 분사현상이 일어나지 않는다.

8. 도로공사현장에서 다짐도 95%에 대한 다음 설명으로 옳은 것은?

① 포화도 95%에 대한 건조밀도를 말한다.
② 최적함수비의 95%로 다진 건조밀도를 말한다.
③ 롤러로 다진 최대 건조밀도 100%에 대한 95%를 말한다.
④ 실내표준다짐시험의 최대 건조밀도의 95%의 현장 시공밀도를 말한다.

해설 $C_d=\dfrac{\gamma_d}{\gamma_{d\max}}\times 100=95\%$
$\therefore \gamma_d=0.95\gamma_{d\max}$

9. 일축압축강도가 32kN/m^2, 흙의 단위중량이 16kN/m^{3}이고 $\phi=0$인 점토지반을 연직굴착할 때 한계고는 얼마인가?

① 2.3m　　② 3.2m
③ 4.0m　　④ 5.2m

해설 $H_c=\dfrac{2q_u}{\gamma_t}=\dfrac{2\times 32}{16}=4\text{m}$

10. 다음 중 흙 속의 전단강도를 감소시키는 요인이 아닌 것은?

① 공극수압의 증가
② 흙다짐의 불충분
③ 수분 증가에 따른 점토의 팽창
④ 지반에 약액 등의 고결제를 주입

해설 지반에 약액 등의 고결제를 주입하는 약액주입공법을 하게 되면 지반의 전단강도가 커진다.

11. 어느 흙시료의 액성한계시험결과 낙하횟수 40일 때 함수비가 48%, 낙하횟수 4일 때 함수비가 73%였다. 이때 유동지수는?

① 24.21%　　② 25.00%
③ 26.23%　　④ 27.00%

해설 $I_f=\dfrac{w_1-w_2}{\log N_2-\log N_1}=\dfrac{73-48}{\log 40-\log 4}=25\%$

12. 압축작용(pressure action)과 반죽작용(kneading action)을 함께 가지고 있는 롤러는?

① 평활롤러(Smooth wheel roller)
② 양족롤러(Sheep's foot roller)
③ 진동롤러(Vibratory roller)
④ 타이어롤러(Tire roller)

13. 다음 중 전단강도와 직접적으로 관련이 없는 것은?

① 흙의 점착력
② 흙의 내부마찰각
③ Barron의 이론
④ Mohr-Coulomb의 파괴이론

해설 Mohr-Coulomb의 파괴이론
$\tau=c+\bar{\sigma}\tan\phi$

14. 동해의 정도는 흙의 종류에 따라 다르다. 다음 중 우리나라에서 가장 동해가 심한 것은?

① 실트　　② 점토
③ 모래　　④ 자갈

해설 동해를 가장 받기 쉬운 흙은 실트질토이다.

정답 6. ② 7. ② 8. ④ 9. ③ 10. ④ 11. ② 12. ④ 13. ③ 14. ①

15. 점토층에서 채취한 시료의 압축지수(C_c)는 0.39, 간극비(e)는 1.26이다. 이 점토층 위에 구조물이 축조되었다. 축조되기 이전의 유효압력은 80kN/m^2, 축조된 후에 증가된 유효압력은 60kN/m^{2}이다. 점토층의 두께가 3m일 때 암밀침하량은 얼마인가?

① 12.6cm ② 9.1cm
③ 4.6cm ④ 1.3cm

해설
$$\Delta H = \frac{C_c}{1+e_1}\log\frac{P_2}{P_1}H$$
$$= \frac{0.39}{1+1.26}\times\log\frac{80+60}{80}\times 300 = 12.58\text{cm}$$

16. 다음 그림과 같은 정수위 투수시험에서 시료의 길이는 L, 단면적은 A, t시간 동안 메스실린더에 개량된 물의 양이 Q, 수위차는 h로 일정할 때 이 시료의 투수계수는?

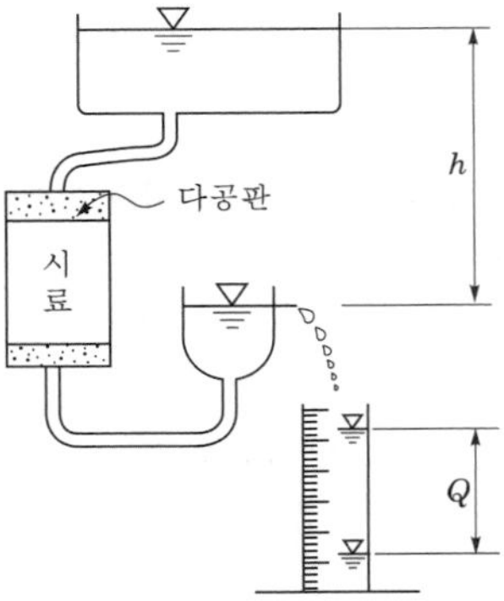

① $\frac{QL}{Aht}$ ② $\frac{Qh}{ALt}$
③ $\frac{Qt}{ALh}$ ④ $\frac{QA}{Lht}$

해설
$$Q = KiAt = K\frac{h}{L}At$$
$$\therefore K = \frac{QL}{Aht}$$

17. 일반적인 기초의 필요조건으로 거리가 먼 것은?

① 지지력에 대해 안정할 것
② 시공성, 경제성이 좋을 것
③ 침하가 전혀 발생하지 않을 것
④ 동해를 받지 않는 최소한의 근입깊이를 가질 것

해설 기초의 구비조건
㉮ 최소한의 근입깊이를 가질 것(동해에 대한 안정)
㉯ 지지력에 대해 안정할 것
㉰ 침하에 대해 안정할 것(침하량이 허용값 이내에 들어야 함)
㉱ 시공이 가능할 것(경제적, 기술적)

18. 예민비가 큰 점토란 무엇을 의미하는가?

① 다시 반죽했을 때 강도가 증가하는 점토
② 다시 반죽했을 때 강도가 감소하는 점토
③ 입자의 모양이 날카로운 점토
④ 입자가 가늘고 긴 형태의 점토

해설 예민비가 클수록 강도의 변화가 큰 점토이다.

19. 다음 중 사질토 지반의 개량공법에 속하지 않는 것은?

① 폭파다짐공법
② 생석회말뚝공법
③ 모래다짐말뚝공법
④ 바이브로플로테이션공법

해설 사질토지반개량공법
㉮ 다짐말뚝공법
㉯ 다짐모래말뚝공법
㉰ 바이브로플로테이션공법
㉱ 폭파다짐공법
㉲ 약액주입공법
㉳ 전기충격공법

20. 포화도가 100%인 시료의 체적이 1,000cm^{3}이었다. 노건조 후에 측정한 결과 물의 질량이 400g이었다면 이 시료의 간극률(n)은 얼마인가?

① 15% ② 20%
③ 40% ④ 60%

해설 ㉮ $S_r = 100\%$일 때
$V_v = V_w = W_w = 400\text{g}$
㉯ $n = \frac{V_v}{V} = \frac{400}{1{,}000} = 0.4 = 40\%$

정답 15. ① 16. ① 17. ③ 18. ② 19. ② 20. ③

토목기사(2020년 6월 6일 시행)

1. 다음 그림과 같은 점토지반에서 안전수(m)가 0.1인 경우 높이 5m의 사면에 있어서 안전율은?

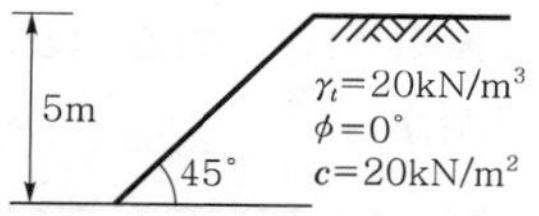

① 1.0　② 1.25
③ 1.50　④ 2.0

해설 ㉮ $H_c = \dfrac{N_s c}{\gamma_t} = \dfrac{\dfrac{1}{m} \cdot c}{\gamma_t} = \dfrac{\dfrac{1}{0.1} \times 20}{20} = 10\text{m}$

㉯ $F_s = \dfrac{H_c}{H} = \dfrac{10}{5} = 2$

2. 어떤 흙의 입경가적곡선에서 D_{10}=0.05mm, D_{30}=0.09mm, D_{60}=0.15mm이었다. 균등계수(C_u)와 곡률계수(C_g)의 값은?

① 균등계수=1.7, 곡률계수=2.45
② 균등계수=2.4, 곡률계수=1.82
③ 균등계수=3.0, 곡률계수=1.08
④ 균등계수=3.5, 곡률계수=2.08

해설 ㉮ $C_u = \dfrac{D_{60}}{D_{10}} = \dfrac{0.15}{0.05} = 3$

㉯ $C_g = \dfrac{{D_{30}}^2}{D_{10} D_{60}} = \dfrac{0.09^2}{0.05 \times 0.15} = 1.08$

3. 얕은 기초에 대한 Terzaghi의 수정지지력공식은 다음과 같다. 4m×5m의 직사각형 기초를 사용할 경우 형상계수 α와 β의 값으로 옳은 것은?

$$q_u = \alpha c N_c + \beta \gamma_1 B N_\gamma + \gamma_2 D_f N_q$$

① α=1.18, β=0.32
② α=1.24, β=0.42
③ α=1.28, β=0.42
④ α=1.32, β=0.38

해설 ㉮ $\alpha = 1 + 0.3\dfrac{B}{L} = 1 + 0.3 \times \dfrac{4}{5} = 1.24$

㉯ $\beta = 0.5 - 0.1\dfrac{B}{L} = 0.5 - 0.1 \times \dfrac{4}{5} = 0.42$

4. 지표면에 설치된 2m×2m의 정사각형 기초에 100kN/m²의 등분포하중이 작용하고 있을 때 5m 깊이에 있어서의 연직응력 증가량을 2 : 1분포법으로 계산한 값은?

① 0.83kN/m²
② 8.16kN/m²
③ 19.75kN/m²
④ 28.57kN/m²

해설 $\Delta\sigma_v = \dfrac{BLq_s}{(B+Z)(L+Z)}$

$= \dfrac{2 \times 2 \times 100}{(2+5) \times (2+5)} = 8.16\text{kN/m}^2$

5. 100% 포화된 흐트러지지 않은 시료의 부피가 20cm³이고 질량이 36g이었다. 이 시료를 건조로에서 건조시킨 후의 질량이 24g일 때 간극비는 얼마인가?

① 1.36　② 1.50
③ 1.62　④ 1.70

해설 ㉮ $\gamma_{sat} = \dfrac{W}{V} = \dfrac{36}{20} = 1.8\text{g/cm}^3$

$\gamma_{sat} = \dfrac{G_s + e}{1+e}\gamma_w$ 에서 $1.8 = \dfrac{G_s + e}{1+e}$ ·········· ㉠

㉯ $\gamma_d = \dfrac{W_s}{V} = \dfrac{24}{20} = 1.2\text{g/cm}^3$

$\gamma_d = \dfrac{G_s}{1+e}\gamma_w$ 에서 $1.2 = \dfrac{G_s}{1+e}$ ················· ㉡

∴ 식 ㉠과 ㉡을 연립하여 풀면 e=1.5

6. 어느 모래층의 간극률이 35%, 비중이 2.66이다. 이 모래의 분사현상(Quick Sand)에 대한 한계동수경사는 얼마인가?

① 0.99　② 1.08
③ 1.16　④ 1.32

정답　1. ④　2. ③　3. ②　4. ②　5. ②　6. ②

해설 ㉮ $e=\frac{n}{100-n}=\frac{35}{100-35}=0.54$

㉯ $i_c=\frac{G_s-1}{1+e}=\frac{2.66-1}{1+0.54}=1.08$

7. 성토나 기초지반에 있어 특히 점성토의 압밀완료 후 추가성토 시 단기안정문제를 검토하고자 하는 경우 적용되는 시험법은?

① 비압밀비배수시험 ② 압밀비배수시험
③ 압밀배수시험 ④ 일축압축시험

해설 압밀비배수시험(CU-test)
㉮ 프리로딩(pre-loading)공법으로 압밀된 후 급격한 재하 시의 안정해석에 사용
㉯ 성토하중에 의해 어느 정도 압밀된 후에 갑자기 파괴가 예상되는 경우

8. 평판재하실험에서 재하판의 크기에 의한 영향(scale effect)에 관한 설명으로 틀린 것은?

① 사질토 지반의 지지력은 재하판의 폭에 비례한다.
② 점토지반의 지지력은 재하판의 폭에 무관하다.
③ 사질토 지반의 침하량은 재하판의 폭이 커지면 약간 커지기는 하지만 비례하는 정도는 아니다.
④ 점토지반의 침하량은 재하판의 폭에 무관하다.

해설 재하판 크기에 대한 보정
㉮ 지지력
㉠ 점토지반 : 재하판의 폭에 무관하다.
㉡ 모래지반 : 재하판의 폭에 비례한다.
㉯ 침하량
㉠ 점토지반 : 재하판의 폭에 비례한다.
㉡ 모래지반 : 재하판의 크기가 커지면 약간 커지긴 하지만 폭에 비례할 정도는 아니다.

9. Paper drain설계 시 Drain paper의 폭이 10cm, 두께가 0.3cm일 때 Drain paper의 등치환산원의 직경이 약 얼마이면 Sand drain과 동등한 값으로 볼 수 있는가? (단, 형상계수(α)는 0.75이다.)

① 5cm ② 8cm
③ 10cm ④ 15cm

해설 $D=\alpha\frac{2A+2B}{\pi}$

$=0.75\times\frac{2\times10+2\times0.3}{\pi}=4.92\text{cm}$

10. 압밀시험결과 시간-침하량곡선에서 구할 수 없는 값은?

① 초기 압축비 ② 압밀계수
③ 1차 압밀비 ④ 선행압밀압력

해설 $e-\log P$곡선에서 선행압밀하중(P_c)을 구한다.

11. 다음 그림과 같은 지반의 A점에서 전응력(σ), 간극수압(u), 유효응력(σ')을 구하면? (단, 물의 단위중량은 9.81kN/m³이다.)

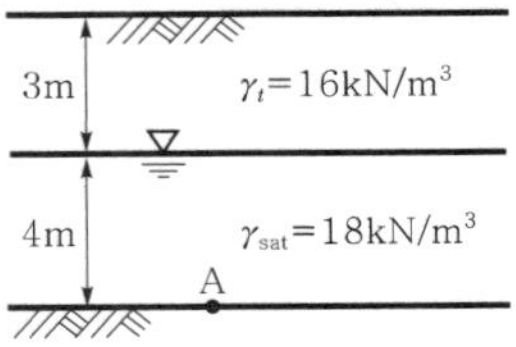

① σ=100kN/m², u=9.8kN/m², σ'=90.2kN/m²
② σ=100kN/m², u=29.4kN/m², σ'=70.6kN/m²
③ σ=120kN/m², u=19.6kN/m², σ'=100.4kN/m²
④ σ=120kN/m², u=39.2kN/m², σ'=80.8kN/m²

해설 ㉮ $\sigma=16\times3+18\times4=120\text{kN/m}^2$
㉯ $u=9.81\times4=39.24\text{kN/m}^2$
㉰ $\sigma'=\sigma-u=120-39.24=80.76\text{kN/m}^2$

12. 사운딩(Sounding)의 종류에서 사질토에 가장 적합하고 점성토에서도 쓰이는 시험법은?

① 표준관입시험
② 베인전단시험
③ 더치콘관입시험
④ 이스키미터(Iskymeter)

해설 표준관입시험은 사질토에 가장 적합하고, 점성토에서도 시험이 가능하다.

13. 말뚝지지력에 관한 여러 가지 공식 중 정역학적 지지력공식이 아닌 것은?

① Dörr의 공식
② Terzaghi의 공식
③ Meyerhof의 공식
④ Engineering news공식

정답 7. ② 8. ④ 9. ① 10. ④ 11. ④ 12. ① 13. ④

해설 말뚝의 지지력공식
㉮ 정역학적 공식 : Terzaghi공식, Dörr공식, Meyerhof공식, Dunham공식
㉯ 동역학적 공식 : Hiley공식, Engineering-new공식, Sander공식, Weisbach공식

14. 흙의 다짐에 대한 설명으로 틀린 것은?

① 최적함수비로 다질 때 흙의 건조밀도는 최대가 된다.
② 최대 건조밀도는 점성토에 비해 사질토일수록 크다.
③ 최적함수비는 점성토일수록 작다.
④ 점성토일수록 다짐곡선은 완만하다.

해설 점성토일수록 $\gamma_{d\max}$는 커지고, OMC는 작아진다.

15. 흙의 투수성에서 사용되는 Darcy의 법칙 $\left(Q=k\dfrac{\Delta h}{L}A\right)$에 대한 설명으로 틀린 것은?

① Δh는 수두차이다.
② 투수계수(k)의 차원은 속도의 차원(cm/s)과 같다.
③ A는 실제로 물이 통하는 공극 부분의 단면적이다.
④ 물의 흐름이 난류인 경우에는 Darcy의 법칙이 성립하지 않는다.

해설 A는 전단면적이다.

16. 다음 그림에서 A점 흙의 강도 정수가 c'=30kN/m², ϕ'=30°일 때 A점에서의 전단강도는? (단, 물의 단위중량은 9.81kN/m³이다.)

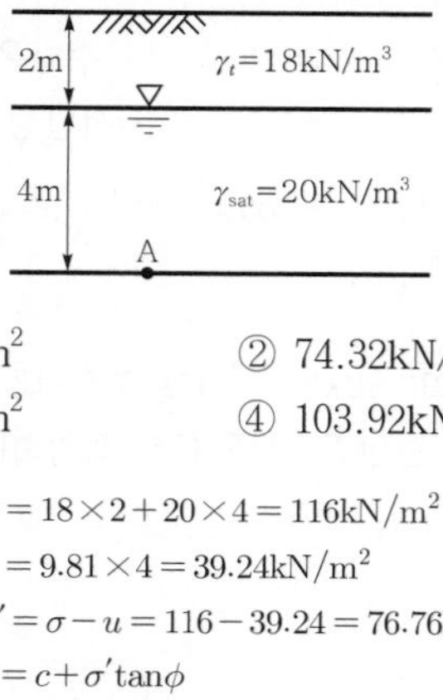

① 69.31kN/m²
② 74.32kN/m²
③ 96.97kN/m²
④ 103.92kN/m²

해설 ㉮ $\sigma=18\times2+20\times4=116\text{kN/m}^2$
$u=9.81\times4=39.24\text{kN/m}^2$
$\sigma'=\sigma-u=116-39.24=76.76\text{kN/m}^2$
㉯ $\tau=c+\sigma'\tan\phi$
$=30+76.76\times\tan30°$
$=74.32\text{kN/m}^2$

17. 점착력이 8kN/m³, 내부마찰각이 30°, 단위중량 16kN/m³인 흙이 있다. 이 흙에 인장균열은 약 몇 m 깊이까지 발생할 것인가?

① 6.92m
② 3.73m
③ 1.73m
④ 1.00m

해설
$$Z_c=\frac{2c\tan\left(45°+\dfrac{\phi}{2}\right)}{\gamma_t}=\frac{2\times8\times\tan\left(45°+\dfrac{30°}{2}\right)}{16}=1.73\text{m}$$

18. 다음 중 일시적인 지반개량공법에 속하는 것은?

① 동결공법
② 프리로딩공법
③ 약액주입공법
④ 모래다짐말뚝공법

해설 일시적인 지반개량공법 : well point공법, deep well공법, 대기압공법, 동결공법

19. Terzaghi의 1차원 압밀이론에 대한 가정으로 틀린 것은?

① 흙은 균질하다.
② 흙은 완전포화되어 있다.
③ 압축과 흐름은 1차원적이다.
④ 압밀이 진행되면 투수계수는 감소한다.

해설 Terzaghi의 1차원 압밀가정
㉮ 흙은 균질하고 완전히 포화되어 있다.
㉯ 토립자와 물은 비압축성이다.
㉰ 압축과 투수는 1차원적(수직적)이다.
㉱ 투수계수는 일정하다.

20. 외경이 50.8mm, 내경이 34.9mm인 스플릿스푼 샘플러의 면적비는?

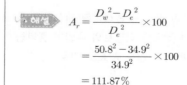

① 112%
② 106%
③ 53%
④ 46%

해설
$$A_r=\frac{D_w^{\,2}-D_e^{\,2}}{D_e^{\,2}}\times100=\frac{50.8^2-34.9^2}{34.9^2}\times100=111.87\%$$

정답 14. ③ 15. ③ 16. ② 17. ③ 18. ① 19. ④ 20. ①

토목산업기사(2020년 6월 13일 시행)

1. 점토덩어리는 재차 물을 흡수하면 고체-반고체-소성-액성의 단계를 거치지 않고 물을 흡착함과 동시에 흙입자 간의 결합력이 감소되어 액성상태로 붕괴한다. 이러한 현상을 무엇이라 하는가?

① 비화작용(Slaking)
② 팽창작용(Bulking)
③ 수화작용(Hydration)
④ 윤활작용(Lubrication)

2. 흙 속에서의 물의 흐름 중 연직유효응력의 증가를 가져오는 것은?

① 정수압상태　② 상향흐름
③ 하향흐름　④ 수평흐름

해설 하향침투일 때 $\overline{\sigma}=\overline{\sigma}'+F$이므로 유효응력은 F만큼 증가한다.

3. 말뚝기초의 지지력에 관한 설명으로 틀린 것은?

① 부마찰력은 아래방향으로 작용한다.
② 말뚝 선단부의 지지력과 말뚝 주변마찰력의 합이 말뚝의 지지력이 된다.
③ 점성토 지반에는 동역학적 지지력공식이 잘 맞는다.
④ 재하시험결과를 이용하는 것이 신뢰도가 큰 편이다.

해설 지지력 산정방법과 안전율

분류	안전율	비고
재하시험	3	• 가장 확실하나 비경제적이다.
정역학적 지지력공식	3	• 시공 전 설계에 사용한다. • N값 이용이 가능하다.
동역학적 지지력공식	3~8	• 시공 시 사용한다. • 점토지반에 부적합하다.

4. 채취된 시료의 교란 정도는 면적비를 계산하여 통상 면적비가 몇 %보다 작으면 여잉토의 혼입이 불가능한 것으로 보고 흐트러지지 않는 시료로 간주하는가?

① 10%　② 13%
③ 15%　④ 20%

5. 평균기온에 따른 동결지수가 520℃·days였다. 이 지방의 정수(C)가 4일 때 동결깊이는? (단, 데라다공식을 이용한다.)

① 130.2cm　② 102.4cm
③ 961.2cm　④ 22.8cm

해설 $Z=C\sqrt{F}=4\sqrt{520}=91.21\text{cm}$

6. 다음 기초의 형식 중 얕은 기초인 것은?

① 확대기초
② 우물통기초
③ 공기케이슨기초
④ 철근콘크리트말뚝기초

해설 얕은 기초(직접기초)의 분류
㉮ Footing기초(확대기초) : 독립푸팅기초, 복합푸팅기초, 캔틸레버푸팅기초, 연속푸팅기초
㉯ 전면기초(Mat기초)

7. 포화점토의 비압밀비배수시험에 대한 설명으로 틀린 것은?

① 시공 직후의 안정해석에 적용된다.
② 구속압력을 증대시키면 유효응력은 커진다.
③ 구속압력을 증대한 만큼 간극수압은 증대한다.
④ 구속압력의 크기에 관계없이 전단강도는 일정하다.

해설 UU시험($S_r=100\%$)에서 σ_3와 관계없이 유효응력은 일정하다.

8. 수직응력이 60kN/m²이고 흙의 내부마찰각이 45°일 때 모래의 전단강도는? (단, 점착력(c)은 0이다.)

① 24kN/m²
② 36kN/m²
③ 48kN/m²
④ 60kN/m²

해설 $\tau=c+\overline{\sigma}\tan\phi=0+60\times\tan45°=60\text{kN/m}^2$

정답 1. ① 2. ③ 3. ③ 4. ① 5. ③ 6. ① 7. ② 8. ④

9. 가로 2m, 세로 4m의 직사각형 케이슨의 지중 16m까지 관입되었다. 단위면적당 마찰력 f=0.2kN/m^{2}일 때 케이슨에 작용하는 주면마찰력(skin friction)은 얼마인가?

① 38.4kN ② 27.5kN
③ 19.2kN ④ 12.8kN

해설 $R_f = f_s A_s = 0.2 \times (2\times2+4\times2)\times16 = 38.4\text{kN}$

10. 다음 기호를 이용하여 현장 밀도시험의 결과로부터 건조밀도(ρ_d)를 구하는 식으로 옳은 것은?

- ρ_d : 흙의 건조밀도(g/cm^3)
- V : 시험구멍의 부피(cm^3)
- m : 시험구멍에서 파낸 흙의 습윤질량(g)
- w : 시험구멍에서 파낸 흙의 함수비(%)

① $\rho_d = \dfrac{1}{V}\left(\dfrac{m}{1+\dfrac{w}{100}}\right)$ ② $\rho_d = m\left(\dfrac{V}{1+\dfrac{w}{100}}\right)$

③ $\rho_d = \dfrac{1}{m}\left(\dfrac{V}{1+\dfrac{w}{100}}\right)$ ④ $\rho_d = V\left(\dfrac{w}{1+\dfrac{m}{100}}\right)$

해설 ㉮ $\rho_t = \dfrac{m}{V}$

㉯ $\rho_d = \dfrac{m}{V\left(1+\dfrac{w}{100}\right)}$

11. 비교란점토(ϕ=0)에 대한 일축압축강도(q_u)가 36kN/m^{2}이고, 이 흙을 되비빔을 했을 때의 일축압축강도(q_{ur})가 12kN/m^{2}이었다. 이 흙의 점착력(c_u)과 예민비(S_t)는 얼마인가?

① c_u=24kN/m^2, S_t=0.3
② c_u=24kN/m^2, S_t=3.0
③ c_u=18kN/m^2, S_t=0.3
④ c_u=18kN/m^2, S_t=3.0

해설 ㉮ $q_u = 2c\tan\left(45° + \dfrac{\phi}{2}\right)$

$36 = 2c \times \tan(45° + 0)$

$\therefore\ c = 18\text{kN/m}^2$

㉯ $S_t = \dfrac{q_u}{q_{ur}} = \dfrac{36}{12} = 3$

12. 다음 그림의 투수층에서 피에조미터를 꽂은 두 지점 사이의 동수경사(i)는 얼마인가? (단, 두 지점 간의 수평거리는 50m이다.)

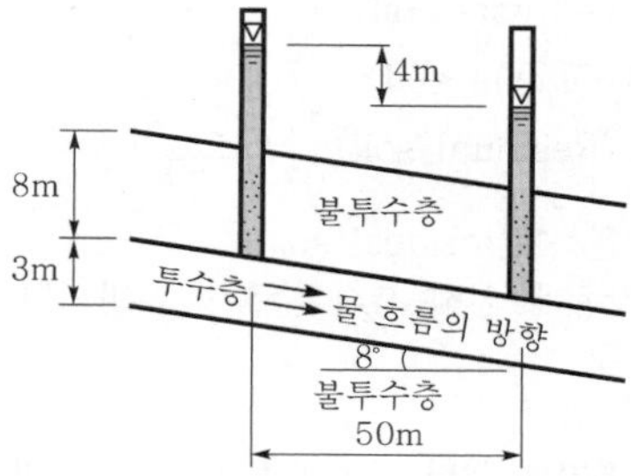

① 0.063 ② 0.079
③ 0.126 ④ 0.162

해설 ㉮ $L \times \cos 8° = 50$

$\therefore\ L = \dfrac{50}{\cos 8°} = 50.49\text{m}$

㉯ $i = \dfrac{h}{L} = \dfrac{4}{50.49} = 0.079$

13. 다음 그림에서 분사현상에 대한 안전율은 얼마인가? (단, 모래의 비중은 2.65, 간극비는 0.6이다.)

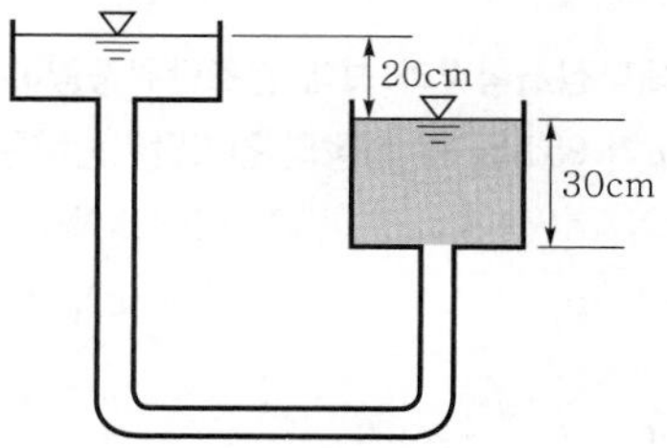

① 1.01 ② 1.55
③ 1.86 ④ 2.44

해설 $F_s = \dfrac{i_c}{i} = \dfrac{\dfrac{G_s - 1}{1+e}}{\dfrac{h}{L}} = \dfrac{\dfrac{2.65-1}{1+0.6}}{\dfrac{20}{30}} = 1.55$

14. 주동토압계수를 K_a, 수동토압계수를 K_p, 정지토압계수를 K_o라 할 때 토압계수크기의 비교로 옳은 것은?

① $K_o > K_p > K_a$ ② $K_o > K_a > K_p$
③ $K_p > K_o > K_a$ ④ $K_a > K_o > K_p$

해설 $K_p > K_o > K_a$

정답 9. ① 10. ① 11. ④ 12. ② 13. ② 14. ③

15. 풍화작용에 의하여 분해되어 원위치에서 이동하지 않고 모암의 광물질을 덮고 있는 상태의 흙은?

① 호성토(Lacustrine soil)
② 충적토(Alluvial soil)
③ 빙적토(Glacial soil)
④ 잔적토(Residual soil)

해설 잔적토(residual soil)
풍화작용에 의해 생성된 흙이 운반되지 않고 남아 있는 것

16. 절편법에 의한 사면의 안정해석 시 가장 먼저 결정되어야 할 사항은?

① 절편의 중량
② 가상파괴활동면
③ 활동면상의 점착력
④ 활동면상의 내부마찰각

해설 분할법(절편법)의 안정해석
㉮ 반지름이 r인 가상파괴활동면을 그린다.
㉯ 가상파괴활동면의 흙을 몇 개의 수직절편(slice)으로 나눈다.

17. 실내다짐시험결과 최대 건조단위중량이 15.6kN/m³이고 다짐도가 95%일 때 현장의 건조단위중량은 얼마인가?

① 13.62kN/m³　② 14.82kN/m³
③ 16.01kN/m³　④ 17.43kN/m³

해설
$$C_d = \frac{\gamma_d}{\gamma_{d\max}} \times 100$$
$$95 = \frac{\gamma_d}{15.6} \times 100$$
$$\therefore\ \gamma_d = 14.82\text{kN/m}^3$$

18. Sand Drain공법에서 U_v(연직방향의 압밀도)=0.9, U_h(수평방향의 압밀도)=0.15인 경우 수직 및 수평방향을 고려한 압밀도(U_{vh})는 얼마인가?

① 99.15%　② 96.85%
③ 94.5%　④ 91.5%

해설
$$U_{vh} = 1-(1-U_v)(1-U_h) = 1-(1-0.9)\times(1-0.15) = 0.915 = 91.5\%$$

19. 흙의 다짐에 대한 설명으로 틀린 것은?

① 건조밀도－함수비곡선에서 최적함수비와 최대 건조밀도를 구할 수 있다.
② 사질토는 점성토에 비해 흙의 건조밀도－함수비곡선의 경사가 완만하다.
③ 최대 건조밀도는 사질토일수록 크고, 점성토일수록 작다.
④ 모래질 흙은 진동 또는 진동을 동반하는 다짐방법이 유효하다.

해설 사질토의 다짐곡선기울기는 급경사이고, 점성토의 다짐곡선기울기는 완만하다.

20. 10개의 무리말뚝기초에 있어서 효율이 0.8, 단항으로 계산한 말뚝 1개의 허용지지력이 100kN일 때 군항의 허용지지력은?

① 500kN　② 800kN
③ 1,000kN　④ 1,250kN

해설 $R_{ag} = ENR_a = 0.8\times10\times100 = 800\text{kN}$

정답 15. ④ 16. ② 17. ② 18. ④ 19. ② 20. ②

토목기사(2020년 8월 22일 시행)

1. 흙의 활성도에 대한 설명으로 틀린 것은?

① 점토의 활성도가 클수록 물을 많이 흡수하여 팽창이 많이 일어난다.

② 활성도는 $2\mu m$ 이하의 점토함유율에 대한 액성지수의 비로 정의된다.

③ 활성도는 점토광물의 종류에 따라 다르므로 활성도로부터 점토를 구성하는 점토광물을 추정할 수 있다.

④ 흙입자의 크기가 작을수록 비표면적이 커져 물을 많이 흡수하므로 흙의 활성은 점토에서 뚜렷이 나타난다.

해설 활성도(activity)

㉮ $A=\dfrac{\text{소성지수}(I_p)}{2\mu\ \text{이하의 점토함유율}(\%)}$

㉯ 점토가 많으면 활성도가 커지고 공학적으로 불안정한 상태가 되며 팽창, 수축이 커진다.

2. 다음 그림과 같은 지반에서 유효응력에 대한 점착력 및 마찰각이 각각 $c'=10\text{kN/m}^2$, $\phi'=20°$일 때 A점에서의 전단강도는? (단, 물의 단위중량은 9.81kN/m^3이다.)

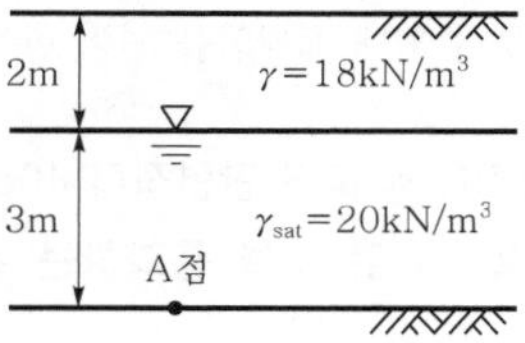

① 34.23kN/m^2

② 44.94kN/m^2

③ 54.25kN/m^2

④ 66.17kN/m^2

해설 ㉮ $\sigma=18\times2+20\times3=96\text{kN/m}^2$

$u=9.81\times3=29.43\text{kN/m}^2$

$\sigma'=\sigma-u=96-29.43=66.57\text{kN/m}^2$

㉯ $\tau=c+\sigma'\tan\phi$

$=10+66.57\times\tan20°$

$=34.23\text{kN/m}^2$

3. 흙의 다짐에 대한 설명 중 틀린 것은?

① 일반적으로 흙의 건조밀도는 가하는 다짐에너지가 클수록 크다.

② 모래질 흙은 진동 또는 진동을 동반하는 다짐방법이 유효하다.

③ 건조밀도－함수비곡선에서 최적함수비와 최대 건조밀도를 구할 수 있다.

④ 모래질을 많이 포함한 흙의 건조밀도－함수비곡선의 경사는 완만하다.

해설 모래질을 많이 포함할수록 흙의 건조밀도－함수비곡선(다짐곡선)의 경사는 급하다.

4. 표준관입시험(SPT)을 할 때 처음 150mm 관입에 요하는 N값은 제외하고, 그 후 300mm 관입에 요하는 타격수로 N값을 구한다. 그 이유로 옳은 것은?

① 흙은 보통 150mm 밑부터 그 흙의 성질을 가장 잘 나타낸다.

② 관입봉의 길이가 정확히 450mm이므로 이에 맞도록 관입시키기 위함이다.

③ 정확히 300mm를 관입시키기가 어려워서 150mm 관입에 요하는 N값을 제외한다.

④ 보링구멍 밑면 흙이 보링에 의하여 흐트러져 150mm 관입 후부터 N값을 측정한다.

5. 연약지반개량공법에 대한 설명 중 틀린 것은?

① 샌드드레인공법은 2차 압밀비가 높은 점토 및 이탄 같은 유기질 흙에 큰 효과가 있다.

② 화학적 변화에 의한 흙의 강화공법으로는 소결공법, 전기화학적 공법 등이 있다.

③ 동압밀공법 적용 시 과잉간극수압의 소산에 의한 강도 증가가 발생한다.

④ 장기간에 걸친 배수공법은 샌드드레인이 페이퍼드레인보다 유리하다.

정답 1. ② 2. ① 3. ④ 4. ④ 5. ①

해설 sand drain공법과 paper drain공법은 두꺼운 점성토 지반에 적합하다.

6. 흐트러지지 않은 시료를 이용하여 액성한계 40%, 소성한계 22.3%를 얻었다. 정규압밀점토의 압축지수(C_c) 값을 Terzaghi와 Peck의 경험식에 의해 구하면?

① 0.25 ② 0.27
③ 0.30 ④ 0.35

해설 $C_c = 0.009(W_L - 10)$
$= 0.009 \times (40 - 10) = 0.27$

7. 모래지층 사이에 두께 6m의 점토층이 있다. 이 점토의 토질시험결과가 다음과 같을 때 이 점토의 90% 압밀을 요하는 시간은 약 얼마인가? (단, 1년은 365일로 하고, 물의 단위중량(γ_w)은 9.81kN/m^{3}이다.)

- 간극비(e)=1.5
- 압축계수(a_v)=4×10^{-3}m^2/kN
- 투수계수(K)=3×10^{-7}cm/s

① 50.7년 ② 12.7년
③ 5.07년 ④ 1.27년

해설 ㉮ $K = C_v m_v \gamma_w = C_v \dfrac{a_v}{1+e_1}\gamma_w$

$3\times10^{-9} = C_v \times \dfrac{4\times10^{-3}}{1+1.5}\times 9.81$

$\therefore\ C_v = 1.91\times10^{-7}\text{m}^2/\text{s}$

㉯ $t_{90} = \dfrac{0.848H^2}{C_v}$

$= \dfrac{0.848\times\left(\dfrac{6}{2}\right)^2}{1.91\times10^{-7}}$

$= 39,958,115.18$초$= 1.27$년

8. 다음 중 흙댐(Dam)의 사면안정검토 시 가장 위험한 상태는?

① 상류사면의 경우 시공 중과 만수위일 때
② 상류사면의 경우 시공 직후와 수위급강하일 때
③ 하류사면의 경우 시공 직후와 수위급강하일 때
④ 하류사면의 경우 시공 중과 만수위일 때

해설

상류측 사면이 가장 위험할 때	하류측 사면이 가장 위험할 때
• 시공 직후 • 수위급강하 시	• 시공 직후 • 정상침투 시

9. 5m×10m의 장방형 기초 위에 q=60kN/m^{2}의 등분포하중이 작용할 때 지표면 아래 10m에서의 연직응력증가량($\Delta\sigma_v$)은? (단, 2 : 1 응력분포법을 사용한다.)

① 10kN/m^2 ② 20kN/m^2
③ 30kN/m^2 ④ 40kN/m^2

해설 $\Delta\sigma_v = \dfrac{BLq_s}{(B+Z)(L+Z)}$

$= \dfrac{5\times10\times60}{(5+10)\times(10+10)} = 10\text{kN/m}^2$

10. 도로의 평판재하시험방법(KS F 2310)에서 시험을 끝낼 수 있는 조건이 아닌 것은?

① 재하응력이 현장에서 예상할 수 있는 가장 큰 접지압력의 크기를 넘으면 시험을 멈춘다.
② 재하응력이 그 지반의 항복점을 넘을 때 시험을 멈춘다.
③ 침하가 더 이상 일어나지 않을 때 시험을 멈춘다.
④ 침하량이 15mm에 달할 때 시험을 멈춘다.

해설 평판재하시험(PBT－test)이 끝나는 조건
㉮ 침하량이 15mm에 달할 때
㉯ 하중강도가 최대 접지압을 넘어 항복점을 초과할 때

11. 다음 그림에서 흙의 단면적이 40cm^{2}이고 투수계수가 0.1cm/s일 때 흙 속을 통과하는 유량은?

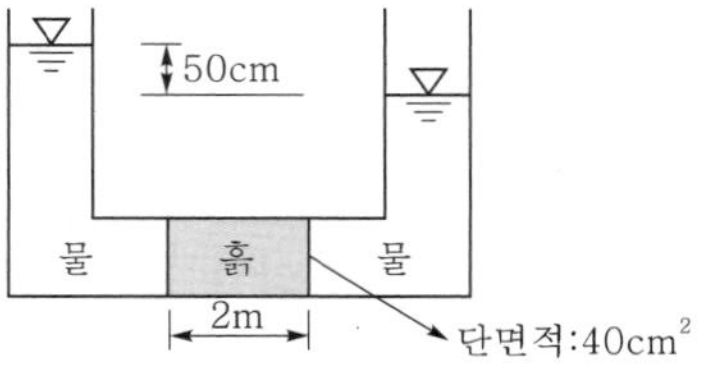

① 1m^3/h ② 1cm^3/s
③ 100m^3/h ④ 100cm^3/s

해설 $Q = KiA = K\dfrac{h}{L}A$

$= 0.1\times\dfrac{50}{200}\times40 = 1\text{cm}^3/\text{s}$

정답 6. ② 7. ④ 8. ② 9. ① 10. ③ 11. ②

12. Terzaghi의 얕은 기초에 대한 수정지지력공식에서 형상계수에 대한 설명 중 틀린 것은? (단, B는 단변의 길이, L은 장변의 길이이다.)

① 연속기초에서 $\alpha=1.0$, $\beta=0.5$이다.
② 원형 기초에서 $\alpha=1.3$, $\beta=0.6$이다.
③ 정사각형 기초에서 $\alpha=1.3$, $\beta=0.4$이다.
④ 직사각형 기초에서 $\alpha=1+0.3\dfrac{B}{L}$, $\beta=0.5-0.1\dfrac{B}{L}$이다.

해설 형상계수

구분	연속	정사각형	직사각형	원형
α	1.0	1.3	$1+0.3\dfrac{B}{L}$	1.3
β	0.5	0.4	$0.5-0.1\dfrac{B}{L}$	0.3

여기서, B : 구형의 단변길이
L : 구형의 장변길이

13. 흙의 동상에 영향을 미치는 요소가 아닌 것은?

① 모관상승고 ② 흙의 투수계수
③ 흙의 전단강도 ④ 동결온도의 계속시간

해설 흙의 동상에 영향을 미치는 요소 : 모관상승고의 크기, 흙의 투수성, 동결온도의 지속기간

14. 다음 그림에서 각 층의 손실수두 Δh_1, Δh_2, Δh_3를 각각 구한 값으로 옳은 것은? (단, k는 cm/s, H와 Δh는 m단위이다.)

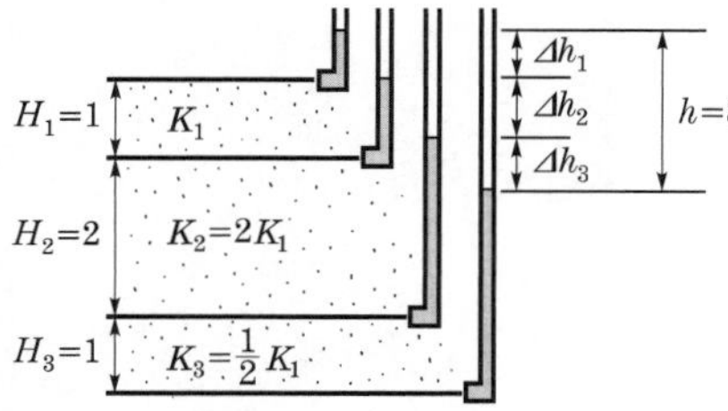

① $\Delta h_1=2$, $\Delta h_2=2$, $\Delta h_3=4$
② $\Delta h_1=2$, $\Delta h_2=3$, $\Delta h_3=3$
③ $\Delta h_1=2$, $\Delta h_2=4$, $\Delta h_3=2$
④ $\Delta h_1=2$, $\Delta h_2=5$, $\Delta h_3=1$

해설 비균질 흙에서의 투수

㉮ 토층이 수평방향일 때 투수가 수직으로 일어날 경우 전체 토층을 균일 이방성층으로 생각하므로 각 층에서의 유출속도가 같다.

$V=K_1 i_1=K_2 i_2=K_3 i_3$

$K_1\dfrac{\Delta h_1}{1}=2K_1\dfrac{\Delta h_2}{2}=\dfrac{1}{2}K_1\dfrac{\Delta h_3}{1}$

$\therefore\ \Delta h_1=\Delta h_2=\dfrac{\Delta h_3}{2}$

㉯ $H=\Delta h_1+\Delta h_2+\Delta h_3=8$

$\therefore\ \Delta h_1=2$, $\Delta h_2=2$, $\Delta h_3=4$

15. 포화된 점토에 대하여 비압밀비배수(UU) 삼축압축시험을 하였을 때의 결과에 대한 설명으로 옳은 것은? (단, ϕ는 마찰각이고, c는 점착력이다.)

① ϕ와 c가 나타나지 않는다.
② ϕ와 c가 모두 "0"이 아니다.
③ ϕ는 "0"이고, c는 "0"이 아니다.
④ ϕ는 "0"이 아니지만, c는 "0"이다.

해설 UU시험($S_r=100\%$)의 결과는 $\phi=0$이고 $c=\dfrac{\sigma_1-\sigma_3}{2}$이다.

16. 다짐되지 않은 두께 2m, 상대밀도 40%의 느슨한 사질토 지반이 있다. 실내시험결과 최대 및 최소 간극비가 0.80, 0.40으로 각각 산출되었다. 이 사질토를 상대밀도 70%까지 다짐할 때 두께는 얼마나 감소되겠는가?

① 12.41cm ② 14.63cm
③ 22.71cm ④ 25.83cm

해설 ㉮ $D_r=\dfrac{e_{\max}-e}{e_{\max}-e_{\min}}\times100$에서

$40=\dfrac{0.8-e_1}{0.8-0.4}\times100$

$\therefore\ e_1=0.64$

$70=\dfrac{0.8-e_2}{0.8-0.4}\times100$

$\therefore\ e_2=0.52$

㉯ $\Delta H=\dfrac{e_1-e_2}{1+e_1}H$

$=\dfrac{0.64-0.52}{1+0.64}\times200$

$=14.63\text{cm}$

정답 12. ② 13. ③ 14. ① 15. ③ 16. ②

17. **모래나 점토 같은 입상재료를 전단할 때 발생하는 다일레이턴시(dilatancy)현상과 간극수압의 변화에 대한 설명으로 틀린 것은?**

① 정규압밀점토에서는 (−)다일레이턴시에 (+)의 간극수압이 발생한다.
② 과압밀점토에서는 (+)다일레이턴시에 (−)의 간극수압이 발생한다.
③ 조밀한 모래에서는 (+)다일레이턴시가 일어난다.
④ 느슨한 모래에서는 (+)다일레이턴시가 일어난다.

해설 ㉮ 조밀한 모래나 과압밀점토에서는 (+) Dilatancy에 (−)공극수압이 발생한다.
㉯ 느슨한 모래나 정규압밀점토에서는 (−) Dilatancy에 (+)공극수압이 발생한다.

18. **다음 그림과 같이 수평지표면 위에 등분포하중 q가 작용할 때 연직옹벽에 작용하는 주동토압의 공식으로 옳은 것은? (단, 뒤채움 흙은 사질토이며, 이 사질토의 단위중량을 γ, 내부마찰각을 ϕ라 한다.)**

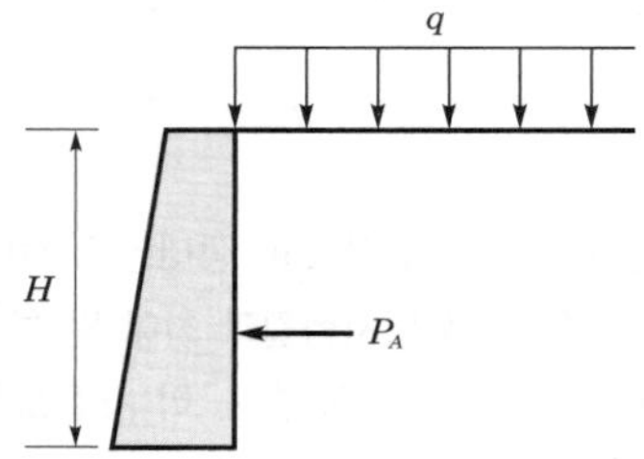

① $P_a=\left(\frac{1}{2}\gamma H^2+qH\right)\tan^2\left(45°-\frac{\phi}{2}\right)$

② $P_a=\left(\frac{1}{2}\gamma H^2+qH\right)\tan^2\left(45°+\frac{\phi}{2}\right)$

③ $P_a=\left(\frac{1}{2}\gamma H^2+qH\right)\tan^2\phi$

④ $P_a=\left(\frac{1}{2}\gamma H^2+q\right)\tan^2\phi$

해설 $P_a=\frac{1}{2}\gamma_t H^2 K_a+q_s K_a H$

$=\left(\frac{1}{2}\gamma_t H^2+q_s H\right)K_a$

19. **기초의 구비조건에 대한 설명 중 틀린 것은?**

① 상부하중을 안전하게 지지해야 한다.
② 기초깊이는 동결깊이 이하여야 한다.
③ 기초는 전체 침하나 부등침하가 전혀 없어야 한다.
④ 기초는 기술적, 경제적으로 시공 가능하여야 한다.

해설 기초의 구비조건
㉮ 최소한의 근입깊이를 가질 것(동해에 대한 안정)
㉯ 지지력에 대해 안정할 것
㉰ 침하에 대해 안정할 것(침하량이 허용값 이내에 들어야 함)
㉱ 시공이 가능할 것(경제적, 기술적)

20. **중심간격이 2m, 지름 40cm인 말뚝을 가로 4개, 세로 5개씩 전체 20개의 말뚝을 박았다. 말뚝 한 개의 허용지지력이 150kN이라면 이 군항의 허용지지력은 약 얼마인가? (단, 군말뚝의 효율은 Converse−Labarre 공식을 사용한다.)**

① 4,500kN
② 3,000kN
③ 2,415kN
④ 1,215kN

해설 ㉮ $\phi=\tan^{-1}\frac{D}{S}=\tan^{-1}\frac{0.4}{2}=11.31°$

㉯ $E=1-\phi\left[\frac{(m-1)n+m(n-1)}{90mn}\right]$

$=1-11.31\times\frac{3\times5+4\times4}{90\times4\times5}=0.805$

㉰ $R_{ag}=ENR_a=0.805\times20\times150=2,415\text{kN}$

 정답 17. ④ 18. ① 19. ③ 20. ③

토목산업기사(2020년 8월 23일 시행)

1. **말뚝의 재하시험 시 연약점토지반인 경우는 말뚝타입 후 소정의 시간이 경과한 후 말뚝재하시험을 한다. 그 이유로 옳은 것은?**

① 부마찰력이 생겼기 때문이다.
② 타입된 말뚝에 의해 흙이 팽창되었기 때문이다.
③ 타입 시 말뚝 주변의 흙이 교란되었기 때문이다.
④ 주면마찰력이 너무 크게 작용하였기 때문이다.

해설 말뚝타입 시 말뚝 주위의 점토지반이 교란되어 강도가 작아지게 된다. 그러나 점토는 딕소트로피현상이 생겨서 강도가 되살아나기 때문에 말뚝재하시험은 말뚝타입 후 며칠이 지난 후 행한다.

2. **연약지반개량공법에서 Sand Drain공법과 비교한 Paper Drain공법의 특징이 아닌 것은?**

① 공사비가 비싸다.
② 시공속도가 빠르다.
③ 타입 시 주변지반교란이 적다.
④ Drain 단면이 깊이방향에 대해 일정하다.

해설 sand drain에 대한 paper drain의 특징
㉮ 시공속도가 빠르고 배수효과가 양호하다.
㉯ 타입 시 교란이 거의 없다.
㉰ drain 단면이 깊이에 대해 일정하다.
㉱ sand drain보다 횡방향에 대한 저항력이 크다.

3. **두께 6m의 점토층에서 시료를 채취하여 압밀시험한 결과 하중강도가 200kN/m²에서 400kN/m²로 증가되고, 간극비는 2.0에서 1.8로 감소하였다. 이 시료의 압축계수(a_v)는?**

① $0.001\text{m}^2/\text{kN}$　　② $0.003\text{m}^2/\text{kN}$
③ $0.006\text{m}^2/\text{kN}$　　④ $0.008\text{m}^2/\text{kN}$

해설
$$a_v = \frac{e_1 - e_2}{P_2 - P_1} = \frac{2-1.8}{400-200} = 0.001\text{m}^2/\text{kN}$$

4. **주동토압을 P_a, 정지토압을 P_o, 수동토압을 P_p라 할 때 크기의 비교로 옳은 것은?**

① $P_a > P_o > P_p$
② $P_p > P_a > P_o$
③ $P_o > P_a > P_p$
④ $P_p > P_o > P_a$

해설 ㉮ $P_p > P_o > P_a$
㉯ $K_p > K_o > K_a$

5. **흙의 연경도에 대한 설명 중 틀린 것은?**

① 액성한계는 유동곡선에서 낙하횟수 25회에 대한 함수비를 말한다.
② 수축한계시험에서 수은을 이용하여 건조토의 무게를 정한다.
③ 흙의 액성한계·소성한계시험은 425μm체를 통과한 시료를 사용한다.
④ 소성한계는 시료를 실모양으로 늘렸을 때 시료가 3mm의 굵기에서 끊어질 때의 함수비를 말한다.

해설 수축한계시험 시에 수은을 이용하여 노건조토의 체적을 구한다.

6. **말뚝기초에서 부주면마찰력(negative skin friction)에 대한 설명으로 틀린 것은?**

① 지하수위 저하로 지반이 침하할 때 발생한다.
② 지반이 압밀진행 중인 연약점토지반인 경우에 발생한다.
③ 발생이 예상되면 대책으로 말뚝 주면에 역청 등으로 코팅하는 것이 좋다.
④ 말뚝 주면에 상방향으로 작용하는 마찰력이다.

해설 부마찰력
말뚝 주변지반의 침하량이 말뚝의 침하량보다 클 때 발생한다.

정답 1. ③　2. ①　3. ①　4. ④　5. ②　6. ④

7. **흙 속의 물이 얼어서 빙층(ice lens)이 형성되기 때문에 지표면이 떠오르는 현상은?**

① 연화현상 ② 동상현상
③ 분사현상 ④ 다일레이턴시

해설 흙 속의 공극수가 동결하여 흙 속에 얼음층(ice lens)이 형성되기 때문에 체적이 팽창하여 지표면이 부풀어 오르는 현상을 동상현상(frost heaving)이라 한다.

8. **2면 직접전단시험에서 전단력이 300N, 시료의 단면적이 10cm²일 때의 전단응력은?**

① 75kN/m^2 ② 150kN/m^2
③ 300kN/m^2 ④ 600kN/m^2

해설

$$\tau = \frac{S}{2A} = \frac{300}{2\times 10} = 15\text{N/cm}^2 = 150\text{kN/m}^2$$

9. **어느 모래층의 간극률이 20%, 비중이 2.65이다. 이 모래의 한계동수경사는?**

① 1.28 ② 1.32
③ 1.38 ④ 1.42

해설 ㉮ $e = \dfrac{n}{100-n} = \dfrac{20}{100-20} = 0.25$

㉯ $i_c = \dfrac{G_s - 1}{1+e} = \dfrac{2.65-1}{1+0.25} = 1.32$

10. **통일분류법에서 실트질 자갈을 표시하는 기호는?**

① GW ② GP
③ GM ④ GC

11. **흙의 전단강도에 대한 설명으로 틀린 것은?**

① 흙의 전단강도와 압축강도는 밀접한 관계에 있다.
② 흙의 전단강도는 입자 간의 내부마찰각과 점착력으로부터 주어진다.
③ 외력이 증가하면 전단응력에 의해서 내부의 어느 면을 따라 활동이 일어나 파괴된다.
④ 일반적으로 사질토는 내부마찰각이 작고, 점성토는 점착력이 작다.

해설 ㉮ 점성토 : $c \neq 0$, $\phi = 0$
㉯ 사질토 : $c = 0$, $\phi \neq 0$

12. **흙의 다짐특성에 대한 설명으로 옳은 것은?**

① 다짐에 의하여 흙의 밀도와 압축성은 증가된다.
② 세립토가 조립토에 비하여 최대 건조밀도가 큰 편이다.
③ 점성토를 최적함수비보다 습윤측으로 다지면 이산구조를 가진다.
④ 세립토는 조립토에 비하여 다짐곡선의 기울기가 급하다.

해설 ① 다짐에 의하여 흙의 밀도는 증가하고, 압축성은 감소한다.
② 세립토일수록 최대 건조단위중량은 감소한다.
④ 세립토일수록 다짐곡선의 기울기가 완만하다.

13. **어떤 퇴적지반의 수평방향 투수계수가 4.0×10^{-3}cm/s, 수직방향 투수계수가 3.0×10^{-3}cm/s일 때 이 지반의 등가 등방성 투수계수는 얼마인가?**

① 3.46×10^{-3}cm/s
② 5.0×10^{-3}cm/s
③ 6.0×10^{-3}cm/s
④ 6.93×10^{-3}cm/s

해설

$$K = \sqrt{K_h K_v} = \sqrt{(4\times10^{-3})\times(3\times10^{-3})} = 3.46\times10^{-3}\text{cm/s}$$

14. **포화점토에 대해 베인전단시험을 실시하였다. 베인의 지름과 높이는 각각 75mm와 150mm이고, 시험 중 사용한 최대 회전모멘트는 30N·m이다. 점성토의 비배수전단강도(C_u)는?**

① 1.62N/m^2 ② 1.94N/m^2
③ 16.2kN/m^2 ④ 19.4kN/m^2

해설

$$C_u = \frac{M_{\max}}{\pi D^2\left(\dfrac{H}{2}+\dfrac{D}{6}\right)} = \frac{30}{\pi\times0.075^2\times\left(\dfrac{0.15}{2}+\dfrac{0.075}{6}\right)} = 19{,}401.75\text{N/m}^2 = 19.4\text{kN/m}^2$$

정답 7. ② 8. ② 9. ② 10. ③ 11. ④ 12. ③ 13. ① 14. ④

15. 흙의 다짐에너지에 대한 설명으로 틀린 것은?

① 다짐에너지는 래머(rammer)의 중량에 비례한다.
② 다짐에너지는 래머(rammer)의 낙하고에 비례한다.
③ 다짐에너지는 시료의 체적에 비례한다.
④ 다짐에너지는 타격수에 비례한다.

해설 $E = \dfrac{W_R H N_L N_B}{V}$

16. 다음 그림과 같은 파괴포락선 중 완전포화된 점성토에 대해 비압밀비배수 삼축압축(UU)시험을 했을 때 생기는 파괴포락선은 어느 것인가?

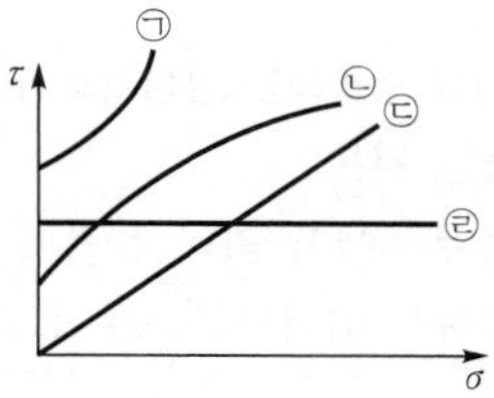

① ㉠　　② ㉡
③ ㉢　　④ ㉣

해설 UU−test($S_r = 100\%$)인 경우 같은 직경의 Mohr원이 그려지므로 파괴포락선은 ㉣이다.

17. 분할법으로 사면안정해석 시에 가장 먼저 결정되어야 할 사항은?

① 가상파괴활동면　　② 분할세편의 중량
③ 활동면상의 마찰력　　④ 각 세편의 간극수압

해설 분할법의 안정해석
㉮ 반지름이 r인 가상파괴활동면을 그린다.
㉯ 가상파괴활동면의 흙을 몇 개의 수직절편(slice)으로 나눈다.

18. 흙의 투수계수에 대한 설명으로 틀린 것은?

① 투수계수는 온도와는 관계가 없다.
② 투수계수는 물의 점성과 관계가 있다.
③ 흙의 투수계수는 보통 Darcy법칙에 의하여 정해진다.
④ 모래의 투수계수는 간극비나 흙의 형상과 관계가 있다.

해설 온도가 높아지면 유체의 점성이 작아져서 투수계수는 커진다.

19. 사질토 지반에 있어서 강성기초의 접지압분포에 대한 설명으로 옳은 것은?

① 기초 밑면에서의 응력은 불규칙하다.
② 기초의 중앙부에서 최대 응력이 발생한다.
③ 기초의 밑면에서는 어느 부분이나 응력이 동일하다.
④ 기초의 모서리 부분에서 최대 응력이 발생한다.

해설 ㉮ 강성기초

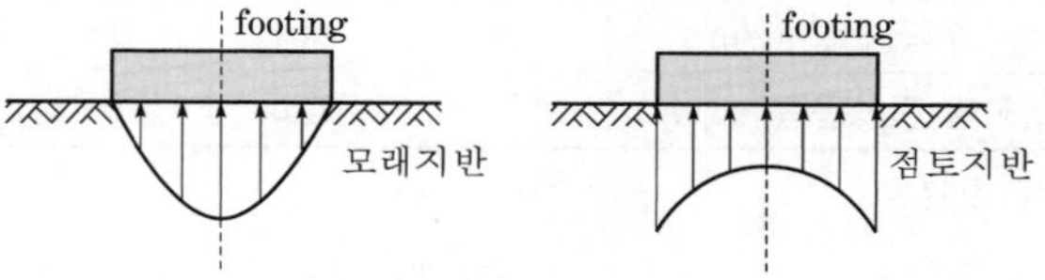

㉯ 휨성기초

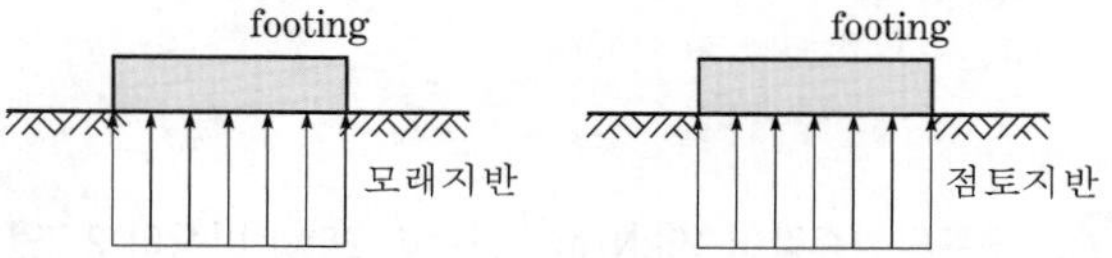

20. 도로의 평판재하시험(KS F 2310)에서 변위계 지지대의 지지다리위치는 재하판 및 지지력장치의 지지점에서 몇 m 이상 떨어져 설치하여야 하는가?

① 0.25m　　② 0.50m
③ 0.75m　　④ 1.00m

해설 평판재하시험에서 변위계 지지대의 위치는 재하판 및 지지력장치의 지지점에서 1m 이상 떨어져 설치해야 한다.

정답 15. ③　16. ④　17. ①　18. ①　19. ②　20. ④

토목기사(2020년 9월 27일 시행)

1. 사질토에 대한 직접전단시험을 실시하여 다음과 같은 결과를 얻었다. 내부마찰각은 약 얼마인가?

수직응력(kN/m^2)	30	60	90
최대 전단응력(kN/m^2)	17.3	34.6	51.9

① 25°　② 30°
③ 35°　④ 40°

해설 $\tau = c + \bar{\sigma}\tan\phi$
$17.3 = 0 + 30 \times \tan\phi$
$\therefore \ \phi = 30°$

2. 습윤단위중량이 19kN/m^3, 함수비 25%, 비중이 2.7인 경우 건조단위중량과 포화도는? (단, 물의 단위중량은 9.81kN/m^{3}이다.)

① 17.3kN/m^3, 97.8%　② 17.3kN/m^3, 90.9%
③ 15.2kN/m^3, 97.8%　④ 15.2kN/m^3, 90.9%

해설 ㉮ $\gamma_t = \dfrac{G_s + Se}{1+e}\gamma_w = \dfrac{G_s + wG_s}{1+e}\gamma_w$

$$19 = \frac{2.7 + 0.25 \times 2.7}{1+e} \times 9.81$$

$\therefore \ e = 0.742$

㉯ $\gamma_d = \dfrac{G_s}{1+e}\gamma_w$

$$= \frac{2.7}{1+0.742} \times 9.81 = 15.2\text{kN/m}^3$$

㉰ $Se = wG_s$
$S \times 0.742 = 25 \times 2.7$
$\therefore \ S = 90.97\%$

3. 유선망의 특징에 대한 설명으로 틀린 것은?

① 각 유로의 침투유량은 같다.
② 유선과 등수두선은 서로 직교한다.
③ 인접한 유선 사이의 수두 감소량(head loss)은 동일하다.
④ 침투속도 및 동수경사는 유선망의 폭에 반비례한다.

해설 유선망의 특징
㉮ 각 유로의 침투유량은 같다.
㉯ 인접한 등수두선 간의 수두차는 모두 같다.
㉰ 유선과 등수두선은 서로 직교한다.
㉱ 유선망으로 되는 사각형은 정사각형이다.
㉲ 침투속도 및 동수구배는 유선망의 폭에 반비례한다.

4. 사질토 지반에 축조되는 강성기초의 접지압분포에 대한 설명으로 옳은 것은?

① 기초모서리 부분에서 최대 응력이 발생한다.
② 기초에 작용하는 접지압분포는 토질에 관계없이 일정하다.
③ 기초의 중앙 부분에서 최대 응력이 발생한다.
④ 기초 밑면의 응력은 어느 부분이나 동일하다.

해설 ㉮ 강성기초

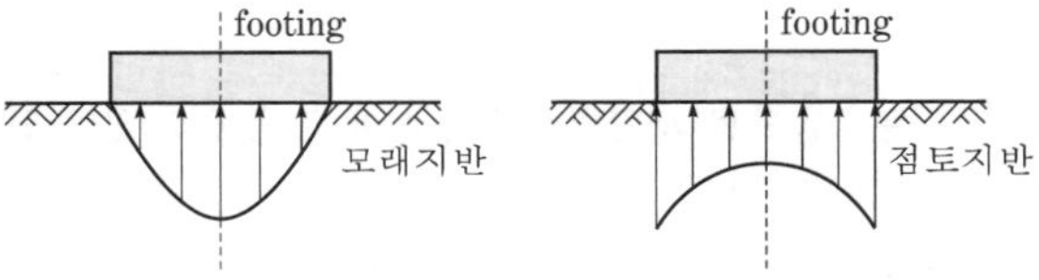

㉯ 휨성기초

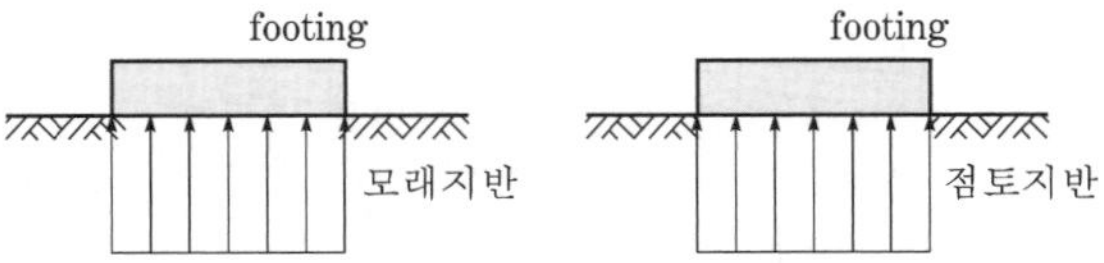

5. γ_t=19kN/m^3, ϕ=30°인 뒤채움 모래를 이용하여 8m 높이의 보강토 옹벽을 설치하고자 한다. 폭 75mm, 두께 3.69mm의 보강띠를 연직방향 설치간격 S_v=0.5m, 수평방향 설치간격 S_h=1.0m로 시공하고자 할 때 보강띠에 작용하는 최대힘($T_{\max}$)의 크기는?

① 15.33kN　② 25.33kN
③ 35.33kN　④ 45.33kN

정답 1. ②　2. ④　3. ③　4. ③　5. ②

해설 ㉮ $K_a = \tan^2\left(45° - \frac{\phi}{2}\right)$

$= \tan^2\left(45° - \frac{30°}{2}\right) = \frac{1}{3}$

㉯ $T_{\max} = \gamma H K_a S_v S_h$

$= 19 \times 8 \times \frac{1}{3} \times 0.5 \times 1 = 25.33\text{kN}$

6. 다음의 공식은 흙시료에 삼축압력이 작용할 때 흙시료 내부에 발생하는 간극수압을 구하는 공식이다. 이 식에 대한 설명으로 틀린 것은?

$$\Delta u = B[\Delta\sigma_3 + A(\Delta\sigma_1 - \Delta\sigma_3)]$$

① 포화된 흙의 경우 $B=1$이다.
② 간극수압계수 A값은 언제나 (+)의 값을 갖는다.
③ 간극수압계수 A값은 삼축압축시험에서 구할 수 있다.
④ 포화된 점토에서 구속응력을 일정하게 두고 간극수압을 측정했다면 축차응력과 간극수압으로부터 A값을 계산할 수 있다.

해설 ㉮ 과압밀점토일 때 A계수는 (−)값을 갖는다.
㉯ A계수의 일반적인 범위

점토의 종류	A계수
정규압밀점토	0.5~1
과압밀점토	−0.5~0

7. Terzaghi의 극한지지력공식에 대한 설명으로 틀린 것은?

① 기초의 형상에 따라 형상계수를 고려하고 있다.
② 지지력계수 N_c, N_q, N_γ는 내부마찰각에 의해 결정된다.
③ 점성토에서의 극한지지력은 기초의 근입깊이가 깊어지면 증가된다.
④ 사질토에서의 극한지지력은 기초의 폭에 관계없이 기초 하부의 흙에 의해 결정된다.

해설 사질토에서의 극한지지력은 기초의 폭과 근입깊이에 비례한다.

8. 전체 시추코어길이가 150cm이고 이중회수된 코어길이의 합이 80cm이었으며 10cm 이상인 코어길이의 합이 70cm이었을 때 코어의 회수율(TCR)은?

① 56.67%　　② 53.33%
③ 46.67%　　④ 43.33%

해설 회수율 $= \frac{80}{150} \times 100 = 53.33\%$

9. 다음 지반개량공법 중 연약한 점토지반에 적당하지 않은 것은?

① 프리로딩공법　　② 샌드드레인공법
③ 생석회말뚝공법　　④ 바이브로플로테이션공법

해설 점성토지반개량공법
㉮ 치환공법
㉯ preloading공법(사전압밀공법)
㉰ Sand drain, Paper drain공법
㉱ 전기침투공법
㉲ 침투압공법(MAIS공법)
㉳ 생석회말뚝(Chemico pile)공법

10. 두께 H인 점토층에 압밀하중을 가하여 요구되는 압밀도에 달할 때까지 소요되는 기간이 단면배수일 경우 400일이었다면 양면배수일 때는 며칠이 걸리겠는가?

① 800일　　② 400일
③ 200일　　④ 100일

해설 $t_1 : t_2 = H^2 : \left(\frac{H}{2}\right)^2$

$400 : t_2 = H^2 : \left(\frac{H}{2}\right)^2$

$\therefore t_2 = 100$일

11. 현장 흙의 밀도시험 중 모래치환법에서 모래는 무엇을 구하기 위하여 사용하는가?

① 시험구멍에서 파낸 흙의 중량
② 시험구멍의 체적
③ 지반의 지지력
④ 흙의 함수비

해설 측정지반의 흙을 파내어 구멍을 뚫은 후 모래를 이용하여 시험구멍의 체적을 구한다.

12. 어떤 시료를 입도분석한 결과 0.075mm체 통과율이 65%이었고 애터버그한계시험결과 액성한계가 40%이었으며 소성도표(Plasticity chart)에서 A선 위의 구역에 위치한다면 이 시료의 통일분류법(USCS)상 기호로서 옳은 것은? (단, 시료는 무기질이다.)

① CL　　② ML
③ CH　　④ MH

정답 6. ② 7. ④ 8. ② 9. ④ 10. ④ 11. ② 12. ①

해설 ㉮ $P_{No.200} = 65\% > 50\%$이므로 세립토(C)이다.
㉯ $W_L = 40\% < 50\%$이므로 저압축성(L)이고 A선 위의 구역에 위치하므로 CL이다.

13. **단위중량(γ_t)=19kN/m³, 내부마찰각(ϕ)=30°, 정지토압계수(K_o)=0.5인 균질한 사질토 지반이 있다. 이 지반의 지표면 아래 2m 지점에 지하수위면이 있고 지하수위면 아래의 포화단위중량(γ_{sat})=20kN/m³이다. 이때 지표면 아래 4m 지점에서 지반 내 응력에 대한 설명으로 틀린 것은? (단, 물의 단위중량은 9.81kN/m³이다.)**

① 연직응력(σ_v)은 80kN/m²이다.
② 간극수압(u)은 19.62kN/m²이다.
③ 유효연직응력(σ_v')은 58.38kN/m²이다.
④ 유효수평응력(σ_h')은 29.19kN/m²이다.

해설 ㉮ $\sigma_v = 19\times2+20\times2 = 75\text{kN/m}^2$
$u = 9.81\times2 = 19.62\text{kN/m}^2$
$\bar{\sigma}_v = 78-19.62 = 58.38\text{kN/m}^2$
㉯ $\bar{\sigma}_h = [19\times2+(20-9.81)\times2]\times0.5 = 29.19\text{kN/m}^2$

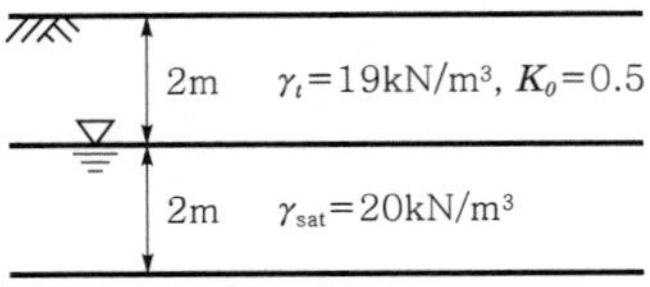

14. **다음 그림과 같은 모래시료의 분사현상에 대한 안전율은 3.0 이상이 되도록 하려면 수두차 h를 최대 얼마 이하로 하여야 하는가?**

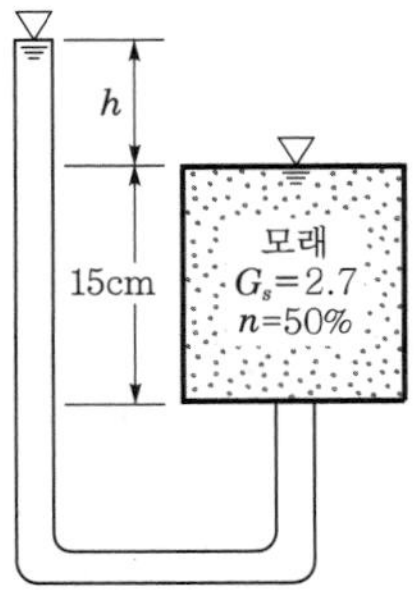

① 12.75cm ② 9.75cm
③ 4.25cm ④ 3.25cm

해설 ㉮ $e = \dfrac{n}{100-n} = \dfrac{50}{100-50} = 1$

㉯ $F_s = \dfrac{i_c}{i} = \dfrac{\dfrac{G_s-1}{1+e}}{\dfrac{h}{L}} = \dfrac{\dfrac{2.7-1}{1+1}}{\dfrac{h}{15}} = \dfrac{12.75}{h} \geq 3$

$\therefore h \leq 4.25\text{cm}$

15. **말뚝기초의 지반거동에 대한 설명으로 틀린 것은?**

① 연약지반상에 타입되어 지반이 먼저 변형하고 그 결과 말뚝이 저항하는 말뚝을 주동말뚝이라 한다.
② 말뚝에 작용한 하중은 말뚝 주변의 마찰력과 말뚝선단의 지지력에 의하여 주변 지반에 전달된다.
③ 기성말뚝을 타입하면 전단파괴를 일으키며 말뚝 주위의 지반은 교란된다.
④ 말뚝타입 후 지지력의 증가 또는 감소현상을 시간효과(time effect)라 한다.

해설 ㉮ 주동말뚝 : 말뚝이 지표면에서 수평력을 받는 경우 말뚝이 변형함에 따라 지반이 저항하는 말뚝
㉯ 수동말뚝 : 지반이 먼저 변형하고 그 결과 말뚝이 저항하는 말뚝

16. **동상 방지대책에 대한 설명으로 틀린 것은?**

① 배수구 등을 설치하여 지하수위를 저하시킨다.
② 지표의 흙을 화학약품으로 처리하여 동결온도를 내린다.
③ 동결깊이보다 깊은 흙을 동결하지 않는 흙으로 치환한다.
④ 모관수의 상승을 차단하기 위해 조립의 차단층을 지하수위보다 높은 위치에 설치한다.

해설 동결심도보다 위에 있는 흙을 동결하기 어려운 재료(자갈, 쇄석, 석탄재)로 치환한다.

17. **어떤 점토의 압밀계수는 $1.92\times10^{-7}\text{m}^2/\text{s}$, 압축계수는 $2.86\times10^{-1}\text{m}^2/\text{kN}$이었다. 이 점토의 투수계수는? (단, 이 점토의 초기간극비는 0.8이고, 물의 단위중량은 9.81kN/m³이다.)**

① 0.99×10^{-5}cm/s ② 1.99×10^{-5}cm/s
③ 2.99×10^{-5}cm/s ④ 3.99×10^{-5}cm/s

정답 13. ① 14. ③ 15. ① 16. ③ 17. ③

해설 ㉮ $m_v = \frac{a_v}{1+e_1} = \frac{2.86 \times 10^{-1}}{1+0.8} = 0.159\text{m}^2/\text{kN}$

㉯ $K = C_v m_v \gamma_w$
$= 1.92 \times 10^{-7} \times 0.159 \times 9.81$
$= 2.99 \times 10^{-7}\text{m/s} = 2.99 \times 10^{-5}\text{cm/s}$

18. 두 개의 규소판 사이에 한 개의 알루미늄판이 결합된 3층 구조가 무수히 많이 연결되어 형성된 점토광물로서 각 3층 구조 사이에는 칼륨이온(K^+)으로 결합되어 있는 것은?

① 일라이트(illite)
② 카올리나이트(kaolinite)
③ 할로이사이트(halloysite)
④ 몬모릴로나이트(montmorillonite)

해설 일라이트
㉮ 2개의 실리카판과 1개의 알루미나판으로 이루어진 3층 구조가 무수히 많이 연결되어 형성된 점토광물이다.
㉯ 3층 구조 사이에 칼륨(K^+)이온이 있어서 서로 결속되며 카올리나이트의 수소결합보다는 약하지만, 몬모릴로나이트의 결합력보다는 강하다.

19. 사운딩에 대한 설명으로 틀린 것은?

① 로드 선단에 지중저항체를 설치하고 지반 내 관입, 압입 또는 회전하거나 인발하여 그 저항치로부터 지반의 특징을 파악하는 지반조사방법이다.
② 정적 사운딩과 동적 사운딩이 있다.
③ 압입식 사운딩의 대표적인 방법은 Standard Penetration Test(SPT)이다.
④ 특수 사운딩 중 측압사운딩의 공내횡방향 재하시험은 보링공을 기계적으로 수평으로 확장시키면서 측압과 수평변위를 측정한다.

해설 ㉮ 압입식 사운딩의 대표적인 방법은 CPT(Dutch Cone Penetration Test)이다.
㉯ SPT는 동적인 사운딩이다.

20. 다음 그림과 같이 $c=0$인 모래로 이루어진 무한사면이 안정을 유지(안전율 ≥ 1)하기 위한 경사각(β)의 크기로 옳은 것은? (단, 물의 단위중량은 9.81kN/m^3이다.)

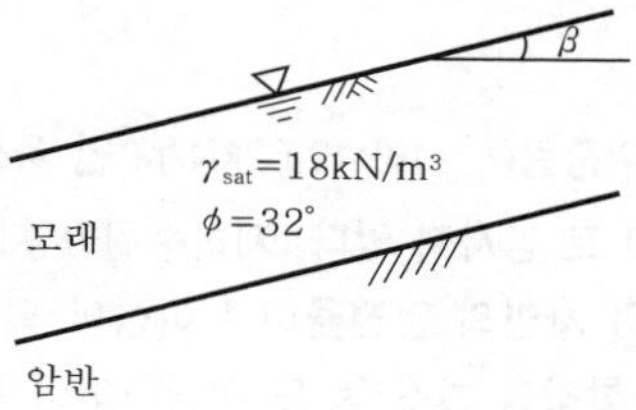

① $\beta \leq 7.94°$ ② $\beta \leq 15.87°$
③ $\beta \leq 23.79°$ ④ $\beta \leq 31.76°$

해설 $F_s = \frac{\gamma_{sub}}{\gamma_{sat}} \frac{\tan\phi}{\tan i} = \frac{8.19}{18} \times \frac{\tan 32°}{\tan\beta} \geq 1$
$\therefore \beta \leq 15.87°$

토목기사(2021년 3월 7일 시행)

1. 포화단위중량(γ_{sat})이 19.62kN/m³인 사질토로 된 무한사면이 20°로 경사져 있다. 지하수위가 지표면과 일치하는 경우 이 사면의 안전율이 1 이상이 되기 위해서는 흙의 내부마찰각이 최소 몇 도 이상이어야 하는가? (단, 물의 단위중량은 9.81kN/m³이다.)

① 18.21° ② 20.52°
③ 36.06° ④ 45.47°

해설 $F_s = \dfrac{\gamma_{sub}}{\gamma_{sat}} \dfrac{\tan\phi}{\tan i} = \dfrac{9.81}{19.62} \times \dfrac{\tan\phi}{\tan 20°} \geq 1$

$\therefore \phi \geq 36.05°$

2. 압밀시험에서 얻은 $e-\log P$곡선으로 구할 수 있는 것이 아닌 것은?

① 선행압밀압력
② 팽창지수
③ 압축지수
④ 압밀계수

해설 시간－침하곡선에서 압밀계수(C_v)를 구할 수 있다.

3. 흙시료의 전단시험 중 일어나는 다일러턴시(Dilatancy) 현상에 대한 설명으로 틀린 것은?

① 흙이 전단될 때 전단면 부근의 흙입자가 재배열되면서 부피가 팽창하거나 수축하는 현상을 다일러턴시라 부른다.
② 사질토 시료는 전단 중 다일러턴시가 일어나지 않는 한계의 간극비가 존재한다.
③ 정규압밀점토의 경우 정(+)의 다일러턴시가 일어난다.
④ 느슨한 모래는 보통 부(－)의 다일러턴시가 일어난다.

해설 ㉮ 조밀한 모래나 과압밀점토에서는 (+)Dilatancy에 (－)공극수압이 발생한다.
㉯ 느슨한 모래나 정규압밀점토에서는 (－)Dilatancy에 (+)공극수압이 발생한다.

4. 어떤 모래층의 간극비(e)는 0.2, 비중(G_s)은 2.60이었다. 이 모래가 분사현상(Quick Sand)이 일어나는 한계동수경사(i_c)는?

① 0.56 ② 0.95
③ 1.33 ④ 1.80

해설 $i_c = \dfrac{G_s - 1}{1+e} = \dfrac{2.6-1}{1+0.2} = 1.33$

5. 상 · 하층이 모래로 되어있는 두께 2m의 점토층이 어떤 하중을 받고 있다. 이 점토층의 투수계수가 5×10^{-7}cm/s, 체적변화계수(m_v)가 5.0cm²/kN일 때 90% 압밀에 요구되는 시간은? (단, 물의 단위중량은 9.81kN/m³이다.)

① 약 5.6일 ② 약 9.8일
③ 약 15.2일 ④ 약 47.2일

해설 ㉮ $K = C_v m_v \gamma_w$

$5\times10^{-7} = C_v \times 5 \times (9.81\times10^{-6})$

$\therefore C_v = 0.01\text{cm}^2/\text{s}$

㉯ $t_{90} = \dfrac{0.848H^2}{C_v} = \dfrac{0.848\times\left(\dfrac{200}{2}\right)^2}{0.01}$

$\fallingdotseq 848{,}000$초

$\fallingdotseq 9.81$일

6. 연약지반 위에 성토를 실시한 다음 말뚝을 시공하였다. 시공 후 발생될 수 있는 현상에 대한 설명으로 옳은 것은?

① 성토를 실시하였으므로 말뚝의 지지력은 점차 증가한다.
② 말뚝을 암반층 상단에 위치하도록 시공하였다면 말뚝의 지지력에는 변함이 없다.
③ 압밀이 진행됨에 따라 지반의 전단강도가 증가되므로 말뚝의 지지력은 점차 증가된다.
④ 압밀로 인해 부주면마찰력이 발생되므로 말뚝의 지지력은 감소된다.

정답 1. ③ 2. ④ 3. ③ 4. ③ 5. ② 6. ④

해설 ㉮ 부마찰력은 압밀침하를 일으키는 연약점토층을 관통하여 지지층에 도달한 지지말뚝의 경우나 연약점토지반에 말뚝을 항타한 다음 그 위에 성토를 한 경우 등일 때 발생한다.
㉯ 부마찰력이 발생하면 말뚝의 지지력은 감소한다.

7. 주동토압을 P_A, 수동토압을 P_P, 정지토압을 P_O라 할 때 토압의 크기를 비교한 것으로 옳은 것은?

① $P_A > P_P > P_O$ ② $P_P > P_O > P_A$
③ $P_P > P_A > P_O$ ④ $P_O > P_A > P_P$

해설 ㉮ $K_P > K_O > K_A$
㉯ $P_P > P_O > P_A$

8. 흙의 분류법인 AASHTO분류법과 통일분류법을 비교·분석한 내용으로 틀린 것은?

① 통일분류법은 0.075mm체 통과율 35%를 기준으로 조립토와 세립토로 분류하는데, 이것은 AASHTO 분류법보다 적합하다.
② 통일분류법은 입도분포, 액성한계, 소성지수 등을 주요 분류인자로 한 분류법이다.
③ AASHTO분류법은 입도분포, 군지수 등을 주요 분류인자로 한 분류법이다.
④ 통일분류법은 유기질토분류방법이 있으나, AASHTO 분류법은 없다.

해설 ㉮ 통일분류법은 0.075mm체 통과율을 50%를 기준으로 조립토와 세립토로 분류한다.
㉯ AASHTO분류법은 0.075mm체 통과율을 35%를 기준으로 조립토와 세립토로 분류한다.

9. 도로의 평판재하시험에서 시험을 멈추는 조건으로 틀린 것은?

① 완전히 침하가 멈출 때
② 침하량이 15mm에 달할 때
③ 재하응력이 지반의 항복점을 넘을 때
④ 재하응력이 현장에서 예상할 수 있는 가장 큰 접지압력의 크기를 넘을 때

해설 평판재하시험(PBT－test)이 끝나는 조건
㉮ 침하량이 15mm에 달할 때
㉯ 하중강도가 최대 접지압을 넘어 항복점을 초과할 때

10. 시료채취 시 샘플러(sampler)의 외경이 6cm, 내경이 5.5cm일 때 면적비는?

① 8.3% ② 9.0%
③ 16% ④ 19%

해설
$$A_r = \frac{{D_w}^2 - {D_e}^2}{{D_e}^2} \times 100$$
$$= \frac{6^2 - 5.5^2}{5.5^2} \times 100 = 19.01\%$$

11. 다음 그림과 같은 지반 내의 유선망이 주어졌을 때 폭 10m에 대한 침투유량은? (단, 투수계수(K)는 2.2×10^{-2}cm/s이다.)

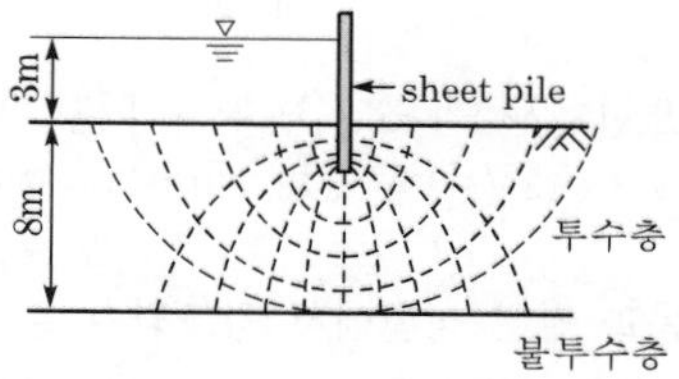

① 3.96cm³/s ② 39.6cm³/s
③ 396cm³/s ④ 3,960cm³/s

해설
$$Q = KH\frac{N_f}{N_d}l$$
$$= (2.2 \times 10^{-2}) \times 300 \times \frac{6}{10} \times 1{,}000 = 3{,}960\text{cm}^3/\text{s}$$

12. 20개의 무리말뚝에 있어서 효율이 0.75이고 단항으로 계산된 말뚝 한 개의 허용지지력이 150kN일 때 무리말뚝의 허용지지력은?

① 1,125kN ② 2,250kN
③ 3,000kN ④ 4,000kN

해설
$$R_{ag} = ENR_a$$
$$= 0.75 \times 20 \times 150 = 2{,}250\text{kN}$$

13. 연약지반개량공법 중 점성토 지반에 이용되는 공법은?

① 전기충격공법
② 폭파다짐공법
③ 생석회말뚝공법
④ 바이브로플로테이션공법

정답 7. ② 8. ① 9. ① 10. ④ 11. ④ 12. ② 13. ③

해설 점성토지반개량공법
㉮ 치환공법
㉯ Preloading공법(사전압밀공법)
㉰ Sand drain, Paper drain공법
㉱ 전기침투공법
㉲ 침투압공법(MAIS공법)
㉳ 생석회말뚝(Chemico pile)공법

14. 어떤 지반에 대한 흙의 입도분석결과 곡률계수(C_g)는 1.5, 균등계수(C_u)는 15이고, 입자는 모난 형상이었다. 이때 Dunham의 공식에 의한 흙의 내부마찰각(ϕ)의 추정치는? (단, 표준관입시험결과 N치는 10이었다.)

① 25° ② 30°
③ 36° ④ 40°

해설 토립자가 모나고 입도분포가 좋으므로
$\phi=\sqrt{12N}+25=\sqrt{12\times10}+25=35.95°$

15. 다음과 같은 상황에서 강도정수 결정에 적합한 삼축압축시험의 종류는?

최근에 매립된 포화점성토 지반 위에 구조물을 시공한 직후의 초기 안정검토에 필요한 지반강도정수 결정

① 비압밀비배수시험(UU)
② 비압밀배수시험(UD)
③ 압밀비배수시험(CU)
④ 압밀배수시험(CD)

해설 UU-test를 사용하는 경우
㉮ 포화된 점토지반 위에 급속성토 시 시공 직후의 안정검토
㉯ 시공 중 압밀이나 함수비의 변화가 없다고 예상되는 경우
㉰ 점토지반에 footing기초 및 소규모 제방을 축조하는 경우

16. 베인전단시험(vane shear test)에 대한 설명으로 틀린 것은?

① 베인전단시험으로부터 흙의 내부마찰각을 측정할 수 있다.
② 현장 원위치시험의 일종으로 점토의 비배수 전단강도를 구할 수 있다.
③ 연약하거나 중간 정도의 점성토 지반에 적용된다.
④ 십자형의 베인(vane)을 땅속에 압입한 후 회전모멘트를 가해서 흙이 원통형으로 전단파괴될 때 저항모멘트를 구함으로써 비배수 전단강도를 측정하게 된다.

해설 Vane test : 연약한 점토지반의 점착력을 지반 내에서 직접 측정하는 현장 시험이다.

17. 다음 그림에서 $a-a'$면 바로 아래의 유효응력은? (단, 흙의 간극비(e)는 0.4, 비중(G_s)은 2.65, 물의 단위중량은 9.81kN/m³이다.)

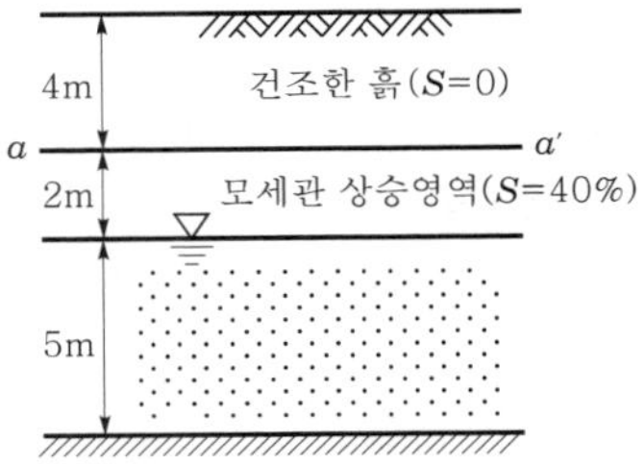

① 68.2kN/m² ② 82.1kN/m²
③ 97.4kN/m² ④ 102.1kN/m²

해설 ㉮ $\gamma_d=\frac{G_s}{1+e}\gamma_w=\frac{2.65}{1+0.4}\times9.81=18.57\text{kN/m}^3$
㉯ $\sigma=18.57\times4=74.28\text{kN/m}^2$
$u=9.81\times(-2\times0.4)=-7.85\text{kN/m}^2$
$\bar{\sigma}=74.28-(-7.85)=82.13\text{kN/m}^2$

18. 흙의 내부마찰각이 20°, 점착력이 50kN/m², 습윤단위중량이 17kN/m³, 지하수위 아래 흙의 포화단위중량이 19kN/m³일 때 3m×3m 크기의 정사각형 기초의 극한지지력을 Terzaghi의 공식으로 구하면? (단, 지하수위는 기초바닥깊이와 같으며, 물의 단위중량은 9.81kN/m³이고 지지력계수 $N_c=18$, $N_\gamma=5$, $N_q=7.5$이다.)

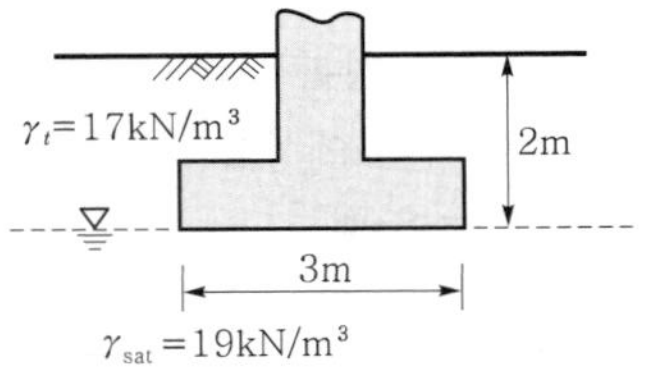

① 1231.24kN/m² ② 1337.31kN/m²
③ 1480.14kN/m² ④ 1540.42kN/m²

정답 14. ③ 15. ① 16. ① 17. ② 18. ③

해설 정사각형 기초이므로 $\alpha=1.3$, $\beta=0.4$이다.

$$q_u = \alpha c N_c + \beta B \gamma_1 N_\gamma + D_f \gamma_2 N_q$$
$$= 1.3\times50\times18+0.4\times3\times(19-9.81)\times5 + 2\times17\times7.5$$
$$= 1480.14\text{kN/m}^2$$

19. 다음 그림에서 지표면으로부터 깊이 6m에서의 연직응력(σ_v)과 수평응력(σ_h)의 크기를 구하면? (단, 토압계수는 0.6이다.)

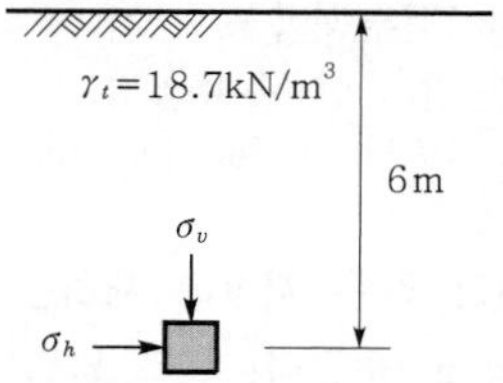

① $\sigma_v=87.3\text{kN/m}^2$, $\sigma_h=52.4\text{kN/m}^2$
② $\sigma_v=95.2\text{kN/m}^2$, $\sigma_h=57.1\text{kN/m}^2$
③ $\sigma_v=112.2\text{kN/m}^2$, $\sigma_h=67.3\text{kN/m}^2$
④ $\sigma_v=123.4\text{kN/m}^2$, $\sigma_h=74.0\text{kN/m}^2$

해설 ㉮ $\sigma_v=\gamma_t h=18.7\times6=112.2\text{kN/m}^2$
㉯ $\sigma_h=\sigma_v K=112.2\times0.6=67.32\text{kN/m}^2$

20. 다짐에 대한 설명으로 틀린 것은?

① 다짐에너지는 래머(rammer)의 중량에 비례한다.
② 입도배합이 양호한 흙에서는 최대 건조단위중량이 높다.
③ 동일한 흙일지라도 다짐기계에 따라 다짐효과는 다르다.
④ 세립토가 많을수록 최적함수비가 감소한다.

해설 세립토가 많을수록 최대 건조밀도는 작아지고, 최적함수비는 커진다.

정답 19. ③ 20. ④

토목기사(2021년 5월 15일 시행)

1. 흙의 포화단위중량이 20kN/m^{3}인 포화점토층을 45° 경사로 8m를 굴착하였다. 흙의 강도정수 c_u =65kN/m^2, ϕ=0°이다. 다음 그림과 같은 파괴면에 대하여 사면의 안전율은? (단, ABCD의 면적은 70m^{2}이고, O점에서 ABCD의 무게 중심까지의 수직거리는 4.5m이다.)

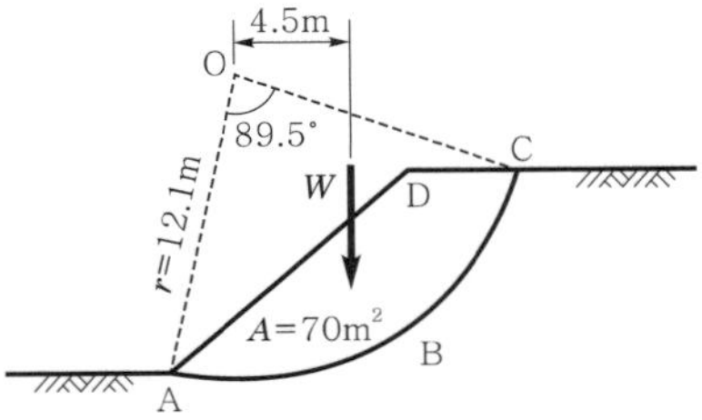

① 4.72 ② 4.21
③ 2.67 ④ 2.36

해설
㉮ $\tau = c_u = 65\text{kN/m}^2$

㉯ $L_a = r\theta = 12.1 \times \left(89.5° \times \dfrac{\pi}{180°}\right) = 18.9\text{m}$

㉰ $M_r = \tau r L_a = 65 \times 12.1 \times 18.9 = 14864.85\text{kN}\cdot\text{m}$

㉱ $M_D = We = A\gamma e = 70 \times 20 \times 4.5 = 6,300\text{kN}\cdot\text{m}$

㉲ $F_s = \dfrac{M_r}{M_D} = \dfrac{14864.85}{6,300} = 2.36$

2. 통일분류법에 의한 분류기호와 흙의 성질을 표현한 것으로 틀린 것은?

① SM : 실트 섞인 모래
② GC : 점토 섞인 자갈
③ CL : 소성이 큰 무기질 점토
④ GP : 입도분포가 불량한 자갈

해설 CL : 소성이 작은(저압축성) 무기질 점토

3. 다음 중 연약점토지반개량공법이 아닌 것은?

① 프리로딩(Pre-loading)공법
② 샌드드레인(Sand drain)공법
③ 페이퍼드레인(Paper drain)공법
④ 바이브로플로테이션(Vibro flotation)공법

해설 점성토지반개량공법
㉮ 치환공법
㉯ Preloading공법(사전압밀공법)
㉰ Sand drain, Paper drain공법
㉱ 전기침투공법
㉲ 침투압공법(MAIS공법)
㉳ 생석회말뚝(Chemico pile)공법

4. 다음 그림과 같은 지반에 재하순간 수주(水柱)가 지표면으로부터 5m이었다. 20% 압밀이 일어난 후 지표면으로부터 수주의 높이는? (단, 물의 단위중량은 9.81kN/m^{3}이다.)

① 1m
② 2m
③ 3m
④ 4m

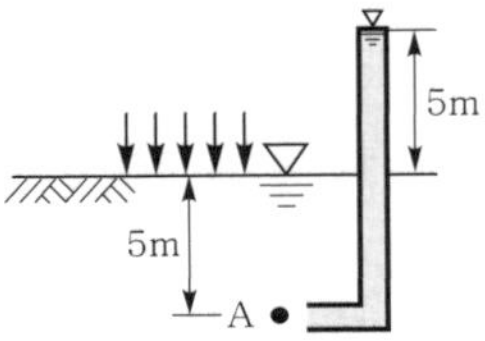

해설
㉮ $u_i = 9.81 \times 5 = 49.05\text{kN/m}^2$

㉯ $u_z = \dfrac{u_i - u}{u_i} \times 100$

$20 = \dfrac{49.05 - u}{49.05} \times 100$

$\therefore u = 39.24\text{kN/m}^2$

㉰ $u = \gamma_w h$

$39.24 = 9.81 \times h$

$\therefore h = 4\text{m}$

5. 내부마찰각이 30°, 단위중량이 18kN/m^{3}인 흙의 인장균열깊이가 3m일 때 점착력은?

① 15.6kN/m^2 ② 16.7kN/m^2
③ 17.5kN/m^2 ④ 18.1kN/m^2

해설
$Z_c = \dfrac{2c\tan\left(45° + \dfrac{\phi}{2}\right)}{\gamma_t}$

$3 = \dfrac{2c \times \tan\left(45° + \dfrac{30°}{2}\right)}{18}$

$\therefore c = 15.59\text{kN/m}^2$

정답 1. ④ 2. ③ 3. ④ 4. ④ 5. ①

6. 일반적인 기초의 필요조건으로 틀린 것은?

① 침하를 허용해서는 안 된다.
② 지지력에 대해 안정해야 한다.
③ 사용성, 경제성이 좋아야 한다.
④ 동해를 받지 않는 최소한의 근입깊이를 가져야 한다.

해설 기초의 구비조건
㉮ 최소한의 근입깊이를 가질 것(동해에 대한 안정)
㉯ 지지력에 대해 안정할 것
㉰ 침하에 대해 안정할 것(침하량이 허용값 이내에 들어야 함)
㉱ 시공이 가능할 것(경제적, 기술적)

7. 흙 속에 있는 한 점의 최대 및 최소 주응력이 각각 200kN/m² 및 100kN/m²일 때 최대 주응력면과 30°를 이루는 평면상의 전단응력을 구한 값은?

① 10.5kN/m²　② 21.5kN/m²
③ 32.3kN/m²　④ 43.3kN/m²

해설 $\tau = \frac{\sigma_1 - \sigma_3}{2}\sin 2\theta$
$= \frac{200-100}{2} \times \sin(2\times 30°) = 43.3\text{kN/m}^2$

8. 토립자가 둥글고 입도분포가 양호한 모래지반에서 N치를 측정한 결과 N=19가 되었을 경우 Dunham의 공식에 의한 이 모래의 내부마찰각(ϕ)은?

① 20°　② 25°
③ 30°　④ 35°

해설 $\phi = \sqrt{12N} + 20 = \sqrt{12\times 19} + 20 = 35.1°$

9. 다음 그림과 같은 지반에 대해 수직방향 등가투수계수를 구하면?

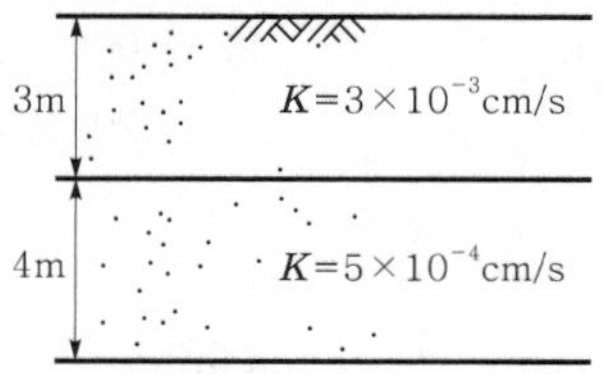

① 3.89×10^{-4}cm/s　② 7.78×10^{-4}cm/s
③ 1.57×10^{-3}cm/s　④ 3.14×10^{-3}cm/s

해설 $K_v = \frac{H}{\frac{h_1}{K_{v1}} + \frac{h_2}{K_{v2}}} = \frac{300+400}{\frac{300}{3\times10^{-3}} + \frac{400}{5\times10^{-4}}}$
$= 7.78\times10^{-4}\text{cm/s}$

10. 다음 중 동상에 대한 대책으로 틀린 것은?

① 모관수의 상승을 차단한다.
② 지표 부근에 단열재료를 매립한다.
③ 배수구를 설치하여 지하수위를 낮춘다.
④ 동결심도 상부의 흙을 실트질 흙으로 치환한다.

해설 ㉮ 배수구를 설치하여 지하수위를 낮춘다.
㉯ 모관수의 상승을 방지하기 위해 지하수위보다 높은 곳에 조립의 차단층(모래, 콘크리트, 아스팔트)을 설치한다.
㉰ 동결심도보다 위에 있는 흙을 동결하기 어려운 재료(자갈, 쇄석, 석탄재)로 치환한다.
㉱ 지표면 근처에 단열재료(석탄재, 코크스)를 넣는다.
㉲ 지표의 흙을 화학약품처리($CaCl_2$, NaCl, $MgCl_2$)하여 동결온도를 낮춘다.

11. 흙의 다짐곡선은 흙의 종류나 입도 및 다짐에너지 등의 영향으로 변한다. 흙의 다짐특성에 대한 설명으로 틀린 것은?

① 세립토가 많을수록 최적함수비는 증가한다.
② 점토질 흙은 최대 건조단위중량이 작고, 사질토는 크다.
③ 일반적으로 최대 건조단위중량이 큰 흙일수록 최적함수비도 커진다.
④ 점성토는 건조측에서 물을 많이 흡수하므로 팽창이 크고, 습윤측에서는 팽창이 작다.

해설 일반적으로 최대 건조단위중량이 큰 흙일수록 최적함수비도 작아진다.

12. 다음 중 사운딩시험이 아닌 것은?

① 표준관입시험　② 평판재하시험
③ 콘관입시험　④ 베인시험

해설 Sounding의 종류

정적 sounding	동적 sounding
• 단관원추관입시험 • 화란식 원추관입시험 • 베인시험 • 이스키미터	• 동적 원추관입시험 • SPT

정답 6. ① 7. ④ 8. ④ 9. ② 10. ④ 11. ③ 12. ②

13. 현장에서 채취한 흙시료에 대하여 다음 조건과 같이 압밀시험을 실시하였다. 이 시료에 320kPa의 압밀압력을 가했을 때 0.2cm의 최종 압밀침하가 발생되었다면 압밀이 완료된 후 시료의 간극비는? (단, 물의 단위중량은 9.81kN/m^{3}이다.)

- 시료의 단면적(A) : 30cm^2
- 시료의 초기높이(H) : 2.6cm
- 시료의 비중(G_s) : 2.5
- 시료의 건조중량(W_s) : 1.18N

① 0.125 ② 0.385
③ 0.500 ④ 0.625

해설 ㉮ $H_s = \dfrac{W_s}{G_s A \gamma_w} = \dfrac{1.18}{2.5 \times 30 \times (9.81 \times 10^{-3})} = 1.6\text{cm}$

㉯ $e = \dfrac{H - H_s}{H_s} - \dfrac{R}{H_s} = \dfrac{2.6 - 1.6}{1.6} - \dfrac{0.2}{1.6} = 0.5$

14. 노상토 지지력비(CBR)시험에서 피스톤 2.5mm 관입될 때와 5.0mm 관입될 때를 비교한 결과 관입량 5.0mm에서 CBR이 더 큰 경우 CBR값을 결정하는 방법으로 옳은 것은?

① 그대로 관입량 5.0mm일 때의 CBR값으로 한다.
② 2.5mm값과 5.0mm값의 평균을 CBR값으로 한다.
③ 5.0mm값을 무시하고 2.5mm값을 표준으로 하여 CBR값으로 한다.
④ 새로운 공시체로 재시험을 하며 재시험결과도 5.0mm 값이 크게 나오면 관입량 5.0mm일 때의 CBR값으로 한다.

해설 ㉮ $CBR_{2.5} > CBR_{5.0}$이면 $CBT = CBT_{2.5}$이다.
㉯ $CBR_{2.5} < CBR_{5.0}$이면 재시험하고 재시험 후
㉠ $CBR_{2.5} > CBR_{5.0}$이면 $CBT = CBT_{2.5}$이다.
㉡ $CBR_{2.5} < CBR_{5.0}$이면 $CBT = CBT_{5.0}$이다.

15. 단면적이 100cm^2, 길이가 30cm인 모래시료에 대하여 정수두투수시험을 실시하였다. 이때 수두차가 50cm, 5분 동안 집수된 물이 350cm^{3}이었다면 이 시료의 투수계수는?

① 0.001cm/s ② 0.007cm/s
③ 0.01cm/s ④ 0.07cm/s

해설 $Q = KiA = K\dfrac{h}{L}A$

$\dfrac{350}{5 \times 60} = K \times \dfrac{50}{30} \times 100$

$\therefore K = 0.007\text{cm/s}$

16. 다음과 같은 조건에서 AASHTO분류법에 따른 군지수(GI)는?

- 흙의 액성한계 : 45%
- 흙이 소성한계 : 25%
- 200번체 통과율 : 50%

① 7 ② 10
③ 13 ④ 16

해설 ㉮ $a = P_{No.200} - 35 = 50 - 35 = 15$
㉯ $b = P_{No.200} - 15 = 50 - 15 = 35$
㉰ $c = W_L - 40 = 45 - 40 = 4$
㉱ $d = I_p - 10 = (45 - 25) - 10 = 10$
㉲ $GI = 0.2a + 0.005ac + 0.01bd$
$= 0.2 \times 15 + 0.005 \times 15 \times 4 + 0.01 \times 35 \times 10$
$= 6.8 = 7$

17. 연속기초에 대한 Terzaghi의 극한지지력공식은 $q_u = cN_c + 0.5\gamma_1 BN_\gamma + \gamma_2 D_f N_q$로 나타낼 수 있다. 다음 그림과 같은 경우 극한지지력공식의 두 번째 항의 단위중량(γ_1)의 값은? (단, 물의 단위중량은 9.81kN/m^{3}이다.)

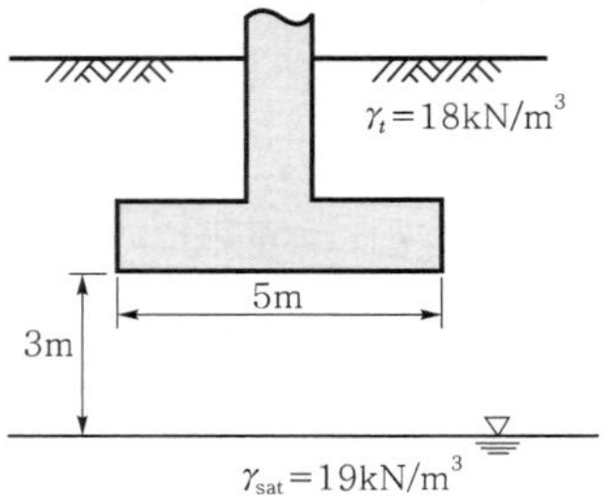

① 14.48kN/m^3 ② 16.00kN/m^3
③ 17.45kN/m^3 ④ 18.20kN/m^3

해설 $\gamma_1 = \gamma_{sub} + \dfrac{d}{B}(\gamma_t - \gamma_{sub})$
$= 9.19 + \dfrac{3}{5} \times (18 - 9.19)$
$= 14.48\text{kN/m}^3$

정답 13. ③ 14. ④ 15. ② 16. ① 17. ①

18. 점토층 지반 위에 성토를 급속히 하려 한다. 성토 직후에 있어서 이 점토의 안정성을 검토하는데 필요한 강도정수를 구하는 합리적인 시험은?

① 비압밀비배수시험(UU-test)
② 압밀비배수시험(CU-test)
③ 압밀배수시험(CD-test)
④ 투수시험

해설 UU-test를 사용하는 경우
㉮ 포화된 점토지반 위에 급속성토 시 시공 직후의 안정검토
㉯ 시공 중 압밀이나 함수비의 변화가 없다고 예상되는 경우
㉰ 점토지반에 footing기초 및 소규모 제방을 축조하는 경우

19. 토질시험결과 내부마찰각이 30°, 점착력이 50kN/m², 간극수압이 800kN/m², 파괴면에 작용하는 수직응력이 3,000kN/m²일 때 이 흙의 전단응력은?

① 1,270kN/m²　　② 1,320kN/m²
③ 1,580kN/m²　　④ 1,950kN/m²

해설 $\tau = c + \bar{\sigma}\tan\phi$
$= 50 + (3{,}000 - 800) \times \tan 30°$
$= 1320.17\text{kN/m}^2$

20. 점토지반에 있어서 강성기초의 접지압분포에 대한 설명으로 옳은 것은?

① 접지압은 어느 부분이나 동일하다.
② 접지압은 토질에 관계없이 일정하다.
③ 기초의 모서리 부분에서 접지압이 최대가 된다.
④ 기초의 중앙 부분에서 접지압이 최대가 된다.

해설 ㉮ 강성기초

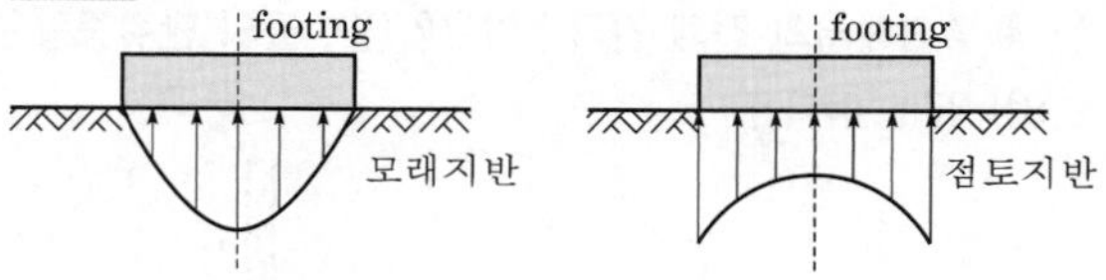

㉯ 휨성기초

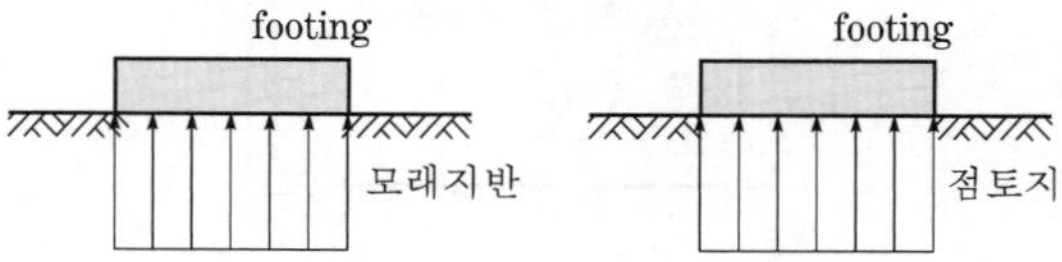

토목기사(2021년 8월 14일 시행)

1. 다음 그림과 같은 지반에서 재하순간 수주(水柱)가 지표면(지하수위)으로부터 5m이었다. 40% 압밀이 일어난 후 A점에서의 전체 간극수압은? (단, 물의 단위중량은 9.81kN/m³이다.)

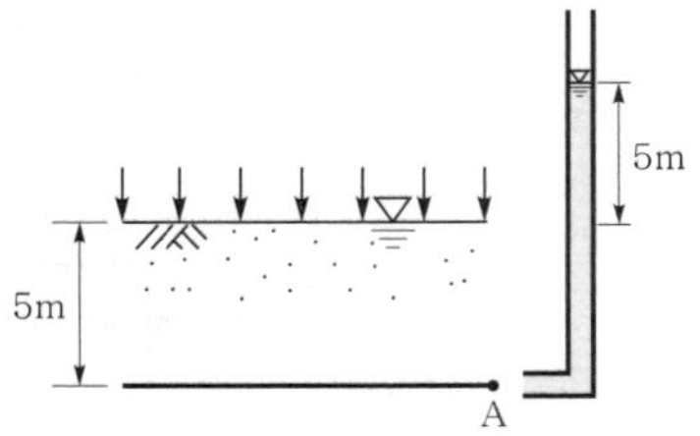

① 19.62kN/m^2　② 29.43kN/m^2
③ 49.05kN/m^2　④ 78.48kN/m^2

해설 ㉮ $u_i = \gamma_w h = 9.81 \times 5 = 49.05\text{kN/m}^2$

㉯ $u_z = \dfrac{u_i - u}{u_i} \times 100$

$40 = \dfrac{49.05 - u}{49.05} \times 100$

$\therefore u = 29.43\text{kN/m}^2$

㉰ 재하하기 이전의 간극수압

$u = \gamma_w h = 9.81 \times 5 = 49.05\text{kN/m}^2$

㉱ 전체 간극수압 $= 49.05 + 29.43 = 78.48\text{kN/m}^2$

2. 다짐곡선에 대한 설명으로 틀린 것은?

① 다짐에너지를 증가시키면 다짐곡선은 왼쪽 위로 이동하게 된다.
② 사질성분이 많은 시료일수록 다짐곡선은 오른쪽 위에 위치하게 된다.
③ 점성분이 많은 흙일수록 다짐곡선은 넓게 퍼지는 형태를 가지게 된다.
④ 점성분이 많은 흙일수록 오른쪽 아래에 위치하게 된다.

해설 사질성분이 많은 흙일수록 다짐곡선은 좌측 상단에 위치한다.

3. 두께 2cm의 점토시료의 압밀시험결과 전 압밀량의 90%에 도달하는데 1시간이 걸렸다. 만일 같은 조건에서 같은 점토로 이루어진 2m의 토층 위에 구조물을 축조한 경우 최종침하량의 90%에 도달하는데 걸리는 시간은?

① 약 250일
② 약 368일
③ 약 417일
④ 약 525일

해설 ㉮ $t_{90} = \dfrac{0.848 H^2}{C_v}$

$1 = \dfrac{0.848 \times \left(\dfrac{0.02}{2}\right)^2}{C_v}$

$\therefore C_v = 8.48 \times 10^{-5}\text{m}^2/\text{h}$

㉯ $t_{90} = \dfrac{0.848 H^2}{C_v} = \dfrac{0.848 \times \left(\dfrac{2}{2}\right)^2}{8.48 \times 10^{-5}}$

$= 10{,}000$시간 $= 416.67$일

4. Coulomb토압에서 옹벽 배면의 지표면 경사가 수평이고, 옹벽 배면벽체의 기울기가 연직인 벽체에서 옹벽과 뒤채움 흙 사이의 벽면마찰각(δ)을 무시할 경우 Coulomb토압과 Rankine토압의 크기를 비교할 때 옳은 것은?

① Rankine토압이 Coulomb토압보다 크다.
② Coulomb토압이 Rankine토압보다 크다.
③ Rankine토압과 Coulomb토압의 크기는 항상 같다.
④ 주동토압은 Rankine토압이 더 크고, 수동토압은 Coulomb토압이 더 크다.

해설 Rankine토압에서는 옹벽의 벽면과 흙의 마찰을 무시하였고, Coulomb토압에서는 고려하였다. 문제에서는 옹벽의 벽면과 흙의 마찰각을 무시하는 경우이므로 Rankine토압과 Coulomb토압은 같다.

정답　1. ④　2. ②　3. ③　4. ③

5. 유효응력에 대한 설명으로 틀린 것은?

① 항상 전응력보다는 작은 값이다.
② 점토지반의 압밀에 관계되는 응력이다.
③ 건조한 지반에서는 전응력과 같은 값으로 본다.
④ 포화된 흙인 경우 전응력에서 간극수압을 뺀 값이다.

해설 모관 상승영역에서는 유효응력이 전응력보다 크다.

6. 다음 그림에서 투수계수 $K=4.8\times10^{-3}$cm/s일 때 Darcy유출속도(V)와 실제 물의 속도(침투속도, V_s)는?

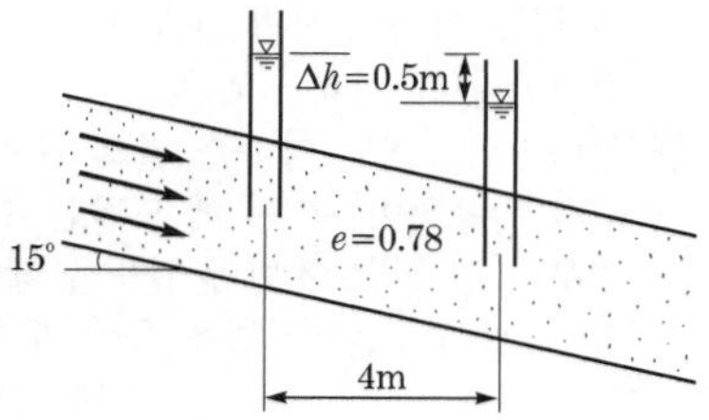

① $V=3.4\times10^{-4}$cm/s, $V_s=5.6\times10^{-4}$cm/s
② $V=3.4\times10^{-4}$cm/s, $V_s=9.4\times10^{-4}$cm/s
③ $V=5.8\times10^{-4}$cm/s, $V_s=10.8\times10^{-4}$cm/s
④ $V=5.8\times10^{-4}$cm/s, $V_s=13.2\times10^{-4}$cm/s

해설 ㉮ $V=Ki=K\dfrac{h}{L}=(4.8\times10^{-3})\times\dfrac{50}{\dfrac{400}{\cos15°}}$

$=5.8\times10^{-4}$cm/s

㉯ $n=\dfrac{e}{1+e}=\dfrac{0.78}{1+0.78}=0.438$

㉰ $V_s=\dfrac{V}{n}=\dfrac{5.8\times10^{-4}}{0.438}=13.2\times10^{-4}$cm/s

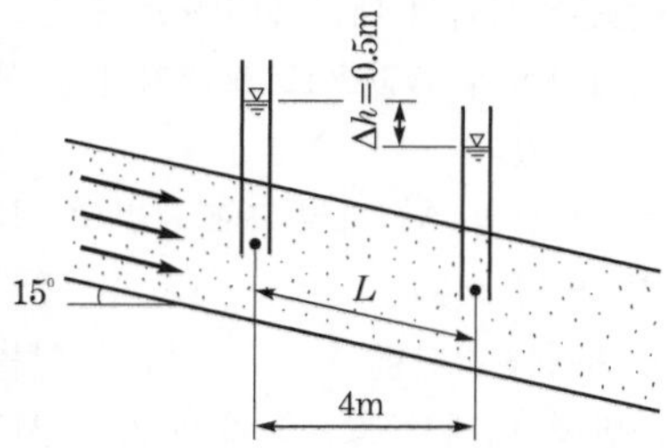

7. 포화상태에 있는 흙의 함수비가 40%이고, 비중이 2.60이다. 이 흙의 간극비는?

① 0.65　② 0.065
③ 1.04　④ 1.40

해설 $Se=wG_s$

$1\times e=0.4\times2.6$

$\therefore e=1.04$

8. 포화된 점토에 대한 일축압축시험에서 파괴 시 축응력이 0.2MPa일 때 이 점토의 점착력은?

① 0.1MPa　② 0.2MPa
③ 0.4MPa　④ 0.6MPa

해설 $q_u=2c\tan\left(45°+\dfrac{\phi}{2}\right)$

$0.2=2c\times\tan(45°+0)$

$\therefore c=0.1$MPa

9. 포화된 점토지반에 성토하중으로 어느 정도 압밀된 후 급속한 파괴가 예상될 때 이용해야 할 강도정수를 구하는 시험은?

① CU-test　② UU-test
③ UC-test　④ CD-test

해설 압밀비배수시험(CU－test)
㉮ 프리로딩(pre－loading)공법으로 압밀된 후 급격한 재하 시의 안정해석에 사용
㉯ 성토하중에 의해 어느 정도 압밀된 후에 갑자기 파괴가 예상되는 경우

10. 보링(boring)에 대한 설명으로 틀린 것은?

① 보링(boring)에는 회전식(rotary boring)과 충격식(percussion boring)이 있다.
② 충격식은 굴진속도가 빠르고 비용도 싸지만 분말상의 교란된 시료만 얻어진다.
③ 회전식은 시간과 공사비가 많이 들 뿐만 아니라 확실한 코어(core)도 얻을 수 없다.
④ 보링은 지반의 상황을 판단하기 위해 실시한다.

해설 보링(boring)
㉮ 오거보링(auger boring) : 인력으로 행한다.
㉯ 충격식 보링(percussion boring) : core채취가 불가능하다.
㉰ 회전식 보링(rotary boring) : 거의 모든 지반에 적용되고 충격식 보링에 비해 공사비가 비싸지만 굴진성능이 우수하며 확실한 core를 채취할 수 있고 공저지반의 교란이 적으므로 최근에 대부분 이 방법을 사용하고 있다.

정답 5. ① 6. ④ 7. ③ 8. ① 9. ① 10. ③

11. 수조에 상방향의 침투에 의한 수두를 측정한 결과 다음 그림과 같이 나타났다. 이때 수조 속에 있는 흙에 발생하는 침투력을 나타낸 식은? (단, 시료의 단면적은 A, 시료의 길이는 L, 시료의 포화단위중량은 γ_{sat}, 물의 단위중량은 γ_w이다.)

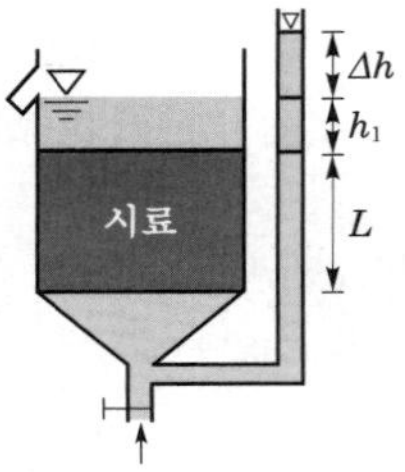

① $\Delta h \gamma_w A$ ② $\Delta h \gamma_w \dfrac{A}{L}$

③ $\Delta h \gamma_{sat} A$ ④ $\dfrac{\gamma_{sat}}{\gamma_w} A$

해설 $F = \gamma_w \Delta h A$

12. 4m×4m 크기인 정사각형 기초를 내부마찰각 ϕ=20°, 점착력 c=30kN/m²인 지반에 설치하였다. 흙의 단위중량 γ=19kN/m³이고 안전율(F_s)을 3으로 할 때 Terzaghi 지지력공식으로 기초의 허용하중을 구하면? (단, 기초의 근입깊이는 1m이고 전반전단파괴가 발생한다고 가정하며 지지력계수 N_c=17.69, N_q=7.44, N_γ=4.97이다.)

① 3,780kN ② 5,239kN

③ 6,750kN ④ 8,140kN

해설 ㉮ 정사각형 기초이므로 $\alpha=1.3$, $\beta=0.4$이다.

$$q_u = \alpha c N_c + \beta B \gamma_1 N_\gamma + D_f \gamma_2 N_q$$
$$= 1.3 \times 30 \times 17.69 + 0.4 \times 4 \times 19 \times 4.97 + 1 \times 19 \times 7.44$$
$$= 982.36\text{kN/m}^2$$

㉯ $q_a = \dfrac{q_u}{F_s} = \dfrac{982.36}{3} = 327.45\text{kN/m}^2$

㉰ $q_a = \dfrac{P}{A}$

$$327.45 = \frac{P}{4 \times 4}$$

$\therefore P = 5239.2\text{kN}$

13. 말뚝에서 부주면마찰력에 대한 설명으로 틀린 것은?

① 아래쪽으로 작용하는 마찰력이다.

② 부주면마찰력이 작용하면 말뚝의 지지력은 증가한다.

③ 압밀층을 관통하여 견고한 지반에 말뚝을 박으면 일어나기 쉽다.

④ 연약지반에 말뚝을 박은 후 그 위에 성토를 하면 일어나기 쉽다.

해설 부마찰력

㉮ 부마찰력이 발생하면 말뚝의 지지력은 크게 감소한다($R_u = R_p - R_{nf}$).

㉯ 부마찰력은 압밀침하를 일으키는 연약점토층을 관통하여 지지층에 도달한 지지말뚝의 경우나 연약점토지반에 말뚝을 항타한 다음 그 위에 성토를 한 경우 등일 때 발생한다.

14. 지반개량공법 중 연약한 점성토 지반에 적당하지 않은 것은?

① 치환공법 ② 침투압공법

③ 폭파다짐공법 ④ 샌드드레인공법

해설 점성토지반개량공법

㉮ 치환공법

㉯ Preloading공법(사전압밀공법)

㉰ Sand drain, Paper drain공법

㉱ 전기침투공법

㉲ 침투압공법(MAIS공법)

㉳ 생석회말뚝(Chemico pile)공법

15. 표준관입시험에 대한 설명으로 틀린 것은?

① 표준관입시험의 N값으로 모래지반의 상대밀도를 추정할 수 있다.

② 표준관입시험의 N값으로 점토지반의 연경도를 추정할 수 있다.

③ 지층의 변화를 판단할 수 있는 시료를 얻을 수 있다.

④ 모래지반에 대해서 흐트러지지 않은 시료를 얻을 수 있다.

해설 표준관입시험은 동적인 사운딩으로서 교란된 시료가 얻어진다.

정답 11. ① 12. ② 13. ② 14. ③ 15. ④

16. 하중이 완전히 강성(剛性)인 푸팅(Footing)기초판을 통하여 지반에 전달되는 경우의 접지압(또는 지반 반력)분포로 옳은 것은?

①
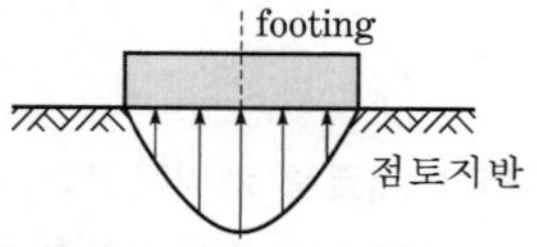

②
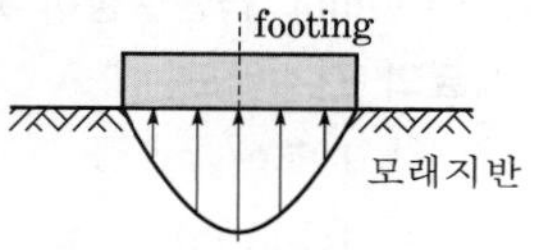

③
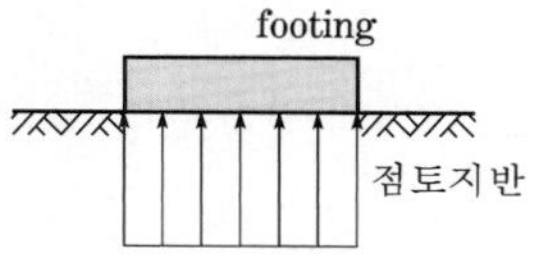

④
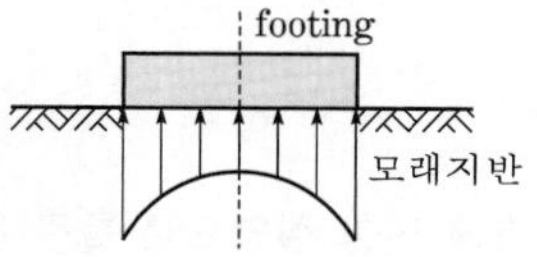

해설 ㉮ 강성기초

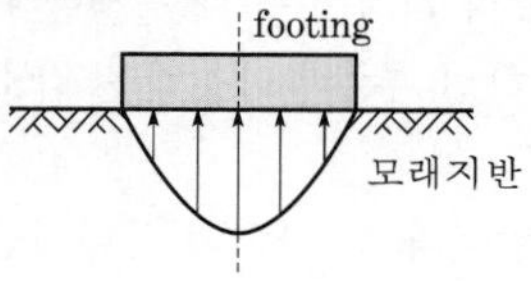

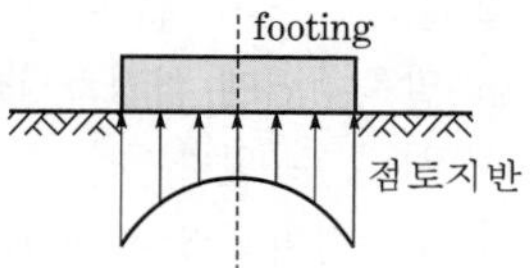

㉯ 휨성기초

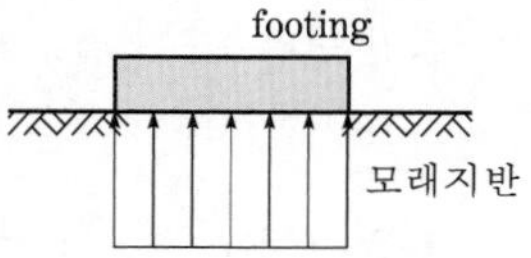

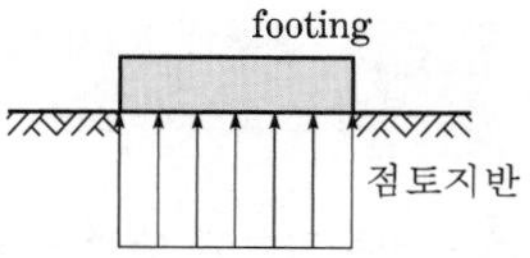

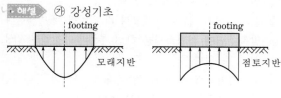

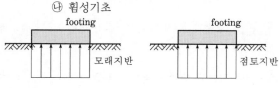

17. 자연상태의 모래지반을 다져 e_{min}에 이르도록 했다면 이 지반의 상대밀도는?

① 0% ② 50%
③ 75% ④ 100%

해설
$$D_r = \frac{e_{max} - e}{e_{max} - e_{min}} \times 100 = \frac{e_{max} - e_{min}}{e_{max} - e_{min}} \times 100 = 100\%$$

18. 현장 도로토공에서 모래치환법에 의한 흙의 밀도 시험결과 흙을 파낸 구멍의 체적과 파낸 흙의 질량은 각각 1,800cm³, 3,950g이었다. 이 흙의 함수비는 11.2%이고, 흙의 비중은 2.65이다. 실내시험으로부터 구한 최대 건조밀도가 2.05g/cm³일 때 다짐도는?

① 92% ② 94%
③ 96% ④ 98%

해설 ㉮ $\gamma_t = \dfrac{W}{V} = \dfrac{3,950}{1,800} = 2.19\text{g/cm}^3$

㉯ $\gamma_d = \dfrac{\gamma_t}{1 + \dfrac{w}{100}} = \dfrac{2.19}{1 + \dfrac{11.2}{100}} = 1.97\text{g/cm}^3$

㉰ $C_d = \dfrac{\gamma_d}{\gamma_{d\max}} \times 100 = \dfrac{1.97}{2.05} \times 100 = 96.1\%$

19. 다음 중 사면의 안정해석방법이 아닌 것은?

① 마찰원법
② 비숍(Bishop)의 방법
③ 펠레니우스(Fellenius)방법
④ 테르자기(Terzaghi)의 방법

해설 유한사면의 안정해석(원호파괴)
㉮ 질량법 : $\phi=0$해석법, 마찰원법
㉯ 분할법 : Fellenius방법, Bishop방법, Spencer방법

20. 다음 그림과 같은 지반에서 $x - x'$ 단면에 작용하는 유효응력은? (단, 물의 단위중량은 9.81kN/m³이다.)

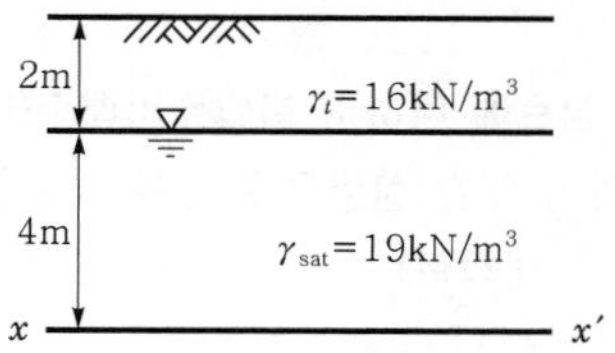

① 46.7kN/m² ② 68.8kN/m²
③ 90.5kN/m² ④ 108kN/m²

해설 ㉮ $\sigma = 16 \times 2 + 19 \times 4 = 108\text{kN/m}^2$
㉯ $u = 9.81 \times 4 = 39.24\text{kN/m}^2$
㉰ $\bar{\sigma} = 108 - 39.24 = 69.76\text{kN/m}^2$

정답 16. ② 17. ④ 18. ③ 19. ④ 20. ②

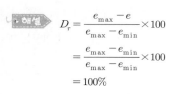

토목기사(2022년 3월 5일 시행)

1. 두께 9m의 점토층에서 하중강도 P_1일 때 간극비는 2.0이고 하중강도를 P_2로 증가시키면 간극비는 1.8로 감소되었다. 이 점토층의 최종 압밀침하량은?

① 20cm ② 30cm
③ 50cm ④ 60cm

해설 $\Delta H = \frac{e_1 - e_2}{1+e_1} H = \frac{2-1.8}{1+2} \times 900 = 60\text{cm}$

2. 지반개량공법 중 주로 모래질 지반을 개량하는데 사용되는 공법은?

① 프리로딩공법
② 생석회말뚝공법
③ 페이퍼드레인공법
④ 바이브로플로테이션공법

해설 사질토지반개량공법
㉮ 다짐말뚝공법
㉯ 다짐모래말뚝공법
㉰ 바이브로플로테이션공법
㉱ 폭파다짐공법
㉲ 약액주입법
㉳ 전기충격법

3. 포화된 점토에 대하여 비압밀비배수(UU)시험을 하였을 때 결과에 대한 설명으로 옳은 것은? (단, ϕ : 내부마찰각, c : 점착력)

① ϕ와 c가 나타나지 않는다.
② ϕ와 c가 모두 "0"이 아니다.
③ ϕ는 "0"이 아니지만, c는 "0"이다.
④ ϕ는 "0"이고, c는 "0"이 아니다.

해설 UU시험($S_r = 100\%$)의 결과는 $\phi=0$이고 $c = \frac{\sigma_1 - \sigma_3}{2}$이다.

4. 점토지반으로부터 불교란시료를 채취하였다. 이 시료의 지름이 50mm, 길이가 100mm, 습윤질량이 350g, 함수비가 40%일 때 이 시료의 건조밀도는?

① 1.78g/cm^3 ② 1.43g/cm^3
③ 1.27g/cm^3 ④ 1.14g/cm^3

해설 ㉮ $\gamma_t = \frac{W}{V} = \frac{350}{\frac{\pi \times 5^2}{4} \times 10} = 1.78\text{g/cm}^3$

㉯ $\gamma_d = \frac{\gamma_t}{1+\frac{w}{100}} = \frac{1.78}{1+\frac{40}{100}} = 1.27\text{g/cm}^3$

5. 말뚝의 부주면마찰력에 대한 설명으로 틀린 것은?

① 연약한 지반에서 주로 발생한다.
② 말뚝 주변의 지반이 말뚝보다 더 침하될 때 발생한다.
③ 말뚝주면에 역청코팅을 하면 부주면마찰력을 감소시킬 수 있다.
④ 부주면마찰력의 크기는 말뚝과 흙 사이의 상대적인 변위속도와는 큰 연관성이 없다.

해설 말뚝과 흙 사이의 상대적인 변위속도가 클수록 부마찰력은 커진다.

6. 말뚝기초에 대한 설명으로 틀린 것은?

① 군항은 전달되는 응력이 겹쳐지므로 말뚝 1개의 지지력에 말뚝개수를 곱한 값보다 지지력이 크다.
② 동역학적 지지력공식 중 엔지니어링뉴스공식의 안전율(F_s)은 6이다.
③ 부주면마찰력이 발생하면 말뚝의 지지력은 감소한다.
④ 말뚝기초는 기초의 분류에서 깊은 기초에 속한다.

해설 군항은 단항보다도 각각의 말뚝이 발휘하는 지지력이 작다($R_{ag} = ENR_a$).

정답 1. ④ 2. ④ 3. ④ 4. ③ 5. ④ 6. ①

7. 다음 그림과 같이 폭이 2m, 길이가 3m인 기초에 100kN/m²의 등분포하중이 작용할 때 A점 아래 4m 깊이에서의 연직응력 증가량은? (단, 다음 표의 영향계수 값을 활용하여 구하며 $m=\frac{B}{z}$, $n=\frac{L}{z}$이고, B는 직사각형 단면의 폭, L은 직사각형 단면의 길이, z는 토층의 깊이이다.)

【영향계수(I)값】

m	0.25	0.5	0.5	0.5
n	0.5	0.25	0.75	1.0
I	0.048	0.048	0.115	0.122

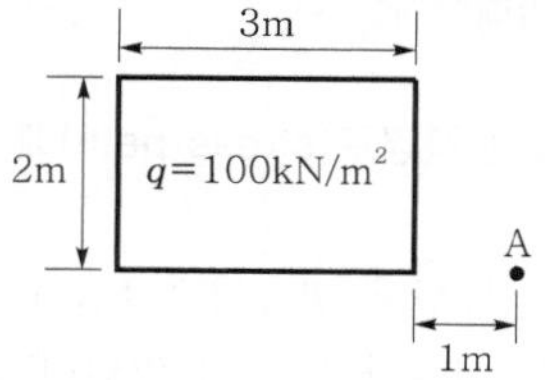

① 6.7kN/m² ② 7.5kN/m²
③ 12.2kN/m² ④ 17.0kN/m²

해설 $\Delta\sigma_v = I_{(m,\ n)}\,q = 0.122\times100 - 0.048\times100$
$= 7.4\text{kN/m}^2$

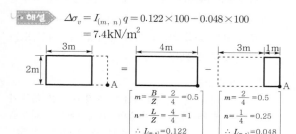

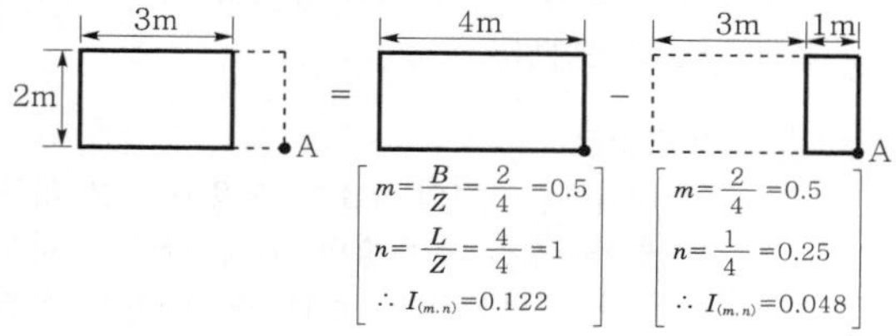

8. 평판재하시험에 대한 설명으로 틀린 것은?

① 순수한 점토지반의 지지력은 재하판의 크기와 관계없다.
② 순수한 모래지반의 지지력은 재하판의 폭에 비례한다.
③ 순수한 점토지반의 침하량은 재하판의 폭에 비례한다.
④ 순수한 모래지반의 침하량은 재하판의 폭에 관계없다.

해설 재하판의 크기에 대한 보정
㉮ 지지력
㉠ 점토지반 : 재하판의 폭에 무관하다.
㉡ 모래지반 : 재하판의 폭에 비례한다.
㉯ 침하량
㉠ 점토지반 : 재하판의 폭에 비례한다.
㉡ 모래지반 : 재하판의 크기가 커지면 약간 커지긴 하지만 폭에 비례할 정도는 아니다.

9. 기초가 갖추어야 할 조건이 아닌 것은?

① 동결, 세굴 등에 안전하도록 최소한의 근입깊이를 가져야 한다.
② 기초의 시공이 가능하고 침하량이 허용치를 넘지 않아야 한다.
③ 상부로부터 오는 하중을 안전하게 지지하고 기초지반에 전달하여야 한다.
④ 미관상 아름답고 주변에서 쉽게 구득할 수 있는 재료로 설계되어야 한다.

해설 기초의 구비조건
㉮ 최소한의 근입깊이를 가질 것(동해에 대한 안정)
㉯ 지지력에 대해 안정할 것
㉰ 침하에 대해 안정할 것(침하량이 허용값 이내에 들어야 함)
㉱ 시공이 가능할 것(경제적, 기술적)

10. 두께 2cm의 점토시료에 대한 압밀시험결과 50%의 압밀을 일으키는데 6분이 걸렸다. 같은 조건하에서 두께 3.6m의 점토층 위에 축조한 구조물이 50%의 압밀에 도달하는데 며칠이 걸리는가?

① 1350일 ② 270일
③ 135일 ④ 27일

해설
㉮ $t_{50} = \dfrac{T_v H^2}{C_v}$

$6 = \dfrac{T_v \times \left(\dfrac{2}{2}\right)^2}{C_v}$

$\therefore\ \dfrac{T_v}{C_v} = 6$

㉯ $t_{50} = \dfrac{T_v H^2}{C_v} = 6\times\left(\dfrac{360}{2}\right)^2 = 194{,}400\text{분} = 135\text{일}$

11. 비교적 가는 모래와 실트가 물속에서 침강하여 고리모양을 이루며 작은 아치를 형성한 구조로 단립구조보다 간극비가 크고 충격과 진동에 약한 흙의 구조는?

① 봉소구조 ② 낱알구조
③ 분산구조 ④ 면모구조

해설 봉소구조
아주 가는 모래, 실트가 물속에 침강하여 이루어진 구조로서 아치형태로 결합되어 있다. 단립구조보다 공극이 크고 충격, 진동에 약하다.

정답 7. ② 8. ④ 9. ④ 10. ③ 11. ①

12. **다음 그림과 같은 흙의 구성도에서 체적 V를 1로 했을 때의 간극의 체적은? (단, 간극률은 n, 함수비는 w, 흙입자의 비중은 G_s, 물의 단위중량은 γ_w)**

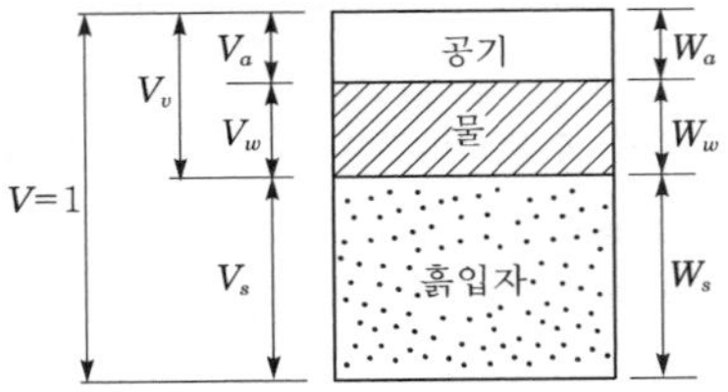

① n ② wG_s
③ $\gamma_w(1-n)$ ④ $[G_s-n(G_s-1)]\gamma_w$

해설 $n=\dfrac{V_v}{V}=\dfrac{V_v}{1}=V_v$

13. **벽체에 작용하는 주동토압을 P_a, 수동토압을 P_p, 정지토압을 P_o라 할 때 크기의 비교로 옳은 것은?**

① $P_a>P_p>P_o$ ② $P_p>P_o>P_a$
③ $P_p>P_a>P_o$ ④ $P_o>P_a>P_p$

해설 ㉮ $K_p>K_o>K_a$
㉯ $P_p>P_o>P_a$

14. **다음 그림과 같이 3개의 지층으로 이루어진 지반에서 토층에 수직한 방향의 평균투수계수(K_v)는?**

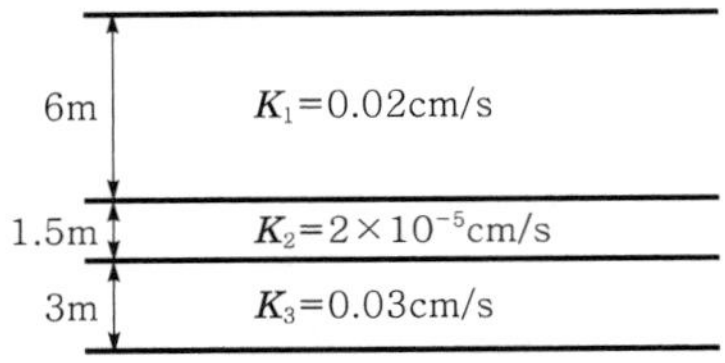

① 2.516×10^{-6}cm/s
② 1.274×10^{-5}cm/s
③ 1.393×10^{-4}cm/s
④ 2.0×10^{-2}cm/s

해설 $K_v=\dfrac{H}{\dfrac{h_1}{K_1}+\dfrac{h_2}{K_2}+\dfrac{h_3}{K_3}}$

$=\dfrac{1{,}050(=600+150+300)}{\dfrac{600}{0.02}+\dfrac{150}{2\times10^{-5}}+\dfrac{300}{0.03}}$

$=1.393\times10^{-4}$cm/s

15. **유선망의 특징에 대한 설명으로 틀린 것은?**

① 각 유로의 침투수량은 같다.
② 동수경사는 유선망의 폭에 비례한다.
③ 인접한 두 등수두선 사이의 수두손실은 같다.
④ 유선망을 이루는 사변형은 이론상 정사각형이다.

해설 유선망
㉮ 각 유로의 침투유량은 같다.
㉯ 인접한 등수두선 간의 수두차는 모두 같다.
㉰ 유선과 등수두선은 서로 직교한다.
㉱ 유선망으로 되는 사각형은 정사각형이다.
㉲ 침투속도 및 동수구배는 유선망의 폭에 반비례한다.

16. **다음 중 응력경로(stress path)에 대한 설명으로 틀린 것은?**

① 응력경로는 특성상 전응력으로만 나타낼 수 있다.
② 응력경로란 시료가 받는 응력의 변화과정을 응력공간에 궤적으로 나타낸 것이다.
③ 응력경로는 Mohr의 응력원에서 전단응력이 최대인 점을 연결하여 구한다.
④ 시료가 받는 응력상태에 대한 응력경로는 직선 또는 곡선으로 나타난다.

해설 응력경로
㉮ 지반 내 임의의 요소에 작용되어 온 하중의 변화과정을 응력평면 위에 나타낸 것으로 최대 전단응력을 나타내는 Mohr원 정점의 좌표인 (p, q)점의 궤적이 응력경로이다.
㉯ 응력경로는 전응력으로 표시하는 전응력경로와 유효응력으로 표시하는 유효응력경로로 구분된다.
㉰ 응력경로는 직선 또는 곡선으로 나타난다.

17. **암반층 위에 5m 두께의 토층이 경사 15°의 자연사면으로 되어 있다. 이 토층의 강도정수 c=15kN/m^2, ϕ=30°이며, 포화단위중량(γ_{sat})은 18kN/m^{3}이다. 지하수면은 토층의 지표면과 일치하고, 침투는 경사면과 대략 평행이다. 이때 사면의 안전율은? (단, 물의 단위중량은 9.81kN/m^{3}이다.)**

① 0.85 ② 1.15
③ 1.65 ④ 2.05

정답 12. ① 13. ② 14. ③ 15. ② 16. ① 17. ③

해설 $F_s = \dfrac{c}{\gamma_{sat} Z\cos i \sin i} + \dfrac{\gamma_{sub}}{\gamma_{sat}} \dfrac{\tan\phi}{\tan i}$

$= \dfrac{15}{18\times5\times\cos15°\times\sin15°} + \dfrac{18-9.81}{18} \times \dfrac{\tan30°}{\tan15°}$

$= 1.65$

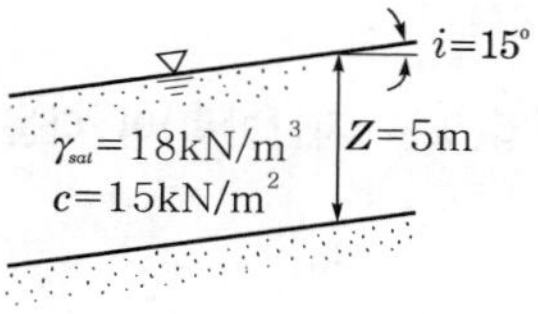

18. 모래시료에 대해서 압밀배수 삼축압축시험을 실시하였다. 초기단계에서 구속응력(σ_3)은 100kN/m²이고, 전단파괴 시에 작용된 축차응력(σ_{df})은 200kN/m²이었다. 이와 같은 모래시료의 내부마찰각(ϕ) 및 파괴면에 작용하는 전단응력(τ_f)의 크기는?

① $\phi=30°$, $\tau_f=115.47\text{kN/m}^2$
② $\phi=40°$, $\tau_f=115.47\text{kN/m}^2$
③ $\phi=30°$, $\tau_f=86.60\text{kN/m}^2$
④ $\phi=40°$, $\tau_f=86.60\text{kN/m}^2$

해설 ㉮ ㉠ $\sigma_1=\sigma_{df}+\sigma_3=200+100=300\text{kN/m}^2$

㉡ $\sin\phi=\dfrac{\sigma_1-\sigma_3}{\sigma_1+\sigma_3}=\dfrac{300-100}{300+100}=\dfrac{1}{2}$

$\therefore\ \phi=30°$

㉯ ㉠ $\theta=45°+\dfrac{\phi}{2}=45°+\dfrac{30°}{2}=60°$

㉡ $\tau=\dfrac{\sigma_1-\sigma_3}{2}\sin2\theta$

$=\dfrac{300-100}{2}\times\sin(2\times60°)=86.6\text{kN/m}^2$

19. 흙의 다짐시험에서 다짐에너지를 증가시킬 때 일어나는 결과는?

① 최적함수비는 증가하고, 최대 건조단위중량은 감소한다.
② 최적함수비는 감소하고, 최대 건조단위중량은 증가한다.
③ 최적함수비와 최대 건조단위중량이 모두 감소한다.
④ 최적함수비와 최대 건조단위중량이 모두 증가한다.

해설 다짐에너지를 증가시키면 최대 건조단위중량은 증가하고, 최적함수비는 감소한다.

20. 토립자가 둥글고 입도분포가 나쁜 모래지반에서 표준관입시험을 한 결과 N값은 10이었다. 이 모래의 내부마찰각(ϕ)을 Dunham의 공식으로 구하면?

① 21° ② 26°
③ 31° ④ 36°

해설 $\phi=\sqrt{12N}+15=\sqrt{12\times10}+15=25.95°$

정답 18. ③ 19. ② 20. ②

토목기사(2022년 4월 24일 시행)

1. 4.75mm체(4번체) 통과율이 90%, 0.075mm체(200번체) 통과율이 4%이고 D_{10}=0.25mm, D_{30}=0.6mm, D_{60}=2mm인 흙을 통일분류법으로 분류하면?

① GP ② GW
③ SP ④ SW

해설 ㉮ $P_{No.200}=4\%<50\%$이고, $P_{No.4}=90\%>50\%$이므로 모래(S)이다.

㉯ $C_u=\dfrac{D_{60}}{D_{10}}=\dfrac{2}{0.25}=8>6$

$C_g=\dfrac{{D_{30}}^2}{D_{10}D_{60}}=\dfrac{0.6^2}{0.25\times2}$
$=0.72\neq1\sim3$이므로 빈립도(P)이다.

∴ SP

2. 다음 그림과 같은 정사각형 기초에서 안전율을 3으로 할 때 Terzaghi의 공식을 사용하여 지지력을 구하고자 한다. 이때 한 변의 최소 길이(B)는? (단, 물의 단위중량은 9.81kN/m^3, 점착력(c)은 60kN/m^2, 내부마찰각(ϕ)은 0°이고, 지지력계수 N_c=5.7, N_q=1.0, N_γ=0이다.)

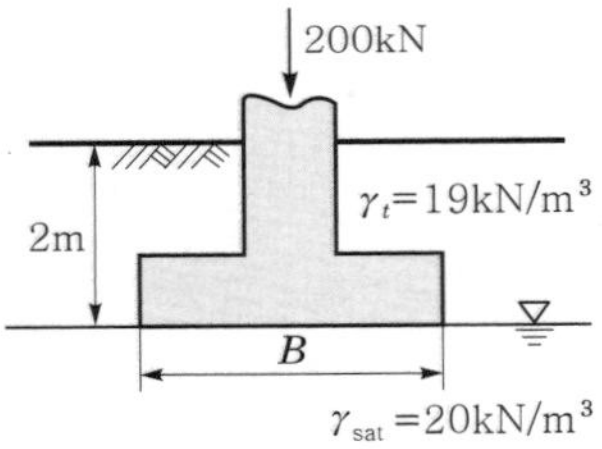

① 1.12m ② 1.43m
③ 1.51m ④ 1.62m

해설 ㉮ $q_u=\alpha cN_c+\beta B\gamma_1N_r+D_f\gamma_2N_q$
$=1.3\times60\times5.7+0+2\times19\times1=482.6\text{kN/m}^2$

㉯ $q_a=\dfrac{q_u}{F_s}=\dfrac{482.6}{3}=160.87\text{kN/m}^2$

㉰ $q_a=\dfrac{P}{A}$

$160.87=\dfrac{200}{B^2}$

∴ $B=1.12\text{m}$

3. 접지압(또는 지반반력)이 다음 그림과 같이 되는 경우는?

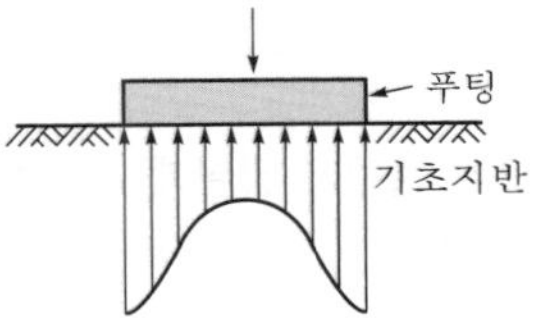

① 푸팅 : 강성, 기초지반 : 점토
② 푸팅 : 강성, 기초지반 : 모래
③ 푸팅 : 연성, 기초지반 : 점토
④ 푸팅 : 연성, 기초지반 : 모래

해설 ㉮ 강성기초

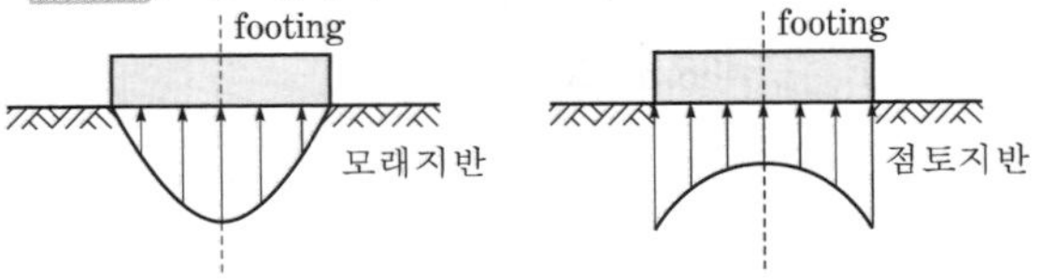

㉯ 휨성기초

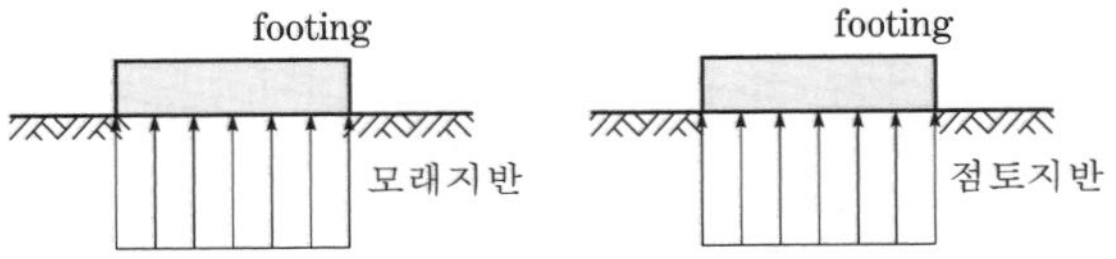

4. 지표면이 수평이고 옹벽의 뒷면과 흙과의 마찰각이 0°인 연직옹벽에서 Coulomb토압과 Rankine토압은 어떤 관계가 있는가? (단, 점착력은 무시한다.)

① Coulomb토압은 항상 Rankine토압보다 크다.
② Coulomb토압과 Rankine토압은 같다.
③ Coulomb토압이 Rankine토압보다 작다.
④ 옹벽의 형상과 흙의 상태에 따라 클 때도 있고 작을 때도 있다.

해설 Rankine토압에서는 옹벽의 벽면과 흙의 마찰을 무시하였고, Coulomb토압에서는 고려하였다. 문제에서 옹벽의 벽면과 흙의 마찰각을 0°라 하였으므로 Rankine토압과 Coulomb토압은 같다.

정답 1. ③ 2. ① 3. ① 4. ②

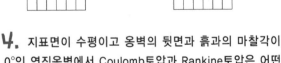

5. 도로의 평판재하시험에서 1.25mm 침하량에 해당하는 하중강도가 250kN/m²일 때 지반반력계수는?

① 100MN/m³ ② 200MN/m³
③ 1,000MN/m³ ④ 2,000MN/m³

해설 $K=\dfrac{q}{y}=\dfrac{250}{1.25\times10^{-3}}$
$=200,000\text{kN/m}^2=200\text{MN/m}^2$

6. 다음 지반개량공법 중 연약한 점토지반에 적합하지 않은 것은?

① 프리로딩공법
② 샌드드레인공법
③ 페이퍼드레인공법
④ 바이브로플로테이션공법

해설 점성토지반개량공법
㉮ 치환공법
㉯ Preloading공법(사전압밀공법)
㉰ Sand drain, Paper drain공법
㉱ 전기침투공법
㉲ 침투압공법(MAIS공법)
㉳ 생석회말뚝(Chemico pile)공법

7. 표준관입시험(SPT)결과 N값이 25이었고, 이때 채취한 교란시료로 입도시험을 한 결과 입자가 둥글고, 입도분포가 불량할 때 Dunham의 공식으로 구한 내부마찰각(ϕ)은?

① 32.3° ② 37.3°
③ 42.3° ④ 48.3°

해설 $\phi=\sqrt{12N}+15=\sqrt{12\times25}+15=32.32°$

8. 현장에서 완전히 포화되었던 시료라 할지라도 시료채취 시 기포가 형성되어 포화도가 저하될 수 있다. 이 경우 생성된 기포를 원상태로 용해시키기 위해 작용시키는 압력을 무엇이라고 하는가?

① 배압(back pressure)
② 축차응력(deviator stress)
③ 구속압력(confined pressure)
④ 선행압밀압력(preconsolidation pressure)

해설

9. 다음 그림과 같은 지반에서 하중으로 인하여 수직응력($\varDelta\sigma_1$)이 100kN/m² 증가되고 수평응력($\varDelta\sigma_3$)이 50 kN/m² 증가되었다면 간극수압은 얼마나 증가되었는가? (단, 간극수압계수 $A=0.5$이고 $B=1$이다.)

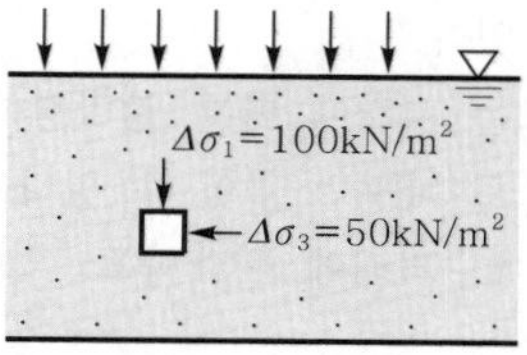

① 50kN/m² ② 75kN/m²
③ 100kN/m² ④ 125kN/m²

해설 $\varDelta U=B[\varDelta\sigma_3+A(\varDelta\sigma_1-\varDelta\sigma_3)]$
$=1\times[50+0.5\times(100-50)]=75\text{kN/m}^2$

10. 어떤 점토지반에서 베인시험을 실시하였다. 베인의 지름이 50mm, 높이가 100mm, 파괴 시 토크가 59N · m일 때 이 점토의 점착력은?

① 129kN/m² ② 157kN/m²
③ 213kN/m² ④ 276kN/m²

해설 $C_u=\dfrac{M_{max}}{\pi D^2\left(\dfrac{H}{2}+\dfrac{D}{6}\right)}=\dfrac{5,900}{\pi\times5^2\times\left(\dfrac{10}{2}+\dfrac{5}{6}\right)}$
$=12.9\text{N/cm}^2=129\text{kN/m}^2$

11. 다음 그림과 같이 동일한 두께의 3층으로 된 수평모래층이 있을 때 토층에 수직한 방향의 평균투수계수(K_v)는?

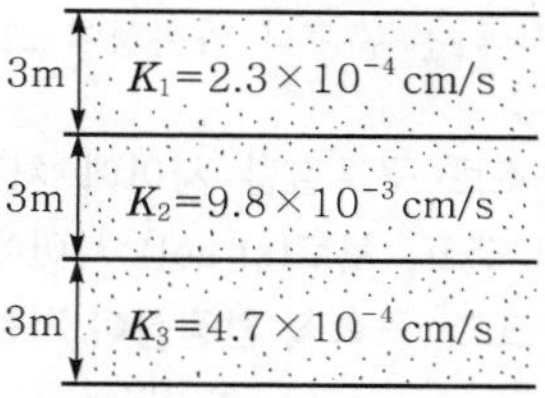

① 2.38×10⁻³cm/s ② 3.01×10⁻⁴cm/s
③ 4.56×10⁻⁴cm/s ④ 5.60×10⁻⁴cm/s

해설 $K_v=\dfrac{H}{\dfrac{h_1}{K_1}+\dfrac{h_2}{K_2}+\dfrac{h_3}{K_3}}$
$=\dfrac{900(=300+300+300)}{\dfrac{300}{2.3\times10^{-4}}+\dfrac{300}{9.8\times10^{-3}}+\dfrac{300}{4.7\times10^{-4}}}$
$=4.56\times10^{-4}\text{cm/s}$

정답 5. ② 6. ④ 7. ① 8. ① 9. ② 10. ① 11. ③

12. Terzaghi의 1차 압밀에 대한 설명으로 틀린 것은?

① 압밀방정식은 점토 내에 발생하는 과잉간극수압의 변화를 시간과 배수거리에 따라 나타낸 것이다.
② 압밀방정식을 풀면 압밀도를 시간계수의 함수로 나타낼 수 있다.
③ 평균압밀도는 시간에 따른 압밀침하량을 최종 압밀침하량으로 나누면 구할 수 있다.
④ 압밀도는 배수거리에 비례하고, 압밀계수에 반비례한다.

해설 $\bar{u}=f(T_v)\propto\dfrac{tC_v}{H^2}$

13. 흙의 다짐에 대한 설명으로 틀린 것은?

① 다짐에 의하여 간극이 작아지고 부착력이 커져서 역학적 강도 및 지지력은 증대하고, 압축성, 흡수성 및 투수성은 감소한다.
② 점토를 최적함수비보다 약간 건조측의 함수비로 다지면 면모구조를 가지게 된다.
③ 점토를 최적함수비보다 약간 습윤측에서 다지면 투수계수가 감소하게 된다.
④ 면모구조를 파괴시키지 못할 정도의 작은 압력으로 점토시료를 압밀할 경우 건조측 다짐을 한 시료가 습윤측 다짐을 한 시료보다 압축성이 크게 된다.

해설 낮은 압력에서는 건조측에서 다진 흙이 습윤측에서 다진 흙보다 압축성이 작고, 높은 압력에서는 입자가 재배열되므로 오히려 건조측에서 다진 흙이 습윤측에서 다진 흙보다 압축성이 크다.

14. 3층 구조로 구조결합 사이에 치환성 양이온이 있어서 활성이 크고, 시트(sheet) 사이에 물이 들어가 팽창 · 수축이 크고, 공학적 안정성이 약한 점토광물은?

① sand　② illite
③ kaolinite　④ montmorillonite

해설 몬모릴로나이트
㉮ 2개의 실리카판과 1개의 알루미나판으로 이루어진 3층 구조로 이루어진 층들이 결합한 것이다.
㉯ 결합력이 매우 약해 물이 침투하면 쉽게 팽창한다.
㉰ 공학적 안정성이 제일 작다.

15. 간극비 $e_1=0.80$인 어떤 모래의 투수계수가 $K_1=8.5\times10^{-2}$cm/s일 때 이 모래를 다져서 간극비를 $e_2=0.57$로 하면 투수계수 K_2는?

① 4.1×10^{-1}cm/s　② 8.1×10^{-2}cm/s
③ 3.5×10^{-2}cm/s　④ 8.5×10^{-3}cm/s

해설 $K_1 : K_2=\dfrac{{e_1}^3}{1+e_1} : \dfrac{{e_2}^3}{1+e_2}$

$8.5\times10^{-2} : K_2=\dfrac{0.8^3}{1+0.8} : \dfrac{0.57^3}{1+0.57}$

$\therefore\ K_2=3.52\times10^{-2}\text{cm/s}$

16. 사면안정 해석방법에 대한 설명으로 틀린 것은?

① 일체법은 활동면 위에 있는 흙덩어리를 하나의 물체로 보고 해석하는 방법이다.
② 마찰원법은 점착력과 마찰각을 동시에 갖고 있는 균질한 지반에 적용된다.
③ 절편법은 활동면 위에 있는 흙을 여러 개의 절편으로 분할하여 해석하는 방법이다.
④ 절편법은 흙이 균질하지 않아도 적용이 가능하지만 흙 속에 간극수압이 있을 경우 적용이 불가능하다.

해설 절편법(분할법)
파괴면 위의 흙을 수 개의 절편으로 나눈 후 각각의 절편에 대해 안정성을 계산하는 방법으로 이질토층, 지하수위가 있을 때 적용한다.

17. 다음 그림과 같이 지표면에 집중하중이 작용할 때 A점에서 발생하는 연직응력의 증가량은?

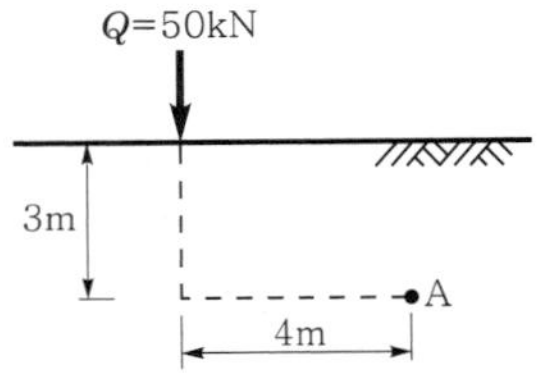

① 0.21kN/m^2　② 0.24kN/m^2
③ 0.27kN/m^2　④ 0.30kN/m^2

해설 ㉮ $R=\sqrt{4^2+3^2}=5$

㉯ $I=\dfrac{3Z^5}{2\pi R^5}=\dfrac{3\times3^5}{2\pi\times5^5}=0.037$

㉰ $\Delta\sigma_z=\dfrac{Q}{Z^2}I=\dfrac{50}{3^2}\times0.037=0.21\text{kN/m}^2$

정답 12. ④ 13. ④ 14. ④ 15. ③ 16. ④ 17. ①

18. 지표에 설치된 3m×3m의 정사각형 기초에 80 kN/m²의 등분포하중이 작용할 때 지표면 아래 5m 깊이에서의 연직응력의 증가량은? (단, 2 : 1분포법을 사용한다.)

① 7.15kN/m² ② 9.20kN/m²
③ 11.25kN/m² ④ 13.10kN/m²

해설
$$\Delta\sigma_v = \frac{BLq_s}{(B+Z)(L+Z)} = \frac{3\times3\times80}{(3+5)(3+5)} = 11.25\text{kN/m}^2$$

19. 다음 연약지반개량공법 중 일시적인 개량공법은?

① 치환공법 ② 동결공법
③ 약액주입공법 ④ 모래다짐말뚝공법

해설 일시적 지반개량공법 : well point공법, deep well공법, 대기압공법, 동결공법

20. 연약지반에 구조물을 축조할 때 피에조미터를 설치하여 과잉간극수압의 변화를 측정한 결과 어떤 점에서 구조물 축조 직후 과잉간극수압이 100kN/m²이었고, 4년 후에 20kN/m²이었다. 이때의 압밀도는?

① 20% ② 40%
③ 60% ④ 80%

해설
$$U_z = \frac{u_i - u}{u_i}\times100 = \frac{100-20}{100}\times100 = 80\%$$

MEMO

부록 Ⅱ

CBT 대비 실전 모의고사

토목기사 실전 모의고사 1회

▶ 정답 및 해설 : p.125

1. 두 개의 규소판 사이에 한 개의 알루미늄판이 결합된 3층 구조가 무수히 많이 연결되어 형성된 점토광물로서 각 3층 구조 사이에는 칼륨이온(K^+)으로 결합되어 있는 것은?

① 고령토(kaolinite)
② 일라이트(illite)
③ 몬모릴로나이트(montmorillonite)
④ 할로이사이트(halloysite)

2. 비중이 2.70이며 함수비가 25%인 어느 현장 사질토 $5m^3$의 무게가 78.4kN이었다. 이 사질토를 최대로 조밀하게 다졌을 때와 최대로 느슨한 상태의 간극비가 각각 0.8과 1.20이었다. 이 현장 모래의 상대밀도는?

① 22.5%　② 32.5%
③ 42.5%　④ 52.5%

3. 침투유량(q) 및 B점에서의 간극수압(u_B)을 구한 값으로 옳은 것은? (단, 투수층의 투수계수는 3×10^{-1}cm/s이다.)

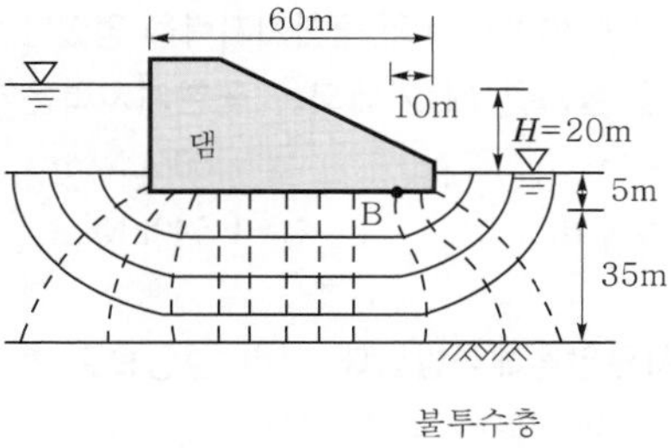

① $q=100cm^3/s/cm$, $u_B=49kN/m^2$
② $q=100cm^3/s/cm$, $u_B=98kN/m^2$
③ $q=200cm^3/s/cm$, $u_B=49kN/m^2$
④ $q=200cm^3/s/cm$, $u_B=98kN/m^2$

4. 흙의 동상에 영향을 미치는 요소가 아닌 것은?

① 모관상승고　② 흙의 투수계수
③ 흙의 전단강도　④ 동결온도의 계속시간

5. 어떤 시료를 입도분석한 결과 0.075mm(No.200)체 통과량이 65%이었고, 애터버그한계시험결과 액성한계가 40%이었으며 소성도표(plasticity chart)에서 A선 위의 구역에 위치한다면 이 시료의 통일분류법(USCS)상 기호로서 옳은 것은?

① CL　② SC
③ MH　④ SM

6. 다음 그림과 같은 조건에서 분사현상에 대한 안전율을 구하면? (단, 모래의 $\gamma_{sat}=20kN/m^3$이다.)

① 1.0
② 2.0
③ 2.5
④ 3.0

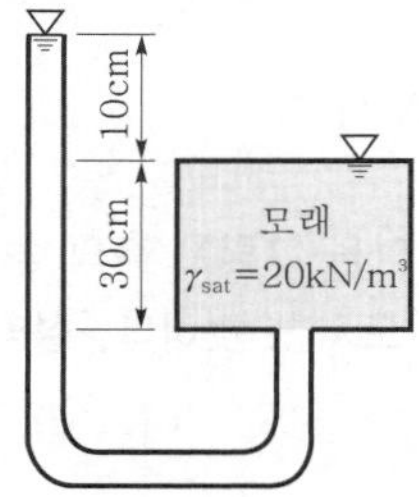

7. 다음 점성토의 교란에 관련된 사항 중 잘못된 것은?

① 교란 정도가 클수록 $e-\log P$곡선의 기울기가 급해진다.
② 교란될수록 압밀계수는 작게 나타낸다.
③ 교란을 최소화하려면 면적비가 작은 샘플러를 사용한다.
④ 교란의 영향을 제거한 SHANSEP방법을 적용하면 효과적이다.

8. 점토층의 두께 5m, 간극비 1.4, 액성한계 50%이고 점토층 위의 유효상재압력이 $100kN/m^2$에서 $140kN/m^2$으로 증가할 때의 침하량은? (단, 압축지수는 흐트러지지 않은 시료에 대한 테르자기(Terzaghi)와 펙(Peck)의 경험식을 사용하여 구한다.)

① 8cm　② 11cm
③ 24cm　④ 36cm

9. 모래시료에 대해서 압밀배수 삼축압축시험을 실시하였다. 초기단계에서 구속응력($\sigma_3{}'$)은 10MN/m^{2}이고, 전단파괴 시에 작용된 축차응력(σ_{df})은 20MN/m^{2}이었다. 이와 같은 모래시료의 내부마찰각(ϕ) 및 파괴면에 작용하는 전단응력(τ_f)의 크기는?

① $\phi=30°$, $\tau_f=11.55$MN/m^2
② $\phi=40°$, $\tau_f=11.55$MN/m^2
③ $\phi=30°$, $\tau_f=8.66$MN/m^2
④ $\phi=40°$, $\tau_f=8.66$MN/m^2

10. $\phi=0$인 포화된 점토시료를 채취하여 일축압축시험을 행하였다. 공시체의 직경이 4cm, 높이가 8cm이고 파괴 시의 하중계의 읽음값이 40N, 축방향의 변형량의 변형량이 1.6cm일 때 이 시료의 전단강도는 약 얼마인가?

① 0.7N/cm^2　② 1.3N/cm^2
③ 2.5N/cm^2　④ 3.2N/cm^2

11. 다음 그림은 흙의 종류에 따른 전단강도를 $\tau-\sigma$ 평면에 도시한 것이다. 설명이 잘못된 것은?

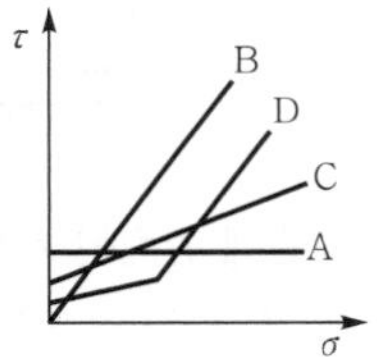

① A는 포화된 점성토 지반의 전단강도를 나타낸 것이다.
② B는 모래 등 사질토에 대한 전단강도를 나타낸 것이다.
③ C는 일반적인 흙의 전단강도를 도시한 것이다.
④ D는 정규압밀된 흙의 전단강도를 나타낸 것이다.

12. 200kN/m^{2}의 구속응력을 가하여 시료를 완전히 압밀시킨 다음 축차응력을 가하여 비배수상태로 전단시켜 파괴 시 축변형률 $\varepsilon_f=10\%$, 축차응력 $\Delta\sigma_f=280$kN/m^2, 간극수압 $\Delta u_f=210$kN/m^{2}를 얻었다. 파괴 시 간극수압계수 A를 구하면? (단, 간극수압계수 B는 1.0으로 가정한다.)

① 0.44　② 0.75
③ 1.33　④ 2.27

13. 토압론에 관한 설명 중 틀린 것은?

① Coulomb의 토압론은 강체역학에 기초를 둔 흙쐐기 이론이다.
② Rankine의 토압론은 소성이론에 의한 것이다.
③ 벽체가 배면에 있는 흙으로부터 떨어지도록 작용하는 토압을 수동토압이라 하고, 벽체가 흙 쪽으로 밀리도록 작용하는 힘을 주동토압이라 한다.
④ 정지토압계수의 크기는 수동토압계수와 주동토압계수 사이에 속한다.

14. 다음은 샌드콘을 사용하여 현장 흙의 밀도를 측정하기 위한 시험결과이다. 다음 결과로부터 현장 흙의 건조단위중량을 구하면?

- 표준사의 건조단위중량=16.66kN/m^3
- 〔병+깔때기+모래(시험 전)〕의 무게=59.92N
- 〔병+깔때기+모래(시험 후)〕의 무게=28.18N
- 깔때기에 채워지는 표준사의 무게=1.17N
- 구덩이에서 파낸 흙의 무게=33.11N
- 구덩이에서 파낸 흙의 함수비=11.6%

① 16.16kN/m^3　② 17.16kN/m^3
③ 18.16kN/m^3　④ 19.17kN/m^3

15. 모래지반에 30cm×30cm의 재하판으로 재하실험을 한 결과 100kN/m^{2}의 극한지지력을 얻었다. 4m×4m의 기초를 설치할 때 기대되는 극한지지력은?

① 100kN/m^2　② 1,000kN/m^2
③ 1,333kN/m^2　④ 1,540kN/m^2

16. 사면안정해석방법에 대한 설명으로 틀린 것은?

① 일체법은 활동면 위에 있는 흙덩어리를 하나의 물체로 보고 해석하는 방법이다.
② 절편법은 활동면 위에 있는 흙을 몇 개의 절편으로 분할하여 해석하는 방법이다.
③ 마찰원방법은 점착력과 마찰각을 동시에 갖고 있는 균질한 지반에 적용된다.
④ 절편법은 흙이 균질하지 않아도 적용이 가능하지만, 흙 속에 간극수압이 있을 경우 적용이 불가능하다.

17. 크기가 1.5m×1.5m인 직접기초가 있다. 근입깊이가 1.0m일 때 기초가 받을 수 있는 최대 허용하중을 Terzaghi방법에 의하여 구하면? (단, 기초지반의 점착력은 15kN/m², 단위중량은 18kN/m³, 마찰각은 20°이고, 이때의 지지력계수는 $N_c=17.69$, $N_q=7.44$, $N_r=3.64$이며, 허용지지력에 대한 안전율은 4.0으로 한다.)

① 약 290kN ② 약 390kN
③ 약 490kN ④ 약 590kN

18. 말뚝의 부마찰력에 대한 설명 중 틀린 것은?

① 부마찰력이 작용하면 지지력이 감소한다.
② 연약지반에 말뚝을 박은 후 그 위에 성토를 한 경우 일어나기 쉽다.
③ 부마찰력은 말뚝 주변침하량이 말뚝의 침하량보다 클 때에 아래로 끌어내리는 마찰력을 말한다.
④ 연약한 점토에 있어서는 상대변위의 속도가 느릴수록 부마찰력은 크다.

19. 깊은 기초의 지지력평가에 관한 설명 중 잘못된 것은?

① 정역학적 지지력추정방법은 논리적으로 타당하나 강도 정수를 추정하는데 한계성을 내포하고 있다.
② 동역학적 방법은 항타장비, 말뚝과 지반조건이 고려된 방법으로 해머효율의 측정이 필요하다.
③ 현장 타설 콘크리트말뚝기초는 동역학적 방법으로 지지력을 추정한다.
④ 말뚝항타분석기(PDA)는 말뚝의 응력분포, 경시효과 및 해머효율을 파악할 수 있다.

20. 콘크리트 말뚝을 마찰말뚝으로 보고 설계할 때 총 연직하중을 2,000kN, 말뚝 1개의 극한지지력을 890kN, 안전율을 2.0으로 하면 소요말뚝의 수는?

① 6개 ② 5개
③ 3개 ④ 2개

토목기사 실전 모의고사 2회

▶ 정답 및 해설 : p.127

1. 습윤단위중량이 19kN/m^3, 함수비 25%, 비중이 2.7인 경우 건조단위중량과 포화도는? (단, 물의 단위중량은 9.81kN/m^{3}이다.)

① 17.3kN/m^3, 97.8%　② 17.3kN/m^3, 90.9%
③ 15.2kN/m^3, 97.8%　④ 15.2kN/m^3, 90.9%

2. 다음 중 흙의 연경도(consistency)에 대한 설명 중 옳지 않은 것은?

① 액성한계가 큰 흙은 점토분을 많이 포함하고 있다는 것을 의미한다.
② 소성한계가 큰 흙은 점토분을 많이 포함하고 있다는 것을 의미한다.
③ 액성한계나 소성지수가 큰 흙은 연약점토지반이라고 볼 수 있다.
④ 액성한계와 소성한계가 가깝다는 것은 소성이 크다는 것을 의미한다.

3. 어떤 흙의 변수위 투수시험을 한 결과 시료의 직경과 길이가 각각 5.0cm, 2.0cm이었으며, 유리관의 내경이 4.5mm이고 1분 10초 동안에 수두가 40cm에서 20cm로 내렸다. 이 시료의 투수계수는?

① 4.95×10^{-4}cm/s　② 5.45×10^{-4}cm/s
③ 1.60×10^{-4}cm/s　④ 7.39×10^{-4}cm/s

4. 다음 그림에서와 같이 물이 상방향으로 일정하게 흐를 때 A, B 양단에서의 전수두차를 구하면?

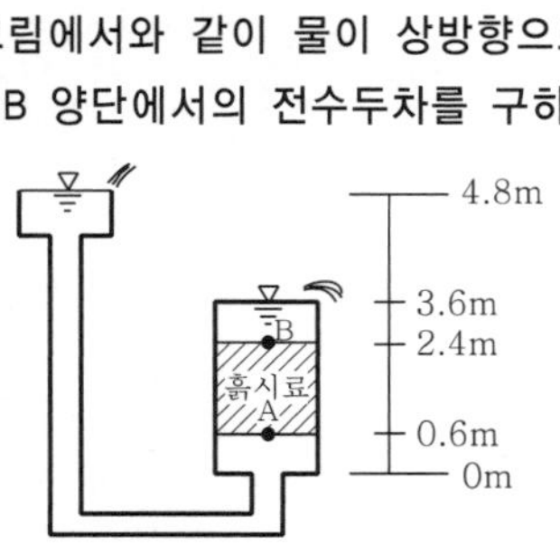

① 1.8m　② 3.6m
③ 1.2m　④ 2.4m

5. 다음 그림과 같이 지표면에 집중하중이 작용할 때 A점에서 발생하는 연직응력의 증가량은?

① 0.206kN/m^2
② 0.244kN/m^2
③ 0.272kN/m^2
④ 0.303kN/m^2

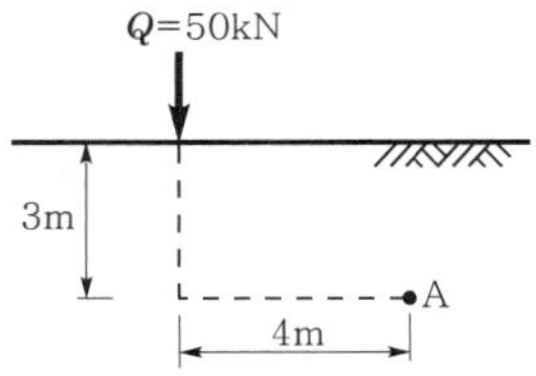

6. Terzaghi의 1차 압밀에 대한 설명으로 틀린 것은?

① 압밀방정식은 점토 내에 발생하는 과잉간극수압의 변화를 시간과 배수거리에 따라 나타낸 것이다.
② 압밀방정식을 풀면 압밀도를 시간계수의 함수로 나타낼 수 있다.
③ 평균압밀도는 시간에 따른 압밀침하량을 최종 압밀침하량으로 나누면 구할 수 있다.
④ 하중이 증가하면 압밀침하량이 증가하고 압밀도도 증가한다.

7. 다음 그림과 같은 점토지반에 재하 순간 A점에서의 물의 높이가 그림에서와 같이 점토층의 윗면으로부터 5m이었다. 이러한 물의 높이가 4m까지 내려오는 데 50일이 걸렸다면 50% 압밀이 일어나는 데는 며칠이 더 걸리겠는가? (단, 10% 압밀 시 압밀계수 T_v=0.008, 20% 압밀 시 T_v=0.031, 50% 압밀 시 T_v=0.197이다.)

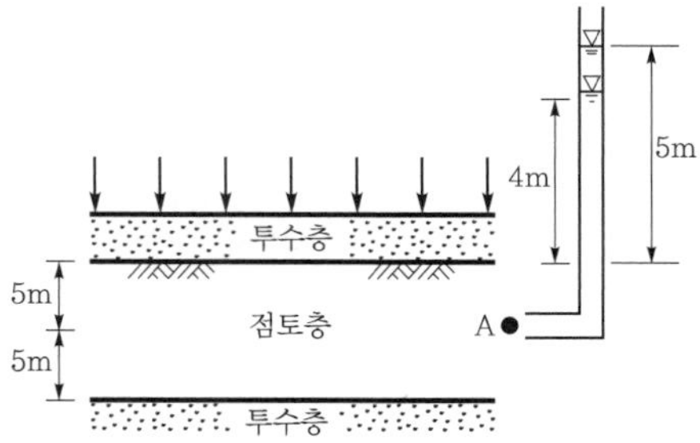

① 268일　② 618일
③ 1,181일　④ 1,231일

8. 상하층이 모래로 되어 있는 두께 2m의 점토층이 어떤 하중을 받고 있다. 이 점토층의 투수계수(K)가 5 ×10^{-7}cm/s, 체적변화계수(m_v)가 0.05cm^2/kg일 때 90% 압밀에 요구되는 시간을 구하면? (단, T_{90}=0.848)

① 5.6일　　② 9.8일
③ 15.2일　　④ 47.2일

9. 사질토에 대한 직접전단시험을 실시하여 다음과 같은 결과를 얻었다. 내부마찰각은 약 얼마인가?

수직응력(kN/m^2)	30	60	90
최대 전단응력(kN/m^2)	17.3	34.6	51.9

① 25°　　② 30°
③ 35°　　④ 40°

10. 정규압밀점토에 대하여 구속응력 200kN/m^{2}로 압밀배수 삼축압축시험을 실시한 결과 파괴 시 축차응력이 400kN/m^{2}이었다. 이 흙의 내부마찰각은?

① 20°　　② 25°
③ 30°　　④ 45°

11. 다음은 전단시험을 한 응력경로이다. 어느 경우인가?

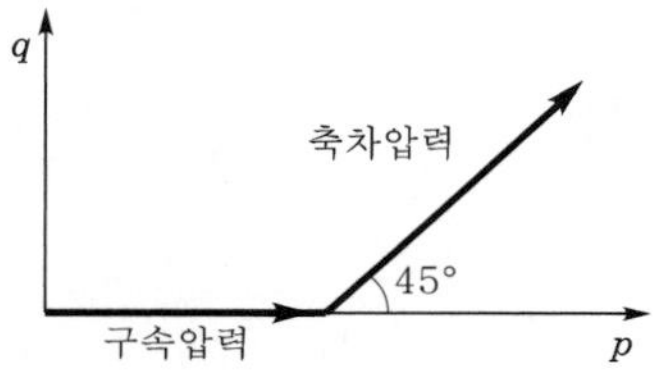

① 초기단계의 최대 주응력과 최소 주응력이 같은 상태에서 시행한 삼축압축시험의 전응력경로이다.
② 초기단계의 최대 주응력과 최소 주응력이 같은 상태에서 시행한 일축압축시험의 전응력경로이다.
③ 초기단계의 최대 주응력과 최소 주응력이 같은 상태에서 K_o=0.5인 조건에서 시행한 삼축압축시험의 전응력경로이다.
④ 초기단계의 최대 주응력과 최소 주응력이 같은 상태에서 K_o=0.7인 조건에서 시행한 일축압축시험의 전응력경로이다.

12. 비배수점착력, 유효상재압력, 그리고 소성지수 사이의 관계는 $\frac{C_u}{P}$=0.11+0.0037PI이다. 다음 그림에서 정규압밀점토의 두께는 15m, 소성지수(PI)가 40%일 때 점토층의 중간 깊이에서 비배수점착력은?

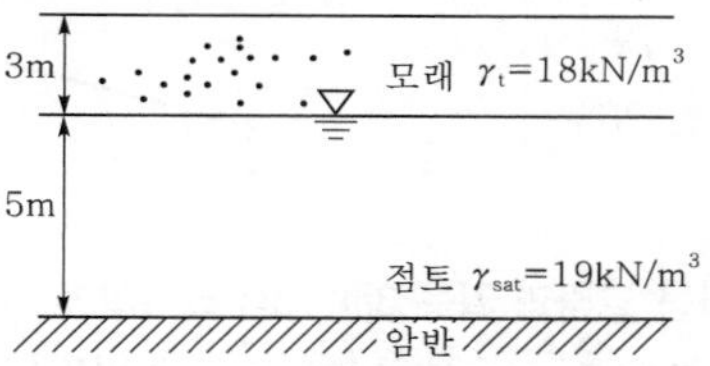

① 34.8kN/m^2　　② 31.3kN/m^2
③ 26.5kN/m^2　　④ 22.7kN/m^2

13. 다음 그림과 같이 옹벽 배면의 지표면에 등분포하중이 작용할 때 옹벽에 작용하는 전체 주동토압의 합력(P_a)와 옹벽 저면으로부터 합력의 작용점까지의 높이(h)는?

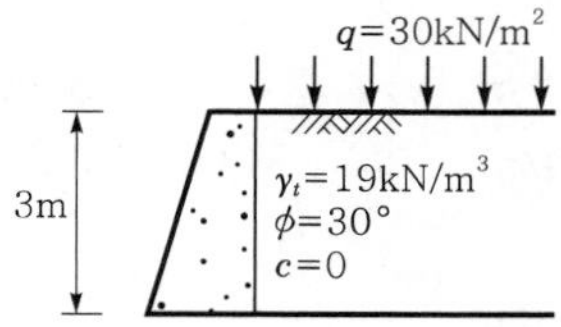

① P_a =28.5kN/m, h =1.26m
② P_a =28.5kN/m, h =1.38m
③ P_a =58.5kN/m, h =1.26m
④ P_a =58.5kN/m, h =1.38m

14. 모래치환법에 의한 흙의 들밀도시험결과 시험구멍에서 파낸 흙의 중량 및 함수비는 각각 18N, 30%이고, 이 시험구멍에 단위중량이 13.5kN/m^{3}인 표준모래를 채우는데 13.5N이 소요되었다. 현장 흙의 건조단위중량은?

① 9.3kN/m^3　　② 10.3kN/m^3
③ 13.8kN/m^3　　④ 15.3kN/m^3

15. γ_t=18kN/m^3, c_u=30kN/m^2, ϕ=0의 수평면과 50°의 기울기로 굴토하려고 한다. 안전율을 2.0으로 가정하여 평면활동이론에 의한 굴토깊이를 결정하면?

① 2.80m　　② 5.60m
③ 7.15m　　④ 9.84m

16. 다음 그림과 같이 $c=0$인 모래로 이루어진 무한사면이 안정을 유지(안전율 ≥ 1)하기 위한 경사각(β)의 크기로 옳은 것은? (단, 물의 단위중량은 9.81kN/m^{3}이다.)

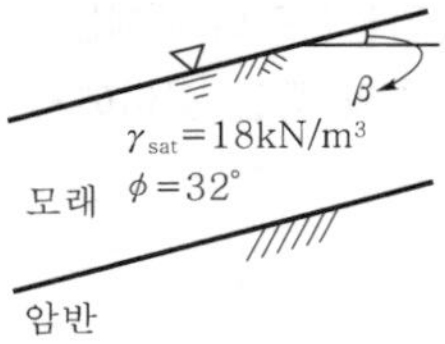

① $\beta \le 7.94°$
② $\beta \le 15.87°$
③ $\beta \le 23.79°$
④ $\beta \le 31.76°$

17. 다음 그림과 같은 3m×3m 크기의 정사각형 기초의 극한지지력을 Terzaghi공식으로 구하면? (단, 내부마찰각(ϕ)은 20°, 점착력(c)은 50kN/m^2, 지지력계수 $N_c=18$, $N_\gamma=5$, $N_q=7.5$이다.)

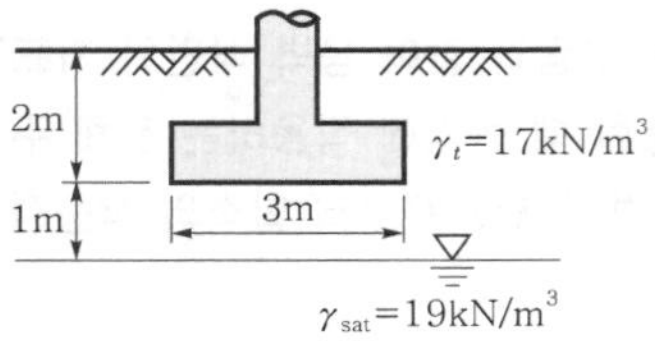

① 1,357.1kN/m^2 ② 1,495.8kN/m^2
③ 1,572.6kN/m^2 ④ 1,743.8kN/m^2

18. 말뚝기초의 지반거동에 관한 설명으로 틀린 것은?

① 연약지반상에 타입되어 지반이 먼저 변형하고 그 결과 말뚝이 저항하는 말뚝을 주동말뚝이라 한다.
② 말뚝에 작용한 하중은 말뚝 주변의 마찰력과 말뚝 선단의 지지력에 의하여 주변지반에 전달된다.
③ 기성말뚝을 타입하면 전단파괴를 일으키며 말뚝 주위의 지반은 교란된다.
④ 말뚝타입 후 지지력의 증가 또는 감소현상을 시간효과(Time effect)라 한다.

19. 중심간격이 2m, 지름 40cm인 말뚝을 가로 4개, 세로 5개씩 전체 20개의 말뚝을 박았다. 말뚝 한 개의 허용지지력이 150kN이라면 이 군항의 허용지지력은 약 얼마인가? (단, 군말뚝의 효율은 Converse-Labarre 공식을 사용한다.)

① 4,500kN ② 3,000kN
③ 2,415kN ④ 1,215kN

20. 토목섬유의 주요 기능 중 옳지 않은 것은?

① 보강(reinforcement) ② 배수(drainage)
③ 댐핑(damping) ④ 분리(separation)

토목기사 실전 모의고사 3회

▶ 정답 및 해설 : p.129

1. 어떤 흙 12kN(함수비 20%)과 흙 26kN(함수비 30%)을 섞으면 그 흙의 함수비는 약 얼마인가?

① 21.1% ② 25.0%
③ 26.7% ④ 29.5%

2. 모래지반의 현장 상태 습윤단위중량을 측정한 결과 17.64kN/m^{3}로 얻어졌으며, 동일한 모래를 채취하여 실내에서 가장 조밀한 상태의 간극비를 구한 결과 $e_{\min}=0.45$를, 가장 느슨한 상태의 간극비를 구한 결과 $e_{\max}=0.92$를 얻었다. 현장 상태의 상대밀도는 약 몇 %인가? (단, 모래의 비중 $G_s=2.7$이고, 현장 상태의 함수비 $w=10\%$이다.)

① 44% ② 57%
③ 64% ④ 80%

3. 통일분류법에 의해 그 흙이 MH로 분류되었다면 이 흙의 대략적인 공학적 성질은?

① 액성한계가 50% 이상인 실트이다.
② 액성한계가 50% 이하인 점토이다.
③ 소성한계가 50% 이상인 점토이다.
④ 소성한계가 50% 이하인 실트이다.

4. 다음 그림에서 투수계수 $K=4.8\times10^{-3}$cm/s일 때 Darcy유출속도 V와 실제 물의 속도(침투속도) V_s는?

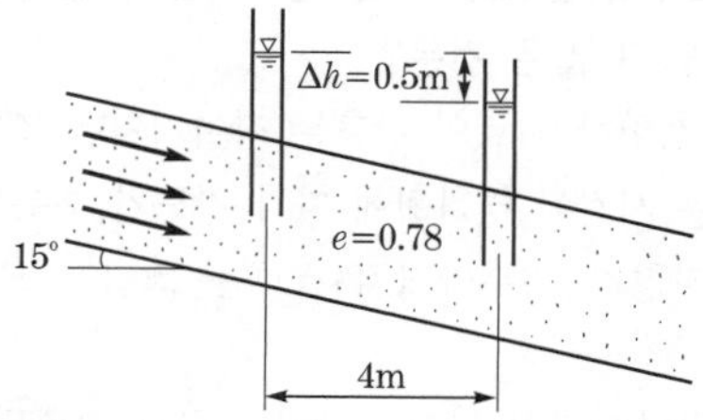

① $V=3.4\times10^{-4}$cm/s, $V_s=5.6\times10^{-4}$cm/s
② $V=4.6\times10^{-4}$cm/s, $V_s=9.4\times10^{-4}$cm/s
③ $V=5.2\times10^{-4}$cm/s, $V_s=10.8\times10^{-4}$cm/s
④ $V=5.8\times10^{-4}$cm/s, $V_s=13.2\times10^{-4}$cm/s

5. 쓰레기 매립장에서 누출되어 나온 침출수가 지하수를 통하여 100m 떨어진 하천으로 이동한다. 매립장 내부와 하천의 수위차가 1m이고, 포화된 중간 지반은 평균투수계수 1×10^{-3}cm/s의 자유면 대수층으로 구성되어 있다고 할 때 매립장으로부터 침출수가 하천에 처음 도착하는데 걸리는 시간은 약 몇 년인가? (단, 이때 대수층의 간극비(e)는 0.25였다.)

① 3.45년 ② 6.34년
③ 10.56년 ④ 17.23년

6. 다음 그림에서 C점의 압력수두 및 전수두값은 얼마인가?

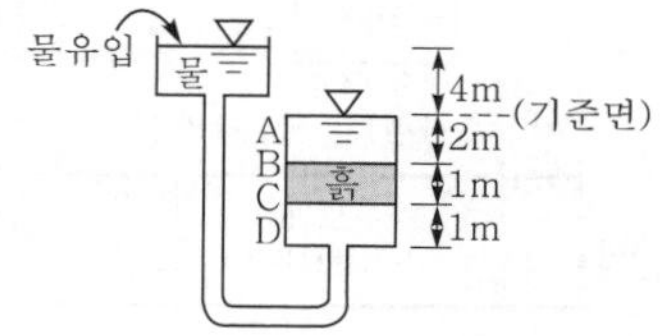

① 압력수두 3m, 전수두 2m
② 압력수두 7m, 전수두 0m
③ 압력수두 3m, 전수두 3m
④ 압력수두 7m, 전수두 4m

7. 다음 그림과 같이 지표면에서 2m 부분이 지하수위이고 $e=0.6$, $G_s=2.68$이며 지표면까지 모관현상에 의하여 100% 포화되었다고 가정하였을 때 A점에 작용하는 유효응력의 크기는 얼마인가?

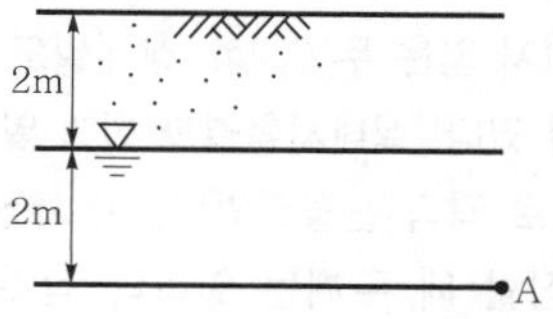

① 72.5kN/m^2 ② 67.5kN/m^2
③ 60.8kN/m^2 ④ 57.8kN/m^2

8. 단위중량(γ_t)=19kN/m³, 내부마찰각(ϕ)=30°, 정지토압계수(K_o)=0.5인 균질한 사질토 지반이 있다. 이 지반의 지표면 아래 2m 지점에 지하수위면이 있고 지하수위면 아래의 포화단위중량(γ_{sat})=20kN/m³이다. 이때 지표면 아래 4m 지점에서 지반 내 응력에 대한 설명으로 틀린 것은? (단, 물의 단위중량은 9.81kN/m³이다.)

① 연직응력(σ_v)은 80kN/m²이다.
② 간극수압(u)은 19.62kN/m²이다.
③ 유효연직응력(σ_v')은 58.38kN/m²이다.
④ 유효수평응력(σ_h')은 29.19kN/m²이다.

9. 다음 그림과 같이 피압수압을 받고 있는 2m 두께의 모래층이 있다. 그 위의 포화된 점토층을 5m 깊이로 굴착하는 경우 분사현상이 발생하지 않기 위한 수심(h)은 최소 얼마를 초과하도록 하여야 하는가?

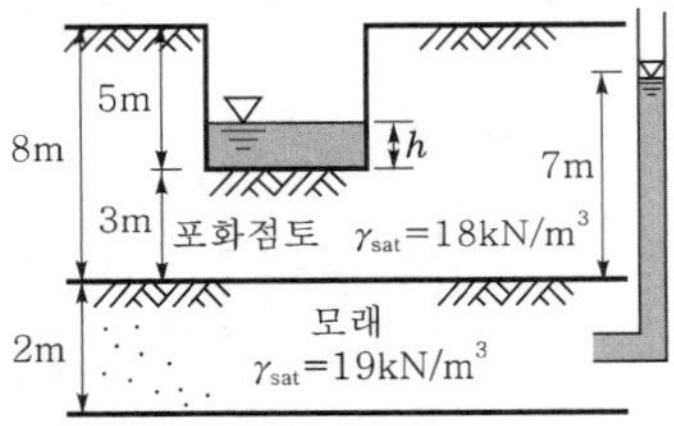

① 0.9m ② 1.5m
③ 1.9m ④ 2.4m

10. 지표면에 설치된 2m×2m의 정사각형 기초에 100kN/m²의 등분포하중이 작용하고 있을 때 5m 깊이에 있어서의 연직응력 증가량을 2 : 1분포법으로 계산한 값은?

① 0.83kN/m² ② 8.16kN/m²
③ 19.75kN/m² ④ 28.57kN/m²

11. 다짐되지 않은 두께 2m, 상대밀도 40%의 느슨한 사질토 지반이 있다. 실내시험결과 최대 및 최소 간극비가 0.80, 0.40으로 각각 산출되었다. 이 사질토를 상대밀도 70%까지 다짐할 때 두께는 얼마나 감소되겠는가?

① 12.41cm ② 14.63cm
③ 22.71cm ④ 25.83cm

12. 다음 그림과 같이 6m 두께의 모래층 밑에 2m 두께의 점토층이 존재한다. 지하수면은 지표 아래 2m 지점에 존재한다. 이때 지표면에 ΔP=50kN/m²의 등분포하중이 작용하여 상당한 시간이 경과한 후 점토층의 중간 높이 A점에 피에조미터를 세워 수두를 측정한 결과 h=4.0m로 나타났다면 A점의 압밀도는?

① 22%
② 30%
③ 52%
④ 80%

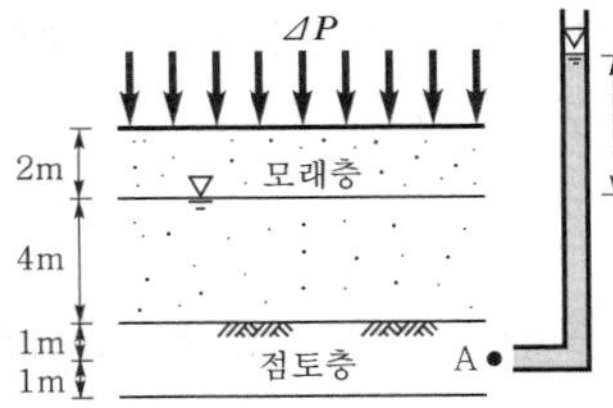

13. 직접전단시험을 한 결과 수직응력이 1,200kN/m²일 때 전단저항이 500kN/m², 수직응력이 2,400kN/m²일 때 전단저항이 700kN/m²이었다. 수직응력이 3,000kN/m²일 때의 전단저항은?

① 600kN/m² ② 800kN/m²
③ 1,000kN/m² ④ 1,200kN/m²

14. 성토된 하중에 의해 서서히 압밀이 되고 파괴도 완만하게 일어나 간극수압이 발생되지 않거나 측정이 곤란한 경우 실시하는 시험은?

① 압밀배수전단시험(CD시험)
② 비압밀비배수전단시험(UU시험)
③ 압밀비배수전단시험(CU시험)
④ 급속전단시험

15. 모래의 밀도에 따라 일어나는 전단특성에 대한 설명 중 옳지 않은 것은?

① 다시 성형한 시료의 강도는 작아지지만 조밀한 모래에서는 시간이 경과됨에 따라 강도가 회복된다.
② 전단저항각(내부마찰각(ϕ))은 조밀한 모래일수록 크다.
③ 직접전단시험에 있어서 전단응력과 수평변위곡선은 조밀한 모래에서는 peak가 생긴다.
④ 직접전단시험에 있어 수평변위－수직변위곡선은 조밀한 모래에서는 전단이 진행됨에 따라 체적이 증가한다.

16. 다음 그림에서 상재하중만으로 인한 주동토압(P_a)과 작용위치(x)는?

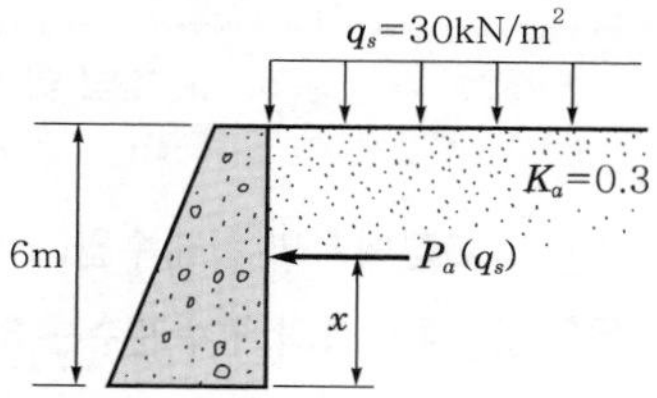

① $P_a(q_s)$ =9kN/m, x=2m
② $P_a(q_s)$ =9kN/m, x=3m
③ $P_a(q_s)$ =54kN/m, x=2m
④ $P_a(q_s)$ =54kN/m, x=3m

17. 현장에서 다짐된 사질토의 상대다짐도가 95%이고 최대 및 최소 건조단위중량이 각각 17.6kN/m^3, 15kN/m^{3}이라고 할 때 현장 시료의 건조단위중량과 상대밀도를 구하면?

건조단위중량	상대밀도
① 16.7kN/m^3	71%
② 16.7kN/m^3	69%
③ 16.3kN/m^3	69%
④ 16.3kN/m^3	71%

18. 사질토 지반에서 직경 30cm의 평판재하시험결과 300kN/m^{2}의 압력이 작용할 때 침하량이 10mm라면 직경 1.5m의 실제 기초에 300kN/m^{2}의 하중이 작용할 때 침하량의 크기는?

① 28mm ② 50mm
③ 14mm ④ 25mm

19. 절편법을 이용한 사면안정해석 중 가상파괴면의 한 절편에 작용하는 힘의 상태를 다음 그림으로 나타내었다. 설명 중 잘못된 것은?

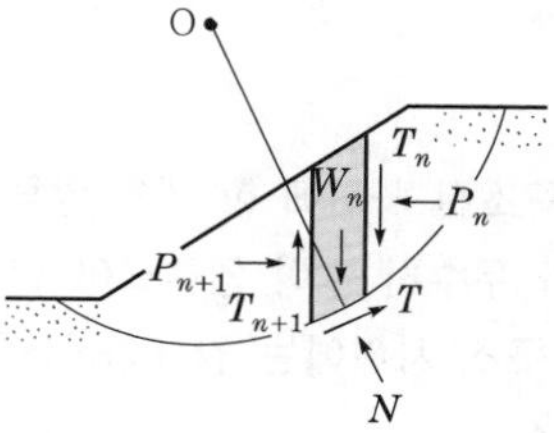

① Swedish(Fellenius)법에서는 T_n과 P_n의 합력이 P_{n+1}과 T_{n+1}의 합력과 같고 작용선도 일치한다고 가정하였다.
② Bishop의 간편법에서는 $P_{n+1}-P_n=0$이고 $T_n-T_{n+1}=0$로 가정하였다.
③ 절편의 전중량 W_n=흙의 단위중량×절편의 높이×절편의 폭이다.
④ 안전율은 파괴원의 중심 0에서 저항전단모멘트를 활동모멘트로 나눈 값이다.

20. 깊은 기초에 대한 설명으로 틀린 것은?

① 점토지반 말뚝기초의 주면마찰저항을 산정하는 방법에는 α, β, λ방법이 있다.
② 사질토에서 말뚝의 선단지지력은 깊이에 비례하여 증가하나, 어느 한계에 도달하면 더 이상 증가하지 않고 거의 일정해진다.
③ 무리말뚝의 효율은 1보다 작은 것이 보통이나, 느슨한 사질토의 경우에는 1보다 클 수 있다.
④ 무리말뚝의 침하량은 동일한 규모의 하중을 받는 외말뚝의 침하량보다 작다.

토목기사 실전 모의고사 4회

▶ 정답 및 해설 : p.131

1. 두 개의 규소판 사이에 한 개의 알루미늄판이 결합된 3층 구조가 무수히 많이 연결되어 형성된 점토광물로서 각 3층 구조 사이에는 칼륨이온(K^+)으로 결합되어 있는 것은?

① 고령토(kaolinite)
② 일라이트(illite)
③ 몬모릴로나이트(montmorillonite)
④ 할로이사이트(halloysite)

2. 어떤 흙 1,200g(함수비 20%)과 흙 2,600g(함수비 30%)을 섞으면 그 흙의 함수비는 약 얼마인가?

① 21.1%　② 25.0%
③ 26.7%　④ 29.5%

3. 다음 그림에서 투수계수 $K=4.8\times10^{-3}$cm/s일 때 Darcy유출속도 V와 실제 물의 속도(침투속도) V_s는?

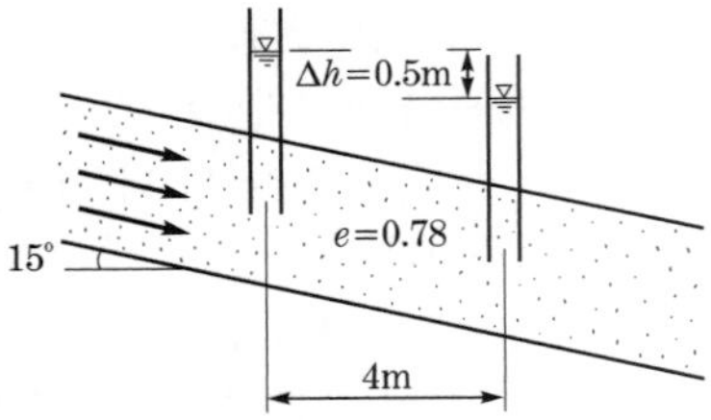

① $V=3.4\times10^{-4}$cm/s, $V_s=5.6\times10^{-4}$cm/s
② $V=4.6\times10^{-4}$cm/s, $V_s=9.4\times10^{-4}$cm/s
③ $V=5.2\times10^{-4}$cm/s, $V_s=10.8\times10^{-4}$cm/s
④ $V=5.8\times10^{-4}$cm/s, $V_s=13.2\times10^{-4}$cm/s

4. 간극비가 0.80이고 토립자의 비중이 2.70인 지반의 분사현상에 대한 안전율이 3이라고 할 때 이 지반에 허용되는 최대 동수구배는?

① 0.11　② 0.31
③ 0.61　④ 0.91

5. 침투유량(q) 및 B점에서의 간극수압(u_B)을 구한 값으로 옳은 것은? (단, 투수층의 투수계수는 3×10^{-1}cm/s이다.)

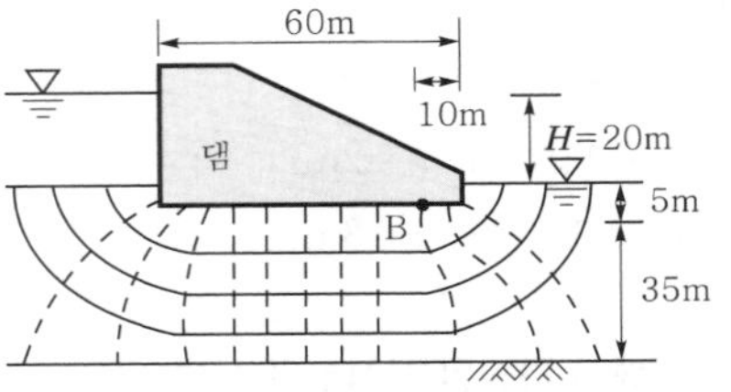

① $q=100\text{cm}^3/\text{s/cm}$, $u_B=49\text{kN/m}^2$
② $q=100\text{cm}^3/\text{s/cm}$, $u_B=98\text{kN/m}^2$
③ $q=200\text{cm}^3/\text{s/cm}$, $u_B=49\text{kN/m}^2$
④ $q=200\text{cm}^3/\text{s/cm}$, $u_B=98\text{kN/m}^2$

6. 다음 그림과 같이 지표면에 집중하중이 작용할 때 A점에서 발생하는 연직응력의 증가량은?

① 0.206kN/m^2
② 0.244kN/m^2
③ 0.272kN/m^2
④ 0.303kN/m^2

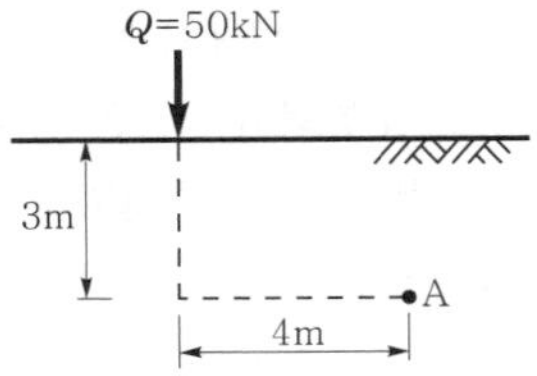

7. 얕은 기초 아래의 접지압력분포 및 침하량에 대한 설명으로 틀린 것은?

① 접지압력의 분포는 기초의 강성, 흙의 종류, 형태 및 깊이 등에 따라 다르다.
② 점성토 지반에 강성기초 아래의 접지압분포는 기초의 모서리 부분이 중앙 부분보다 작다.
③ 사질토 지반에서 강성기초인 경우 중앙 부분이 모서리 부분보다 큰 접지압을 나타낸다.
④ 사질토 지반에서 유연성 기초인 경우 침하량은 중심부보다 모서리 부분이 더 크다.

8. 다음 점성토의 교란에 관련된 사항 중 잘못된 것은?

① 교란 정도가 클수록 $e-\log P$곡선의 기울기가 급해진다.

② 교란될수록 압밀계수는 작게 나타낸다.

③ 교란을 최소화하려면 면적비가 작은 샘플러를 사용한다.

④ 교란의 영향을 제거한 SHANSEP방법을 적용하면 효과적이다.

9. 어떤 점토의 압밀계수는 $1.92\times10^{-7}m^2/s$, 압축계수는 $2.86\times10^{-1}m^2/kN$이었다. 이 점토의 투수계수는? (단, 이 점토의 초기간극비는 0.8이고, 물의 단위중량은 $9.81kN/m^3$이다.)

① $0.99\times10^{-5}cm/s$

② $1.99\times10^{-5}cm/s$

③ $2.99\times10^{-5}cm/s$

④ $3.99\times10^{-5}cm/s$

10. 모래시료에 대해서 압밀배수 삼축압축시험을 실시하였다. 초기단계에서 구속응력(σ_3')은 $10MN/m^2$이고, 전단파괴 시에 작용된 축차응력(σ_{df})은 $20MN/m^2$이었다. 이와 같은 모래시료의 내부마찰각(ϕ) 및 파괴면에 작용하는 전단응력(τ_f)의 크기는?

① $\phi=30°$, $\tau_f=11.55MN/m^2$

② $\phi=40°$, $\tau_f=11.55MN/m^2$

③ $\phi=30°$, $\tau_f=8.66MN/m^2$

④ $\phi=40°$, $\tau_f=8.66MN/m^2$

11. 흙의 강도에 관한 설명이다. 설명 중 옳지 않은 것은?

① 모래는 점토보다 내부마찰각이 크다.

② 일축압축시험방법은 모래에 적합한 방법이다.

③ 연약점토지반의 현장 시험에는 베인(vane)전단시험이 많이 이용된다.

④ 예민비란 교란되지 않은 공시체의 일축압축강도에 대한 다시 반죽한 공시체의 일축압축강도의 비를 말한다.

12. 흙의 전단강도에 대한 설명으로 틀린 것은?

① 조밀한 모래는 전단변형이 작을 때 전단파괴에 이른다.

② 조밀한 모래는 (+)dilatancy, 느슨한 모래는 (−)dilatancy가 발생한다.

③ 점착력과 내부마찰각은 파괴면에 작용하는 수직응력의 크기에 비례한다.

④ 전단응력이 전단강도를 넘으면 흙의 내부에 파괴가 일어난다.

13. 모래의 밀도에 따라 일어나는 전단특성에 대한 설명 중 옳지 않은 것은?

① 다시 성형한 시료의 강도는 작아지지만 조밀한 모래에서는 시간이 경과됨에 따라 강도가 회복된다.

② 전단저항각(내부마찰각(ϕ))은 조밀한 모래일수록 크다.

③ 직접전단시험에 있어서 전단응력과 수평변위곡선은 조밀한 모래에서는 peak가 생긴다.

④ 직접전단시험에 있어 수평변위−수직변위곡선은 조밀한 모래에서는 전단이 진행됨에 따라 체적이 증가한다.

14. 점성토에 대한 압밀배수 삼축압축시험결과를 $p-q$ diagram에 그린 결과 K−line의 경사각 α는 20°이고 절편 m은 $0.34MN/m^2$이었다. 이 점성토의 내부마찰각(ϕ) 및 점착력(c)의 크기는?

① $\phi=21.34°$, $c=0.37MN/m^2$

② $\phi=23.54°$, $c=0.34MN/m^2$

③ $\phi=24.21°$, $c=0.35MN/m^2$

④ $\phi=24.52°$, $c=0.35MN/m^2$

15. 토압에 대한 다음 설명 중 옳은 것은?

① 일반적으로 정지토압계수는 주동토압계수보다 작다.

② Rankine이론에 의한 주동토압의 크기는 Coulomb이론에 의한 값보다 작다.

③ 옹벽, 흙막이벽체, 널말뚝 중 토압분포가 삼각형분포에 가장 가까운 것은 옹벽이다.

④ 극한주동상태는 수동상태보다 훨씬 더 큰 변위에서 발생한다.

16. 흙의 다짐에 대한 설명으로 틀린 것은?

① 다짐에너지가 증가할수록 최대 건조단위중량은 증가한다.
② 최적함수비는 최대 건조단위중량을 나타낼 때의 함수비이며, 이때 포화도는 100%이다.
③ 흙의 투수성 감소가 요구될 때에는 최적함수비의 습윤측에서 다짐을 실시한다.
④ 다짐에너지가 증가할수록 최적함수비는 감소한다.

17. 현장에서 다짐된 사질토의 상대다짐도가 95%이고 최대 및 최소 건조단위중량이 각각 17.6kN/m³, 15kN/m³이라고 할 때 현장 시료의 건조단위중량과 상대밀도를 구하면?

	건조단위중량	상대밀도
①	16.7kN/m³	71%
②	16.7kN/m³	69%
③	16.3kN/m³	69%
④	16.3kN/m³	71%

18. 암반층 위에 5m 두께의 토층이 경사 15°의 자연사면으로 되어 있다. 이 토층은 $c=15\text{kN/m}^2$, $\phi=30°$, $\gamma_t=18\text{kN/m}^3$이고, 지하수면은 토층의 지표면과 일치하고 침투는 경사면과 대략 평형이다. 이때의 안전율은? (단, 물의 단위중량은 9.81kN/m³이다.)

① 0.85 ② 1.15
③ 1.65 ④ 2.05

19. 크기가 30cm×30cm의 평판을 이용하여 사질토 위에서 평판재하시험을 실시하고 극한지지력 200kN/m²을 얻었다. 크기가 1.8m×1.8m인 정사각형 기초의 총허용하중은? (단, 안전율 3을 사용)

① 900kN ② 1,100kN
③ 1,300kN ④ 1,500kN

20. 점착력이 50kN/m², $\gamma_t=18\text{kN/m}^3$의 비배수상태($\phi=0$)인 포화된 점성토 지반에 직경 40cm, 길이 10m의 PHC말뚝이 항타시공되었다. 이 말뚝의 선단지지력은 얼마인가? (단, Meyerhof방법을 사용)

① 15.7kN ② 32.3kN
③ 56.5kN ④ 450kN

토목기사 실전 모의고사 5회

▶ 정답 및 해설 : p.133

1. 습윤단위중량이 20kN/m^3, 함수비 20%, G_s=2.7인 경우 포화도는?

① 86.1% ② 91.5%
③ 95.6% ④ 100%

2. 4.75mm체(4번체) 통과율이 90%이고, 0.075mm체(200번체) 통과율이 4%, D_{10}=0.25mm, D_{30}=0.6mm, D_{60}=2mm인 흙을 통일분류법으로 분류하면?

① GW ② GP
③ SW ④ SP

3. 단면적 20cm^2, 길이 10cm의 시료를 15cm의 수두차로 정수위 투수시험을 한 결과 2분 동안 150cm^{3}의 물이 유출되었다. 이 흙의 G_s=2.67이고, 건조중량은 420g이었다. 공극을 통하여 침투하는 실제 침투유속 V_s는 약 얼마인가?

① 0.180cm/s
② 0.298cm/s
③ 0.376cm/s
④ 0.434cm/s

4. 수평방향투수계수가 0.12cm/s이고, 연직방향투수계수가 0.03cm/s일 때 1일 침투유량은?

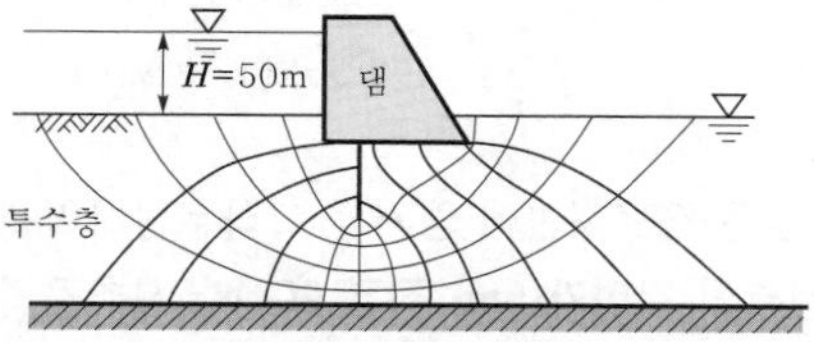

① 570m^3/day/m
② 1,080m^3/day/m
③ 1,220m^3/day/m
④ 1,410m^3/day/m

5. 다음 그림과 같이 피압수압을 받고 있는 2m 두께의 모래층이 있다. 그 위의 포화된 점토층을 5m 깊이로 굴착하는 경우 분사현상이 발생하지 않기 위한 수심(h)은 최소 얼마를 초과하도록 하여야 하는가?

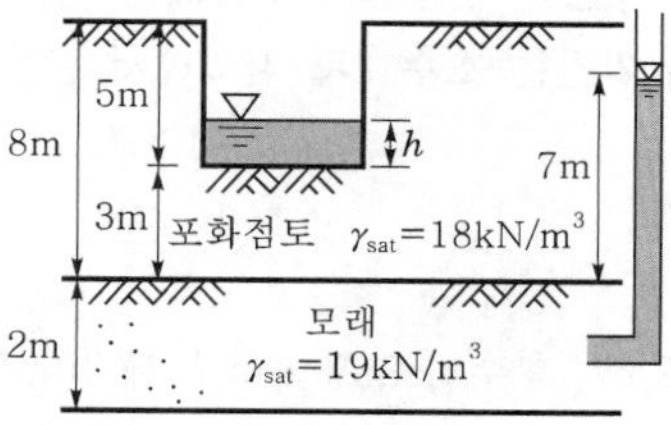

① 0.9m ② 1.5m
③ 1.9m ④ 2.4m

6. 다음 그림과 같이 2m×3m 크기의 기초에 100kN/m^{2}의 등분포하중이 작용할 때 A점 아래 4m 깊이에서의 연직응력 증가량은? (단, 아래 표의 영향계수값을 활용하여 구하며 $m=\frac{B}{Z}$, $n=\frac{L}{Z}$이고, B는 직사각형 단면의 폭, L은 직사각형 단면의 길이, Z는 토층의 깊이이다.)

【영향계수(I)값】

m	0.25	0.5	0.5	0.5
n	0.5	0.25	0.75	1.0
I	0.048	0.048	0.115	0.122

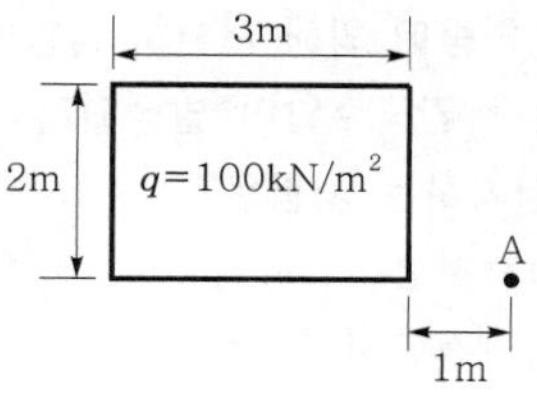

① 6.7kN/m^2 ② 7.4kN/m^2
③ 12.2kN/m^2 ④ 17.0kN/m^2

7. 흙이 동상(凍上)을 일으키기 위한 조건으로 가장 거리가 먼 것은?

① 아이스렌스를 형성하기 위한 충분한 물의 공급
② 양(+)이온을 다량 함유할 것
③ 0℃ 이하의 온도가 오랫동안 지속될 것
④ 동상이 일어나기 쉬운 토질일 것

8. 두께 2cm의 점토시료에 대한 압밀시험에서 전압밀에 소요되는 시간이 2시간이었다. 같은 시료조건에서 5m 두께의 지층이 전압밀에 소요되는 기간은 약 몇 년인가? (단, 기간은 소수 2째 자리에서 반올림함)

① 9.3년 ② 14.3년
③ 12.3년 ④ 16.3년

9. 비중 2.67, 함수비 35%이며 두께 10m인 포화점토층이 압밀 후에 함수비가 25%로 되었다면 이 토층높이의 변화량은?

① 113cm ② 128cm
③ 135cm ④ 155cm

10. 다음 그림에서 A점 흙의 강도 정수가 $c'=30\text{kN/m}^2$, $\phi'=30°$일 때 A점에서의 전단강도는? (단, 물의 단위중량은 9.81kN/m^3이다.)

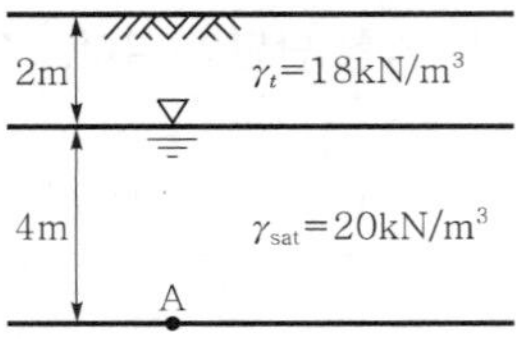

① 69.31kN/m^2 ② 74.32kN/m^2
③ 96.97kN/m^2 ④ 103.92kN/m^2

11. 성토된 하중에 의해 서서히 압밀이 되고 파괴도 완만하게 일어나 간극수압이 발생되지 않거나 측정이 곤란한 경우 실시하는 시험은?

① 압밀배수전단시험(CD시험)
② 비압밀비배수전단시험(UU시험)
③ 압밀비배수전단시험(CU시험)
④ 급속전단시험

12. 어떤 시료에 대해 액압 100kN/m^2를 가해 각 수직변위에 대응하는 수직하중을 측정한 결과가 다음과 같다. 파괴 시의 축차응력은? (단, 피스톤의 지름과 시료의 지름은 같다고 보며 시료의 단면적 $A_o=18\text{cm}^2$, 길이 $L=14\text{cm}$이다.)

ΔL(1/100mm)	0	…	1,000	1,100	1,200	1,300	1,400
P(N)	0	…	540	580	600	590	580

① 305kN/m^2 ② 255kN/m^2
③ 205kN/m^2 ④ 155kN/m^2

13. 다음 그림과 같은 정규압밀점토지반에서 점토층 중간의 비배수점착력은? (단, 소성지수는 50%임)

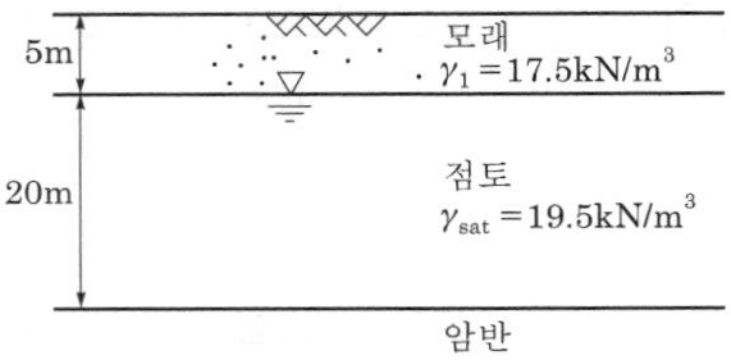

① 54.43kN/m^2 ② 62.62kN/m^2
③ 72.32kN/m^2 ④ 82.12kN/m^2

14. 다음 그림과 같은 옹벽에 작용하는 주동토압은? (단, 흙의 단위중량 $\gamma=17\text{kN/m}^3$, 내부마찰각 $\phi=30°$, 점착력 $c=0$)

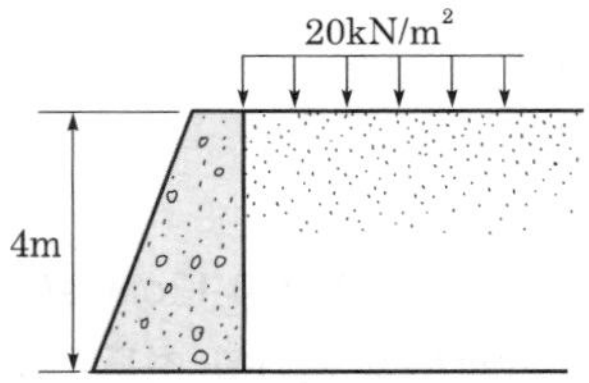

① 36kN/m ② 45.3kN/m
③ 72kN/m ④ 124.7kN/m

15. 굳은 점토지반에 앵커를 그라우팅하여 고정시켰다. 고정부의 길이가 5m, 직경 20cm, 시추공의 직경은 10cm이었다. 점토의 비배수전단강도(C_u)$=100\text{kN/m}^2$, $\phi=0°$라고 할 때 앵커의 극한지지력은? (단, 표면마찰계수=0.6)

① 94kN ② 157kN
③ 188kN ④ 313kN

16. 다져진 흙의 역학적 특성에 대한 설명으로 틀린 것은?

① 다짐에 의하여 간극이 작아지고 부착력이 커져서 역학적 강도 및 지지력은 증대하고, 압축성, 흡수성 및 투수성은 감소한다.
② 점토를 최적함수비보다 약간 건조측의 함수비로 다지면 면모구조를 가지게 된다.
③ 점토를 최적함수비보다 약간 습윤측에서 다지면 투수계수가 감소하게 된다.
④ 면모구조를 파괴시키지 못할 정도의 작은 압력으로 점토시료를 압밀할 경우 건조측 다짐을 한 시료가 습윤측 다짐을 한 시료보다 압축성이 크게 된다.

17. 사질토 지반에서 직경 30cm의 평판재하시험결과 300kN/m^{2}의 압력이 작용할 때 침하량이 10mm라면 직경 1.5m의 실제 기초에 300kN/m^{2}의 하중이 작용할 때 침하량의 크기는?

① 28mm　② 50mm
③ 14mm　④ 25mm

18. 연약한 점성토의 지반특성을 파악하기 위한 현장 조사시험방법에 대한 설명 중 틀린 것은?

① 현장 베인시험은 연약한 점토층에서 비배수전단강도를 직접 산정할 수 있다.
② 정적 콘관입시험(CPT)은 콘지수를 이용하여 비배수전단강도추정이 가능하다.
③ 표준관입시험에서의 N값은 연약한 점성토 지반특성을 잘 반영해준다.
④ 정적 콘관입시험(CPT)은 연속적인 지층분류 및 전단강도추정 등 연약점토특성분석에 매우 효과적이다.

19. 2m×2m 정방형 기초가 1.5m 깊이에 있다. 이 흙의 단위중량 γ=17kN/m^3, 점착력 c=0이며 N_r=19, N_q=22이다. Terzaghi의 공식을 이용하여 전허용하중(Q_{all})을 구한 값은? (단, 안전율 F_s=3으로 한다.)

① 273kN　② 546kN
③ 819kN　④ 1,093kN

20. 부마찰력에 대한 설명이다. 틀린 것은?

① 부마찰력을 줄이기 위하여 말뚝표면을 아스팔트 등으로 코팅하여 타설한다.
② 지하수위 저하 또는 압밀이 진행 중인 연약지반에서 부마찰력이 발생한다.
③ 점성토 위에 사질토를 성토한 지반에 말뚝을 타설한 경우에 부마찰력이 발생한다.
④ 부마찰력은 말뚝을 아래방향으로 작용하는 힘이므로 결국에는 말뚝의 지지력을 증가시킨다.

토목기사 실전 모의고사 6회

▶ 정답 및 해설 : p.135

1. 흙입자의 비중은 2.56, 함수비는 35%, 습윤단위중량은 17.5kN/m^3일 때 간극률은?

① 32.63%　　② 37.36%
③ 43.56%　　④ 48.32%

2. 모래지반의 현장 상태 습윤단위중량을 측정한 결과 17.64kN/m^3로 얻어졌으며, 동일한 모래를 채취하여 실내에서 가장 조밀한 상태의 간극비를 구한 결과 $e_{\min}=0.45$를, 가장 느슨한 상태의 간극비를 구한 결과 $e_{\max}=0.92$를 얻었다. 현장 상태의 상대밀도는 약 몇 %인가? (단, 모래의 비중 $G_s=2.7$이고, 현장 상태의 함수비 $w=10\%$이다.)

① 44%　　② 57%
③ 64%　　④ 80%

3. 다음 그림과 같이 3개의 지층으로 이루어진 지반에서 수직방향 등가투수계수는?

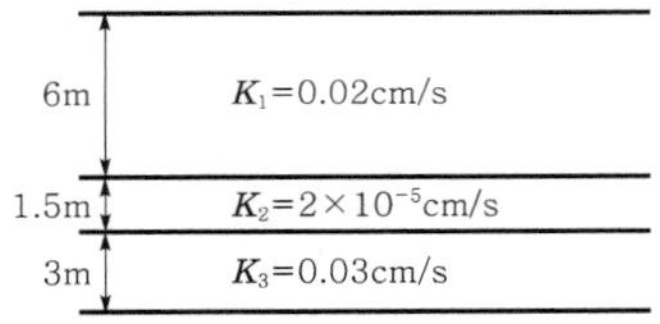

① 2.516×10^{-6}cm/s　　② 1.274×10^{-5}cm/s
③ 1.393×10^{-4}cm/s　　④ 2.0×10^{-2}cm/s

4. 단위중량(γ_t)=19kN/m^3, 내부마찰각(ϕ)=30°, 정지토압계수(K_o)=0.5인 균질한 사질토 지반이 있다. 이 지반의 지표면 아래 2m 지점에 지하수위면이 있고 지하수위면 아래의 포화단위중량(γ_{sat})=20kN/m^3이다. 이때 지표면 아래 4m 지점에서 지반 내 응력에 대한 설명으로 틀린 것은? (단, 물의 단위중량은 9.81kN/m^3이다.)

① 연직응력(σ_v)은 80kN/m^2이다.
② 간극수압(u)은 19.62kN/m^2이다.
③ 유효연직응력($\sigma_v{}'$)은 58.38kN/m^2이다.
④ 유효수평응력($\sigma_h{}'$)은 29.19kN/m^2이다.

5. 다음 그림과 같이 물이 흙 속으로 아래에서 침투할 때 분사현상이 생기는 수두차(Δh)는 얼마인가?

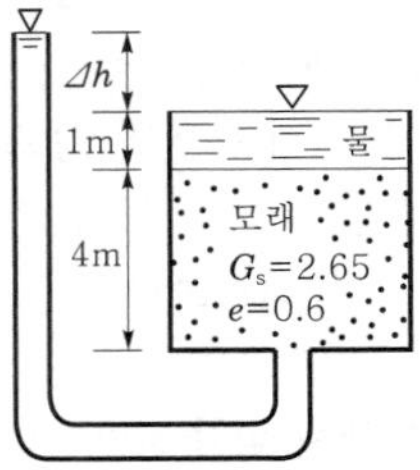

① 1.16m　　② 2.27m
③ 3.58m　　④ 4.13m

6. 지표에서 1m×1m의 기초에 50kN의 하중이 작용하고 있다. 깊이 4m 되는 곳에서의 연직응력을 2 : 1분포법으로 구한 값은?

① 4.5kN/m^2
② 3.1kN/m^2
③ 10kN/m^2
④ 2kN/m^2

7. Terzaghi는 포화점토에 대한 1차 압밀이론에서 수학적 해를 구하기 위하여 다음과 같은 가정을 하였다. 이 중 옳지 않은 것은?

① 흙은 균질하다.
② 흙은 완전히 포화되어 있다.
③ 흙입자와 물의 압축성을 고려하다.
④ 흙 속에서의 물의 이동은 Darcy법칙을 따른다.

8. 10m 두께의 점토층이 10년 만에 90% 압밀이 된다면 40m 두께의 동일한 점토층이 90% 압밀에 도달하는 데에 소요되는 기간은?

① 16년　　② 80년
③ 160년　　④ 240년

9. 다음 그림과 같은 지반에서 재하 순간 수주가 지표면(지하수위)으로부터 5m이었다. 40% 압밀이 일어난 후 A점에서의 전체 간극수압은 얼마인가? (단, 물의 단위중량은 9.81kN/m³이다.)

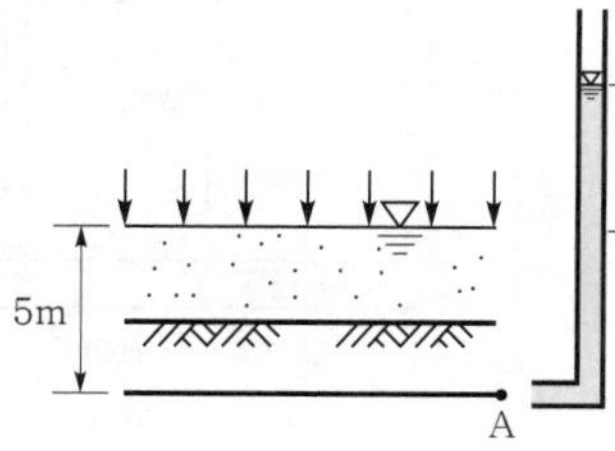

① 68.48kN/m²　　② 88.48kN/m²
③ 78.48kN/m²　　④ 98.48kN/m²

10. Mohr의 응력원에 대한 설명 중 틀린 것은?

① Mohr의 응력원에 접선을 그었을 때 종축과 만나는 점이 점착력 C이고, 그 접선의 기울기가 내부마찰각 ϕ이다.
② Mohr의 응력원이 파괴포락선과 접하지 않을 경우 전단파괴가 발생됨을 뜻한다.
③ 비압밀비배수시험조건에서 Mohr의 응력원은 수평축과 평행한 형상이 된다.
④ Mohr의 응력원에서 응력상태는 파괴포락선 위쪽에 존재할 수 없다.

11. 포화된 점토시료에 대해 비압밀비배수 삼축압축시험을 실시하여 얻어진 비배수 전단강도는 18MN/m²이었다(이 시험에서 가한 구속응력은 24MN/m²이었다). 만약 동일한 점토시료에 대해 또 한 번의 비압밀비배수 삼축압축시험을 실시할 경우(단, 이번 시험에서 가해질 구속응력의 크기는 40MN/m²) 전단파괴 시에 예상되는 축차응력의 크기는?

① 9MN/m²　　② 18MN/m²
③ 36MN/m²　　④ 54MN/m²

12. 외경이 50.8mm, 내경이 34.9mm인 스플릿스푼 샘플러의 면적비는?

① 112%　　② 106%
③ 53%　　④ 46%

13. 200kN/m²의 구속응력을 가하여 시료를 완전히 압밀시킨 다음 축차응력을 가하여 비배수상태로 전단시켜 파괴 시 축변형률 ε_f=10%, 축차응력 $\Delta\sigma_f$=280kN/m², 간극수압 Δu_f=210kN/m²를 얻었다. 파괴 시 간극수압계수 A를 구하면? (단, 간극수압계수 B는 1.0으로 가정한다.)

① 0.44
② 0.75
③ 1.33
④ 2.27

14. 다음 그림과 같이 성질이 다른 층으로 뒤채움 흙이 이루어진 옹벽에 작용하는 주동토압은?

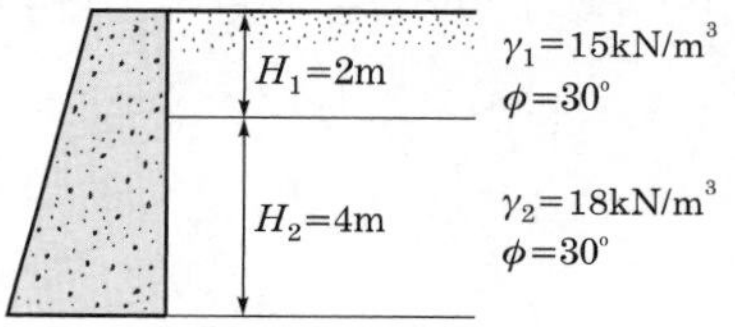

① 86kN/m　　② 98kN/m
③ 114kN/m　　④ 156kN/m

15. 흙의 다짐효과에 대한 설명 중 틀린 것은?

① 흙의 단위중량 증가
② 투수계수 감소
③ 전단강도 저하
④ 지반의 지지력 증가

16. 다음은 샌드콘을 사용하여 현장 흙의 밀도를 측정하기 위한 시험결과이다. 다음 결과로부터 현장 흙의 건조단위중량을 구하면?

- 표준사의 건조단위중량=16.66kN/m³
- 〔병+깔때기+모래(시험 전)〕의 무게=59.92N
- 〔병+깔때기+모래(시험 후)〕의 무게=28.18N
- 깔때기에 채워지는 표준사의 무게=1.17N
- 구덩이에서 파낸 흙의 무게=33.11N
- 구덩이에서 파낸 흙의 함수비=11.6%

① 16.16kN/m³　　② 17.16kN/m³
③ 18.16kN/m³　　④ 19.17kN/m³

17. $\gamma_t=18\text{kN/m}^3$, $c_u=30\text{kN/m}^2$, $\phi=0$의 수평면과 50°의 기울기로 굴토하려고 한다. 안전율을 2.0으로 가정하여 평면활동이론에 의한 굴토깊이를 결정하면?

① 2.80m　　② 5.60m
③ 7.15m　　④ 9.84m

18. 얕은 기초의 지지력계산에 적용하는 Terzaghi의 극한지지력공식에 대한 설명으로 틀린 것은?

① 기초의 근입깊이가 증가하면 지지력도 증가한다.
② 기초의 폭이 증가하면 지지력도 증가한다.
③ 기초지반이 지하수에 의해 포화되면 지지력은 감소한다.
④ 국부전단파괴가 일어나는 지반에서 내부마찰각(ϕ)은 $\frac{2}{3}\phi$를 적용한다.

19. 다음 그림과 같은 전면기초의 단면적이 100m^2, 구조물의 사하중 및 활하중을 합한 총하중이 25MN이고 근입깊이가 2m, 근입깊이 내의 흙의 단위중량이 18kN/m^3이었다. 이 기초에 작용하는 순압력은?

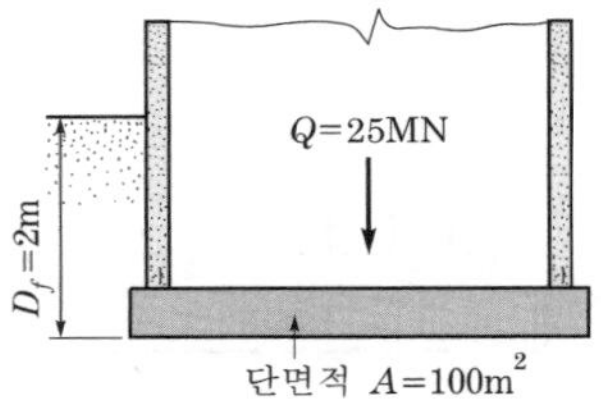

① 214kN/m^2　　② 250kN/m^2
③ 268kN/m^2　　④ 286kN/m^2

20. 중심간격이 2m, 지름 40cm인 말뚝을 가로 4개, 세로 5개씩 전체 20개의 말뚝을 박았다. 말뚝 한 개의 허용지지력이 150kN이라면 이 군항의 허용지지력은 약 얼마인가? (단, 군말뚝의 효율은 Converse-Labarre 공식을 사용한다.)

① 4,500kN　　② 3,000kN
③ 2,415kN　　④ 1,215kN

토목기사 실전 모의고사 7회

▶ 정답 및 해설 : p.137

1. 어떤 흙에 대해서 일축압축시험을 한 결과 일축압축강도가 0.1MPa이고, 이 시료의 파괴면과 수평면이 이루는 각이 50°일 때 이 흙의 점착력(c)과 내부마찰각(ϕ)은?

① c=0.06MPa, ϕ=10°
② c=0.042MPa, ϕ=50°
③ c=0.06MPa, ϕ=50°
④ c=0.042MPa, ϕ=10°

2. 점성토를 다지면 함수비의 증가에 따라 입자의 배열이 달라진다. 최적함수비의 습윤측에서 다짐을 실시하면 흙은 어떤 구조로 되는가?

① 단립구조　② 봉소구조
③ 이산구조　④ 면모구조

3. 어떤 점토의 압밀계수는 1.92×10^{-3}cm²/s, 압축계수는 2.86×10^{-2}cm²/g이었다. 이 점토의 투수계수는? (단, 이 점토의 초기 간극비는 0.8이다.)

① 1.05×10^{-5}cm²/s　② 2.05×10^{-5}cm²/s
③ 3.05×10^{-5}cm²/s　④ 4.05×10^{-5}cm²/s

4. Terzaghi의 극한지지력공식에 대한 설명으로 틀린 것은?

① 기초의 형상에 따라 형상계수를 고려하고 있다.
② 지지력계수 N_c, N_q, N_γ는 내부마찰각에 의해 결정된다.
③ 점성토에서의 극한지지력은 기초의 근입깊이가 깊어지면 증가된다.
④ 극한지지력은 기초의 폭에 관계없이 기초 하부의 흙에 의해 결정된다.

5. 노건조한 흙시료의 부피가 1,000cm³, 무게가 1,700g, 비중이 2.65라면 간극비는?

① 0.71　② 0.43
③ 0.65　④ 0.56

6. 흙의 투수계수에 영향을 미치는 요소들로만 구성된 것은?

㉮ 흙입자의 크기	㉯ 간극비
㉰ 간극의 모양과 배열	㉱ 활성도
㉲ 물의 점성계수	㉳ 포화도
㉴ 흙의 비중	

① ㉮, ㉯, ㉱, ㉳　② ㉮, ㉯, ㉰, ㉲, ㉳
③ ㉮, ㉯, ㉱, ㉲, ㉴　④ ㉯, ㉰, ㉲, ㉴

7. 흙의 다짐시험에서 다짐에너지를 증가시킬 때 일어나는 결과는?

① 최적함수비는 증가하고, 최대 건조단위중량은 감소한다.
② 최적함수비는 감소하고, 최대 건조단위중량은 증가한다.
③ 최적함수비와 최대 건조단위중량이 모두 감소한다.
④ 최적함수비와 최대 건조단위중량이 모두 증가한다.

8. 수조에 상방향의 침투에 의한 수두를 측정한 결과 다음 그림과 같이 나타났다. 이때 수조 속에 있는 흙에 발생하는 침투력을 나타낸 식은? (단, 시료의 단면적은 A, 시료의 길이는 L, 시료의 포화단위중량은 γ_{sat}, 물의 단위중량은 γ_w이다.)

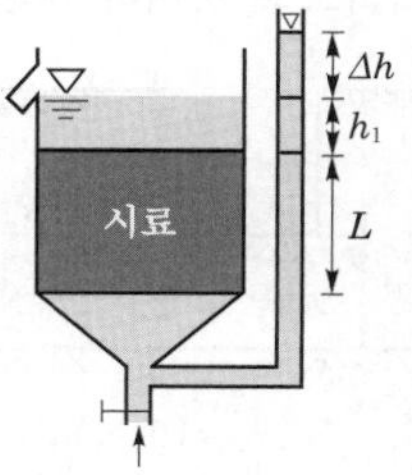

① $\Delta h\gamma_w\dfrac{A}{L}$　② $\Delta h\gamma_w A$
③ $\Delta h\gamma_{sat}A$　④ $\dfrac{\gamma_{sat}}{\gamma_w}A$

9. 다음 그림과 같이 3개의 지층으로 이루어진 지반에서 수직방향 등가투수계수는?

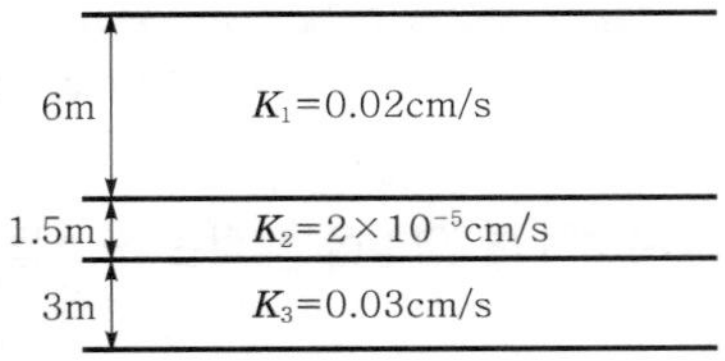

① 2.516×10^{-6}cm/s
② 1.274×10^{-5}cm/s
③ 1.393×10^{-4}cm/s
④ 2.0×10^{-2}cm/s

10. 다음 그림과 같은 폭(B) 1.2m, 길이(L) 1.5m인 사각형 얕은 기초에 폭(B)방향에 대한 편심이 작용하는 경우 지반에 작용하는 최대 압축응력은?

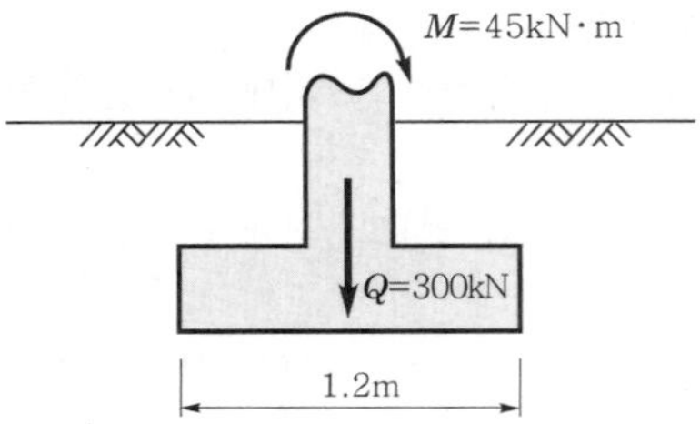

① 292kN/m^2 ② 385kN/m^2
③ 397kN/m^2 ④ 415kN/m^2

11. 다음 그림과 같이 피압수압을 받고 있는 2m 두께의 모래층이 있다. 그 위의 포화된 점토층을 5m 깊이로 굴착하는 경우 분사현상이 발생하지 않기 위한 수심(h)은 최소 얼마를 초과하도록 하여야 하는가?

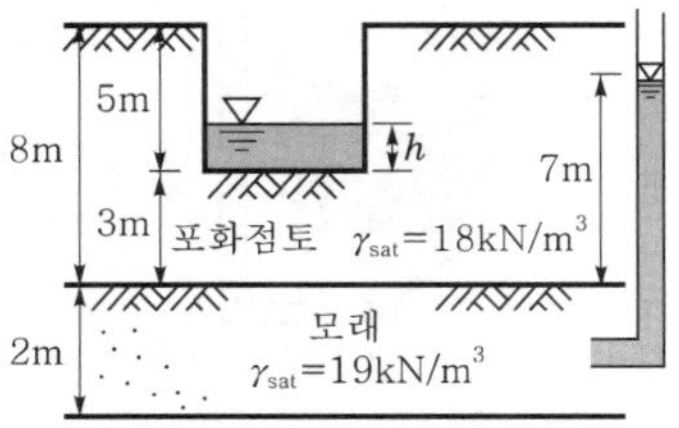

① 0.9m ② 1.5m
③ 1.9m ④ 2.4m

12. Meyerhof의 극한지지력공식에서 사용하지 않는 계수는?

① 형상계수
② 깊이계수
③ 시간계수
④ 하중경사계수

13. 다음 토질조사에 대한 설명 중 옳지 않은 것은 어느 것인가?

① 사운딩(Sounding)이란 지중에 저항체를 삽입하여 토층의 성상을 파악하는 현장시험이다.
② 불교란시료를 얻기 위해서 Foil Sampler, Thin wall tube sampler 등이 사용된다.
③ 표준관입시험은 로드(Rod)의 길이가 길어질수록 N치가 작게 나온다.
④ 베인시험은 정적인 사운딩이다.

14. 다음 그림에서 활동에 대한 안전율은?

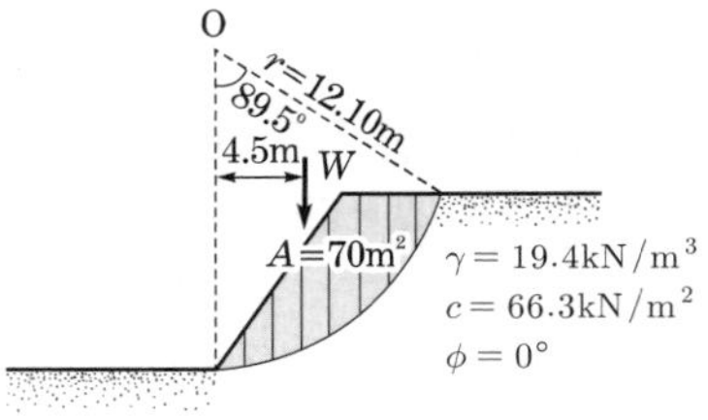

① 1.30 ② 2.05
③ 2.15 ④ 2.48

15. 다음 그림과 같은 점성토 지반의 굴착저면에서 바닥융기에 대한 안전율은 Terzaghi의 식에 의해 구하면? (단, γ=17.31kN/m^3, c=24kN/m^{2}이다.)

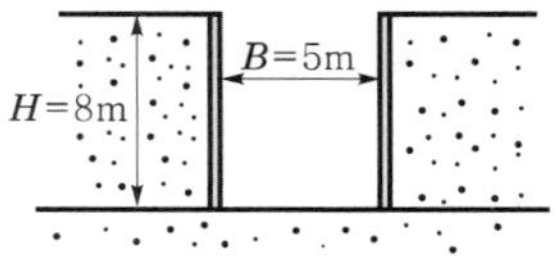

① 3.21 ② 2.32
③ 1.64 ④ 1.17

16. 포화된 지반의 간극비를 e, 함수비를 w, 간극률을 n, 비중을 G_s라 할 때 다음 중 한계동수경사를 나타내는 식으로 적절한 것은?

① $\frac{G_s+1}{1+e}$ ② $\frac{e-w}{w(1+e)}$

③ $(1+n)(G_s-1)$ ④ $\frac{G_s(1-w+e)}{(1+G_s)(1+e)}$

17. 유선망(Flow Net)의 성질에 대한 설명으로 틀린 것은?

① 유선과 등수두선은 직교한다.
② 동수경사(i)는 등수두선의 폭에 비례한다.
③ 유선망으로 되는 사각형은 이론상 정사각형이다.
④ 인접한 두 유선 사이, 즉 유로를 흐르는 침투수량은 동일하다.

18. 말뚝의 부마찰력(Negative Skin Friction)에 대한 설명 중 틀린 것은?

① 말뚝의 허용지지력을 결정할 때 세심하게 고려해야 한다.
② 연약지반에 말뚝을 박은 후 그 위에 성토를 한 경우 일어나기 쉽다.
③ 연약한 점토에 있어서는 상대변위의 속도가 느릴수록 부마찰력은 크다.
④ 연약지반을 관통하여 견고한 지반까지 말뚝을 박은 경우 일어나기 쉽다.

19. 얕은 기초 아래의 접지압력분포 및 침하량에 대한 설명으로 틀린 것은?

① 접지압력의 분포는 기초의 강성, 흙의 종류, 형태 및 깊이 등에 따라 다르다.
② 점성토 지반에 강성기초 아래의 접지압분포는 기초의 모서리 부분이 중앙 부분보다 작다.
③ 사질토 지반에서 강성기초인 경우 중앙 부분이 모서리 부분보다 큰 접지압을 나타낸다.
④ 사질토 지반에서 유연성기초인 경우 침하량은 중심부보다 모서리 부분이 더 크다.

20. 다음 그림과 같이 점토질 지반에 연속기초가 설치되어 있다. Terzaghi공식에 의한 이 기초의 허용지지력은? (단, ϕ=0이며 폭(B)=2m, N_c=5.14, N_q=1.0, N_γ=0, 안전율 F_s=3이다.)

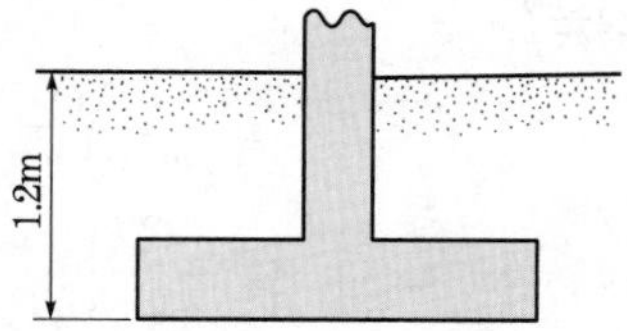

점토질 지반 $\gamma=19.2\text{kN/m}^3$
일축압축강도 $q_u=148.6\text{kN/m}^2$

① 64kN/m^2 ② 135kN/m^2
③ 185kN/m^2 ④ 404.9kN/m^2

토목기사 실전 모의고사 8회

▶ 정답 및 해설 : p.139

1. 피조콘(piezocone)시험의 목적이 아닌 것은?

① 지층의 연속적인 조사를 통하여 지층분류 및 지층변화분석
② 연속적인 원지반 전단강도의 추이분석
③ 중간 점토 내 분포한 sand seam 유무 및 발달 정도 확인
④ 불교란시료채취

2. 포화된 지반의 간극비를 e, 함수비를 w, 간극률을 n, 비중을 G_s라 할 때 다음 중 한계동수경사를 나타내는 식으로 적절한 것은?

① $\dfrac{G_s+1}{1+e}$　② $\dfrac{e-w}{w(1+e)}$
③ $(1+n)(G_s-1)$　④ $\dfrac{G_s(1-w+e)}{(1+G_s)(1+e)}$

3. 반무한지반의 지표상에 무한길이의 선하중 q_1, q_2가 다음의 그림과 같이 작용할 때 A점에서의 연직응력 증가는?

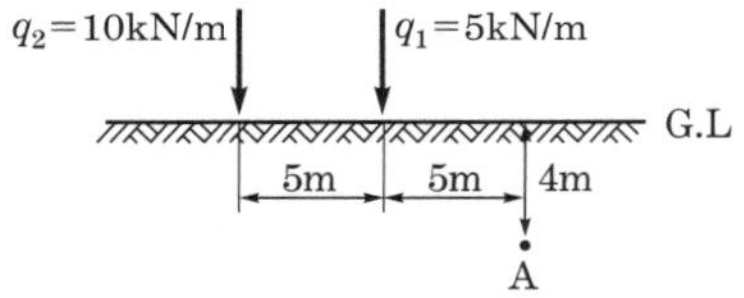

① 0.03kN/m^2　② 0.12kN/m^2
③ 0.15kN/m^2　④ 0.18kN/m^2

4. 흙의 공학적 분류방법 중 통일분류법과 관계없는 것은?

① 소성도
② 액성한계
③ No.200체 통과율
④ 군지수

5. 흙시료의 전단파괴면을 미리 정해놓고 흙의 강도를 구하는 시험은?

① 직접전단시험　② 평판재하시험
③ 일축압축시험　④ 삼축압축시험

6. 200kN/cm^2의 구속응력을 가하여 시료를 완전히 압밀시킨 다음 축차응력을 가하여 비배수상태로 전단시켜 파괴 시 축변형률 ε_f=10%, 축차응력 $\Delta\sigma_f=280\text{kN/cm}^2$, 간극수압 $\Delta u_f=210\text{kN/cm}^2$를 얻었다. 파괴 시 간극수압계수 A는? (단, 간극수압계수 B는 1.0으로 가정한다.)

① 0.44　② 0.75
③ 1.33　④ 2.27

7. 간극률이 50%, 함수비가 40%인 포화토에 있어서 지반의 분사현상에 대한 안전율이 3.5라고 할 때 이 지반에 허용되는 최대 동수경사는?

① 0.21　② 0.51
③ 0.61　④ 1.00

8. 다음 그림과 같이 옹벽 배면의 지표면에 등분포하중이 작용할 때 옹벽에 작용하는 전체 주동토압의 합력(P_a)과 옹벽 저면으로부터 합력의 작용점까지의 높이(y)는?

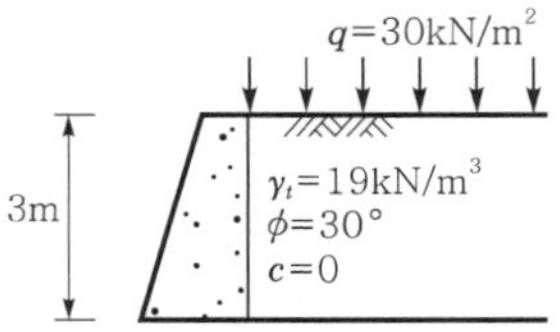

① $P_a=28.5\text{kN/m}$, $h=1.26\text{m}$
② $P_a=28.5\text{kN/m}$, $h=1.38\text{m}$
③ $P_a=58.5\text{kN/m}$, $h=1.26\text{m}$
④ $P_a=58.5\text{kN/m}$, $h=1.38\text{m}$

9. 흙의 다짐에 대한 일반적인 설명으로 틀린 것은?

① 다진 흙의 최대 건조밀도와 최적함수비는 어떻게 다짐하더라도 일정한 값이다.

② 사질토의 최대 건조밀도는 점성토의 최대 건조밀도보다 크다.

③ 점성토의 최적함수비는 사질토보다 크다.

④ 다짐에너지가 크면 일반적으로 밀도는 높아진다.

10. 깊은 기초의 지지력평가에 관한 설명으로 틀린 것은?

① 현장 타설 콘크리트말뚝기초는 동역학적 방법으로 지지력을 추정한다.

② 말뚝항타분석기(PDA)는 말뚝의 응력분포, 경시효과 및 해머효율을 파악할 수 있다.

③ 정역학적 지지력추정방법은 논리적으로 타당하나 강도정수를 추정하는데 한계성을 내포하고 있다.

④ 동역학적 방법은 항타장비, 말뚝과 지반조건이 고려된 방법으로 해머효율의 측정이 필요하다.

11. 무게가 30kN인 단동식 증기hammer를 사용하여 낙하고 1.2m에서 pile을 타입할 때 1회 타격당 최종침하량이 2cm이었다. Engineering News공식을 사용하여 허용지지력을 구하면 얼마인가?

① 133kN　　② 266kN

③ 808kN　　④ 1,600kN

12. 다음 중 부마찰력이 발생할 수 있는 경우가 아닌 것은?

① 매립된 생활쓰레기 중에 시공된 관측정

② 붕적토에 시공된 말뚝기초

③ 성토한 연약점토지반에 시공된 말뚝기초

④ 다짐된 사질지반에 시공된 말뚝기초

13. 점토지반의 강성기초의 접지압분포에 대한 설명으로 옳은 것은?

① 기초의 모서리 부분에서 최대 응력이 발생한다.

② 기초의 중앙 부분에서 최대 응력이 발생한다.

③ 기초 밑면의 응력은 어느 부분이나 동일하다.

④ 기초 밑면에서의 응력은 토질에 관계없이 일정하다.

14. 어떤 시료에 대해 액압 100kN/cm^{2}를 가해 각 수직변위에 대응하는 수직하중을 측정한 결과가 다음과 같다. 파괴 시의 축차응력은? (단, 피스톤의 지름과 시료의 지름은 같다고 보며 시료의 단면적 A_o=18cm^2, 길이 L=14cm이다.)

ΔL(1/100mm)	0	…	1,000	1,100	1,200	1,300	1,400
P(N)	0	…	540	580	600	590	580

① 305kN/cm^2　　② 255kN/cm^2

③ 205kN/cm^2　　④ 155kN/cm^2

15. 다음 시료채취에 사용되는 시료기(sampler) 중 불교란시료채취에 사용되는 것만 고른 것으로 옳은 것은?

> ㉠ 분리형 원통시료기(split spoon sampler)
> ㉡ 피스톤 튜브시료기(piston tube sampler)
> ㉢ 얇은 관시료기(thin wall tube sampler)
> ㉣ Laval시료기(Laval sampler)

① ㉠, ㉡, ㉢　　② ㉠, ㉡, ㉣

③ ㉠, ㉢, ㉣　　④ ㉡, ㉢, ㉣

16. 토질시험결과 내부마찰각(ϕ)=30°, 점착력 c=50kN/m^2, 간극수압이 800kN/m^{2}이고 파괴면에 작용하는 수직응력이 3,000kN/m^{2}일 때 이 흙의 전단응력은?

① 1,270kN/m^2

② 1,320kN/m^2

③ 1,580kN/m^2

④ 1,950kN/m^2

17. 다음 그림에서 토압계수 K=0.5일 때의 응력경로는 어느 것인가?

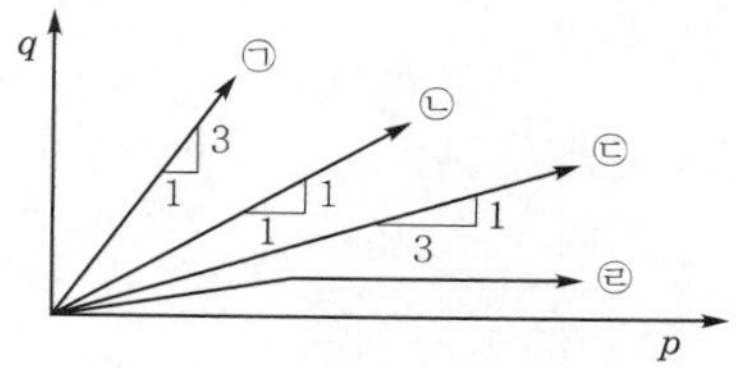

① ㉠　　② ㉡

③ ㉢　　④ ㉣

18. γ_{sat}=20kN/m^{3}인 사질토가 20°로 경사진 무한사면이 있다. 지하수위가 지표면과 일치하는 경우 이 사면의 안전율이 1 이상이 되기 위해서는 흙의 내부마찰각이 최소 몇 도 이상이어야 하는가? (단, γ_w =10kN/m^3)

① 18.21° ② 20.52°
③ 36.06° ④ 45.47°

19. 연약점토지반에 압밀촉진공법을 적용한 후 전체 평균압밀도가 90%로 계산되었다. 압밀촉진공법을 적용하기 전 수직방향의 평균압밀도가 20%였다고 하면 수평방향의 평균압밀도는?

① 70% ② 77.5%
③ 82.5% ④ 87.5%

20. 고성토의 제방에서 전단파괴가 발생되기 전에 제방의 외측에 흙을 돋우어 활동에 대한 저항모멘트를 증대시켜 전단파괴를 방지하는 공법은?

① 프리로딩공법 ② 압성토공법
③ 치환공법 ④ 대기압공법

토목기사 실전 모의고사 9회

▶ 정답 및 해설 : p.140

1. 크기가 30cm×30cm의 평판을 이용하여 사질토 위에서 평판재하시험을 실시하고 극한지지력 200kN/m^{2}을 얻었다. 크기가 1.8m×1.8m인 정사각형 기초의 총허용하중은? (단, 안전율 3을 사용)

① 900kN
② 1,100kN
③ 1,300kN
④ 1,500kN

2. 4.75mm체(4번체) 통과율이 90%이고, 0.075mm체(200번체) 통과율이 4%, D_{10}=0.25mm, D_{30}=0.6mm, D_{60}=2mm인 흙을 통일분류법으로 분류하면?

① GW　② GP
③ SW　④ SP

3. 포화단위중량이 18kN/m^{3}인 흙에서의 한계동수경사는 얼마인가?

① 0.84　② 1.00
③ 1.84　④ 2.00

4. 포화된 흙의 건조단위중량이 17kN/m^{3}이고 함수비가 20%일 때 비중은 얼마인가?

① 2.66　② 2.78
③ 2.88　④ 2.98

5. 다음 중 임의형태기초에 작용하는 등분포하중으로 인하여 발생하는 지중응력계산에 사용하는 가장 적합한 계산법은?

① Boussinesq법
② Osterberg법
③ Newmark영향원법
④ 2 : 1 간편법

6. 표준관입시험에서 N치가 20으로 측정되는 모래 지반에 대한 설명으로 옳은 것은?

① 내부마찰각이 약 30~40° 정도인 모래이다.
② 유효상재하중이 200kN/m^{2}인 모래이다.
③ 간극비가 1.2인 모래이다.
④ 매우 느슨한 상태이다.

7. 전단마찰각이 25°인 점토의 현장에 작용하는 수직응력이 50kN/m^{2}이다. 과거 작용했던 최대 하중이 100kN/m^{2}이라고 할 때 대상지반의 정지토압계수를 추정하면?

① 0.40
② 0.57
③ 0.82
④ 1.14

8. 다음 그림과 같은 지반에서 하중으로 인하여 수직응력($\Delta\sigma_1$)이 100kN/m^2 증가되고 수평응력($\Delta\sigma_3$)이 50kN/m^2 증가되었다면 간극수압은 얼마나 증가되었는가? (단, 간극수압계수 A=0.5이고 B=1이다.)

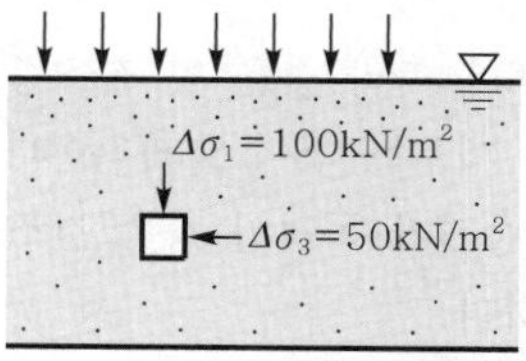

① 50kN/m^2　② 75kN/m^2
③ 100kN/m^2　④ 125kN/m^2

9. 어떤 지반에 대한 토질시험결과 점착력 c=50kN/m^2, 흙의 단위중량 γ=20kN/m^{3}이었다. 그 지반에 연직으로 7m를 굴착했다면 안전율은 얼마인가? (단, ϕ=0이다.)

① 1.43　② 1.51
③ 2.11　④ 2.61

10. 다음 그림의 파괴포락선 중에서 완전포화된 점토를 UU(비압밀비배수)시험했을 때 생기는 파괴포락선은?

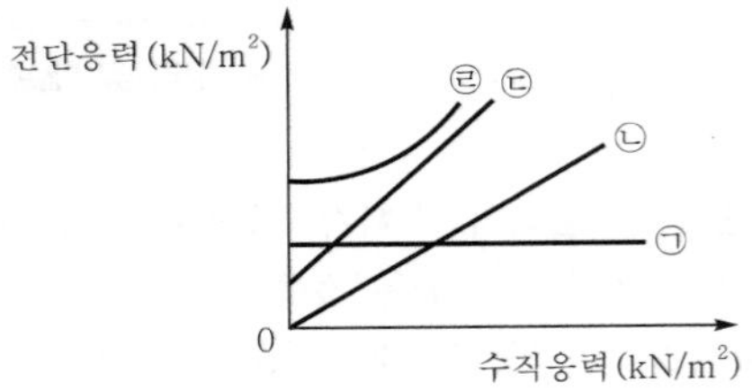

① ㉠ ② ㉡
③ ㉢ ④ ㉣

11. 다음 그림과 같은 지반에 대해 수직방향 등가투수계수를 구하면?

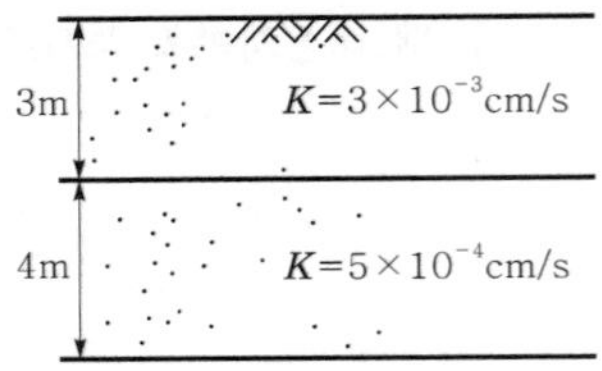

① 3.89×10^{-4}cm/s ② 7.78×10^{-4}cm/s
③ 1.57×10^{-3}cm/s ④ 3.14×10^{-3}cm/s

12. 점토의 다짐에서 최적함수비보다 함수비가 적은 건조측 및 함수비가 많은 습윤측에 대한 설명으로 옳지 않은 것은?

① 다짐의 목적에 따라 습윤 및 건조측으로 구분하여 다짐계획을 세우는 것이 효과적이다.
② 흙의 강도 증가가 목적인 경우 건조측에서 다지는 것이 유리하다.
③ 습윤측에서 다지는 경우 투수계수 증가효과가 크다.
④ 다짐의 목적이 차수를 목적으로 하는 경우 습윤측에서 다지는 것이 유리하다.

13. 토립자가 둥글고 입도분포가 양호한 모래지반에서 N치를 측정한 결과 $N=19$가 되었을 경우 Dunham의 공식에 의한 이 모래의 내부마찰각 ϕ는?

① 20° ② 25°
③ 30° ④ 35°

14. 내부마찰각 $\phi=0$, 점착력 $c=45$kN/m², 단위중량이 19kN/m³되는 포화된 점토층에 경사각 45°로 높이 8m인 사면을 만들었다. 다음 그림과 같은 하나의 파괴면을 가정했을 때 안전율은? (단, ABCD의 면적은 70m²이고, ABCD의 무게중심은 O점에서 4.5m거리에 위치하며, 호 AC의 길이는 20.0m이다.)

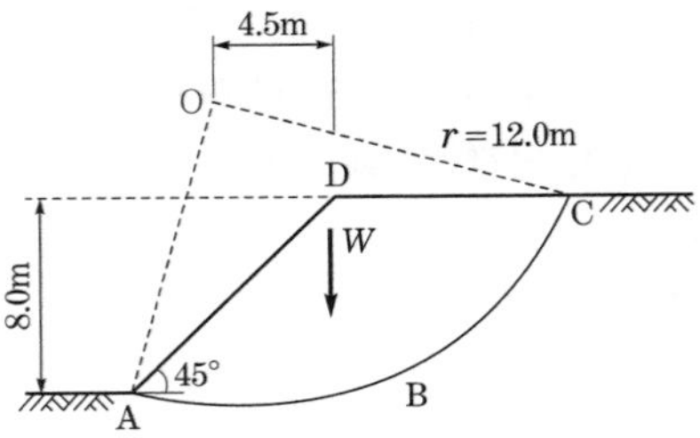

① 1.2 ② 1.8
③ 2.5 ④ 3.2

15. 실내시험에 의한 점토의 강도 증가율(C_u/P) 산정방법이 아닌 것은?

① 소성지수에 의한 방법
② 비배수전단강도에 의한 방법
③ 압밀비배수 삼축압축시험에 의한 방법
④ 직접전단시험에 의한 방법

16. 다음과 같은 흙을 통일분류법에 따라 분류한 것으로 옳은 것은?

- No.4번체(4.75mm체) 통과율 : 37.5%
- No.200번체(0.075mm체) 통과율 : 2.3%
- 균등계수 : 7.9
- 곡률계수 : 1.4

① GW ② GP
③ SW ④ SP

17. 표준관입시험에 대한 설명으로 틀린 것은?

① 질량 63.5±0.5kg인 해머를 사용한다.
② 해머의 낙하높이는 760±10mm이다.
③ 고정piston샘플러를 사용한다.
④ 샘플러를 지반에 300mm 박아넣는데 필요한 타격횟수를 N값이라고 한다.

18. 다음 그림과 같이 2m×3m 크기의 기초에 100kN/m^{2}의 등분포하중이 작용할 때 A점 아래 4m 깊이에서의 연직응력 증가량은? (단, 아래 표의 영향계수값을 활용하여 구하며 $m=\frac{B}{z}$, $n=\frac{L}{z}$이고, B는 직사각형 단면의 폭, L은 직사각형 단면의 길이, z는 토층의 깊이이다.)

【영향계수(I)값】

m	0.25	0.5	0.5	0.5
n	0.5	0.25	0.75	1.0
I	0.048	0.048	0.115	0.122

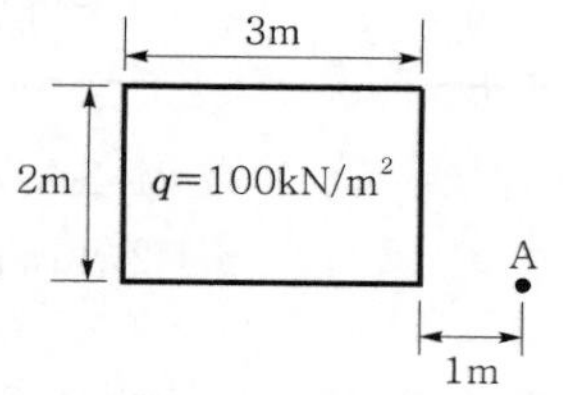

① 6.7kN/m^2　② 7.4kN/m^2
③ 12.2kN/m^2　④ 17.0kN/m^2

19. 입경이 균일한 포화된 사질지반에 지진이나 진동 등 동적하중이 작용하면 지반에서는 일시적으로 전단강도를 상실하게 되는데, 이러한 현상을 무엇이라고 하는가?

① 분사현상(quick sand)
② 딕소트로피현상(Thixotropy)
③ 히빙현상(heaving)
④ 액상화현상(liquefaction)

20. 얕은 기초의 지지력계산에 적용하는 Terzaghi의 극한지지력공식에 대한 설명으로 틀린 것은?

① 기초의 근입깊이가 증가하면 지지력도 증가한다.
② 기초의 폭이 증가하면 지지력도 증가한다.
③ 기초지반이 지하수에 의해 포화되면 지지력은 감소한다.
④ 국부전단파괴가 일어나는 지반에서 내부마찰각(ϕ')은 $\frac{2}{3}\phi$를 적용한다.

토목산업기사 실전 모의고사 1회

▶ 정답 및 해설 : p.142

1. 말뚝기초에서 부주면마찰력(negative skin friction)에 대한 설명으로 틀린 것은?

① 지하수위 저하로 지반이 침하할 때 발생한다.
② 지반이 압밀진행 중인 연약점토지반인 경우에 발생한다.
③ 발생이 예상되면 대책으로 말뚝 주면에 역청 등으로 코팅하는 것이 좋다.
④ 말뚝 주면에 상방향으로 작용하는 마찰력이다.

2. 흙 속에서의 물의 흐름 중 연직유효응력의 증가를 가져오는 것은?

① 정수압상태 ② 상향흐름
③ 하향흐름 ④ 수평흐름

3. Dunham의 공식으로 모래의 내부마찰각(ϕ)과 관입저항치(N)와의 관계식으로 옳은 것은? (단, 토질은 입도배합이 좋고 둥근 입자이다.)

① $\phi=\sqrt{12N}+15$ ② $\phi=\sqrt{12N}+20$
③ $\phi=\sqrt{12N}+25$ ④ $\phi=\sqrt{12N}+30$

4. 점토층에서 채취한 시료의 압축지수(C_c)는 0.39, 간극비(e)는 1.26이다. 이 점토층 위에 구조물이 축조되었다. 축조되기 이전의 유효압력은 80kN/m^2, 축조된 후에 증가된 유효압력은 60kN/m^{2}이다. 점토층의 두께가 3m일 때 암밀침하량은 얼마인가?

① 12.6cm ② 9.1cm
③ 4.6cm ④ 1.3cm

5. 흙의 다짐에 관한 설명 중 옳지 않은 것은?

① 최적함수비로 다질 때 건조단위중량은 최대가 된다.
② 세립토의 함유율이 증가할수록 최적함수비는 증대된다.
③ 다짐에너지가 클수록 최적함수비는 커진다.
④ 점성토는 조립토에 비하여 다짐곡선의 모양이 완만하다.

6. 다음 그림과 같은 모래지반에서 $X-X$면의 전단강도는? (단, $\phi=30°$, $c=0$)

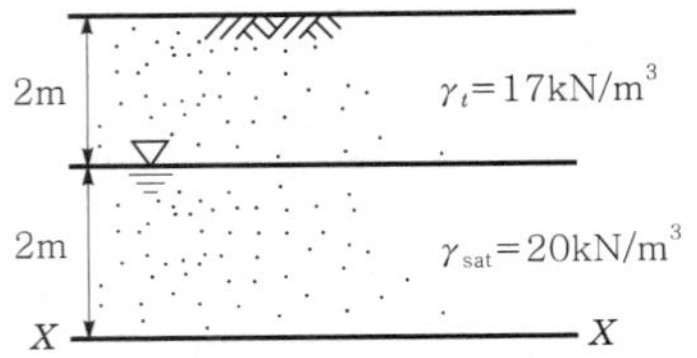

① 15.6kN/m^2 ② 21.4kN/m^2
③ 31.4kN/m^2 ④ 42.7kN/m^2

7. 압밀계수가 0.5×10^{-2}cm^2/s이고 일면배수상태의 5m 두께 점토층에서 90% 압밀이 일어나는데 소요되는 시간은? (단, 90% 압밀도에서 시간계수(T)는 0.848)

① 2.12×10^7초 ② 4.24×10^7초
③ 6.36×10^7초 ④ 8.48×10^7초

8. 연약점토지반($\phi=0$)의 단위중량이 16kN/m^3, 점착력이 20kN/m^{2}이다. 이 지반을 연직으로 2m 굴착하였을 때 연직사면의 안전율은?

① 1.5 ② 2.0
③ 2.5 ④ 3.0

9. 어떤 흙의 간극비(e)가 0.52이고, 흙 속에 흐르는 물의 이론침투속도(v)가 0.214cm/s일 때 실제의 침투유속(v_s)은?

① 0.424cm/s ② 0.525cm/s
③ 0.629cm/s ④ 0.727cm/s

10. 다음 중 순수한 모래의 전단강도(τ)를 구하는 식으로 옳은 것은? (단, c는 점착력, ϕ는 내부마찰각, σ는 수직응력이다.)

① $\tau=\sigma\tan\phi$ ② $\tau=c$
③ $\tau=c\tan\phi$ ④ $\tau=\tan\phi$

토목산업기사 실전 모의고사 2회

▶ 정답 및 해설 : p.142

1. 어느 모래층의 간극률이 20%, 비중이 2.65이다. 이 모래의 한계동수경사는?

① 1.28　② 1.32
③ 1.38　④ 1.42

2. 다음 기초의 형식 중 얕은 기초인 것은?

① 확대기초　② 우물통기초
③ 공기케이슨기초　④ 철근콘크리트말뚝기초

3. 가로 2m, 세로 4m의 직사각형 케이슨의 지중 16m까지 관입되었다. 단위면적당 마찰력 $f=0.2\text{kN/m}^2$일 때 케이슨에 작용하는 주면마찰력(skin friction)은 얼마인가?

① 38.4kN　② 27.5kN
③ 19.2kN　④ 12.8kN

4. 일축압축강도가 32kN/m^2, 흙의 단위중량이 16kN/m^3이고 $\phi=0$인 점토지반을 연직굴착할 때 한계고는 얼마인가?

① 2.3m　② 3.2m
③ 4.0m　④ 5.2m

5. 다음 그림에서 모래층에 분사현상이 발생되는 경우는 수두 h가 몇 cm 이상일 때 일어나는가? (단, $G_s=2.68$, $n=60\%$이다.)

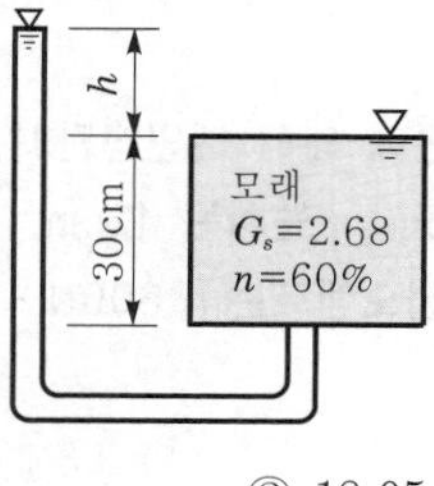

① 20.16cm　② 18.05cm
③ 13.73cm　④ 10.52cm

6. 연약한 점토지반의 전단강도를 구하는 현장시험방법은?

① 평판재하시험　② 현장CBR시험
③ 직접전단시험　④ 현장베인시험

7. 다음 그림에서 주동토압의 크기를 구한 값은? (단, 흙의 단위중량은 18kN/m^3이고, 내부마찰각은 30°이다.)

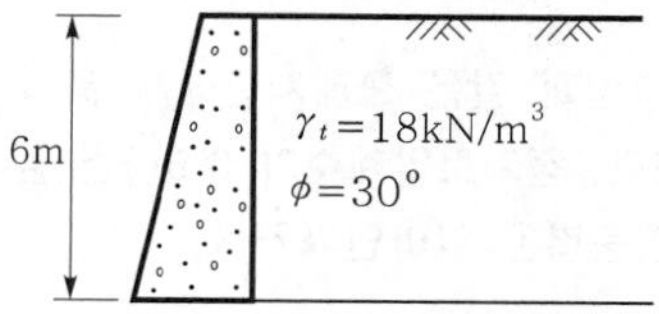

① 56kN/m　② 108kN/m
③ 158kN/m　④ 236kN/m

8. 유선망을 이용하여 구할 수 없는 것은?

① 간극수압　② 침투수량
③ 동수경사　④ 투수계수

9. 간극비(e) 0.65, 함수비(w) 20.5%, 비중(G_s) 2.69인 사질점토의 습윤단위중량(γ_t)는?

① 10.22kN/m^3　② 13.55kN/m^3
③ 16.30kN/m^3　④ 19.25kN/m^3

10. 점착력(c)이 4kN/m^2, 내부마찰각(ϕ)이 30°, 흙의 단위중량(γ)이 16kN/m^3인 흙에서 인장균열이 발생하는 깊이(z_o)는?

① 1.73m　② 1.28m
③ 0.87m　④ 0.29m

토목산업기사 실전 모의고사 3회

▶ 정답 및 해설 : p.143

1. 말뚝재하실험 시 연약점토지반인 경우는 pile의 타입 후 20여 일이 지난 다음 말뚝재하실험을 한다. 그 이유로 가장 타당한 것은?

① 주면마찰력이 너무 크게 작용하기 때문에
② 부마찰력이 생겼기 때문에
③ 타입 시 주변이 교란되었기 때문에
④ 주위가 압축되었기 때문에

2. 다음 그림과 같은 모래지반에서 흙의 단위중량이 18kN/m^{3}이다. 정지토압계수가 0.5라면 깊이 5m 지점에서의 수평응력은 얼마인가?

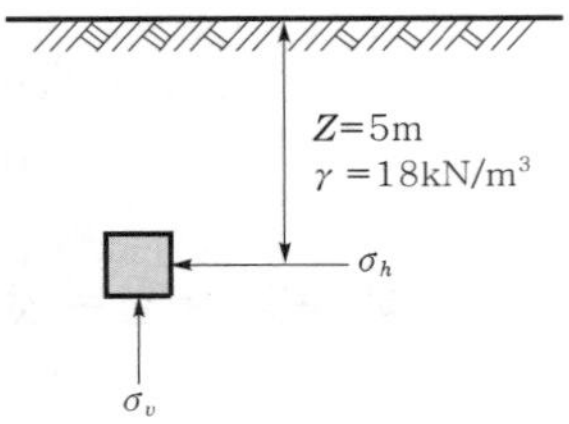

① 45kN/m^2　② 80kN/m^2
③ 135kN/m^2　④ 150kN/m^2

3. 어떤 흙의 입경가적곡선에서 D_{10}=0.05mm, D_{30}=0.09mm, D_{60}=0.15mm이었다. 균등계수 C_u와 곡률계수 C_g의 값은?

① C_u=3.0, C_g=1.08　② C_u=3.5, C_g=2.08
③ C_u=3.0, C_g=2.45　④ C_u=3.5, C_g=1.82

4. 사질토 지반에서 직경 30cm의 평판재하시험결과 300kN/m^{2}의 압력이 작용할 때 침하량이 5mm라면 직경 1.5m의 실제 기초에 300kN/m^{2}의 하중이 작용할 때 침하량의 크기는?

① 28mm　② 50mm
③ 14mm　④ 25mm

5. 다음 중 얕은 기초는?

① Footing기초
② 말뚝기초
③ Caisson기초
④ Pier기초

6. 다음 그림과 같은 옹벽에 작용하는 전주동토압은 얼마인가?

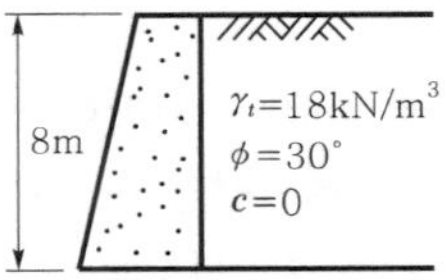

① 162kN/m　② 172kN/m
③ 182kN/m　④ 192kN/m

7. 다음 그림에서 점토 중앙 단면에 작용하는 유효압력은?

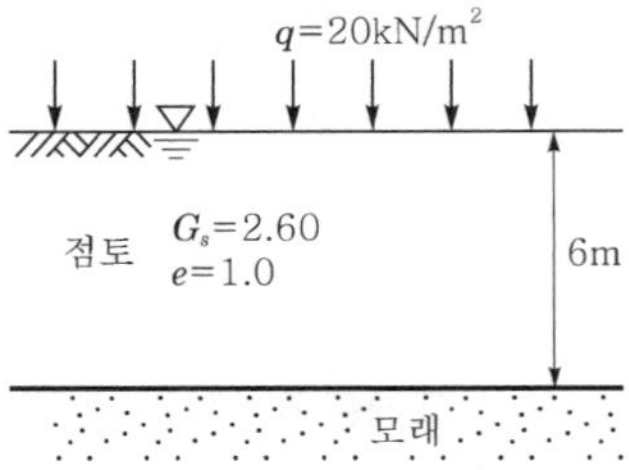

① 12.3kN/m^2　② 25.5kN/m^2
③ 28.3kN/m^2　④ 43.5kN/m^2

8. 포화점토지반에 대해 베인전단시험을 실시하였다. 베인의 직경은 6cm, 높이는 12cm, 흙이 전단파괴될 때 작용시킨 회전모멘트는 1,800N · cm일 때 점착력(c_u)은?

① 1.3N/cm^2　② 2.3N/cm^2
③ 3.2N/cm^2　④ 4.2N/cm^2

9. 흙댐에서 상류측이 가장 위험하게 되는 경우는?

① 수위가 점차 상승할 때이다.
② 댐의 수위가 중간 정도 되었을 때이다.
③ 수위가 갑자기 내려갔을 때이다.
④ 댐 내의 흐름이 정상침투일 때이다.

16. 다음 Terzaghi의 극한지지력공식에 대한 설명으로 틀린 것은?

$$q_{ult} = \alpha c N_c + \beta B \gamma_1 N_\gamma + D_f \gamma_2 N_q$$

① N_c, N_γ, N_q는 지지력계수로서 흙의 점착력으로부터 정해진다.
② 식 중 α, β는 형상계수이며 기초의 모양에 따라 정해진다.
③ 연속기초에서 $\alpha=1.0$이고, 원형기초에서 $\alpha=1.3$의 값을 가진다.
④ B는 기초폭이고, D_f는 근입깊이이다.

토목산업기사 실전 모의고사 4회

▶ 정답 및 해설 : p.144

1. 흙의 건조단위중량이 16kN/m^{3}이고 비중이 2.64인 흙의 간극비는?

① 0.42 ② 0.60
③ 0.62 ④ 0.64

2. 모래의 현장 간극비가 0.641, 이 모래를 채취하여 실험실에 가장 조밀한 상태 및 가장 느슨한 상태에서 측정한 간극비가 각각 0.595, 0.685를 얻었다. 이 모래의 상대밀도는?

① 58.9% ② 48.9%
③ 41.1% ④ 51.1%

3. 어떤 모래의 입경가적곡선에서 유효입경 $D_{10}=$ 0.01mm이었다. Hazen공식에 의한 투수계수는? (단, 상수(c)는 100을 적용한다.)

① 1×10^{-4}cm/s ② 1×10^{-6}cm/s
③ 5×10^{-4}cm/s ④ 5×10^{-6}cm/s

4. 다음 그림과 같은 지반 내의 유선망이 주어졌을 때 댐의 폭 1m에 대한 침투유출량은? (단, $h=$20m, 지반의 투수계수 0.001cm/min이다.)

① 0.864m^3/day
② 0.0864m^3/day
③ 9.6m^3/day
④ 0.96m^3/day

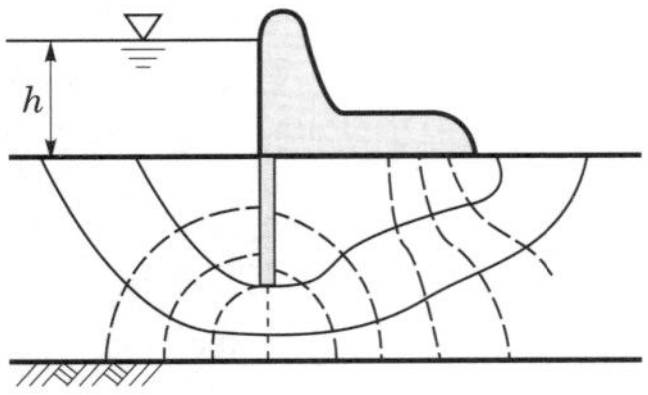

5. 단위체적중량 18kN/m^3, 점착력 20kN/m^2, 내부마찰각 0°인 점토지반에 폭 2m, 근입깊이 3m의 연속기초를 설치하였다. 이 기초의 극한지지력을 Terzaghi식으로 구한 값은? (단, 지지력계수 $N_c=5.7$, $N_r=0$, $N_q=1.0$이다.)

① 84kN/m^2 ② 232kN/m^2
③ 127kN/m^2 ④ 168kN/m^2

6. 동상을 방지하기 위한 대책으로 잘못 설명된 것은?

① 배수구를 설치하여 지하수위를 저하시킨다.
② 지표의 흙을 화학약액으로 처리한다.
③ 흙 속에 단열재를 설치한다.
④ 모관수를 차단하기 위해 세립토층을 지하수면 위에 설치한다.

7. 어떤 점토의 압밀시험에서 압밀계수(C_v)가 2.0×10^{-3}cm^2/s라면 두께 2cm인 공시체가 압밀도 90%에 소요되는 시간은? (단, 양면배수조건이다.)

① 5.02분 ② 7.07분
③ 9.02분 ④ 14.07분

8. 어떤 흙의 전단실험결과 $c=$18kN/m^2, $\phi=$35°, 토립자에 작용하는 수직응력 $\sigma=$36kN/m^{2}일 때 전단강도는?

① 38.6kN/m^2 ② 43.2kN/m^2
③ 48.9kN/m^2 ④ 63.3kN/m^2

9. 표준관입시험(SPT) 결과 N치가 25이었고, 그때 채취한 교란시료로 입도시험을 한 결과 입자가 모나고, 입도분포가 불량할 때 Dunham공식에 의해서 구하는 내부마찰각은?

① 약 42° ② 약 40°
③ 약 37° ④ 약 32°

10. 연약점토지반($\phi=0$)의 단위중량이 16kN/m^3, 점착력 20kN/m^{2}이다. 이 지반을 연직으로 2m 굴착하였을 때 연직사면의 안전율은?

① 1.5 ② 2.0
③ 2.5 ④ 3.0

토목산업기사 실전 모의고사 5회

▶ 정답 및 해설 : p.144

1. 흙의 함수비측정시험을 하기 위하여 먼저 용기의 무게를 잰 결과 10g이었다. 시료를 용기에 넣은 후 무게를 측정하니 40g, 그대로 건조시킨 후 무게는 30g이었다. 이 흙의 함수비는?

① 25% ② 30%
③ 50% ④ 75%

2. 흙의 분류방법 중 통일분류법에 대한 설명으로 틀린 것은?

① #200(0.075mm)체 통과율이 50%보다 작으면 조립토이다.
② 조립토 중 #4(4.75mm)체 통과율이 50%보다 작으면 자갈이다.
③ 세립토에서 압축성의 높고 낮음을 분류할 때 사용하는 기준은 액성한계 35%이다.
④ 세립토를 여러 가지로 세분하는 데에는 액성한계와 소성지수의 관계 및 범위를 나타내는 소성도표가 사용된다.

3. 말뚝기초에서 부마찰력(negative skin friction)에 대한 설명이다. 옳지 않은 것은?

① 지하수위 저하로 지반이 침하할 때 발생한다.
② 지반이 압밀진행 중인 연약점토지반인 경우에 발생한다.
③ 발생이 예상되면 대책으로 말뚝 주면에 역청으로 코팅하는 것이 좋다.
④ 말뚝 주면에 상방향으로 작용하는 마찰력이다.

4. 점토시료를 가지고 압밀시험을 하였다. 설명 중 틀린 것은?

① 압밀하중을 가하면 간극률은 작아진다.
② 과잉간극수압이 소산되면 1차 압밀이 완료된 것이다.
③ 압밀하중을 제거하면 간극률은 커진다.
④ 단단한 점토일수록 압축지수가 크다.

5. 다음 그림에서 점토 중앙 단면에 작용하는 유효응력은?

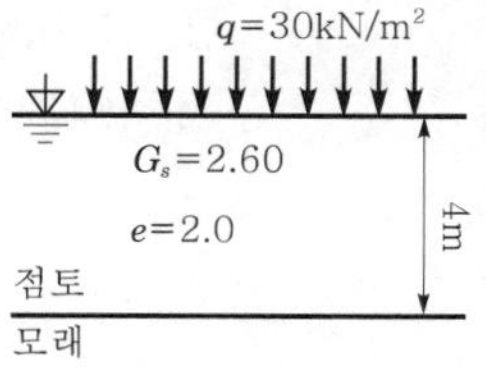

① 12.5kN/m² ② 23.46kN/m²
③ 32.5kN/m² ④ 40.46kN/m²

6. 다음 그림과 같은 지표면에 100kN의 집중하중이 작용했을 때 작용점의 직하 3m 지점에서 이 하중에 의한 연직응력은?

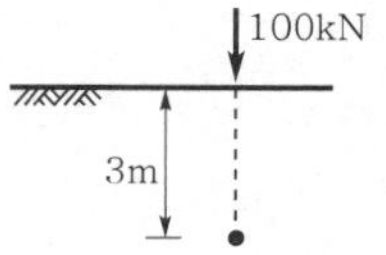

① 4.22kN/m² ② 5.31kN/m²
③ 6.41kN/m² ④ 7.08kN/m²

7. 점토층에서 채취한 시료의 압축지수(C_c)는 0.39, 간극비(e)는 1.26이다. 이 점토층 위에 구조물이 축조되었다. 축조되기 이전의 유효압력은 80kN/m², 축조된 후에 증가된 유효압력은 60kN/m²이다. 점토층의 두께가 3m일 때 압밀침하량은 얼마인가?

① 12.6cm ② 9.1cm
③ 4.6cm ④ 1.3cm

8. 어떤 시료에 대하여 일축압축시험을 실시한 결과 일축압축강도가 30kN/m²이었다. 이 흙의 점착력은? (단, 이 시료는 ϕ=0°인 점성토이다.)

① 10kN/m² ② 15kN/m²
③ 20kN/m² ④ 25kN/m²

9. 다음 그림과 같은 옹벽에 작용하는 전주동토압은? (단, 흙의 단위중량은 17kN/m^3, 점착력은 10kN/m^2, 내부마찰각은 26°이다.)

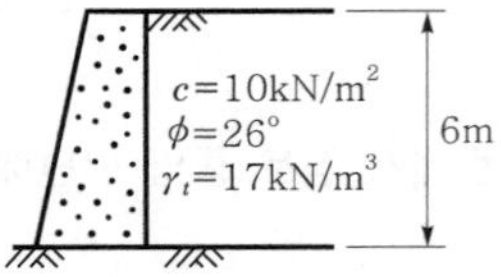

① 44.4kN/m
② 75.5kN/m
③ 119.4kN/m
④ 194.5kN/m

16. 지름 30cm인 재하판으로 측정한 지지력계수 K_{30} =660kN/m^{3}일 때 지름 75cm인 재하판의 지지력계수 K_{75}는?

① 300kN/m^3
② 350kN/m^3
③ 400kN/m^3
④ 450kN/m^3

토목산업기사 실전 모의고사 6회

▶ 정답 및 해설 : p.145

1. 함수비 6%, 습윤단위중량(γ_t)이 16kN/m^{3}의 흙이 있다. 함수비를 18%로 증가시키는 데 흙 1m^{3}당 몇 N의 물이 필요한가? (단, 간극비는 일정)

① 1,811N ② 1,754N
③ 1,701N ④ 1,653N

2. 다음 투수층에서 피에조미터를 꽂은 두 지점 사이의 동수경사(i)는 얼마인가? (단, 두 지점 간의 수평거리는 50m이다.)

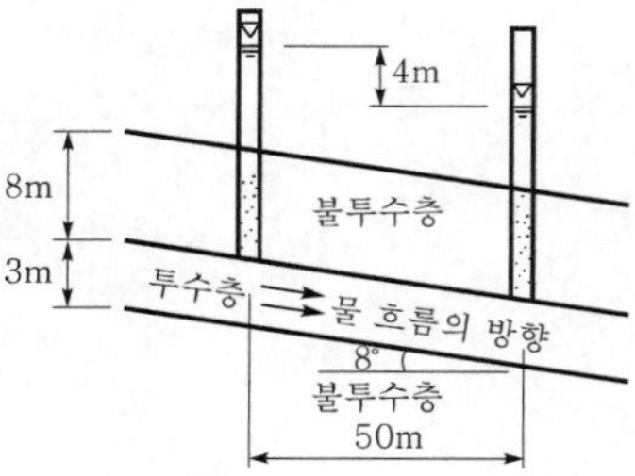

① 0.060 ② 0.079
③ 0.080 ④ 0.160

3. 다음 그림과 같이 사질토 지반에 타설된 무리말뚝이 있다. 말뚝은 원형이고, 직경은 0.4m, 설치간격은 1m이었다. 이 무리말뚝의 효율은? (단, Converse-Labarre공식을 사용할 것)

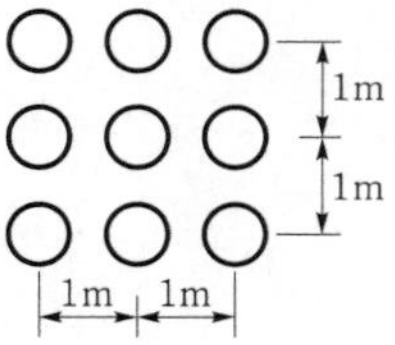

① 0.56
② 0.62
③ 0.68
④ 0.75

4. 4m×6m 크기의 직사각형 기초에 100kN/m^{2}의 등분포하중이 작용할 때 기초 아래 5m 깊이에서의 지중응력 증가량을 2 : 1분포법으로 구한 값은?

① 14.22kN/m^2 ② 18.25kN/m^2
③ 24.24kN/m^2 ④ 28.64kN/m^2

5. 다음 그림과 같은 지반에서 A점의 주동에 의한 수평방향의 전응력 σ_h는 얼마인가?

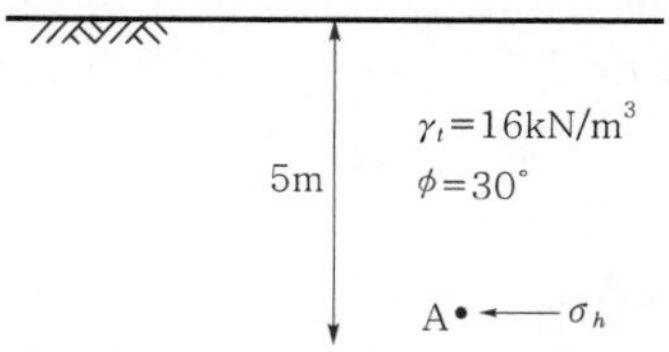

① 78.4kN/m^2 ② 16.17kN/m^2
③ 26.67kN/m^2 ④ 47.43kN/m^2

6. 두께 8m의 포화점토층의 상하가 모래층으로 되어 있다. 이 점토층이 최종 침하량의 1/2의 침하를 일으킬 때까지 걸리는 시간은? (단, 압밀계수 $C_v = 6.4\times10^{-4}$cm^2/s 이다.)

① 570일 ② 730일
③ 365일 ④ 964일

7. 원주상의 공시체에 수직응력이 100kN/m^2, 수평응력이 50kN/m^{2}일 때 공시체의 각도 30° 경사면에 작용하는 전단응력은?

① 16.66kN/m^2
② 21.65kN/m^2
③ 34.30kN/m^2
④ 42.14kN/m^2

8. 전단시험법 가운데 간극수압을 측정하여 유효응력으로 정리하면 압밀배수시험(CD-test)과 거의 같은 전단상수를 얻을 수 있는 시험법은?

① 비압밀비배수시험(UU-test)
② 직접전단시험
③ 압밀비배수시험(CU-test)
④ 일축압축시험(q_u-test)

9. 모래치환법에 의한 흙의 들밀도실험결과가 다음과 같다. 현장 흙의 건조단위중량은?

- 실험구멍에서 파낸 흙의 중량 : 16N
- 실험구멍에서 파낸 흙의 함수비 : 20%
- 실험구멍에 채워진 표준모래의 중량 : 13.5N
- 실험구멍에 채워진 표준모래의 단위중량 : 13.5kN/m^3

① 9.3kN/m^3　② 11.3kN/m^3
③ 13.3kN/m^3　④ 15.3kN/m^3

10. 크기가 1.5m×1.5m인 정방향 직접기초가 있다. 근입깊이가 1.0m일 때 기초저면의 허용지지력을 Terzaghi 방법에 의하여 구하면? (단, 기초지반의 점착력은 15kN/m^2, 단위중량은 18kN/m^3, 마찰각은 20°이고, 이때의 지지력계수는 N_c =17.69, N_q =7.44, N_r =3.64이며, 허용지지력에 대한 안전율은 4.0으로 한다.)

① 약 130kN　② 약 140kN
③ 약 150kN　④ 약 160kN

토목산업기사 실전 모의고사 7회

▶ 정답 및 해설 : p.146

1. 흙 속에서 물의 흐름에 영향을 주는 주요 요소가 아닌 것은?

① 흙의 유효입경　② 흙의 간극비
③ 흙의 상대밀도　④ 유체의 점성계수

2. 어느 흙의 지하수면 아래의 흙의 단위중량이 19.4kN/m^{3}이었다. 이 흙의 간극비가 0.84일 때 이 흙의 비중을 구하면?

① 1.65　② 2.65
③ 2.80　④ 3.73

3. 다음 그림과 같은 지반에서 포화토 A－A면에서의 유효응력은?

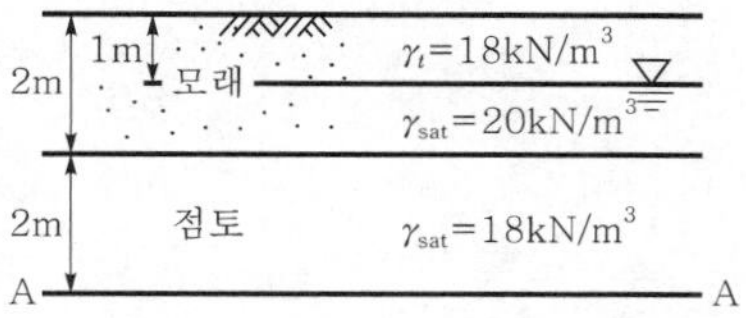

① 24.5kN/m^2　② 44.6kN/m^2
③ 56.3kN/m^2　④ 72.6kN/m^2

4. 흙의 다짐에너지에 관한 설명으로 틀린 것은?

① 다짐에너지는 래머(rammer)의 중량에 비례한다.
② 다짐에너지는 래머(rammer)의 낙하고에 비례한다.
③ 다짐에너지는 시료의 체적에 비례한다.
④ 다짐에너지는 타격수에 비례한다.

5. 어떤 흙시료에 대하여 일축압축시험을 실시한 결과 일축압축강도(q_u)가 0.3MPa, 파괴면과 수평면이 이루는 각은 45°이었다. 이 시료의 내부마찰각(ϕ)과 점착력(c)은?

① ϕ=0, c=0.15MPa
② ϕ=0, c=0.3MPa
③ ϕ=90°, c=0.15MPa
④ ϕ=45°, c=0

6. 응력경로(stress path)에 대한 설명으로 틀린 것은?

① 응력경로를 이용하면 시료가 받는 응력의 변화과정을 연속적으로 파악할 수 있다.
② 응력경로에는 전응력으로 나타내는 전응력경로와 유효응력으로 나타내는 유효응력경로가 있다.
③ 응력경로는 Mohr의 응력원에서 전단응력이 최대인 점을 연결하여 구해진다.
④ 시료가 받는 응력상태를 응력경로로 나타내면 항상 직선으로 나타내어진다.

7. 사질토 지반에서 직경 30cm의 평판재하시험결과 300kN/m^{2}의 압력이 작용할 때 침하량이 5mm라면 직경 1.5m의 실제 기초에 300kN/m^{2}의 하중이 작용할 때 침하량의 크기는?

① 28mm　② 50mm
③ 14mm　④ 25mm

8. 압밀시험에서 시간－침하곡선으로부터 직접 구할 수 있는 사항은?

① 선행압밀압력　② 점성보정계수
③ 압밀계수　④ 압축지수

9. 다음 점성토의 전단특성에 관한 설명 중 옳지 않은 것은?

① 일축압축시험 시 peak점이 생기지 않을 경우는 변형률 15%일 때를 기준으로 한다.
② 재성형한 시료를 함수비의 변화 없이 그대로 방치하면 시간이 경과되면서 강도가 일부 회복하는 현상을 액상화현상이라 한다.
③ 전단조건(압밀상태, 배수조건 등)에 따라 강도 정수가 달라진다.
④ 포화점토에 있어서 비압밀비배수시험의 결과 전단강도는 구속압력의 크기에 관계없이 일정하다.

16. 다음과 같은 토질시험 중에서 현장에서 이루어지지 않는 시험은?

① 베인(Vane)전단시험
② 표준관입시험
③ 수축한계시험
④ 원추관입시험

토목산업기사 실전 모의고사 8회

▶ 정답 및 해설 : p.147

1. 어떤 흙의 입경가적곡선에서 D_{10}=0.05mm, D_{30}=0.09mm, D_{60}=0.15mm이었다. 균등계수 C_u와 곡률계수 C_g의 값은?

① $C_u=3.0$, $C_g=1.08$
② $C_u=3.5$, $C_g=2.08$
③ $C_u=3.0$, $C_g=2.45$
④ $C_u=3.5$, $C_g=1.82$

2. 유선망(流線網)에서 사용되는 용어를 설명한 것으로 틀린 것은?

① 유선 : 흙 속에서 물입자가 움직이는 경로
② 등수두선 : 유선에서 전수두가 같은 점을 연결한 선
③ 유선망 : 유선과 등수두선의 조합으로 이루어지는 그림
④ 유로 : 유선과 등수두선이 이루는 통로

3. 어느 흙에 대하여 직접전단시험을 하여 수직응력이 0.3MPa일 때 0.2MPa의 전단강도를 얻었다. 이 흙의 점착력이 0.1MPa이면 내부마찰각은 약 얼마인가?

① 15.2°　② 18.4°
③ 21.3°　④ 24.6°

4. 기초의 구비조건에 대한 설명으로 틀린 것은?

① 기초는 상부하중을 안전하게 지지해야 한다.
② 기초의 침하는 절대 없어야 한다.
③ 기초는 최소 동결깊이보다 깊은 곳에 설치해야 한다.
④ 기초는 시공이 가능하고 경제적으로 만족해야 한다.

5. 모래치환법에 의한 현장 흙의 단위무게시험에서 표준모래를 사용하는 이유는?

① 시료의 부피를 알기 위해서
② 시료의 무게를 알기 위해서
③ 시료의 입경을 알기 위해서
④ 시료의 함수비를 알기 위해서

6. 다음의 사운딩(Sounding)방법 중에서 동적인 사운딩은?

① 이스키미터(Iskymeter)
② 베인전단시험(Vane Shear Test)
③ 화란식 원추관입시험(Dutch Cone Penetration)
④ 표준관입시험(Standard Penetration Test)

7. 10m×10m의 정사각형 기초 위에 60kN/m²의 등분포하중이 작용하는 경우 지표면 아래 10m에서의 수직응력을 2 : 1분포법으로 구하면?

① 12kN/m²　② 15kN/m²
③ 18.8kN/m²　④ 21.1kN/m²

8. 말뚝재하실험 시 연약점토지반인 경우는 pile의 타입 후 20여 일이 지난 다음 말뚝재하실험을 한다. 그 이유로 가장 타당한 것은?

① 주면마찰력이 너무 크게 작용하기 때문에
② 부마찰력이 생겼기 때문에
③ 타입 시 주변이 교란되었기 때문에
④ 주위가 압축되었기 때문에

9. 다음 그림과 같은 모래지반에서 흙의 단위중량이 18kN/m³이다. 정지토압계수가 0.5라면 깊이 5m 지점에서의 수평응력은 얼마인가?

① 45kN/m²
② 80kN/m²
③ 135kN/m²
④ 150kN/m²

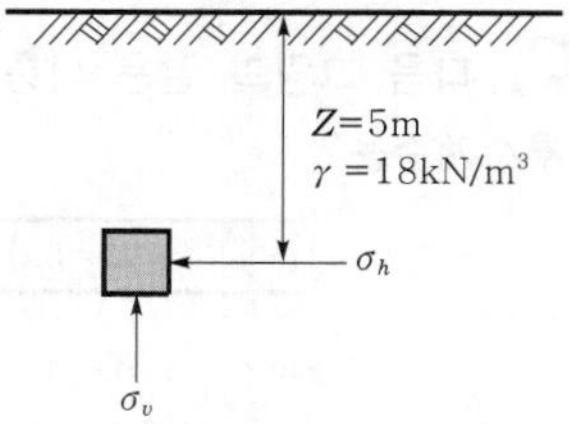

10. 다음의 흙 중 암석이 풍화되어 원래의 위치에서 토층이 형성된 흙은?

① 충적토　② 이탄
③ 퇴적토　④ 잔적토

토목산업기사 실전 모의고사 9회

▶ 정답 및 해설 : p.147

1. 어느 흙의 액성한계는 35%, 소성한계가 22%일 때 소성지수는 얼마인가?

① 12 ② 13
③ 15 ④ 17

2. 두께 6m의 점토층이 있다. 이 점토의 간극비(e)는 2.0이고, 액성한계(W_L)는 70%이다. 압밀하중을 20kN/m^{2}에서 40kN/m^{2}로 증가시킬 때 예상되는 압밀침하량은? (단, 압축지수 C_c는 Skempton의 식 C_c=0.009(W_L−10)을 이용할 것)

① 0.33m ② 0.49m
③ 0.65m ④ 0.87m

3. 흙 속으로 물이 흐를 때 Darcy법칙에 의한 유속(v)과 실제 유속(v_s) 사이의 관계로 옳은 것은?

① $v_s < v$ ② $v_s > v$
③ $v_s = v$ ④ $v_s = 2v$

4. 다음 중 사면안정해석법과 관계가 없는 것은?

① 비숍(Bishop)의 방법
② 마찰원법
③ 펠레니우스(Fellenius)의 방법
④ 뷰지네스크(Boussinesq)의 이론

5. 다음 그림과 같은 다층지반에서 연직방향의 등가 투수계수는?

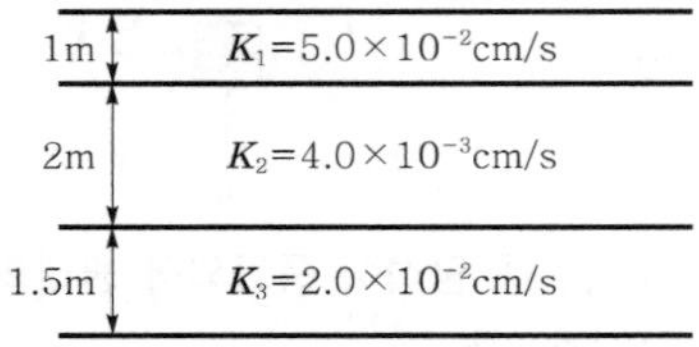

① 5.8×10^{-3}cm/s ② 6.4×10^{-3}cm/s
③ 7.6×10^{-3}cm/s ④ 1.4×10^{-2}cm/s

6. 다음 Terzaghi의 극한지지력공식에 대한 설명으로 틀린 것은?

$$q_u = \alpha c N_c + \beta \gamma_1 B N_\gamma + \gamma_2 D_f N_q$$

① α, β는 기초형상계수이다.
② 원형 기초에서 B는 원의 직경이다.
③ 정사각형 기초에서 α의 값은 1.3이다.
④ N_c, N_γ, N_q는 지지력계수로서 흙의 점착력에 의해 결정된다.

7. 다음의 기초형식 중 직접기초가 아닌 것은?

① 말뚝기초 ② 독립기초
③ 연속기초 ④ 전면기초

8. 토압의 종류로는 주동토압, 수동토압 및 정지토압이 있다. 다음 중 그 크기의 순서로 옳은 것은?

① 주동토압 > 수동토압 > 정지토압
② 수동토압 > 정지토압 > 주동토압
③ 정지토압 > 수동토압 > 주동토압
④ 수동토압 > 주동토압 > 정지토압

9. 지하수위가 지표면과 일치되며 내부마찰각이 30°, 포화단위중량(γ_{sat})이 20kN/m^{3}이고 점착력이 0인 사질토로 된 반무한사면이 15°로 경사져 있다. 이때 이 사면의 안전율은?

① 1.0 ② 1.1
③ 2.0 ④ 2.2

10. 어느 흙시료의 액성한계시험결과 낙하횟수 40일 때 함수비가 48%, 낙하횟수 4일 때 함수비가 73%였다. 이때 유동지수는?

① 24.21% ② 25.00%
③ 26.23% ④ 27.00%

정답 및 해설

토목기사 실전 모의고사 제1회 정답 및 해설

01	02	03	04	05	06	07	08	09	10
②	①	④	③	①	④	①	②	③	②
11	12	13	14	15	16	17	18	19	20
④	②	③	①	③	④	①	④	③	②

1 일라이트(illite)

㉮ 2개의 실리카판과 1개의 알루미나판으로 이루어진 3층 구조가 무수히 많이 연결되어 형성된 점토광물이다.

㉯ 3층 구조 사이에 칼륨(K^+)이온이 있어서 서로 결속되며 카올리나이트의 수소결합보다는 약하지만 몬모릴로나이트의 결합력보다는 강하다.

2 ㉮ $\gamma_t = \dfrac{G_s + Se}{1+e}\gamma_w = \dfrac{G_s + wG_s}{1+e}\gamma_w$

$\dfrac{78.4}{5} = \dfrac{2.7+0.25\times 2.7}{1+e}\times 9.8$

$\therefore\ e = 1.11$

㉯ $D_r = \dfrac{e_{\max} - e}{e_{\max} - e_{\min}}\times 100$

$= \dfrac{1.2-1.11}{1.2-0.8}\times 100 = 22.5\%$

3 ㉮ $Q = KH\dfrac{N_f}{N_d} = (3\times 10^{-1})\times 2{,}000\times\dfrac{4}{12}$

$= 200\text{cm}^3/\text{s/cm}$

㉯ B점의 간극수압

㉠ 전수두 $= \dfrac{n_d}{N_d}H = \dfrac{3}{12}\times 20 = 5\text{m}$

㉡ 위치수두 $= -5\text{m}$

㉢ 압력수두 = 전수두 − 위치수두 $= 5-(-5) = 10\text{m}$

㉣ 간극수압 $= \gamma_w \times$ 압력수두 $= 9.8\times 10 = 98\text{kN/m}^2$

4 동상량을 지배하는 인자

㉮ 모관상승고의 크기

㉯ 흙의 투수성

㉰ 동결온도의 지속기간

5 ㉮ $P_{No.200} = 65\% > 50\%$이므로 세립토(C)이다.

㉯ $W_L = 40\% < 50\%$이므로 저압축성(L)이고, A선 위의 구역에 위치하므로 CL이다.

6 $F_s = \dfrac{i_c}{i} = \dfrac{i_c}{\dfrac{h}{L}} = \dfrac{1}{\dfrac{10}{30}} = 3$

7 교란될수록 $e-\log P$곡선의 기울기가 완만하다.

8 ㉮ $C_c = 0.009(W_L - 10) = 0.009\times(50-10) = 0.36$

㉯ $\Delta H = \dfrac{C_c}{1+e}\log\dfrac{P_2}{P_1}H = \dfrac{0.36}{1+1.4}\times\log\dfrac{140}{100}\times 5$

$= 0.11\text{m} = 11\text{cm}$

9 ㉮ $\sigma_3{}' = 10\text{MN/m}^2$

$\sigma_1{}' = \sigma_3{}' + \sigma_{df} = 10+20 = 30\text{MN/m}^2$

㉯ $\sin\phi = \dfrac{\sigma_1{}' - \sigma_3{}'}{\sigma_1{}' + \sigma_3{}'} = \dfrac{30-10}{30+10} = 0.5$

$\therefore\ \phi = 30°$

㉰ $\tau = \dfrac{\sigma_1{}' - \sigma_3{}'}{2}\sin 2\theta = \dfrac{\sigma_1{}' - \sigma_3{}'}{2}\sin 2\left(45° + \dfrac{\phi}{2}\right)$

$= \dfrac{30-10}{2}\times\sin\left[2\times\left(45° + \dfrac{30°}{2}\right)\right]$

$= 8.66\text{MN/m}^2$

10

㉮ $A_o = \dfrac{A}{1-\varepsilon} = \dfrac{\dfrac{\pi \times 4^2}{4}}{1-\dfrac{1.6}{8}} = 15.71\,\text{cm}^2$

㉯ $\sigma = \dfrac{P}{A_o} = \dfrac{40}{15.71} = 2.55\,\text{N/cm}^2$

㉰ $\tau = c = \dfrac{q_u}{2} = \dfrac{2.55}{2} = 1.3\,\text{N/cm}^2$

11 D는 과압밀된 흙의 전단강도를 나타낸 것이다.

12 $\Delta U = B[\Delta\sigma_3 + A(\Delta\sigma_1 - \Delta\sigma_3)]$

$210 = 1 \times (0 + A \times 280)$

$\therefore\ A = \dfrac{210}{280} = 0.75$

13 뒤채움 흙의 압력에 의해 벽체가 배면에 있는 흙으로부터 멀어지도록 작용하는 토압을 주동토압이라 하고, 벽체가 흙 쪽으로 밀리도록 작용하는 힘을 수동토압이라 한다.

14 ㉮ $\gamma_{모래} = \dfrac{W}{V}$

$16{,}660 = \dfrac{59.92 - 28.18 - 1.17}{V}$

$\therefore\ V = 1.835 \times 10^{-3}\,\text{m}^3$

㉯ $\gamma_t = \dfrac{W}{V} = \dfrac{33.11 \times 10^{-3}}{1.835 \times 10^{-3}} = 18.04\,\text{kN/m}^3$

㉰ $\gamma_d = \dfrac{\gamma_t}{1+\dfrac{w}{100}} = \dfrac{18.04}{1+\dfrac{11.6}{100}} = 16.16\,\text{kN/m}^3$

15 $0.3 : 100 = 4 : x$

$\therefore\ x = \dfrac{400}{0.3} = 1{,}333.33\,\text{kN/m}^2$

16 절편법(분할법)

파괴면 위의 흙을 수 개의 절편으로 나눈 후 각각의 절편에 대해 안정성을 계산하는 방법으로 이질토층, 지하수위가 있을 때 적용한다.

17 ㉮ $q_u = \alpha c N_c + \beta B \gamma_1 N_r + D_f \gamma_2 N_q$

$= 1.3 \times 15 \times 17.69 + 0.4 \times 1.5 \times 18 \times 3.64$
$\quad + 1 \times 18 \times 7.44$

$= 518.19\,\text{kN/m}^2$

㉯ $q_a = \dfrac{q_u}{F_s} = \dfrac{518.19}{4} = 129.55\,\text{kN/m}^2$

㉰ $q_a = \dfrac{P}{A}$

$129.55 = \dfrac{P}{1.5 \times 1.5}$

$\therefore\ P = 291.49\,\text{kN}$

18 부마찰력

㉮ 부마찰력이 발생하면 말뚝의 지지력은 크게 감소한다($R_u = R_p - R_{nf}$).
㉯ 말뚝 주변지반의 침하량이 말뚝의 침하량보다 클 때 발생한다.
㉰ 상대변위의 속도가 클수록 부마찰력은 커진다.

19 피어기초의 극한지지력은 말뚝기초의 지지력을 구하는 정역학적 공식과 같은 방법으로 구한다.

20 ㉮ $R_a = \dfrac{R_u}{F_s} = \dfrac{890}{2} = 445\,\text{kN}$

㉯ $R_a' = NR_a$

$2{,}000 = N \times 445$

$\therefore\ N = 4.5 \fallingdotseq 5$개

토목기사 실전 모의고사 제2회 정답 및 해설

01	02	03	04	05	06	07	08	09	10
④	④	③	③	①	④	①	②	②	③
11	**12**	**13**	**14**	**15**	**16**	**17**	**18**	**19**	**20**
①	②	③	③	③	②	②	①	③	③

1

㉮ $\gamma_t = \dfrac{G_s + Se}{1+e}\gamma_w = \dfrac{G_s + wG_s}{1+e}\gamma_w$

$19 = \dfrac{2.7+0.25\times 2.7}{1+e}\times 9.81$

$\therefore\ e = 0.742$

㉯ $\gamma_d = \dfrac{G_s}{1+e}\gamma_w = \dfrac{2.7}{1+0.742}\times 9.81 = 15.2\text{kN/m}^3$

㉰ $Se = wG_s$

$S\times 0.742 = 25\times 2.7$

$\therefore\ S = 90.97\%$

2 ㉮ 점토분이 많을수록 W_L, I_p가 크다.

㉯ $I_p = W_L - W_p$이므로 소성지수가 작을수록 소성이 작다는 것을 의미한다.

3

㉮ $A = \dfrac{\pi\times 5^2}{4} = 19.63\text{cm}^2$

㉯ $a = \dfrac{\pi\times 0.45^2}{4} = 0.16\text{cm}^2$

㉰ $K = 2.3\dfrac{al}{At}\log\dfrac{h_1}{h_2} = 2.3\times\dfrac{0.16\times 2}{19.63\times 70}\times\log\dfrac{40}{20}$

$= 1.61\times 10^{-4}\text{cm/s}$

4

구분	압력수두	위치수두	전수두
A점	4.2m	−3m	1.2m
B점	1.2m	−1.2m	0

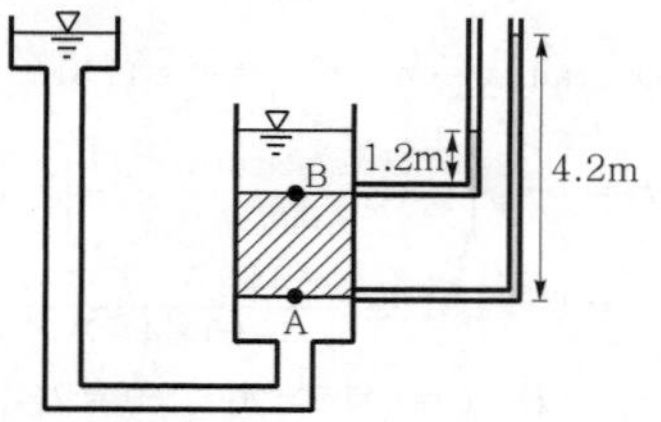

5

㉮ $R = \sqrt{4^2+3^2} = 5\text{m}$

㉯ $I = \dfrac{3Z^5}{2\pi R^5} = \dfrac{3\times 3^5}{2\pi\times 5^5} = 0.037$

㉰ $\Delta\sigma_z = \dfrac{P}{Z^2}I = \dfrac{50}{3^2}\times 0.037$

$= 0.206\text{kN/m}^2$

6 ㉮ Terzaghi의 1차원 압밀방정식의 해

$U = \displaystyle\sum_{m=0}^{\infty}\frac{2U_i}{M}\sin\frac{MZ}{H}e^{-M^2T_v}$

여기서, $M = \dfrac{(2m+1)\pi}{2}$

m : 정수

T_v : 시간계수

H : 배수거리

Z : 점토층 상면으로부터의 연직거리

㉯ 하중이 증가하면 압밀침하량은 증가하고 압밀도는 관계없다.

7

㉮ $u_i = 9.8\times 5 = 49\text{kN/m}^2$, $u = 9.8\times 4 = 39.2\text{kN/m}^2$

㉯ $U_z = \dfrac{u_i - u}{u_i}\times 100 = \dfrac{49-39.2}{49}\times 100 = 20\%$

㉰ $t_{20} = \dfrac{0.031\left(\dfrac{H}{2}\right)^2}{C_v} = 50$일

$\therefore\ \dfrac{H^2}{C_v} = 6451.6$

㉱ $t_{50} = \dfrac{0.197\left(\dfrac{H}{2}\right)^2}{C_v} = \dfrac{0.197}{4}\times 6451.6 = 317.74$일

㉲ 추가일수 $= 317.74 - 50 = 267.74 = 268$일

8

㉮ $K = C_v m_v \gamma_w$

$5\times 10^{-7} = C_v\times(0.05\times 10^{-3})\times 1$

$\therefore\ C_v = 0.01\text{cm}^2/\text{s}$

㉯ $t_{90} = \dfrac{T_{90}H^2}{C_v} = \dfrac{0.848\times\left(\dfrac{200}{2}\right)^2}{0.01}$

$= 848{,}000$초$= 9.81$일

9 $\tau = c + \bar{\sigma}\tan\phi$

$17.3 = 0 + 30 \times \tan\phi$

$\therefore \ \phi = 30°$

10 ㉮ $\sigma_1 - \sigma_3 = 400\text{kN/m}^2$

$\therefore \ \sigma_1 = \sigma + \sigma_3 = (\sigma_1 - \sigma_3) + \sigma_3$

$= 400 + 200 = 600\text{kN/cm}^2$

㉯ $\sin\phi = \dfrac{\sigma_1 - \sigma_3}{\sigma_1 + \sigma_3} = \dfrac{600 - 200}{600 + 200} = \dfrac{1}{2}$

$\therefore \ \phi = 30°$

11 초기단계는 등방압축상태에서 시행한 삼축압축시험의 전응력경로이다.

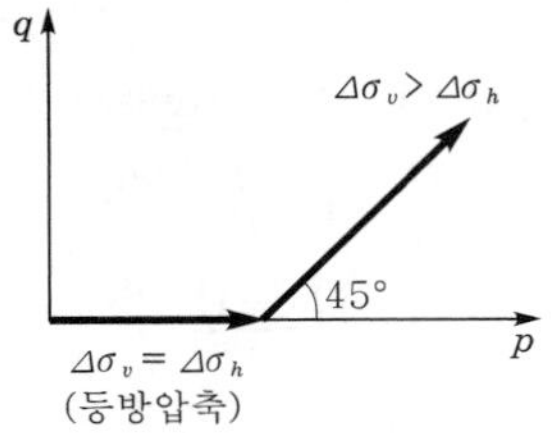

12 ㉮ 점토층 중앙점에서의 유효응력

$\sigma = 18 \times 3 + 19 \times \dfrac{15}{2} = 196.5\text{kN/m}^2$

$u = 10 \times 7.5 = 75\text{kN/m}^2$

$\bar{\sigma} = 196.5 - 75 = 121.5\text{kN/m}^2$

㉯ $\dfrac{C_u}{P} = 0.11 + 0.0037PI$

$\dfrac{C_u}{121.5} = 0.11 + 0.0037 \times 40$

$\therefore \ C_u = 31.35\text{kN/m}^2$

13 ㉮ $K_a = \tan^2\left(45° - \dfrac{\phi}{2}\right) = \tan^2\left(45° - \dfrac{30°}{2}\right) = \dfrac{1}{3}$

㉯ $P_a = P_{a1} + P_{a2} = \dfrac{1}{2}\gamma_t h^2 K_a + q_s K_a h$

$= \dfrac{1}{2} \times 19 \times 3^2 \times \dfrac{1}{3} + 30 \times \dfrac{1}{3} \times 3$

$= 58.5\text{kN/m}$

㉰ $P_a y = P_{a1}\dfrac{h}{3} + P_{a2}\dfrac{h}{2}$

$58.5 \times y = 28.5 \times \dfrac{3}{3} + 30 \times \dfrac{3}{2}$

$\therefore \ y = 1.26\text{m}$

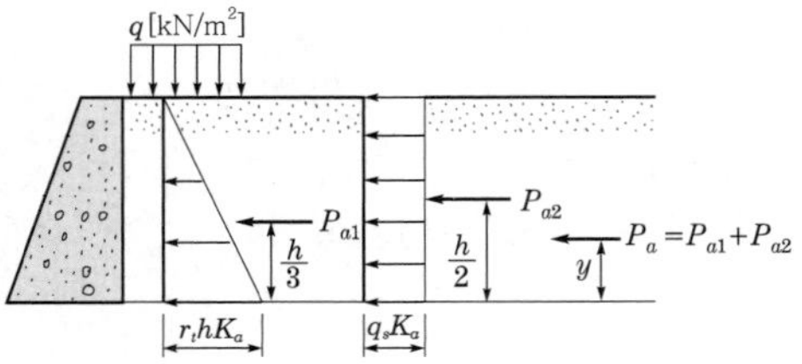

14 ㉮ $\gamma_{모래} = \dfrac{W}{V}$

$13.5 = \dfrac{13.5 \times 10^{-3}}{V}$

$\therefore \ V = 1 \times 10^{-3}\text{m}^3$

㉯ $\gamma_t = \dfrac{W}{V} = \dfrac{18 \times 10^{-3}}{1 \times 10^{-3}} = 18\text{kN/m}^3$

㉰ $\gamma_d = \dfrac{\gamma_t}{1 + \dfrac{w}{100}} = \dfrac{18}{1 + \dfrac{30}{100}} = 13.8\text{kN/m}^3$

15 ㉮ $H_c = \dfrac{4c}{\gamma_t}\left[\dfrac{\sin\beta\cos\phi}{1 - \cos(\beta - \phi)}\right]$

$= \dfrac{4 \times 30}{18} \times \dfrac{\sin 50° \times \cos 0°}{1 - \cos(50° - 0)} = 14.3\text{m}$

㉯ $F_s = \dfrac{H_c}{H}$

$2 = \dfrac{14.3}{H}$

$\therefore \ H = 7.15\text{m}$

16 $F_s = \dfrac{\gamma_{sub}}{\gamma_{sat}}\dfrac{\tan\phi}{\tan i} = \dfrac{8.19}{18} \times \dfrac{\tan 32°}{\tan\beta} \geq 1$

$\therefore \ \beta \leq 15.87°$

17 ㉮ $\gamma_1 = \gamma_{sub} + \dfrac{d}{B}(\gamma_t - \gamma_{sub})$

$= 9.2 + \dfrac{1}{3} \times (17 - 9.2) = 11.8\text{kN/m}^3$

㉯ $q_u = \alpha c N_c + \beta B \gamma_1 N_r + D_f \gamma_2 N_q$

$= 1.3 \times 50 \times 18 + 0.4 \times 3 \times 11.8 \times 5$

$+ 2 \times 17 \times 7.5$

$= 1{,}495.8\text{kN/m}^2$

18 ㉮ 주동말뚝 : 말뚝이 지표면에서 수평력을 받는 경우 말뚝이 변형함에 따라 지반이 저항하는 말뚝

㉯ 수동말뚝 : 지반이 먼저 변형하고 그 결과 말뚝이 저항하는 말뚝

19 ㉮ $\phi = \tan^{-1}\dfrac{D}{S} = \tan^{-1}\dfrac{0.4}{2} = 11.31°$

㉯ $E = 1 - \phi\left[\dfrac{(m-1)n + m(n-1)}{90mn}\right]$

$= 1 - 11.31 \times \dfrac{(4-1) \times 5 + 4 \times (5-1)}{90 \times 4 \times 5} = 0.805$

㉰ $R_{ag} = ENR_a = 0.805 \times 20 \times 150 = 2{,}415\text{kN}$

20 토목섬유의 기능 : 배수기능, 여과기능, 분리기능, 보강기능

토목기사 실전 모의고사 제3회 정답 및 해설

01	02	03	04	05	06	07	08	09	10
③	②	①	④	②	④	③	①	②	②
11	12	13	14	15	16	17	18	19	20
②	①	②	①	①	④	②	①	②	④

1 ㉮ $w=20\%$일 때

㉠ $W_s = \dfrac{W}{1+\dfrac{w}{100}} = \dfrac{12}{1+\dfrac{20}{100}} = 10\text{kN}$

㉡ $W_w = W - W_s = 12-10 = 2\text{kN}$

㉯ $w=30\%$일 때

㉠ $W_s = \dfrac{W}{1+\dfrac{w}{100}} = \dfrac{26}{1+\dfrac{30}{100}} = 20\text{kN}$

㉡ $W_w = W - W_s = 26-20 = 6\text{kN}$

㉰ 전체 흙의 함수비

㉠ $W_s = 10+20 = 30\text{kN}$

㉡ $W_w = 2+6 = 8\text{kN}$

㉢ $w = \dfrac{W_w}{W_s}\times 100 = \dfrac{8}{30}\times 100 = 26.67\%$

2 ㉮ $\gamma_t = \dfrac{G_s+Se}{1+e}\gamma_w = \dfrac{G_s+wG_s}{1+e}\gamma_w$

$17.64 = \dfrac{2.7+0.1\times 2.7}{1+e}\times 9.8$

$\therefore\ e = 0.65$

㉯ $D_r = \dfrac{e_{\max}-e}{e_{\max}-e_{\min}}\times 100$

$= \dfrac{0.92-0.65}{0.92-0.45}\times 100 = 57.45\%$

3

주요 구분	세립토(fine-grained soils) 200번체에 50% 이상 통과					
	$W_L > 50\%$인 실트나 점토			$W_L \leq 50\%$인 실트나 점토		
문자	MH	CH	OH	ML	CL	OL

4 ㉮ $V = Ki = K\dfrac{h}{L} = (4.8\times 10^{-3})\times \dfrac{50}{\dfrac{400}{\cos 15°}}$

$= 5.8\times 10^{-4}\text{cm/s}$

㉯ $n = \dfrac{e}{1+e} = \dfrac{0.78}{1+0.78} = 0.438$

㉰ $V_s = \dfrac{V}{n} = \dfrac{5.8\times 10^{-4}}{0.438} = 13.2\times 10^{-4}\text{cm/s}$

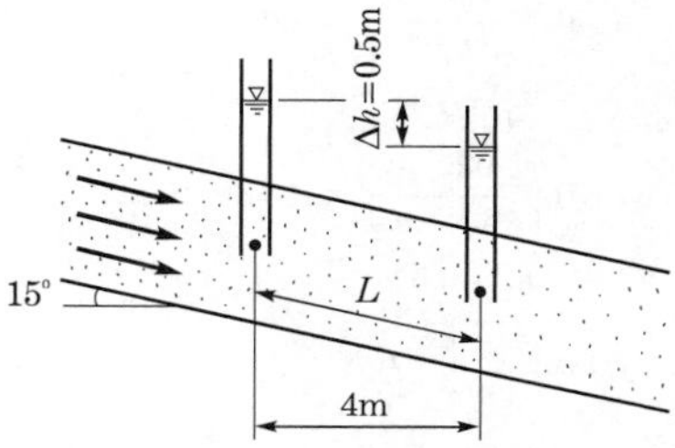

5 ㉮ $n = \dfrac{e}{1+e} = \dfrac{0.25}{1+0.25} = 0.2$

㉯ $V = Ki = (1\times 10^{-3})\times \dfrac{1}{100} = 1\times 10^{-5}\text{cm/s}$

㉰ $V_s = \dfrac{V}{n} = \dfrac{1\times 10^{-5}}{0.2} = 5\times 10^{-5}\text{cm/s}$

㉱ $t = \dfrac{L}{V_s} = \dfrac{100\times 100}{5\times 10^{-5}} = 2\times 10^{8}$초$=6.34$년

6

위치	압력수두	위치수두	전수두
C	$4+2+1=7\text{m}$	-3m	$7-3=4\text{m}$

7 ㉮ $\gamma_{\text{sat}} = \dfrac{G_s+e}{1+e}\gamma_w = \dfrac{2.68+0.6}{1+0.6}\times 9.8 = 20.09\text{kN/m}^3$

㉯ $\sigma = 20.09\times 2+20.09\times 2 = 80.36\text{kN/m}^2$

㉰ $u = 9.8\times 2 = 19.6\text{kN/m}^2$

㉱ $\overline{\sigma} = \sigma - u = 80.36-19.6 = 60.76\text{kN/m}^2$

8 ㉮ $\sigma_v = 19\times 2+20\times 2 = 78\text{kN/m}^2$

$u = 9.81\times 2 = 19.62\text{kN/m}^2$

$\overline{\sigma}_v = 78-19.62 = 58.38\text{kN/m}^2$

㉯ $\overline{\sigma}_h = [19\times 2+(20-9.81)\times 2]\times 0.5 = 29.19\text{kN/m}^2$

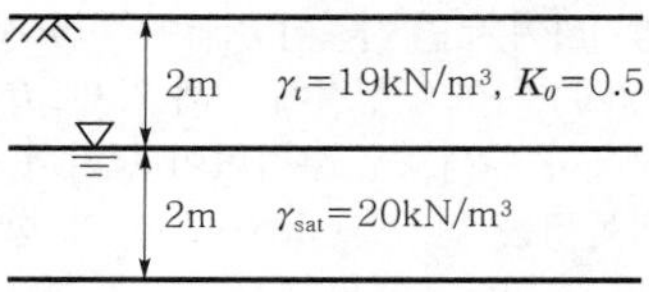

9 ㉮ $\sigma = 9.8\times h + 18\times 3 = 9.8h + 54$

㉯ $u = 9.8\times 7 = 68.6\text{kN/m}^2$

㉰ $\bar{\sigma} = \sigma - u = 9.8h + 54 - 68.6 = 0$

$\therefore\ h = 1.49\text{m}$

10
$$\Delta\sigma_v = \frac{BLq_s}{(B+Z)(L+Z)} = \frac{2\times 2\times 100}{(2+5)\times(2+5)} = 8.16\text{kN/m}^2$$

11 ㉮ $D_r = \dfrac{e_{\max}-e}{e_{\max}-e_{\min}}\times 100$에서

㉠ $40 = \dfrac{0.8-e_1}{0.8-0.4}\times 100$

$\therefore\ e_1 = 0.64$

㉡ $70 = \dfrac{0.8-e_2}{0.8-0.4}\times 100$

$\therefore\ e_2 = 0.52$

㉯ $\Delta H = \dfrac{e_1-e_2}{1+e_1}H$

$= \dfrac{0.64-0.52}{1+0.64}\times 200 = 14.63\text{cm}$

12 ㉮ $P = 50\text{kN/m}^2$

㉯ $u = \gamma_w h = 9.8\times 4 = 39.2\text{kN/m}^2$

㉰ $U_z = \dfrac{P-u}{P}\times 100 = \dfrac{50-39.2}{50}\times 100 = 21.6\%$

13 ㉮ $\tau = c + \bar{\sigma}\tan\phi$ 에서

$500 = c + 1{,}200\tan\phi$ ……………………………… ㉠

$700 = c + 2{,}400\tan\phi$ ……………………………… ㉡

식 ㉠, ㉡을 풀면

$\therefore\ c = 300\text{kN/m}^2,\ \phi = 9.46°$

㉯ $\tau = c + \bar{\sigma}\tan\phi$

$= 300 + 3{,}000\times\tan 9.46° = 800\text{kN/m}^2$

14 CD-test를 사용하는 경우

㉮ 심한 과압밀지반에 재하하는 경우 등과 같이 성토 하중에 의해 압밀이 서서히 진행이 되고 파괴도 극히 완만히 진행되는 경우

㉯ 간극수압의 측정이 곤란한 경우

㉰ 흙댐에서 정상침투 시 안정해석에 사용

15 ㉮ 재성형한 점토시료를 함수비의 변화 없이 그대로 방치하여 두면 시간이 지남에 따라 전기화학적 또는 colloid 화학적 성질에 의해 입자접촉면에 흡착력이 작용하여 새로운 부착력이 생겨서 강도의 일부가 회복되는 현상을 thixotropy라 한다.

㉯ 직접전단시험에 의한 시험성과(촘촘한 모래와 느슨한 모래의 경우)

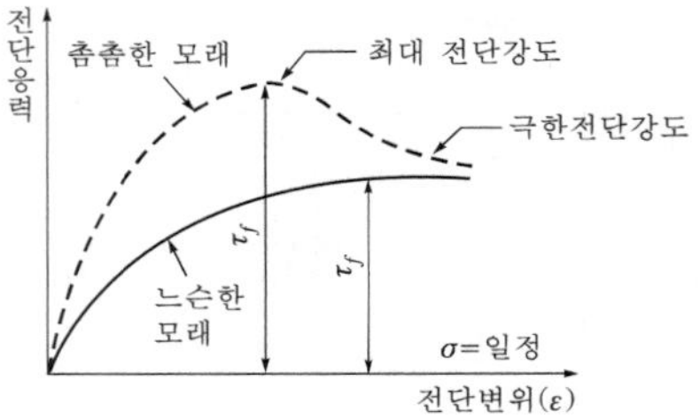

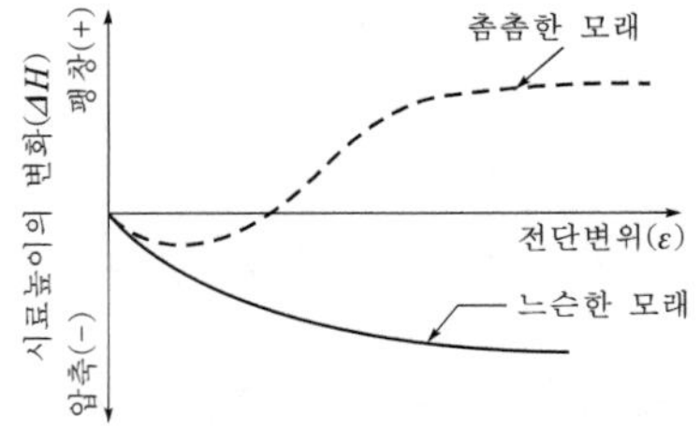

16 ㉮ 상재하중에 의한 주동토압

$P_a = q_s K_a H = 30\times 0.3\times 6 = 54\text{kN/m}$

㉯ 상재하중에 의한 토압의 작용점 위치

$x = \dfrac{H}{2} = \dfrac{6}{2} = 3\text{m}$

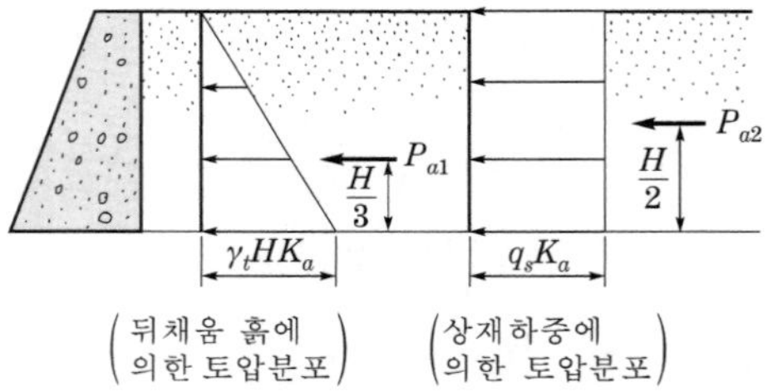

17 ㉮ $C_d = \dfrac{\gamma_d}{\gamma_{d\max}}\times 100$

$95 = \dfrac{\gamma_d}{17.6}\times 100$

$\therefore\ \gamma_d = 16.72\text{kN/m}^3$

㉯ $D_r = \dfrac{\gamma_{d\max}}{\gamma_d}\,\dfrac{\gamma_d-\gamma_{d\min}}{\gamma_{d\max}-\gamma_{d\min}}\times 100$

$= \dfrac{17.6}{16.72}\times\dfrac{16.72-15}{17.6-15}\times 100 = 69.64\%$

18
$$S_{(기초)} = S_{(재하판)}\left[\frac{2B_{(기초)}}{B_{(기초)}+B_{(재하판)}}\right]^2 = 10\times\left(\frac{2\times 1.5}{1.5+0.3}\right)^2 = 27.78\text{mm}$$

19 유한사면의 안정해석

㉮ 질량법

㉯ 절편법

㉠ Fellenius방법(swedish method)

- $X_1 - X_2 = 0(\Sigma X = 0)$
- $E_1 - E_2 = 0(\Sigma E = 0)$

㉡ Bishop방법 : $X_1 - X_2 = 0(\Sigma X = 0)$

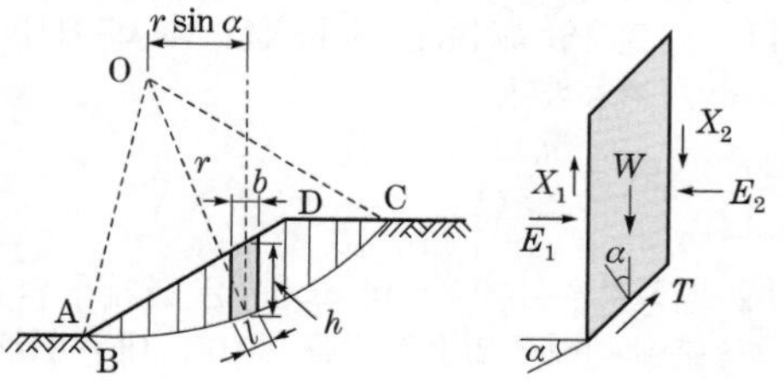

20 ㉮ 무리말뚝의 침하량은 동일한 규모의 하중을 받는 외말뚝의 침하량보다 크다.

㉯ 무리말뚝의 효율성은 외말뚝의 효율성보다 작다.

㉰ 무리말뚝의 효율은 말뚝의 중심간격 d가 큰 경우에는 $E > 1$이 된다.

토목기사 실전 모의고사 제4회 정답 및 해설

01	02	03	04	05	06	07	08	09	10
②	③	④	②	④	①	②	①	③	③
11	**12**	**13**	**14**	**15**	**16**	**17**	**18**	**19**	**20**
②	③	①	①	③	②	②	③	③	③

1 일라이트(illite)

㉮ 2개의 실리카판과 1개의 알루미나판으로 이루어진 3층 구조가 무수히 많이 연결되어 형성된 점토광물이다.

㉯ 3층 구조 사이에 칼륨(K^+)이온이 있어서 서로 결속되며 카올리나이트의 수소결합보다는 약하지만 몬모릴로나이트의 결합력보다는 강하다.

2 ㉮ $w = 20\%$일 때

㉠ $W_s = \dfrac{W}{1+\dfrac{w}{100}} = \dfrac{1,200}{1+\dfrac{20}{100}} = 1,000\text{g}$

㉡ $W_w = W - W_s = 1,200 - 1,000 = 200\text{g}$

㉯ $w = 30\%$일 때

㉠ $W_s = \dfrac{W}{1+\dfrac{w}{100}} = \dfrac{2,600}{1+\dfrac{30}{100}} = 2,000\text{g}$

㉡ $W_w = W - W_s = 2,600 - 2,000 = 600\text{g}$

㉰ 전체 흙의 함수비

㉠ $W_s = 1,000 + 2,000 = 3,000\text{g}$

㉡ $W_w = 200 + 600 = 800\text{g}$

㉢ $w = \dfrac{W_w}{W_s} \times 100 = \dfrac{800}{3,000} \times 100 = 26.67\%$

3 ㉮ $V = Ki = K\dfrac{h}{L} = (4.8 \times 10^{-3}) \times \dfrac{50}{\dfrac{400}{\cos 15°}}$

$= 5.8 \times 10^{-4}\text{cm/s}$

㉯ $n = \dfrac{e}{1+e} = \dfrac{0.78}{1+0.78} = 0.438$

㉰ $V_s = \dfrac{V}{n} = \dfrac{5.8 \times 10^{-4}}{0.438} = 13.2 \times 10^{-4}\text{cm/s}$

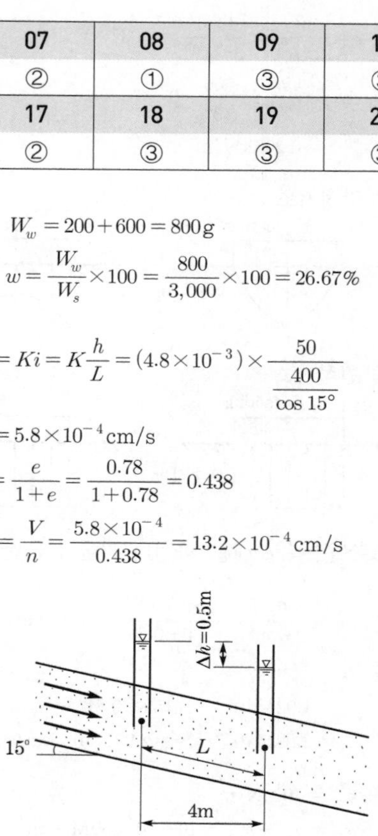

4 $F_s = \frac{i_c}{i} = \frac{\frac{G_s - 1}{1+e}}{i}$

$3 = \frac{\frac{2.7-1}{1+0.8}}{i}$

$\therefore\ i = 0.31$

5 ㉮ $Q = KH\frac{N_f}{N_d} = (3\times10^{-1})\times2{,}000\times\frac{4}{12}$

$= 200\text{cm}^3/\text{s/cm}$

㉯ B점의 간극수압

㉠ 전수두 $= \frac{n_d}{N_d}H = \frac{3}{12}\times20 = 5\text{m}$

㉡ 위치수두 $= -5\text{m}$

㉢ 압력수두 = 전수두 − 위치수두

$= 5-(-5) = 10\text{m}$

㉣ 간극수압 $= \gamma_w \times$ 압력수두

$= 9.8\times10 = 98\text{kN/m}^2$

6 ㉮ $R = \sqrt{4^2+3^2} = 5\text{m}$

㉯ $I = \frac{3Z^5}{2\pi R^5} = \frac{3\times3^5}{2\pi\times5^5} = 0.037$

㉰ $\Delta\sigma_z = \frac{P}{Z^2}I = \frac{50}{3^2}\times0.037$

$= 0.206\text{kN/m}^2$

7 ㉮ 강성기초

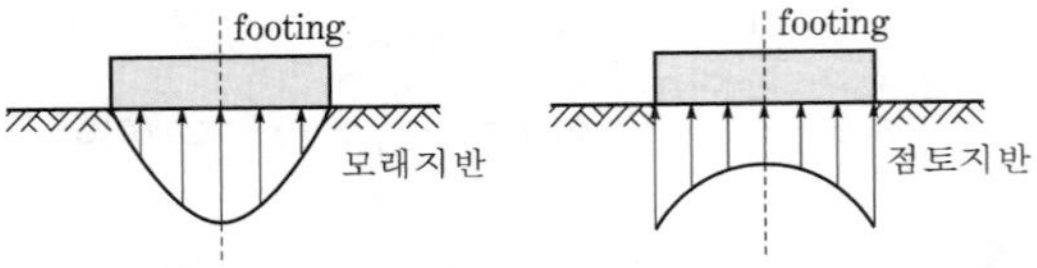

㉯ 휨성기초

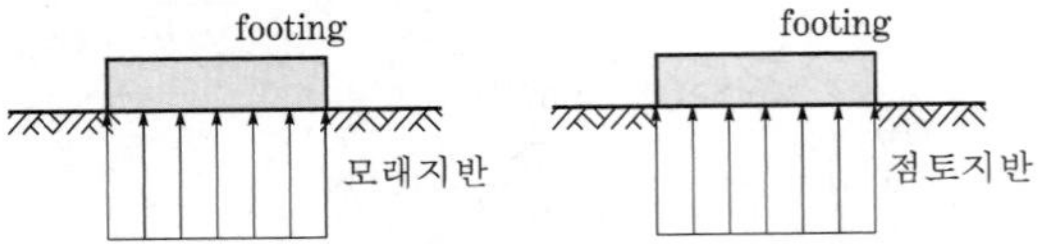

8 교란될수록 $e-\log P$곡선의 기울기가 완만하다.

9 ㉮ $m_v = \frac{a_v}{1+e_1} = \frac{2.86\times10^{-1}}{1+0.8} = 0.159\text{m}^2/\text{kN}$

㉯ $K = C_v m_v \gamma_w$

$= 1.92\times10^{-7}\times0.159\times9.81$

$= 2.99\times10^{-7}\text{m/s} = 2.99\times10^{-5}\text{cm/s}$

10 ㉮ $\sigma_3{}' = 10\text{MN/m}^2$

$\sigma_1{}' = \sigma_3{}' + \sigma_{df} = 10+20 = 30\text{MN/m}^2$

㉯ $\sin\phi = \frac{\sigma_1-\sigma_3}{\sigma_1+\sigma_3} = \frac{30-10}{30+10} = 0.5$

$\therefore\ \phi = 30°$

㉰ $\tau = \frac{\sigma_1{}'-\sigma_3{}'}{2}\sin2\theta = \frac{\sigma_1{}'-\sigma_3{}'}{2}\sin2\left(45°+\frac{\phi}{2}\right)$

$= \frac{30-10}{2}\times\sin\left[2\times\left(45°+\frac{30°}{2}\right)\right] = 8.66\text{MN/m}^2$

11 ㉮ 일축압축시험은 ϕ가 작은 점성토에서만 시험이 가능하다.

㉯ $S_t = \frac{q_u}{q_{ur}}$

12 점착력은 수직응력의 크기에는 관계가 없고 주어진 흙에 대해서 일정한 값을 가지며, 내부마찰각은 흙의 특성과 상태가 정해지면 일정한 값을 갖는다.

13 ㉮ 재성형한 점토시료를 함수비의 변화 없이 그대로 방치하여 두면 시간이 지남에 따라 전기화학적 또는 colloid 화학적 성질에 의해 입자접촉면에 흡착력이 작용하여 새로운 부착력이 생겨서 강도의 일부가 회복되는 현상을 thixotropy라 한다.

㉯ 직접전단시험에 의한 시험성과(촘촘한 모래와 느슨한 모래의 경우)

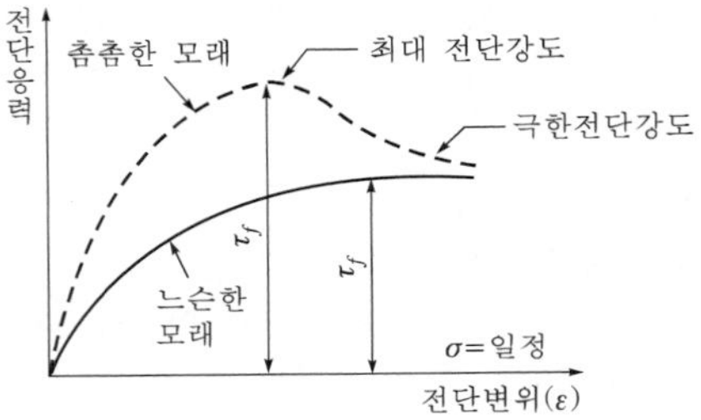

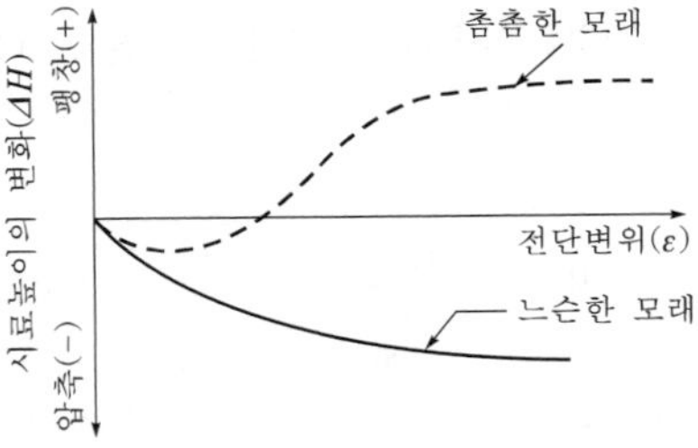

14 ㉮ $\tan\alpha = \sin\phi$

$\tan20° = \sin\phi$

$\therefore\ \phi = 21.34°$

㉯ $a = c\cos\phi$

$0.34 = c\times\cos21.34°$

$\therefore\ c = 0.37\text{MN/m}^2$

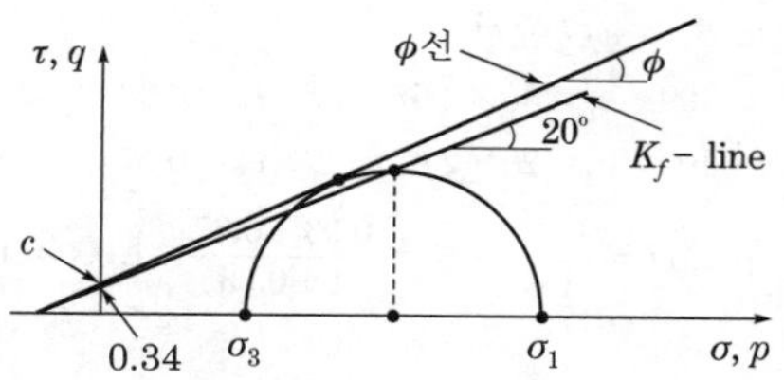

15 ㉮ $K_p > K_o > K_a$

㉯ Rankine토압론에 의한 주동토압은 과대평가되고, 수동토압은 과소평가된다.

㉰ Coulomb토압론에 의한 주동토압은 실제와 잘 접근하고 있으나, 수동토압은 상당히 크게 나타난다.

㉱ 주동변위량은 수동변위량보다 작다.

16 최적함수비는 최대 건조단위중량을 나타낼 때의 함수비이다.

17 ㉮ $C_d = \dfrac{\gamma_d}{\gamma_{d\max}} \times 100$

$95 = \dfrac{\gamma_d}{17.6} \times 100$

$\therefore\ \gamma_d = 16.72\text{kN/m}^3$

㉯ $D_r = \dfrac{\gamma_{d\max}}{\gamma_d} \dfrac{\gamma_d - \gamma_{d\min}}{\gamma_{d\max} - \gamma_{d\min}} \times 100$

$= \dfrac{17.6}{16.72} \times \dfrac{16.72 - 15}{17.6 - 15} \times 100$

$= 69.64\%$

18 $F_s = \dfrac{c}{\gamma_{\text{sat}} Z \cos i \sin i} + \dfrac{\gamma_{\text{sub}}}{\gamma_{\text{sat}}} \dfrac{\tan\phi}{\tan i}$

$= \dfrac{15}{18 \times 5 \times \cos 15° \times \sin 15°} + \dfrac{18 - 9.81}{18} \times \dfrac{\tan 30°}{\tan 15°}$

$= 1.65$

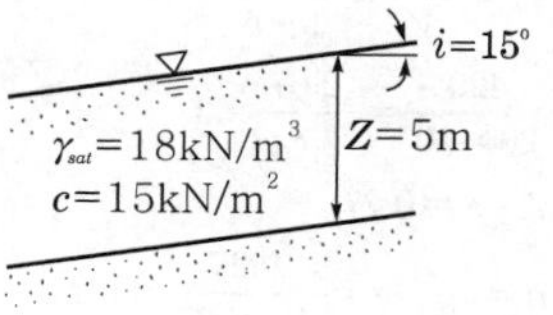

19 ㉮ 정사각형 기초의 극한지지력

$q_{u(\text{기초})} = q_{u(\text{재하판})} \dfrac{B_{(\text{기초})}}{B_{(\text{재하판})}} = 200 \times \dfrac{1.8}{0.3}$

$= 1{,}200\text{kN/m}^2$

㉯ $q_a = \dfrac{q_u}{F_s} = \dfrac{1{,}200}{3} = 400\text{kN/m}^2$

㉰ $q_a = \dfrac{P}{A}$

$400 = \dfrac{P}{1.8 \times 1.8}$

$\therefore\ P = 1{,}296\text{kN}$

20 비배수상태($\phi = 0$)인 포화점토이므로

$R_p = q_p A_p = c N_c^* A_p = 9cA_p$ ($\because\ \phi = 0$일 때 $N_c^* = 9$)

$= 9 \times 50 \times \dfrac{\pi \times 0.4^2}{4} = 56.5\text{kN}$

토목기사 실전 모의고사 제5회 정답 및 해설

01	02	03	04	05	06	07	08	09	10
②	④	②	②	②	②	②	②	③	②
11	12	13	14	15	16	17	18	19	20
①	①	①	③	③	④	①	③	④	④

1 ㉮ $\gamma_t = \dfrac{G_s + Se}{1+e} \gamma_w = \dfrac{G_s + wG_s}{1+e} \gamma_w$

$20 = \dfrac{2.7 + 0.2 \times 2.7}{1+e} \times 9.8$

$\therefore\ e = 0.59$

㉯ $Se = wG_s$

$S \times 0.59 = 20 \times 2.7$

$\therefore\ S = 91.53\%$

2 ㉮ $P_{\text{No.200}} = 4\% < 50\%$이고,

$P_{\text{No.4}} = 90\% > 50\%$이므로 모래(S)이다.

㉯ $C_u = \dfrac{D_{60}}{D_{10}} = \dfrac{2}{0.25} = 8 > 6$

$C_g = \dfrac{{D_{30}}^2}{D_{10} D_{60}} = \dfrac{0.6^2}{0.25 \times 2}$

$= 0.72 \neq 1 \sim 3$이므로 빈립도(P)이다.

$\therefore$ SP

3 ㉮ $Q=KiA$

$$\frac{150}{2\times 60}=Ki\times 20$$

$\therefore\ V=0.0625\text{cm/s}$

㉯ $\gamma_d=\dfrac{W_s}{V}=\dfrac{G_s}{1+e}\gamma_w$

$$\frac{420}{20\times 10}=\frac{2.67}{1+e}\times 1$$

$\therefore\ e=0.27$

㉰ $n=\dfrac{e}{1+e}=\dfrac{0.27}{1+0.27}=0.21$

㉱ $V_s=\dfrac{V}{n}=\dfrac{0.0625}{0.21}=0.298\text{cm/s}$

4 ㉮ $K=\sqrt{K_h K_v}=\sqrt{0.12\times 0.03}=0.06\text{cm/s}$

㉯ $Q=KH\dfrac{N_f}{N_d}$

$$=(0.06\times 10^{-2})\times 50\times\frac{5}{12}=0.0125\text{m}^3/\text{s}$$

$$=0.0125\times(24\times 60\times 60)=1{,}080\text{m}^3/\text{day}$$

5 ㉮ $\sigma=9.8\times h+18\times 3=9.8h+54$

㉯ $u=9.8\times 7=68.6\text{kN/m}^2$

㉰ $\bar{\sigma}=\sigma-u=9.8h+54-68.6=0$

$\therefore\ h=1.49\text{m}$

6 $\Delta\sigma_v=I_{(m,\ n)}q=0.122\times 100-0.048\times 100=7.4\text{kN/m}^2$

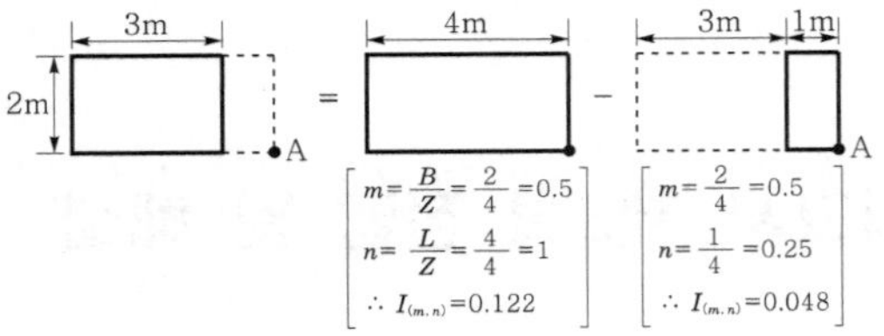

7 동상이 일어나는 조건

㉮ ice lens를 형성할 수 있도록 물의 공급이 충분해야 한다.

㉯ 0℃ 이하의 동결온도가 오랫동안 지속되어야 한다.

㉰ 동상을 받기 쉬운 흙(실트질토)이 존재해야 한다.

8 ㉮ $t=\dfrac{T_v H^2}{C_v}$

$$2=\frac{T_v\times\left(\frac{2}{2}\right)^2}{C_v}\qquad \therefore\ \frac{T_v}{C_v}=2\text{hr/cm}^2$$

㉯ $t=\dfrac{T_v H^2}{C_v}=2\times\left(\dfrac{500}{2}\right)^2=125{,}000$시간 ≒ 14.3년

9 ㉮ $Se=wG_s$에서

$100\times e_1=35\times 2.67\qquad \therefore\ e_1=0.93$

$100\times e_2=25\times 2.67\qquad \therefore\ e_2=0.67$

㉯ $\Delta H=\dfrac{e_1-e_2}{1+e_1}H=\dfrac{0.93-0.67}{1+0.93}\times 1{,}000=134.7\text{cm}$

10 ㉮ $\sigma=18\times 2+20\times 4=116\text{kN/m}^2$

$u=9.81\times 4=39.24\text{kN/m}^2$

$\sigma'=\sigma-u=116-39.24=76.76\text{kN/m}^2$

㉯ $\tau=c+\sigma'\tan\phi$

$=30+76.76\times\tan 30°=74.32\text{kN/m}^2$

11 CD-test를 사용하는 경우

㉮ 심한 과압밀지반에 재하하는 경우 등과 같이 성토하중에 의해 압밀이 서서히 진행이 되고 파괴도 극히 완만히 진행되는 경우

㉯ 간극수압의 측정이 곤란한 경우

㉰ 흙댐에서 정상침투 시 안정해석에 사용

12 ㉮ $A=\dfrac{A_o}{1-\varepsilon}=\dfrac{18}{1-\dfrac{1.2}{14}}=19.69\text{cm}^2$

㉯ $\sigma_1-\sigma_3=\dfrac{P}{A}=\dfrac{600}{19.69}=30.5\text{N/cm}^2=305\text{kN/m}^2$

13 ㉮ $\sigma=17.5\times 5+19.5\times 10=282.5\text{kN/m}^2$

㉯ $u=9.8\times 10=98\text{kN/m}^2$

㉰ $\bar{\sigma}=\sigma-u=282.5-98=184.5\text{kN/m}^2$

㉱ $\alpha=\dfrac{C_u}{P}=0.11+0.0037PI$(단, $PI>10$)

$$\frac{C_u}{184.5}=0.11+0.0037\times 50$$

$\therefore\ C_u=54.43\text{kN/m}^2$

14 ㉮ $K_a=\tan^2\left(45°-\dfrac{\phi}{2}\right)=\tan^2\left(45°-\dfrac{30°}{2}\right)=\dfrac{1}{3}$

㉯ $P_a=\dfrac{1}{2}\gamma_t h^2 K_a+q_s K_a h$

$$=\frac{1}{2}\times 17\times 4^2\times\frac{1}{3}+20\times\frac{1}{3}\times 4=72\text{kN/m}$$

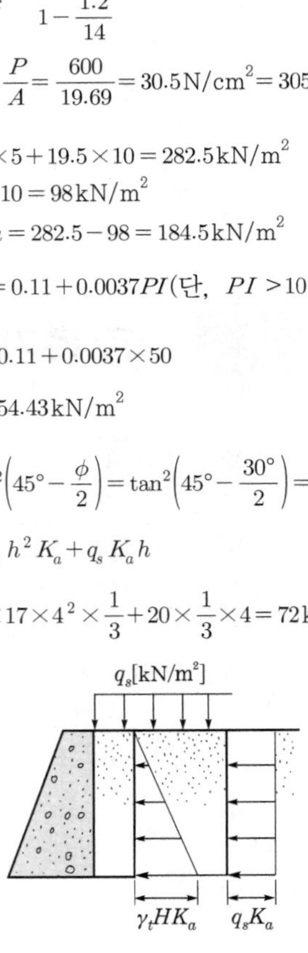

15 $P_u = C_a \pi Dl = 0.6C\pi Dl$

$= 0.6 \times 100 \times \pi \times 0.2 \times 5 = 188.5\text{kN}$

16 낮은 압력에서는 건조측에서 다진 흙이 압축성이 작아진다.

17 $S_{(기초)} = S_{(재하판)}\left[\dfrac{2B_{(기초)}}{B_{(기초)}+B_{(재하판)}}\right]^2$

$= 10 \times \left(\dfrac{2\times 1.5}{1.5+0.3}\right)^2 = 27.78\text{mm}$

18 ㉮ 정적콘관입시험(CPT ; Dutch Cone Penetration Test)

㉠ 콘을 땅속에 밀어 넣을 때 발생하는 저항을 측정하여 지반의 강도를 추정하는 시험으로 점성토와 사질토에 모두 적용할 수 있으나 주로 연약한 점토지반의 특성을 조사하는데 적합하다.

㉡ SPT와 달리 CPT는 시추공 없이 지표면에서부터 시험이 가능하므로 신속하고 연속적으로 지반을 파악할 수 있는 장점이 있고, 단점으로는 시료채취가 불가능하고 자갈이 섞인 지반에서는 시험이 어렵고 시추하는 것보다는 저렴하나 시험을 위해 특별히 CPT장비를 조달해야 하는 것이다.

㉯ 표준관입시험

㉠ 사질토에 가장 적합하고 점성토에도 시험이 가능하다.

㉡ 특히 연약한 점성토에서는 SPT의 신뢰성이 매우 낮기 때문에 N값을 가지고 점성토의 역학적 특성을 추정하는 것은 좋지 않다.

19 ㉮ $q_u = \alpha cN_c + \beta B\gamma_1 N_r + D_f\gamma_2 N_q$

$= 0 + 0.4\times 2\times 17\times 19 + 1.5\times 17\times 22$

$= 819.4\text{kN/m}^2$

㉯ $q_a = \dfrac{q_u}{F_s} = \dfrac{819.4}{3} = 273.13\text{kN/m}^2$

$q_a = \dfrac{Q_{all}}{A}$

$273.13 = \dfrac{Q_{all}}{2\times 2}$

$\therefore\ Q_{all} = 1092.5\text{kN}$

20 ㉮ 부마찰력이 발생하면 지지력이 크게 감소하므로 말뚝의 허용지지력을 결정할 때 세심하게 고려한다.

㉯ 상대변위속도가 클수록 부마찰력이 크다.

토목기사 실전 모의고사 제6회 정답 및 해설

01	02	03	04	05	06	07	08	09	10
④	②	③	①	④	④	③	③	③	②
11	**12**	**13**	**14**	**15**	**16**	**17**	**18**	**19**	**20**
③	①	②	②	③	①	③	④	①	③

1

㉮ $\gamma_t = \dfrac{G_s + Se}{1+e}\gamma_w = \dfrac{G_s + wG_s}{1+e}\gamma_w$

$17.5 = \dfrac{2.56 + 0.35\times 2.56}{1+e}\times 9.8$

$\therefore\ e = 0.935$

㉯ $n = \dfrac{e}{1+e}\times 100 = \dfrac{0.935}{1+0.935}\times 100 = 48.32\%$

2

㉮ $\gamma_t = \dfrac{G_s + Se}{1+e}\gamma_w = \dfrac{G_s + wG_s}{1+e}\gamma_w$

$17.64 = \dfrac{2.7 + 0.1\times 2.7}{1+e}\times 9.8$

$\therefore\ e = 0.65$

㉯ $D_r = \dfrac{e_{max} - e}{e_{max} - e_{min}}\times 100$

$= \dfrac{0.92 - 0.65}{0.92 - 0.45}\times 100 = 57.45\%$

3 $K_v = \dfrac{H}{\dfrac{h_1}{K_{v1}} + \dfrac{h_2}{K_{v2}} + \dfrac{h_3}{K_{v3}}}$

$= \dfrac{1{,}050}{\dfrac{600}{0.02} + \dfrac{150}{2\times 10^{-5}} + \dfrac{300}{0.03}}$

$= 1.393\times 10^{-4}\text{cm/s}$

4 ㉮ $\sigma_v = 19\times2+20\times2 = 75\text{kN/m}^2$

$u = 9.81\times2 = 19.62\text{kN/m}^2$

$\overline{\sigma_v} = 78-19.62 = 58.38\text{kN/m}^2$

㉯ $\overline{\sigma_h} = [19\times2+(20-9.81)\times2]\times0.5 = 29.19\text{kN/m}^2$

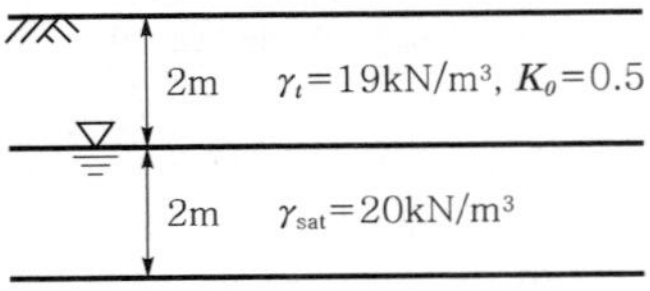

5 ㉮ $i_c = \dfrac{G_s-1}{1+e} = \dfrac{2.65-1}{1+0.6} = 1.03$

㉯ $i = \dfrac{h}{L} = \dfrac{\Delta h}{4}$

㉰ $F_s = \dfrac{i_c}{i} = \dfrac{1.03}{\dfrac{\Delta h}{4}} = 1$

$\therefore\ \Delta h = 4.12\text{m}$

6 $\Delta\sigma_v = \dfrac{P}{(B+Z)(L+Z)} = \dfrac{50}{(1+4)^2} = 2\text{kN/m}^2$

7 Terzaghi의 1차원 압밀가정

㉮ 흙은 균질하고 완전히 포화되어 있다.

㉯ 토립자와 물은 비압축성이다.

㉰ 압축과 투수는 1차원적(수직적)이다.

㉱ Darcy의 법칙이 성립한다.

8 ㉮ $t_{90} = \dfrac{0.848H^2}{C_v}$

$10 = \dfrac{0.848\times10^2}{C_v}$

$\therefore\ C_v = 8.48\text{m}^2/\text{yr}$

㉯ $t_{90} = \dfrac{0.848\times40^2}{8.48} = 160$년

9 ㉮ $u_i = \gamma_w h = 9.81\times5 = 49.05\text{kN/m}^2$

㉯ $U_z = \dfrac{u_i-u}{u_i}\times100$

$40 = \dfrac{49.05-u}{49.05}\times100$

$\therefore\ u = 29.43\text{kN/m}^2$

㉰ 재하하기 이전의 간극수압

$u = \gamma_w h = 9.81\times5 = 49.05\text{kN/m}^2$

㉱ 전체 간극수압 $= 49.05+29.43 = 78.48\text{kN/m}^2$

10 Mohr응력원이 파괴포락선에 접하는 경우에 전단파괴가 발생된다.

11 ㉮ $\tau = c = \dfrac{\sigma_1-\sigma_3}{2} = 18\text{MN/m}^2$

$\therefore\ \sigma_1-\sigma_3 = 36\text{MN/m}^2$

㉯ UU−test($S_r = 100\%$일 때)에서 σ_3에 관계없이 $(\sigma_1-\sigma_3)$이 일정하다.

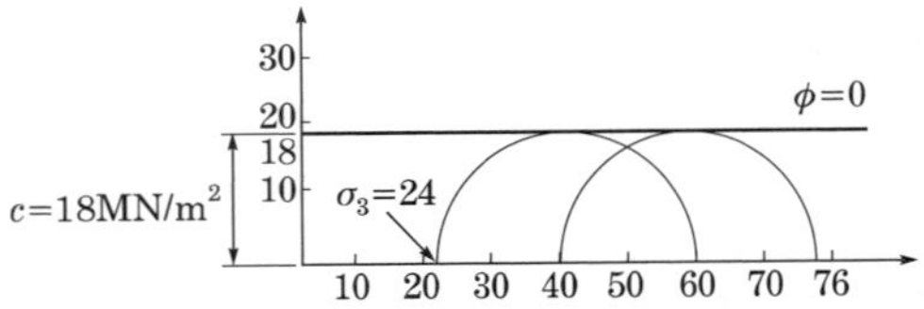

12 $A_r = \dfrac{D_w^{\ 2}-D_e^{\ 2}}{D_e^{\ 2}}\times100$

$= \dfrac{50.8^2-34.9^2}{34.9^2}\times100 = 111.87\%$

13 $\Delta U = B[\Delta\sigma_3 + A(\Delta\sigma_1-\Delta\sigma_3)]$

$210 = 1\times(0+A\times280)$

$\therefore\ A = \dfrac{210}{280} = 0.75$

14 ㉮ $K_a = \tan^2\left(45° - \dfrac{\phi}{2}\right)$

$= \tan^2\left(45° - \dfrac{30°}{2}\right) = \dfrac{1}{3}$

㉯ $P_a = \dfrac{1}{2}\gamma_1 H_1^{\ 2} K_a + \gamma_1 H_1 H_2 K_a + \dfrac{1}{2}\gamma_2 H_2^{\ 2} K_a$

$= \dfrac{1}{2}\times15\times2^2\times\dfrac{1}{3} + 15\times2\times4\times\dfrac{1}{3}$

$+ \dfrac{1}{2}\times18\times4^2\times\dfrac{1}{3}$

$= 98\text{kN/m}$

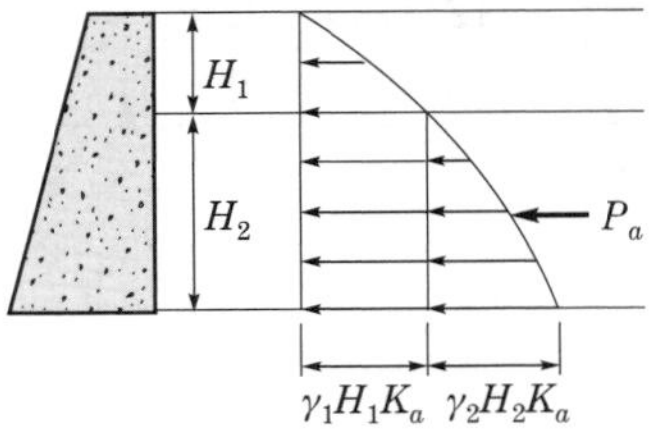

15 다짐의 효과

㉮ 투수성 감소

㉯ 전단강도 증가

㉰ 지반의 압축성 감소

㉱ 지반의 지지력 증대

㉲ 동상, 팽창, 건조수축 감소

16 ㉮ $\gamma_{모래} = \frac{W}{V}$

$$16,660 = \frac{59.92 - 28.18 - 1.17}{V}$$

$\therefore V = 1.835 \times 10^{-3} \text{m}^3$

㉯ $\gamma_t = \frac{W}{V} = \frac{33.11 \times 10^{-3}}{1.835 \times 10^{-3}} = 18.04 \text{kN/m}^3$

㉰ $\gamma_d = \frac{\gamma_t}{1 + \frac{w}{100}} = \frac{18.04}{1 + \frac{11.6}{100}} = 16.16 \text{kN/m}^3$

17 ㉮ $H_c = \frac{4c}{\gamma_t}\left[\frac{\sin\beta\cos\phi}{1 - \cos(\beta - \phi)}\right]$

$$= \frac{4 \times 30}{18} \times \frac{\sin 50° \times \cos 0°}{1 - \cos(50° - 0)} = 14.3 \text{m}$$

㉯ $F_s = \frac{H_c}{H}$

$$2 = \frac{14.3}{H}$$

$\therefore H = 7.15 \text{m}$

18 국부전단파괴에 대하여 다음과 같이 강도 정수를 저감하여 사용한다.

㉮ $C' = \frac{2}{3}C$

㉯ $\tan\phi' = \frac{2}{3}\tan\phi$

19 $q = \frac{Q}{A} - \gamma D_f = \frac{25,000}{100} - 18 \times 2 = 214 \text{kN/m}^2$

20 ㉮ $\phi = \tan^{-1}\frac{D}{S} = \tan^{-1}\frac{0.4}{2} = 11.31°$

㉯ $E = 1 - \phi\left[\frac{(m-1)n + m(n-1)}{90mn}\right]$

$$= 1 - 11.31 \times \frac{3 \times 5 + 4 \times 4}{90 \times 4 \times 5} = 0.805$$

㉰ $R_{ag} = ENR_a = 0.805 \times 20 \times 150 = 2,415 \text{kN}$

토목기사 실전 모의고사 제7회 정답 및 해설

01	02	03	04	05	06	07	08	09	10
④	③	③	④	④	②	②	②	③	①
11	12	13	14	15	16	17	18	19	20
②	③	③	④	③	②	②	③	②	②

1 ㉮ $\theta = 45° + \frac{\phi}{2}$

$50° = 45° + \frac{\phi}{2} \quad \therefore \phi = 10°$

㉯ $q_u = 2c\tan\left(45° + \frac{\phi}{2}\right)$

$0.1 = 2c \times \tan\left(45° + \frac{10°}{2}\right) \quad \therefore c = 0.042 \text{MPa}$

2 건조측에서 다지면 면모구조가, 습윤측에서 다지면 이산구조가 된다.

3 $K = C_v m_v \gamma_w = C_v\left(\frac{a_v}{1 + e_1}\right)\gamma_w$

$$= 1.92 \times 10^{-3} \times \frac{2.86 \times 10^{-2}}{1 + 0.8} \times 1$$

$$= 3.05 \times 10^{-5} \text{cm/s}$$

4 극한지지력은 기초의 폭과 근입깊이에 비례한다.

5 ㉮ $\gamma_d = \frac{W_s}{V} = \frac{1,700}{1,000} = 1.7 \text{g/cm}^3$

㉯ $\gamma_d = \frac{G_s}{1 + e}\gamma_w$

$$1.7 = \frac{2.65}{1 + e} \times 1$$

$\therefore e = 0.56$

6 $K = D_s^{\,2}\,\frac{\gamma_w}{\mu}\,\frac{e^3}{1 + e}\,C$

7 다짐에너지를 증가시키면 최적함수비는 감소하고, 최대 건조단위중량은 증가한다.

8 $F = \gamma_w \Delta h A$

9
$$K_v = \frac{H}{\frac{h_1}{K_{v1}} + \frac{h_2}{K_{v2}} + \frac{h_3}{K_{v3}}}$$
$$= \frac{1{,}050}{\frac{600}{0.02} + \frac{150}{2\times10^{-5}} + \frac{300}{0.03}}$$
$$= 1.393\times10^{-4}\text{cm/s}$$

10 ㉮ $M = Pe$

$45 = 300 \times e$

$\therefore\ e = 0.15\text{m}$

㉯ $e = 0.15\text{m} < \frac{B}{6} = \frac{1.2}{6} = 0.2\text{m}$ 이므로

$$q_{\max} = \frac{Q}{BL}\left(1 + \frac{6e}{B}\right)$$
$$= \frac{300}{1.2\times1.5}\times\left(1 + \frac{6\times0.15}{1.2}\right)$$
$$= 291.7\text{kN/m}^2$$

11 ㉮ $\sigma = 9.8\times h + 18\times3 = 9.8h + 54$

㉯ $u = 9.8\times7 = 68.6\text{kN/m}^2$

㉰ $\bar{\sigma} = \sigma - u = 9.8h + 54 - 68.6 = 0$

$\therefore\ h = 1.49\text{m}$

12 Meyerhof의 극한지지력공식은 Terzaghi의 극한지지력공식과 유사하면서 형상계수, 깊이계수, 경사계수를 추가한 공식이다.

13 Rod길이가 길어지면 rod변형에 의한 타격에너지의 손실 때문에 해머의 효율이 저하되어 실제의 N값보다 크게 나타난다.

14 ㉮ $\tau = c = 66.3\text{kN/m}^2$

㉯ $L_a = r\,\theta = 12.1\times\left(89.5°\times\frac{\pi}{180°}\right) = 18.9\text{m}$

㉰ $M_r = \tau\gamma L_a = 66.3\times12.1\times18.9 = 15{,}162.1\text{kN}\cdot\text{m}$

㉱ $M_D = We = (A\gamma)e = 70\times19.4\times4.5 = 6{,}111\text{kN}\cdot\text{m}$

㉲ $F_s = \frac{M_r}{M_D} = \frac{15{,}162.1}{6{,}111} = 2.48$

15
$$F_s = \frac{5.7c}{\gamma H - \frac{cH}{0.7B}}$$
$$= \frac{5.7\times24}{17.31\times8 - \frac{24\times8}{0.7\times5}}$$
$$= 1.636$$

16 ㉮ $Se = wG_s$

$1\times e = wG_s$

$\therefore\ G_s = \frac{e}{w}$

㉯ $i_c = \frac{G_s - 1}{1+e} = \frac{\frac{e}{w} - 1}{1+e}$

$$= \frac{\frac{e-w}{w}}{1+e}$$
$$= \frac{e-w}{w(1+e)}$$

17 유선망의 특징

㉮ 각 유로의 침투유량은 같다.

㉯ 인접한 등수두선 간의 수두차는 모두 같다.

㉰ 유선과 등수두선은 서로 직교한다.

㉱ 유선망으로 되는 사각형은 정사각형이다.

㉲ 침투속도 및 동수구배는 유선망의 폭에 반비례한다.

18 ㉮ 부마찰력이 발생하면 지지력이 크게 감소하므로 말뚝의 허용지지력을 결정할 때 세심하게 고려한다.

㉯ 상대변위속도가 클수록 부마찰력이 크다.

19 ㉮ 강성기초

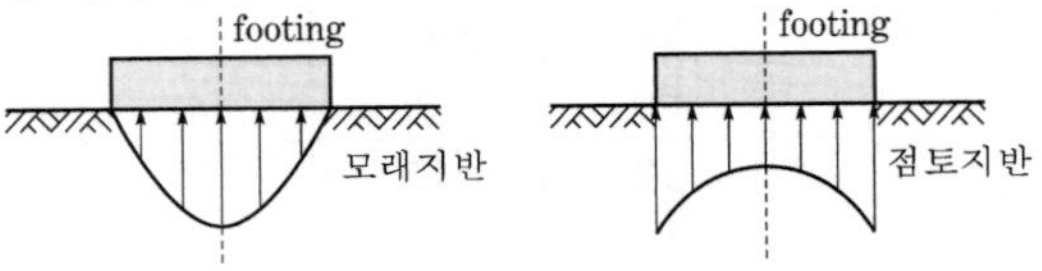

㉯ 휨성기초

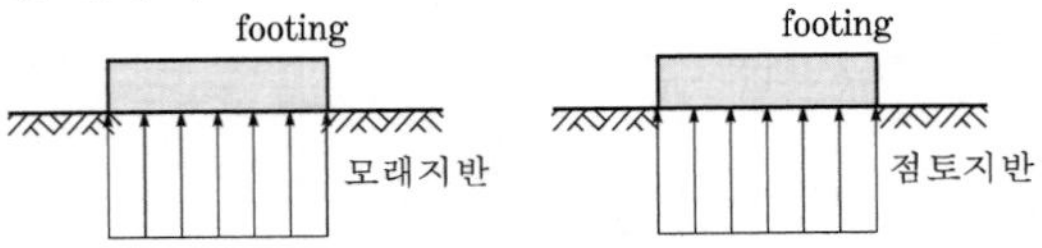

20 연속기초이므로 $\alpha = 1.0$, $\beta = 0.5$이다.

㉮ $q_u = \alpha c N_c + \beta B \gamma_1 N_\gamma + D_f \gamma_2 N_q$

$$= 1\times\frac{148.6}{2}\times5.14 + 0 + 1.2\times19.2\times1$$
$$= 404.9\text{kN/m}^2$$

㉯ $q_a = \frac{q_u}{F_s} = \frac{404.9}{3} = 135\text{kN/m}^2$

토목기사 실전 모의고사 제8회 정답 및 해설

01	02	03	04	05	06	07	08	09	10
④	②	③	④	①	②	①	③	①	①
11	**12**	**13**	**14**	**15**	**16**	**17**	**18**	**19**	**20**
②	④	①	①	④	②	③	③	④	②

1 피조콘

㉮ 콘을 흙 속에 관입하면서 콘의 관입저항력, 마찰저항력과 함께 간극수압을 측정할 수 있도록 다공질 필터와 트랜스듀서(transducer)가 설치되어 있는 전자콘을 피조콘이라 한다.

㉯ 결과의 이용

㉠ 연속적인 토층상태 파악

㉡ 점토층에 있는 sand seam의 깊이, 두께 판단

㉢ 지반개량 전후의 지반변화 파악

㉣ 간극수압측정

2 ㉮ $Se = wG_s$

$1 \times e = wG_s$

$\therefore\ G_s = \dfrac{e}{w}$

㉯ $i_c = \dfrac{G_s - 1}{1+e} = \dfrac{\frac{e}{w} - 1}{1+e} = \dfrac{\frac{e-w}{w}}{1+e} = \dfrac{e-w}{w(1+e)}$

3 $\Delta\sigma_Z = \dfrac{2qZ^3}{\pi(x^2+z^2)^2}$ 에서

㉮ $\Delta\sigma_{Z1} = \dfrac{2\times5\times4^3}{\pi\times(5^2+4^2)^2} = 0.12\text{kN/m}^2$

㉯ $\Delta\sigma_{Z2} = \dfrac{2\times10\times4^3}{\pi\times(10^2+4^2)^2} = 0.03\text{kN/m}^2$

㉰ $\Delta\sigma_Z = \Delta\sigma_{Z1} + \Delta\sigma_{Z2}$

$= 0.12 + 0.03$

$= 0.15\text{kN/m}^2$

4 통일분류법

㉮ 세립토는 소성도표를 사용하여 구분한다.

㉯ $W_L = 50\%$로 저압축성과 고압축성을 구분한다.

㉰ No.200체 통과율로 조립토와 세립토를 구분한다.

5 직접전단시험은 흙시료의 전단파괴면을 미리 정해놓고 흙의 강도를 구하는 시험이다.

6 $\Delta U = B[\Delta\sigma_3 + A(\Delta\sigma_1 - \Delta\sigma_3)]$

$210 = 1\times(0 + A\times280)$

$\therefore\ A = 0.75$

7 ㉮ $e = \dfrac{n}{100-n} = \dfrac{50}{100-50} = 1$

㉯ $Se = wG_s$

$1\times1 = 0.4\times G_s$

$\therefore\ G_s = 2.5$

㉰ $F_s = \dfrac{i_c}{i} = \dfrac{\frac{G_s-1}{1+e}}{i}$

$3.5 = \dfrac{\frac{2.5-1}{1+1}}{i}$

$\therefore\ i = 0.21$

8 ㉮ $K_a = \tan^2\left(45° - \dfrac{\phi}{2}\right) = \tan^2\left(45° - \dfrac{30°}{2}\right) = \dfrac{1}{3}$

㉯ $P_a = P_{a1} + P_{a2}$

$= \dfrac{1}{2}\gamma_t h^2 K_a + q_s K_a h$

$= \dfrac{1}{2}\times19\times3^2\times\dfrac{1}{3} + 30\times\dfrac{1}{3}\times3$

$= 58.5\text{kN/m}$

㉰ $P_a y = P_{a1}\dfrac{h}{3} + P_{a2}\dfrac{h}{2}$

$28.5\times\dfrac{3}{3} + 30\times\dfrac{3}{2} = 58.5\times y$

$\therefore\ y = 1.26\text{m}$

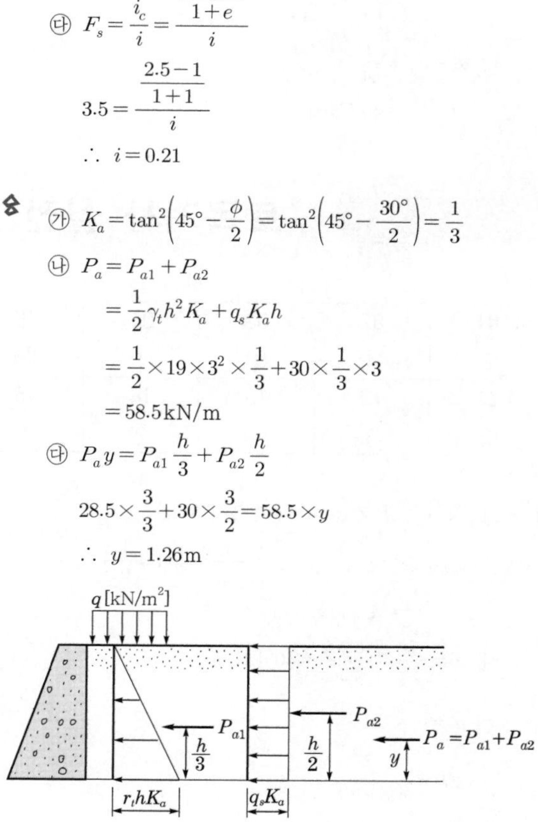

9 다짐에너지를 크게 하면 건조단위중량은 커지고, 최적함수비는 작아진다.

10 현장 타설 콘크리트말뚝기초의 지지력은 말뚝기초의 지지력을 구하는 정역학적 공식과 같은 방법으로 구한다.

11 ㉮ $R_u = \dfrac{Wh}{s+0.254} = \dfrac{30\times120}{2+0.254} = 1{,}597.2\text{kN}$

㉯ $R_a = \dfrac{R_u}{F_s} = \dfrac{1{,}597.2}{6} = 266.2\text{kN}$

12 부마찰력은 압밀침하를 일으키는 연약점토층을 관통하여 지지층에 도달한 지지말뚝의 경우나 연약점토지반에 말뚝을 항타한 다음 그 위에 성토를 한 경우 등일 때 발생한다.

13 점토지반에서 강성기초의 접지압은 기초의 모서리 부분에서 최대이다.

14 ㉮ $A = \dfrac{A_0}{1-\varepsilon} = \dfrac{18}{1-\dfrac{1.2}{14}} = 19.69\text{cm}^2$

㉯ $\sigma_1 - \sigma_3 = \dfrac{P}{A} = \dfrac{600}{19.69}$

$= 30.5\text{N/cm}^2 = 305\text{kN/m}^2$

15 불교란시료채취기(sampler)

㉮ 얇은 관샘플러(thin wall tube sampler)

㉯ 피스톤샘플러(piston sampler)

㉰ 포일샘플러(foil sampler)

16 $\tau = c + \bar{\sigma}\tan\phi$

$= c + (\sigma - u)\tan\phi$

$= 50 + (3{,}000 - 800)\times\tan 30°$

$= 1{,}320.17\text{kN/m}^2$

17 $\tan\beta = \dfrac{q}{p} = \dfrac{1-K}{1+K} = \dfrac{1-0.5}{1+0.5} = \dfrac{1}{3}$

18 $F_s = \dfrac{\gamma_{sub}}{\gamma_{sat}}\dfrac{\tan\phi}{\tan i} = \dfrac{10}{20}\times\dfrac{\tan\phi}{\tan 20°} \geq 1$

$\therefore\ \phi = 36°$

19 $U_{av} = 1-(1-U_v)(1-U_h)$

$0.9 = 1-(1-0.2)\times(1-U_h)$

$\therefore\ U_h = 0.875 = 87.5\%$

20 압성토공법

성토의 활동파괴를 방지할 목적으로 사면 선단에 성토하여 성토의 중량을 이용하여 활동에 대한 저항모멘트를 크게 하여 안정을 유지시키는 공법이다.

토목기사 실전 모의고사 제9회 정답 및 해설

01	02	03	04	05	06	07	08	09	10
③	④	①	①	③	①	③	②	①	①
11	12	13	14	15	16	17	18	19	20
②	③	④	②	④	①	③	②	④	④

1 ㉮ 정사각형 기초의 극한지지력

$q_{u(기초)} = q_{u(재하판)}\dfrac{B_{(기초)}}{B_{(재하판)}} = 200\times\dfrac{1.8}{0.3}$

$= 1{,}200\text{kN/m}^2$

㉯ $q_a = \dfrac{q_u}{F_s} = \dfrac{1{,}200}{3} = 400\text{kN/m}^2$

㉰ $q_a = \dfrac{P}{A}$

$400 = \dfrac{P}{1.8\times1.8}$

$\therefore\ P = 1{,}296\text{kN}$

2 ㉮ $P_{No.200} = 4\% < 50\%$이고,

$P_{No.4} = 90\% > 50\%$이므로 모래(S)이다.

㉯ $C_u = \dfrac{D_{60}}{D_{10}} = \dfrac{2}{0.25} = 8 > 6$

$C_g = \dfrac{{D_{30}}^2}{D_{10}D_{60}} = \dfrac{0.6^2}{0.25\times2}$

$= 0.72 \neq 1\sim3$이므로 빈립도(P)이다.

$\therefore$ SP

3 $i_c = \dfrac{\gamma_{sub}}{\gamma_w} = \dfrac{18-9.8}{9.8} = 0.84$

4

$$\gamma_d = \frac{\gamma_w}{\frac{1}{G_s} + \frac{w}{S}}$$

$$17 = \frac{9.8}{\frac{1}{G_s} + \frac{20}{100}}$$

$\therefore\ G_s = 2.66$

5 New-Mark영향원법

임의의 불규칙적인 형상의 등분포하중에 의한 임의의 점에 대한 연직지중응력을 구하는 방법이다.

6 $\phi = \sqrt{12N} + (15 \sim 25)$

$= \sqrt{12 \times 20} + (15 \sim 25) = 15 + (15 \sim 25)$

$= 30 \sim 40°$

7

㉮ $OCR = \frac{P_c}{P} = \frac{100}{50} = 2$

㉯ $K_o = 1 - \sin\phi = 1 - \sin 25° = 0.58$

㉰ $K_{o(과압밀)} = K_{o(정규압밀)}\sqrt{OCR} = 0.58\sqrt{2} = 0.82$

8 $\Delta U = B\Delta\sigma_3 + D(\Delta\sigma_1 - \Delta\sigma_3)$

$= B[\Delta\sigma_3 + A(\Delta\sigma_1 - \Delta\sigma_3)]$

$= 1 \times [50 + 0.5 \times (100 - 50)]$

$= 75\text{kN/m}^2$

9

㉮ $H_c = \dfrac{4c\tan\left(45° + \frac{\phi}{2}\right)}{\gamma} = \dfrac{4 \times 50 \times \tan\left(45° + \frac{0}{2}\right)}{20}$

$= 10\text{m}$

㉯ $F_s = \frac{H_c}{H} = \frac{10}{7} = 1.43$

10 CD-test의 파괴포락선

㉮ 정규압밀점토의 파괴포락선은 좌표축원점을 지난다.

㉯ 과압밀점토는 파괴포락선이 원점을 통과하지 않으므로 c, ϕ 모두 얻어지며, 이때 파괴포락선은 곡선이 되므로 압력범위를 정하여 직선으로 가정하고 c_d, ϕ_d를 결정하여야 한다.

㉰ UU-test(S_r=100%)인 경우 같은 직경의 Mohr 원이 그려지므로 파괴포락선은 ㉠이다.

11

$$K_v = \frac{H}{\frac{h_1}{K_{v1}} + \frac{h_2}{K_{v2}}}$$

$$= \frac{300 + 400}{\frac{300}{3 \times 10^{-3}} + \frac{400}{5 \times 10^{-4}}} = 7.78 \times 10^{-4}\text{cm/s}$$

12 습윤측으로 다지면 투수계수가 감소하고 OMC보다 약한 습윤측에서 최소 투수계수가 나온다.

13 $\phi = \sqrt{12N} + 20 = \sqrt{12 \times 19} + 20 = 35.1°$

14 ㉮ $\tau = c + \bar{\sigma}\tan\phi = c = 45\text{kN/m}^2$

㉯ $M_r = \tau r L_a = 45 \times 12 \times 20 = 10{,}800\text{kN}$

㉰ $M_D = We = A\gamma_t e = 70 \times 19 \times 4.5 = 5{,}985\text{kN}$

㉱ $F_s = \frac{M_r}{M_D} = \frac{10{,}800}{5{,}985} ≒ 1.8$

15 강도 증가율추정법

㉮ 비배수전단강도에 의한 방법(UU시험)

㉯ $\overline{CU}$시험에 의한 방법

㉰ CU시험에 의한 방법

㉱ 소성지수에 의한 방법

16 ㉮ $P_{\#200} = 2.3\% < 50\%$이고 $P_{\#4} = 37.5\% < 50\%$이므로 자갈(G)이다.

㉯ $C_u = 7.9 > 4$이고 $C_g = 1.4 = 1 \sim 3$이므로 양립도(W)이다.

$\therefore$ GW

17 표준관입시험은 split spoon sampler를 boring rod 끝에 붙여서 63.5kg의 해머로 76cm 높이에서 때려 sampler를 30cm 관입시킬 때의 타격횟수 N치를 측정하는 시험이다.

18 $\Delta\sigma_v = I_{(m,\ n)}q$

$= 0.122 \times 100 - 0.048 \times 100 = 7.4\text{kN/m}^2$

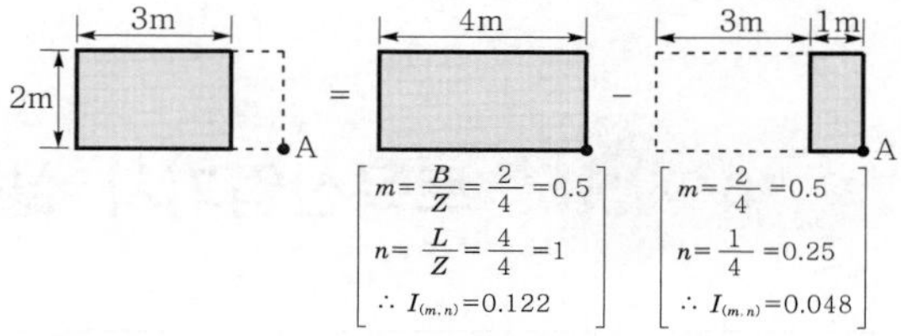

19 액화현상이란 느슨하고 포화된 모래지반에 지진, 발파 등의 충격하중이 작용하면 체적이 수축함에 따라 공극수압이 증가하여 유효응력이 감소되기 때문에 전단강도가 작아지는 현상이다.

20 국부전단파괴에 대하여 다음과 같이 강도 정수를 저감하여 사용한다.

㉮ $C' = \frac{2}{3}C$

㉯ $\tan\phi' = \frac{2}{3}\tan\phi$

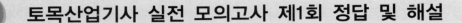

토목산업기사 실전 모의고사 제1회 정답 및 해설

01	02	03	04	05	06	07	08	09	10
④	③	②	①	③	③	②	③	③	①

1 부마찰력 : 말뚝 주변지반의 침하량이 말뚝의 침하량보다 클 때 발생한다.

2 하향침투일 때 $\bar{\sigma} = \bar{\sigma}' + F$이므로 유효응력은 F만큼 증가한다.

3 N, ϕ의 관계(Dunham공식)

㉮ 토립자가 모나고 입도가 양호 : $\phi = \sqrt{12N} + 25$

㉯ 토립자가 모나고 입도가 불량, 토립자가 둥글고 입도가 양호 : $\phi = \sqrt{12N} + 20$

㉰ 토립자가 둥글고 입도가 불량 : $\phi = \sqrt{12N} + 15$

4 $\Delta H = \dfrac{C_c}{1+e_1} \log \dfrac{P_2}{P_1} H$

$= \dfrac{0.39}{1+1.26} \times \log \dfrac{80+60}{80} \times 300 = 12.58\text{cm}$

5 다짐에너지가 클수록 최대 건조단위중량은 커지고, 최적함수비는 작아진다.

6 ㉮ $\sigma = 17 \times 2 + 20 \times 2 = 74\text{kN/m}^2$

$u = 9.8 \times 2 = 19.6\text{kN/m}^2$

$\bar{\sigma} = 74 - 19.6 = 54.4\text{kN/m}^2$

㉯ $\tau = c + \bar{\sigma}\tan\phi = 0 + 54.4 \times \tan 30° = 31.41\text{kN/m}^2$

7 $t_{90} = \dfrac{0.848 H^2}{C_v}$

$= \dfrac{0.848 \times 500^2}{0.5 \times 10^{-2}} = 4.24 \times 10^7$ 초

8 ㉮ $H_c = \dfrac{4c\tan\left(45° + \dfrac{\phi}{2}\right)}{\gamma_t}$

$= \dfrac{4 \times 20 \times \tan\left(45° + \dfrac{0}{2}\right)}{16} = 5\text{m}$

㉯ $F_s = \dfrac{H_c}{H} = \dfrac{5}{2} = 2.5$

9 ㉮ $n = \dfrac{e}{1+e} = \dfrac{0.52}{1+0.52} = 0.34$

㉯ $v_s = \dfrac{v}{n} = \dfrac{0.214}{0.34} = 0.629\text{cm/s}$

10 전단강도

㉮ 점토($c \neq 0,\ \phi = 0$) : $\tau = c$

㉯ 모래($c = 0,\ \phi \neq 0$) : $\tau = \bar{\sigma}\tan\phi$

㉰ 일반 흙($c \neq 0,\ \phi \neq 0$) : $\tau = c + \bar{\sigma}\tan\phi$

토목산업기사 실전 모의고사 제2회 정답 및 해설

01	02	03	04	05	06	07	08	09	10
②	①	①	③	①	④	②	④	④	③

1 ㉮ $e = \dfrac{n}{100-n} = \dfrac{20}{100-20} = 0.25$

㉯ $i_c = \dfrac{G_s - 1}{1+e} = \dfrac{2.65-1}{1+0.25} = 1.32$

2 얕은 기초(직접기초)의 분류

㉮ Footing기초(확대기초) : 독립푸팅기초, 복합푸팅기초, 캔틸레버푸팅기초, 연속푸팅기초

㉯ 전면기초(Mat기초)

3 $R_f = f_s A_s = 0.2 \times (2 \times 2 + 4 \times 2) \times 16 = 38.4\text{kN}$

4 $H_c = \dfrac{2q_u}{\gamma_t} = \dfrac{2 \times 32}{16} = 4\text{m}$

5 ㉮ $e = \dfrac{n}{100-n} = \dfrac{60}{100-60} = 1.5$

㉯ $i_c = \dfrac{G_s - 1}{1+e} = \dfrac{2.68-1}{1+1.5} = 0.672$

㉰ $F_s = \frac{i_c}{i} = \frac{0.672}{\frac{h}{30}} = 1$

$\therefore h = 20.16\text{cm}$

6 Vane test : 연약한 점토지반의 점착력을 지반 내에서 직접 측정하는 현장 시험

7 ㉮ $K_a = \tan^2\left(45° - \frac{\phi}{2}\right) = \tan^2\left(45° - \frac{30°}{2}\right) = \frac{1}{3}$

㉯ $P_a = \frac{1}{2}\gamma_t h^2 K_a = \frac{1}{2} \times 18 \times 6^2 \times \frac{1}{3} = 108\text{kN/m}$

8 유선망을 작도하여 침투수량, 간극수압, 동수경사 등을 구할 수 있다.

9 $\gamma_t = \frac{G_s + Se}{1+e}\gamma_w = \frac{G_s + wG_s}{1+e}\gamma_w$

$= \frac{2.69 + 0.205 \times 2.69}{1+0.65} \times 9.8$

$= 19.25\text{kN/m}^3$

10 $z_o = \frac{2c\tan\left(45° + \frac{\phi}{2}\right)}{\gamma_t}$

$= \frac{2 \times 4 \times \tan\left(45° + \frac{30°}{2}\right)}{16} = 0.87\text{m}$

토목산업기사 실전 모의고사 제3회 정답 및 해설

01	02	03	04	05	06	07	08	09	10
③	①	①	③	①	④	④	②	③	①

1 말뚝타입 시 말뚝 주위의 점토지반이 교란되어 강도가 작아지게 된다. 그러나 점토는 딕소트로피현상이 생겨서 강도가 되살아나기 때문에 말뚝재하시험은 말뚝타입 후 며칠이 지난 후 행한다.

2 ㉮ $\sigma_v = 18 \times 5 = 90\text{kN/m}^2$

㉯ $\sigma_h = \sigma_v K = 90 \times 0.5 = 45\text{kN/m}^2$

3 ㉮ $C_u = \frac{D_{60}}{D_{10}} = \frac{0.15}{0.05} = 3$

㉯ $C_g = \frac{{D_{30}}^2}{D_{10}\, D_{60}} = \frac{0.09^2}{0.05 \times 0.15} = 1.08$

4 $S_{(기초)} = S_{(재하판)}\left[\frac{2B_{(기초)}}{B_{(기초)} + B_{(재하판)}}\right]^2$

$= 5 \times \left(\frac{2 \times 1.5}{1.5 + 0.3}\right)^2 = 13.89\text{mm}$

5 얕은 기초(직접기초)의 분류

㉮ Footing기초(확대기초) : 독립푸팅기초, 복합푸팅기초, 캔틸레버푸팅기초, 연속푸팅기초

㉯ 전면기초(Mat기초)

6 ㉮ $K_a = \tan^2\left(45° - \frac{\phi}{2}\right) = \tan^2\left(45° - \frac{30°}{2}\right) = \frac{1}{3}$

㉯ $P_a = \frac{1}{2}\gamma_t h^2 K_a = \frac{1}{2} \times 18 \times 8^2 \times \frac{1}{3} = 192\text{kN/m}$

7 ㉮ $\gamma_{sat} = \frac{G_s + e}{1+e}\gamma_w = \frac{2.6+1}{1+1} \times 9.8 = 17.64\text{kN/m}^3$

㉯ $\sigma = \gamma_{sat} h + q = 17.64 \times 3 + 20 = 72.92\text{kN/m}^2$

㉰ $u = \gamma_w h = 9.8 \times 3 = 29.4\text{kN/m}^2$

㉱ $\overline{\sigma} = \sigma - u = 72.92 - 29.4 = 43.52\text{kN/m}^2$

8 $c = \frac{M_{max}}{\pi D^2\left(\frac{H}{2} + \frac{D}{6}\right)} = \frac{1,800}{\pi \times 6^2 \times \left(\frac{12}{2} + \frac{6}{6}\right)}$

$= 2.3\text{N/cm}^2$

9

상류측 사면이 가장 위험할 때	하류측 사면이 가장 위험할 때
• 시공 직후 • 수위급강하 시	• 시공 직후 • 정상침투 시

10 N_c, N_r, N_q는 지지력계수로서 흙의 내부마찰각에 의해 결정된다.

토목산업기사 실전 모의고사 제4회 정답 및 해설

01	02	03	04	05	06	07	08	09	10
③	②	①	②	④	④	②	②	③	③

1 $\gamma_d = \dfrac{G_s}{1+e}\gamma_w$

$16 = \dfrac{2.64}{1+e} \times 9.8$

$\therefore\ e = 0.62$

2 $D_r = \dfrac{e_{\max} - e}{e_{\max} - e_{\min}} \times 100$

$= \dfrac{0.685 - 0.641}{0.685 - 0.595} \times 100 = 48.89\%$

3 $K = cD_{10}{}^2 = 100 \times 0.001^2 = 1 \times 10^{-4}\text{cm/s}$

4 ㉮ $K = 0.001\text{cm/min} = 0.0144\text{m/day}$

㉯ $Q = KH\dfrac{N_f}{N_d} = 0.0144 \times 20 \times \dfrac{3}{10} = 0.0864\text{m}^3\text{/day}$

5 연속기초이므로 $\alpha = 1.0$, $\beta = 0.5$이다.

$q_u = \alpha c N_c + \beta B \gamma_1 N_r + D_f \gamma_2 N_q$

$= 1 \times 20 \times 5.7 + 0.5 \times 2 \times 18 \times 0 + 3 \times 18 \times 1$

$= 168\text{kN/m}^2$

6 모관수를 차단하기 위해 지하수위보다 높은 곳에 조립의 차단층(모래, 콘크리트, 아스팔트)을 설치한다.

7 $t_{90} = \dfrac{0.848H^2}{C_v} = \dfrac{0.848 \times \left(\dfrac{2}{2}\right)^2}{2 \times 10^{-3}} = 424\text{초} = 7.07\text{분}$

8 $\tau = c + \bar{\sigma}\tan\phi = 18 + 36 \times \tan 35° = 43.21\text{kN/m}^2$

9 입자가 모나고 입도분포가 불량하므로

$\phi = \sqrt{12N} + 20 = \sqrt{12 \times 25} + 20 = 37.32°$

10 ㉮ $H_c = \dfrac{4c\tan\left(45° + \dfrac{\phi}{2}\right)}{\gamma_t}$

$= \dfrac{4 \times 20 \times \tan\left(45° + \dfrac{0°}{2}\right)}{16} = 5\text{m}$

㉯ $F_s = \dfrac{H_c}{H} = \dfrac{5}{2} = 2.5$

토목산업기사 실전 모의고사 제5회 정답 및 해설

01	02	03	04	05	06	07	08	09	10
③	③	④	④	④	②	①	②	①	①

1 $w = \dfrac{W_w}{W_s} \times 100 = \dfrac{40-30}{30-10} \times 100 = 50\%$

2 액성한계 $W_L = 50\%$를 기준으로 액성한계가 50%보다 작으면 저압축성(L), 크면 고압축성(H)이다.

3 말뚝 주면에 하중역할을 하는 아래방향으로 작용하는 주면마찰력을 부마찰력이라 한다.

4 단단한 점토일수록 압축지수가 작다.

5 ㉮ $\gamma_{sat} = \dfrac{G_s + e}{1+e}\gamma_w = \dfrac{2.6+2}{1+2} \times 9.8 = 15.03\text{kN/m}^3$

㉯ $\sigma = \gamma_{sat} h + q = 15.03 \times 2 + 30 = 60.06\text{kN/m}^2$

㉰ $u = \gamma_w h = 9.8 \times 2 = 19.6\text{kN/m}^2$

㉱ $\bar{\sigma} = \sigma - u = 60.06 - 19.6 = 40.46\text{kN/m}^2$

6 ㉮ $I = \dfrac{3}{2\pi} = 0.4775$

㉯ $\Delta\sigma_z = \dfrac{P}{Z^2} I = \dfrac{100}{3^2} \times 0.4775 = 5.31\text{kN/m}^2$

7 $\Delta H = \dfrac{C_c}{1+e_1}\log\dfrac{P_2}{P_1}H$

$= \dfrac{0.39}{1+1.26}\times\log\dfrac{80+60}{80}\times 300$

$= 12.58\text{cm}$

8 $q_u = 2c\tan\left(45° + \dfrac{\phi}{2}\right)$

$30 = 2c \times \tan(45° + 0)$

$\therefore\ c = 15\text{kN/m}^2$

9 ㉮ $K_a = \tan^2\left(45° - \dfrac{\phi}{2}\right) = \tan^2\left(45° - \dfrac{26°}{2}\right) = 0.39$

㉯ $P_a = \dfrac{1}{2}\gamma h^2 K_a - 2c\sqrt{K_a}\,h$

$= \dfrac{1}{2}\times 17\times 6^2\times 0.39 - 2\times 10\times\sqrt{0.39}\times 6$

$= 44.4\text{kN/m}$

10 $K_{30} = 2.2K_{75}$

$660 = 2.2K_{75}$

$\therefore\ K_{75} = 300\text{kN/m}^3$

토목산업기사 실전 모의고사 제6회 정답 및 해설

01	02	03	04	05	06	07	08	09	10
①	②	③	③	③	①	②	③	③	①

1 ㉮ 함수비 6%일 때

$W_s = \dfrac{W}{1+\dfrac{w}{100}} = \dfrac{16{,}000}{1+\dfrac{6}{100}} = 15094.3\text{N}$

$\therefore\ W_w = W - W_s$

$= 16{,}000 - 15094.3 = 905.7\text{N}$

㉯ 함수비 18%일 때

$w = \dfrac{W_w}{W_s}\times 100$

$18 = \dfrac{W_w}{15094.3}\times 100$

$\therefore\ W_w = 2716.97\text{N}$

㉰ 추가할 물의 양 $= 2716.97 - 905.7$

$= 1811.27\text{N}$

2 ㉮ $L\times\cos 8° = 50$

$\therefore\ L = \dfrac{50}{\cos 8°} = 50.49\text{m}$

㉯ $i = \dfrac{h}{L} = \dfrac{4}{50.49} = 0.079$

3 ㉮ $\phi = \tan^{-1}\dfrac{D}{S} = \tan^{-1}\dfrac{0.4}{1} = 21.8°$

㉯ $E = 1 - \phi\left[\dfrac{(m-1)n + m(n-1)}{90mn}\right]$

$= 1 - 21.8\times\dfrac{2\times 3 + 3\times 2}{90\times 3\times 3}$

$= 0.68$

4 $\Delta\sigma_v = \dfrac{BLq_s}{(B+Z)(L+Z)}$

$= \dfrac{4\times 6\times 100}{(4+5)\times(6+5)}$

$= 24.24\text{kN/m}^2$

5 ㉮ $\sigma_v = \gamma_t h = 16\times 5 = 80\text{kN/m}^2$

㉯ $K_a = \tan^2\left(45° - \dfrac{\phi}{2}\right) = \tan^2\left(45° - \dfrac{30°}{2}\right) = \dfrac{1}{3}$

㉰ $\sigma_h = \sigma_v K_a = 80\times\dfrac{1}{3} = 26.67\text{kN/m}^2$

6 $t_{50} = \dfrac{0.197H^2}{C_v}$

$= \dfrac{0.197\times\left(\dfrac{800}{2}\right)^2}{6.4\times 10^{-4}}$

$= 49{,}250{,}000$초

$= 570$일

7 $\tau = \dfrac{\sigma_1 - \sigma_3}{2}\sin 2\theta$

$= \dfrac{100-50}{2}\times\sin(2\times 30°)$

$= 21.65\text{kN/m}^2$

8 CD−test는 시간이 너무 많이 소요되므로 결과가 거의 비슷한 $\overline{\text{CU}}$−test로 대치하는 것이 보통이다.

9 ㉮ $W_s = \dfrac{W}{1+\dfrac{w}{100}} = \dfrac{16}{1+\dfrac{20}{100}} = 13.33\text{N}$

㉯ $\gamma_{모래} = \dfrac{W_{모래}}{V}$

$13.5 = \dfrac{13.5\times10^{-3}}{V}$

$\therefore\ V = 1\times10^{-3}\text{m}^3$

㉰ $\gamma_d = \dfrac{W_s}{V} = \dfrac{13.33\times10^{-3}}{1\times10^{-3}} ≒ 13.33\text{kN/m}^3$

10 ㉮ $q_u = \alpha c N_c + \beta B \gamma_1 N_r + D_f \gamma_2 N_q$

$= 1.3\times15\times17.69 + 0.4\times1.5\times18\times3.64$

$+ 1\times18\times7.44$

$= 518.19\text{kN/m}^2$

㉯ $q_a = \dfrac{q_u}{F_s} = \dfrac{518.19}{4} = 129.55\text{kN/m}^2$

토목산업기사 실전 모의고사 제7회 정답 및 해설

01	02	03	04	05	06	07	08	09	10
③	③	②	③	①	④	③	③	②	③

1 $K = D_s^{\,2}\dfrac{\gamma_w}{\mu}\dfrac{e^3}{1+e}c$

2 $\gamma_{\text{sat}} = \dfrac{G_s+e}{1+e}\gamma_w$

$19.4 = \dfrac{G_s+0.84}{1+0.84}\times9.8$

$\therefore\ G_s = 2.8$

3 ㉮ $\sigma = 18\times1+20\times1+18\times2 = 74\text{kN/m}^2$

㉯ $u = 9.8\times3 = 29.4\text{kN/m}^2$

㉰ $\bar{\sigma} = \sigma - u = 74-29.4 = 44.6\text{kN/m}^2$

4 $E = \dfrac{W_R H N_L N_B}{V}$

5 ㉮ $\theta = 45° + \dfrac{\phi}{2}$

$45° = 45° + \dfrac{\phi}{2}$

$\therefore\ \phi = 0$

㉯ $q_u = 2c\tan\left(45° + \dfrac{\phi}{2}\right)$

$0.3 = 2c\times\tan(45°+0)$

$\therefore\ c = 0.15\text{MPa}$

6 응력경로

㉮ 지반 내 임의의 요소에 작용되어 온 하중의 변화 과정을 응력평면 위에 나타낸 것으로, 최대 전단응력을 나타내는 Mohr원 정점의 좌표인 $(p,\ q)$점의 궤적이 응력경로이다.

㉯ 응력경로는 전응력으로 표시하는 전응력경로와 유효응력으로 표시하는 유효응력경로로 구분된다.

㉰ 응력경로는 직선 또는 곡선으로 나타내어진다.

7 $S_{(기초)} = S_{(재하판)}\left[\dfrac{2B_{(기초)}}{B_{(기초)}+B_{(재하판)}}\right]^2$

$= 5\times\left(\dfrac{2\times1.5}{1.5+0.3}\right)^2 = 13.89\text{mm}$

8 시간－침하곡선에서 압밀계수(C_v)를 구할 수 있다.

9 재성형한 시료를 함수비의 변화 없이 그대로 방치해 두면 시간이 경과되면서 강도가 회복되는데, 이러한 현상을 딕소트로피현상이라 한다.

10 Sounding의 종류

정적 sounding	동적 sounding
• 단관원추관입시험 • 화란식 원추관입시험 • 베인시험 • 이스키미터	• 동적 원추관입시험 • SPT

토목산업기사 실전 모의고사 제8회 정답 및 해설

01	02	03	04	05	06	07	08	09	10
①	④	②	②	①	④	②	③	①	④

1
㉮ $C_u = \frac{D_{60}}{D_{10}} = \frac{0.15}{0.05} = 3$

㉯ $C_g = \frac{{D_{30}}^2}{D_{10}\,D_{60}} = \frac{0.09^2}{0.05 \times 0.15} = 1.08$

2 인접한 유선 사이의 띠모양의 부분을 유로라 한다.

3 $\tau = c + \bar{\sigma}\tan\phi$

$0.2 = 0.1 + 0.3 \times \tan\phi$

$\therefore\ \phi = 18.43°$

4 기초의 구비조건
㉮ 최소한의 근입깊이를 가질 것(동해에 대한 안정)
㉯ 지지력에 대해 안정할 것
㉰ 침하에 대해 안정할 것(침하량이 허용값 이내에 들어야 함)
㉱ 시공이 가능할 것(경제적, 기술적)

5 측정지반의 흙을 파내어 구멍을 뚫은 후 모래를 이용하여 시험구멍의 체적을 구한다.

6 Sounding의 종류

동적 sounding	정적 sounding
• 동적 원추관입시험 • SPT	• 이스키미터시험 • 베인전단시험

7
$$\Delta\sigma_v = \frac{BLq_s}{(B+Z)(L+Z)} = \frac{10 \times 10 \times 60}{(10+10) \times (10+10)} = 15\text{kN/m}^2$$

8 말뚝타입 시 말뚝 주위의 점토지반이 교란되어 강도가 작아지게 된다. 그러나 점토는 딕소트로피현상이 생겨서 강도가 되살아나기 때문에 말뚝재하시험은 말뚝타입 후 며칠이 지난 후 행한다.

9
㉮ $\sigma_v = 18 \times 5 = 90\text{kN/m}^2$
㉯ $\sigma_h = \sigma_v K = 90 \times 0.5 = 45\text{kN/m}^2$

10 풍화작용을 받아 이루어진 흙
㉮ 잔적토 : 풍화작용에 의해 생성된 흙이 운반되지 않고 남아있는 흙
㉯ 퇴적토
㉠ 충적토 : 하천에 의해 운반, 퇴적된 흙
㉡ 붕적토 : 중력에 의해 경사면 아래로 운반, 퇴적된 흙

토목산업기사 실전 모의고사 제9회 정답 및 해설

01	02	03	04	05	06	07	08	09	10
②	①	②	④	③	④	①	②	②	②

1 $I_p = W_L - W_p = 35 - 22 = 13\%$

2
㉮ $C_c = 0.009(W_L - 10) = 0.009 \times (70 - 10) = 0.54$

㉯ $\Delta H = \frac{C_c}{1+e}\left(\log\frac{P_2}{P_1}\right)H = \frac{0.54}{1+2} \times \log\frac{40}{20} \times 6 = 0.33\text{m}$

3 $v_s > v$

4 유한사면의 안정해석(원호파괴)
㉮ 질량법 : $\phi = 0$해석법, 마찰원법
㉯ 분할법 : Fellenius방법, Bishop방법, Spencer방법

5 $K_v = \dfrac{H}{\dfrac{h_1}{K_1} + \dfrac{h_2}{K_2} + \dfrac{h_3}{K_3}}$

$= \dfrac{450}{\dfrac{100}{5\times10^{-2}} + \dfrac{200}{4\times10^{-3}} + \dfrac{150}{2\times10^{-2}}}$

$= 7.56\times10^{-3}\text{cm/s}$

6 N_c, N_r, N_q는 지지력계수로서 흙의 내부마찰각에 의해 결정된다.

7 얕은 기초(직접기초)의 분류

㉮ Footing기초(확대기초) : 독립푸팅기초, 복합푸팅기초, 캔틸레버푸팅기초, 연속푸팅기초

㉯ 전면기초(Mat기초)

8 $P_p > P_o > P_a$

9 $F_s = \dfrac{\gamma_{sub}}{\gamma_{sat}}\dfrac{\tan\phi}{\tan i}$

$= \dfrac{20-9.8}{20} \times \dfrac{\tan30°}{\tan15°} = 1.1$

10 $I_f = \dfrac{w_1 - w_2}{\log N_2 - \log N_1} = \dfrac{73-48}{\log40 - \log4} = 25\%$

저 자 약 력

박영태

- 한국건축토목학원 대표
- 재단법인 스마트건설교육원 이사장

토목기사 · 산업기사 필기 완벽 대비

핵심시리즈❺ 토질 및 기초

2002. 1. 10. 초 판 1쇄 발행
2025. 1. 8. 개정증보 29판 1쇄 발행

지은이 | 박영태
펴낸이 | 이종춘
펴낸곳 | BM (주)도서출판 성안당
주소 | 04032 서울시 마포구 양화로 127 첨단빌딩 3층(출판기획 R&D 센터)
10881 경기도 파주시 문발로 112 파주 출판 문화도시(제작 및 물류)
전화 | 02) 3142-0036
031) 950-6300
팩스 | 031) 955-0510
등록 | 1973. 2. 1. 제406-2005-000046호
출판사 홈페이지 | **www.cyber.co.kr**
ISBN | 978-89-315-1165-9 (13530)
정가 | **26,000원**

이 책을 만든 사람들
책임 | 최옥현
진행 | 이희영
교정 · 교열 | 문 황
전산편집 | 이다혜
표지 디자인 | 박원석
홍보 | 김계향, 임진성, 김주승, 최정민
국제부 | 이선민, 조혜란
마케팅 | 구본철, 차정욱, 오영일, 나진호, 강호묵
마케팅 지원 | 장상범
제작 | 김유석